中文版

3ds Max 2022 完全自学一本通

李敏娟 于斐玥 吴佳玥 编著

電子工業出版社
Publishing House of Electronics Industry
北京·BEIJING

内容简介

3ds Max 2022 是最新推出的软件，本书系统地讲解了中文版 3ds Max 2022 的各种工具和命令的使用，包括初识 3ds Max 2022 界面操作、建模、灯光、摄影机、材质贴图、渲染、VRay 渲染器、动画制作等知识。实战案例介绍了工业造型、角色造型、室内外渲染及工作中常用的动画制作方法，穿插了大量技巧提示，帮助读者更好地理解知识点，为读者学习三维动画和工作打好基础。本书汇集了笔者多年的设计经验和教学经验，讲解简练、直观，实用性强。本书普遍适合初、中级别的三维制作人员使用。

图书在版编目（CIP）数据

3ds Max 2022中文版完全自学一本通 / 李敏娟，于斐玥，吴佳玥编著. —北京：电子工业出版社，2022.2

ISBN 978-7-121-42447-2

Ⅰ. ①3… Ⅱ. ①李… ②于… ③吴… Ⅲ. ①三维动画软件－教材 Ⅳ. ①TP391.414

中国版本图书馆CIP数据核字（2021）第244814号

责任编辑：张艳芳　　　　特约编辑：田学清
印　　刷：北京瑞禾彩色印刷有限公司
装　　订：北京瑞禾彩色印刷有限公司
出版发行：电子工业出版社
　　　　　北京市海淀区万寿路173信箱　　　　邮编：100036
开　　本：787×1092　1/16　　印张：22.25　　字数：868千字
版　　次：2022 年 2 月第 1 版
印　　次：2023 年 3 月第 4 次印刷
定　　价：128.00 元

凡所购买电子工业出版社图书有缺损问题，请向购买书店调换。若书店售缺，请与本社发行部联系，联系及邮购电话：（010）88254888，88258888。

质量投诉请发邮件至 zlts@phei.com.cn，盗版侵权举报请发邮件至dbqq@phei.com.cn。

本书咨询联系方式：（010）88254161～88254167转1897。

前言

随着计算机软硬件性能的不断提高，人们已不再满足于平面图形效果，三维图形已成为计算机图形领域的热点之一。其中 Autodesk 公司的 3ds Max 已为广大用户所熟悉。3ds Max 以其强大的功能、形象直观的使用方法和高效的制作流程赢得了广大用户的喜爱。3ds Max 作为功能强大的三维制作软件，包含大量的功能和技术。这些功能虽然很好，但同时也为用户增加了学习难度。如果想制作出一幅精美的作品，则需要应用 3ds Max 各方面的功能。比如对模型的分析和分解，创建各种复杂的模型，然后指定逼真的材质，还要设置灯光和环境以营造气氛，最后才能渲染输出作品。如此复杂的制作过程，对初学者而言确实有些困难。当然，就学习本身来讲，都要从基础部分开始，通过不断实践，才能创作出好的作品。三维模型的制作在 3ds Max 中处于绝对主导地位。3ds Max 提供的建模方法非常丰富，且有各自不同的应用场合。从几何体建模到修改器建模，再到复合建模、多边形建模、NURBS 建模等，读者可根据自己的需要选择合适的建模方法，从而创建出逼真的模型。

全书分为 16 章。第 1 章为 3ds Max 基础知识；第 2 章和第 3 章为基本操作，分别讲述对象的选择和变换、场景管理；第 4 章和第 5 章为基本创建部分，分别讲述基本物体、复合物体和复合对象的创建；第 6 章为工具部分，主要讲述了修改器和编辑工具的使用；第 7 章为曲面建模部分，主要讲述了 NURBS 曲面建模；第 8 ～ 11 章为效果部分，分别讲述了灯光、材质、VRay 渲染器及摄影机和环境效果等内容；第 12 章为动画制作部分，讲述了关键帧动画、动画约束和基本动画创建；第 13 章为物体建模部分，讲述了工业级汽车建模；第 14 ～ 16 章为场景渲染部分，讲述了厨房、客厅和会议室场景的渲染。本书中的各章之间既有一定的连续性，又可作为完整、独立的章节阅读，书中所举的各个实例都有很强的针对性。

如果读者初学三维建模，那么建议从第 1 章开始认真学起。如果读者已经掌握初级建模方法，则可以大概阅览前 7 章，开阔视野，然后进入后面高级建模部分进行学习。

本书最大的特色在于图文并茂，运用大量的图片进行标示和对比，力求让读者通过有限的篇幅，学习尽可能多的知识。基础部分采用参数讲解与案例应用相结合的方法，使读者在明白参数意义的同时，能最大限度地学会应用。

随书提供了场景文件，其中包含书中所有的实例源文件、贴图及效果图。

本书由沈阳工学院李敏娟（第 1 ～ 7 章）、于斐玥（第 8 ～ 12 章）、吴佳玥（第 13 ～ 16 章）编写，有不足之处敬请广大读者指正。

目录

3ds Max

第1章 3ds Max基础知识

本章导读

3ds Max自1996年发布以来，就一直受到3D动画创作者的极大青睐。3ds Max提供了十分友好的操作界面，使创作者可以很容易地创作出专业级别的三维图形和动画。在过去的几年中，3ds Max软件得到了迅速的发展和完善，其应用领域也得到了不断拓宽。可以毫不夸张地说，3ds Max是目前世界上最优秀、使用最广泛的三维动画制作软件之一，其无比强大的建模功能、丰富多彩的动画技巧、直观简单的操作方式已深入人心。3ds Max已经广泛应用于电影特技、电视广告、工业造型、建筑艺术等各个领域，并不断地吸引着越来越多的动画爱好制作者和三维专业人员。本章我们将详细介绍3ds Max的基础知识。

1.1 3ds Max的应用领域

随着社会的发展，软件技术的进步，从行业上看，三维动画的分工越来越细，目前已经形成了几个比较重要的制作行业。

1.1.1 建筑行业的应用

3ds Max在建筑行业的应用，主要表现在建筑效果图的制作、建筑动画和虚拟展示技术方面。因为随着我国经济的发展，房地产行业的持续升温，带动了其相关产业的发展。这几年，在一些大型的规划项目中也应用了虚拟展示技术，说明3ds Max在建筑行业中的应用也日趋完善了。

图1-1所示是3ds Max在建筑行业中应用的截图。

图1–1

1.1.2 广告包装行业的应用

一个好的广告包装往往是创意和技术的完美结合，所以广告包装对三维软件的技术要求比较高，它一般包括复杂的建模、角色动画和实景合成等很多方面。随着我国广告相关制度的健全和人们对产品品牌意识的提高，这一行业将有更加广阔的空间。图1-2所示是广告宣传片截图，这些广告的制作完全由3ds Max完成。

图1–2

1.1.3 影视行业的应用

3ds Max在影视行业的应用主要分为两个方面：电视片头动画制作和电视台栏目包装。这个行业有其自身的特点，最主要的特点就是高效率，一般一个完整的片子几天就必须完成，所以就需要团队合作。从片子的前期制作到后期处理，可以使用3ds Max软件来完成。图1-3所示是5DS公司一些优秀的电视台栏目包装截图。

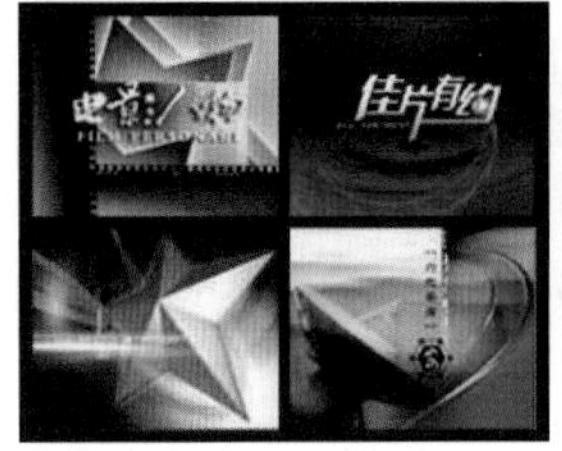
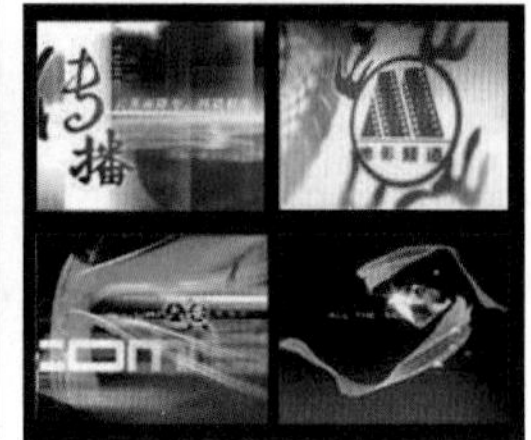

图1-3

1.1.4 电影特技行业的应用

近几年，三维动画和合成技术在电影特技行业中得到了广泛应用，如在电影《星球大战3：绝地归来》中就使用了大量的三维动画镜头，使用三维动画技术创造出了许多现实中无法实现的场景，而且也大大地降低了制作成本。

目前，国内的电影特技行业也初显起色，如在电影《英雄》《功夫》中就使用了大量的电影特技，在效果上丝毫不逊色于欧美大片。但是，国内整体技术还很滞后。

在制作电影特技方面，Maya、SoftImage做得比较好，但是随着3ds Max的不断升级，其在功能上也不断向电影特技靠拢，制作电影级的特效也得到了广泛应用。图1-4所示是电影《后天》中制作的虚拟三维城市。

1.1.5 游戏行业的应用

3ds Max在全球应用最广的就是游戏行业，游戏开发在美国、日本及韩国都是支柱性的娱乐产业，但是在中国做游戏开发的公司却很少。究其原因，主要是国内高级游戏开发人员较少。近几年，随着国外游戏引擎的引进，很多国内投资商也看到了这一商机，纷纷推出自己开发的游戏。虽然这在国内游戏市场上也占有一席之地，但却始终无法占据市场主流地位。但是，随着对盗版的抑制，国内CG水平的提高，游戏这一行业很快就会有长足的发展。

图1-4

在游戏行业中，一般需要制作人员具有很好的美术功底，能熟练掌握多边形建模、手绘贴图、程序开发、角色动画等多项技术，所以就需要团队合作。目前，这一行业国内的技术人员缺口还很大，相信再过几年会有越来越多的人投入到这一行业中去。图1-5所示是韩国CG大师李素雅为网络游戏《A3》制作的女主角形象。

图1-5

1.2 3ds Max 2022的新增功能

3ds Max 2022在建模视图、视图显示效果、渲染器、脚本安全方面有了很大改进。在建模方面尤为明显，智能挤出功能和对称工具改进最大，自动平滑功能可以让建模速度提高很多倍。Arnold渲染器进行了多项改进，使渲染更加轻松、快捷。

1.2.1 增强的建模工具

智能挤出和拉伸工具能够轻松在模型上开洞，使用【保留体积】选项可以使模型上的细节和噪波更平滑，同时保留其形状和清晰度。自动平滑功能已得到显著改进，无论对一千个面还是一万个面进行平滑操作，都可以大幅度提高性能，如图1-6所示。

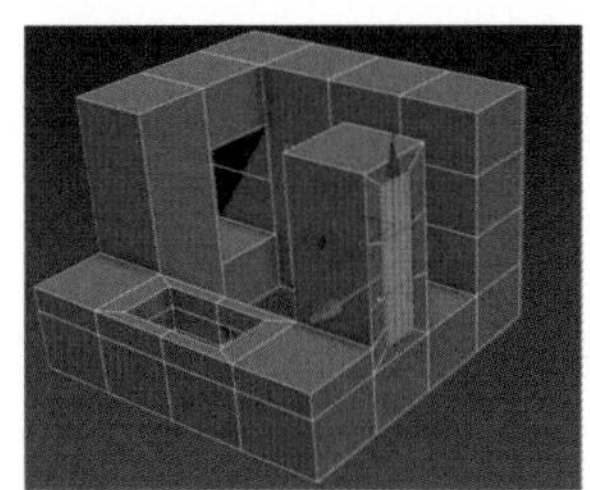

图 1–6

1.2.2 改进的Arnold渲染器

3ds Max 2022在渲染方面进行了多项改进，将Arnold作为默认渲染器。Arnold 渲染视图提供的成像器可以通过混合灯光、去除噪波和添加光晕来调整图像光线，使材质制作效率大幅度提高。Arnold渲染器在渲染时自动生成 .TX 纹理文件的选项，使渲染更加轻松、快捷，如图1-7所示。

图 1–7

1.2.3 安全改进

3ds Max 2022进行了多项安全改进，可以保护3ds Max场景和文件。其提供了针对3ds Max场景文件中嵌入的恶意脚本的防护，无论脚本使用 MAXScript、Python 还是 .NET 命令，安全工具都已重命名为“场景安全工具”，并集成到软件中，如图1-8所示。

图 1–8

1.2.4 烘焙到纹理功能

烘焙到纹理功能现在包括一些预配置的贴图，可简化频繁的烘焙操作。新贴图包括环境光阻挡、美景、颜色等，如图1-9所示。

图 1–9

1.3 3ds Max的工作流程

使用3ds Max可以创造出专业品质的CG模型、照片级的静态图像及电影品质的动画（见图1–10），因此了解3ds Max的工作流程是十分重要的。3ds Max的工作流程一般分为六步，分别为设置场景、建立对象模型、使用材质、放置灯光和摄影机、设置场景动画、渲染场景。下面将每一步作为一节来讲述。

图 1–10

1.3.1 设置场景

设置场景包括3个方面，打开3ds Max，如图1-11所示，通过设置系统单位、栅格间距、视图显示来建立一个场景。具体设置方法在后面的章节中会详细讲述。

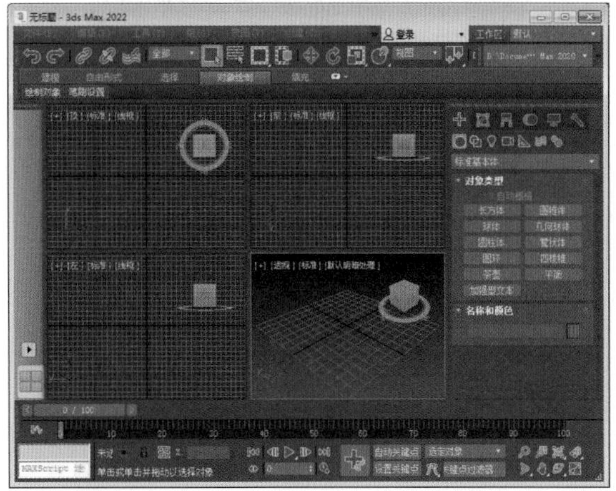

图 1-11

1.3.2 建立对象模型

建立对象模型首先要创建标准对象，例如3D几何体或者2D物体，然后对这些物体添加修改器，也可以使用变换工具【移动】、【旋转】和【缩放】将这些物体定位到场景中。对象模型的建立过程如图1-12所示。

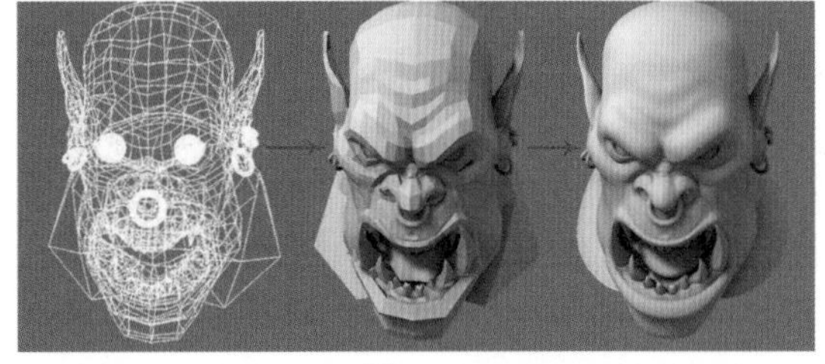

图 1-12

1.3.3 使用材质

可以使用【材质编辑器】来制作材质和贴图，从而控制对象曲面的外观。贴图也可以被用来控制环境效果的外观，如灯光、雾和背景。通过应用贴图来控制曲面属性，如纹理、凹凸度、不透明度和反射，从而增加材质的真实度。大多数基本属性都可以使用贴图进行增强。任何图像文件，例如在画图程序（如Photoshop软件）中创建的文件，都能作为贴图使用，或者可以根据设置的参数来选择创建图案的程序贴图。如图1-13所示，上图为一辆车的模型，下图为其使用材质后的效果。

图 1-13

1.3.4 放置灯光和摄影机

默认照明均匀地为整个场景提供照明。在建模时此类照明很有用，但不是特别有美感或真实感，如果想在场景中获得更加真实的照明效果，则可以从【创建】面板的【灯光】类别中创建和放置灯光。

另外，也可以从【创建】面板的【摄影机】类别中创建和放置摄影机。将摄影机视图作为渲染区域，还可以通过设置摄影机动画来产生电影的效果。如图1-14所示，左图为灯光和摄影机创建图示，右图为利用摄影机视图渲染好的场景。

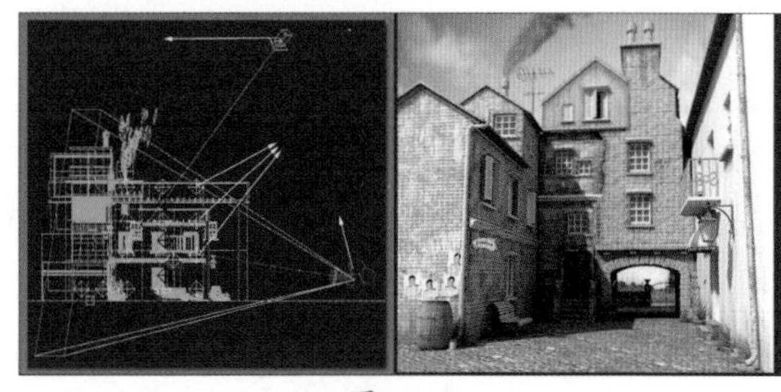

图 1-14

1.3.5 设置场景动画

几乎可以对场景中的任何东西进行动画设置。通过单击【自动关键点】按钮来启用自动创建动画，拖动时间滑块，并在场景中做出更改，以此来创建动画效果。可以通过打开【轨迹视图】窗口或更改【运动】面板中的选项来编辑动画。“轨迹视图”就像一张电子表格，沿时间线显示动画关键点，通过更改这些动画关键点可以编辑动画。

1.3.6 渲染场景

渲染就是将颜色、阴影、照明效果等加入几何体中，如图1-15所示，可以设置最终输出的大小和质量，可以完全地控制专业级别的电影和视频属性及效果，如反射、抗锯齿、阴影属性和运动模糊。

图1-15

1.4 认识3ds Max界面

3ds Max界面主要包括主菜单栏、主工具栏、命令面板、视图区、动画控制区、信息面板和视图控制区7个区域。其中前5个区域比较常用。

步骤01 首先看一下3ds Max的主菜单栏，如图1-16所示。主菜单栏包括文件、编辑及工具等多个子菜单。关于子菜单功能的具体应用，在后面的章节中会逐步涉及。

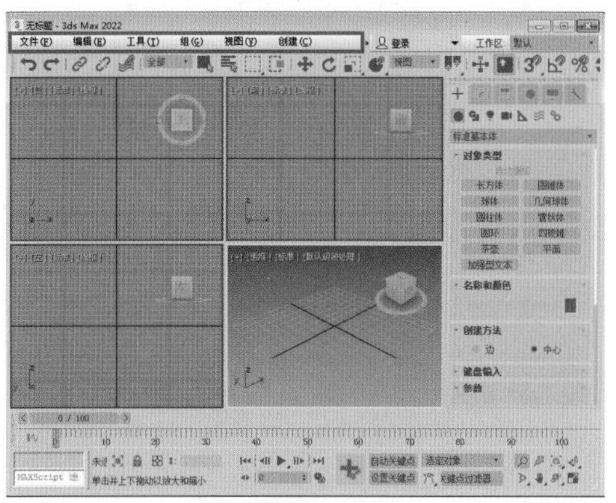

图1-16

步骤02 3ds Max的主工具栏如图1-17所示。主工具栏包含很多常用命令，在电脑屏幕不能完全显示的情况下可以通过拖动鼠标中键查看。

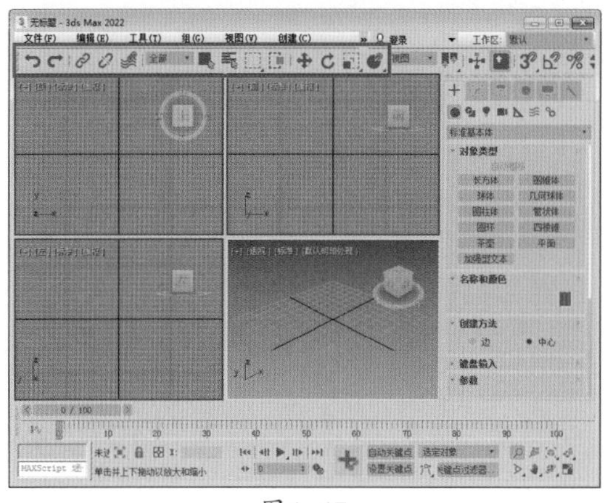

图1-17

步骤03 在主菜单栏空白处单击鼠标右键，可以将隐藏的一些工具面板打开，如图1-18所示。

步骤04 命令面板有6个板块，分别是程序命令面板、显示命令面板、运动命令面板、层级命令面板、修改命令面板和创建命令面板，如图1-19所示。

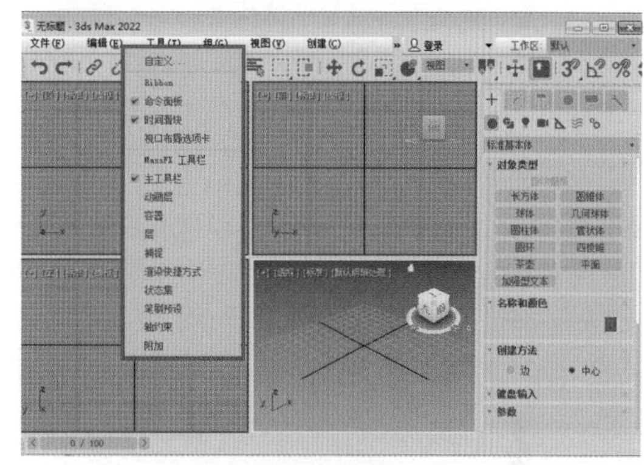

图1-18

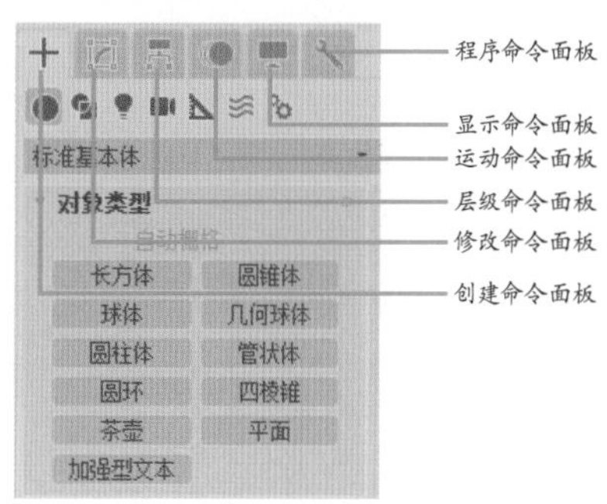

图1-19

步骤05 3ds Max界面正中央是视图区，是重要的工作区域，其可以划分成不同的视图方式或者进行不同方式的视图大小比例的定位，如图1-20所示。

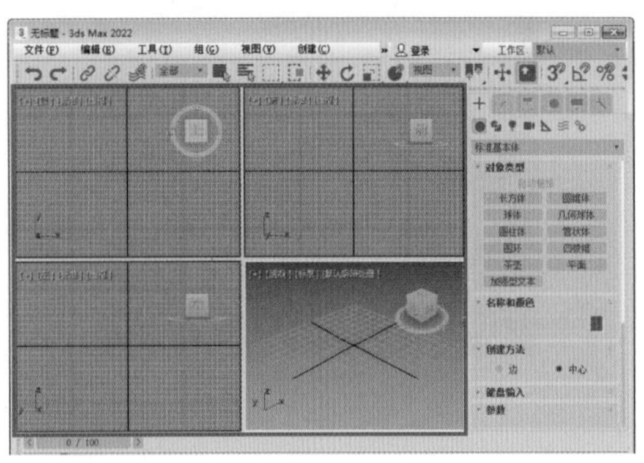

图 1-20

知识拓展

创建命令面板用于创建模型、图形、灯光、摄影机及辅助体等。修改命令面板主要提供对模型的各种各样的修改功能。层级命令面板用于设置物体的层级关系，包括父子连接、IK设置等。运动命令面板主要是调节运动控制器的面板，如果我们为当前的物体指定了不同的运动控制器，那么它的参数可以在这个面板中进行设置。显示命令面板主要调整对场景中的模型的显示控制能力，包括将指定的模型隐藏或者显示。程序命令面板主要提供一些辅助程序，它是独立运行的。

步骤06 动画控制区包括用来播放动画的滑块及滑块下面的一个时间片段，如图1-21所示。在制作动画的时候有很多操作将要在这个区域中进行。

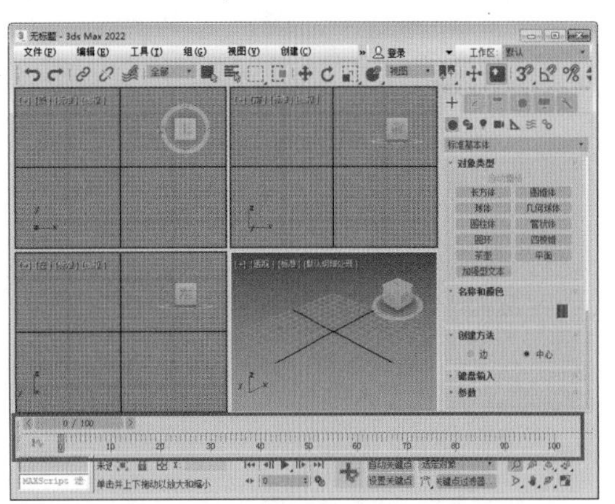

图 1-21

步骤07 单击场景左下角的 图标，就会显示【曲线编辑器】，使用【曲线编辑器】可以轻松地实现多个场景的管理和动画控制任务，如图1-22所示。

步骤08 信息面板包括输入的3ds Max脚本语言和命令、当前的操作状态及提示下一步的操作，还有一种固定的坐标输入方式，如图1-23所示。

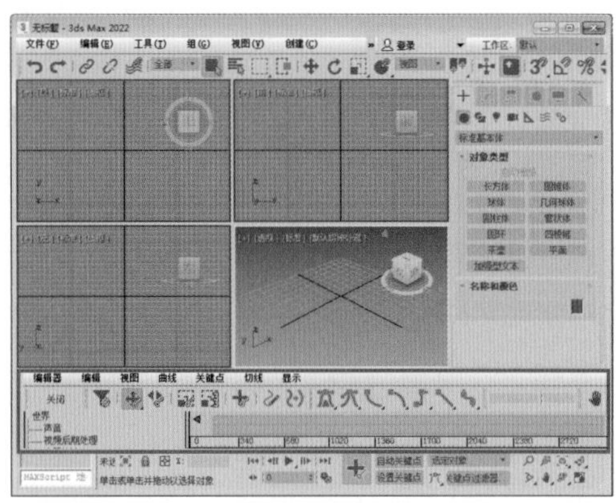

图 1-22

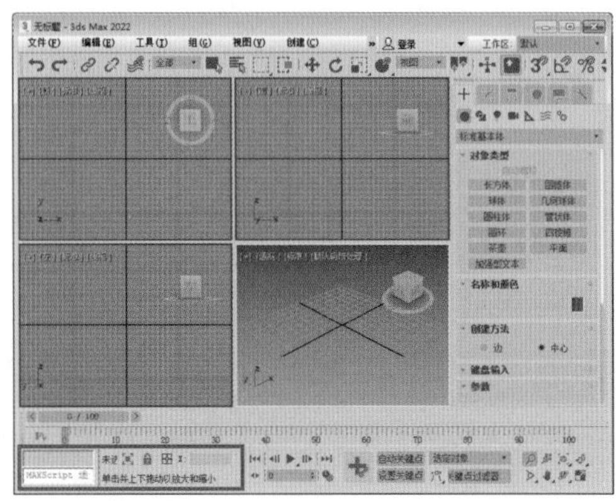

图 1-23

步骤09 视图控制区主要实现对当前视图的操作，例如可以控制摄影机的角度的改变或者将它切换成单视图显示方式等，如图1-24所示。

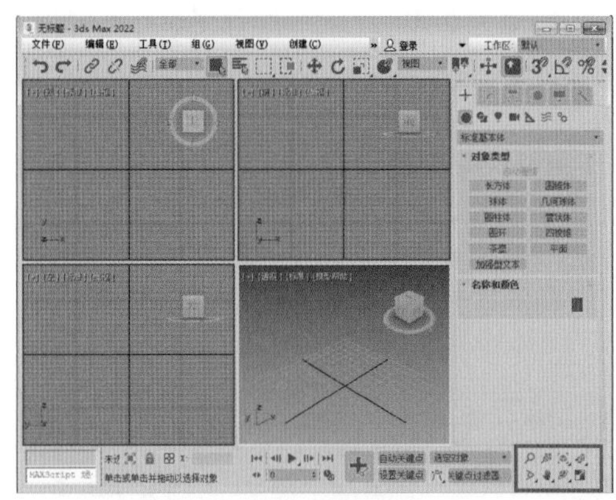

图 1-24

实例操作 3ds Max中物体的显示方式

模型在视图中有不同的显示方式，我们可以根据不同的显示方式进行不同的操作，在默认情况下模型是以实体显示的。

步骤01 【默认明暗处理】显示方式，即真实的显示方式，可以在视图中看到物体明暗的显示面及灯光效果，如图1-25所示（工程文件路径：第1章/Scenes/3ds Max中物体的显示方式.max）。

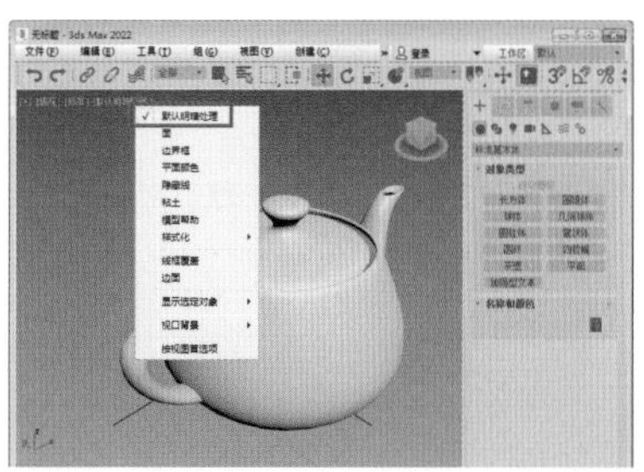

图 1-25

步骤02 【面】显示方式，即视图中的物体以网格面的效果显示，如图1-26所示。

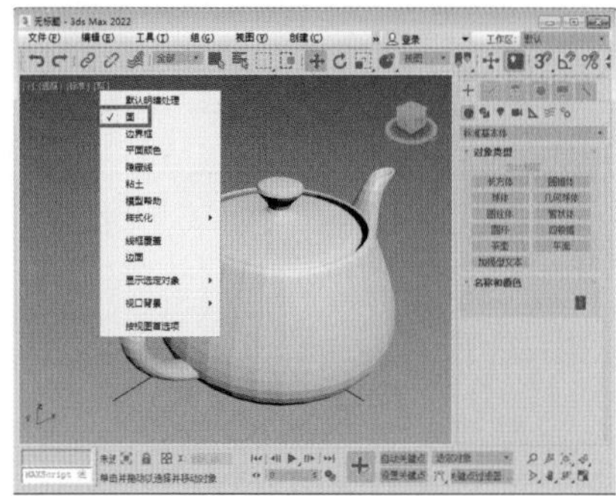

图 1-26

步骤03 【样式化】显示方式，即视图中物体的个性显示效果，如图1-27所示。

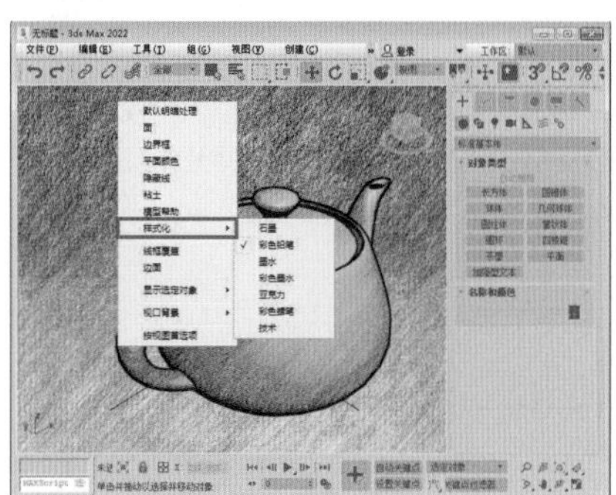

图 1-27

步骤04 【边面】显示方式，即在物体显示的基础上以线框构造形式显示，但必须与【默认明暗处理】、【平面颜色】和【样式化】等显示方式一起使用，如图1-28所示。

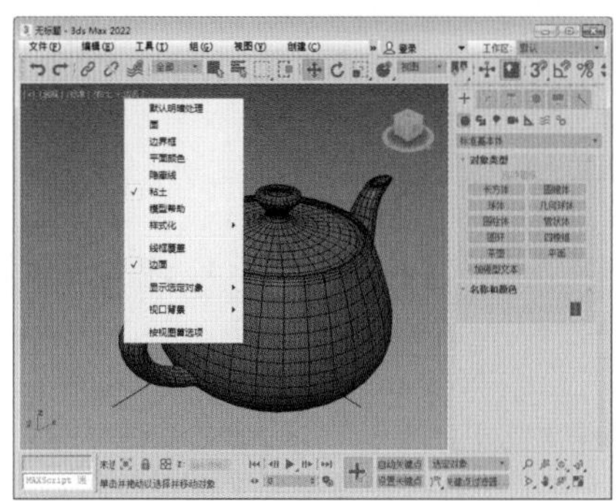

图 1-28

步骤05 【隐藏线】显示方式，即模型以它本身的网格线框形式显示，如图1-29所示，这时模型的材质是没有意义的。

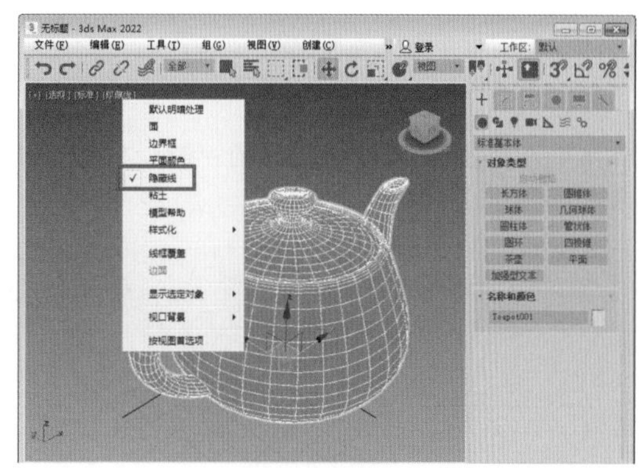

图 1-29

步骤06 【边界框】显示方式，也是最简单的一种显示方式，比较适合大型的场景，用这种显示方式可以加快视图的显示速度，如图1-30所示。

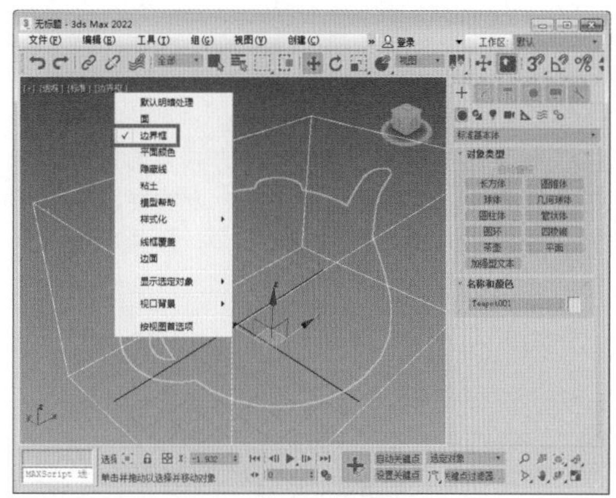

图 1-30

步骤07 在【默认明暗处理】显示方式打开时，还可以打开【边面】显示方式，如图1-31所示。这样模型既能显示出平滑的阴影面，又能显示出模型的线框结构效果，也是比较常用的一种显示方式。

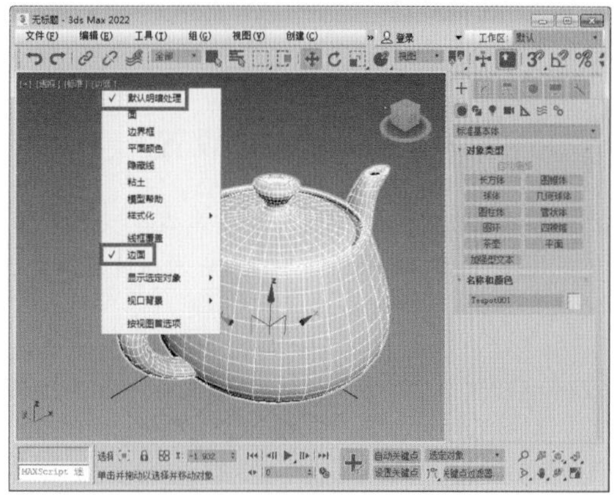

图 1-31

1.5 3ds Max的视图布局

3ds Max的视图布局默认为四视图布局方式，4个视图是均匀划分的，在默认情况下左上角是它的当前属性标志。

4个常用视图，即顶视图、前视图、左视图和透视图，如图1-32所示。

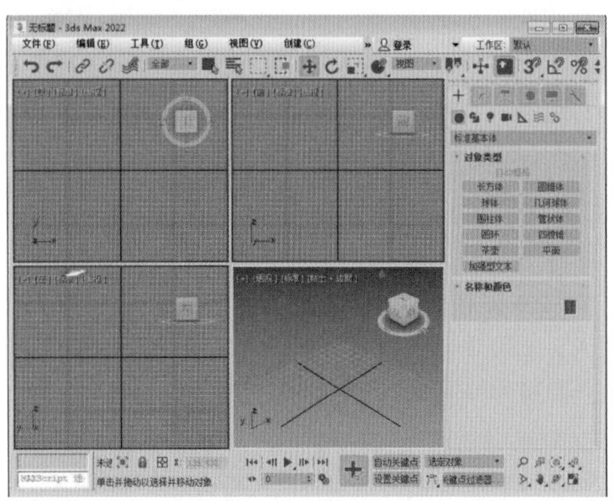

图1-32

其他视图的操作，具体操作方法是用鼠标选择需要更改的视图，然后单击视图左上方的视图名称（如顶），弹出如图1-33所示的隐藏菜单，用鼠标选择将要更换的视图即可。

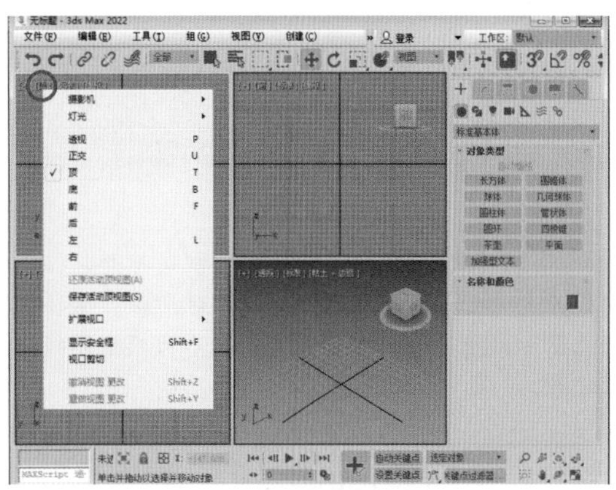

图1-33

实例操作 3ds Max的视图设置

步骤01 视图设置的具体操作方法是在主菜单栏中选择【视图】/【视口配置】菜单命令，打开【视口配置】对话框，如图1-34所示。

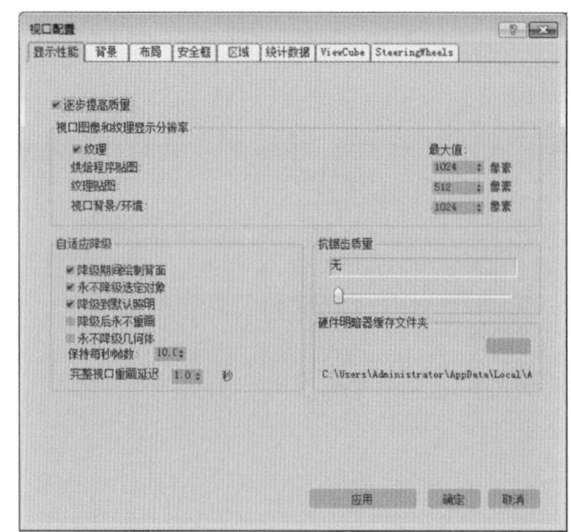

图1-34

步骤02 【显示性能】选项卡。在该界面中可以更改着色视图中的显示状态，以便显示能够与当前操作保持同步，如图1-35所示。

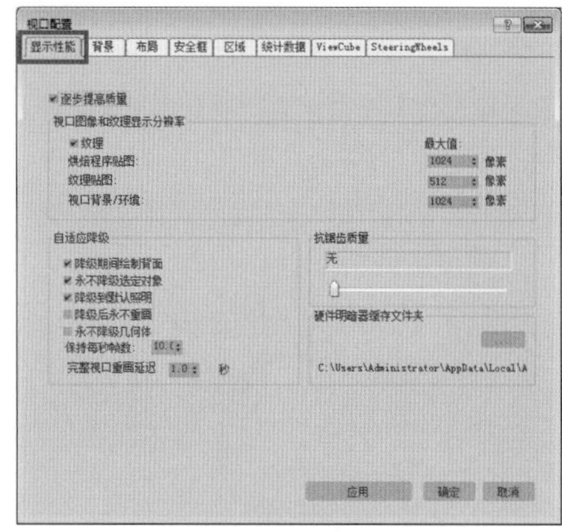

图1-35

步骤03 【背景】选项卡。其主要用来控制视觉样式外观区域，在该界面中可以设置一些不同的渲染级别及渲染属性，如图1-36所示。

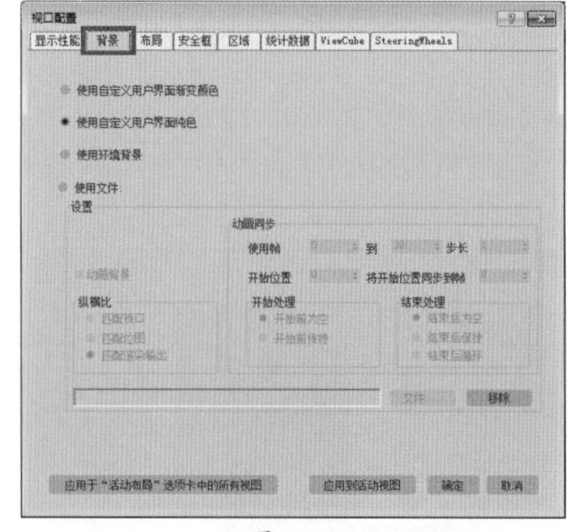

图1-36

步骤04 【布局】选项卡。通过更改视图设置来改变视图的布局，这可以很方便地设置适合我们工作的视图布局，如图1-37所示。

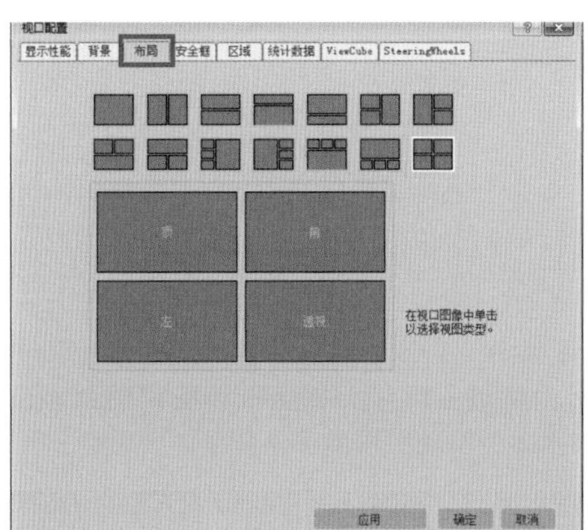

图1－37

步骤05【安全框】选项卡。该界面为安全框设置界面，其主要目的是表明显示在TV监视器上的工作的安全区域，如图1-38所示。

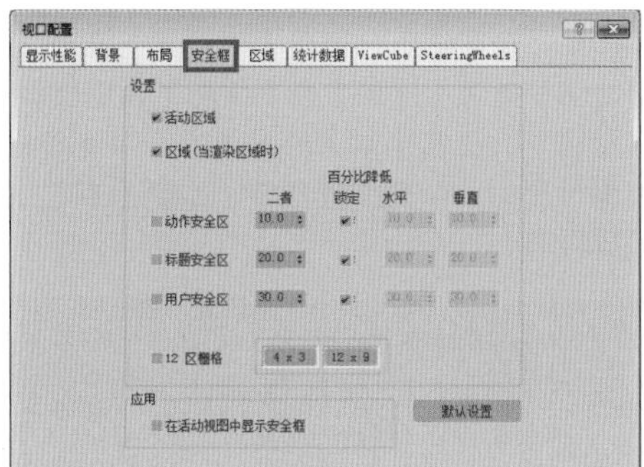

图1－38

步骤06【区域】选项卡。在该界面中可以指定【放大区域】和【子区域】的默认选择矩形大小，以及设置虚拟视图的参数，如图1-39所示。

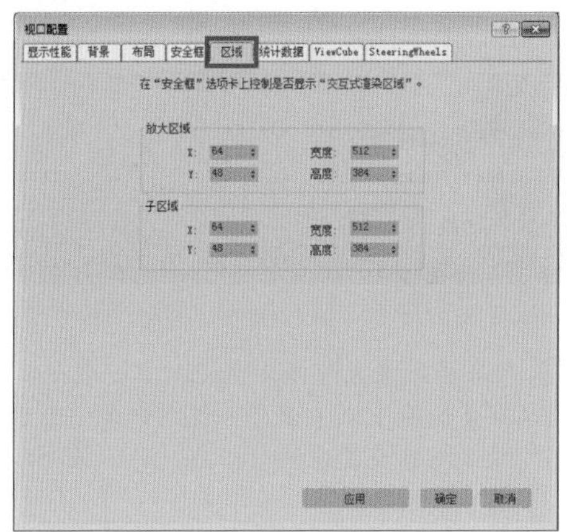

图1－39

实例操作 3ds Max的视图背景

视图背景的作用是，在当前窗口区域，可以将图像引入作为我们制作的参考图像。下面详细讲述如何将我们准备好的图片作为视图背景显示。

步骤01 在主菜单栏中选择【视图】/【视口背景】/【配置视口背景】菜单命令，打开【视口配置】对话框，如图1-40所示（工程文件路径：第1章/Scenes/3ds Max的视图背景.max）。

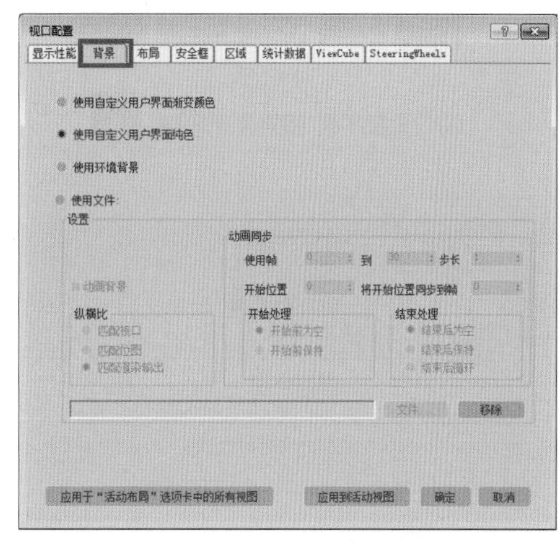

图1-40

步骤02 选择【使用文件】选项，激活文件设置选项，效果如图1-41所示。

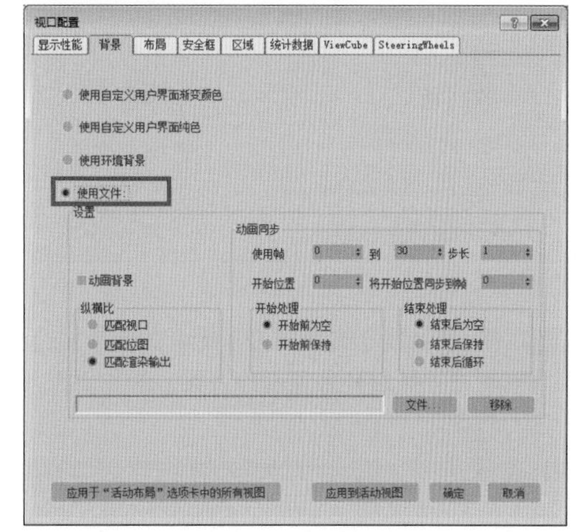

图1－41

知识拓展

除了上述为视口添加背景图片的方法，我们还可以更改视口背景的颜色为渐变色或纯色。具体的操作方法是：【视图】/【视口背景】/【渐变颜色】；【视图】/【视口背景】/【纯色】。

步骤03 单击【文件】按钮，打开【选择背景图像】对话框，如图1-42所示。选择准备好的图片，单击【打开】按钮。

步骤04 在【视口配置】对话框中，在【纵横比】区域选择【匹配位图】选项，如图1-43所示，这样图片加入背景视图中后就会自动匹配视图。

图 1-42

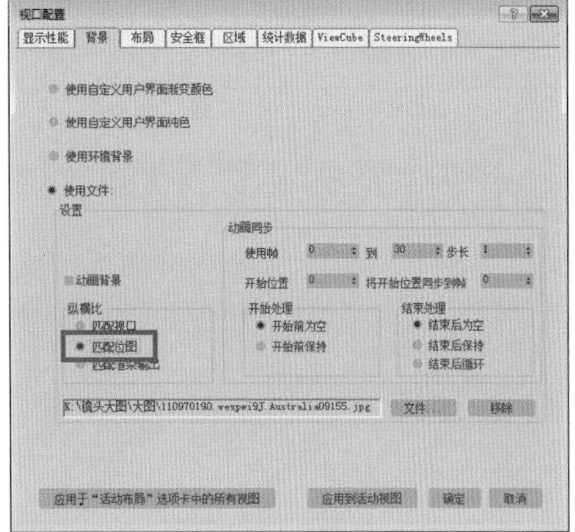

图 1-43

步骤05 单击【确定】按钮，图片就会出现在3ds Max的窗口视图中，该图片就可以作为我们制作模型的参考图片，如图1-44所示。

图 1-44

实例操作 操作视图

操作视图主要通过右下角的视图操作工具来实现，根据视图的内容不同，它的内容也会发生相应的变化，如图1-45所示（工程文件路径：第1章/Scenes/操作视图.max）。

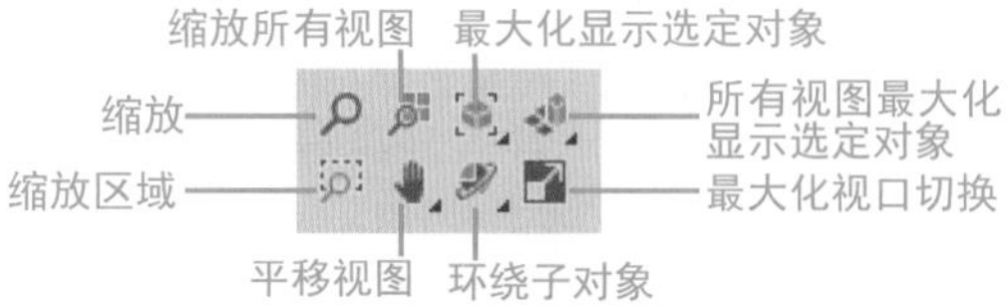

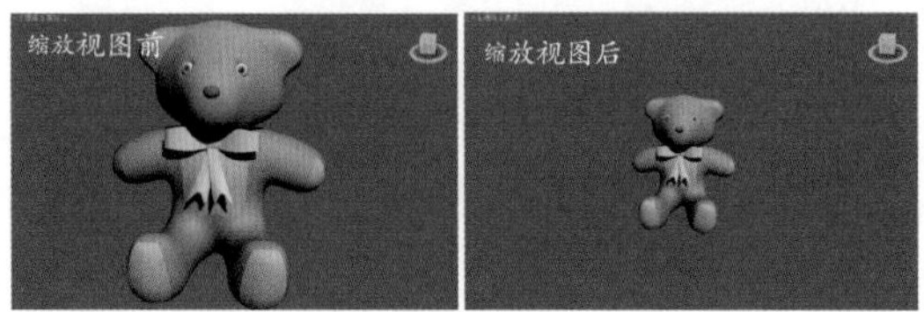

图 1-45

步骤01 缩放。当在【透视】或【正交】视图中进行拖动时，使用【缩放】功能可调整视图放大值，如图1-46所示，缩放视图后物体在窗口中显示变小。

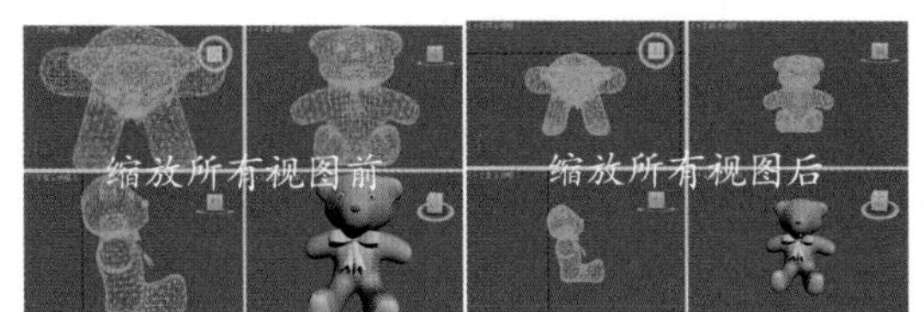

图 1-46

步骤02 缩放所有视图。使用【缩放所有视图】功能可以同时调整所有【透视】和【正交】视图的放大值。在默认情况下，使用【缩放所有视图】功能将放大或缩小视图的中心，如图1-47所示，缩放所有视图后所有的视图均变小。

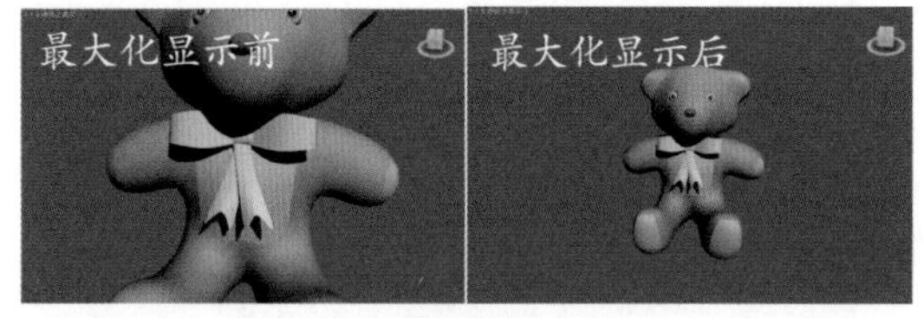

图 1-47

步骤03 最大化显示选定对象。在【透视】或【正交】视图中居中显示。当在单个视图中查看场景的每个对象时，这个功能非常有用，如图1-48所示。

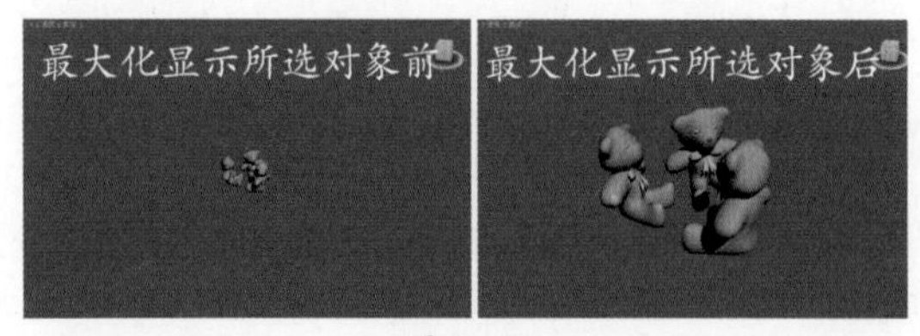

图 1-48

步骤04 所有视图最大化显示选定对象。将选定对象或对象集在【透视】或【正交】视图中居中显示。当你要浏览的小对象在复杂场景中丢失时，该功能非常有用，如图1-49所示。

图 1-49

步骤05 缩放区域。使用【缩放区域】功能可放大在视图内拖动的矩形区域。仅当活动视图是正交、透视或用户三向投影视图时，该功能才可用，并且该功能不可用于摄影机视图，如图1-50所示。

图1-50

步骤06 平移视图。使用【平移视图】功能可以在与当前视图平面平行的方向上移动视图，还可以通过按下鼠标中键，同时在视图中拖动来进行平移，从而无须启用【平移】按钮即可进行平移，如图1-51所示。

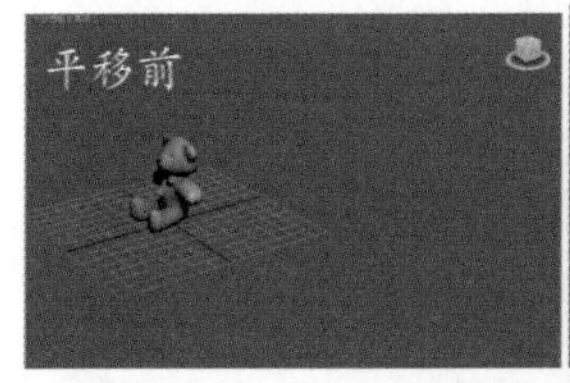

图1-51

步骤07 环绕子对象。使用该功能可以使视图围绕中心旋转，如图1-52所示。

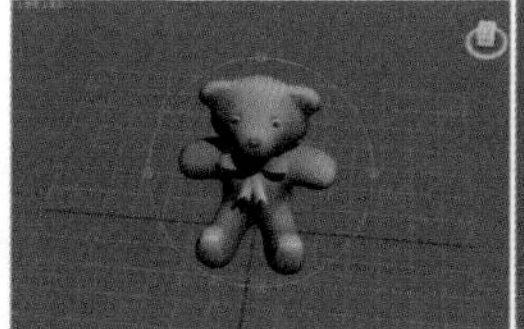

图1-52

步骤08 最大化视口切换。使用【最大化视口切换】功能可在其正常大小和全屏大小之间进行切换，如图1-53所示。

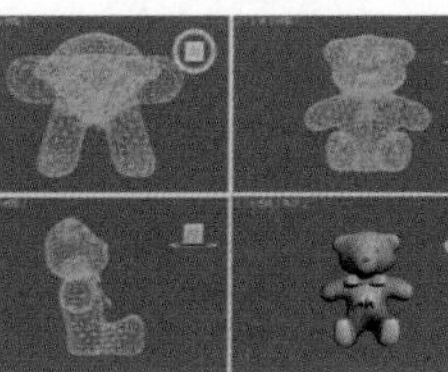

图1-53

实例操作 加速显示

在对比较大的模型或场景进行显示操作时，我们需要掌握一些加速显示的技巧。

比如在以单视图方式显示比较复杂的室内模型（见图1-54）时，为了加速显示，可以去除显示的过程，具体操作方法是在【视图】菜单中选择【边界框】选项，这样就会出现如图1-55所示的画面，在移动或旋转模型时会以模型的边界框显示，以加快显示速度。

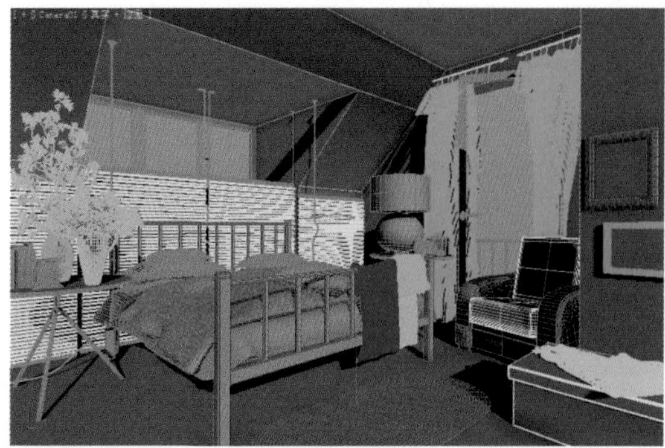

图1-54

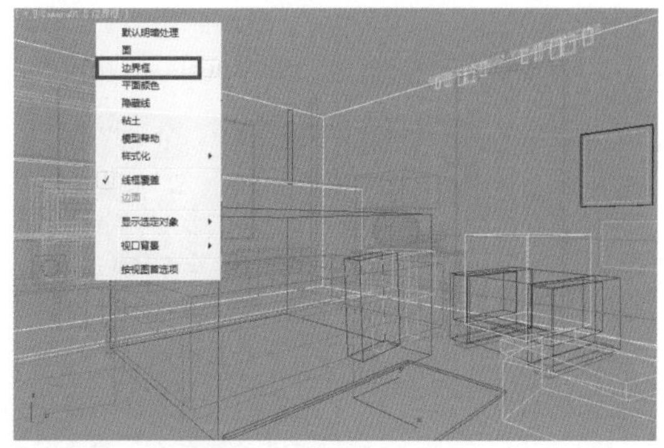

图1-55

实例操作 隐藏物体

步骤01 隐藏冻结物体，对视图中物体的显示，可以进行隐藏和冻结操作，一般情况下使用显示命令面板来进行隐藏和冻结设置。首先讲述隐藏卷展栏，单击按钮，隐藏卷展栏如图1-56所示。

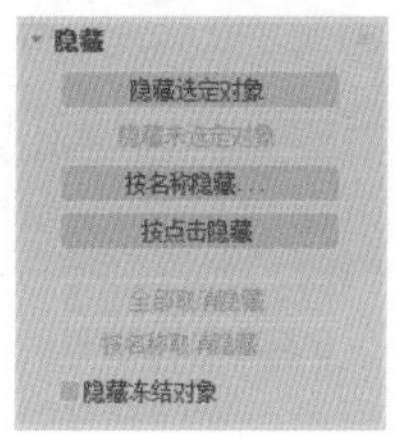

图1-56

步骤02 隐藏选定对象，即将选中的视图中的物体加以隐藏。选择Teapot001，单击【隐藏选定对象】按钮，蓝色的茶壶迅速被隐藏，如图1-57所示（工程文件路径：第1章/Scenes/隐藏物体.max）。

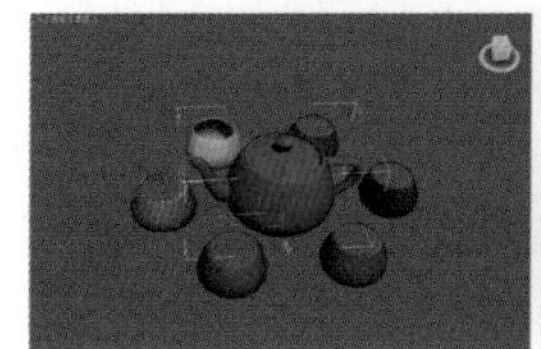

图1-57

步骤03 隐藏未选定对象，即隐藏除选定对象外的其他所有可见对象。使用此方法可以隐藏除正在处理的对象外的其他所有对象。选择蓝色的茶壶，单击【隐藏未选定对象】按钮，6个茶杯迅速被隐藏，如图1-58所示。

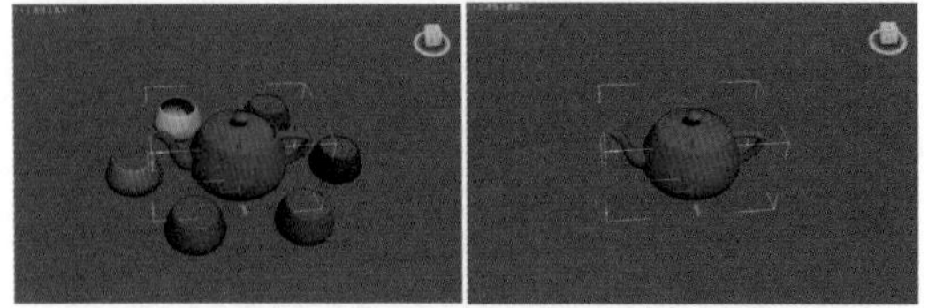

图 1-58

步骤04 按名称隐藏…，显示一个对话框，使用这个对话框可以隐藏从列表中选择的对象。打开【隐藏对象】对话框，选择Teapot001，然后单击【隐藏】按钮，蓝色的Teapot001物体迅速被隐藏，如图1-59所示。

图 1-59

步骤05 按点击隐藏，即隐藏在视图中单击的所有对象。如果按住【Ctrl】键的同时选择某对象，则将隐藏该对象及其所有子对象。若要退出【按点击隐藏】模式，则使用鼠标右键单击，按【Esc】键，或选择不同功能。如果隐藏场景中的所有对象，则此模式将自动关闭。单击【按点击隐藏】按钮，然后单击蓝色的茶壶和紫色的茶杯，则这两个物体立刻被隐藏，如图1-60所示。

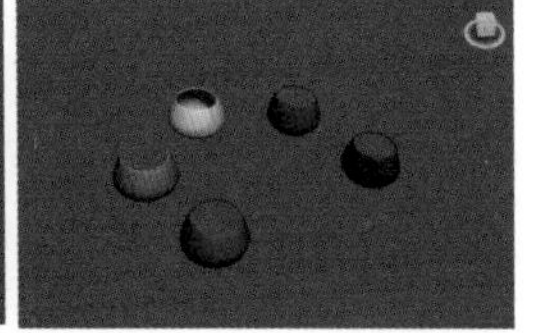

图 1-60

步骤06 全部取消隐藏，即将所有隐藏的对象都取消隐藏。仅在指定隐藏一个或多个对象时，此【全部取消隐藏】按钮才可用。如图1-61左图所示，场景中的所有物体已经被隐藏，如果想全部显示，则单击【全部取消隐藏】按钮，这时被隐藏的物体又会显示在视图中，如图1-61右图所示。

图 1-61

步骤07 按名称取消隐藏，显示一个对话框，使用这个对话框取消隐藏从列表中选择的对象。打开【隐藏对象】对话框，选择刚才隐藏的两个物体，单击【取消隐藏】按钮，被隐藏的物体通过名称的选择被显示出来，如图1-62所示。

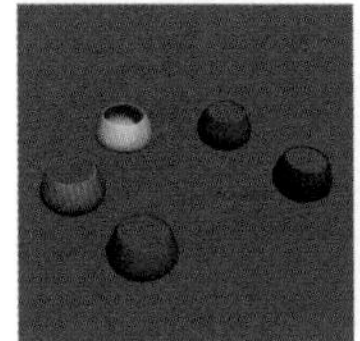
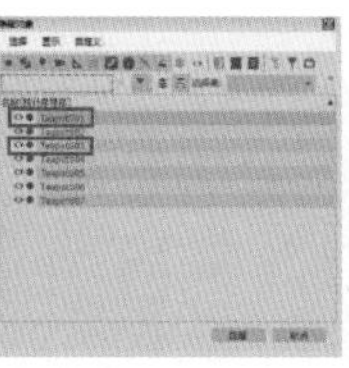

图 1-62

实例操作 冻结物体

步骤01 冻结卷展栏如图1-63所示。冻结卷展栏提供了通过选择单独对象来对其进行冻结或解冻的控制。使用冻结功能后，冻结的对象仍会保留在屏幕上，但是不能对其进行选择、变换或修改。在默认情况下，冻结的对象呈现暗灰色。

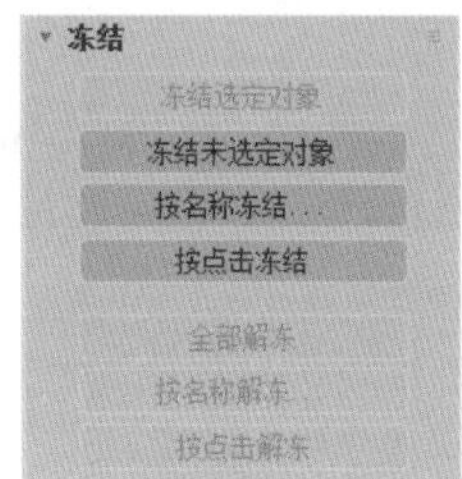

图 1-63

步骤02 冻结选定对象，即冻结所选择的物体。下面我们用3个颜色不同的卡通模型作为实验对象。选择红色的卡通模型，单击【冻结选定对象】按钮，红色的卡通模型立刻呈现暗灰色，表示红色的卡通模型被冻结，如图1-64所示（工程文件路径：第1章/Scenes/冻结物体.max）。

图 1-64

步骤03 冻结未选定对象，即冻结除选定对象外的其他所有可见对象。使用此方法可以快速冻结除正在处理的对象外的其他所有对象。首先选择白色的卡通模型，然后单击【冻结未选定对象】按钮，则另外两个卡通模型被冻结，如图1-65所示。

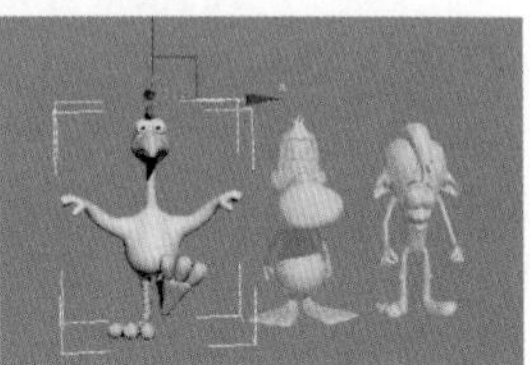

图 1-65

步骤04 按名称冻结…，显示一个对话框，该对话框用于从列表中选择要冻结的对象。场景中没有冻结的物体。单击【按名称冻结…】按钮，打开对话框，选择灰色的卡通模型，然后单击【冻结】按钮，灰色的卡通模型就会被冻结，变成暗灰色，如图1-66所示。

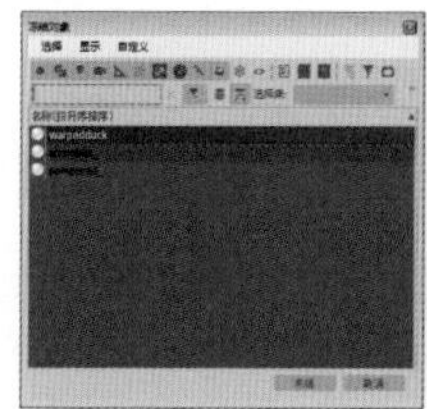

图1-66

步骤05 按点击冻结，即冻结在视图中单击的所有对象。如果在选择对象的同时按住【Ctrl】键，则该对象及其所有子对象会全部冻结。若要退出【按点击冻结】模式，则使用鼠标右键单击，按【Esc】键，或选择不同功能。如果冻结了场景中的所有对象，则该模式将自动禁用。单击【按点击冻结】按钮，然后在视图中单击白色的卡通模型和红色的卡通模型，则这两个物体被冻结，如图1-67所示。

图1-67

步骤06 全部解冻，即将所有冻结的对象全部解冻。如图1-68左图所示，3个物体全部被冻结，单击【全部解冻】按钮，则3个物体被解冻，如图1-68右图所示。

图1-68

步骤07 按名称解冻…，显示一个对话框，该对话框用于从列表中选择要解冻的对象。如图1-69所示，视图中有两个物体被冻结，现在让其中红色的卡通模型解冻，单击【按名称解冻…】按钮，打开对话框，选择pompisred_，单击【解冻】按钮，红色的卡通模型被解冻。

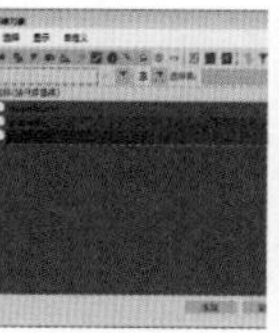

图1-69

步骤08 按点击解冻，即解冻在视图中单击的所有对象。如果在选择对象的同时按住【Ctrl】键，则该对象及其所有子对象会全部解冻。如图1-70左图所示，视图中有两个物体被冻结，现在让其中白色的卡通模型解冻，单击【按点击解冻】按钮，然后在视图中白色的卡通模型上单击，白色的卡通模型被解冻，如图1-70右图所示。

图1-70

3ds Max

第2章 对象的选择和变换

本章导读

3ds Max中的大多数操作都是先选定场景中要操作的对象，然后执行相应的操作命令。因此，学习对象的选择和变换对于前期建模和设置动画至关重要。

2.1 选择对象的基本知识

最基本的选择方法：使用鼠标选择或者鼠标与键盘配合使用。图2-1所示为在物体不同的显示方式下对物体的选择。

图2-1

选择对象最常用的方法有3种：一是单击工具栏中的选择按钮；二是在对象列表中选择；三是在任何视图中，将光标移到要选择的对象上。当光标位于可选择对象上时，它会变成小十字叉。对象的有效选择区域取决于对象的类型及视图中的显示模式。在着色模式中，对象的任一可见曲面都有效。在线框模式中，对象的任一边或分段都有效，包括隐藏的线。当光标显示为选择十字叉时，单击以选择该对象（并取消选择任何先前选择的对象）。选定的线框对象变成白色。

2.1.1 按区域选择

借助于区域选择工具，使用鼠标即可通过轮廓或区域选择一个或多个对象。如果在指定区域时按住【Ctrl】键，则影响的对象将被添加到当前选择中。反之，如果在指定区域时按住【Alt】键，则影响的对象将从当前选择中移除。

按区域选择主要包括五方面的内容，即矩形区域选择、圆形区域选择、围栏区域选择、套索区域选择和绘制区域选择，如图2-2所示。

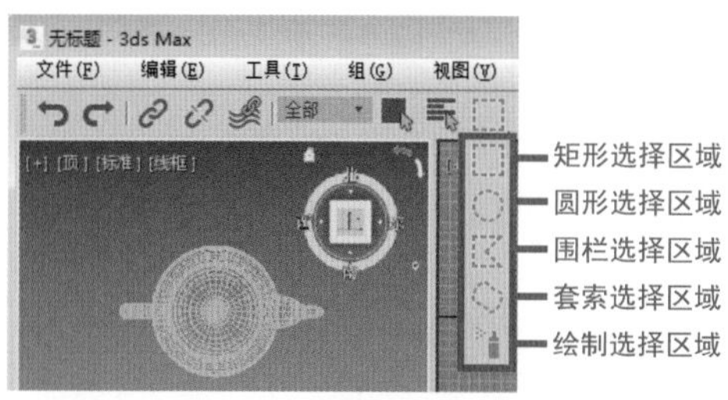

图 2–2

实例操作 按区域选择实例

步骤01 矩形区域选择。具体操作方法是先单击【矩形选择区域】按钮，然后在视图中拖动鼠标并释放。单击的第一个位置是矩形的一个角，释放鼠标的位置是其相对的角。若要取消该选择，则释放鼠标前用右键单击即可，如图2-3所示。

图 2–3

步骤02 圆形区域选择。单击【圆形选择区域】按钮，在视图中拖动鼠标并释放。单击的位置是圆形的圆心，释放鼠标的位置定义了圆的半径。若要取消该选择，则释放鼠标前用右键单击即可，如图2-4所示。

图 2–4

步骤03 围栏区域选择。围栏区域选择操作比较复杂，首先单击【围栏选择区域】按钮，然后拖动鼠标以绘制多边形的第一条线段，释放鼠标。此时，光标会附有一个“橡皮筋线”，固定在释放点。移动鼠标并单击以定义围栏的下一条线段。可根据需要任意重复此步骤。要完成该围栏，单击第一个点或双击，如图2-5所示。

图 2–5

知识拓展

需要注意的是，当距离近到足以单击第一个点时，会出现一对十字线，这样就创建了一个封闭的围栏。双击可以创建一个开放的围栏，这种围栏只能通过交叉方法选择对象。若要取消该选择，则释放鼠标前用右键单击即可。

步骤04 套索区域选择。使用该方法可以通过鼠标操作在复杂或不规则的区域内选择多个对象。使用方法：单击【套索选择区域】按钮，围绕应该选择的对象拖动鼠标以绘制图形，然后释放鼠标，如图2-6所示。

步骤05 绘制区域选择。使用该方法可通过将鼠标光标放在多个对象或子对象之上来选择多个对象或子对象。使用方法：单击【绘制选择区域】按钮，将鼠标光标拖动至对象之上，然后释放鼠标。在进行拖动时，鼠标光标周围将会出现一个以笔刷大小为半径的圆圈，如图2-7所示。

2.1.2 按名称选择

按名称选择，可在【从场景选择】对话框中按对象的指定名称选择对象，从而完全避免了用鼠标单击的操作。尤其在物体比较多的场景中，按名称选择用得比较多。

图 2-6

图 2-7

实例操作 按名称选择实例

步骤01 如图2-8所示，打开一个3ds Max实例场景，在场景中有很多一样的物体，这样用鼠标选择的时候很容易选择错误（工程文件路径：第2章/Scenes/按名称选择实例.max）。

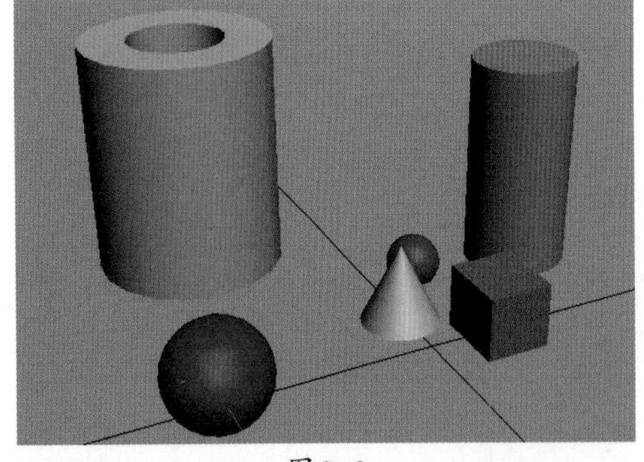
图 2-8

步骤02 在工具栏中单击【按名称选择】按钮，打开【从场景选择】对话框，选择你需要选择的物体，单击【确定】按钮，如图2-9所示。

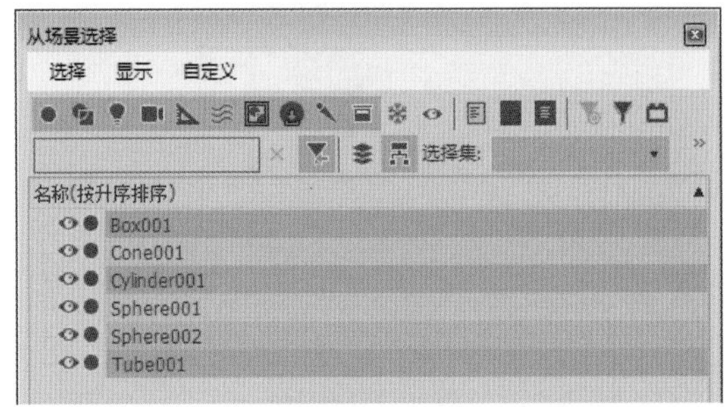

图 2-9

步骤03 此时，上一步选择的物体如图2-10所示。

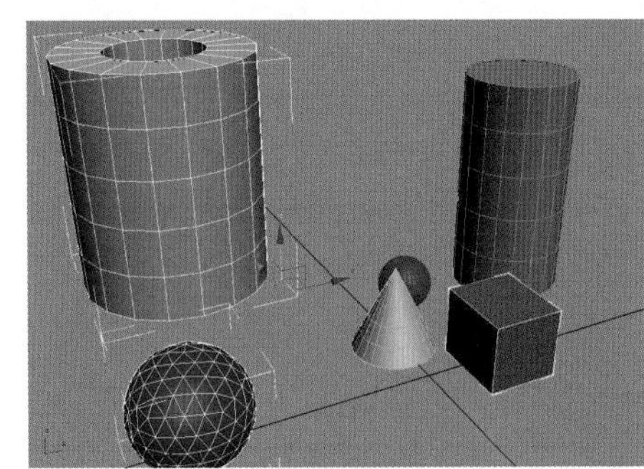
图 2-10

2.1.3 使用命名选择集

使用【命名选择集】功能可以为当前选择指定名称，随后通过从列表中选取其名称来重新选择这些对象。它可以为不同类型的物体建立不同的集合，而且在场景中每个物体又都是单独的个体。下面通过一个例子来说明选择集合是如何操作的。

实例操作 命名选择集的应用

步骤01 首先认识一下【命名选择集】对话框。单击按钮，打开【命名选择集】对话框，如图2-11所示（工程文件路径：第2章/Scenes/命名选择集的应用.max）。

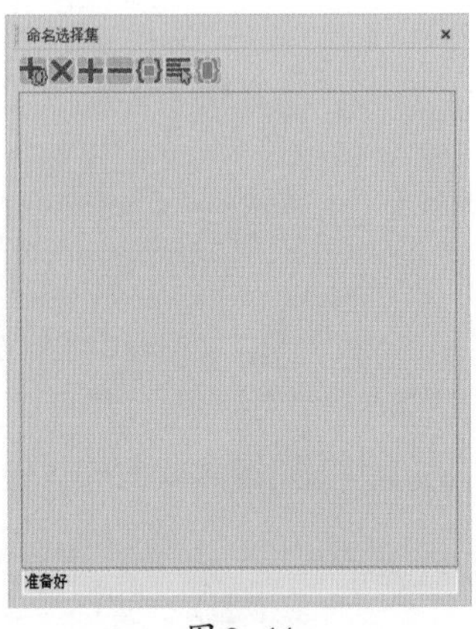

图 2-11

步骤02 打开3ds Max软件，创建一个场景。如图2-12所示，可以看出，在这个场景中有A、B、C 3种不同形状的物体，并且每种形状中有一个物体的颜色与其他两个物体是不一样的。

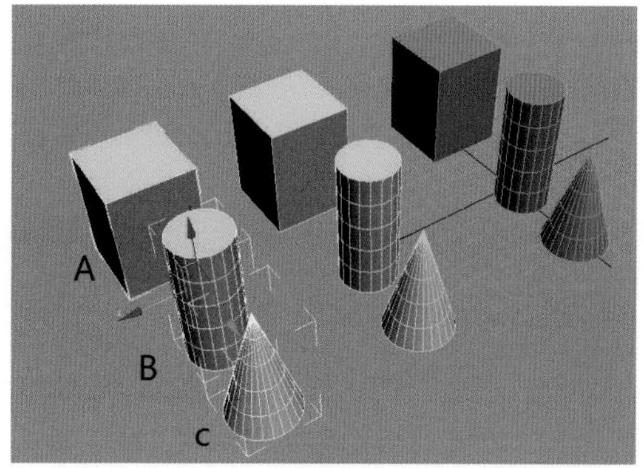

图2-12

步骤03 选择两个颜色一样的C物体，打开【命名选择集】对话框，单击【创建新集】按钮，如图2-13所示，可以看到两个颜色一样的C物体自动组成了一个集合。

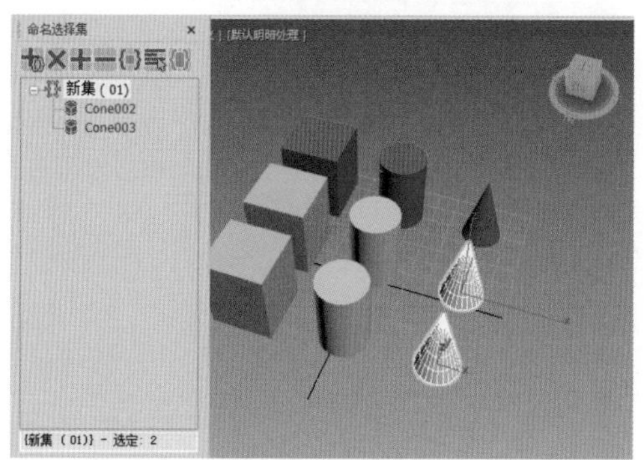

图2-13

步骤04 选择两个颜色一样的B物体，单击【创建新集】按钮，可以看到在C集合下面又有了一个新的B集合，如图2-14所示。

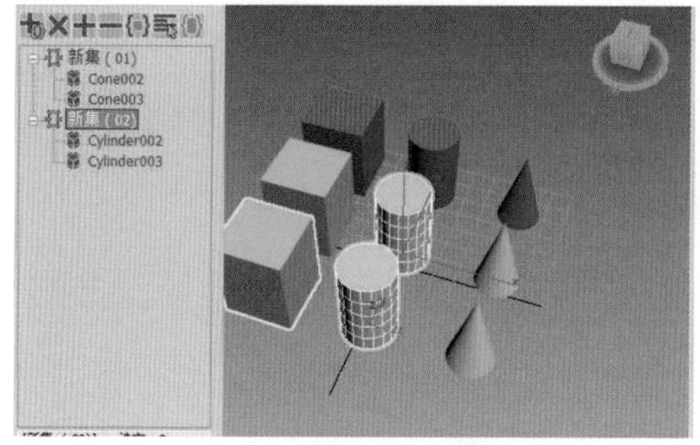

图2-14

步骤05 当然，如果要将剩余的一个C物体加入刚才由两个颜色一样的C物体组成的集合中也很简单，只要选择这个剩余的C物体，单击如图2-15所示的按钮就可以了。该操作表示添加一个新的物体到现有的集合中。

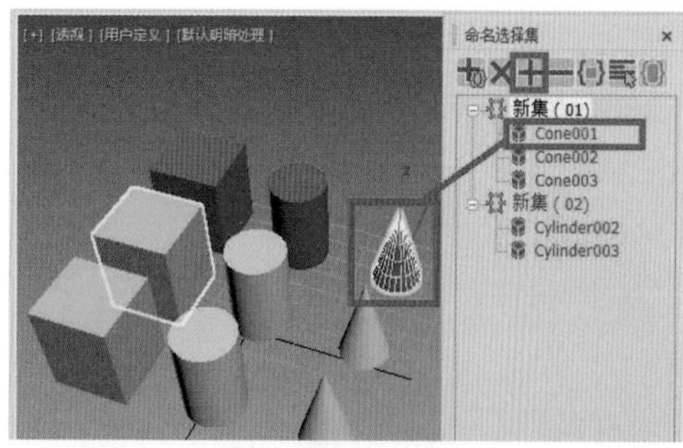

图2-15

步骤06 同样的道理，如果要从现有的集合中去掉一个物体，则首先双击选择要去掉的物体，然后只需单击按钮就可以了。该操作表示从现有的集合中去掉一个物体。如图2-16所示，表示将Cone002从现有的集合中去掉。

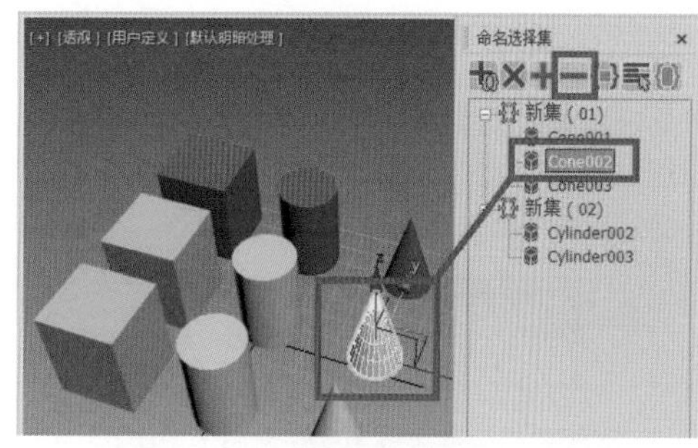

图2-16

步骤07 选择集合对象，即选择当前命名选择集中的所有对象。这里需要注意的是，在【命名选择集】对话框中，只有用鼠标双击才能选择视图中的物体，比如用鼠标双击C集合，则场景中的Cone001、Cone002、Cone003物体同时被选择。用鼠标双击Cone001，则表示视图中的Cone001物体被选择，而单击鼠标只是选择了物体的名称，视图中的物体不能被选择。但是如图2-17所示，用鼠标单击Cone002，然后单击【选择集合对象】按钮，则集合中的所有物体被选择。

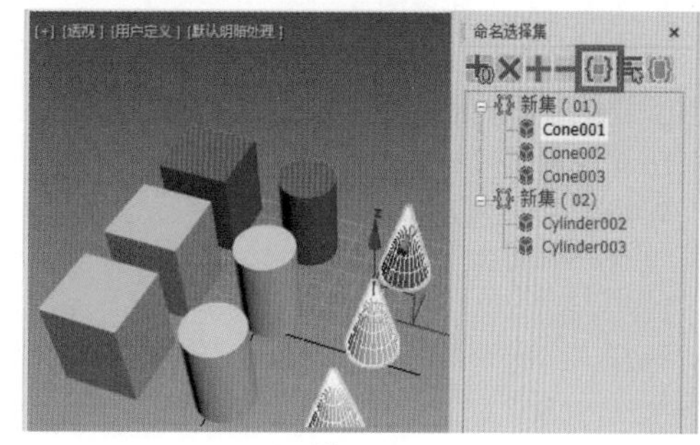

图2-17

步骤08 按名称选择对象，如图2-18所示，单击【按名称选择对象】按钮，打开【选择对象】对话框，选择将要成为集合的对象，单击【选择】按钮，再单击按钮，这3个物体将会成为一个集合。

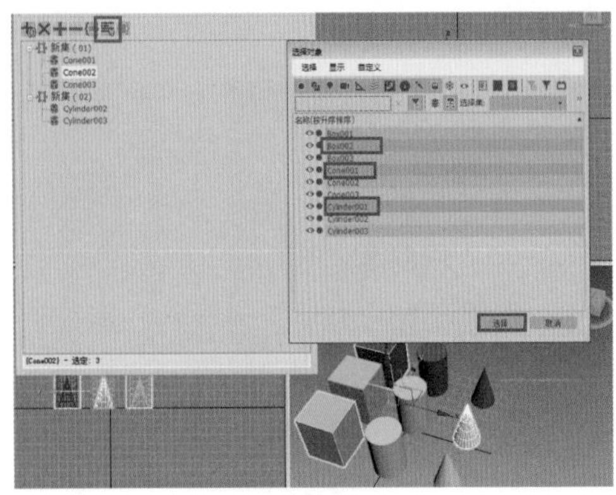

图 2-18

2.1.4 使用选择过滤器

单击主工具栏中的选择过滤器列表，来禁用特定类别对象的选择。在默认情况下，可以选择所有类别，但可以设置选择过滤器，以便仅选择一种类别（例如L-灯光）。也可以创建过滤器组合以添加至列表中。为了在处理动画时更易于使用，可以选择过滤器，以便通过该过滤器仅选择骨骼、IK链中的对象或点。选择过滤器列表如图2-19所示。

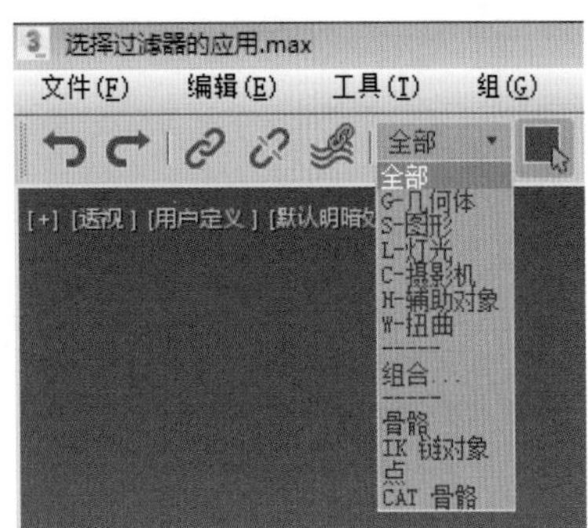

图 2-19

全部：可以选择所有类别。这是默认设置。

G-几何体：只能选择几何对象，包括网格、面片及该列表未明确包括的其他类型对象。

S-图形：只能选择图形。

L-灯光：只能选择灯光（及其目标）。

C-摄影机：只能选择摄影机（及其目标）。

H-辅助对象：只能选择辅助对象。

W-扭曲：只能选择空间扭曲。

组合…：显示用于创建自定义过滤器的【过滤器组合】对话框。

骨骼：只能选择骨骼对象。

IK链对象：只能选择IK链中的对象。

点：只能选择点对象。

CAT骨骼：只能选择CAT的骨骼系统。

实例操作 选择过滤器的应用

步骤01 打开一个实例场景，如图2-20所示。在主工具栏中的选择过滤器列表中选择G-几何体，表示只能选择几何对象，这时视图中的灯光是不能被选择的（工程文件路径：第2章/Scenes/选择过滤器的应用.max）。

步骤02 但是，假如在主工具栏中的选择过滤器列表中选择L-灯光，则表示只能选择灯光（及其目标），这时视图中的几何体是不能被选择的，如图2-21所示。

步骤03 这里再详细介绍一下组合…，其显示用于创建自定义过滤器的【过滤器组合】对话框，如图2-22所示。

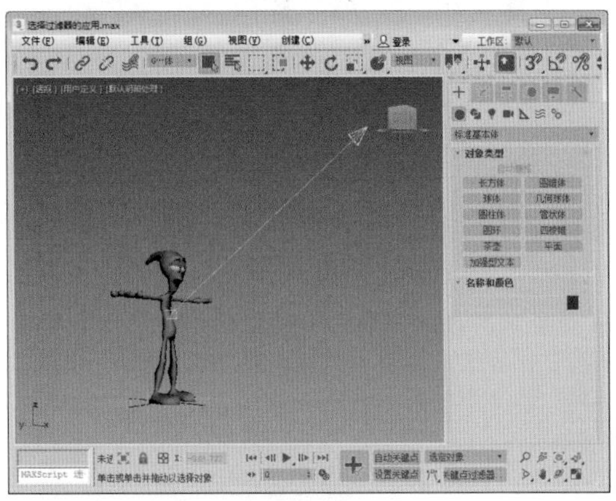

图 2-20

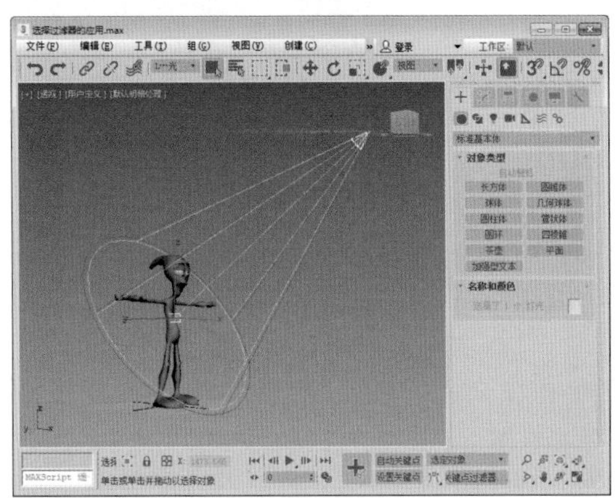

图 2-21

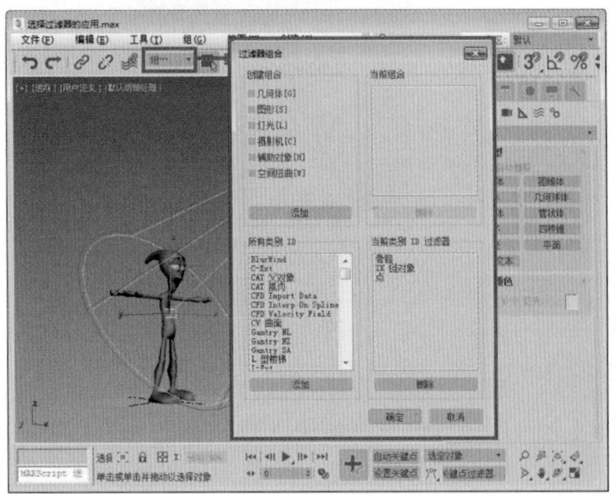

图 2-22

实例操作 创建组合过滤器

创建组合过滤器的具体操作步骤如下。

步骤01 打开选择过滤器列表，选择【组合…】选项，弹出【过滤器组合】对话框，如图2-23所示。

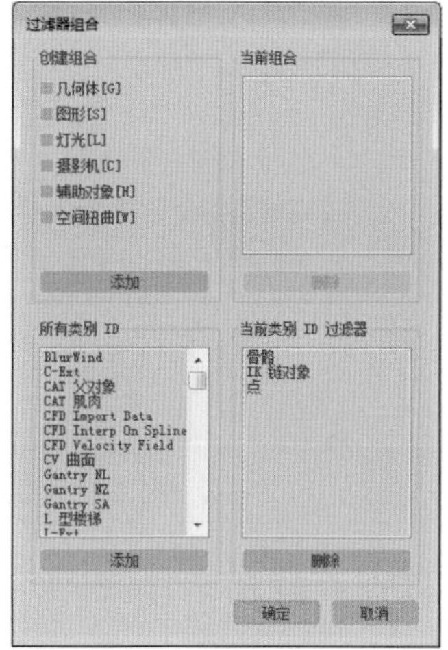

图 2-23

步骤02 在【创建组合】选项组中启用一个或多个复选框，如图2-24所示，勾选【几何体】、【灯光】和【摄影机】复选框，然后单击【添加】按钮，在【当前组合】区域中会出现GLC，表示创建组合成功。

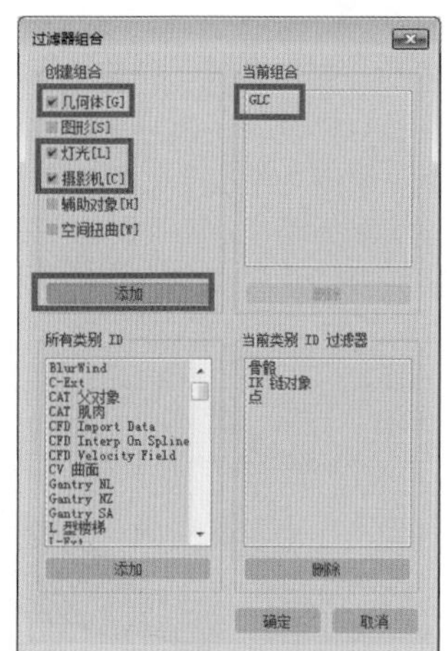

图 2-24

步骤03 单击【确定】按钮，新组合项目将显示在选择过滤器列表中，如图2-25所示。

2.1.5 孤立当前选择

在主菜单栏中的【工具】菜单中，可以选择【孤立当前选择】选项，如图2-26所示。【孤立当前选择】工具暂可用于在暂时隐藏场景其余对象的基础上来编辑单一对象或一组对象，这样可防止在处理选定对象时选择其他对象，专注于需要看到的对象，无须为周围的环境分散注意力；同时，也可以降低由于在视图中显示其他对象而造成的显示过慢。

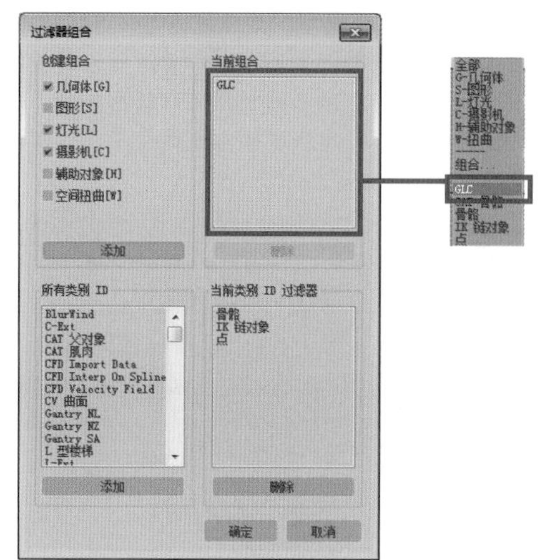

图 2-25

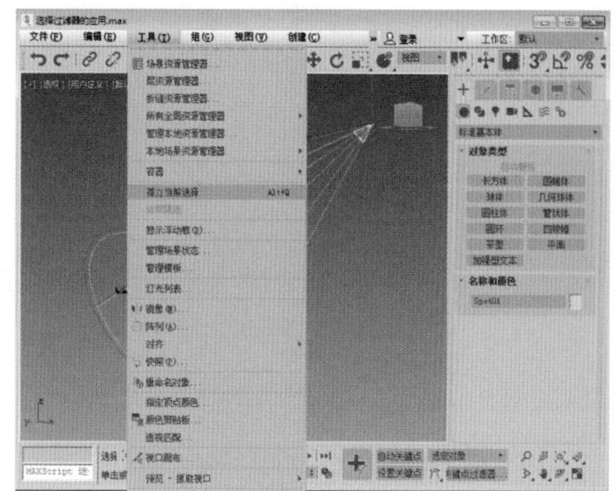

图 2-26

实例操作 孤立当前选择实例

步骤01 创建一个实例场景，如图2-27所示。场景中有两个管状体，即一个蓝色的模型和一个黄色的模型，现在要选择蓝色的模型进行一些操作，这时就需要用到【孤立当前选择】工具（工程文件路径：第2章/Scenes/孤立当前选择实例.max）。

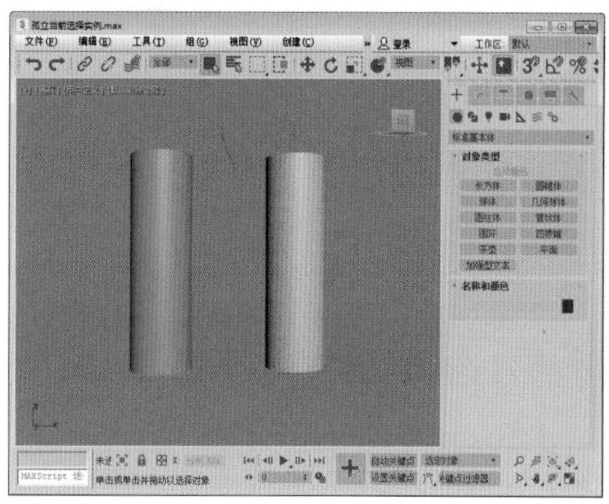

图 2-27

步骤02 选择蓝色的模型，然后选择【工具】/【孤立当前选择】菜单命令，如图2-28所示，蓝色的模型被孤立，这时就可以对蓝色的模型进行任意操作，而不受其他影响。要想退出当前模式也很简单，只需单击退出孤立模式就可以了。

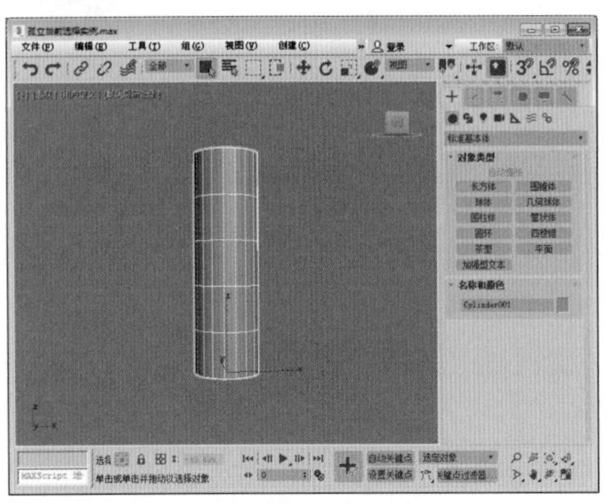

图 2-28

步骤03 也可以通过按下键盘上的【Alt+Q】快捷键来孤立当前选择的对象。具体的操作方法是，选择蓝色的模型，然后按下【Alt+Q】快捷键，蓝色的模型就会被孤立，如图2-29所示。

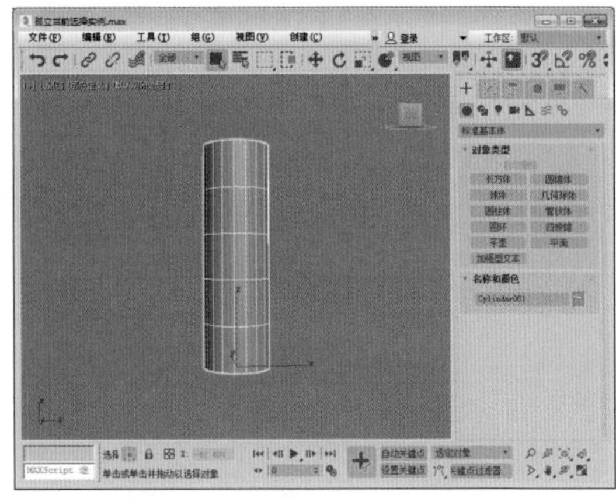

图 2-29

2.2 变换命令

基本的变换命令包括更改对象的位置、旋转或缩放，这些命令位于默认的主工具栏中。在默认的四元菜单中也提供了这些命令。

2.2.1 选择并移动

使用选择并移动按钮可以选择并移动对象。若要移动单个对象，则无须先单击选择并移动按钮。当该按钮处于活动状态时，单击对象进行选择，并拖动鼠标以移动该对象，如图2-30所示。

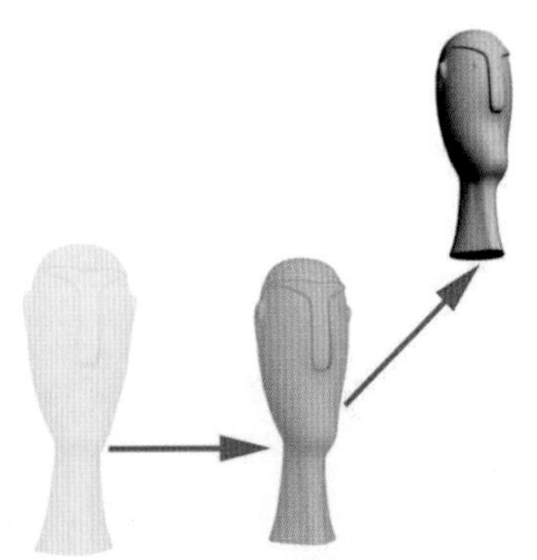

图 2-30

2.2.2 选择并旋转

使用选择并旋转按钮可以选择并旋转对象。若要旋转单个对象，则无须先单击该按钮。当该按钮处于活动状态时，单击对象进行选择，并拖动鼠标以旋转该对象，如图2-31所示。在围绕一个轴旋转对象时，不要旋转鼠标以期望对象按照鼠标运动来旋转，只要直上直下地移动鼠标即可。朝上旋转对象与朝下旋转对象方式相反。

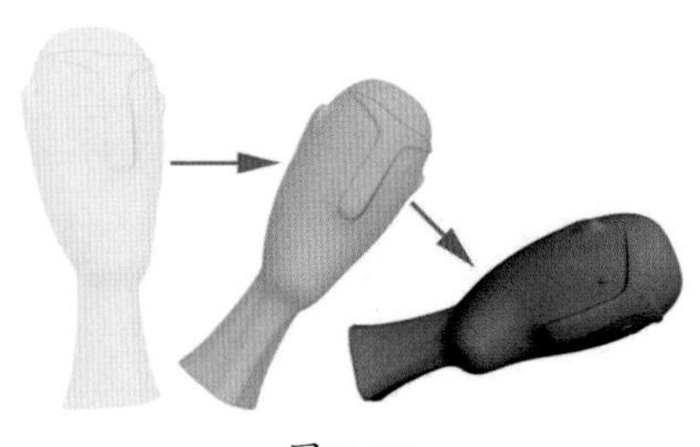

图 2-31

2.2.3 选择并缩放

选择并缩放有3种弹出按钮，提供了对用于更改对象大小的3种工具的访问，依次为选择并均匀缩放工具、选择并非均匀缩放工具和选择并挤压工具。

步骤01 选择并均匀缩放工具。使用【选择并缩放】弹出按钮上的【选择并均匀缩放】工具可以沿3个轴以相同量缩放对象，同时保持对象的原始比例，效果如图2-32所示。

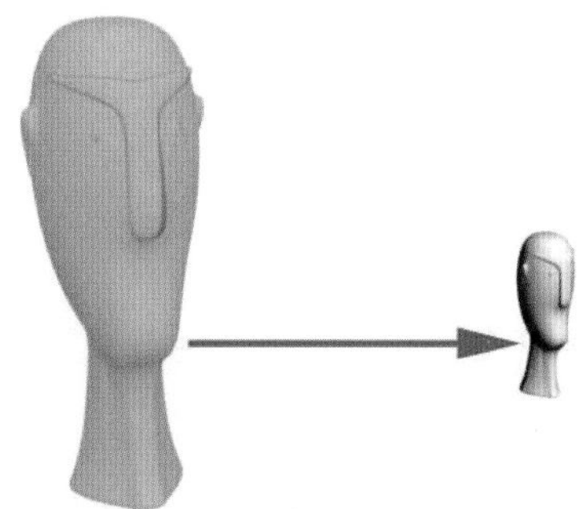

图 2-32

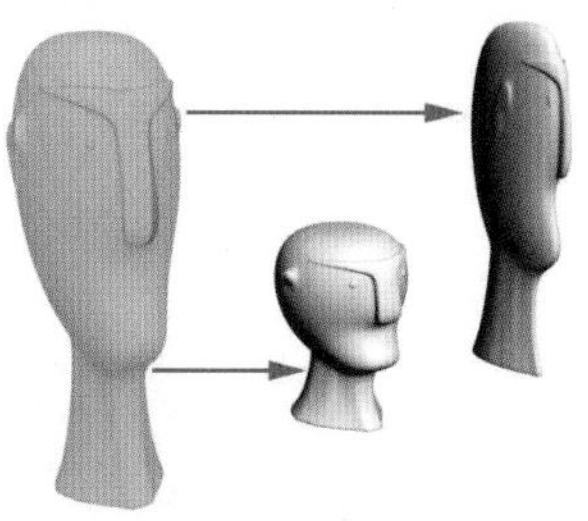

图 2-33

步骤02 选择并非均匀缩放工具。使用【选择并缩放】弹出按钮上的【选择并非均匀缩放】工具可以根据活动轴约束以非均匀方式缩放对象，如图2-33所示。

步骤03 选择并挤压工具。使用【选择并缩放】弹出按钮上的【选择并挤压】工具可以根据活动轴约束来缩放对象。挤压对象势必牵涉在一个轴上按比例缩小，同时在其他两个轴上均匀地按比例增大，如图2-34所示。

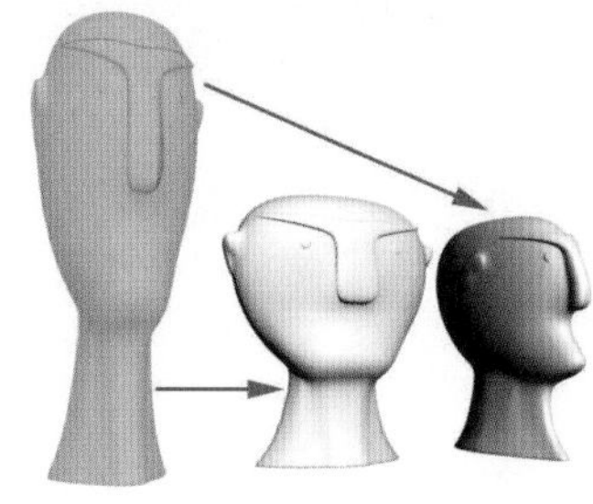

图 2-34

2.3 变换坐标和坐标中心

变换坐标和坐标中心，用于设置坐标系的控件，以及变换要使用的活动中心位于默认的主工具栏中。

2.3.1 参考坐标系

使用参考坐标系列表可以指定变换（移动、旋转和缩放）所用的坐标系，包括视图、屏幕、世界、父对象、局部、万向、栅格、工作、局部对齐和拾取，如图2-35所示。

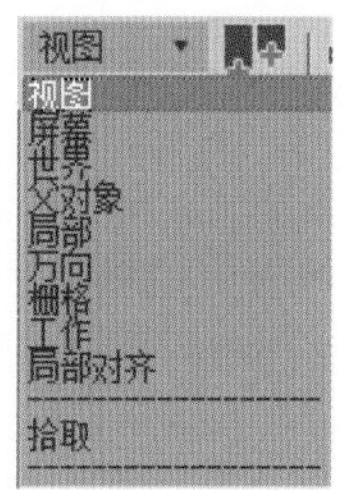

图 2-35

视图：在默认的【视图】坐标系中，所有正交视图中的 X、Y和Z轴都相同。当使用该坐标系移动对象时，会相对于视图空间移动对象。

打开一个实例场景，如图2-36所示，这是一个国际象棋的模型。现在选择棋盘部分，会发现视图坐标系有以下3个特点：X轴始终朝右；Y轴始终朝上；Z轴始终垂直于屏幕指向你（工程文件路径：第2章/Scenes/参考坐标系.max）。

图 2-36

屏幕：将活动视图屏幕用作坐标系。因为【屏幕】模式取决于其方向的活动视图，所以非活动视图中的三轴架上的X、Y和Z标签显示当前活动视图的方向。当激活该三轴架所在的视图时，三轴架上的标签会发生变化。【屏幕】模式下的坐标系始终相对于观察点。如图2-37所示，选择棋盘模型，会发现屏幕坐标系有以下3个特点：X轴为水平方向，正向朝右；Y轴为垂直方向，正向朝上；Z轴为深度方向，正向始终指向你。

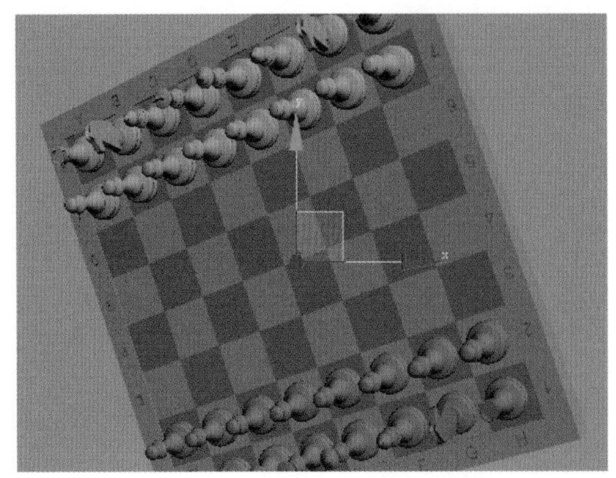
图 2-37

世界：使用世界坐标系，【世界】坐标系始终固定。如图2-38所示，同样选择棋盘模型，会发现世界坐标系有以下3个特点：*X* 轴正向朝右；*Z* 轴正向朝上；*Y* 轴正向指向背离你的方向。

父对象：使用选定对象的父对象的坐标系。如果对象未链接至特定对象，则其为世界坐标系的子对象，其父坐标系与世界坐标系相同。

图 2-38

局部：使用选定对象的坐标系。对象的局部坐标系由其轴点支撑。使用【层次】命令面板上的选项，可以相对于对象调整局部坐标系的位置和方向。

如果【局部】处于活动状态，则【使用变换中心】按钮会处于非活动状态，并且所有变换使用局部轴作为变换中心。在若干个对象的选择集中，每个对象使用其自身中心进行变换。【局部】为每个对象使用单独的坐标系，如图2-39所示。

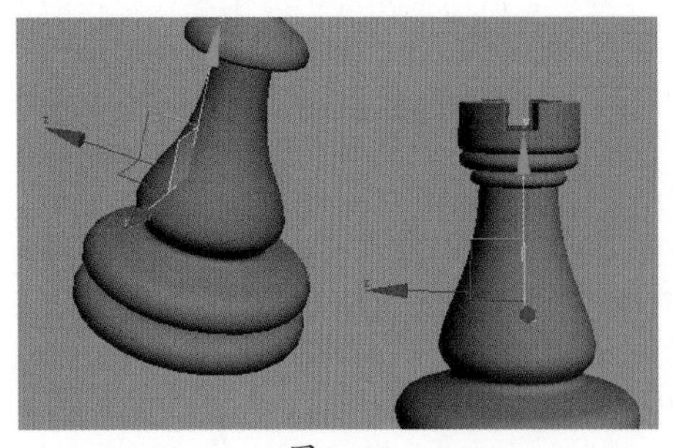
图 2-39

万向：它与【局部】类似，但其3个旋转轴不一定互相之间成直角。对于移动和缩放变换，【万向】坐标系与【父对象】坐标系相同。

栅格：使用活动栅格的坐标系，如图2-40所示。

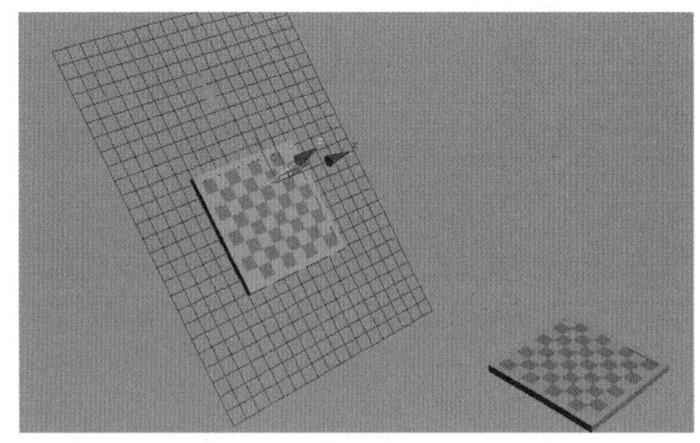
图 2-40

拾取：使用场景中另一个对象的坐标系。选择【拾取】后，单击以选择变换要使用其坐标系的单个对象。对象的名称会显示在【变换坐标系】列表中。由于此软件将对象的名称保存在该列表中，因此，你可以拾取对象的坐标系，更改活动坐标系，并在以后重新使用该对象的坐标系。该列表会保存4个最近拾取的对象名称。如图2-41所示，A物体和B物体有各自的坐标系统。

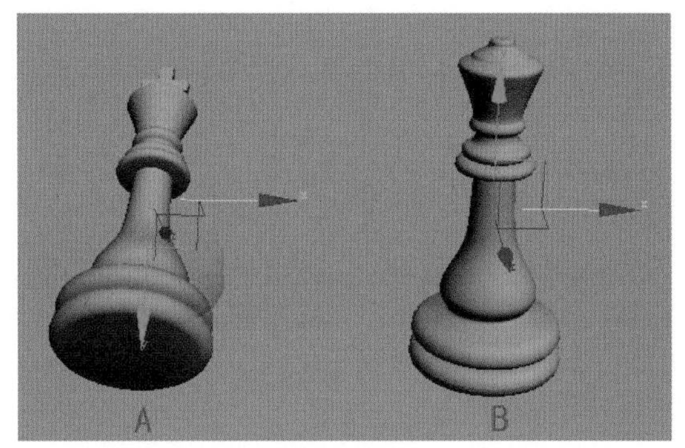

图 2-41

现在想让A物体与B物体的坐标系统相同，选择A物体，然后选择【拾取】坐标系统，再单击B物体，这时A物体与B物体的坐标系统就一样了，如图2-42所示。

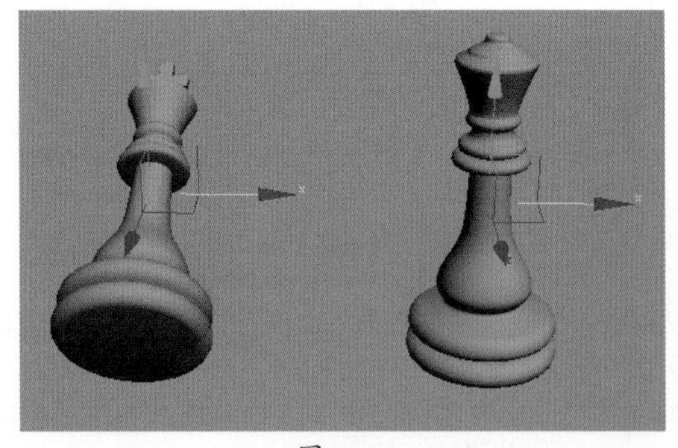
图 2-42

2.3.2 使用轴点中心

使用轴点中心中的【使用轴点中心】按钮，可以围绕其各自的轴点旋转或缩放一个或多个对象。如图2-43所示，对单独的对象进行旋转操作。

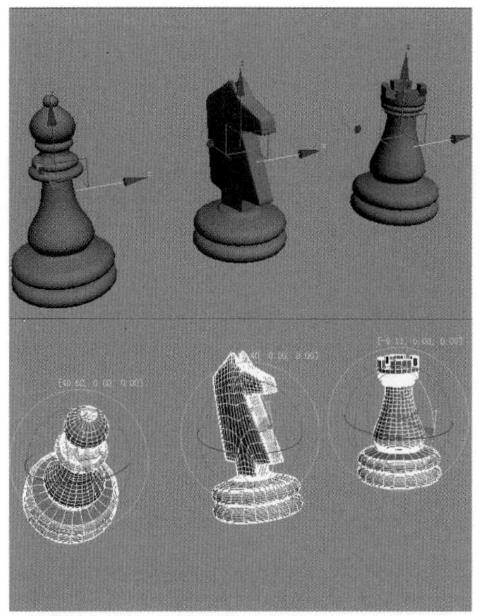

图 2-43

2.3.3 使用选择中心

使用【使用选择中心】按钮，可以围绕其共同的几何中心旋转或缩放一个或多个对象。如果变换多个对象，则该软件会计算所有对象的平均几何中心，并将此几何中心用作变换中心。

如图2-44所示，同时选择3个对象进行旋转，可以发现它们在旋转时使用的是一个共同的几何中心。

2.3.4 使用变换坐标中心

使用【使用变换坐标中心】按钮，可以围绕当前坐标系的中心旋转或缩放一个或多个对象。当使用【拾取】功能将其他对象指定为坐标系时，坐标中心是该对象轴的位置。如图2-45所示，选择中间的对象，使用变换坐标中心进行旋转。

图 2-44

图 2-45

2.4 变换约束

变换约束，用于约束变换沿单根轴，或在单个平面中操作的控件位于轴约束工具栏中，在默认情况下这些控件并不显示。通过右击主工具栏，并从弹出的菜单中选择【轴约束】命令，可以启用该选项。

2.4.1 限制到*X*轴

限制到*X*轴。使用【限制到*X*轴】功能可以将所有变换（移动、旋转、缩放）限制到*X*轴。单击【选择并移动】按钮，并单击【限制到X轴】按钮，将只能在该轴上移动对象，如图2-46所示。

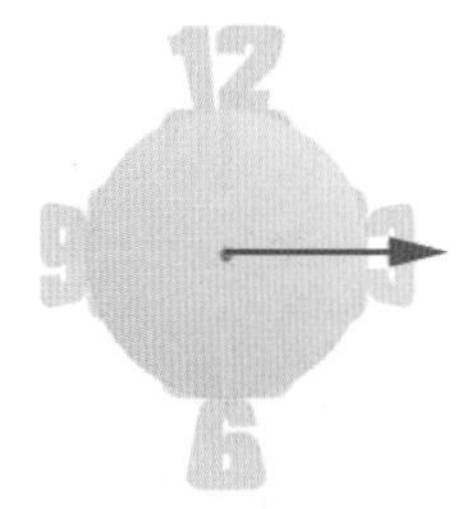

图 2-46

2.4.2 限制到Y轴

限制到Y轴。使用【限制到Y轴】功能可以将所有变换（移动、旋转、缩放）限制到Y轴。单击【选择并移动】按钮，并单击【限制到Y轴】按钮，将只能在该轴上移动对象，如图2-47所示。

2.4.3 限制到Z轴

限制到Z轴。使用【限制到Z轴】功能可以将所有变换（移动、旋转、缩放）限制到Z轴。单击【选择并移动】按钮，并单击【限制到Z轴】按钮，将只能在该轴上移动对象，如图2-48所示。

2.4.4 限制到XY轴

限制到XY轴。使用【限制到 XY 平面】功能可限制所有到XY轴（在默认情况下与【顶】视图平行）的变换（移动、旋转和缩放），如图2-49所示。

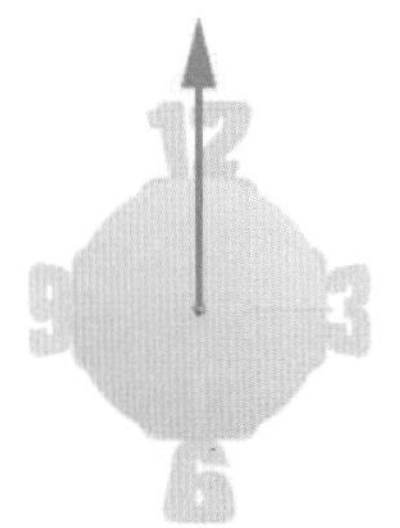

图 2-47

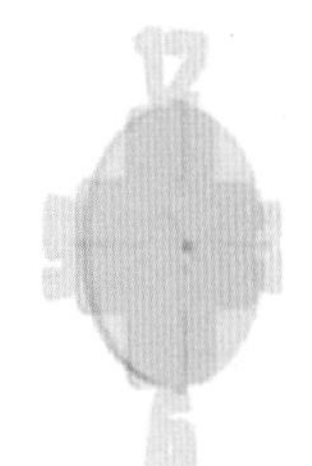

图 2-48

图 2-49

2.5 变换工具

变换工具可以根据特定条件变换对象。变换工具也是平时比较常用的工具类型，包括镜像工具、阵列工具、快照工具、间隔工具、对齐工具等。

2.5.1 镜像工具

使用【镜像】对话框可以在镜像一个或多个对象的方向时移动这些对象，还可以围绕当前坐标系中心镜像当前选择。使用【镜像】对话框可以同时创建克隆对象。图2-50所示为【镜像】对话框。

镜像一个对象，一般有以下几个步骤。

（1）选择需要镜像的对象。

（2）在主工具栏中单击【镜像】按钮。

（3）设置【镜像】对话框中的镜像参数，然后单击【确定】按钮。

打开一个实例场景，如图2-51所示。在学习镜像工具之前，先了解一些关于轴点的知识（工程文件路径：第2章/Scenes/镜像工具的使用.max）。

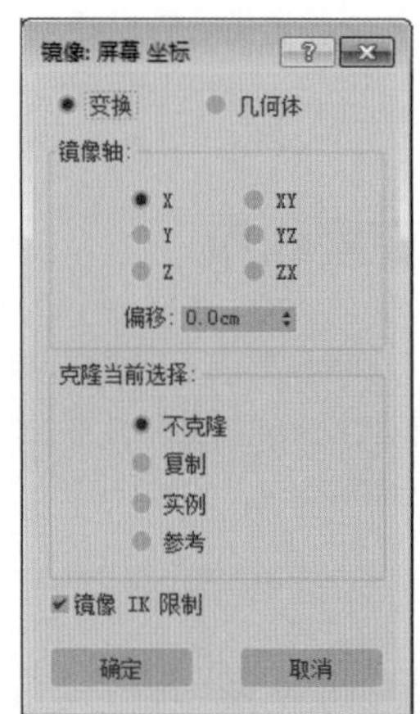

图 2-50

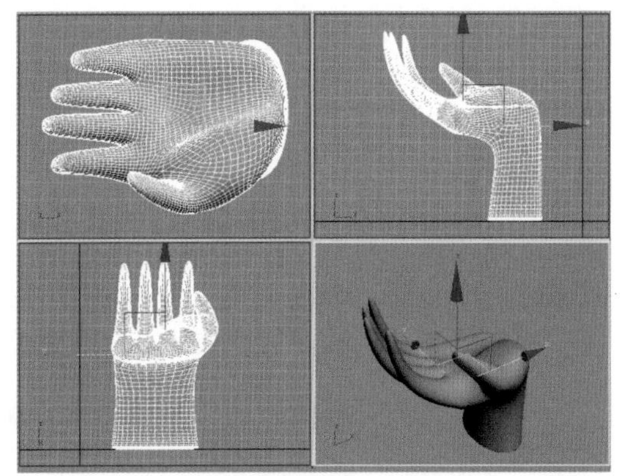

图 2–51

轴点是对象局部中心和局部坐标系，选中【轴点变换中心】时，它作为旋转和缩放的中心。使用【层次】命令面板上的轴点函数，可以随时显示并调整对象轴点的位置和方向。调整对象的轴点不会影响链接到该对象上的任何子对象。也就是说，通过调整轴点的位置，可以使轴点在对象之外的任何位置。

实例操作 镜像工具的使用

了解了关于轴点的相关知识后，下面讲述镜像工具的具体使用方法。

步骤01 选择【层次】命令面板，默认的物体轴点位置在物体的几何中心处，单击【仅影响轴】按钮，然后移动轴点到如图2-52所示的位置。

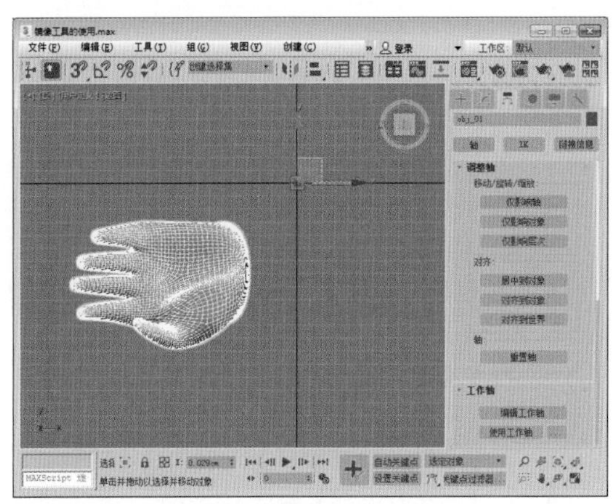

图 2–52

步骤02 选择顶视图，然后选择物体，在主工具栏中单击【镜像】按钮，设置参数。镜像轴选择*X*轴，镜像前后的对比如图2-53所示。

步骤03 镜像轴选择*Y*轴，设置参数，镜像前后的对比如图2-54所示。

步骤04 镜像轴选择*Z*轴，设置参数，镜像前后的对比如图2-55所示。

步骤05 同样选择顶视图，然后选择物体，在主工具栏中单击【镜像】按钮，设置参数。镜像轴选择*XY*轴，镜像前后的对比如图2-56所示，复制出了一个新的物体。

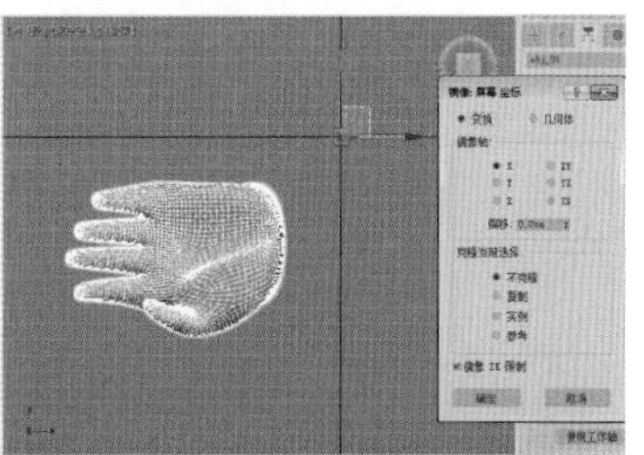

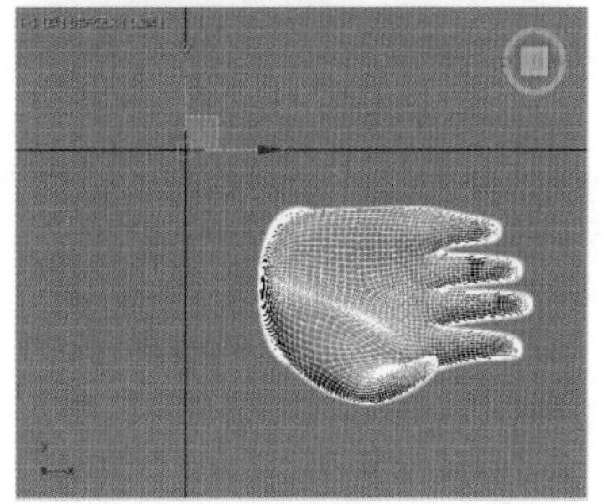

图 2–53

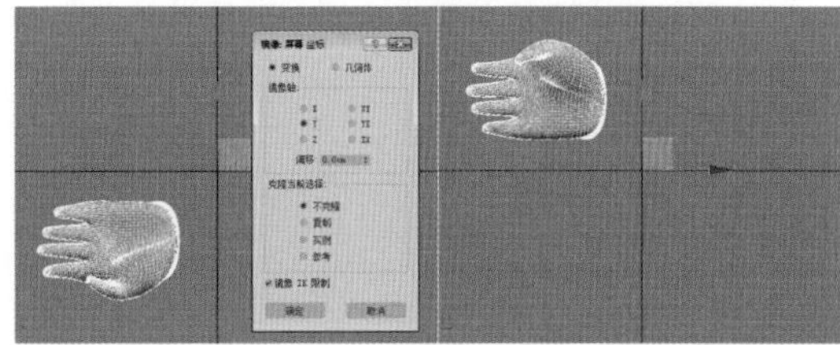

图 2–54

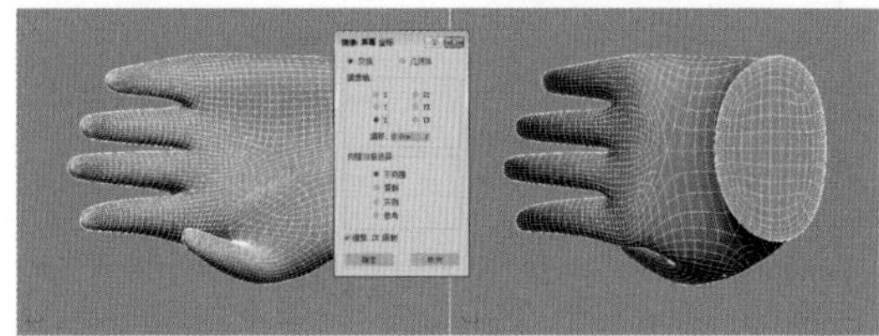

图 2–55

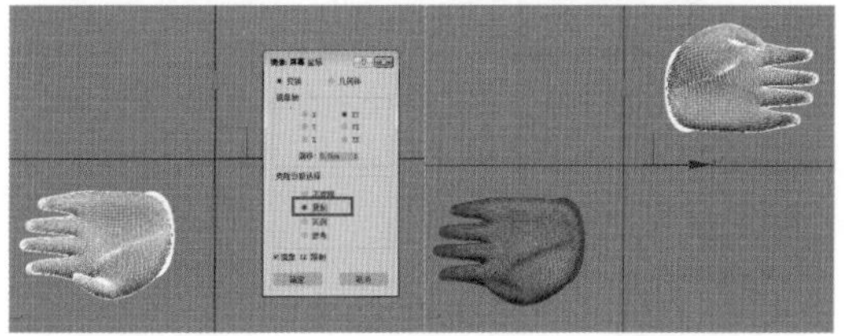

图 2–56

步骤06 镜像轴选择*YZ*轴，设置参数，镜像前后的对比如图2-57所示。

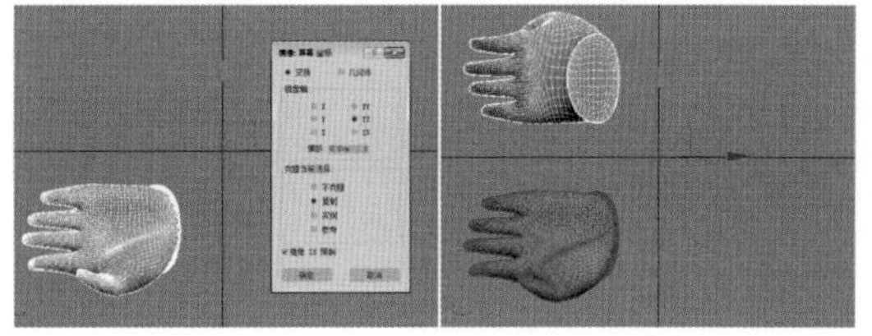

图 2–57

步骤07 镜像轴选择*ZX*轴，设置参数，镜像前后的对比如图2-58所示。

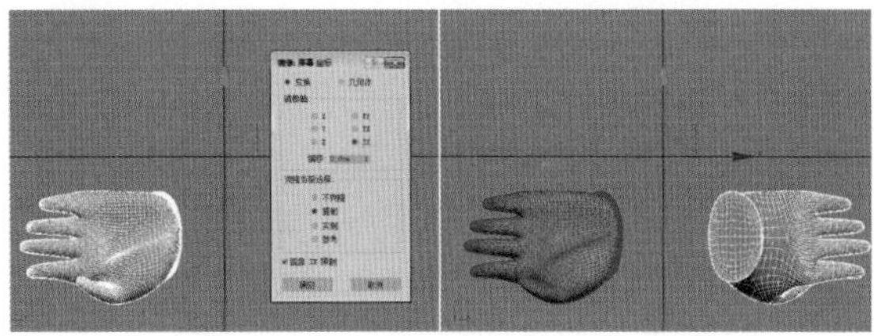

图2-58

关于克隆当前选择区域的实例、参考，只局限在【镜像】这一功能，它们和复制的结果是一样的。关于它们之间的差异，会在后面的相关章节中详细讲述。

2.5.2 阵列工具

使用【阵列】对话框，可以基于当前选择创建对象阵列。使用【阵列维度】区域可以创建一维、二维和三维阵列。图2-59所示是【阵列】对话框。

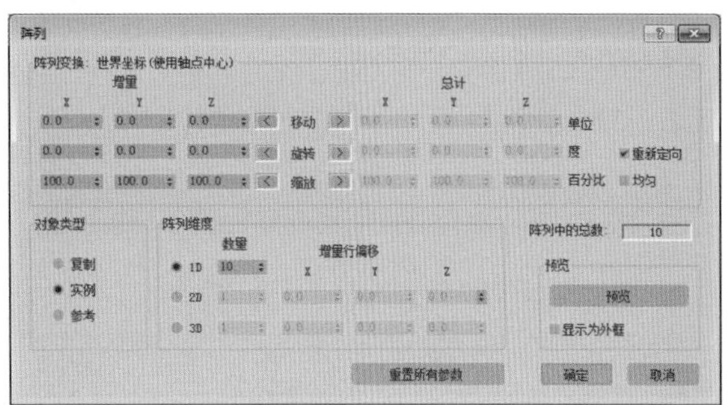

图2-59

1. 增量

移动：指定沿*X*、*Y*和*Z*轴方向每个阵列对象之间的距离（以单位计）。

旋转：指定阵列中每个对象围绕3个轴中的任一个轴旋转的度数（以度计）。

缩放：指定阵列中每个对象沿3个轴中的任一个轴缩放的百分比（以百分比计）。

2. 总计

移动：指定沿3个轴中的每个轴的方向，所得阵列中2个外部对象轴点之间的总距离。例如，要为6个对象编排阵列，并将【移动*X*】总计设置为100个单位，则这6个对象将按以下方式排列在一行中：行中两个外部对象轴点之间的距离为100个单位。

旋转：指定沿3个轴中的每个轴应用于对象的旋转的总度数。例如，可以使用此方法创建旋转总度数为260度的阵列。

重新定向：将生成的对象围绕世界坐标旋转的同时，使其围绕其局部轴旋转。当取消勾选此选项时，对象会保持其原始方向。

缩放：指定对象沿3个轴中的每个轴缩放的总计。

3.【对象类型】区域

确定由【阵列】功能创建的副本的类型。默认设置为【副本】。

复制：将选定对象的副本排列到指定位置。

实例：将选定对象的实例排列到指定位置。

参考：将选定对象的参考排列到指定位置。

4.【阵列维度】区域

用于添加到阵列变换维数。附加维数只是定位用的。未使用旋转和缩放。

1D：根据【阵列变换】区域中的参数设置，创建一维阵列。

数量：指定在阵列的该维中对象的总数。对于1D阵列，此值为阵列中的对象总数。

2D：创建二维阵列。

数量：指定在阵列第二维中对象的总数。

X/*Y*/*Z*：指定沿阵列第二维的每个轴方向的增量偏移距离。

3D：创建三维阵列。

数量：指定在阵列第三维中对象的总数。

X/*Y*/*Z*：指定沿阵列第三维的每个轴方向的增量偏移距离。

想要阵列一个对象，一般有以下步骤。

（1）选择要阵列的对象。

（2）选择【工具】/【阵列】菜单命令，或者单击工具栏中的按钮。

（3）在【阵列】对话框中，选择要输出的对象类型。

（4）在【预览】区域中，单击【预览】按钮以将其启用。使用此按钮可以随着实时出现的更改查看视图中阵列操作的结果。

（5）在【阵列变换】区域中，单击箭头以设置【移动】、【旋转】和【缩放】的增量或总计阵列参数。

（6）输入【阵列变换】参数的坐标。

（7）指示需要1D、2D还是3D阵列。

（8）在每个轴上将【数量】设置为副本的数量。

（9）在【增量行偏移】数值字段中输入适当的值。

（10）单击【确定】按钮，将按指定次数复制当前选择，每个对象按指示进行变换。

实例操作 阵列工具的使用

步骤01 打开一个实例场景，如图2-60所示，对场景进行1D、2D、3D阵列复制，从而系统地了解阵列在实际中的应用（工程文件路径：第2章/Scenes/阵列工具的使用.max）。

步骤02 选择所有物体，选择【工具】/【阵列】菜单命令，打开【阵列】对话框，设置其参数，如图2-61所示。

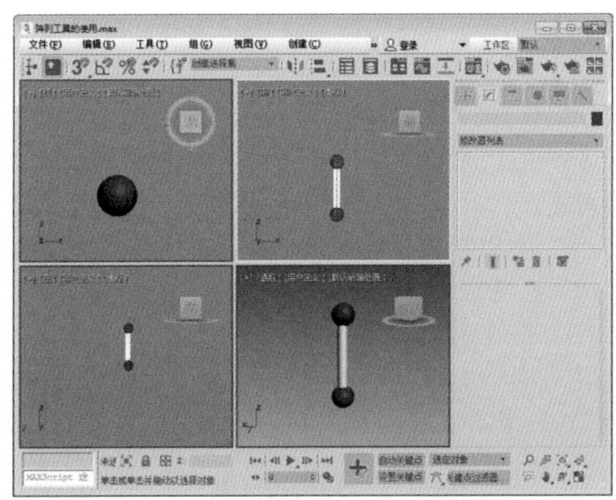

图 2-60

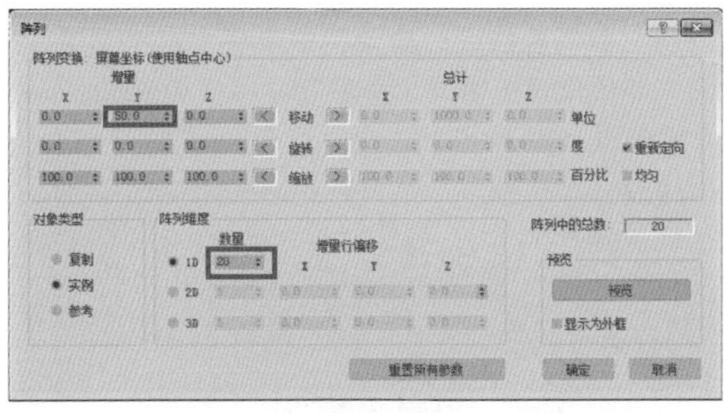

图 2-61

步骤03 单击【确定】按钮，在沿 Y 轴的方向上阵列出20个相同的物体，如图2-62所示。

步骤04 再次打开实例场景，重新进行参数设置，这次设置增加了沿 Y 轴方向的旋转，如图2-63所示。

步骤05 单击【确定】按钮，物体在沿 Y 轴方向阵列的同时伴随着自身的旋转，我们得到了类似于DNA链的物体，如图2-64所示。

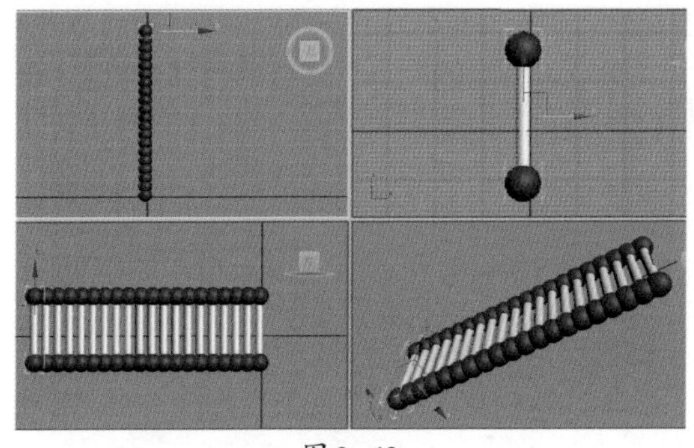

图 2-62

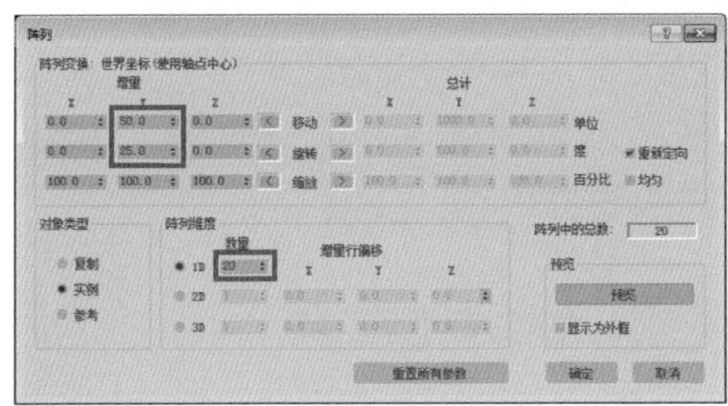

图 2-63

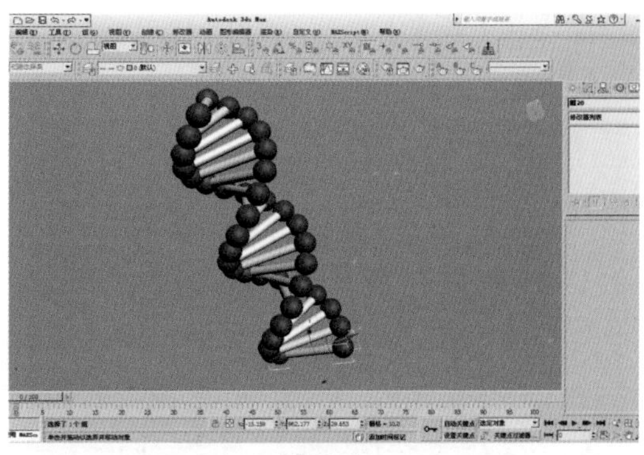

图 2-64

步骤06 2D阵列，即二维空间的一个阵列。重新打开实例场景，设置其参数，如图2-65所示。

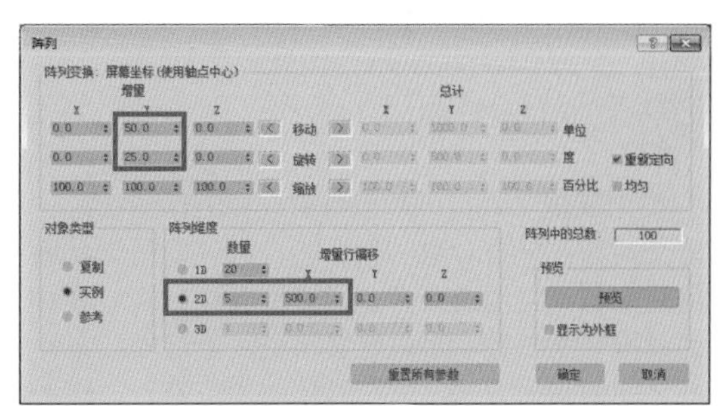

图 2-65

步骤07 单击【确定】按钮，如图2-66所示，物体在原来的基础上又沿 X 轴方向移动了500个单位。

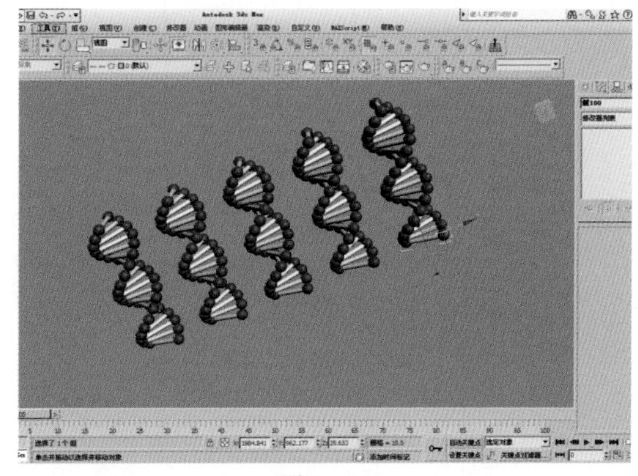

图 2-66

步骤08 3D阵列，即创建三维阵列。重新打开实例场景，设置其参数，如图2-67所示。

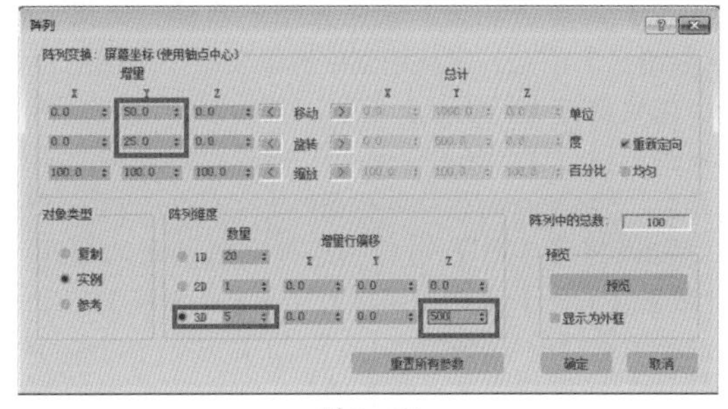

图 2-67

步骤09 单击【确定】按钮，如图2-68所示，在Z轴方向上又阵列出新的5组物体。

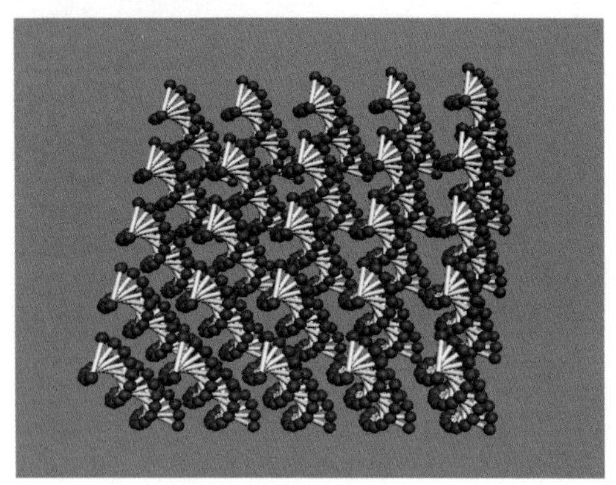

图 2-68

2.5.3 间隔工具

使用间隔工具可以基于当前选择沿样条线或一对点定义的路径分布对象。分布的对象可以是当前选定对象的复制、实例或参考。通过拾取样条线，或两个点并设置许多参数，可以定义路径。也可以指定确定对象之间间隔的方式，以及对象的轴点是否与样条线的切线对齐。【间隔工具】对话框如图2-69所示。

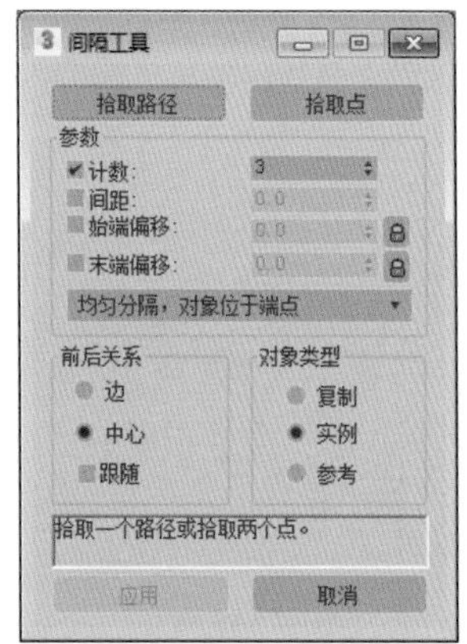

图 2-69

要想沿路径分布对象，必须执行以下步骤。

（1）选择要分布的对象。

（2）选择【工具】/【对齐】/【间隔工具】菜单命令。

（3）在弹出的【间隔工具】对话框中，单击【拾取路径】或【拾取点】按钮来指定路径。如果单击【拾取路径】按钮，就从场景中选择要用作路径的样条线。如果单击【拾取点】按钮，就拾取一个起点和一个终点，以定义一条样条线作为路径。当使用完间隔工具后，3ds Max会删除此样条线。

（4）从【参数】列表中选择间隔选项，可用于【计数】、【间距】、【始端偏移】和【末端偏移】的参数取决于所选择的间隔选项。

（5）通过设置【计数】的值，指定要分布的对象的数量。

（6）根据所选择的间隔选项，调整间隔和偏移。

（7）在【前后关系】选项组中，选择【边】选项，以指定通过各对象边界框的相对边确定间隔；或选择【中心】选项，以指定通过各对象边界框的中心确定间隔。

（8）如果要将分布对象的轴点与样条线的切线对齐，则勾选【跟随】选项。

（9）在【对象类型】选项组中，选择要输出的对象类型。

（10）单击【应用】按钮。

实例操作 间隔工具的使用

步骤01 打开实例场景，如图2-70所示，这是由一个模型和一条线条组成的场景，下面将用这个场景演示间隔工具的使用（工程文件路径：第2章/Scenes/间隔工具的使用.max）。

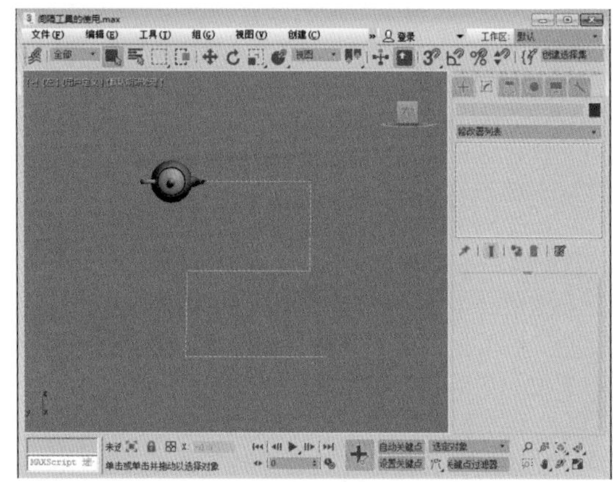

图 2-70

步骤02 选择【工具】/【对齐】/【间隔工具】菜单命令，具体参数设置如图2-71所示。单击【应用】按钮，模型就会均匀地分布在线条之上。

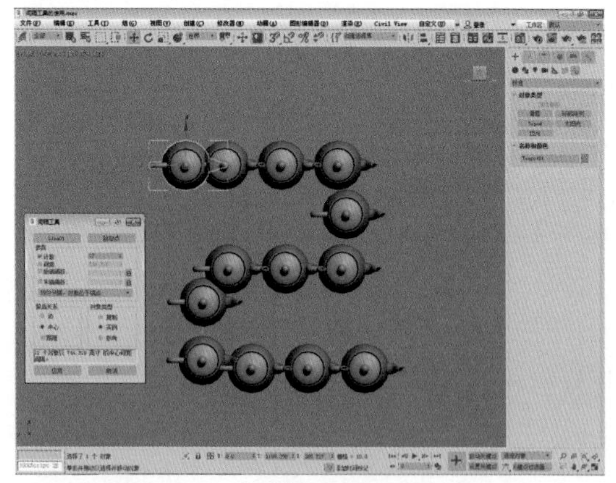

图 2-71

2.5.4 克隆并对齐工具

使用克隆并对齐工具可以基于当前选择将源对象

分布到目标对象的第二选择上。例如，可以使用同样的家具布置来同时填充多个房间。分布的对象可以是当前选定对象的复制、实例或参考。通过指定任意数目的目标对象来确定克隆数或克隆集。也可以使用可选偏移来指定一个、两个或三个轴上的位置和方向对齐。可以使用任意一个源对象和工具目标对象。在使用多个源对象的情况下，克隆并对齐工具可以保持每个克隆组成员间的位置关系不变，而将选中项以目标的轴为中心进行对齐。【克隆并对齐】对话框如图2-72所示。

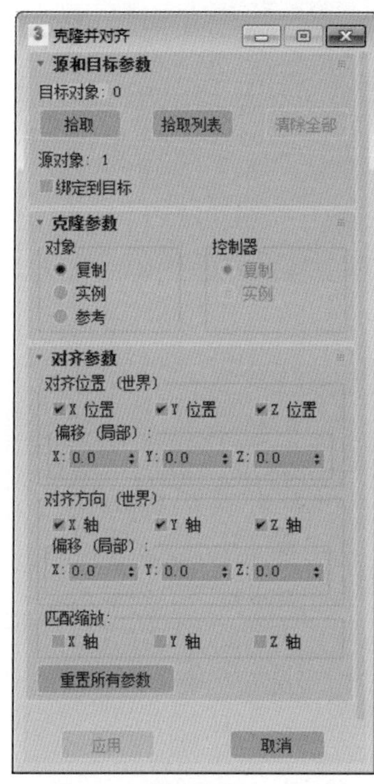

图 2-72

想要使用克隆并对齐工具，必须执行以下步骤。

（1）创建或加载要克隆的对象及一个或多个目标对象。

（2）选择要克隆的对象。

（3）选择【工具】/【阵列】菜单命令。

（4）打开【克隆并对齐】对话框。

（5）单击【拾取】按钮，然后依次单击每个目标对象。接着，再次单击【拾取】按钮以将其禁用。或者单击【拾取列表】按钮，使用【拾取目标对象】对话框来同时拾取所有目标对象。

（6）在【克隆参数】卷展栏中，选择克隆类型，而且适当的话，同时选择如何复制控制器。

（7）使用【对齐参数】卷展栏设置来指定位置、方向和比例选项。

（8）禁用【拾取】按钮后，可以在视图中随时更改源选择。这使得对话框丢失焦点；再次单击对话框，使其重新获得焦点并刷新克隆操作的视图预览。

（9）若要使克隆永久存在，则单击【应用】按钮，然后单击【取消】或【关闭】按钮。

2.5.5 对齐工具

主工具栏中的【对齐】弹出按钮提供了对用于对齐对象的6种不同工具的访问。按从上到下的顺序，这些工具如图2-73左图所示。

单击【对齐】按钮，然后选择对象，将显示【对齐当前选择】对话框，如图2-73右图所示，使用该对话框可将当前选择与目标选择对齐。

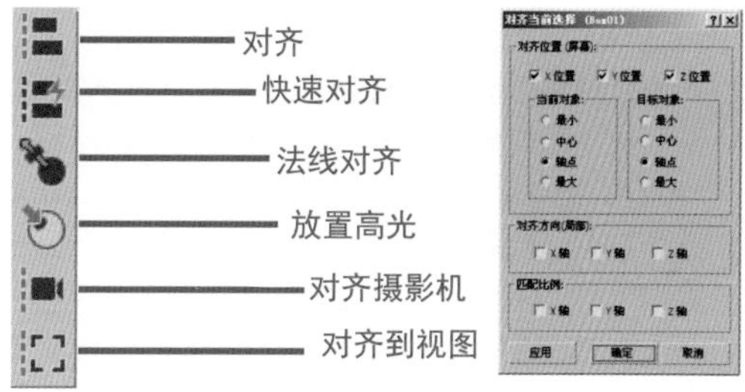

图 2-73

【对齐位置（屏幕）】区域：*X*/*Y*/*Z* 位置，指定要在其中执行对齐操作的一个或多个轴。启用全部选项可以将当前对象移动到目标对象的位置上。

【当前对象】和【目标对象】区域：指定对象边界框上用于对齐的点。可以为当前对象和目标对象选择不同的点。例如，可以将当前对象的轴点与目标对象的中心对齐。

最小：将具有最小 *X*、*Y* 和 *Z* 值的对象边界框上的点与其他对象上选定的点对齐。

中心：将对象边界框的中心与其他对象上的选定点对齐。

轴点：将对象的轴点与其他对象上的选定点对齐。

最大：将具有最大*X*、*Y*和*Z*值的对象边界框上的点与其他对象上选定的点对齐。

【对齐方向（局部）】区域：这些设置用于在轴的任意组合上匹配两个对象之间的局部坐标系的方向。该选项与位置对齐设置无关。可以不管位置设置，使用方向复选框，旋转当前对象以与目标对象的方向匹配。位置对齐使用世界坐标系，而方向对齐使用局部坐标系。

【匹配比例】区域：使用【X轴】、【Y轴】和【Z轴】选项，可匹配两个选定对象之间的缩放轴值。该操作仅对变换输入中显示的缩放值进行匹配。这不一定会导致两个对象的大小相同。如果两个对象先前都未进行缩放，则其大小不会更改。

要想将对象与点对象对齐，必须执行以下步骤。

（1）创建一个点辅助对象，并将其放置到场景中的目标位置上。根据需要，旋转该点辅助对象以调整最终方向。

（2）选择源对象。

（3）在主工具栏中单击【对齐】按钮，或选择【工具】/【对齐】菜单命令。对齐光标显示为附有一对十字线。

（4）将光标移到点对象上并单击，显示【对齐当前选择】对话框。如有必要，将该对话框移开，以便可以看到活动视图。

（5）在【对齐位置（屏幕）】区域中，启用【X位置】复选框，选定的源对象变为与点对象的*X*轴对齐。

（6）启用【Y位置】和【Z位置】复选框，源对象将移动，以便其中心位于点对象上。

（7）在【对齐方向（局部）】区域中，启用【X轴】、【Y轴】和【Z轴】复选框重定向该对象，以与该点的坐标匹配。

要按位置和方向对齐对象，必须执行以下步骤。

（1）选择源对象（要与目标对象对齐的对象）。

（2）在主工具栏中单击【对齐】按钮，或选择【工具】/【对齐】菜单命令，显示对齐光标。当光标在有资格的目标对象上时，其将显示十字线。

（3）将光标定位到目标对象上并单击，显示【对齐当前选择】对话框。在默认情况下，该对话框中的所有选项处于禁用状态。

（4）在【当前对象】和【目标对象】区域中，选择【最小】、【中心】、【轴点】或【最大】选项。这些设置会在每个对象上确立成为对齐中心的点。

（5）启用【X位置】、【Y位置】和【Z位置】复选框的任意组合开始对齐操作。源对象变为沿参考坐标系的轴与目标对象相关联。在给定【当前对象】和【目标对象】设置的前提下，设置上述3个选项可以尽可能精密地移动对象。

（6）在【对齐方向（局部）】区域中，启用【X轴】、【Y轴】和【Z轴】复选框的任意组合，源对象会相应地重新对齐。如果对象方向已相同，则启用该轴没有任何作用。如果按方向对齐两个轴，则第三个轴将自动定向。

实例操作 对齐工具的使用

步骤01 打开一个实例场景，在场景中有两个Box物体，下面通过这个场景详细说明对齐工具具体是如何使用的（工程文件路径：第2章/Scenes/对齐工具的使用.max）。

步骤02 在顶视图中，在【对齐位置（屏幕）】区域中，勾选【X位置】复选框，两个Box物体分别最小与最小、最小与中心、最小与轴点、最小与最大的对齐，如图2-74~图2-77所示。

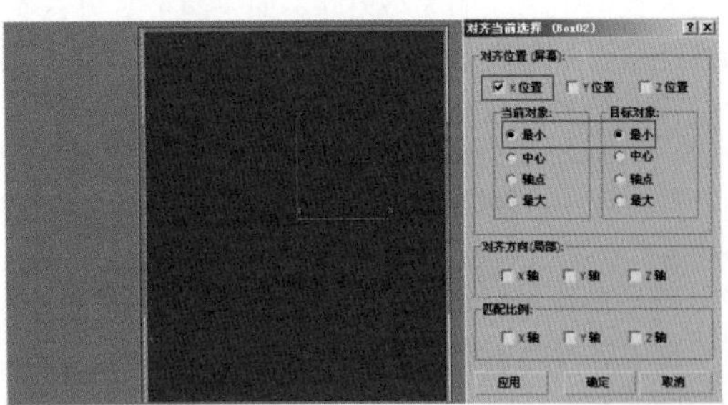

图 2-74

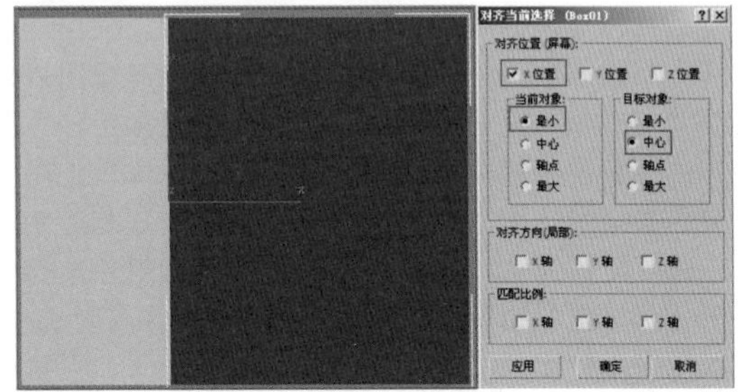

图 2-75

图 2-76

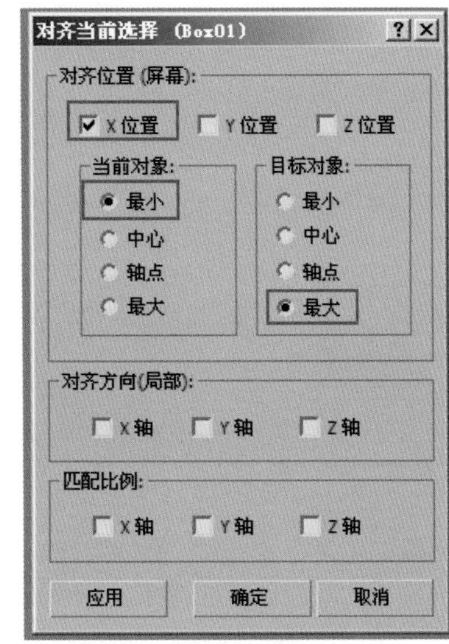

图 2-77

步骤03 在顶视图中，在【对齐位置（屏幕）】区域中，勾选【X位置】和【Y位置】复选框，两个Box物体分别最小与最小、最小与中心、最小与轴点、最小与最大的对齐，如图2-78和图2-79所示。

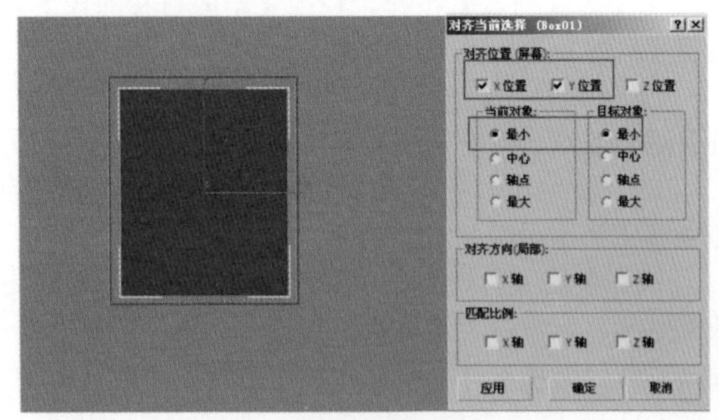

图 2-78

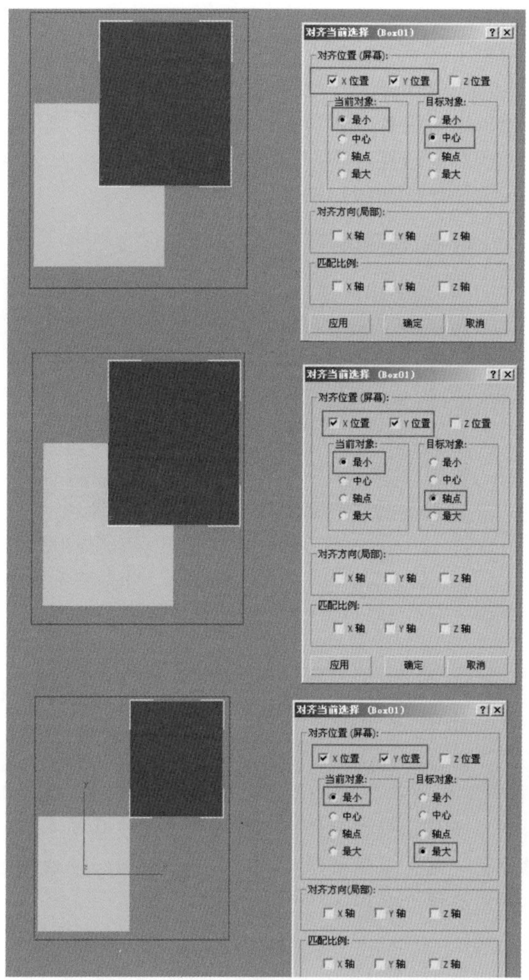

图2–79

步骤04 在前视图中，在【对齐位置（屏幕）】区域中，勾选【X位置】、【Y位置】和【Z位置】复选框，两个Box物体分别最小与最小、最小与中心、最小与轴点、最小与最大的对齐，如图2-80和图2-81所示。

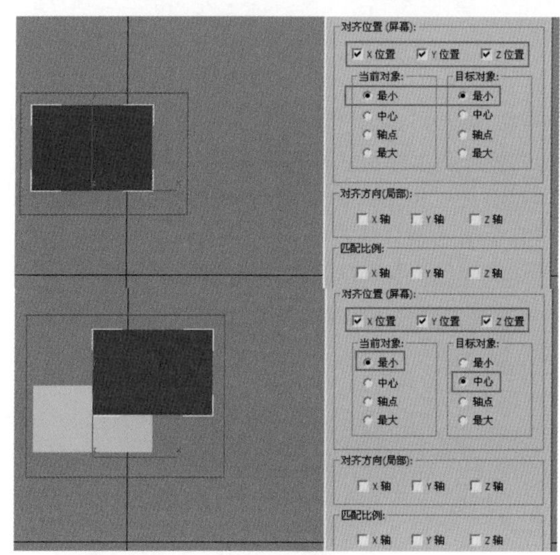

图2–80

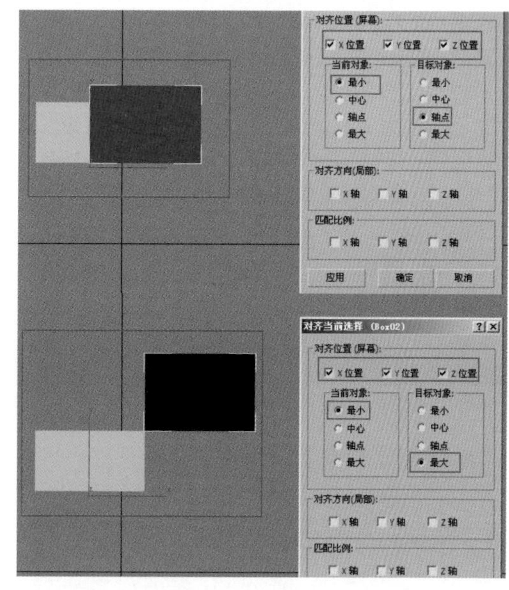

图2-81

步骤05 上面的对齐方式我们经常会用到，但很少有人会用到【对齐方向（局部）】和【匹配比例】方式，下面通过一个例子来说明，还是以刚才建立的两个Box物体为例。首先将蓝色的Box物体随意旋转并缩放，如图2-82所示。

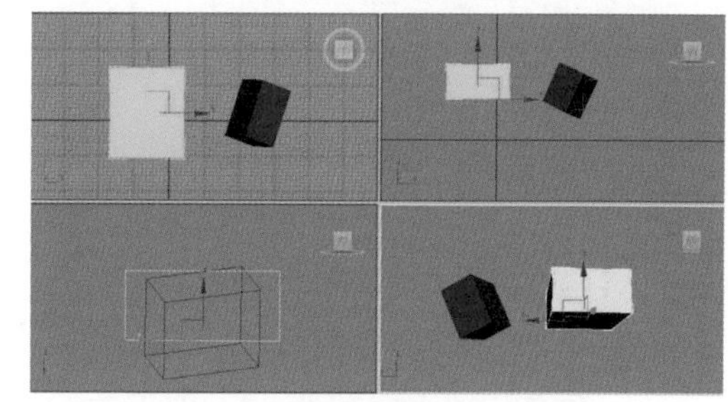

图2–82

步骤06 在【对齐方向（局部）】区域中，勾选【X轴】和【Y轴】复选框，可以看到两个Box物体在*X*轴、*Y*轴方向上已经对齐了，然后单击【应用】按钮，如图2-83所示。

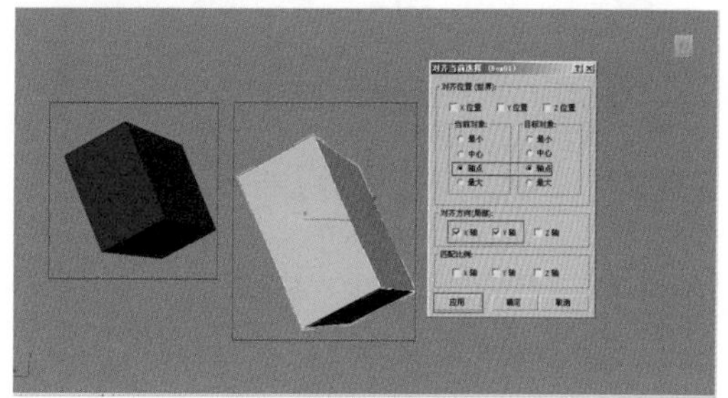

图2–83

步骤07 在【匹配比例】区域中，勾选【X轴】和【Y轴】复选框，这时蓝色的Box物体会在比例上匹配绿色的Box物体，单击【应用】按钮，如图2-84所示。

步骤08 在【对齐位置（屏幕）】区域中，勾选【X位置】和【Y位置】复选框，然后单击【应用】按钮，我们发现两个Box物体已经完全重合在一起了，如图2-85所示。

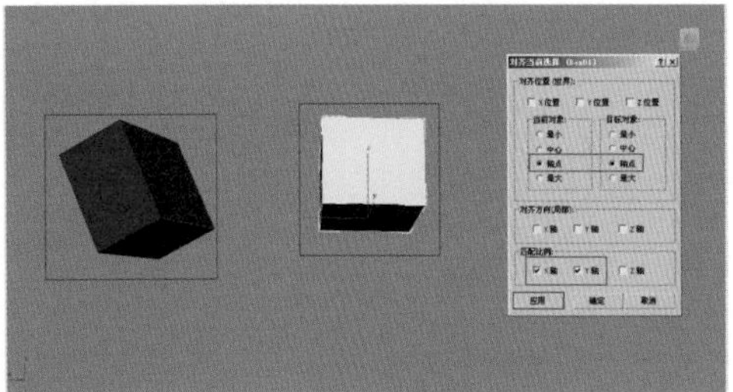

图2-84

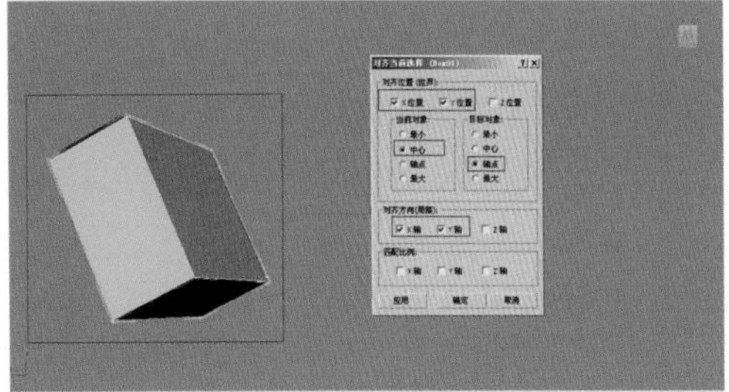

图2-85

实例操作 快速对齐工具的使用

使用快速对齐工具可将当前选择的位置与目标对象的位置立即对齐。如果当前选择的是单个对象，则使用两个对象的轴进行快速对齐。如果当前选择包含多个对象或子对象，则使用快速对齐工具可将源对象的选择中心与目标对象的轴对齐。

步骤01 快速对齐工具没有用户界面或选项，这里用一个实例来讲述它具体是如何实现的，如图2-86所示（工程文件路径：第2章/Scenes/快速对齐工具的使用.max）。

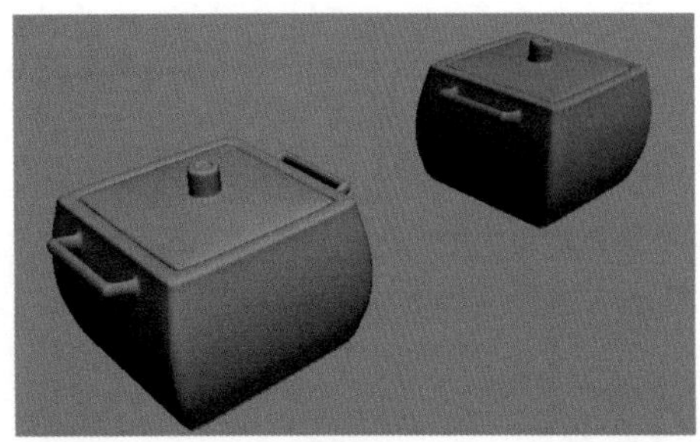

图2-86

步骤02 在视图中选择没有颜色的物体，然后选择【工具】/【快速对齐】菜单命令，当鼠标光标变为闪电符号时，单击有颜色的物体，如图2-87所示，两个物体会完全对齐。

实例操作 法线对齐工具的使用

使用【法线对齐】对话框基于每个对象上的面或选择的法线方向将两个对象对齐。要打开【法线对齐】对话框，首先要选择要对齐的对象，单击对象上的面，然后单击第二个对象上的面。当释放鼠标时，将显示【法线对齐】对话框。如果在子对象选择处于活动状态时使用【法线对齐】功能，则只对齐该选择。当对齐面的子对象选择时，此方法非常有用，因为对于源对象，没有有效的面法线。

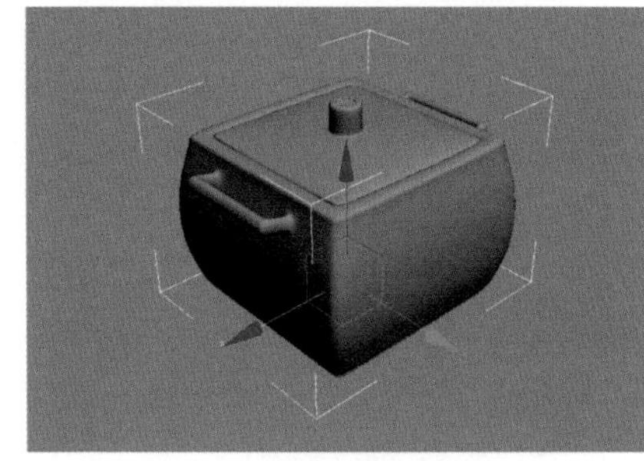

图2-87

知识拓展

法线是定义面或顶点指向方向的向量。法线的方向指示了面或顶点的前方或外曲面。

步骤01 打开一个实例场景，如图2-88所示，场景中有两个物体，现在通过使用法线对齐工具使两个物体结合到一起（工程文件路径：第2章/Scenes/法线对齐工具的使用.max）。

图2-88

步骤02 在主工具栏中单击【法线对齐】按钮，在蓝色的物体底面上拖动鼠标，将显示【法线对齐】光标，其上附有一对十字线，如图2-89所示。光标的蓝色箭头指示当前法线。然后在另一个物体的一个面上拖动鼠标。光标的绿色箭头指示当前法线。

图2-89

步骤03 设置相应的参数，如图2-90所示，确保两个物体在各个轴向上对齐，最后单击【确定】按钮。

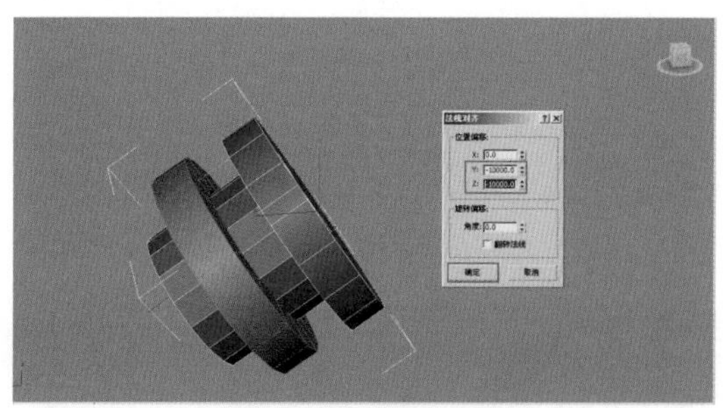

图2-90

实例操作 放置高光工具的使用

使用放置高光工具可将灯光或对象对齐到另一对象上，以便可以精确地定位其高光或反射。在【放置高光】模式下，可在任一视图中单击并拖动鼠标。【放置高光】是一种依赖于视图的功能，所以请使用准备渲染的视图。在场景中拖动鼠标时，会有一束光线通过鼠标光标射入场景中。

步骤01 打开一个实例场景，如图2-91所示，是一个杯子模型，现在通过这个模型演示放置高光工具的使用（工程文件路径：第2章/Scenes/放置高光工具的使用.max）。

图2-91

步骤02 放置一个自由灯光，如图2-92所示，如果现在想要在模型的某一部分上放置高光，就可以使用放置高光工具。

图2-92

步骤03 选择灯光，单击【放置高光】按钮，在模型上拖动鼠标放置高光，如图2-93所示，鼠标指示的面显示面法线，当法线或目标显示指示要高光显示的面时，释放鼠标。

图2-93

实例操作 对齐摄影机工具的使用

使用对齐摄影机工具可以将摄影机与选定的面法线对齐。对齐摄影机工具的工作原理与放置高光工具类似，不同的是，它在面法线上进行操作，而不是入射角，并在释放鼠标按键时完成，而不是在鼠标拖动期间进行动态操作时完成。其目的是用于将摄影机视图与指定的面法线对齐。

步骤01 打开一个实例场景，如图2-94所示，这是一个奖杯模型和一个摄影机组成的场景。下面将使用这个场景演示对齐摄影机工具的使用（工程文件路径：第2章/Scenes/对齐摄影机工具的使用.max）。

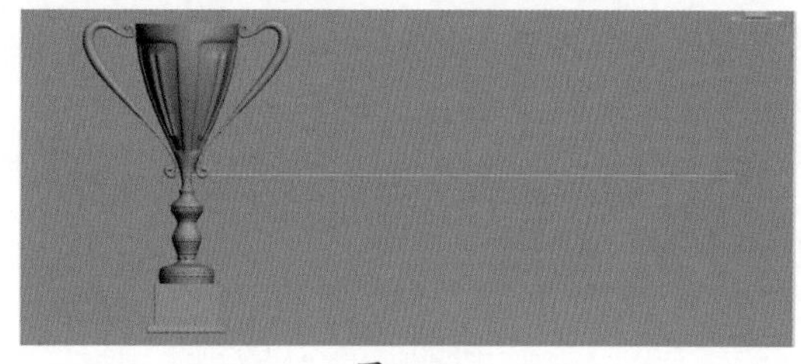

图2-94

步骤02 选择摄影机，在工具栏中单击【对齐摄影机】按钮，在对象曲面上拖动鼠标以选择面。当选择的面法线在光标下显示为蓝色箭头时，释放鼠标以执行对齐操作。软件会自动移动摄影机，以便其面向和居中摄影机视图中的选定法线，如图2-95所示。

图2-95

实例操作 对齐到视图工具的使用

使用对齐到视图工具可以打开【对齐到视图】对话框，通过该对话框可以将对象或子对象选择的局部轴与当前视图对齐。

步骤01 打开实例场景，如图2-96所示，该场景和上例中的场景稍微有一些差别，即模型底座上有一块区域颜色和整个模型的颜色是不一样的，这样做是为了更清楚地表达在使用对齐到视图工具时模型的变化（工程文件路径：第2章/Scenes/对齐到视图工具的使用.max）。

图2-96

步骤02 选择模型，在主工具栏中单击【对齐到视图】按钮，打开【对齐到视图】对话框，在【轴】区域中选择【对齐X】选项，如图2-97所示，同时勾选【翻转】复选框。

步骤03 选择模型，在主工具栏中单击【对齐到视图】按钮，打开【对齐到视图】对话框，在【轴】区域中选择【对齐Y】选项，如图2-98所示，同时勾选【翻转】复选框。

步骤04 选择模型，在主工具栏中单击【对齐到视图】按钮，打开【对齐到视图】对话框，在【轴】区域中选择【对齐Z】选项，如图2-99所示，同时勾选【翻转】复选框。

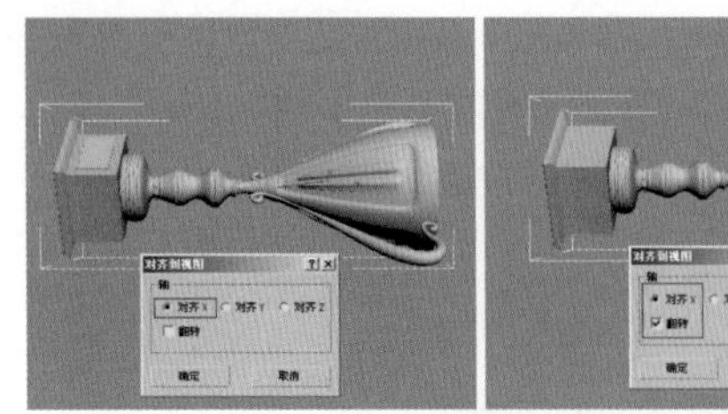

图2-97

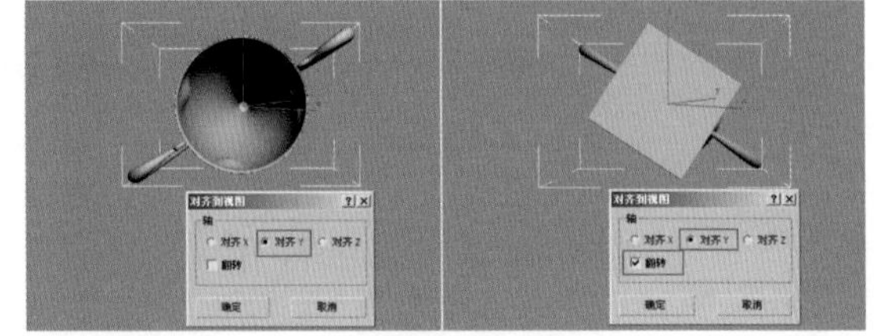

图2-98

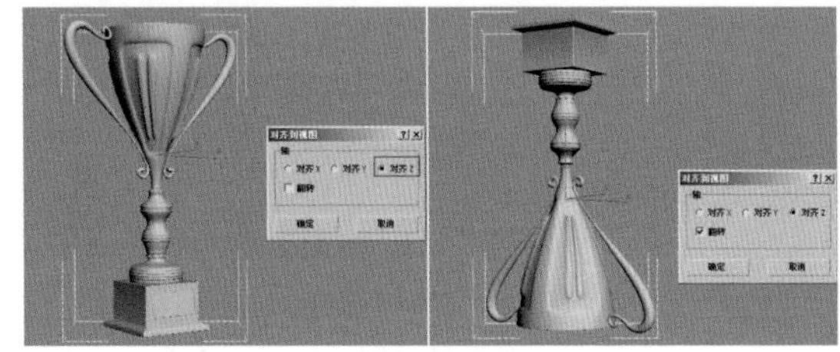

图2-99

2.6 捕捉

使用捕捉工具可以在创建、移动、旋转和缩放对象时进行控制，因为捕捉工具可以在对象或子对象的创建和变换期间捕捉到现有几何体的特定部分。

2.6.1 捕捉工具

如图2-100所示，这里列举了全部关于捕捉的命令，包括2D捕捉、2.5D捕捉、3D捕捉、角度捕捉切换、百分比捕捉切换和微调器捕捉切换。

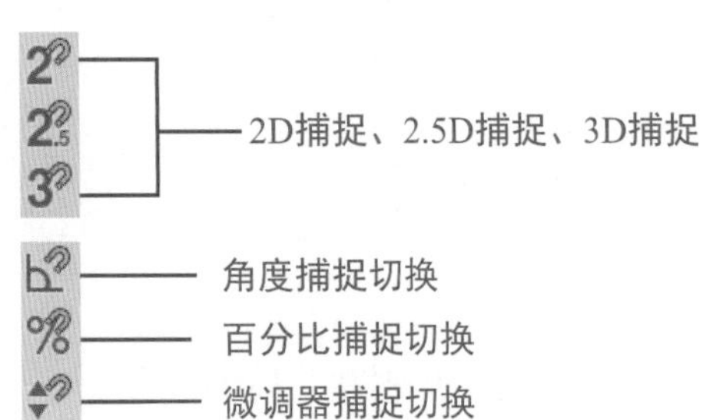

图2-100

2D捕捉、2.5D捕捉、3D捕捉弹出按钮是【捕捉切换】弹出按钮上的按钮，提供捕捉处于活动状态位置的视图空间的控制范围。

2D捕捉：光标仅捕捉活动构建栅格，包括该栅格平面上的任何几何体。将忽略Z轴或垂直尺寸。

2.5D捕捉：光标仅捕捉活动栅格上对象投影的顶点或边缘。

3D捕捉：这是默认设置。光标直接捕捉3D空间中的任何几何体。3D捕捉用于创建和移动所有尺寸的几何体，而不考虑构造平面。

角度捕捉切换：确定多数功能的增量旋转，包括标准【旋转】变换。随着旋转对象（或对象组），对象以设置的增量围绕指定轴旋转。

百分比捕捉切换：切换捕捉对象缩放。

微调器捕捉切换：设置3ds Max中所有微调器的单个单击增加或减少值。

2.6.2 捕捉类型

捕捉类型大致分为四类，第一类是2D空间捕捉，包括顶点、边/线段、面、中心面、中点和端点的捕捉；第二类是平面捕捉，包括垂足和切点的捕捉；第三类是物体的捕捉，包括轴心和边界框的捕捉；第四类是栅格的捕捉，包括栅格点和栅格线的捕捉，如图2-101所示。

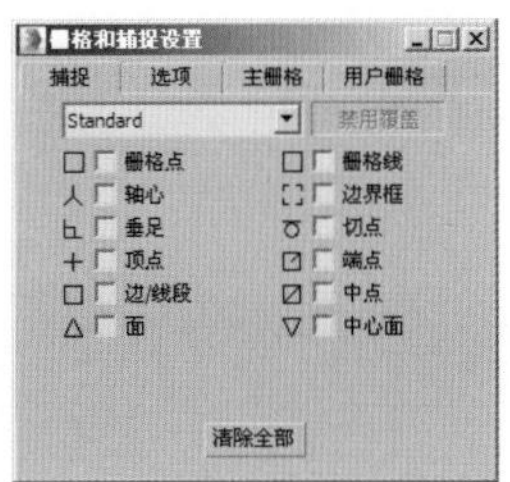

图 2-101

实例操作 捕捉工具的使用

捕捉工具的基本作用有两个，即创建物体和物体对位，下面我们通过图示具体说明一下。

步骤01 选择【顶点】捕捉，如图2-102所示，上图通过捕捉使A、B两点重合，下图通过捕捉创建一个球体，球体的半径等于绿色线框的高度，达到了创建物体的目的（工程文件路径：第2章/Scenes/捕捉工具的使用.max）。

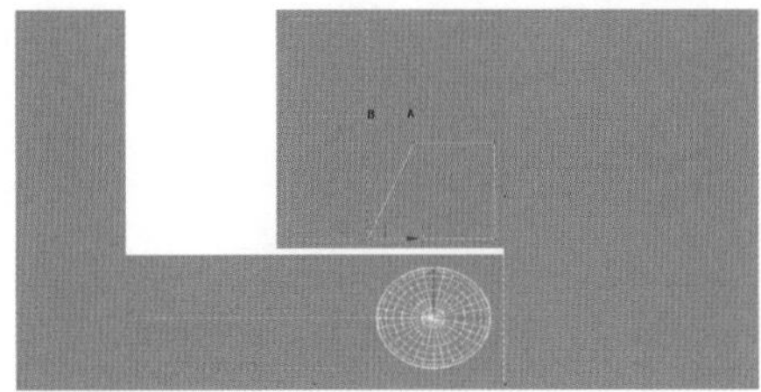

图 2-102

步骤02 选择【边/线段】捕捉，如图2-103所示，上图是边与边的对齐操作，下图是在Box物体的一条边上创建球体，球体中心始终在这条边上。

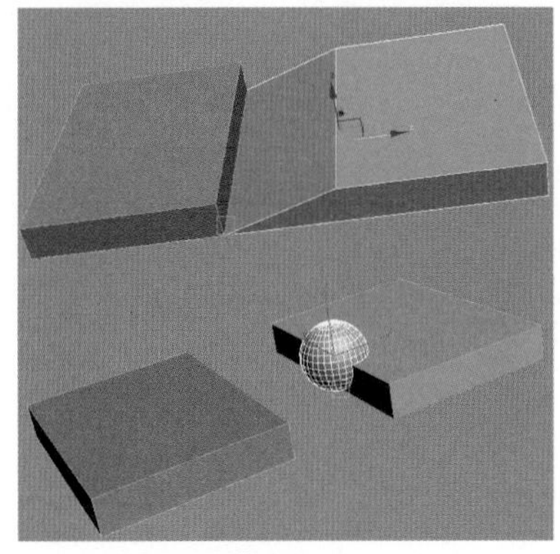

图 2-103

步骤03 选择【面】捕捉，如图2-104所示，上图是两个Box物体相邻的两个面的对齐操作，下图通过捕捉在Box物体上创建一个茶壶模型物体，茶壶模型物体的底面和Box物体的上面相切。

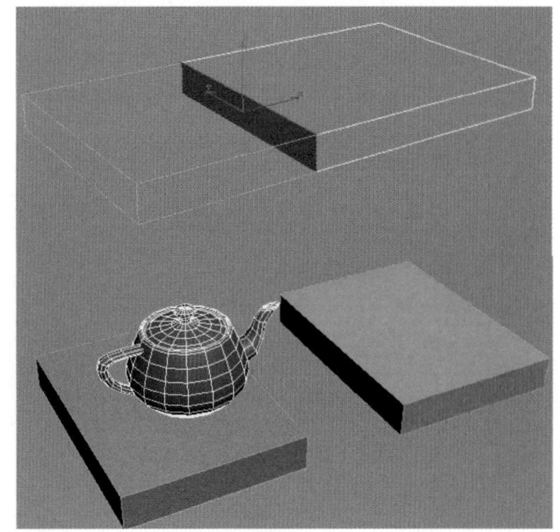

图 2-104

步骤04 选择【中心面】捕捉，如图2-105所示，左图是在面的中心点上绘制一条线，右图是在面的中心点上分别创建一个茶壶模型物体。

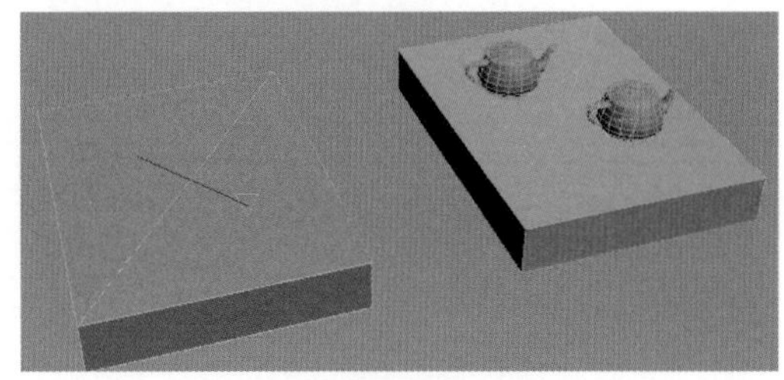

图 2-105

步骤05 选择【中点】捕捉，如图2-106所示，左图以Box物体一条边的中点为圆心创建一个球体，右图在Box物体的中点上绘制相互垂直的两条线。

图 2-106

步骤06 选择【端点】捕捉，如图2-107所示，左图利用端点捕捉在Box物体上表面创建一个圆，右图在Box物体一条边的两个端点上创建以端点为圆心的球体。

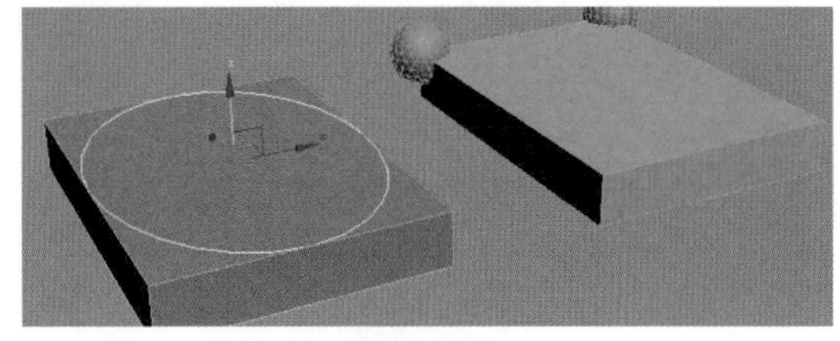

图 2-107

步骤07 下面介绍平面捕捉的两种类型，即【垂足】

和【切点】捕捉类型。利用【垂足】捕捉可以创建一个矩形，它的四个点均在绿色的圆上，如图2-108所示；利用【切点】捕捉可以绘制一条线与圆相切。

图 2–108

步骤08【轴心】和【边界框】这两种捕捉类型不是很常用，它们主要用于一个物体与另一个物体的对齐，如图2-109所示。

步骤09【栅格点】和【栅格线】捕捉类型主要用于直接在栅格上画线或创建物体，如图2-110所示。

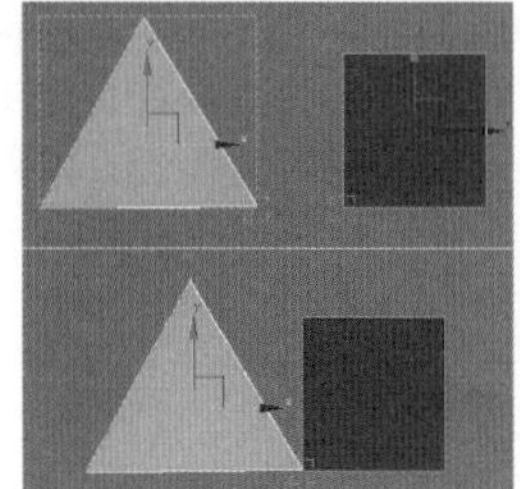

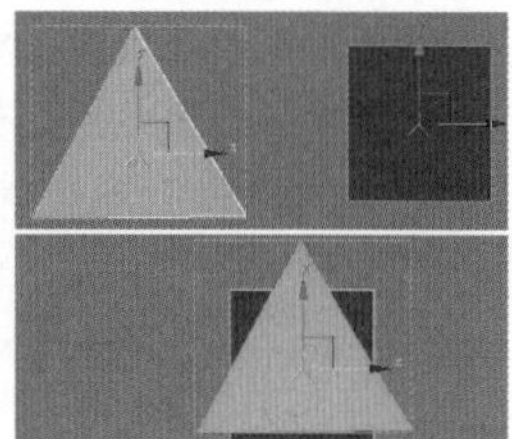

图 2–109

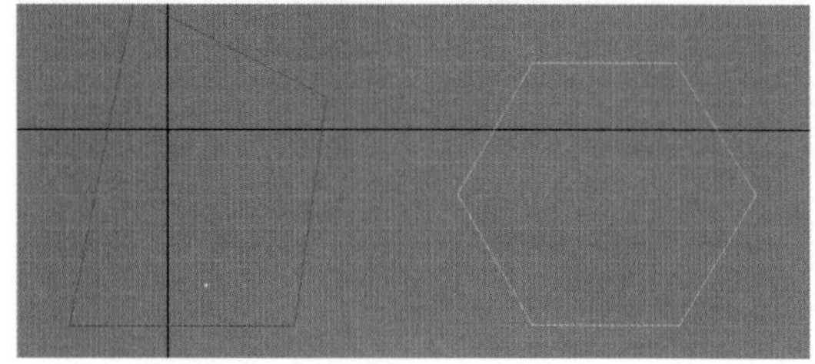

图 2–110

第3章 场景文件的管理和界面定制

本章导读

当制作一个比较大的场景时，怎样能有效地将场景中的物体按照自己的意愿统一管理，是一件很棘手的事情。本章我们就来讲述如何对场景进行有条理的、方便我们操作的管理，并以实例形式的动手操练来巩固所学知识。

3.1 组

使用群组功能可以对物体实现成组，一般情况下在模型创建完成后，要按类别对模型实现成组。图3-1所示是所有的群组命令。

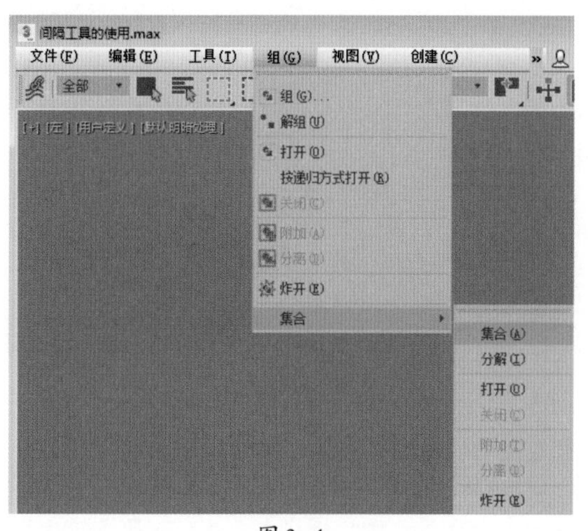

图 3-1

【组】命令：可将对象或组的选择集组成一个组。将对象分组后，可以将其视为场景中的单个对象。可以单击组中的任何对象来选择组对象。可将组作为单个对象进行变换，也可如同对待单个对象那样为其应用修改器。组可以包含其他组，包含的层次不限。组名称与对象名称相似，只是组名称由组对象携带。在与【按名称选择】对话框中的列表相似的列表中，组名称显示在父物体层级。如果已选定某组，则其名称会在【名称和颜色】卷展栏中以【黑体】文本显示。

【解组】命令：可将当前组分离为其组件对象或组。【解组】命令解组一个层级，这与【炸开】命令不同，【炸开】命令解组嵌套组的所有层级。当解组某个组时，该组内的对象会丢失应用于非零帧上的所有组变换，但它们会保留所有单个动画。所有被解组的实体都会保留在当前选择集内。

【打开】命令：可以暂时对组进行解组，并访问组内的对象。可以在组内独立于组的剩余部分变换和修改对象，然后使用【关闭】命令还原原始组。

【关闭】命令：可重新组合打开的组。对于嵌套组，关闭最外层的组对象将关闭所有打开的内部组。当将对象链接至关闭的组时，该对象成为此父组的子对象，而不是该组任意成员的子对象。整个组会闪烁，表示已链接至该组。

【附加】命令：可使选定对象成为现有组的一部分。选定对象后选择此命令，然后单击场景中的组。

【分离】命令：可从对象的组中分离选定对象。当从【组】菜单中选择【打开】命令打开组时，会激活此命令。

【炸开】命令：解组组中的所有对象，无论嵌套组的数量如何。这与【解组】命令不同，后者只解组一个层级。如同【解组】命令一样，所有炸开的实体都保留在当前选择集中。

【集合】命令：将对象选择集、集合和/或组合并至单个集合。当集合对象后，可以将其视为场景中的单个对象。可以单击组中任一对象来选择整个集合。

可将集合作为单个对象进行变换，也可如同对待单个对象那样为其应用修改器。集合可以包含其他集合和/或组，包含的层次不限。

【分解】集合命令：可将当前集合分离为其组件对象或集合。【分解】集合命令分离一个层级，这与【炸开】集合命令不同，【炸开】集合命令分离嵌套集合的所有层级。当分解集合时，该集合的所有组件都保持选定状态，但不再是该集合的一部分。所有应用于该集合的变换动画都将丢失，对象将保持其在执行分解操作的帧中的状态。但是，对象会保留所有单个动画。所有被分解的实体都会保留在当前选择集内。

【打开】集合命令：可以暂时分解集合，并单独访问其头对象和成员对象。可以在集合内独立于集合的剩余部分变换和修改头对象和成员对象，然后使用【关闭】集合命令还原原始集合。

【关闭】集合命令：可重新集合打开的集合。对于嵌套集合，关闭最外层的集合对象将关闭所有打开的内部集合。当将对象链接至关闭的集合时，该对象成为此父集合的子对象，而不是该集合任意成员的子对象。整个集合会闪烁，表示已链接至该集合。

【附加】集合命令：可使选定对象成为现有集合的一部分。选定对象后，选择此命令，然后单击场景中关闭的集合或者打开的集合的头对象。

【分离】集合命令：可从对象的集合中分离选定对象。如果该对象是嵌套集合的成员，则在分离该对象后，它不再是任何集合的成员。

【炸开】集合命令：可分离集合中的所有对象，无论嵌套的集合和/或组的数量如何。与【分解】集合命令不同，后者只分离一个层级。当炸开集合时，该集合的所有组件都保持选定状态，但不再是该集合的一部分。所有应用于该集合的变换动画都将丢失，对象将保持其在执行分解操作的帧中的状态。但是，对象会保留所有单个动画。

实例操作 组的使用实例

步骤01 下面通过一个实例详细讲述群组命令在场景管理中的应用。如图3-2所示，创建一个圆柱体模型、一个圆锥体模型和一个球体模型（工程文件路径：第3章/Scenes/组的使用实例.max）。

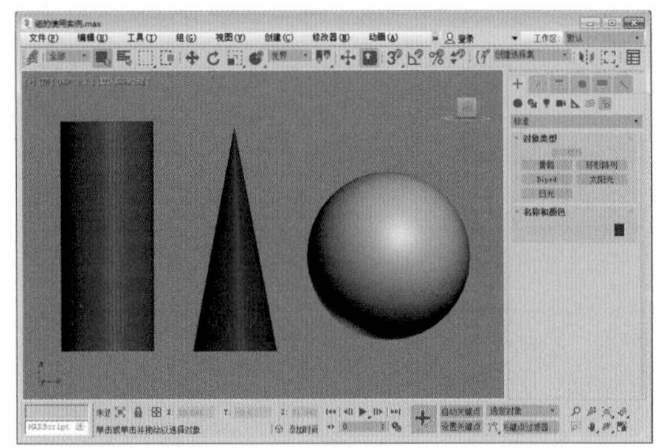

图3-2

步骤02 为了便于以后的整体操作，需要将圆柱体模型和圆锥体模型成组。具体的操作方法是，选择圆柱体模型和圆锥体模型，在主菜单栏中选择【组】/【组】菜单命令，这时会弹出一个【组】对话框，在其中输入成组后物体的名称，如图3-3所示。

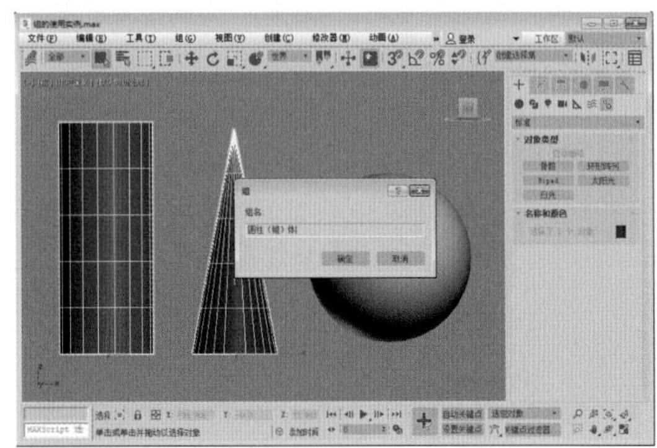

图3-3

步骤03 在执行完以上操作后，如果想再打开成组，则选择【组】/【解组】菜单命令即可，这时又可以对单个模型进行独立的操作了，如图3-4所示。

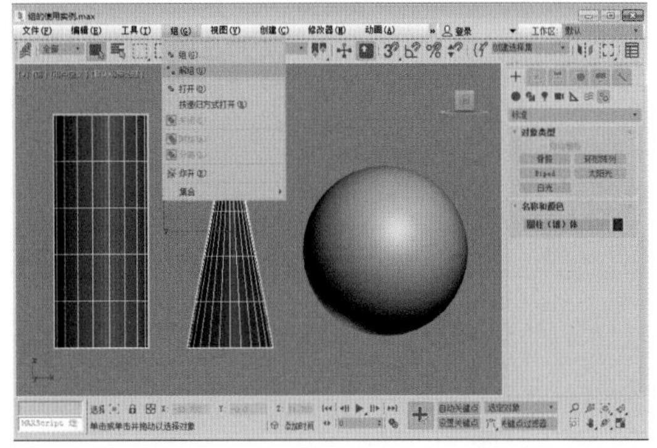

图3-4

步骤04 将圆柱体模型和圆锥体模型成组后，如果想在不解组的情况下修改其中的某个物体，则需要用到【打开】命令。具体的操作方法是，选择成组后的物体，然后选择【组】/【打开】菜单命令，这时圆柱体模型和圆锥体模型又会成为两个单独的物体。和上一步【解组】操作不同的是，执行【打开】操作后，两个物体还在一个组内，如图3-5所示，圆柱体模型和圆锥体模型还在一个红色的边界框内。

步骤05 当执行【打开】命令，对组内的模型修改完毕后，再执行【组】/【关闭】菜单命令，这时圆柱体模型和圆锥体模型又会成为一个组，如图3-6所示。【关闭】命令和【打开】命令是相对应的。

步骤06 先将圆柱体模型和圆锥体模型成组（【组01】），这时如果需要将球体模型添加到【组01】这个组中，就需要用到【附加】命令。具体操作是，选择球体模型，选择【组】/【附加】菜单命令，然后单击【组01】，这时球体模型就会添加到【组01】这个组中，如图3-7所示。

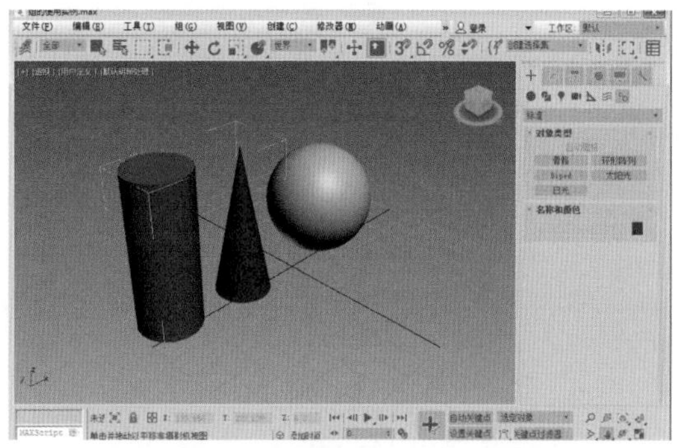
图3-5

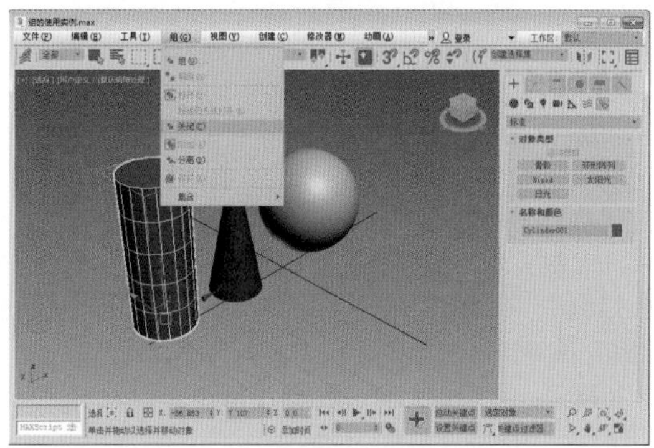
图3-6

图3-7

步骤07 在上一步中将球体模型添加到了【组01】组中，如果想让球体模型再从这个组中分离出去，就需要用到【分离】命令。具体操作分为三步，第一步选择【组01】，执行【组】/【打开】菜单命令，打开现在的成组，如图3-8所示。

步骤08 第二步选择球体模型，执行【组】/【分离】菜单命令，如图3-9所示。

步骤09 第三步，这时可以从视图中看出，球体模型从【组01】组中被分离出去，只剩下圆柱体模型和圆锥体模型成组，效果如图3-10所示。

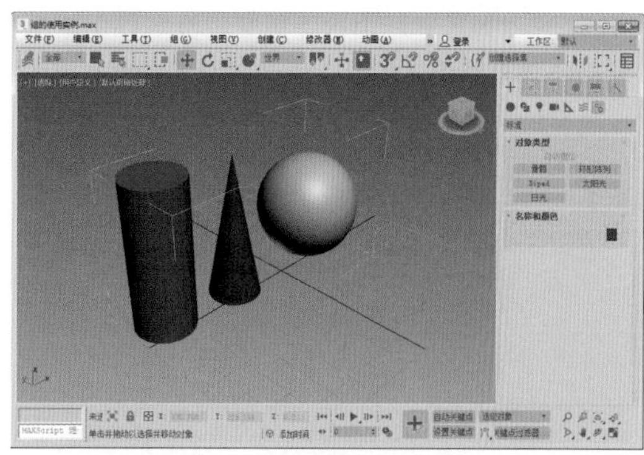
图3-8

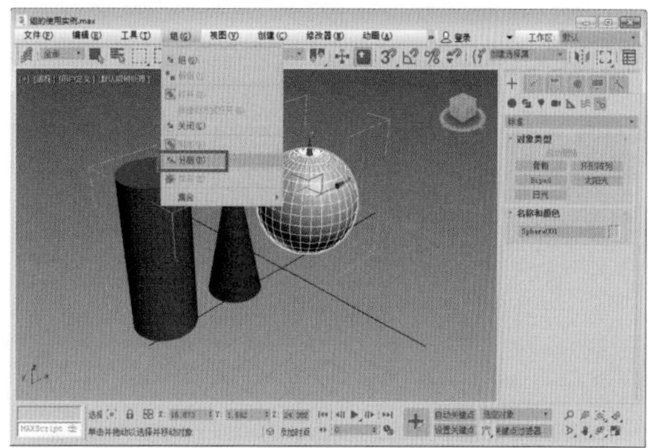
图3-9

图3-10

步骤10 现在重新打开场景，选择场景中的所有物体，然后执行【组】/【组】菜单命令，如图3-11所示。

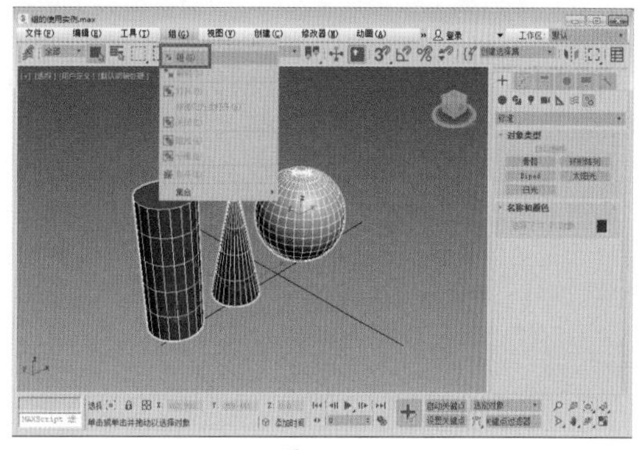
图3-11

步骤11 现在如果想一次性将所有的物体都分离开来，则可以使用【炸开】命令。具体操作是，选择成组物体，然后执行【组】/【炸开】菜单命令，如图3-12所示，场景中的物体都变成了单独的个体，这时又可以选择单个物体进行各种操作了。

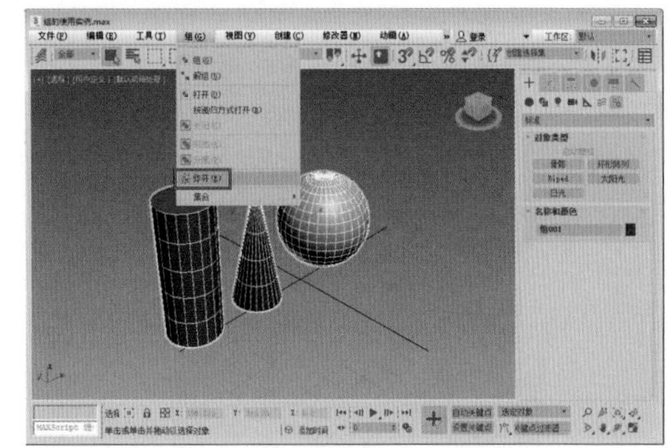

图 3-12

3.2 设置快捷键

3ds Max本身定义了很多快捷键，很多常用的操作都已设置了键盘快捷键。如果要修改或添加新的快捷键，则可以通过【自定义用户界面】对话框中的【键盘】面板执行此操作，如图3-13所示。

图 3-13

组：显示一个下拉列表，从该下拉列表中可以选择要自定义的上下文，如主UI、轨迹视图、材质编辑器等。

活动：切换特定于上下文的键盘快捷键的可用性。启用此选项之后，可以在整个用户界面的上下文之间使用重复的快捷键。例如，A既可以是【主UI】中【捕捉角度】切换的快捷键，又可以是【将材质指定给选定对象】的快捷键（当在【材质编辑器】中执行操作时）。禁用此选项之后，为适当上下文定义的快捷键不可用。默认设置为启用。

类别：显示一个下拉列表，该下拉列表列出了所选上下文用户界面操作的所有可用类别。

操作列表：显示选定组（上下文）和类别的所有可用操作和快捷键。

热键：用于输入键盘快捷键。当输入键盘快捷键后，【指定】按钮处于活动状态。

指定：当在【热键】字段中输入键盘快捷键后激活此按钮。单击【指定】按钮之后，其将快捷键信息传输到该对话框左侧的【操作】列表中。

移除：移除对话框左侧的【操作】列表中选定操作的所有快捷键。

写入键盘表：单击该按钮后显示【文件另存为】对话框。使用此按钮可将对键盘快捷键所做的任何更改保存到可以打印的TXT文件中。

加载：单击该按钮后显示【加载快捷键文件】对话框。使用此按钮可将自定义快捷键从KBD文件中加载到场景中。

保存：单击该按钮后显示【保存快捷键文件为】对话框。使用此按钮可将对快捷键所做的任何更改保存到KBD文件中。

重置：对快捷键所做的所有更改重置为默认设置。

要创建键盘快捷键，必须执行以下操作。

（1）选择【自定义】/【自定义用户界面】/【键盘】菜单命令。

（2）使用【组】和【类别】下拉列表查找要创建快捷键的操作。

（3）单击【操作】列表中的操作可将其高亮显示。

（4）在【热键】字段中输入要指定给操作的键盘快捷键。

（5）单击【指定】按钮。

3.2.1 自定义工具

本节主要学习如何自主调用和设置3ds Max的工具。可以通过【自定义用户界面】对话框中的【工具栏】面板执行自定义工具操作，如图3-14所示。

组：显示一个下拉列表，从该下拉列表中可以选择要自定义的上下文，如主UI、轨迹视图、材质编辑器等。

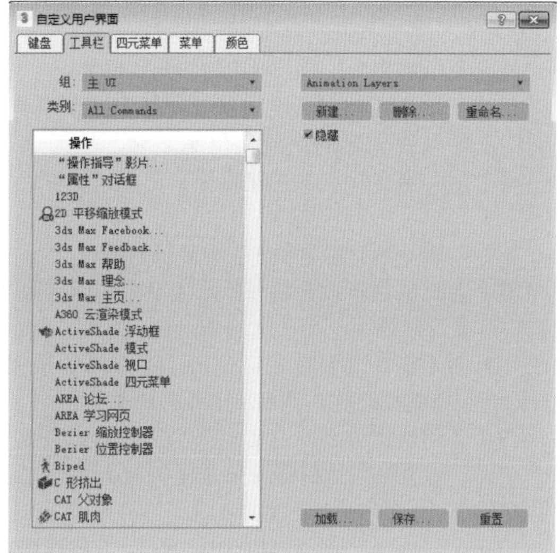

图3-14

类别：显示一个下拉列表，该下拉列表列出了所选上下文用户界面操作的所有可用类别。

操作窗口：显示所选组和类别的所有可用操作。

工具栏列表：显示【轴约束】、【附加】、【层】和【Reactor】工具栏，以及使用【新建】按钮创建的任何其他工具栏。

新建：单击该按钮后显示【新建工具栏】对话框，输入要创建的工具栏的名称，然后单击【确定】按钮。新工具栏作为小浮动框出现。创建新工具栏后，有3种方法可以添加命令：

（1）从【自定义用户界面】对话框中的【工具栏】面板中的【操作】窗口中拖动操作到新工具栏上。

（2）按住【Ctrl】键的同时从其他工具栏上拖动按钮到新工具栏，这样会在新工具栏上创建此按钮的一个副本。

（3）按住【Alt】键的同时从其他工具栏上拖动按钮到新工具栏上，这样会将按钮从原工具栏上移动到新工具栏上。

删除：删除工具栏列表中显示的工具栏项。

重命名：单击该按钮后显示【重命名工具栏】对话框。从工具栏列表中选择工具栏，单击【重命名】按钮，更改工具栏的名称，然后单击【确定】按钮。浮动工具栏上的工具栏名称将改变。

隐藏：切换工具栏列表中活动工具栏的显示。

加载：单击该按钮后显示【加载UI文件】对话框。允许加载自定义用户界面文件到场景中。

保存：单击该按钮后显示【保存UI文件为】对话框。允许保存对用户界面所做的任何修改到.cui文件中。

重置：将对用户界面所做的任何修改重置为默认设置。

想要创建自己的工具栏，必须执行以下操作。

（1）选择【自定义】/【自定义用户界面】/【工具栏】菜单命令。

（2）单击【新建】按钮，显示【新建工具栏】对话框。

（3）输入工具栏的名称，然后单击【确定】按钮，新工具栏作为小浮动框出现。

实例操作 自定义工具的使用

步骤01 打开一个3ds Max场景，执行【自定义】/【自定义用户界面】/【工具栏】菜单命令，单击【新建】按钮，在显示的【新建工具栏】对话框中输入【Tools】，然后单击【确定】按钮，如图3-15所示。

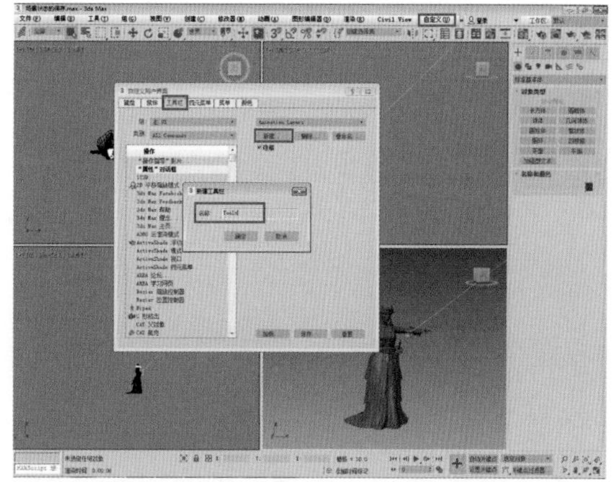

图3-15

步骤02 在视图中出现了一个命名为Tools的浮动框，如图3-16所示，可以通过这样的方法创建属于自己的工具栏。

图3-16

为工具栏添加命令，必须执行以下操作。

（1）选择【自定义】/【自定义用户界面】/【工具栏】菜单命令。

（2）从操作窗口中选择要编辑的工具栏。

（3）使用前面介绍的3种方法为工具栏添加命令，如图3-17所示。

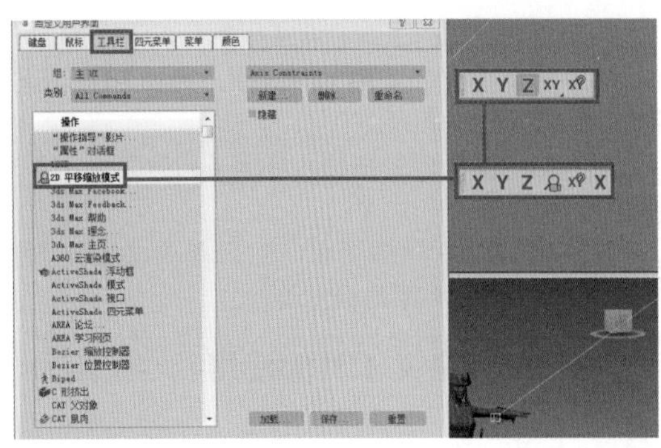

图 3-17

3.2.2 设置快捷菜单

本节主要学习如何对鼠标右键快捷菜单隐藏的内容进行设置。在视图中，可以有各种各样的右键快捷菜单，快捷菜单中的命令也可以进行自由定制。可以通过选择【自定义】/【自定义用户界面】菜单命令，打开【自定义用户界面】对话框执行设置快捷菜单的操作，如图3-18所示。

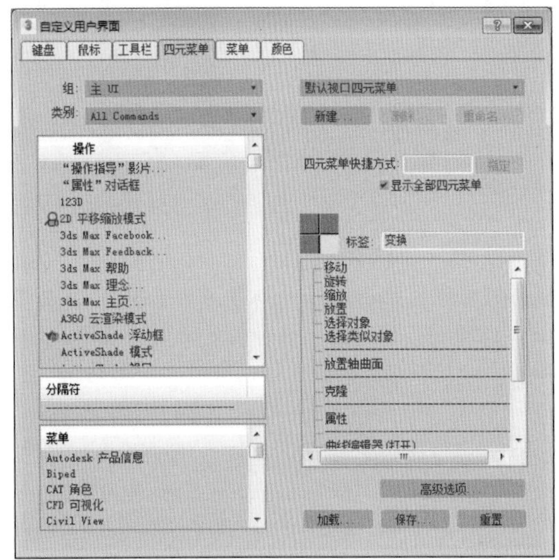

图 3-18

组：显示一个下拉列表，从该下拉列表中可以选择要自定义的上下文，如主UI、轨迹视图、材质编辑器等。

类别：显示一个下拉列表，其中包含所选上下文可用的用户界面操作类别。

操作窗口：显示所选组和类别的所有可用操作。若要向某个特定的四元菜单集中添加一项操作，则选择该项操作并将其拖动到位于该对话框右侧的四元菜单窗口中即可。

分隔符窗口：显示一条分隔线，用来分开四元菜单中菜单项的各个组。若要向某个特定的四元菜单集中添加分隔符，则选择分隔符并将其拖动到位于该对话框右侧的四元菜单窗口中即可。

菜单窗口：显示所有的3ds Max菜单名称。若要向某个特定的四元菜单集中添加一个菜单，则选择菜单并将其拖动到位于该对话框右侧的四元菜单窗口中即可。在此窗口中右击一个菜单，可以对菜单进行删除、重命名、新建或清空操作。

四元菜单集列表：显示可用的四元菜单集。

新建：单击该按钮后会显示【新建四元菜单集】对话框，输入要创建的四元菜单集名称，然后单击【确定】按钮。新的四元菜单集将显示在四元菜单集列表中。

删除：删除四元菜单集列表中显示的条目。

重命名：单击该按钮后会显示【重命名四元菜单集】对话框。从四元菜单集列表中选择一个四元菜单集便可激活【重命名】按钮。单击【重命名】按钮，更改四元菜单集的名称，然后单击【确定】按钮。

四元菜单快捷方式：定义显示四元菜单集的键盘快捷方式。通过输入快捷键并单击【指定】按钮来进行更改。

显示全部四元菜单：启用此选项之后，在视图中右击会显示所有的四元菜单。禁用此选项之后，在视图中右击，一次只显示一个四元菜单。

标签：显示高亮显示的四元菜单的标签（该标签的左侧显示为黄色）。

四元菜单窗口：显示当前选中四元菜单及四元菜单集的菜单选项。若要添加菜单和命令，则将选项从【操作】窗口和【菜单】窗口中拖动到此窗口中。

包含在四元菜单中的项目只有在可用时才显示。例如，如果四元菜单中包含【轨迹视图选择】，那么只有在打开四元菜单并选中一个对象时，才会显示该命令。如果打开四元菜单时没有可用的命令，那么将不显示该四元菜单。

在四元菜单窗口中右击某个条目，便会出现如下几个可用的操作。

（1）删除菜单项：删除选中的操作、分隔符或菜单。

（2）编辑菜单项名：打开【编辑菜单项名】对话框。必须勾选【自定义名称】复选框才能编辑菜单项名。在名称文本字段中输入想要的名称，然后单击【确定】按钮。在四元菜单中菜单项的名称发生更改，但在四元菜单窗口中却没有发生更改。

高级选项：打开高级四元菜单选项。

加载：单击该按钮后会显示【加载菜单文件】对话框，可以向场景中加载自定义的菜单文件。

保存：单击该按钮后会显示【菜单文件另存为】对话框，可以将对四元菜单所做的更改保存为MNU文件。

重置：将对四元菜单所做的更改重置为默认设置。

要创建一个新的四元菜单集，必须执行以下操作。

（1）选择【自定义】/【自定义用户界面】/【四元菜单】菜单命令。

（2）单击【新建】按钮，显示【新建四元菜单集】对话框。

（3）输入四元菜单集的名称，然后单击【确定】按钮，新的四元菜单集将显示在四元菜单集列表中。

实例操作 设置快捷菜单实例

步骤01 选择【自定义】/【自定义用户界面】/【四元菜单】菜单命令。单击【新建】按钮，弹出【新建四元菜单集】对话框，如图3-19所示，在【名称】输入框中输入想要创建的四元菜单集的名称，如【工具】，然后单击【确定】按钮，一个名为【工具】的新的四元菜单集将显示在四元菜单集列表中。

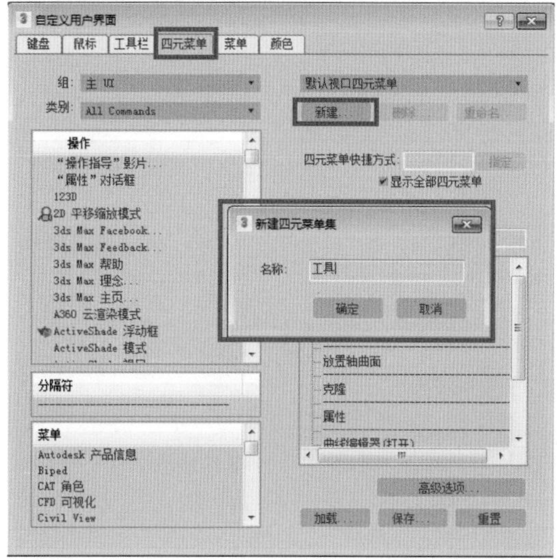

图3-19

步骤02 设置完成后，单击【保存】按钮，在弹出的对话框中输入文件名称，再单击【保存】按钮，保存自己的设置，如图3-20所示。

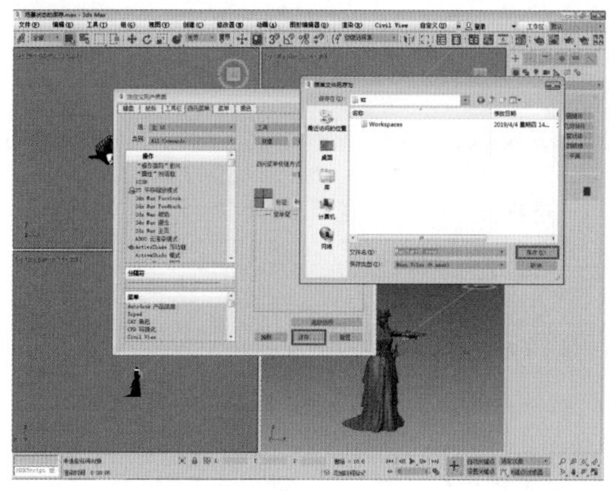

图3-20

3.2.3 设置菜单

在【菜单】面板中可以自定义软件中使用的菜单，可以编辑现有菜单或创建自己的菜单，也可以自定义菜单标签、功能和布局。选择【自定义】/【自定义用户界面】/【菜单】菜单命令，【菜单】面板如图3-21所示。

图3-21

组：显示一个下拉列表，从中可以选择要自定义的上下文，如主UI、轨迹视图、材质编辑器等。

类别：显示一个下拉列表，其中包含所选上下文可用的用户界面操作类别。

操作窗口：显示所选组和类别的所有可用操作。若要向某个特定的菜单中添加一项操作，则选择该项操作并将其拖动到位于该对话框右侧的菜单列表中即可。

分隔符窗口：显示分隔线，用来分开菜单项的各个组。若要向某个特定的菜单中添加一个分隔符，则选择分隔符并将其拖动到位于该对话框右侧的菜单列表中即可。

菜单窗口：显示所有菜单的名称。若要将一个菜单添加到另一个菜单中（显示在菜单列表中），则选择菜单并将其拖动到位于该对话框右侧的菜单列表中即可。在此列表中右击一个菜单，可以对其进行删除、重命名、新建或清空操作。

新建：显示【新建菜单】对话框，输入要创建的菜单名称，然后单击【确定】按钮。新菜单显示在此对话框左侧的菜单窗口中，也显示在菜单列表中。

删除：删除菜单列表中显示的条目。

重命名：显示【编辑菜单项名】对话框。在菜单列表中选取一个命令，并单击【重命名】按钮，在弹出的【编辑菜单项名】对话框中可以指定一个将在菜单中显示的自定义名称。如果在自定义名称的一个字母前加上一个【&】字符，则该字母将作为菜单的快捷加速键。

主菜单栏：显示菜单列表中当前选中菜单的菜单选项。若要添加菜单和命令，则只需选中选项并将其从操作窗口和菜单窗口中拖动到主菜单栏中即可。

加载：显示【加载菜单文件】对话框，可以向场景中加载自定义的菜单文件。

保存：显示【保存菜单文件为】对话框，可以将对菜单所做的更改保存为MNU文件。

重置：将对菜单所做的更改重置为默认设置。

要创建一个新菜单，必须执行以下操作。

（1）选择【自定义】/【自定义用户界面】/【菜单】菜单命令。

（2）单击【新建】按钮，显示【新建菜单】对话框。

（3）输入菜单的名称，然后单击【确定】按钮，在菜单列表中显示新菜单。

要向菜单中添加命令，必须执行以下操作。

（1）选择【自定义】/【自定义用户界面】/【菜单】菜单命令。

（2）从菜单列表中选择要编辑的菜单。如果要更改菜单的名称，则单击【重命名】按钮，然后在弹出的对话框中输入一个新名称。

（3）分别在【组】和【类别】下拉列表中选择相应的组和类别。

（4）在操作窗口中选择一个命令，然后将其拖动到菜单列表中。使用同样的步骤向菜单中添加菜单和分隔符。

（5）如果要删除一个菜单，则从主菜单栏中选择要删除的菜单，单击【删除】按钮即可。

实例操作 设置菜单实例

3ds Max也可以根据个人需要增加或减少现有的菜单，甚至可以自己汉化，可见3ds Max用户自定义功能之强大。下面介绍一下设置菜单具体是如何实现的。

步骤01 在场景中选择【自定义】/【自定义用户界面】菜单命令，如图3-22所示。

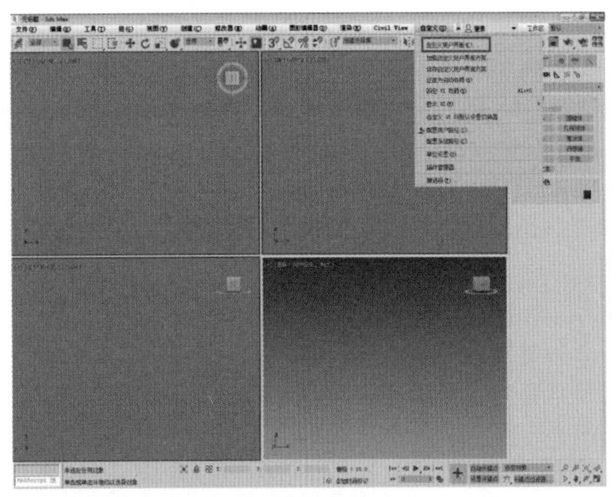

图 3-22

步骤02 在【自定义用户界面】对话框中找到【菜单】面板，单击【新建】按钮，弹出【新建菜单】对话框，在【名称】输入框中输入想添加的菜单名称，然后单击【确定】按钮，如图3-23所示。

步骤03 在【自定义用户界面】对话框左下角的菜单窗口中找到刚才创建的菜单名称，如图3-24所示。

步骤04 用鼠标拖动这个菜单名称到右侧菜单列表中的【帮助】菜单下方，新建一个菜单，如图3-25所示。

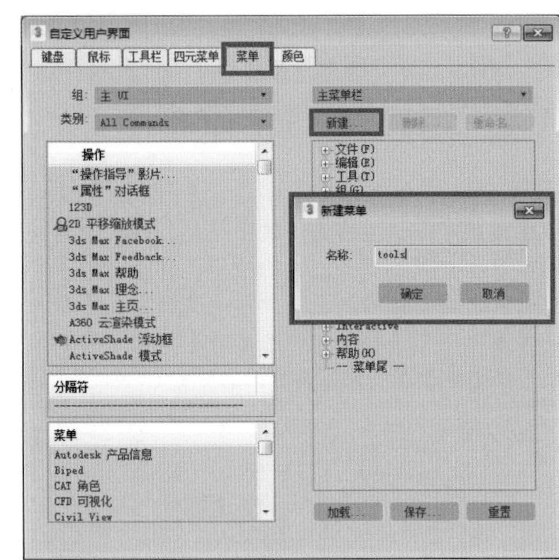

图 3-23

图 3-24

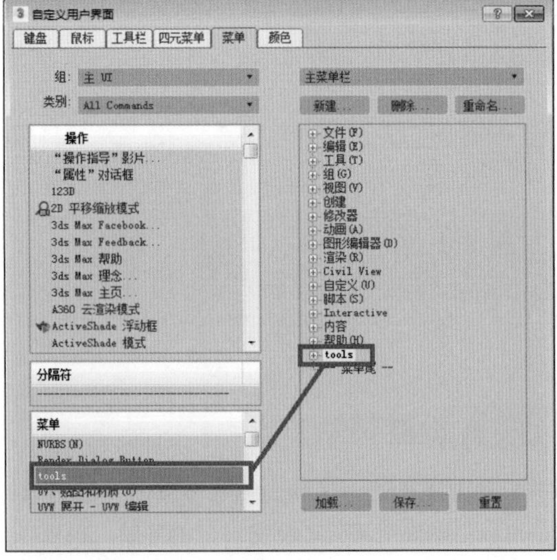

图 3-25

步骤05 在该菜单名称上右击，在弹出的快捷菜单中选择【编辑菜单项名称】选项，如图3-26所示。

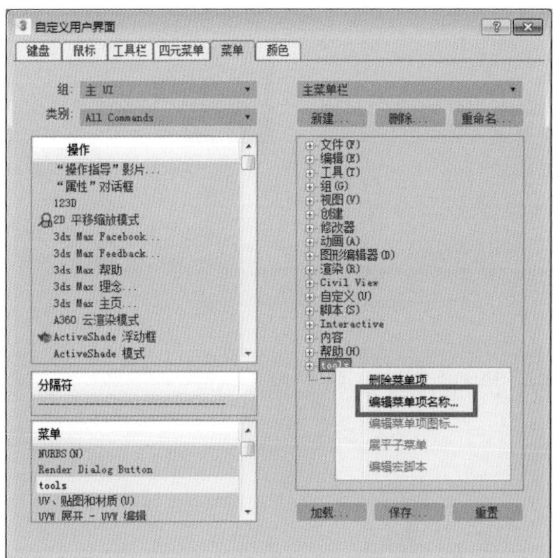

图3-26

步骤06 打开【编辑菜单项名称】对话框，在【名称】输入框中将刚才命名的名称改为【good Tools】，最后单击【确定】按钮，如图3-27所示。

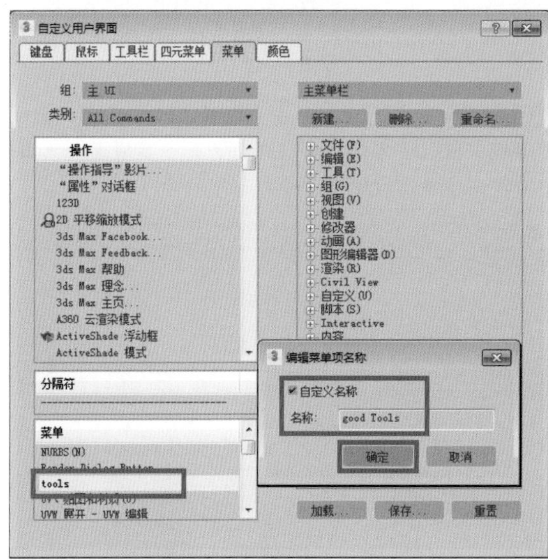

图3-27

步骤07 如图3-28所示，在菜单列表的最后出现了一个【good tools】菜单，这说明一个新的菜单添加成功了。

3.2.4 设置颜色

【颜色】面板可以用来自定义软件界面的外观，几乎可以调整界面中所有元素的颜色，用户可以自由设计自己独特的风格。

选择【自定义】/【自定义用户界面】/【颜色】菜单命令，【颜色】面板如图3-29所示。

图3-28

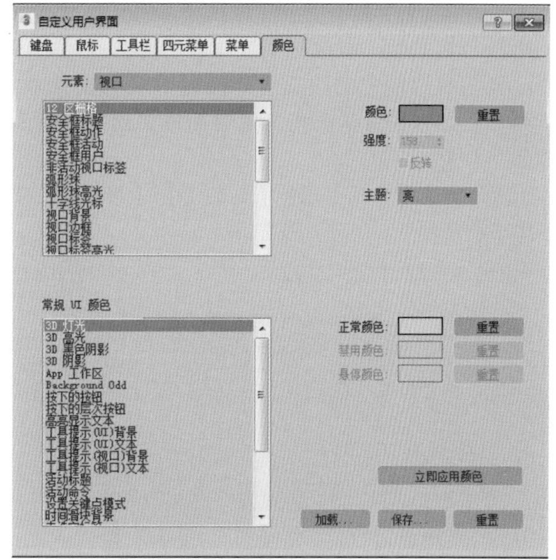

图3-29

元素：显示下拉列表，通过该下拉列表可以从以下高级分组中进行选择：轨迹栏、几何体、视图、GizMos、对象、图解视图、卷展栏、动态着色、轨迹视图、操纵器和栅格。

常规UI颜色：显示选定用户界面类别的可用元素列表。

颜色：显示选定类别和元素的颜色。单击此按钮将显示【颜色选择器】对话框，在其中可以更改颜色。选择新的颜色后，单击【应用颜色】按钮以在界面中进行更改。

重置：将颜色重置为默认值。

强度：设置栅格线显示的灰度值。0为黑色，255为白色。

反转：反转栅格线显示的灰度值。

主题：可以选择将主UI颜色设置为默认Windows颜色还是自定义主UI颜色。如果选择了【使用标准Windows颜色】选项，则【UI外观】列表中的所有元素都将被禁用，并且不能自定义UI的颜色。

正常颜色：鼠标不动时按钮显示的颜色。

禁用颜色：鼠标按下按钮高亮时显示的颜色。

悬停颜色：鼠标按下按钮未弹起时显示的颜色。

立即应用颜色：使用用户界面中处于活动状态的此对话框，进行已输入的任何更改。

加载：显示【加载颜色文件】对话框，可以将自定义的颜色文件加载到场景中。

保存：显示【保存颜色文件为】对话框，可以将对用户界面颜色所做的任何更改保存到CLR文件中。

重置：将对颜色所做的所有更改重置为默认设置。

实例操作 视图背景颜色的设置

3ds Max自身带有多种工作模式，而且界面颜色的更改是随意的。但这并不意味着用什么颜色都可以，因为有些颜色的更改可能会影响我们的操作。下面以更改视图背景颜色来说明如何自己定义界面颜色。

步骤01 在主菜单栏中选择【自定义】/【用户自定义界面】菜单命令，如图3-30所示。

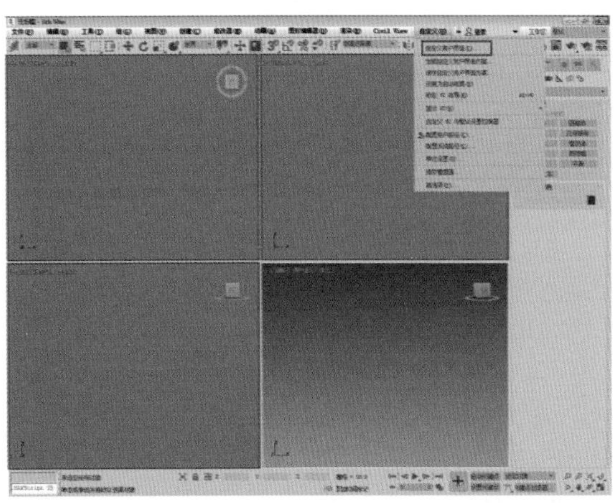

图 3-30

步骤02 在【用户自定义界面】对话框中找到【颜色】面板，在左侧的窗口中找到【视口背景】选项，单击【颜色】旁边的小按钮，会弹出一个对话框，如图3-31所示。然后在【颜色选择器】对话框中选择要更改的颜色。

步骤03 设置完成后单击【立即应用颜色】按钮，视图背景颜色立即变成了所设置的颜色，如图3-32所示。

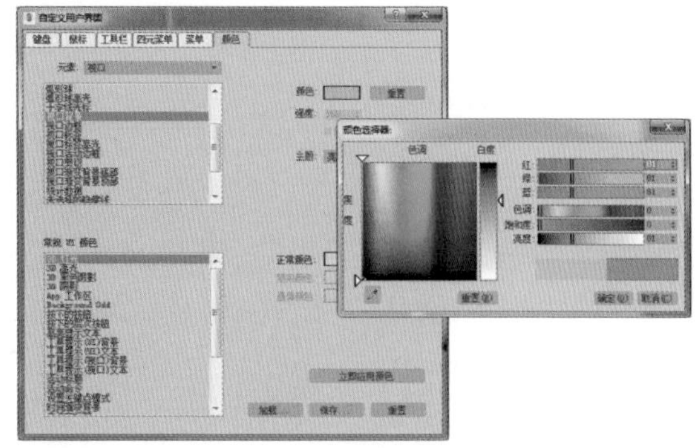

图 3-31

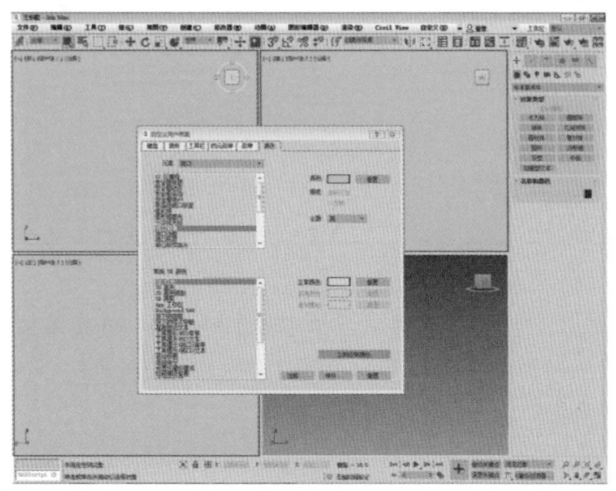

图 3-32

步骤04 设置完成后，单击【保存】按钮，在弹出的对话框中输入适当的名称，保存为一个后缀名为*.clrx的文件，方便以后使用，如图3-33所示。

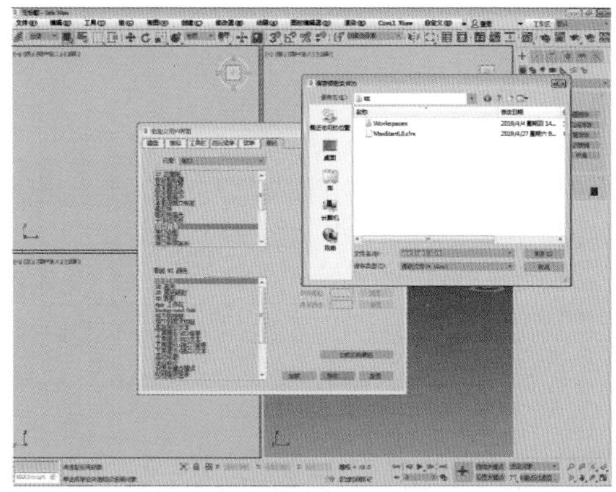

图 3-33

步骤05 其他界面颜色的设置在操作上也是这样的，如果对颜色的设置不满意，则可以单击【重置】按钮来恢复，如图3-34所示。

步骤06 恢复后可以重新对颜色进行设置，如图3-35所示。

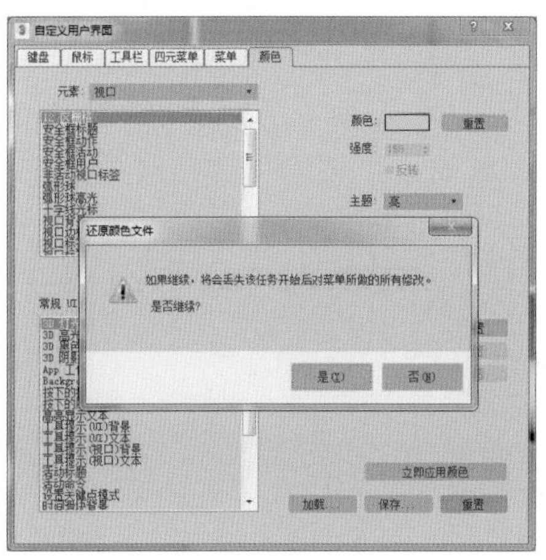
自定义用户界面
键盘
鼠标
工具栏
四元菜单
菜单
颜色
元素:
视口
颜色:
重置
强度:
主题:
亮
还原颜色文件
如果继续，将会丢失该任务开始后对菜单所做的所有修改。
是否继续?
是(Y)
否(N)
立即应用颜色
加载...
保存...
重置
图 3-34

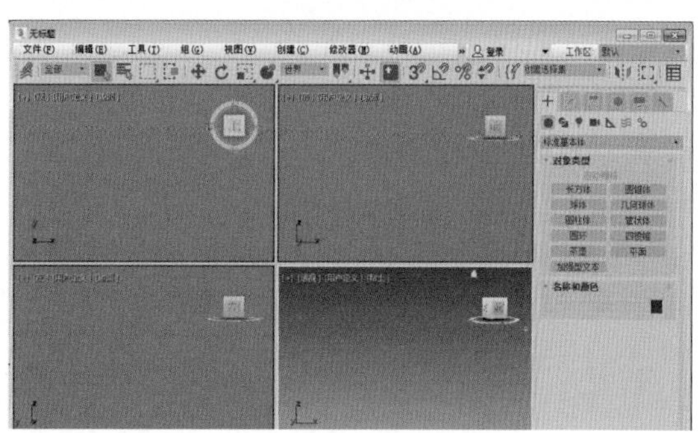
图 3-35

3ds Max

第4章 基本物体的创建

本章导读

本章通过学习标准基本体及扩展基本体的创建，了解3ds Max的一些基本建模元素和一些参数的变化，并以实例形式的动手操练来巩固所学知识。

4.1 创建面板

创建面板提供用于创建对象的控件。这是在3ds Max中构建新场景的第一步，很可能要在整个项目创建过程中继续添加对象。

创建面板将所创建的对象分为7个类别：几何体、图形、灯光、摄影机、辅助对象、空间扭曲和系统。每个类别都有自己的按钮。每个类别内可能包含几个不同的对象子类别。使用下拉列表可以选择对象子类别，每类对象都有自己的按钮，单击相应的按钮即可开始创建，如图4-1所示。

图4-1

几何体：几何体是场景中的可渲染几何体，包括诸如长方体、球体、圆锥体这样的标准基本体，也包括诸如布尔、阁楼及粒子系统这样的更高级的几何体。

图形：形状为样条线或NURBS曲线。虽然它们能够在2D空间（如长方形）或3D空间（如螺旋）中存在，但是它们只有一个局部维度。

灯光：灯光可以照亮场景，并且可以增加其逼真感。灯光有很多种，每一种灯光都将模拟现实世界中不同类型的灯光。

摄影机：摄影机提供场景的视图。摄影机在标准视图中的视图上所具有的优势在于其控制类似于现实世界中的摄影机，并且可以对摄影机位置设置动画。

辅助对象：辅助对象有助于构建场景。辅助对象可以帮助你定位、测量场景中的可渲染几何体，以及设置其动画。

空间扭曲：空间扭曲在围绕其他对象的空间中产生各种不同的扭曲效果。一些空间扭曲专门用于粒子系统。

系统：系统将对象、控制器和层次组合在一起，提供与某种行为关联的几何体。系统也包含模拟场景中阳光的阳光和日光系统。

4.2 标准基本体

3ds Max中的几何体用来创建具有三维空间结构的造型实体，包括标准基本体、扩展基本体、NURBS曲面、门、窗、AEC 扩展、动力学对象、楼梯等18种类型，如图4-2左图所示。我们熟悉的标准基本体在现实世界中就是像球体、管道、长方体、圆环、圆锥体、楼梯、火炬这样的对象。在3ds Max中，我们通过创建基本体，对基本体进行复合物体运算，并使用修改器进行进一步的编辑，从而完成模型的制作。

在3ds Max中，可以使用单个基本体对诸如球体、管道、长方体、圆环、圆锥体等这样的标准基本体建模，还可以将基本体结合到更复杂的对象中，并使用修改器进一步进行细化，如图4-2右图所示。

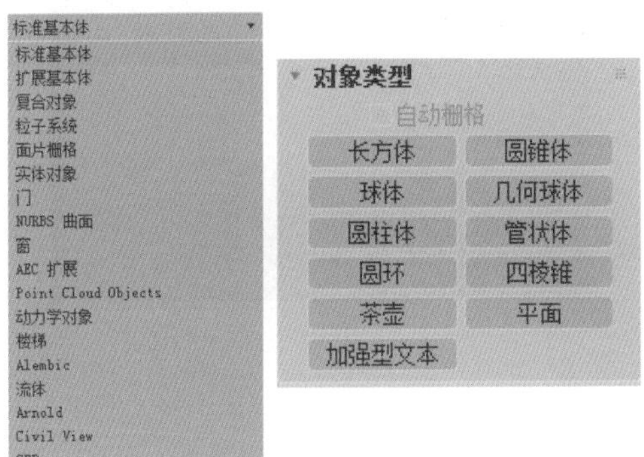

图4-2

标准基本体的创建命令如图4-3所示。

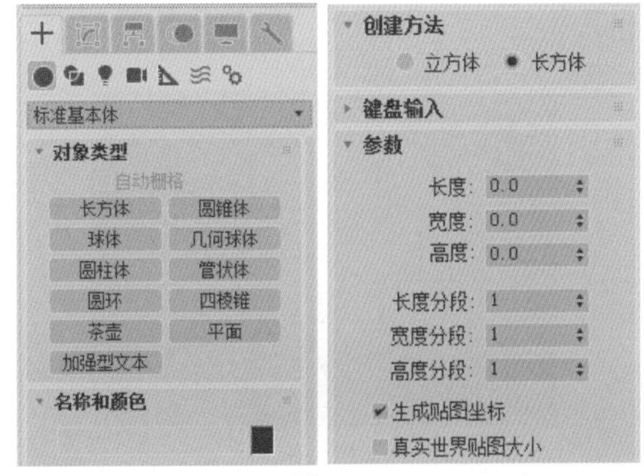

图4-3

4.3 扩展基本体

扩展基本体是3ds Max中复杂基本体的集合，后面会介绍每种类型的扩展基本体及其创建参数。可以通过创建面板中的【对象类型】卷展栏创建扩展基本体，如图4-4所示。

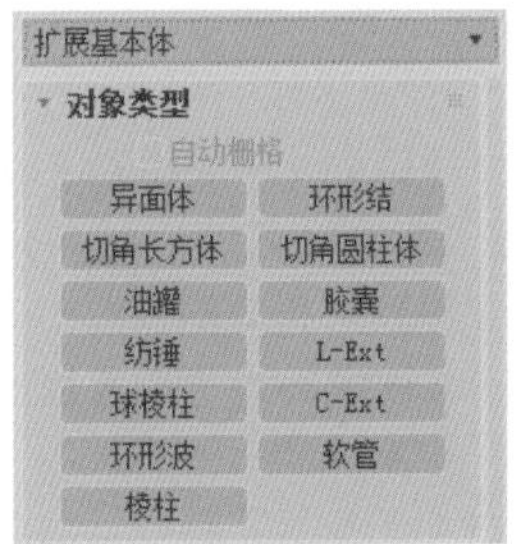

图4-4

实例操作 创建切角长方体

步骤01 在【创建】菜单中，选择【扩展基本体】/【切角长方体】命令，如图4-5所示（工程文件路径：第4章/Scenes/创建切角长方体.max）。

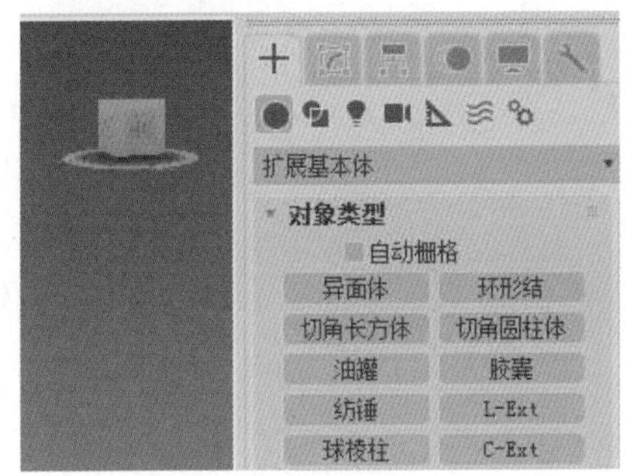

图4-5

步骤02 拖动鼠标，定义切角长方体底部的对角线角点（按【Ctrl】键可将底部约束为方形），如图4-6所示。

图4-6

步骤03 释放鼠标按键，然后垂直移动鼠标以定义切角长方体的高度，单击可设置高度，如图4-7所示。

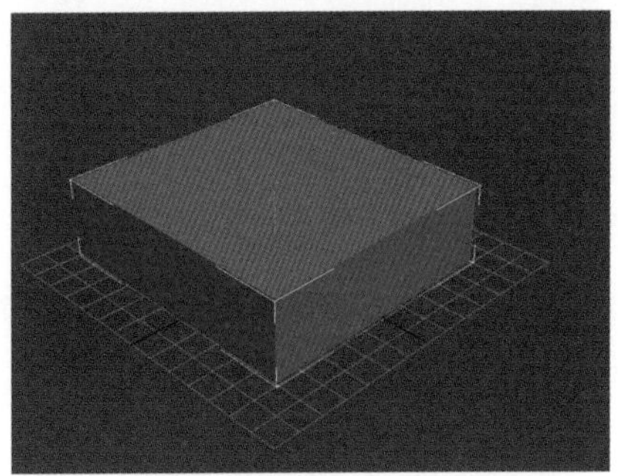

图4-7

步骤04 对角移动鼠标可定义圆角或切角的高度（向左上方移动可增加宽度，向右下方移动可减小宽度），如图4-8所示。

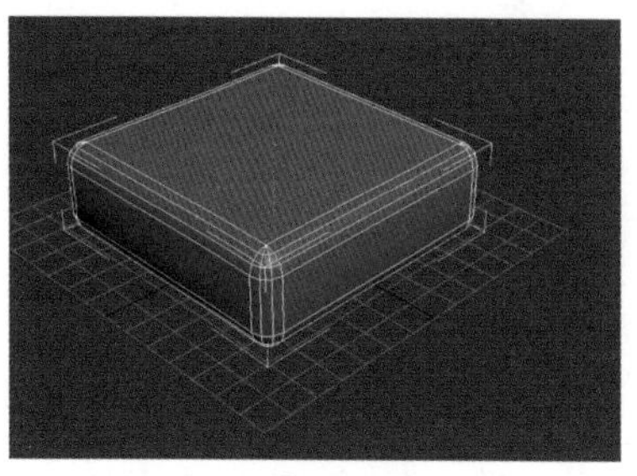

图 4-8

步骤05 再次单击以完成切角长方体的创建，如图4-9所示。

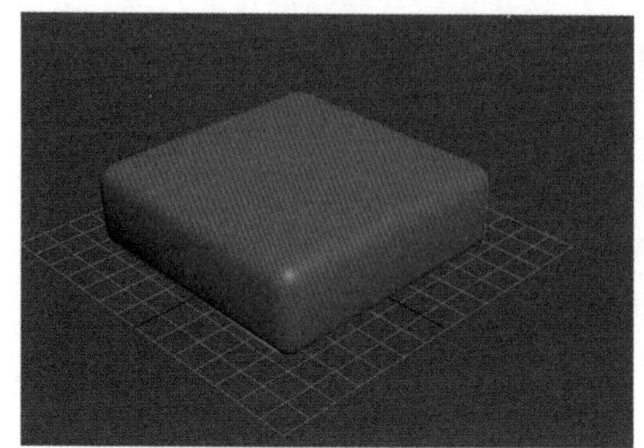

图 4-9

4.4 创建图形

图形是一种由一条或多条曲线组成的对象。在3ds Max中，这种曲线分为样条线曲线和NURBS曲线两种。这些曲线可以用作其他对象组件的2D或3D元素，如图4-10所示，为使用曲线辅助所创建的形体。

图 4-10

图形的主要作用：生成面片和薄的3D曲面、定义放样组件，如路径和图形，并拟合曲线、生成旋转曲面、生成挤出对象、定义运动路径。

4.4.1 样条线

在命令面板对象类别下的【样条线】层级和【扩展样条线】层级提供了在日常生活中能够经常看到的几何图形。

【样条线】图形包括圆、椭圆、矩形、多边形、截面等13种图形，每种图形都具有特定的属性参数，如图4-11所示。

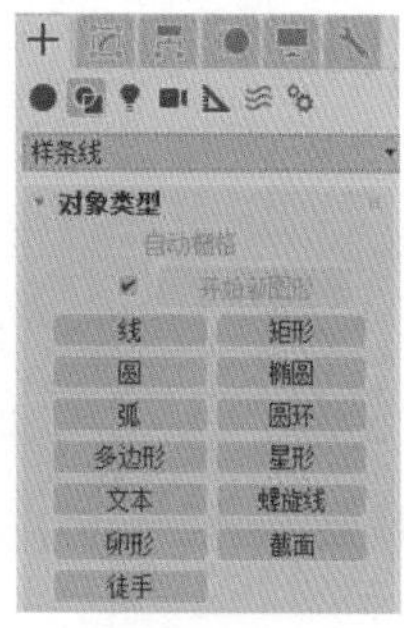

图 4-11

1. 特殊样条线

【样条线】层级包括的几何图形与标准基本体一样，都是较常用的规则图形，这些图形也可以使用鼠标绘制或利用键盘创建。根据不同的图形，也有不一样的创建方法。

另外，除了【线】、【文本】和【截面】3种图形，其他所有图形都具有与其外形相符的变量参数。

线：利用【线】工具可创建多个分段组成的自由形式的样条线，这种样条线包括【顶点】、【线段】和【样条线】3个子层级。

文本：利用【文本】工具可以创建文本图形，并且可以使用系统中安装的Windows字体，支持中文输入，如图4-12所示。

截面：【截面】是一种特殊类型的对象，可以通过网格对象基于横截面切片生成其他形状。

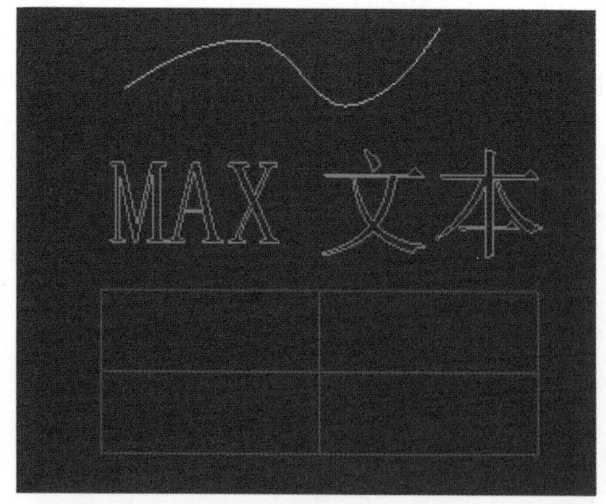

图 4-12

这3种特殊的样条线在创建方法上也与其他样条线的创建略有不同。其中，【线】的创建通过绘制点和控制点的属性确定最终效果；【文本】的创建则可以通过选择字体等操作完成简单的排版；【截面】则更为特殊，创建该图形的目的是为了得到一个物体的截面图形，如快速地获取建筑结构的剖面图形，如图4-13所示。

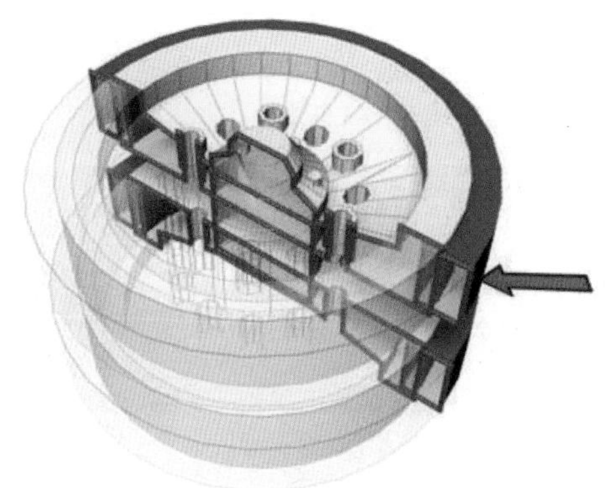

图 4-13

知识拓展

截面对象显示为相交的矩形，只需将其移动并旋转即可通过一个或多个网格对象进行切片，然后单击【生成形状】按钮即可基于2D 相交生成一个形状。

在通过截面创建新图形时，截面与对象的位置关系决定了新图形的外形，这里主要指当截面无限放大时与对象的相交位置，而截面本身是否与对象相交完全不影响新图形的创建。

实例操作 获取卡通角色截面图

步骤01 打开工程文件中的场景文件，在左视图中创建一个截面图形，此时切换到透视图中可以发现，在截面图形与场景中的对象相交处有一圈黄色的线，如图4-14所示（工程文件路径：第4章/Scenes/获取卡通角色截面图.max）。

图 4-14

步骤02 在截面图形的修改参数面板中单击【创建图形】按钮，此时对象表面的一圈线被创建成一个新的图形，如图4-15所示。

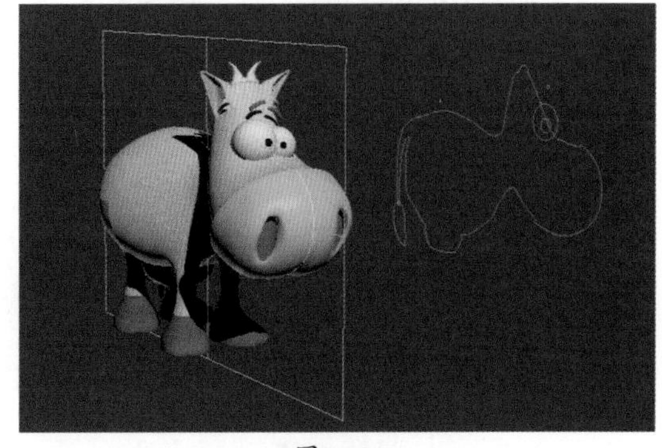

图 4-15

2. 样条线精度的控制

同一种样条线图形，若将其属性参数设置为不同的值，则图形会产生不同的形状变化，这里仅指图形自身的变量参数，如圆的半径等。

除此之外，所有的样条线都可以通过【插值】卷展栏中的【步数】调整图形的精细程度。

4.4.2 扩展样条线

【扩展样条线】是3ds Max 7.5版本中新增加的样条线类别，在3ds Max中为用户提供了5种扩展样条线，分别为【墙矩形】、【通道】、【角度】、【T形】和【宽法兰】。3ds Max将这些图形列为独立的创建工具，因为这些图形在建筑工业造型中经常会用到。这些样条线的创建命令按钮同样也位于【创建】主命令面板下的【图形】次命令面板中，在该面板顶端的【类型】下拉列表中选择【扩展样条线】选项，即可打开扩展样条线的创建命令面板，如图4-16所示。

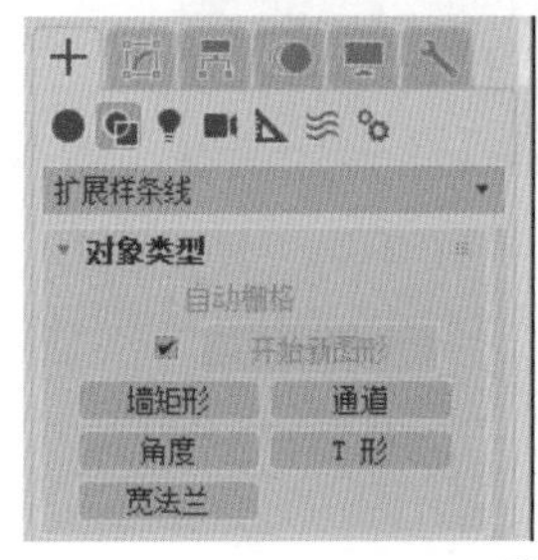

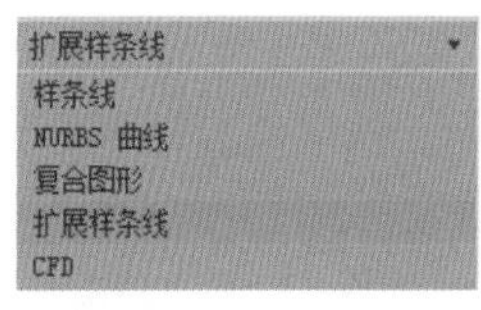

图 4-16

1. 矩形墙

使用【墙矩形】工具，可通过两个同心矩形创建封闭的形状。每个矩形都由4个顶点组成。该工具与【圆环】工具相似，只是其使用矩形而不是圆，如图4-17所示。

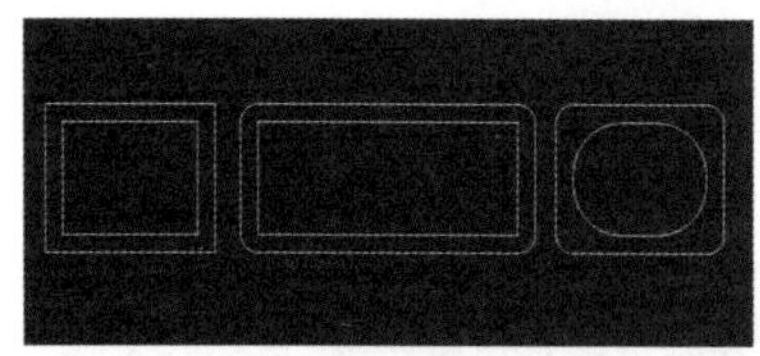

图 4-17

用户可在【参数】卷展栏中对创建的墙矩形对象进行修改，如图4-18所示。

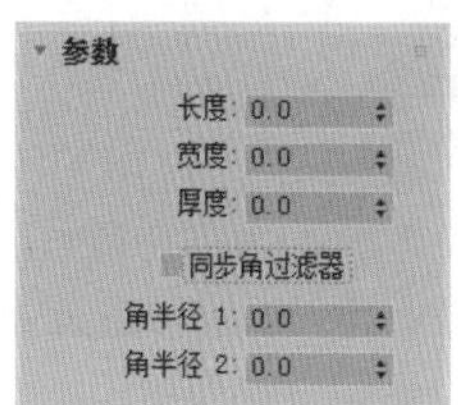

图 4-18

长度、宽度：设置墙矩形外围矩形的长度和宽度值。

厚度：设置墙矩形的厚度，即内外矩形之间的间距。

同步角过滤器：启用该复选框后，角半径1控制墙矩形的内外矩形的圆角半径，并保持截面的厚度不变，同时下面的角半径2选项失效。

角半径1、角半径2：可分别设置墙矩形的内外矩形的圆角值。

2. 通道

使用【通道】工具可以创建一个闭合的形状为【C】的样条线，还可以设置垂直网和水平腿之间的内部角和外部角为圆角。创建的通道示例如图4-19所示。

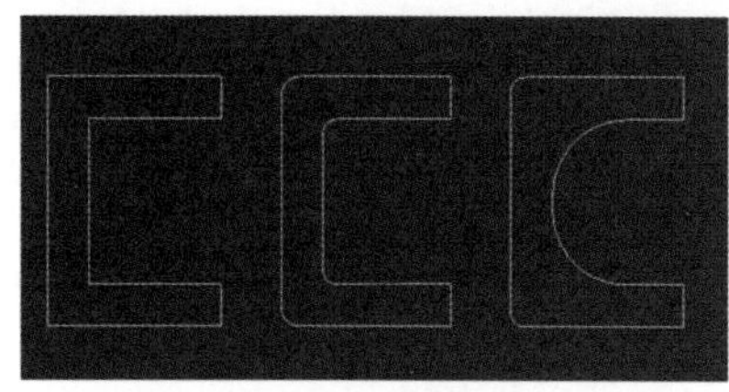

图 4-19

在【参数】卷展栏中可对创建的通道对象的具体参数进行修改，如图4-20所示。

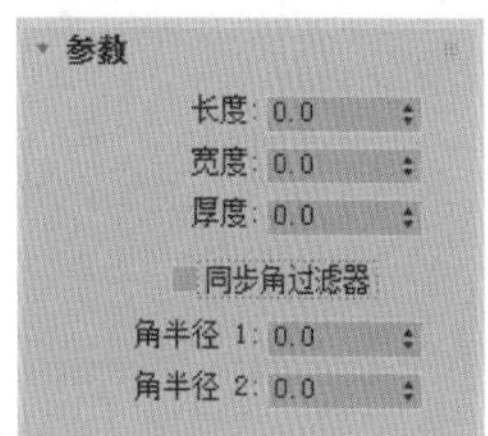

图 4-20

长度、宽度：设置C形槽垂直网的高度和顶部、底部水平腿的宽度。

厚度：设置C形槽的厚度。

同步角过滤器：启用该复选框后，角半径1控制垂直网和水平腿之间内外角的半径，并保持通道的厚度不变。默认设置为启用。

角半径1、角半径2：可以分别设置外侧和内侧的圆角值。

3. 角度

使用【角度】工具可创建一个闭合的形状为【L】的样条线。用户还可以选择指定该部分的垂直腿和水平腿之间的角半径。图4-21所示为创建的几种不同形状的角度样条线。

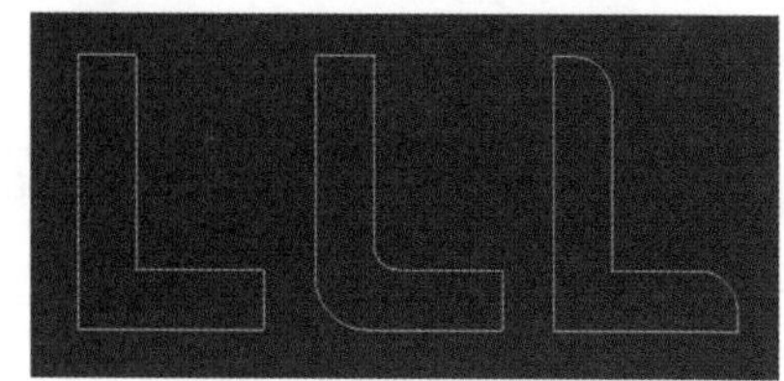

图 4-21

在【参数】卷展栏中可对创建的角度样条线的具体参数进行修改，如图4-22所示。

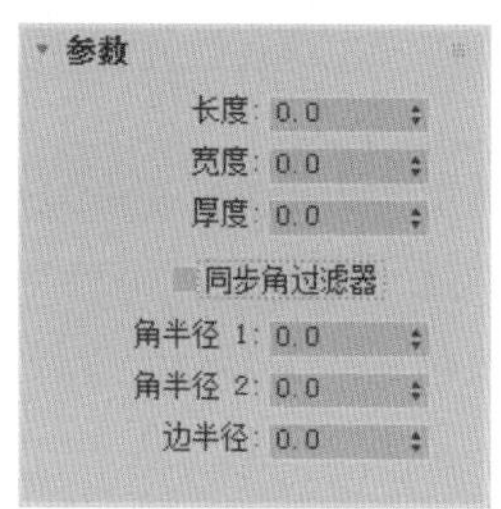

图 4-22

长度、宽度：可分别设置垂直腿的高度和水平腿的宽度。

厚度：设置两条腿的厚度。

同步角过滤器：启用该复选框后，角半径1控制垂直腿和水平腿之间内外角的半径，并且保持角度的厚度不变。

角半径1、角半径2：可分别设置角度处外侧线和内侧线的圆角值。

边半径：设置角度两个顶端内侧的圆角值。

4. T形

使用【T形】工具可创建一个闭合的形状为【T】的样条线，可指定垂直网和水平凸缘之间的两个内部角半径。图4-23所示为创建的T形样条线。

通过【参数】卷展栏可对T形样条线的具体参数进行设置，如图4-24所示。

长度、宽度：可分别设置T形垂直网的高度和交叉凸缘的宽度。

厚度：可设置T形的厚度。

角半径：设置该部分的垂直网和水平凸缘之间的两个内部角半径。

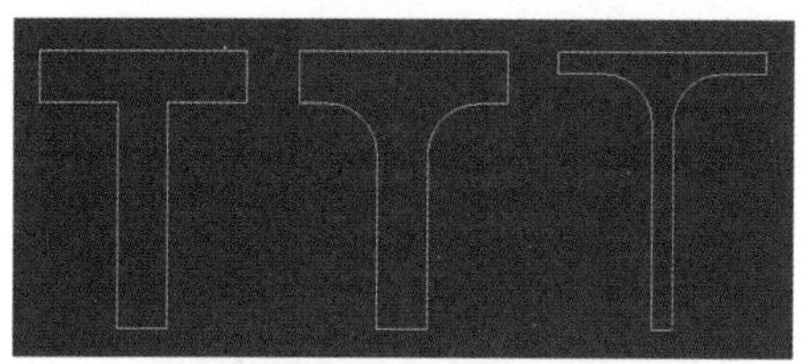

图 4-23

图 4-24

5. 宽法兰

使用【宽法兰】工具可以创建一个闭合的工字形图形，可以指定该部分的垂直网和水平凸缘之间的内部角为圆角。图4-25所示为创建的几种宽法兰样条线。

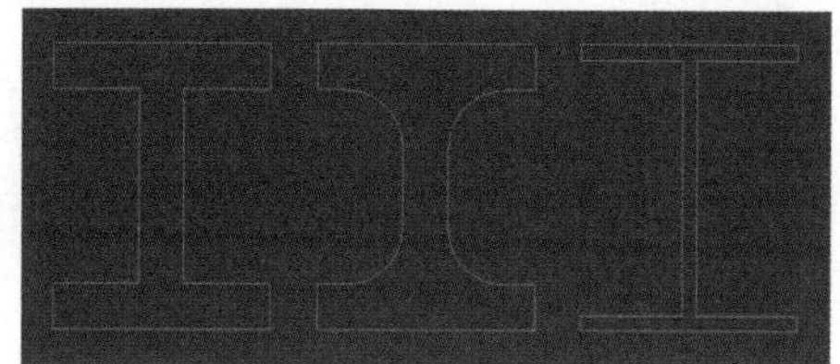

图 4-25

在【参数】卷展栏中可对创建的宽法兰样条线的具体参数进行设置，如图4-26所示。

参数
长度: 0.0
宽度: 0.0
厚度: 0.0
角半径: 0.0

图 4-26

长度、宽度：设置宽法兰边界长方形的长宽值。

厚度：设置宽法兰的厚度。

角半径：设置垂直网和水平凸缘之间的4个内部角半径。

4.4.3 NURBS曲线

NURBS（Non-Uniform Rational B Spline），即统一非有理B样条曲线。这是完全不同于多边形模型（Mesh/Poly/Patch）的计算方法，这种方法以曲线来操控三维对象表面（而不是用网格），非常适合复杂曲面对象的建模。

从外观上来看，NURBS曲线与样条线相当类似，而且二者可以相互转换，但它们的数学模型却大相径庭。NURBS曲线的操控比样条线更加简单，所形成的几何体表面也更加光滑。

在3ds Max中，NURBS曲线有点曲线和CV曲线两种绘制方式。

点曲线	以节点来控制曲线的形状，节点位于曲线上
CV曲线	以CV控制点来控制曲线的形状，CV控制点不在曲线上，而在曲线的切线上

点曲线效果如图4-27所示。

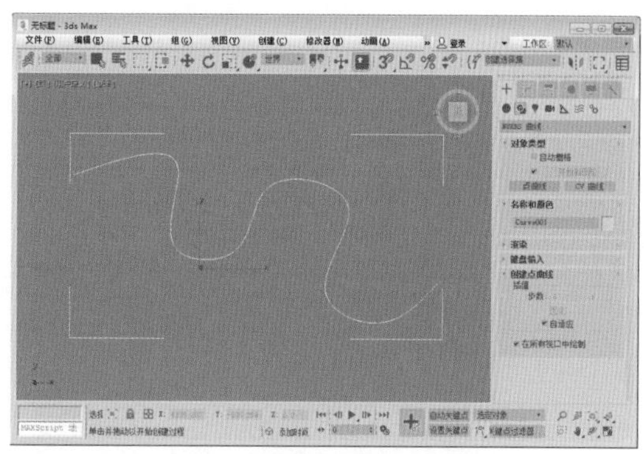

图 4-27

CV曲线效果如图4-28所示。

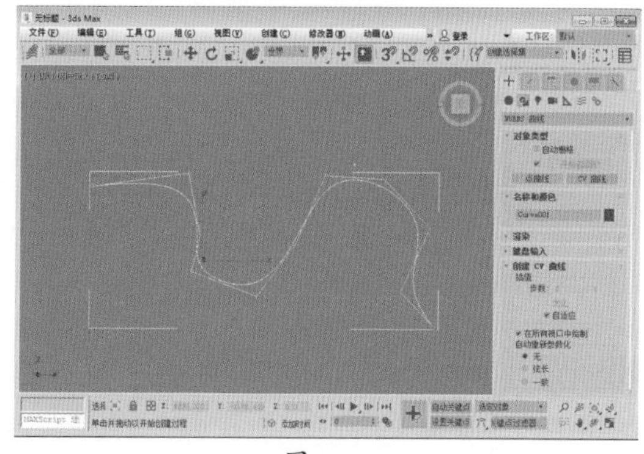

图 4-28

4.5 制作古董相机模型

本例我们将使用多边形操作命令制作古董相机模型。这里主要介绍了多边形的各种建模方法，通过在场景中创建基本体，并将基本体转换为可编辑多边形执行【倒角】、【挤出】和【壳】等编辑命令。

图4-29所示为古董相机模型参考图和渲染效果图。

图4-29

配色应用：

制作要点：

1. 掌握使用基本几何体创建模型的方法。
2. 学会将基本几何体转换为可编辑多边形，然后使用多边形工具对模型进行编辑。
3. 灵活运用对称和挤出修改器。

最终场景：Ch04\Scenes\古董相机模型.max

难易程度：★★★★☆

4.5.1 相机外壳的制作

步骤01 打开3ds Max，单击●按钮，切换到标准基本体创建面板，然后单击长方体按钮，在场景中创建一个长方体模型，并将其转换为可编辑多边形。使用快捷键【2】切换到边级别，选择如图4-30左图所示的边，使用快捷键【Ctrl+Shift+E】对模型进行细分，效果如图4-30右图所示。

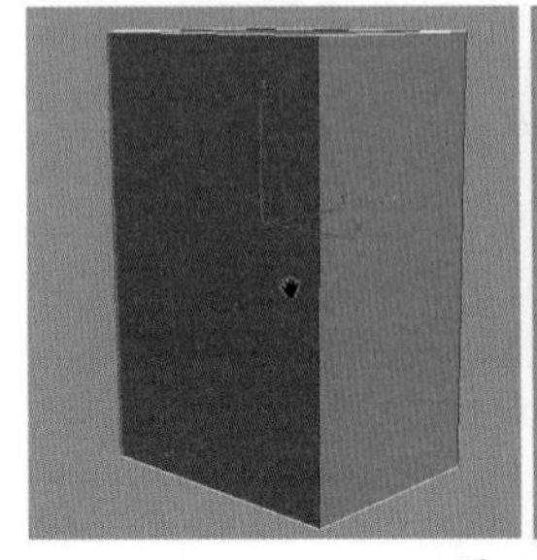
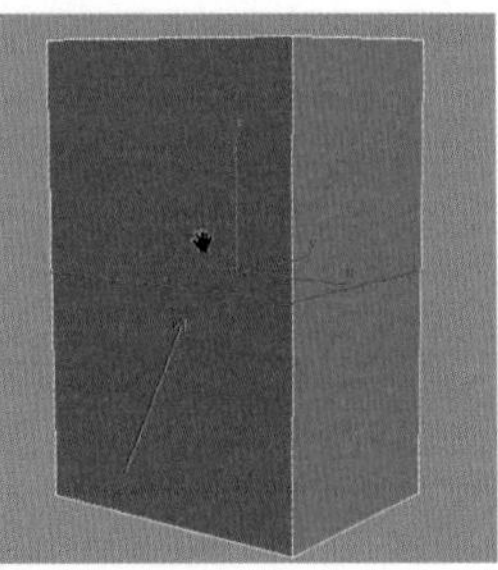

图4-30

步骤02 使用同样的方法继续对模型进行细分，使用快捷键【Ctrl+Q】对模型进行光滑显示，效果如图4-31左图所示。使用快捷键【1】切换到顶点级别，调节节点到如图4-31右图所示的位置。

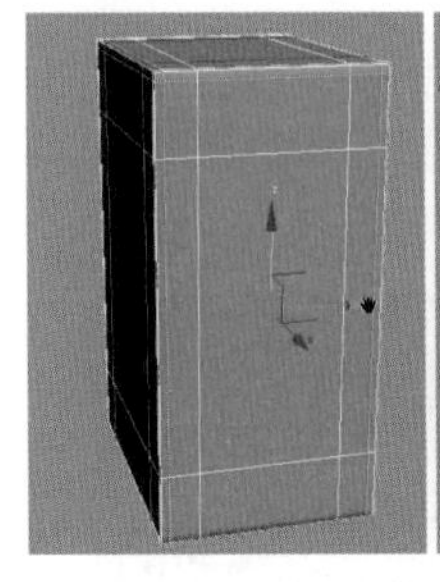

图4-31

步骤03 使用快捷键【2】切换到边级别，选择如图4-32左图所示的边，使用快捷键【Ctrl+Shift+E】对模型进行细分。使用同样的方法继续对模型进行细分，使用快捷键【1】切换到顶点级别，调节节点到如图4-32右图所示的位置。

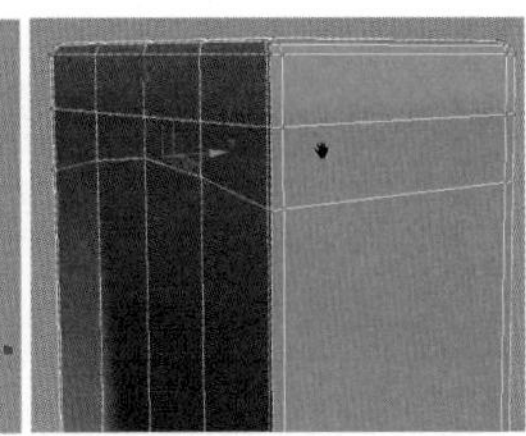

图4-32

步骤04 使用快捷键【4】切换到多边形级别，选择如图4-33左图所示的面，单击挤出□按钮，设置参数如图4-33右图所示。

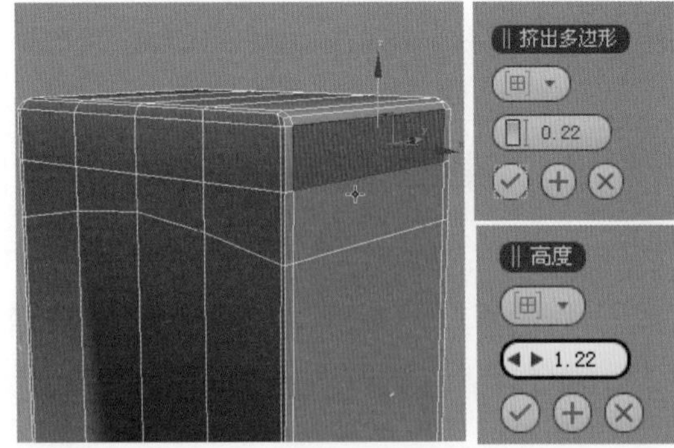

图4-33

步骤05 继续设置挤出参数，对模型进行挤压操作，图像效果如图4-34左图所示。单击 倒角 按钮，设置参数，图像效果如图4-34右图所示。

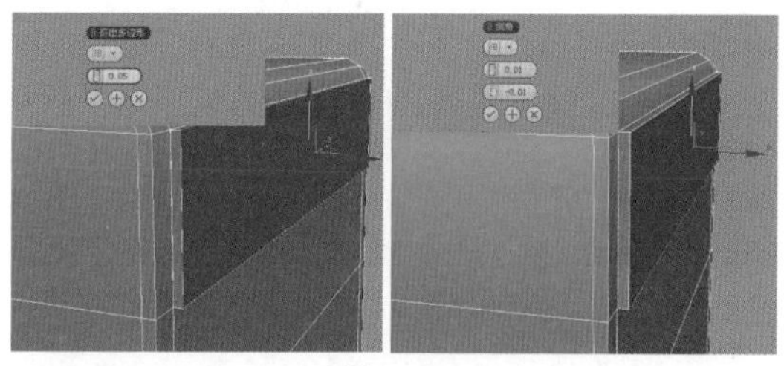
图4-34

步骤06 切换到边级别，选择如图4-35左图所示的边，单击 循环 按钮，得到循环的一圈边。单击 切角 按钮，设置参数如图4-35右图所示。

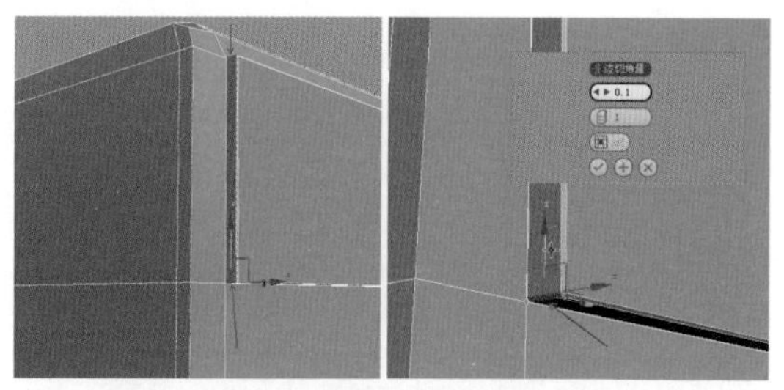
图4-35

步骤07 单击 目标焊接 按钮，目标焊接节点，效果如图4-36左图所示。切换到边级别，选择如图4-36右图所示的边。

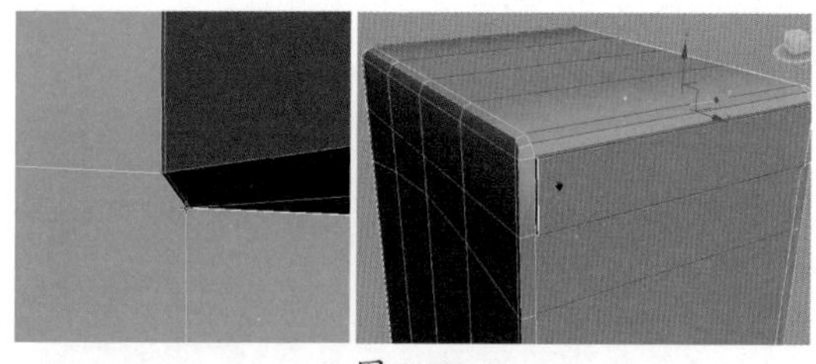
图4-36

步骤08 单击鼠标右键，在弹出的隐藏菜单中单击 连接 按钮，设置参数如图4-37左图所示。使用快捷键【Ctrl+Q】对模型进行光滑显示，图像效果如图4-37右图所示。

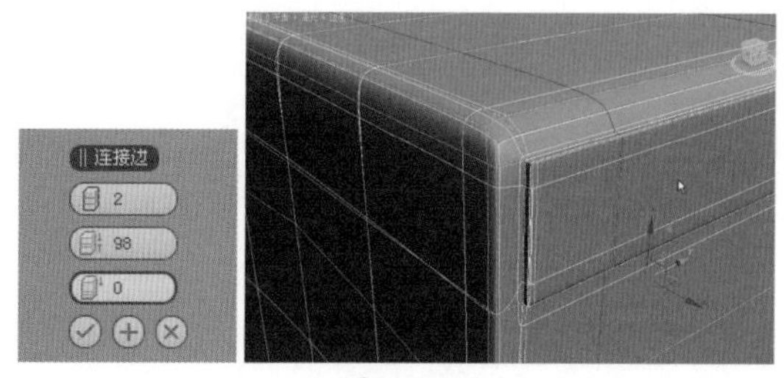

图4-37

步骤09 取消光滑显示模式，使用同样的方法继续对模型进行细分。切换到顶点级别，调节节点到如图4-38左图所示的位置。切换到边级别，选择如图4-38右图所示的一圈平行边。

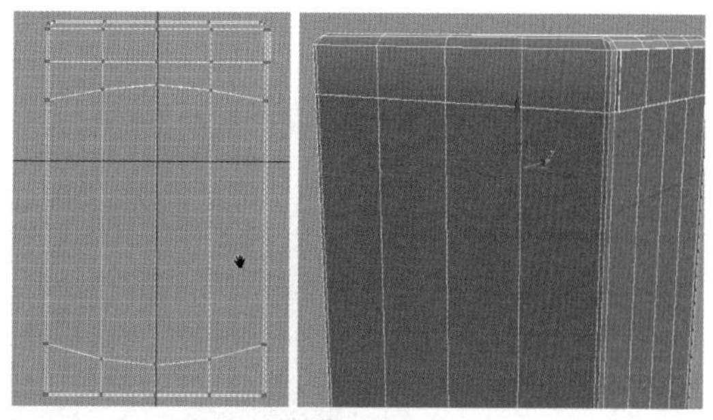
图4-38

步骤10 单击 切角 按钮，设置参数如图4-39左图所示，切角效果如图4-39右图所示。

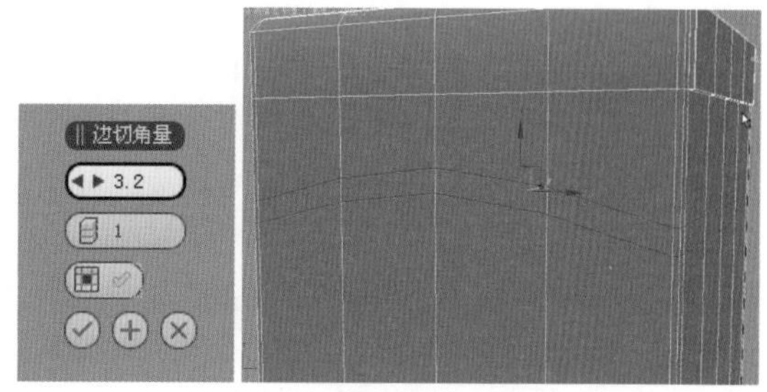

图4-39

步骤11 使用快捷键【4】切换到多边形级别，选择如图4-40左图所示的面，单击 倒角 按钮，弹出对话框，设置对话框参数如图4-40右图所示。

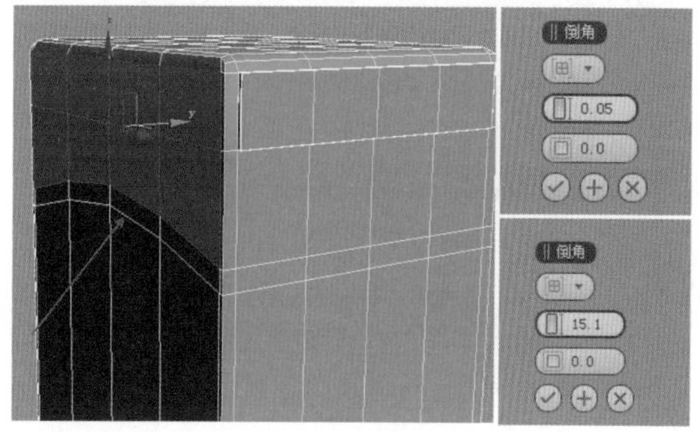

图4-40

步骤12 切换到顶点级别，调节节点到如图4-41左图所示的位置。切换到边级别，继续选择如图4-41右图所示的边。

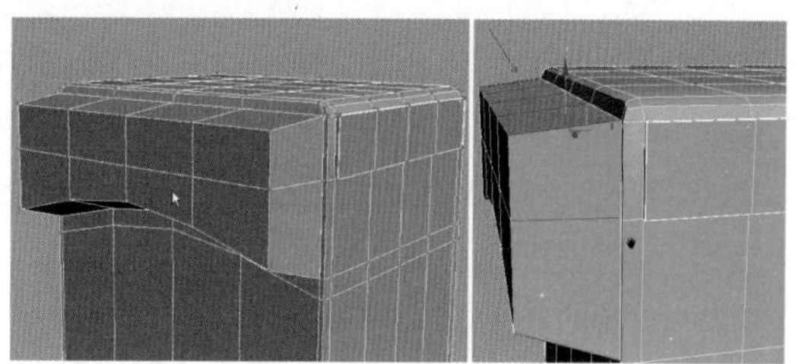
图4-41

步骤13 单击鼠标右键，在弹出的隐藏菜单中单击 连接 按钮，设置参数如图4-42左图所示。使用同样的方法继续对模型进行细分，效果如图4-42右图所示。

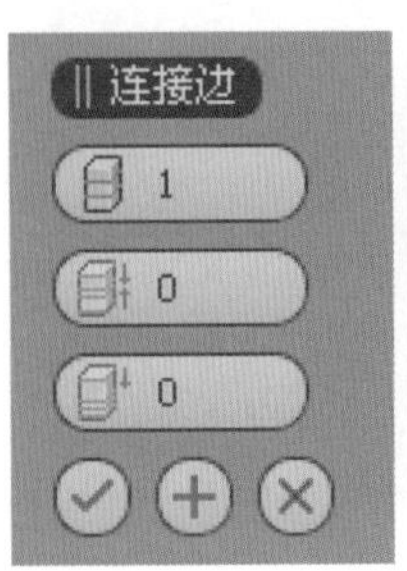

图4-42

知识拓展

【连接】命令默认快捷键为【Ctrl+Shift+E】。该命令在选定的边对之间创建新边。只能连接同一多边形上的边，连接不会让新的边交叉。

步骤14 切换到多边形级别，选择如图4-43左图所示的面，单击 倒角 按钮，设置参数如图4-43右图所示。

图4-43

步骤15 此时，图像效果如图4-44左图所示。使用同样的方法继续制作模型，使用快捷键【Ctrl+Q】对模型进行光滑显示，然后使用快捷键【F9】对模型进行渲染，渲染效果如图4-44右图所示。

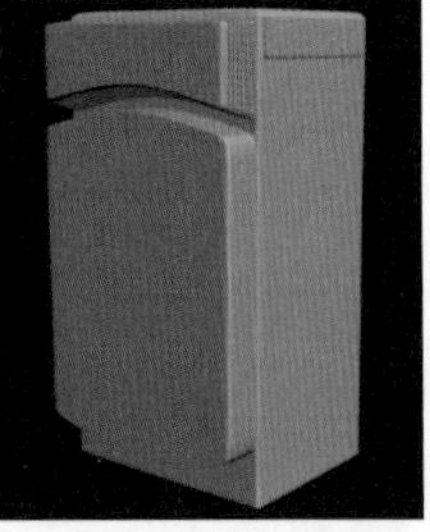

图4-44

步骤16 取消光滑显示模式，切换到多边形级别，选择如图4-45左图所示的面，按住【Shift】键使用移动工具对模型进行复制，如图4-45右图所示。

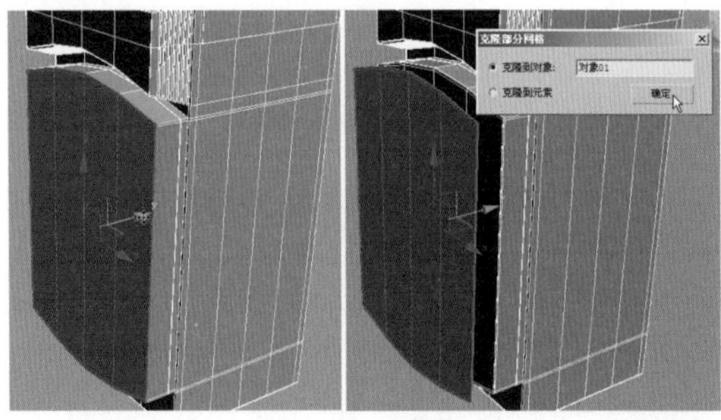

图4-45

步骤17 使用快捷键【Alt+Q】对模型进行独立化显示，使用快捷键【3】切换到边界级别，选择如图4-46左图所示的边，按住【Shift】键对边进行复制，然后单击 封口 按钮，对边进行封口操作，图像效果如图4-46右图所示。

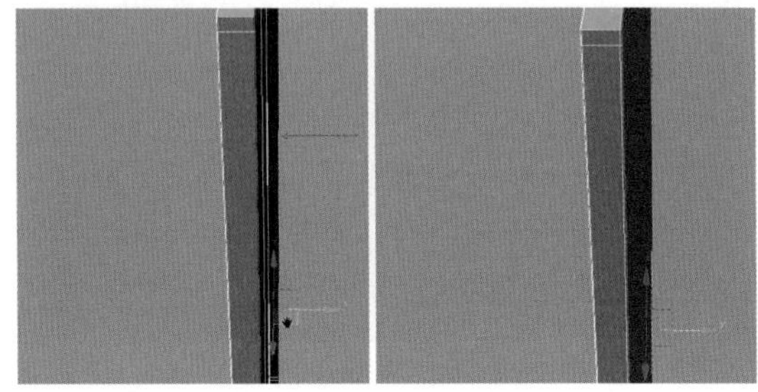

图4-46

步骤18 切换到顶点级别，选择如图4-47左图所示的两点，使用快捷键【Ctrl+Shift+E】在选择的两点之间创建边。使用同样的方法继续创建边，效果如图4-47右图所示。

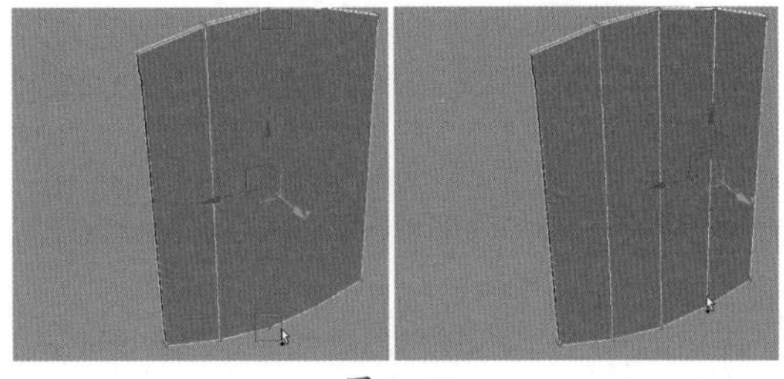

图4-47

步骤19 切换到边级别，选择如图4-48左图所示的边，单击鼠标右键，在弹出的隐藏菜单中单击 连接 按钮，设置参数如图4-48右图所示。

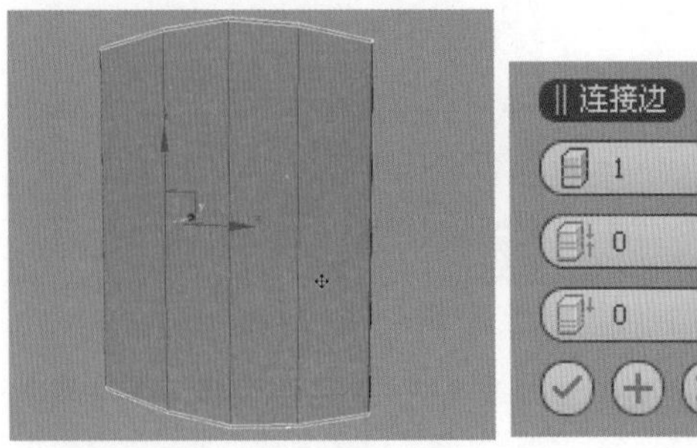

图4-48

步骤20 使用同样的方法继续对模型进行细分，效果如图4-49左图所示。单击鼠标右键，在弹出的隐藏菜单中单击 剪切 按钮，使用 剪切 工具对模型进行加线，效果如图4-49右图所示。

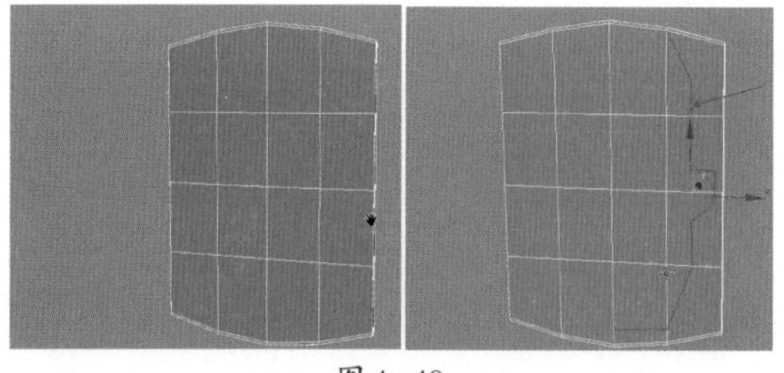

图4-49

步骤21 继续为模型加线，切换到多边形级别，选择如图4-50左图所示的面，单击 挤出 按钮，设置参数，效果如图4-50右图所示。

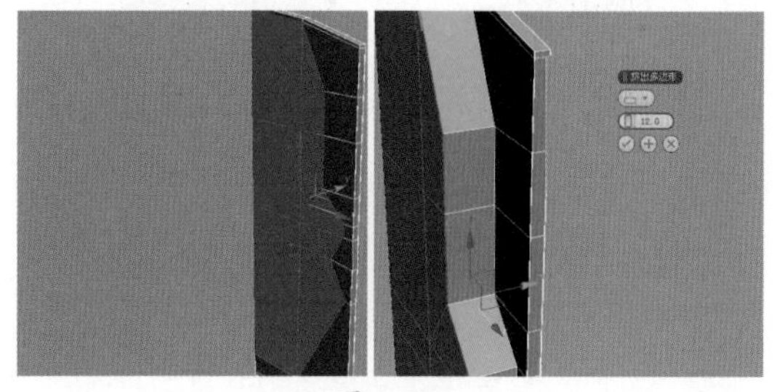

图4-50

知识拓展

选中所要被挤出的线框，在修改命令面板中为其添加 挤出 修改器，然后在其参数面板中设置挤压参数，进行挤压。

步骤22 使用同样的方法继续制作模型，效果如图4-51左图所示。退出子物体层级，在修改器下拉列表中单击 对称 按钮，为模型添加 对称 修改器，图像效果如图4-51右图所示。然后将模型塌陷为可编辑多边形。

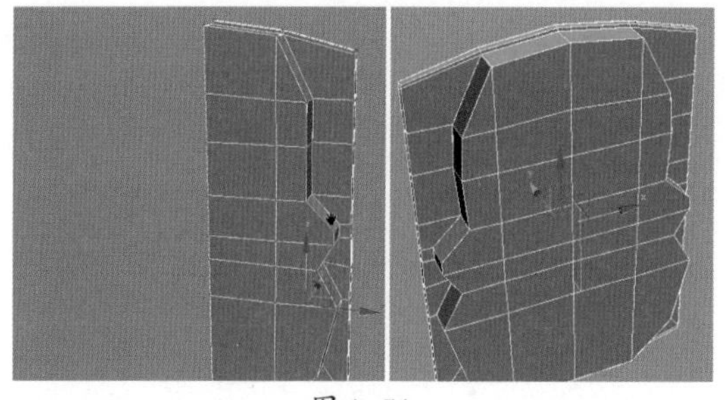

图4-51

步骤23 单击 按钮，切换到 样条线 创建面板，单击 圆 按钮，在场景中创建一条圆形曲线，如图4-52左图所示。对照样条曲线，调节节点到如图4-52右图所示的位置。

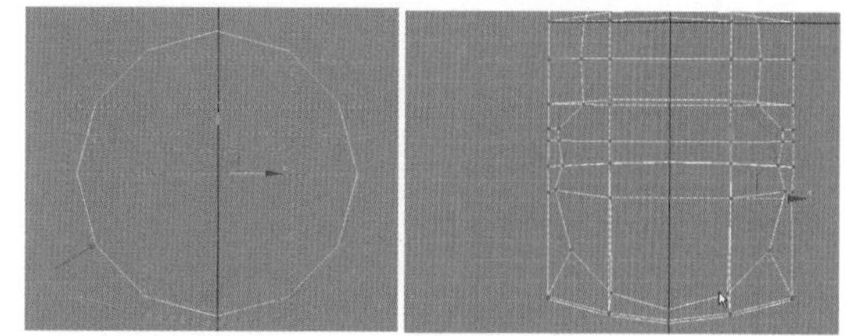

图4-52

步骤24 退出子物体层级，使用【Delete】键删除圆形曲线。单击 圆 按钮，继续在场景中创建圆形曲线，然后按住【Shift】键对圆形曲线进行复制，效果如图4-53左图所示。将样条曲线转换为可编辑样条曲线，单击 附加 按钮，将样条曲线焊接在一起。选择主体模型，切换到 复合对象 面板，单击 图形合并 按钮，然后单击 拾取图形 按钮，再单击圆形曲线，拾取形状，最后使用【Delete】键删除创建的圆形曲线，效果如图4-53右图所示。然后将模型转换为可编辑多边形。

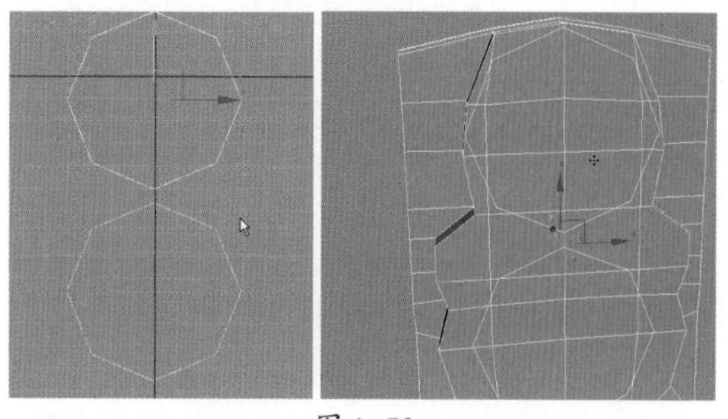

图4-53

4.5.2 镜头和读数器的制作

步骤01 使用快捷键【1】切换到顶点级别，使用【BackSpace】键移除多余的节点，然后单击 目标焊接 按钮，使用 目标焊接 工具目标焊接节点，效果如图4-54左图所示。删除模型的一半，使用快捷键【2】切换到边级别，选择如图4-54右图所示的边。

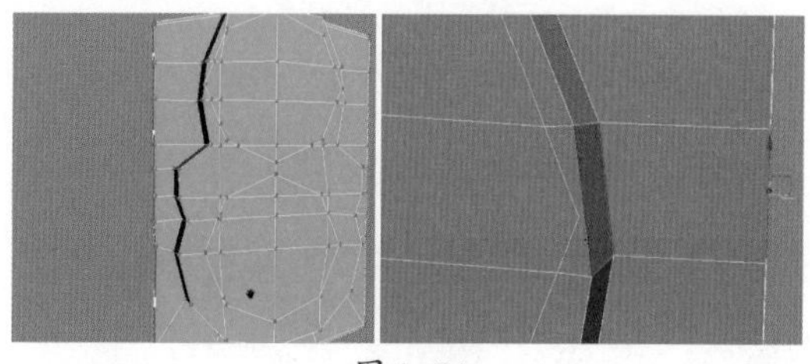

图4-54

步骤02 使用快捷键【Ctrl+Shift+E】对模型进行细分，使用【BackSpace】键移除多余的节点，然后单击 目标焊接 按钮，目标焊接节点，效果如图4-55左图所示。对模型添加 对称 修改器，然后将模型塌陷为可编辑多边形。切换到多边形级别，选择如图4-55右图所示的面。

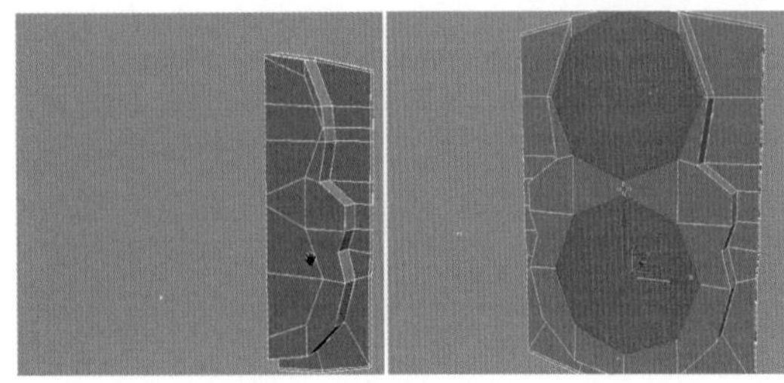

图 4-55

步骤03 单击 倒角 按钮，设置参数如图4-56左图所示，图像效果如图4-56右图所示。

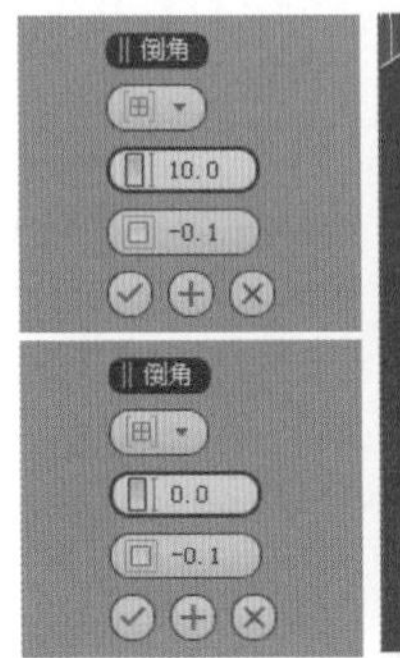

图 4-56

步骤04 使用同样的方法继续对面进行倒角挤压操作，图像效果如图4-57左图所示。切换到顶点级别，调节节点到如图4-57右图所示的位置。

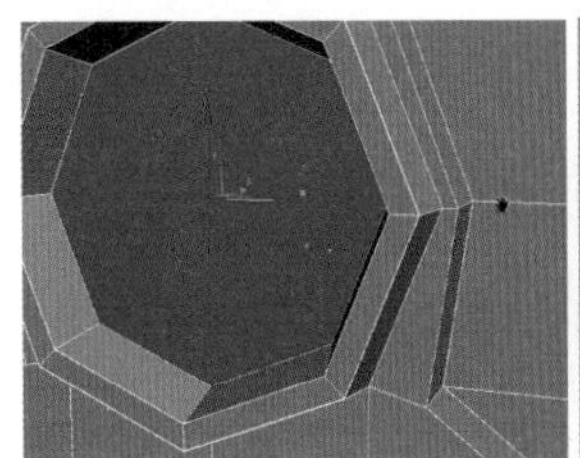

图 4-57

步骤05 退出子物体层级，使用快捷键【Ctrl+Q】对模型进行光滑显示，设置光滑级别为3。退出独立化显示模式，为模型变换颜色，使用快捷键【F9】进行渲染，渲染效果如图4-58左图所示。使用同样的方法继续制作模型，效果如图4-58右图所示。

图 4-58

步骤06 切换到 标准基本体 创建面板，单击 圆柱体 按钮，在场景中创建一个圆柱体模型，并将其转换为可编辑多边形。切换到多边形级别，选择如图4-59左图所示的面，单击 挤出 按钮，设置参数如图4-59右图所示。

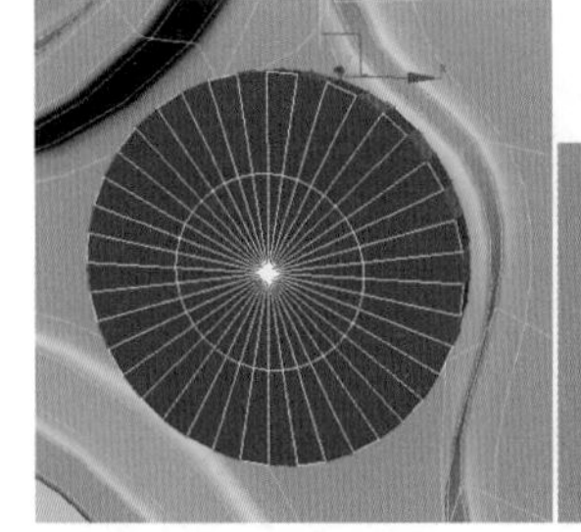

图 4-59

步骤07 此时，图像效果如图4-60左图所示。使用快捷键【2】切换到边级别，选择如图4-60右图所示的边。

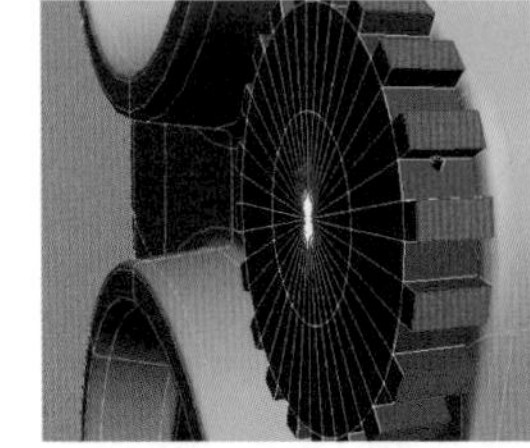

图 4-60

步骤08 单击鼠标右键，在弹出的隐藏菜单中单击 连接 按钮，设置参数如图4-61左图所示，细分效果如图4-61右图所示。

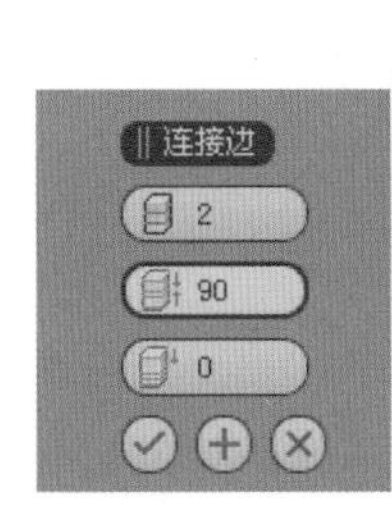

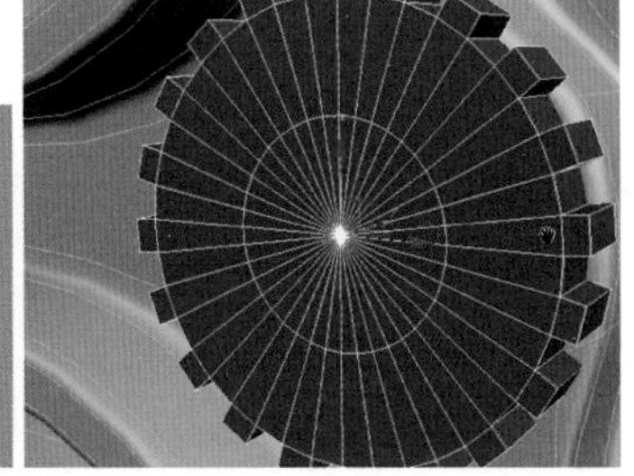

图 4-61

步骤09 退出子物体层级，按住【Shift】键对模型进行复制，并调节复制得到的模型，效果如图4-62左图所示。切换到 标准基本体 创建面板，单击 圆柱体 按钮，在场景中创建一个圆柱体模型，如图4-62右图所示。

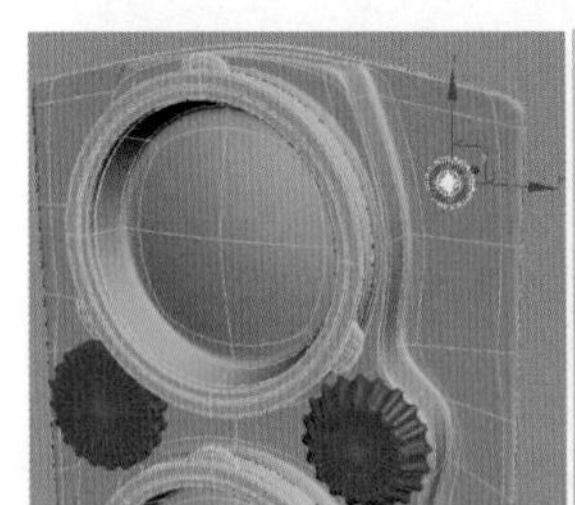

图 4-62

步骤10 切换到样条线级别，单击 矩形 按钮，在场景中创建一条矩形样条曲线，设置修改面板参数如

图4-63左图所示，图像效果如图4-63右图所示。然后将矩形样条曲线转换为可编辑样条曲线。

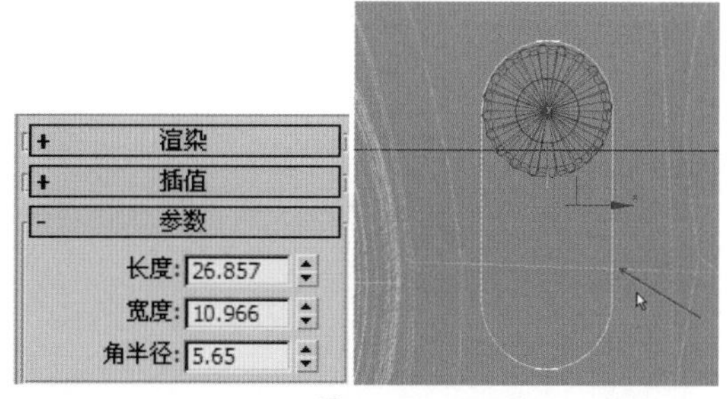

图4-63

步骤11 切换到顶点级别，单击 焊接 按钮，焊接多余的节点，并调节节点到如图4-64左图所示的位置。退出子物体层级，调节样条曲线到如图4-64右图所示的位置。

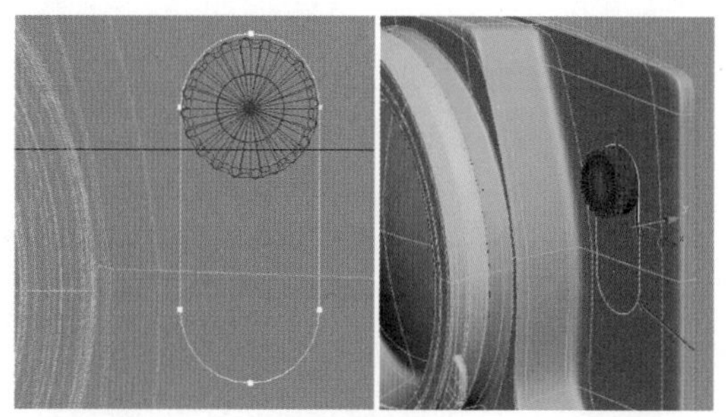

图4-64

知识拓展

在焊接时可能会遇到焊接不管用的问题，这是因为在焊接的两个顶点之间有截面，这时删除顶点之间的截面即可。

步骤12 在修改器下拉列表中单击 挤出 按钮，为样条曲线添加 挤出 修改器，设置修改面板参数如图4-65左图所示，调节模型到如图4-65右图所示的位置。

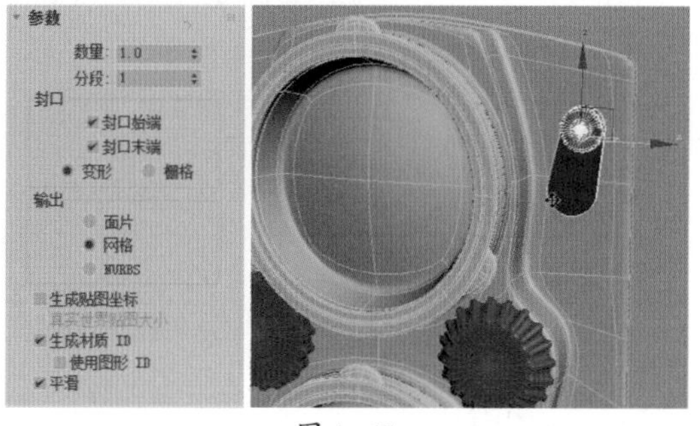

图4-65

步骤13 单击 按钮对模型进行镜像复制，效果如图4-66左图所示。单击 矩形 按钮，在场景中创建一条矩形样条曲线，将矩形样条曲线转换为可编辑样条曲线。切换到顶点级别，调节节点到如图4-66右图所示的位置。

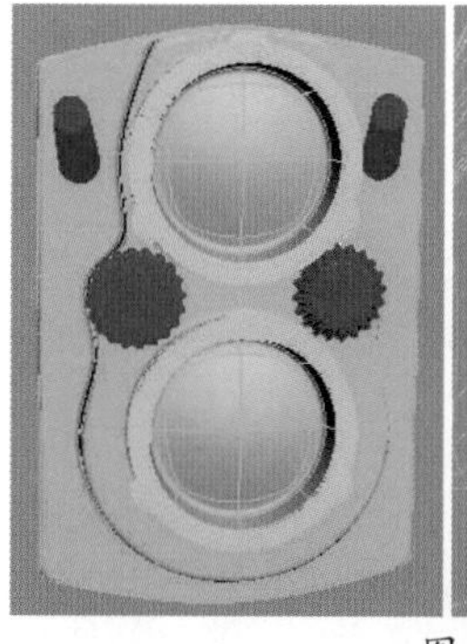
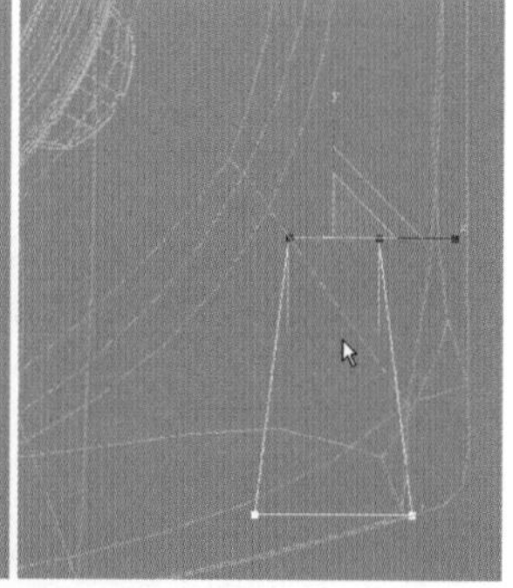

图4-66

步骤14 选择矩形样条曲线的所有节点，单击 圆角 按钮对模型进行圆角操作，图像效果如图4-67左图所示。单击 焊接 按钮，焊接多余的节点。退出子物体层级，在修改器下拉列表中单击 挤出 按钮，为样条曲线添加 挤出 修改器，调整模型到如图4-67右图所示的位置。

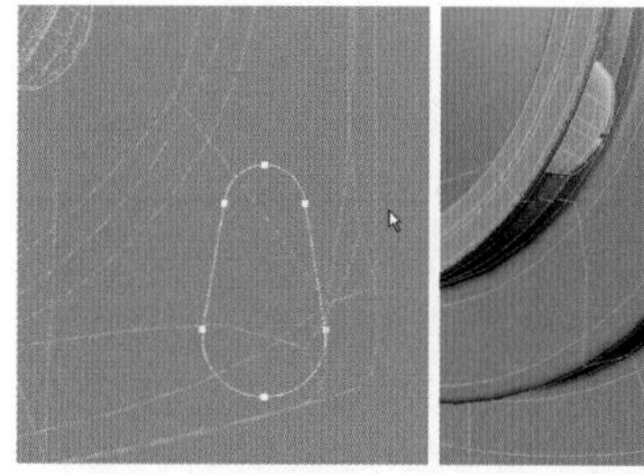

图4-67

步骤15 切换到 标准基本体 创建面板，单击 管状体 按钮，在场景中创建一个管状体模型，并将其转换为可编辑多边形。切换到边级别，选择如图4-68左图所示的边，单击鼠标右键，在弹出的隐藏菜单中单击 连接 按钮，设置参数如图4-68右图所示。

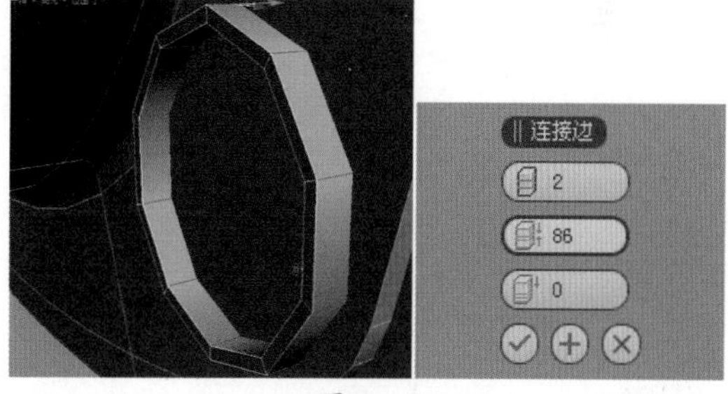

图4-68

步骤16 使用快捷键【Ctrl+Q】对模型进行光滑显示，设置光滑级别为2，图像效果如图4-69左图所示。退出子物体层级，按住【Shift】键对模型进行复制，并对其进行缩放，如图4-69右图所示。

步骤17 单击 圆柱体 按钮，在场景中创建一个圆柱体模型，如图4-70左图所示。单击 按钮，继续对模型进行镜像复制，取消独立化显示模式，图像效果如图4-70右图所示。

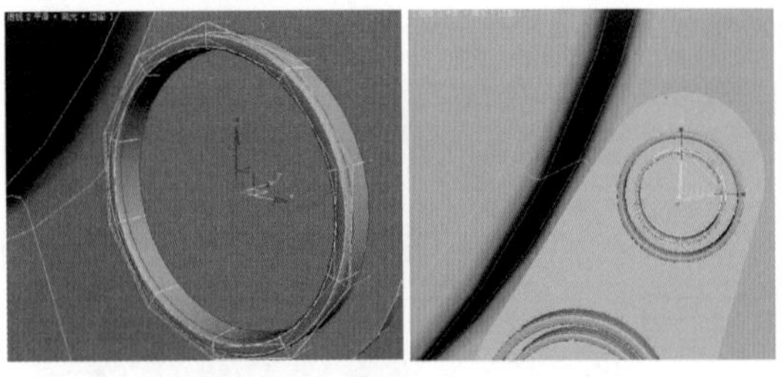
图 4-69

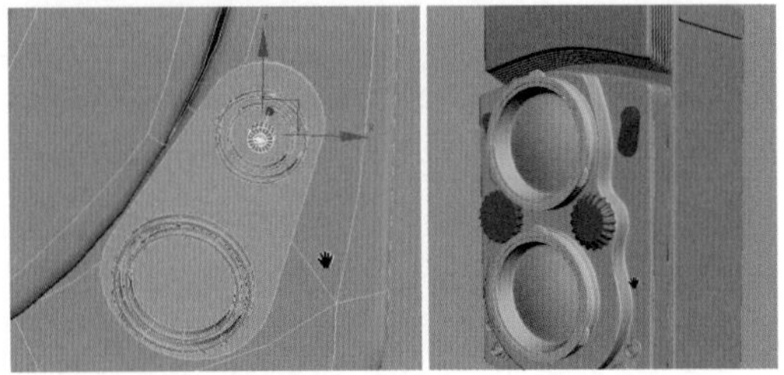
图 4-70

步骤18 继续对模型进行独立化显示，切换到标准基本体创建面板，单击 长方体 按钮，在场景中创建一个长方体模型，并将其转换为可编辑多边形。切换到顶点级别，调节节点到如图4-71左图所示的位置。切换到边级别，调节边的位置，并选择如图4-71右图所示的边，单击 环形 按钮，得到环形的一圈边。

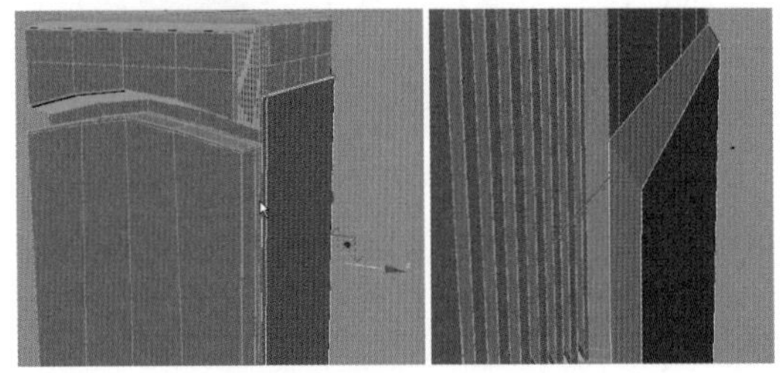
图 4-71

步骤19 使用快捷键【Ctrl+Shift+E】对模型进行细分，切换到顶点级别，调节节点到如图4-72左图所示的位置。继续对模型进行独立化显示，使用同样的方法继续对模型进行细分，并调节节点到如图4-72右图所示的位置。

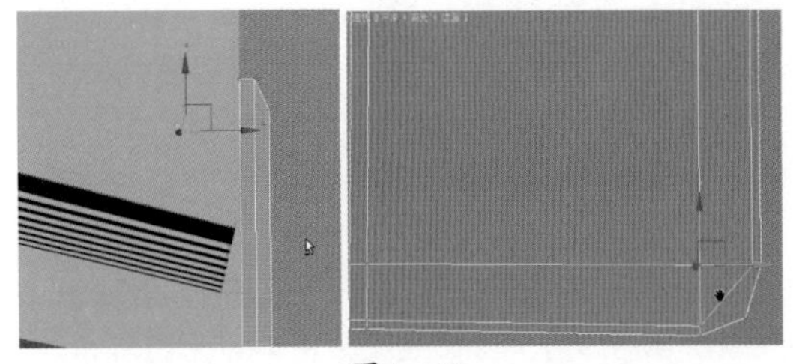
图 4-72

步骤20 切换到顶点级别，选择如图4-73左图所示的点，单击 切角 按钮，设置参数，图像效果如图4-73右图所示。

步骤21 单击 目标焊接 按钮，目标焊接多余的节点，效果如图4-74左图所示。继续对模型进行细分，切换到顶点级别，选择如图4-74右图所示的点，使用快捷键【Ctrl+Shift+E】在选择的两点之间创建边。

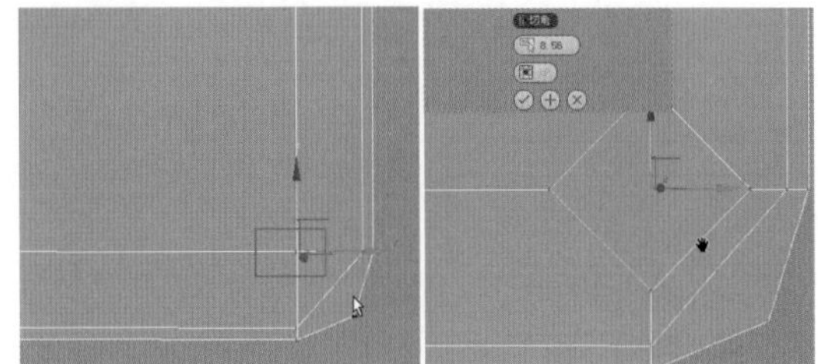
图 4-73

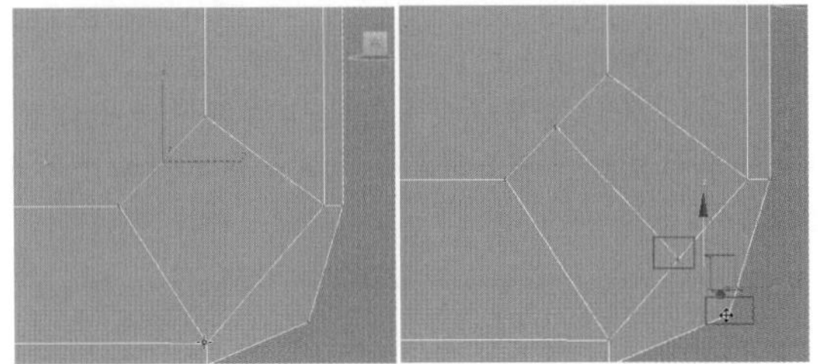
图 4-74

步骤22 调节节点到如图4-75左图所示的位置，切换到多边形级别，使用【Delete】键删除多余的面。切换到边级别，选择如图4-75右图所示的边。

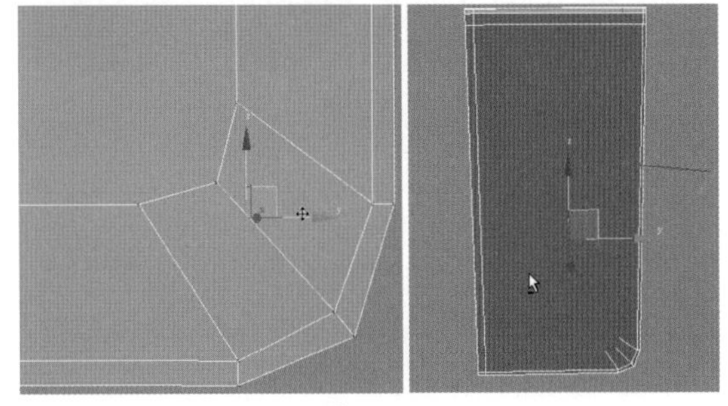
图 4-75

步骤23 单击 切角 按钮，设置参数如图4-76左图所示，切角效果如图4-76右图所示。

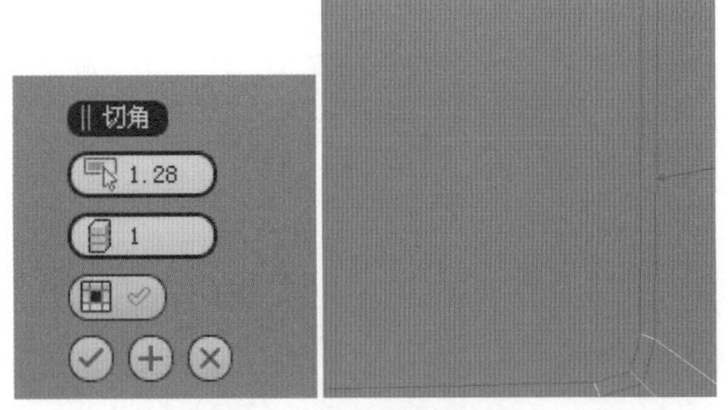

图 4-76

步骤24 切换到多边形级别，选择如图4-77左图所示的面，单击 挤出 按钮，设置参数如图4-77右图所示。

步骤25 继续对模型进行细分，退出子物体层级，取消独立化显示模式，效果如图4-78左图所示。然后为模型变化一种颜色，图像效果如图4-78右图所示。

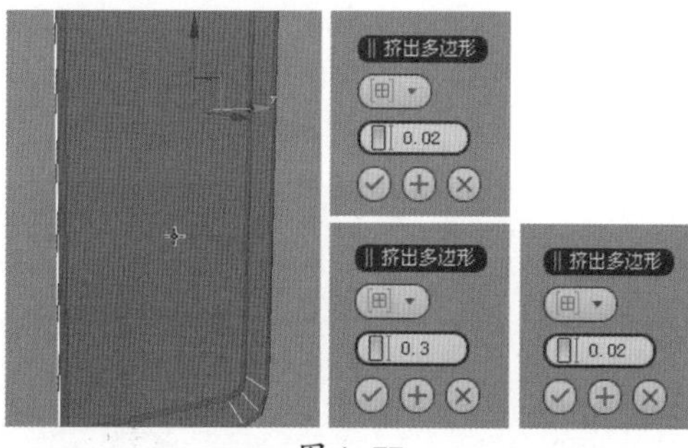

图 4-77

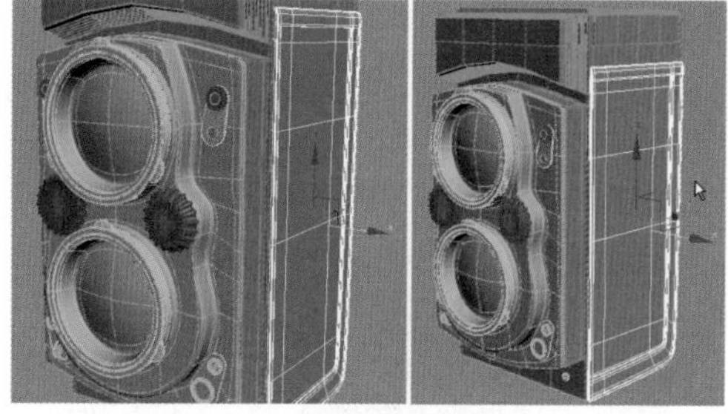

图 4-78

4.5.3 制作相机模型细节

步骤01 使用快捷键【Alt+Q】对模型进行独立化显示，单击 按钮，切换到 样条线 创建面板，单击 圆 按钮，在场景中创建一条圆形曲线，如图4-79左图所示。切换到样条线级别，选择圆形曲线，单击 轮廓 按钮，对圆形曲线进行扩边操作，图像效果如图4-79右图所示。

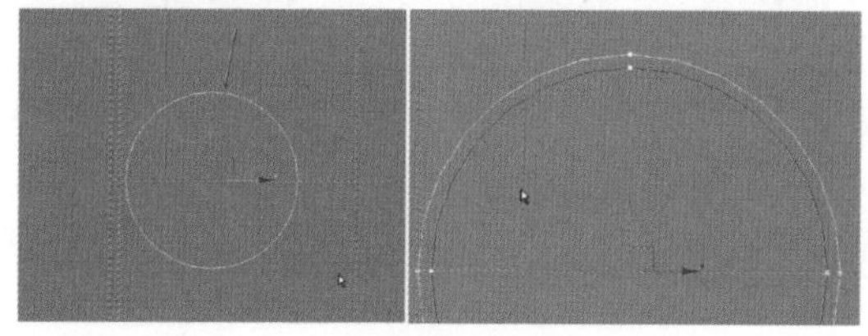

图 4-79

步骤02 继续创建圆形曲线，并将圆形曲线转换为可编辑样条曲线。切换到顶点级别，使用【Delete】键删除多余的顶点，效果如图4-80左图所示。单击鼠标右键，在弹出的隐藏菜单中单击 细化 按钮，为样条曲线加点，然后删除多余的边，调节节点到如图4-80右图所示的位置。

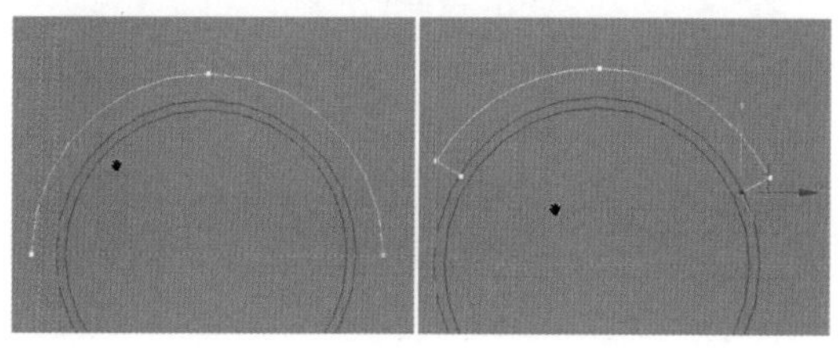

图 4-80

步骤03 切换到样条线级别，单击样条曲线，如图4-81左图所示，然后单击 轮廓 按钮，对样条曲线进行扩边操作，效果如图4-81右图所示。

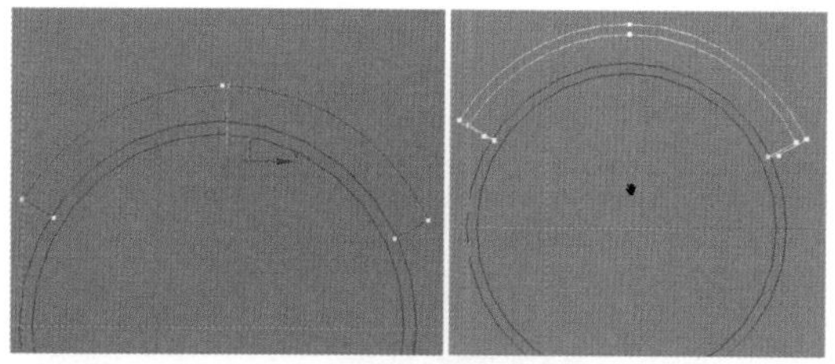

图 4-81

步骤04 切换到顶点级别，调节节点到如图4-82左图所示的位置。退出子物体层级，单击 附加 按钮，将样条曲线和圆形曲线焊接在一起，效果如图4-82右图所示。

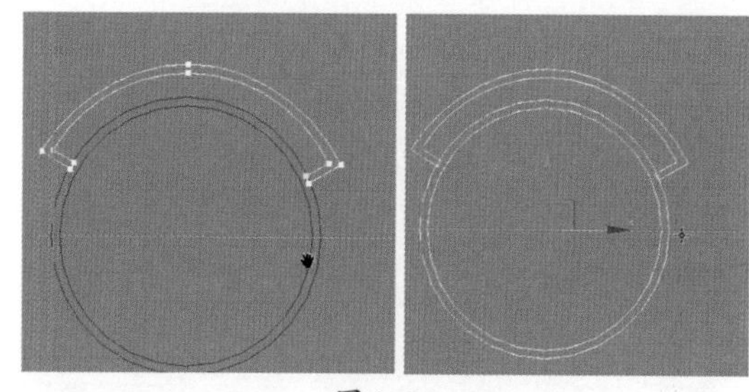

图 4-82

步骤05 在修改器下拉列表中单击 挤出 按钮，为模型添加 挤出 修改器，样条曲线挤压效果如图4-83左图所示，然后调节模型到如图4-83右图所示的位置。

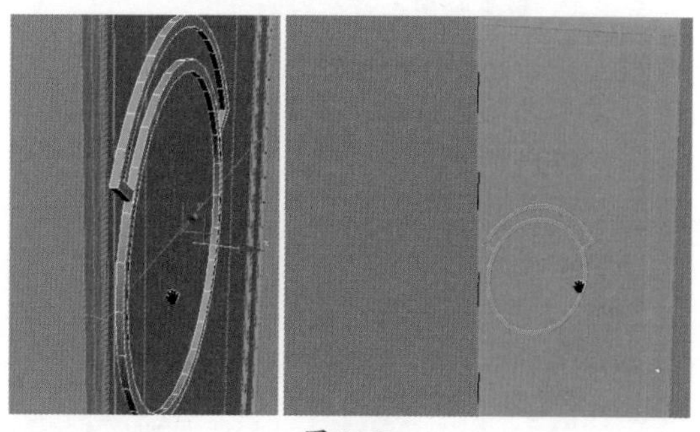

图 4-83

步骤06 单击 按钮，切换到 标准基本体 创建面板，单击 圆柱体 按钮，在场景中创建一个圆柱体模型。使用快捷键【4】切换到多边形级别，使用【Delete】键删除如图4-84左图所示的面，调节模型的位置，并切换到顶点级别，调节节点到如图4-84右图所示的位置。

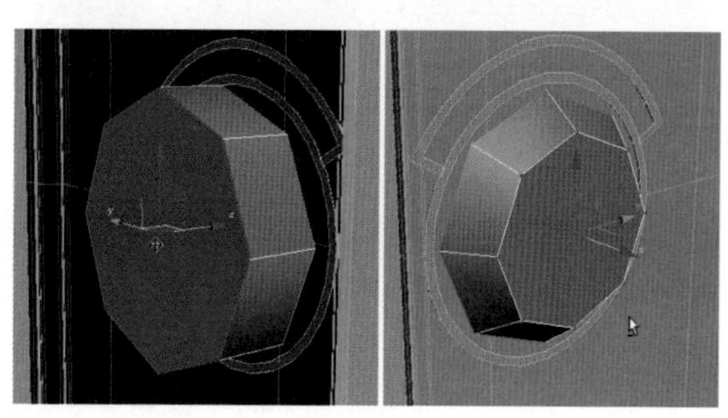

图 4-84

步骤07 使用快捷键【4】切换到多边形级别，选择如图4-85左图所示的面，单击 挤出 按钮，设置参数如图4-85右图所示。

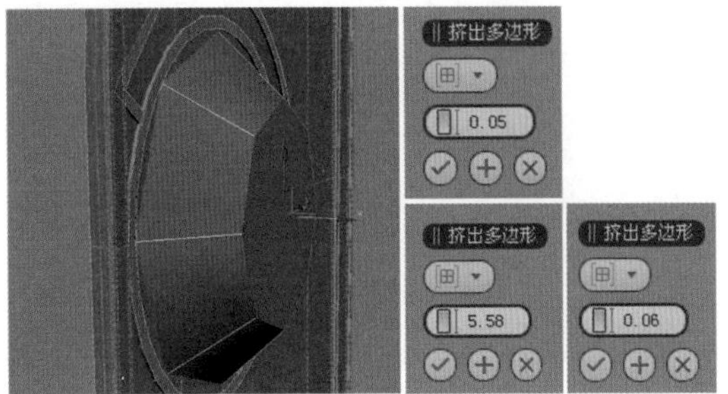

图4-85

步骤08 此时，挤压效果如图4-86左图所示。单击 插入 按钮，设置参数如图4-86右图所示。

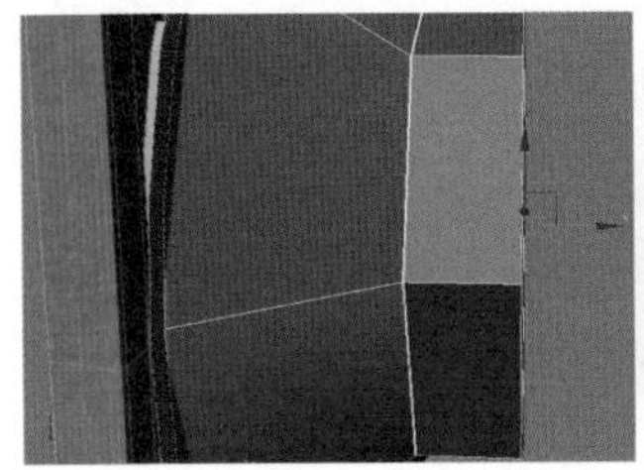
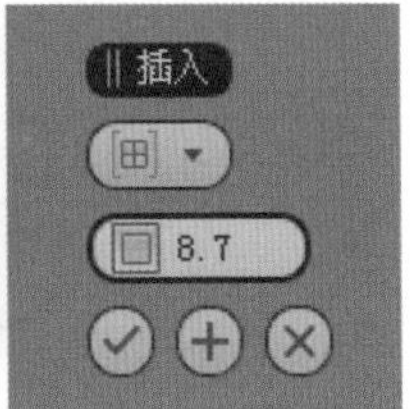

图4-86

步骤09 此时，图像效果如图4-87左图所示。使用快捷键【Ctrl+Q】对模型进行光滑显示，然后取消独立化显示模式，效果如图4-87右图所示。

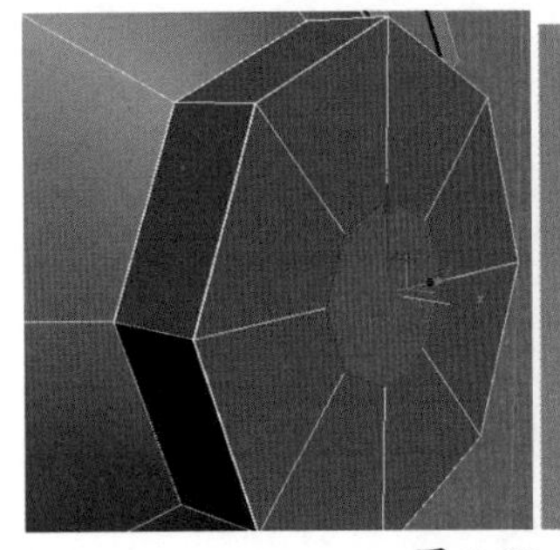

图4-87

步骤10 选择如图4-88左图所示的模型，按住【Shift】键对模型进行复制，并调节模型到如图4-88右图所示的位置。

图4-88

步骤11 使用快捷键【Alt+Q】对模型进行独立化显示，切换到顶点级别，使用【Delete】键删除多余的节点，图像效果如图4-89左图所示。使用快捷键【3】切换到边界级别，选择如图4-89右图所示的边，单击 桥 按钮，对选择的边进行桥接。

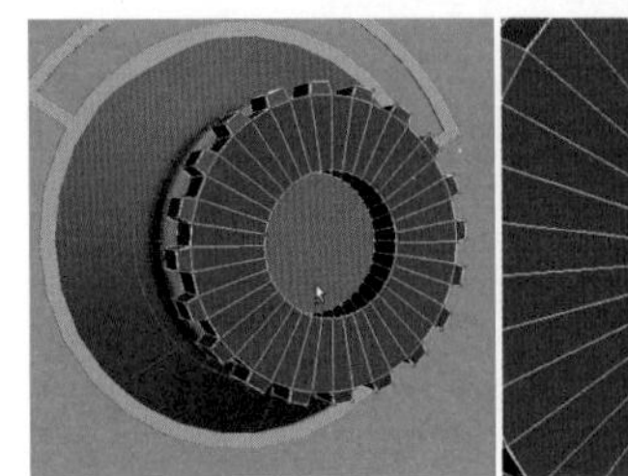
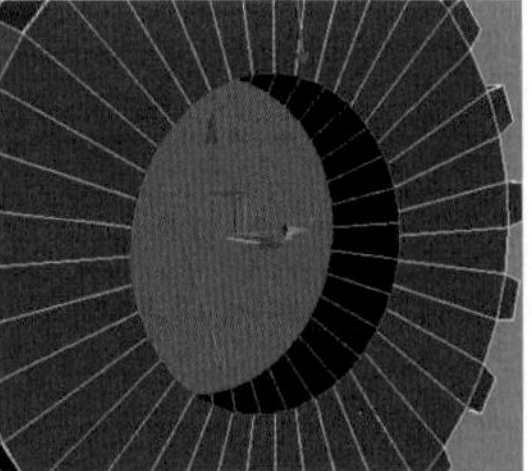

图4-89

步骤12 切换到边级别，选择如图4-90左图所示的一圈环形边，单击鼠标右键，在弹出的隐藏菜单中单击 连接 按钮，设置参数如图4-90右图所示。

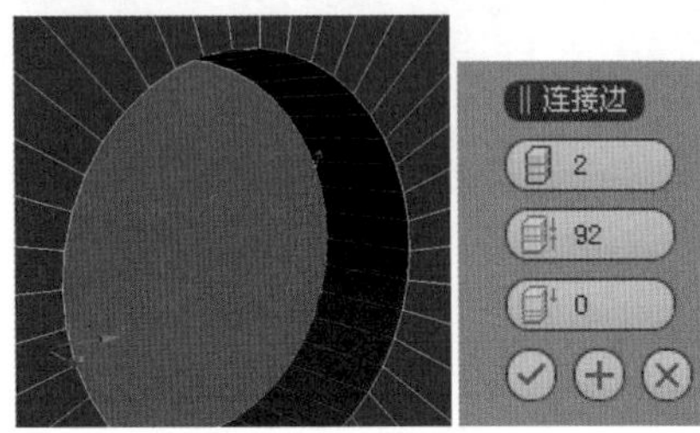

图4-90

步骤13 细分效果如图4-91左图所示。使用快捷键【Ctrl+Q】对模型进行光滑显示，调节模型到如图4-91右图所示的位置。

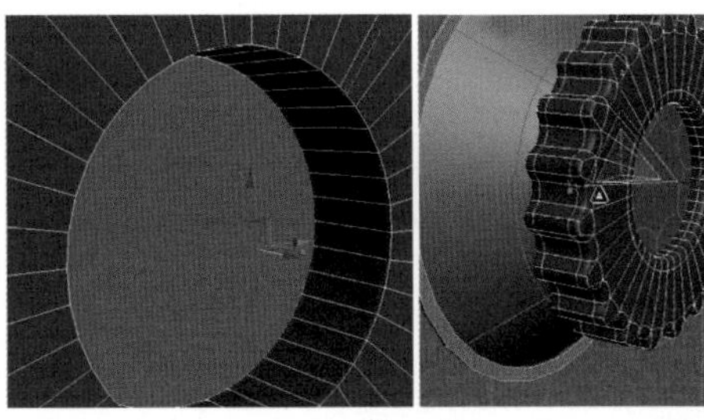

图4-91

步骤14 切换到顶点级别，调节节点到如图4-92左图所示的位置。退出子物体层级，单击 长方体 按钮，在场景中创建一个长方体模型，并将其转换为可编辑多边形。切换到多边形级别，使用【Delete】键删除如图4-92右图所示的面。

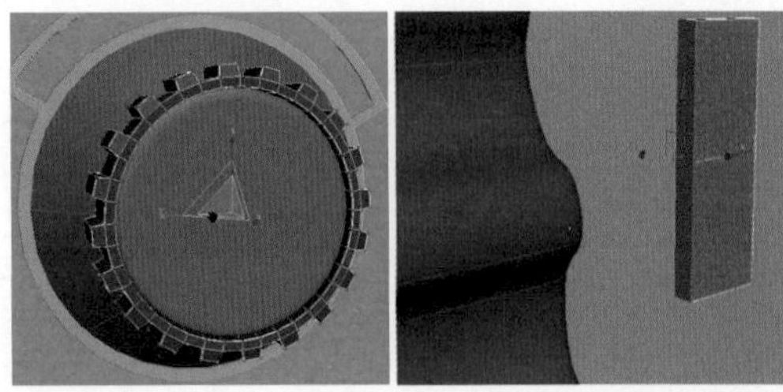

图4-92

步骤15 移动模型，并调节节点到如图4-93左图所示的位置。切换到边级别，单击【连接】按钮继续对模型进行细分，效果如图4-93右图所示。

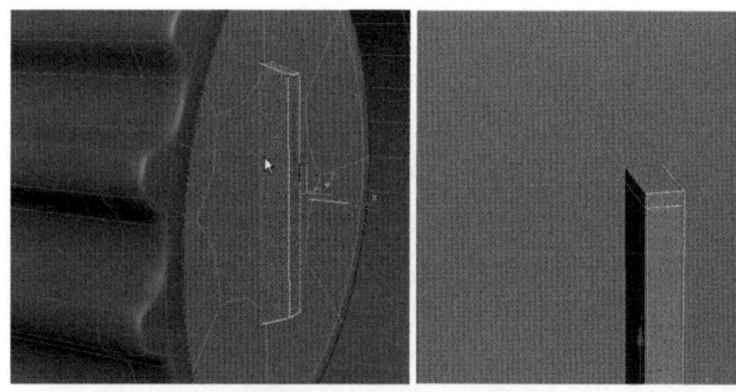

图 4-93

步骤16 退出独立化显示模式，继续对模型进行复制，然后删除 挤出 修改器，图像效果如图4-94左图所示。对样条曲线进行独立化显示，删除多余的边和节点，然后单击鼠标右键，在弹出的隐藏菜单中单击 细化 按钮，对样条曲线进行加线，效果如图4-94右图所示。

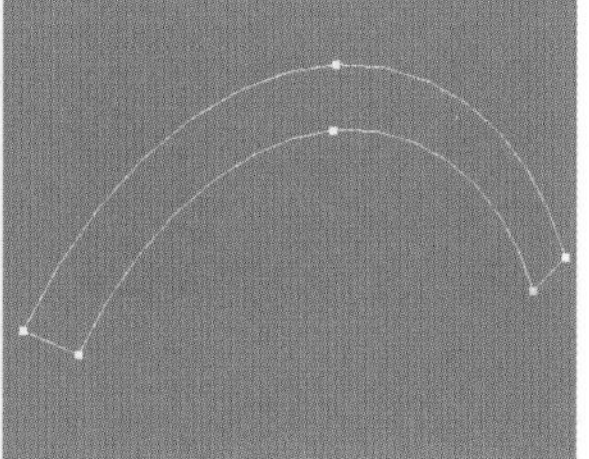

图 4-94

步骤17 将样条曲线转换为可编辑多边形，切换到多边形级别，选择如图4-95左图所示的面，单击 挤出 按钮，设置参数如图4-95右图所示。

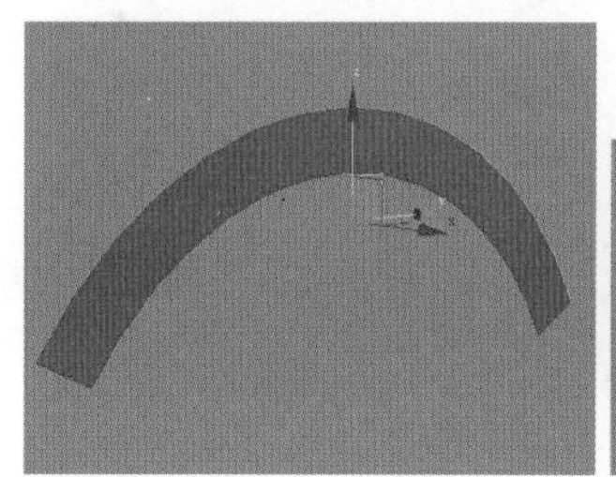

图 4-95

步骤18 取消独立化显示模式，调整模型到如图4-96左图所示的位置。继续单击 长方体 按钮，在场景中创建一个长方体模型，并将其转换为可编辑多边形。切换到顶点级别，调节节点到如图4-96右图所示的位置。

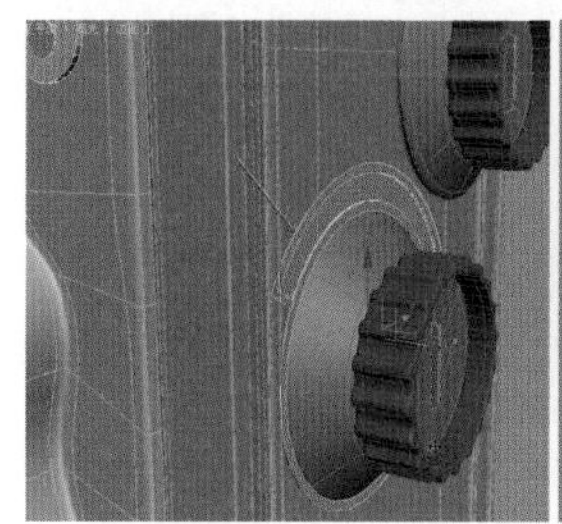

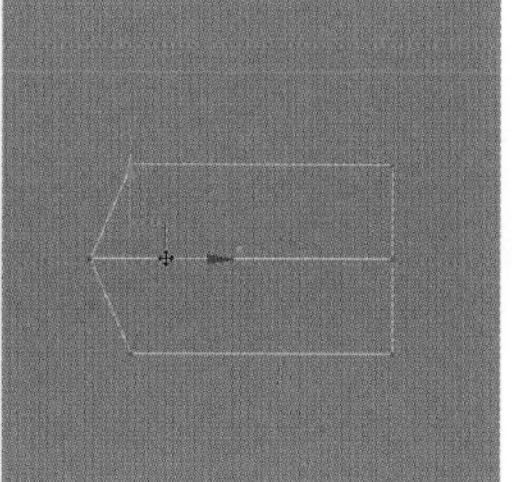

图 4-96

步骤19 单击【连接】按钮继续对模型进行细分，然后调节模型的位置。切换到多边形级别，选择如图4-97左图所示的面，单击 挤出 按钮，设置参数如图4-97右图所示。

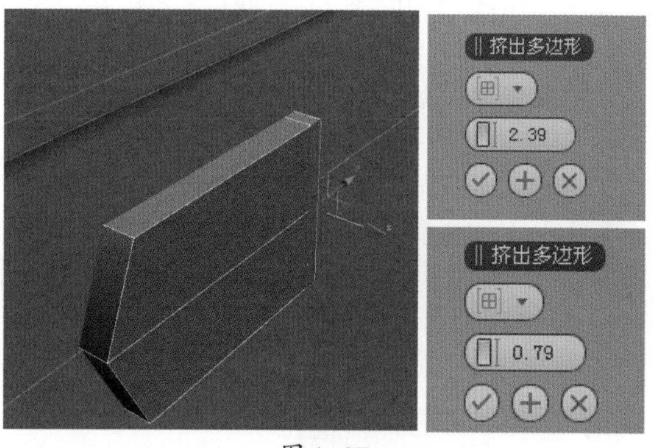

图 4-97

步骤20 使用同样的方法继续对模型进行挤压操作，并对模型进行细分，效果如图4-98左图所示。为模型添加默认的材质，并设置线框颜色为黑色，图像效果如图4-98右图所示。

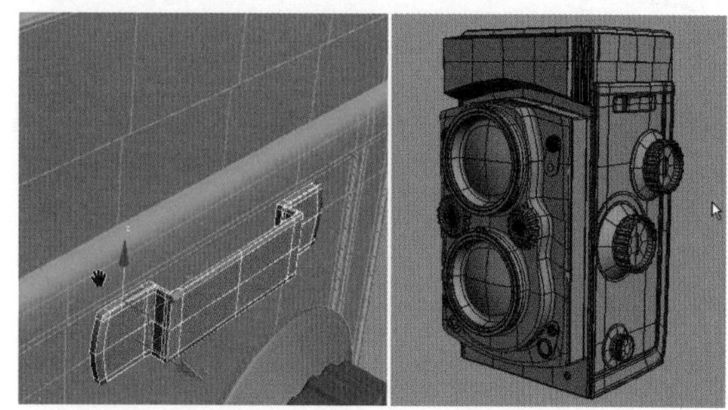

图 4-98

4.5.4 背带及其他零件的制作

步骤01 使用前面的方法，继续制作出如图4-99左图所示的模型。单击 平面 按钮，在场景中创建一个面片模型，并将其转换为可编辑多边形。切换到边级别，选择如图4-99右图所示的边。

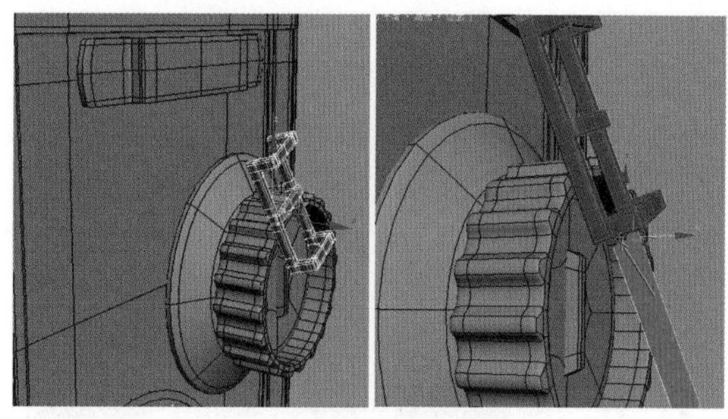

图 4-99

步骤02 按住【Shift】键对边进行复制，并调节边到如图4-100左图所示的位置。切换到顶点级别，调节节点到如图4-100右图所示的位置。

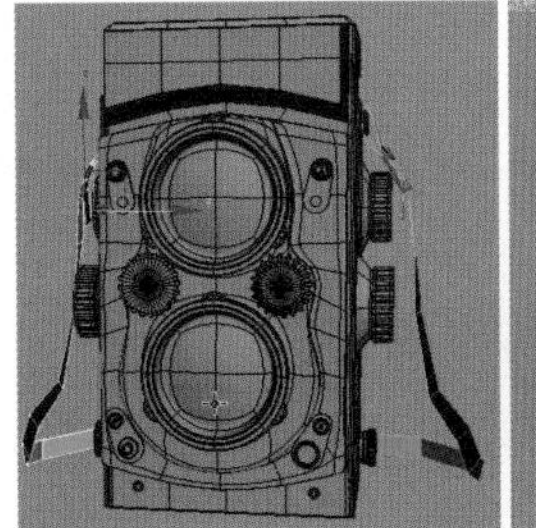
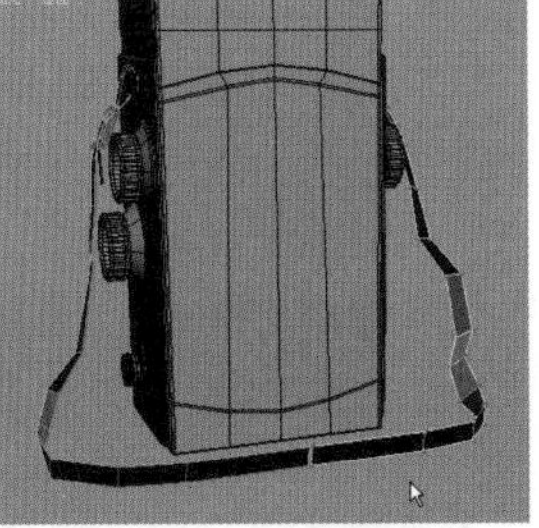

图 4-100

步骤03 单击 附加 按钮，将面片模型焊接在一起。切换到顶点级别，选择如图4-101左图所示的点，单击 焊接 按钮，设置参数如图4-101右图所示，对选择的节点进行焊接。

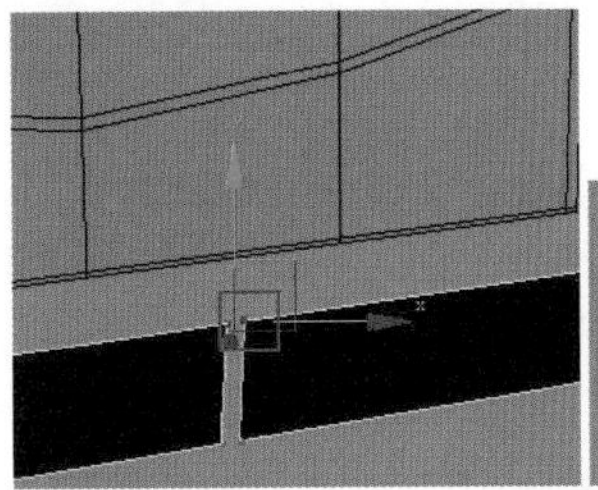

图 4-101

步骤04 使用同样的方法继续对节点进行焊接。焊接完成后，退出子物体层级，选择如图4-102左图所示的模型，在修改器下拉列表中单击 壳 按钮，为模型添加 壳 修改器，图像效果如图4-102右图所示，将模型塌陷为可编辑多边形。

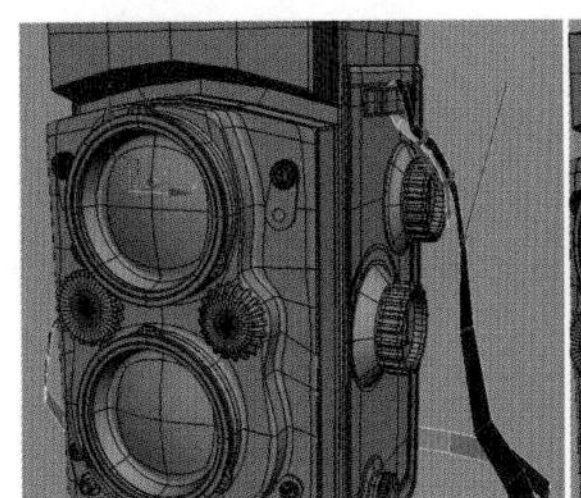
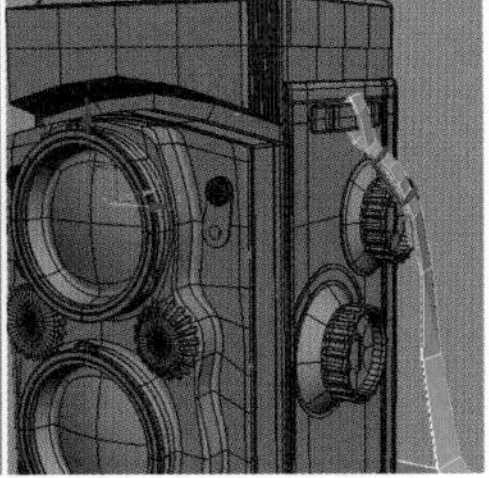

图 4-102

步骤05 切换到顶点级别，调节节点到如图4-103左图所示的位置。切换到边级别，选择如图4-103右图所示的边，单击 环形 按钮，得到环形的一圈边。

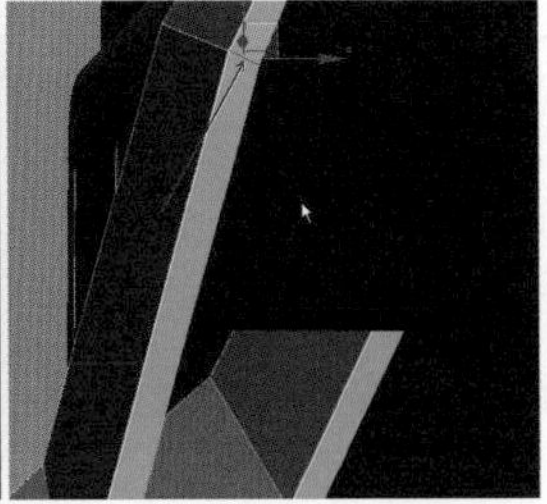

图 4-103

步骤06 单击鼠标右键，在弹出的隐藏菜单中单击 连接 按钮，设置参数如图4-104左图所示。使用快捷键【Ctrl+Q】对模型进行光滑显示，图像效果如图4-104右图所示。

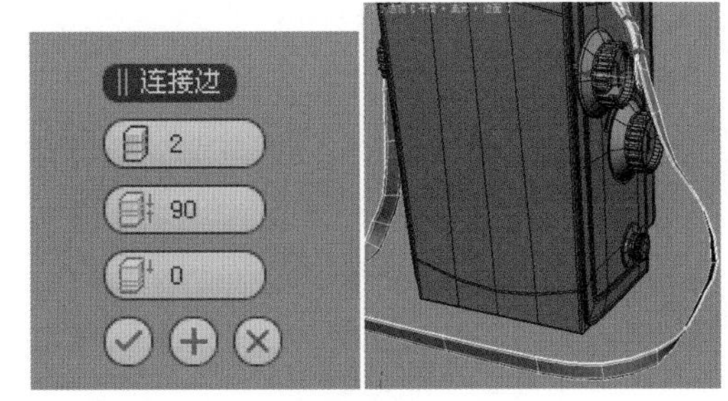

图 4-104

步骤07 取消光滑显示模式，使用同样的方法继续对模型进行细分，图像效果如图4-105左图所示。此时，图像整体效果如图4-105右图所示。

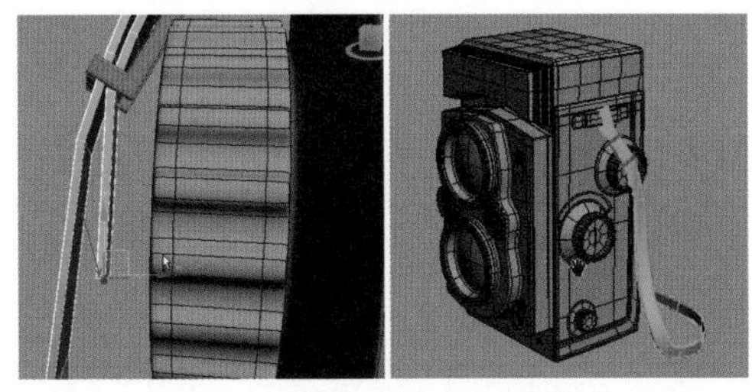

图 4-105

步骤08 切换到 标准基本体 创建面板，单击 平面 按钮，在场景中创建一个平面模型，如图4-106左图所示。单击 按钮，切换到 样条线 创建面板，单击 圆 按钮，在场景中创建一条圆形样条曲线，如图4-106右图所示。

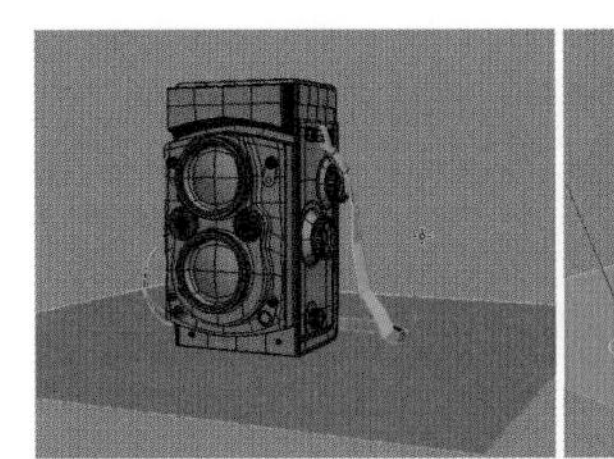

图 4-106

步骤09 使用快捷键【Alt+Q】对模型进行独立化显示，单击 按钮，设置修改面板参数如图4-107左图所示，然后将样条曲线转换为可编辑多边形，图像效果如图4-107右图所示。

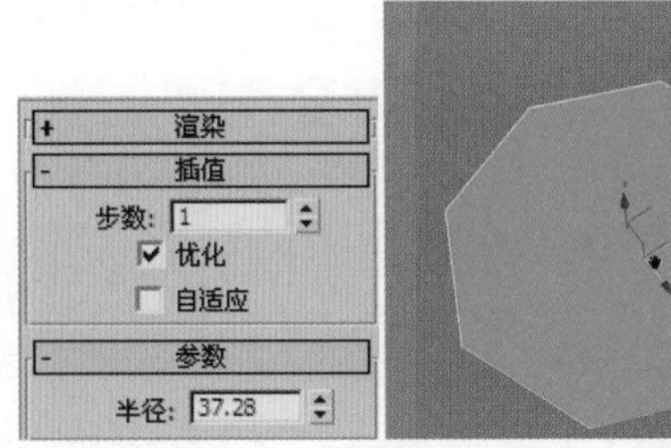

图 4-107

步骤10 按住【Shift】键对模型进行复制，然后单击附加按钮，将模型焊接在一起。切换到边级别，选择如图4-108左图所示的边，单击桥按钮，对边进行桥接。切换到多边形级别，选择如图4-108右图所示的面。

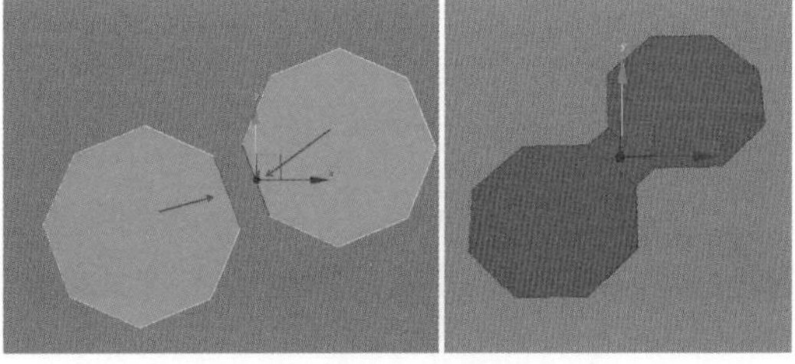

图4-108

步骤11　单击倒角按钮，设置参数如图4-109左图所示，倒角挤压效果如图4-109右图所示。

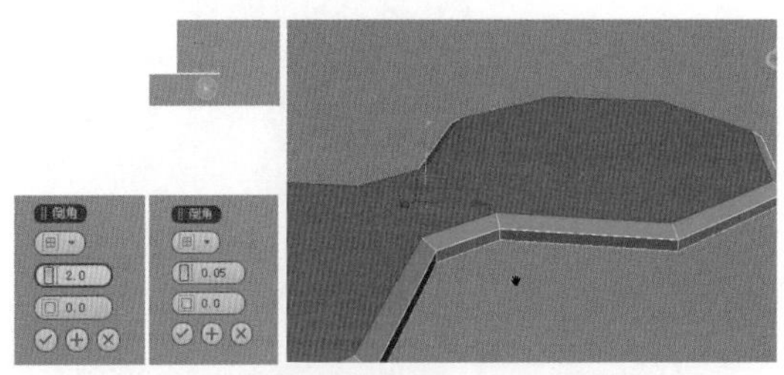

图4-109

步骤12　使用同样的方法继续对模型进行倒角挤压操作，图像效果如图4-110左图所示。然后使用【Delete】键删除多余的面，图像效果如图4-110右图所示。

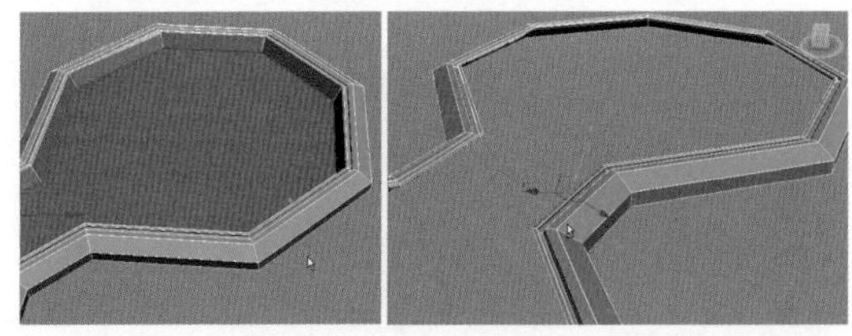

图4-110

步骤13　切换到边级别，选择如图4-111左图所示的边，此时图像效果如图4-111右图所示。

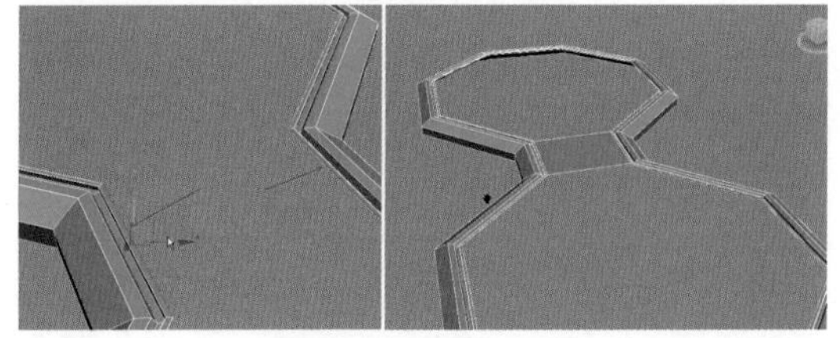

图4-111

步骤14　使用快捷键【3】切换到边界级别，选择如图4-112左图所示的开放边，按住【Shift】键对模型进行移动复制，效果如图4-112右图所示。

步骤15　继续选择边，如图4-113左图所示，单击环形按钮，得到环形的两圈边。单击鼠标右键，在弹出的隐藏菜单中单击连接按钮，设置参数如图4-113右图所示。

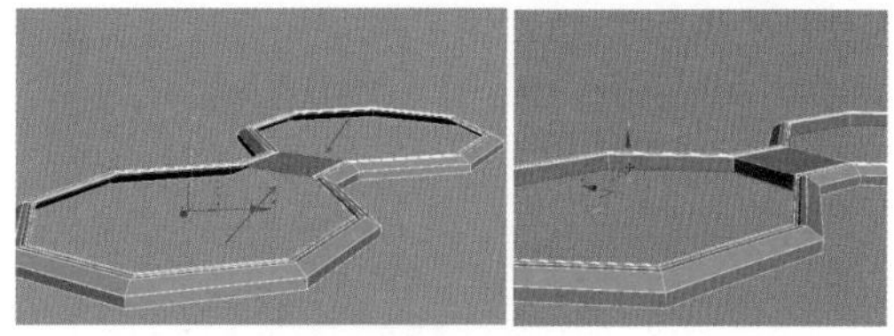

图4-112

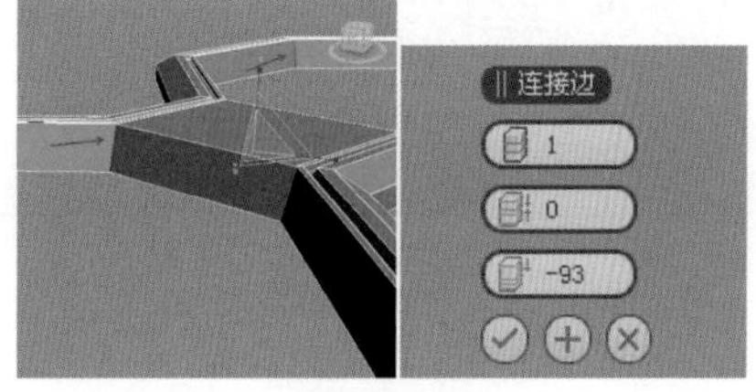

图4-113

步骤16　继续选择如图4-114左图所示的边，使用同样的方法对模型进行细分，使用快捷键【Ctrl+Q】对模型进行光滑显示，图像效果如图4-114右图所示。

图4-114

步骤17　单击长方体按钮，在场景中创建一个长方体模型，如图4-115左图所示。切换到顶点级别，调节节点到如图4-115右图所示的位置。

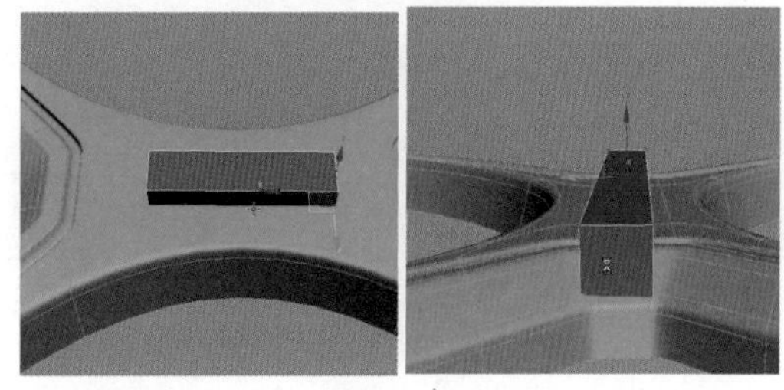

图4-115

步骤18　使用快捷键【2】切换到边级别，选择如图4-116左图所示的平行边，使用快捷键【Ctrl+Shift+E】对模型进行细分，并调节模型到如图4-116右图所示的位置。

图4-116

步骤19 选择如图4-117左图所示的边，单击鼠标右键，在弹出的隐藏菜单中单击 连接 按钮，设置参数如图4-117右图所示。

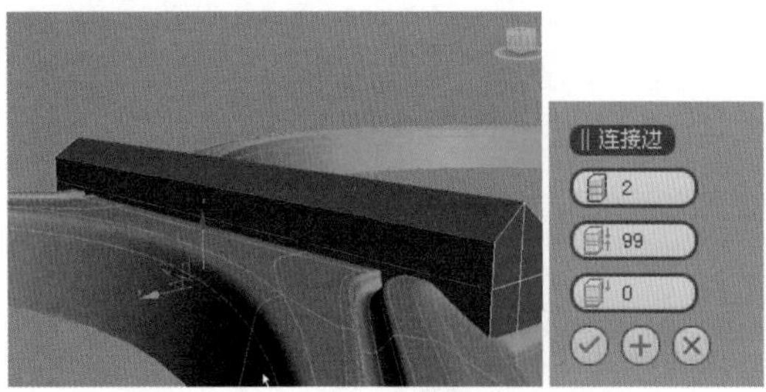

图 4-117

步骤20 此时，图像效果如图4-118左图所示。使用同样的方法继续对模型进行细分，切换到顶点级别，选择如图4-118右图所示的点。

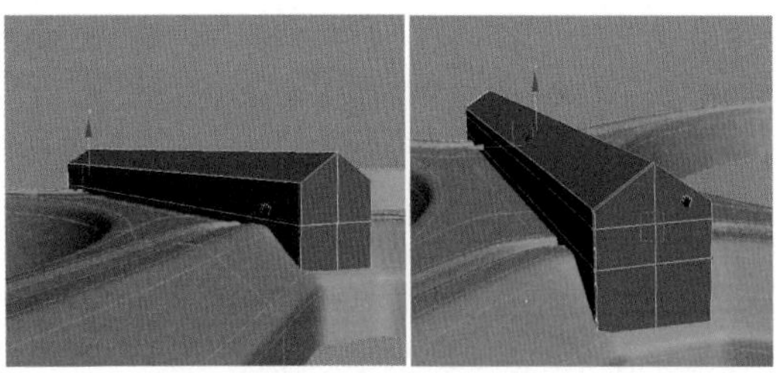
图 4-118

步骤21 单击 切角 按钮，设置参数如图4-119左图所示，对点进行切角操作。切换到多边形级别，使用【Delete】键删除如图4-119右图所示的面。

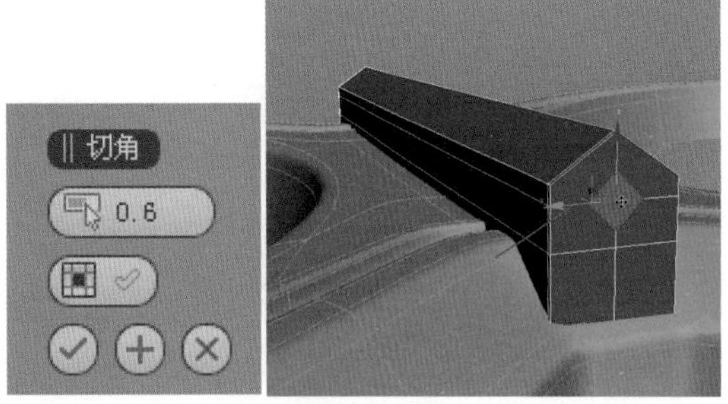

图 4-119

步骤22 使用快捷键【3】切换到边界级别，选择两端如图4-120左图所示的开放边，单击 桥 按钮进行桥接。切换到边级别，选择如图4-120右图所示的边，单击 环形 按钮，继续对模型进行细分。

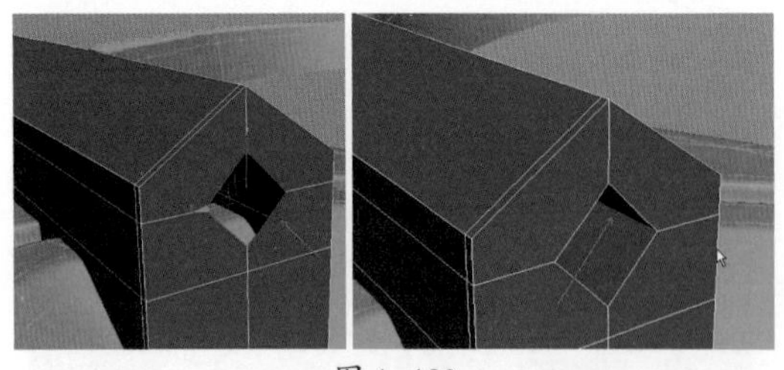
图 4-120

步骤23 继续选择边，并使用同样的方法对模型进行细分，效果如图4-121左图所示。单击 挤出 按钮，设置参数如图4-121右图所示。

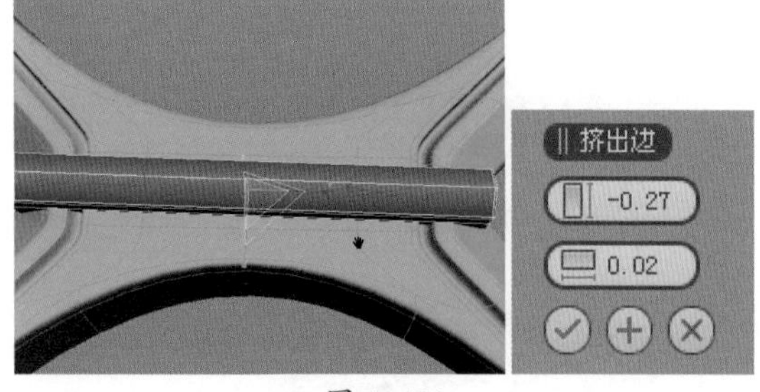

图 4-121

步骤24 单击 切角 按钮，设置参数如图4-122左图所示，图像效果如图4-122右图所示。

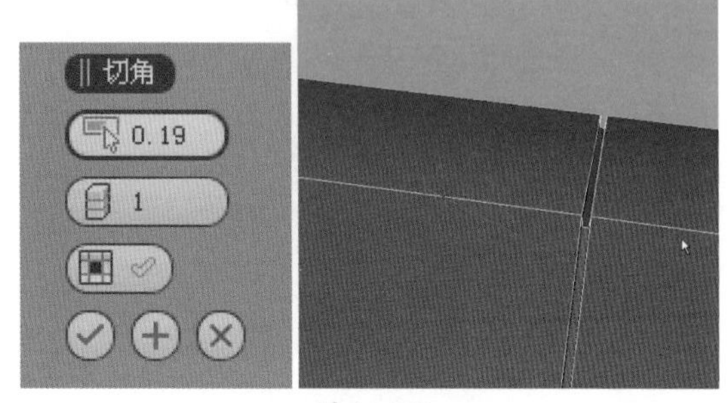

图 4-122

步骤25 继续选择边，单击【连接】按钮对模型进行细分。切换到多边形级别，选择如图4-123左图所示的面，单击 倒角 按钮，设置参数如图4-123右图所示。

图 4-123

步骤26 此时，图像效果如图4-124左图所示。继续选择边，并对边进行细分，然后切换到顶点级别，调节节点到如图4-124右图所示的位置。

图 4-124

步骤27 退出子物体层级，显示场景中的所有模型，使用快捷键【M】打开材质编辑器，选择材质球，单击按钮，为模型附加一个默认的材质球，如图4-125左图所示。单击修改命令面板中的■彩色块，弹出【对象颜色】对话框，如图4-125右图所示，将线框颜色设置为黑色。

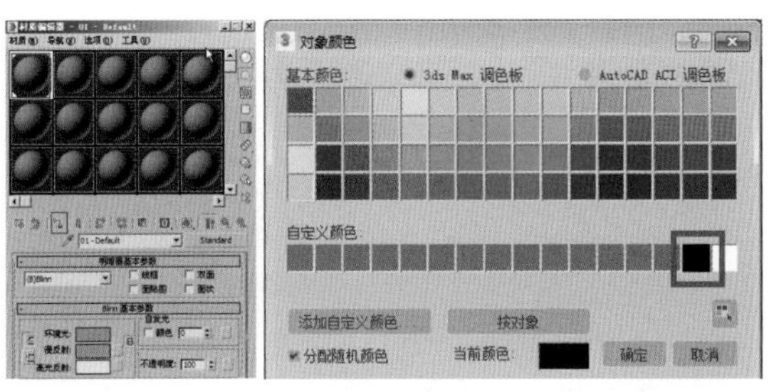

图4-125

步骤28 调整模型的位置，此时图像整体效果如图4-126所示。

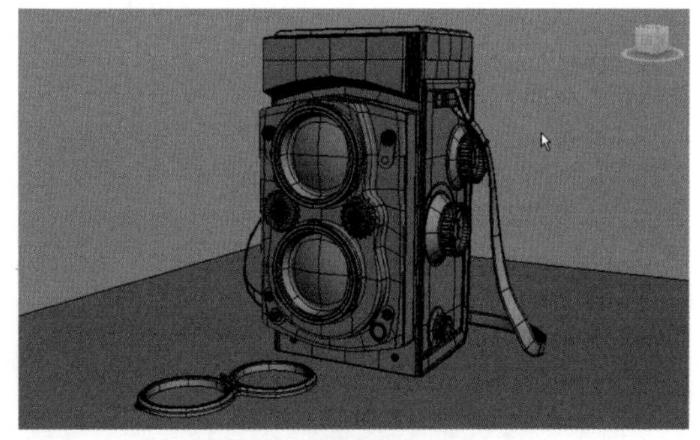

图4-126

4.6 制作手模型

本例介绍了多边形建模在制作雕塑模型时的一些应用技巧，其中涉及的主要知识点包括对物体造型特点的把握和对多边形命令的熟练操作。

图4-127所示为手模型的白模渲染效果图和线框渲染效果图。

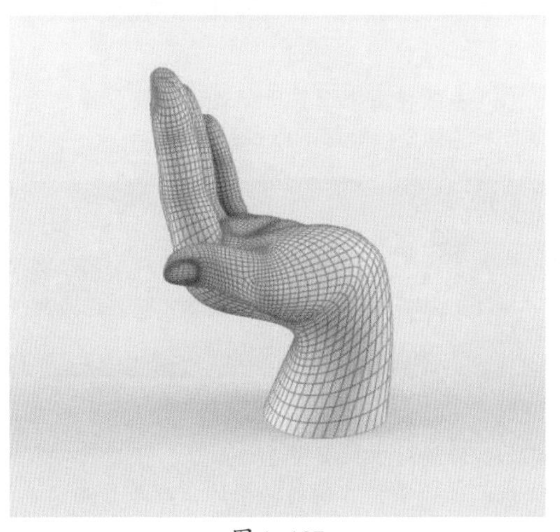

图4-127

配色应用：

制作要点：

1. 掌握参考图的导入和使用。
2. 学会将基本几何体转换为可编辑多边形，然后逐步对多边形物体进行细化，制作出一根手指。
3. 使用【Shift】键移动复制物体。

最终场景： Ch04\Scenes\手模型.max

难易程度： ★★★☆☆

4.6.1 创建中指模型

步骤01 打开3ds Max软件，激活顶视图，选择【视图】/【视口背景】/【配置视口背景】命令，或按快捷键【Alt+B】，在弹出的【视口配置】对话框中单击【文件】按钮，在本地磁盘中选择相应的参考图像，如图4-128所示。

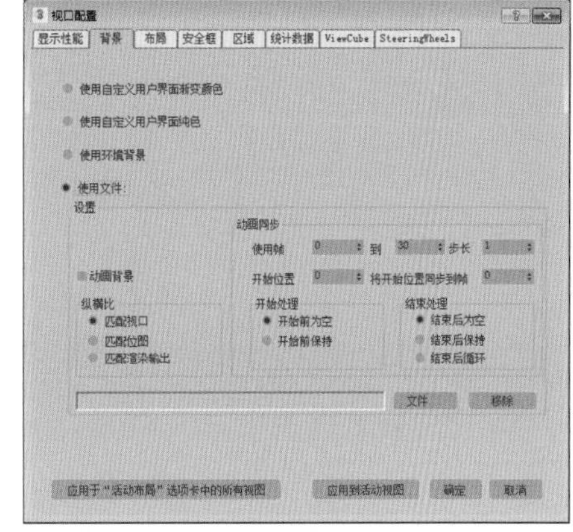

图4-128

步骤02 在+命令面板中单击●按钮，选择【标准基本体】选项，单击【对象类型】卷展栏中的 长方体 按钮，在顶视图中创建一个长方体对象，如图4-129所示。

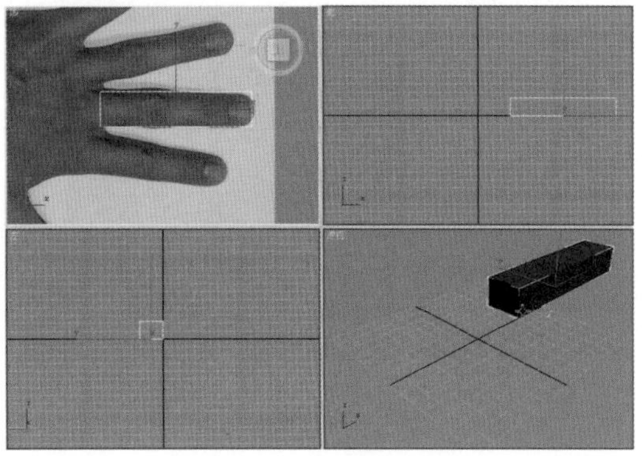
图 4−129

步骤03 选中长方体对象，单击修改命令面板中名称栏右侧的色块，在弹出的【对象颜色】对话框中选择一种较亮的色块，如图4-130左图所示。单击【确定】按钮，完成对象颜色的设定，效果如图4-130右图所示。

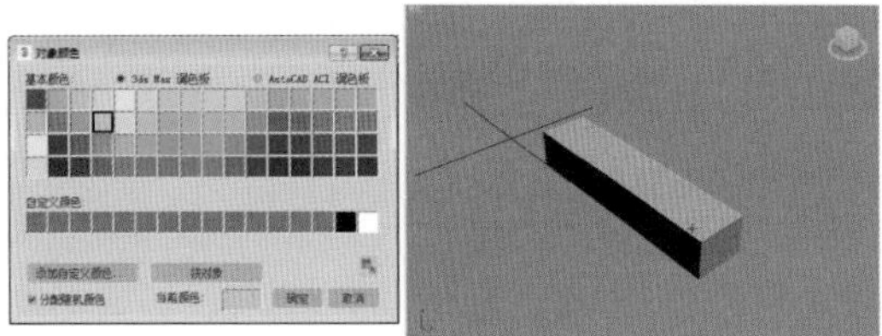
图 4−130

步骤04 选中长方体对象，在修改命令面板中设置长方体的长、宽、高的分段数分别为2。单击鼠标右键，在弹出的快捷菜单中选择【转换为可编辑多边形】命令，将长方体转换为可编辑的多边形物体。按【1】键切换到物体的顶点级别，在左视图中框选对象的4个顶点，利用缩放工具对所选的顶点沿*XY*轴进行缩放；再次将全部顶点选中，沿*Y*轴方向进行缩放，如图4-131所示。

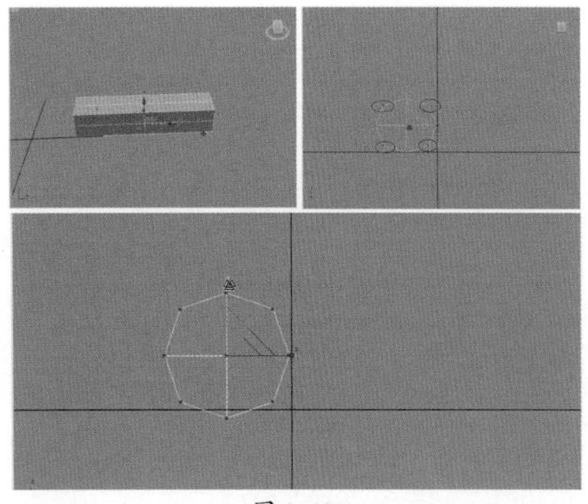
图 4−131

步骤05 按【T】键切换到顶视图，选择中间的顶点，利用移动工具调整顶点的位置到手指的关节处。按【2】键切换到边级别，选择一圈连续的边；单击【编辑边】卷展栏中的【连接】按钮，对模型进行加边细分，如图4-132所示。

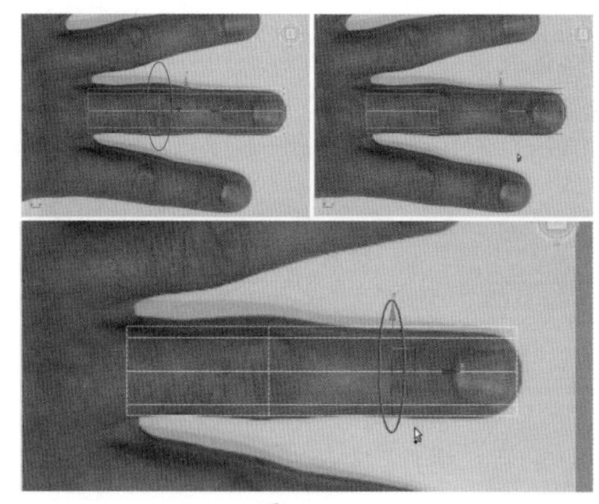
图 4−132

步骤06 利用缩放工具对所加的边线进行缩放，如图4-133左图所示。按【F】键切换到前视图，在物体的顶点级别下调整指头前端的形状，效果如图4-133右图所示。

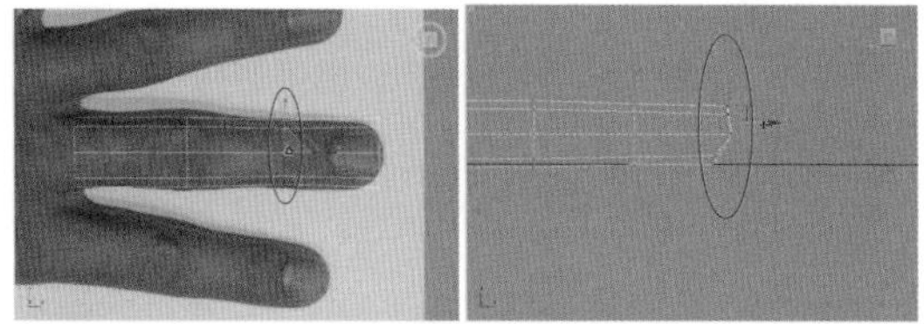
图 4−133

步骤07 在边级别下使用同样的方法对模型进行加边细分，如图4-134所示。

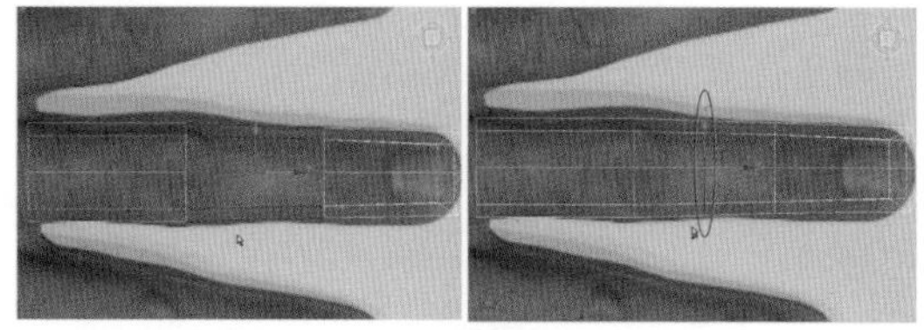
图 4−134

步骤08 在顶视图中调整所加边的位置，并继续对模型进行加边细分，如图4-135所示。

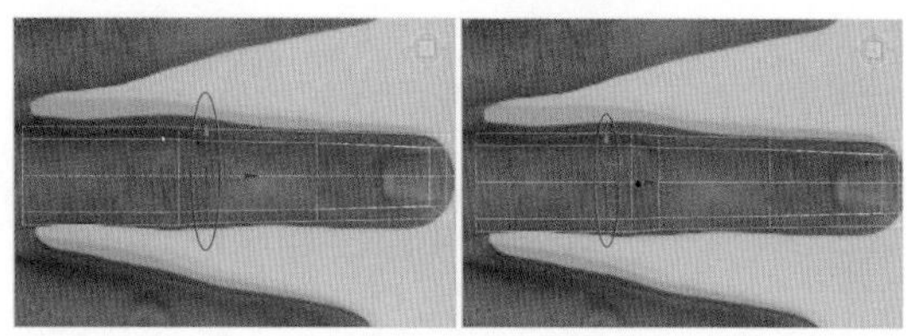
图 4−135

步骤09 继续对手指模型进行细分，在关节处添加两圈边线；选择手指背面的两条边，利用移动工具沿*Z*轴方向调整它们的位置，如图4-136所示。

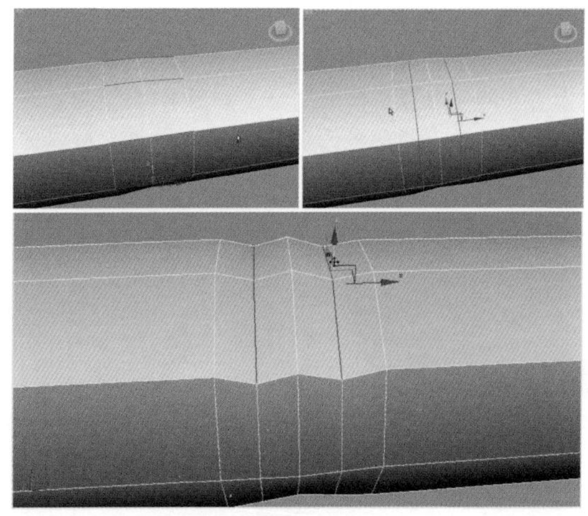

图 4−136

知识拓展

在对模型进行细分时，应根据模型结构逐步加线细化，因为边线越少越容易控制。

步骤10 选择手指关节背面的边，单击【编辑边】卷展栏中的【连接】按钮，为模型添加一条径向的边，如图4-137所示。

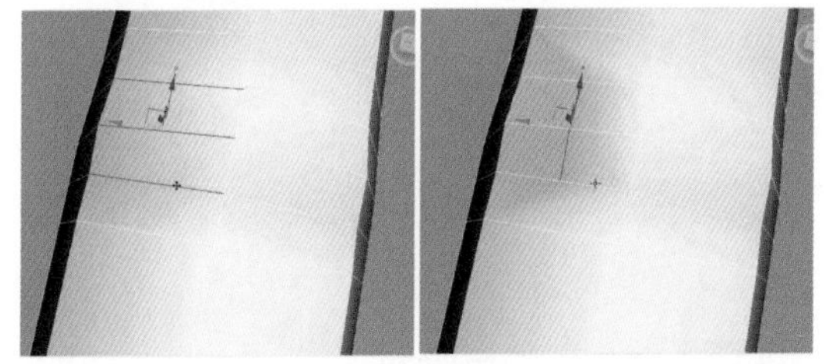

图 4−137

步骤11 用同样的方法在对称位置再加一条边，如图4-138左图所示。按【1】键切换到物体的顶点级别，调整关节处顶点的位置，效果如图4-138右图所示。

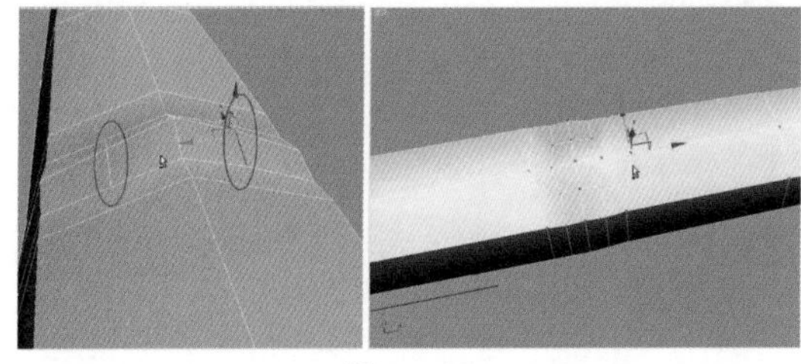

图 4−138

步骤12 选择手指前端关节处的边，单击【编辑边】卷展栏中的【切角】按钮，设置切角参数，如图4-139所示。

步骤13 分别选择手指前端关节处背面和腹面中间的边，调整它们到合适的位置。在手指的前端处加一圈边线，分割出手指的指甲盖区域，如图4-140所示。

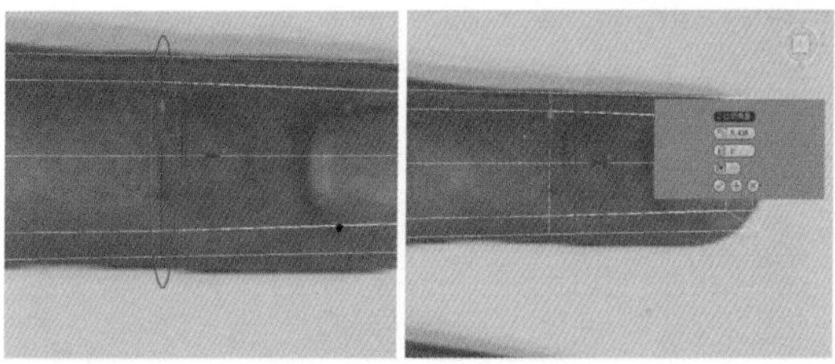

图 4−139

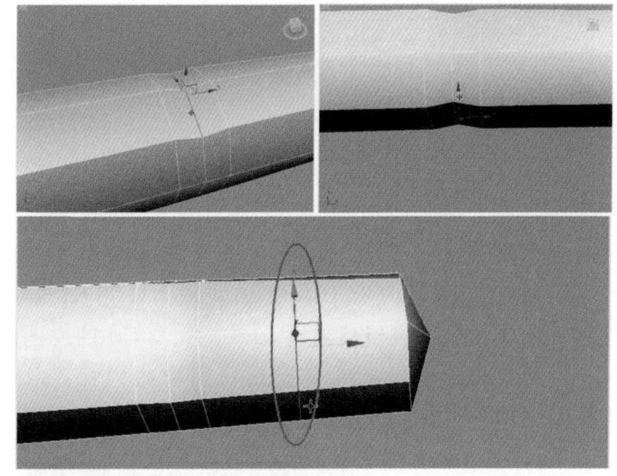

图 4−140

步骤14 按【4】键切换到物体的多边形级别，选择指甲盖区域的多边形面，如图4-141左图所示。单击【编辑多边形】卷展栏中的【倒角】按钮，设置倒角参数，如图4-141右图所示，单击⊕按钮，应用当前参数设置。

图 4−141

步骤15 继续调整倒角多边形的参数，如图4-142左图所示，单击⊕按钮，应用当前参数设置。最终调整参数如图4-142右图所示，单击☑按钮完成倒角多边形操作。

图 4−142

步骤16 利用旋转工具对所选的面进行略微旋转，再利用移动工具调整所选的面在Z轴方向上的位置。按【1】键切换到物体的顶点级别，利用移动工具调整指甲盖前端顶点的位置，如图4-143所示。此时，指甲盖模型就制作好了。

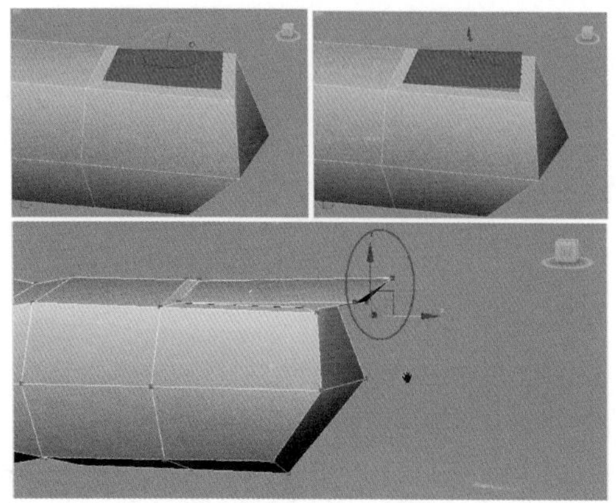

图 4-143

步骤17 选择手指底端的面，将所选的面删除。按【6】键退出物体的子级别，利用缩放工具调整手指的长短。勾选【细分曲面】卷展栏中的【使用NURMS细分】选项，对模型进行光滑显示，如图4-144左图所示。按快捷键【Shift+Q】渲染透视图中的模型，效果如图4-144右图所示。

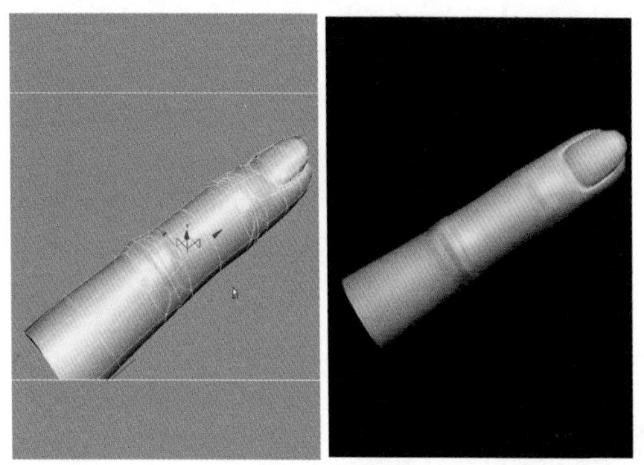

图 4-144

4.6.2 创建其他手指模型

步骤01 按住键盘上的【Shift】键，利用移动工具移动复制出其他3个手指模型，如图4-145左图所示。对照参考图分别对各手指的造型进行调整，选中其中一个手指模型，单击【编辑几何体】卷展栏中的【附加】按钮，然后回到视图中单击其他手指模型，将它们附加在一起，效果如图4-145右图所示。

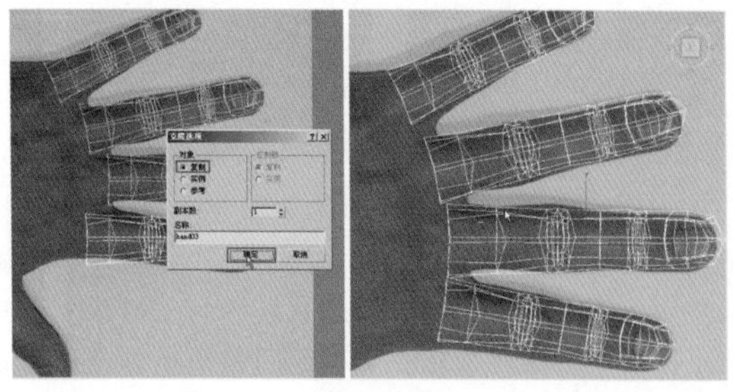

图 4-145

步骤02 按【5】键切换到物体的元素级别，选择一个手指模型，按住【Shift】键，利用移动工具移动复制出一个大拇指模型，并对其进行旋转和缩放，然后对照参考图将手指多余的面删除，如图4-146所示。大拇指与其他4根手指的外形及位置区别最大，所以需要重点调整。

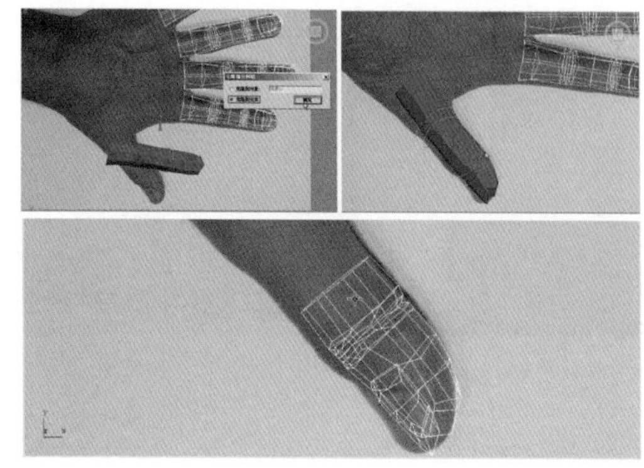

图 4-146

步骤03 选择大拇指开口处的边界线，按住【Shift】键移动生成一段手指结构，如图4-147左图所示。利用缩放工具对所选的边界线进行缩放，如图4-147右图所示。

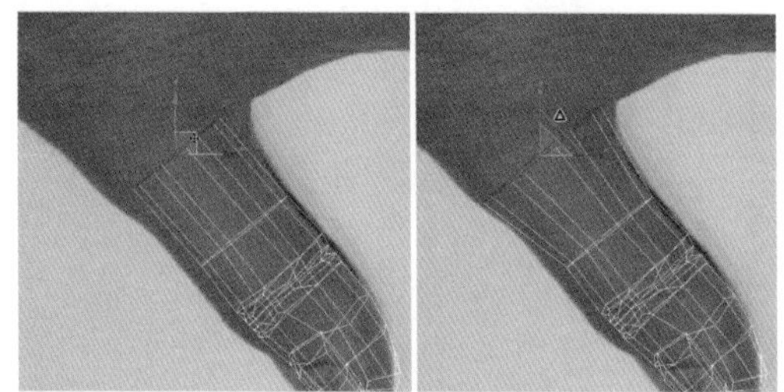

图 4-147

4.6.3 创建手掌模型

步骤01 在＋命令面板中单击●按钮，选择【标准基本体】选项，单击【对象类型】卷展栏中的 长方体 按钮，在顶视图中创建一个长方体模型。在修改命令面板中设置长方体的长、宽、高的分段数分别为4、2、2。单击鼠标右键，在弹出的快捷菜单中选择【转换为可编辑多边形】命令，将长方体转换为可编辑多边形，调整长方体两侧的边，如图4-148所示。

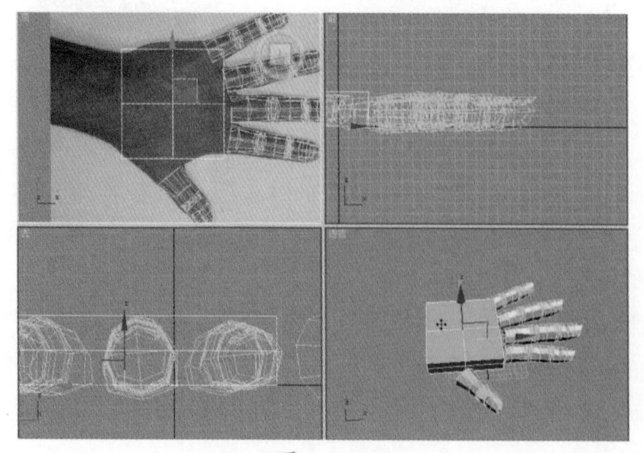

图 4-148

步骤02 按【1】键切换到物体的顶点级别，在顶视图中对照参考图调整手掌模型的形状。按【2】键切换到物体的边级别，对手掌进行加边细分，如图4-149所示。

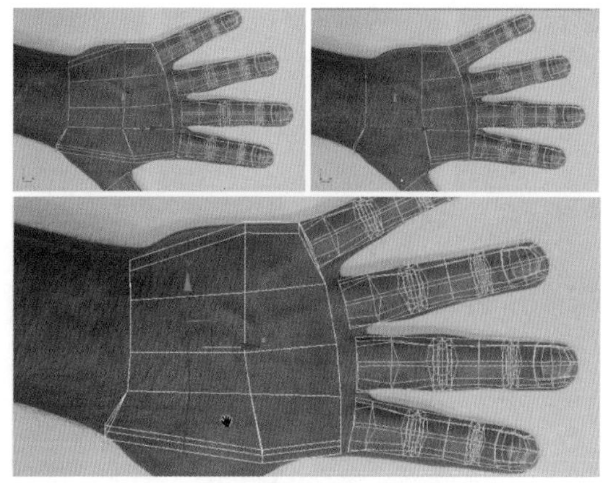

图4-149

步骤03 在透视图中，分别调整手背和手掌模型的凹凸效果，如图4-150所示。

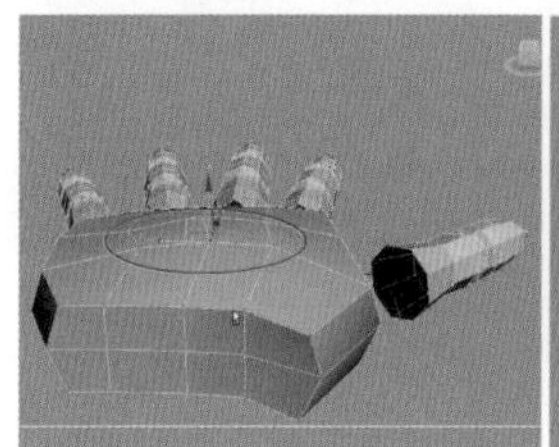

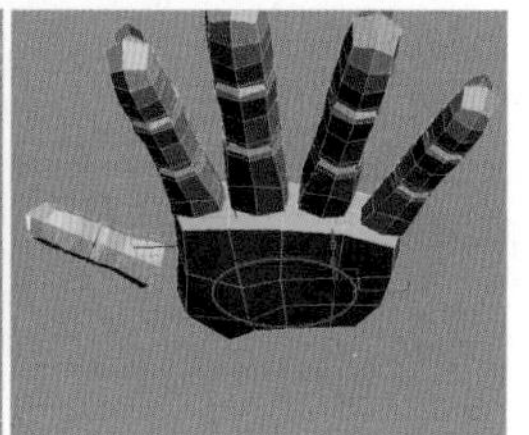

图4-150

步骤04 选择上下连续的三条边，单击【编辑边】卷展栏中的【连接】按钮，对模型进行加边细分，如图4-151所示。

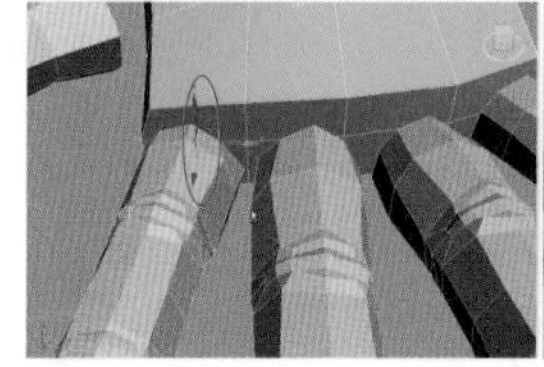

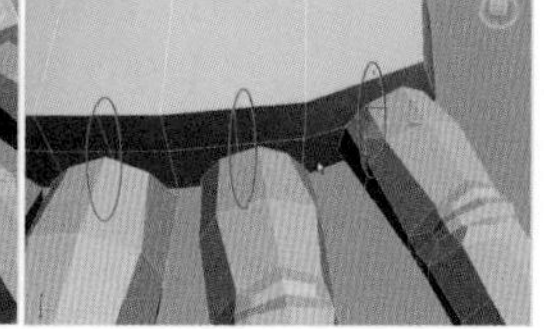

图4-151

步骤05 选择手指缝间的边，单击【编辑边】卷展栏中的【切角】按钮，设置切角量。按【4】键切换到物体的多边形级别，将手掌与手指拼接位置的面删除，如图4-152所示。

步骤06 选中手掌模型，单击【编辑几何体】卷展栏中的【附加】按钮，在视图中单击手指模型，将手掌模型和手指模型附加在一起。按【1】键切换到物体的顶点级别，单击【编辑顶点】卷展栏中的【目标焊接】按钮，在视图中分别单击手掌和手指接缝处相对应的顶点；用相同的方法将所有的手指焊接到手掌上，如图4-153所示。

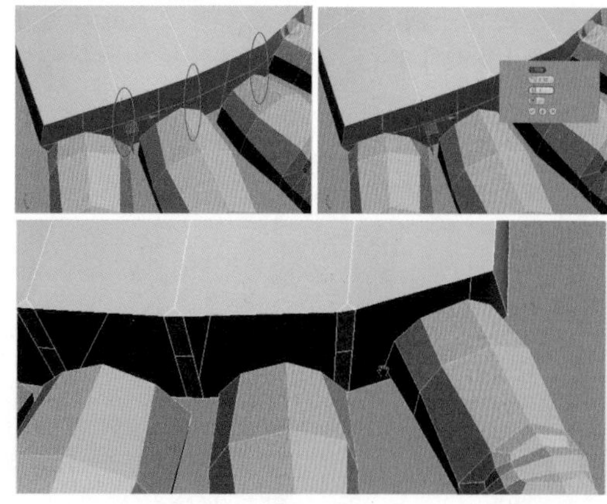

图4-152

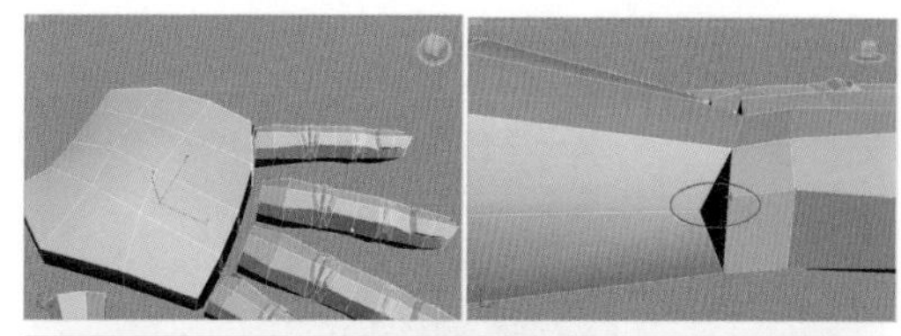

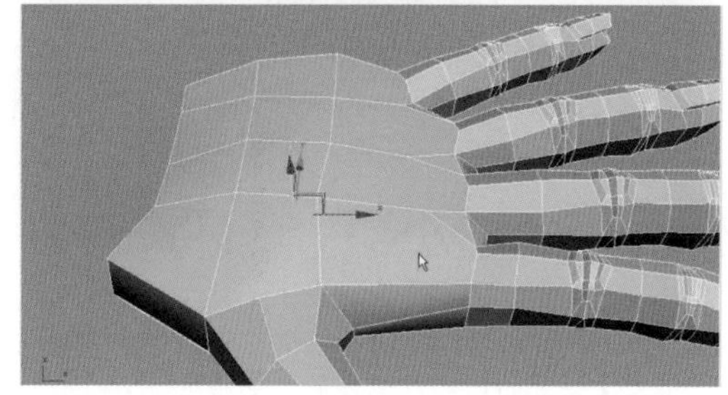

图4-153

步骤07 单击【编辑几何体】卷展栏中的【切割】按钮，在手掌模型上切割出相应的纹理结构。按【2】键切换到物体的边级别，选择手腕处的边，在按住【Shift】键的同时利用移动工具移动生成手腕处的模型结构；在透视图中调整开口处的形状，效果如图4-154所示。

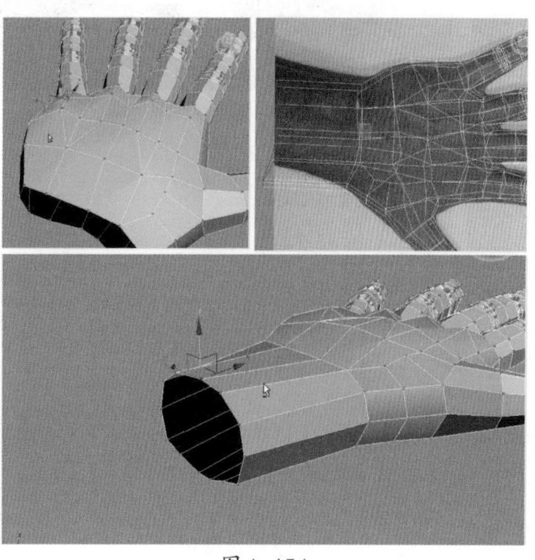

图4-154

步骤08 选择手腕处连续的边，单击【编辑边】卷展栏中的【连接】按钮，对手腕进行细分，如图4-155所示。

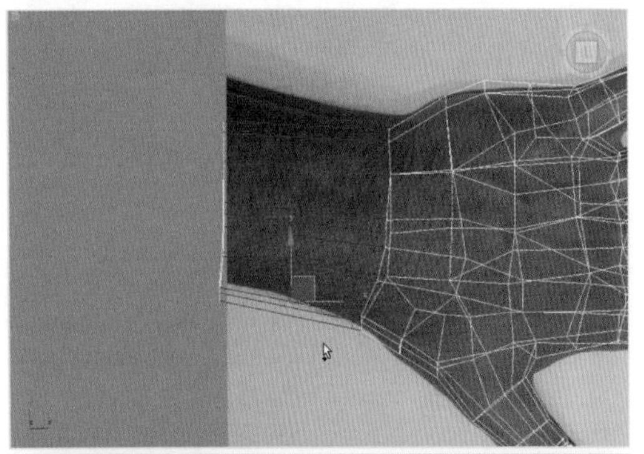
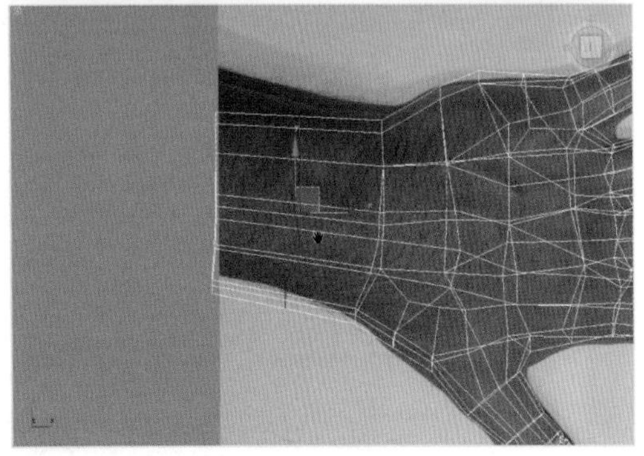

图 4-155

步骤09 在物体的子级别下对模型进行细致的调整，使模型产生逼真的凹凸纹理效果，如图4-156左图所示。按快捷键【Shift+Q】渲染透视图，效果如图4-156右图所示。

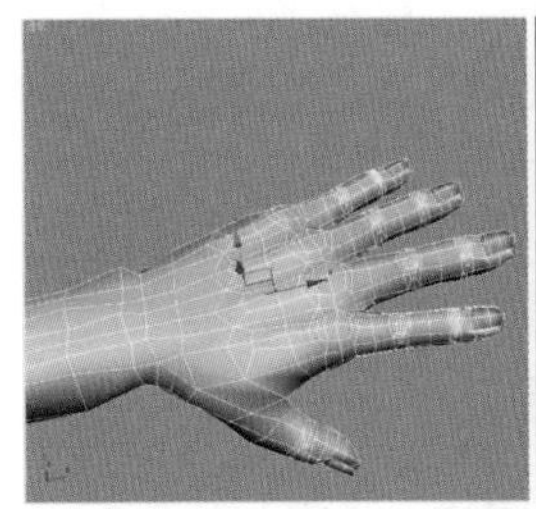
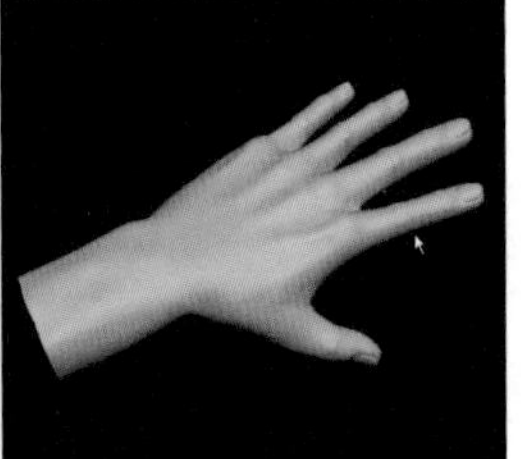

图 4-156

4.6.4 调整手的造型

步骤01 选中模型，单击工具栏中的镜像按钮，在弹出的对话框中设置镜像参数，如图4-157左图所示。在修改命令面板中单击修改器列表，选择【FFD长方体】修改命令，如图4-157右图所示。

步骤02 在修改器堆栈列表中，单击展开【FFD长方体】列表，在列表中选择【晶格】选项，切换到前视图中，利用旋转工具对晶格进行旋转，如图4-158左图所示。单击【FFD参数】卷展栏中的【设置点数】按钮，在弹出的对话框中分别设置长度、宽度、高度的点数，如图4-158右图所示。

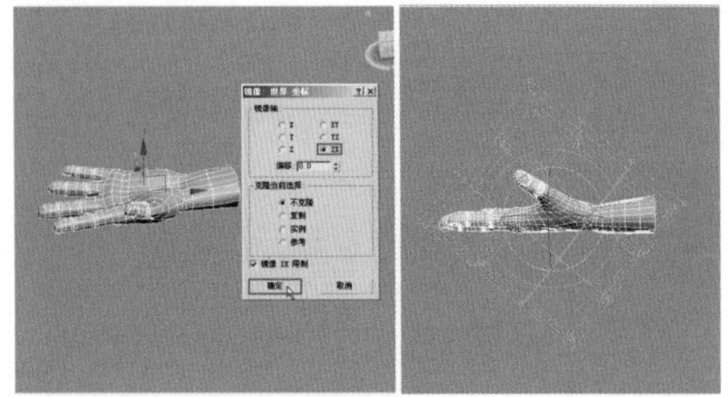

图 4-157

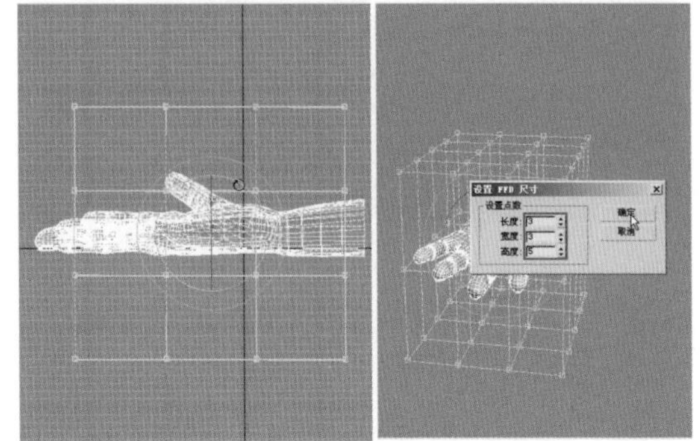

图 4-158

知识拓展

3ds Max的对象空间修改器（FFD）具有十分强大的编辑空间对象的功能，利用它可以随心所欲地修改对象的空间形态。

步骤03 在修改器堆栈列表中选择【FFD长方体】列表中的【晶格】选项，利用缩放工具对晶格的大小进行调整，使晶格的体积和模型的体积相符，如图4-159左图所示。选择【FFD长方体】列表中的【控制点】选项，在视图中选择控制点，利用移动工具和旋转工具对控制点进行调整，如图4-159右图所示，最终得到满意的造型效果。

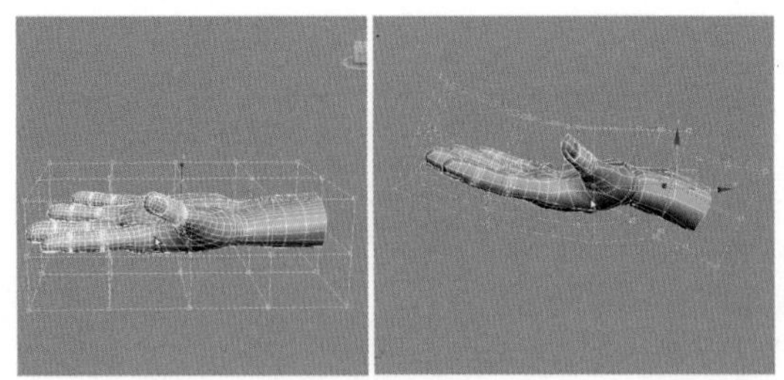

图 4-159

步骤04 单击鼠标右键，在弹出的快捷菜单中选择【转换为可编辑多边形】命令，将带修改器的模型转换为可编辑多边形。按【1】键切换到物体的顶点级别，调整手腕和手指的造型，如图4-160所示。

步骤05 最终渲染效果如图4-161所示。

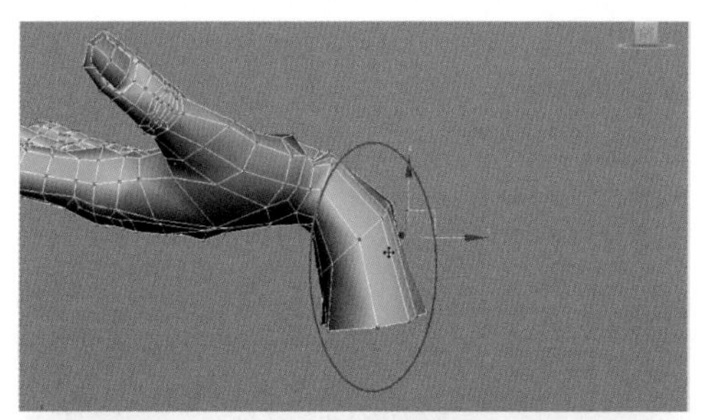

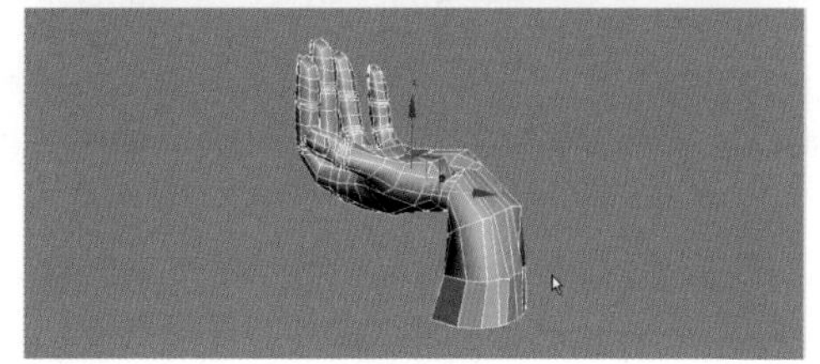

图 4-160

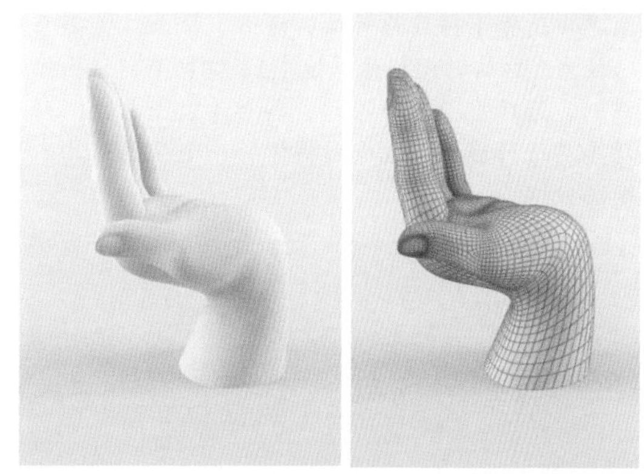

图 4-161

4.7 制作座椅模型

本例主要学习网格体建模的初级方法，涉及的主要知识点包括编辑网格、编辑多边形及对称、挤出等修改器的使用。

图4-162所示为座椅模型的白模渲染效果图和线框渲染效果图。

图 4-162

配色应用：

制作要点：

1. 掌握平面对象的创建与编辑。
2. 学会使用样条线制作座椅架的方法和技巧。
3. 学习分块制作模型的方法，以及将各个块组合在一起的方法。

最终场景： Ch04\Scenes\ 座椅模型 .max

难易程度： ★★★☆☆

4.7.1 创建并编辑平面对象

步骤01 打开3ds Max，在+命令面板中单击●按钮，选择【标准基本体】选项，单击【对象类型】卷展栏中的 平面 按钮，在透视图中创建一个平面对象，如图4-163左图所示。在【参数】卷展栏中，将平面对象的长度分段和宽度分段均设置为1，如图4-163右图所示。

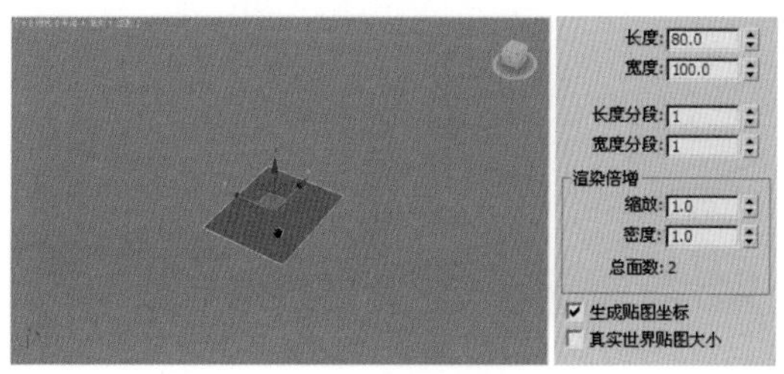

图 4-163

步骤02 选中平面对象，单击鼠标右键，在弹出的快捷菜单中选择【转换为可编辑网格】命令，将平面对象转换为可编辑的网格体。按【2】键切换到网格体的边级别，选择平面的一个边，按住【Shift】键，利用移动工具进行移动，生成网格体的一个分段结构，如图4-164所示。

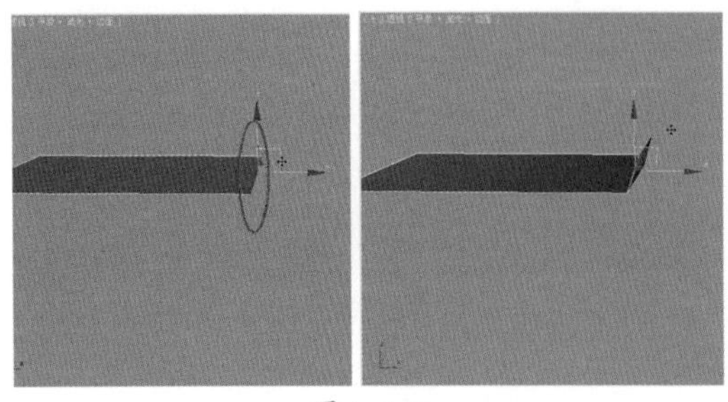

图 4-164

步骤03 继续按住【Shift】键，利用移动工具对所选的边进行移动，生成相应的分段结构，如图4-165所示。

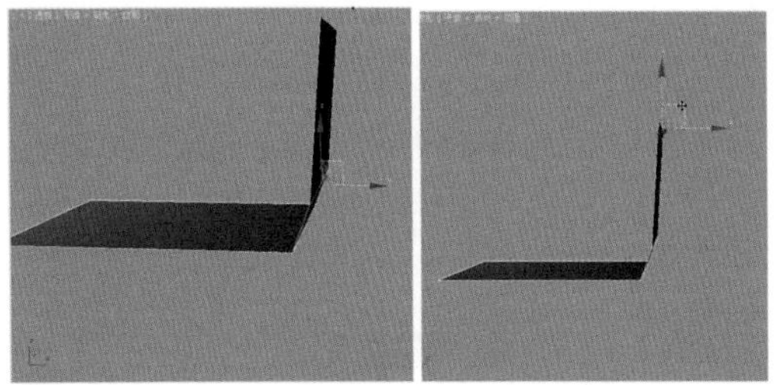

图 4-165

步骤04 继续根据座椅的造型对所选的边进行移动，生成网格体的不同分段结构，如图4-166所示。此时，座椅靠背的大体造型就形成了。

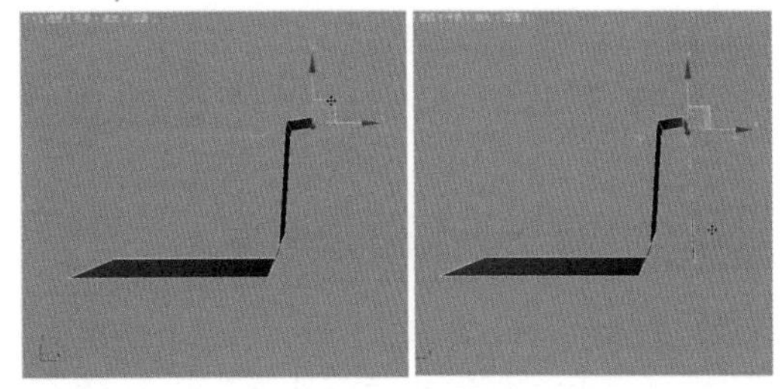

图 4-166

步骤05 选择侧面的一条边，按住【Shift】键，利用移动工具进行移动，生成座椅的扶手结构，如图4-167所示。

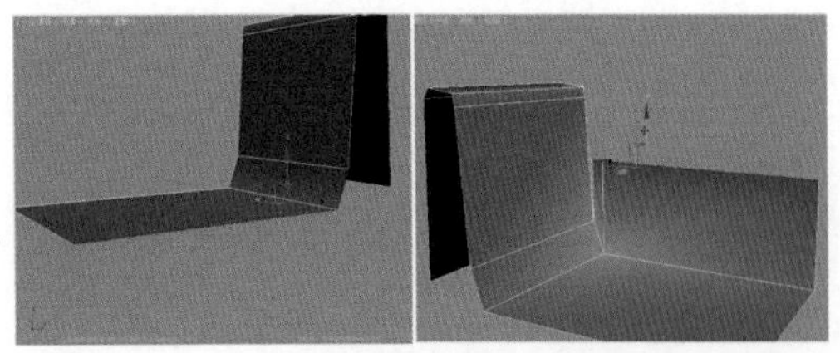

图 4-167

步骤06 单击【编辑几何体】卷展栏中的【剪切】按钮，在座椅的靠背上剪切出一条边，如图4-168左图所示。按【1】键切换到顶点级别，单击【编辑几何体】卷展栏中的【目标】按钮，将相应的两点焊接起来，如图4-168右图所示。

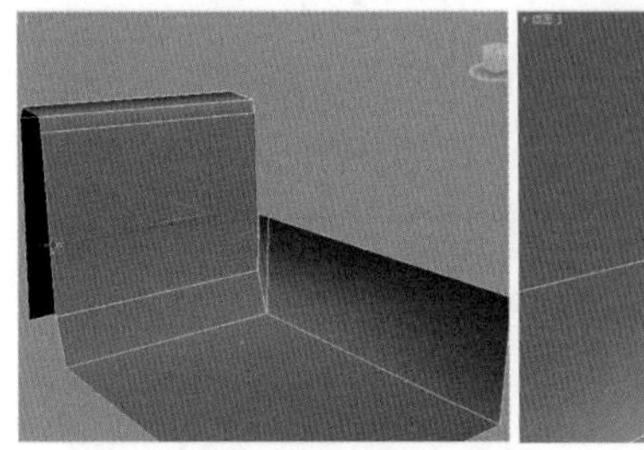
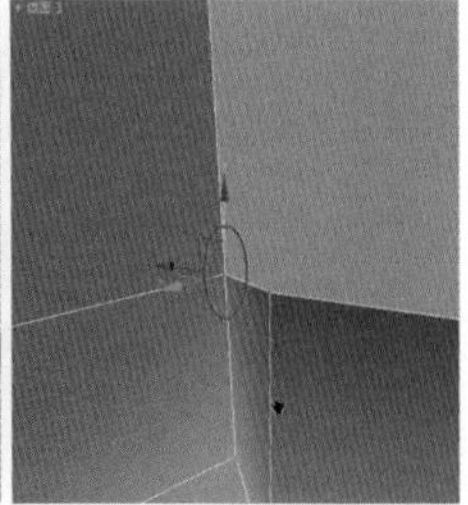

图 4-168

步骤07 按【2】键切换到边级别，选择座椅一侧的边，按住【Shift】键，利用移动工具进行移动，生成座椅的扶手结构；同样，利用边生成扶手前端的结构，如图4-169所示。

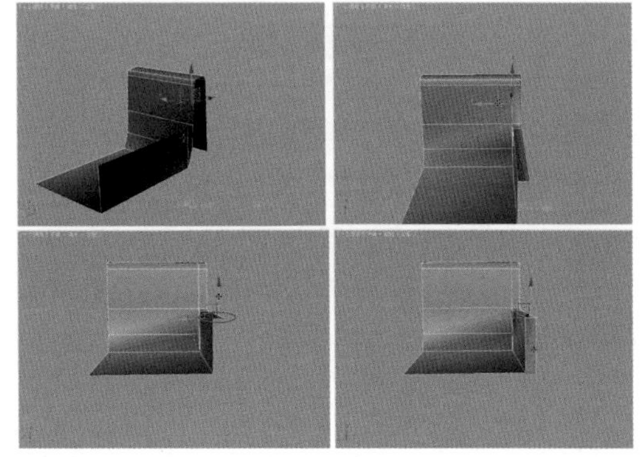

图 4-169

步骤08 按【1】键切换到顶点级别，单击【编辑几何体】卷展栏中的【目标】按钮，将源点拖动到目标点上进行目标焊接，将相应的顶点焊接起来。按【2】键切换到边级别，利用边生成座椅的前端结构，如图4-170所示。

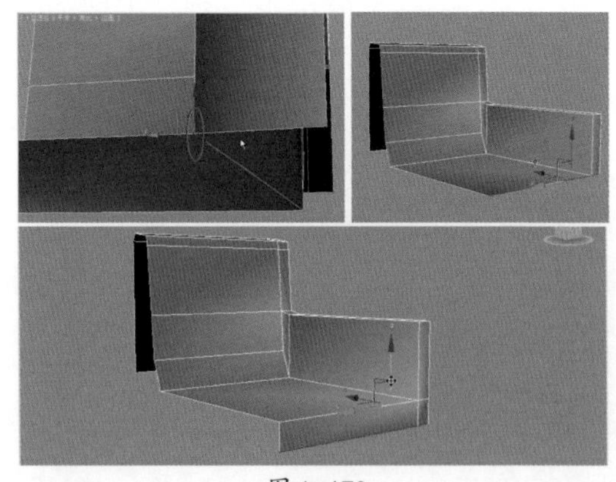

图 4-170

步骤09 在边级别下，单击【编辑几何体】卷展中的【切片平面】按钮，利用旋转工具将切片图标旋转90度，调整好切片图标的位置后单击【切片】按钮，在网格对象上产生一个截面切片，如图4-171左图所示。

利用移动工具调整座椅内侧边的位置，效果如图4-171右图所示。

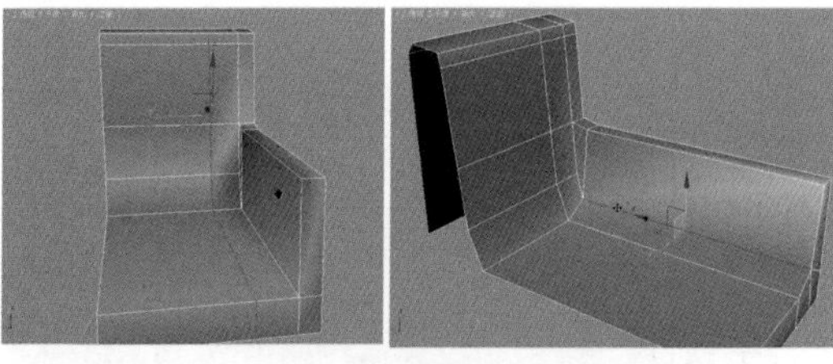

图4-171

步骤10 单击【选择】卷展栏中的【边】按钮，退出边级别。在修改器列表中选择【对称】修改命令，为网格对象加载对称修改器，如图4-172所示。此时，座椅的大体造型就形成了。

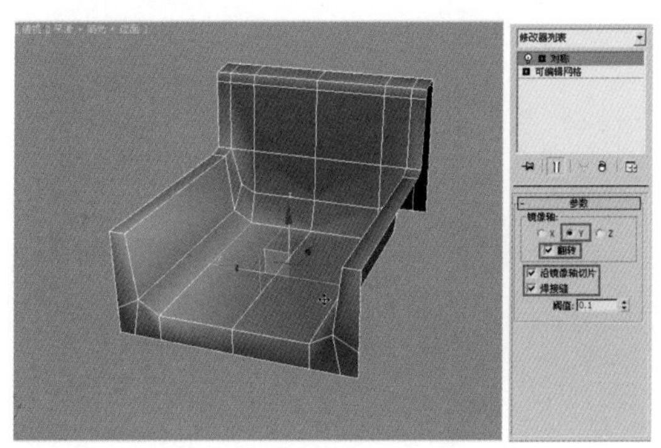

图4-172

知识拓展

在多边形或元素子对象层级，执行【切片平面】命令只会影响选定的多边形。若要对整个对象执行切片操作，则应该在任一其他子对象层级或对象层级使用【切片平面】命令。

步骤11 单击鼠标右键，在弹出的快捷菜单中选择【转换为可编辑多边形】命令，将模型转换为可编辑多边形。按【2】键切换到边级别，选择模型上连续的边，如图4-173所示。

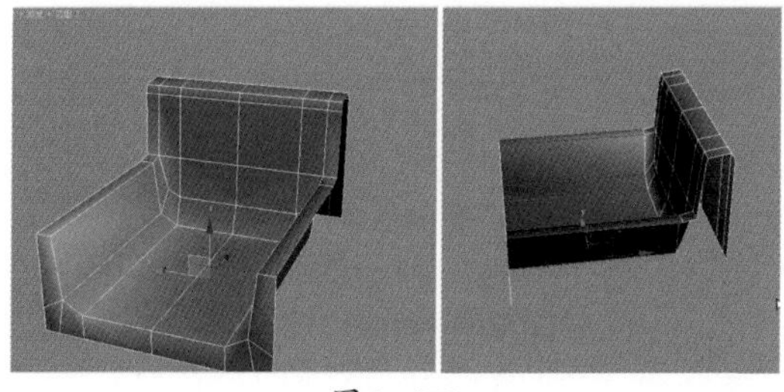

图4-173

步骤12 单击【编辑几何体】卷展栏中的【切片平面】按钮，利用移动工具和旋转工具调整切片图标的位置，单击【切片】按钮，在切片图标处产生一个截面切片，如图4-174所示。

步骤13 再次单击【切片平面】按钮，结束切片操作。按【6】键退出边级别，在修改器列表中选择【壳】修改命令，为模型加载壳修改器，增加模型厚度，如图4-175所示。

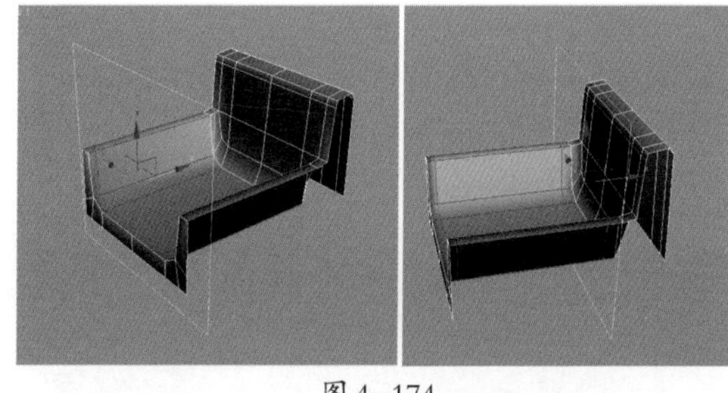

图4-174

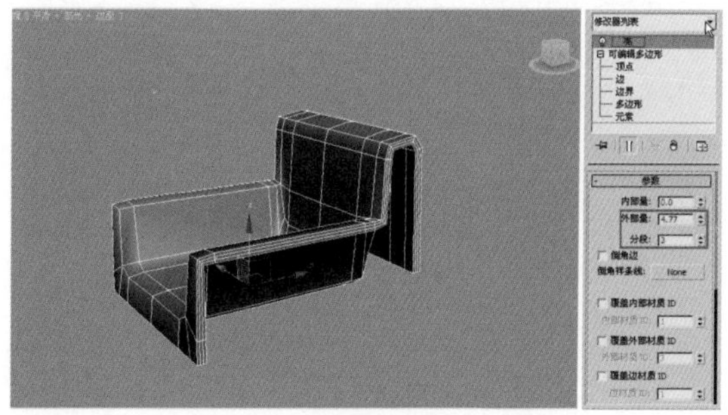

图4-175

步骤14 在修改器列表中选择【网格平滑】修改命令，为模型加载网格平滑修改器，使模型效果变得光滑，如图4-176所示。

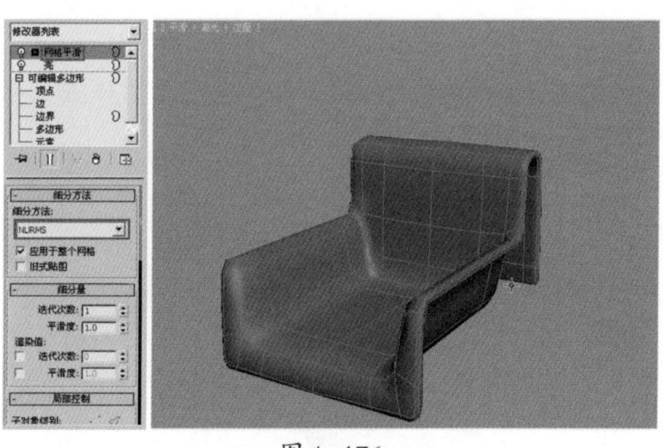

图4-176

4.7.2 创建座椅架模型

步骤01 选择【创建】/【图形】/【样条线】命令，单击【线】按钮，在前视图中创建一条封闭的样条曲线。按【1】键切换到样条曲线的顶点级别，选择样条曲线上的所有顶点，单击【几何体】卷展栏中的【圆角】按钮，将光标停留在顶点上拖动，使拐角变成圆角，如图4-177所示。

步骤02 勾选【渲染】卷展栏中的【在渲染中启用】和【在视口中启用】复选框，通过调整【径向】区域中的厚度值来控制样条曲线的粗细。将调整好的样条曲线复制一个副本到另一侧，座椅模型就制作完成了，如图4-178所示。

知识拓展

在3ds Max中，默认属性下的样条线是不能被渲染的，可以通过修改样条线的渲染属性，使其成为可渲染的模型对象。

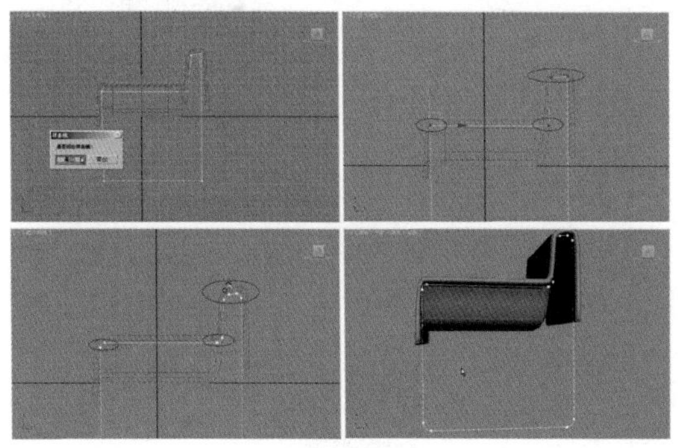

图4-177

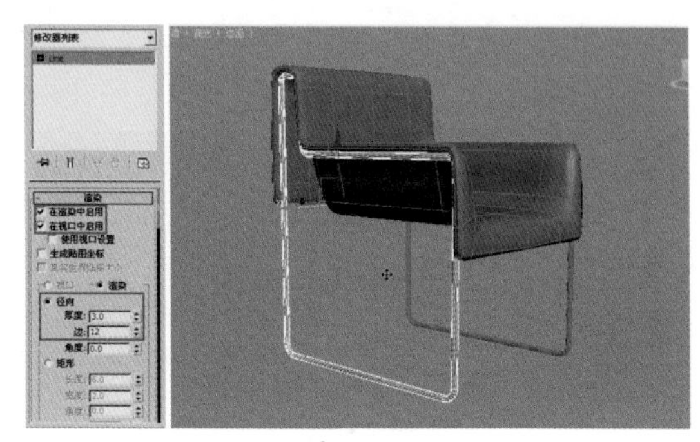

图4-178

步骤03 最终效果图如图4-179所示。

图4-179

4.8 制作桌面摆件模型

本例介绍了多边形建模在创建不规则模型时的一些应用技巧，其中涉及的主要知识点包括曲面细分、用边生成面等建模技巧。

图4-180所示为桌面摆件模型的白模渲染效果图和线框渲染效果图。

图4-180

配色应用：

制作要点：

1. 掌握在现有模型上添加配饰的方法。
2. 学会使用修改器将样条线物体转换为多边形物体的方法和技巧。
3. 掌握挤出修改器的使用方法。

最终场景： Ch04\Scenes\ 桌面摆件模型 .max

难易程度： ★★★☆☆

4.8.1 创建螺旋线

步骤01 启动3ds Max软件，打开桌面摆件模型.max场景文件，如图4-181所示。

步骤02 在+命令面板中单击按钮，单击【对象类型】卷展栏中的 螺旋线 按钮，在前视图中创建一条螺旋线；在修改命令面板中调整螺旋线的参数，使螺旋线的高度为0，所有的线保持在一个平面上，如图4-182所示。

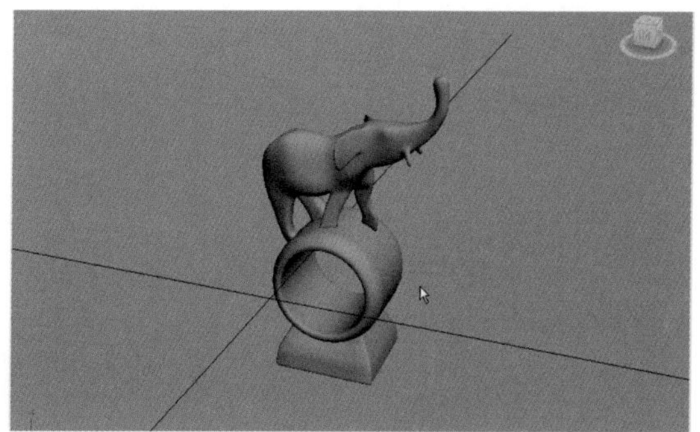

图 4-181

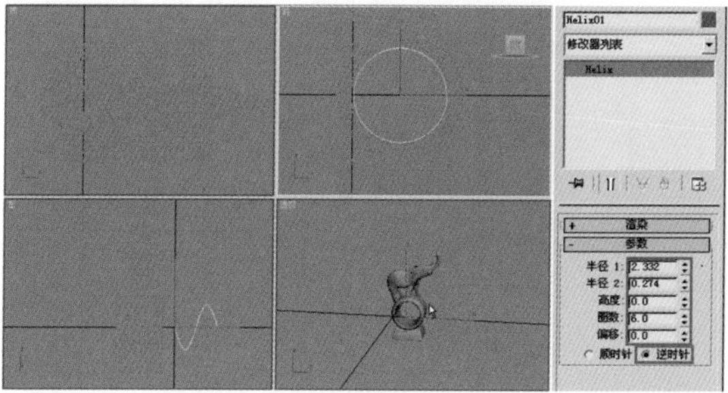

图 4-182

4.8.2 增加物体的厚度

步骤01 选中螺旋线，在修改器列表中选择【挤出】修改命令，为螺旋线加载挤出修改器，通过在【参数】卷展栏中设置挤出数量值调整物体的长度，效果如图4-183左图所示。在修改器列表中选择【壳】修改命令，为其加载壳修改器，通过在【参数】卷展栏中设置外部量的值调整物体的厚度，效果如图4-183右图所示。

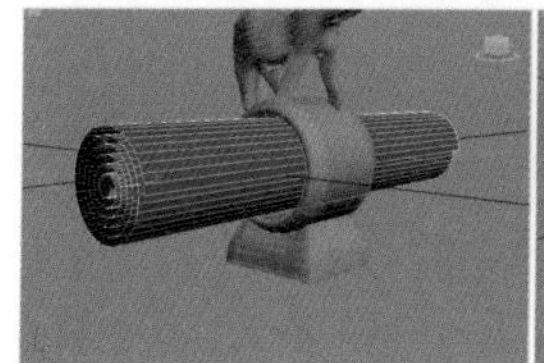

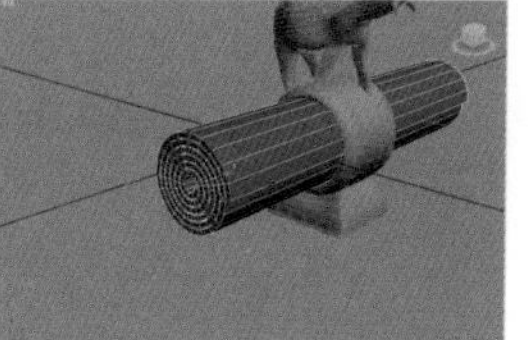

图 4-183

步骤02 单击鼠标右键，在弹出的快捷菜单中选择【转换为可编辑多边形】命令，将卷状物体转换为可编辑的多边形。按【2】键切换到物体的边级别，选择卷状物体所有的径向边，如图4-184左图所示。单击【编辑边】卷展栏中的【连接】按钮，在弹出的【连接边】对话框中设置分段，效果如图4-184右图所示。

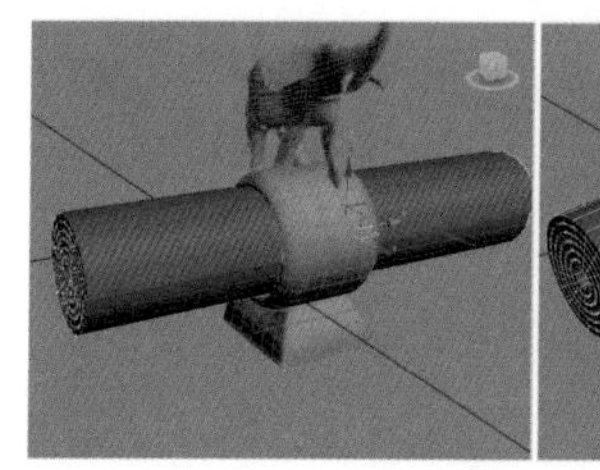

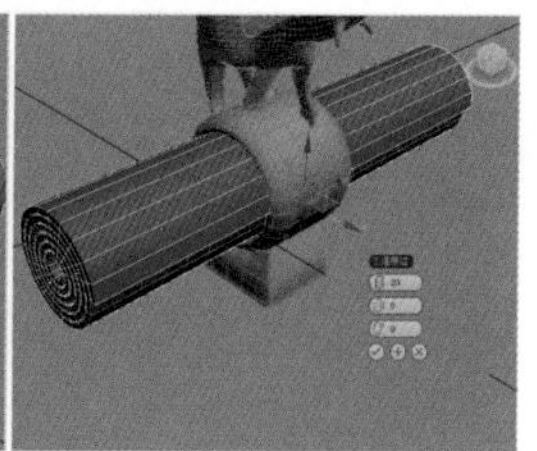

图 4-184

步骤03 在修改器列表中选择【弯曲】修改命令，为卷状物体加载弯曲修改器，在【参数】卷展栏中设置角度和方向值，如图4-185所示。

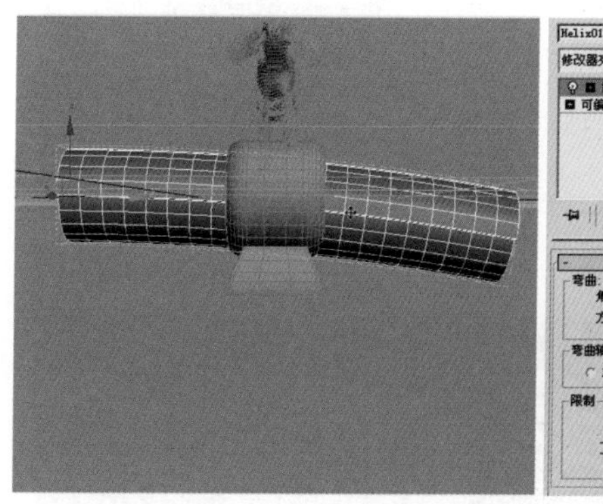

图 4-185

知识拓展

弯曲修改器是一种非线性变形修改器，它不仅可以让模型绕着指定的方向进行整体弯曲，还可以在模型的局部产生弯曲。

步骤04 利用旋转工具和移动工具将卷状物体调整到合适的位置。单击鼠标右键，在弹出的快捷菜单中选择【转换为可编辑多边形】命令，将卷状物体转换为可编辑的多边形。按【1】键切换到顶点级别，将卷状物体调整成粗糙不平的效果，如图4-186左图所示。按【2】键切换到边级别，选择卷状物体两端的轮廓边，利用缩放工具进行缩放，调整卷状物体边缘的厚度，效果如图4-186右图所示。

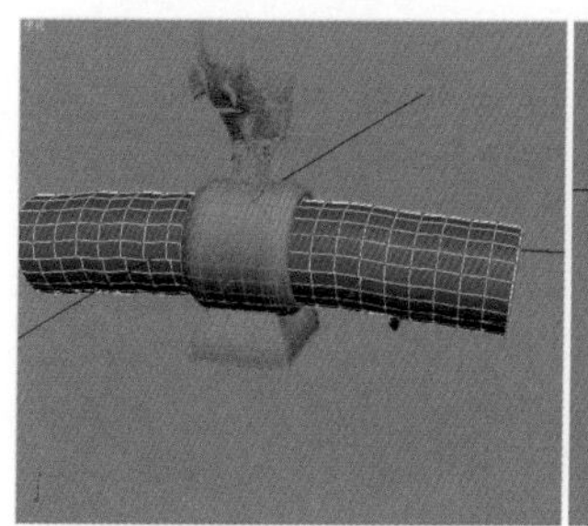

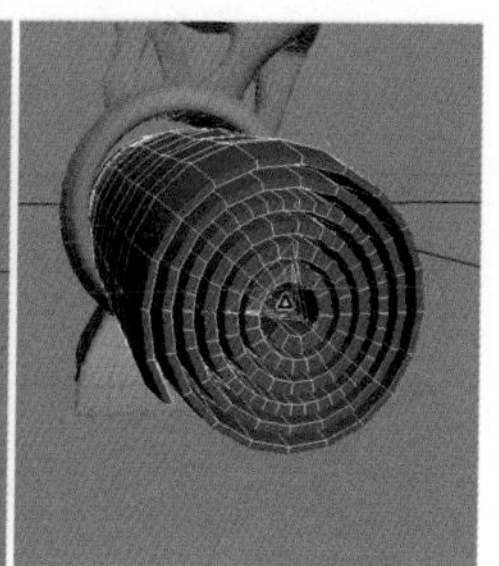

图 4-186

步骤05 按【4】键切换到多边形级别，选择物体的多边形面，如图4-187左图所示。单击【编辑多边形】卷展栏中的【倒角】按钮，在弹出的对话框中设置轮廓量的值，如图4-187右图所示。单击⊕按钮，应用当前参数设置。

步骤06 再次调整高度和轮廓量的值，如图4-188左图所示。单击☑按钮，完成倒角多边形操作。勾选【曲面细分】卷展栏中的【使用NURMS细分】复选框，将模型进行光滑显示，效果如图4-188右图所示。

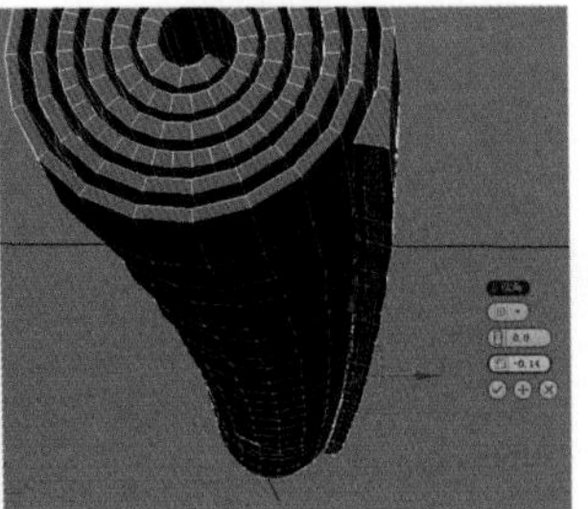

图 4-187

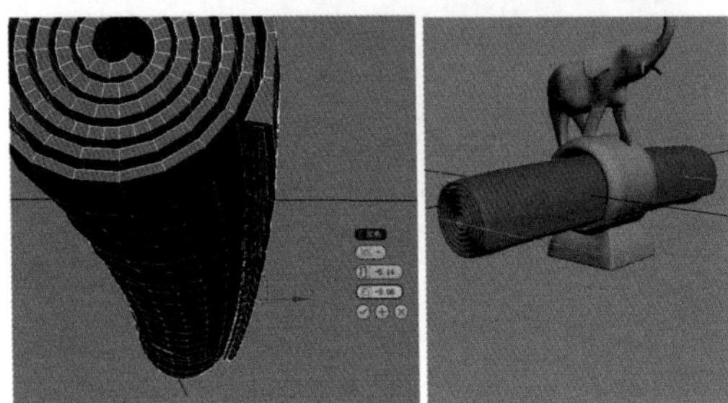

图 4-188

知识拓展

只有在启用【使用NURMS细分】复选框后，该卷展栏中的其余控件才生效。

步骤07 最终效果图如图 4-189 所示。

图 4-189

3ds Max

第5章 复合物体和复合对象的创建

本章导读

本章主要学习复合物体和复合对象的创建。复合对象是将两个以上的物体通过特定的合成方式结合为一个物体。对于合并的过程，不仅可以反复调节，还可以表现为动画的方式，使一些高难度的造型和动画（如毛发、变形动画）制作成为可能。

5.1 复合对象

复合对象包括几种独特的对象类型。执行【创建】菜单中的【复合对象】命令，或选择创建面板中的【几何体】下拉列表中的【复合对象】选项，均可进入【复合对象】面板。

复合对象包括变形、散布、一致、连接、水滴网格、图形合并、布尔、地形、放样、网格化等12种类型，如图5-1所示。

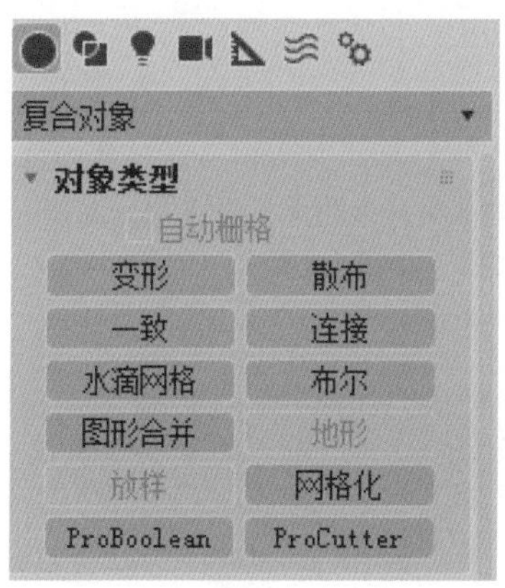

图 5-1

5.1.1 变形复合对象

使用变形复合对象可以合并两个或多个对象，使其与另一个对象的顶点位置相符。如果随时执行这项插补操作，则将会生成变形动画，如图5-2所示。

图 5-2

实例操作 物体变形

步骤01 打开实例场景，如图5-3所示，该场景由两个茶壶模型组成（工程文件路径：第5章/Scenes/物体变形.max）。

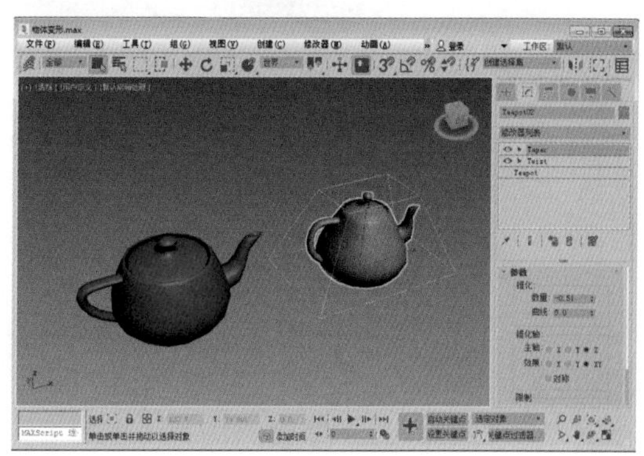
图 5-3

步骤02 选择蓝色的茶壶物体，执行【创建】/【几何体】/【复合对象】/【变形】命令，将时间滑块放置在第100帧的位置，单击【拾取目标】按钮，选择已经变形的黄色茶壶物体。这时，蓝色的茶壶物体已经完成了一段变形动画，如图5-4所示。

图 5-4

步骤03 播放动画，如图5-5所示。

图 5-5

5.1.2 散布复合对象

使用散布复合对象可将所选的对象散布到分布对象的表面，如图5-6所示。

图 5-6

实例操作 散布复合对象的应用

步骤01 打开实例场景，场景由一块地面和一棵树组合而成，如图5-7所示。现在要将小树通过【散布】命令分布在地面上（工程文件路径：第5章/Scenes/散布复合对象的应用.max）。

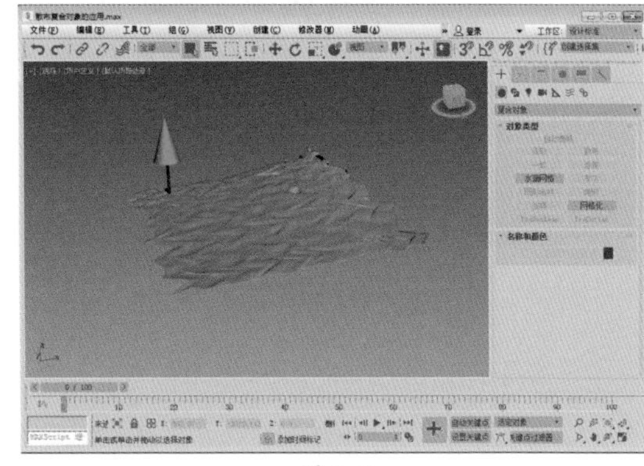

图 5-7

步骤02 选择树物体，单击【创建】/【几何体】/【复合对象】/【散布】命令，在【拾取分布对象】卷展栏中单击【拾取分布对象】按钮，选择地面物体，结果如图5-8所示。

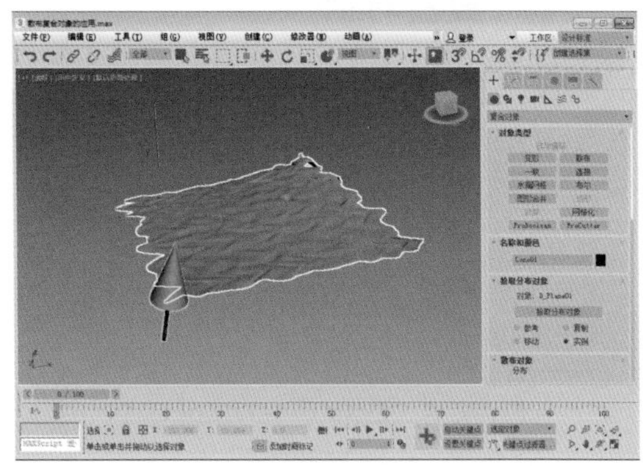

图 5-8

步骤03 调整树物体的重复数为32，表示有32棵树分布在地面之上，如图5-9所示。

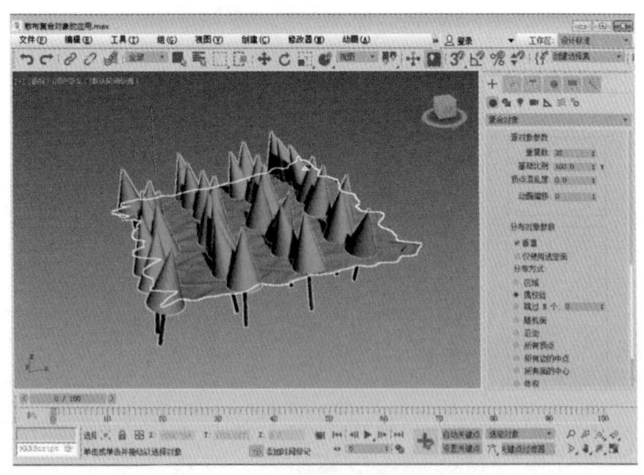

图 5-9

步骤04 最终渲染效果如图5-10所示。

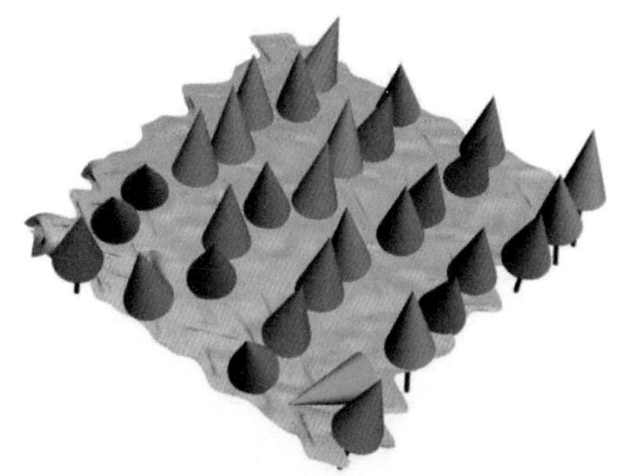

图5-10

5.1.3 一致复合对象

一致复合对象通过将某个对象（称为包裹器）的顶点投影至另一个对象（称为包裹对象）的表面而创建，如图5-11所示。

图5-11

（1）定位两个对象，其中一个为包裹器，另一个为包裹对象。

（2）选择包裹器对象，执行【创建】/【几何体】/【复合对象】/【一致】命令。

（3）在顶点投射方向区域中指定顶点投射的方法。

（4）选择参考、复制、移动或实例，指定要对包裹对象执行的克隆类型。

（5）单击拾取包裹对象，然后单击顶点要投射到其上的对象。在列表窗口中显示两个对象，通过将包裹器对象一致到包裹对象，从而创建复合对象。

（6）使用各种参数和设置改变顶点投射方向，或调整投射的顶点。

知识拓展

一致操作中所使用的两个对象必须是网格对象或可以转换为网格对象的对象。如果所选的包裹器对象无效，则【一致】按钮不可用。

5.1.4 连接复合对象

使用连接复合对象，可通过对象表面的“洞”连接两个或多个对象。要执行此操作，必须删除每个对象的面，在其表面创建一个或多个“洞”，并确定“洞”的位置，以使“洞”与“洞”之间面对面，然后应用【连接】命令，效果如图5-12所示。

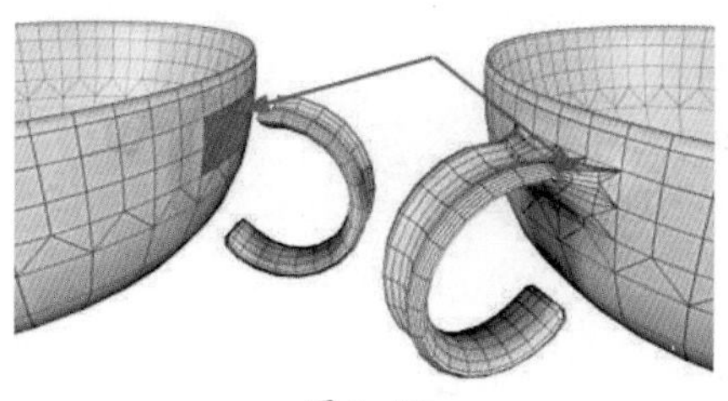

图5-12

实例操作 连接复合对象的应用

步骤01 打开一个实例场景，如图5-13所示，该场景由A、B两个半球模型组成。下面通过【连接】命令将它们连接起来（工程文件路径：第5章/Scenes/连接复合对象的应用.max）。

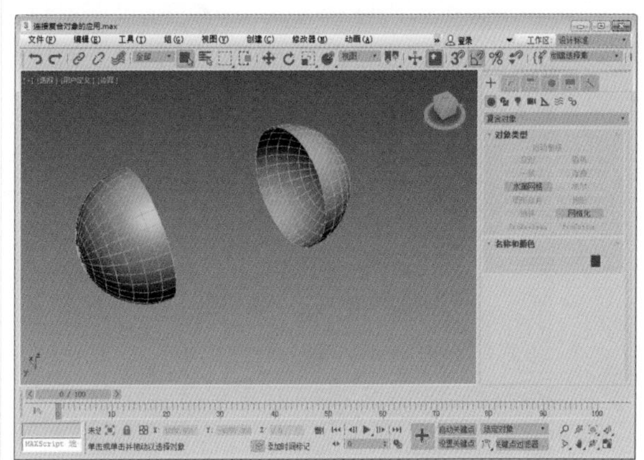

图5-13

步骤02 选择左边半球，执行【创建】/【几何体】/【复合对象】/【连接】命令，在【拾取运算对象】卷展栏中单击【拾取运算对象】按钮，然后选择右边半球，如图5-14所示，两个半球被连接为一个整体。

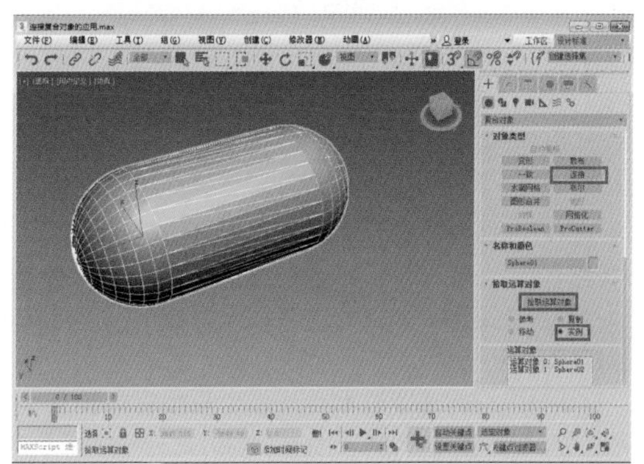

图5-14

步骤03 渲染后如图5-15所示，可以看到，通过【连接】命令制作出了一个类似于胶囊的物体。

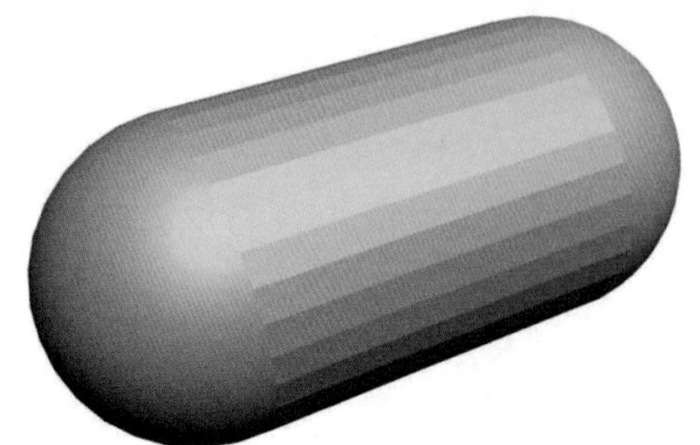

图5-15

5.1.5 水滴网格复合对象

使用水滴网格复合对象可以通过几何体或粒子创建一组球体，还可以将球体连接起来，就好像这些球体是由柔软的液态物质构成的一样。如果球体在离另一个球体一定距离内移动，它们就会连接在一起。如果这些球体相互移开，则将会重新显示球体的形状，如图5-16所示。

图5-16

（1）创建一个或多个几何体或辅助对象。如果场景需要动画，则根据需要设置对象的动画。

（2）单击【水滴网格】按钮，然后在屏幕中的任意位置单击，以创建初始变形球。

（3）选择修改命令面板，在水滴对象区域中，单击【添加】按钮，选择要用来创建变形球的对象。此时，变形球会显示在每个选定对象的每个顶点处或辅助对象的中心点上。

（4）最后在【参数】卷展栏中根据需要设置大小参数，以便连接变形球。

5.1.6 图形合并复合对象

使用【图形合并】命令来创建包含网格对象和一个或多个图形的复合对象。这些图形嵌入在网格中，或从网格中消失。如图5-17所示，使用【图形合并】命令将字母、文本图形与蛋糕模型网格合并。

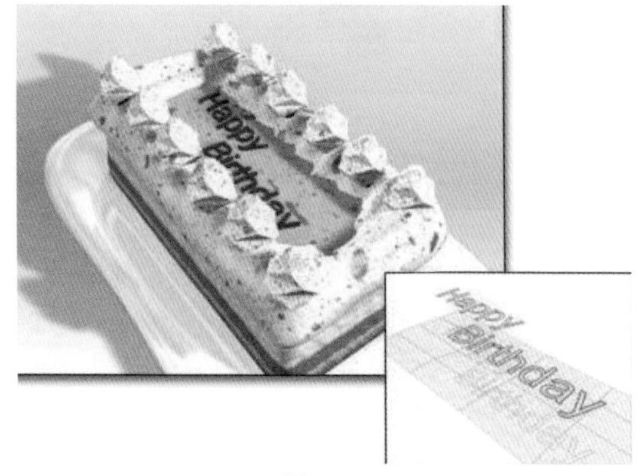

图5-17

实例操作 图形合并复合对象的应用

步骤01 打开实例场景，如图5-18所示（工程文件路径：第5章/Scenes/图形合并复合对象的应用.max）。

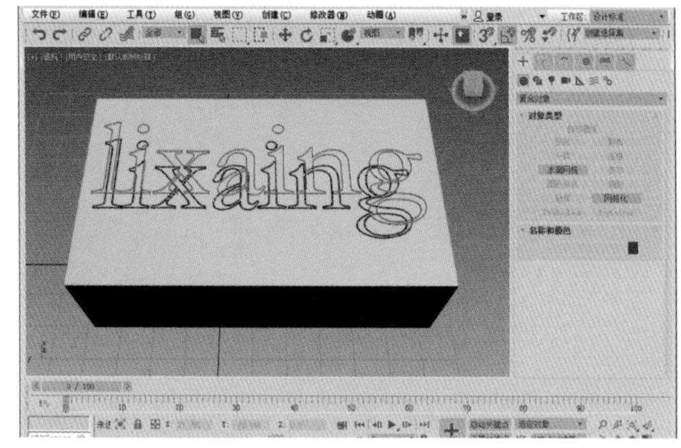

图5-18

步骤02 选择Box物体，执行【创建】/【几何体】/【复合对象】/【图形合并】命令，在【拾取运算对象】卷展栏中单击【拾取图形】按钮，选择图形，如图5-19所示，图形被嵌入Box物体的网格中。

图5-19

步骤03 为了看清楚效果，选择Box物体，单击鼠标右键，打开快捷菜单，选择【转换为可编辑多边形】选项，然后在【修改】卷展栏中选择多边形层级，选择映射的文字区域后，在【编辑几何体】卷展栏中单击【挤出】按钮，如图5-20所示。

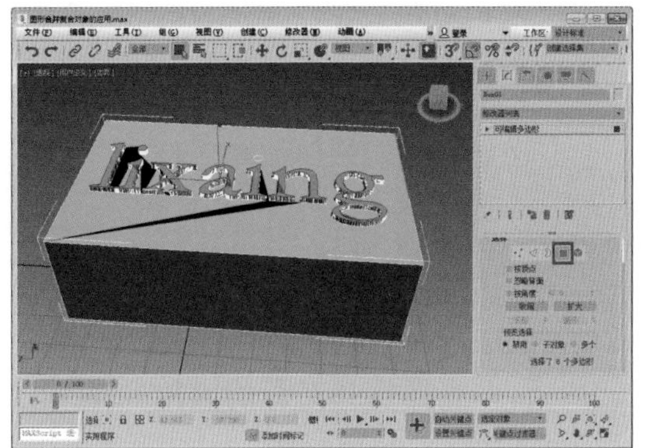

图5-20

步骤04 渲染效果如图5-21所示。

图5-21

5.1.7 布尔复合对象

布尔复合对象通过对其他两个对象执行布尔操作将它们组合起来，如图5-22所示。

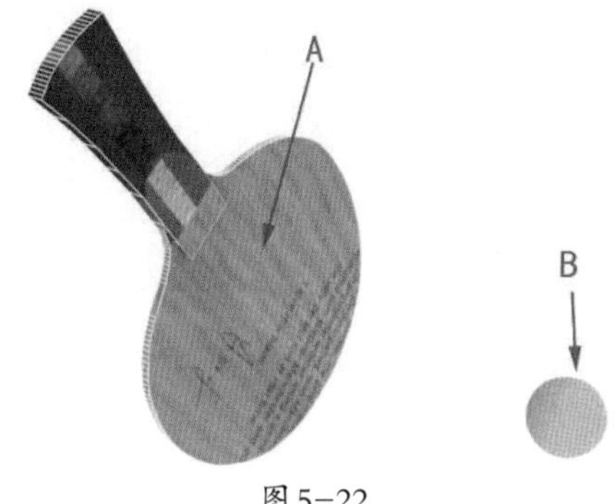

图5-22

（1）选择对象，此对象为操作对象A。

（2）单击【布尔】按钮，操作对象A的名称显示在【参数】卷展栏中的操作对象列表中。

（3）在【拾取布尔】卷展栏中选择操作对象B的复制方法：引用、移动、复制或实例。

（4）在【参数】卷展栏中选择要执行的布尔操作：并集、交集、{差集（A-B）}或{差集（B-A）}。

（5）在【拾取布尔】卷展栏中单击【拾取操作对象B】按钮，单击视图以选择操作对象B，3ds Max将执行布尔操作。

5.1.8 地形复合对象

使用【地形】命令可以生成地形复合对象。3ds Max可以通过轮廓线数据生成这些对象，如图5-23所示。

图5-23

实例操作 地形复合对象的应用

步骤01 打开实例场景，如图5-24所示（工程文件路径：第5章/Scenes/地形复合对象的应用.max）。

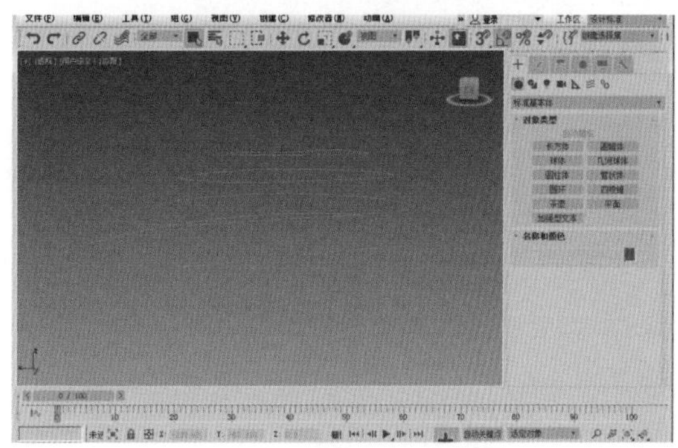

图5-24

步骤02 选择最底层的一条线，执行【创建】/【几何体】/【复合对象】/【地形】命令，在【拾取运算对象】卷展栏中单击【拾取运算对象】按钮，然后从下往上依次单击其他线条，效果如图5-25所示。

步骤03 如图5-26所示，依次单击完成地形的创建。这里只是一个示例，在实际的地形创建过程中，可能等高线的分布要密得多。

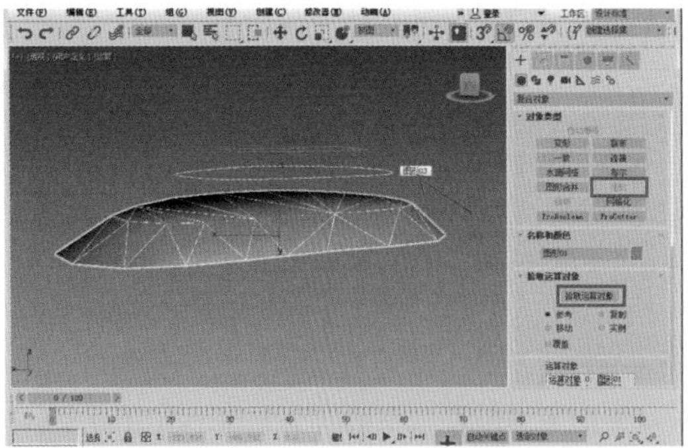
图 5-25

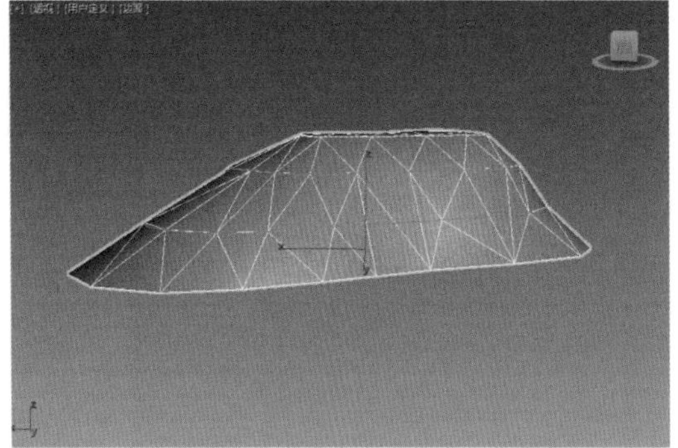
图 5-26

步骤 04 单击【创建默认值】按钮，如图 5-27 所示。这时，3ds Max 将在每个区域的底部列出海拔高度，并用不同的颜色表示出来。

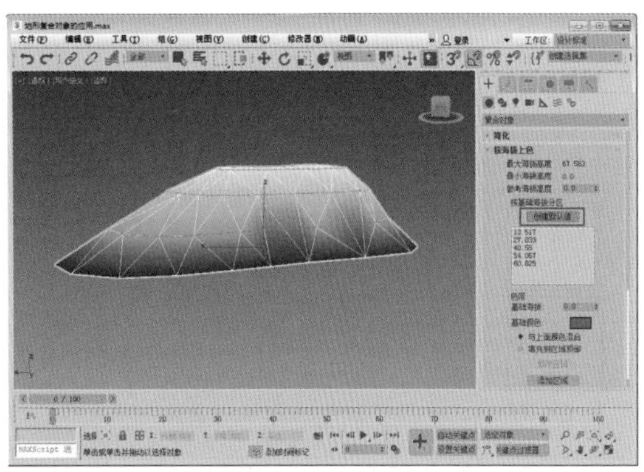
图 5-27

5.1.9 放样复合对象

放样复合对象是沿着第三个轴挤出的二维图形。从两个或多个现有样条线对象中创建放样复合对象。这些样条线之一会作为路径，其余的样条线会作为放样复合对象的横截面或图形。在沿着路径排列图形时，3ds Max 会在图形之间生成曲面。

可以为任意数量的横截面图形创建作为路径的图形对象。该路径可以成为一个框架，用于保留形成对象的横截面。如果仅在路径上指定一个图形，则 3ds Max 会假设在路径的每个端点有一个相同的图形，然后在图形之间生成曲面，如图 5-28 所示。

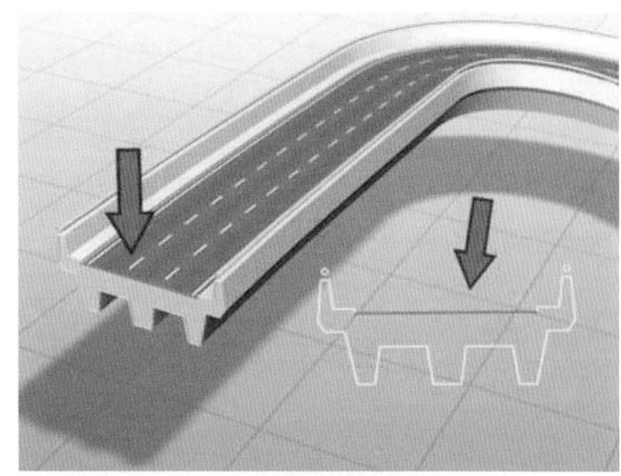
图 5-28

实例操作 放样复合对象的应用

步骤 01 在场景中创建一个【线】二维图形，如图 5-29 所示（工程文件路径：第 5 章 /Scenes/ 放样复合对象的应用 .max）。

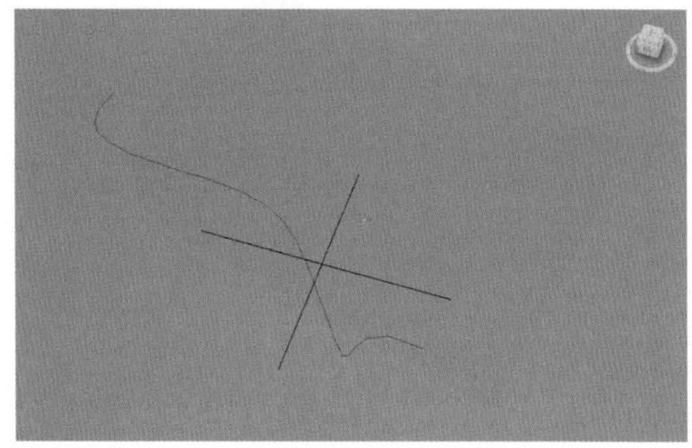
图 5-29

步骤 02 在透视图中创建一个【星形】图形对象，如图 5-30 所示。

图 5-30

步骤 03 选择样条线，然后在【复合对象】面板中单击【放样】按钮，如图 5-31 所示。

步骤 04 在放样参数面板中单击【获取图形】按钮，并在视口中选择星形图形对象，如图 5-32 所示。

步骤 05 拾取星形图形对象后，新的放样复合对象将会生成在视口中，如图 5-33 所示。

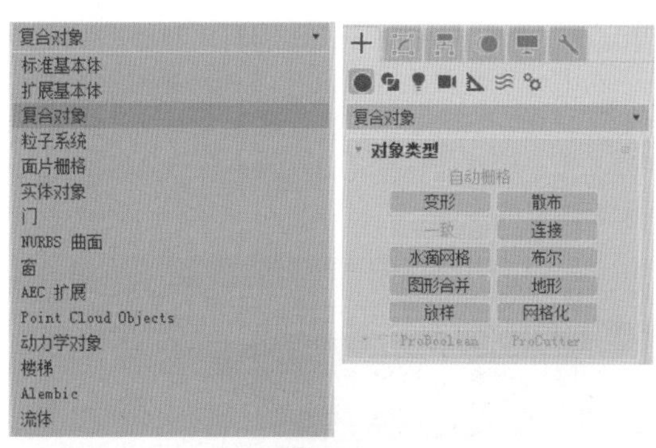

图 5−31

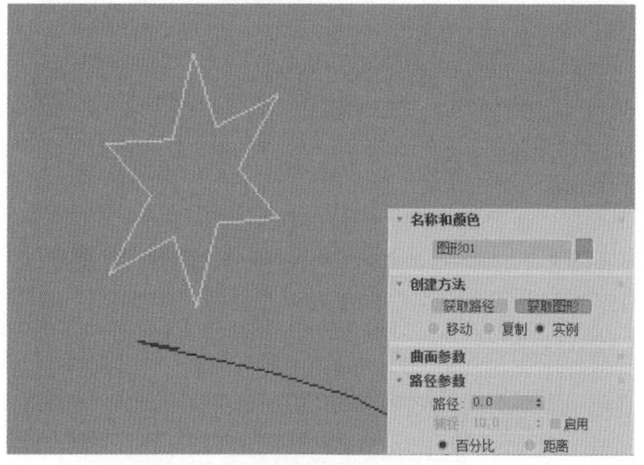

图 5−32

图 5−33

5.1.10 网格化复合对象

网格化复合对象以每帧为基准将程序对象转换为网格对象，这样可以应用修改器，如弯曲或UVW贴图修改器。它可用于任何类型的对象，但主要为使用粒子系统而设计，其对复杂修改器堆栈的低空的实例化对象同样有用。

（1）添加并设置粒子系统。

（2）选择【创建】/【几何体】/【复合对象】/【网格化】命令。

（3）在视图中添加网格对象。

（4）在修改命令面板中单击【拾取对象】按钮，然后选择粒子系统。网格对象变为该粒子系统的克隆，并在视图中将粒子显示为网格对象，无须考虑粒子系统的视图显示的设置如何。

（5）将修改器应用于修改网格对象，然后设置其参数。播放动画。

5.2 床模型的创建

灵活地利用3ds Max的建模工具和命令进行模型的创建可以使建模工作简化很多。本节我们来学习床模型的创建，重点在于床主体模型的创建、枕头模型的创建及被子效果的制作。

图5-34所示为床模型的白模渲染效果图和线框渲染效果图。

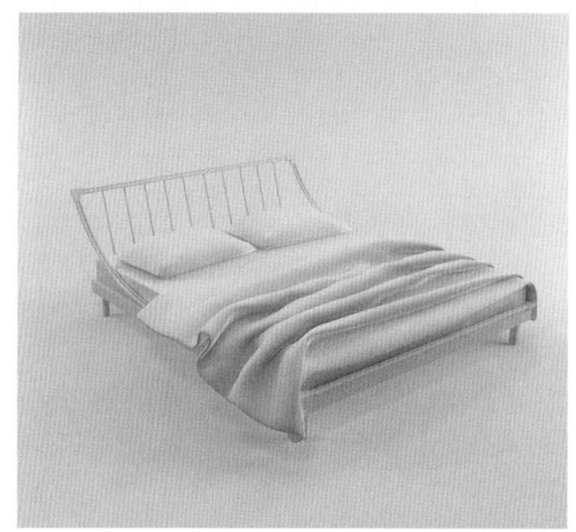

图 5−34

配色应用：

制作要点：

1. 掌握使用切角长方体和圆柱体制作床主体模型的方法。
2. 学习镜像工具的使用方法。
3. 学会并掌握使用【绘制变形】卷展栏中的工具对平面物体进行变形。

最终场景：Ch05\Scenes\床模型的创建.max

难易程度：★★☆☆☆

5.2.1 制作床主体模型

下面我们来制作床主体模型。

步骤01 选择【创建】/【几何体】/【扩展基本体】命令，在【对象类型】卷展栏中单击 切角长方体 按钮，在顶视图中创建一个切角长方体，效果如图5-35所示。

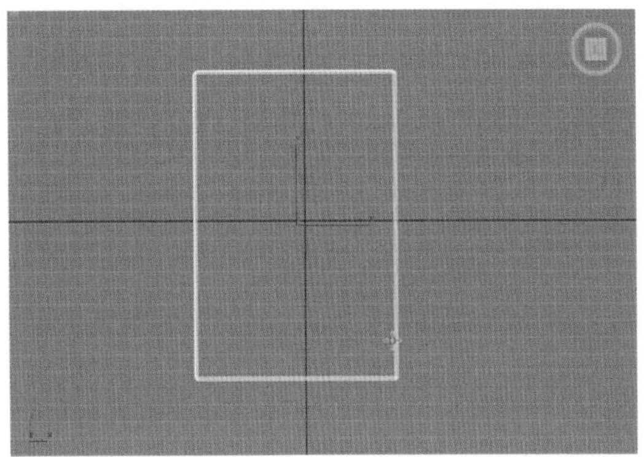

图5-35

步骤02 单击命令面板中的按钮，进入修改命令面板，在【参数】卷展栏中调整床的尺寸，如图5-36所示。

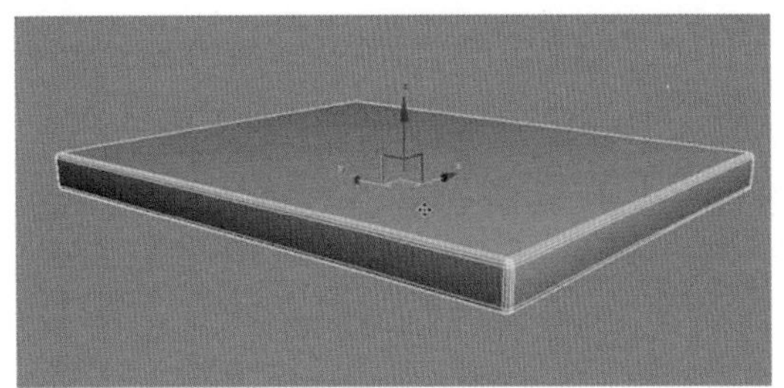

图5-36

步骤03 按住【Shift】键，利用移动工具沿Z轴方向进行移动复制，复制出一个床垫的副本，效果如图5-37所示。

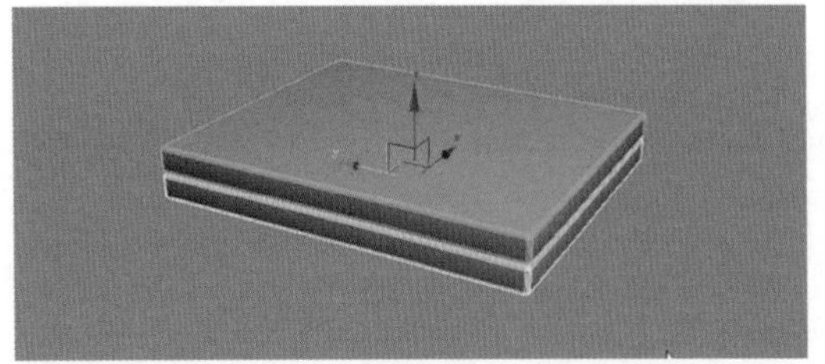

图5-37

步骤04 选择【创建】/【几何体】/【标准基本体】命令，在【对象类型】卷展栏中单击 圆柱体 按钮，在视图中创建一个圆柱体。在修改命令面板中调整圆柱体的尺寸，我们将利用此圆柱体来作为床腿模型，效果如图5-38所示。

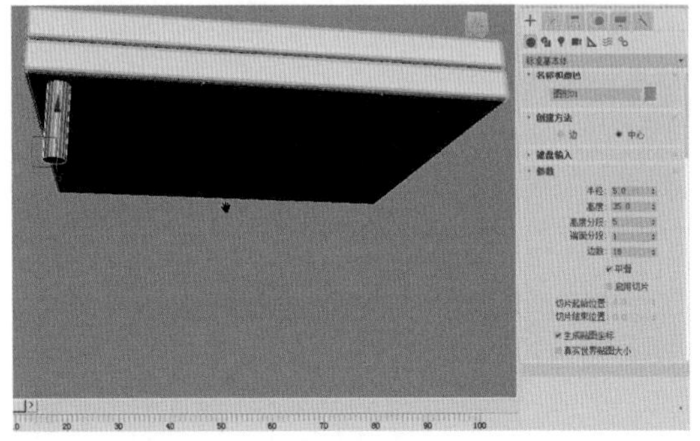

图5-38

步骤05 选中圆柱体，按住【Shift】键进行移动复制，复制出3个圆柱体副本。利用移动工具分别调整圆柱体的位置，使这些圆柱体都位于床角的位置，效果如图5-39所示。

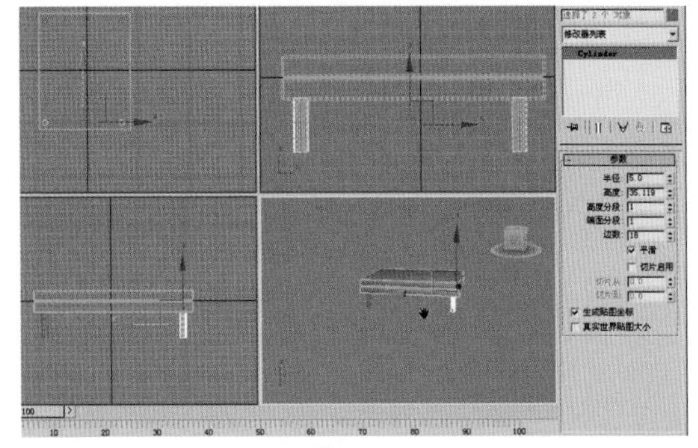

图5-39

步骤06 单击工具栏中的缩放工具，在顶视图中沿*XY*轴方向对床垫模型进行缩放，使上面的床垫模型略小于底下的床板模型，效果如图5-40所示。

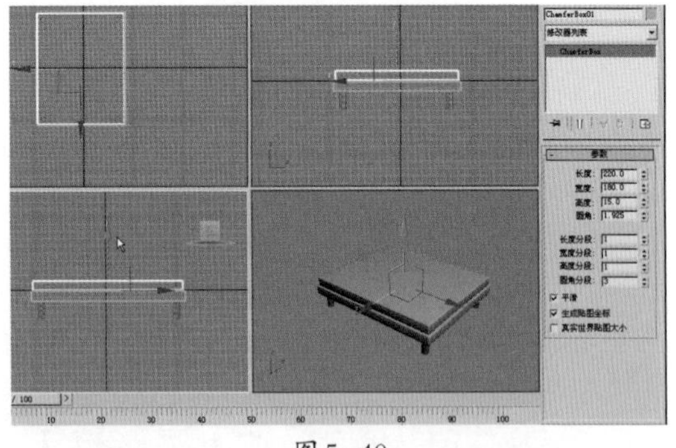

图5-40

步骤07 选择【创建】/【图形】/【样条线】命令，在【对象类型】卷展栏中单击 线 按钮，在左视图中创建一条样条线，如图5-41所示。

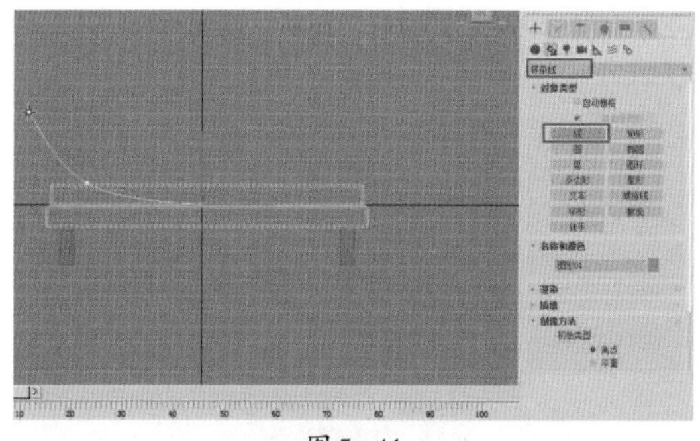

图 5-41

步骤08 在透视图中利用移动工具沿X轴方向调整样条线的位置到床垫的一侧。单击鼠标右键，在弹出的快捷菜单中选择 细化连接 命令，在样条线的起点处单击，产生一条线段，如图5-42所示。

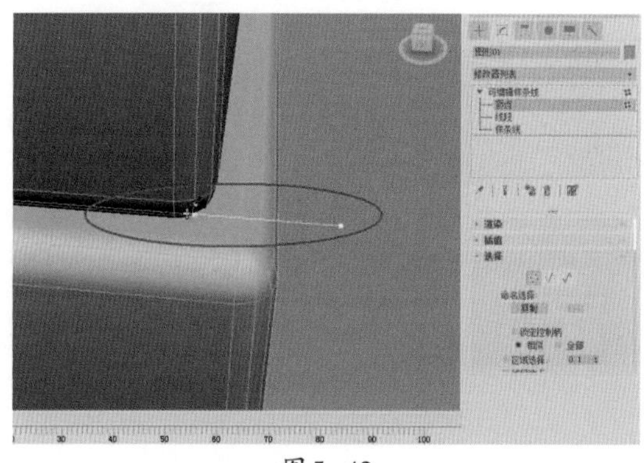

图 5-42

知识拓展

使用【细化连接】命令可以在样条曲线上单击，以产生线段。

步骤09 在顶视图中利用移动工具调整样条线床尾端顶点的位置，效果如图5-43所示。

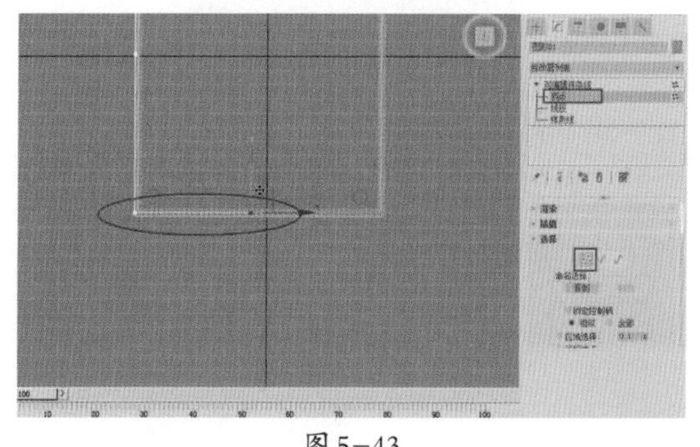

图 5-43

步骤10 在样条线上单击鼠标右键，在弹出的快捷菜单中选择 细化连接 命令，在样条线床头端的顶点附近单击，此时样条线增加一段线段，效果如图5-44所示。

步骤11 利用移动工具调整样条线床头端顶点的位置，效果如图5-45所示。床架图形的一半已经画好了，接下来通过镜像复制得到床架图形的另一半。

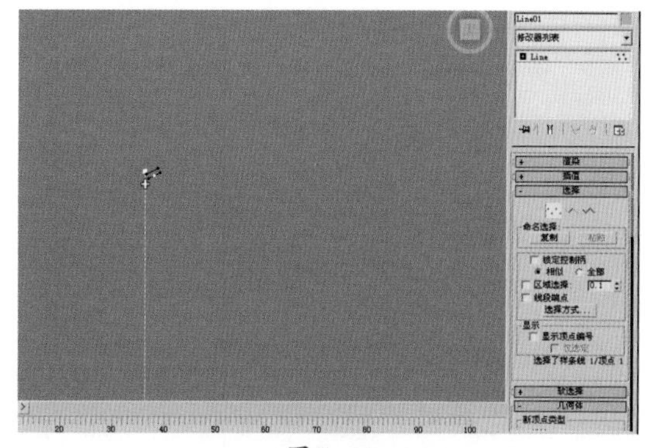

图 5-44

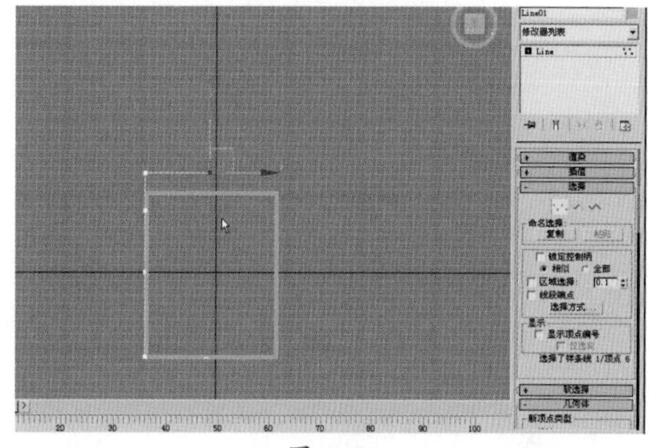

图 5-45

步骤12 单击工具栏中的 按钮，在弹出的 镜像：世界 坐标 对话框中设置以X轴为镜像轴复制当前所选择的对象，如图5-46所示。利用移动工具调整所复制的样条线到床的另一侧。

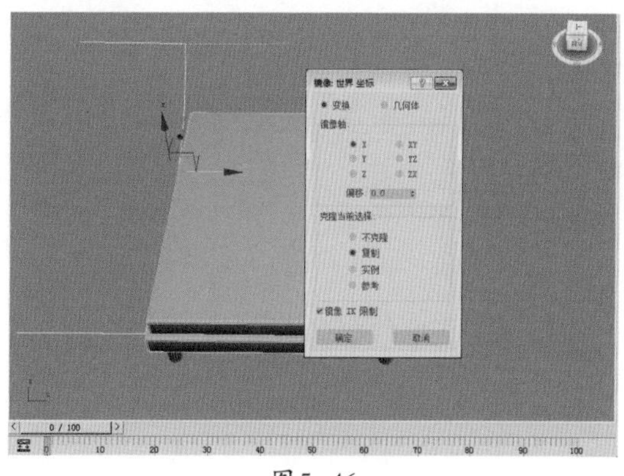

图 5-46

步骤13 单击工具栏中的 附加 按钮，在视图中单击另一条样条线，将两条样条线附加在一起。使用快捷键【1】进入顶点级别，调整【几何体】卷展栏中 焊接 按钮右侧的焊接数值大小。选中两个接口处的顶点，单击 焊接 按钮，将所选择的两个点焊接起来，如图5-47所示。

步骤14 使用快捷键【Delete】将床架中间的两个顶点删除。勾选【渲染】卷展栏中的 在渲染中启用 和 在视口中启用 复选框。通过调整厚度值和边数来控制床架的粗细和形状，如图5-48所示。使用快捷键【1】退出顶点级别。

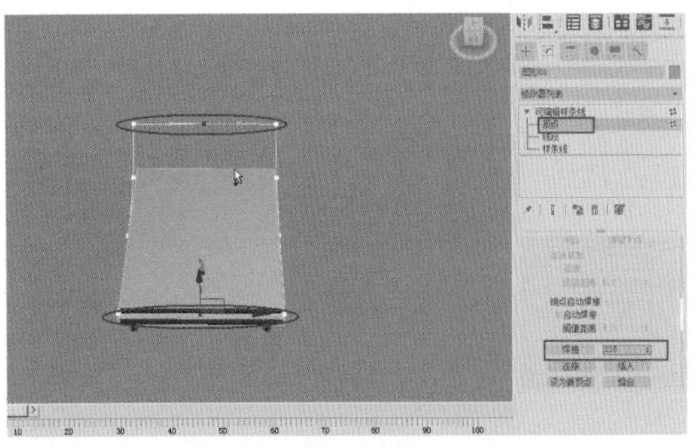

图 5−47

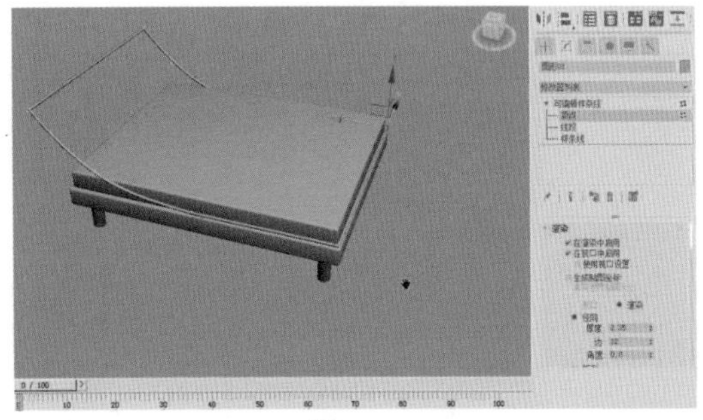

图 5−48

步骤15 按住【Shift】键，利用缩放工具进行缩放复制。使用快捷键【1】进入顶点级别，分别在各个不同的视图中调整所复制的床架，使两个床架互相平行地嵌套在一起，效果如图5-49所示。

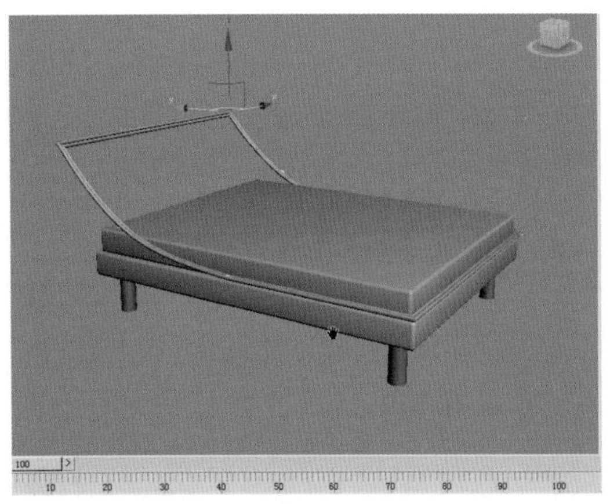

图 5−49

步骤16 选择【创建】/【几何体】/【标准基本体】命令，在【对象类型】卷展栏中单击 长方体 按钮，在视图中创建一个长方体，如图5-50所示。单击鼠标右键，在弹出的快捷菜单中选择【转换为可编辑多边形】命令，将长方体转换为可编辑多边形。

步骤17 使用快捷键【2】进入边级别，在长方体上添加一条边，利用移动工具调整边的位置，如图5-51所示。

步骤18 使用快捷键【4】进入多边形级别，选择长方体上的面，单击【编辑多边形】卷展栏中的 挤出 按钮，在弹出的 挤出多边形 对话框中设置挤出参数，如图5-52所示。

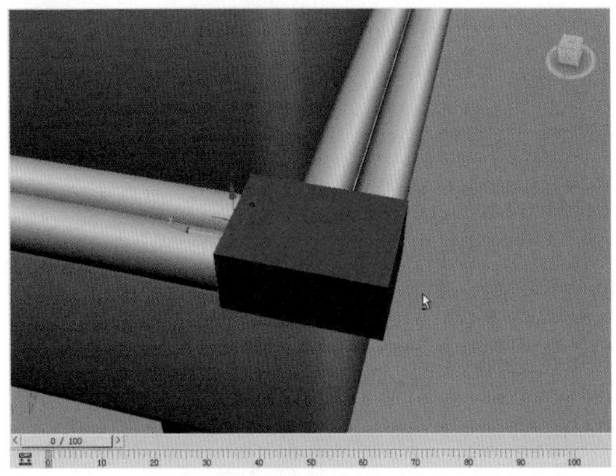

图 5−50

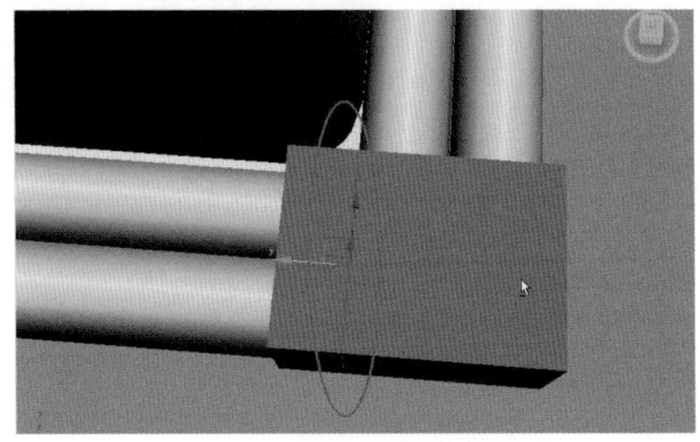

图 5−51

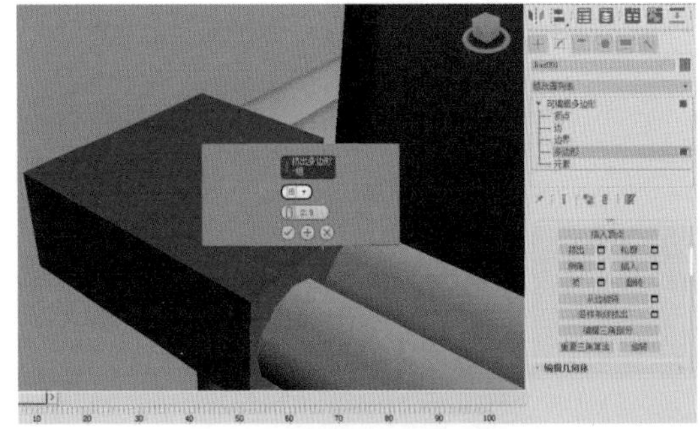

图 5−52

步骤19 单击工具栏中的 按钮，对所选中的物体进行镜像复制，利用移动工具将所复制的物体调整到床的另一侧，效果如图5-53所示。

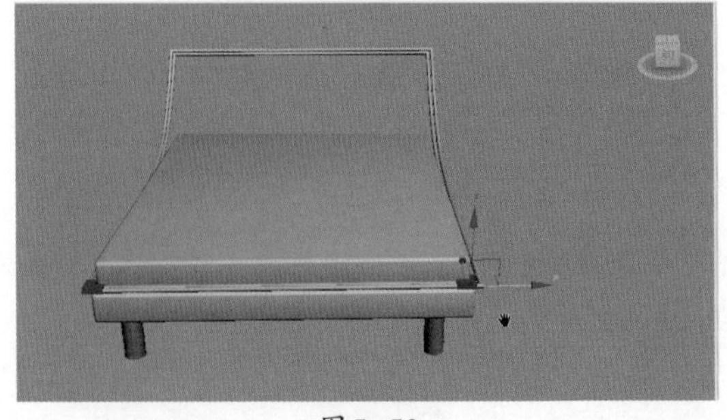

图 5−53

步骤20 再次单击工具栏中的按钮，对所选中的物体进行镜像复制，利用移动工具和旋转工具将所复制的物体调整到床头的一侧，效果如图5-54所示。

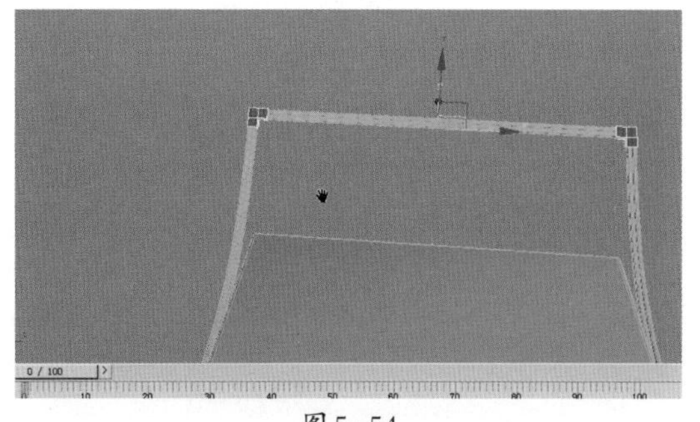

图5-54

步骤21 选择【创建】/【几何体】/【标准基本体】命令，在【对象类型】卷展栏中单击 圆柱体 按钮，在视图中创建一个圆柱体，如图5-55所示。

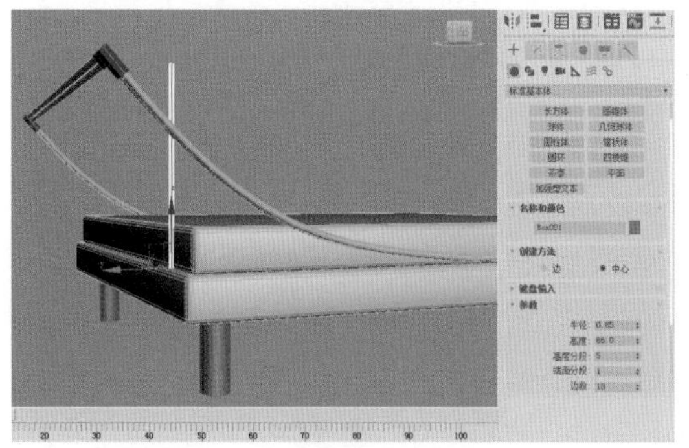

图5-55

步骤22 利用旋转工具对创建的圆柱体进行旋转，使其另一端搭在床架上。按住【Shift】键，利用移动工具对圆柱体进行移动复制，复制出若干个圆柱体作为床头，此时床主体模型就制作好了，如图5-56所示。

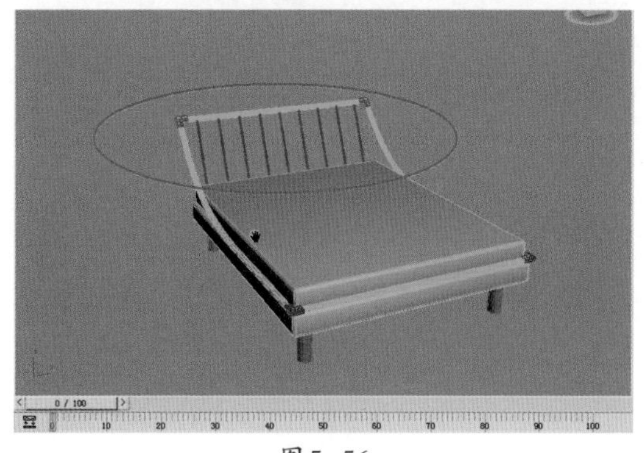

图5-56

5.2.2 制作枕头模型

下面我们来制作枕头模型。

步骤01 选择【创建】/【几何体】/【标准基本体】命令，在【对象类型】卷展栏中单击 长方体 按钮，在视图中创建一个长方体，如图5-57所示。

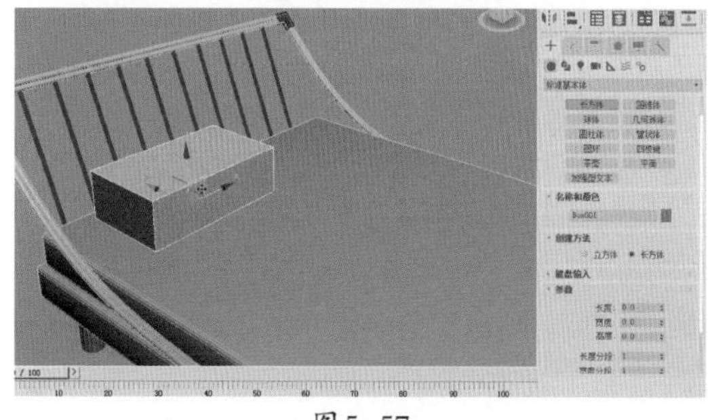

图5-57

步骤02 使用快捷键【Alt+Q】对长方体进行孤立显示。单击鼠标右键，在弹出的快捷菜单中选择【转换为可编辑多边形】命令。使用快捷键【2】进入边级别，为长方体模型添加多条边线，效果如图5-58所示。

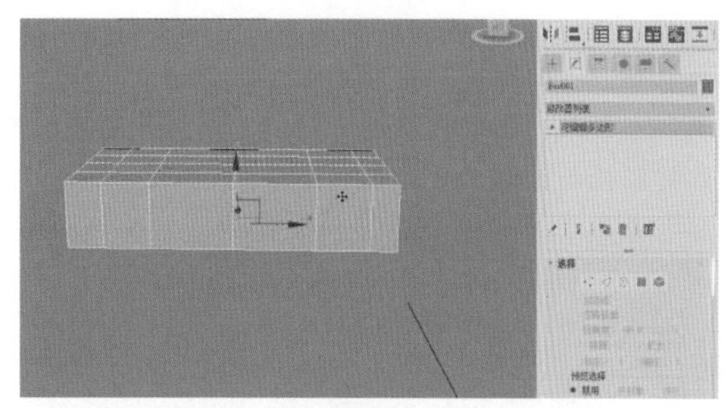

图5-58

步骤03 使用快捷键【1】进入顶点级别，选择长方体边界处的顶点，单击工具栏中的按钮，沿Z轴方向对所选的顶点进行缩放，如图5-59所示。

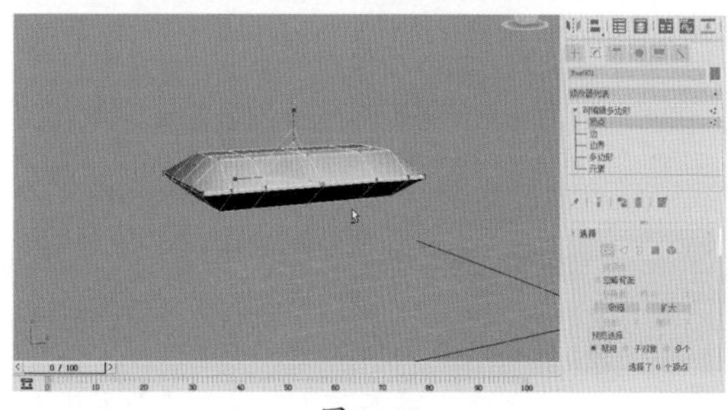

图5-59

步骤04 在顶点级别下，利用移动工具分别在不同的视图中调整模型的形状，使模型的形状接近枕头造型，如图5-60所示。

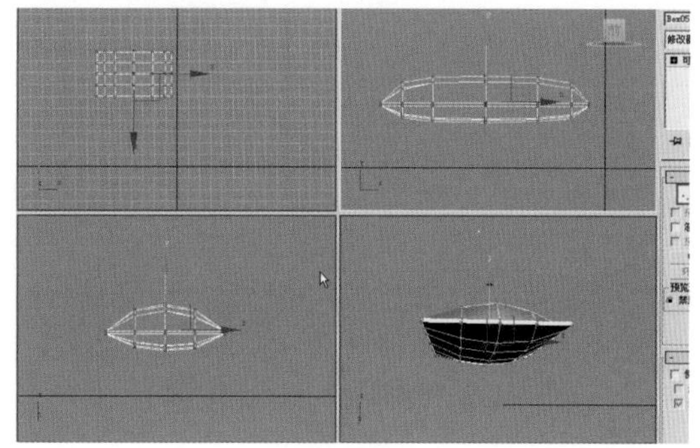

图5-60

步骤05 继续在顶点级别下对枕头造型进行调整。单击鼠标右键，在弹出的快捷菜单中选择 NURMS 切换 命令，对模型进行光滑显示，观察枕头模型的效果，如图5-61所示。

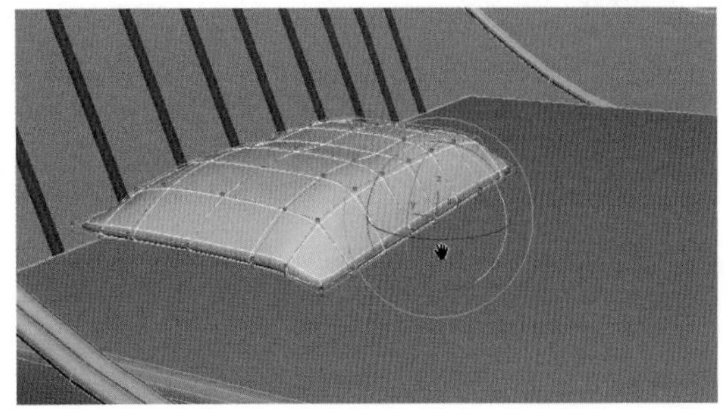

图5-61

步骤06 退出枕头物体的子级别。按住【Shift】键，利用移动工具对所选的枕头模型进行移动复制，复制出另一个枕头，放置在床的另一侧。此时枕头模型就制作好了，如图5-62所示。

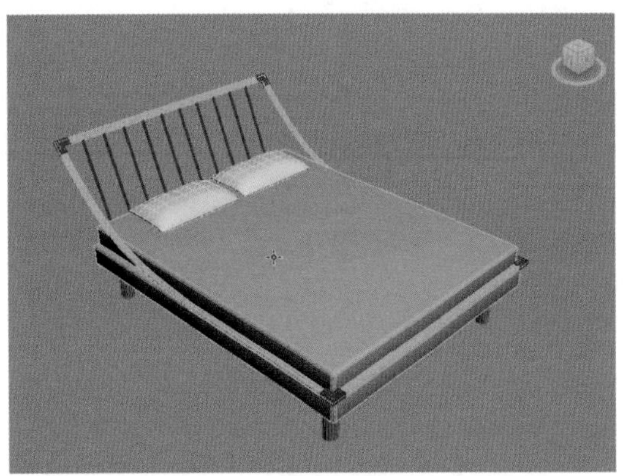

图5-62

5.2.3 制作布料模型

下面我们来制作布料模型。

步骤01 选择【创建】/【几何体】/【标准基本体】命令，在【对象类型】卷展栏中单击 平面 按钮，在视图中创建一个平面对象，在修改面板中分别调整其长度和宽度的分段数，如图5-63所示。我们将利用平面对象来制作布料模型。

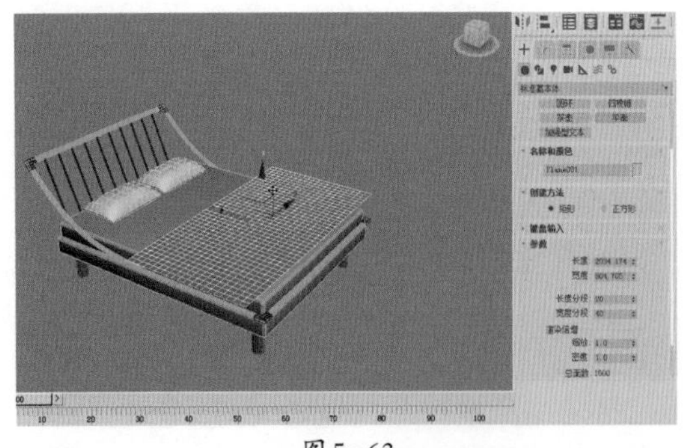

图5-63

步骤02 选中平面对象，单击鼠标右键，在弹出的快捷菜单中选择【转换为可编辑多边形】命令，将所选的平面物体转换为可编辑多边形。在修改面板中单击【绘制变形】卷展栏中的 推/拉 按钮，在视图中按住鼠标左键进行绘制，如图5-64所示。

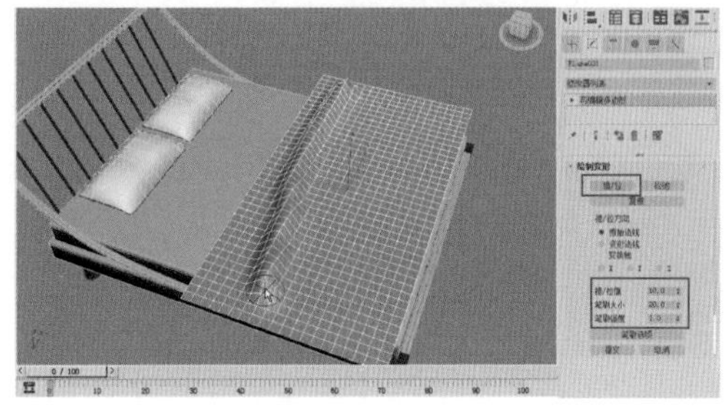

图5-64

步骤03 在【绘制变形】卷展栏中调整【推/拉值】的参数值和【笔刷墙度】的参数值，在平面物体上绘制出不同的造型，如图5-65所示。在绘制过程中，按住【Alt】键，则笔刷的推/拉方向为反方向。

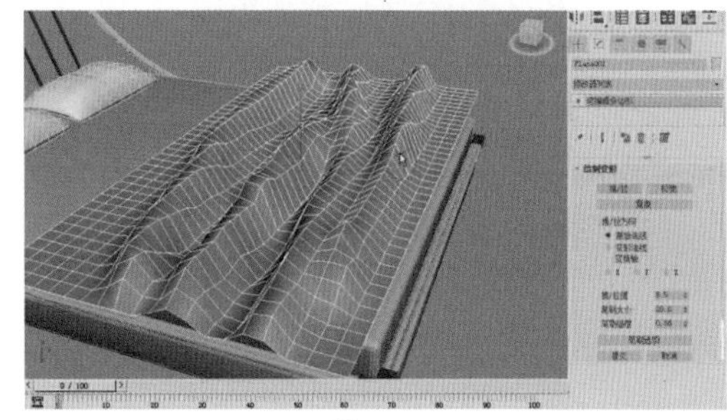

图5-65

步骤04 在【软选择】卷展栏中勾选 使用软选择 复选框，使用移动工具在物体的顶点级别下对其形状进行调整，如图5-66所示。

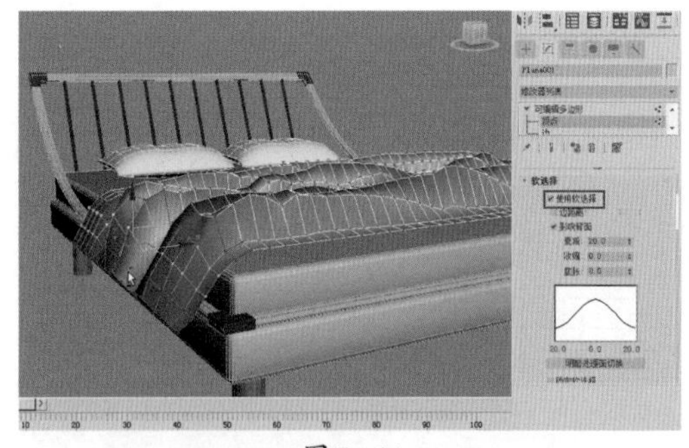

图5-66

步骤05 在修改器列表中选择【壳】修改命令，为布料物体加载壳修改器，在【参数】卷展栏中设置参数值，如图5-67所示。

知识拓展

为模型添加壳修改器，使模型具有一定的厚度。

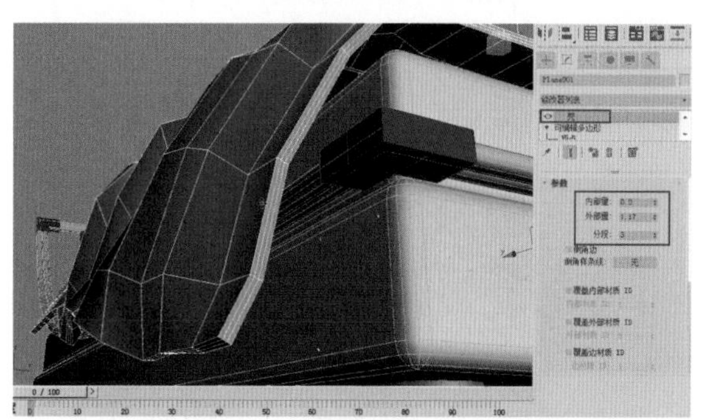
图 5-67

步骤06 单击鼠标右键，在弹出的快捷菜单中选择【转换为可编辑多边形】命令，将布料物体转换为可编辑多边形。单击鼠标右键，在弹出的快捷菜单中选择 NURMS 切换 命令，对模型进行光滑显示。此时整个床模型就制作好了，如图 5-68 所示。

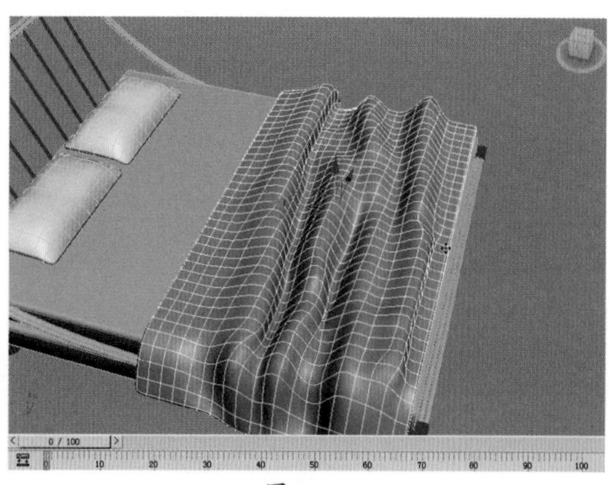
图 5-68

5.3 电脑椅模型的创建

本节我们学习电脑椅模型的制作。电脑椅模型的制作重点在于将坐垫和靠垫上的褶皱细节刻画出来，其他部分模型的创建按照最基本的建模方法即可创建出来。

图 5-69 所示为电脑椅模型的白模渲染效果图和线框渲染效果图。

图 5-69

配色应用：

制作要点：

1. 掌握使用长方体模型创建靠垫的方法。
2. 学习【NURMS 切换】命令的使用方法。
3. 通过对圆柱体进行移动复制、缩放等，制作出电脑椅底部支架模型。

最终场景： Ch05\Scenes\ 电脑椅模型的创建 .max

难易程度： ★★★★☆

5.3.1 制作电脑椅的靠垫模型

下面我们来制作电脑椅的靠垫模型。

步骤01 选择【创建】/【几何体】/【标准基本体】命令，在【对象类型】卷展栏中单击 长方体 按钮，在视图中创建一个长方体，效果如图 5-70 所示。单击鼠标右键，在弹出的快捷菜单中选择【转换为可编辑多边形】命令，将长方体转换为可编辑多边形。

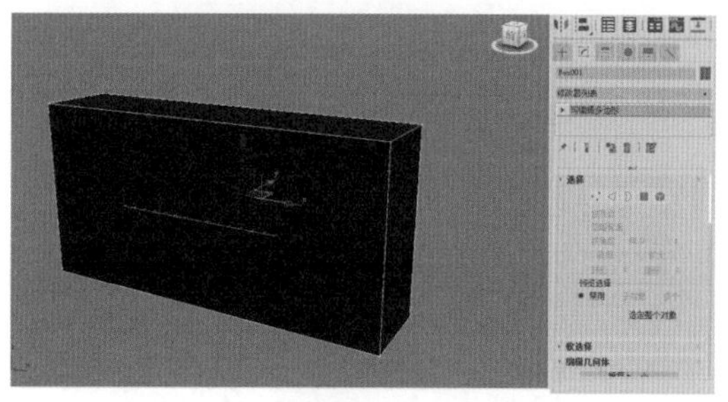
图 5-70

步骤02 单击名称栏右侧的色块，在弹出的【对象颜色】对话框中选择需要的色块，单击【确定】按钮，为所选择的对象修改颜色，如图5-71所示。

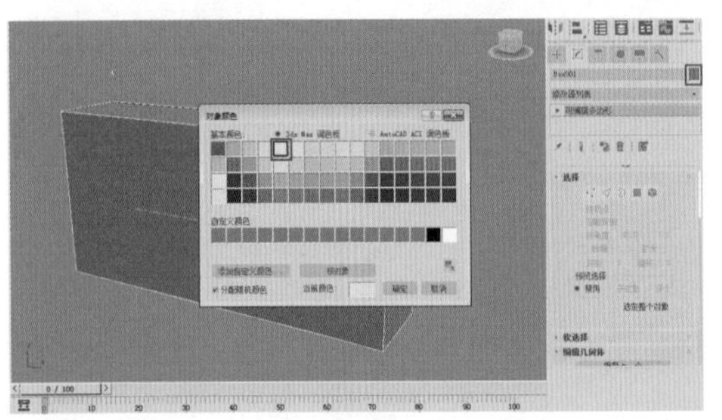

图5-71

步骤03 使用快捷键【2】或单击【选择】卷展栏中的◁按钮，进入边级别。在长方体的边级别下，为长方体添加多条边线，如图5-72所示。

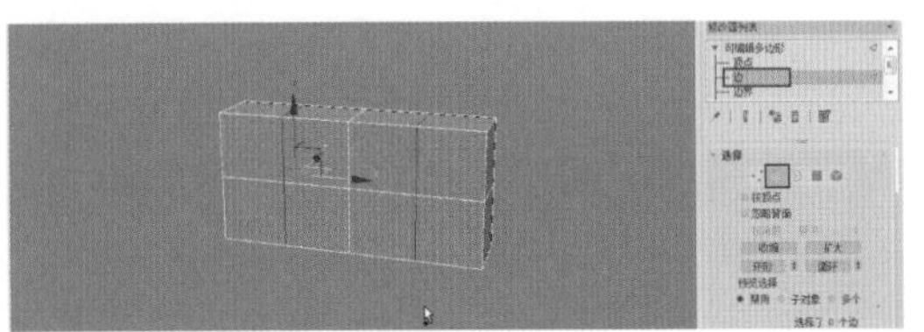

图5-72

步骤04 使用快捷键【1】进入物体的顶点级别，利用移动工具在顶点级别下调整对象的形状，如图5-73所示。

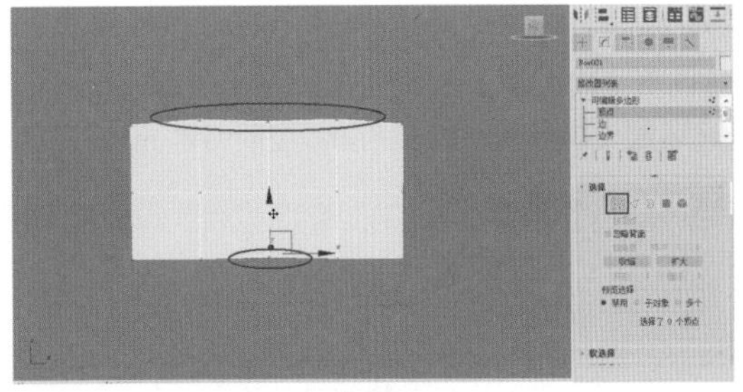

图5-73

步骤05 使用快捷键【4】进入物体的多边形级别，选择长方体两侧的面，单击【编辑多边形】卷展栏中的 倒角 □按钮，在弹出的对话框中设置参数，如图5-74所示。单击 应用 按钮，应用当前参数。

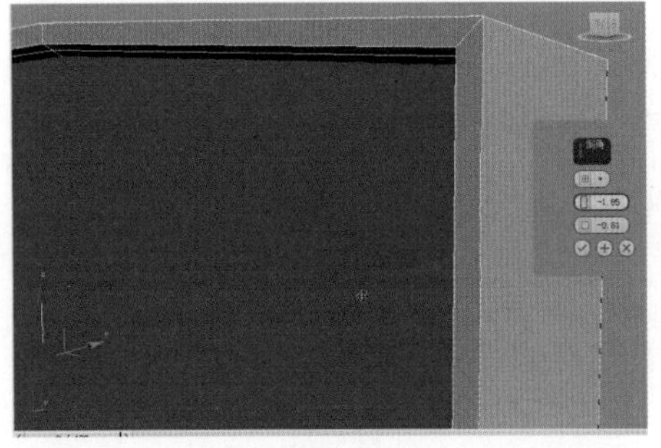

图5-74

步骤06 继续调整对话框中的参数，观察视图中模型的变化，得到需要的模型效果之后单击【确定】按钮，完成操作，如图5-75所示。

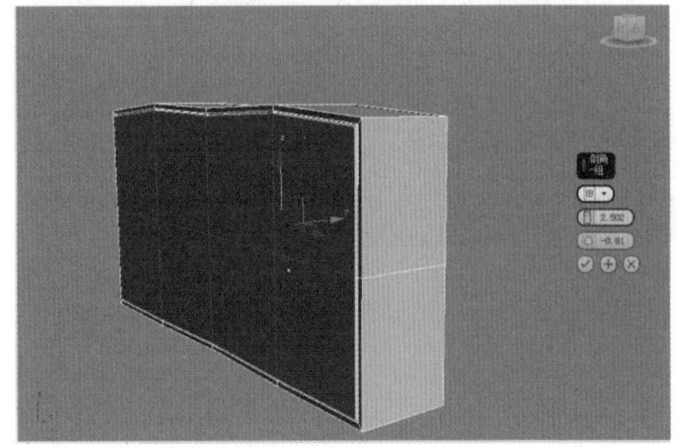

图5-75

步骤07 使用快捷键【6】退出物体的子级别。勾选【细分曲面】卷展栏中的 使用 NURMS 细分 复选框或单击鼠标右键，在弹出的快捷菜单中选择 NURMS 切换 命令，设置【迭代次数】为2，对物体进行光滑显示，效果如图5-76所示。

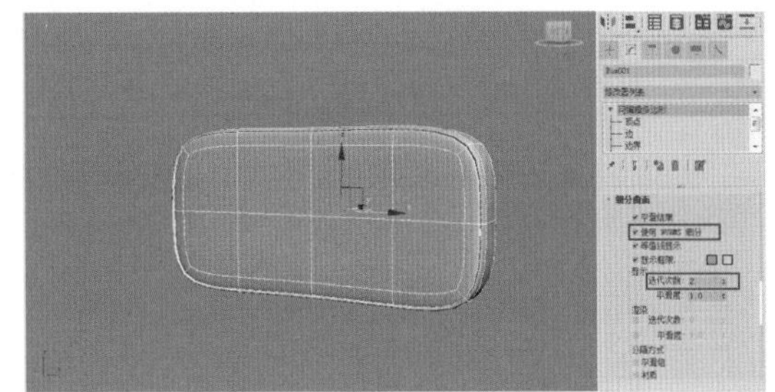

图5-76

知识拓展

勾选【使用NURMS细分】复选框，可以细分物体表面，从而使物体变光滑。光滑程度由迭代次数决定，迭代次数越多，物体越光滑。

步骤08 单击鼠标右键，在弹出的快捷菜单中选择 NURMS 切换 命令，切换到模型的正常显示状态。使用快捷键【2】进入边级别，在模型的两侧分别添加一条边线，再次勾选【细分曲面】卷展栏中的 使用 NURMS 细分 复选框，观察加线后的效果，如图5-77所示。

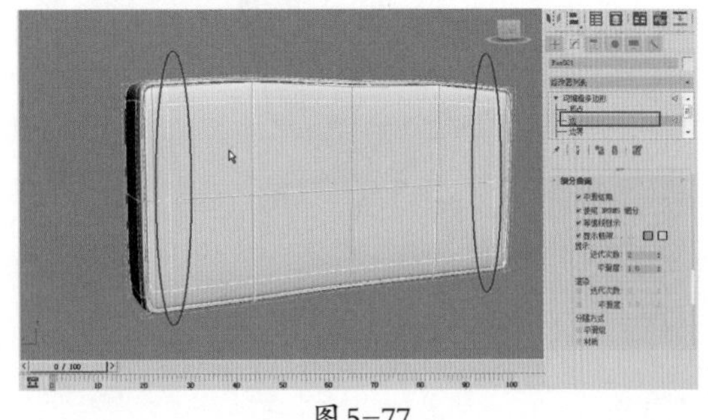

图5-77

步骤09 单击鼠标右键，在弹出的快捷菜单中选择 NURMS 切换 命令，切换到模型的正常显示状态。在边级别下为模型添加两条边线，如图5-78所示。

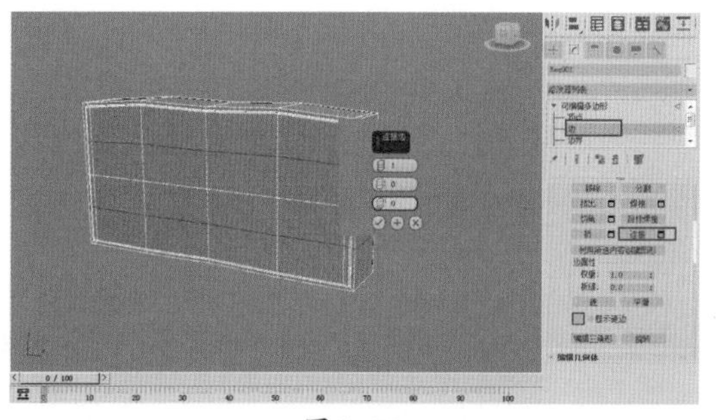

图5-78

步骤10 使用快捷键【1】进入顶点级别，选择对象的两个顶点，单击【编辑顶点】卷展栏中的 切角 按钮，在弹出的对话框中设置切角量，观察模型的变化，效果如图5-79所示。

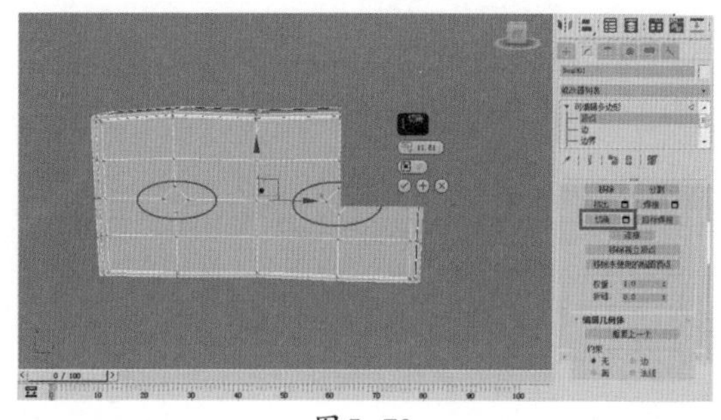

图5-79

知识拓展

单击【切角】按钮，然后拖动活动的对象中的边。单击【切角设置】按钮，然后更改【切角量】的值。如果拖动一条未选定的边，那么将取消选定任何选中的边。

步骤11 使用快捷键【4】进入多边形级别，选择切角操作产生的面，单击【编辑多边形】卷展栏中的 倒角 按钮，在弹出的对话框中设置倒角参数，观察模型的变化，效果如图5-80所示。

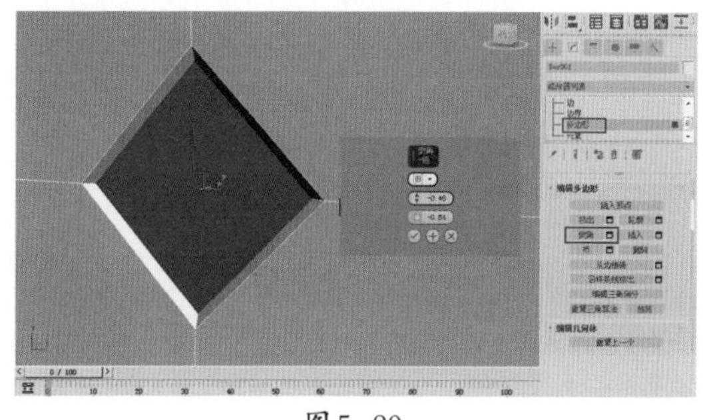

图5-80

步骤12 将参数设置好之后，单击 应用 按钮，应用当前的参数设置。继续调整倒角参数，得到需要的模型效果，如图5-81所示。

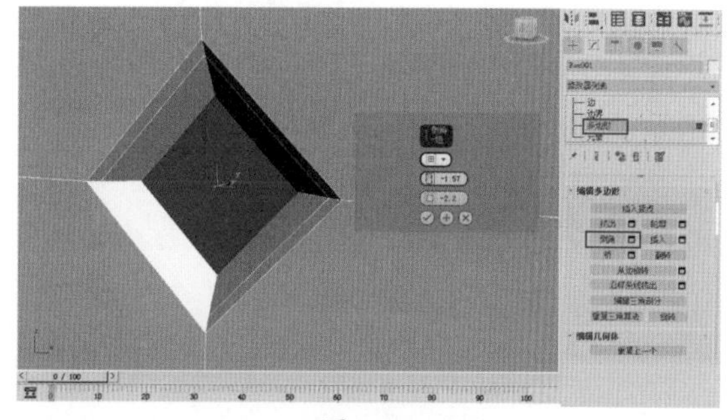

图5-81

步骤13 单击【应用】按钮，应用当前的参数设置。再次调整倒角参数，使模型上所选中的面向外凸起，效果如图5-82所示。

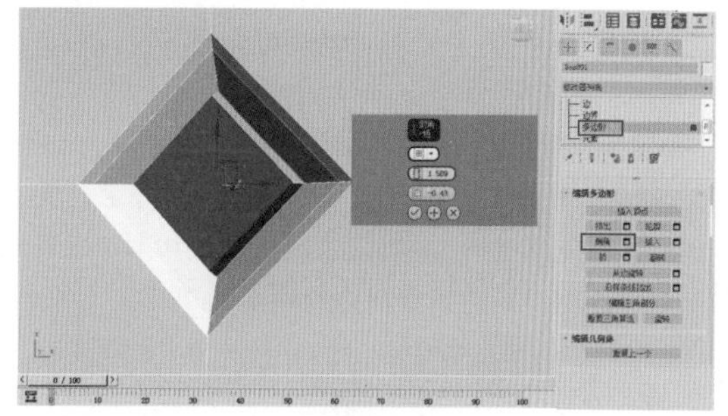

图5-82

步骤14 单击【应用】按钮，应用当前的参数设置。再次调整倒角参数，观察模型的变化。最终得到需要的模型效果后，单击对话框中的【应用】按钮结束倒角操作，效果如图5-83所示。

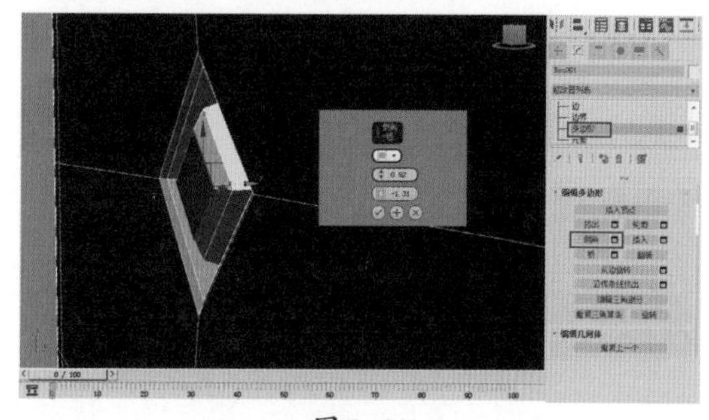

图5-83

步骤15 退出物体的子级别。单击鼠标右键，在弹出的快捷菜单中选择 NURMS 切换 命令，对模型进行光滑显示。激活透视图，使用快捷键【F9】对透视图进行渲染，观察模型效果，如图5-84所示。

步骤16 单击鼠标右键，在弹出的快捷菜单中选择 NURMS 切换 命令，使模型恢复正常显示。使用快捷键【2】进入边级别，单击【连接】按钮，分别在模型上添加四条边，如图5-85所示。

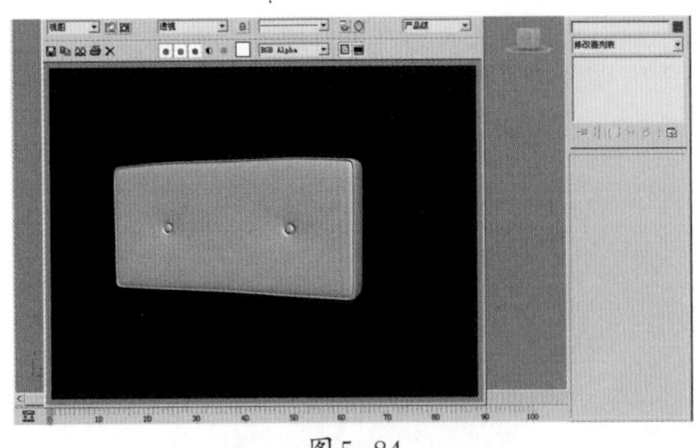

图 5-84

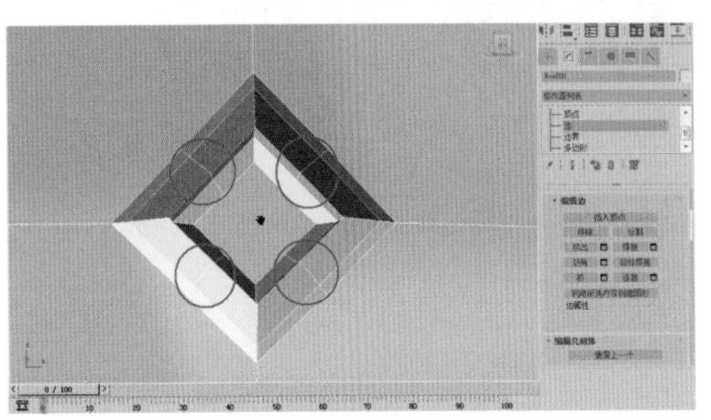

图 5-85

步骤17 使用快捷键【1】进入顶点级别，单击【编辑几何体】卷展栏中的 切割 按钮，利用切割工具在视图中将相对的两点连接起来，如图 5-86 所示。

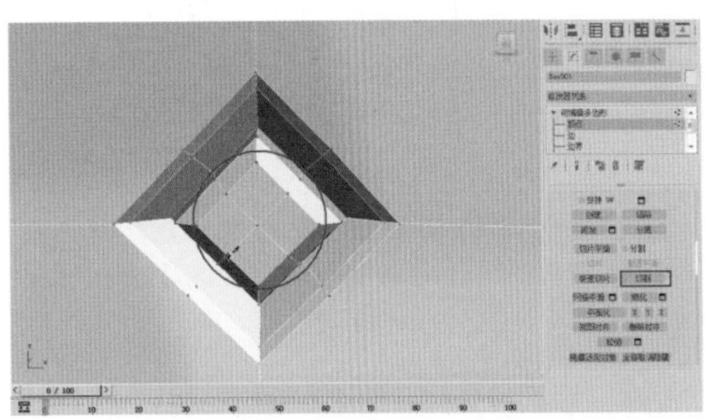

图 5-86

步骤18 切换到前视图中，选择如图 5-87 所示的顶点，单击工具栏中的按钮，沿 *XY* 轴方向对所选择顶点的形状进行缩放调整。

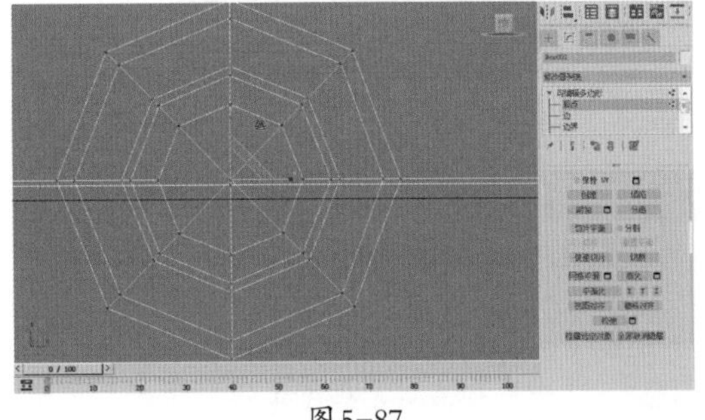

图 5-87

步骤19 单击【编辑几何体】卷展栏中的 切割 按钮，利用切割工具在视图中加线，效果如图 5-88 所示。我们将利用所加的边线制作褶皱效果。

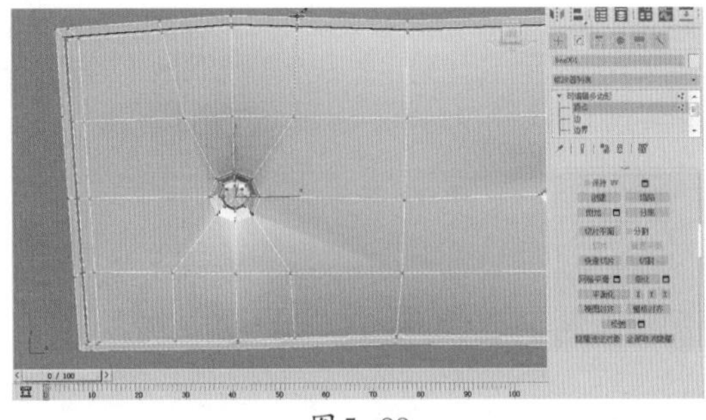

图 5-88

步骤20 继续在顶点级别下利用切割工具在模型上加线，使模型上产生褶皱的地方生成3条边线。使用快捷键【2】进入边级别，利用移动工具调整中间边的位置，使模型产生凹进去的效果，如图 5-89 所示。

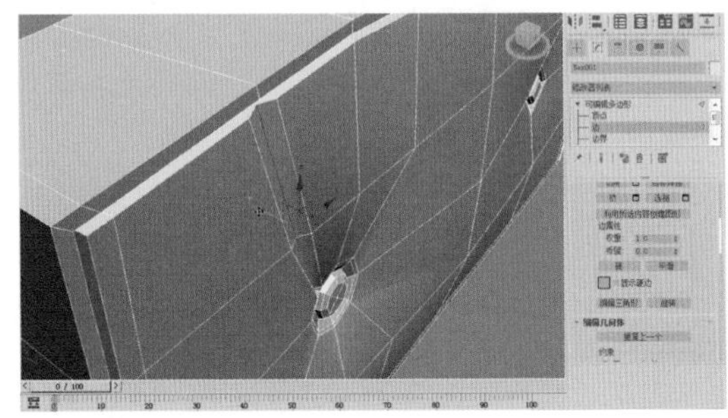

图 5-89

步骤21 利用同样的方法为模型的其他两侧褶皱处加线，使模型产生自然的凹凸褶皱效果。退出模型的子级别，单击鼠标右键，在弹出的快捷菜单中选择 NURMS 切换 命令，对模型进行光滑显示，效果如图 5-90 所示。

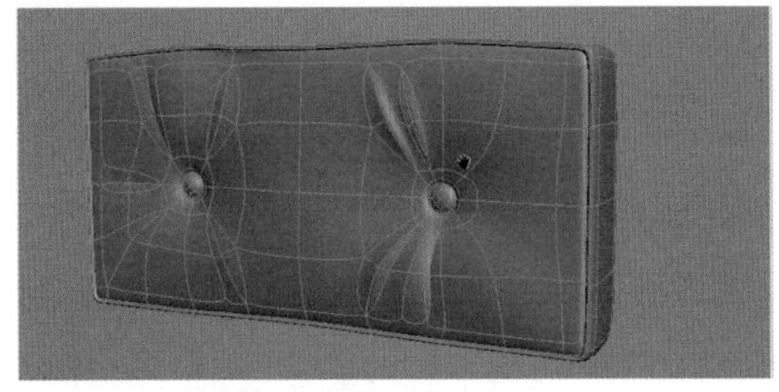

图 5-90

步骤22 按住【Shift】键，利用移动工具沿 *Z* 轴方向进行移动复制。单击【编辑几何体】卷展栏中的 附加 按钮，在视图中单击另一个对象，将两个物体附加在一起。单击工具栏中的按钮，对模型进行旋转，如图 5-91 所示。

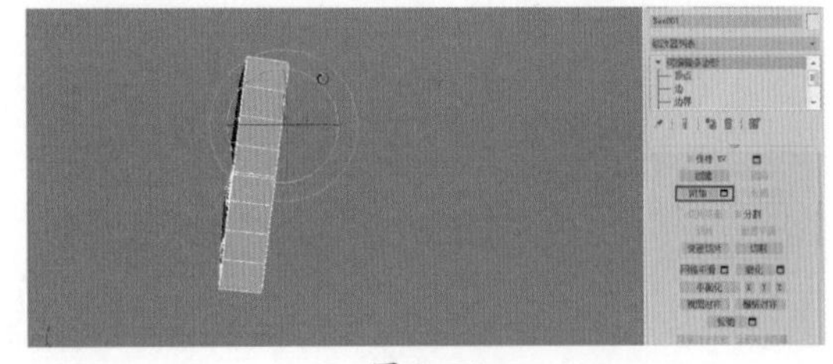

图 5-91

5.3.2 制作电脑椅的坐垫和扶手模型

下面我们来制作电脑椅的坐垫和扶手模型。

步骤01　使用快捷键【5】进入物体的元素级别，按住【Shift】键，利用移动工具沿Z轴方向进行复制，在弹出的【克隆部分网格】对话框中选择【克隆到对象】选项，如图5-92所示，单击【确定】按钮完成复制。使用快捷键【6】退出物体的子级别。

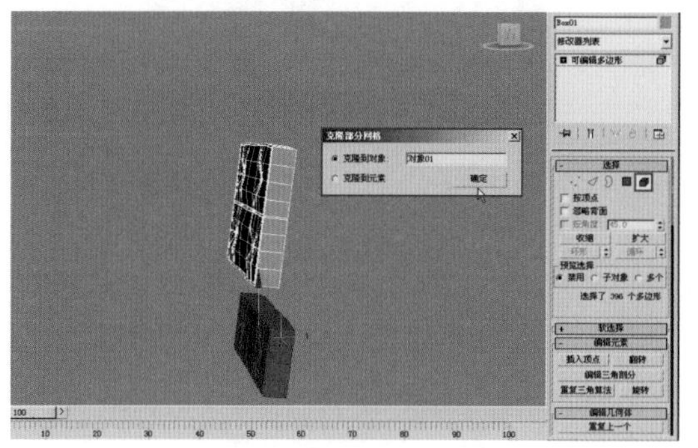

图5-92

步骤02　选中所复制的对象，单击层次按钮进入层次面板，单击【调整轴】卷展栏中的 仅影响轴 按钮显示轴心坐标，再单击【对齐】区域中的 居中到对象 按钮，将物体的轴心对齐到物体的中心位置，如图5-93所示。

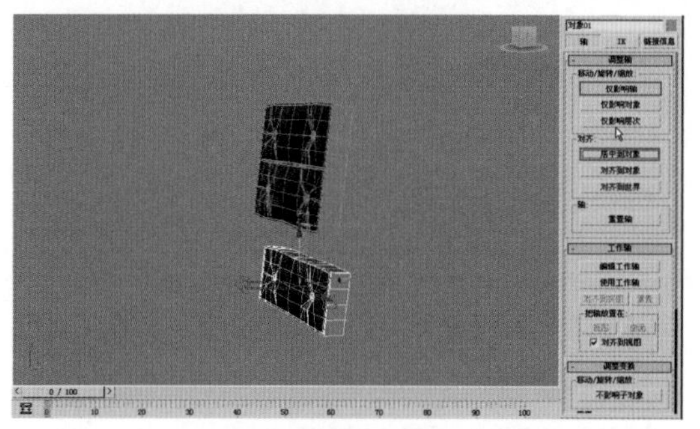

图5-93

步骤03　单击工具栏中的按钮，对模型进行旋转。使用快捷键【1】进入顶点级别，利用移动工具调整顶点的位置，使模型的大小符合电脑椅坐垫的大小，如图5-94所示。

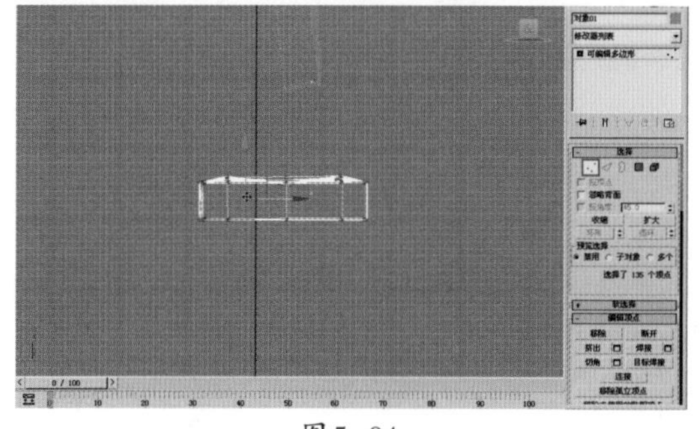

图5-94

步骤04　利用移动工具将坐垫调整到合适的位置。使用快捷键【2】进入边级别，在边级别下为坐垫添加3条边，位置如图5-95所示。

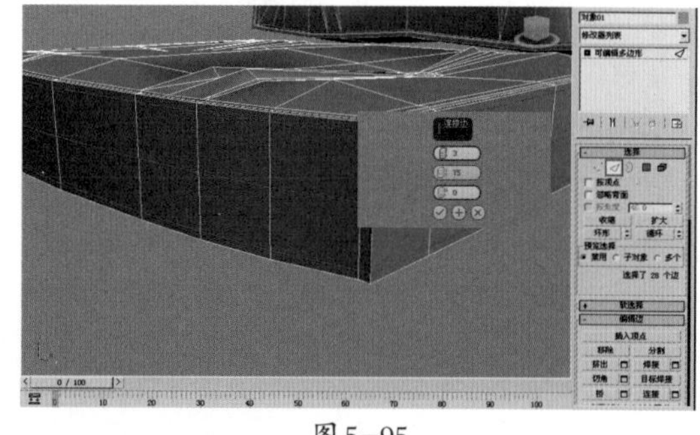

图5-95

步骤05　使用快捷键【4】进入物体的多边形级别，选择坐垫模型上的面，单击【编辑多边形】卷展栏中的 倒角 按钮，在弹出的对话框中设置参数，观察模型的变化，如图5-96所示。

图5-96

步骤06　单击【应用】按钮，应用当前的参数设置。再次调整倒角参数，得到需要的模型效果后，单击【确定】按钮结束倒角操作，此时坐垫模型已经产生棱角，如图5-97所示。

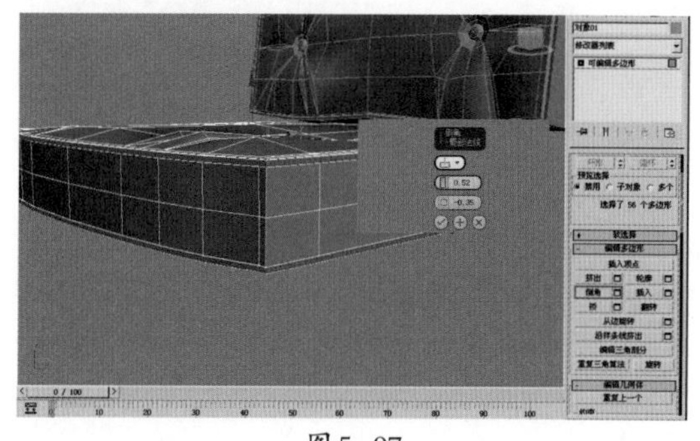

图5-97

步骤07　单击鼠标右键，在弹出的快捷菜单中选择 NURMS 切换 命令，对坐垫模型进行光滑显示。使用快捷键【F9】渲染透视图，效果如图5-98所示。此时，电脑椅的坐垫模型就制作好了。

步骤08　选择【创建】/【几何体】/【标准基本体】命令，在【对象类型】卷展栏中单击 平面 按钮，在左视图中创建一个平面对象，在修改面板中分别设置平面对象的长度分段和宽度分段数值为1，如图5-99所示。

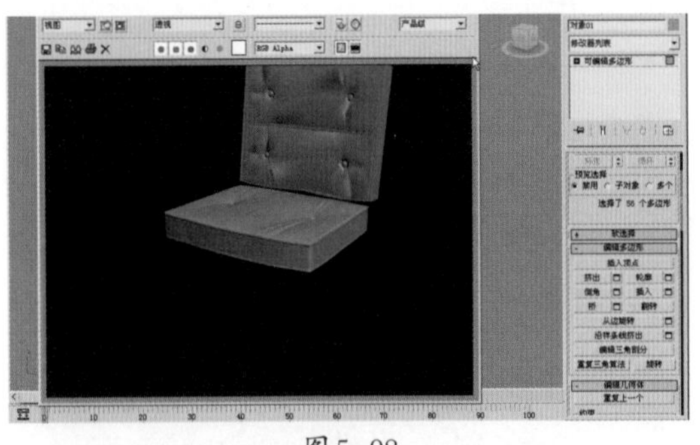

图 5-98

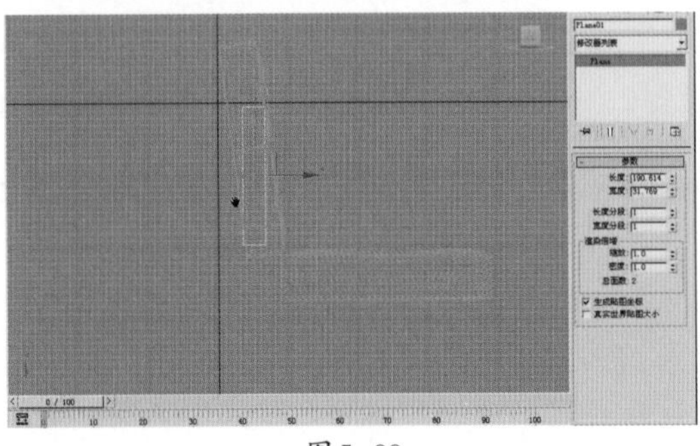

图 5-99

步骤09 单击鼠标右键，在弹出的快捷菜单中选择【转换为可编辑多边形】命令，将平面对象转换为可编辑多边形。使用快捷键【2】进入边级别，选择模型上的边，利用移动工具调整模型的形状，如图5-100所示。

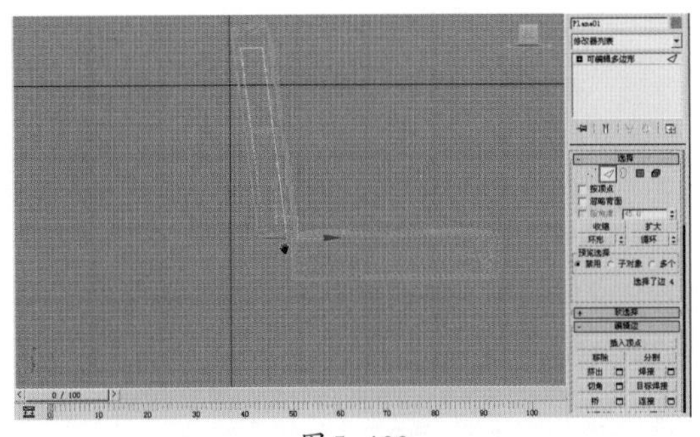

图 5-100

步骤10 在物体的边级别下，选中模型上的边，按住【Shift】键，利用移动工具进行移动复制，如图5-101所示。

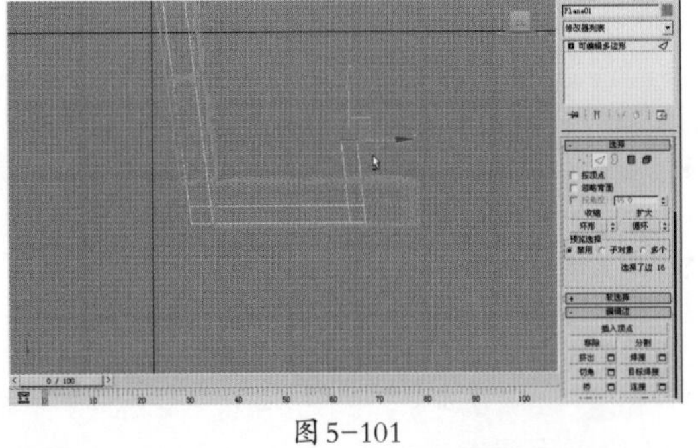

图 5-101

步骤11 使用快捷键【6】退出物体的子级别。切换到透视图中，利用移动工具将平面对象调整到电脑椅的一侧。使用快捷键【2】进入平面对象的边级别，复制出电脑椅的扶手造型，如图5-102所示。

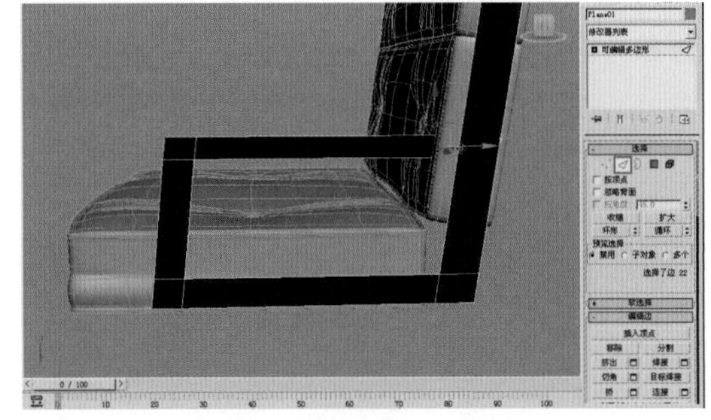

图 5-102

步骤12 在这里要将扶手和靠背焊接在一起，需要在靠背模型上添加一个和扶手相对应的分段。选择靠背的两条边，单击【编辑边】卷展栏中的 连接 按钮，在靠背上加一条边线，效果如图5-103所示。

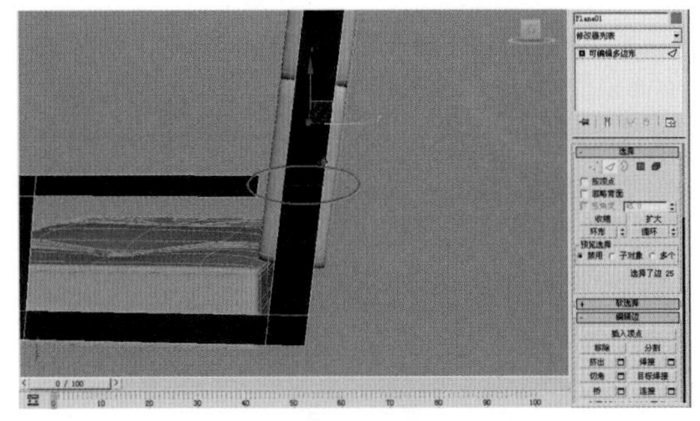

图 5-103

步骤13 选中所添加的边线，单击【编辑边】卷展栏中的 切角 按钮，在弹出的对话框中设置切角量的值，观察模型的变化，如图5-104所示，单击【确定】按钮结束切角边操作。

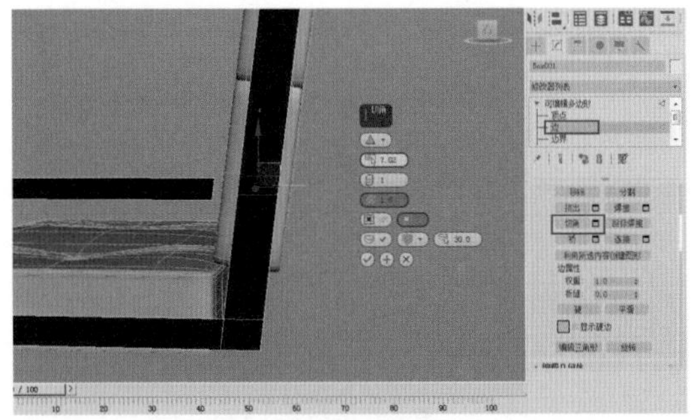

图 5-104

步骤14 在边级别下，选中模型接口处的两条边，单击【编辑边】卷展栏中的 桥 按钮，将所选择的两条边连接起来，如图5-105所示。

步骤15 使用快捷键【6】退出物体的子级别。在修改器列表中选择【壳】修改命令，为平面对象加载壳修改器，在【参数】卷展栏中设置壳的厚度和分段数，效果如图5-106所示。

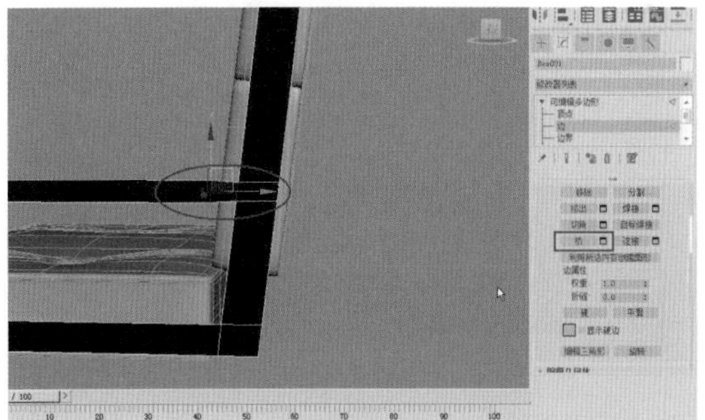

图5-105

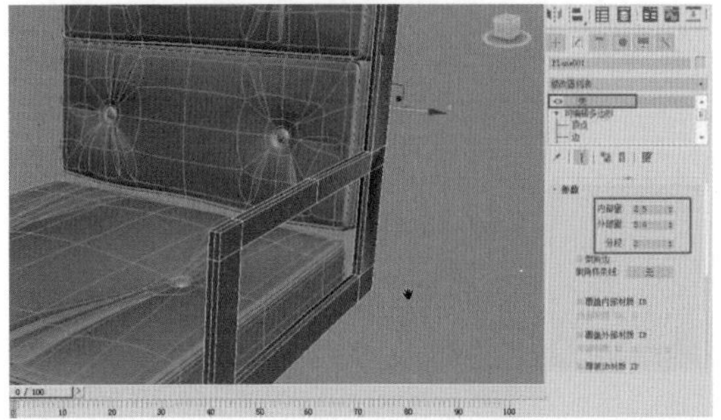

图5-106

步骤16 单击鼠标右键，在弹出的快捷菜单中选择【转换为可编辑多边形】命令，将所选择的模型转换为可编辑多边形。使用快捷键【2】进入物体的边级别，为模型添加边线，如图5-107所示。

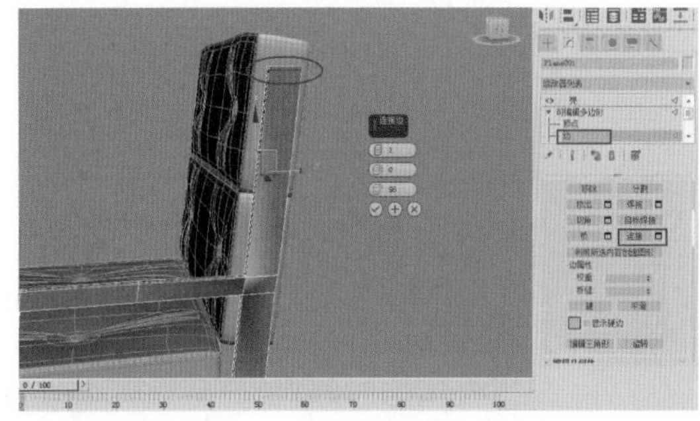

图5-107

步骤17 在边级别下，利用同样的方法在模型的拐角处加线，效果如图5-108所示。

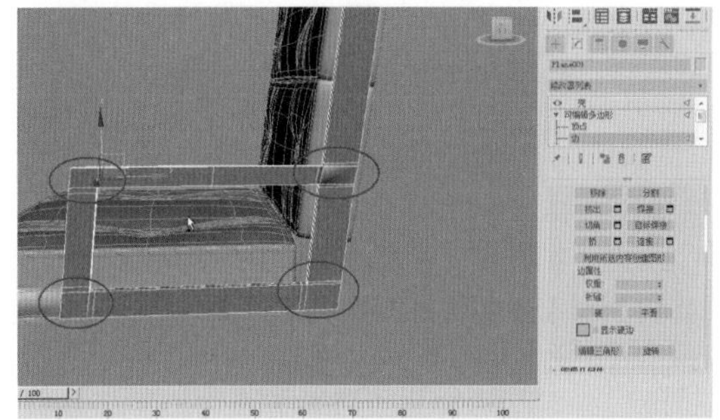

图5-108

步骤18 使用快捷键【6】退出物体的子级别。单击鼠标右键，在弹出的快捷菜单中选择 NURMS 切换 命令，对物体进行光滑显示，如图5-109所示。

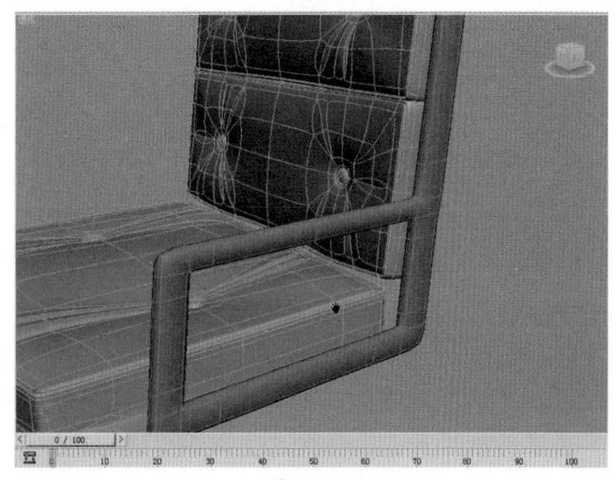

图5-109

步骤19 选择【创建】/【几何体】/【标准基本体】命令，在【对象类型】卷展栏中单击 长方体 按钮，在视图中创建一个长方体。利用移动工具调整长方体的位置，单击鼠标右键，在弹出的快捷菜单中选择【转换为可编辑多边形】命令，将其转换为可编辑多边形，如图5-110所示。

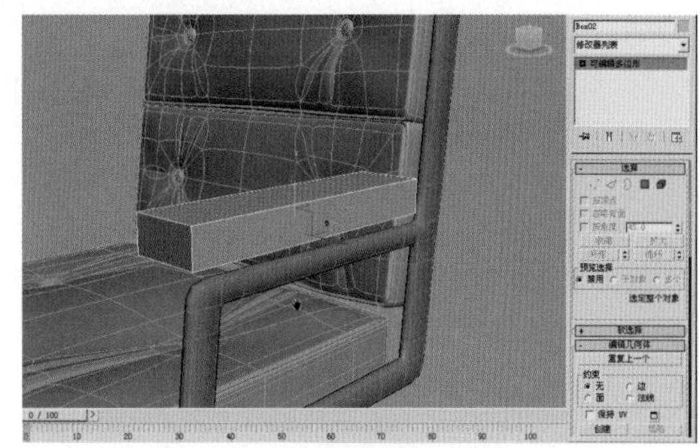

图5-110

步骤20 使用快捷键【2】进入边级别，在长方体上添加一圈边线。选中所添加的边线，单击工具栏中的按钮，对所选择的边进行缩放，如图5-111所示。

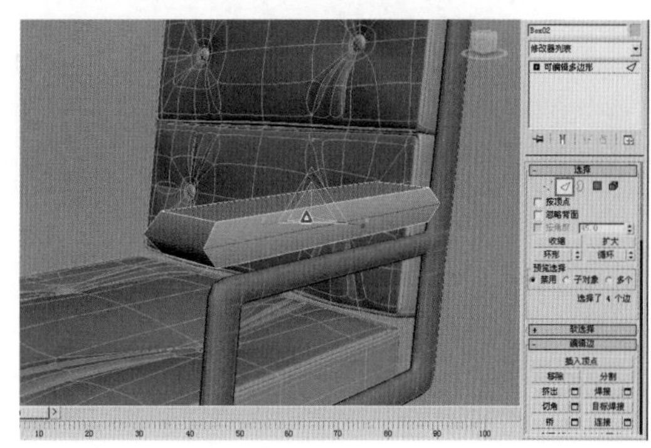

图5-111

步骤21 使用快捷键【4】进入多边形级别，选择模型上的面，单击【编辑多边形】卷展栏中的 倒角 按钮，在弹出的对话框中调整参数，观察模型的变化，效果如图5-112所示。

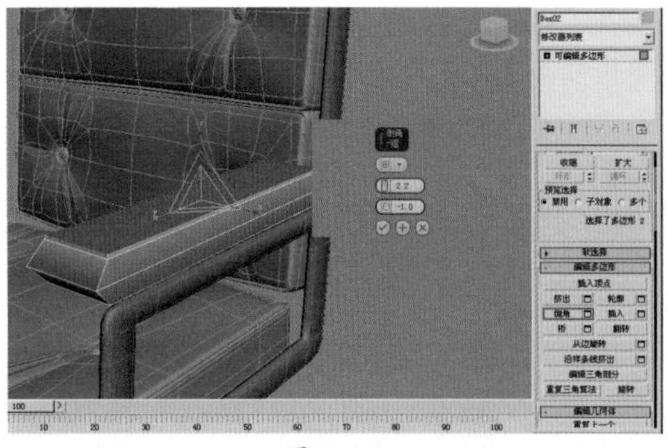

图 5-112

步骤22 单击【应用】按钮，应用当前的参数设置。再次调整倒角参数，观察模型的变化，得到需要的模型效果后，单击【应用】按钮应用当前的参数设置，如图5-113所示。

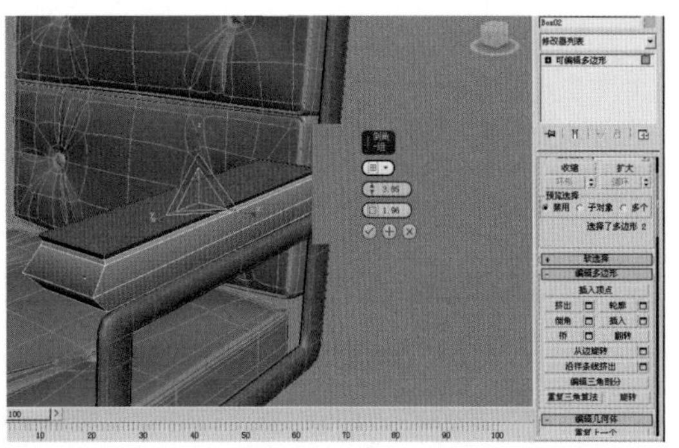

图 5-113

步骤23 再次调整倒角参数，观察模型的变化，得到需要的模型效果后，单击【应用】按钮，如图5-114所示。

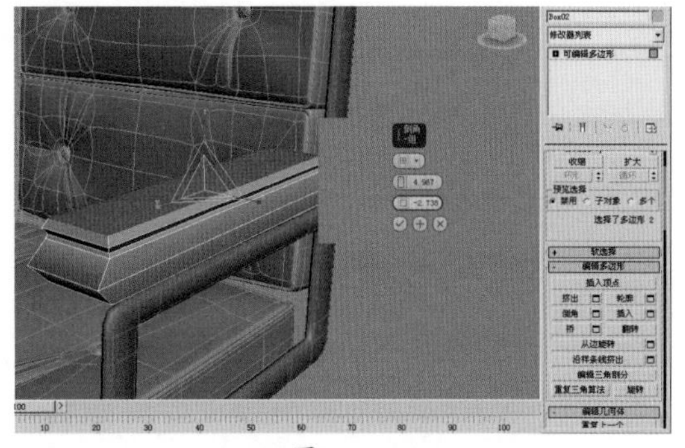

图 5-114

步骤24 反复调整倒角参数，并单击【应用】按钮进行应用；得到最终需要的模型效果后，单击【确定】按钮结束倒角操作，如图5-115所示。使用快捷键【6】退出多边形子级别。

步骤25 使用快捷键【2】进入边级别，分别在模型上添加纵横的4条边线。使用快捷键【6】退出物体的子级别。单击鼠标右键，在弹出的快捷菜单中选择 NURMS 切换 命令，对模型进行光滑显示，效果如图5-116所示。

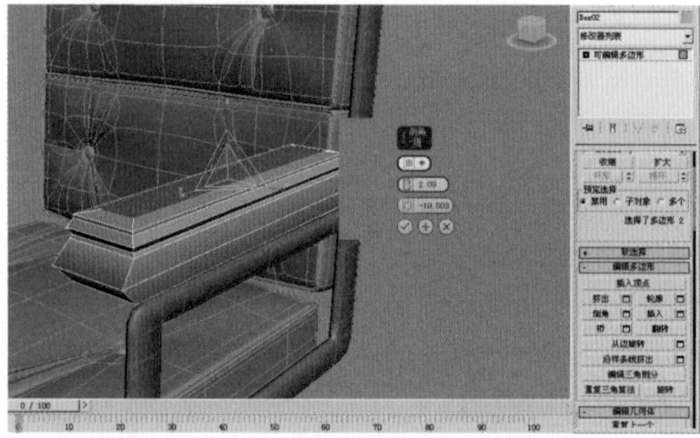

图 5-115

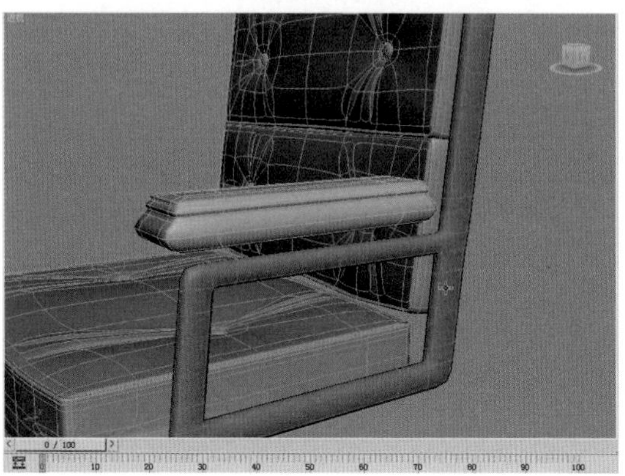

图 5-116

步骤26 选中制作好的扶手模型，单击工具栏中的按钮，在弹出的 镜像：屏幕 坐标 对话框中设置以X轴镜像复制当前所选择的对象，效果如图5-117所示。

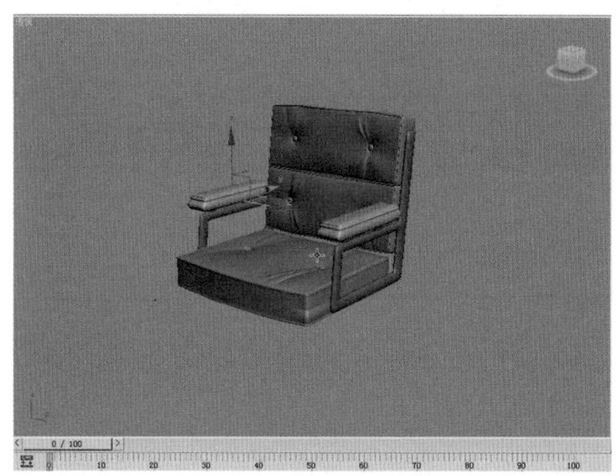

图 5-117

5.3.3 制作电脑椅的支架模型

下面我们来制作电脑椅的支架模型。

步骤01 选择【创建】/【几何体】/【标准基本体】命令，在【对象类型】卷展栏中单击 圆柱体 按钮，在坐垫模型的底部创建一个圆柱体，在修改面板中调整圆柱体的分段数，如图5-118所示。

步骤02 将圆柱体转换为可编辑多边形。使用快捷键【4】进入多边形级别，选择圆柱体底部的面，使用快捷键【Delete】将所选择的面删除。使用快捷键

【3】进入边界级别，选择删除面产生的边界线，按住【Shift】键，利用缩放工具沿*XY*轴方向进行缩放复制，如图5-119所示。

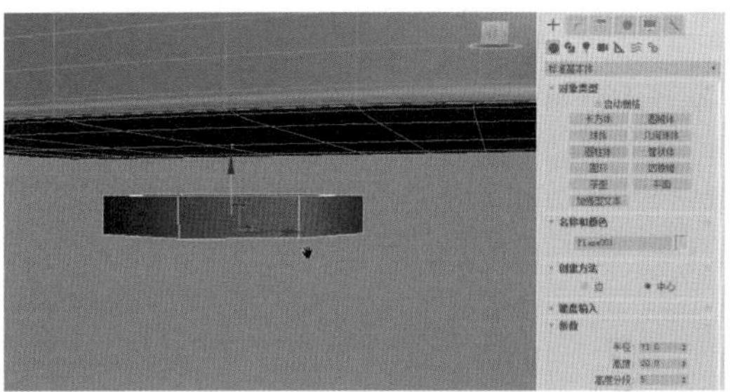

图5-118

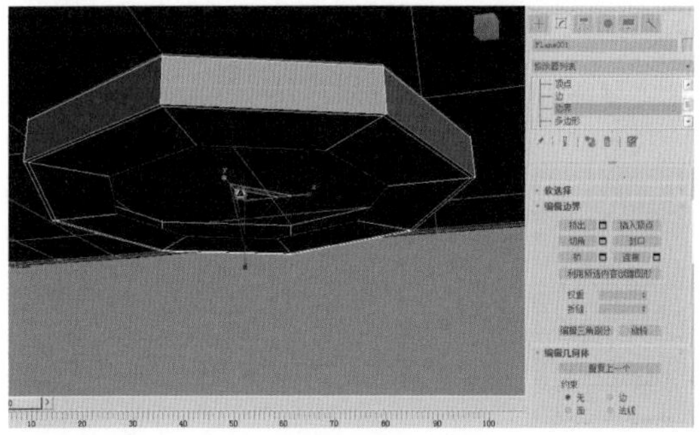

图5-119

步骤03 按住【Shift】键，利用移动工具沿*Z*轴方向进行多次移动复制，效果如图5-120所示。

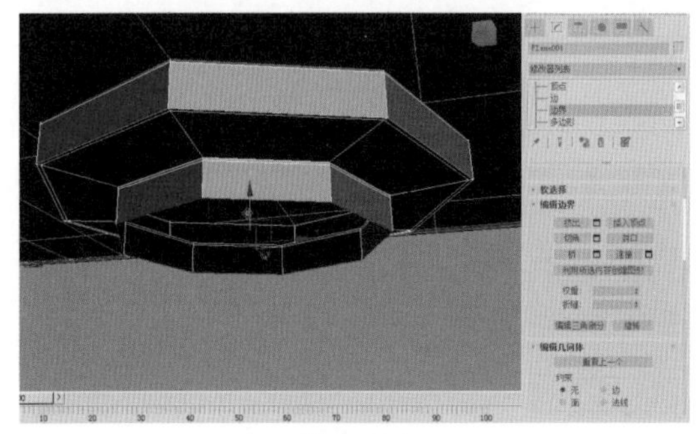

图5-120

步骤04 单击工具栏中的按钮，按住【Shift】键对所选中的边界线进行多次缩放复制，如图5-121所示。

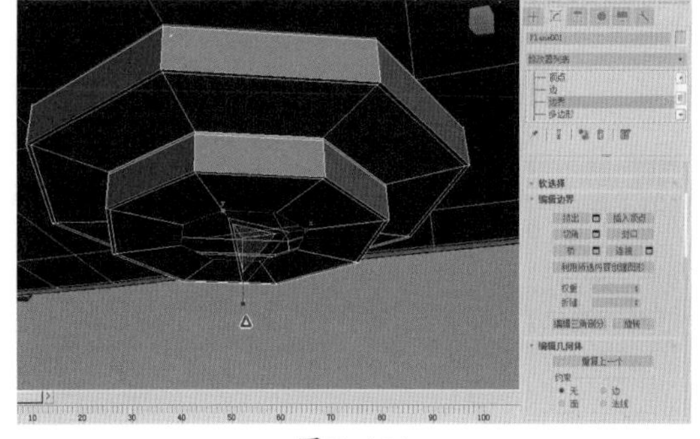

图5-121

步骤05 单击工具栏中的按钮，利用移动工具沿*Z*轴方向调整所选中的边界线位置，如图5-122所示。

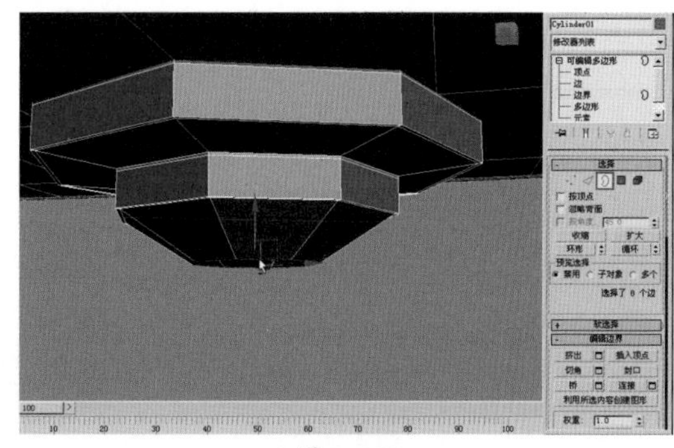

图5-122

步骤06 按住【Shift】键，反复利用移动工具和缩放工具进行复制，生成模型。选中制作好的模型，单击鼠标右键，在弹出的快捷菜单中选择 NURMS 切换 命令，对模型进行光滑显示，效果如图5-123所示。

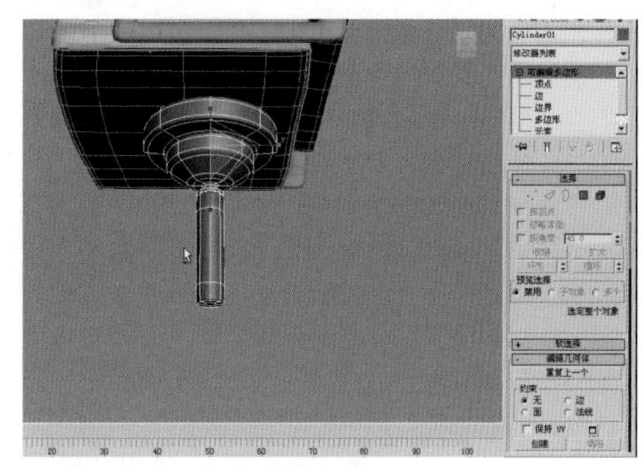

图5-123

步骤07 选择【创建】/【几何体】/【标准基本体】命令，单击【对象类型】卷展栏中的 圆柱体 按钮，在视图中创建一个圆柱体，利用移动工具调整圆柱体的位置，效果如图5-124所示。

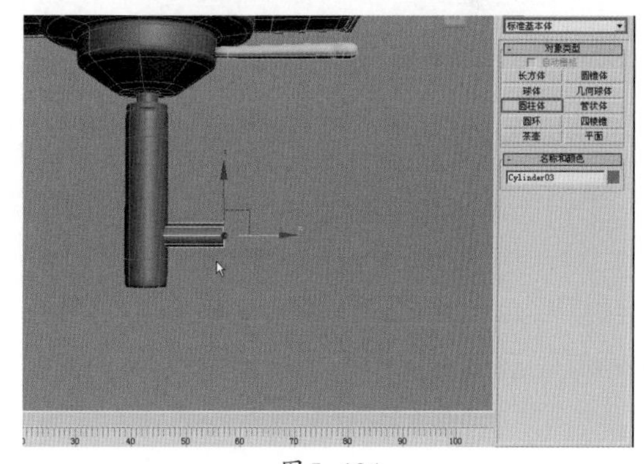

图5-124

步骤08 单击鼠标右键，在弹出的快捷菜单中选择【转换为可编辑多边形】命令，将圆柱体转换为可编辑多边形。使用快捷键【4】进入多边形级别，选择圆柱体的底面，使用快捷键【Delete】将所选择的面删除，如图5-125所示。

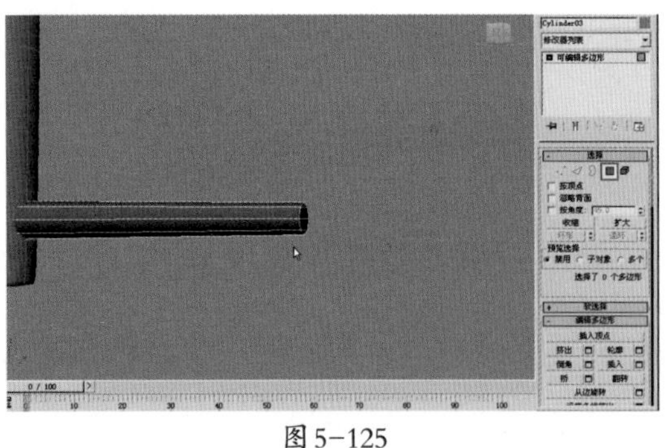

图5-125

步骤09 使用快捷键【3】进入边界级别，选中边界线，单击工具栏中的按钮，对所选中的边界线进行旋转，如图5-126所示。

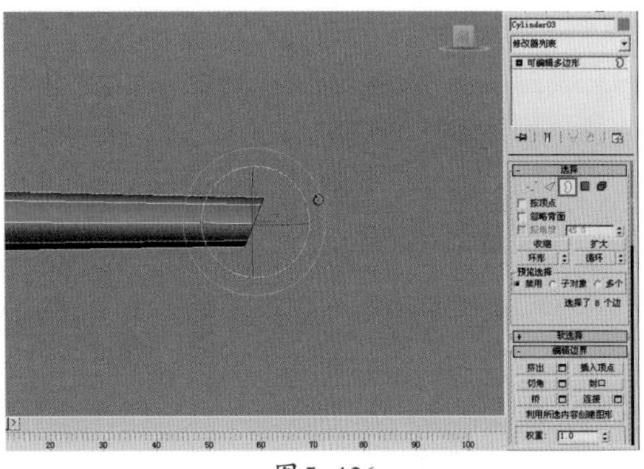

图5-126

步骤10 按住【Shift】键，利用移动工具对所选中的边界线进行移动复制，并利用旋转工具对其进行旋转，效果如图5-127所示。

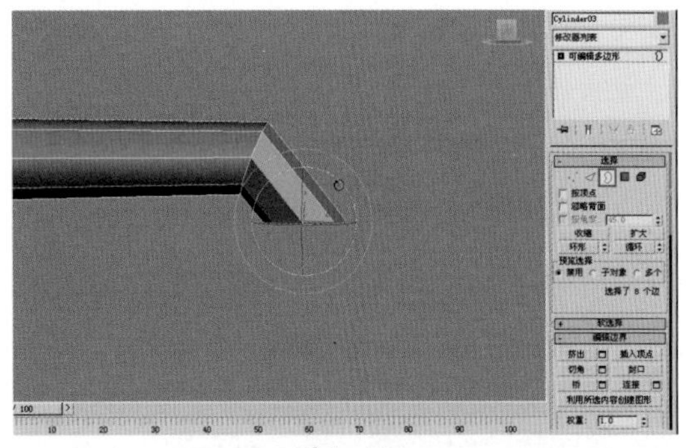

图5-127

步骤11 按住【Shift】键，利用移动工具配合缩放工具进行复制，生成模型结构，如图5-128所示。

步骤12 选择【创建】/【几何体】/【标准基本体】命令，单击【对象类型】卷展栏中的 管状体 按钮，在视图中创建一个圆管对象，如图5-129所示。

步骤13 选中圆管物体，单击鼠标右键，在弹出的快捷菜单中选择【转换为可编辑多边形】命令，将圆管物体转换为可编辑多边形。使用快捷键【1】进入顶点级别，将圆管物体的部分顶点删除，效果如图5-130所示。

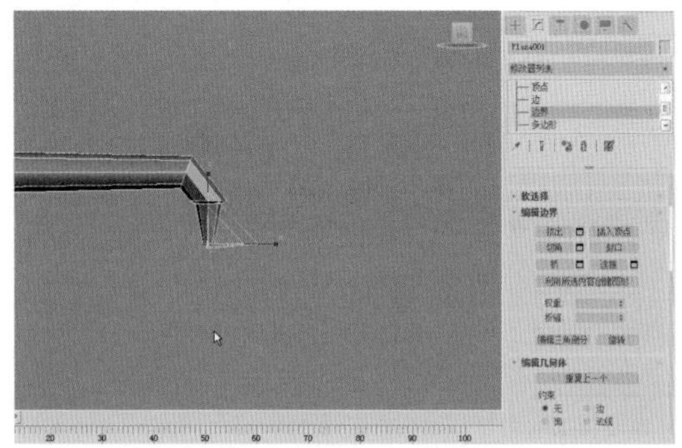

图5-128

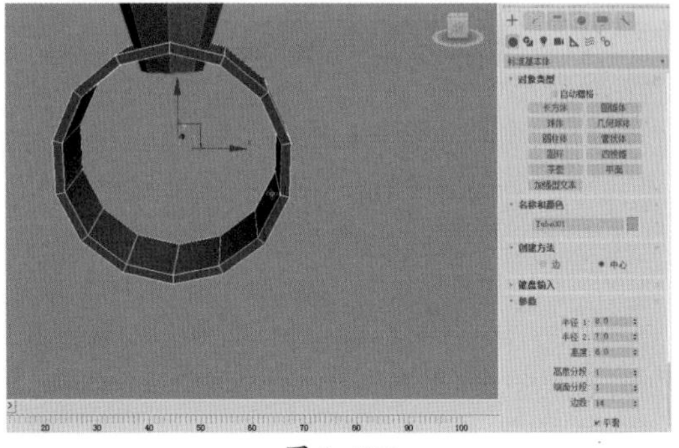

图5-129

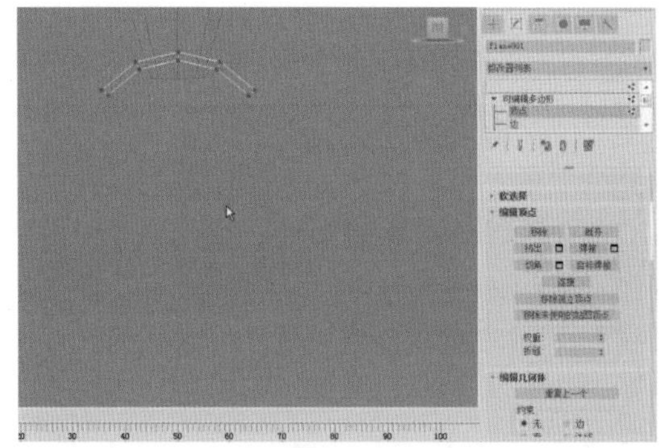

图5-130

步骤14 使用快捷键【6】退出物体的子级别。单击工具栏中的按钮，对物体进行旋转，效果如图5-131所示。

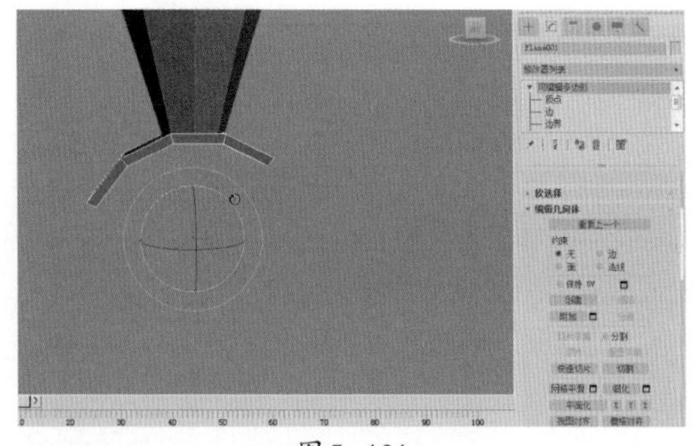

图5-131

步骤15 使用快捷键【2】进入边级别，选择模型Z轴方向上的边，单击【编辑边】卷展栏中的 连接 按钮，在弹出的对话框中设置连接参数，单击【确定】按钮结束操作，如图5-132所示。

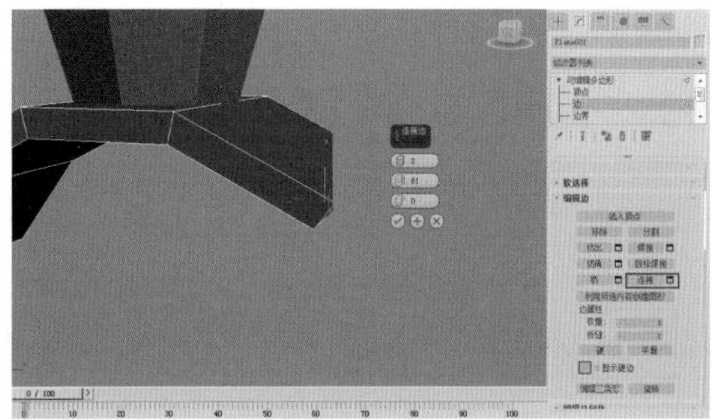

图5-132

步骤16 继续在边级别下使用【连接】命令在模型的棱角处加线，效果如图5-133所示。

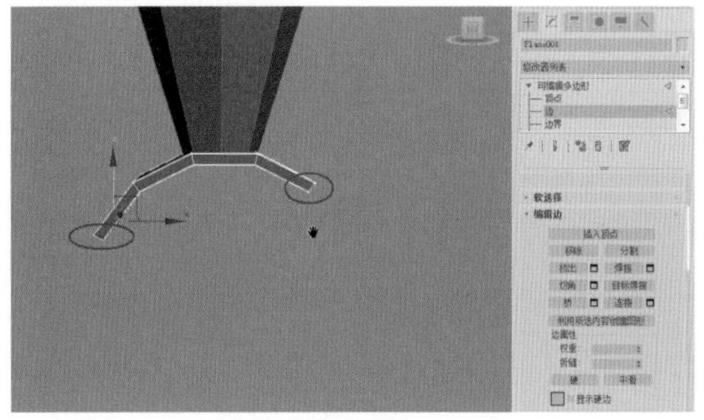

图5-133

步骤17 选择【创建】/【几何体】/【标准基本体】命令，在【对象类型】卷展栏中单击 圆柱体 按钮，在前视图中创建一个圆柱体，利用移动工具调整圆柱体的位置，效果如图5-134所示。

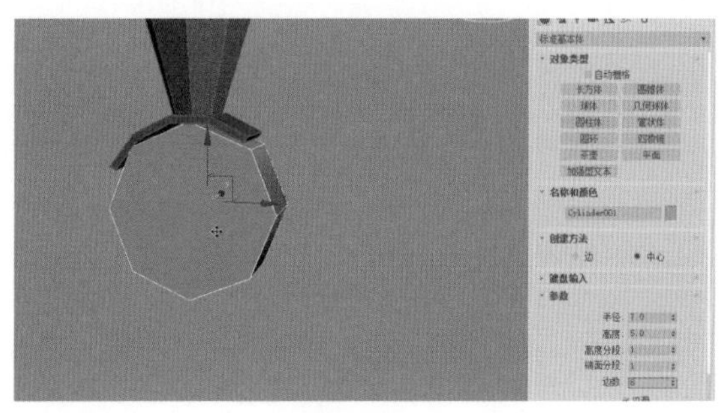

图5-134

步骤18 将圆柱体转换为可编辑多边形。使用快捷键【4】进入多边形级别，选中圆柱体的顶、底两个面，单击【编辑多边形】卷展栏中的 倒角 按钮，在弹出的对话框中设置倒角参数，如图5-135所示。

步骤19 单击【应用】按钮，应用当前的参数设置。再次调整倒角参数，观察模型的变化，得到需要的模型效果后，单击【应用】按钮应用当前的参数设置。反复执行此操作可制作出需要的物体造型，单击【确定】按钮结束倒角操作，效果如图5-136所示。

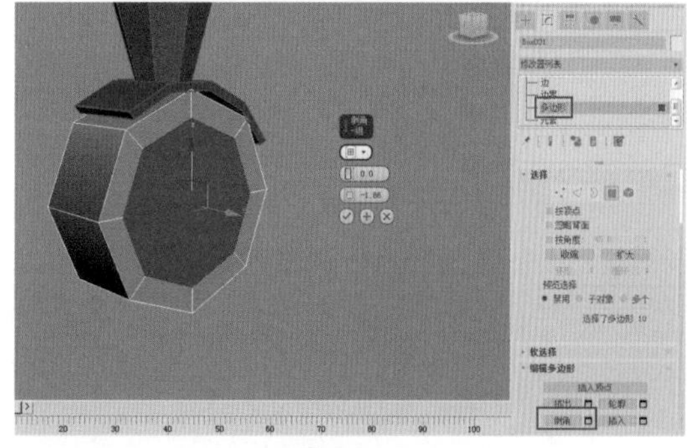

图5-135

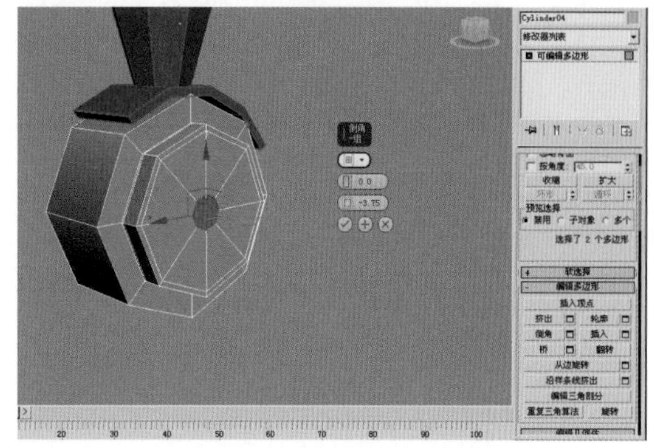

图5-136

步骤20 使用快捷键【2】进入边级别，选择模型Y轴方向上的边，单击【编辑边】卷展栏中的 连接 按钮，在弹出的对话框中设置连接参数，如图5-137所示。

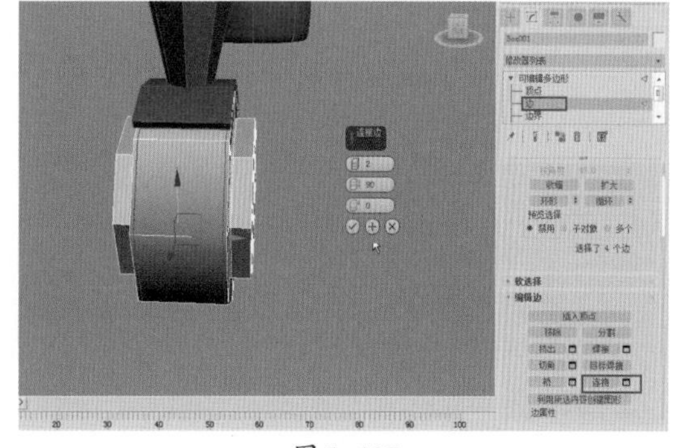

图5-137

步骤21 使用快捷键【6】退出物体的子级别。单击鼠标右键，在弹出的快捷菜单中选择 NURMS 切换 命令，对模型进行光滑显示，效果如图5-138所示。

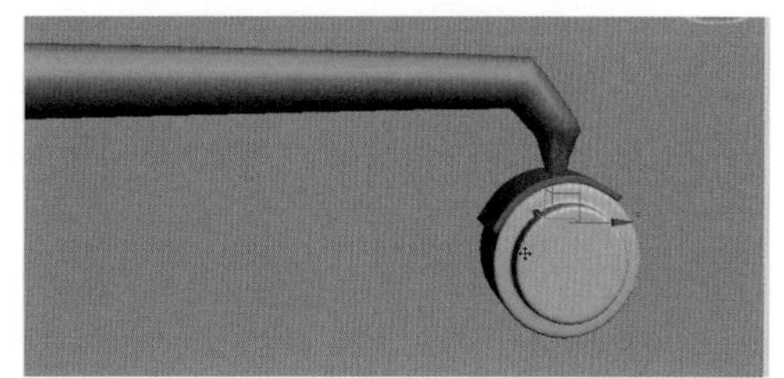

图5-138

步骤22 选中轮子模型，在【参考坐标系】列表中选择【拾取】选项，单击支架模型，拾取支架模型的坐标系。在工具栏中将【使用轴点中心】切换为【使用变换坐标中心】，选择主菜单中的【工具】/【阵列】命令，在弹出的【阵列】对话框中设置阵列参数，以支架的坐标中心为轴心进行阵列复制，效果如图5-139所示。

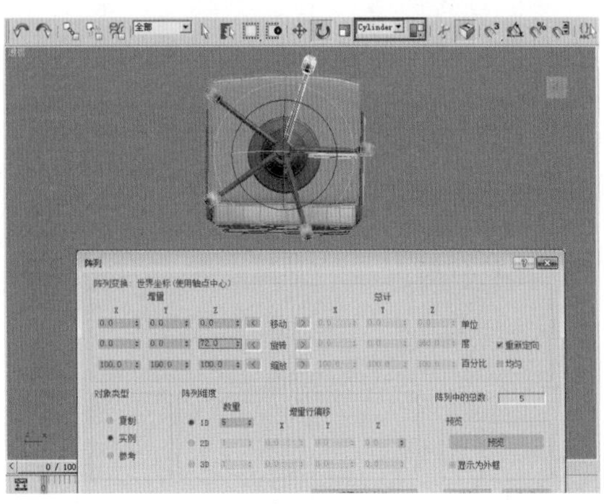

图5-139

步骤23 此时电脑椅模型就制作好了，对其各个部件的大小和比例进行微调，以得到最好的模型效果，如图5-140所示。

图5-140

3ds Max

第6章 修改器和编辑工具

本章导读

本章将学习如何使用修改器和编辑工具。在【创建】面板中可以创建图形、几何体、灯光、摄影机、辅助对象、空间扭曲等物体类型，它们在生成的同时，也拥有了自己的创建参数。这些创建参数独立存在于三维场景中，如果要对创建参数进行修改，则需要在【修改】面板中完成。

6.1 修改器的基本知识

从【创建】面板中添加对象到场景中之后，通常会使用【修改】面板来更改对象的原始创建参数，并应用修改器。修改器是调整基本几何体的基础工具。

6.1.1 认识修改器堆栈

修改器堆栈（或简写为堆栈）是【修改】面板中的列表。修改器堆栈包含对象的修改记录及应用于对象的修改器。

在内部，3ds Max会从堆栈底部开始计算对象，然后顺序移动到堆栈顶部，对对象应用更改。因此，应该从下往上读取堆栈，沿着3ds Max使用的序列来显示或渲染最终对象，如图6-1左图所示。

在堆栈底部，第一个条目始终列出对象的类型。单击此条目即可显示原始对象创建参数，以便可以对其进行调整。如果还没应用过修改器，那么这就是堆栈中唯一的条目。

在对象类型之上，会显示对象空间修改器。单击修改器条目即可显示修改器的参数，可以对其进行调整，或者删除修改器。

如果修改器有子对象（或子修改器）级别，那么它们前面会有加号或减号图标。

在堆栈顶部，是绑定到对象的世界空间修改器和空间扭曲（在图6-1右图中，【置换网格】是世界空间修改器）。这些总会在堆栈顶部显示，称作绑定。

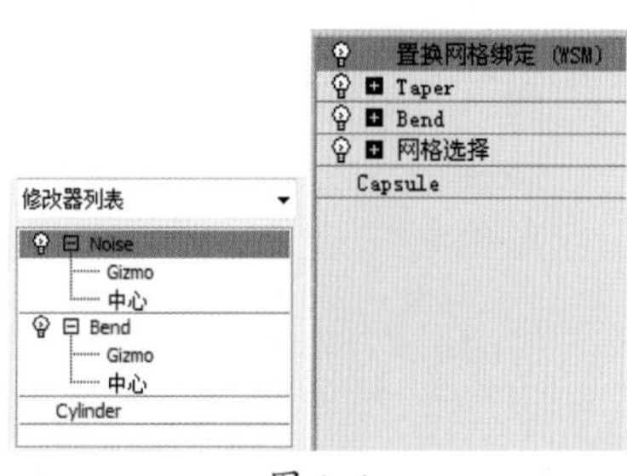

图6-1

实例操作 修改器的基本操作

步骤01 在修改器命令面板中的修改器堆栈上单击【配置修改器集】按钮，弹出选择修改器集的快捷菜单，如图6-2所示。

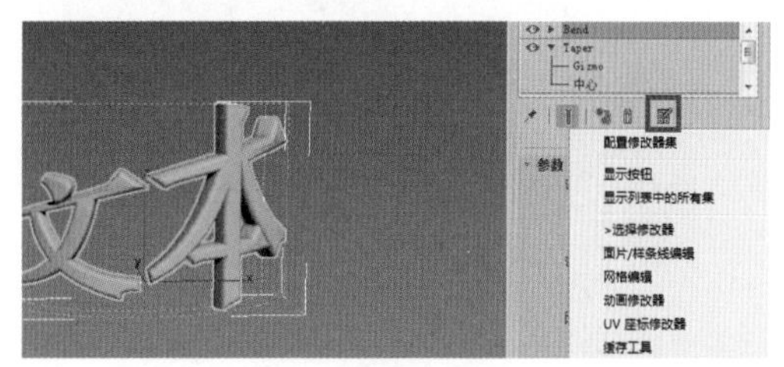

图6-2

步骤02 在快捷菜单中选择【显示按钮】命令，则当前修改器集中的修改器将以按钮形式显示在命令面板中，如图6-3所示。

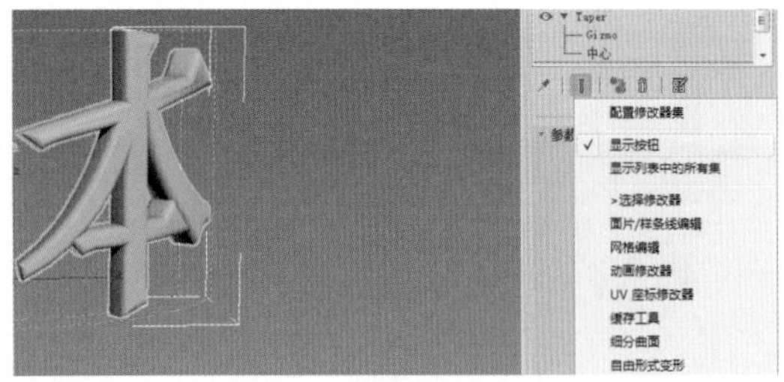

图6-3

步骤03 再次打开选择修改器集的快捷菜单，选择【曲面修改器】命令，如图6-4所示。

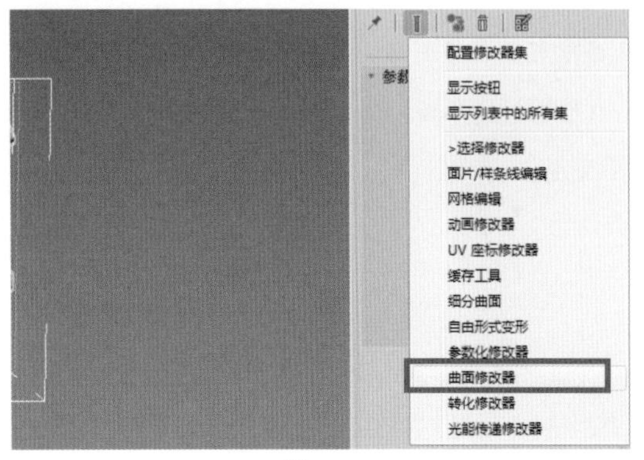

图6-4

步骤04 选择【曲面修改器】命令后，该修改器集中的所有修改器将以按钮形式显示在命令面板中，如图6-5所示。

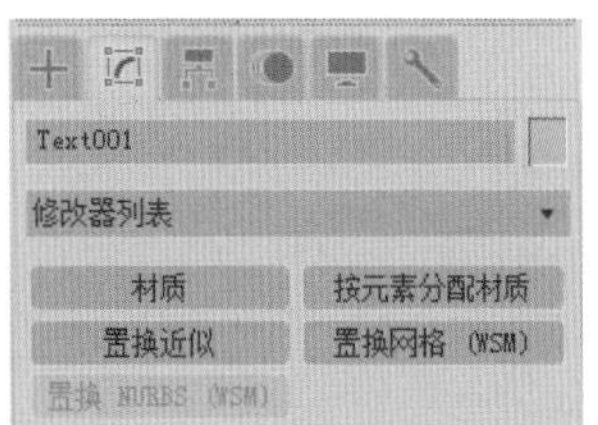

图6-5

步骤05 如果选择【配置修改器集】命令，则会打开相应的对话框。在对话框中，用户可以修改或创建修改器集，如图6-6所示。

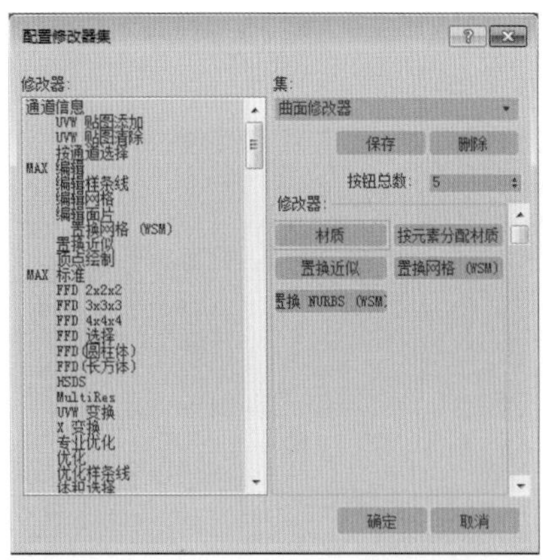

图6-6

步骤06 在【配置修改器集】对话框中，在左侧的【修改器】列表中可选择各种修改器，使用鼠标拖曳的方法可将选择的修改器指定到右侧的按钮区域中，如图6-7所示。

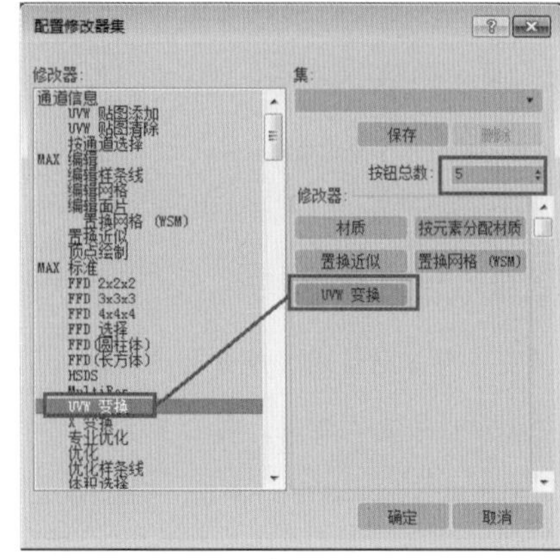

图6-7

步骤07 完成按钮的设置并为该修改器集命名后，单击【保存】按钮进行保存，如图6-8所示。

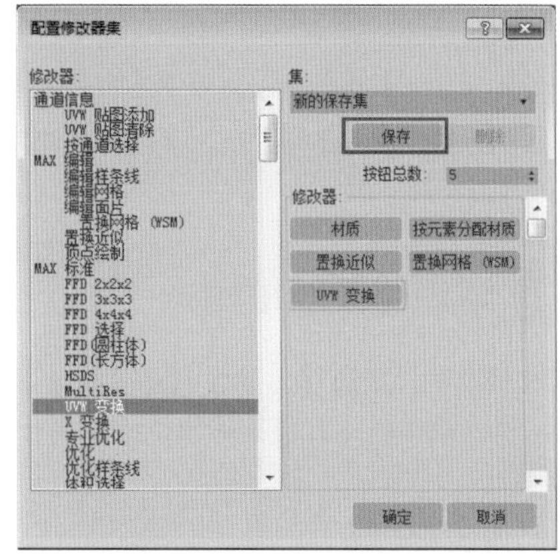

图6-8

步骤08 在修改器命令面板中，重新打开选择修改器集的快捷菜单，可观察到新创建的修改器集被添加到其中，如图6-9所示。

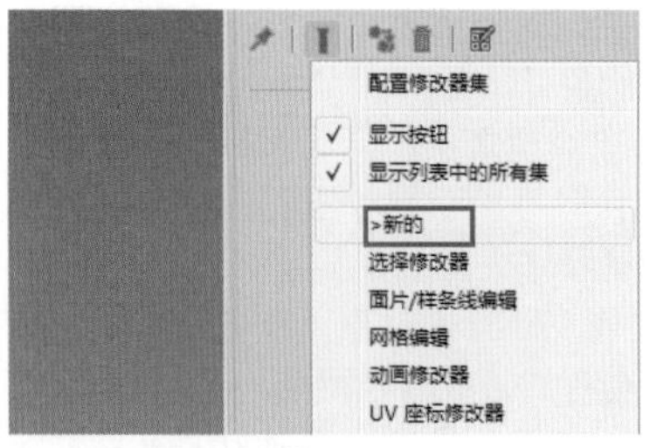

图6-9

6.1.2 修改器堆栈的应用

堆栈的作用是可以让修改命令可逆。单击堆栈中的修改命令即可回到当前修改状态（可重新调整修改参数），也可以暂停或删除这个修改命令。如果在堆栈中间插入新的修改器，则修改效果将按照新的堆栈排列进行改变，最上方的修改命令为最后施加的效果。

1. 添加多个修改器

可以为对象应用任意数目的修改器，包括重复应用同一个修改器。当开始为对象应用对象修改器时，修改器会以应用它们时的顺序入栈。第一个修改器会出现在堆栈底部，紧挨着对象类型会出现在它的上方。

2. 堆栈顺序的效果

3ds Max 会以修改器的堆栈顺序应用它们（从底部开始向上执行，变化一直积累），所以修改器在堆栈中的位置是很关键的。堆栈中的两个修改器，如果执行顺序颠倒过来，那么对象会有什么变化呢？如图6-10所示，左边的管道先应用了一个锥化修改器，后应用了一个弯曲修改器；右边的管道则相反，先应用了一个弯曲修改器，后应用了一个锥化修改器。

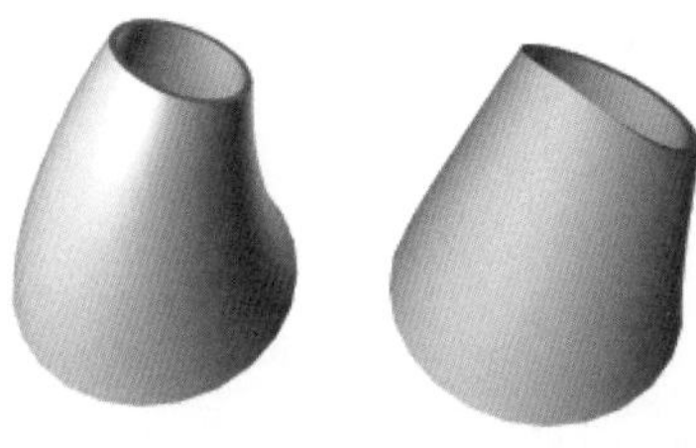

图 6-10

实例操作 堆栈顺序的效果

步骤01 在场景中创建一个文本，如图6-11所示（工程文件路径：第6章/Scenes/堆栈顺序的效果.max）。

图 6-11

步骤02 在左视图中，创建【矩形】样条线，并通过右键快捷菜单将其转换为可编辑样条线，如图6-12所示。

步骤03 在场景中可以看到另一条倒角放样线，如图6-13所示。

步骤04 选择文本，在修改器列表中添加【倒角剖面】修改器，效果如图6-14所示。

步骤05 打开【倒角剖面】的剖面Gizmo层级，缩放Gizmo即可得到如图6-15所示的效果。

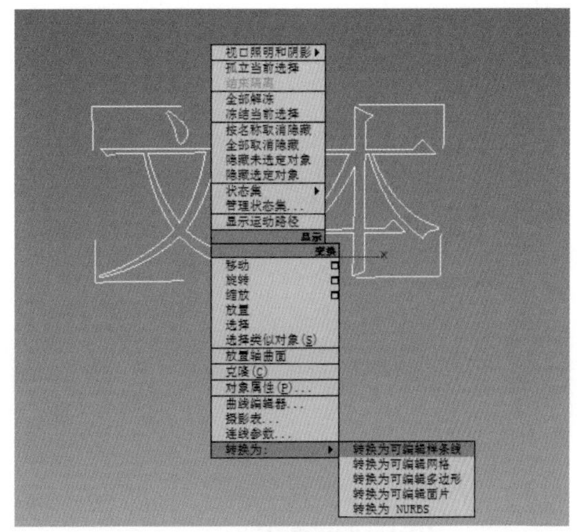

图 6-12

图 6-13

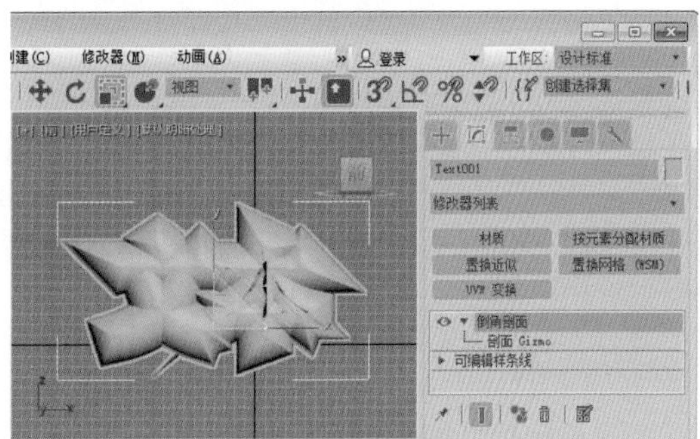

图 6-14

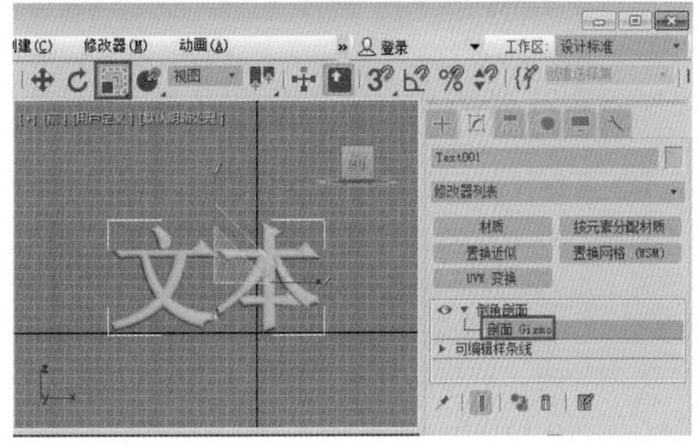

图 6-15

步骤06 在修改器列表中添加【锥化】修改器，如图6-16所示。

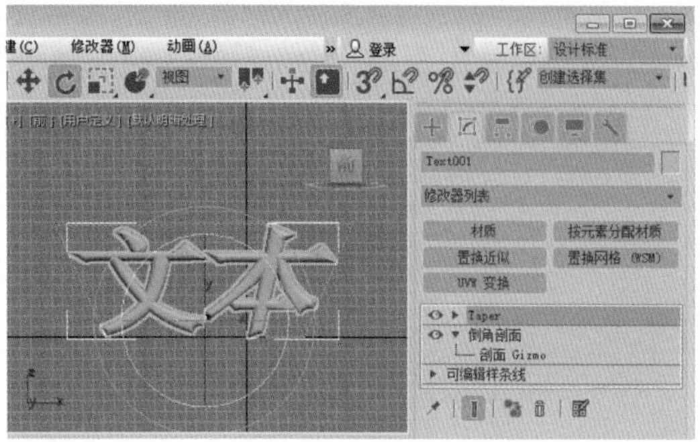

图 6-16

步骤07 在修改器列表中添加【弯曲】修改器，如图6-17所示。

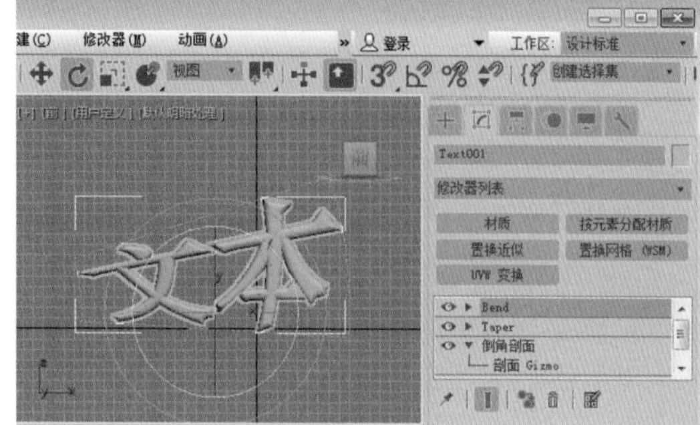

图 6-17

6.2 常用修改器

修改器与变换的区别在于它们影响对象的方式，使用修改器不能变换对象的当前状态，但可以塑形和编辑对象，并能更改对象的几何形状及属性。

6.2.1 常用世界空间修改器

世界空间修改器的行为与特定对象空间扭曲一样，它们携带对象，但像空间扭曲一样对其效果使用世界空间，而不使用对象空间。世界空间修改器不需要绑定到单独的空间扭曲Gizmo，使它们便于修改单个对象或选择集。

应用世界空间修改器就像应用标准对象空间修改器一样。通过【修改器】菜单、【修改】面板中的【修改器】列表和可应用的修改器集，可以访问世界空间修改器。世界空间修改器用星号或修改器名称旁边的（WSM）文本表示。星号或（WSM）文本用于区分相同修改器（如果存在）的对象空间版本和世界空间版本。

将世界空间修改器指定给对象之后，该修改器显示在修改器堆栈的顶部。

1.【摄影机贴图】世界空间修改器

【摄影机贴图】世界空间修改器类似于摄影机贴图修改器，由于它基于指定摄影机将 UVW 贴图坐标应用于对象，因此，如果在应用于对象时将相同贴图指定为背景的屏幕环境，则在渲染的场景中该对象不可见。

【摄影机贴图】的世界空间版本和对象空间版本的主要区别在于，当使用对象空间版本移动摄影机或对象时，该对象变为可见，因为对于对象的局部坐标，UVW贴图坐标是固定的；当使用世界空间版本移动摄影机或对象时，该对象仍然不可见，因为使用了世界坐标，如图6-18所示。

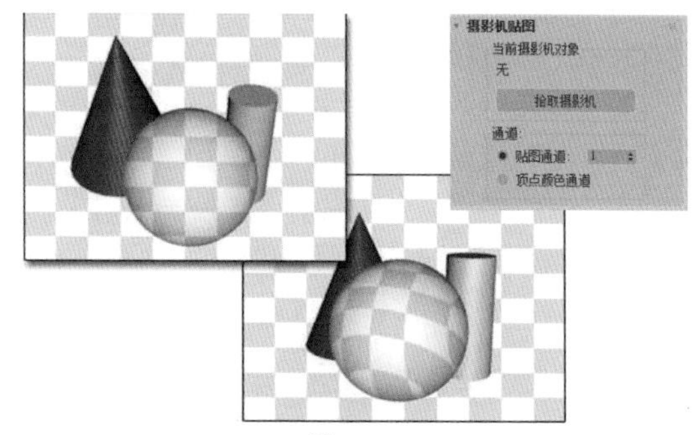

图 6-18

2.【头发和毛发】修改器

【头发和毛发】修改器是【头发和毛发】功能的核心所在。该修改器可应用于要生长毛发的任意对象，既可为网格对象，也可为样条线对象。如果对象是网格对象，则毛发将从整个曲面生长出来，除非选择了子对象。如果对象是样条线对象，则毛发将在样条线之间生长。

当选择【头发和毛发】修改器要修改的对象时，会在视口中显示毛发。此时显示在视口中的毛发物体本身不可选，但毛发导向物体可选，如图6-19所示。

图 6-19

实例操作 头发和毛发修改器的基本应用

步骤01 创建球体，并将其转换为可编辑多边形。在修改器列表中添加【头发和毛发】修改器，毛发在视口中显示为棕色线条，如图6-20所示（工程文件路径：第6章/Scenes/头发和毛发修改器的基本应用.max）。

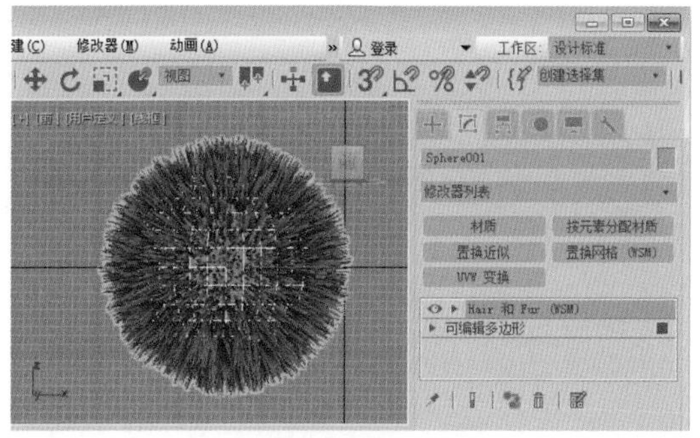

图6-20

步骤02 单击■按钮，进入多边形级别，在视图中选择面，然后单击【更新选择】按钮，这样只会在选择的面上出现毛发，如图6-21所示。

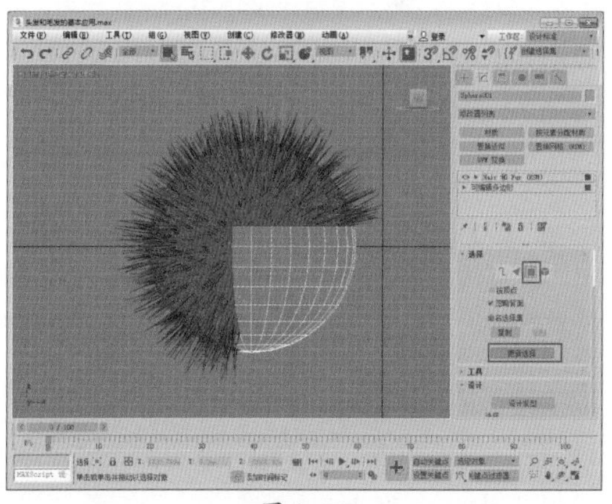

图6-21

步骤03 激活【透视】或【摄影机】视口，然后渲染场景，如图6-22所示。毛发不能在正交视口中渲染。

图6-22

步骤04 在常规参数中，可以设置毛发的参数，如图6-23所示。

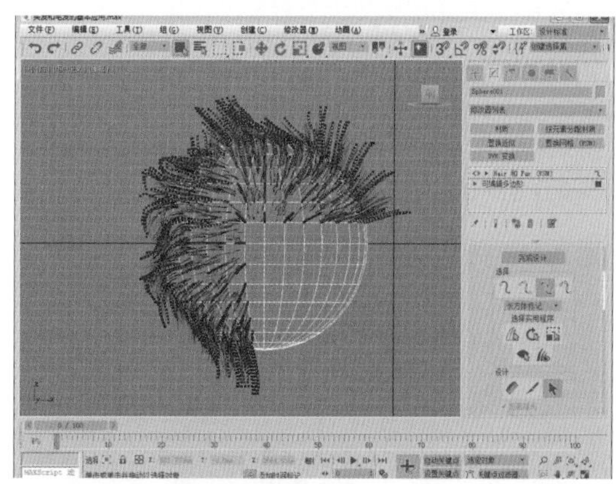

图6-23

步骤05 返回到 选择 卷展栏，单击按钮，编辑毛发，然后渲染场景，如图6-24所示。

图6-24

步骤06 在 工具 卷展栏中，单击【加载】按钮，弹出毛发预设面板，在面板中可以选择预设的各种毛发类型，如图6-25所示。

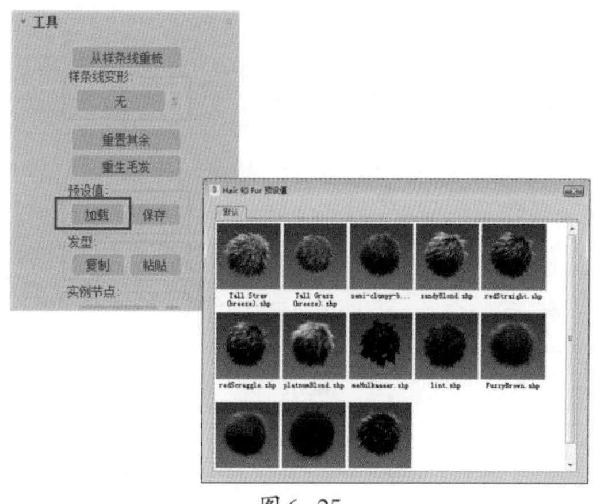

图6-25

3.【路径变形】世界空间修改器

【路径变形】世界空间修改器根据图形、样条线或NURBS曲线路径变形对象。除了在【界面】部分有所不同，【路径变形】世界空间修改器与路径变形对象空间修改器的工作方式完全相同。

实例操作 模拟绕地球的月球轨道

步骤01 在【顶】视口中，创建半径为100mm的圆，如图6-26所示（工程文件路径：第6章/Scenes/模拟绕地球的月球轨道.max）。

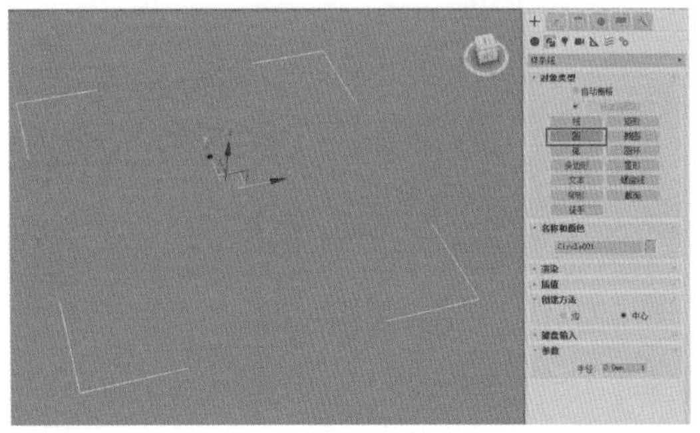
图6-26

步骤02 在【前】视口中，创建一个有6、7个字母，大小为100mm的文本图形，如图6-27所示。

图6-27

步骤03 将一个【挤出】修改器应用到该文本图形上，并将【数量】设置为10mm，如图6-28所示。

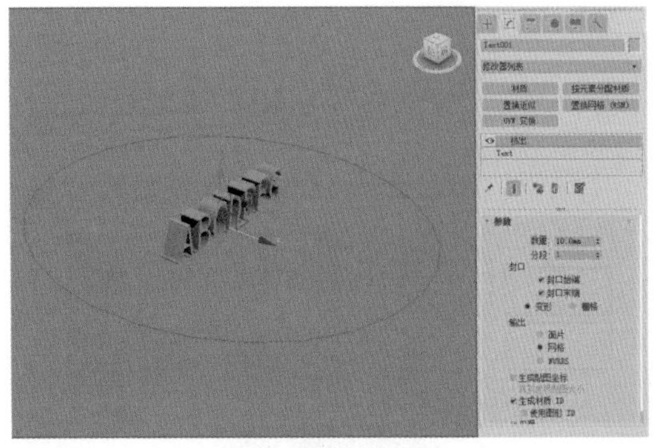
图6-28

步骤04 在主工具栏中，将【参考坐标系】设置为【局部】。观察挤出文本对象的三轴架，可以看到其Z轴相对于世界空间从后向前移动，如图6-29所示。

步骤05 将一个【路径变形】子对象修改器应用到文本对象上。单击【拾取路径】按钮，然后选择圆，会出现一个圆Gizmo。该圆穿过文本对象的局部Z轴移动。因为其方向的缘故，所以产生的影响最小，但是可以从顶视图中看到轻微的楔子形状变形，如图6-30所示。

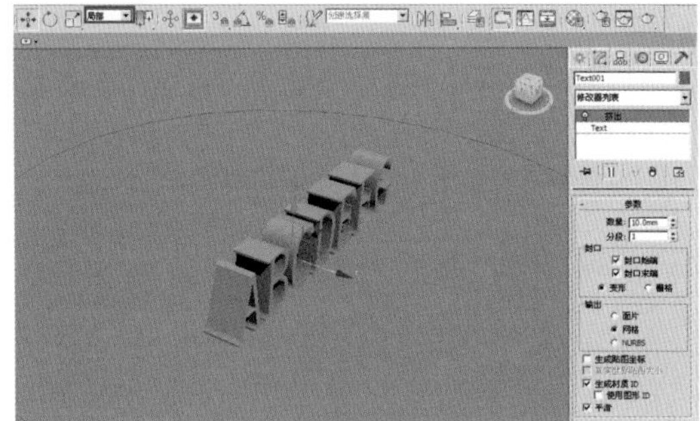
图6-29

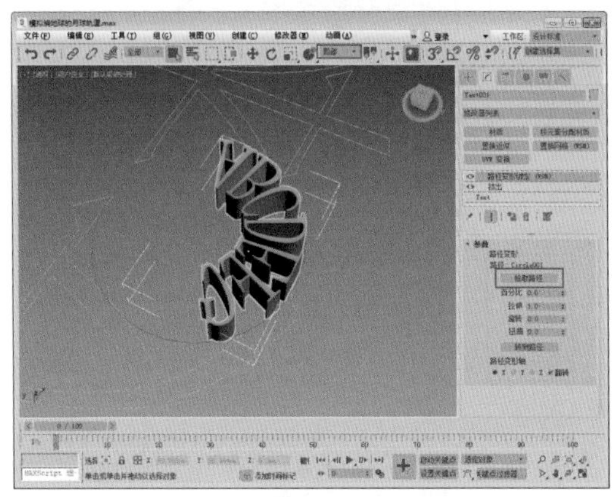
图6-30

步骤06 在【路径变形轴】选项组中，先选择【Y】选项，然后选择【X】选项。圆Gizmo旋转以穿过指定的轴移动，并根据每次更改对文本对象进行不同的变形，如图6-31所示。

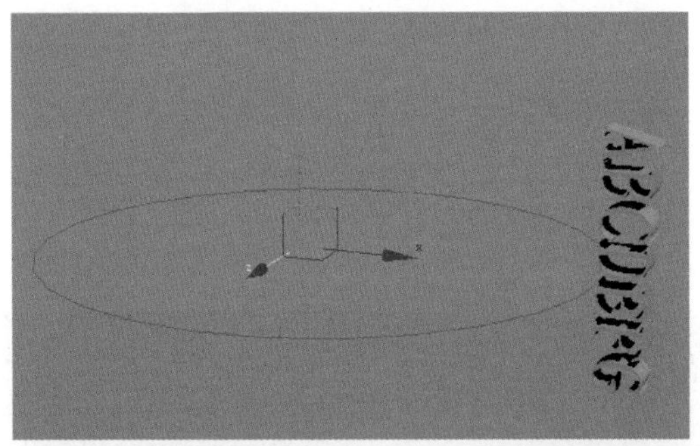

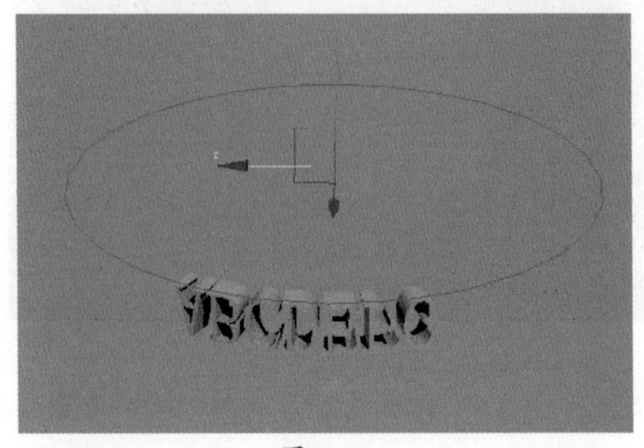
图6-31

步骤07　调整【百分比】微调器以查看其影响，然后将其设置为0。用同样的方法查看【拉伸】、【旋转】和【扭曲】的影响，然后将它们恢复为其原始值。

步骤08　启用【翻转】选项来切换路径的方向，然后禁用该选项，如图6-32所示。

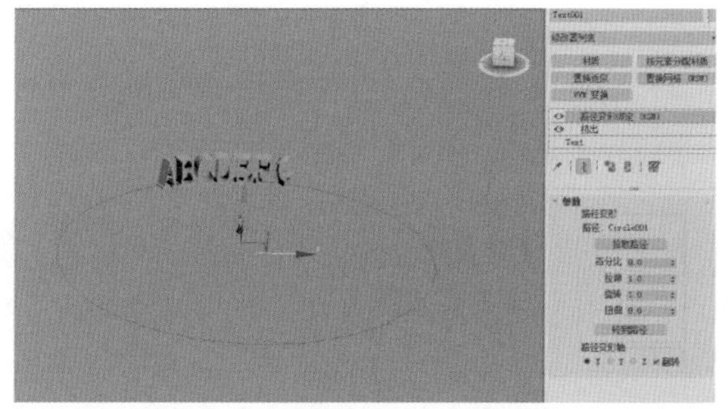

图6-32

步骤09　单击【转到路径】按钮，并左右移动Gizmo路径。文本对象根据自身与Gizmo的相对位置进一步变形，如图6-33所示。

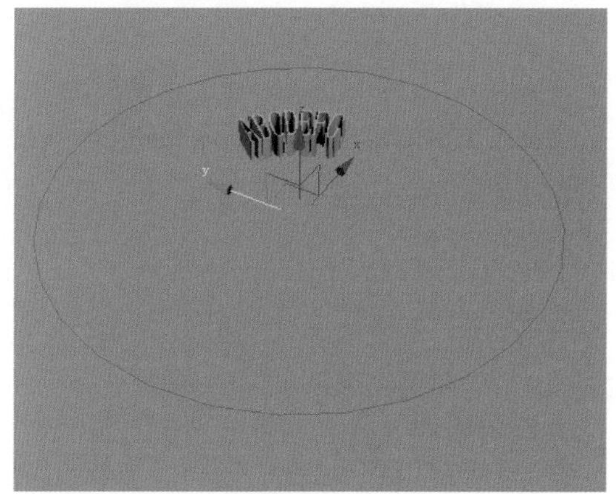

图6-33

步骤10　选择初始的圆形，并更改其半径。文本对象的变形会改变，因为其Gizmo是圆形对象的一个实例，如图6-34所示。

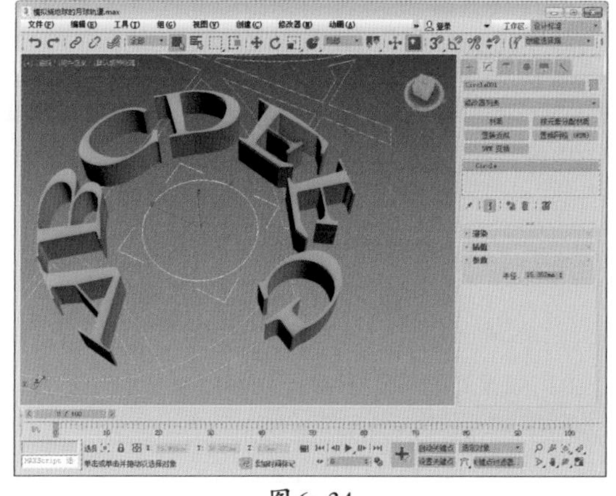

图6-34

6.2.2 常用对象空间修改器

对象空间修改器直接影响局部空间中对象的几何体。在应用对象空间修改器时，使用修改器堆栈中的其他对象空间修改器，对象空间修改器直接显示在对象的上方。堆栈中修改器的顺序可以影响几何体的生成结果，如图6-35所示。

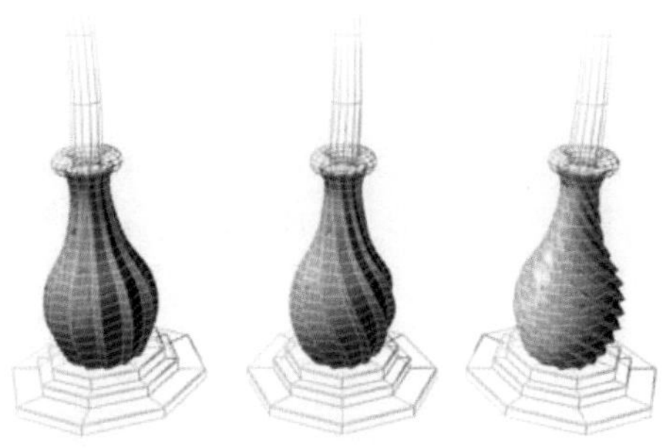

图6-35

1. 常用修改器

弯曲修改器：弯曲修改器允许将当前选中对象围绕单独轴弯曲360°，在对象几何体中产生均匀弯曲。可以在任意3个轴上控制弯曲的角度和方向，也可以对几何体的一端限制弯曲。

晶格修改器：晶格修改器将图形的线段或边转换为圆柱体结构，并在顶点上产生可选的关节多面体。使用它可基于网格拓扑创建可渲染的几何体结构，或作为获得线框渲染效果的另一种方法。

噪波修改器：噪波修改器沿着3个轴的任意组合调整对象顶点的位置。它是模拟对象形状随机变化的重要动画工具。

锥化修改器：锥化修改器通过缩放对象几何体的两端产生锥化轮廓；一端放大而另一端缩小。可以在两组轴上控制锥化的量和曲线，也可以对几何体的一端限制锥化。

扭曲修改器：扭曲修改器在对象几何体中产生一种旋转效果（就像拧湿抹布）。可以控制任意3个轴上扭曲的角度，并设置偏移来压缩扭曲相对于轴点的效果，也可以对几何体的一端限制扭曲。

UVW贴图：该组修改器提供了各种方法来管理UVW坐标，以及将材质贴到几何体上。

实例操作　通过修改器制作卷轴

步骤01　首先制作卷轴的造型。新建一个场景文件，单击 标准基本体 创建面板中的 平面 按钮，在前视图中创建一个平面，并设置平面的各个参数，如图6-36所示（工程文件路径：第6章/Scenes/通过修改器制作卷轴.max）。

步骤02　选择平面，单击修改按钮，进入修改面板，给物体添加 壳 修改器，使平面成为双面。然后给物体添加 弯曲 修改器，效果如图6-37所示，可以通过移动 Gizmo 或 中心 子物体的位置控制卷轴展开或卷起。

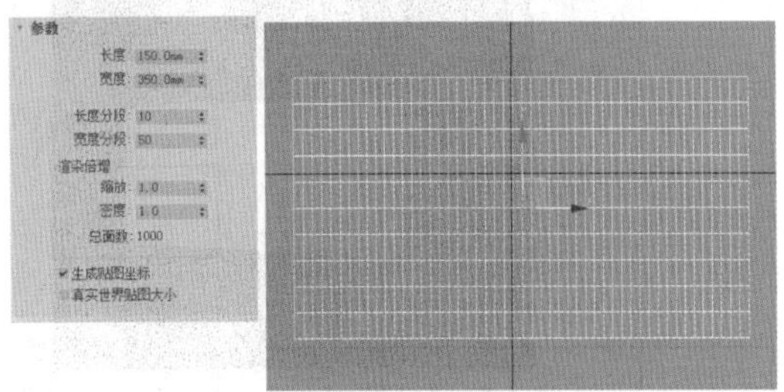

图 6-36

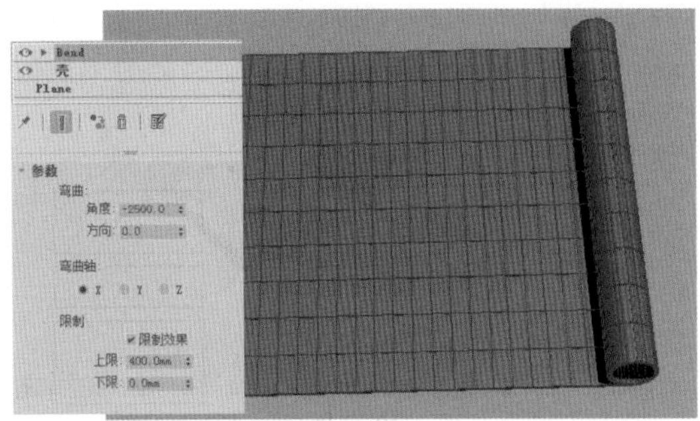

图 6-37

步骤03 在前视图中选择卷轴造型，单击主工具栏中的按钮，以关联的方式镜像复制一个相同的造型，选择实例选项，如图6-38所示。

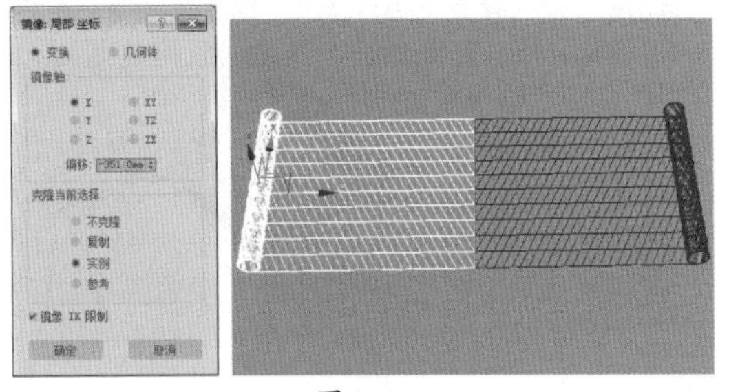

图 6-38

步骤04 接下来创建一个圆柱体，作为卷轴的轴造型。在轴造型的上方创建一个球体，将球体复制一个并移动到轴的下方，然后对球体和圆柱体进行布尔运算，如图6-39所示。

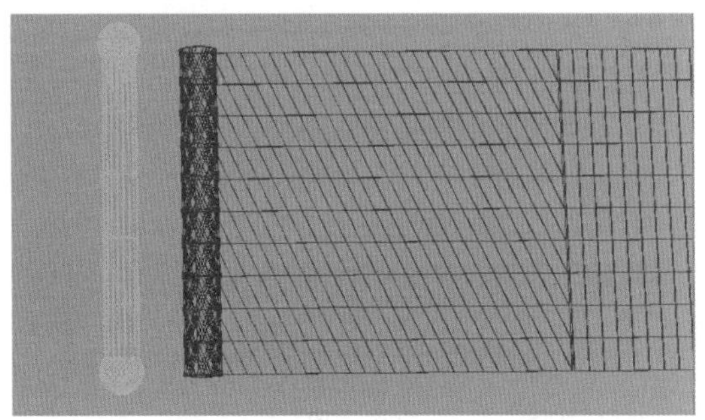

图 6-39

步骤05 在前视图中选择轴，通过镜像工具镜像复制出一个相同的轴，然后将其放置到合适的位置，如图6-40所示。

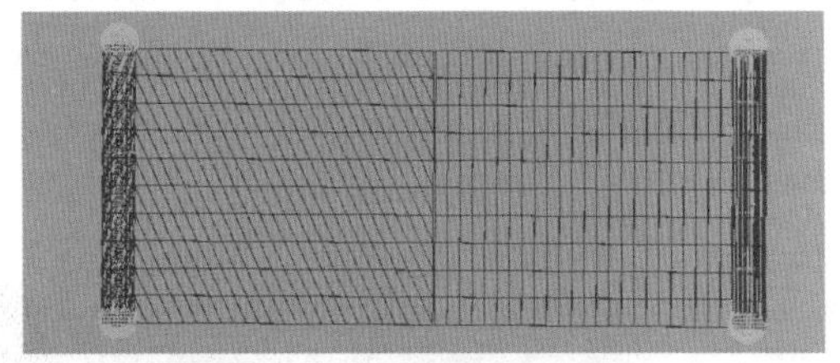

图 6-40

2. 将二维物体转换为几何体的修改器

当在场景中创建一个二维图形时，若要将该二维图形作为几何体的截面进行转换，则可以使用挤出修改器、倒角修改器、倒角剖面修改器、壳修改器和车削修改器。

挤出修改器：挤出修改器将深度添加到图形中，并使其成为一个参数对象。

壳修改器：通过添加一组朝向现有面相反方向的额外面，壳修改器“凝固”对象或者为对象赋予厚度。无论曲面在原始对象中的任何地方消失，边都将连接内部和外部曲面。可以为内部和外部曲面、边的特性、材质 ID 及边的贴图类型指定偏移距离。

车削修改器：车削修改器通过绕轴旋转一个图形或 NURBS 曲线来创建 3D 对象。

倒角修改器：倒角修改器将图形挤出为 3D 对象并在边缘应用平或圆的倒角。此修改器的一个常规用法是创建 3D 文本和徽标，而且可以应用于任意图形。

倒角剖面修改器：倒角剖面修改器使用一个图形作为路径或倒角剖面来挤出另一个图形。它是倒角修改器的一种变量。

6.3 可编辑对象

要访问对象的子对象，首先要将该对象转换为可编辑对象，或将修改器应用于该对象上，如【编辑网格】修改器等，这些修改器只是为了给子对象指定选择集。将对象转换为可编辑对象是一种彻底的模型塌陷，这与“将【编辑几何体】卷展栏中提供的修改命令应用于对象上”是不同的，后者仍然可以返回参数化模型。

6.3.1 可编辑多边形

可编辑多边形是一种可编辑对象，它包含5个子对象层级：顶点、边、边界、多边形和元素。其用法与可编辑网格曲面的用法相同。可编辑多边形有各种控件，可以在不同的子对象层级将对象作为多边形网格进行操作。但是，与三角形面不同的是，可编辑多边形对象的面是包含任意数目顶点的多边形，如图6-41所示。

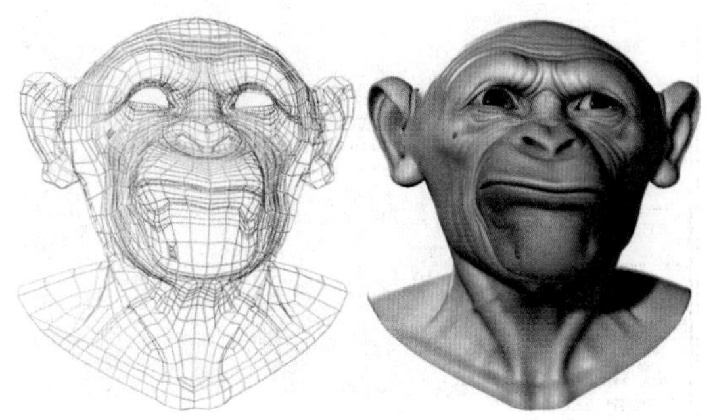

图6-41

多边形卷展栏提供了下列选项：

● 可编辑多边形物体包括顶点、边、轮廓边、面和元素5个次物体级别，可以在任何一个次物体级别对物体形态进行深层加工。

● 可以执行移动、旋转、缩放等基本的修改操作，也可在按住【Shift】键的同时进行拖动复制。

● 可使用【编辑几何体】卷展栏中提供的修改命令编辑选定子对象（顶点、边、轮廓边、面和元素）。

● 可将子对象选择传递给堆栈中更高级别的修改器。可对选择对象应用一个或多个标准修改器。

● 可使用【细分曲面】卷展栏中的选项来改变曲面的特性。

● 由于在修改器命令中没有直接可以转换为可编辑多边形物体的命令，因此物体在转换为多边形物体后，会塌陷以前的创建参数。如果想保留以前的创建参数，则可执行【多边形选择】修改命令。

1. 选择次物体级别

【选择】卷展栏提供了各种工具，用于访问不同的子对象层级，如图6-42所示。

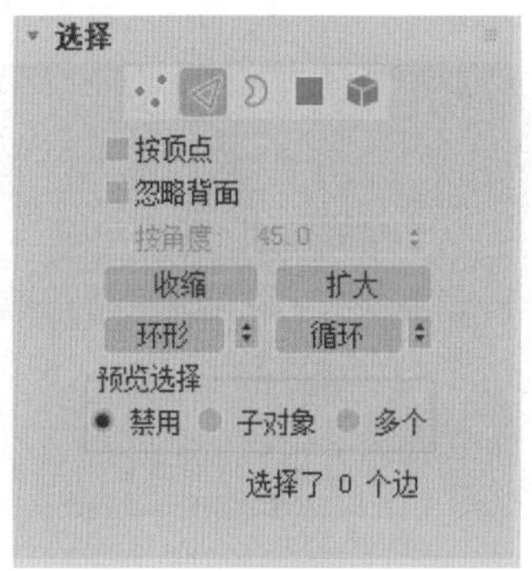

图6-42

单击【选择】卷展栏中的顶点、边、轮廓边、面、元素按钮可进入相应的子对象选择模式。再次单击这些按钮可返回到对象选择层级。

知识拓展

使用【Ctrl】键和【Shift】键，可以采用下面两种不同的方式转换选定子对象：在【选择】卷展栏中，按住【Ctrl】键并单击【子对象】按钮，可将当前选择转换到新层级。同时，选择在与前一个选择相关的新层级中选择所有子对象。例如，选择某个顶点，然后按住【Ctrl】键并单击【多边形】按钮，则将会选中使用该顶点的所有多边形。

要将选定内容仅转换为以前已经选定其源组件的所有子对象，请在更改相关的层级时同时按住【Ctrl+Shift】组合键。例如，按住【Ctrl+Shift】组合键并单击，将选定的顶点转换为选定的多边形，生成的选定内容只包括那些原来已经选定其所有顶点的多边形。

顶点：启用用于选择光标下的顶点的顶点子对象层级；在选择区域时可以选择该区域内的顶点，如图6-43所示。

图6-43

边：启用用于选择光标下的边的边子对象层级；在选择区域时可以选择该区域内的边，如图6-44所示。

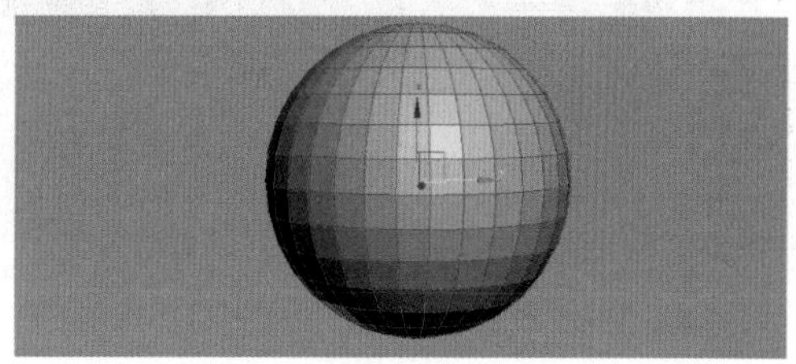

图6-44

边界：启用边界子对象层级。使用该层级可以选择为网格中的孔洞设置边界的边序列。边界始终由面只位于其中一边的边组成，且始终是完整的环。例如，长方体没有边界，但茶壶对象包含下面一组边界，即壶盖、壶身、壶嘴各有一个边框，而手柄有两个边框。

如果创建球体，然后删除一个端点，那么围绕该端点的那行边将会形成一个边界，如图6-45所示。

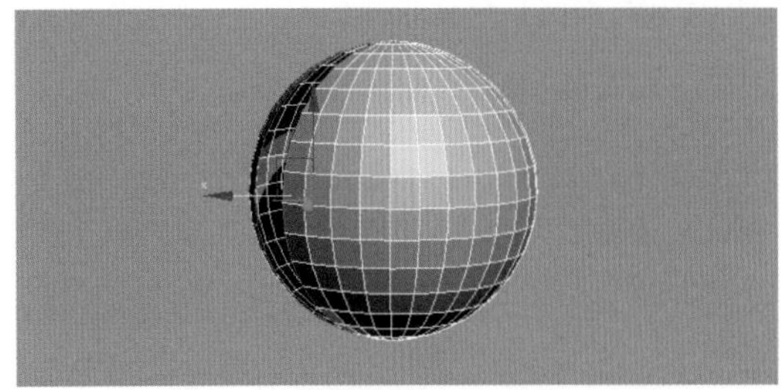

图6-45

多边形：启用可以选择光标下的多边形的多边形子对象层级。区域选择会选择该区域中的多个多边形，如图6-46所示。

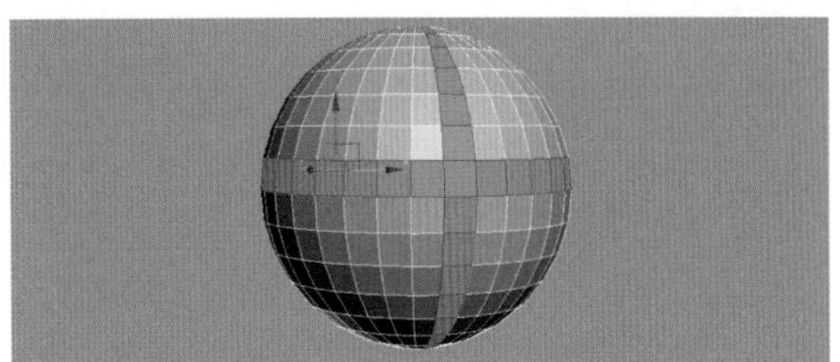

图6-46

元素：启用元素子对象层级，从中选择对象中的所有连续多边形。区域选择用于选择多个元素，如图6-47所示。

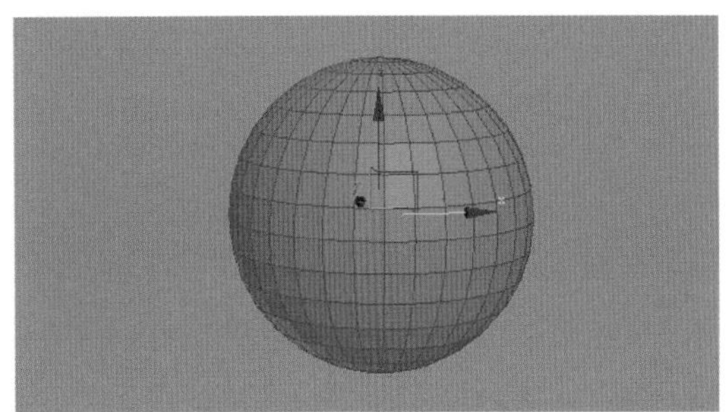

图6-47

按顶点：启用后，只有通过选择使用的顶点，才能选择子对象。当单击顶点时，将选择使用该选定顶点的所有子对象。

忽略背面：启用后，选择子对象将只影响朝向你的那些对象。禁用（默认值）后，无论可见性或面向方向如何，都可以选择鼠标光标下的任何子对象。如果光标下的子对象不止一个，则可以反复单击，在其中循环切换。同样，如果禁用【忽略背面】选项，则区域选择会包含所有子对象，而无须考虑它们的朝向。

按角度：启用后，当选择某个多边形时，也可以根据该复选框右侧的角度数值选择邻近的多边形。该数值可以确定要选择的邻近多边形之间的最大角度。仅在多边形子对象层级可用。

知识拓展

【显示】面板中的【背面消隐】设置的状态不影响子对象选择。这样，如果【忽略背面】选项已禁用，则仍然可以选择子对象，即使看不到它们。

例如，如果单击长方体的一个侧面，且角度值小于90度，则仅选择该侧面，因为所有侧面相互成90度角。但如果角度值为90度或更大，则将选择所有长方体的所有侧面。使用该功能可以加快连续区域的选择速度。其中，这些区域由彼此间角度相同的多边形组成。通过单击一次任意角度值，可以选择共面的多边形。

收缩：通过取消选择最外部的子对象缩小子对象的选择区域。如果无法再缩小选择区域的大小，则将会取消选择其余的子对象，如图6-48所示。

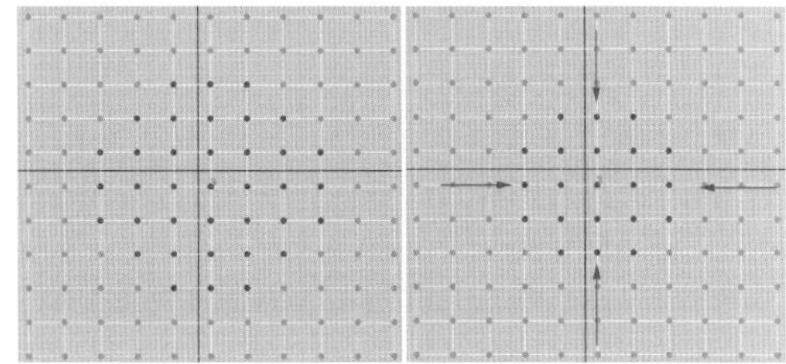

图6-48

扩大：朝所有可用方向外侧扩展选择区域，如图6-49所示。

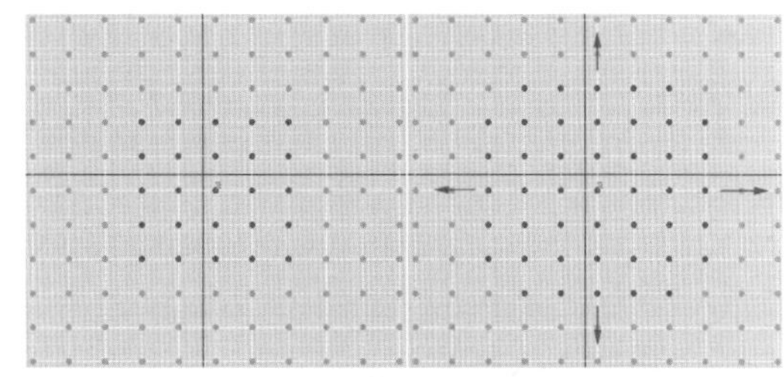

图6-49

环形：通过选择与选定边平行的所有边来扩展边选择，如图6-50所示。环形仅适用于边和边界选择。

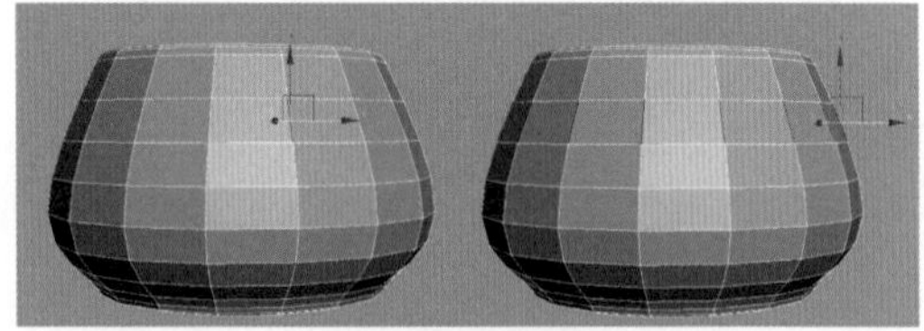

图6-50

循环：尽可能扩大选择区域，使其与选定的边对齐，如图6-51所示。循环仅适用于边和边界选择，且只能通过四路交点进行传播。

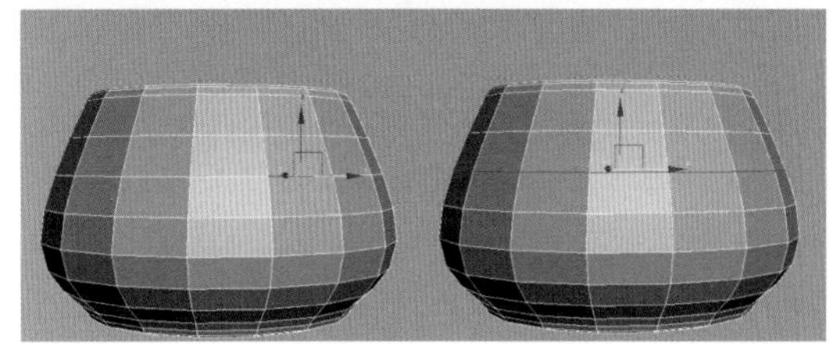

图 6-51

2. 命名选择

命名选择用于复制和粘贴对象之间的子对象的命名选择集。首先，创建一个或多个命名选择集，复制其中一个，选择其他对象，并切换到相同的子对象层级，然后粘贴该命名选择集。

复制：打开一个对话框，使用该对话框可以指定要放置在复制缓冲区中的命名选择集。

粘贴：从复制缓冲区中粘贴命名选择集。

完全交互：切换【切片】和【切割】工具的反馈层级及所有的设置对话框。

启用时，如果使用鼠标操纵工具或更改数值设置，则将会一直显示最终结果。在使用【切割】和【快速切片】工具时，如果禁用【完全交互】选项，则单击之前，只会显示橡皮筋线。如果使用【切片平面】工具，则只有在变换平面后释放鼠标按键时，才能显示最终结果。同样，如果使用相应对话框中的数值设置，则只有在更改设置后释放鼠标按键时，才能显示最终结果。

【完全交互】的状态不会影响使用键盘对数值设置的更改。无论启用该选项还是禁用该选项，只有在按【Tab】或【Enter】键或在对话框中单击其他控件退出该字段时，该设置才能生效。

多边形属性卷展栏如图6-52所示。

图 6-52

3. 材质 ID 区域

设置ID：用于为选定的子对象分配特殊的材质ID编号，以供【多维/子对象材质】和其他应用使用。通过使用该微调器或键盘输入设置编号。可用的ID总数为65 535个。

选择ID：选择与相邻ID字段中指定的【材质ID】对应的子对象。通过键盘输入或使用该微调器指定ID，然后单击【选择ID】按钮。

按名称选择：该下拉列表显示了对象包含为其分配【多维/子对象材质】时子材质的名称。单击下拉箭头，然后从列表中选择某个子材质。此时，将会选中分配该材质的子对象。如果对象没有分配到【多维/子对象材质】，则将不会提供名称列表。同样，如果选定的多个对象已经应用【编辑平面】、【编辑样条线】或【编辑网格】修改器，则名称列表将会处于非活动状态。

清除选定内容：启用后，如果选择新的ID或材质名称，则将会取消选择以前选定的所有子对象。禁用后，选定内容是累积结果，因此，新ID或选定的子材质名称将会添加到现有的平面或元素选择集中。默认设置为启用状态。

知识拓展

子材质名称是那些在该材质的【多维/子对象】基本参数卷展栏中的【名称】列中指定的名称；这些名称不是在默认情况下创建的，因此，必须使用任意材质名称单独指定。

4. 平滑组区域

按平滑组选择：显示说明当前平滑组的对话框。通过单击对应编号按钮选择组，然后单击【确定】按钮。如果启用【清除选定内容】选项，则首先会取消选择以前选择的所有多边形。如果【清除选定内容】选项为禁用状态，则新选择添加到以前的所有选择集中。

清除全部：从选定多边形中移除任何平滑组指定。

自动平滑：根据多边形间的角度设置平滑组。如果任意两个相邻多边形法线间的角度小于该按钮右侧的微调器设置的角度阈值，则这两个多边形处于同一个平滑组中。

阈值：使用该微调器（【自动平滑】按钮右侧的数值框）可以指定相邻多边形的法线之间的最大角度。通过阈值可以确定这些多边形是否处于同一个平滑组中。

5. 顶点颜色区域

颜色：单击色样可更改选定多边形或元素中各顶点的颜色。

照明：单击色样可更改选定多边形或元素中各顶点的照明颜色。使用该选项可以更改照明颜色，而不会更改顶点颜色。

Alpha：用于为选定多边形或元素中的顶点分配Alpha（透明）值。微调器值为百分比值；0代表完全透明，100代表完全不透明。

6.3.2 编辑网格

【编辑网格】修改命令面板主要针对网格物体的不同次级别进行编辑。可以通过在场景中的网格物体上单击鼠标右键，从弹出的快捷菜单中选择进入不同的次物体级别；也可以在修改堆栈中单击+号图标，从下拉的缩进子级项目中进入不同的次级结构。更快地进入次级结构的方法是直接按下键盘上的【1】、【2】、【3】、【4】、【5】快捷键，分别进入不同的次物体级别，如图6-53所示。

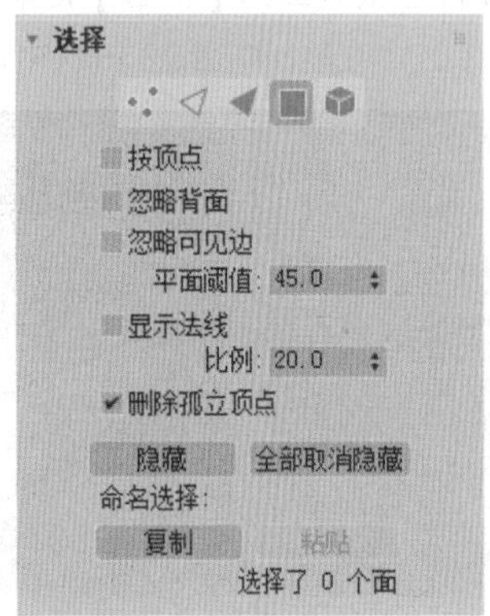

图6-53

顶点：启用用于选择光标下的顶点的顶点子对象层级；在选择区域时可以选择该区域内的顶点。

边：启用边子对象层级，这样可以选择光标下的面或多边形的边；在选择区域时可以在该区域中选择多个边。在边子对象层级，选定的隐藏边显示为虚线，可以进行更精确的选择。

面：启用面子对象层级，这样可以选择光标下的三角面；在选择区域时可以在该区域中选择多个三角面。如果选定的面有隐藏边并且着色选定面处于关闭状态，则边显示为虚线。

多边形：启用多边形子对象层级，这样可以选择光标下的所有共面的面。通常，多边形是在可视线边中看到的区域。在选择区域时，可以选择该区域中的多个多边形。

元素：启用元素子对象层级，可以选择对象中所有相邻的面。在选择区域时可以选择多个元素。

按顶点：当该复选框处于勾选状态时，单击顶点，将选中所有使用此顶点的子对象。也可以使用【区域选择】。

当【按顶点】复选框处于勾选状态时，可以只通过单击顶点或按区域选择子对象。

忽略背面：启用后，选定子对象只会选择视图中显示其法线的那些子对象。禁用后，无论法线方向如何，选择对象包括所有的子对象。

忽略可见边：当选择【多边形】面选择模式时，该功能将启用。当【忽略可见边】选项处于禁用状态时，单击一个面，无论【平面阈值】微调器的设置如何，选择不会超出可见边。当该功能处于启用状态时，面选择将忽略可见边，使用【平面阈值】设置作为指导。

在通常情况下，如果想选择面，则将【平面阈值】设置为1.0。如果想选择曲线曲面，那么根据曲率量增加该值。

平面阈值：指定阈值的值，该值决定对于【多边形】面选择来说哪些面是共面。

显示法线：当该选项处于启用状态时，程序在视图中显示法线，法线显示为蓝线。

比例：当【显示法线】选项处于启用状态时，指定视图中显示的法线大小。

删除孤立顶点：在启用状态下，当删除子对象的连续选择时，3ds Max将消除任何孤立顶点。在禁用状态下，删除选择会完好不动地保留所有的顶点。该功能在顶点子对象层级不可用。默认设置为启用状态。

孤立顶点是指没有与之相关的面几何体的顶点。

隐藏：隐藏任何选定的子对象。边和整个对象不能隐藏。

3ds Max的【编辑】菜单中的【反选】命令对选择要隐藏的面很有用。选择想要独显的面，执行【编辑】/【反选】命令，然后单击【隐藏】按钮。

全部取消隐藏：还原任何隐藏对象，使之可见。只有在处于顶点子对象层级时，才能将隐藏的顶点取消隐藏。

1. 命名选择区域

复制：将命名选择放置到复制缓冲区。

粘贴：从复制缓冲区中粘贴命名选择。

创建：既可以创建顶点，也可以构建新的面；在多边形子对象层级，可以创建任意边数的多边形，如图6-54所示。

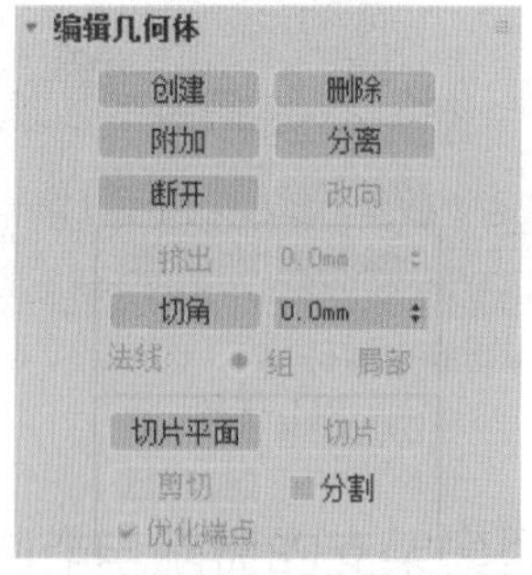

图6-54

要创建面，则单击【创建】按钮。此时，将会高亮显示对象中的所有顶点，其中包括删除面后留下的孤立顶点。单击现有的3个顶点，然后定义新面的形状。另外，还可以在多边形和元素子对象层级创建新面。在面和元素子对象层级，在第三次单击之后，都会创建新面。在多边形子对象层级，可以根据需要单击多次，以便向新多边形中添加顶点。若要完成新多边形的绘制，则单击两次，或重新单击当前多边形中现有的任何顶点。

通过按住【Shift】键并在空间中单击，可以在这种模式下添加顶点；此时，这些顶点将被合并到正在创建的面或多边形中。在任何视图中，都可以创建面或多边形，但是后续的所有单击操作必须在同一个视图中执行。

删除：删除选定的子对象。

附加：将场景中的另一个对象附加到选定网格。可以附加任何类型的对象，包括样条线、片面对象和NURBS曲面。在附加非网格对象时，该对象会转换成网格。单击要附加到当前选定网格对象中的对象。

分离：将选定面作为单独的对象（在默认情况下）或将当前对象的元素进行分离。使用【作为克隆对象进行分离】选项可以复制面，但不能对其进行移动。系统提示输入新对象的名称。如果不使用【作为克隆对象进行分离】选项，则将分离的对象移至新位置之后，会在原始对象中留下一个孔洞。

断开：将面分成3个较小的面。即便处于多边形或元素子对象层级，该功能也适用于面。单击【断开】按钮，然后选择要断开的面。每个面都可以在单击的位置处进行断开。可以根据需要依次单击尽可能多的面。若要停止断开，则重新单击【断开】按钮或单击鼠标右键。

挤出：单击此按钮，然后垂直拖动任何面，以便对其进行倒角处理。

切角：单击此按钮，然后垂直拖动任何面，以便对其进行倒角处理。释放鼠标按键，然后垂直移动鼠标光标，以便对挤出对象进行倒角处理。

法线：当将【法线】设置为【组】（默认值）时，将会沿着一组连续面的平均法线进行挤出处理。如果挤出多个这样的组，则每个组将会沿着自身的平均法线方向移动。如果将【法线】设置为【局部】，则将会沿着每个选定面的法线方向进行挤出处理。

切片平面：一个方形化的平面，可以通过移动或旋转改变将要剪切物体的位置。单击该按钮后，【切片】按钮为可用状态。

切片：单击该按钮后，将在切片平面处剪切选择的次物体。

分割：勾选该复选框后，在进行切片或剪切操作时，会在细分的边上创建双重的点，这样可以很容易地删除新的面来创建洞，或者像分散的元素一样操作新的面。

优化端点：勾选该复选框后，在相邻的面之间进行光滑过渡；反之，则在相邻的面之间产生生硬的边。

2. 焊接区域

选定项：焊接【焊接阈值】微调器（位于该按钮的右侧）指定的公差范围内的选定顶点。所有线段都会与产生的单个顶点连接，如图6-55所示。

目标：进入焊接模式，可以选择顶点并将它们移来移去。当移动时，光标照常变为移动光标，但是将光标定位在未选择的顶点上时，其就会变为+号。在该点释放鼠标以便将所有选定顶点焊接到目标顶点上，选定顶点下落到该目标顶点上。

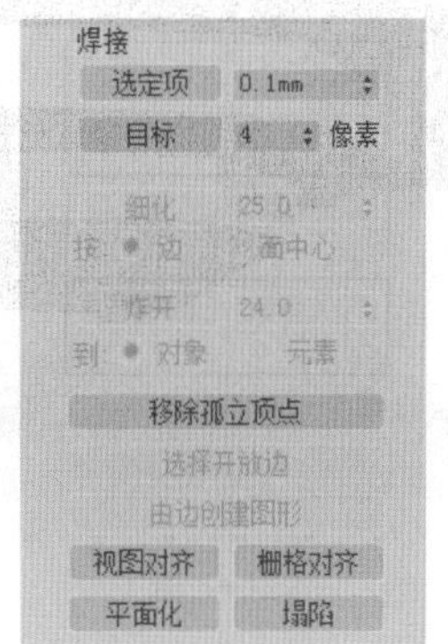

图6-55

细化：根据边、面中心和张力（微调器）的设置，单击该按钮即可细化选定的面。

在增加局部网格密度和创建模型时，可以使用细化功能。可以对选择的任何面进行细分。

炸开：根据边所在的角度将选定的面炸开为多个元素或对象。

移除孤立顶点：无论当前选择如何，删除对象中所有的孤立顶点。

选择开放边：选择所有只有一个面的边。在大多数对象中，该选项可以显示丢失面存在的地方。

从边创建图形：选择一条或多条边后，单击此按钮，通过选定的边创建样条线图形，弹出【创建图形】对话框，可以命名图形，将其设为【平滑】或【线性】及忽略隐藏边。新图形的轴点位于网格对象的中心。

平面化：强制所有选定的边成为共面。该平面的法线是与选定边相连的所有面的平均曲面法线，如图6-56所示。

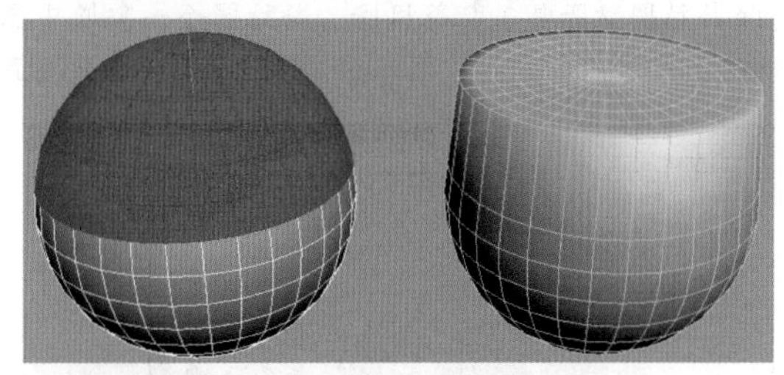

图6-56

视图对齐：将选定的边与活动视图的平面对齐。如果是正交视图，则其效果与对齐构建栅格（当主栅格处于活动状态时）一样。在与【透视】视图（包括【摄影机】视图和【灯光】视图）对齐时，将会对面进行重定向，使其与某个平面对齐。其中，该平面与摄影机的查看平面平行（【透视】视图具有不可视的摄影机平面）。在这些情况下，除发生旋转外，选定的边不会进行转换。

栅格对齐：使选定的边与当前的构建平面对齐。在启用主栅格的情况下，当前平面由活动视图指定。

在使用栅格对象时，当前平面是活动的栅格对象。

塌陷：塌陷选中的边，将一条选定边末端的顶点焊接到另一端的顶点上，如图6-57所示。

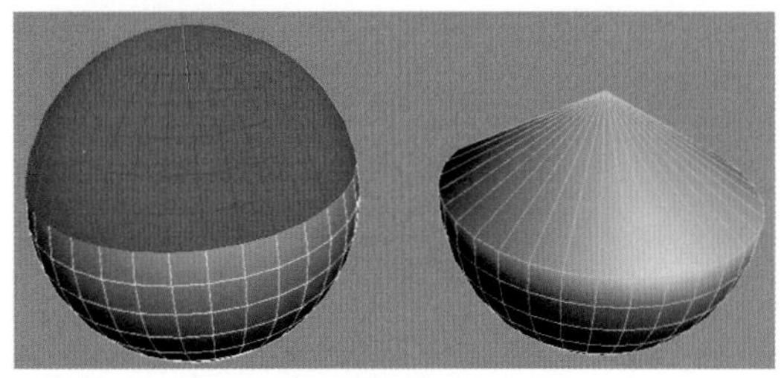

图 6-57

3. 法线区域

翻转：翻转选定面的曲面法线的方向。

统一：翻转对象的法线，使其指向相同的方向，通常为向外。在将对象的面还原到原始方向时，这个选项是很有用的。有时，作为DXF文件的组成部分合并到3ds Max中的对象的法线不是常规的，具体情况视创建对象时所用的方法而定。使用该功能可以对其进行纠正。

翻转法线模式：翻转单击的任何面的法线。若要退出该模式，则重新单击此按钮，或者在程序界面的任意位置右击。

知识拓展

使用翻转法线模式的最佳方式是，对所用的视图进行设置，以便在启用【平滑+高亮显示】和【边面】时进行显示。如果将翻转法线模式与默认设置结合使用，则可以使面沿着背离你的方向翻转，但不能将其翻转回原位。为了获得最佳的结果，请禁用【选择】卷展栏中的【忽略背面】选项。无论当前方向如何，在执行上述操作时，可以单击任何面，使其法线的方向发生翻转。

4. 材质区域

设置ID：用于为选定的子对象分配特殊的材质ID编号，以供【多维/子对象材质】和其他应用使用。通过使用该微调器或键盘输入设置编号。可用的ID总数为65 535个。

选择ID：选择与相邻ID字段中指定的【材质ID】对应的子对象。通过键盘输入或使用微调器指定ID，然后单击【选择ID】按钮。

按名称选择：该下拉列表显示了对象包含为其分配【多维/子对象材质】时子材质的名称。单击下拉箭头，然后从列表中选择某个子材质。此时，将会选中分配该材质的子对象。 如果对象没有分配到【多维/子对象材质】，则将不会提供名称列表。同样，如果选定的多个对象已经应用【编辑平面】、【编辑样条线】或【编辑网格】修改器，则名称列表将会处于非活动状态。

子材质名称是那些在该材质的【多维/子对象基本参数】卷展栏中的【名称】列中指定的名称；这些名称不是在默认情况下创建的，因此，必须使用任意材质名称单独指定。

清除选定内容：启用后，如果选择新的ID或材质名称，则将会取消选择以前选定的所有子对象。禁用后，选定内容是累积结果，因此，新ID或选定的子材质名称将会添加到现有的平面或元素选择集中，如图6-58所示。

图 6-58

5. 平滑组区域

按平滑组选择：显示说明当前平滑组的对话框。通过单击对应编号按钮选择组，然后单击【确定】按钮。如果启用【清除选定内容】选项，则首先会取消选择以前选择的所有面。如果【清除选定内容】选项为禁用状态，则新选择添加到以前的所有选择集中。

清除全部：从选定面中删除所有的平滑组分配。

自动平滑：根据面间的角度设置平滑组。如果任意两个相邻面法线间的角度小于该按钮右侧的微调器设置的角度阈值，则表示这两个面处于同一个平滑组中。

阈值：使用该微调器（位于【自动平滑】按钮右侧）可以指定相邻面法线间的最大角度。通过阈值可以确定这些面是否处于同一个平滑组中。

6. 编辑顶点颜色区域

使用该区域中的控件可以分配颜色、照明颜色（着色）和选定面中各顶点的Alpha（透明）值。

颜色：单击色样可更改选定面中各顶点的颜色。在面层级分配顶点颜色，可以防止面与面的融合。

照明：单击色样可更改选定面中各顶点的照明颜色。使用该选项可以更改照明颜色，而不会更改顶点颜色。

Alpha：用于为选定面中的顶点分配Alpha（透明）

值。微调器值是百分比值；0代表完全透明，100代表完全不透明。

6.3.3 编辑面片

平面建模是指基于Patch平面的建模方法，它是一种独立的模型类型，在多边形建模的基础上发展而来，解决了多边形表面不易进行弹性（光滑）编辑的难题。可以使用类似于编辑Bezier曲线的方法来编辑曲面。

平面建模的优点在于用于编辑的顶点很少，非常类似于NURBS曲面建模，但是没有NURBS曲面建模要求那么严格，只要是三角形和四边形的平面，都可以自由地拼接在一起。平面建模适用于生物模型，不仅容易制作出光滑的表面，而且容易生成表皮的褶皱，还易于产生各种变形体，如图6-59所示。

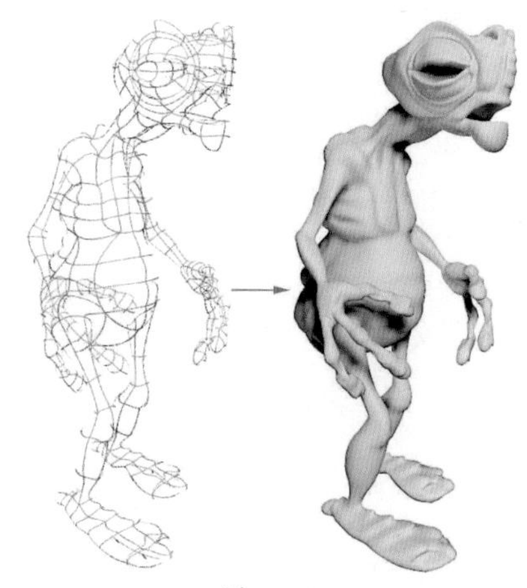

图6-59

要将创建的模型转换为平面进行编辑，首先需要选择对象，然后在对象上右击，在弹出的四元菜单中选择【转换为可编辑平面】选项，即可进入编辑平面菜单。

【选择】卷展栏提供了各种按钮，用于选择子对象层级和使用命名的选择集和过滤器等信息，如图6-60所示。

图6-60

可编辑平面包含5个子对象编辑层：顶点、控制柄、边、平面和元素。在每个层级所做的选择将会在视图中显示为平面对象的组件。每个层级都保留自身的子对象选择。在返回某个层级时，选择将会重新显示。

单击此处的按钮和在【修改器堆栈】卷展栏中单击子对象类型的作用是相同的。重新单击该按钮将其禁用，然后返回到对象选择层级。

顶点：用于选择平面对象中的顶点控制点及其向量控制柄。在该层级中，可以对顶点执行焊接和删除操作。

在默认情况下，变换Gizmo或三轴架将会显示在选定顶点的几何中心。

控制柄：用于选择与每个顶点有关的向量控制柄。当位于该层级时，可以对控制柄进行操纵，而无须对顶点进行处理。变换Gizmo或三轴架将会显示在选定控制柄的几何中心。

边：用于选择平面对象的边界边。在位于该层级时，可以细分边，还可以为开放的边添加新的平面。变换Gizmo或三轴架显示在单个选定边的中心。对于多条选定的边，相关的图标位于选择中心。

平面：用于选择整个平面。在该层级，可以分离或删除平面，还可以细分其曲面。在细分平面时，其曲面将会分裂成较小的平面。其中，每个平面都有自己的顶点和边。

元素：用于选择和编辑整个元素。

1. 命名选择区域

命令选择区域中的功能可以与命名的子对象选择集结合使用。 要创建命名的子对象选择，请先进行相关的选择，然后在该工具栏的【命名选择集】字段中输入所需的名称。

复制：将命名子对象选择置于复制缓冲区。单击该按钮之后，从弹出的【复制命名选择】对话框中选择命名的子对象选择。

粘贴：从复制缓冲区中粘贴命名的子对象选择。

使用【复制】和【粘贴】功能，可以在不同对象之间复制子对象选择。

2. 过滤器区域

【顶点】和【向量】复选框只能在顶点子对象层级使用。使用这两个复选框，可以选择和变换顶点和/或向量（顶点上的控制柄）。当禁用某个复选框时，不能选择相应的元素类型。这样，如果禁用【顶点】复选框，则可以对向量进行操纵，而不会意外地移动顶点。

不能同时禁用这两个复选框。当禁用其中一个复选框时，另一个复选框将不可用。此时，可以对与启用的复选框对应的元素进行操纵，但不能将其禁用。

顶点：启用时，可以选择和移动顶点。

向量：启用时，可以选择和移动向量。

锁定控制柄：只能影响【角点】顶点。将切线向量锁定在一起，以便于在移动一个向量时，其他向量随之移动。只有在位于顶点子对象层级时，才能使用该选项。

按顶点：当单击某个顶点时，将会选中使用该顶点的所有控制柄、边或平面，具体情况视当前的子对象层级而定。只有在处于控制柄、边和平面子对象层级时，才能使用该选项。

忽略背面：启用时，选定子对象只会选择视图中显示其法线的那些子对象。禁用时（在默认情况下），无论法线方向如何，选择对象包括所有的子对象。如果只需选择一个可视平面，则可以对复杂平面模型使用该选项。

收缩：通过取消选择最外部的子对象缩小子对象的选择区域。如果无法再减小选择区域的大小，则将会取消选择其余的子对象。如果处于控制柄子对象层级，则不能使用该选项。

扩大：朝所有可用方向外侧扩展选择区域。如果处于控制柄子对象层级，则不能使用该选项。

环形：通过选择与选定边平行的所有边来扩展边选择。只有在处于边子对象层级时，才能使用该选项。

循环：尽可能扩大选择区域，使其与选定的边对齐。只有在处于边子对象层级时，才能使用该选项。

选择开放边：选择只有一个平面使用的所有边。只有在处于边子对象层级时，才能使用该选项。可以使用该选项解决曲面问题；此时，将会高亮显示开放的边。

选择信息：【选择】卷展栏的底部是提供与当前选择有关的信息的文本显示。如果选中多个子对象或未选中任何子对象，则该文本将会提供选定的子对象数目和类型。如果选择一个子对象，则该文本会给出选定项目的标识编号和类型。

3. 细分区域

细分：对选择的表面进行细分处理，得到更多的面，使表面更光滑。细分参数如图6-61所示，细分效果如图6-62所示。

图 6-61

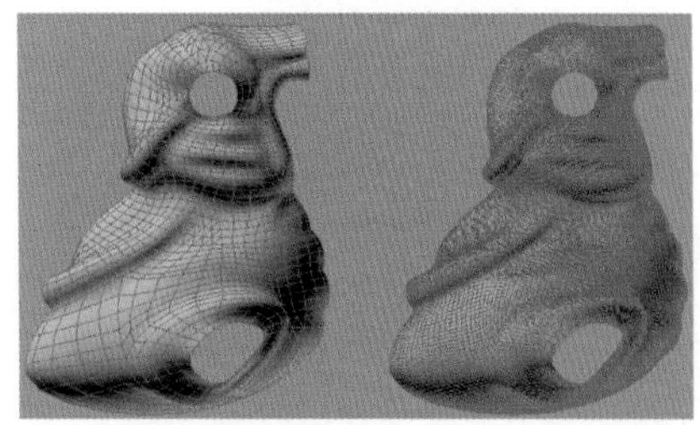

图 6-62

传播：控制细分设置是否以衰减的形式影响到选择平面的周围。

绑定：用于在同一个物体的不同平面之间创建无缝合的连接，并且它们的顶点数可以不相同。单击【绑定】按钮后，移动鼠标光标到不是拐角处的点上，当光标变为+号后，拖动光标到另一平面的边线上。同样，当光标变为+号后，释放鼠标，选择点会跳到选择线上，完成绑定，绑定的点以黑色显示。

如果取消绑定，则选择绑定的点后，单击【取消绑定】按钮即可。

4. 拓扑区域

添加三角形：在选择的边上添加一个三角形平面，新增的平面会沿当前平面的曲率延伸，并且保持曲面的光滑。

添加四边形：在选择的边上添加一个方形平面，新增的平面会沿当前平面的曲率延伸，并且保持曲面的光滑。

创建：在现有的几何体或自由空间中创建点、三角形或四边形平面。三角形平面的创建可以在连续单击三次后以单击鼠标右键结束。

分离：将当前选择的平面分离出当前物体，使它成为一个独立的新物体，可通过【重定向】选项对合成后的物体进行重新设置。

附加：单击此按钮后，再单击另外的物体，可以将它转换并合并到当前平面中来，可通过【重定向】选项对合并后的物体进行重新设置。

删除：将当前选择的平面删除。在删除点、线的同时，也会将共享这些点、线的平面一同删除，如图6-63所示。

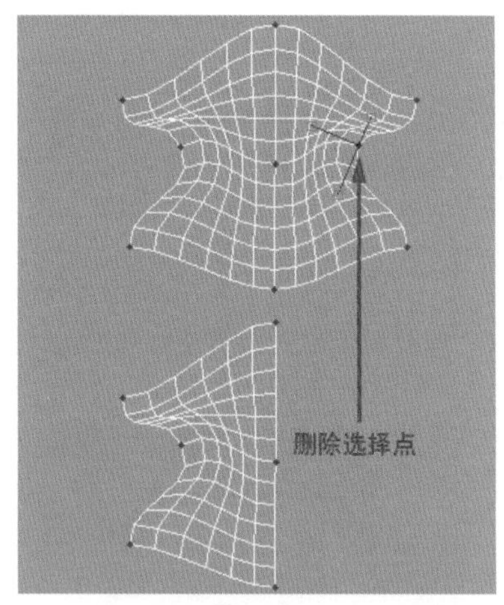

图 6-63

断开：将当前选择点打断，单击此按钮后不会看到效果，但是如果移动断点处，则会发现它们已经分离。

隐藏：将选择的平面隐藏，如果选择的是点或线，则将隐藏点、线所在的平面。

全部取消隐藏：将隐藏的平面全部显示出来。

5. 焊接区域

选定：确定可进行顶点焊接的区域面积，当顶点之间的距离小于此值时，它们就会焊接为一个顶点。焊接参数如图6-64所示，焊接效果如图6-65所示。

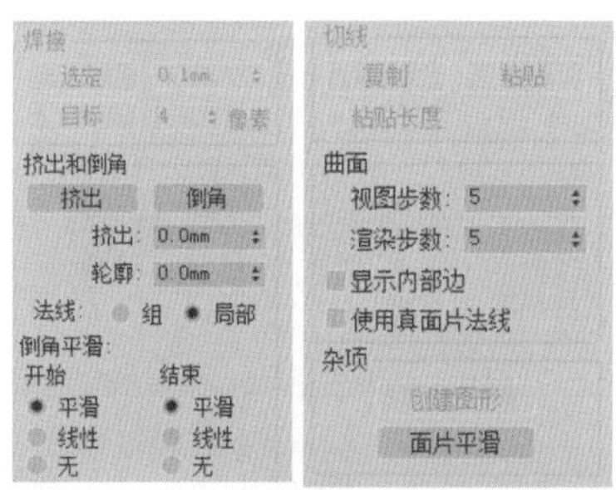

图 6-64

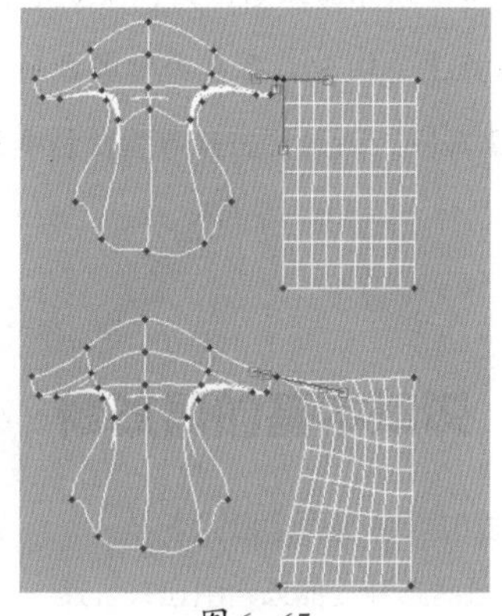

图 6-65

目标：在视图中将选择的点（或点集）拖动到要焊接的顶点上（尽量接近），这样会自动进行焊接。

挤出和倒角：控制对当前选择是执行挤出操作还是执行倒角操作。

挤出：给当前选择的面设置一个厚度值，使它凸出或凹入表面。

倒角：单击此按钮后，移动鼠标光标到选择的平面上，光标显示会发生变化，按住鼠标左键并上下拖动，产生凸出或凹陷效果，释放鼠标左键并继续移动鼠标，产生导边效果，也可在释放鼠标左键后单击鼠标右键，结束倒角操作。

轮廓：调节轮廓的缩放数值。

法线：当选择【组】选项时，选择的平面将沿着整个平面组的平均法线方向挤出；当选择【局部】选项时，选择的平面将沿着自身法线方向挤出。

倒角平滑：通过3个选项获得不同的倒角表面。

视图步数：调节视图显示的精度。数值越大，精度越高，表面越光滑，但视图刷新速度也越慢。

渲染步数：调节渲染的精度。

显示内部边：控制是否显示平面物体中央的横断表面。

使用真面片法线：基于选择的边创建曲线，如果没有选择边，则创建的曲线基于所有平面的边。

6.4 U盘模型的制作

本例主要学习使用修改器来完成U盘模型的制作。首先创建长方体模型，然后使用挤出命令对面进行挤压，使用细分命令对边进行细分，使用切角命令和封口命令来完成本例的制作。

图6-66所示为U盘模型的白模渲染效果图和线框渲染效果图。

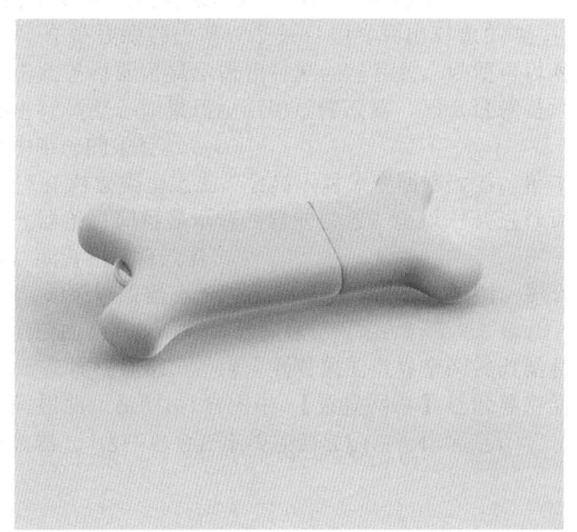

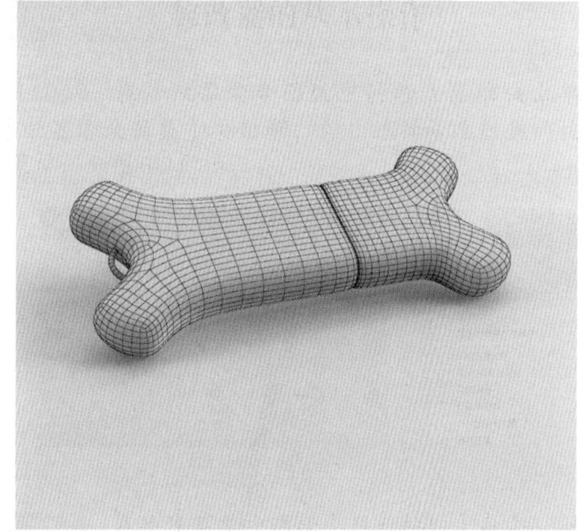

图 6-66

配色应用：

制作要点：

1. 掌握通过长方体模型创建U盘主体的方法。
2. 通过将长方体变形制作出U盘细节。
3. 学会使用挤出、连接、切角和封口命令对模型的点、线和面进行编辑的方法。

最终场景：Ch06\Scenes\U 盘模型 .max

难易程度：★★☆☆☆

6.4.1 制作U盘主体轮廓

步骤01 打开3ds Max软件，在创建命令面板中单击 长方体 按钮，在场景中创建一个长方体模型，如图6-67左图所示。单击按钮，进入修改命令面板，设置长方体模型的参数，如图6-67右图所示。

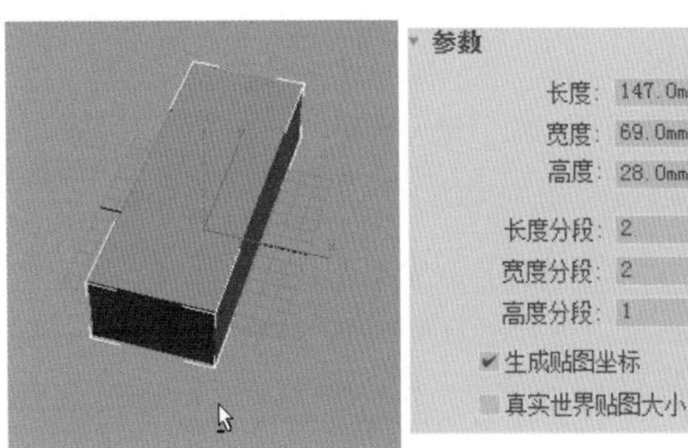

图6−67

步骤02 单击鼠标右键，在弹出的隐藏菜单中选择如图6-68左图所示的命令，将长方体模型转换为可编辑多边形，对长方体模型进行编辑。使用快捷键【4】切换到多边形级别，选择如图6-68右图所示的面。

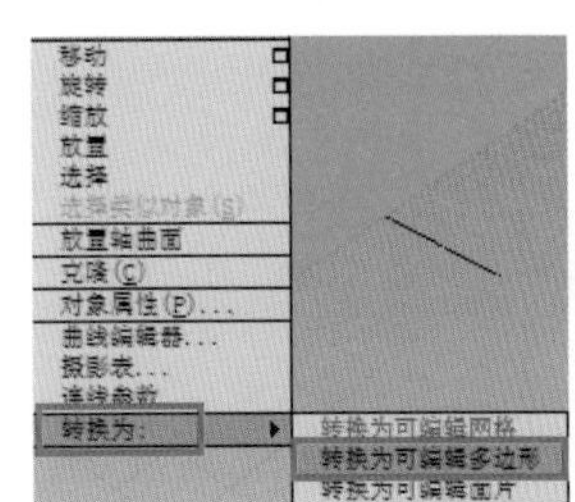

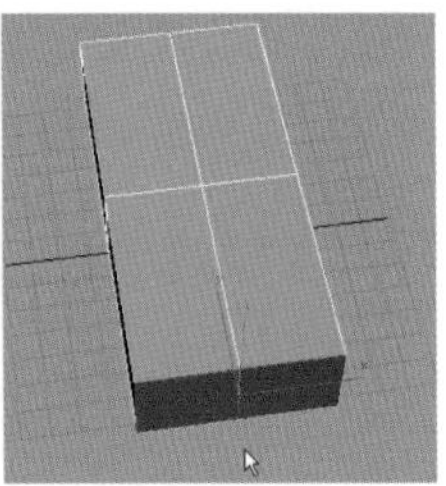

图6−68

步骤03 单击 挤出 按钮，设置参数如图6-69左图所示。此时，模型效果如图6-69右图所示。

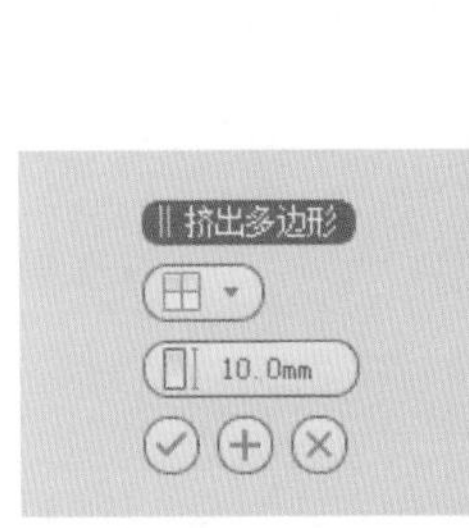

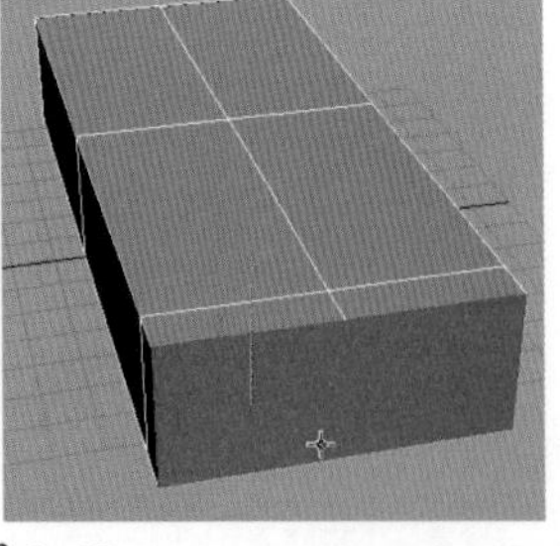

图6−69

步骤04 将面移动到如图6-70左图所示的位置，单击旋转按钮，对面进行旋转，效果如图6-70右图所示。

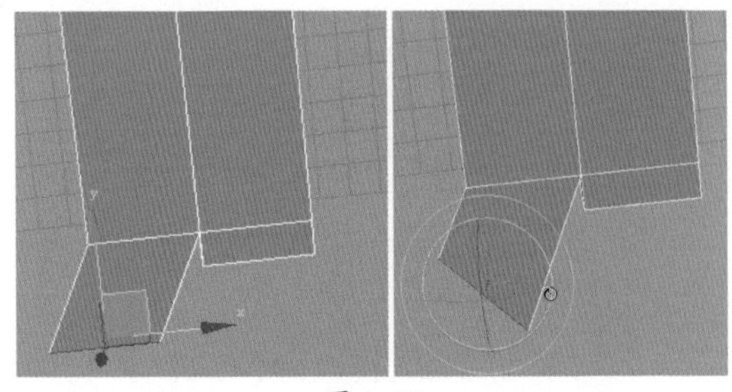

图6−70

步骤05 继续调节面到如图6-71左图所示的位置，选择如图6-71右图所示的面。

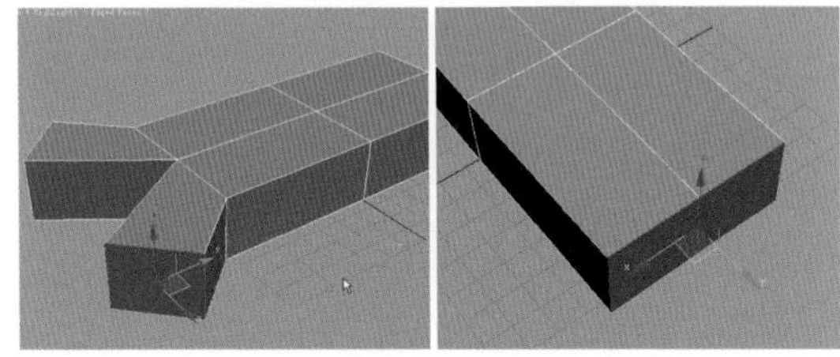

图6−71

步骤06 单击 挤出 按钮，设置参数如图6-72左图所示。调节节点到如图6-72右图所示的位置。

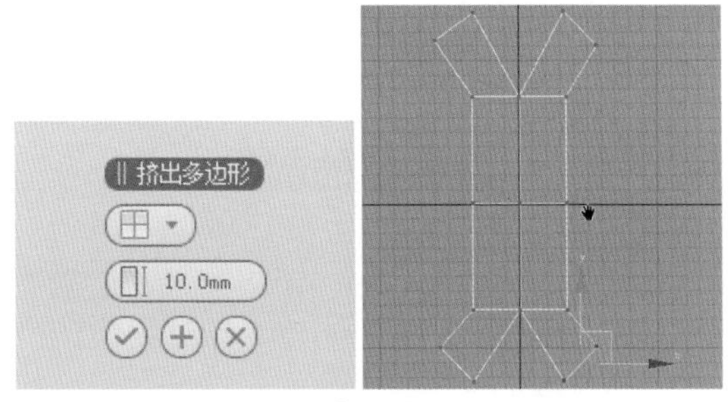

图6−72

步骤07 此时，模型效果如图6-73所示。

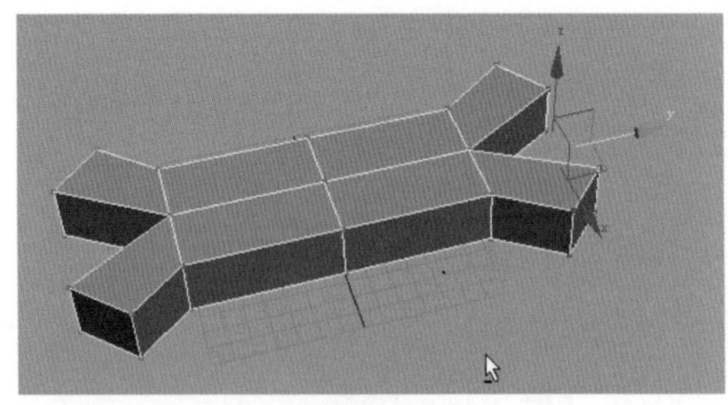

图6−73

6.4.2 制作U盘细节部分

步骤01 选择如图6-74左图所示的边，使用快捷键【Ctrl+Shift+E】对模型进行细分，并移动边到如图6-74右图所示的位置。

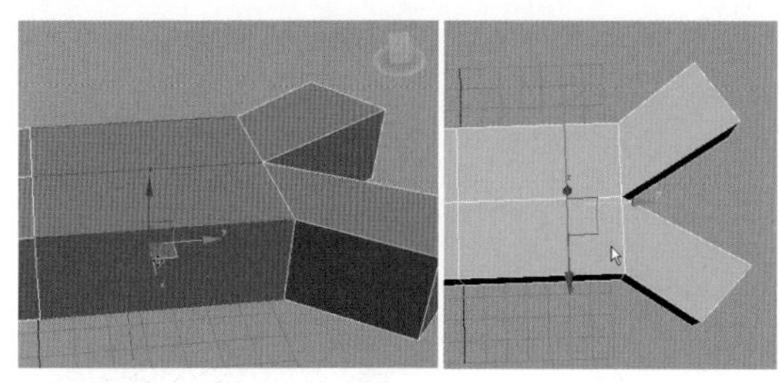
图6-74

步骤02 调节节点到如图6-75左图所示的位置。选择如图6-75右图所示的边，使用快捷键【Ctrl+Shift+E】对模型进行细分。

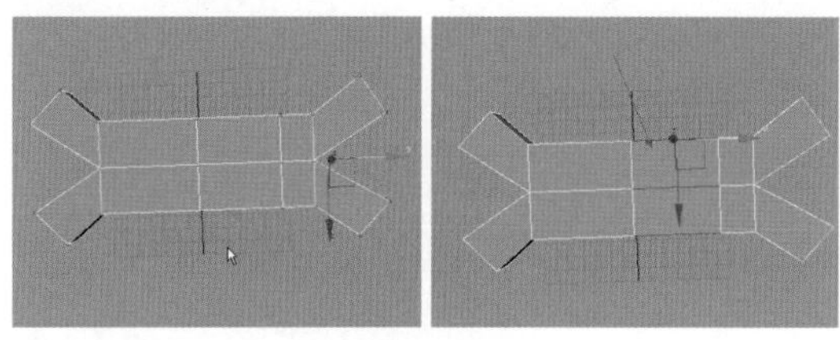
图6-75

步骤03 细分模型后，效果如图6-76左图所示。选择如图6-76右图所示的边。

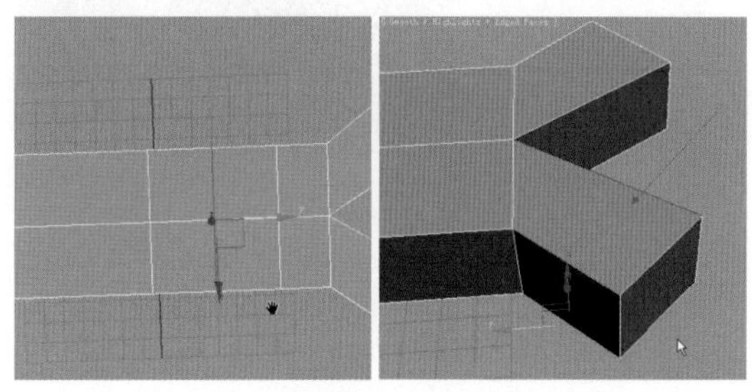
图6-76

步骤04 单击 连接 按钮，设置参数如图6-77左图所示。此时，模型效果如图6-77右图所示。

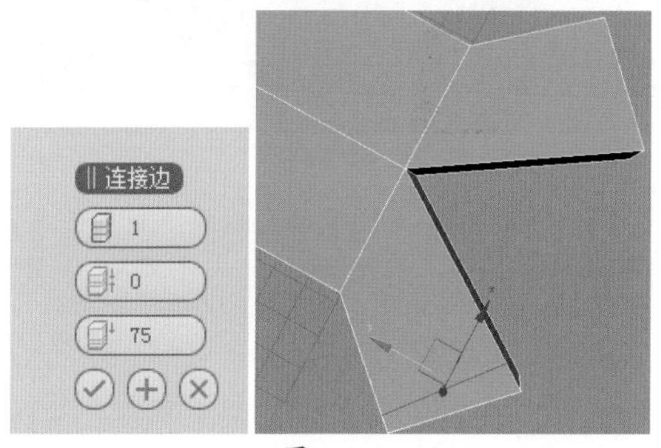

图6-77

步骤05 选择如图6-78左图所示的边，单击 连接 按钮，设置参数如图6-78右图所示。

步骤06 继续对边进行细分，效果如图6-79左图所示。选择如图6-79右图所示的边。

步骤07 单击 环形 按钮，选择平行的一圈边，如图6-80左图所示。单击 连接 按钮，对模型进行细分，设置参数如图6-80右图所示。

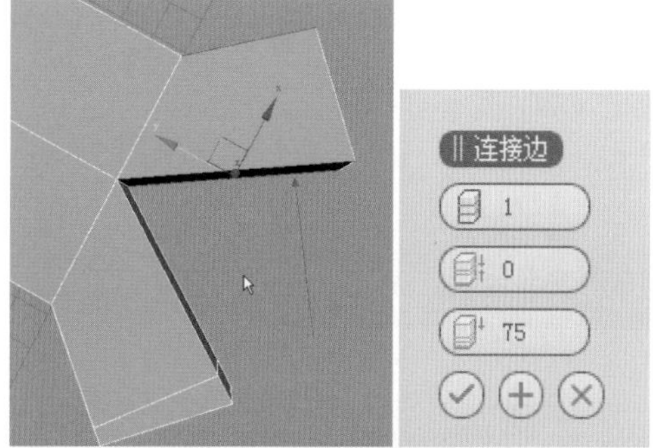

图6-78

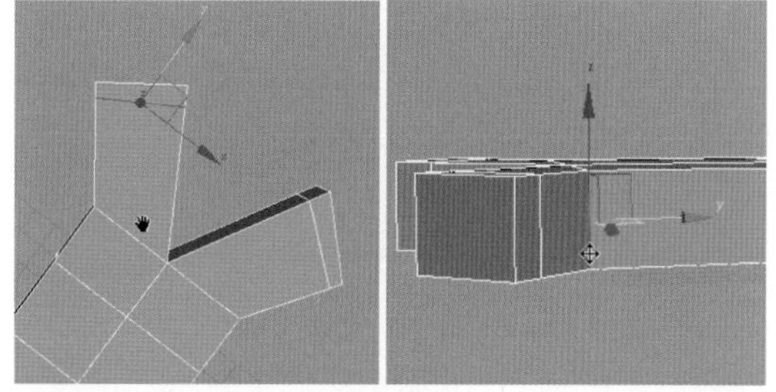
图6-79

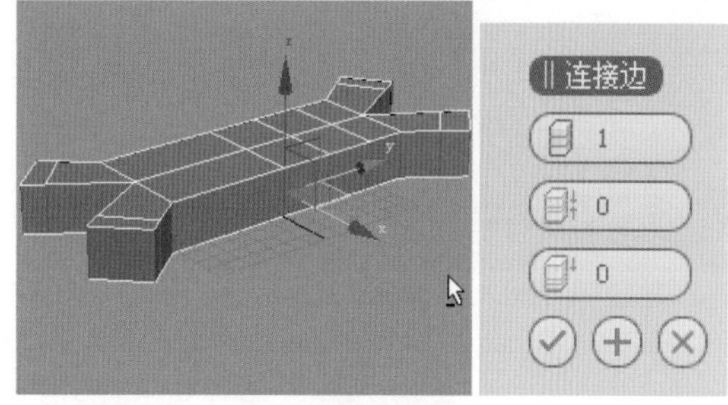

图6-80

步骤08 此时，模型效果如图6-81左图所示。使用快捷键【Ctrl+Q】对模型进行光滑显示，效果如图6-81右图所示。

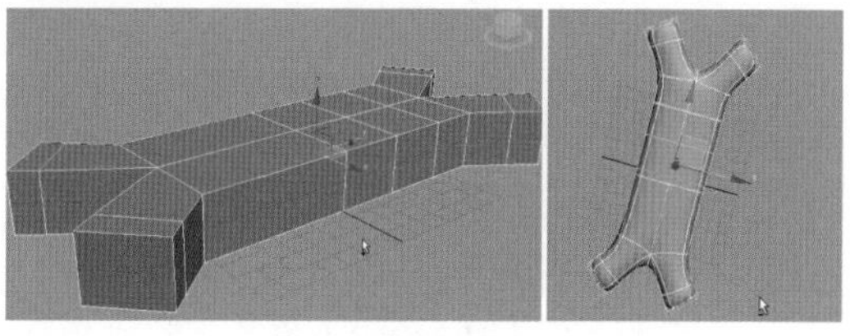
图6-81

步骤09 取消光滑显示模式，选择如图6-82左图所示的一圈边。单击 切角 按钮，设置参数如图6-82右图所示。

步骤10 切角完成后，模型效果如图6-83所示。

步骤11 选择如图6-84左图所示的一圈边，使用缩放工具调节边到如图6-84右图所示的位置。

步骤12 单击 切角 按钮，设置参数如图6-85左图所示。此时，模型效果如图6-85右图所示。

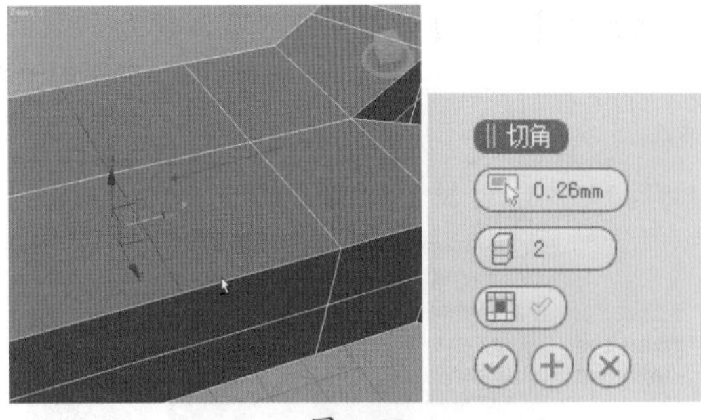

图 6-82

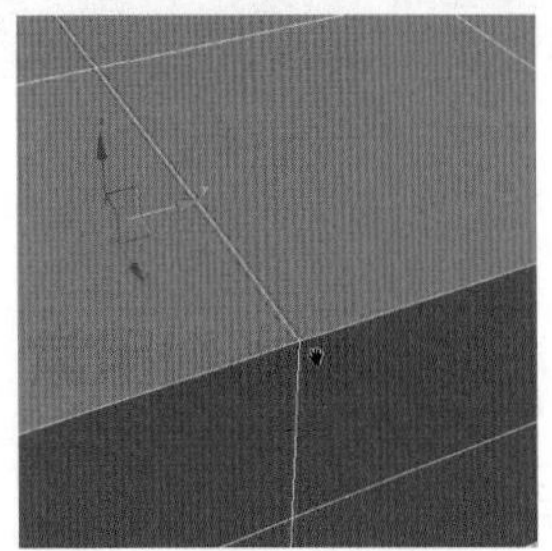
图 6-83

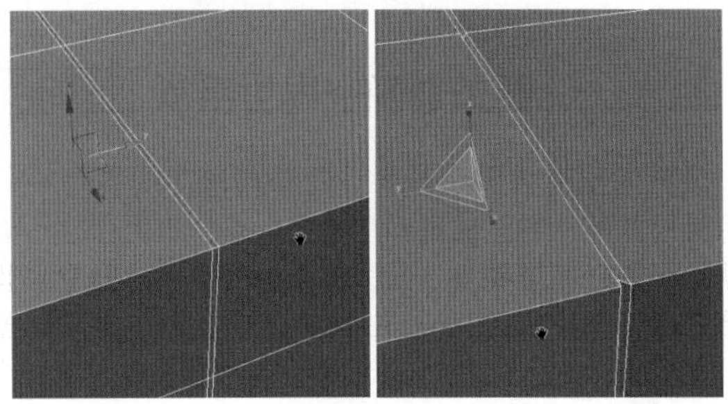
图 6-84

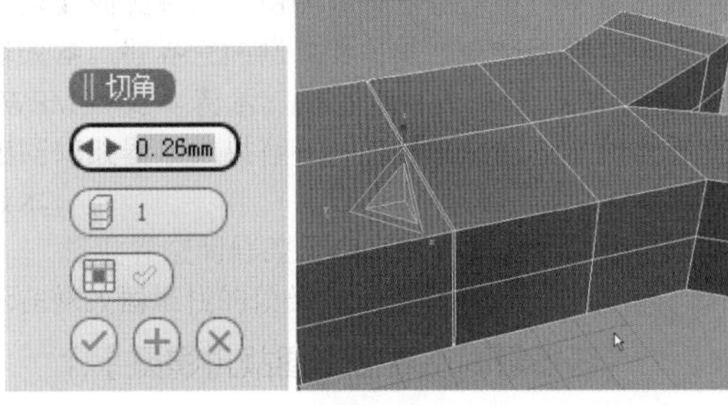

图 6-85

步骤13 对模型进行光滑显示，使用快捷键【F9】进行渲染，U盘模型渲染效果如图6-86左图所示。选择如图6-86右图所示的边。

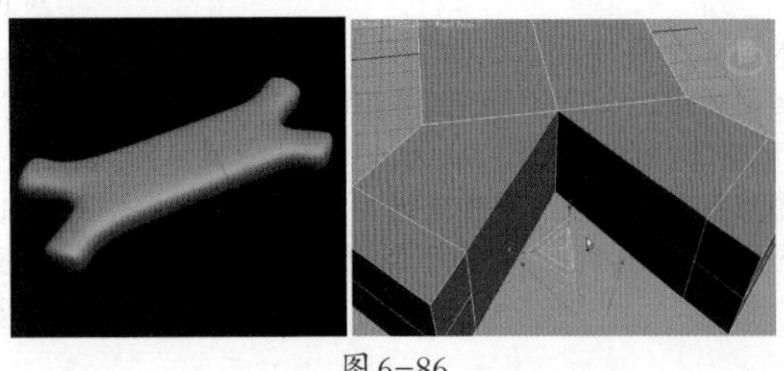
图 6-86

步骤14 单击鼠标右键，在弹出的隐藏菜单中单击 连接 按钮，设置参数如图6-87左图所示。选择如图6-87右图所示的面。

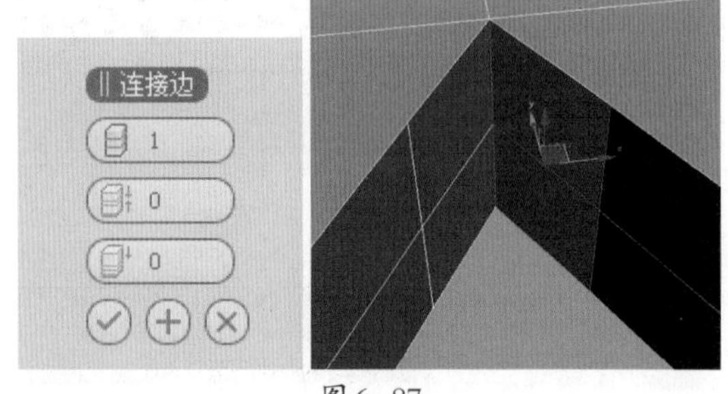

图 6-87

步骤15 单击 挤出 按钮，设置参数如图6-88左图所示，挤压效果如图6-88右图所示。

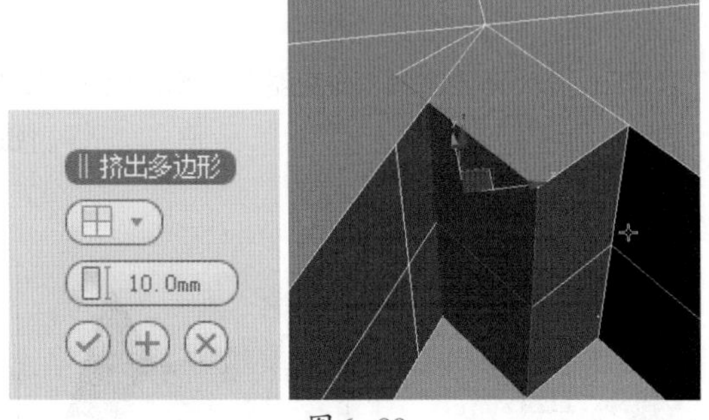

图 6-88

步骤16 移动挤压得到的面，选择如图6-89左图所示的面，使用快捷键【Delete】将其删除。继续删除多余的面，效果如图6-89右图所示。

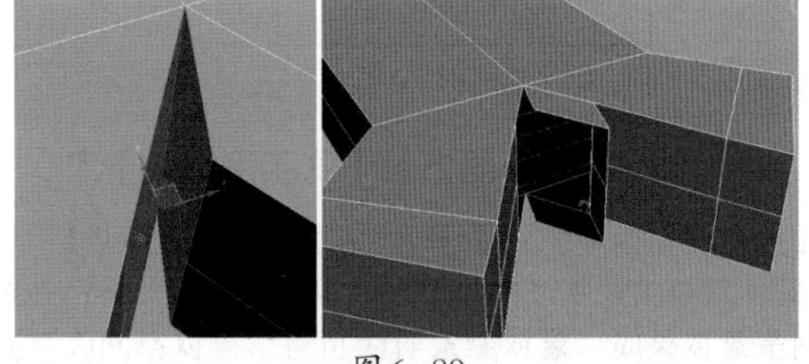
图 6-89

步骤17 使用快捷键【1】切换到顶点级别，单击 目标焊接 按钮，对点进行焊接。完成焊接后，模型效果如图6-90左图所示。选择如图6-90右图所示的面，使用快捷键【Delete】将其删除。

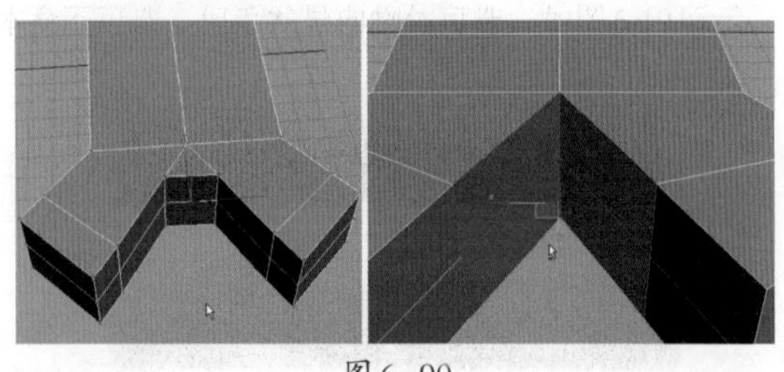
图 6-90

知识拓展

【目标焊接】的作用是在视图中将选择的点（或点集）拖动到要焊接的顶点上（尽可能地接近），这样会自动进行焊接。

步骤18 单击按钮，选择开放的边，如图6-91左图所示。单击封口按钮，进行封面，效果如图6-91右图所示。

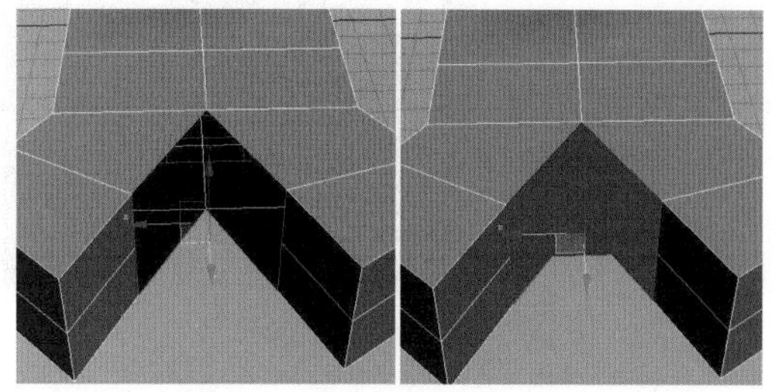

图6-91

步骤19 选择如图6-92左图所示的两点，使用快捷键【Ctrl+Shift+E】创建边，效果如图6-92右图所示。

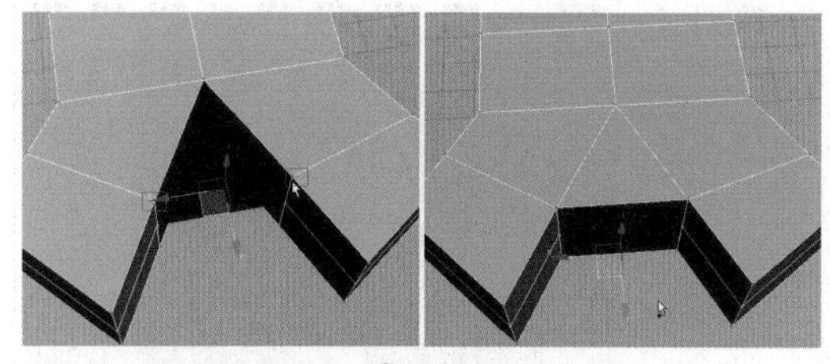

图6-92

步骤20 选择如图6-93左图所示的所有平行边，使用快捷键【Ctrl+Shift+E】对模型进行细分，效果如图6-93右图所示。

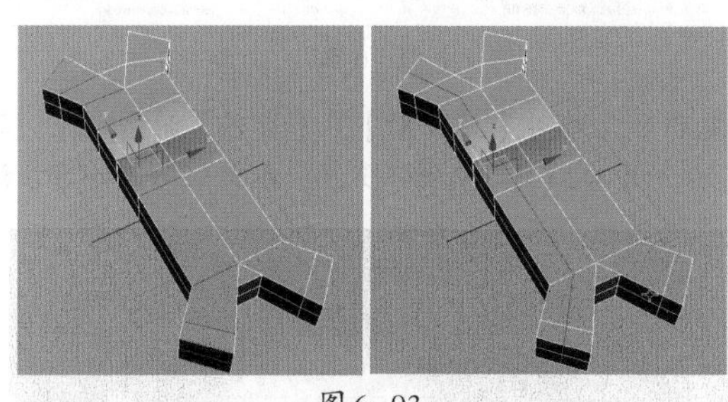

图6-93

步骤21 使用同样的方法继续对模型进行细分，效果如图6-94左图所示。使用快捷键【1】切换到顶点级别，调节节点到如图6-94右图所示的位置。

步骤22 使用快捷键【Ctrl+Q】对模型进行光滑显示，并使用快捷键【F4】取消边框显示，模型效果如图6-95所示。

6.4.3 继续制作U盘细节部分

步骤01 选择如图6-96左图所示的一圈边，使用缩放工具对边进行缩放，效果如图6-96右图所示。

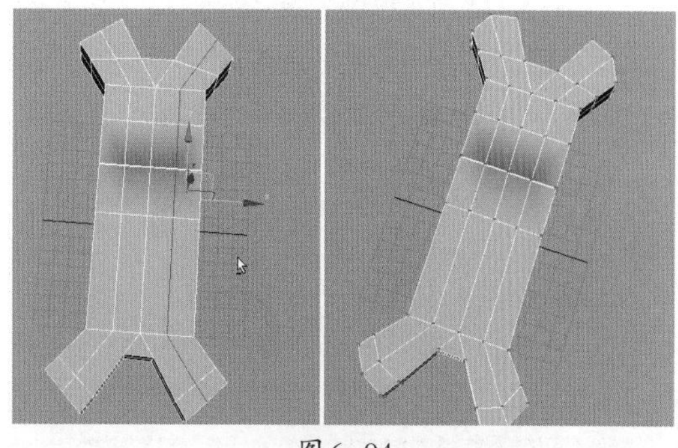

图6-94

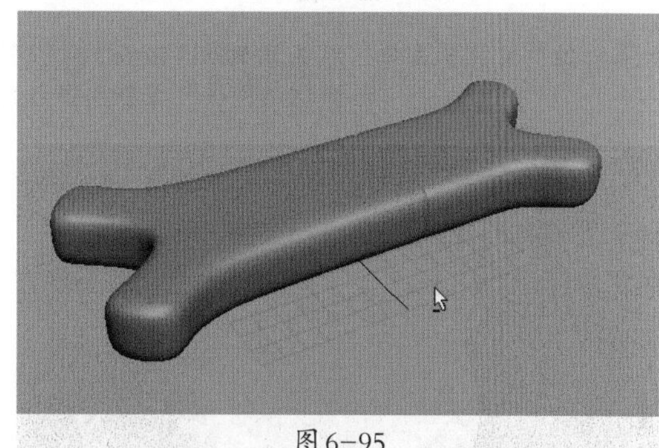

图6-95

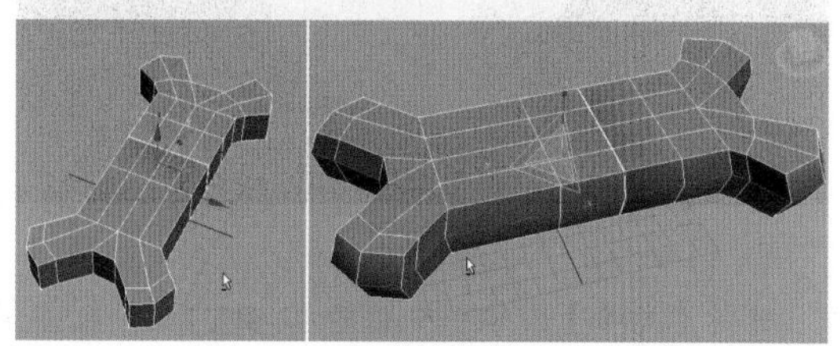

图6-96

步骤02 调节节点到如图6-97左图所示的位置。选择如图6-97右图所示的边。

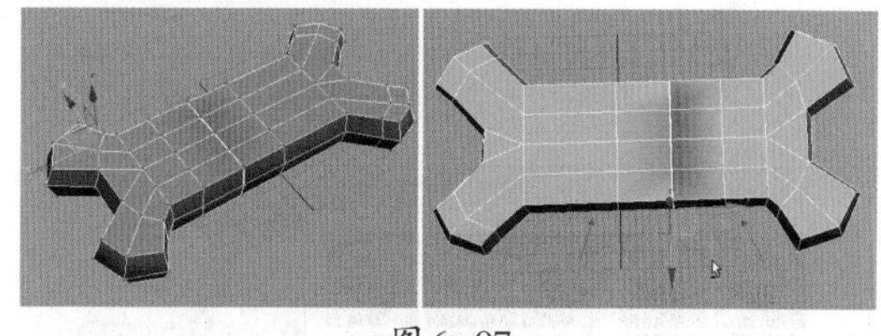

图6-97

步骤03 移动边到如图6-98左图所示的位置。使用快捷键【Ctrl+Q】对模型进行光滑显示，然后使用快捷键【F9】进行渲染，渲染效果如图6-98右图所示。

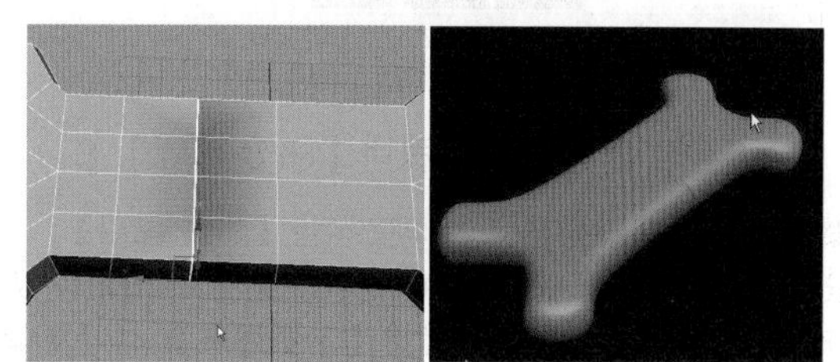

图6-98

步骤04 选择如图6-99左图所示的边，单击循环按钮，选择凹槽的两圈边。使用缩放工具，设置坐标为视图，调节边到如图6-99右图所示的位置。

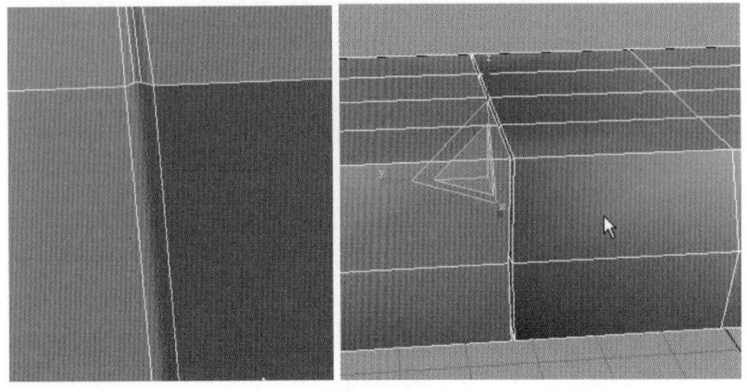

图6-99

步骤05 我们也可以使用光滑修改器对模型进行光滑显示。在修改器下拉列表中选择涡轮平滑命令，为模型添加涡轮平滑修改器，设置修改器面板参数如图6-100左图所示。此时，模型效果如图6-100右图所示。

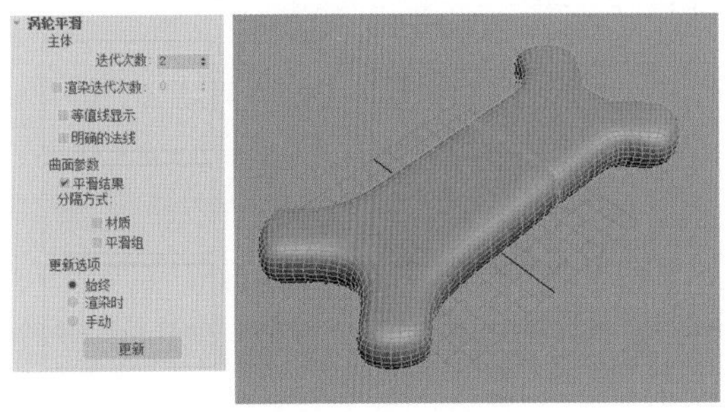

图6-100

6.4.4 制作U盘的吊环部分

步骤01 单击按钮，切换到标准基本体创建面板，然后单击圆环按钮，在场景中创建一个环形物体。单击按钮，设置修改面板参数如图6-101左图所示。将环形物体移动到如图6-101右图所示的位置。

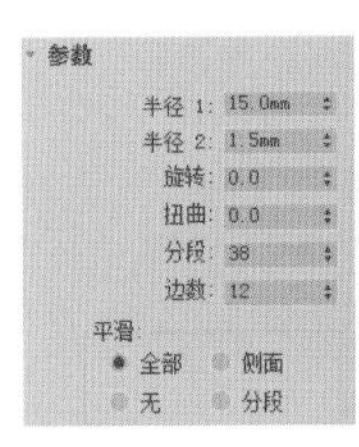

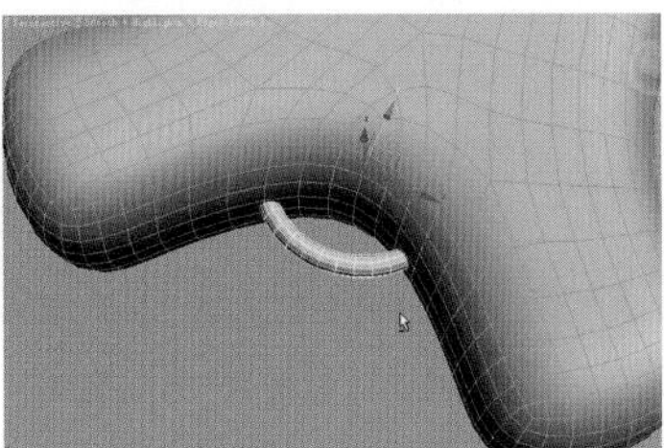

图6-101

步骤02 单击鼠标右键，在弹出的隐藏菜单中选择转换为可编辑多边形命令，将环形转换为可编辑多边形。使用快捷键【1】切换到顶点级别，选择如图6-102左图所示的点，使用快捷键【Delete】将其删除。删除后，图像效果如图6-102右图所示。

步骤03 继续删除多余的节点，效果如图6-103所示。

步骤04 使用快捷键【Ctrl+Q】对模型进行光滑显示，使用快捷键【F4】取消边框显示，此时，模型效果如图6-104所示。

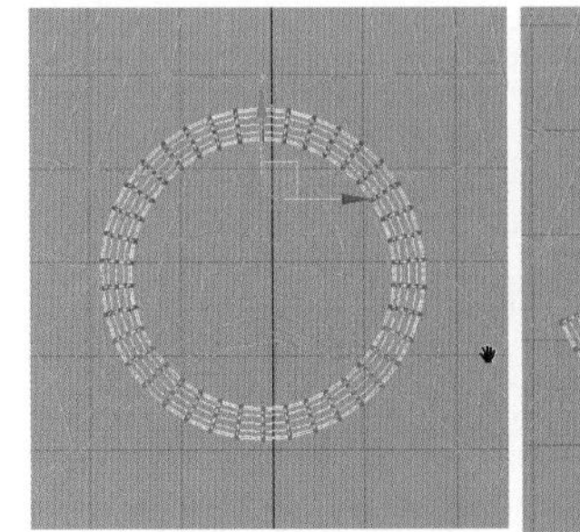

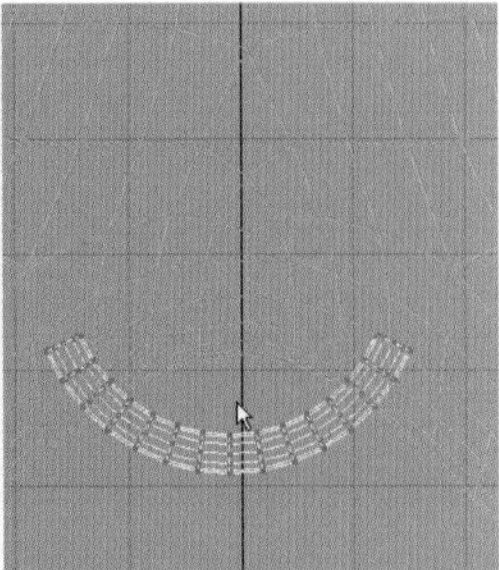

图6-102

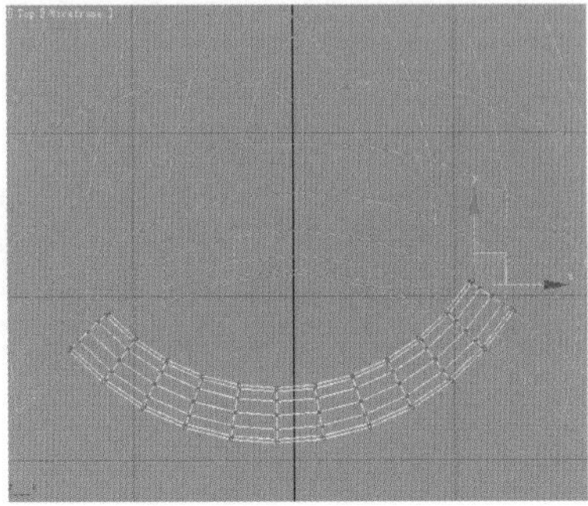

图6-103

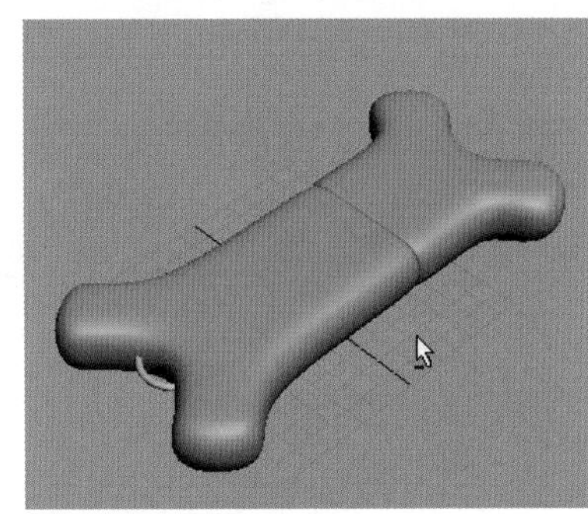

图6-104

步骤05 选择场景中的所有模型，使用快捷键【M】打开材质编辑器，如图6-105所示，单击按钮，为模型附加材质。

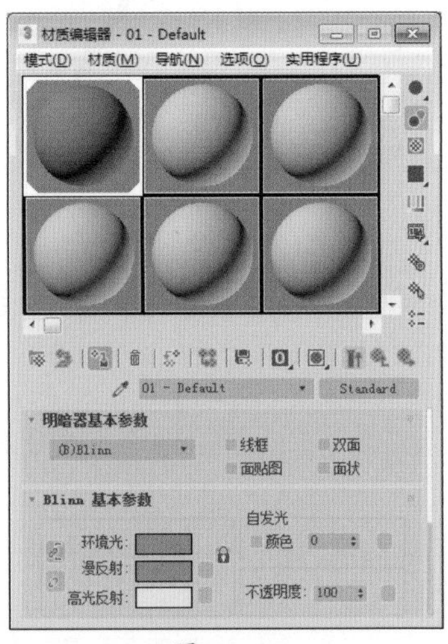

图6-105

步骤06 此时，模型效果如图6-106所示。

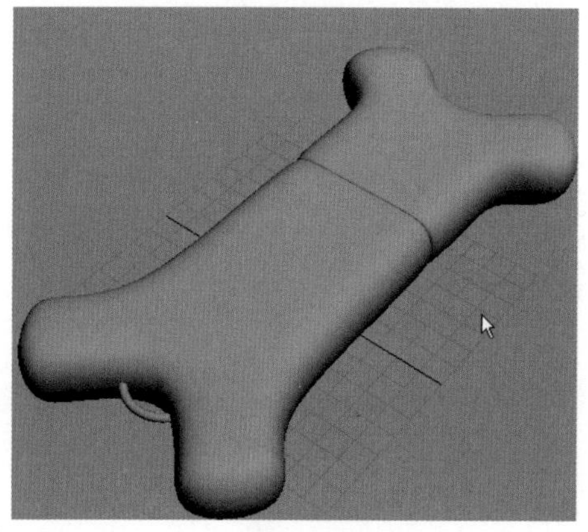

图6-106

步骤07 继续选择场景中的全部物体，单击按钮，在弹出的对象颜色对话框中设置参数，如图6-107所示，单击确定按钮。

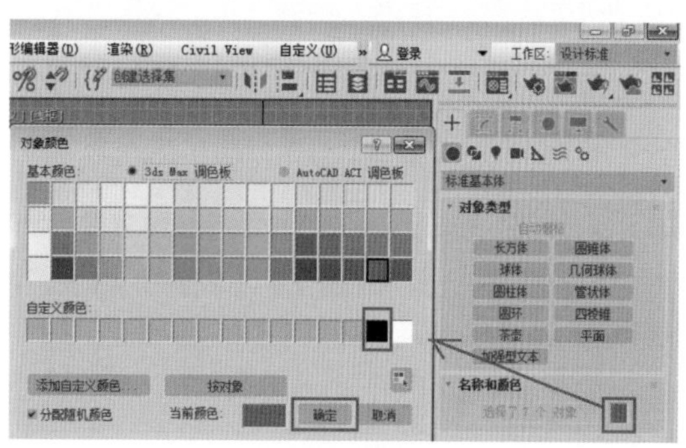

图6-107

步骤08 使用快捷键【F4】显示边框，效果如图6-108所示。至此，完成本实例的制作。

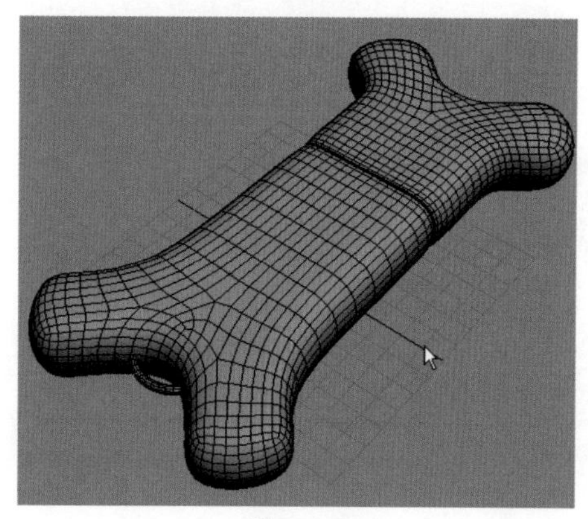

图6-108

6.5 冰激凌模型的制作

本例主要学习修改器的建模方法，通过使用【车削】、【圆角】、【优化】、【轮廓】、【切角】、【扭曲】和【锥化】修改器来完成模型的制作。

图6-109所示为冰激凌模型的白模渲染效果图和线框渲染效果图。

图6-109

配色应用：

制作要点：

1. 学会并掌握使用【车削】修改器将二维样条线转换为三维模型的方法。
2. 掌握【圆角】、【优化】、【轮廓】等命令的用法。
3. 学会【扭曲】修改器和【锥化】修改器的用法。

最终场景： Ch06\Scenes\ 冰激凌模型 .max

难易程度： ★★★☆☆

6.5.1 制作冰激凌底部模型

步骤01 单击 按钮，切换到 样条线 创建面板，单击 线 按钮，在场景中创建一条样条曲线，如图6-110左图所示。在修改器下拉列表中选择 车削 命令，为样条曲线添加车削修改器，效果如图6-110右图所示。

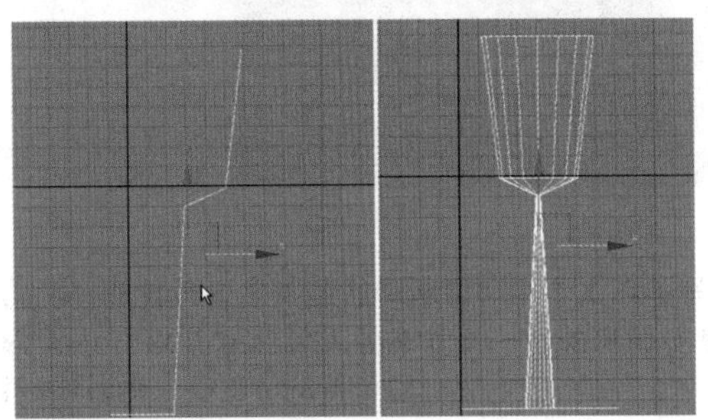

图6-110

步骤02 单击如图6-111左图所示的按钮。此时，模型效果如图6-111右图所示。

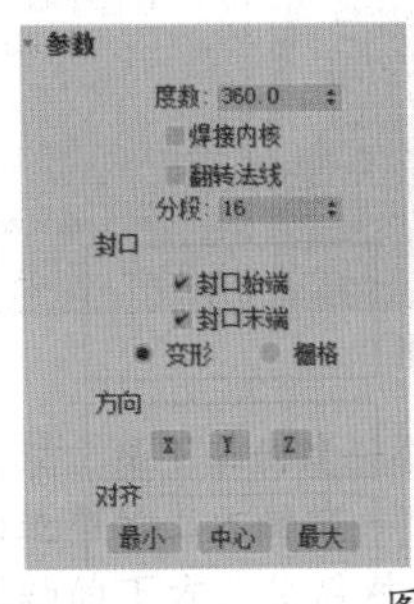

图6-111

步骤03 返回到样条曲线编辑模式，选择如图6-112左图所示的点，单击 圆角 按钮，对点进行圆角处理。此时，模型效果如图6-112右图所示。

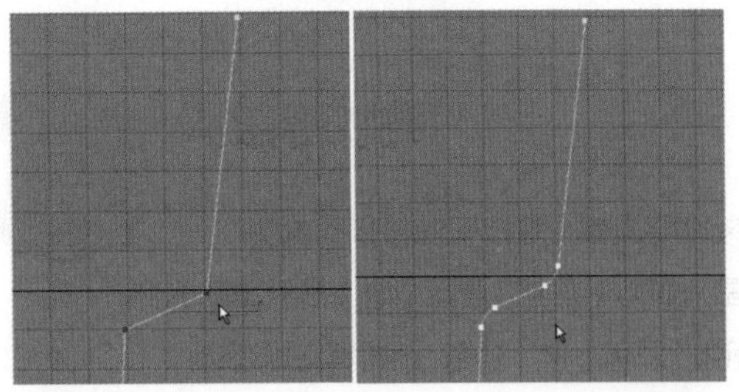

图6-112

步骤04 继续对节点进行圆角处理，效果如图6-113左图所示。单击鼠标右键，在弹出的隐藏菜单中选择 优化 命令，为样条曲线添加节点，效果如图6-113右图所示。

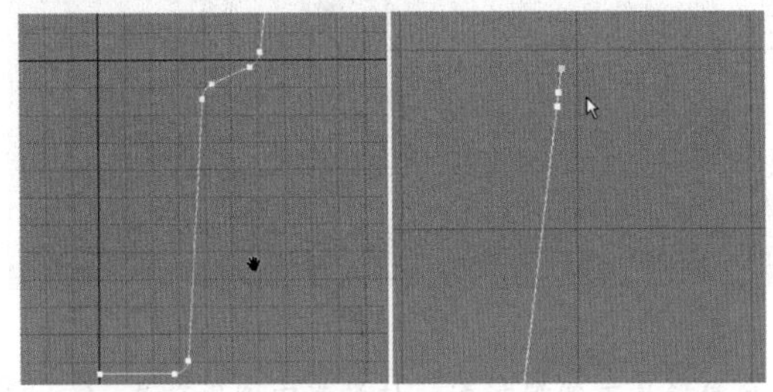

图6-113

步骤05 调节节点到如图6-114左图所示的位置。选择如图6-114右图所示的点。

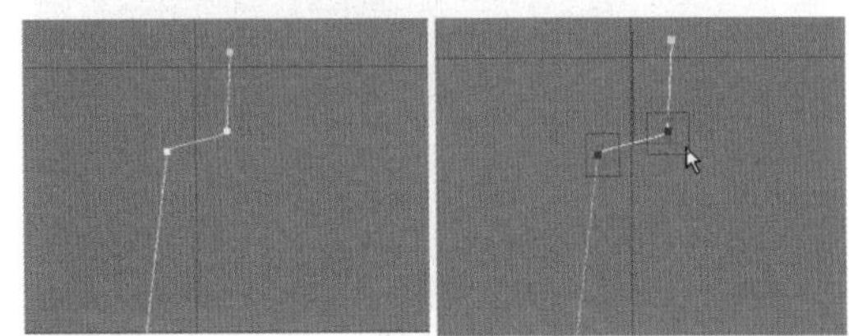

图6-114

步骤06 单击 圆角 按钮，对点进行圆角处理，此时，模型效果如图6-115左图所示。调节节点到如图6-115右图所示的位置。

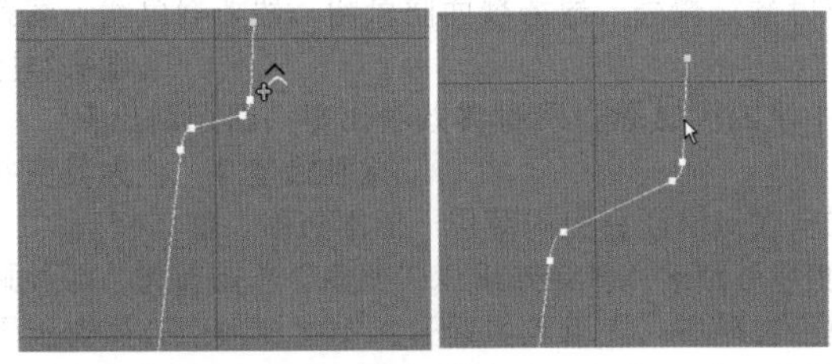

图6-115

步骤07 选择如图6-116左图所示的线，单击 轮廓 按钮，对线进行扩边，效果如图6-116右图所示。

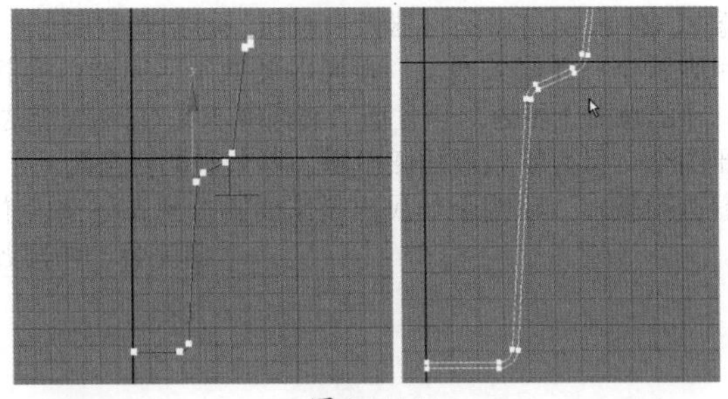

图6-116

步骤08 选择如图6-117左图所示的线，将其删除。返回到 车削 修改器层级，此时，模型效果如图6-117右图所示。

步骤09 由图6-117右图可以看出法线反了，设置修改器面板参数如图6-118左图所示。此时，模型效果如图6-118右图所示。

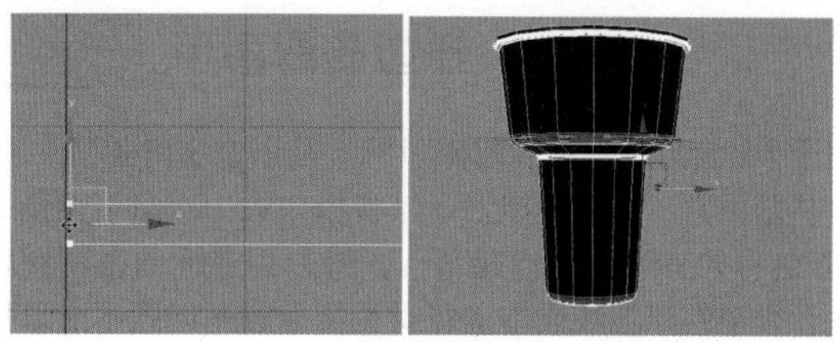

图 6–117

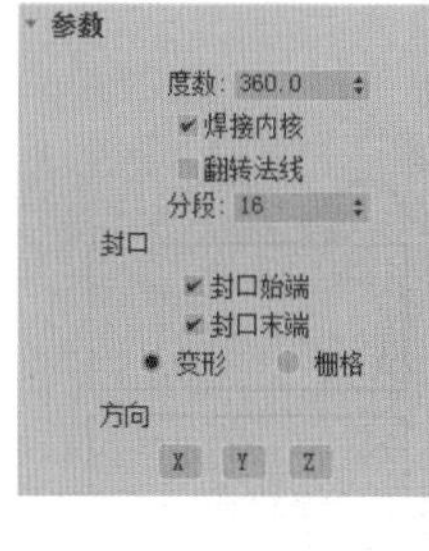

图 6–118

步骤10 使用快捷键【F4】取消边框显示，此时模型效果如图6-119左图所示。返回到 线 层级，调节节点到如图6-119右图所示的位置。

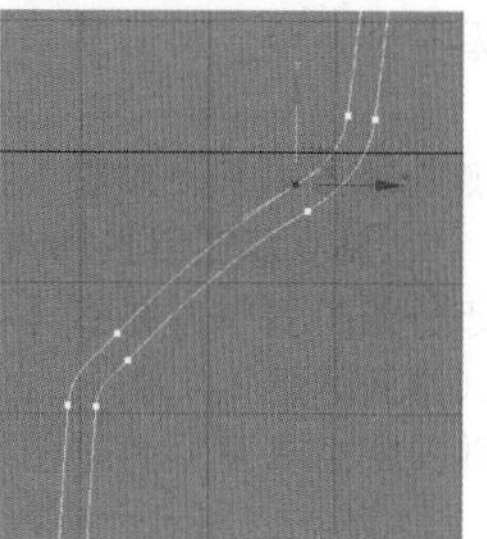

图 6–119

步骤11 此时，模型效果如图6-120所示。

图 6–120

6.5.2 制作冰激凌上部模型

步骤01 单击按钮，切换到标准基本体创建面板，单击 圆柱体 按钮，在场景中创建一个圆柱体模型，如图6-121左图所示。单击按钮，设置修改面板参数如图6-121右图所示。

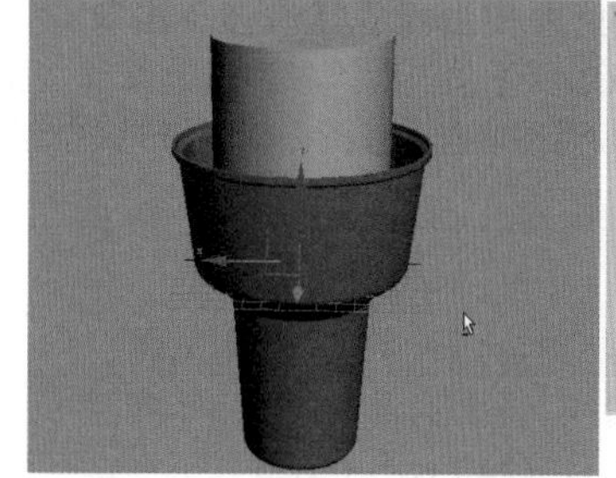

图 6–121

步骤02 此时，模型效果如图6-122左图所示。单击鼠标右键，在弹出的隐藏菜单中选择如图6-122右图所示的命令，将圆柱体转换为可编辑多边形。

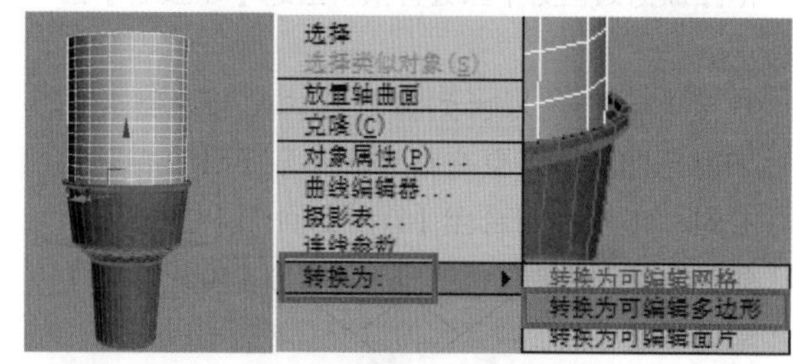

图 6–122

步骤03 选择如图6-123左图所示的面，使用快捷键【Delete】将其删除。选择圆柱体的底面，如图6-123右图所示，将其删除。

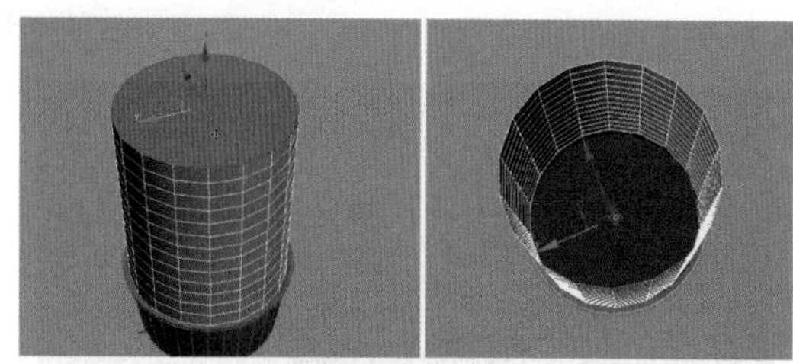

图 6–123

步骤04 此时，模型效果如图6-124左图所示。然后，选择如图6-124右图所示的边。

图 6–124

步骤05 单击 循环 按钮，得到如图6-125左图所示的边。使用缩放工具对边进行缩放操作，模型效果如图6-125右图所示。

步骤06 选择如图6-126左图所示的边，单击 切角 按钮，参数设置如图6-126右图所示。

步骤07 此时，模型效果如图6-127左图所示。然后，选择如图6-127右图所示的边。

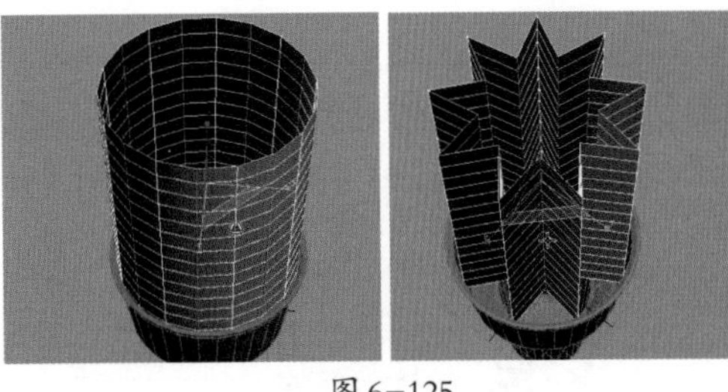

图 6-125

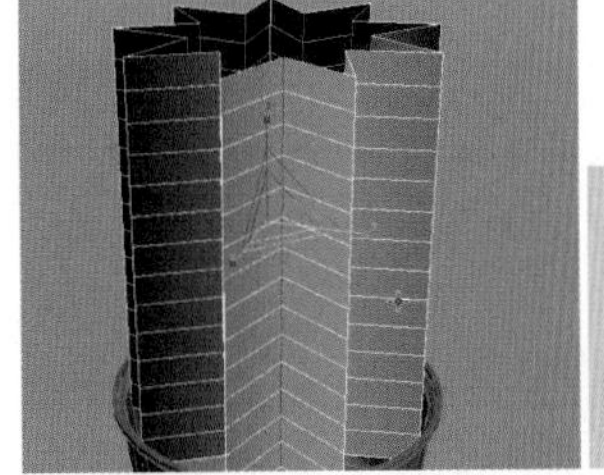

图 6-126

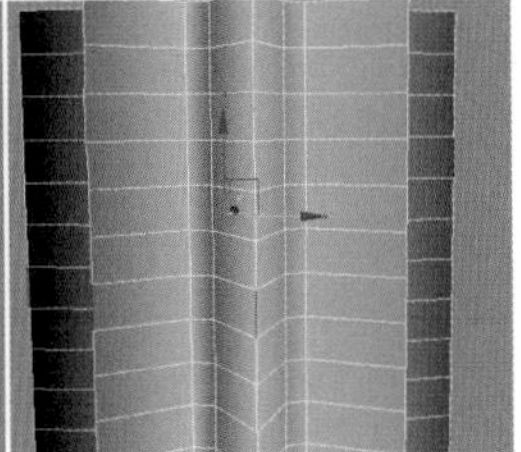

图 6-127

步骤08 单击 循环 按钮，得到如图 6-128 左图所示的边。单击 切角 □按钮，参数设置如图 6-128 右图所示。

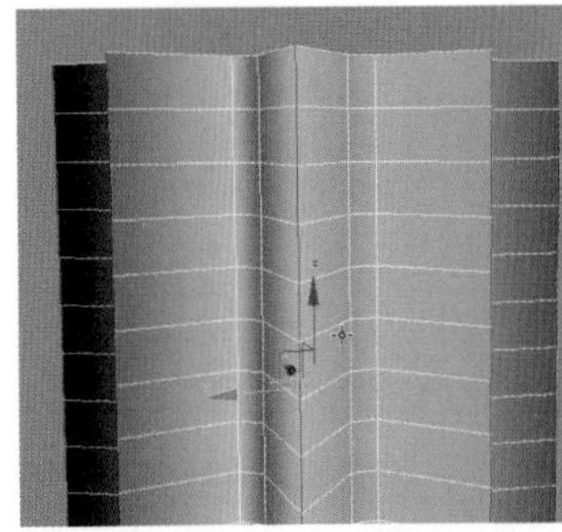

图 6-128

步骤09 此时，模型效果如图 6-129 左图所示。退出子物体层级，在修改器下拉列表中选择锥化命令，为模型添加锥化修改器，设置修改器面板参数如图 6-129 右图所示。

步骤10 此时，模型效果如图 6-130 左图所示。在修改器下拉列表中选择扭曲命令，为模型添加扭曲修改器，设置修改器面板参数如图 6-130 右图所示。

步骤11 此时，模型效果如图 6-131 所示。

步骤12 这时可以发现分段数不合适，切换到可编辑多边形层级，单击◁按钮，选择如图 6-132 左图所示的边，单击 循环 按钮，得到如图 6-132 右图所示的边，使用快捷键【Ctrl+ Backspace】将边移除。

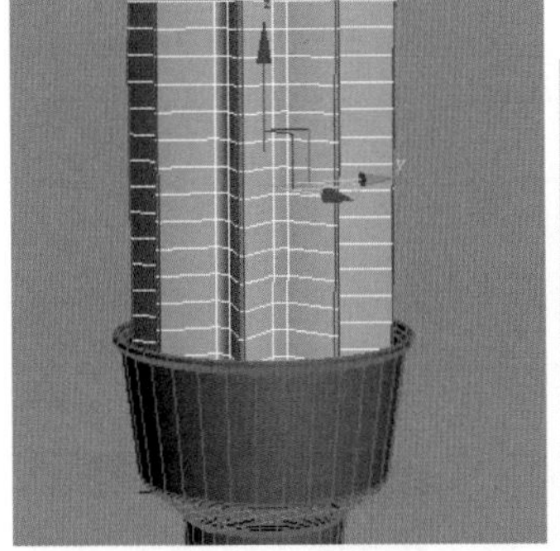

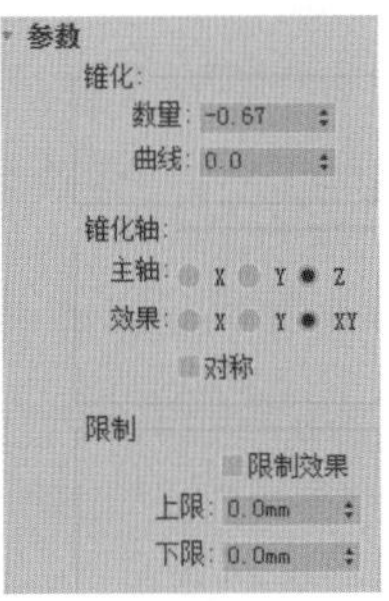

图 6-129

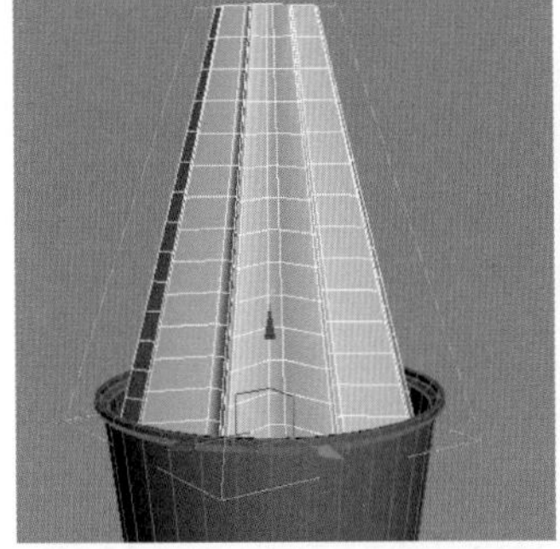

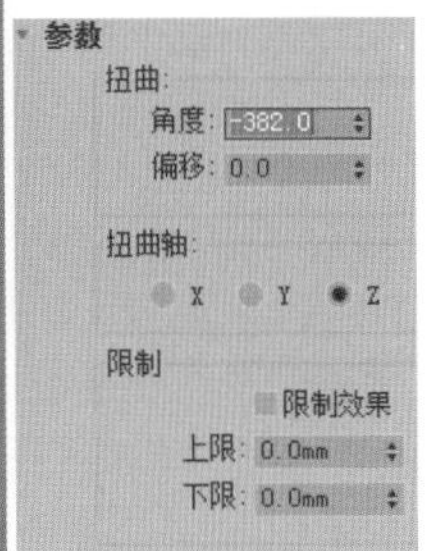

图 6-130

图 6-131

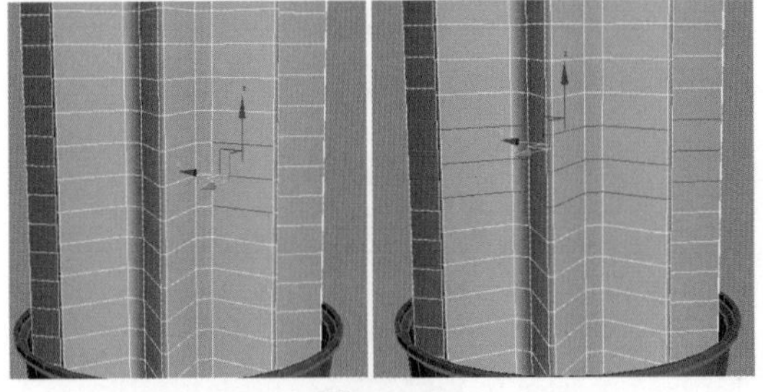

图 6-132

步骤13 此时，模型效果如图 6-133 左图所示。然后，选择如图 6-133 右图所示的边。

步骤14 单击 循环 按钮，得到如图 6-134 左图所示的边，使用快捷键【Ctrl+ Backspace】将边移除。选择如图 6-134 右图所示的边，单击 环形 按钮。

步骤15 此时，得到如图 6-135 左图所示的边。单击 循环 按钮，得到如图 6-135 右图所示的边。

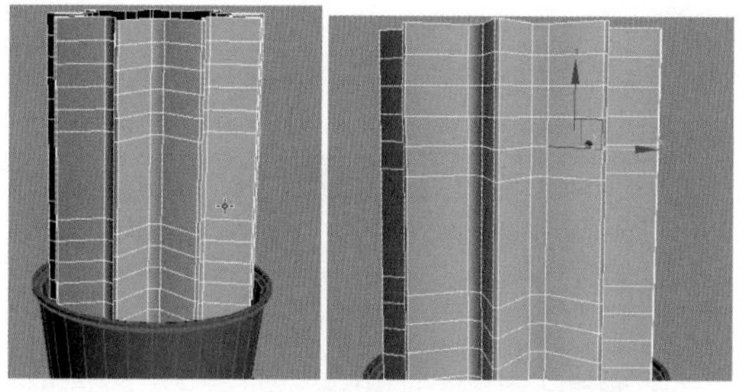

图 6-133

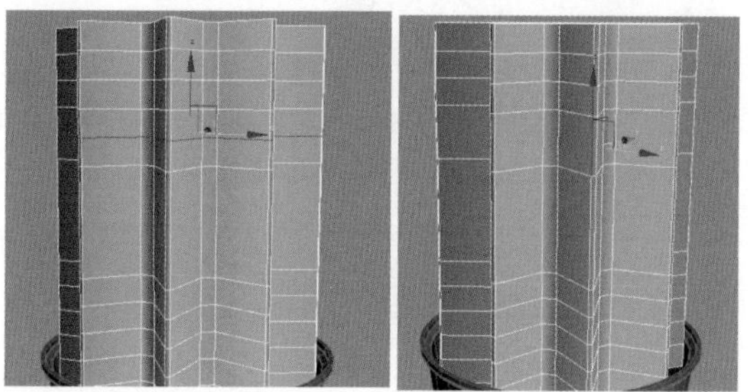

图 6-134

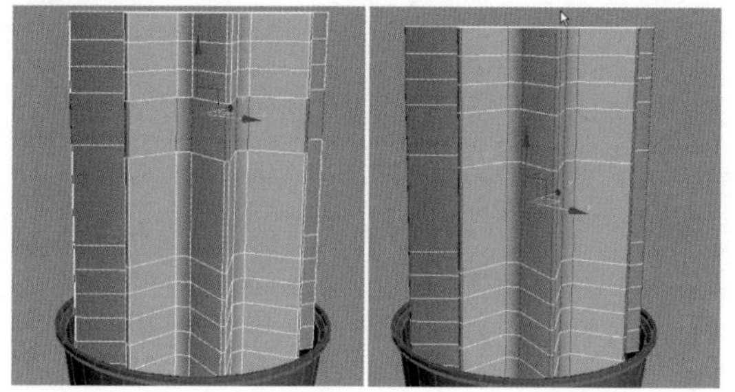

图 6-135

步骤16 单击 循环 按钮，在弹出的隐藏菜单中单击如图6-136左图所示的按钮，在弹出的**循环工具**对话框中，单击如图6-136右图所示的按钮。

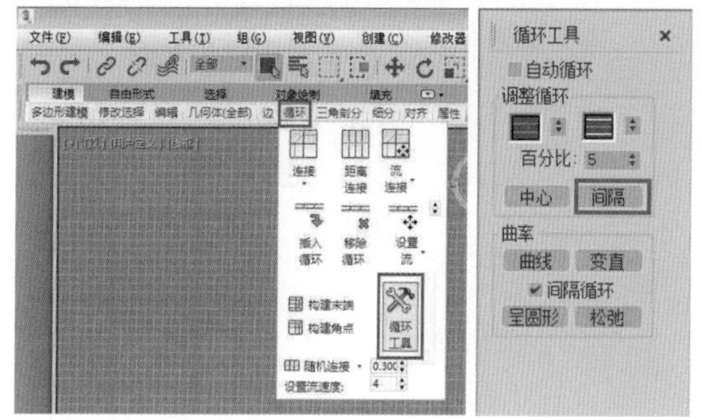

图 6-136

步骤17 此时，分段数分配完成，效果如图6-137所示。

6.5.3 制作冰激凌细节

步骤01 返回到**扭曲**修改器层级，设置修改器面板参数如图6-138左图所示。此时，模型效果如图6-138右图所示。

步骤02 单击移动按钮，按住【Shift】键，沿着边进行复制，然后使用缩放工具对复制得到的边进行缩放，模型效果如图6-139所示。

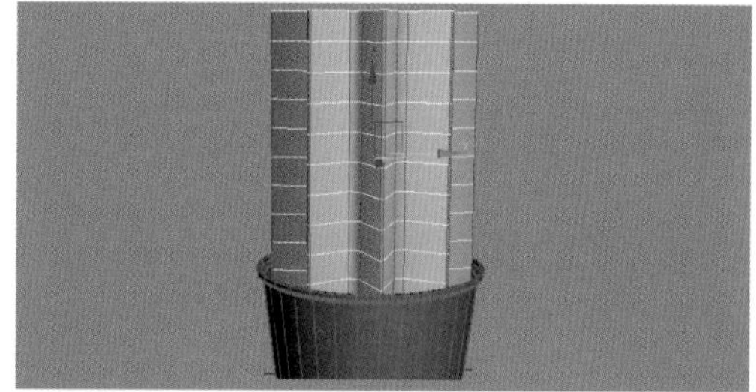

图 6-137

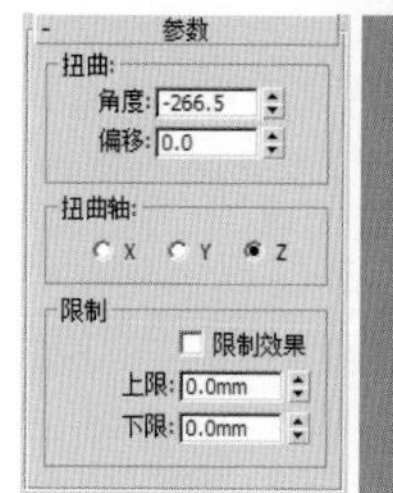

图 6-138

图 6-139

步骤03 继续对边进行复制，将复制得到的边进行缩放，然后单击按钮，对边进行旋转，模型效果如图6-140左图所示。选择如图6-140右图所示的边。

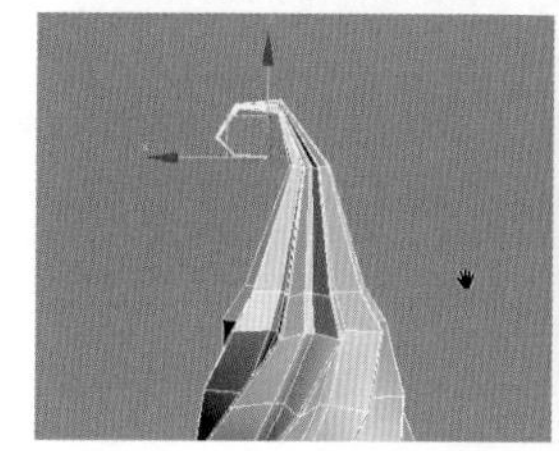

图 6-140

步骤04 单击 循环 按钮，在弹出的隐藏菜单中单击如图6-141左图所示的按钮，在弹出的**循环工具**对话框中，单击【中心】按钮。进入多边形次物体级别，选择如图6-141右图所示的面。

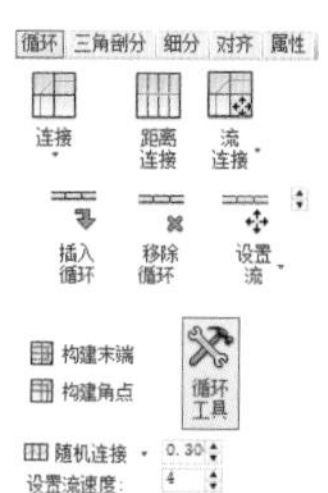

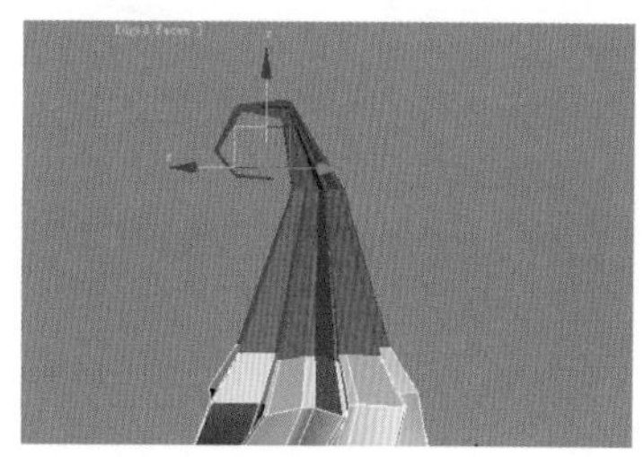

图 6-141

步骤05 单击 分离 按钮，使选择的面独立出来。选择如图6-142左图所示的边，在循环工具对话框中，单击如图6-142右图所示的按钮。

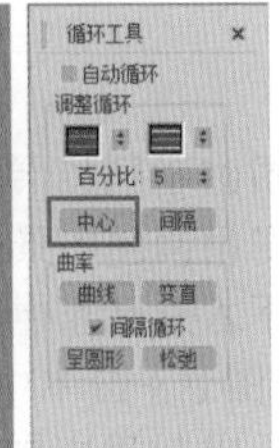

图6-142

步骤06 此时，模型效果如图6-143左图所示。使用快捷键【Ctrl+Z】返回之前的步骤，模型效果如图6-143右图所示。

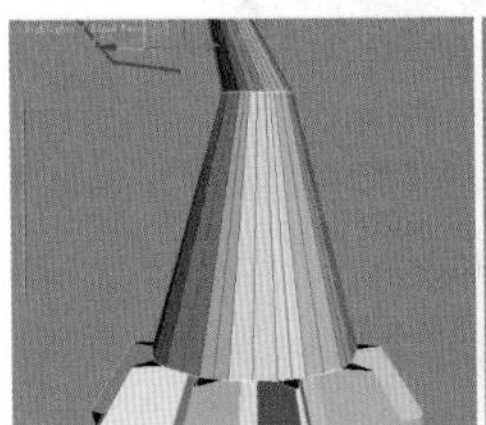

图6-143

步骤07 在修改器下拉列表中选择网格平滑命令，为模型添加网格平滑修改器，模型效果如图6-144左图所示。在修改器下拉列表中选择FFD 4x4x4命令，切换到控制点级别，调节修改器节点到如图6-144右图所示的位置。

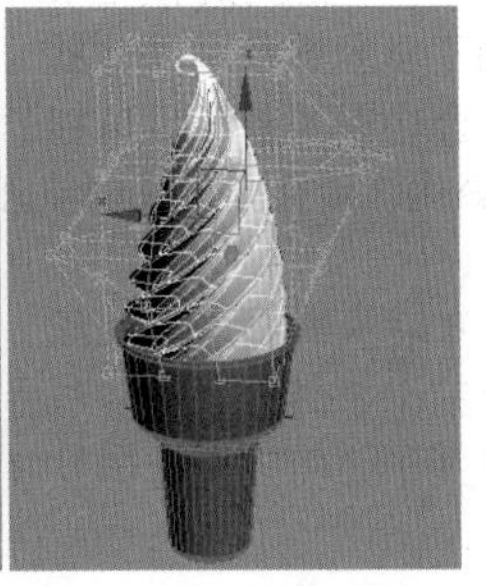

图6-144

步骤08 取消边框显示，此时模型效果如图6-145左图所示。选择如图6-145右图所示的边。

图6-145

步骤09 单击 切角 按钮，设置参数如图6-146左图所示。此时，模型效果如图6-146右图所示。

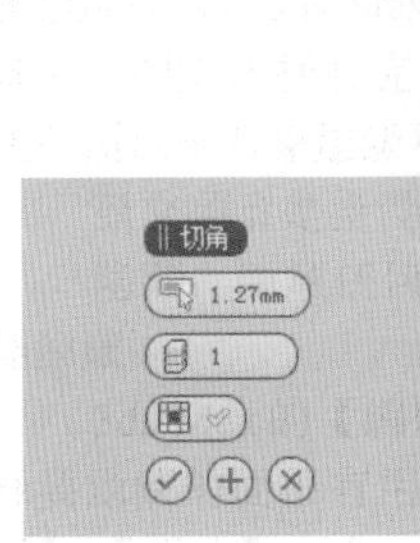

图6-146

步骤10 继续对边执行切角操作，并使用缩放工具对边进行缩放，模型效果如图6-147左图所示。使用快捷键【F4】取消边框显示，模型效果如图6-147右图所示。至此，完成本实例的制作。

图6-147

第7章 NURBS曲面建模

本章导读

NURBS是工业曲面设计和建造的标准，特别适合创建由复杂曲线构成的表面。NURBS 造型系统由点、曲线、曲面3种元素构成，其功能比Patch（曲面片造型）和Mesh（网格体）要强大得多。它的造型原理是根据可视化的线条和曲面进行直观造型，就像实时的雕刻，在视图中利用各种工具调节按钮进行创建即可，使我们感受到了其强大的造型能力。NURBS使用数学运算来计算曲面，造型非常准确，速度非常快。

7.1 NURBS标准建模方法

标准的NURBS建模方法，一般可以直接创建NURBS类型的曲线，包括点曲线和CV曲线（可控曲线）两种。

实例操作 NURBS曲线的基本操作

步骤01 单击创建命令面板中的平面造型按钮，在下拉列表框中选择【NURBS曲线】选项，如图7-1所示。

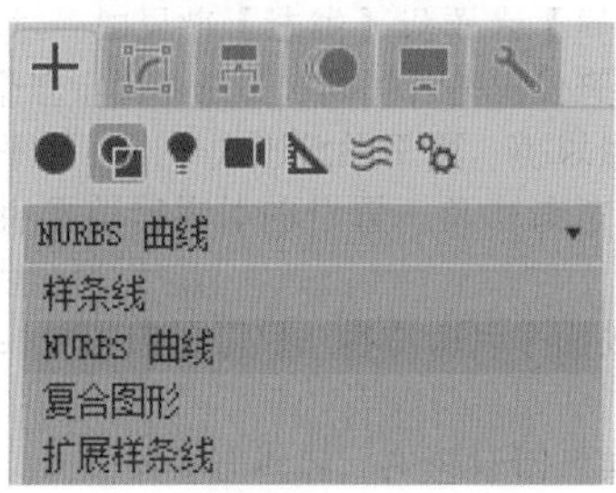

图7–1

步骤02 此时进入NURBS曲线创建命令面板，如图7-2所示。

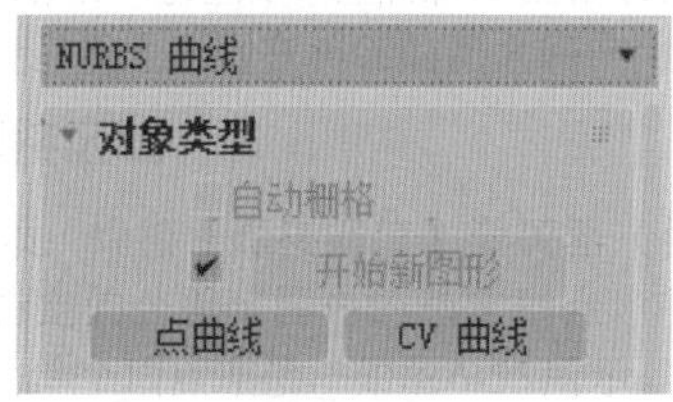

图7–2

步骤03 点曲线绘制的曲线是由点控制的，如图7-3所示。它的每一个点上的曲度是系统内定的，无法进行单个点的控制，这种曲线不易掌握它的曲度。

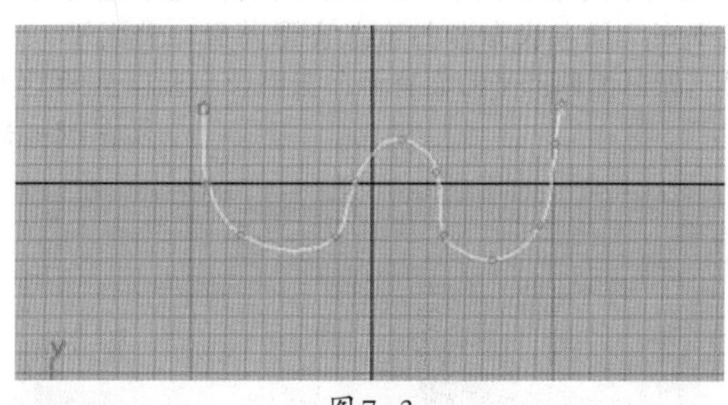
图7–3

步骤04 CV曲线通过曲线周围的控制点来描绘曲线，如图7-4所示。

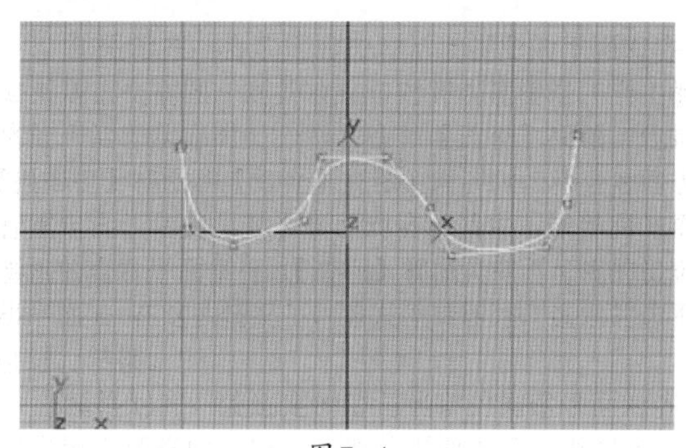
图7–4

步骤05 CV曲线控制点的优点是不仅可以调节它的位置，还可以通过调节它的权重值来改变曲线的形状，这样使得NURBS曲线的调节方式更加多样，曲线的形态也更易控制，所以我们多使用这种方式来绘制NURBS曲线。图7-5左图所示为权重值为20和0的曲线效果。若要修改NURBS曲线，则需要切换到点次物体级别进行操作，如图7-5右图所示。

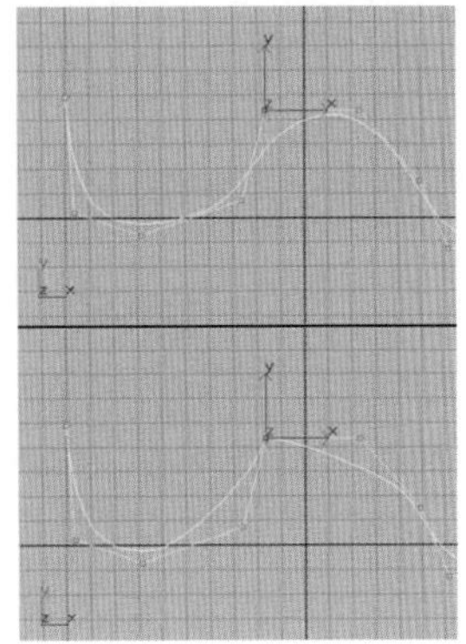
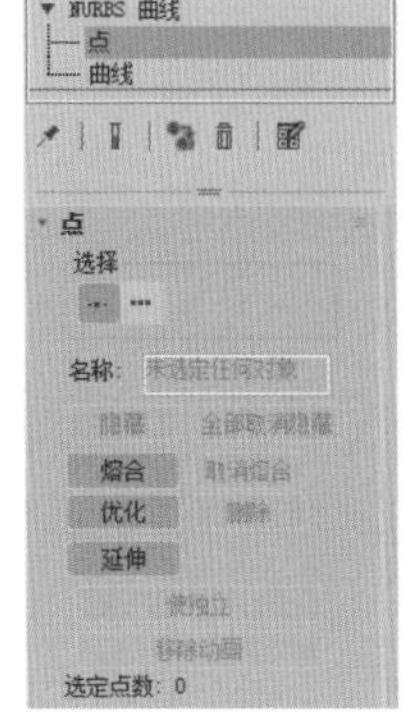

图7-5

步骤06 在完成NURBS曲线绘制后，在修改命令面板中单击按钮，打开NURBS工具面板，如图7-6左图所示，可以直接进行NURBS的制作。在NURBS工具面板中提供了各种工具，可以进行NURBS建模编辑操作，这是标准的NURBS建模过程。

步骤07 还有一种方式是直接创建NURBS类型的表面。单击命令面板中的几何体按钮，从下拉列表框中选择【NURBS曲面】选项，如图7-6右图所示，进入NURBS曲面创建面板。

图7-6

步骤08 在NURBS曲面创建面板中包括由点直接控制的点曲面和由CV控制的CV曲面两种按钮，如图7-7所示。

图7-7

步骤09 用这种方法创建的表面已经属于NURBS曲面类型，可以对它直接进行编辑操作。这两种方法都是标准的NURBS建模方式。它们有一定的缺点，不可能直接创建出来有良好的建模属性的物体，因为NURBS的建模往往是通过NURBS工具面板中的工具来实现的，所以这两种方式只能作为NURBS建模的初步手段，具体的NURBS建模还需通过NURBS工具面板来实现。

7.2 NURBS模型的转换方法

本节我们将介绍4种NURBS模型的转换方法，分别是通过标准基本体、曲线、放样转换NURBS模型，以及万能转换NURBS模型。

7.2.1 通过标准基本体转换NURBS模型

NURBS建模方法有多种，其中一种是通过标准基本体转换NURBS模型后进行编辑操作。标准基本体有10种类型，其创建命令面板如图7-8所示。

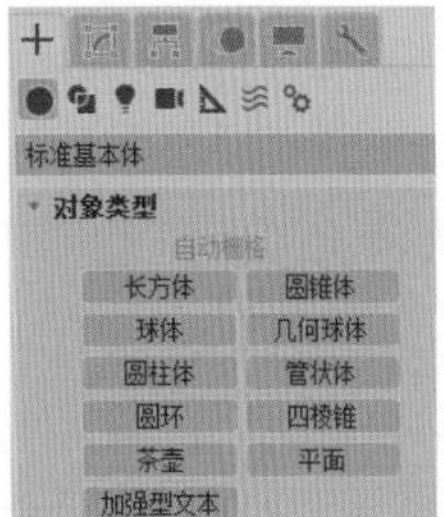

图7-8

实例操作 通过标准基本体转换NURBS模型的应用

步骤01 单击按钮进入创建命令面板，单击按钮，在几何体命令面板中单击**球体**按钮，在视图中创建一个球体模型，如图7-9所示（工程文件路径：第7章/Scenes/通过标准基本体转换NURBS模型的应用.max）。

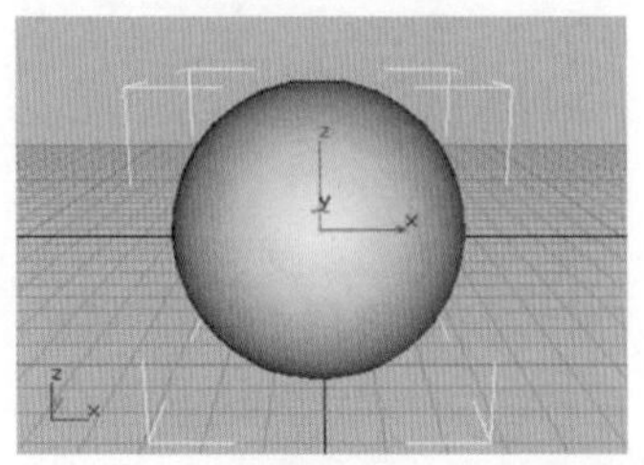

图7-9

步骤02 选择球体并右击，在弹出的快捷菜单中选择【转换为：】命令，我们可以选择4种塌陷方式，如图7-10所示。

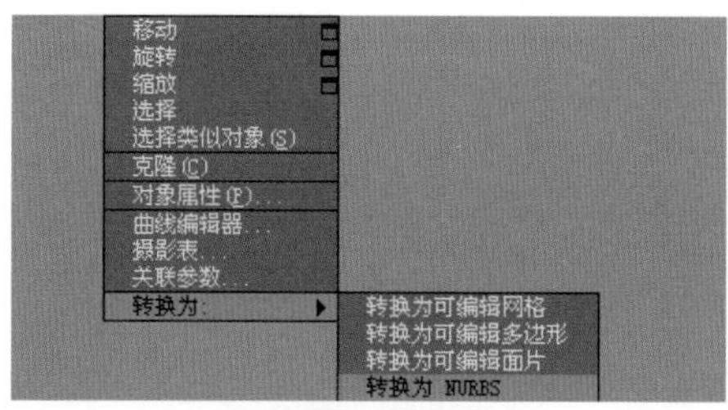

图7-10

步骤03 在这4种塌陷方式中，选择【转换为NURBS】选项，将球体塌陷为NURBS。此时，修改命令面板如图7-11所示。

图7-11

步骤04 将球体塌陷为NURBS以后，就可以对它进行NURBS的曲面编辑了。单击 NURBS 曲面 按钮，进入NURBS的曲面CV次物体编辑状态，如图7-12所示。

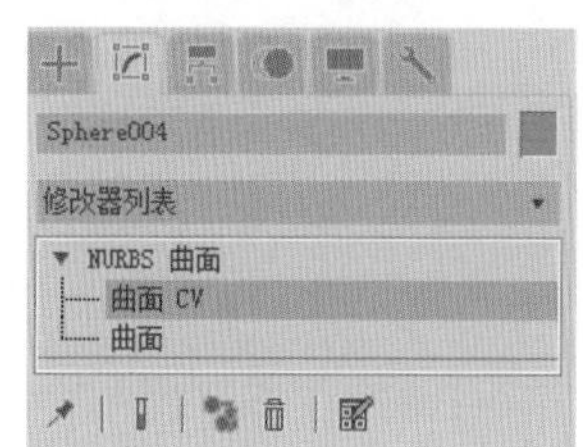

图7-12

步骤05 此时，视图中的球体上出现了可控点，如图7-13所示。

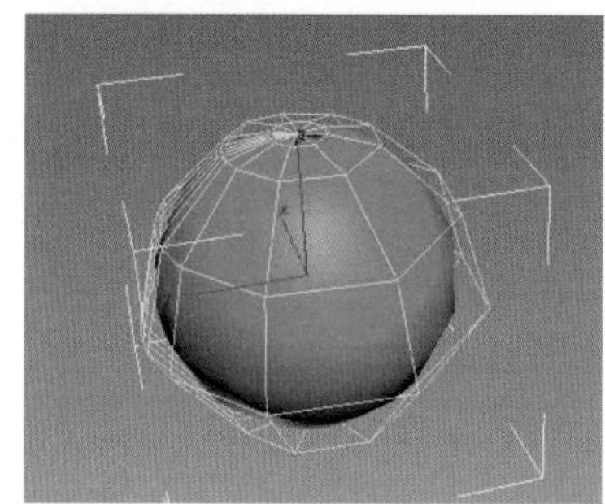
图7-13

步骤06 可以通过球体表面的控制点来调整它的形态，效果如图7-14所示。

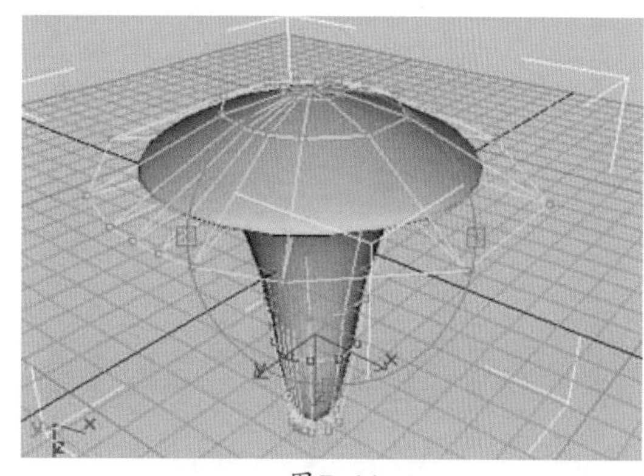
图7-14

步骤07 通过调整控制点的权重值，可以对物体的形态进行吸引和挤压，如图7-15所示。

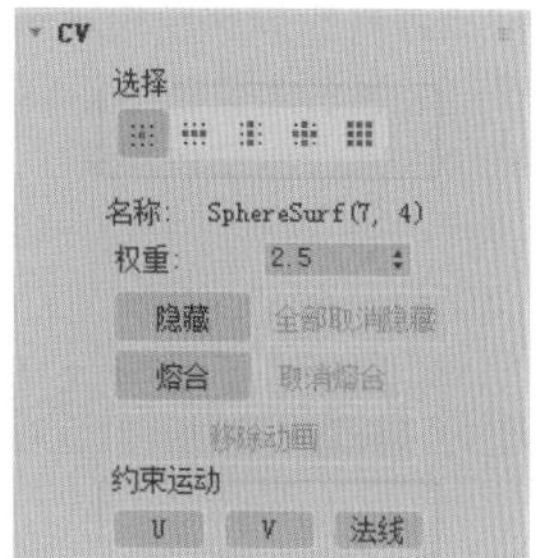

图7-15

步骤08 图7-16所示为权重值分别为2.5和5时的顶点拉伸效果。

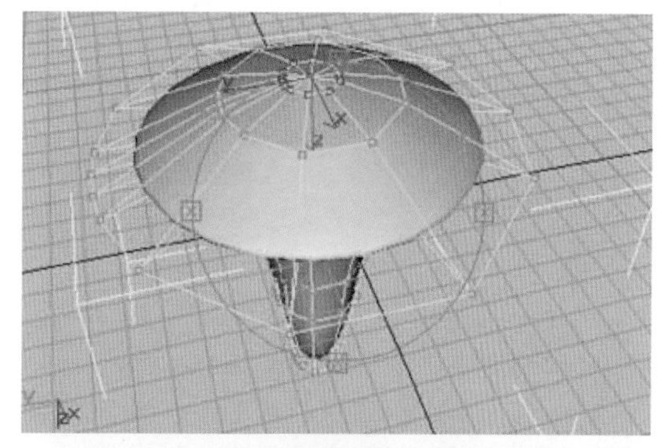

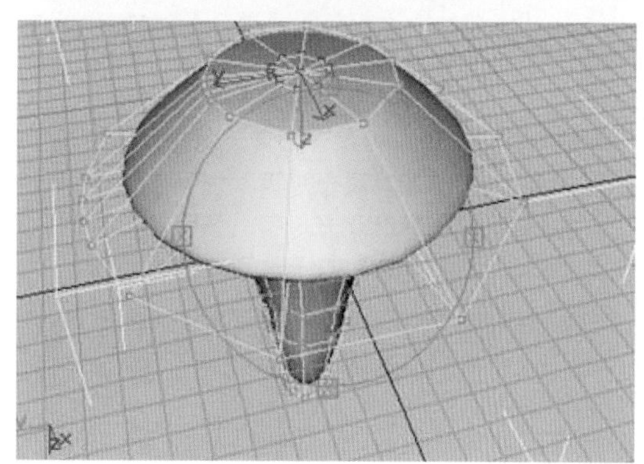
图7-16

步骤09 这里要注意的一点是，只有标准基本体才能进行NURBS模型的转换，扩展基本体是无法进行转换的。扩展基本体的创建命令面板如图7-17所示。

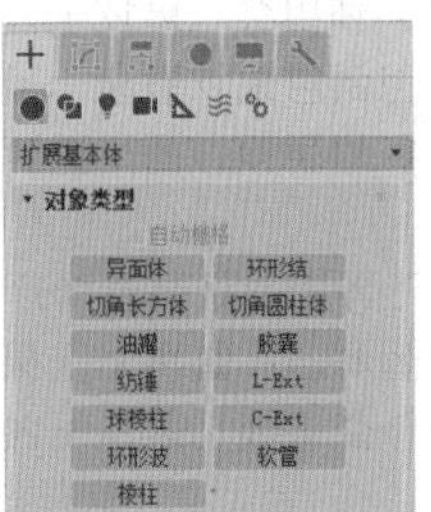

图7-17

7.2.2 通过曲线转换NURBS模型

第二种可以进行NURBS模型转换的方法是通过绘制轮廓线，然后在修改命令面板中进行挤压放样或旋转放样，这种经过挤压放样或旋转放样的模型可以输出为NURBS模型。

在完成操作后进行NURBS塌陷，塌陷以后即为NURBS模型。我们也可以通过对顶点进行移动变换来修改模型。

实例操作 通过曲线转换NURBS模型的应用

步骤01 单击 命令面板中的平面造型按钮，在平面造型命令面板中单击 线 按钮，在视图中创建一条曲线，如图7-18所示（工程文件路径：第7章/Scenes/通过曲线转换NURBS模型的应用.max）。

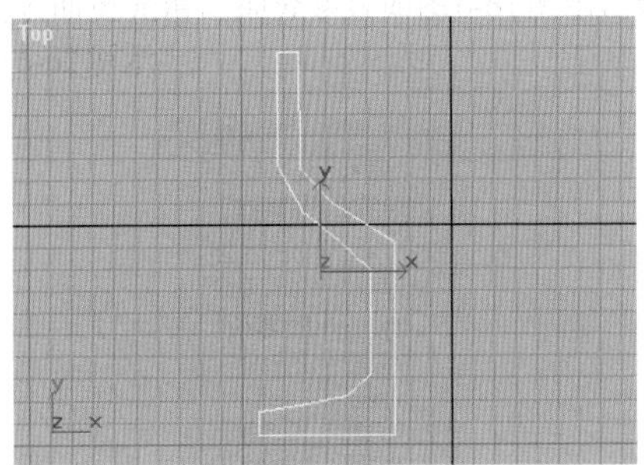

图7-18

步骤02 进入修改命令面板，通过添加 车削 修改器对曲线进行旋转变形，如图7-19所示。

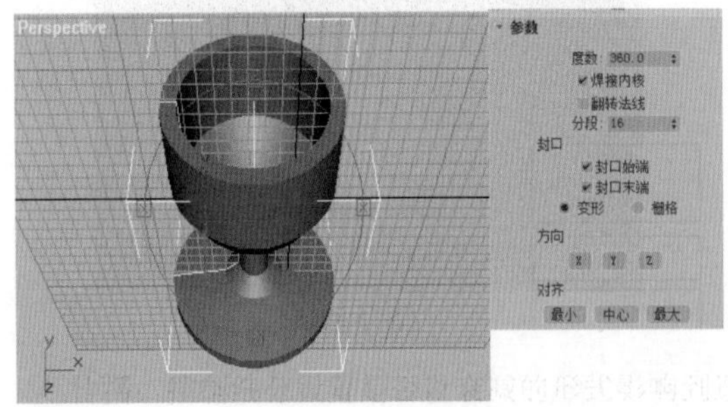

图7-19

步骤03 这种经过旋转放样或挤压放样的模型可以输出为NURBS模型，单击修改命令面板中的【NURBS】选项即可，如图7-20所示。

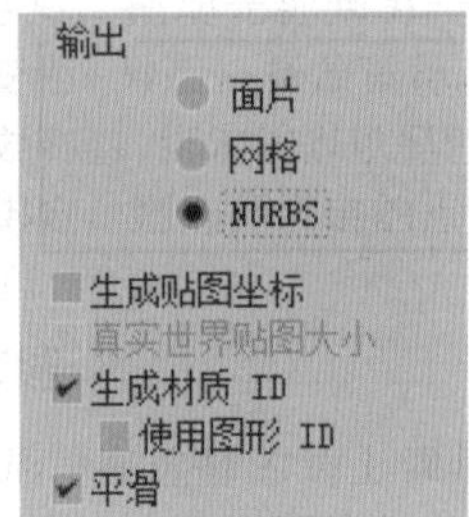

图7-20

步骤04 在完成操作后进行NURBS塌陷，塌陷的结果就是一个NURBS曲面模型，将其转换为NURBS，如图7-21所示。

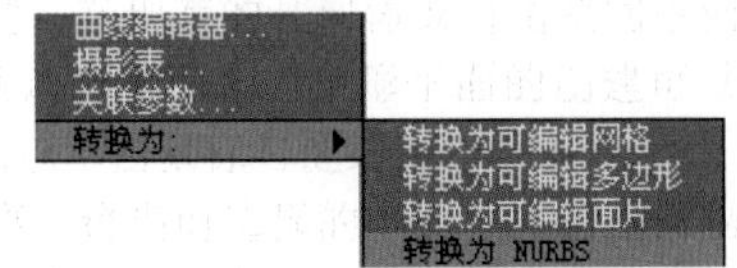

图7-21

步骤05 我们也可以通过对顶点进行移动变换来修改模型，如图7-22所示。

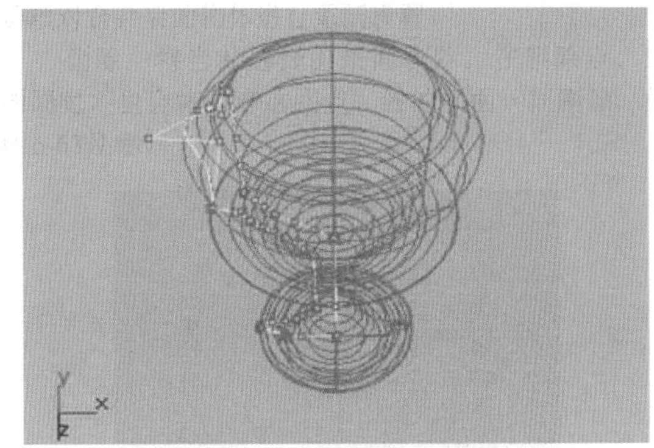

图7-22

7.2.3 通过放样转换NURBS模型

第三种可以进行NURBS模型转换的方法是将放样模型进行NURBS模型的转换，放样本身完成后是一个多边形模型。

实例操作 通过放样转换NURBS模型的应用

步骤01 单击 命令面板中的平面造型按钮，在平面造型命令面板中单击 星形 按钮，在视图中创建一个星形作为放样剖面之一，如图7-23所示（工程文件路径：第7章/Scenes/通过放样转换NURBS模型的应用.max）。

步骤02 单击 圆 按钮，在星形正中央绘制圆形，作为瓶盖的另一个放样剖面。如果有必要，则可单击按钮将两个剖面中心对齐。

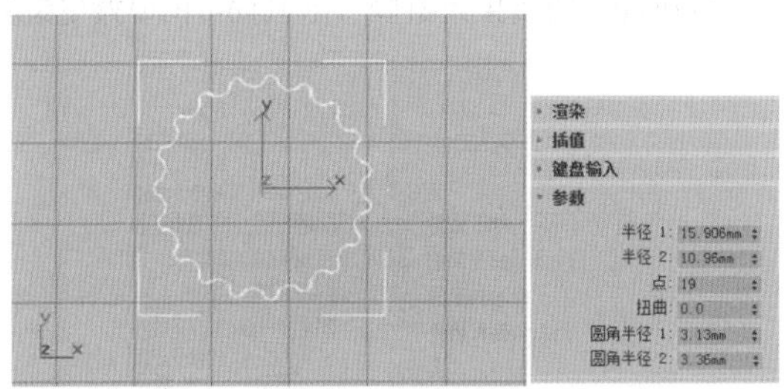

图7-23

步骤03 单击 线 按钮，在侧视图中绘制瓶盖的高度直线。这样，所有的放样元素绘制完成。将两个剖面曲线的位置放置成如图7-24所示的样子。

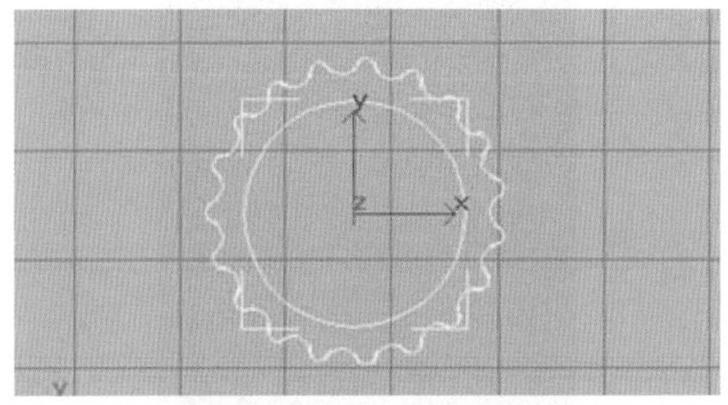

图7-24

步骤04 单击创建命令面板中的几何体按钮，从下拉列表框中选择复合对象选项，进入合成物体创建面板。单击 放样 按钮，准备开始模型放样，如图7-25所示。

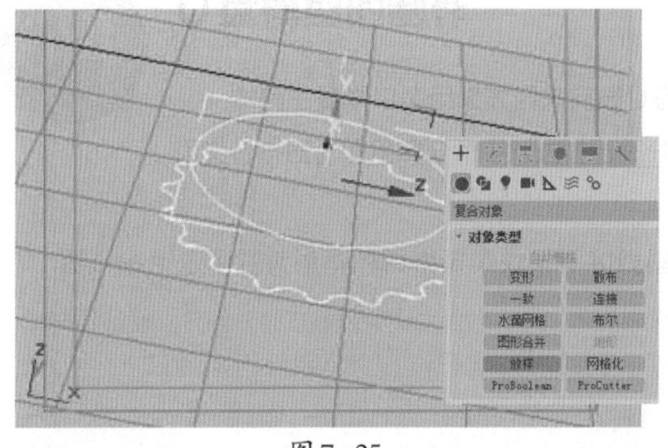

图7-25

步骤05 在视图中选择放样剖面后，完成一个放样的基本放样模型，如图7-26所示。

步骤06 当模型创建完成后，我们可以在修改命令面板中对其进行NURBS模型的转换，这样我们就可以将一个放样模型转换为NURBS的曲面模型，如图7-27所示。

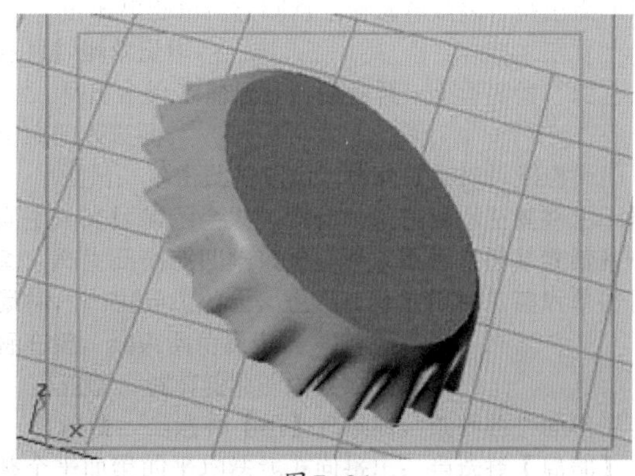

图7-26

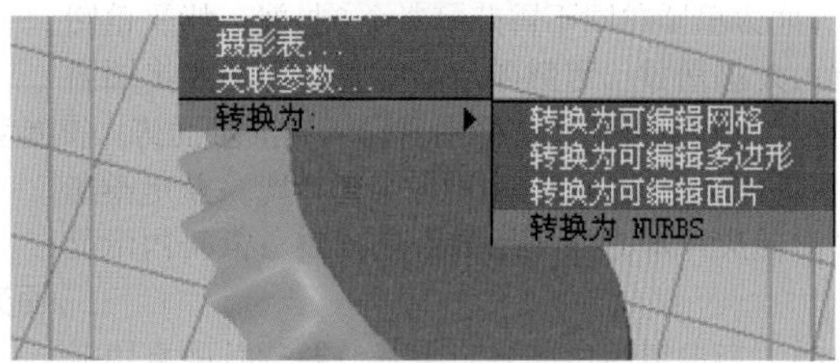

图7-27

7.2.4 万能转换NURBS模型

在3ds Max中，NURBS提供了一种万能的转换方法，可以将任何种类的几何体，包括从外部引入的多边形几何体，转换为NURBS。但是这种方法不切实际，往往我们先通过转换命令将几何体转换为面片物体，如图7-28所示。

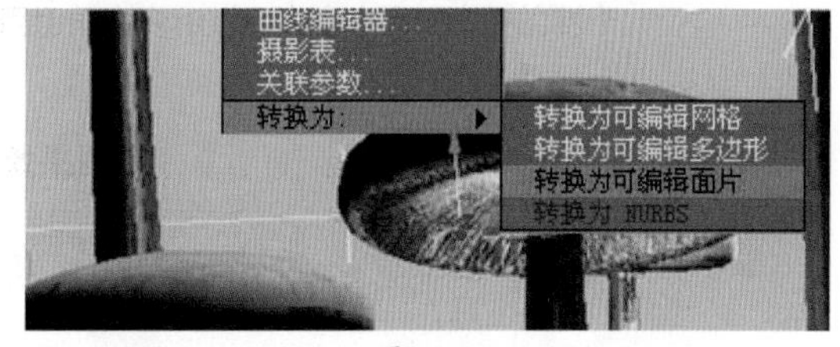

图7-28

在3ds Max内部，面片物体是可以转换为NURBS物体的，但是虽然这个步骤是可行的，但却没有实际意义。如果转换为NURBS物体，那么所得到的物体将会非常复杂，无法编辑，而且经常会使系统陷入瘫痪状态，因此不建议使用这种方法进行转换。

7.3 NURBS曲面成形工具

NURBS提供了多种曲面成形的方法，可以通过NURBS工具面板中的工具来实现。下面我们进行NURBS曲面成形工具的介绍。

7.3.1 挤出工具

使用挤出工具可以将NURBS曲线挤出成形，该工具的用途非常广泛。

实例操作 挤出工具的基本操作方法

步骤01 首先绘制NURBS曲线，在修改命令面板提供的快捷工具面板中有各种各样的NURBS成形方式。单击挤出工具图标，如图7-29所示（工程文件路径：第7章/Scenes/挤出工具的基本操作方法.max）。

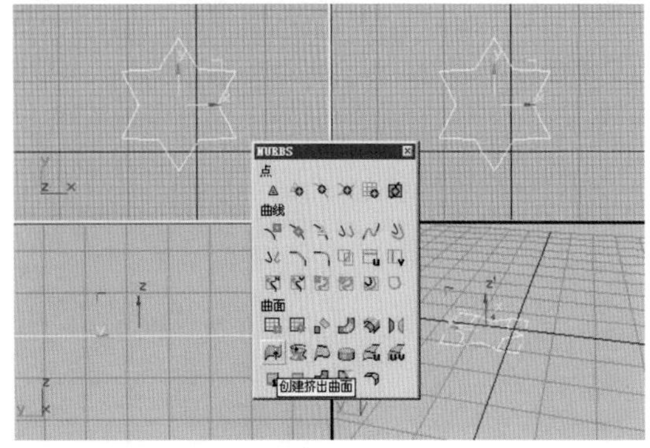

图7-29

步骤02 通过挤出直接产生曲面，如图7-30所示，这就是通过拉伸产生的曲面。

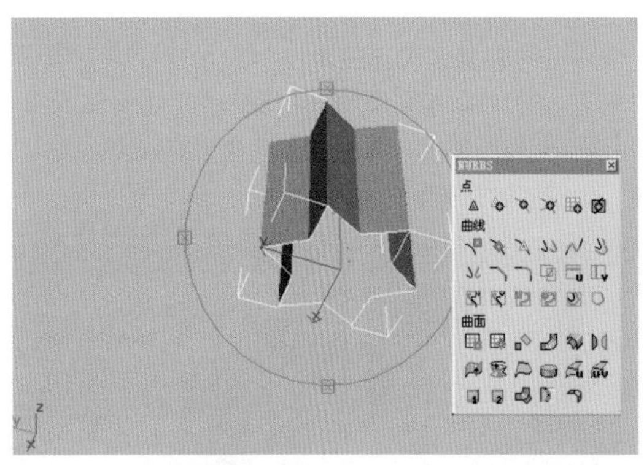

图7-30

步骤03 单击 NURBS 曲面 按钮，如图7-31所示，进入曲面次物体层级。

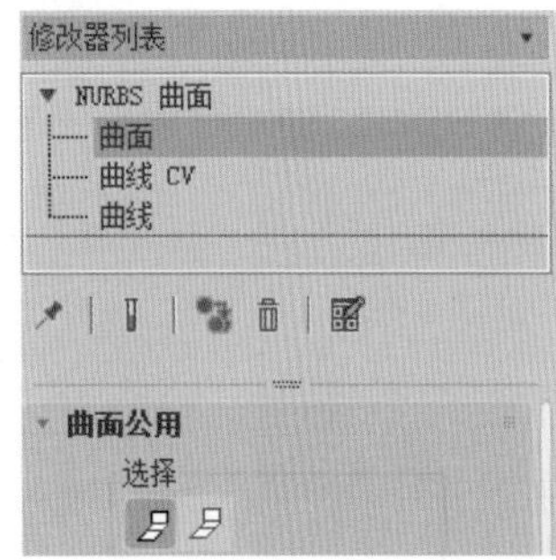

图7-31

步骤04 单击曲面物体，选择挤出的曲面，如图7-32所示。

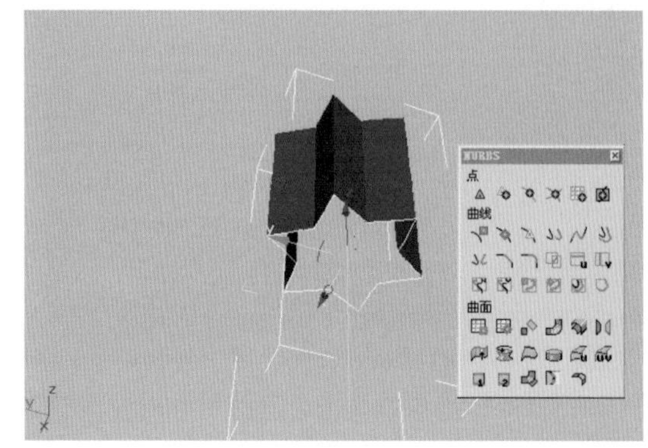

图7-32

步骤05 在修改命令面板的最下方，可以看到初始创建拉伸曲面的控制参数，如图7-33所示。

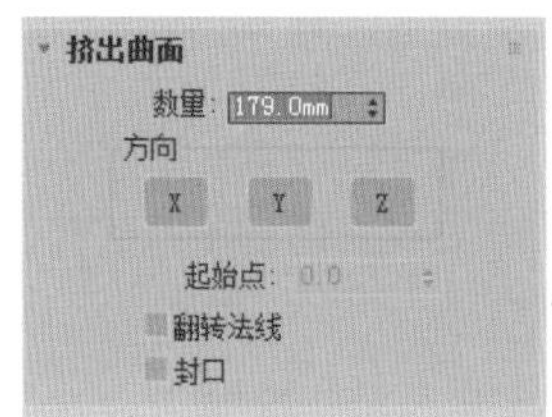

图7-33

步骤06 通过调整参数我们可以重新调节拉伸的高度，以及拉伸的轴向，这就是基本的曲线拉伸表面的工具。

7.3.2 车削工具

在NURBS内部可以通过车削工具的旋转命令对曲线进行旋转放样。

实例操作 车削工具的基本操作方法

步骤01 使用曲线工具绘制一条旋转剖面曲线，如图7-34所示（工程文件路径：第7章/Scenes/车削工具的基本操作方法.max）。

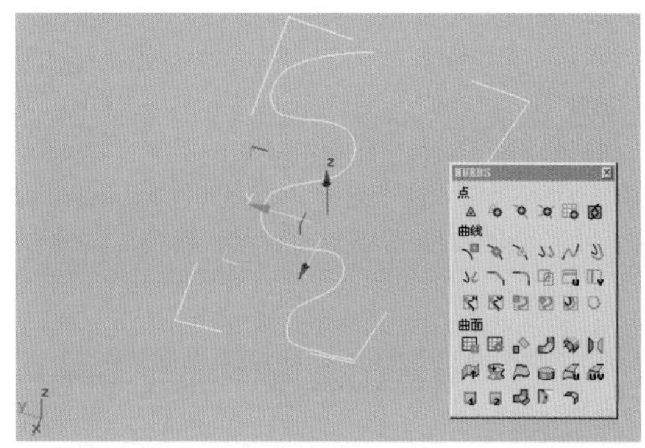

图7-34

步骤02 选择车削工具，单击曲线，可以得到一个360°的旋转模型，如图7-35所示。

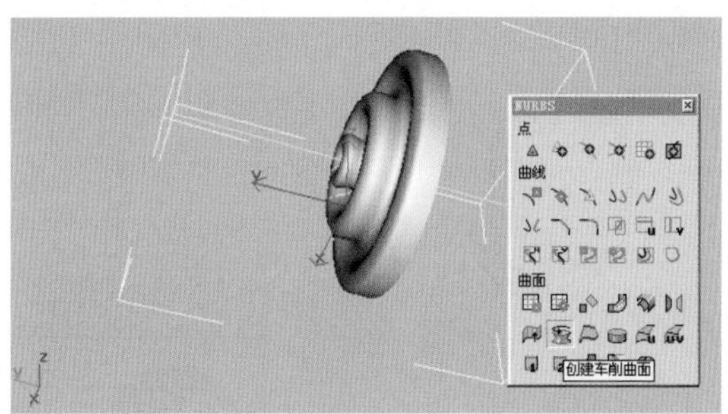

图 7-35

步骤03 通过角度调节可以产生不完整的表面，如图7-36所示。

图 7-36

步骤04 选择物体并右击，在弹出的快捷菜单中选择对象属性(P)...选项，如图7-37所示。

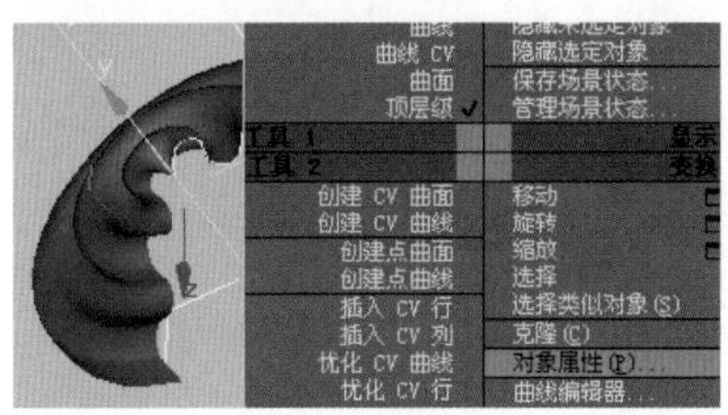

图 7-37

步骤05 在弹出的【对象属性】对话框中，取消勾选背面消隐复选框，如图7-38所示。

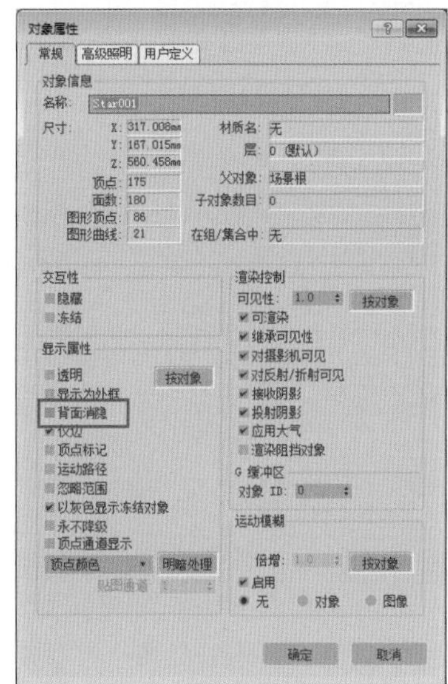

图 7-38

步骤06 这样我们就可以看到曲面的反面，如图7-39所示。

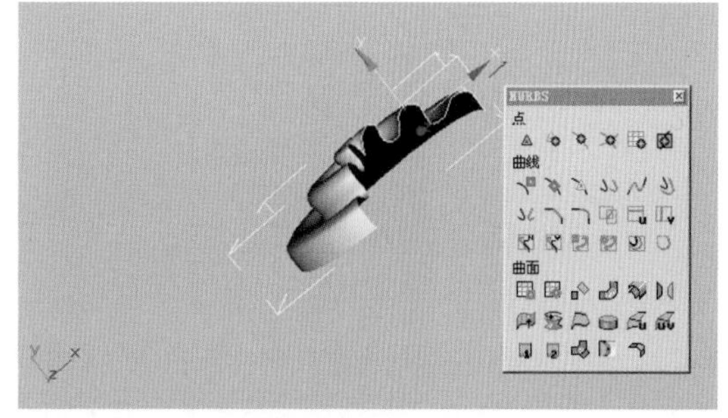

图 7-39

步骤07 选择车削放样的表面，进入它的曲面次物体层级，可以选择旋转所依靠的轴向，还有各种各样的对齐方式，如图7-40所示。

图 7-40

7.3.3 规则成形工具

使用规则成形工具可以制作规则成形的NURBS，通过两条任意的空间曲线在任意空间中产生一个表面，这就是规则成形方法。这些曲线也可以是空间类型的，这样就可以产生空间类型的曲面。

实例操作 规则成形工具的基本操作方法

步骤01 首先绘制两条任意的NURBS曲线，如图7-41所示（工程文件路径：第7章/Scenes/规则成形工具的基本操作方法.max）。

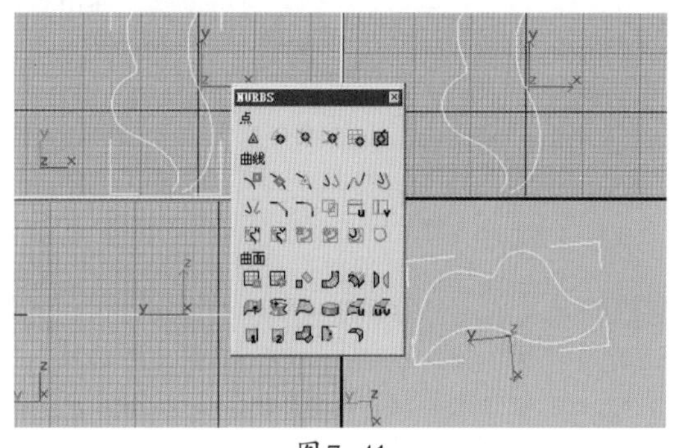

图 7-41

步骤02 单击修改命令面板中的【附加】按钮，如图7-42所示，将它们组合在一起。

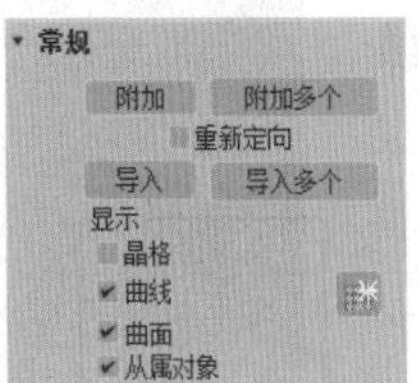

图7-42

步骤03 单击规则成形工具图标，依次选择两条曲线，如图7-43所示。

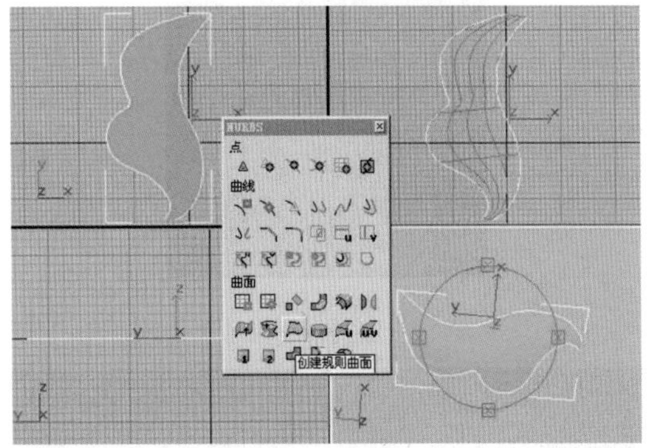

图7-43

步骤04 在顶点次物体模式下，在不同的视图中移动顶点，可以产生空间类型的曲面，如图7-44所示。

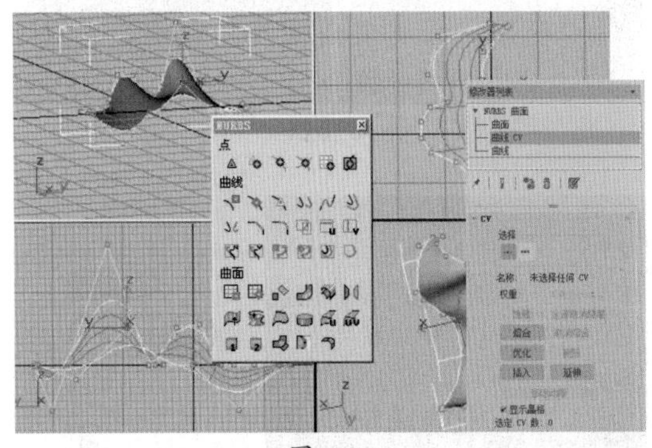
图7-44

7.3.4 封口成形工具

封口成形工具是一个补充建模工具，使用它可以对物体表面的洞进行填补。例如，一个使用车削工具产生的模型，在曲面的顶部是一个空洞，可针对闭合的曲线对曲面进行封闭，而产生一个封闭的曲面模型。

实例操作 封口成形工具的基本操作方法

步骤01 首先利用前面学习的车削工具对制作好的曲线进行旋转操作，如图7-45所示（工程文件路径：第7章/Scenes/封口成形工具的基本操作方法.max）。

步骤02 单击封口成形工具图标，选择没有封闭的曲线，此时便产生了封盖效果，如图7-46所示。

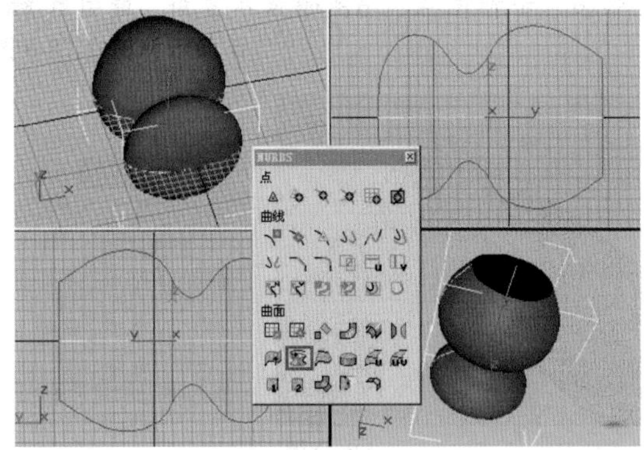
图7-45

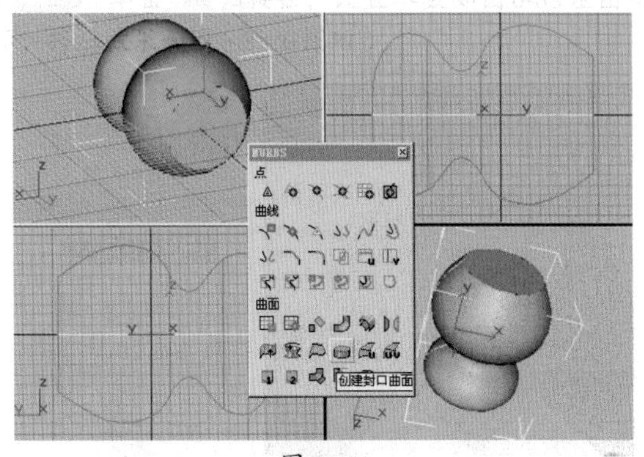

图7-46

7.3.5 U向放样工具

U向放样工具是一种NURBS的曲面建模方法，它根据U向的轴点进行放样，类似于一种蒙皮操作。

实例操作 U向放样工具的基本操作方法

步骤01 首先创建CV曲线，如图7-47所示（工程文件路径：第7章/Scenes/U向放样工具的基本操作方法.max）。

图7-47

步骤02 在创建完曲线以后，在曲线的内部对曲线进行复制，按住【Shift】键复制出一条相同的曲线，如图7-48所示。

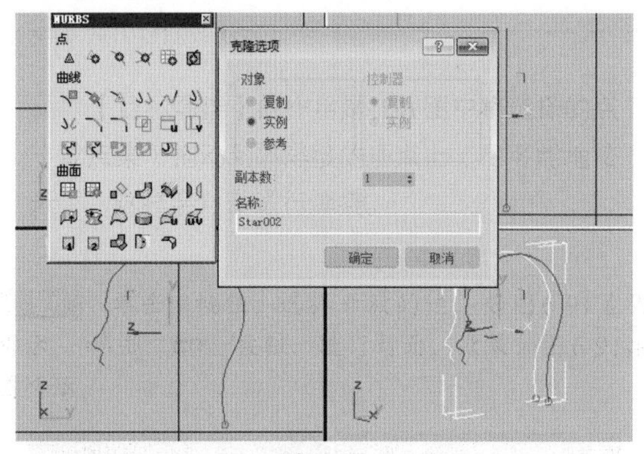

图 7-48

步骤03 使用这样的复制方法可以产生与原曲线类型相似的曲线，也可以直接绘制新的曲线，通过内部的创建曲线命令可以绘制新的曲线。U向放样工具对每条曲线上控制点的多少不进行严格的要求。

步骤04 下面将多条曲线排列在一起，单击U向放样工具图标，依次单击每条曲线，如图7-49所示，单击鼠标右键结束命令。

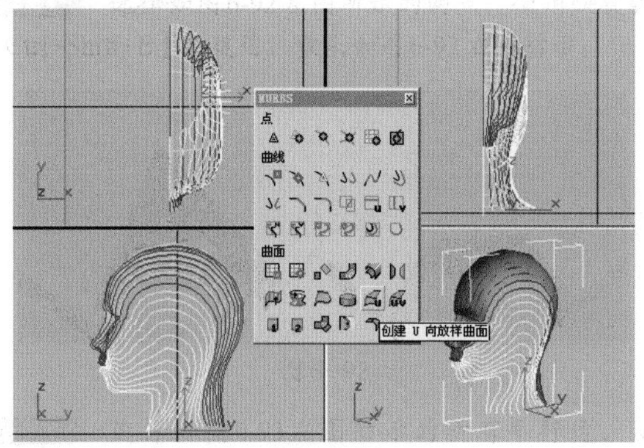

图 7-49

步骤05 观察修改命令面板中4条曲线的顺序，图7-50所示就是产生的蒙皮模型。

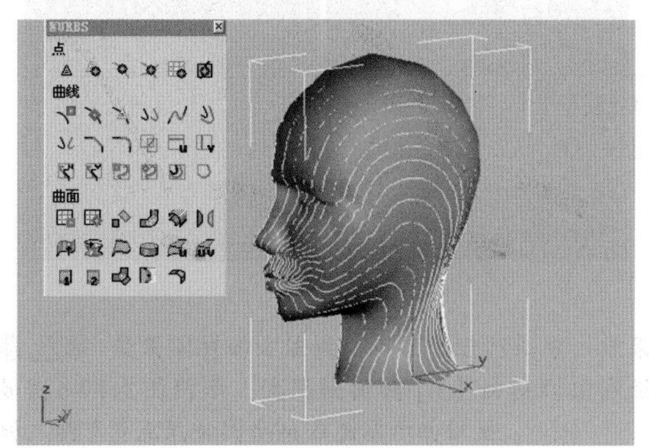

图 7-50

步骤06 在模型创建完成后，还可以继续对每一条曲线进行编辑操作，从而改变曲线的形状和曲面的形状。对每一条曲线上的控制点也可以进行编辑操作，从而改变曲面的类型。U向放样是一种非常强大的建模方式。

7.3.6 UV向放样工具

UV向放样工具是更为先进的NURBS放样方法，可根据所提供的两个方向的曲线来控制造型。

实例操作 UV向放样工具的基本操作方法

步骤01 首先绘制几条U向的NURBS曲线，在NURBS内部进行曲线次物体U向的复制，如图7-51所示（工程文件路径：第7章/Scenes/UV向放样工具的基本操作方法.max）。

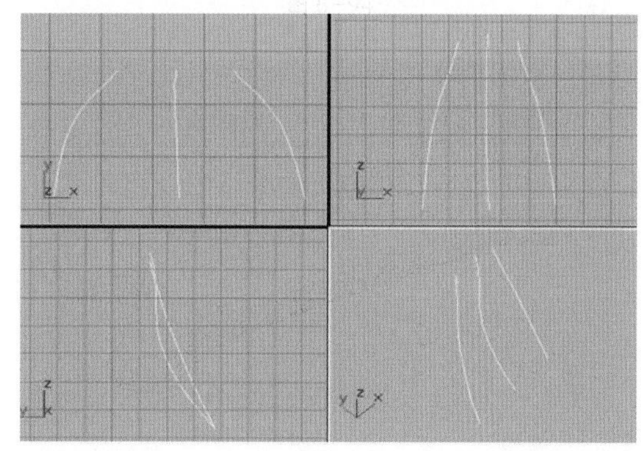

图 7-51

步骤02 然后绘制V向的曲线，并对曲线进行一些编辑操作，这样我们就得到了U向和V向两个轴向的曲线，如图7-52所示。

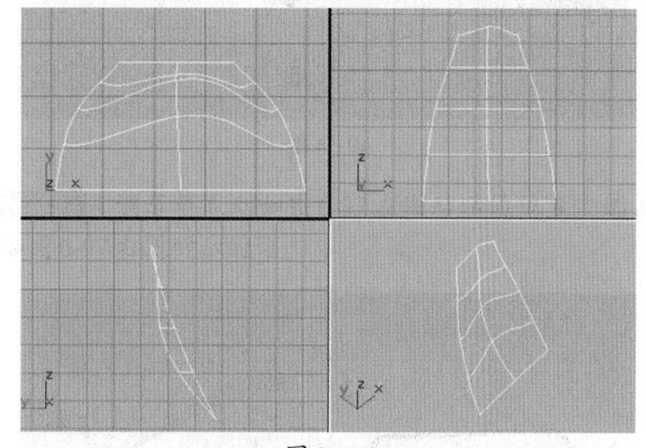

图 7-52

步骤03 单击UV向放样工具图标，然后依次单击U向的曲线，单击鼠标右键结束U向曲线的实体操作，再依次单击V向的曲线，单击鼠标右键结束操作，这样我们就得到了一个曲面模型，如图7-53所示。

步骤04 在修改命令面板中，可以看到U向和V向的曲线名称和顺序，如图7-54所示。

这种控制方式非常类似于曲面面片建模。对UV向曲线控制点的多少、曲线类型、曲线是否搭接都没有要求，只要在UV向存在不同的曲线就可以产生曲面模型，对曲线进行编辑操作可以使模型产生形态的变化。

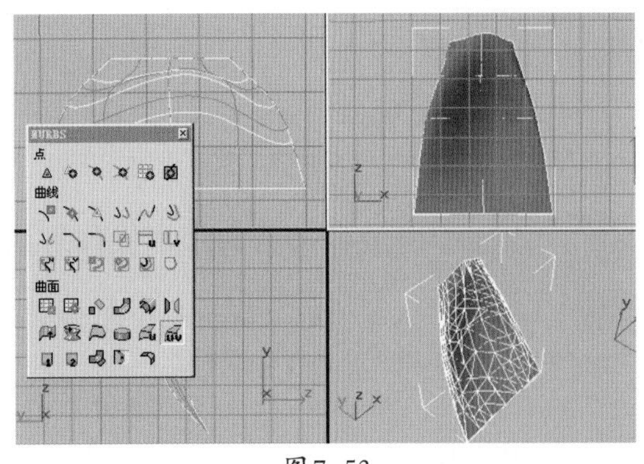

图 7-53

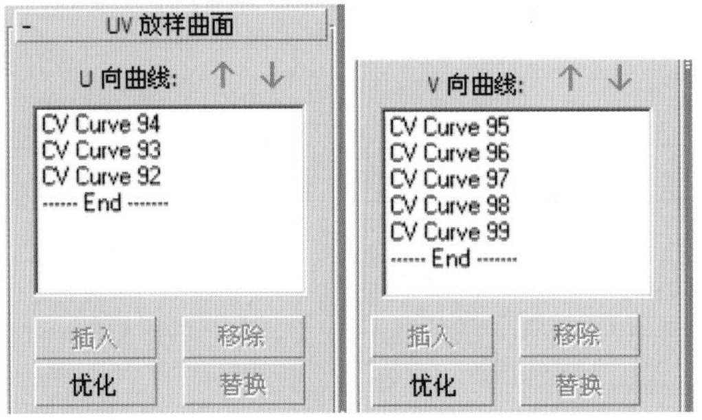

图 7-54

7.3.7 单轨扫描工具

单轨扫描工具是更高级的挤压命令，使用它可以制作出类似放样的模型。

实例操作 单轨扫描工具的基本操作方法

步骤01 首先创建用于扫出的剖面图形，在曲线内部创建作为路径的曲线，如图7-55所示（工程文件路径：第7章/Scenes/单轨扫描工具的基本操作方法.max）。

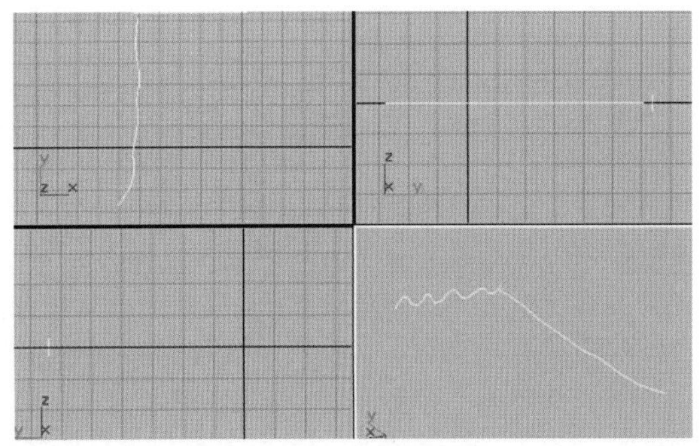

图 7-55

步骤02 单轨扫描工具允许在同一条路径上放置多条不同的剖面曲线。绘制一条新的曲线，将不同的剖面曲线放置在路径上，如图7-56所示。

步骤03 单击单轨扫描工具图标，然后单击作为扫出路径的曲线，再依次单击横叠曲线，单击鼠标右键结束操作，如图7-57所示。

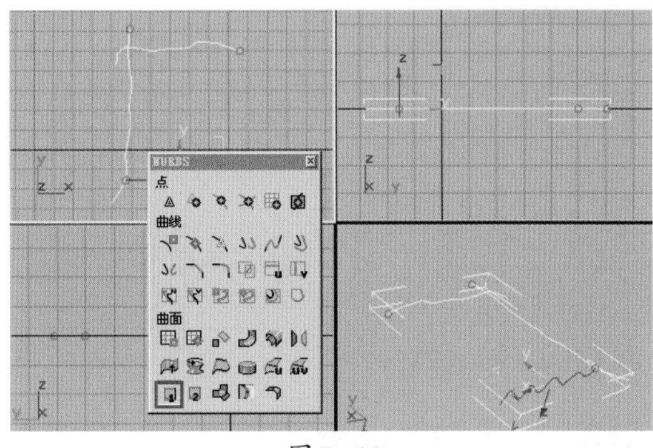

图 7-56

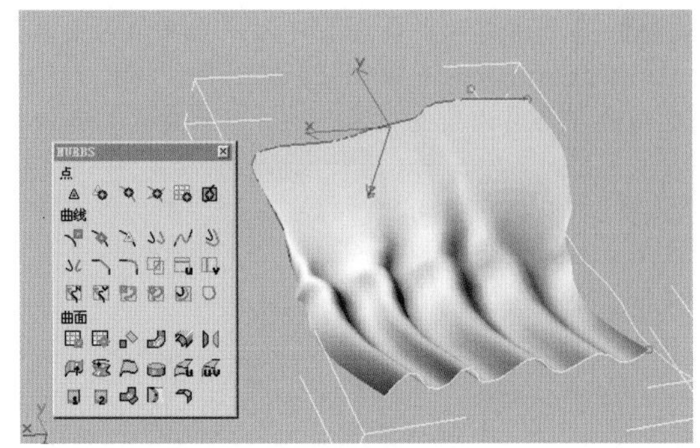

图 7-57

步骤04 作为路径上的横剖面曲线可以放置若干条，而且对它的形态和点不进行要求。作为路径的曲线可以是空间曲线，这样我们就可以得到一个由一维扫出产生的曲面模型。

7.3.8 双轨扫描工具

双轨扫描工具是由两条路径曲线控制的扫出命令，使用它可以产生更为复杂的NURBS曲面。

实例操作 双轨扫描工具的基本操作方法

步骤01 绘制用于控制路径的第一条曲线，取消勾选**开始新图形**复选框，如图7-58所示，这样我们以下创建的曲线都在同一个模型内部（工程文件路径：第7章/Scenes/双轨扫描工具的基本操作方法.max）。

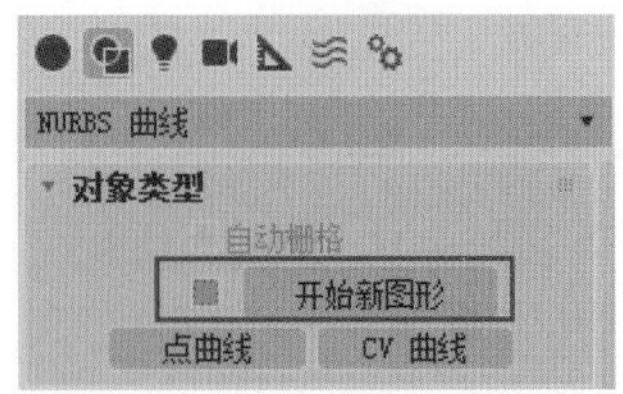

图 7-58

步骤02 创建用于控制路径的第二条曲线。

步骤03 我们还可以使用基本的图形来绘制标准曲线。在创建命令面板中的下拉列表框中选择**样条线**选项，打开标准曲线命令面板，单击**多边形**按钮，绘制一条多边形曲线，如图7-59所示。

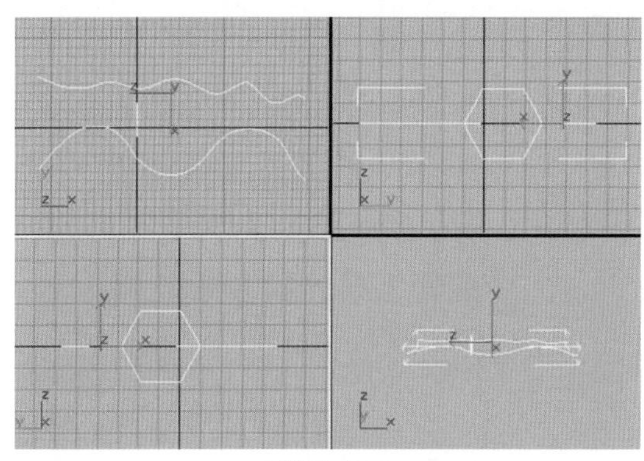

图7-59

步骤04 单击按钮，进入NURBS曲面编辑操作面板，单击双轨扫描工具图标，选择第一条路径曲线，再选择第二条路径曲线，最后选择作为横剖面的曲线，这样就产生了一个双轨扫描模型，如图7-60所示。

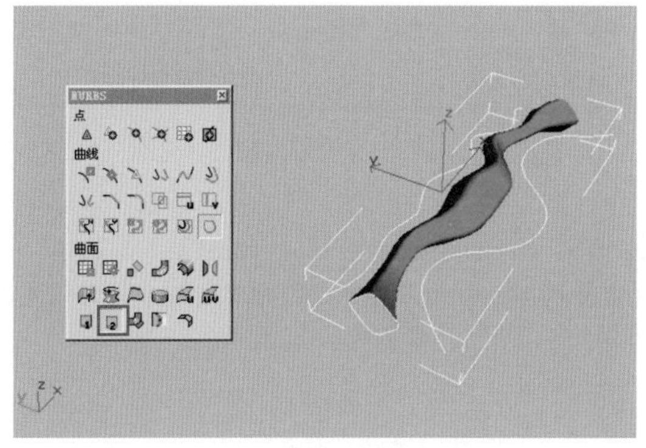

图7-60

双轨扫描模型不仅可以通过两条路径曲线控制自身的形态，还可以通过多个剖面图形来控制曲面的形态。在双轨扫描模型创建完成之后，仍可以为它增加新的横剖面曲线。创建圆作为新的横剖面曲线。

步骤05 进入NURBS物体曲线次物体层级，单击【附加】按钮，将圆导入模型中，将新的横剖面曲线移动到相应的位置，如图7-61所示。

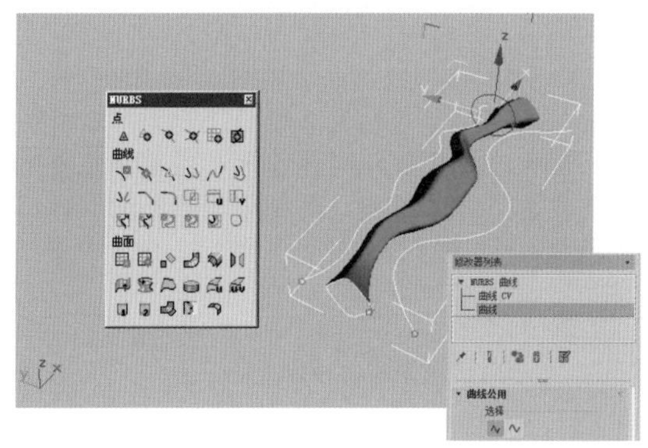

图7-61

步骤06 进入曲面次物体层级，选择刚才创建的双轨扫描曲面，在修改命令面板的最下方是双轨扫描工具的控制面板，如图7-62所示。

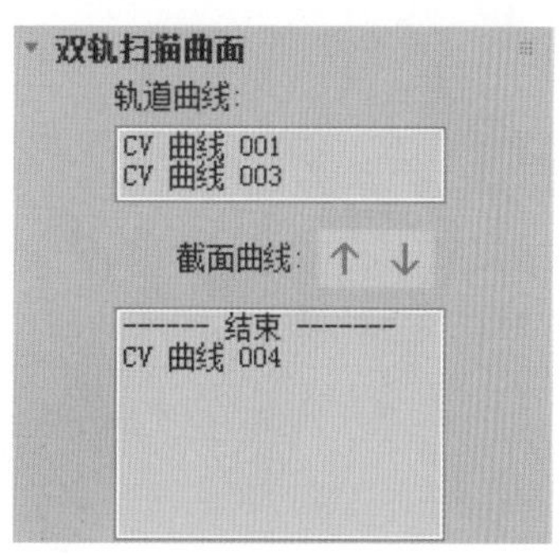

图7-62

步骤07 单击【插入】按钮，然后单击圆形曲线作为新的横剖面曲线加入，如图7-63所示，这样我们就有两条曲线来控制它的横剖面形状。使用这种方法还可以加入若干条新的横剖面曲线，从而产生形态各异的曲面模型。

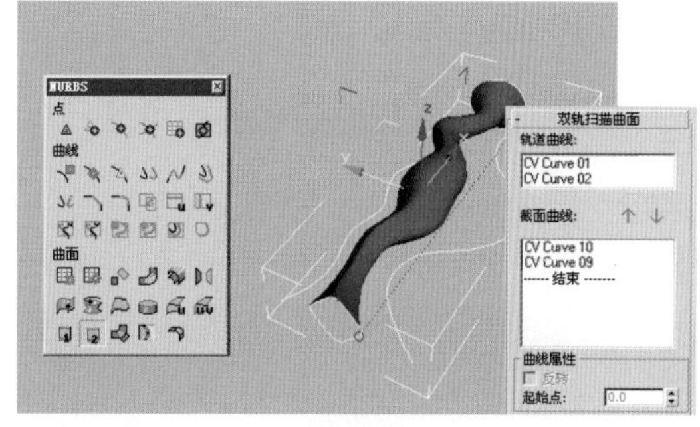

图7-63

7.3.9 变换工具

使用变换工具相当于执行移动复制操作，可以对指定的曲面进行移动复制。

实例操作 变换工具的基本操作方法

步骤01 首先创建一个曲面，如图7-64所示（工程文件路径：第7章/Scenes/变换工具的基本操作方法.max）。

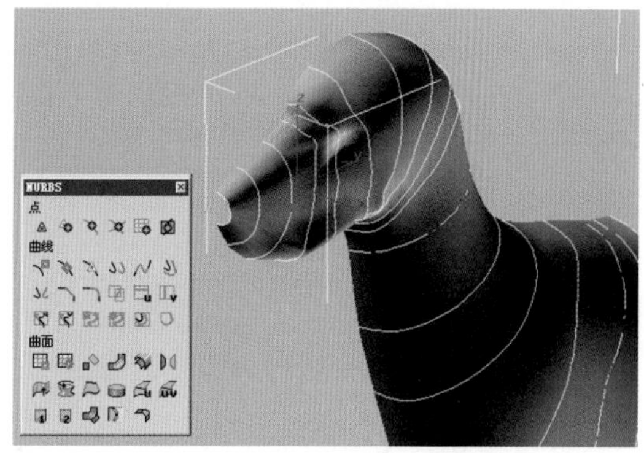

图7-64

步骤02 单击变换工具图标，选择曲面并移动，我们将看到曲面被移动复制，如图7-65所示。

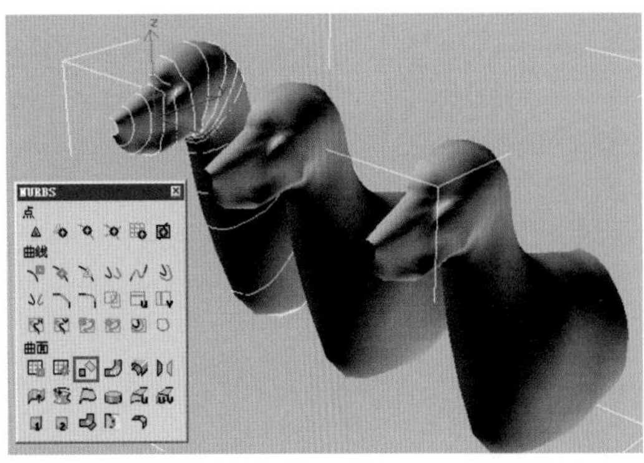

图 7-65

7.3.10 偏移工具

偏移工具是一种类似于变换复制的复制方式，在复制的同时，可以对曲面进行放大或缩小，从而产生内缩或放大的复制曲面，类似于一种外轮廓。

实例操作 偏移工具的基本操作方法

步骤01 首先创建一个曲面，如图7-66所示（工程文件路径：第7章/Scenes/偏移工具的基本操作方法.max）。

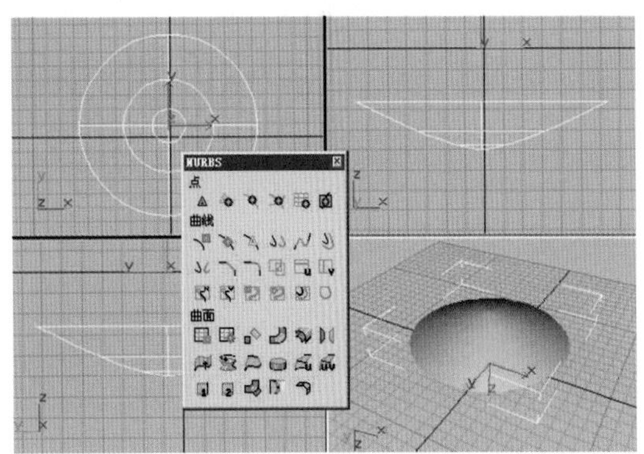

图 7-66

步骤02 单击偏移工具图标，选择曲面并移动，我们将看到曲面产生了一个外轮廓，如图7-67所示。

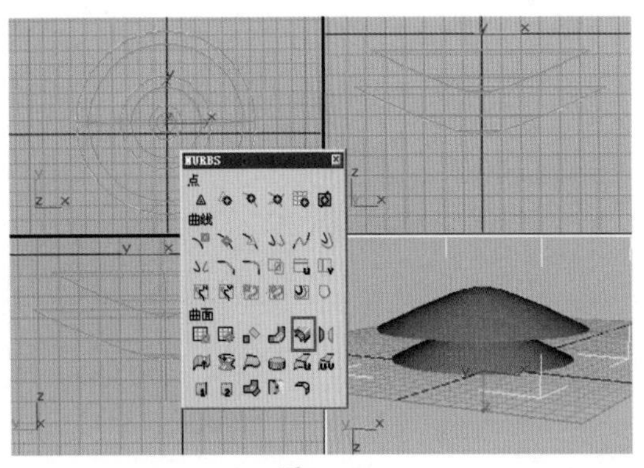

图 7-67

7.3.11 混合工具

使用混合工具可以将两个分离的曲面进行混合，产生中间的过渡曲面。该工具通常和偏移工具等联合使用。

实例操作 混合工具的基本操作方法

步骤01 首先创建两个曲面，如图7-68所示（工程文件路径：第7章/Scenes/混合工具的基本操作方法.max）。

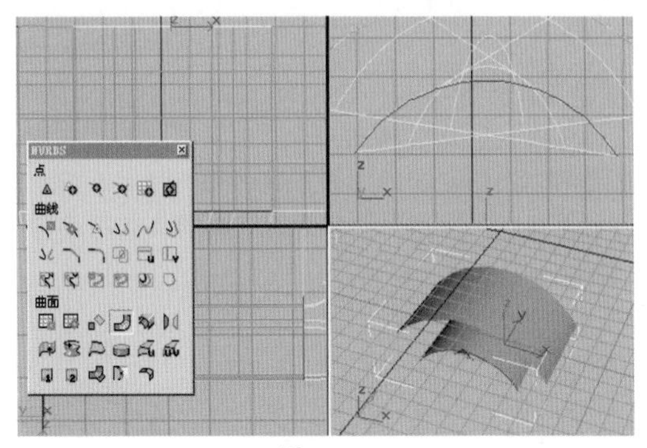

图 7-68

步骤02 单击混合工具图标，选择第一个曲面，然后选择第二个曲面，此时我们将看到两个曲面相互混合在一起（中间产生了曲面），如图7-69所示。

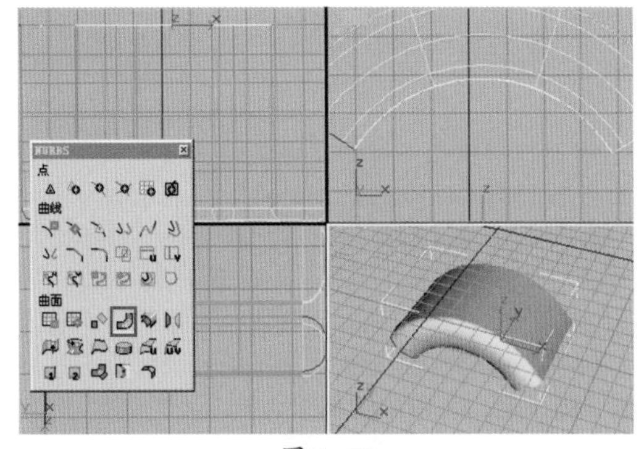

图 7-69

步骤03 在命令面板底部可以调节过渡曲面的参数，激活【翻转末端1】和【翻转末端2】复选框可以调节曲面的反向和正向，【张力1】和【张力2】的值是两个曲面的张力值，如果将值都设置为0，则产生直角的切面。增大张力值可以使产生的融合曲面产生弧度，如图7-70所示。

7.3.12 镜像曲面工具

镜像曲面工具的作用是对NURBS内部的曲面进行镜像操作。

实例操作 镜像曲面工具的基本操作方法

步骤01 首先创建一个曲面，如图7-71所示（工程文件路径：第7章/Scenes/镜像曲面工具的基本操作方法.max）。

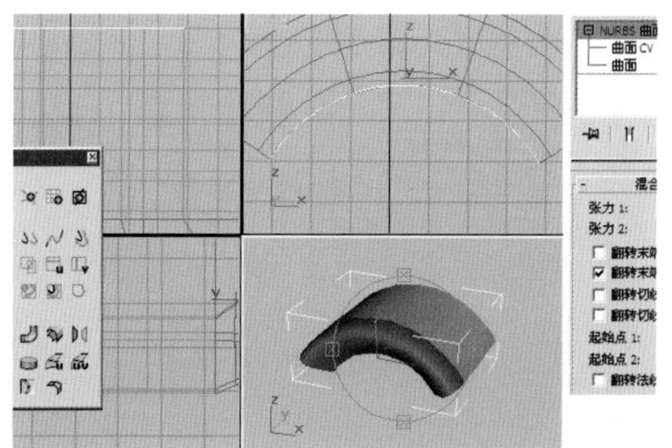

图7-70

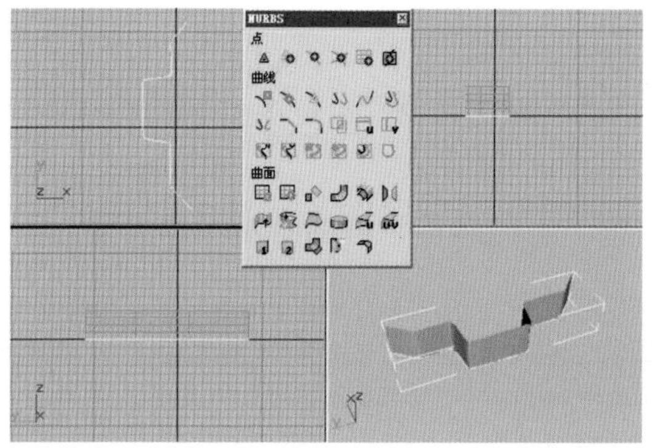

图7-71

步骤02 单击镜像曲面工具图标，选择将要镜像的曲面，从而产生一个镜像的新曲面，通过修改命令面板中的参数可以调节不同的镜像轴，通过【偏移】参数可以调节镜像曲面之间的位置，如图7-72所示。

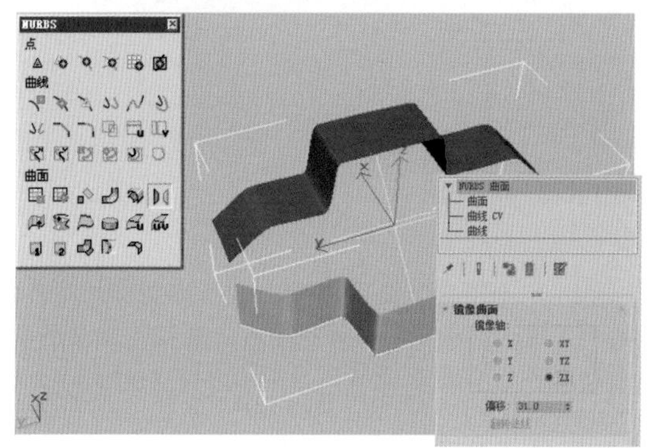

图7-72

步骤03 单击工具，准备将两个新产生的曲面进行融合。

步骤04 单击第一个曲面的边线，再单击第二个曲面的边线，在参数面板中分别控制它们的起始点和张力值，对它们之间的曲度变化进行调节，这样我们就得到了一个融合的曲面，如图7-73所示。

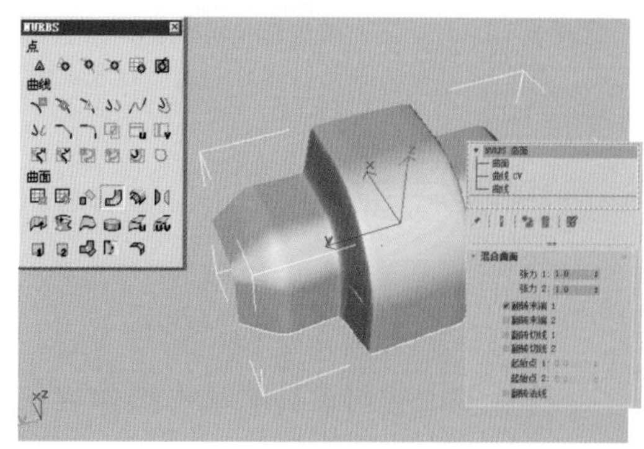

图7-73

7.3.13 多边融合曲面工具

使用多边融合曲面工具可以对多个分离物体之间的边所产生的空洞进行缝补，产生融合的表面。

实例操作 多边融合曲面工具的操作方法

步骤01 创建一个简单的场景，这是单个合并在一起的曲面，如图7-74所示。通过使用多边融合曲面工具，可以产生它们之间的过渡曲面（工程文件路径：第7章/Scenes/多边融合曲面工具的操作方法.max）。

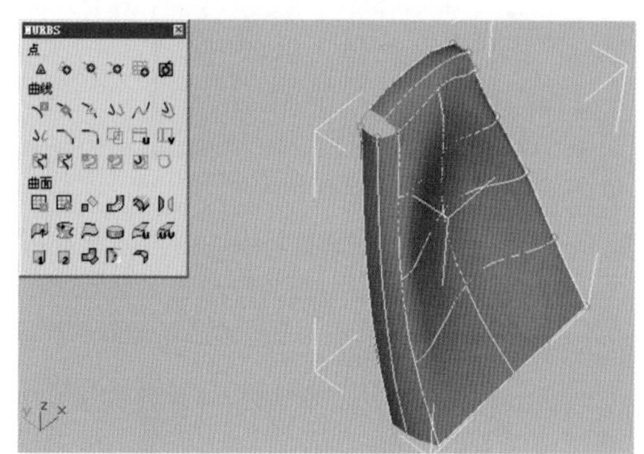

图7-74

步骤02 单击多边融合曲面工具图标，然后分别单击两个曲面，再单击绿色的曲线，最后单击鼠标右键结束操作，这样我们就完成了曲面融合操作，如图7-75所示。

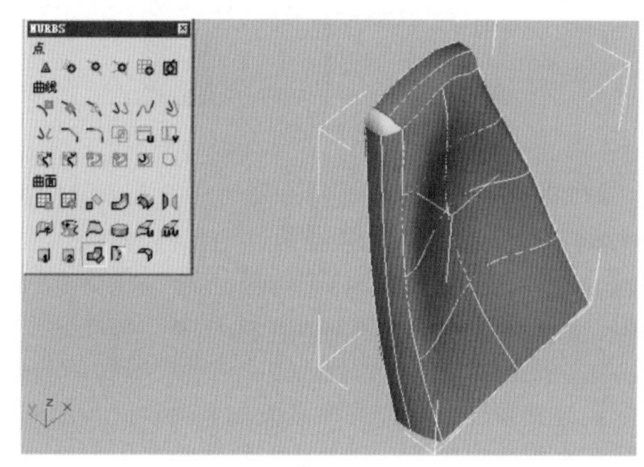

图7-75

这样我们就将这个空洞进行了缝补，产生了融合的表面，这个表面和其他相邻的面都是无缝衔接的光滑曲面。

7.3.14 多重剪切工具

多重剪切工具是一个比较复杂的剪切工具，使用它可对表面上的多个曲面同时进行剪切。

实例操作 多重剪切工具的基本操作方法

步骤01 首先创建一个简单的场景，这是一个弧形曲面。单击工具，在NURBS物体内部绘制4条单独的曲线，如图7-76所示。在曲线绘制完成之后，是不能直接进行多重曲面剪切的，首先要进行映射操作（工程文件路径：第7章/Scenes/多重剪切工具的基本操作方法.max）。

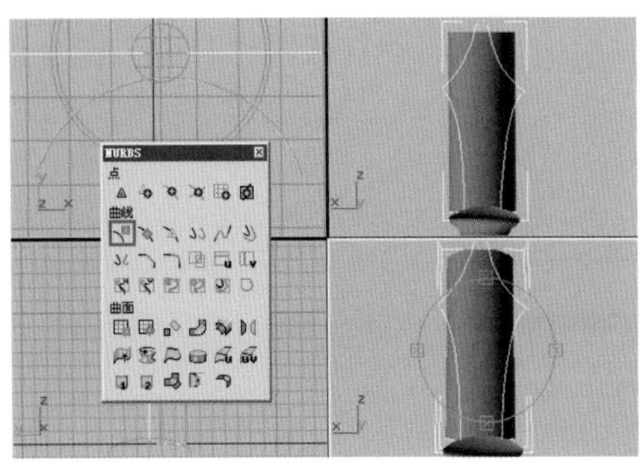

图7-76

步骤02 单击工具，然后选择一条曲线，再选择曲面，将它映射到表面上，如图7-77所示。重复这项操作，将其余曲线映射到表面上，将原来的曲线删除。

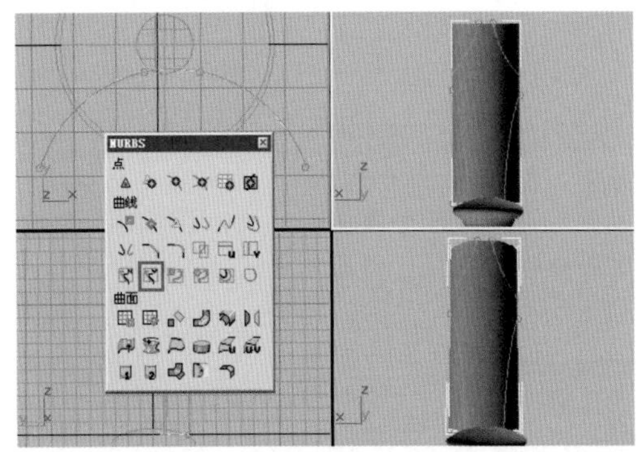

图7-77

这时我们已经可以看到映射到曲面表面的曲线，这种曲线是可以直接进行多重剪切操作的。

步骤03 单击多重剪切工具图标，选择将要剪切的表面，选择一条曲线，可以看到曲线的一侧进行了剪切，单击鼠标右键结束操作。再次选择要剪切的表面，选择第二条曲线，单击鼠标右键结束操作。如果发现所得到的剪切翻转了，则激活【翻转修剪】复选框即可。继续选择要剪切的表面，再次选择曲线，单击鼠标右键结束操作，这样我们就得到了一个剪切曲面，单击鼠标右键结束最后的操作。剪切效果如图7-78所示。

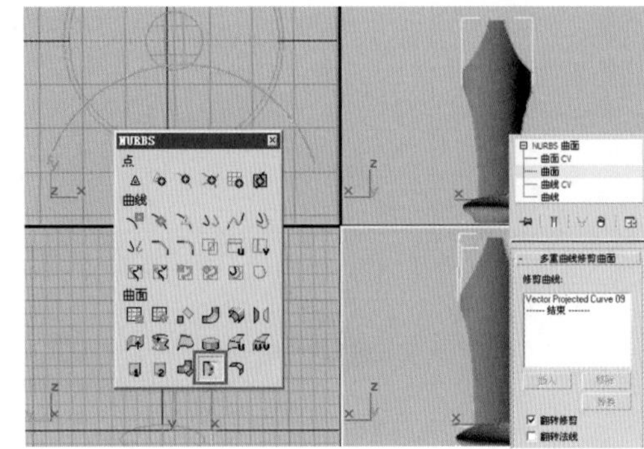

图7-78

7.3.15 圆角工具

使用圆角工具可以对尖锐的直角边进行圆角操作，这对于产生光滑的棱角非常有帮助。

实例操作 圆角工具的基本操作方法

步骤01 首先创建一个标准的立方体，如图7-79所示，在修改命令面板中将它塌陷为NURBS属性的物体（工程文件路径：第7章/Scenes/圆角工具的基本操作方法.max）。

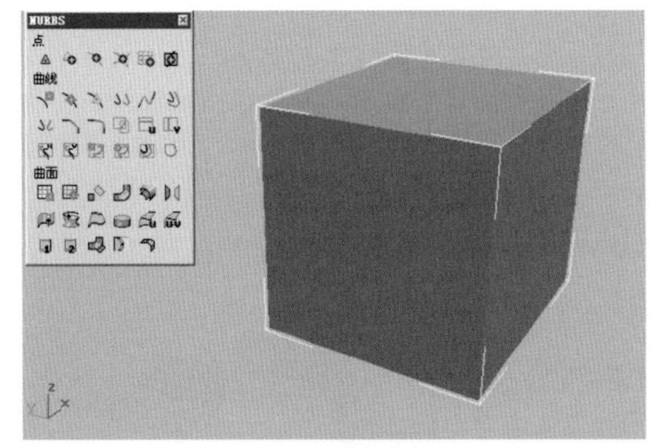

图7-79

步骤02 单击圆角工具图标，选择将要进行圆角操作的两条边，在修改命令面板中可以通过【起始半径】和【结束半径】参数调节圆角起点和末端的大小，如图7-80所示。

步骤03 激活【修剪曲面】复选框后可以执行表面的剪切操作，这样可以对圆角两边的面进行剪切，只留下最后的圆角结果。

步骤04 选中所得的圆角表面，可以在修改命令面板中进行其他修改操作。

步骤05 这种圆角操作非常有用，尤其是在剪切操作中。现在我们使用工具直接在曲面上绘制一条曲线，然后激活【修剪曲面】复选框，可将曲面所包含的表面进行剪切处理，这样就得到一个位于表面的空洞，如图7-81所示。

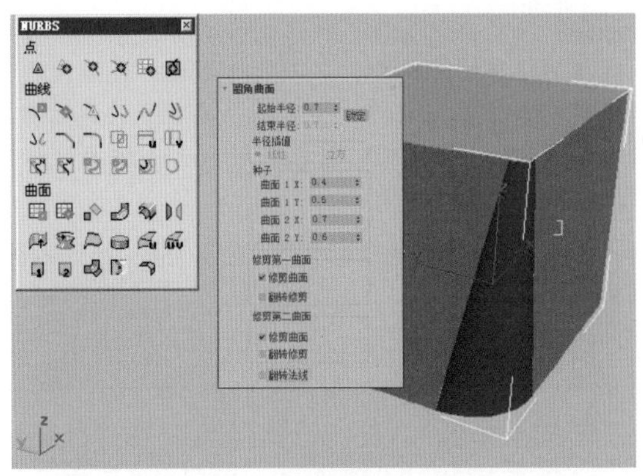

图 7-80

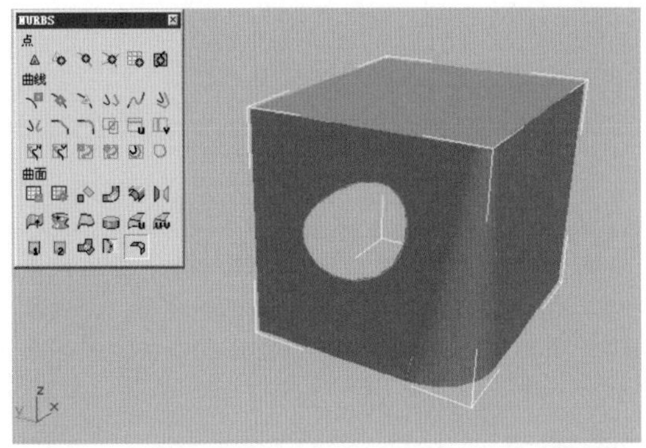

图 7-81

步骤06 使用工具对空洞的边界线进行挤压操作，这样可以得到一个挤伸出来的表面。操作完成后，所得到的边界往往是直角的，如图7-82所示，此时就要进行圆角操作。

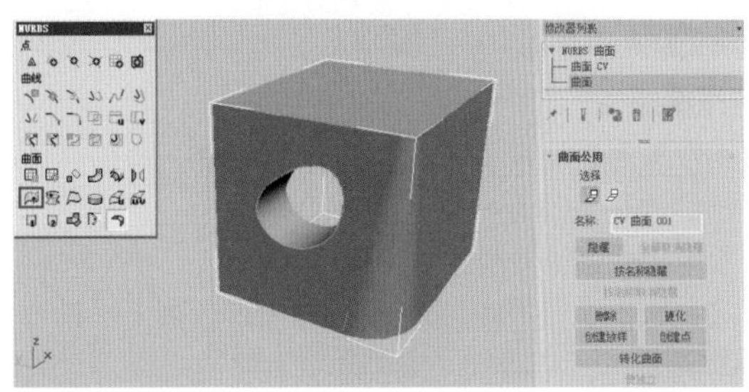

图 7-82

步骤07 单击圆角工具图标，然后分别单击要进行圆角操作的两个表面，激活【修剪曲面】复选框，将表面剪切操作打开。

步骤08 由于表面的角度太大，因此单击**锁定**按钮，先关闭角度的锁定，以得到均匀的圆角，然后调节圆角的**起始半径**参数。此时效果如图7-83所示。

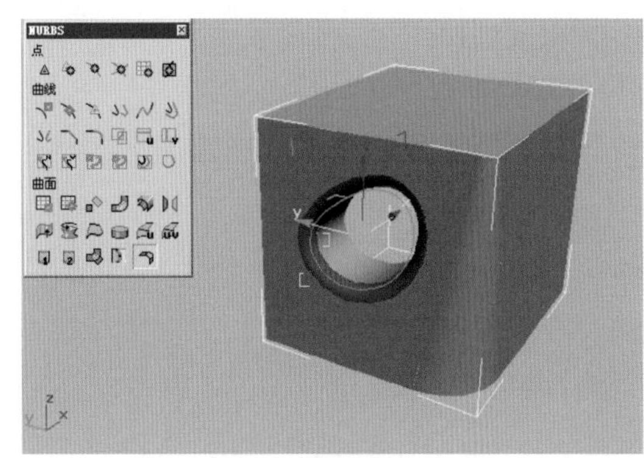

图 7-83

7.4 茶具模型的制作

NURBS曲线和NURBS曲面在传统的制图领域中是不存在的，是为使用计算机进行3D建模而专门建立的。在3D建模的内部空间中用曲线和曲面来表现轮廓和外形。下面我们将使用NURBS建模方法来制作一款茶具模型。

图7-84所示为茶具模型的白模渲染效果图和线框渲染效果图。

图 7-84

配色应用：

制作要点：

1. 学会并掌握二维样条线的绘制与调整，并将二维样条线转换为NURBS。
2. 掌握用二维样条线生成实体的方法。
3. 学会使用【管状体】制作茶杯手柄的方法。

最终场景：Ch07\Scenes\ 茶具模型 .max

难易程度：★★★☆☆

7.4.1 制作茶杯主体模型

下面我们来制作茶杯主体模型。

步骤 01 打开3ds Max软件，选择【创建】/【图形】/【样条线】命令，在【对象类型】卷展栏中单击 线 按钮，在前视图中连续单击，创建一条样条线。我们将对此样条线进行编辑，最终生成实体模型，如图7-85所示。

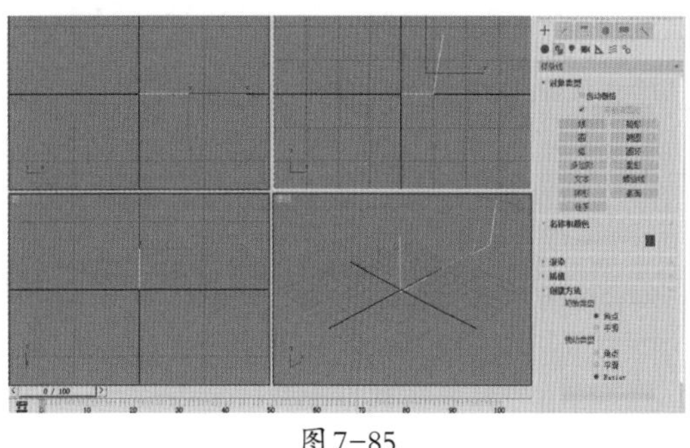

图 7-85

步骤 02 单击按钮进入修改命令面板，单击【选择】卷展栏中的按钮，进入顶点级别。选择样条线拐角处的顶点，单击【几何体】卷展栏中的 圆角 按钮，将鼠标光标停留在选中的顶点上单击并拖动，此时拐角被圆角化，单击鼠标右键结束圆角操作，如图7-86所示。

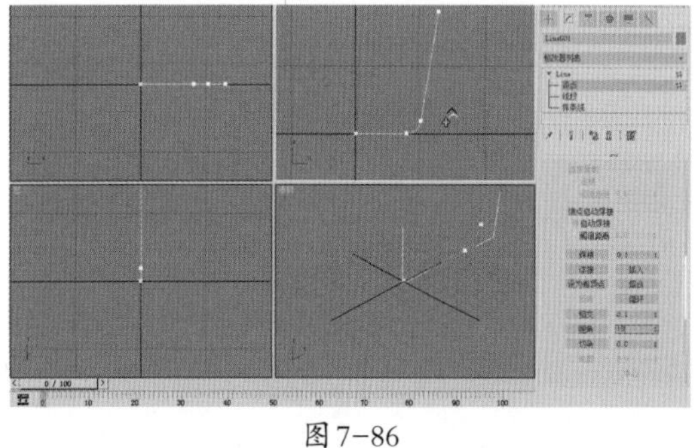

图 7-86

知识拓展

使用【线】工具可创建多个分段组成的自由形式的样条线。在创建线时，可以预设样条线顶点的默认类型，当拖动顶点时，设置所创建顶点的类型。顶点位于第一次单击的位置。

步骤 03 在顶点级别下，按住鼠标左键并拖动，将样条线上的顶点全部选中；单击鼠标右键，在弹出的快捷菜单中选择【Bezier】命令，将所有顶点的属性都修改为Bezier。此操作可以避免在图形属性转换过程中产生错误，如图7-87所示。

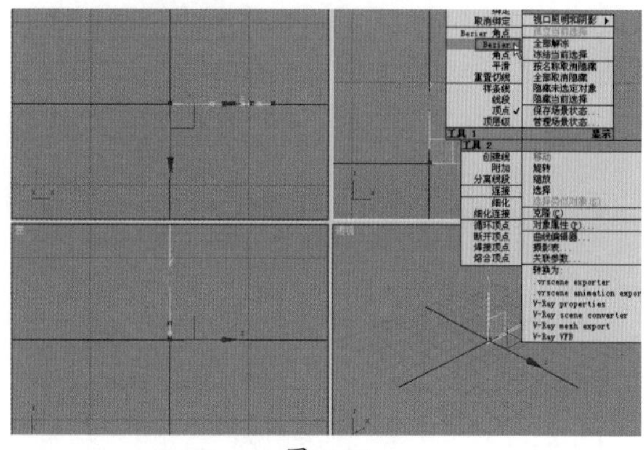

图 7-87

步骤 04 单击【选择】卷展栏中的按钮，进入样条线级别。选中样条线，单击【几何体】卷展栏中的 轮廓 按钮，将鼠标光标停留在样条线上，按住鼠标左键并拖动，此时，样条线产生轮廓线条，如图7-88所示。

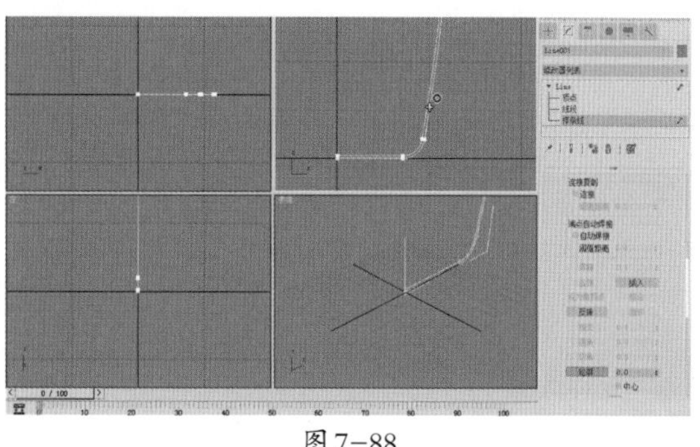

图 7-88

步骤 05 使用快捷键【1】进入样条线的顶点级别。选择样条线上的两个拐角点，单击【几何体】卷展栏中的 圆角 按钮，将鼠标光标停留在选中的顶点上，按住鼠标左键并拖动，将被选择的拐角圆角化，单击鼠标右键结束圆角操作，如图7-89所示。

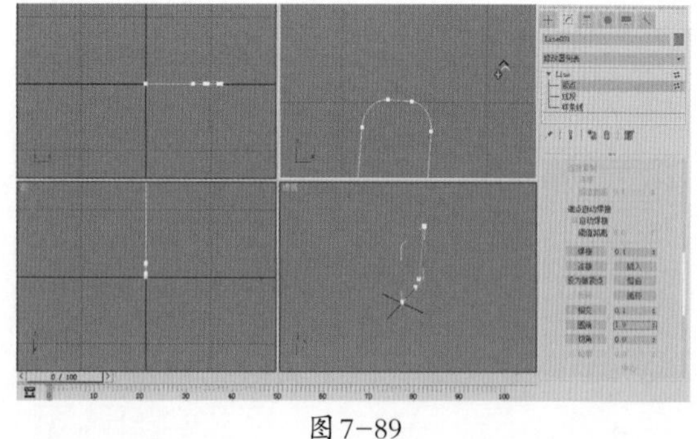

图 7-89

步骤 06 使用快捷键【1】或单击【选择】卷展栏中的

按钮退出样条线的子级别。单击鼠标右键，在弹出的快捷菜单中选择【转换为NURBS】命令，将样条线转换为NURBS，如图7-90所示。

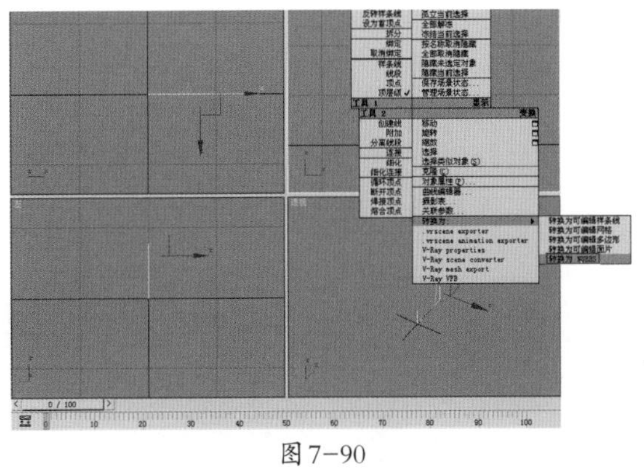

图7-90

步骤07 单击NURBS对话框中的图标，再单击曲线，此时生成一个实体；勾选【翻转法线】复选框可以修正模型的显示，如图7-91所示。若将样条线转换为NURBS后没有弹出NURBS对话框，则可以通过单击【常规】卷展栏中的图标弹出NURBS对话框。

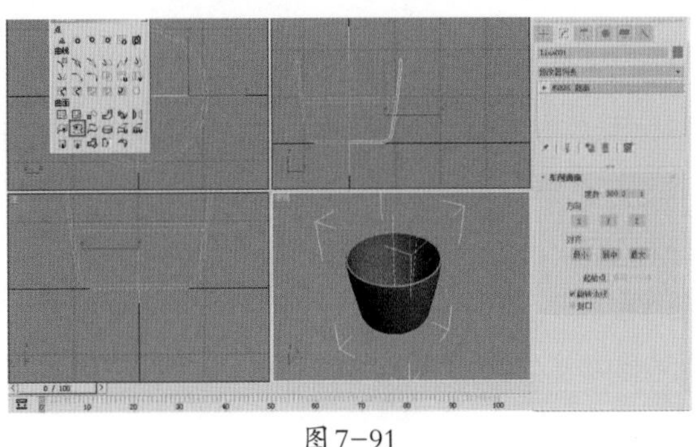

图7-91

7.4.2 制作茶杯手柄模型

步骤01 选择【创建】/【几何体】/【标准基本体】命令，单击【对象类型】卷展栏中的 管状体 按钮；激活前视图，在前视图中拖动鼠标创建一个圆管对象。进入修改面板，在【参数】卷展栏中设置圆管对象的分段数，如图7-92所示。

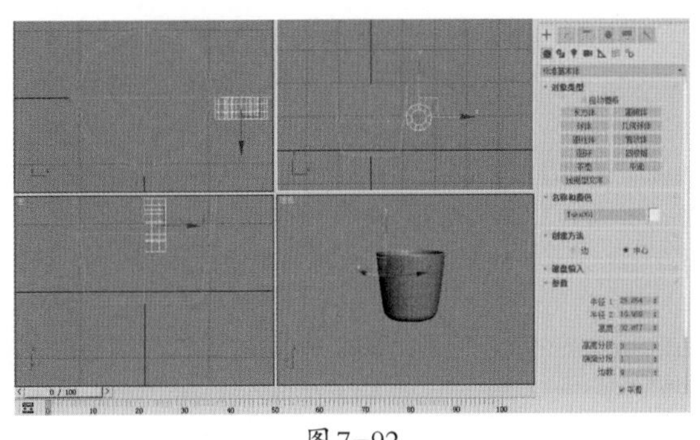

图7-92

步骤02 单击鼠标右键，在弹出的快捷菜单中选择【转换为可编辑多边形】命令，将圆管转换为可编辑多边形。使用快捷键【1】进入物体的顶点级别，单击工具栏中的缩放工具图标，在前视图中选中部分顶点进行缩放，如图7-93所示。

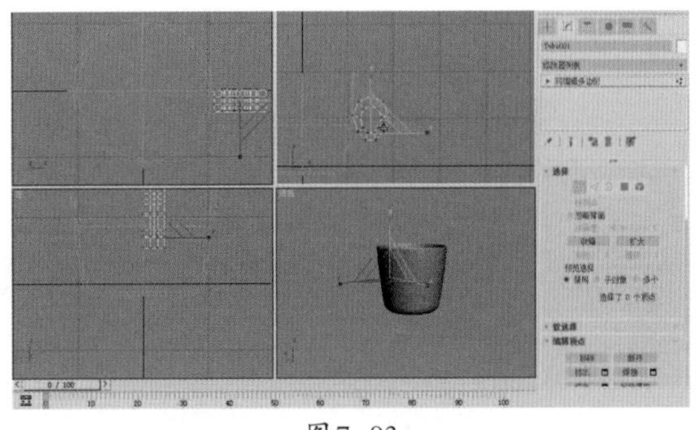

图7-93

步骤03 在顶点级别下，利用缩放工具和移动工具调整圆管的形状，将其调整成茶杯手柄的样子。使用快捷键【4】进入物体的多边形级别，选择手柄模型上的一部分面，使用快捷键【Delete】将其删除，如图7-94所示。

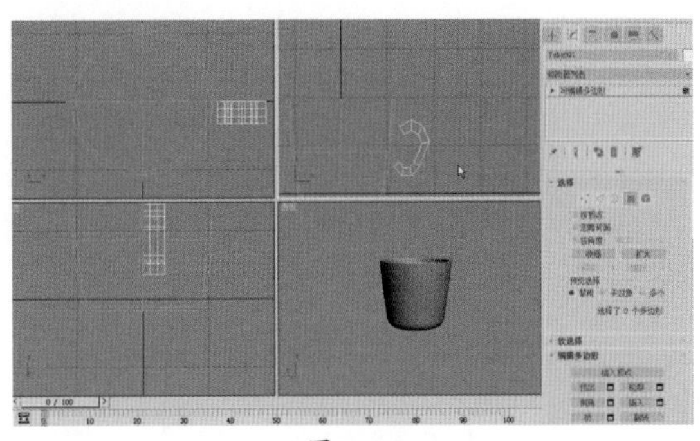

图7-94

步骤04 使用快捷键【6】退出物体的子级别。勾选【细分曲面】卷展栏中的【使用NURMS细分】复选框，设置迭代次数为2。此时茶杯手柄以光滑模式显示，变得非常光滑。此时，茶杯手柄模型制作完成，利用缩放工具将其调整到合适的大小，如图7-95所示。

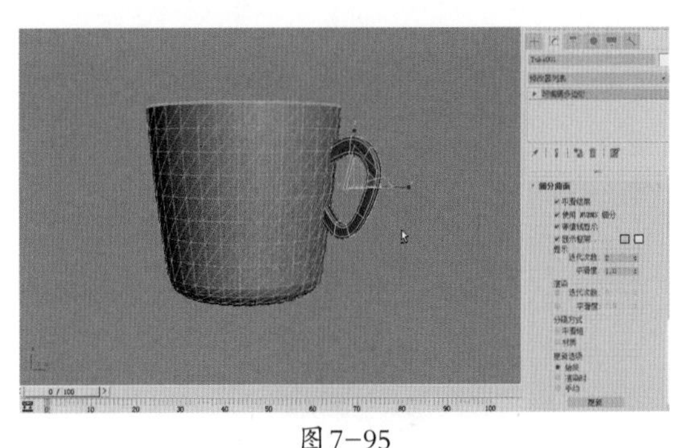

图7-95

步骤05 利用同样的方法，创建样条曲线，生成轮廓线；将样条曲线转换为NURBS，使用NURBS工具生成盘子模型，完成本实例的制作，如图7-96所示。

步骤06 按下快捷键【Shift+Q】，渲染出场景模型的白模渲染效果图，如图7-97所示。

步骤07 按下快捷键【Shift+Q】，渲染出场景模型的线框渲染效果图，如图7-98所示。

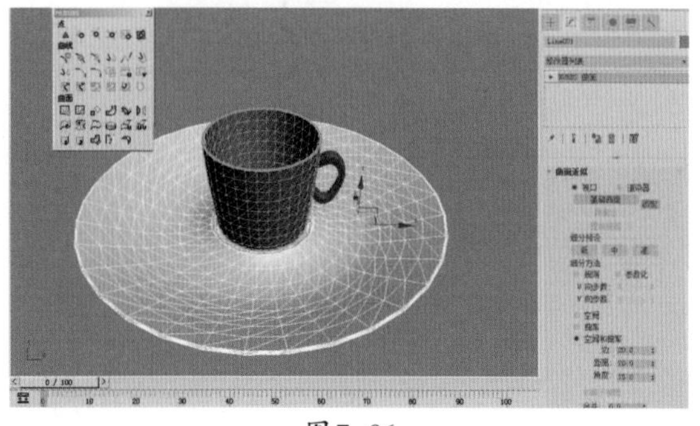

图7-96

图7-97

图7-98

7.5 盆栽模型的制作

本节我们使用NURBS曲面建模及多边形建模等多种建模方法来完成对盆栽中花盆、泥土和植物的创建。

图7-99所示为盆栽模型的白模渲染效果图和线框渲染效果图。

图7-99

配色应用：

制作要点：

1.学会使用二维样条线绘制线条，并使用NURBS曲面成形工具制作出底部花盆。

2.通过给平面物体加载噪波修改器，制作出盆栽的泥土效果。

3.学会使用NURBS曲面中的点曲面制作盆栽的植物模型。

最终场景： Ch07\Scenes\ 盆栽模型 .max

难易程度： ★★★★☆

7.5.1 制作花盆和泥土模型

下面我们来制作花盆和泥土模型。

步骤01 打开3ds Max软件，选择【创建】/【图形】/【样条线】命令，在【对象类型】卷展栏中单击 矩形 按钮，在顶视图中创建一个矩形，单击鼠标右键结束矩形的创建，如图7-100所示。

步骤02 选中矩形，单击鼠标右键，在弹出的快捷菜单中选择【转换为可编辑样条线】命令，将矩形转换为可编辑样条线，如图7-101所示。

步骤03 单击按钮进入修改命令面板，在【选择】卷展栏中单击按钮，进入顶点级别。使用快捷键【Ctrl+A】选择4个顶点，在【几何体】卷展栏中单击圆角按钮。回到视图中，将鼠标光标停留在顶点上单击并拖动，此时，矩形的4个顶点产生圆角，得到理想的圆角效果后松开鼠标左键，单击鼠标右键结束圆角操作，如图7-102所示。

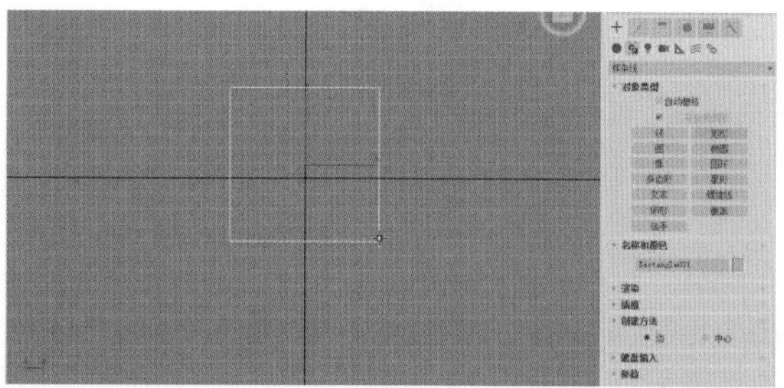

图7-100

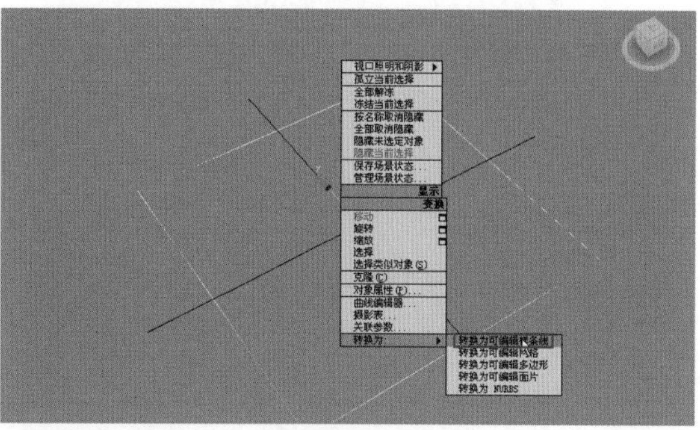

图7-101

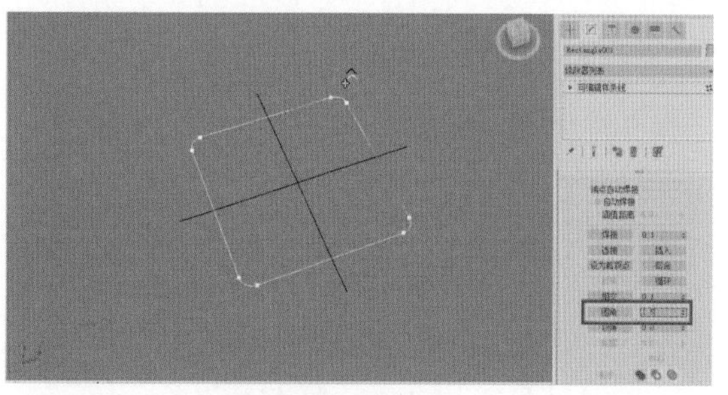

图7-102

步骤04 切换到左视图中，按住键盘上的【Shift】键，利用移动工具沿*Y*轴方向进行移动，复制出一个副本，如图7-103所示。

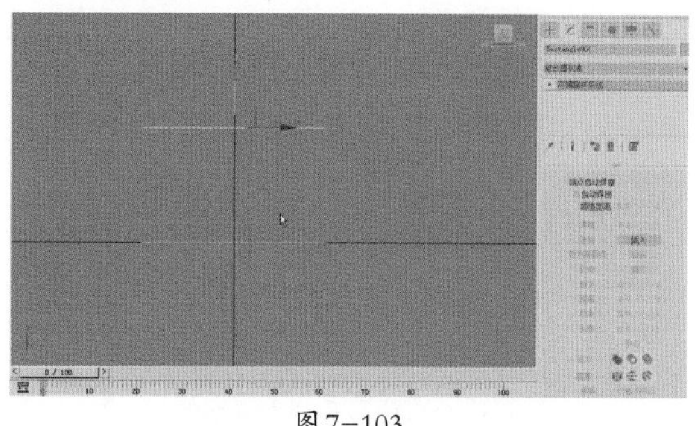

图7-103

步骤05 单击工具栏中的缩放工具图标，按住键盘上的【Shift】键对所复制的矩形副本进行缩放复制，如图7-104所示。

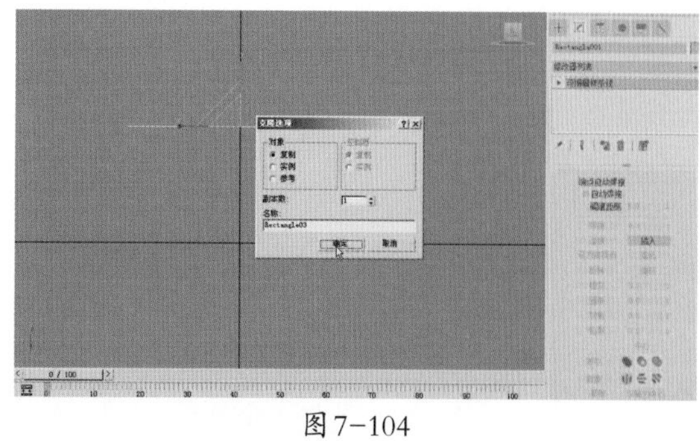

图7-104

步骤06 单击工具栏中的移动工具图标，按住键盘上的【Shift】键对所复制的矩形副本再一次进行复制，如图7-105所示。

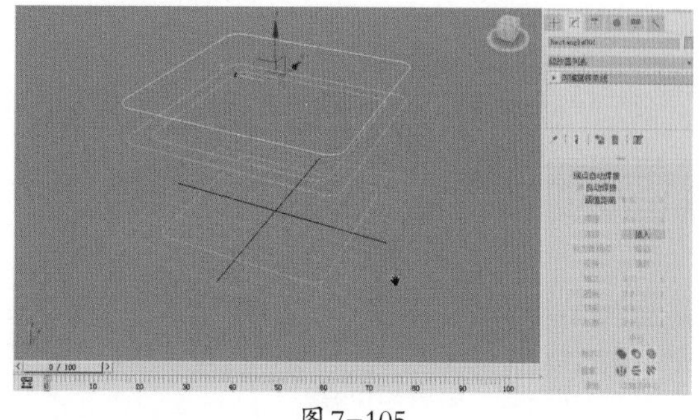

图7-105

步骤07 再次复制两个小矩形，如图7-106所示。

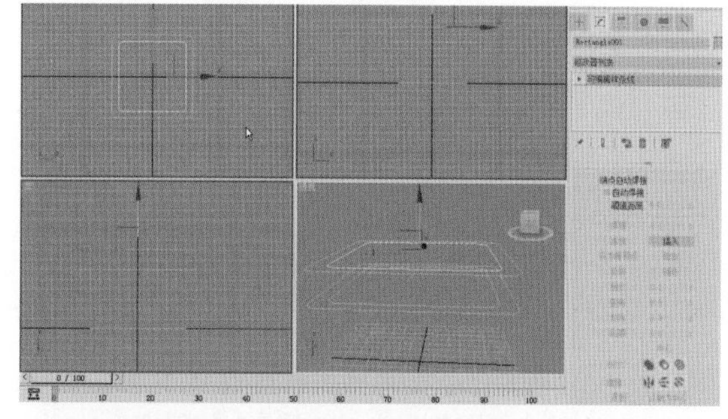

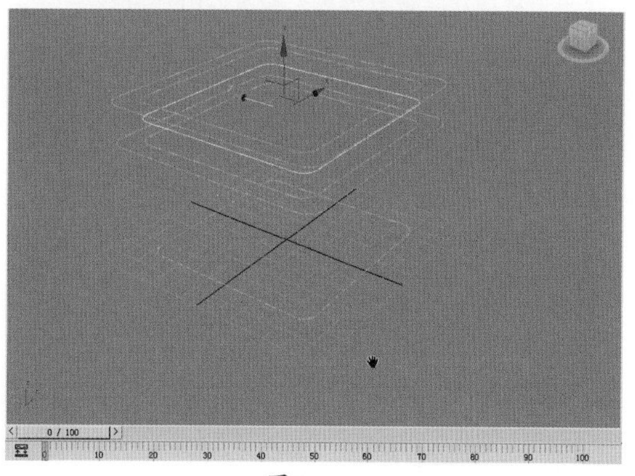

图7-106

知识拓展

在使用NURBS曲线创建较规则的物体时，需要对所创建的物体进行整体剖析；将其整体结构进行分段，利用确定好的分段进行NURBS曲线的创建，最终确定物体的造型。

步骤08 在透视图中选择底部的矩形，单击鼠标右键，在弹出的快捷菜单中选择【转换为NURBS】命令，将其转换为NURBS曲面，弹出NURBS对话框，如图7-107所示。

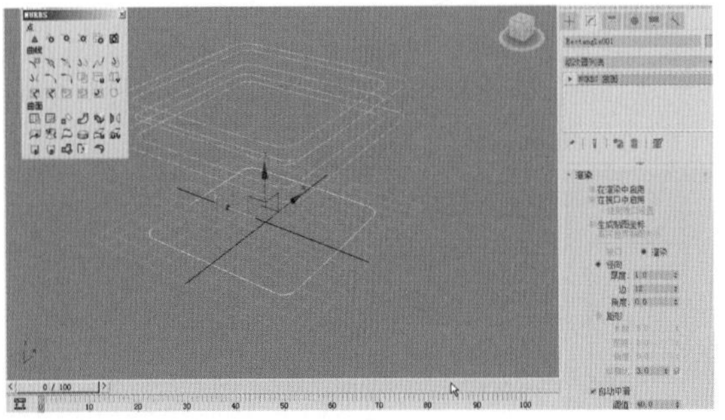

图7-107

步骤09 在修改命令面板中的【常规】卷展栏中单击附加按钮。回到视图中，按顺序单击其他矩形，将它们附加在一起，如图7-108所示。

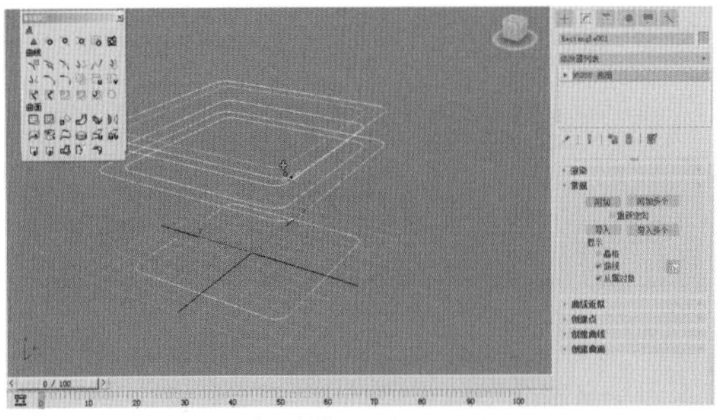

图7-108

步骤10 在NURBS对话框中单击U向放样工具图标，在视图中按顺序单击矩形线，如图7-109所示。

图7-109

步骤11 在NURBS对话框中单击封口成形工具图标，在视图中单击花盆底部的线框，对花盆的底部进行封口，此时花盆的底部产生了一个面，如图7-110所示。

图7-110

步骤12 虽然花盆的底部已经封口，但是底部面的法线是反的。在修改命令面板中的【封口曲面】卷展栏中勾选【翻转法线】复选框，此时花盆底部的面显示正常，如图7-111所示。

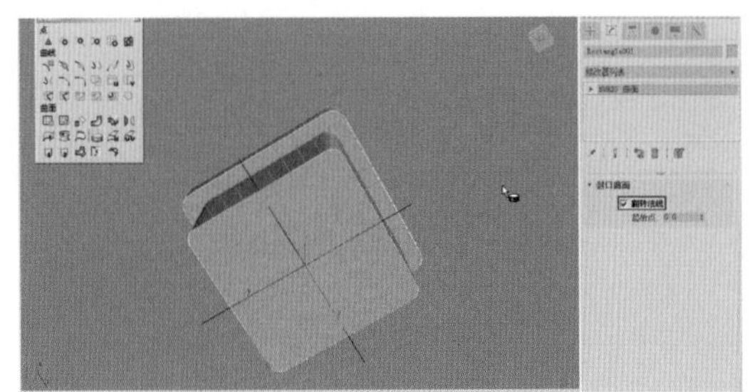

图7-111

步骤13 选择【创建】/【几何体】/【标准基本体】命令，在【对象类型】卷展栏中单击平面按钮，在顶视图中参考花盆的大小创建一个平面物体，我们将利用此平面物体来制作花盆中的泥土，如图7-112所示。

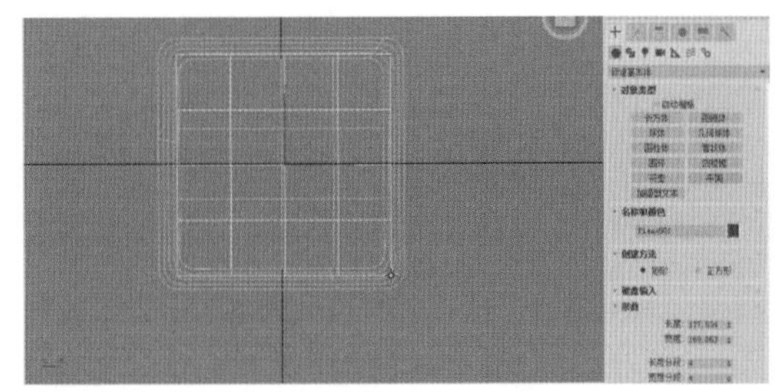

图7-112

步骤14 在修改命令面板中调整【参数】卷展栏中的长度分段和宽度分段，如图7-113所示。下一步我们将为平面物体加载噪波修改器，所以应该为平面物体设置适当的分段数，以便产生漂亮的噪波效果。

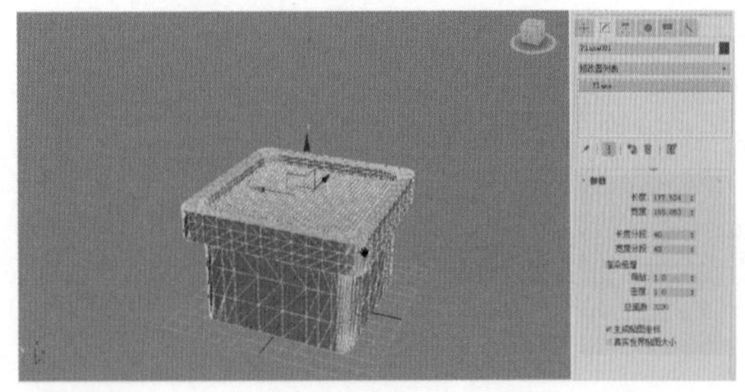

图7-113

步骤15 选中平面物体，在修改器列表中选择【噪波】

命令，为平面物体加载噪波修改器。在【参数】卷展栏中调整【噪波】的参数。加载噪波修改器之后，泥土的大体效果已经出来了，但还是有些平坦，需要进一步对泥土的造型进行调整，如图7-114所示。

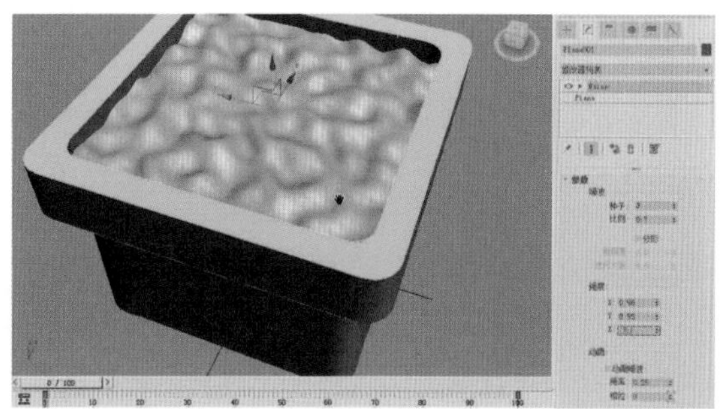

图7-114

知识拓展

在设置物体分段数时，应该在保证物体造型的基础上尽量减少分段数，以便减轻系统的运行负担，同时也为后期渲染节省了资源。

步骤16 单击鼠标右键，在弹出的快捷菜单中选择【转换为可编辑多边形】命令，将模型转换为可编辑多边形。在【绘制变形】卷展栏中单击 推/拉 按钮，调整推/拉值和笔刷大小，在视图中绘制泥土造型，如图7-115所示。单击 松弛 按钮，在视图中对刚才创建的泥土进行平滑。

图7-115

7.5.2 制作植物模型

下面我们来制作植物模型。

步骤01 选择【创建】/【几何体】/【NURBS曲面】命令，在【对象类型】卷展栏中单击 点曲面 按钮，在前视图中创建一个NURBS曲面，单击鼠标右键结束曲面的创建，如图7-116所示。

步骤02 单击按钮进入修改命令面板，单击【点】按钮，切换到顶点级别，利用移动工具调整曲面上点的位置，将曲面调整成植物的叶片形状，如图7-117所示。

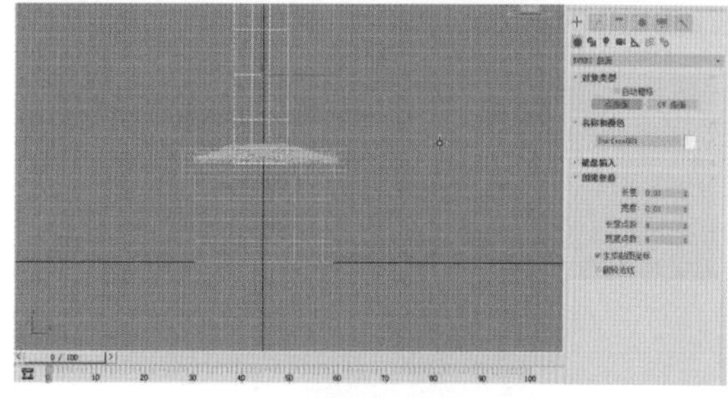

图7-116

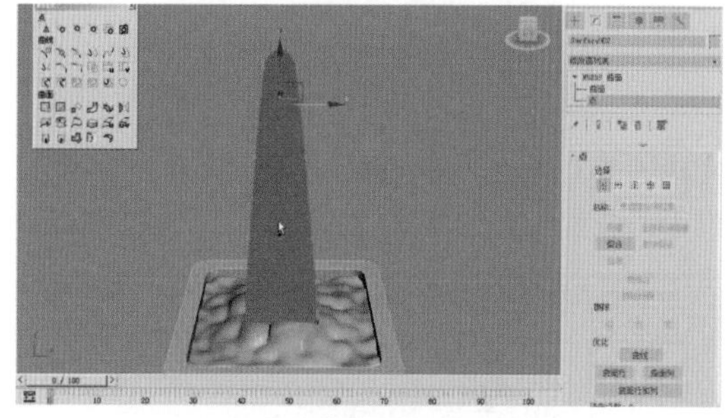

图7-117

步骤03 按住键盘上的【Alt】键，按住鼠标中键在透视图中进行拖动，对场景进行旋转观察。选中植物叶片中间的点，利用移动工具调整这些点的位置，使植物的叶片产生弧度，如图7-118所示。

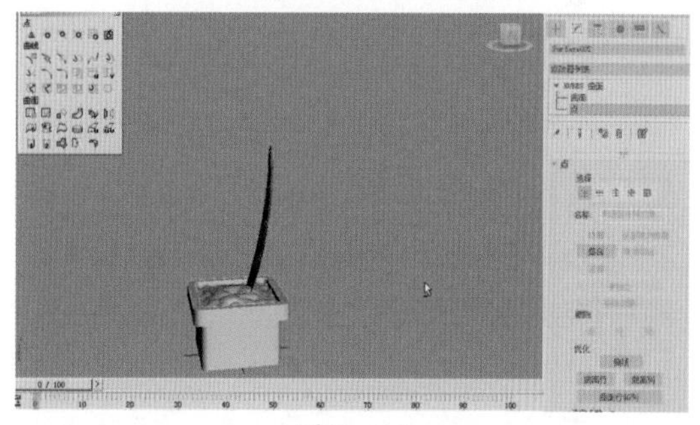

图7-118

步骤04 选中植物的叶片，单击鼠标右键，在弹出的快捷菜单中选择【转换为可编辑多边形】命令，如图7-119所示。

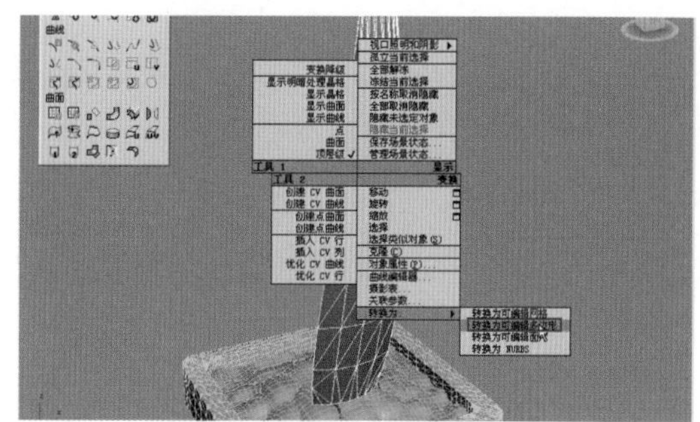

图7-119

步骤05 使用快捷键【2】进入边级别，选择模型上多余的边，单击【编辑边】卷展栏中的 移除 按钮，将杂乱的边线移除，如图7-120所示。

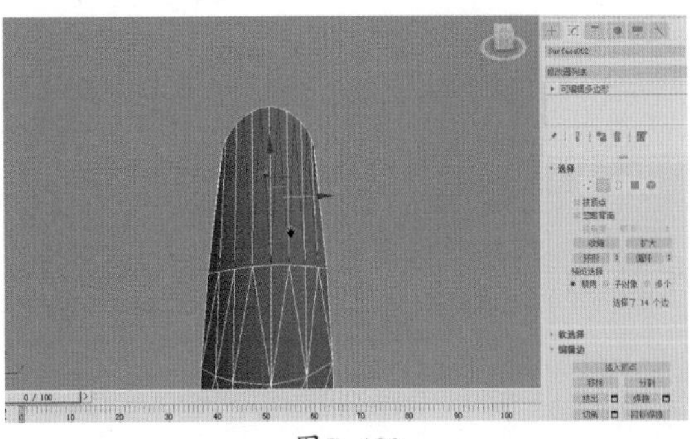

图7-120

步骤06 将多余的边移除后，选择纵向的边，单击【编辑边】卷展栏中的 连接 按钮，为模型加线，如图7-121所示。

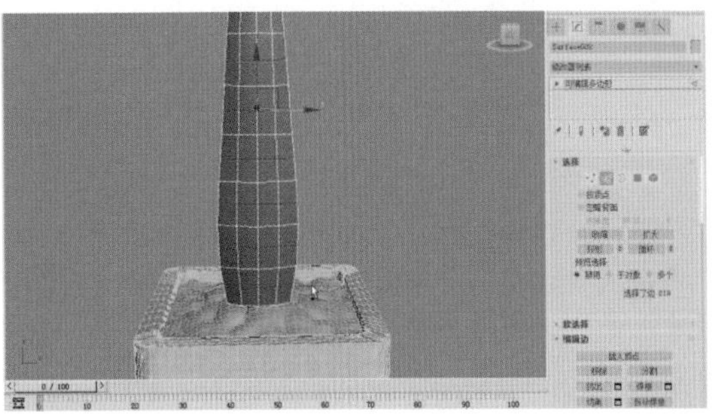

图7-121

知识拓展

利用【移除】命令可以将模型上多余的边线删除，此操作不会影响模型的结构。移除的快捷键为【Backspace】。

步骤07 此时的植物叶片模型为单面，因此需要为其加载一个壳修改器来制作成双面。选中植物叶片模型，在修改器列表中选择【壳】命令，通过在修改命令面板中设置内部量或外部量的参数值来调整叶片的厚度，如图7-122所示。

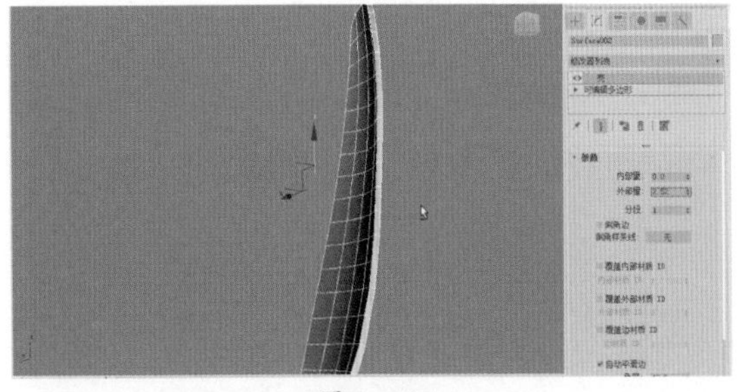

图7-122

步骤08 单击鼠标右键，在弹出的快捷菜单中选择【转换为可编辑多边形】命令，将叶片模型转换为可编辑多边形。使用快捷键【4】进入多边形级别，选择叶梢的两个面，单击 倒角 按钮，设置倒角参数，如图7-123所示。

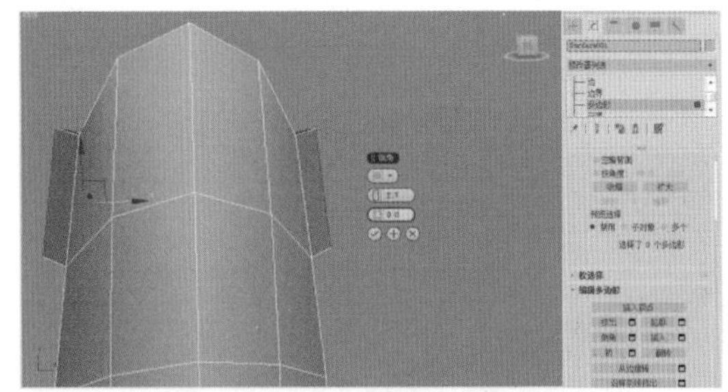

图7-123

步骤09 使用快捷键【1】进入顶点级别，利用移动工具对叶梢的造型进行调整，如图7-124所示。

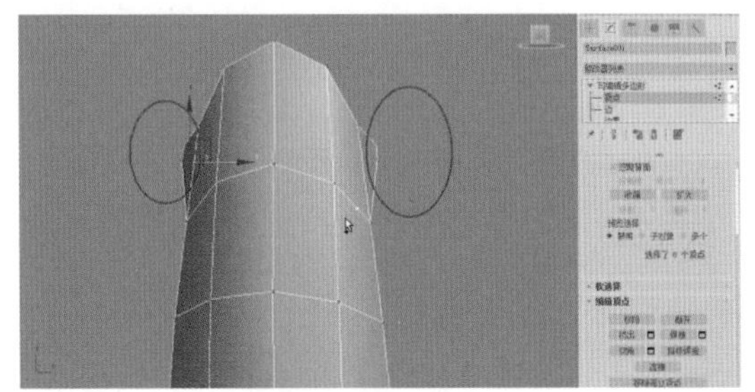

图7-124

步骤10 使用快捷键【4】进入多边形级别，选择叶梢的两个面，单击 倒角 按钮，设置倒角参数，如图7-125所示。

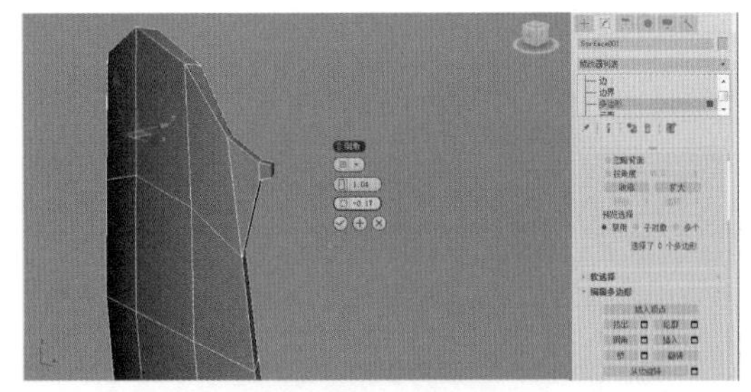

图7-125

步骤11 使用快捷键【2】进入边级别，选择叶片侧面的两条边，单击 切角 按钮，设置切角参数，如图7-126所示。

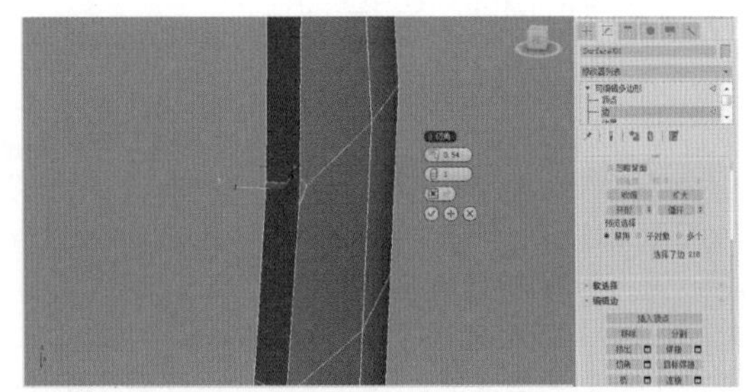

图7-126

步骤12 对所选的边进行切角之后，在切角处产生一个面。使用快捷键【4】进入多边形级别，选择切角产生的面，单击 倒角 按钮，设置倒角参数，如图7-127所示。

图7-127

步骤13 继续利用步骤11、步骤12的方法为叶片制作叶刺，最后单击鼠标右键，在弹出的快捷菜单中选择【NURMS切换】命令，对叶片模型进行光滑显示，效果如图7-128所示。

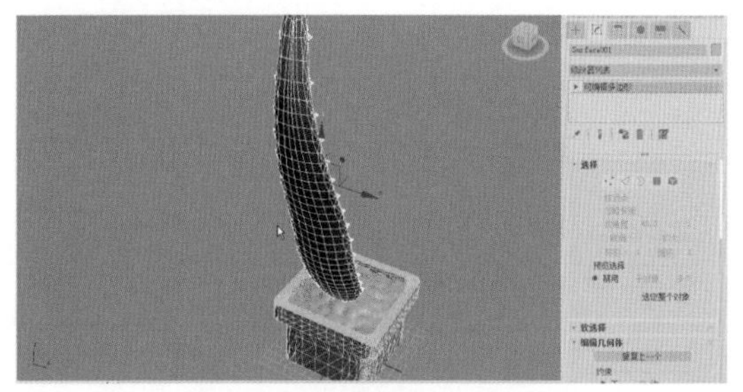

图7-128

步骤14 将制作好的叶片模型复制出3个副本作为外围的主叶。利用移动工具和旋转工具调整它们的位置，效果如图7-129左图所示。再复制出若干个叶片模型副本，对它们进行缩放，并调整它们的位置，效果如图7-129右图所示。

图7-129

7.5.3 制作包纸模型

步骤01 将制作好的花盆模型复制出一个副本，单击工具栏中的按钮，将复制的花盆模型副本在Z轴方向上镜像。选择【创建】/【几何体】/【标准基本体】命令，在【对象类型】卷展栏中单击 平面 按钮，在花盆模型的上方创建一个平面，如图7-130所示。

步骤02 选中平面物体，在修改器列表中选择【Cloth】命令，为其加载Cloth修改器。在【对象】卷展栏中单击【对象属性】按钮，弹出 对象属性 对话框，设置平面物体的属性，如图7-131所示。

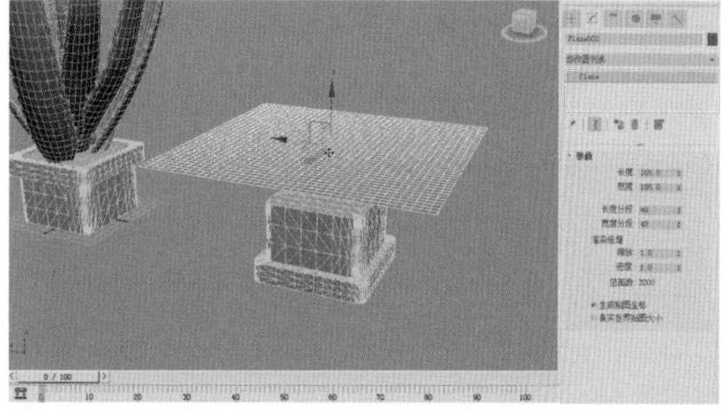

图7-130

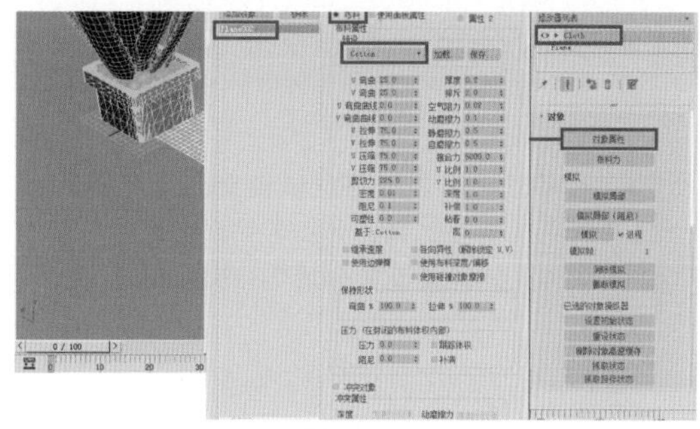

图7-131

步骤03 在【对象属性】对话框中单击 添加对象... 按钮，弹出【添加对象到Cloth模拟】对话框，选择花盆模型副本的名称，单击【添加】按钮。此时已将花盆模型副本添加到【对象属性】对话框中的【模拟对象】列表中。在该列表中选中花盆模型副本的名称，设置其为【模拟对象】，如图7-132所示。

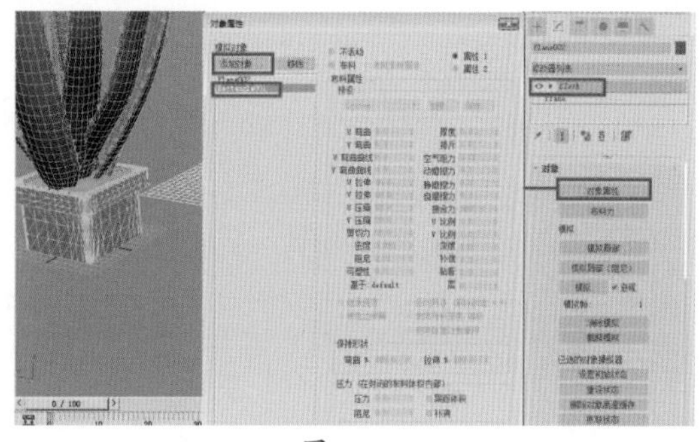

图7-132

步骤04 在【对象】卷展栏中的【模拟】区域中单击 模拟局部 按钮，系统开始计算布料物体落到花盆上的效果。此时，包纸模型已经制作好了，如图7-133所示。

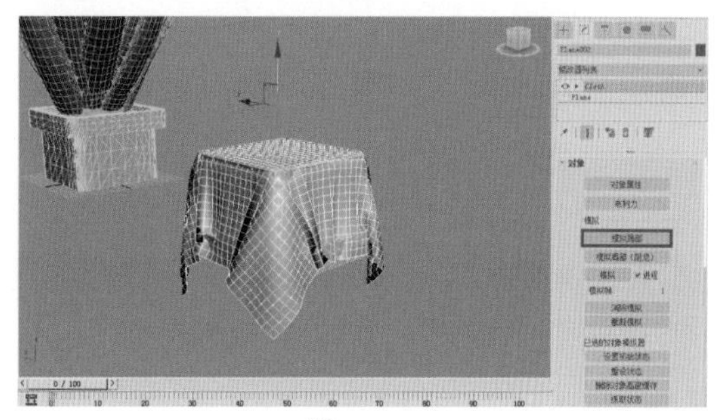

图7-133

步骤05 将花盆模型副本删除，选中布料物体，单击工具栏中的按钮，将布料物体在Z轴方向上镜像，如图7-134所示。

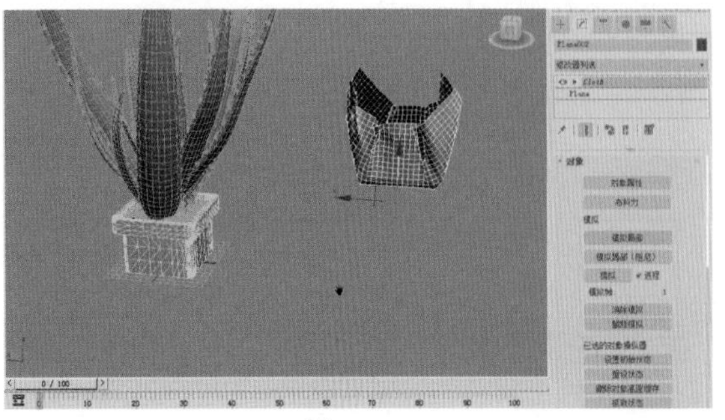

图7-134

步骤06 利用移动工具调整包纸模型到花盆模型的下方，使其将花盆模型包住，如图7-135所示。

步骤07 案例最终渲染效果如图7-136所示。

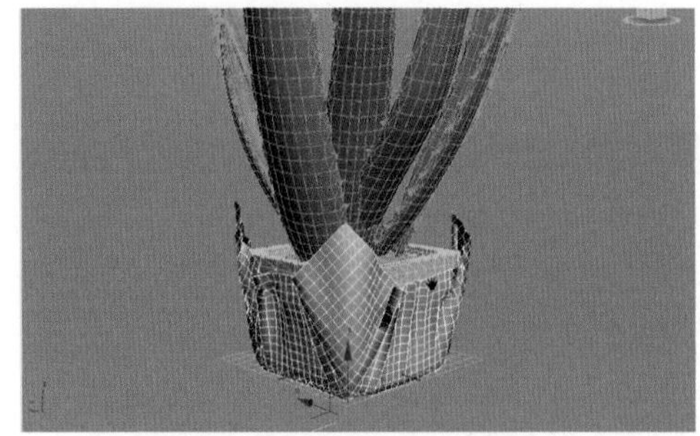

图7-135

图7-136

3ds Max

第8章 灯光

本章导读

本章通过对灯光系统的学习，使读者了解灯光在3ds Max中的制作原理和制作流程。通过对泛光灯、聚光灯、天光的学习，使读者了解一般通用灯光的制作方法。通过对光度学灯光和全局光灯的学习，使读者了解全局光照模拟的打光方法，各种参数的用法，并为简单的场景布光。

3ds Max中的灯光主要用来模拟真实光，它要求使用者对3D原理有大概的了解。这里主要介绍自然光，当然也会多少提及人造光。本章主要着眼于如何利用出色的打光技术来实现有照片真实感的图像。首先介绍光的原理，然后我们再一步一步地制作模拟灯光下的3D图像。

8.1 真实光理论

灯光是制作三维图像时用于表现造型、体积和环境气氛的关键，我们在制作三维图像时，总希望创建的灯光能和真实世界中的相差无几。在现实生活中，很多光照效果是我们非常熟悉的，正因为如此，我们对灯光才不是很敏感，从而也降低了在三维世界中探索和模拟真实世界光照效果的能力。本节将介绍真实光照的理论知识，从而帮助读者提高在3ds Max中使用灯光模拟真实效果的能力。

灯光为我们的视觉感官提供了基本的信息，通过摄影机的镜头，使物体的三维轮廓形象易于辨认。但灯光照明的功能远远不止于此，它还提供了满足视觉艺术需求的元素，赋予了场景生命和灵性，使场景中的模型栩栩如生。在场景中，不同的灯光效果能够使人产生不同的感受：快乐、悲伤、神秘、恐怖......其中的变化是戏剧性的、微妙的。可以这样说：光线投射到物体上，为整个场景注入了浓浓的感情色彩，并且能够直观地反映到视图中。如图8-1所示，温暖、柔和的灯光为画面增添了温馨的氛围。

图8-1

设计、造型、表面处理、布光、动画、渲染和后期处理，这些是我们在做一个项目时所涉及的大致流程。我所遇到的大部分制作人，都把主要精力放在了造型方面，其他方面花费的心思相对较少，而最受忽视的大概就是布光了。在场景中随意放上几盏灯，然后就依赖于软件和渲染器的渲染引擎，这样做只能产生一个不真实的图像。我们的目标是产生照片般真实的图像，这就要求不但要有好的造型，还要有好的贴图和好的布光。在三维世界中模拟太阳光是很难的，如图8-2所示。

当然，若要专门模拟太阳光，则必须对自然光如何反射、折射，色彩如何变化，如何改变强度十分了解才行。模拟太阳光要充分考虑所用光源的位置、强度和颜色。

图 8-2

1. 颜色

光的颜色取决于光源。白色光由各种颜色组成。白色光在遇到障碍物时会改变颜色，当然，不会变成白色或黑色。如果遇到白色的物体，则反射回来的是同样的光线。如果遇到黑色的物体，则所有的光，不管最初是什么颜色，都会被物体吸收，不会产生反射。所以，当你看到一个全黑的物体时，你所看到的黑颜色只是因为没有光从那个方向进入你的眼睛。为了验证这个理论，请闭眼一秒钟，你看到的是什么颜色？

2. 反射与折射

完全反射只有在反射物绝对光滑时才能实现，如图8-3所示。

图 8-3

在现实中，不是所有的入射光线都是按同一方向反射的，它们中的一些会以其他角度反射出去，如图8-4左图所示，这大大降低了反射光线的强度。

光的折射也是一样的。入射光并不是按照同一方向弯曲的，而是根据折射面的情况被分成几组，按不同角度折射，如图8-4右图所示。

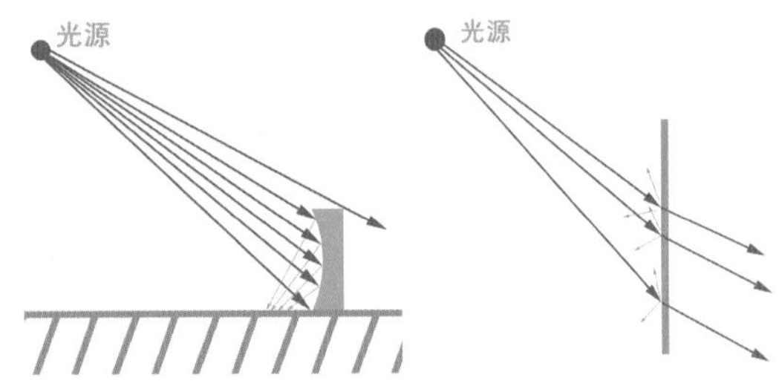

图 8-4

这种不规则的反射和折射产生界限不清的反射光和折射光。这同样引出一个事实，即反射光源是一个点光源，而不是一个单一方向的光源。反射光的强度呈衰减趋势，最终消失于环境色中。

现在的3D软件已可以支持基本的反射。任何一个被定义了反射特性的物体都可以找到入射光线。光线被反弹的次数受光线递归限度的控制，这可以在3ds Max软件中设置。

3. 强度衰减

光线强度随距光源的距离和光照面积的大小而衰减。在大多数3D软件中，光线的衰减都按照线性刻度来计算，3ds Max直接支持灯光衰减控制。

在实际制作之前，大家应该已经对光的特性有些了解了。现在我们看看这些特性是如何影响自然光的。

8.2 自然光属性

自然光，真实世界之光，有无数种。要研究多种自然光可能会花费大量时间，这里我们只介绍最基本的几种。

在户外，阳光是我们最根本的光源。它的颜色微微偏黄，但当你近看周围的物体时，就知道黄颜色不是影响周围物体的唯一颜色。虽然太阳光是最根本的光源，但在户外还能发现无数种其他颜色的光。在描述光的特性时提到了一种颜色的光在遇到和入射光线颜色不同的障碍物时是如何改变成另一种颜色的，同样还提到了有些光在反射和折射时会分散。现在想一下屋外的世界，大树是褐色和绿色的，小草是纯绿色的，道路是灰色的……真实世界中的光是由许多种颜色组成的，但是最活跃的颜色还是太阳光的颜色。即使周围没有太多这样的光线，也还有其他环境光。

每片树叶，每块砖头，甚至人类自己都在扮演二次光源！但是，这些二次光源都完全独立于其所反射的光的颜色和强度。如果反射物体是黑色的，就不会反射太多的光，大部分会被吸收，加上光减弱，反射光的范围就会减少更多。但是如果反射物体的颜色较亮，比如一堵白色的墙，那么就会在光的分布上对周围事物产生极大的影响。在图8-5中，白色比橘色射出的光要多得多。

图 8-5

光在一天的不同时段也呈现出不同的颜色。黎明时，阳光是红色调的；日落时，红色更加明显。这两个时间段之间，阳光主要是黄色调的。

一天之中，阴影的位置和形状也在发生变化。黎明时，没有基色源。所有我们在黎明时看到的光都是经过大气反射的。假设有这样一个地方，那里有一些物体挡在你和太阳之间，在这种情况下，想找到一个清晰的阴影是很难的。整个天空就是一个基色源。其他物体当然也在反射光，但效果不大。

正午时分，太阳高照，阴影边缘十分清晰，太阳的角度决定了阴影的模糊程度。阴影清晰度的变化如图8-6所示。在现实中，阴影清晰度的变化还受光源大小的影响，光源越大，阴影越柔和。

图 8-6

日落时，如果物体没有被阳光直射，那么它的阴影就会非常柔和。黎明时也是一样的，整个天空作为一个大的光源，它发出的光遮盖了大多数的阴影。同样，在阴影里的物体只有在离地面非常近时，才能投射同样边缘柔和的阴影，如图8-7所示。

图 8-7

8.3 标准灯光

在目标聚光灯、自由聚光灯、目标平行光、自由平行光、泛光和天光这些标准灯光对象中，聚光灯与泛光灯是最常用的，它们相互配合能获得最佳的效果。泛光灯是具有穿透力的照明，也就是说，在场景中泛光灯不受任何对象的遮挡。如果将泛光灯比作不受任何对象遮挡的灯，那么聚光灯则是带着灯罩的灯。在外观上，泛光灯是一个点光源，而目标聚光灯分为光源点与投射点，在修改命令面板中比泛光灯多了聚光参数的控制选项。

以下是6种类型的标准灯光对象：目标聚光灯、自由聚光灯、目标平行光、自由平行光、泛光和天光，如图8-8所示。

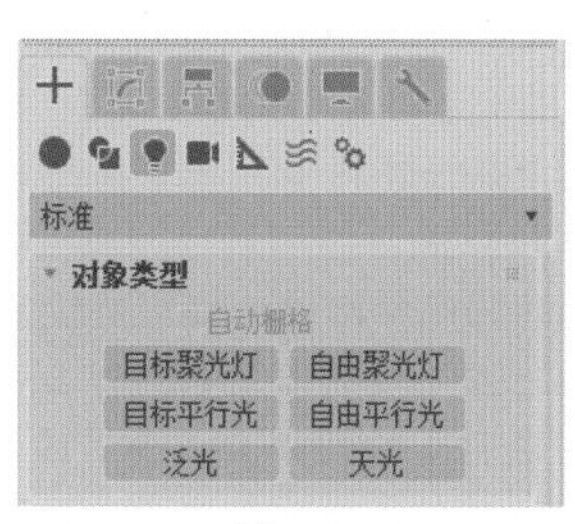

图 8-8

8.3.1 泛光灯

泛光灯没有方向控制，均匀地向四周发散光线。它的主要作用是作为辅光帮助照亮场景。其优点是比较容易创建和控制；缺点是不能创建太多，否则场景对象将会显得平淡而无层次感。

实例操作 创建泛光灯

步骤01 在顶视图中创建一个物体。

步骤02 进入+命令面板中的创建面板。

步骤03 单击泛光按钮，在顶视图的左上方创建一盏泛灯光。注意，此时系统将自动关闭默认的灯光，场景反而变暗了。

步骤04 在顶视图的右下方再创建一盏泛灯光，并将两盏灯调整到如图8-9所示的位置。

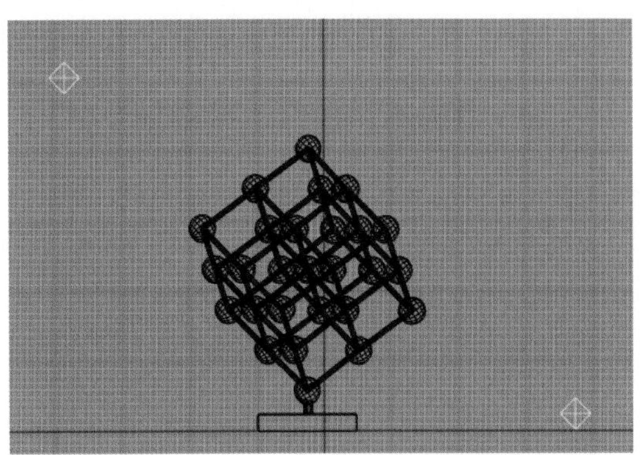

图8-9

步骤05 在3ds Max中，所有不同的灯光对象都共享一套参数控制系统，它们控制着灯光的最基本特征，比如亮度、颜色、贴图或投影等。

8.3.2 聚光灯

聚光灯相对泛光灯来说多了投射目标的控制。3ds Max中的聚光灯又分为目标聚光灯和自由聚光灯。目标聚光灯和自由聚光灯的强大功能使得它们成为3ds Max环境中基本但十分重要的照明工具。与泛光灯不同，聚光灯的方向是可以控制的，而且其照射形状可以是圆形或长方形。

实例操作 创建聚光灯

步骤01 先创建一个物体。

步骤02 进入+命令面板中的创建面板。

步骤03 单击目标聚光灯按钮，在左视图的左上方单击确定聚光灯源的位置，拖动鼠标，在适当位置再次单击确定目标点。创建聚光灯之后，再创建一盏泛光灯，如图8-10所示。聚光灯又分为聚光区和衰弱区。聚光区是灯光中间最明亮的部分，而衰弱区是聚光灯能力所及的部分。通过对聚光区与衰弱区的调整，可以模拟灯光强弱的效果。

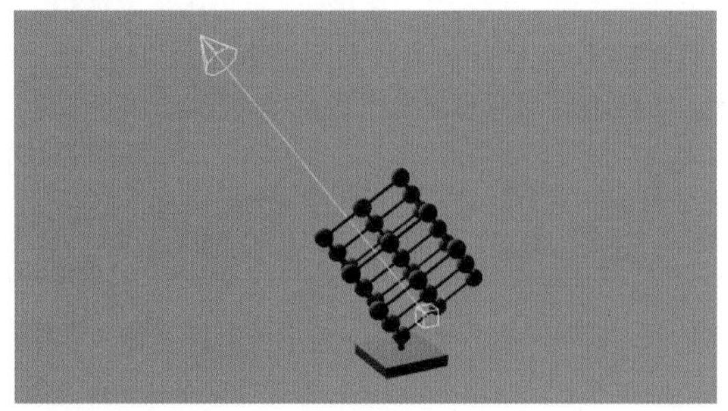

图8-10

步骤04 调节聚光灯的衰弱区，使灯光周围变得柔和一些。确认聚光灯为当前选择对象，浅蓝色代表聚光区，深蓝色代表衰弱区。

8.3.3 天光

天光主要运用了全局照明技术，使物体产生热辐射效果，如图8-11所示。

图8-11

实例操作 天光的应用

步骤01 首先打开一个场景，如图8-12所示（工程文件路径：第8章/Scenes/天光的应用.max）。

图8-12

步骤02 在场景中设置一盏天光，如图8-13所示。

步骤03 执行【渲染】/【渲染设置】/【光线跟踪器】命令，打开高级照明渲染页面，如图8-14所示。在其中可以指定灯光的全局属性，确定【天光】复选框为激活状态即可。

图 8-13

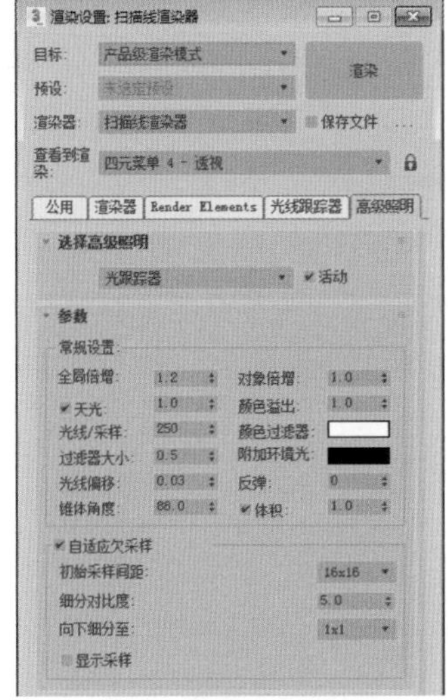

图 8-14

步骤04 渲染摄影机视图，我们将看到全局照明的天光效果，如图8-15所示。全局照明广泛运用于室内外装饰效果图和表现图中。

图 8-15

步骤05 在修改命令面板中将天光的灯光**倍增**参数设置为1.2，在**高级照明**页面中将**全局倍增**参数也设置为1.2，渲染出来的天光效果将更亮、更清晰，如图8-16所示。

图 8-16

8.4 光度学灯光

光度学灯光使用光度学（光能）值，通过这些值可以更精确地定义灯光，就像在真实世界中一样。可以创建具有各种分布和颜色特性的灯光，或导入照明制造商提供的特定光度学文件，如图8-17所示。

图 8-17

光度学灯光包括3种类型：目标灯光、自由灯光和太阳定位器，如图8-18所示。

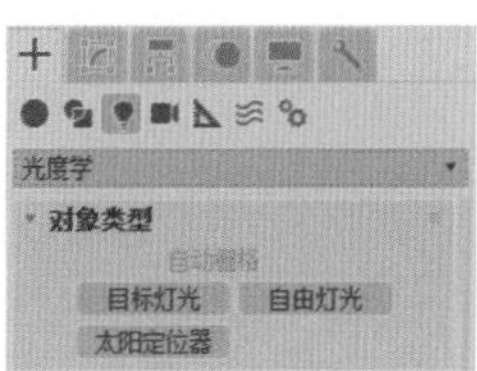

图 8-18

8.4.1 目标灯光

目标灯光像标准的泛光灯一样，从几何体点发射光线。可以设置灯光分布，目标灯光有3种类型的分布，并对应相应的图标。使用目标对象指向灯光，如图8-19所示。

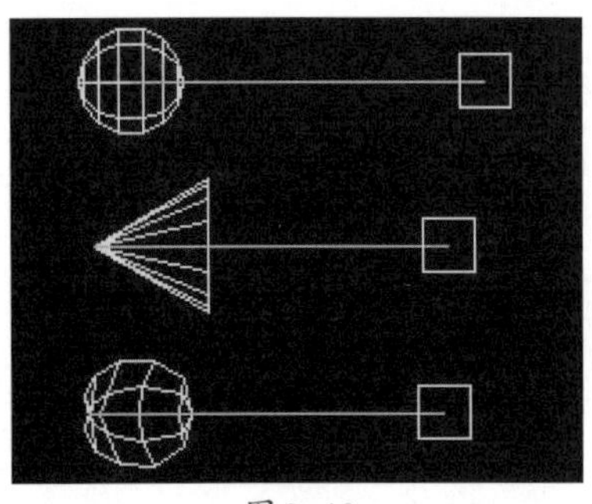

图 8-19

创建目标灯光的步骤如下。

（1）在创建命令面板中单击【灯光】按钮，从下拉列表中选择【光度学】选项，在【对象类型】卷展栏中单击【目标灯光】按钮。

（2）在视图中拖动鼠标。拖动的初始点是灯光的位置，释放鼠标的点就是目标位置。设置创建参数。可以使用移动变换工具来调整灯光。

8.4.2 自由灯光

自由灯光像标准的泛光灯一样，从几何体点发射光线。可以设置灯光分布，自由灯光有3种类型的分布，并对应相应的图标。自由灯光没有目标对象。可以使用变换以指向灯光，如图8-20所示。

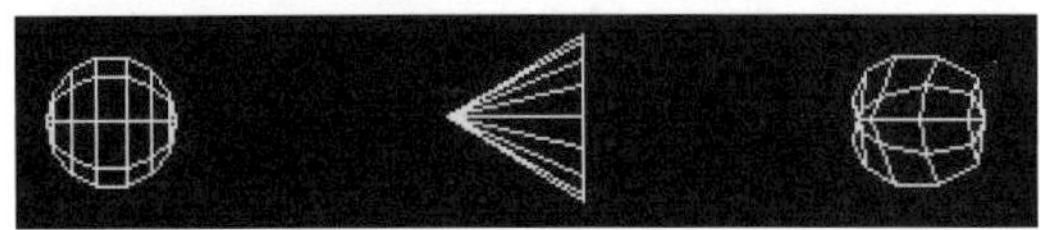

图 8-20

实例操作 灯光投射投影

步骤 01 首先创建一个场景，这里的灯光物体和幕布在同一条直线上，如图8-21所示，这样能确保物体在当前的幕布上产生投影（工程文件路径：第8章/Scenes/灯光投射投影.max）。

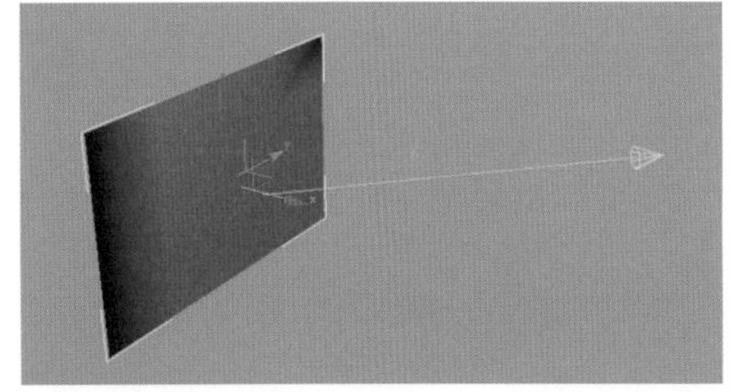

图 8-21

步骤 02 在默认的设置中，灯光是没有阴影的，这就需要手动调节一下，打开灯光的设置面板，设置投射阴影，如图8-22所示。将材质的阴影类型调整为半透明明暗器类型，如图8-23所示，这可以确保材质中拥有可以对半透明的属性进行设置的通道。

图 8-22

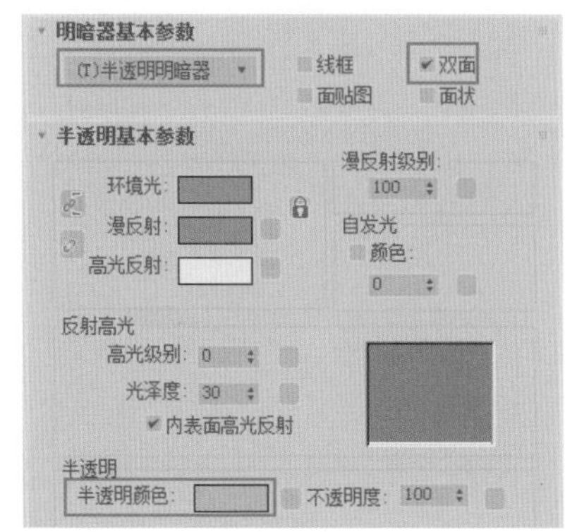

图 8-23

步骤 03 勾选【双面】复选框，这样就可以在背面看到物体了，如图8-24左图所示。将【半透明颜色】设置为一种非黑颜色，到材质的背面进行渲染，如图8-24右图所示。

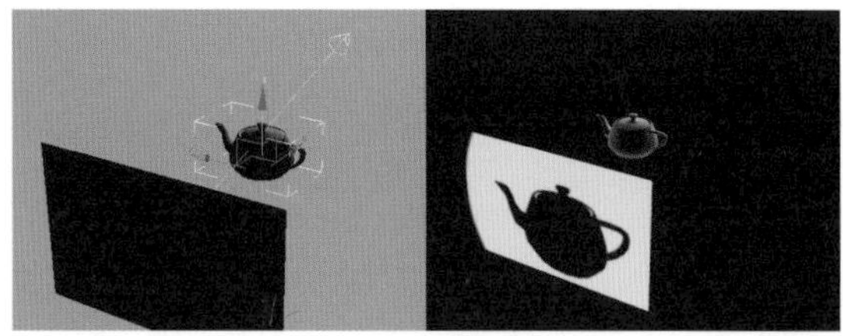

图 8-24

步骤 04 调整投射形状为矩形，如图8-25左图所示，这样就可以调节长宽比例，得到长方形的投射效果。但是在很多情况下直接使用一张位图来拟合投射图像的比例，这样得到的比例和使用的投射图片的比例完全相同，高级效果面板如图8-25右图所示。

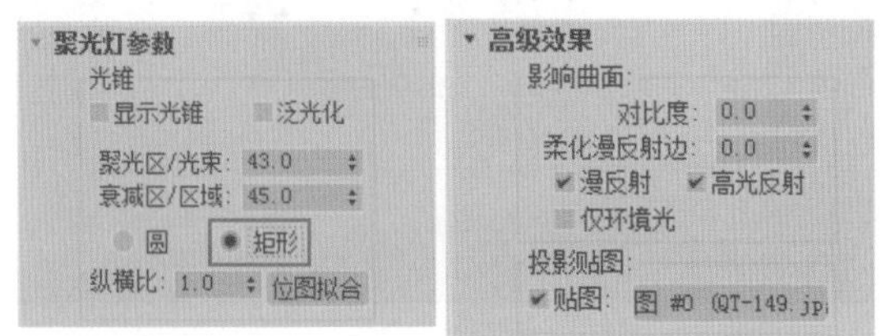

图 8-25

步骤 05 使用聚光灯属性为灯光添加一张灯光投射贴图。进入贴图浏览器中拾取一张贴图，然后为这张贴图指定比例，如图8-26所示。使用位图拟合功能来控制光照的纵横比。

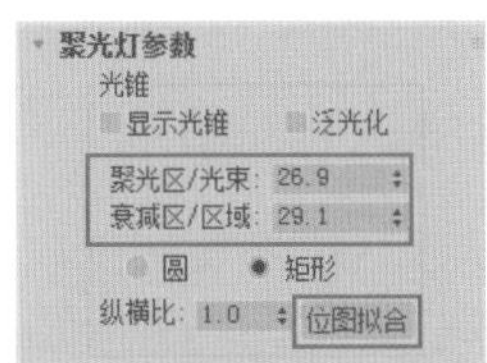

图 8-26

步骤06 这时可看到灯光投射出一个方形的光束，并且有了贴图效果，如图8-27所示，然后为灯光添加一些质量光效果。

图 8-27

步骤07 在环境特效面板中单击 添加... 按钮，添加体积光后单击 确定 按钮，如图8-28所示，这样就添加了一个体积光特效。渲染后可以看到和真实的电影院里的环境非常相似的投射光线效果，如图8-29所示。

图 8-28

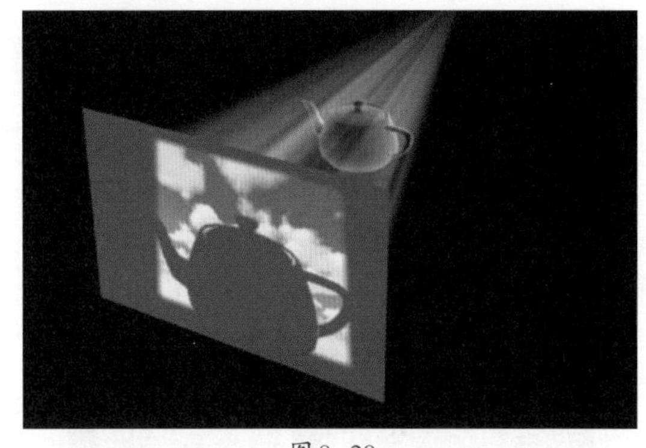
图 8-29

8.5 VRay灯光

VRay灯光是VRay渲染器的专用灯光，几乎不用设置就可以自动产生无与伦比的真实光影效果。

8.5.1 基本参数设置

VRay灯光的参数设置面板如图8-30所示。

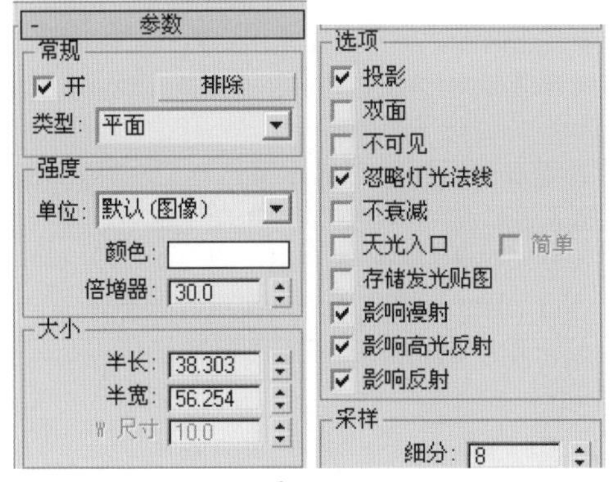

图 8-30

开：控制VRay灯光的开关与否。
颜色：设置灯光的颜色。
倍增器：设置灯光颜色的强度倍增值。

投影：设置灯光是否产生投影。

双面：在灯光被设置为平面类型时，该复选框决定是否在平面的两边都产生灯光效果。该复选框对球形灯光没有作用。图8-31所示为【双面】复选框未勾选时的灯光效果；图8-32所示为勾选【双面】复选框后的灯光效果。

图 8-31

图 8-32

不可见：设置在最后的渲染效果中光源形状是否可见。

忽略灯光法线：一般情况下，光源表面在空间的任何方向上发射的光线都是均匀的，在不勾选这个复选框的情况下，VRay灯光会在光源表面的法线方向上发射更多的光线，如图8-33所示。勾选【忽略灯光法线】复选框后的灯光效果如图8-34所示。

图 8-33

图 8-34

不衰减：在真实世界中，远离光源的表面会比靠近光源的表面显得更暗。勾选该复选框后，灯光的亮度将不会因为距离而衰减。

天光入口：勾选该复选框后，前面设置的颜色和倍增值都将被VRay忽略，取而代之以环境的相关参数进行设置。

存储发光贴图：勾选该复选框后，如果计算GI的方式使用的是发光贴图方式，则系统将计算VRay灯光的光照效果，并将计算结果保存在发光贴图中。

细分：设置在计算灯光效果时使用的样本数量，较高的取值将产生平滑的效果，但是会耗费更多的渲染时间。

8.5.2 阴影参数设置

如果设置了3ds Max内置的灯光，为了产生较好的阴影效果，那么可以选择VRayShadows阴影模式，此时在修改命令面板中会出现一个【VRayShadows params】（VRay阴影参数）卷展栏。在这个卷展栏中可以设置与VRay渲染器匹配的阴影参数。

下面介绍VRay的阴影参数。

VRay阴影通常被3ds Max标准灯光或VR灯光用于产生光影追踪阴影，其参数如图8-35所示。

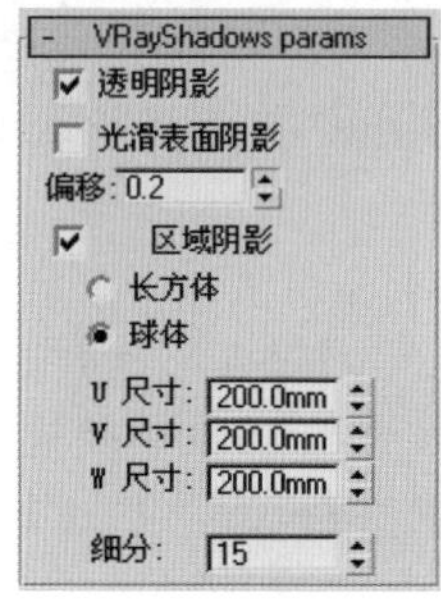

图 8-35

知识拓展

标准的3ds Max光影追踪阴影无法在VRay中正常工作，此时必须使用VRay阴影，其除了支持模糊（或面积）阴影，还可以正确表现来自VRay置换物体或透明物体的阴影。

透明阴影：该参数确定场景中透明物体投射阴影的行为，勾选该复选框后，VRay计算阴影时将不考虑灯光中物体的阴影参数设置（颜色、密度、贴图等），此时来自透明物体的阴影颜色将是正确的；取消勾选该复选框后，将考虑灯光中物体的阴影参数设置，但是来自透明物体的阴影颜色将变成单色（仅为灰度梯度）。

光滑表面阴影：勾选该复选框后，VRay将在低面数的多边形表面产生更加平滑的阴影。

偏移：设置阴影的偏移值。

区域阴影：控制是否作为面积阴影类型。

长方体：VRay计算阴影时将它们视作长方体状的光源投射。

球体：VRay计算阴影时将它们视作球状的光源投射。

U尺寸：当VRay计算面积阴影时，表示VRay获得的光源的U向的尺寸（如果光源为球状，则相应地表示球的半径）。

V尺寸：当VRay计算面积阴影时，表示VRay

获得的光源的V向的尺寸（如果光源为球状，则没有效果）。

W尺寸：当VRay计算面积阴影时，表示VRay获得的光源的W向的尺寸（如果光源为球状，则没有效果）。

细分：计算面积阴影效果时使用的样本数量，较高的取值将产生平滑的效果，但是会耗费更多的渲染时间。

8.6 卧室场景灯光表现

本节讲述卧室夜景效果图的制作。卧室效果图的制作应注重材质的搭配，整体氛围尽量温馨。相对于日景的表现，夜景的表现相对难一些，对灯光的布置要求更高一些。

图8-36所示是卧室场景渲染效果图。

图8-36

图8-37所示为卧室场景渲染效果图在Photoshop软件中进行处理后的最终效果。

图8-37

配色应用：

制作要点：

1.掌握筒灯光源的制作方法及室内灯光阵列的布光技巧。

2.学习场景主灯光源和辅灯光源的灯光类型的选择。

3.学会在Photoshop中处理场景渲染效果图。

最终场景：Ch08\Scenes\卧室ok.max

贴图素材：Ch08\Maps

难易程度：★★★☆☆

8.6.1 确定筒灯光源

步骤01 打开卧室.max场景文件。在【创建】面板中单击【灯光】按钮，在【灯光】面板中单击【目标聚光灯】按钮，创建一盏目标聚光灯，并阵列泛光灯，位置如图8-38～图8-41所示。

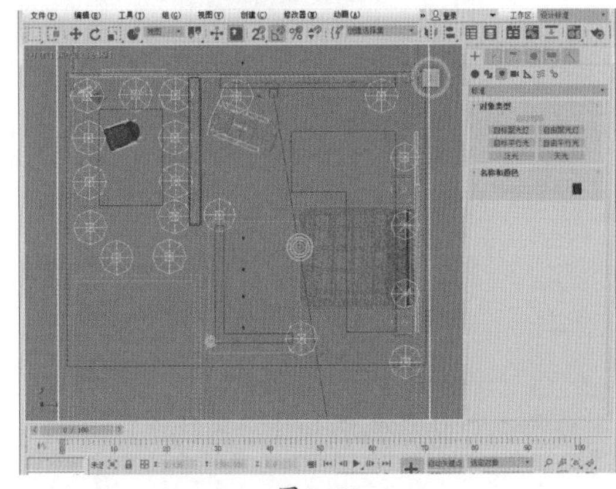

图8-38

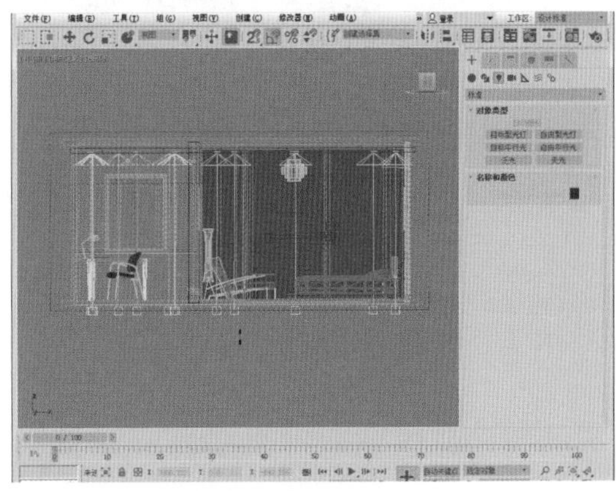

图8-39

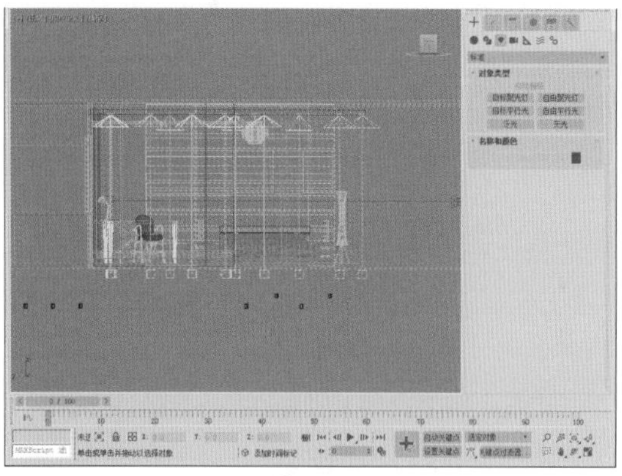

图 8-40

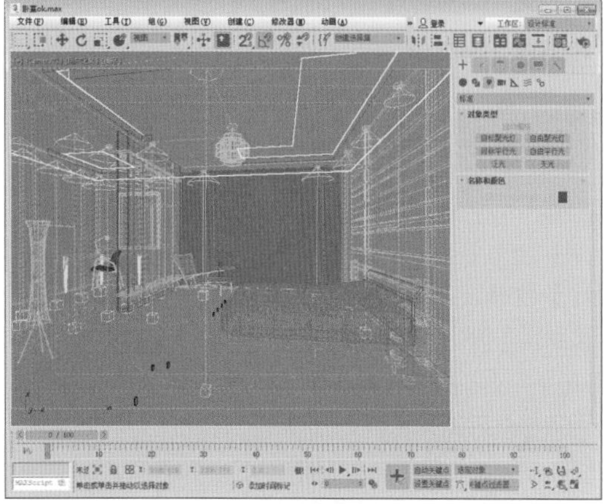

图 8-41

步骤 02 灯光的参数设置如图 8-42 所示。

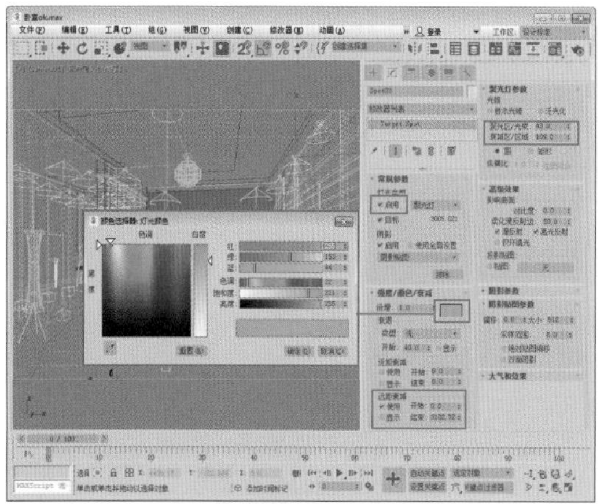

图 8-42

步骤 03 渲染测试效果如图 8-43 所示。

知识拓展

如果场景中包含动画位图（包括材质、投影灯、环境等），则每帧将一次重新加载一个动画文件。 如果场景中使用了多个动画，或者动画为大文件，则这样做将降低渲染性能。

图 8-43

8.6.2 确定主灯光源

步骤 01 在天花板吊灯下面一点的位置设置一盏泛光灯，如图 8-44 所示。

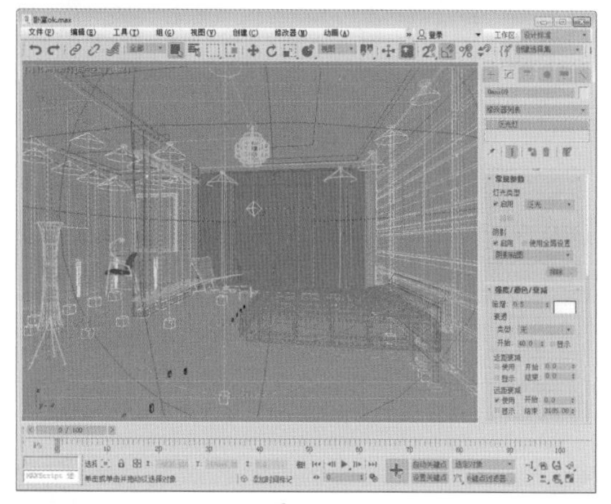

图 8-44

步骤 02 灯光参数设置如图 8-45 所示。

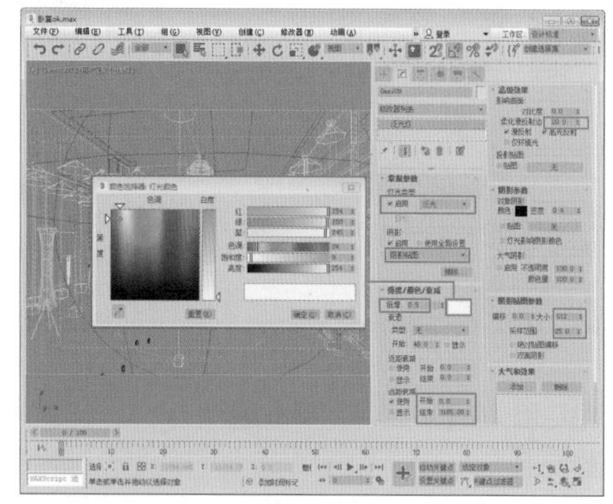

图 8-45

步骤 03 渲染测试效果如图 8-46 所示。

图 8-46

8.6.3 确定辅灯光源

步骤01 再次添加泛光灯，位置如图8-47所示。

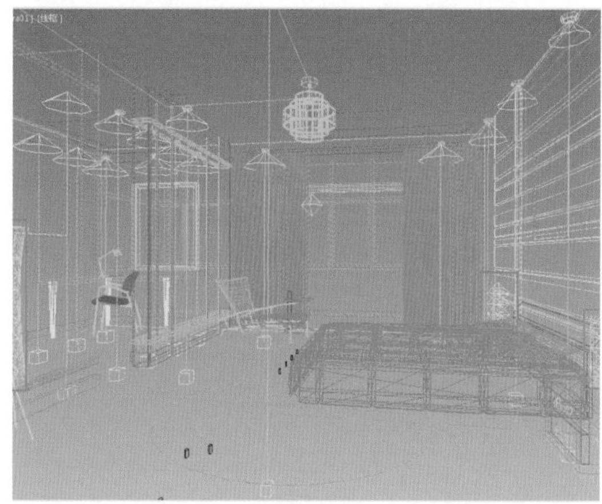

图 8-47

步骤02 在灯光修改面板中设置参数，如图8-48所示。

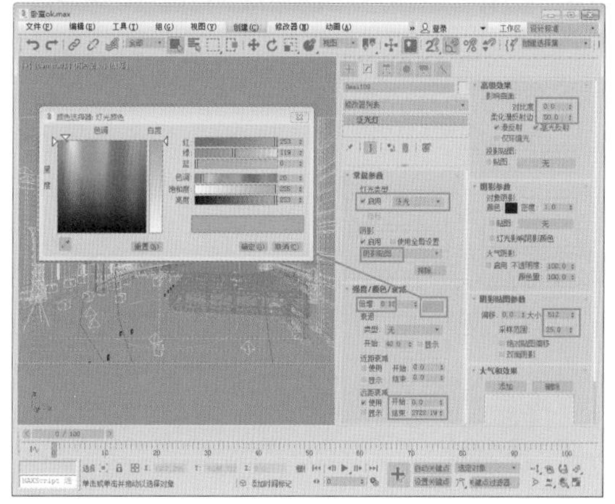

图 8-48

步骤03 渲染测试效果如图8-49所示。

步骤04 继续添加泛光灯，如图8-50 ~ 图8-52所示。

图 8-49

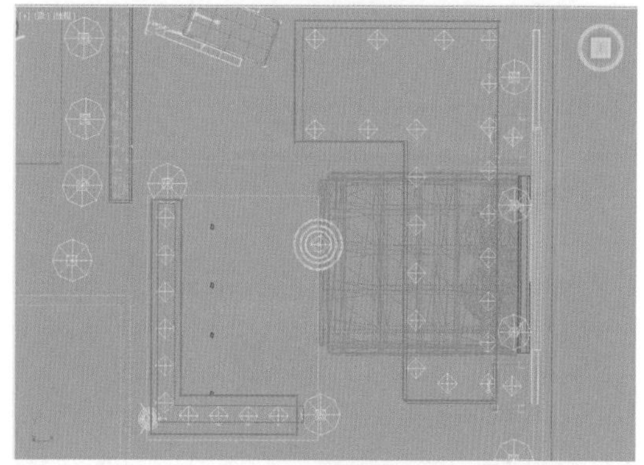

图 8-50

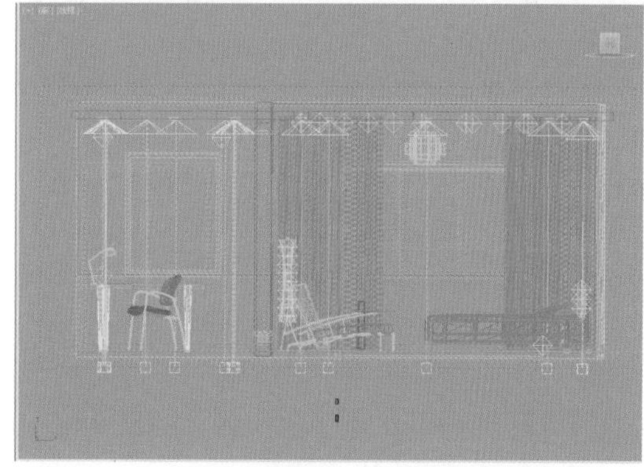

图 8-51

图 8-52

步骤05 灯光的参数设置如图8-53所示。

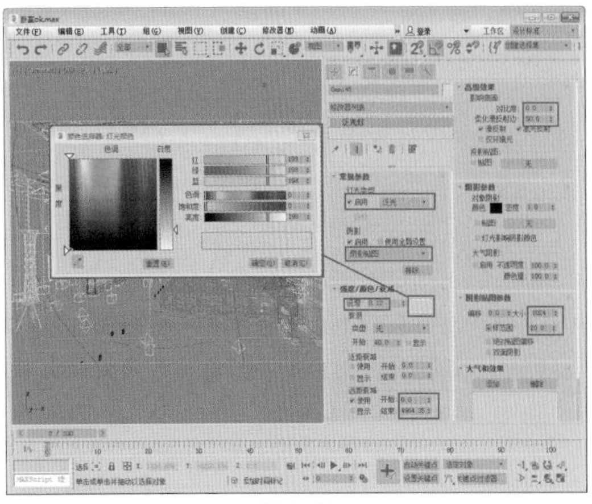
图 8–53

步骤06 渲染测试效果如图 8-54 所示。

图 8–54

8.6.4 确定玻璃装饰墙光源

步骤01 在场景中的玻璃装饰墙之间添加一排泛光灯，位置如图 8-55 ~ 图 8-58 所示。

步骤02 灯光的参数设置如图 8-59 所示。

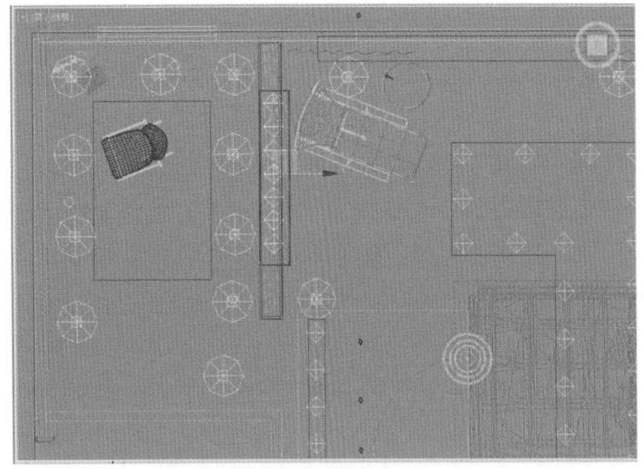
图 8–55

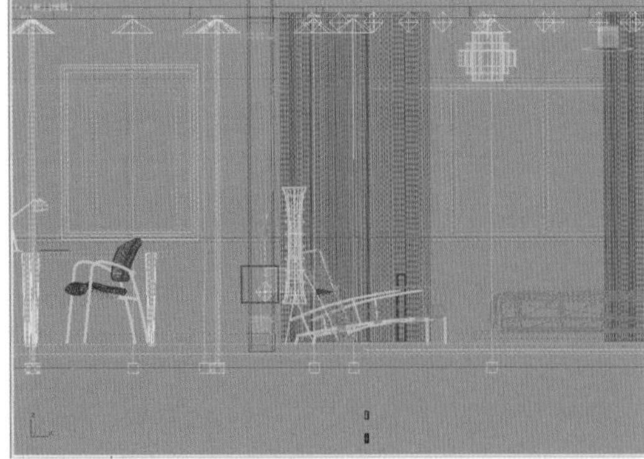
图 8–56

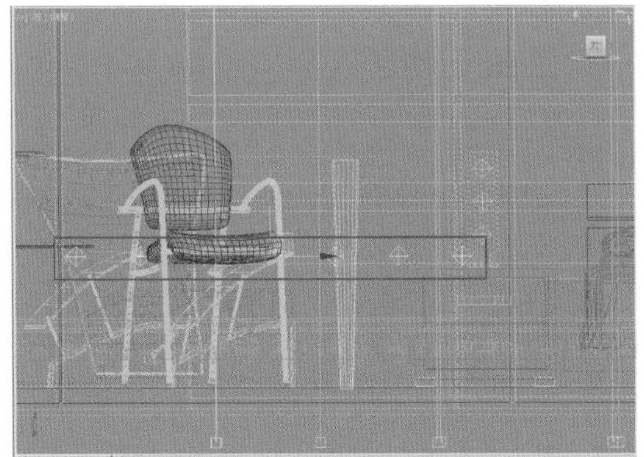
图 8–57

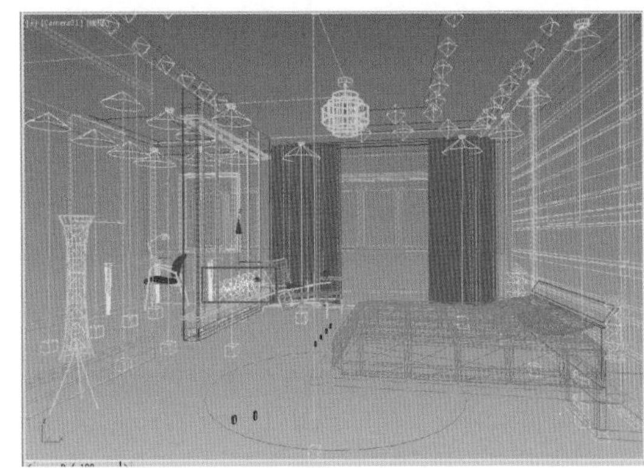
图 8–58

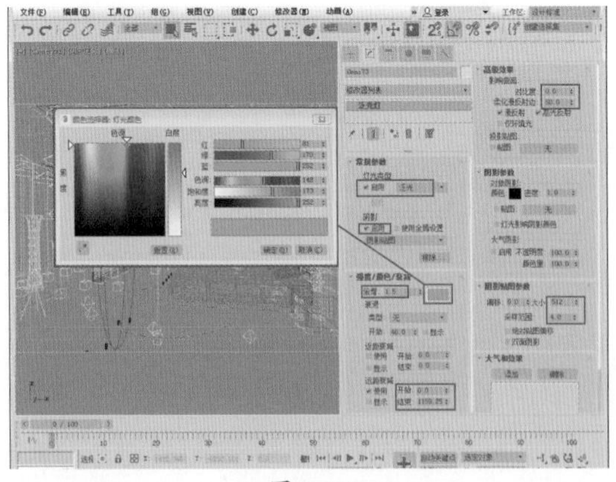
图 8–59

步骤03 灯光的渲染效果如图8-60所示。

图8-60

知识拓展

由于灯光的衰减比较耗费渲染时间，因此最好勾选【远距衰减】区域中的【使用】复选框，以消除不必要的计算。

8.6.5 添加补光

步骤01 补光一般使用泛光灯，其位置如图8-61～图8-64所示。

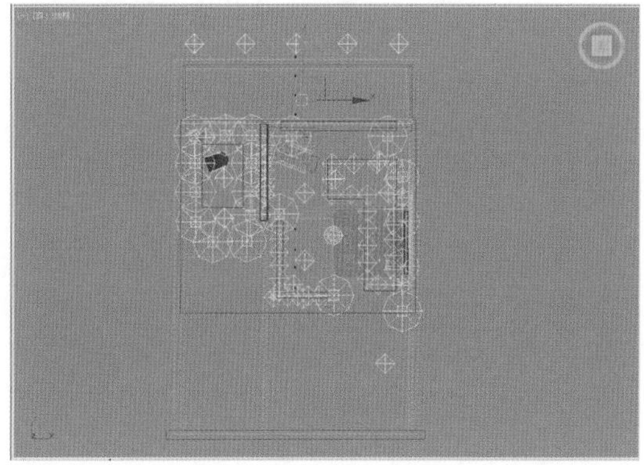

图8-61

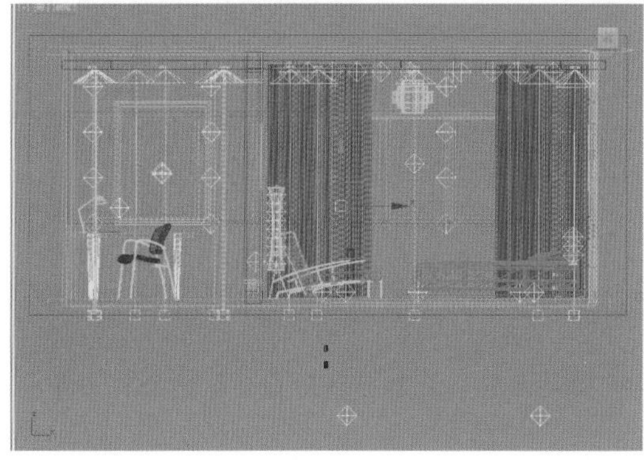

图8-62

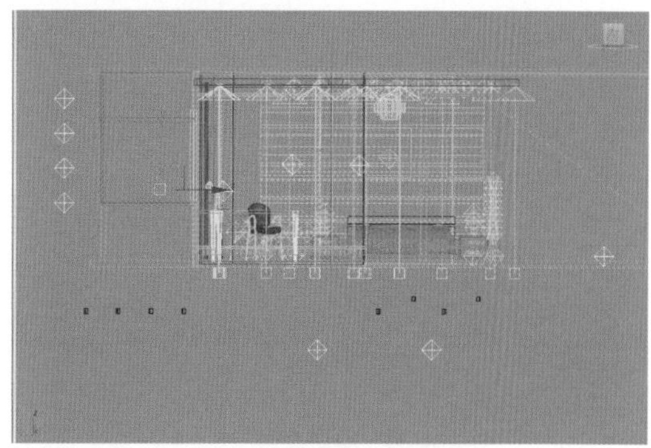

图8-63

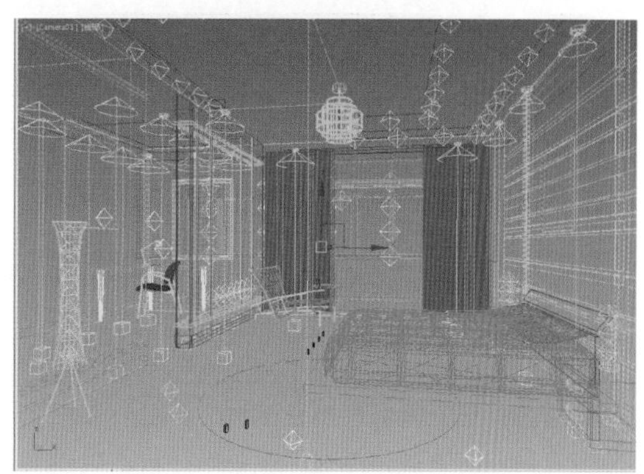

图8-64

步骤02 灯光的参数设置如图8-65所示。

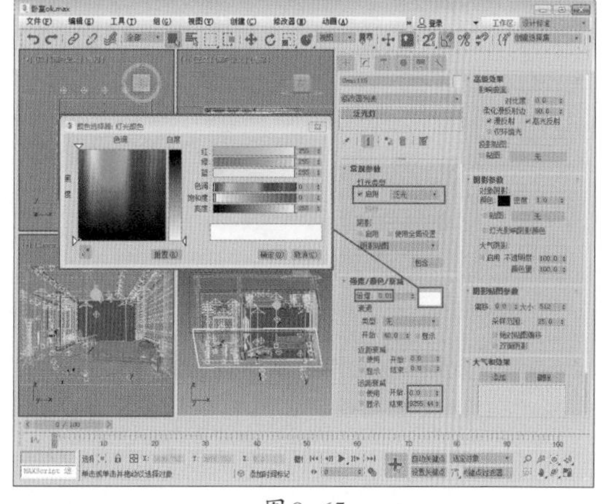

图8-65

步骤03 最终完成渲染后的效果如图8-66所示。

8.6.6 后期效果处理

卧室的后期效果处理不需要太大范围的调整，因为本身灯光的模拟比较到位，只需要对局部进行整体的融合调整。

步骤01 打开渲染好的图像及通道图，如图8-67所示。

步骤02 在Photoshop中打开渲染好的图像，将通道图设置为【图层0】，将渲染好的图像设置为【图层1】，如图8-68所示。

图 8-66

图 8-67

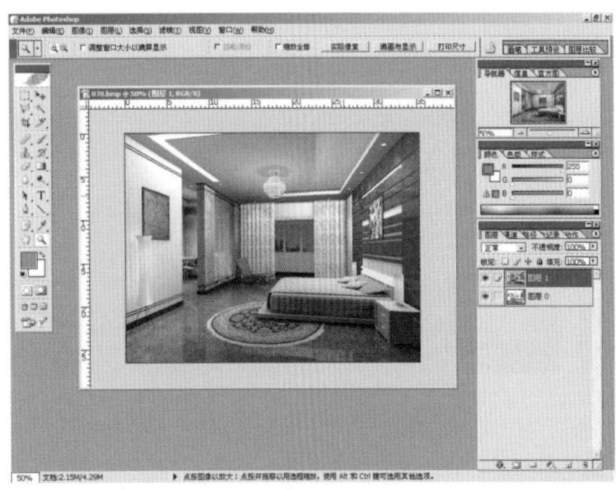
图 8-68

步骤 03 在 Photoshop 的菜单栏中选择【选择】/【色彩范围】命令，在打开的【色彩范围】对话框中选择如图 8-69 所示的红色部分。

图 8-69

知识拓展

使用【色彩范围】命令选择现有选区或整个图像内指定的颜色或颜色子集。如果想替换选区，那么在应用此命令前要确保已取消选择所有内容。

步骤 04 执行【图像】/【调整】/【亮度/对比度】命令，调整地板的亮度/对比度，如图 8-70 所示。

图 8-70

步骤 05 按快捷键【Ctrl+B】，弹出【色彩平衡】对话框，调节色彩平衡，效果如图 8-71 所示。

图 8-71

步骤 06 通过通道图选择床头装饰墙部分，按快捷键【Ctrl+M】，弹出【曲线】对话框，调整曲线，如图 8-72 所示。

图 8-72

步骤07 按快捷键【Ctrl+U】，弹出【色相/饱和度】对话框，调整饱和度，效果如图8-73所示。

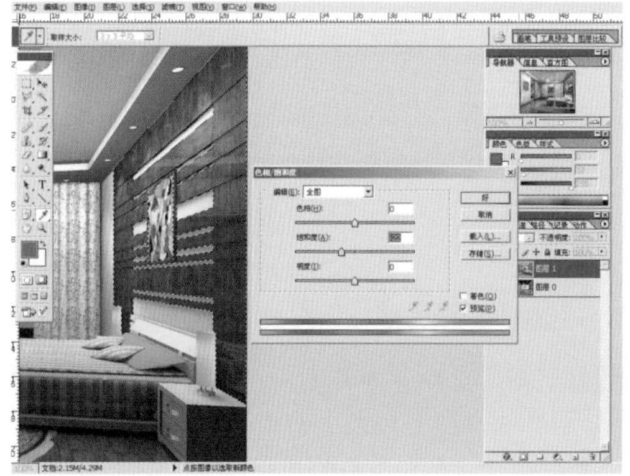

图8-73

步骤08 通过通道图选择玻璃墙部分，执行【图像】/【调整】/【亮度/对比度】命令，调整玻璃墙的对比度，如图8-74所示。

图8-74

步骤09 按快捷键【Ctrl+B】，弹出【色彩平衡】对话框，调整色彩平衡，效果如图8-75所示。

图8-75

步骤10 按快捷键【Ctrl+M】，弹出【曲线】对话框，调节曲线，效果如图8-76所示。

步骤11 按快捷键【Ctrl+U】，弹出【色相/饱和度】对话框，调整画面的饱和度，如图8-77所示。

步骤12 最后，在Photoshop菜单栏中选择【滤镜】/【锐化】/【USM锐化】命令，为画面添加USM锐化滤镜，具体参数调节如图8-78所示。

步骤13 最终完成效果如图8-79所示。

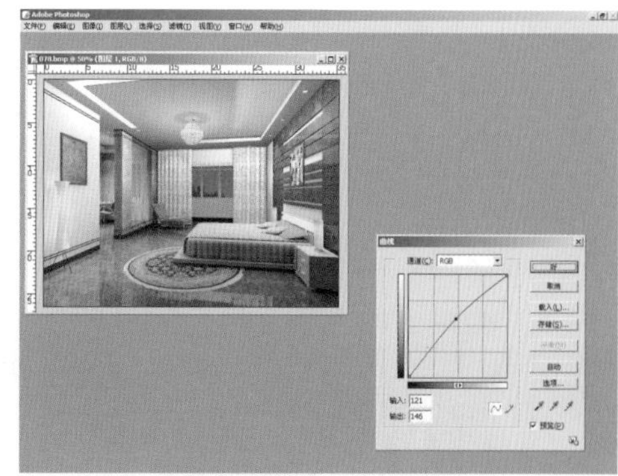

图8-76

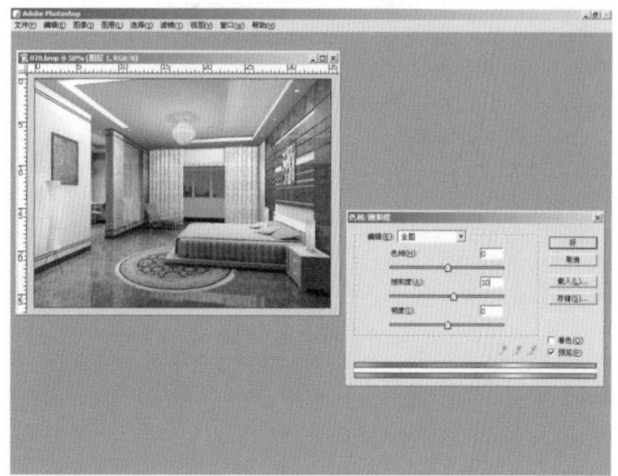

图8-77

图8-78

图8-79

8.7 公共卫生间场景灯光表现

本节讲述公共卫生间效果图的制作。公共设施效果图的制作应注意整体画面的整洁、有序，灯光尽量充裕一些。灯光配合阴影的变化能产生很好的空间效果。公共设施的灯光渲染应尽量模拟真实，不应该有过亮或过暗的区域出现，主光源的方向应该突出，以便确定建筑的方向等。

图8-80所示是公共卫生间场景渲染效果图。

图8-80

图8-81所示为公共卫生间场景渲染效果图在Photoshop软件中进行处理后的最终效果。

图8-81

配色应用：

制作要点：

1.学会并掌握场景中室外灯光的设置及各个区域灯光颜色的变化。
2.学习主光源灯光的选择和灯光参数的设置。
3.掌握后期处理效果图的方法和技巧。

最终场景：Ch08\Scenes\ 公共卫生间 ok.max

贴图素材：Ch08\Maps

难易程度：★★★☆☆

8.7.1 模拟室外天光

步骤01 首先模拟室外天光。在【创建】面板中单击【灯光】按钮，在【灯光】面板中单击【泛光】按钮，阵列泛光灯，位置如图8-82所示。

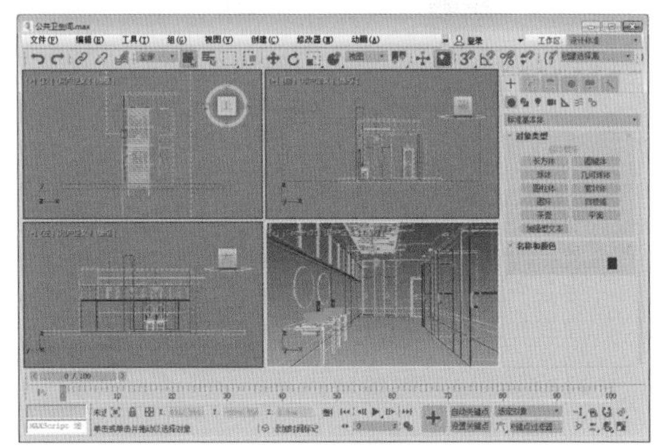

图8-82

步骤02 灯光的参数设置如图8-83所示。

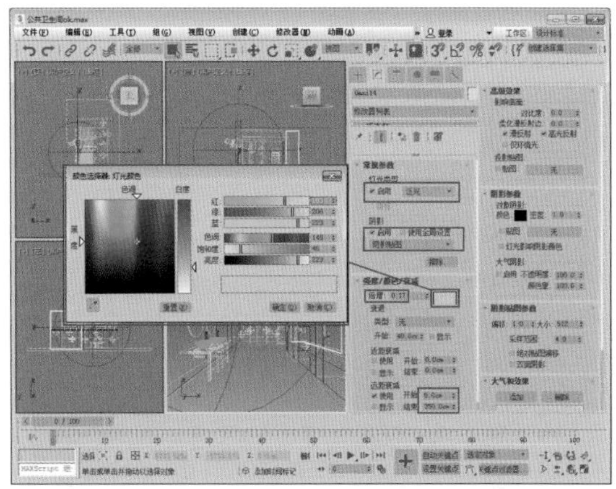

图8-83

步骤03 渲染测试效果如图8-84所示，可以看到有淡淡的蓝色天光出现，阴影过渡得非常柔和。

步骤04 继续添加灯光，位置如图8-85所示。

步骤05 灯光1组的参数设置如图8-86所示。

步骤06 渲染测试效果如图8-87所示。

步骤07 灯光2组的参数设置如图8-88所示。

图 8-84

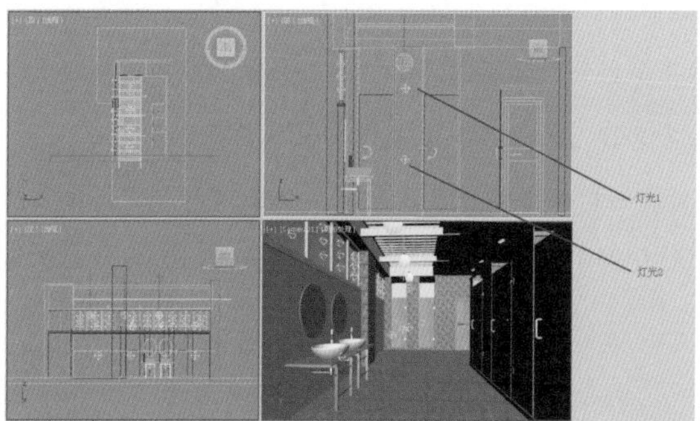

图 8-85

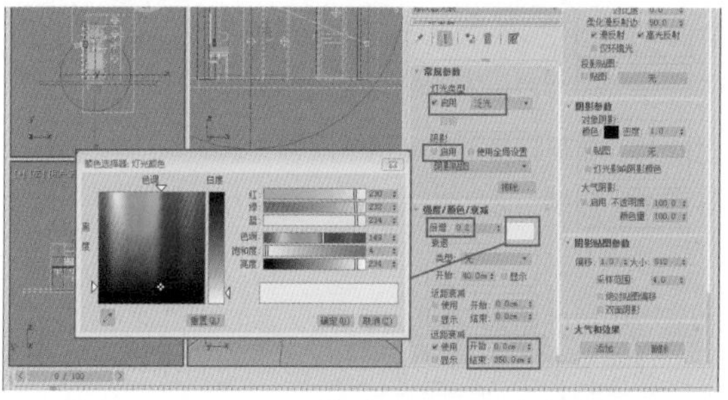

图 8-86

图 8-87

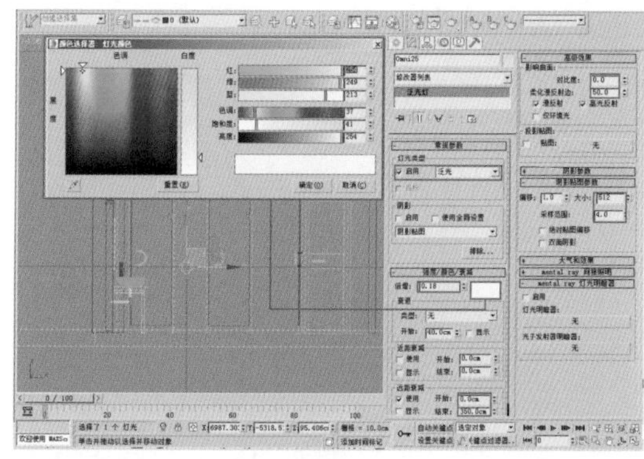

图 8-88

步骤08 渲染测试效果如图8-89所示。

图 8-89

步骤09 继续添加灯光，位置如图8-90所示。

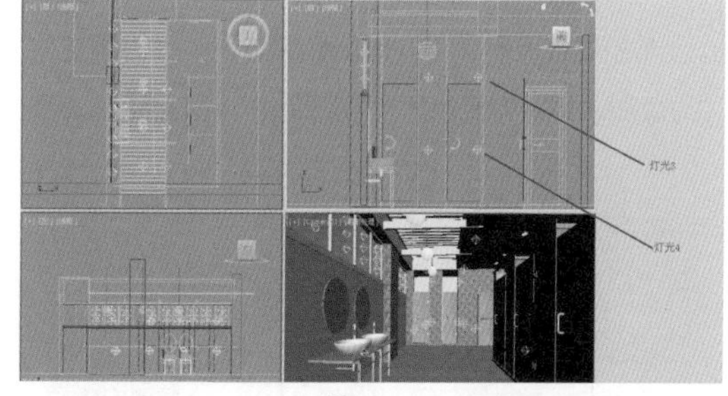

图 8-90

步骤10 灯光3组的参数设置如图8-91所示。

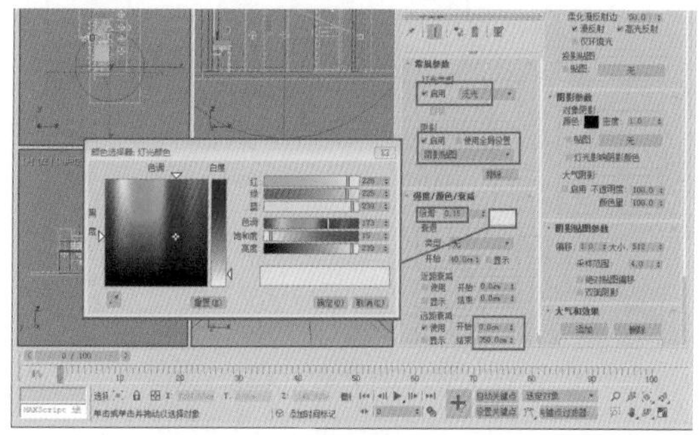

图 8-91

步骤11 渲染测试效果如图8-92所示。

图8-92

步骤12 灯光4组的参数设置如图8-93所示。

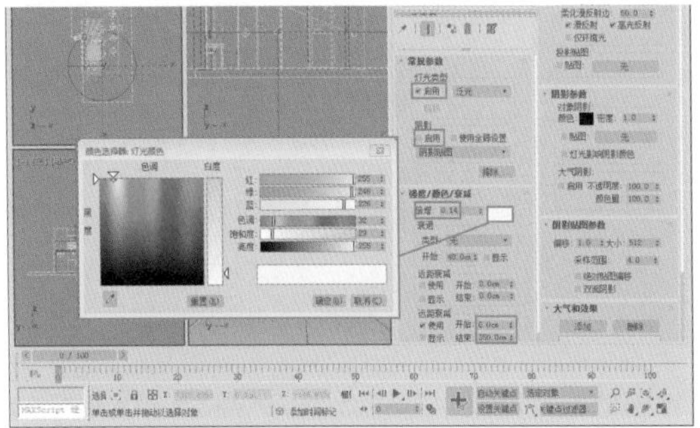

图8-93

步骤13 渲染测试效果如图8-94所示。

图8-94

步骤14 添加第五组灯光，具体位置如图8-95所示。

图8-95

步骤15 灯光的参数设置如图8-96所示。

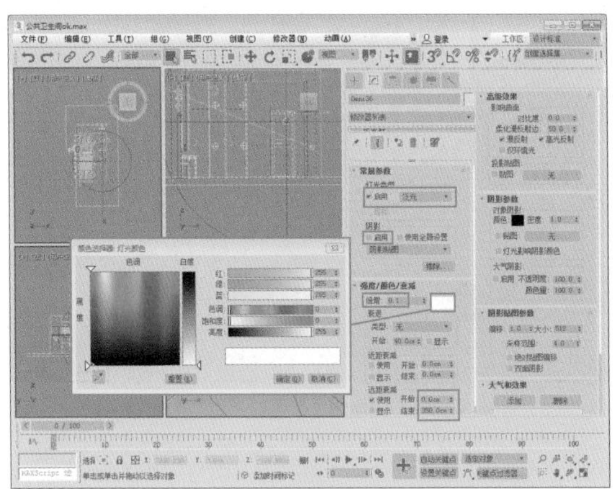

图8-96

步骤16 渲染测试效果如图8-97所示。

图8-97

8.7.2 模拟主光源

步骤01 在【创建】面板中单击【灯光】按钮，在【对象类型】卷展栏中单击【目标平行光】按钮，创建一盏目标平行光，如图8-98所示。

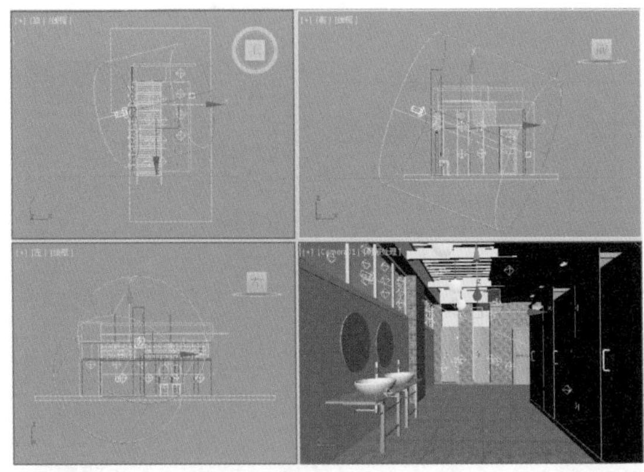

图8-98

步骤02 灯光的参数设置如图8-99所示。

步骤03 最终渲染效果如图8-100所示。

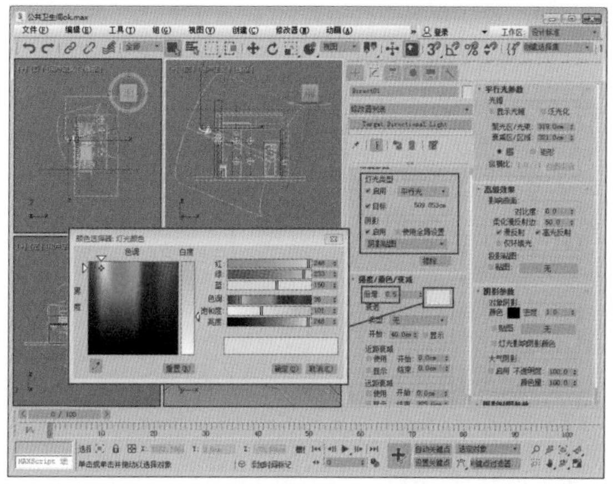

图 8-99

图 8-100

8.7.3 后期效果处理

步骤01 在Photoshop中打开渲染好的图像和通道图，将通道图命名为【图层0】，将渲染好的图像命名为【图层1】，如图8-101所示。

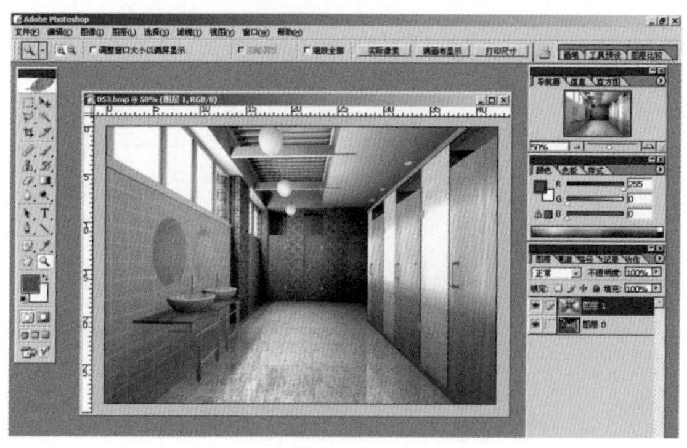

图 8-101

步骤02 执行【选择】/【色彩范围】命令，打开【色彩范围】对话框，如图8-102所示。用吸管工具吸取红色部分，地面部分被选择。

步骤03 执行【图像】/【调整】/【亮度/对比度】命令，调整选择部分的对比度，参数设置如图8-103所示。

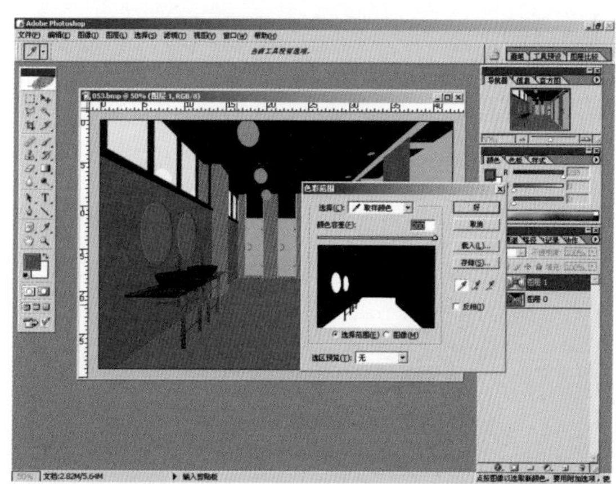

图 8-102

图 8-103

步骤04 按快捷键【Ctrl+B】，弹出【色彩平衡】对话框，调整色彩平衡，参数设置如图8-104所示。

图 8-104

步骤05 通过通道图选择墙体部分，如图8-105所示。

步骤06 执行【图像】/【调整】/【亮度/对比度】命令，调整墙体部分的对比度，如图8-106所示。

步骤07 按快捷键【Ctrl+B】，弹出【色彩平衡】对话框，调整墙体部分的色彩平衡，如图8-107所示。

步骤08 通过通道图选择木门部分，如图8-108所示。

图 8−105

图 8−106

图 8−107

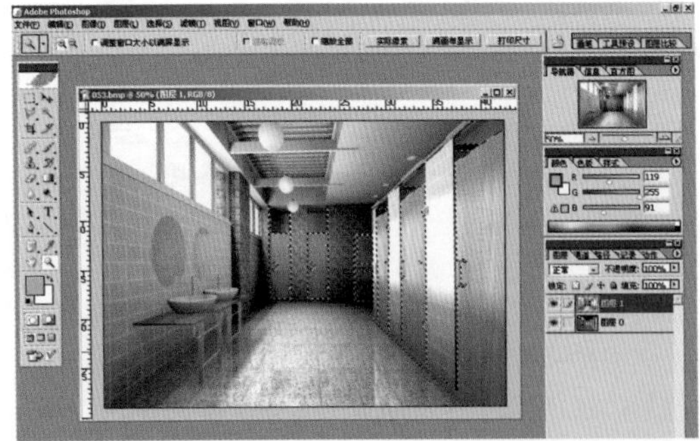
图 8−108

步骤09 按快捷键【Ctrl+B】，弹出【色彩平衡】对话框，调整木门的色彩平衡，如图 8-109 所示。

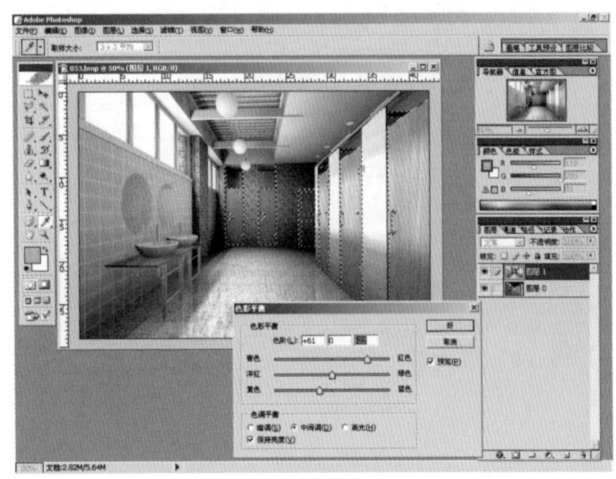
图 8−109

步骤10 执行【图像】/【调整】/【亮度/对比度】命令，调整木门的对比度，参数设置如图 8-110 所示。

图 8−110

步骤11 通过通道图选择需要选择的部分，如图 8-111 所示。

图 8-111

步骤12 按快捷键【Ctrl+B】，弹出【色彩平衡】对话框，调整色彩平衡，如图 8-112 所示。

步骤13 按快捷键【Ctrl+M】，弹出【曲线】对话框，调整曲线，参数设置如图 8-113 所示。

图 8-112

图 8-113

步骤14 执行【图像】/【调整】/【亮度/对比度】命令，调整对比度，参数设置如图8-114所示。

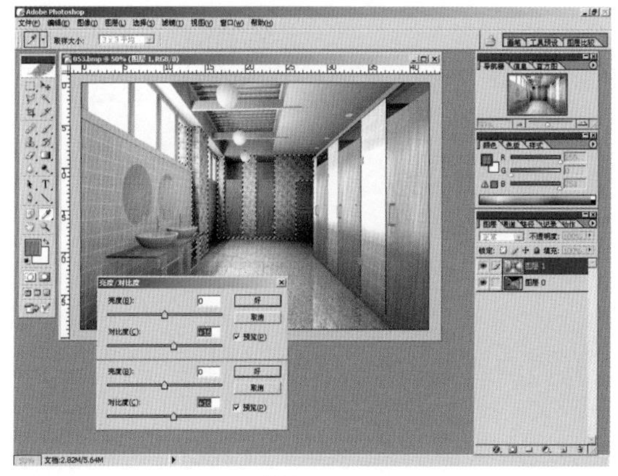

图 8-114

步骤15 通过通道图选择镜子部分，执行【图像】/【调整】/【亮度/对比度】命令，调整镜子的对比度，具体参数设置如图8-115所示。

步骤16 执行【图像】/【调整】/【亮度/对比度】命令，调整整体画面的对比度，具体参数设置如图8-116所示。

步骤17 按快捷键【Ctrl+B】，弹出【色彩平衡】对话框，调整整体画面的色彩平衡，如图8-117所示。

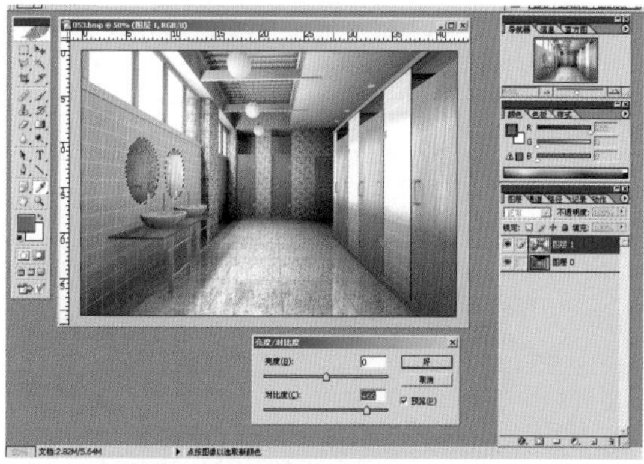

图 8-115

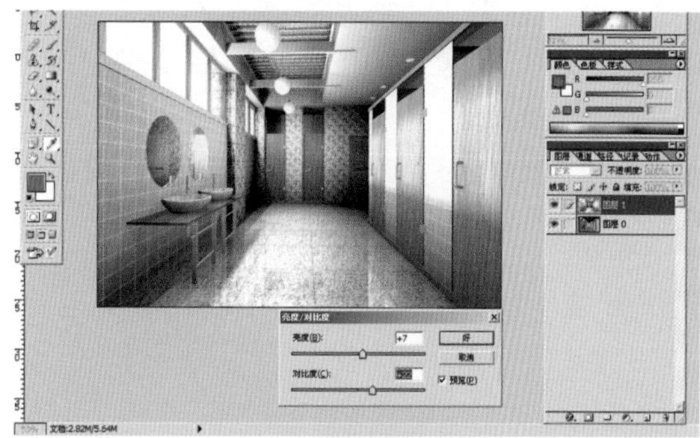

图 8-116

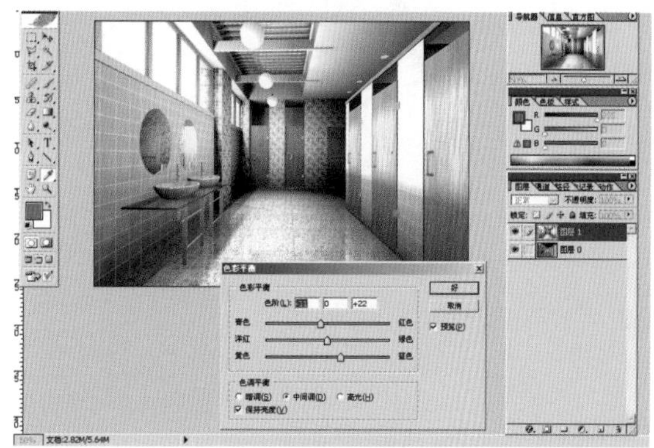

图 8-117

步骤18 按快捷键【Ctrl+U】，弹出【色相/饱和度】对话框，调整整体画面的饱和度，如图8-118所示。

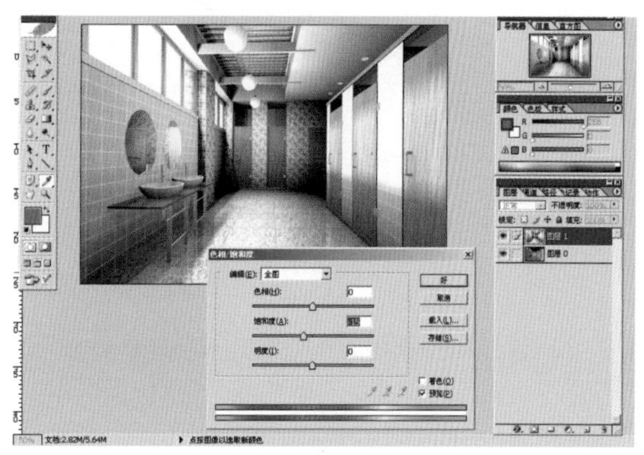

图 8-118

步骤19 按快捷键【Ctrl+M】，弹出【曲线】对话框，调整曲线，效果如图8-119所示。

图8-119

步骤20 最后，执行【滤镜】/【锐化】/【USM锐化】命令，为画面添加USM锐化滤镜，具体参数调节如图8-120所示。

步骤21 最终完成效果如图8-121所示。

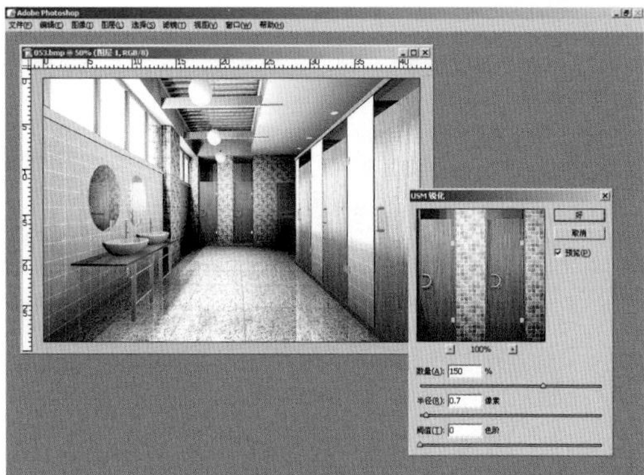

图8-120

图8-121

3ds Max

第9章 材质

本章导读

通过本章的学习，能够使读者了解材质编辑器在材质编辑过程中的重要功能。本章还将学习各种阴影类型、材质类型和各种贴图效果的制作方法。

9.1 材质编辑器简介

材质编辑器是3ds Max软件中一个功能非常强大的模块，所有的材质都在这个编辑器中进行制作。材质是某种物质在一定光照条件下产生的反光度、透明度、色彩及纹理的光学效果。在3ds Max中，所有模型的表面都要按真实三维空间中的物体形态加以装饰，才能产生生动逼真的视觉效果。

材质编辑器提供创建和编辑材质及贴图的功能。材质将使场景更加具有真实感，其详细描述对象如何反射或透射灯光。材质属性与灯光属性相辅相成，通过明暗处理或渲染将两者合并，用于模拟对象在真实世界中的状态。可以将材质应用到单个对象或选择集上，一个场景中可以包含许多不同的材质。在3ds Max中，有两个材质编辑器界面：

（1）单击主工具栏中的【材质编辑器】弹出按钮，选择精简材质编辑器。

（2）单击主工具栏中的【材质编辑器】弹出按钮，选择Slate材质编辑器。

按快捷键【M】显示上次打开的材质编辑器版本（精简或Slate）。

精简材质编辑器：其界面是我们熟悉的，它是一个相当小的窗口，其中包含各种材质的快速预览。如果我们要指定已经设计好的材质，那么精简材质编辑器的界面很实用，如图9-1左图所示。

Slate材质编辑器：它是一个较大的窗口，在其中，材质和贴图显示为可以关联在一起以创建材质树的节点。如果我们要设计新材质，则Slate材质编辑器尤其有用，它包括搜索工具，可以帮助我们管理具有大量材质的场景，如图9-1右图所示。

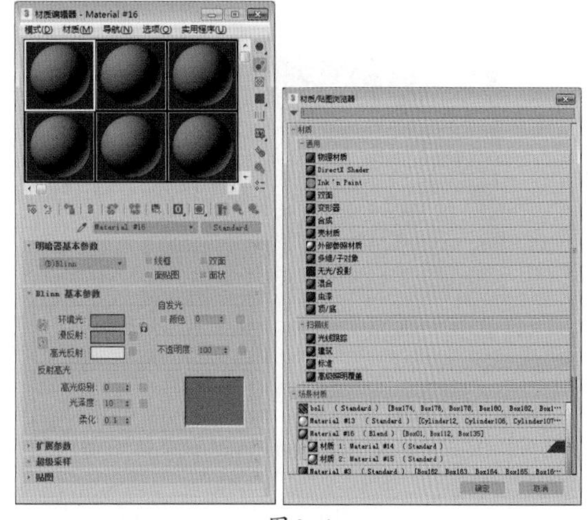

图9-1

9.1.1 精简材质编辑器

精简材质编辑器是一个材质编辑器界面，其窗口比Slate材质编辑器小。通常，Slate材质编辑器在设计材质时功能更强大，而精简材质编辑器在只需应用已设计好的材质时更方便，如图9-2所示。

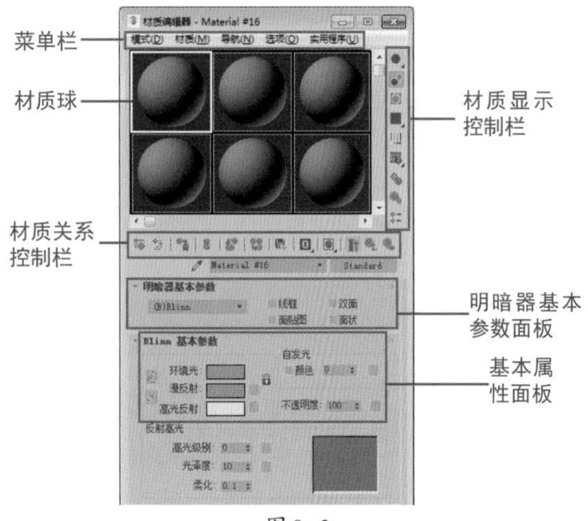

图 9-2

（1）菜单栏主要控制材质编辑器的材质、导航、自定义、渲染材质和运用材质选择等功能，这些功能基本都能在面板中找到，一般情况下不是很常用，只在一些特殊情况下才使用。

（2）材质球起到了材质编辑器的显示窗的作用，运用了硬件渲染技术，使使用者能方便地看到材质的最终渲染效果，是调节材质的重要参考项目。

（3）材质显示控制栏如图9-3所示，它是用来控制材质球的显示状态的工具箱，可以控制材质球的背景反光灯等属性，使使用者能很好地运用材质球的显示，同时还可以输出材质动画。

图 9-3

（4）材质关系控制栏如图9-4所示，它是控制材质与材质的关系、贴图与贴图的关系和材质与场景物体之间的关系的工具栏。

图 9-4

（5）明暗器基本参数面板如图9-5左图所示，它是用来控制阴影的特性的面板，参数比较少，要真正调节阴影的参数，还要用到基本属性面板。

（6）基本属性面板如图9-5右图所示，这是材质编辑器主要调节参数的区域，包含大量的材质表面的属性调节参数，也是通往下一个材质层级的入口，具有十分重要的作用。

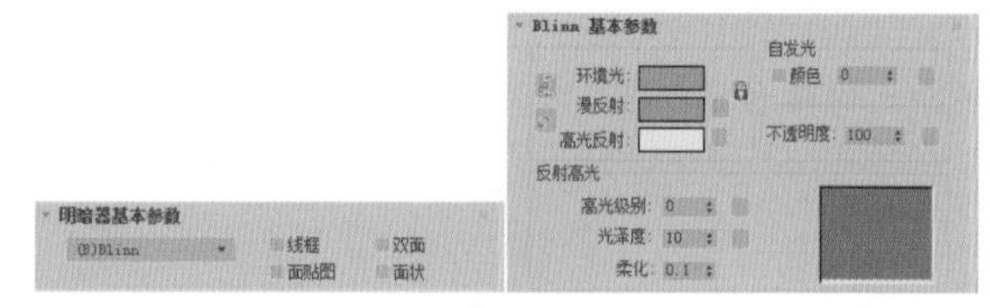

图 9-5

（7）【贴图】卷展栏如图9-6所示，这里是一个入口，可以清晰地控制材质不同的属性的通道，并且对其进行下一层级的贴图的指定，也是材质编辑器的主要面板。其本身只起到入口的作用，它的很多参数都可以在基本属性面板中看到，可以说是基本属性面板的后台，通过它可以很方便地控制不同通道属性。

图 9-6

9.1.2 材质编辑器的基本工具

本节运用材质编辑器的基本工具，来对材质编辑器本身的一些特性进行调整，也就是说，进行最基本的功能区的介绍，它包括菜单栏、材质显示控制栏、材质关系控制栏和材质球等。

首先我们来看一下菜单栏。菜单栏的功能和Windows的菜单栏比较相似，材质编辑器的菜单栏把一些面板中的命令进行了归类并放到一起。图9-7所示是材质编辑器菜单栏的内容。

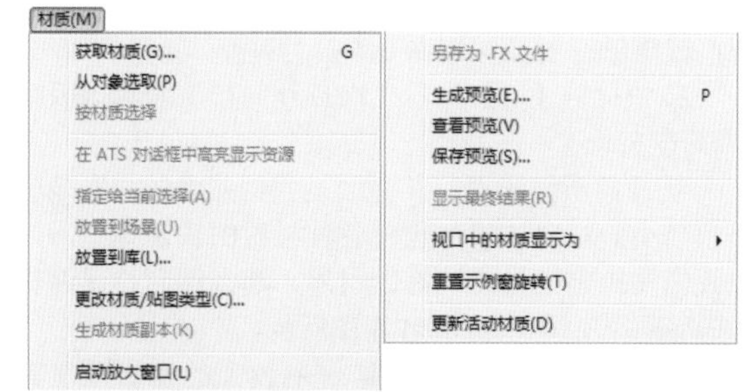

图 9-7

获取材质：新建一个材质球（材质类型可选），但是在正常情况下我们更习惯使用复制的方法得到一个新的材质球。这个工具的快捷键是【G】。

从对象选取：使用吸管工具获取已经存在于场景中的材质。

将材质指定给选定对象：这是连接场景和材质

编辑器的重要按钮，只有把调节好的材质指定出去，才能让它发挥作用。简单地说，就是给物体添加材质。在工作中，我们还可以使用另一种方法：按住鼠标左键将材质球拖动到物体上后松开。

将材质放入场景：这个命令看起来好像和上面的【将材质指定给选定对象】命令是一样的，其实则不然，该命令主要用来激活异步材质和场景中物体材质的关系，使得它们变成同步材质。

放入库：这是对材质进行保存的命令。当调节出一个满意的材质，很想以后再次运用时，就需要对材质进行保存，执行该命令就是将当前的材质保存到材质库中。但是要注意的是，这里只保存了材质的基本参数和贴图路径，对贴图本身并没有保存。所以，当想带走一个材质时，还要带走它的周边贴图文件。如果使用的是程序纹理，就不存在这个问题。

更改材质/贴图类型：这个命令用来改变材质/贴图类型。单击该命令后，会打开【材质/贴图浏览器】窗口，如图9-8左图所示。这时只要双击要选择的材质/贴图类型，就可以用窗口中的材质/贴图类型来替换当前工作的材质/贴图类型，达到更改材质/贴图类型的目的。

生成预览：该功能用来生成一段材质球的材质动画。在正常情况下，材质动画都可以通过硬件渲染本身显示出来，但是在有些情况下，由于硬件的条件限制，不能很好地显示出来，这时就需要手动生成一段材质动画，来预览材质的动态效果。当单击【生成预览】工具后，会弹出【创建材质预览】对话框，如图9-8右图所示。其中，【预览范围】区域主要用来设置渲染的时间范围。【活动时间段】指的是动画的整体时间，【自定义范围】指的是自己设置的起止时间。【帧速率】区域可设置渲染的时间间隔和FPS帧速率。【图像大小】区域可设置动画预览的尺寸。

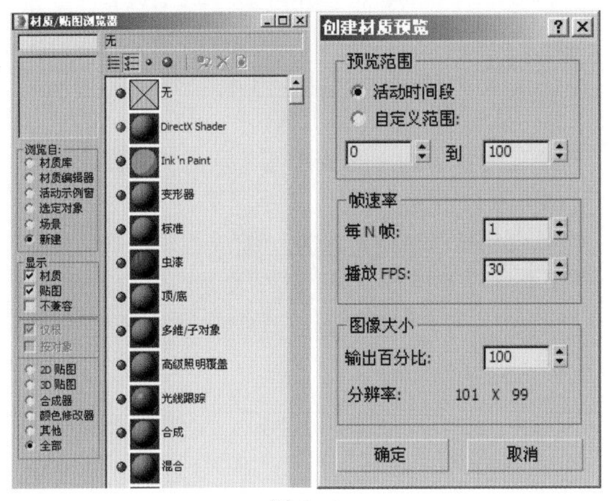

图 9–8

创建材质预览：本命令用来播放生成的材质动画，每当生成完成时，即使不手动进行播放，系统也会自动播放生成的预览材质动画。

显示最终结果：当调节材质的时候，不可能只在材质最上面的层级活动，有时需要切换到材质的子层级，即材质的某个贴图的层级。这时，材质编辑器的材质球就会显示当前层级的效果，如果想看到材质的最终效果，就要使用【显示最终结果】功能，如图9-9所示。

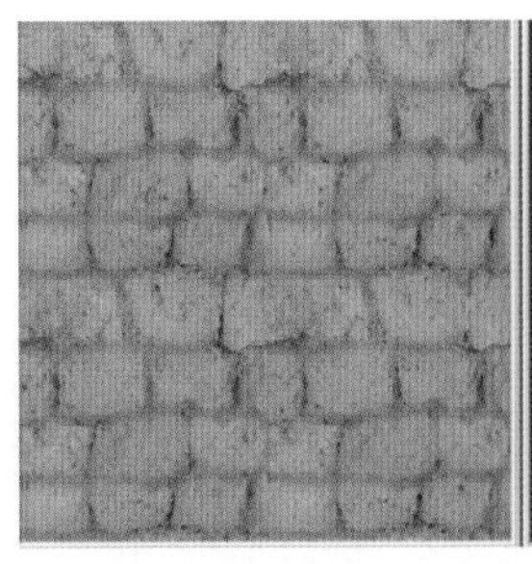

图 9–9

在视口中显示标准贴图：该命令用于决定是否要在场景中显示材质球的贴图效果。为打开场景显示效果，为关闭场景显示效果，如图9-10所示。

有些程序纹理无法打开显示或无法正确打开显示。本命令只对场景的显示起作用，和最终的渲染无关，在调节时可灵活使用。

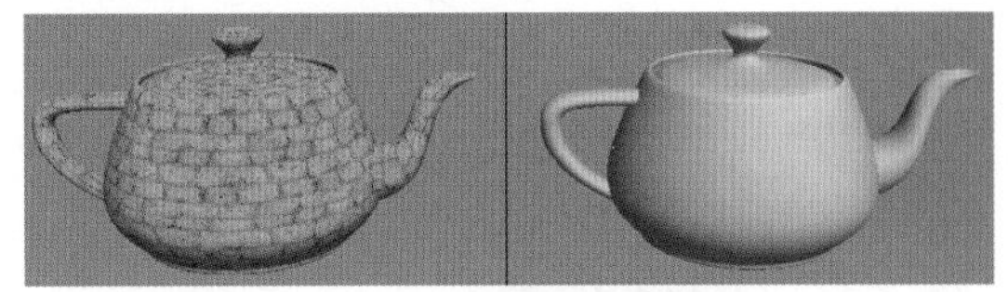

图 9–10

9.1.3 Slate材质编辑器

Slate材质编辑器是一个材质编辑器界面，它在我们设计和编辑材质时使用节点和关联以图形方式显示材质的结构。它是精简材质编辑器的替代项。Slate材质编辑器是具有多个元素的图形界面，其最突出的特点包括：材质/贴图浏览器，可以在其中浏览材质、贴图、基础材质和贴图类型；当前活动视图，可以在其中组合材质和贴图；参数编辑器，可以在其中更改材质和贴图设置，如图9-11所示。

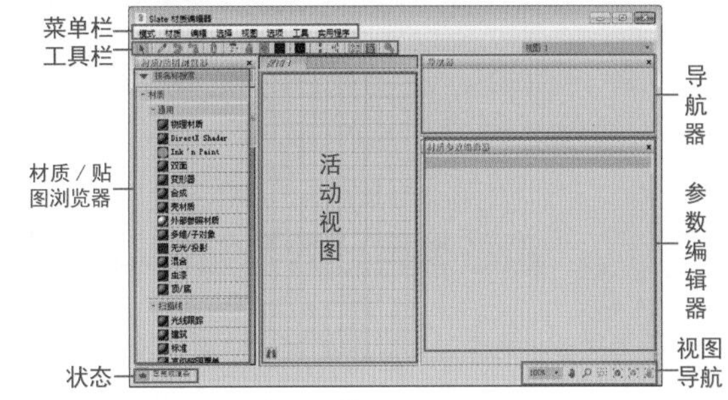

图 9–11

工具栏

选择工具：激活选择工具。当其处于活动状态时，菜单选项旁边会有一个复选标记（除非已选择一种典型导航工具，例如【缩放】或【平移】工具，否则其始终处于活动状态）。

从对象选取：选择此工具后，3ds Max Design会显示一个滴管光标。单击视口中的一个对象，以在当前视图中显示出其材质。

将材质指定给选定对象：将当前材质指定给当前选中的所有对象。

删除选定项：在活动视图中，删除选定的节点或关联。

移动子对象：启用此按钮后，移动节点将随节点一起移动其子节点。禁用此按钮后，移动节点将仅移动该节点。

隐藏未使用的节点示例窗：对于选定的节点，在节点打开的情况下切换未使用的示例窗的显示。

在视口中显示明暗处理材质：在视图中显示贴图效果。

在预览中显示背景：仅当选定单个材质节点时才启用此按钮。启用后，将向该材质的【预览】窗口中添加多颜色的方格背景。如果要查看不透明度和透明度的效果，则该图案背景很有帮助，如图9-12所示。

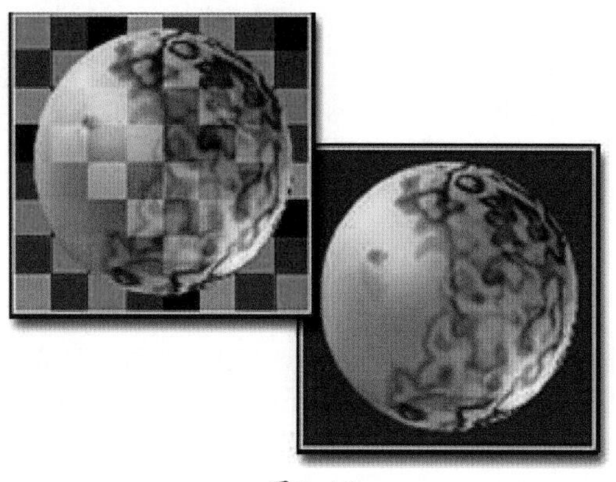

图 9-12

布局全部 - 垂直（默认设置）：单击此按钮将以垂直模式自动布置所有节点。

布局全部 - 水平：单击此按钮将以水平模式自动布置所有节点。

布局子对象：自动排列当前所选节点的子对象的布局。此操作不会更改父节点的位置。

材质/贴图浏览器切换：材质/贴图浏览器的显示。默认设置为启用状态。

参数编辑器：参数编辑器的显示。默认设置为启用状态。

按材质选择：仅当选定单个材质节点时才启用此按钮。使用【按材质选择】命令可以基于材质编辑器中的活动材质选择对象。执行此命令将打开【选择对象】对话框，其操作方式与从场景选择类似。所有应用选定材质的对象在列表中高亮显示。

知识拓展

该列表中不显示隐藏的对象，即使已应用材质。但是，在材质/贴图浏览器中，可以选择【从场景中进行浏览】命令，启用【按对象】选项，然后从场景中进行浏览。该列表在场景中列出所有对象（隐藏的和未隐藏的）和其指定的材质。

【命名视图】下拉列表：使用此下拉列表可以从命名视图列表中选择活动视图。

视图菜单

平移工具：启用平移工具后，在当前视图中拖动就可以平移视图了。平移工具会一直保持活动状态，直到我们选择另一个典型导航工具，或再次启用选择工具。

平移至选定项：将视图平移至当前选择的节点。

缩放工具：启用缩放工具后，在当前视图中拖动就可以缩放视图了。缩放工具会一直保持活动状态，直到我们选择另一个典型导航工具，或再次启用选择工具。

缩放区域工具：启用缩放区域工具后，在视图中拖动一块矩形选区就可以放大该区域。缩放区域工具会一直保持活动状态，直到我们选择另一个典型导航工具，或再次启用选择工具。

最大化显示：缩放视图，从而让视图中的所有节点都可见且居中显示。

最大化显示选定对象：缩放视图，从而让视图中的所有选定节点都可见且居中显示。

9.2 阴影类型分析及贴图基本属性

通过对阴影类型的了解和学习，掌握各种材质应该配合哪种阴影类型使用，才能达到最好的效果。

3ds Max的材质编辑器中提供了8种阴影类型，如图9-13所示。本节主要进行阴影类型及贴图基本属性的介绍。

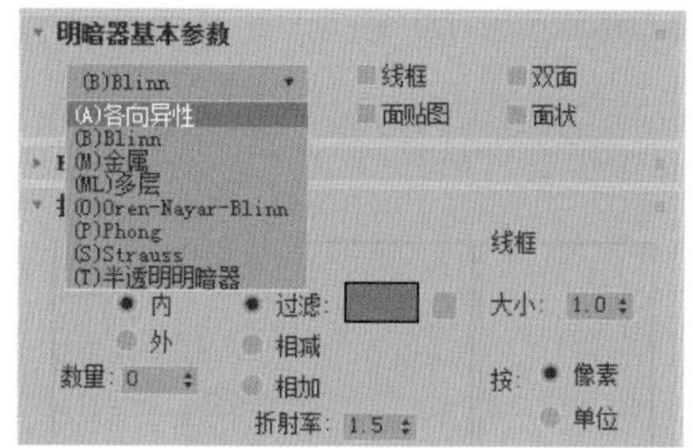

图 9-13

8种阴影类型如下：各向异性、Blinn、金属、多层、Oren-Nayar-Blinn、Phong、Strauss和半透明明暗器。各阴影类型效果如图9-14所示。

图 9-14

材质的阴影类型主要控制材质高光的分布方式，虽然它不是材质效果的最终决定因素，但是在一个材质的调节过程中起到了很重要的作用。它可以快速地区别出不同材质的属性，使你能进一步进行调节。3ds Max中的材质阴影类型，能很方便地模拟半透明的材质。8种阴影类型针对的是不同的表面属性，有的适合表现塑料制品，有的适合表现金属，有的适合表现粗糙陶器表面，所以说选择正确的材质阴影类型是调节出一个真实材质的良好开始。

9.2.1 各向异性材质阴影类型

各向异性材质阴影类型是在3ds Max 发展过程中加入的，主要用来解决 3ds Max 的非圆形高光问题。在3ds Max的早期版本中，基本上只有简单的圆形高光分布，这使得对一些如不锈钢金属等非圆形高光材质就有些束手无策了，于是创建了这样一种材质阴影类型来解决问题。它可以方便地调节材质高光的UV比例，也就是说，可以产生一种椭圆形，甚至是线形的高光，如图9-15所示。

图 9-15

各向异性材质阴影类型的参数设置如图9-16所示。控制高光的参数都在【反射高光】区域中，【高光级别】参数用来控制整个高光的强度，高光有多亮由这个参数控制;【光泽度】参数用来控制高光的范围，即高光有多大区域;【各向异性】是高光的异向性，是这种材质阴影类型的关键，就是用这个参数来控制椭圆的两个半径的UV比例的。

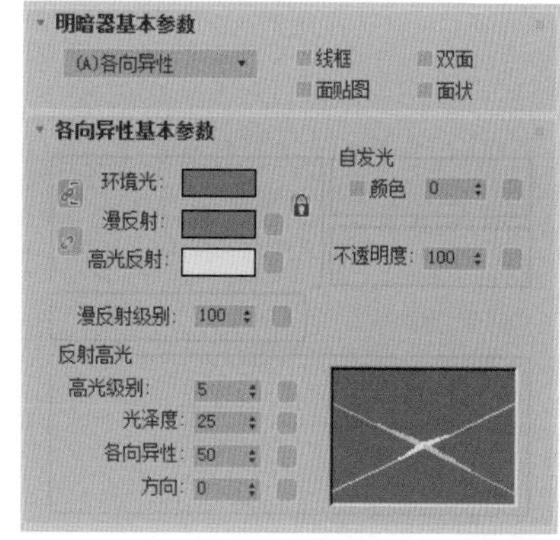

图 9-16

这种材质阴影类型可以用来制作比较有光泽的金属，甚至用在不同的贴图通道上。当加上一些贴图后，可以用来模拟光盘和激光防伪商标的高级反光材质，这在传统的材质中是很难实现的效果，如图9-17所示。

图 9-17

9.2.2 Blinn和Phong材质阴影类型

Blinn材质阴影类型是3ds Max 中比较古老的材质阴影类型之一，参数简单，主要用来模拟高光比较硬的塑料制品。它和Phong材质阴影类型的基本参数相同，效果也十分接近，只是在背光的高光的形状上略有不同。Blinn材质阴影类型为比较圆的高光，而Phong材质阴影类型的高光成梭形，所以一般用Blinn材质阴影类型表现反光比较强烈的材质，用Phong材质阴影类型表现反光比较柔和的材质，但是区别不是很大，请读者酌情处理。一般来说，Phong材质阴影类型表现凹凸、反射、反光、不透明等效果的计算比较精确，如图9-18所示。

图 9-18

这两种材质阴影类型的基本参数如图9-19所示。【高光级别】参数用来控制整个高光的强度，高光有多亮由这个参数控制；【光泽度】参数用来控制高光的范围，即高光有多大区域。一般情况下，这两个参数共同起作用，来调节高光大小和强弱。

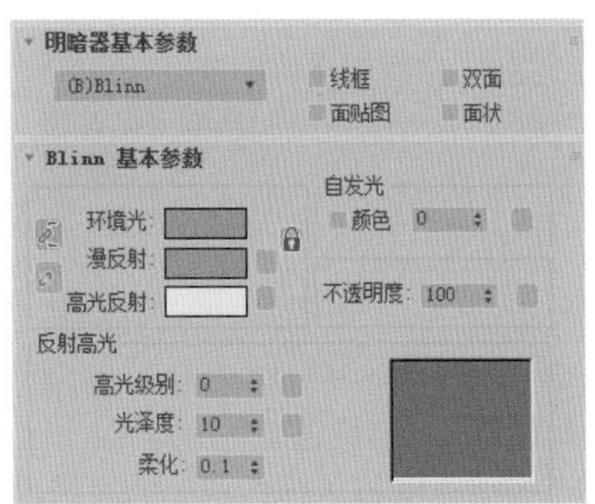

图 9-19

9.2.3 金属材质阴影类型

在3ds Max中制作一个金属材质，要在它的反射上做文章，首先要选择一种和金属的高光方式相对应的材质阴影类型。其实在3ds Max中几乎每种材质阴影类型都可以用来制作金属效果，但制作出来效果较好的还是金属和Strauss材质阴影类型。金属材质阴影类型是早期制作金属的主要材质阴影类型，如图9-20所示，但是其控制起来并不是很方便，后来加入的Strauss材质阴影类型相对来说更好控制。

图 9-20

金属材质阴影类型的高光很特别，为了表现金属的质感，高光设计得比较尖锐，反差比较强烈。但是和周围区域也存在快速过渡区，甚至可能发生高光内反现象，可以理解为高光产生一种在最亮处发生了变暗，反而在次亮处最亮的效果。金属材质阴影类型的基本参数如图9-21所示。

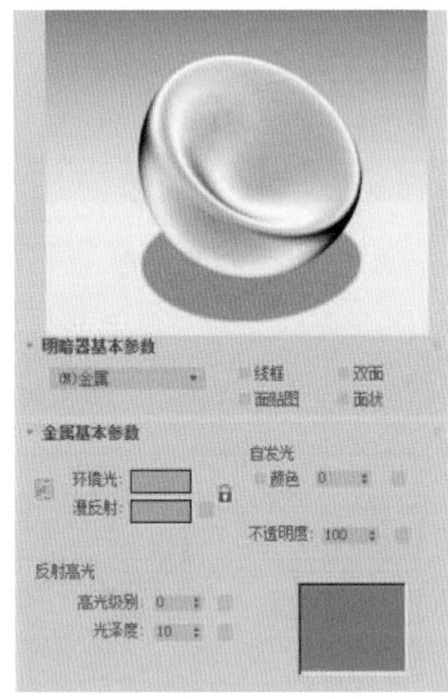

图 9-21

9.2.4 多层材质阴影类型

多层材质阴影类型是一种高级的材质阴影类型，它同时具有两个各向异性材质阴影类型的高光效果，并且是可以叠加的，可以产生十字交叉的高光效果。如图9-22左图所示，两条高光同时出现在物体表面。

也可以利用两条高光的特点将它们调节成不同的大小，产生很有层次的高光效果，可以用来模拟类似汽车金属漆表面的效果，如图9-22右图所示。

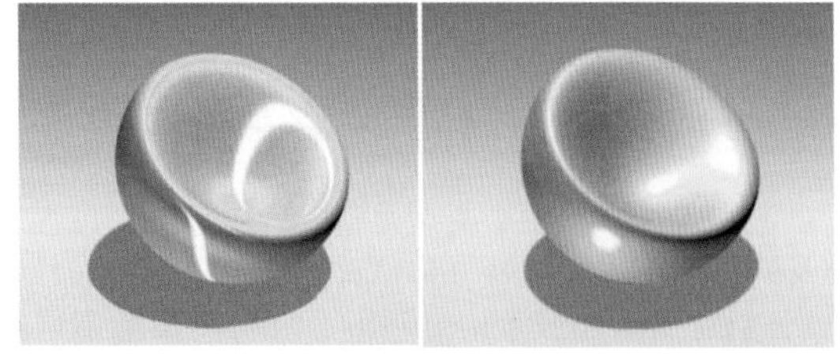

图 9-22

下面来看看多层材质阴影类型的参数设置，如图9-23所示。很明显，相对于各向异性材质阴影类型，多层材质阴影类型多了不少参数，其中高光反射层区域变成了两个，可以单独调节两条高光的异向高光。【颜色】参数用来调节颜色，也可以在这个通道中添加位图或程序纹理，这会在以后的章节中进行讲述。【级别】参数用来控制整个高光的强度，高光有多亮由这个参数控制。【光泽度】参数用来控制高光的范围，即高光有多大区域。【各向异性】是高光的异向性，是这种材质阴影类型的关键，是用这个参数来控制椭圆的两个半径的UV比例的。当这个数值是0时，其和其他材质阴影类型没有区别，可以当作Phong或Blinn材质阴影类型来使用。这个数值最大是100，当数值为100时，它的高光就会变成一条线的形状。【方向】是方向性的参数，用来控制高光变为椭圆后的方向，同样也可以用图像来控制，得到不同的高光方向。这些参数和各向异性材质阴影类型的参数是相同的，可以参考学习。

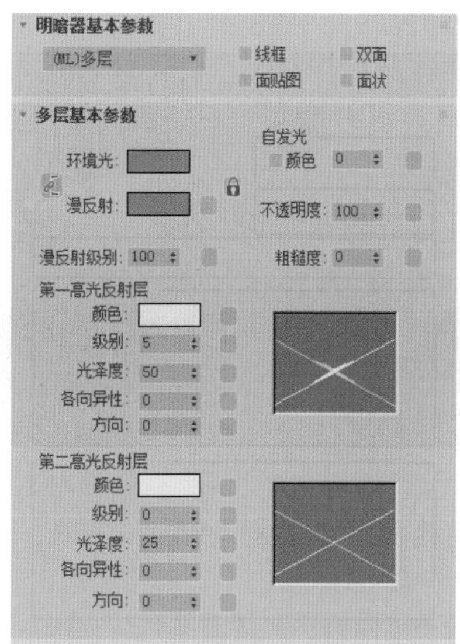

图9-23

不过，和各向异性材质阴影类型相比，多层材质阴影类型增加了【粗糙度】和【漫反射级别】参数，用来控制表面的粗糙效果和漫反射区的分布。可以用这两个参数来制作出表面相对粗糙的材质效果。这一点和Oren-Nayar-Blinn材质阴影类型比较相像，使得多层材质阴影类型基本上可以用于所有材质的制作，只是在表现半透明方面比较弱，在这一点上半透明明暗器材质阴影类型做得非常好。

9.2.5 Oren-Nayar-Blinn材质阴影类型

Oren-Nayar-Blinn材质阴影类型是一种新型的复杂材质阴影类型，由Blinn材质编辑器发展而来，在Blinn的基础上添加了【粗糙度】和【漫反射级别】参数，可以用于制作高光并不是很明显的材质，如陶土、木材、布料等，如图9-24所示。

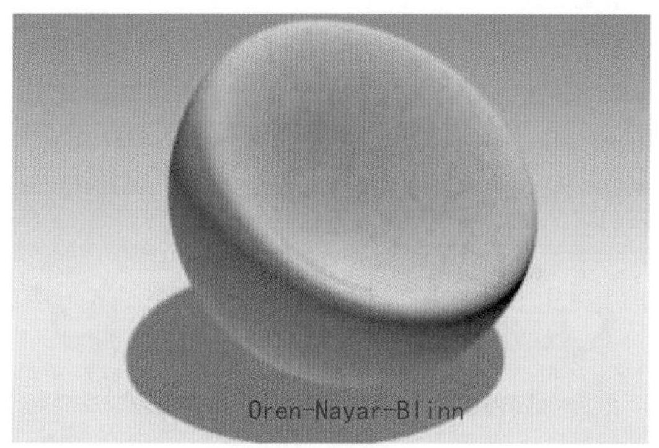

图9-24

下面来看看这种材质阴影类型的关键参数。【粗糙度】参数用来控制物体的粗糙度，图9-25所示为不同粗糙度值的材质效果，可以理解为这是用来把有限的高光分散到更广阔的物体表面上的一个参数。【漫反射级别】参数用来控制漫反射区的强度。物体本身固有色有多亮，就是用这个参数来控制的，当然也可以用贴图来控制。在使用时，其和【粗糙度】参数共同配合，能得到比较理想的材质效果。

图9-25

Phong材质阴影类型在前面和Blinn材质阴影类型已经一起讲解过了，这里就不再重复了，请参考9.2.2节的相关内容进行学习，如图9-26所示。

图9-26

9.2.6 Strauss材质阴影类型

Strauss材质阴影类型是用来模拟金属的一种材质阴影类型，如图9-27所示。它是在3ds Max的发展过程中引入的，用来解决金属材质阴影类型不好控制的问题。但只是相对来说好控制了一些。它的参数很简单，只有几个，可以说比较简洁、实用，不过用的人并不多。原因可能是它只能制作一些简单的材质效果，本身并没有太多的特点。

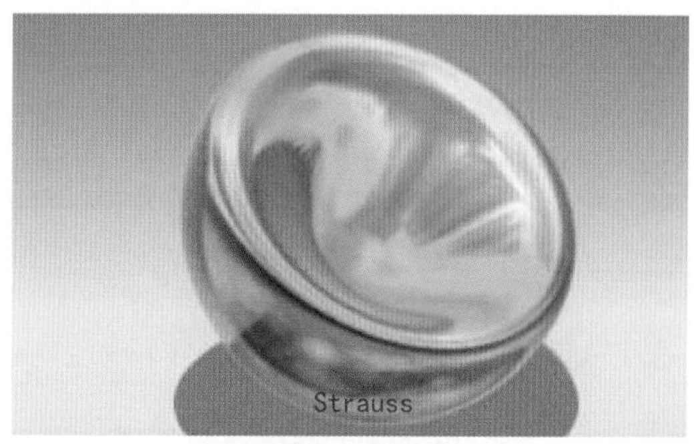

图9-27

Strauss材质阴影类型的参数控制面板如图9-28所示。

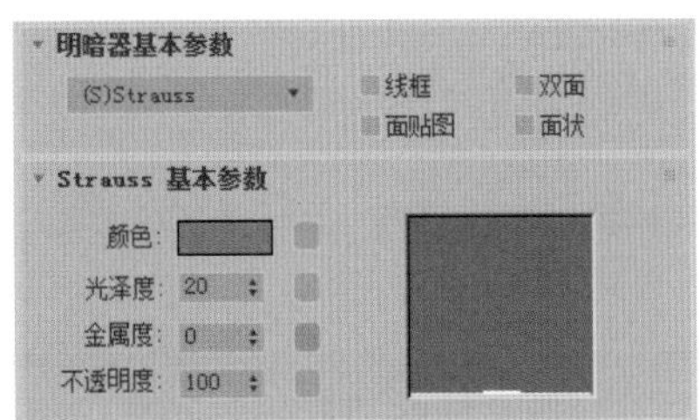

图 9-28

【光泽度】是用来控制材质的高光范围的参数；【金属度】是用来控制材质金属性的参数，可以用这个参数简单地在金属与非金属之间进行调节，不过效果一般；【不透明度】参数可以用来控制材质的透明度，但是调节这个参数会影响整体的高光亮度。

9.2.7 半透明明暗器材质阴影类型

半透明明暗器材质阴影类型主要是为了解决没有半透明材质阴影类型的问题。也就是说，这种材质阴影类型可以模拟蜡烛、玉石、纸张等半透明材质，可以在材质的背面看到灯光效果，也可以模拟如人的耳朵等在背光下面的效果，如图9-29所示。

图 9-29

半透明明暗器材质阴影类型在基本材质阴影类型参数的基础上，增加了半透明基本参数面板，如图9-30所示，用来控制半透明效果。【半透明颜色】参数用来指定物体透出色，也可以理解为半透明物体内部的介质的颜色。【过滤颜色】参数用来控制过滤颜色，即透过物体后的阴影区域的颜色。

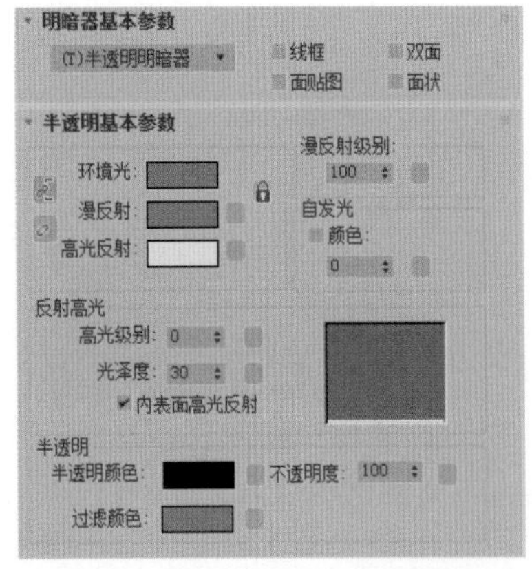

图 9-30

用半透明明暗器材质阴影类型可以模拟电影放映机投影到屏幕上的效果。这样一来，可以在背面看到透过来的阴影图像，并且半透明属性还能继续向前进行照射，如图9-31所示。

图 9-31

下面来看一下明暗器基本参数面板中一些参数的用法，如图9-32所示。

图 9-32

线框：用来以线框模式进行显示和渲染，可以配合下面的线框尺寸一起使用。要注意的是，线框尺寸有两种不同的单位模式：一种是像素，另一种是系统内部单位。像素即以渲染完成的图像为单位，效果比较清晰，但是没有空间的透视变化，无论远近，显示效果都是一样的。系统内部单位即以3ds Max的内部计量单位为标尺，效果比较真实，有空间的透视变化，如图9-33所示。

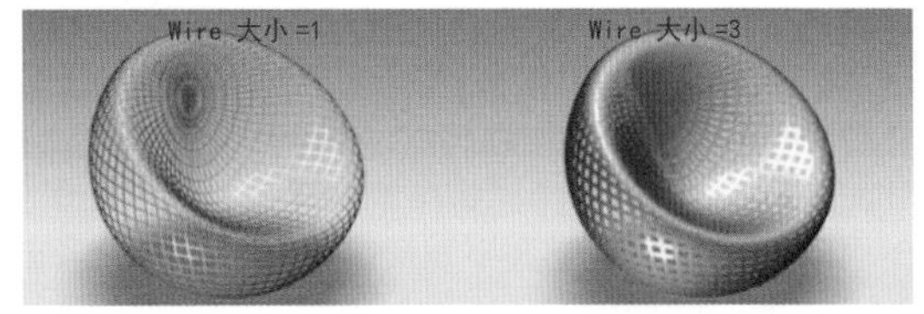

图 9-33

双面：在计算机图形学的早期，为了节省系统资源，一般物体都以单面显示，如果想看到物体的另一面，就要打开双面渲染方式，效果如图9-34所示。

图 9-34

面贴图：这是一种抛开了其他的贴图坐标方式，直接把图像贴到每一个面上去。其结合一些粒子系统可以用来模拟烟雾效果，结合一些程序纹理可以用来模拟线框效果，如图9-35所示。

图 9-35

面状：打开相当于关闭所有光滑的组模式，相邻的面之间不产生光滑的过渡效果，表面变得像切割完的钻石一样，如图9-36所示。

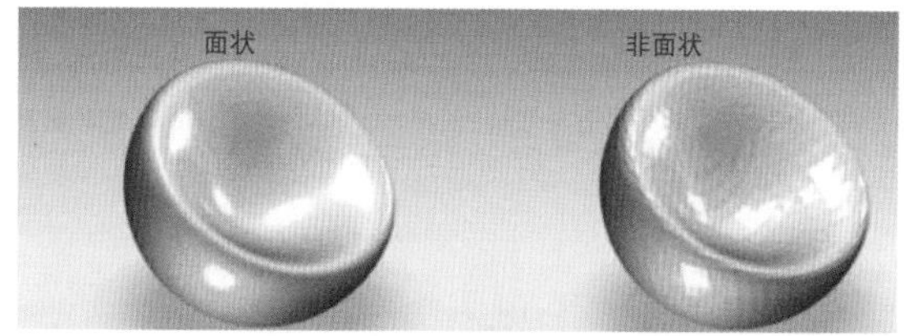

图 9-36

9.3 主要材质类型

本节学习3ds Max的主要材质类型。

材质的类型决定了材质整体属性的选择方向。大千世界中的物体表面的属性千奇百怪，当想用3ds Max制作出一个材质表面属性时，首先要找到一种适合的材质类型，这是制作材质的大方向。如果选择错误，那么即使努力地调节贴图属性和效果，但由于最初的方向是错误的，也得不到理想的效果。3ds Max本身有16种材质类型和35种贴图类型。下面让我们来看看材质类型的使用方法。

16种材质类型分别为高级照明覆盖、Ink'n Paint（卡通）、变形器、标准、虫漆、顶/底、多维/子对象、光线跟踪、合成、混合、建筑、壳材质、双面、外部参照材质、天光/投影和DirectX Shader，如图9-37所示。

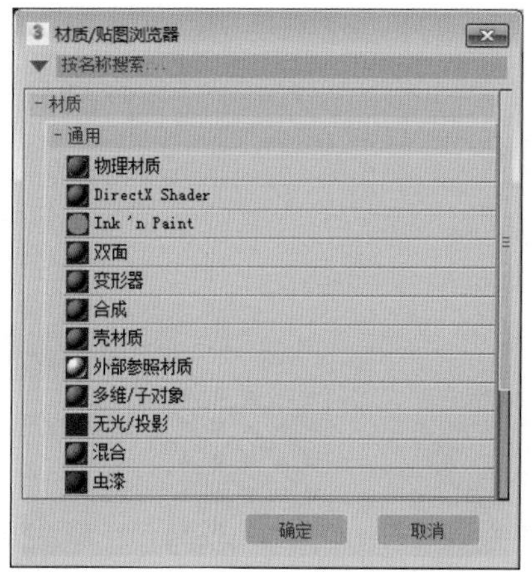

图 9-37

9.3.1 高级照明覆盖材质类型

高级照明覆盖材质类型用于配合高级光照使用。在使用3ds Max的高级照明覆盖功能时，这种材质类型并不是指定必须使用的。但是使用这种材质类型后，可以进行一些高级灯光的校正，使之得到更好的效果。其在对材质进行高级灯光的参数调节时，并不影响基本材质本身，只是在基本的属性上附加了一些加强的功能。所以当使用高级光照时，也可以选择不使用这种材质类型。图9-38所示为使用高级照明覆盖材质类型制作的效果图。

图 9-38

高级照明覆盖材质类型的参数设置如图9-39所示。

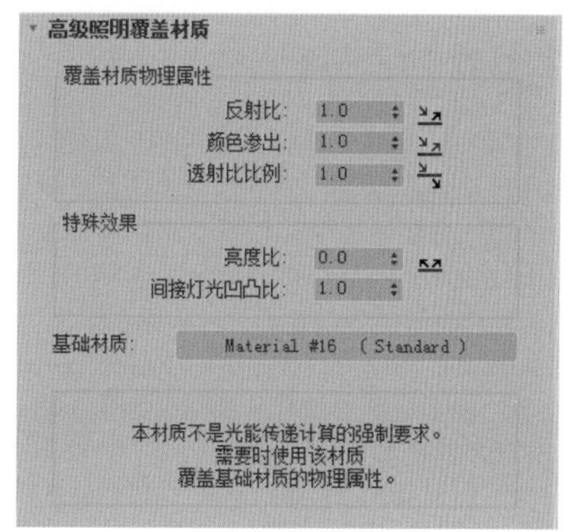

图 9-39

反射比：反射比取决于材质的颜色。这里可以加强或减弱反射，使更多或更少的光被反射。如图9-40所示，对橙色地面的反射比进行调节，当反射比的数值为0时，几乎不对其他物体产生反射光的影响。当反射比的数值为1时，可以看到白色小球的背光部分的颜色发生了改变，即受到了地面的影响。

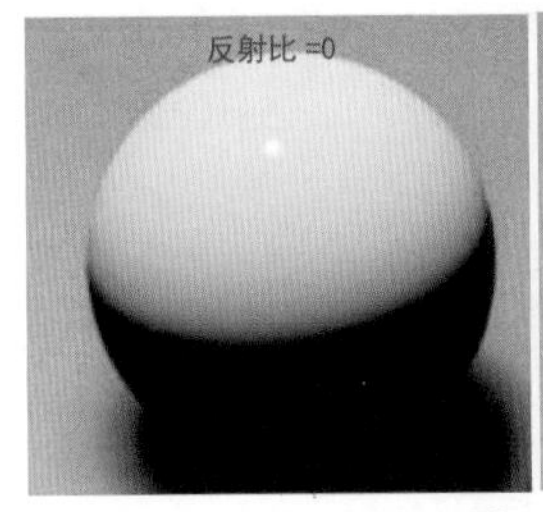

图 9-40

颜色渗出：用来改变反射时颜色的影响强度。当该参数值增加时，颜色的影响强度就会加强，反之亦然。如图9-41所示，同样的场景，这里只是改变了颜色渗出参数的值，第一个球体的反光区域的颜色全部消失。

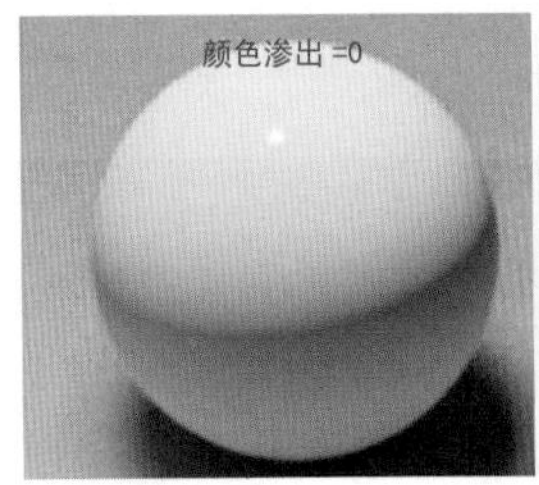

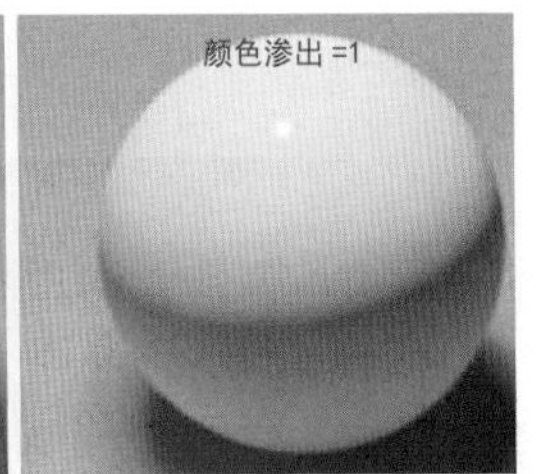

图 9-41

投射比比例：通过一个透明物体的光量，可以增减该参数值，但不会使材质更透明。

亮度比：用于把自发光物体变为真正的发光体。在高级灯光属性中可以使用物体发光效果，亮度比就是用来控制使用物体发光的强度的参数。

间接灯光凹凸比：在反射光照的区域仿真凹贴图。如果效果不理想，则可以手动调整该参数值。参数值的改变不会影响直射光照射区域的凹凸贴图。

基础材质：可以在这里访问原始的材质属性。

9.3.2 混合材质类型

混合材质类型是一种可以将两种不同的材质混合到一起的材质类型。依据一个遮罩决定某个区域使用的材质类型。贴图一般是黑白的，有时使用彩色贴图的明度来控制混合。如图9-42所示，蜥蜴的皮肤材质就使用了混合材质类型。

混合材质类型的参数设置如图9-43所示。

混合材质类型的参数比较简单，基本上就是一些和控制遮罩有关的参数。

材质1 和材质2：用来添加两种用来混合的材质。在调节混合时，可以先使用两种颜色来代替，这样看起来比较方便，等混合完全完成后，再用调节好的两种材质关联过来即可。

图 9-42

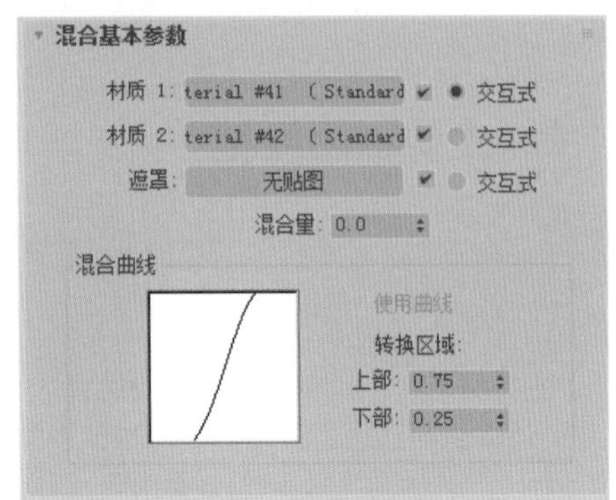

图 9-43

遮罩：用来分割两张贴图的通道。

混合量：当不使用遮罩时，若要均匀地混合两种材质，就要用这个参数的值来调节两种材质在当前混合中的比例。

【混合曲线】区域：用曲线来控制混合程度，这是针对图片遮罩来说的。在使用图片进行混合时，依据图像的明暗度。这是一个黑白分明的世界，但是其中一定有过渡的灰色，灰色区域是两者混合的部分，曲线就是用来控制这种混合的倾向程度的。

上部：控制上端的曲线的切入点，可以用这种方法排除一些不想使用的颜色的明度区域。

下部：用来控制下端点的情况，用法同上，如图9-44所示。

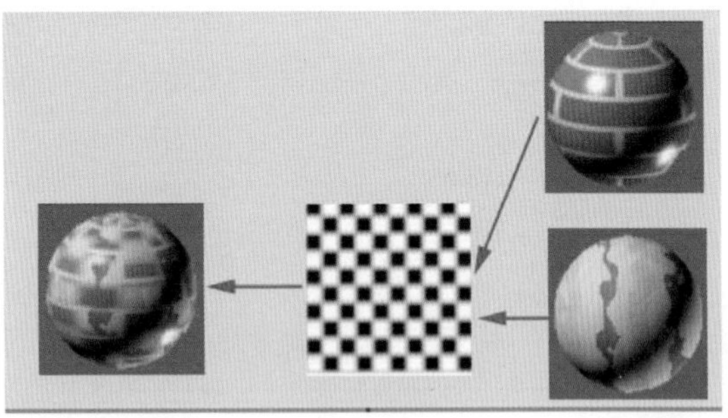

图 9-44

9.3.3 合成材质类型

合成材质类型的参数设置如图9-45所示，这是一种可以混合10种材质的材质类型。可以依据自己的要求为材质指定合成的方式。合成的方式有3种，分别是加法、减法和混合。

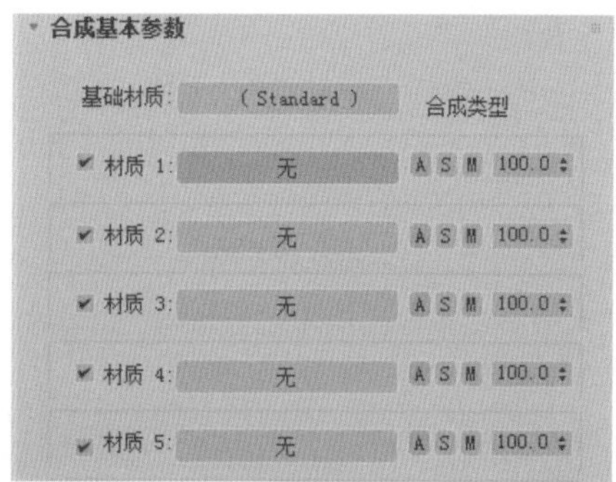

图 9-45

基础材质：最底层的材质，可以在该材质上面添加另外9种材质。

材质1～材质9：可以依据这个顺序叠加其他材质，一共有9种。

A、M、S：用来设置混合方式的按钮。

A：使用加法方式计算两种材质的属性。

M：使用减法方式计算两种材质的属性。

S：使用混合方式计算两种材质的属性。这和上一节中讲解的混合材质类型的混合方式相同。后面是百分比微调按钮，用来调节材质在合成材质中的混合数量。

合成材质的制作效果如图9-46所示。

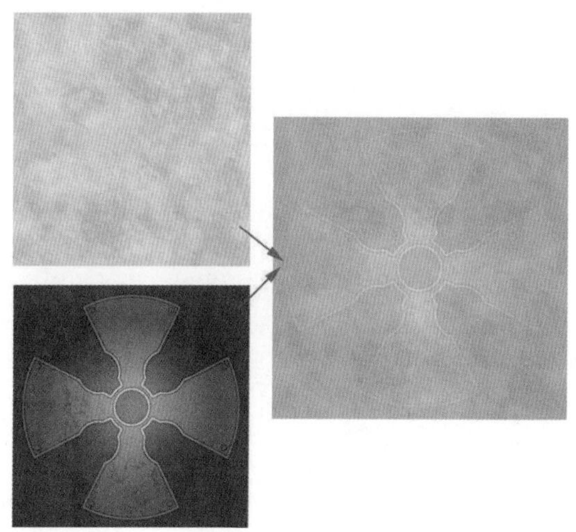

图 9-46

9.3.4 双面材质类型

在很多情况下会接触到一些薄片物体，这时需要使用双面材质为物体指定两面的贴图效果，应用的实例还是很多的，如两面的印刷品等。双面材质类型的参数设置如图9-47所示。

双面材质类型比较简单，只有两个材质通道，选择后添加需要的材质就可以了。如图9-48所示的材质，就是使用双面材质类型进行指定的。

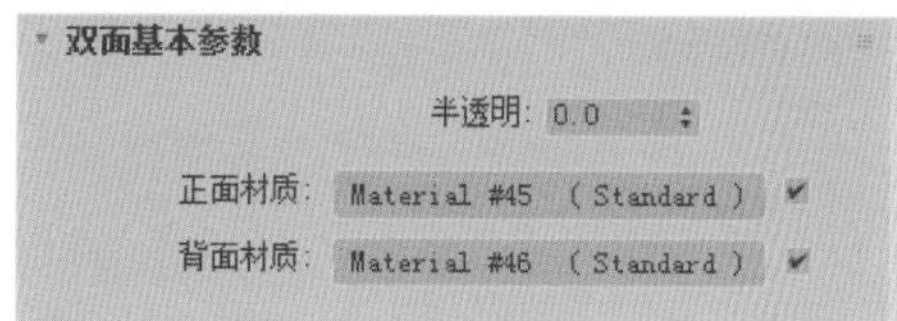

图 9-47

图 9-48

双面材质类型只有一个可以调节的参数，就是【半透明】参数，其用来控制双面材质的透明效果。

9.3.5 Ink'n Paint材质类型

Ink'n Paint材质类型是一种神奇的材质类型，它可以转换三维物体为二维图形。如图9-49所示，这种技术其实是很有前景的。传统的二维动画片的制作极其费时、费力，如果能将三维动画转换为二维图形，就可以大大地提高工作效率。在3ds Max中制作卡通效果，除了可以使用自身的Ink'n Paint材质类型，还可以使用一些渲染插件，如Final Toon、Cartoon Reyes等。

图 9-49

卡通材质的一般工作原理是先将物体的外轮廓线和内结构线绘制出来，然后使用一种阶梯渐变颜色作为物体的颜色。

反真实渲染是最近兴起的一项技术，正在不断完善，现在已经可以模拟手绘、铅笔画、国画、油画等效果。3ds Max本身的Ink'n Paint材质类型就是一种很好的实现卡通效果的方法，这一特性通常被称为Toon Shader卡通光影模式。基本材质扩展参数面板如图9-50所示。

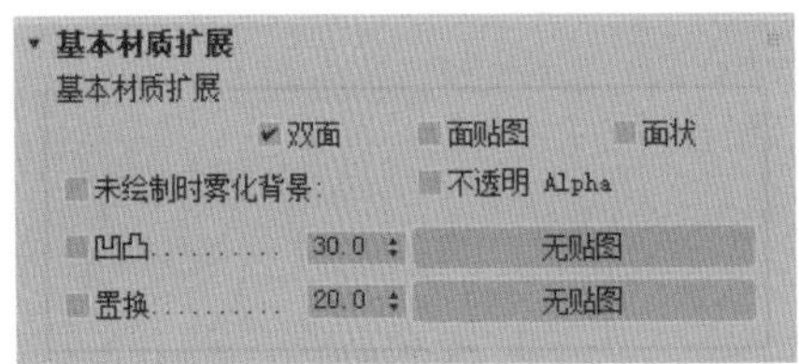

图 9-50

双面：使用双面贴图效果，即材质的两面都可见。

面贴图：使用面贴图效果，即把贴图指定到每一个面。

面状：使用类似于取消表面光滑组的方法，得到棱角分明的效果。

未绘制时雾化背景：当没有进行绘制时，物体表面以背景颜色进行填充。勾选【未绘制时雾化背景】复选框后，能在物体和摄影机之间产生雾效果。

不透明Alpha：当勾选该复选框时，Alpha通道将失去作用，物体表面为不透明状态。

凹凸：使材质的表面产生凹凸效果的通道。

置换：可以添加置换贴图，对物体的表面起作用，产生真实的3D凹凸效果。

绘制控制参数面板如图9-51所示。

图 9-51

这个面板主要控制卡通材质的添色区域的颜色，分别控制高光区域、阴影区域和亮部颜色的指定等。

亮区：这是一个物体受到灯光照射的部分表现出来的颜色。将色块前面的对钩取消，这样就可以在整个物体上面使用背景的颜色了，如图9-52所示。

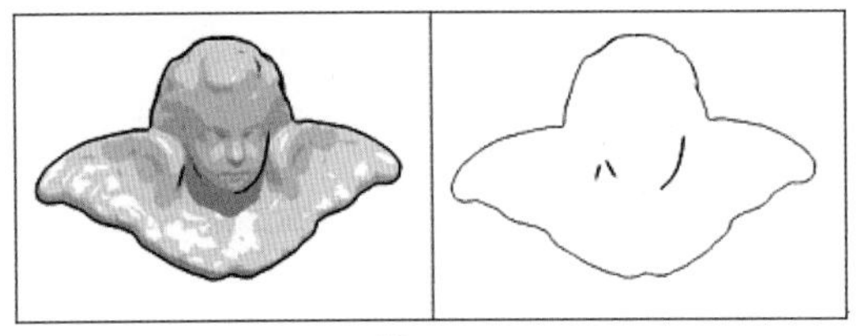

图 9-52

暗区：在不受光部分或阴影区域使用的颜色，可以用参数来设置颜色的强度。

高光：物体表面高光的颜色。

绘制级别：可以理解为从明到暗的变化过程的阶梯次数。如图9-53所示，左图色阶很少，基本只有几个大的色块，右图则非常细腻。

光泽度：用来控制高光的大小，数值越大，高光越小。

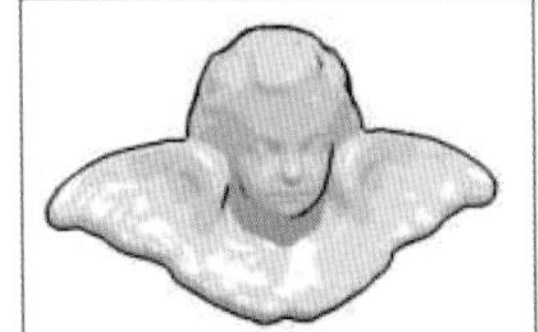
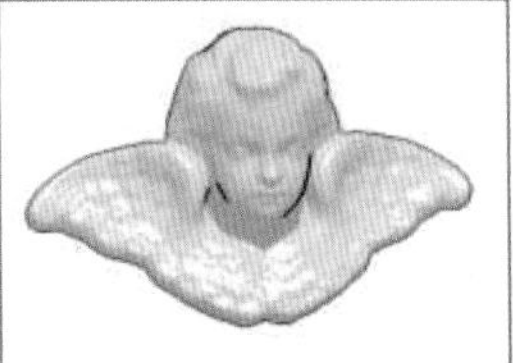

图 9-53

墨水控制参数面板用来设置边缘上的线和一些物体内部分界线的属性，如图9-54所示。

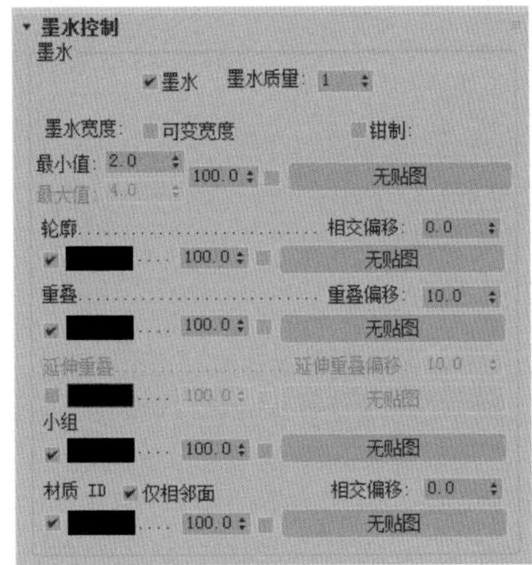

图 9-54

墨水：是否用轮廓线显示。

墨水质量：提高边缘检测质量，但需要花费更多的渲染时间。墨水控制使你可以自定义墨水的形态和指定贴图。如果只想用绘图功能，则可以禁用【墨水】复选框。可以改变墨水的宽度，使它更细或更粗。当【可变宽度】复选框被勾选时，亮区使用最小值，暗区使用最大值。线的粗细不光可以使用宽度进行控制，还可以使用贴图来进行控制，产生有变化的边缘效果。

钳制：当使用可变宽度的设置时，线条的宽度是可以产生粗细变化的。有时候由于灯光的影响，边会变得非常细，几乎看不到，这时就需要启用【钳制】复选框以保证显示的可靠性，其将使得线条的显示一直在最大和最小的宽度之间变化。

轮廓：用来设置物体外边缘的效果。

重叠：自身交叠的部分，即物体本身部分与部分之间的边缘线，或者叫作内轮廓线。

延伸重叠：和自身的交叠比较类似，但是当应用于更远的表面时效果会好于比较近的表面。一般情况下为禁用状态。

小组：针对光滑组的设置起作用，在不同的光滑组的分界部分会产生线。

材质ID：在场景中使用不同的材质ID后，可以在不同的区域之间产生一条材质ID交界线。和上面光滑组的方式十分相近，只是这种设置更为隐蔽。在编辑网格等网格编辑中使用，添加不同的材质ID后，自然会产生区分的交界线。

仅相邻面：只在相邻的面之间产生材质ID的交

界线。

相交偏移：当取消勾选【仅相邻面】复选框时，通过这个参数的值来控制出现在不同的ID表面间的勾线错误。

一般线都是可以添加贴图的，这样一来可以更好地模拟手绘效果。

偏移属性一般用来控制线的分布情况，可以避免一些错误的产生。

反真实渲染技术是一项很有前景的技术，如果能很好地为动画片服务，将得到不可预见的良好效果。图9-55所示是用VRay渲染器渲染的卡通效果。

图 9–55

9.3.6 天光／投影材质类型

天光／投影材质类型是一种和合成材质类型紧密结合的材质类型。在很多情况下我们需要将一些3D物体放置回真实的空间中，这时就会遇到一些比较棘手的问题，如3D物体的投影如何处理。在这一点上3ds Max为大家考虑得非常周全，可以使用天光／投影材质类型对3D物体产生投影，并且同时不影响后面的背景的显示。

这种材质类型的两个作用如下：

（1）使背景不被遮挡。在某个物体上指定天光／投影材质后，这个物体所在的区域后的物体将不再显示，并且可以直接看到背景，就好像被这个物体穿透了一样。

（2）产生真实的投影效果。在天光／投影材质的表面可以接收其他物体产生的投影效果。

如图9-56所示，背景使用了黑蓝渐变色，给地面指定了天光／投影材质，这样一来物体将在地面上投射出阴影。在右图中，给前面的球体也指定了天光／投影材质，这样球体所在的区域就被挖空了，但是还可以产生阴影效果。

下面我们来具体看一下天光／投影材质类型的参数设置，如图9-57所示。

图 9–56

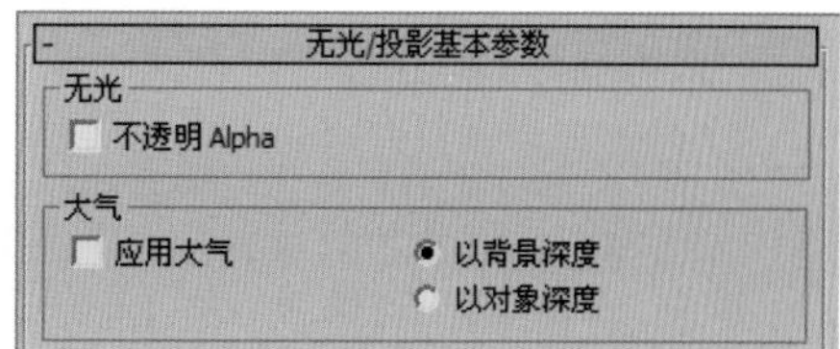

图 9–57

不透明Alpha：处理在渲染中是否使天光／投影材质出现在Alpha通道中，如图9-58所示，这一点对后期处理非常有用。

图 9–58

应用大气：用来决定大气效果是否对天光／投影材质起作用。

以背景深度：这是一种2D方式，一般阴影会被雾效果所覆盖，需要调整阴影的参数来控制显示。

以对象深度：这是一种3D模式，先渲染出物体的阴影，然后添加雾效果，如图9-59所示。

图 9–59

阴影和反射属性面板如图9-60所示。

图 9–60

接收阴影：勾选后，会在天光/投影材质上产生阴影效果，取消勾选将不会产生阴影，当然这是在灯光的设置中打开阴影的前提下去考虑的。

阴影亮度：用来设置产生阴影的明亮程度。其值为0时最黑，达到1时就不会出现阴影了，一般控制在0.5。

影响Alpha：用来设置是否对Alpha产生影响。

颜色：用来控制阴影部分的颜色。

数量：用来控制反射的强度，可以对反射效果进行加强或减弱变化。

贴图：用来指定当前通道中使用的贴图的类型。若要产生真实的反射效果，就使用光线追踪贴图方式。

9.3.7 变形器材质类型

在制作一些动画时会遇到这样的场面，一个物体变成了另一个物体，它的表面材质也发生了变化。变形器材质类型允许有100个通道和表情变形通道相对应。在调节变形的同时，也会使材质跟随变形发生改变。变形器材质类型的参数面板如图9-61和图9-62所示。

变形器基本参数

修改器连接

选择变形对象 | 无目标

刷新

基础材质

基础： 默认材质 （Standard）

图 9−61

通道材质设置

材质	子材质	
材质 1 :	None	✔
材质 2 :	None	✔
材质 3 :	None	✔
材质 4 :	None	✔
材质 5 :	None	✔
材质 6 :	None	✔
材质 7 :	None	✔
材质 8 :	None	✔
材质 9 :	None	✔
材质 10 :	None	✔

图 9−62

如果这样说比较抽象，那么让我们具体来看一个例子。首先创建3个球体，然后对后两个球体进行形态的改变，得到3个顶点数目相同，但是形状不同的球体。对球体1添加一个变形修改器，再将其他两个球体的形态分别拾取到不同的变形通道上，这样一来球体将产生变化，这就是用来制作表情动画的方法，如图9-63所示。

9.3.8 多维/子对象材质类型

多维/子对象材质类型的作用是对物体的不同区域添加不同的材质类型，并且只使用一个材质球就可以完成对物体材质的添加。通常的做法是，在多维/子对象材质中的不同材质ID号通道上，添加不同的材质，然后给物体的不同区域指定不同的ID号，再将调节好的材质赋予物体。这样一来，不同的材质会自动对位到相应的材质ID区域中去。但是在实际工作中这种方法比较费力，一般情况下我们会对物体不同的区域直接指定不同的材质，然后用一个材质采样工具采样到一个材质球上，这样就完成了多维/子对象材质的制作，如图9-64所示。

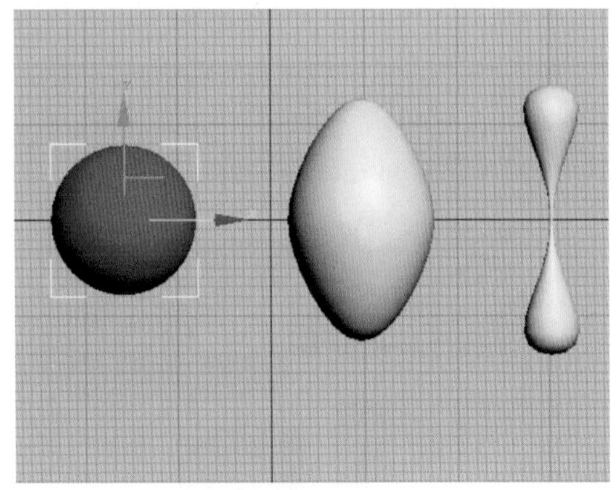

图 9−63

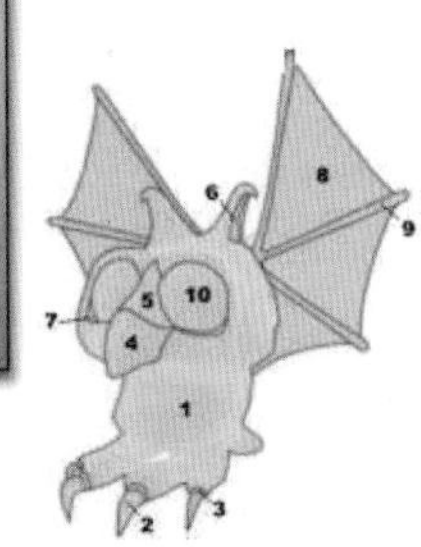

图 9−64

多维/子对象基本参数面板如图9-65所示。

多维/子对象基本参数

10 设置数量 添加 删除

ID	名称	子材质	启用/禁用
1		无	✔
2		无	✔
3		无	✔
4		无	✔
5		无	✔

图 9−65

设置数量：使用多重子材质的次物体的数量。其实多维/子对象材质用作次物体材质也很恰当，因为在一般情况下一个物体的不同部分使用不同的材质，共同组成的整个材质就是多重子材质。

添加：添加次物体材质的数目。

删除：删除不需要的材质。

ID：物体材质的通道的标记号，本身没有大小的区别，用来和对应的物体表面进行匹配。上方的【ID】按钮是用来排列顺序的。

名称：对材质改名，可以在这里给材质定义一个名称。上方的【名称】按钮也是用来排列顺序的。

子材质：用来设置各个子材质的属性和类型。上方的【子材质】按钮也是用来排列顺序的。

多维/子对象材质类型在动画制作中使用的范围还是非常广的，大家只要能理解ID分区的概念，就可以像使用普通材质一样使用多维/子对象材质。

9.3.9 光线跟踪材质类型

光线跟踪材质类型是3ds Max中相对来说比较复杂的材质类型。可使用光线跟踪材质类型制作出比较真实的反射和折射效果，是制作玻璃和金属材质的首选。

光线跟踪材质类型的很多参数和一般材质是一样的，只有关系到折射/反射计算的部分参数有所不同。下面来看一下光线跟踪材质类型的基本参数设置面板，如图9-66所示。

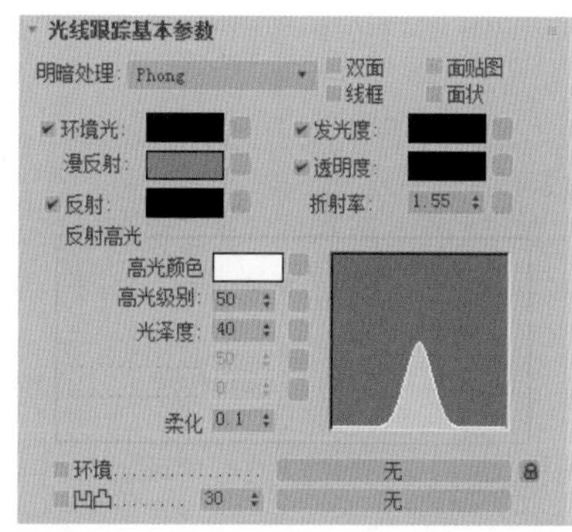

图 9-66

【明暗处理】下拉菜单：包含5种阴影类型，这在基本材质阴影类型部分已经讲过，详见本书相关章节。

线框：用来以线框模式进行显示和渲染。

双面：在计算机图形学的早期，为了节省系统资源，一般物体都以单面显示，如果想看到物体的另一面，就要打开双面渲染方式。

面贴图：这是一种抛开了其他的贴图坐标方式，直接把图像贴到每一个面上去。

面状：打开相当于关闭所有的光滑组的模式，相邻的面之间不产生光滑的过渡效果，表面变得像切割完的钻石一样。

环境光：一般材质的环境光通道的作用是一样的，用来模拟物体受到环境的影响产生的效果。一般情况下它和固有色通道捆绑在一起使用，对物体表面的影响需要和环境一起设置，控制起来不是很方便，效果好像在固有色上叠了一层。一般情况下还是直接和固有颜色一起使用较好。

漫反射：固有色通道，这是材质最重要的材质属性通道之一，这个通道决定了物体本身的颜色。可以对这个通道添加位图或程序纹理。

反射：设置材质表面反射效果的通道，可直接使用颜色或贴图。当直接使用颜色时，如果将固有色设置成黑色，则可以用来模拟一些有色金属的表面反射效果，如图9-67所示。

图 9-67

发光度：用来控制材质的自发光情况，相当于一般材质的自发光通道。

透明度：用来设置材质的透明情况的通道，这个通道控制了半透明的颜色。比如，要制作红色的玻璃效果，只要在这个通道上添加红色就可以了。不过为了更好地表现有色透明材质，一般情况下将物体的固有色和透明颜色进行关联，或者将固有色设置成黑色。

折射率：设置物体的折射情况，不同物质的折射率是不同的，空气的折射率为1，一般玻璃的折射率为1.6左右，钻石的折射率是2.419。其实，折射率只有在通过不同的介质时才表现得比较明显，有时候我们只是用不同的方法来模拟，并不一定真的按照真实的折射率来制作场景，只要折射关系正确就可以了。图9-68所示就是不同折射率的表现，折射率分别是0.8、1.55、2.5。

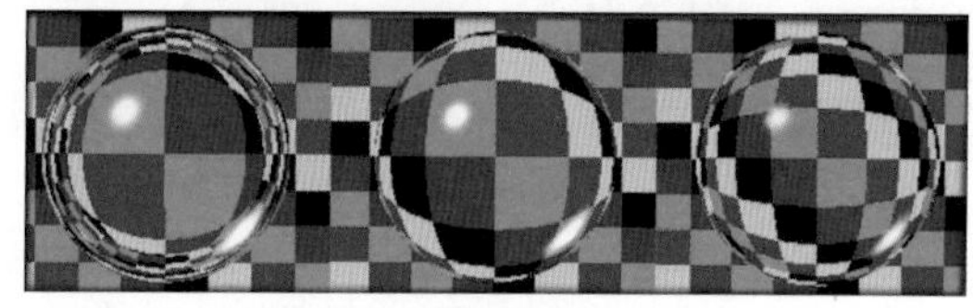

图 9-68

【反射高光】区域用来控制表面高光属性，其中大部分参数和一般材质相同，包括高光颜色、高光级别、光泽度等参数，只是在个别参数上有所差别，如图9-69所示。

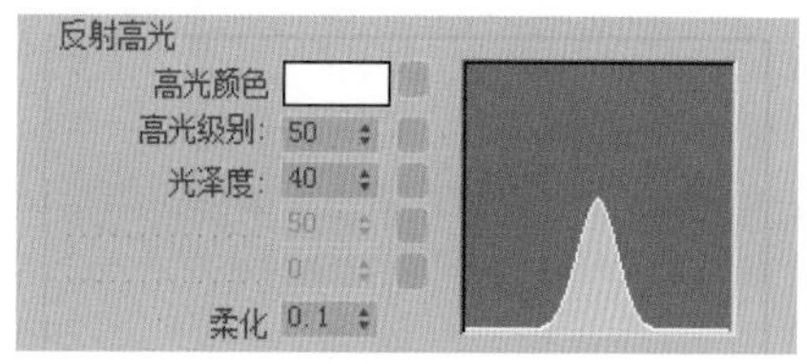

图 9-69

● 高光颜色：用来控制高光区域的颜色，有时可以用来配合模拟金属的有色效果。

● 高光级别：用来控制高光亮度，即在当前位置高光有多亮。

● 光泽度：高光衰减通道，一个高光只有强度是不够的，还要有一个通道来规定那个范围出现的过渡是什么样的，这就需要通过高光衰减通道来完成，最好和高光级别配合使用。

● 柔化：可以产生柔和的高光效果，使高光不是很生硬。

光线跟踪扩展参数面板用来设置一些特殊的反射/折射属性，其中包括特殊效果和高级透明属性面板。

特殊效果属性面板用来制作一些特殊的光线跟踪效果，如图9-70所示。

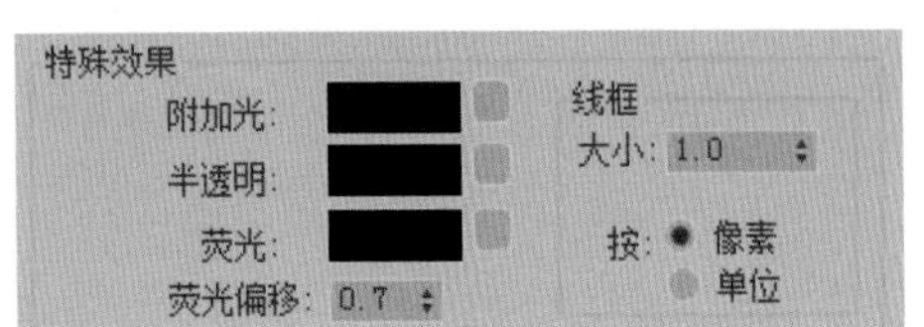

图 9-70

附加光：使用外在的灯光影响光线跟踪材质，使其看起来好像受到了环境光的影响。这里可以使用一张贴图来模拟外部环境对材质表面的影响效果。

半透明：光线通过半透明物体进行散射时得到的结果。可以通过这个属性来模拟一些半透明的材质效果，如薄纸、蜡烛等。也就是说，可以在物体的背面看到光线投射出来的影子，一般可以和基础参数面板中的【透明度】参数关联使用。当然，3ds Max 5以后出现了一种半透明明暗器材质阴影类型，用来模拟半透明材质效果，如图9-71所示。

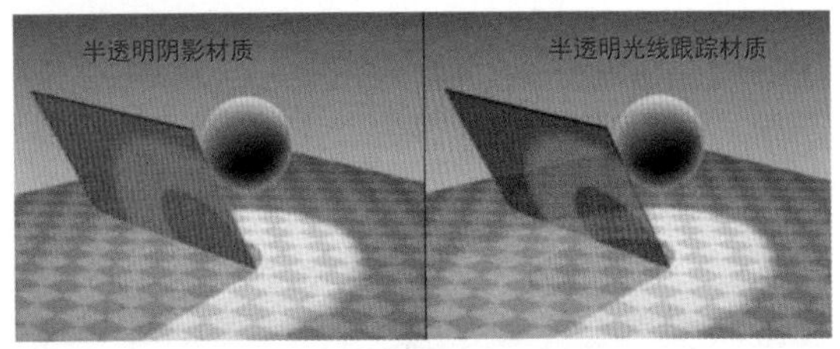

图 9-71

荧光和荧光偏移：用来控制材质的荧光效果。在光和其他射线（紫外线）照射某些物质时所发出的可见光被称为荧光。光线跟踪材质可以对荧光现象进行模拟。如图9-72所示，当在荧光色通道上添加淡绿色后，整个玻璃杯好像发出了淡淡的光。左边没有添加淡绿色的玻璃杯，基本上只反射了背景中的蓝色效果。

线框：和基本材质的设置方法相同，请参见相关章节。

高级透明属性面板如图9-73所示。

图 9-72

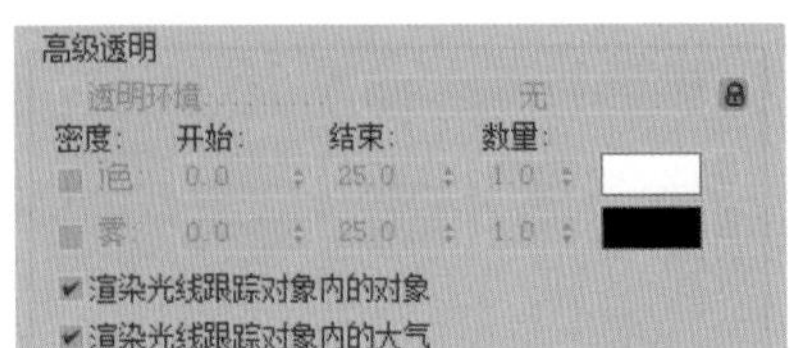

图 9-73

透明环境：使用一张贴图来模拟周围环境在折射时对透明的影响效果，一般情况下和【环境】选项关联使用，也可以单独添加贴图进行设置。也就是说，可以对材质的反射和折射环境设置不同的贴图效果。

密度：密度控制是针对透明材质的，如果材质是完全不透明的，那么这个参数不起作用。

颜色：使用颜色对透明材质进行染色，可以通过【开始】和【结束】来控制衰减效果。在物体的不同深度使用的透明效果不同，甚至可以把【开始】和【结束】设置在一起，产生突然变化的效果，如图9-74所示。

数量：用来表现更为强烈的效果，染色会加深。

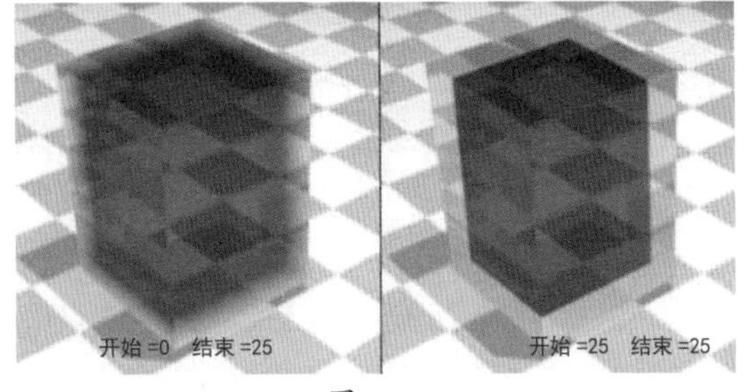

图 9-74

雾：和颜色一样，在物体的内部产生颜色，不同的是雾在物体的内部产生的效果是不透明的，而颜色产生的效果是透明的。可以参照光线追踪贴图部分进行学习。

渲染光线跟踪对象内的对象：在禁用状态下将不会计算物体内部真实的折射效果。

渲染光线跟踪对象内的大气：如火、雾等效果。

反射参数设置面板如图9-75所示。

图 9-75

类型：包括默认方式和相加方式。后面的增益微调器用来增强或减弱当前反射效果。

光线跟踪器控制面板如图9-76所示。

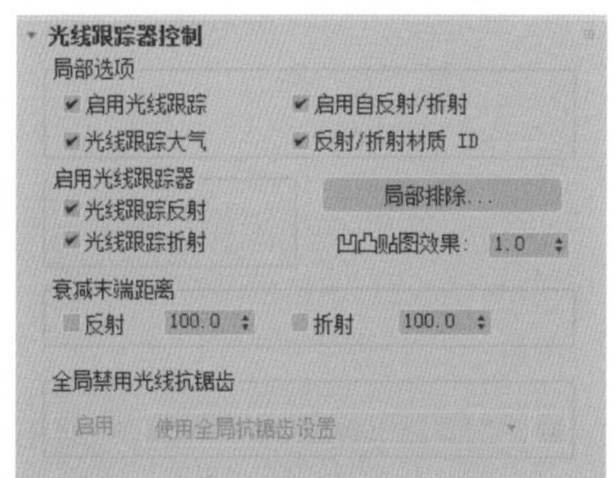

图9-76

启用光线跟踪：一般情况下为启用状态。

光线跟踪大气：当场景中使用火焰等大气效果的物体时，使用该复选框来设置是否对这些物体进行光线跟踪计算，如图9-77所示。

图9-77

反射/折射材质ID：设置能否在光线跟踪材质中看到使用的特效，全部设置要和Video Post结合使用。勾选该复选框后，物体材质的ID信息将被光线跟踪。

排除/包含选项：在这里可以排除不想被光线跟踪的物体，在对话框中可以对需要排除或包含的物体进行选择，如图9-78所示。

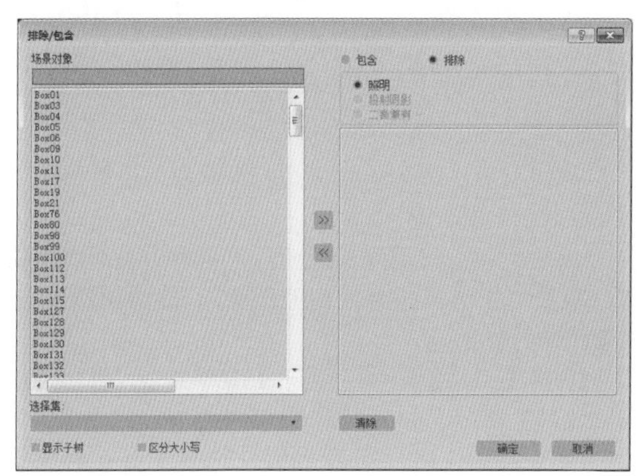

图9-78

在左边的列表中选择想要排除的物体，然后使用向右的双箭头把它们移动到右边的方框中，这时物体将不会被光线跟踪，即在反射的镜面中看不到它们。

凹凸贴图效果：可以使用这个参数来影响凹凸贴图对材质表面的影响。

衰减末端距离：分为反射和折射。当对物体进行光线跟踪时，如果不启用该选项，那么将折射/反射无限远的物体，这在现实生活中是不可能的，因为大气透视和镜面的衰减只能反射和折射一定距离内的物体。在3ds Max中使用【衰减末端距离】参数模拟这种效果，如图9-79所示。

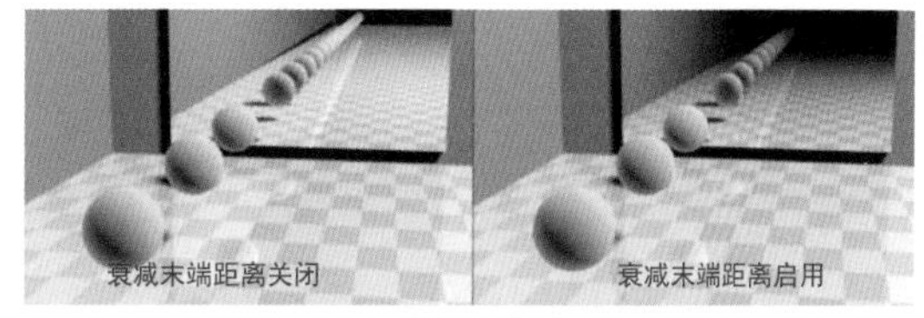

图9-79

需要注意的是，这两个参数都不可以进行动画设置。

全局光线抗锯齿器：为了提高图像质量，我们使用一种在像素之间融合的技术，被称为抗锯齿。在使用材质的抗锯齿前要先执行【渲染】/【渲染设置】/【光线跟踪器】菜单命令，打开【光线跟踪器全局参数】卷展栏，设置【全局光线抗锯齿器】复选框为启用状态，如图9-80所示。

图9-80

在启用状态下，有两种抗锯齿方式可以选择。

（1）快速自适应抗锯齿器，单击右侧的▪按钮，进入设置面板，如图9-81左图所示，对具体参数进行设置。

（2）多分辨率自适应抗锯齿器，其设置面板如图9-81右图所示。

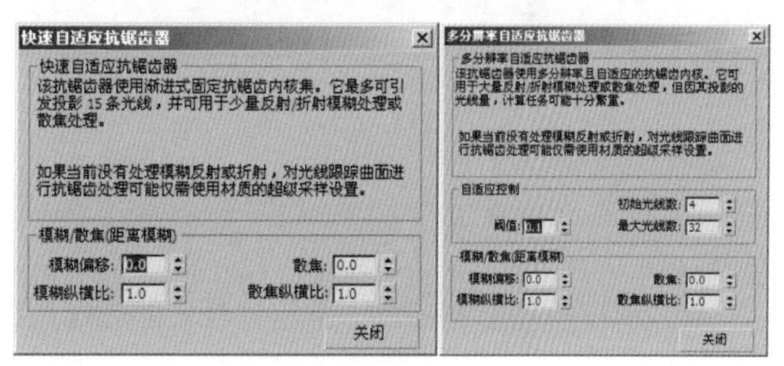

图9-81

快速自适应抗锯齿器的参数如下。

模糊偏移：用来控制对反射和折射的图像单位的像素模糊处理，只对图像起作用，和距离没有关系。

模糊纵横比：一般情况下不对这个参数进行设置，在有些情况下可以改变这个比例，得到一种拉伸模糊的效果。

散焦：对反射表面进行模糊处理，同时会考虑距离的关系。

散焦纵横比：一般情况下不对这个参数进行设置，在有些情况下可以改变这个比例，得到一种拉伸模糊的效果。

多分辨率自适应抗锯齿器的参数如下，添加了【自适应控制】选项。

初始光线数：设置每像素最初所投的射线数目，系统默认为4。

阈值：适应计算的敏感度，系统默认为4。

最大光线数：设置每像素所投的射线的最大数目，系统默认为32。

模糊/散焦的设置和快速自适应抗锯齿器相同，请参考学习。

在使用光线跟踪材质时，还要考虑全局光线跟踪面板，其不在材质编辑器中，而在渲染菜单下，执行【渲染】/【渲染设置】/【光线跟踪器】菜单命令，打开【光线深度控制】区域，如图9-82所示。

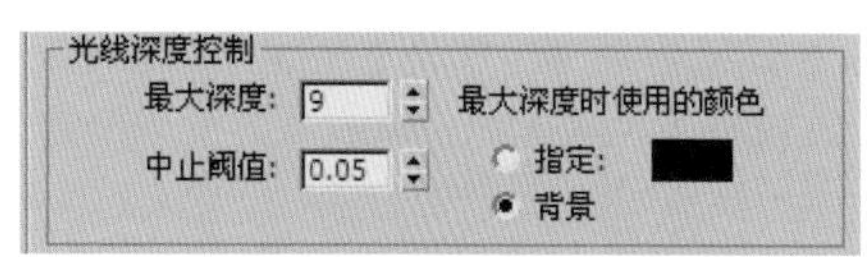

图 9-82

最大深度：如果使用光线跟踪不限制深度，那么光线将无休止地进行折射和反射，那样将花费非常多的时间，并且是没有意义的。一般情况下，系统会规定一个光线折射和反射的次数，这个数值是9。也可以手动修改这个数值，数值越小，计算速度越快，但是前提是不能穿帮。图9-83所示是使用不同的反射深度得到的结果。

图 9-83

中止阈值：为了节省渲染时间，我们又使用了一种技术，即终止低能量的光线的进一步跟踪计算，该值一般情况下为0.05。

最大深度时使用的颜色：当达到最大的光线跟踪深度时使用的颜色。下面有两种选择，一种是使用自定义颜色，可以在右边的色块位置进行设置。另一种是使用背景颜色，也就是说可以使用背景颜色作为最大深度颜色。

全局光线跟踪器设置参数如图9-84所示，这里的参数和前面面板中的参数相同，只不过使用在全部的场景设置中。

单击【加速控制】按钮，弹出【光线跟踪加速参数】对话框，如图9-85所示。

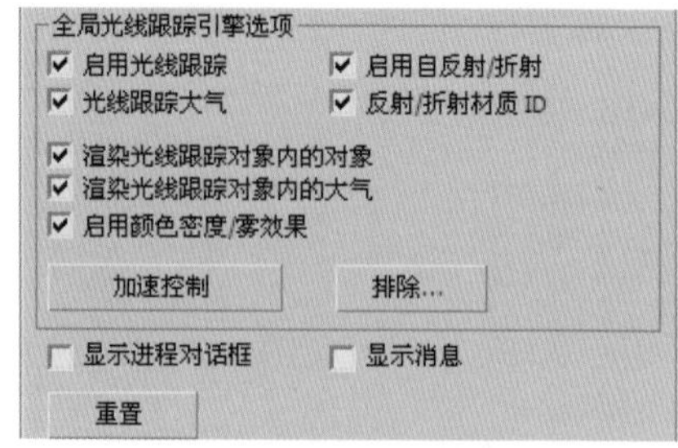

图 9-84

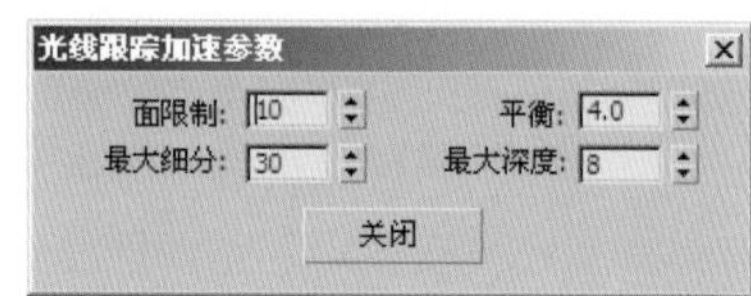

图 9-85

9.3.10 壳材质类型

壳材质类型是为了和渲染纹理功能配合使用才引入的。烘焙是将渲染好的物体表面转换为贴图，再贴回到物体表面。这看起来好像和没有贴没区别，当再次渲染时，理论上说完全一样，但是由于省去了光线的计算过程，速度得到了大大提高，意义非同一般。这里如果只是单独讲解，可能还是不能很好地理解，让我们做一个小实验就清楚了。

首先在场景中创建一个茶壶物体或者其他任何物体，然后在材质编辑器中指定一个壳材质给茶壶，这时壳材质参数面板如图9-86所示。

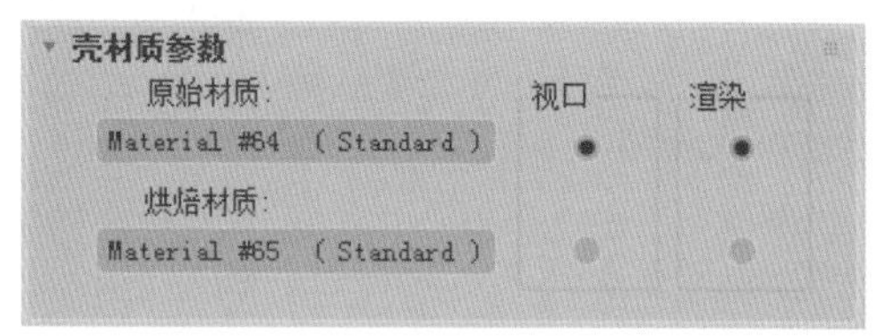

图 9-86

原始材质：渲染前物体的基本材质，也就是为了得到烘焙给物体贴的材质。

烘焙材质：使用灯光照明后，将材质表面的明暗和一些其他信息渲染到纹理的图像，再贴回材质表面时使用的材质。

执行【渲染】/【渲染到纹理】菜单命令，弹出【渲染到纹理】窗口，如图9-87左图所示。

首先设置文件的输出路径，选择【保存对象预设】下拉选项来设置保存对象预设的路径和文件名称。指定完成后，单击【添加】按钮，用来添加输出的纹理元素类型，如图9-87右图所示。

这里使用CompleteMap（完全贴图）进行输出，单击【添加元素】按钮，就可以把本元素添加到输出列表中。但是还需要渲染到纹理才能输出给壳材质类型，单击【渲染】按钮，可以得到一张展开的图片，如图9-88所示。

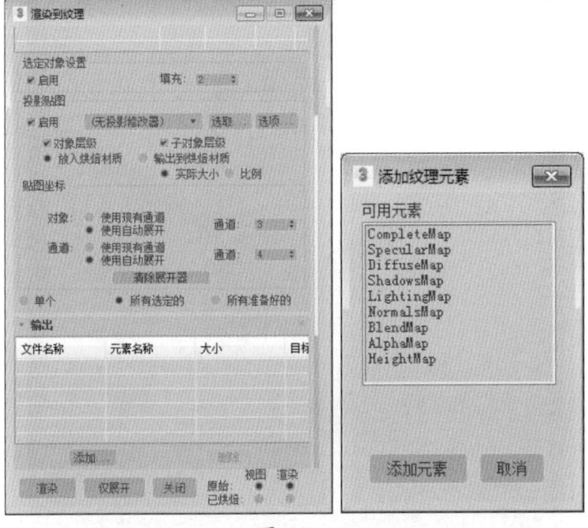

图 9-87

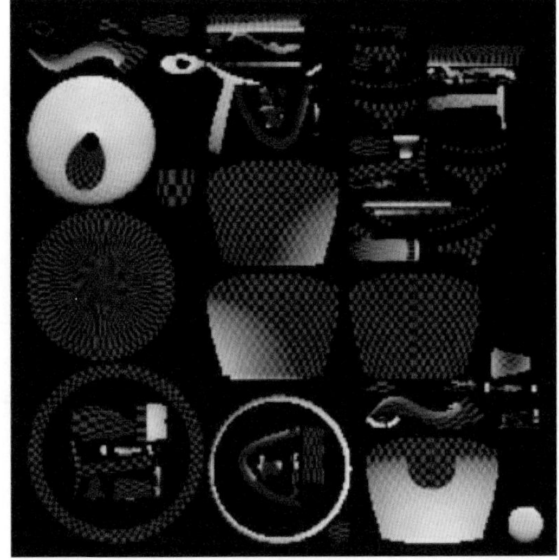

图 9-88

9.3.11 虫漆材质类型

虫漆材质类型是可以用来混合两种材质的材质类型，即在一种材质的上面叠加另一种材质。虫漆材质类型的基本参数如图9-89所示。

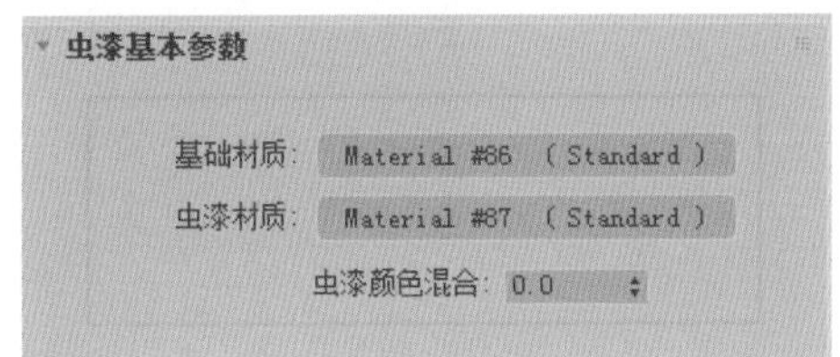

图 9-89

基础材质：在叠加中处于基础位置的材质。

虫漆材质：在基础材质上面叠加虫漆材质。

虫漆颜色混合：控制虫漆材质在基础材质表面上叠加的多少。

可以使用黑色的虫漆材质，给物体叠加额外的高光到材质表面上，如图9-90所示。

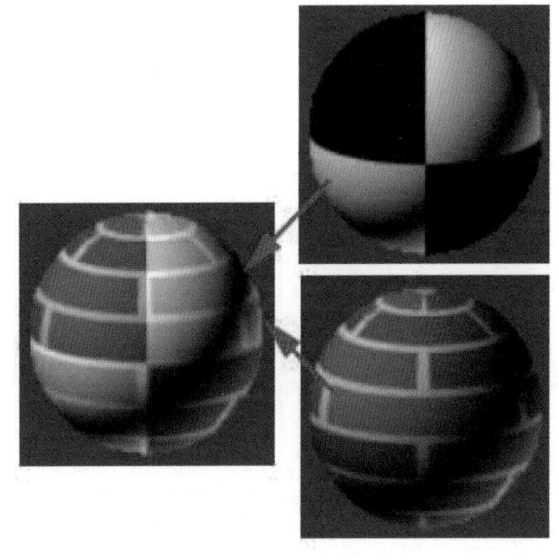

图 9-90

9.3.12 标准材质类型

标准材质类型是3ds Max中最基础的材质类型，没有任何混合和变化。标准材质类型为表面建模提供了非常直观的方式。在现实世界中，表面的外观取决于它如何反射光线。在3ds Max中，使用标准材质类型模拟表面的反射属性。如果不使用贴图，则标准材质类型会为对象提供单一统一的颜色。

9.3.13 顶/底材质类型

顶 / 底材质类型同样用来混合两种材质，但是混合方式是按照方向来确定的，即物体的表面法线，向上的使用一种材质类型，下面使用另一种材质类型。它的基本参数的设置比较简单，都是围绕方向来决定的，如图9-91所示。

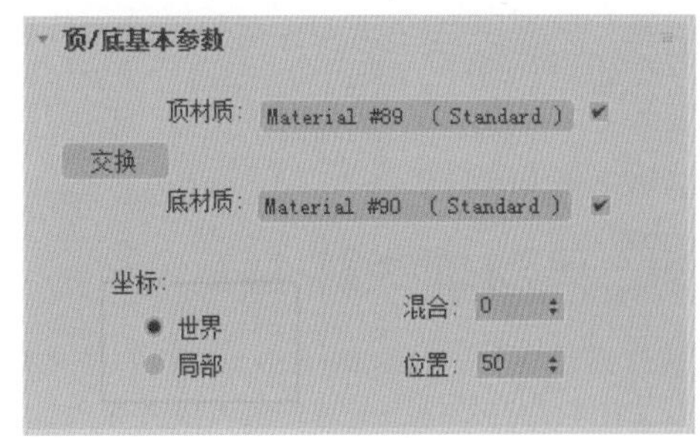

图 9-91

顶材质和底材质：可以通过这两个长按钮来指定其他材质作为顶、底材质。如果不勾选，则这个区域将使用黑色代替。

交换：交换顶、底材质位置，这里可以快速颠倒顶、底材质的位置。

坐标：用来设置相匹配的坐标系统，有两种选择，一种是【世界】，另一种是【局部】。如图9-92所示，可以看到茶壶物体顶、底材质的变化，这就是使用了不同的坐标系统的结果。

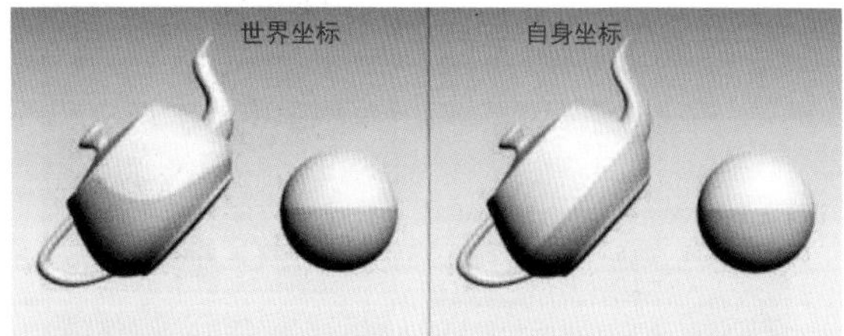

图9－92

混合：对两种材质进行混合设置，设置两种材质融合到对方的多少。当该值为0时，两种材质是完全分离的。图9-93所示表现了不同的混合程度情况。

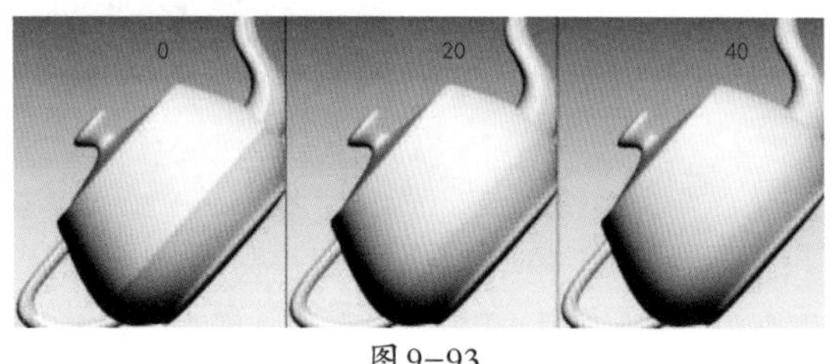

图9－93

位置：控制分界线在上方和下方更偏重于哪个方向的设置。数值越小，分界线越靠近下方，反之亦然，如图9-94所示。

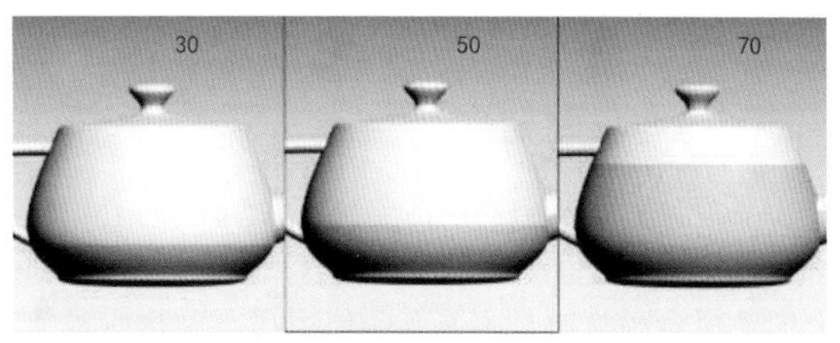

图9－94

顶/底材质类型很多时候可以用来模拟蒙尘效果，即放了很长时间的物体表面上积了很多灰的效果。制作方法是，先制作一个底材质，这是一个一般材质，然后调节出一个顶材质，作为灰尘效果，最后合成为顶/底材质，并指定给物体。

9.3.14 建筑材质类型

建筑材质类型是3ds Max 6中新增加的材质类型，它可以使你更为高效地得到更好的真实效果，非常适合在建筑表面使用，主要支持3ds Max的Radiosity 和Mental ray间接光照系统。这种材质以物理学模拟为基础，只需要使用很少的设置就可以得到很真实的效果，如图9-95所示。

【模板】卷展栏如图9-96所示，其中包含建筑中常用的材质类型，如水、石头、木料等。

图9－95

图9－96

单击【用户定义】下拉按钮，在弹出的下拉菜单中包含已经制作好的材质类型，如图9-97所示。使用者也可以自己定义材质属性。

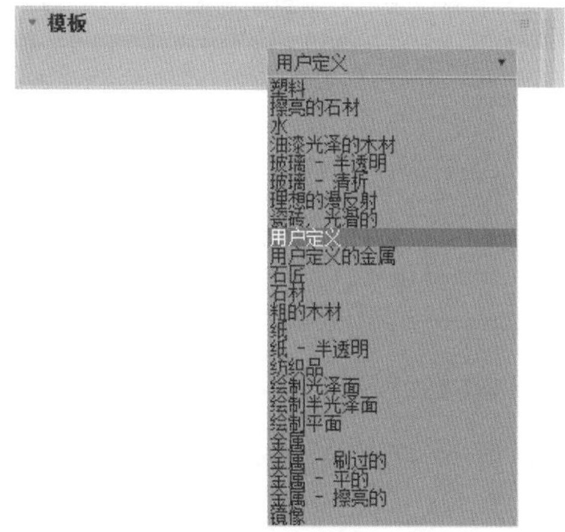

图9－97

【物理性质】卷展栏如图9-98所示，用来控制材质的基本属性。

漫反射颜色：用来控制物体的基本颜色特征，相当于固有色属性。

漫反射贴图：一般材质的固有色贴图设置。可以通过 按钮来将贴图的颜色计算出一个平均值，添加给上面的漫反射颜色。如果没有贴图，则这个命令不起作用。

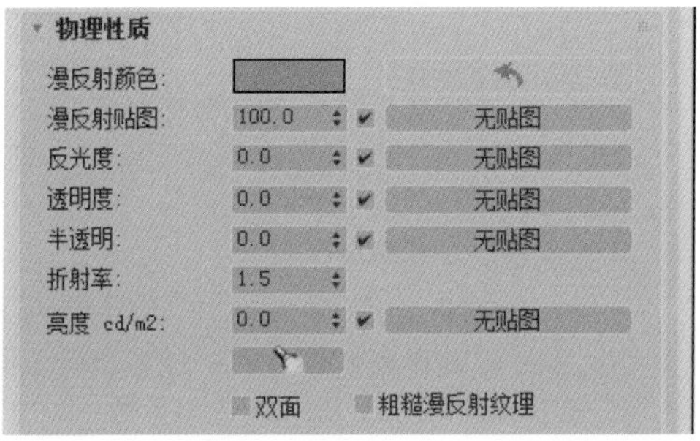

图 9-98

反光度：控制物体表面的高光发亮程度，但是自身不足以控制整个镜面的高光属性，一般会和【折射率】参数共同使用。

透明度：用来控制物体的整体透明程度。当该值为100时完全透明；当该值为0时完全不透明。要注意的是，这个属性在材质球的背景中有时不能正确显示。

半透明：可设置一个半透明物体，不仅允许光通过，同时也散射一部分光，这个数值就是用来控制散射光的百分比的，当其为0时将完全透明。

折射率：真空的折射率为1，空气的折射率为1.0003，水的折射率为1.333，玻璃的折射率为1.5～1.7，钻石的折射率为2.419。物理世界中产生折射的原因是光线通过不同物体的速度是不同的。

亮度cd/m^2（烛光/平方米）：用来控制物体的发光。可以结合下面的发射能量（基于亮度）共同使用，产生物体发光的效果，并且可以参加高级光照进行光能的传递。

双面：与一般材质的双面性相同。

粗糙漫反射纹理：只渲染物体的基本颜色，有点类似于卡通效果，一般为禁用状态。

【特殊效果】卷展栏如图9-99所示，其用来控制一些如凹凸和置换的特性。

凹凸：这个参数基本和一般材质类型是相同的，用来在平面上模拟凹凸表面的效果。

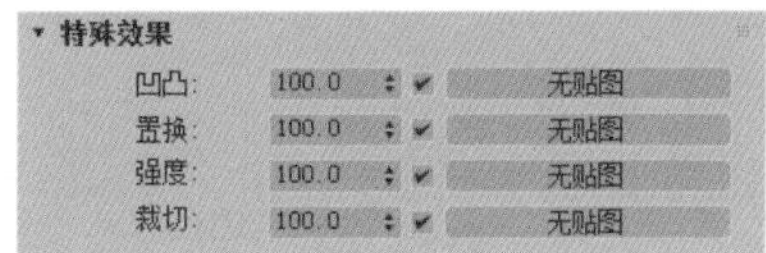

图 9-99

置换：这个参数基本和一般材质类型是相同的，用来产生真实的模型凹凸不平的效果。

强度：用一张图的明度信息来控制固有色的亮度情况，黑色部分的固有色也为完全黑色。

裁切：这个参数的作用和一般材质的透明属性有点相像，不过更为完全彻底地将黑色区域的材质裁切掉。

【高级照明覆盖】卷展栏如图9-100所示。

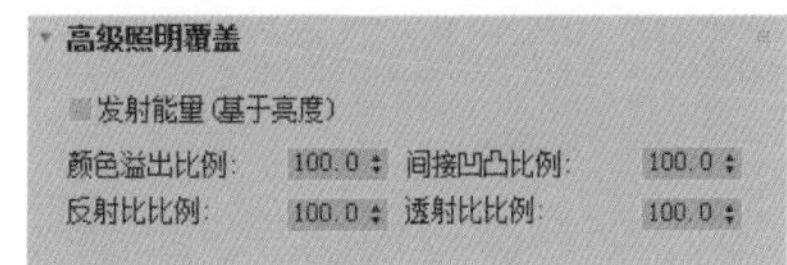

图 9-100

发射能量（基于亮度）：使用材质发出能量，在Radiosit高级光照系统中使用。该设置不能被使用在Mental ray系统中。

颜色溢出比例：色彩混合增减控制属性。

间接凹凸比例：凹凸强度增减控制属性。

反射比比例：反射强度增减控制属性。

透射比比例：透光强度增减控制属性。

【超级采样】卷展栏如图9-101所示，其用来提高材质表面的质量。

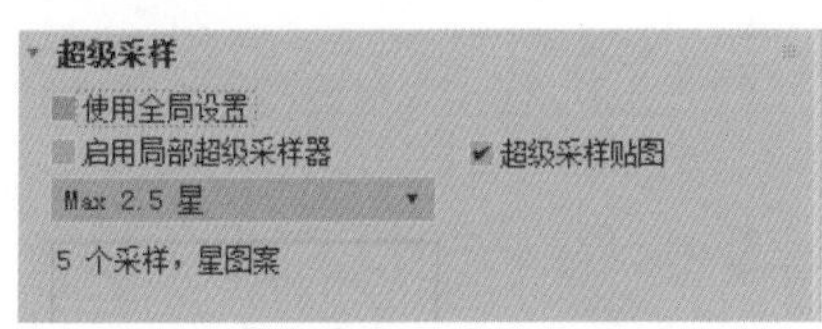

图 9-101

9.4 VRay材质类型

这里介绍3种VRay常用的材质类型，分别是VRayMtl、VRay灯光和VRay材质包裹器。VRayMtl可以替代3ds Max的默认材质，它的突出之处是可以轻松地控制物体的模糊反射和折射，以及制作类似蜡烛效果的半透明材质；VRay灯光用于制作类似自发光灯罩等材质类型；VRay材质包裹器则类似一个材质包裹，任何材质经过它的包裹后，都可以控制接收和传递光子的强度。下面就来逐一介绍它们的参数。

9.4.1 VRayMtl材质类型

VRayMtl材质类型的参数设置面板如图9-102所示。

漫反射：设置材质的漫反射颜色。

反射：设置反射的颜色。

菲涅耳反射：勾选该复选框后，反射的强度将取决于物体表面的入射角，自然界中有一些材质（如玻璃）就是这种反射方式。不过要注意的是，该效果还取决于材质的折射率。

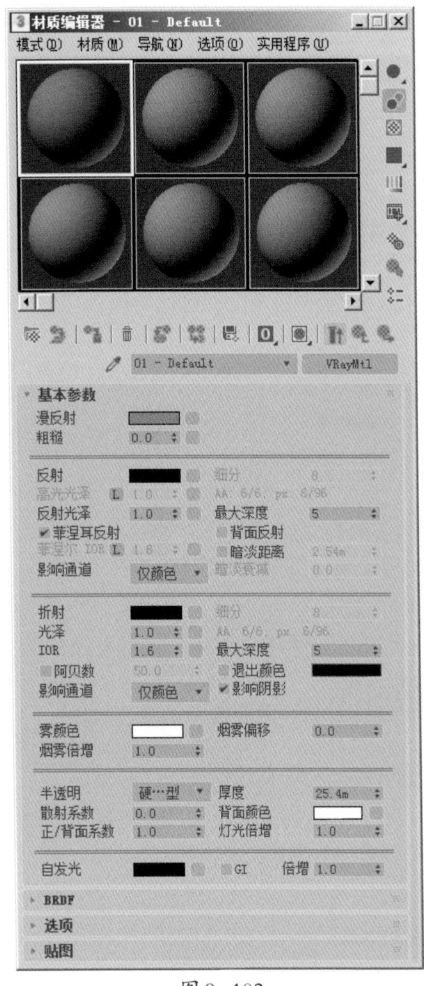

图 9-102

菲涅尔IOR：该参数在其后面的L（锁定）按钮弹起时被激活，可以单独设置菲涅耳反射的折射率。

高光光泽：控制材质的高光状态。在默认情况下，L按钮处于被按下状态，高光光泽处于非激活状态。

L按钮，即锁定按钮，当其弹起时，【高光光泽】选项被激活，此时高光的效果由这个选项控制，不再受【反射光泽】参数的控制。

反射光泽：用于设置反射的锐利效果。值为1表示一种完美的镜面反射效果，随着取值的减小，反射效果会越来越模糊。平滑反射的质量由下面的【细分】参数来控制。

细分：控制平滑反射的质量。较小的取值将加快渲染速度，但是会导致更多的噪波，反之亦然。

最大深度：定义反射能完成的最大次数。注意，当场景中有大量的反射/折射表面时，这个参数要设置得足够大才会产生真实的效果。

退出颜色：当光线在场景中反射达到最大深度定义的反射次数后就会停止反射，此时这种颜色将被返回，并且不再跟踪远处的光线。

折射：控制物体的折射强度（该区域中的参数与反射参数相似）。

雾颜色：当光线穿透材质时会变稀薄，通过这个选项可以模拟厚的物体比薄的物体透明度低的情形。雾颜色的效果取决于物体的绝对尺寸。

烟雾倍增：定义雾效果的强度，不推荐取值超过1.0。

影响阴影：勾选该复选框后，物体将投射透明阴影，透明阴影的颜色取决于折射颜色和雾颜色。

半透明：在其下拉列表中有几种材质类型可供选择，选择某种材质类型后，将会使材质半透明，即光线可以在材质内部进行传递。要注意的是，要使这种效果可见的前提是激活材质的折射效果。这种效果就是SSS效果，目前VRay材质仅支持单反弹散射。

厚度：用于限定光线在表面下被跟踪的深度，在不想或不需要跟踪完全的散射效果时，可以通过设置这个参数来达到目的。

灯光倍增：定义半透明效果的倍增。

散射系数：定义在物体内部散射的数量。值为0表示光线会在任何方向上被散射，值为1.0则表示在次表面散射的过程中光线不能改变散射方向。

正/背面系数：控制光线散射的方向。0表示光线只能向前散射（在物体内部远离表面），0.5表示光线向前或向后散射是相等的，1则表示光线只能向后散射（朝向表面，远离物体）。

9.4.2 VRay灯光材质类型

VRay灯光材质类型的参数设置面板如图9-103所示。

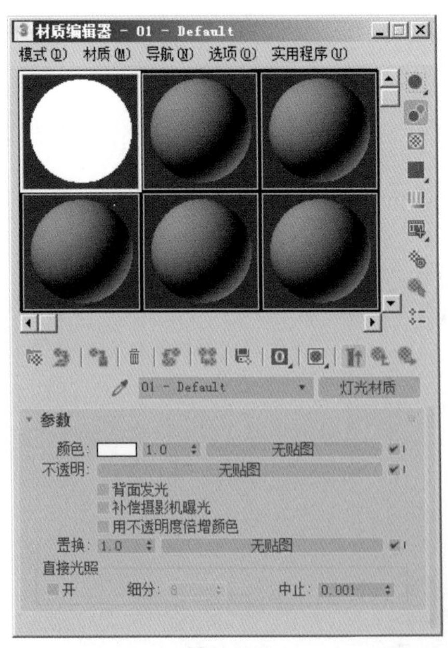

图 9-103

颜色：控制物体的发光色。

背面发光：控制是否让物体双面均产生亮度。

不透明：指定材质来替代颜色发光。

9.4.3 VRay材质包裹器材质类型

VRay渲染器提供的VRay材质包裹器材质类型可以嵌套VRay支持的任何一种材质类型，并且可以有效地控制VRay的色溢。VRay材质包裹器材质类型的参数设置面板如图9-104所示。

基本材质：被嵌套的材质。

生成GI：控制物体表面光能传递产生的强度。

接收GI：控制物体表面光能传递接收的强度。

生成焦散：控制物体表面焦散产生的强度。

接收焦散：控制物体表面焦散接收的强度。

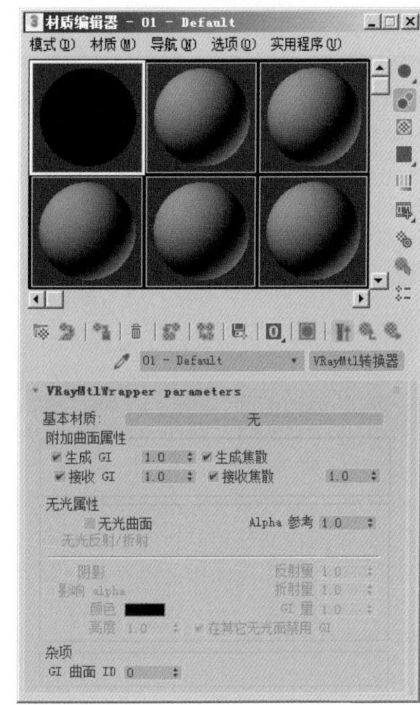

图9-104

9.5 VRay贴图类型

这里介绍两种VRay常用的贴图类型，分别是VRayMap和VRayHDRI。VRayMap贴图类型可以替代3ds Max的默认光迹追踪贴图，用于控制物体反射/折射属性；VRayHDRI贴图类型用于制作天空球或作为天光使用。下面就来逐一介绍它们的参数。

9.5.1 VRayMap贴图类型

VRayMap贴图类型的主要作用是在3ds Max标准材质或第三方材质中增加反射/折射，其用法类似于3ds Max中光影追踪类型的贴图，但在VRay中是不支持这种贴图类型的，因此需要使用的时候以VRayMap贴图类型代替，如图9-105所示。

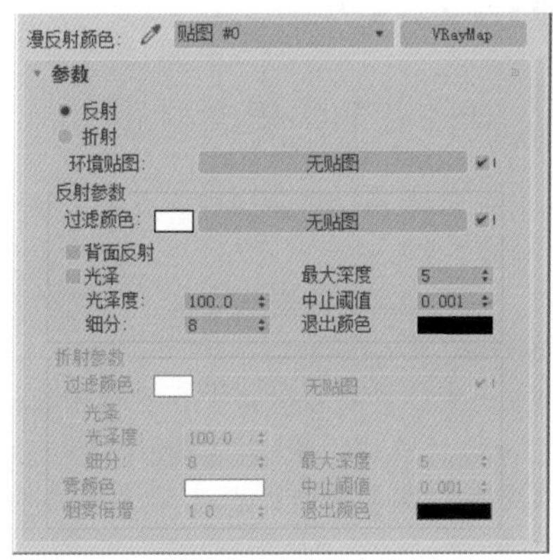

图9-105

反射：选择它表示VRay贴图作为反射贴图使用，下面的参数控制组也相应地被激活。

折射：选择它表示VRay贴图作为折射贴图使用，下面的参数控制组也相应地被激活。

环境贴图：允许选择环境贴图。

反射参数

过滤颜色：用于定义反射的倍增值，白色表示完全反射，黑色表示没有反射。

背面反射：在物体的两面都反射。

光泽：用于控制光泽度效果（实际上是反射模糊效果）。

光泽度：当值为0时，产生一种非常模糊的效果。

细分：定义场景中用于评估材质中反射模糊的光线数量。

最大深度：定义反射完成的最多次数。

中止阈值：一般情况下，对最终渲染图像贡献较小的反射是不会被跟踪的，这个参数就是用来定义这个极限值的。

退出颜色：定义在场景中光线反射达到最大深度的设定值以后会以什么颜色被返回来，此时并不会停止跟踪光线，只是光线不再反射。

折射参数

雾颜色：VRay可以用雾来控制折射物体，这里设置雾的颜色。

烟雾倍增：设置雾颜色的倍增值，取值越小，物体越透明。

其他参数与上面讲的反射参数的含义基本一样，就不再重复了。

9.5.2 VRayHDRI贴图类型

VRayHDRI贴图类型用于导入高动态范围图像（HDRI）来作为环境贴图，支持大多数标准环境贴图类型，如图9-106所示。

VRayHDRI：指定使用的HDRI贴图的寻找路径。目前支持.hdr等图像文件格式，除了.hdr格式，其他格式的贴图文件虽然可以调用，但不能起到真正照明的作用。

位图：指定HDRI贴图。

贴图类型：选择环境贴图的类型。

水平旋转：设定环境贴图水平方向旋转的角度。

水平翻转：在水平方向反向设定环境贴图。

垂直旋转：设定环境贴图垂直方向旋转的角度。

垂直翻转：在垂直方向反向设定环境贴图。

地面投影：打开投影效果。

全局倍增：用于控制HDRI图像的亮度。

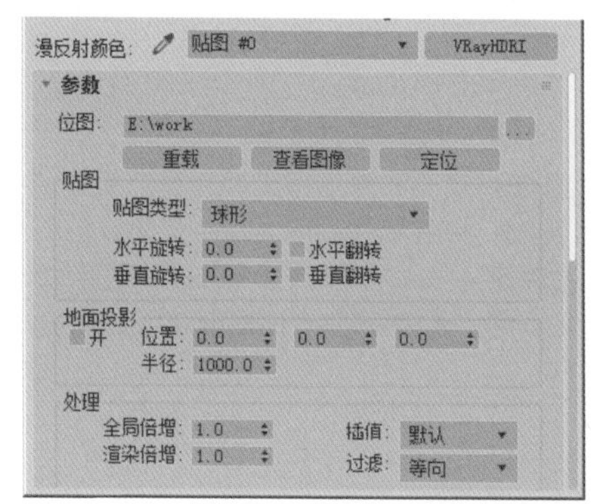

图 9-106

9.6 葡萄材质的制作

本例我们使用混合材质来制作葡萄材质。葡萄是生活中常见的水果，葡萄的种类很多，这里介绍紫葡萄的材质设置。葡萄是一种半透明的材质，在表皮上有很复杂的纹理效果，为了真实地模仿这种效果，我们使用程序贴图来进行制作；同时，在表皮上还有霜质效果，我们同样使用混合材质来模拟。这样，通过结合果肉、果皮及霜质效果来表现葡萄的整体质感。

图9-107所示为葡萄材质最终渲染效果图。

图 9-107

图9-108所示为葡萄材质参考图。

图 9-108

配色应用：

制作要点：

1. 掌握并学会材质和贴图之间的配合使用，以制作出需要的材质效果。
2. 掌握混合材质的用法。
3. 学会烟雾贴图、噪波贴图和衰减贴图的使用。

最终场景： Ch09\Scenes\ 葡萄 ok.max

贴图素材： Ch09\Maps

难易程度： ★★★★☆

9.6.1 制作葡萄内果肉材质

步骤01 打开葡萄.max文件，场景为葡萄模型，同时在场景中创建3盏目标聚光灯和1盏泛光灯，用来照亮场景空间，并产生逼真的阴影效果。打开的场景文件如图9-109所示。

步骤02 下面来设置葡萄材质。打开材质编辑器，选择一个空白的材质球，单击 Standard 按钮，在弹出的【材质/贴图浏览器】对话框中选择 混合 材质类型，如图9-110所示。

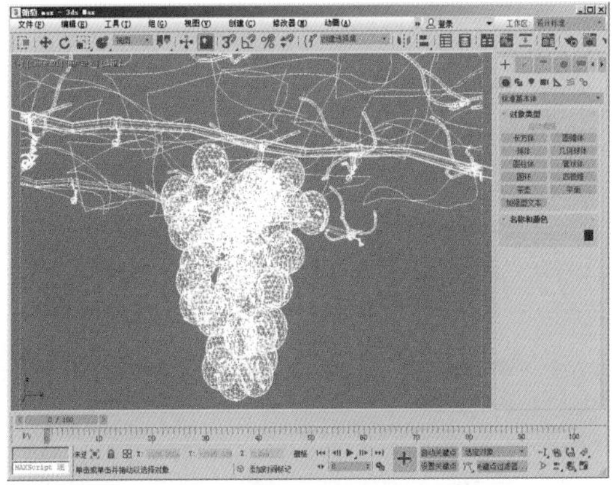

图9-109

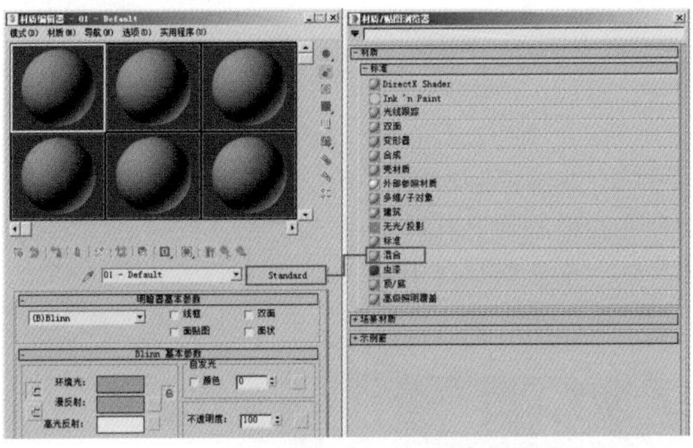

图9-110

步骤03 混合材质由三部分组成，分别为材质1、材质2和遮罩，如图9-111所示。

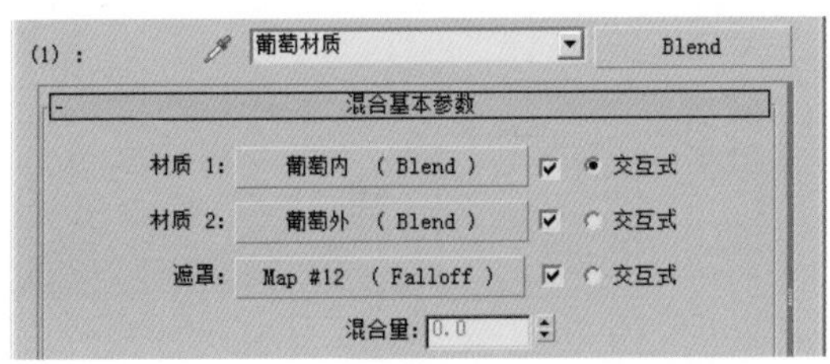

图9-111

步骤04 首先设置【材质1】部分材质，定义名称为【葡萄内】，这部分材质为内部果肉材质。设置材质样式为混合材质，如图9-112所示。

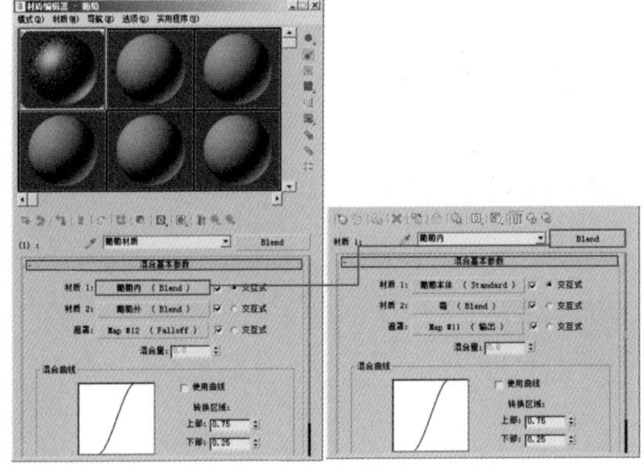

图9-112

步骤05 设置【葡萄内】材质的【材质1】部分材质，定义名称为【葡萄本体】。设置材质样式为标准材质，设置【明暗器】类型为Phong方式，设置【环境光】颜色为深褐色，具体参数设置如图9-113所示。

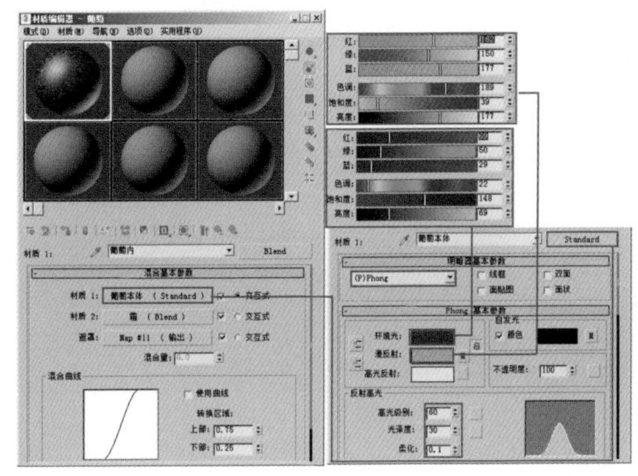

图9-113

步骤06 在【葡萄本体】材质的【漫反射】通道中添加一张【噪波】贴图，设置【瓷砖】值为80，设置【噪波类型】为规则，设置【大小】值为2.0；在【颜色#2】通道中继续添加【噪波】贴图，设置【噪波类型】为规则，设置【大小】值为8.0，具体参数设置如图9-114所示。

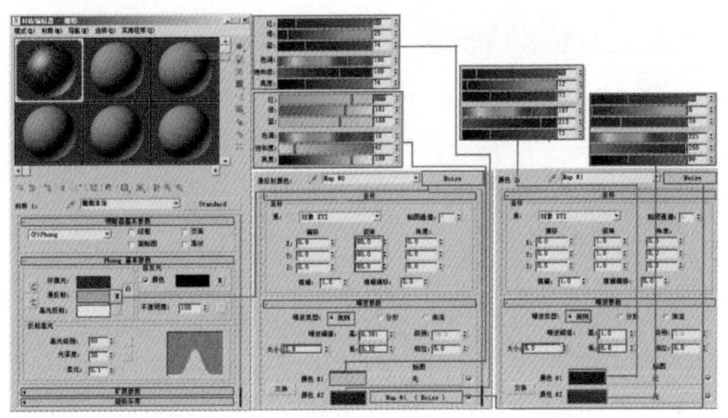

图9-114

步骤07 设置自发光效果。在【自发光】通道中添加一张【衰减】贴图，设置【衰减类型】为垂直/平行，设置前通道颜色为紫色，并在该通道中添加【输出】贴图，设置侧通道颜色为蓝色，具体参数设置如图9-115所示。

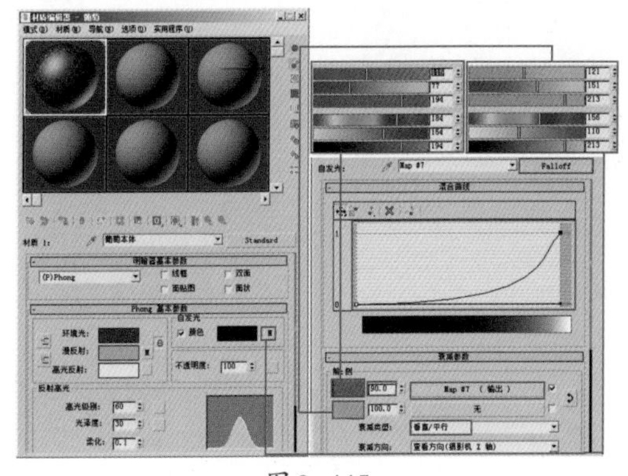

图9-115

步骤08 在【输出】的【贴图】通道中添加一张【噪

波】贴图，设置【大小】值为4.0，在【颜色#1】和【颜色#2】通道中分别添加一张【噪波】贴图；单击按钮，返回自发光材质层，具体参数设置如图9-116所示。

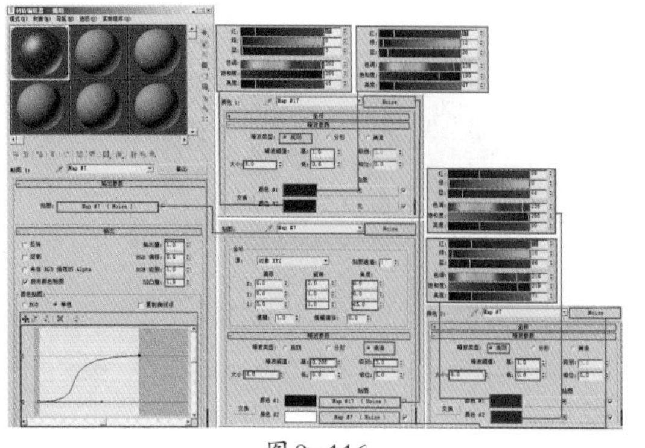

图 9-116

步骤09 设置凹凸质感。打开【贴图】卷展栏，在【凹凸】通道中添加一张【噪波】贴图，设置【大小】值为0.8；单击按钮，返回【葡萄本体】材质层，设置凹凸贴图强度为5，参数设置如图9-117所示。

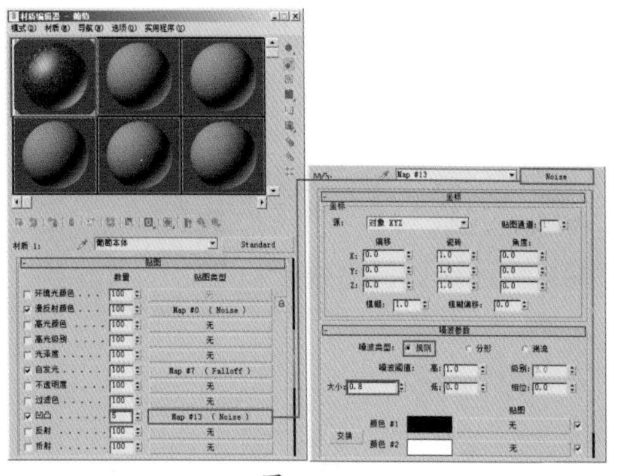

图 9-117

步骤10 设置【葡萄内】材质的【材质2】部分材质，定义名称为【霜】。设置材质样式为混合材质，定义其【材质1】部分材质名称为【毛】，其【材质2】部分材质名称为【霜下层】，如图9-118所示。

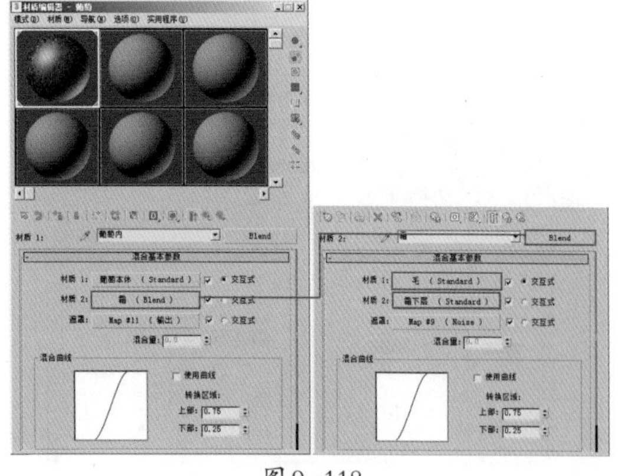

图 9-118

步骤11 设置【毛】部分材质样式为标准材质，设置【明暗器】类型为Blinn方式，设置【环境光】颜色为深褐色；在【漫反射】通道中添加一张【噪波】贴图，设置3个方向的【瓷砖】值均为80，设置【大小】值为2.0，设置【颜色#1】为白色，设置【颜色#2】为浅红色，具体参数设置如图9-119所示。

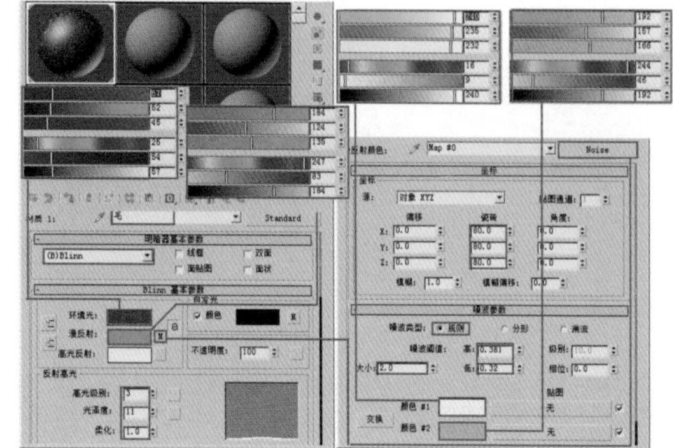

图 9-119

步骤12 单击按钮，返回【毛】材质层，在【自发光】通道中添加一张【衰减】贴图，设置前通道颜色为黑色，设置侧通道颜色为蓝色，同时调节【混合曲线】弧度，具体参数设置如图9-120所示。

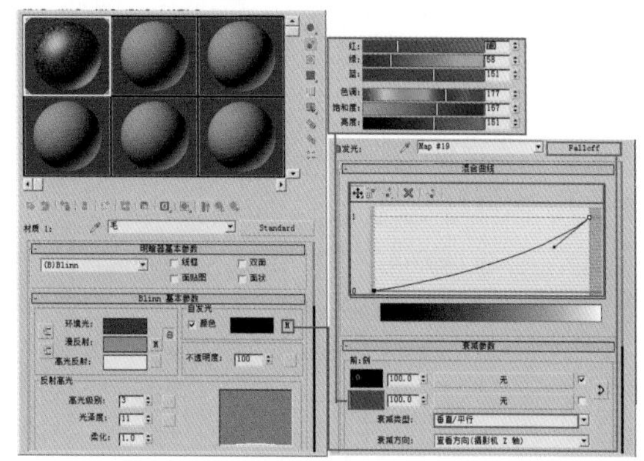

图 9-120

步骤13 设置凹凸质感。打开【贴图】卷展栏，在【凹凸】通道中添加一张【噪波】贴图，设置【噪波类型】为分形，设置【大小】值为0.01；单击按钮，返回【毛】材质层，设置凹凸贴图强度为4，参数设置如图9-121所示。

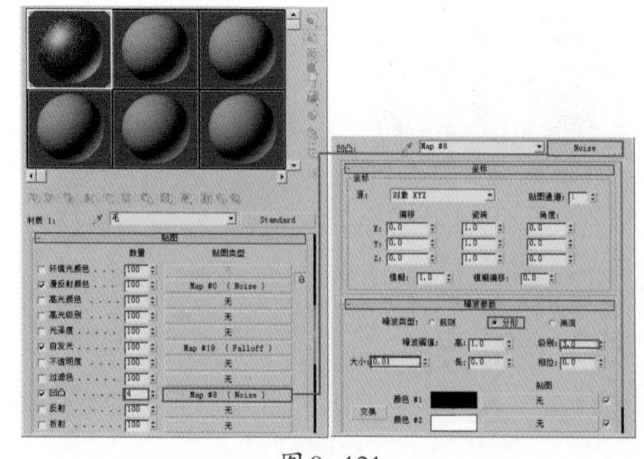

图 9-121

步骤14 单击按钮，返回【霜】材质层，设置【霜下层】部分材质样式为标准材质，设置【明暗器】类型为Blinn方式，设置【漫反射】颜色为深红色；在【漫反射】通道中添加一张【噪波】贴图，设置3个方向的【瓷砖】值均为80，设置【大小】值为2.0，具体参数设置如图9-122所示。

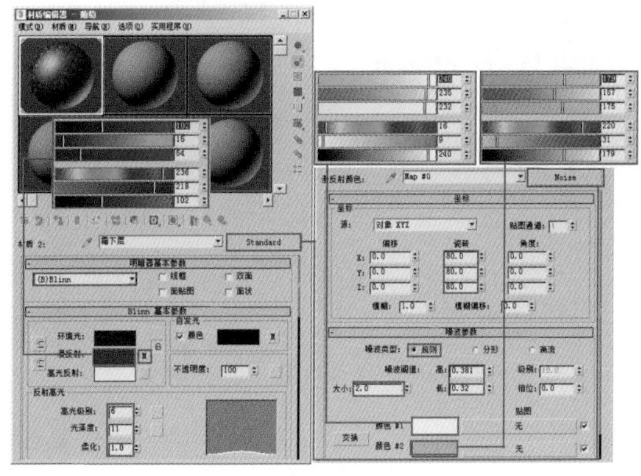

图9-122

步骤15 单击按钮，返回【霜下层】材质层，在【自发光】通道中添加一张【衰减】贴图，设置前通道颜色为黑色，设置侧通道颜色为蓝色，同时调节【混合曲线】弧度，具体参数设置如图9-123所示。

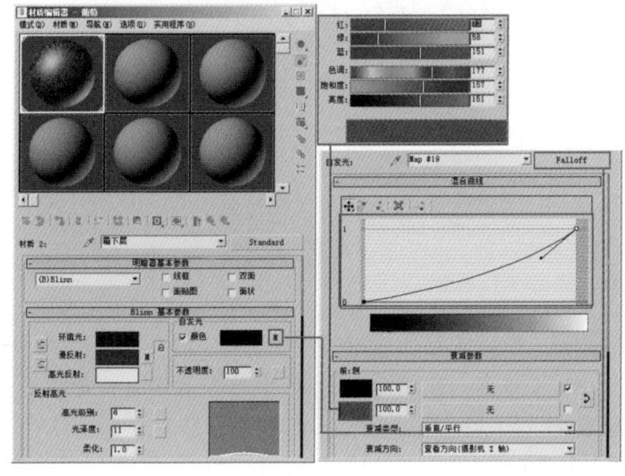

图9-123

步骤16 设置凹凸质感。打开【贴图】卷展栏，在【凹凸】通道中添加一张【噪波】贴图，设置【噪波类型】为分形，设置【大小】值为0.01；单击按钮，返回【霜下层】材质层，设置凹凸贴图强度为2，参数设置如图9-124所示。

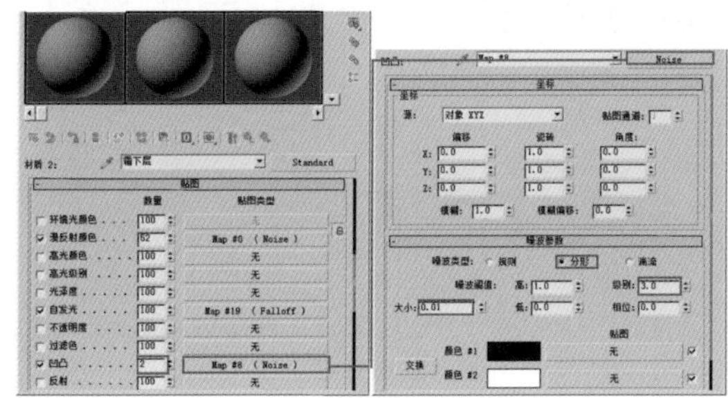

图9-124

步骤17 单击按钮，返回【霜】材质层，在【遮罩】通道中添加一张【噪波】贴图，设置【噪波类型】为湍流，设置【大小】值为5.0，参数设置如图9-125所示。

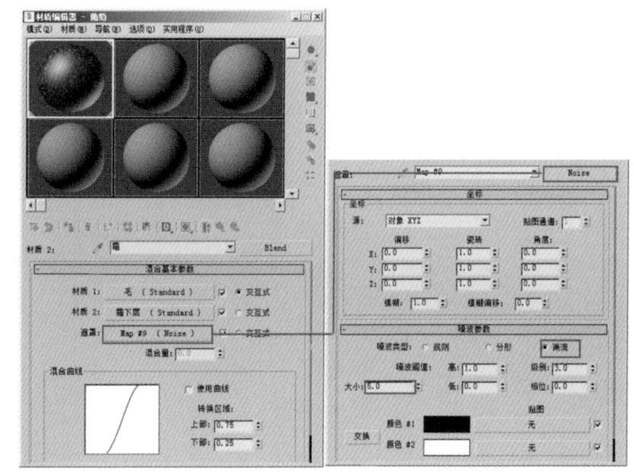

图9-125

步骤18 单击按钮，返回【葡萄内】材质层，在【遮罩】通道中添加一张【输出】贴图，在【贴图】通道中添加一张【烟雾】贴图，设置【大小】值为8.0；单击按钮，返回遮罩材质层，对输出曲线进行调节，参数设置如图9-126所示。

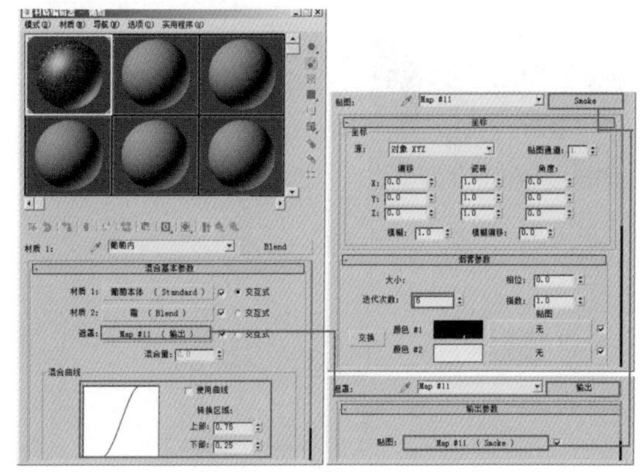

图9-126

步骤19 至此，葡萄内果肉材质制作完成，其材质球效果如图9-127所示。

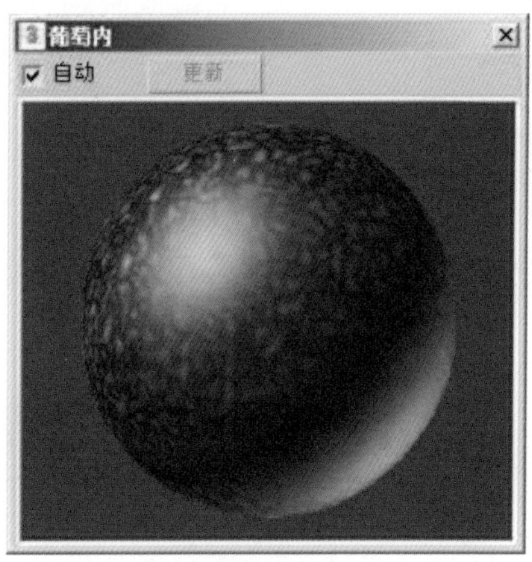

图9-127

9.6.2 制作葡萄外表皮材质

步骤01 下面来设置【材质2】部分材质，这部分材质为表皮材质，定义名称为【葡萄外】。设置材质样式为混合材质，定义其【材质1】部分材质名称为【葡萄折射】，定义其【材质2】部分材质名称为【霜2】，如图9-128所示。

图9-128

步骤02 首先来设置【葡萄外】材质的【材质1】部分材质，设置材质样式为标准材质，设置【明暗器】类型为Phong方式，在【漫反射】通道中添加一张【噪波】贴图，设置【大小】值为2.0，设置【颜色#1】为土灰色，在【颜色#2】通道中添加一张【噪波】贴图，设置【大小】值为8.0，设置【颜色#1】和【颜色#2】均为深蓝色，具体参数设置如图9-129所示。

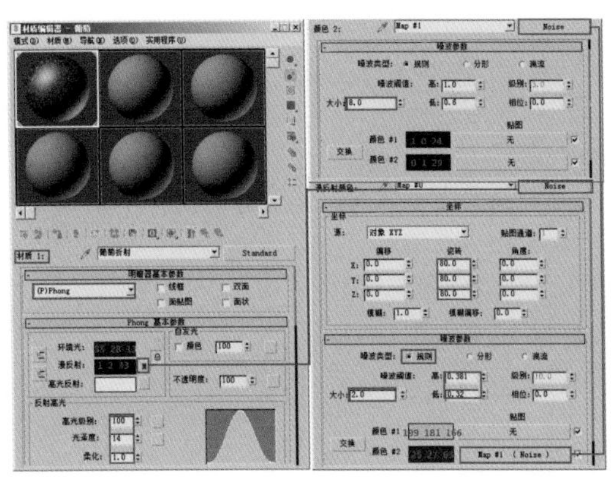

图9-129

步骤03 单击按钮，返回【葡萄折射】材质层。打开【贴图】卷展栏，在【凹凸】通道中添加一张【噪波】贴图，设置【大小】值为0.8，设置贴图强度为5，参数设置如图9-130所示。

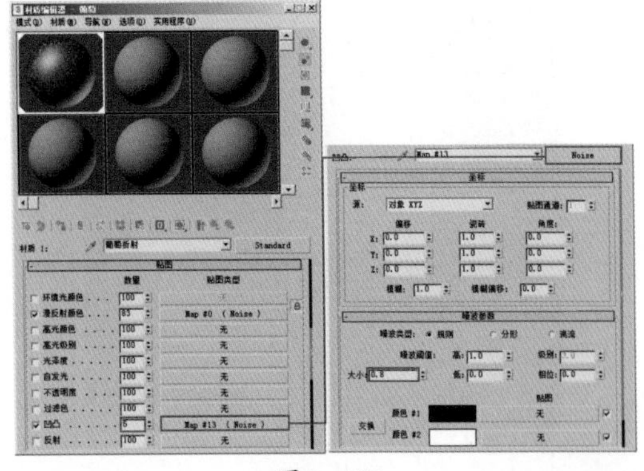

图9-130

步骤04 设置【折射】通道贴图为本书工程文件Maps目录下的001.tga文件，设置【模糊】值为10，设置贴图强度为10，参数设置如图9-131所示。

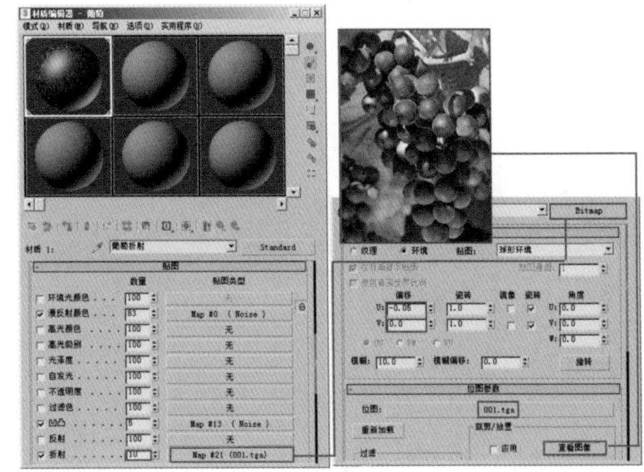

图9-131

步骤05 单击按钮，返回【霜2】材质层，设置材质样式为混合材质，命名其【材质1】部分材质为【毛2】，命名其【材质2】部分材质为【霜下层2】，如图9-132所示。

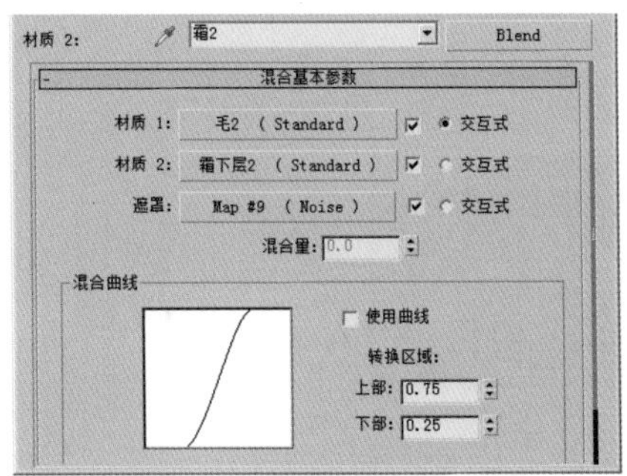

图9-132

步骤06 首先设置其【材质1】部分材质，设置材质样式为标准材质，设置【明暗器】类型为Blinn方式，在【漫反射】通道中添加一张【噪波】贴图，设置3个方向的【瓷砖】值均为80，设置【大小】值为2.0，设置【颜色#1】为白色，设置【颜色#2】为浅红色，具体参数设置如图9-133所示。

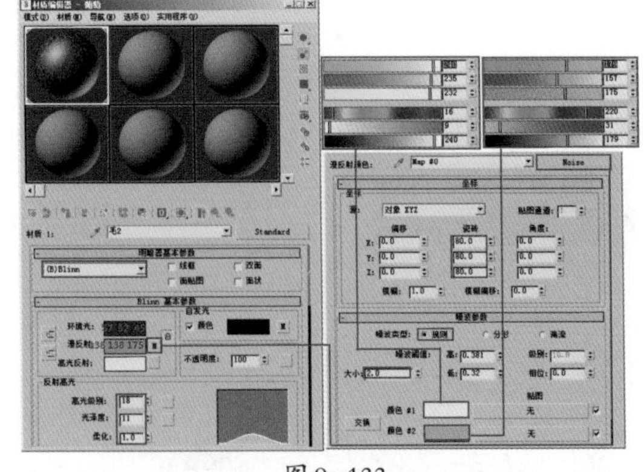

图9-133

步骤07 单击按钮，返回【毛2】材质层，在【自发光】通道中添加一张【衰减】贴图，设置前通道颜色为黑色，设置侧通道颜色为蓝色，同时调节【混合曲线】弧度，具体参数设置如图9-134所示。

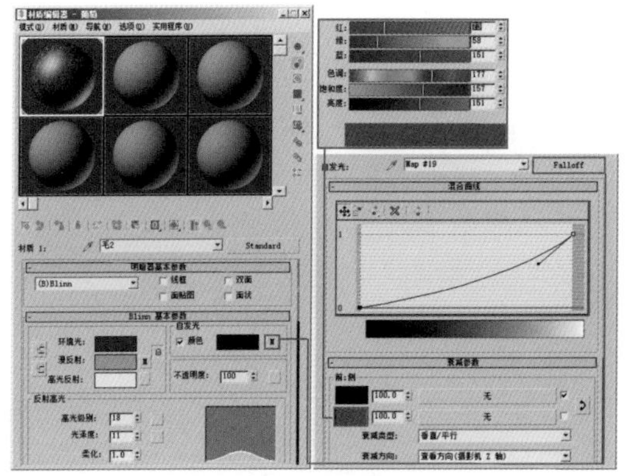

图9-134

步骤08 设置凹凸质感。打开【贴图】卷展栏，在【凹凸】通道中添加一张【噪波】贴图，设置【噪波类型】为分形，设置【大小】值为0.01，设置凹凸贴图强度为4，参数设置如图9-135所示。

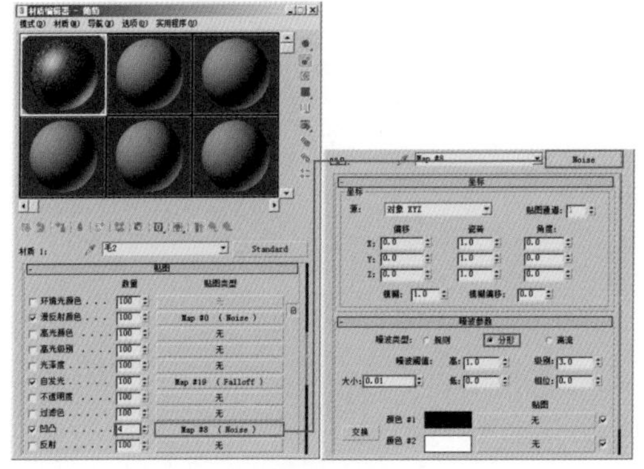

图9-135

步骤09 单击按钮，返回【霜2】材质层，设置其【材质2】部分材质为标准材质，设置【明暗器】类型为Blinn方式，在【漫反射】通道中添加一张【噪波】贴图，设置3个方向的【瓷砖】值均为80，设置【大小】值为2.0，设置【颜色#1】为白色，设置【颜色#2】为浅红色，具体参数设置如图9-136所示。

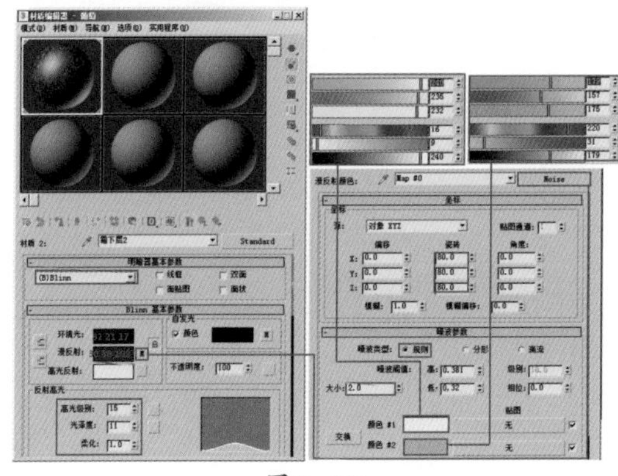

图9-136

步骤10 单击按钮，返回【霜下层2】材质层，在【自发光】通道中添加一张【衰减】贴图，设置前通道颜色为黑色，设置侧通道颜色为蓝色，同时调节【混合曲线】弧度，具体参数设置如图9-137所示。

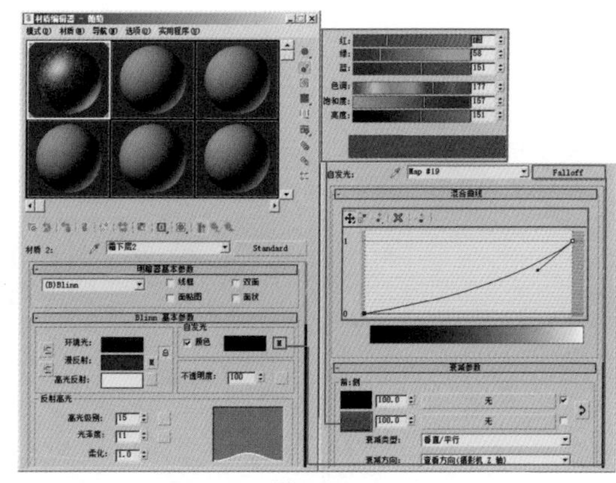

图9-137

步骤11 设置凹凸质感。打开【贴图】卷展栏，在【凹凸】通道中添加一张【噪波】贴图，设置【噪波类型】为分形，设置【大小】值为0.01，设置凹凸贴图强度为2，具体参数设置如图9-138所示。

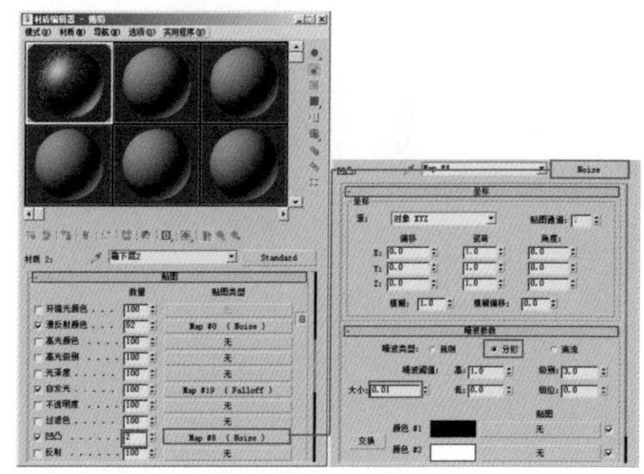

图9-138

步骤12 设置遮罩贴图。单击按钮，返回【霜2】材质层，在【遮罩】通道中添加一张【噪波】贴图，设置【噪波类型】为湍流，设置【大小】值为5.0，具体参数设置如图9-139所示。

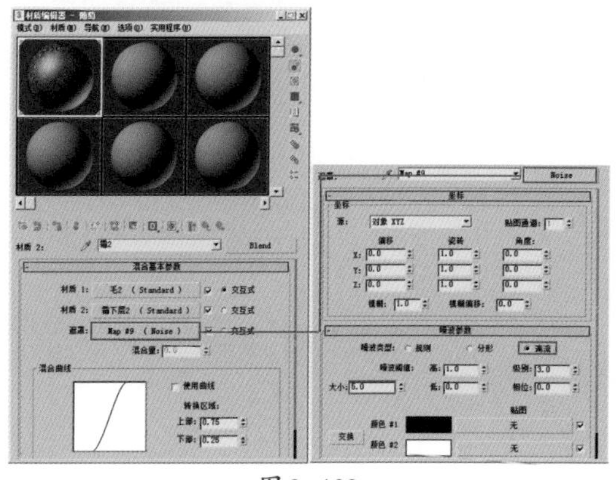

图9-139

步骤 13 设置外表皮材质的遮罩贴图。单击按钮，返回【葡萄外】材质层，在【遮罩】通道中添加一张【输出】贴图，在【贴图】通道中添加一张【烟雾】贴图，设置【大小】值为8.0；调节输出曲线的弧度，具体参数设置如图9-140所示。

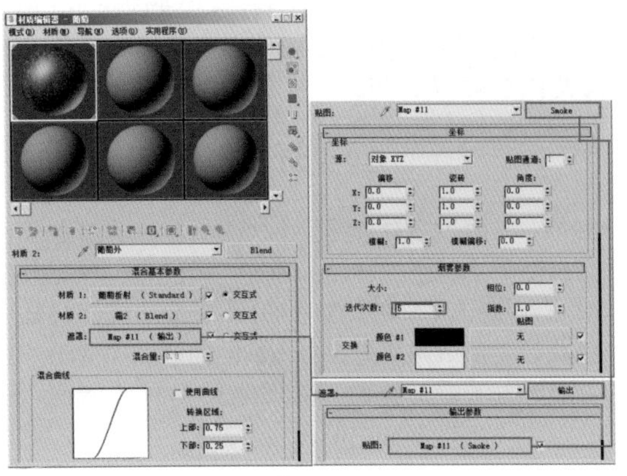

图 9-140

步骤 14 下面来设置【遮罩】部分材质。在【遮罩】通道中添加一张【衰减】贴图，调节【混合曲线】弧度，具体参数设置如图9-141所示。至此，葡萄材质制作完成。

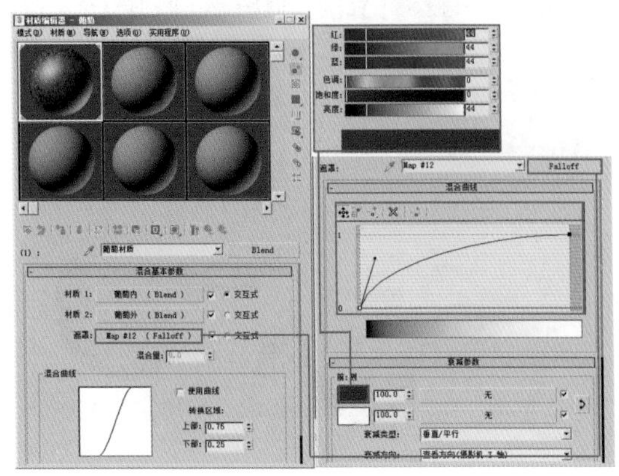

图 9-141

第10章 VRay渲染器

本章导读

VRay渲染器是著名的Chaos Group公司新开发的产品（该公司开发了Phoenix和SimCloth等插件），其主要用于渲染一些特殊的效果，如次表面散射、光迹追踪、焦散、全局照明等。VRay渲染器的特点在于快速设置而不是快速渲染，所以要合理地调节其参数。VRay渲染器控制参数并不复杂，完全内嵌在材质编辑器和渲染设置中，这与finalRender、Brazil等渲染器很相似。

10.1 VRay渲染器的特色

VRay渲染器有Basic Package和Advanced Package两种版本。Basic Package版本具备基础功能且价格较低，适合学生和业余艺术家使用。Advanced Package版本包含几种特殊功能（如全局照明、软阴影、毛发、卡通、金属和玻璃材质等），适合专业制图人员使用。

本书范例将使用Advanced Package版本。

1. 真实的光迹追踪效果（反射/折射效果）

VRay渲染器的光迹追踪效果来自优秀的渲染计算引擎，如准蒙特卡罗、发光贴图、灯光贴图和光子贴图。图10-1～图10-3所示是一些优秀的反映光迹追踪效果的作品。

图10-1

图10-2

图10-3

2. 快速的半透明材质（次表面散射SSS）效果

VRay渲染器的半透明材质效果非常真实，只需设置烟雾颜色即可，非常简单。图10-4～图10-6所示是一些反映次表面散射SSS效果的作品。

图10-4

图 10-5

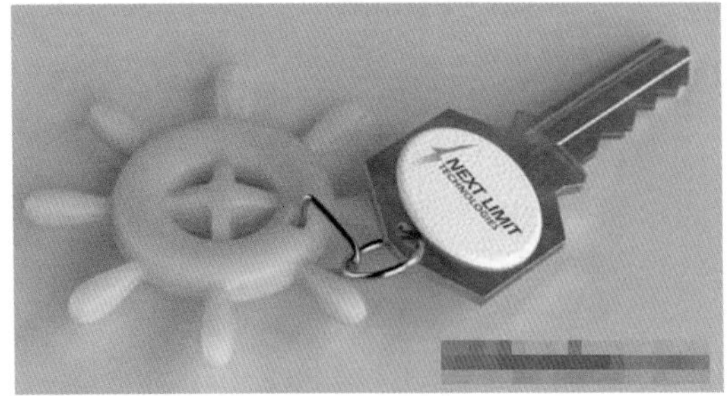

图 10-6

3. 真实的阴影效果

VRay渲染器的专用灯光阴影会自动产生真实且自然的阴影，其还支持3ds Max默认的灯光，并提供了VRayShadow专用阴影。图10-7 ～图10-10所示是一些反映真实的阴影效果的作品。

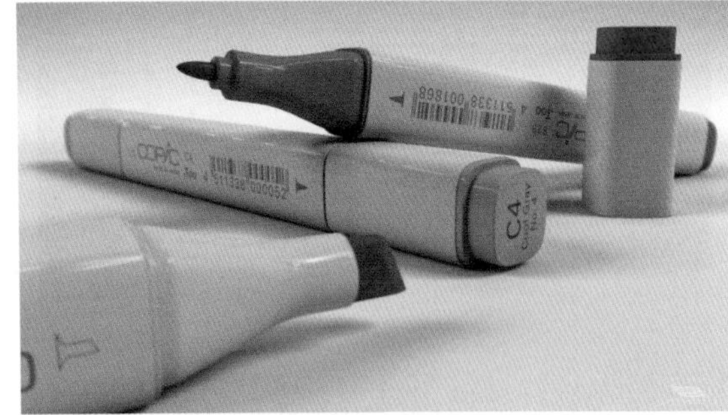

图 10-7

图 10-8

图 10-9

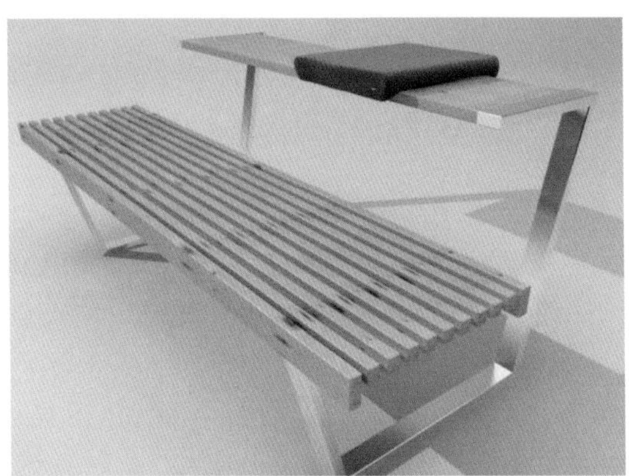

图 10-10

4. 真实的光影效果（环境光和 HDRI 图像功能）

VRay渲染器的环境光支持HDRI图像和纯色调，比如给出淡蓝色，就会产生蓝色的天光，HDRI图像则会产生更加真实的光线色泽。VRay渲染器还提供了类似VRay-太阳和VRay-环境光等用于控制真实效果的天光模拟工具。图10-11 ～图10-13所示是一些反映真实的光影效果的作品。

图 10-11

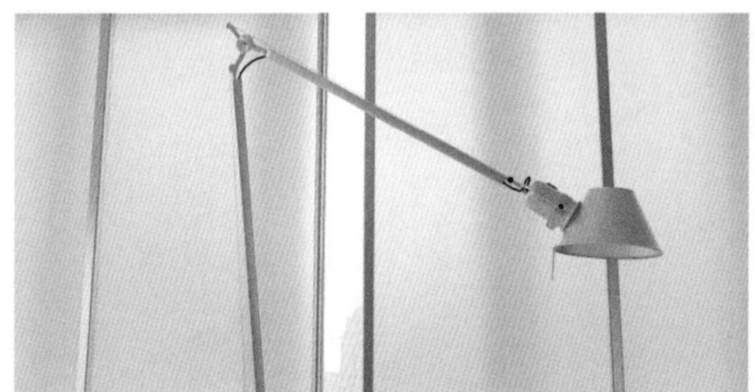
图 10-12

图 10-13

5. 焦散特效

VRay渲染器的焦散特效非常简单，只需激活焦散功能选项，再给出相应的光子数量，即可开始渲染焦散，前提是物体必须有反射和折射。图10-14 ～图10-17所示是一些反映焦散特效的作品。

图 10-14

图 10-15

图 10-16

图 10-17

6. 快速真实的全局照明效果

VRay渲染器的全局照明效果是它的核心部分，可以控制一次光照和二次间接照明，得到的将是无与伦比的光影漫射真实效果，而且渲染速度可控性很强。图10-18 ～图10-20所示是一些反映快速真实的全局照明效果的作品。

图 10-18

图 10-19

图 10-20

7. 运动模糊效果

VRay渲染器的运动模糊效果可以让运动的物体和摄影机镜头达到影视级的真实度。图10-21～图10-23所示是一些反映运动模糊效果的作品。

图 10-21

图 10-22

图 10-23

8. 景深效果

VRay渲染器的景深效果虽然渲染起来比较慢，但精度是非常高的，它还提供了类似镜头颗粒的各种景深特效，比如让模糊部分产生六棱形的镜头光斑等。图10-24～图10-26所示是一些反映景深效果的作品。

图 10-24

图 10-25

图 10-26

9. 置换特效

VRay渲染器的置换特效是一个亮点，它可以与贴图共同配合来完成建模达不到的物体表面细节。图10-27和图10-28所示是一些反映置换特效的作品。

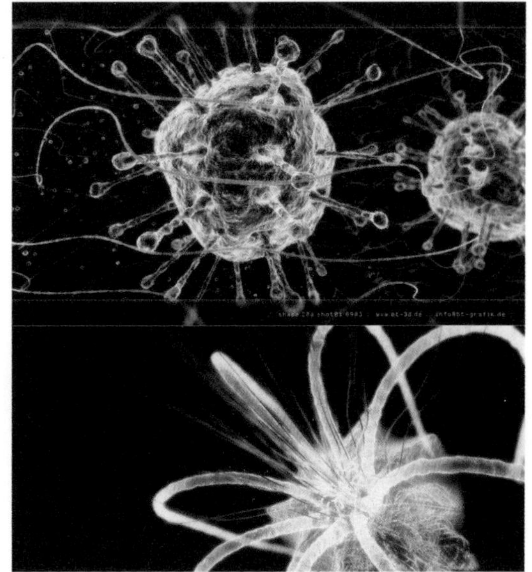

图 10-27

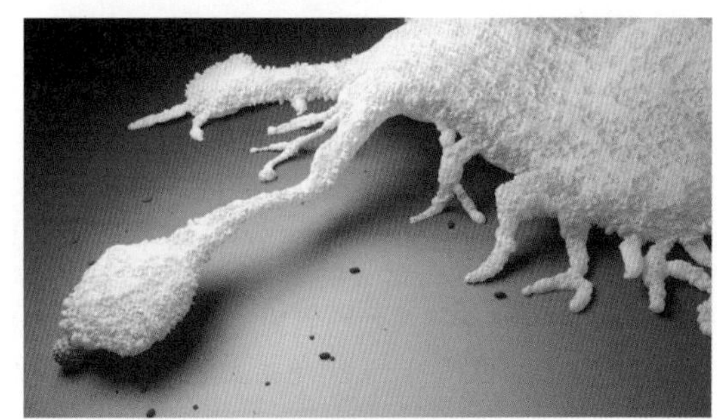

图 10-28

10. 真实的毛发特效

VRay渲染器的毛发特效是新增的特效，它可以制作任何漂亮的毛发特效，比如一块羊毛地毯、一片草地等。图10-29所示是反映真实的毛发特效的作品。

图 10-29

了解了VRay渲染器的诸多优点之后，我们来深入学习它的用法。

10.2 设置VRay渲染器

每种渲染器安装后都有自己的模块，比如finalRender渲染器，完成安装后可以在3ds Max中的很多地方找到它的身影：灯光创建面板、材质编辑器、渲染设置对话框和摄影机创建面板等。如果安装后不指定渲染器，则无法工作。VRay渲染器的设置方法也一样。

下面介绍如何设置VRay渲染器。首先确保我们已经正确安装了VRay渲染器，因为3ds Max在渲染时使用的是自身默认的渲染器 默认扫描线渲染器 ，所以我们要手动设置VRay渲染器为当前渲染器。

步骤01 打开3ds Max软件。

步骤02 按【F10】键或在工具栏中单击按钮，打开 渲染设置：扫描线渲染器 窗口，如图10-30所示。

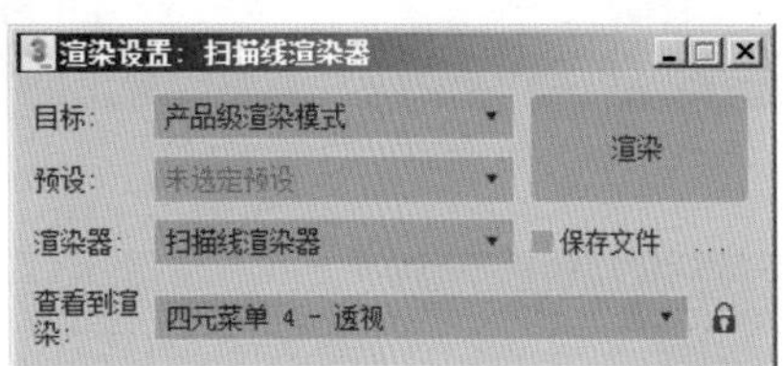

图10-30

步骤03 在【渲染器】下拉列表中，找到已经安装好的V-Ray Adv 3.60.03渲染器，如图10-31所示。

图10-31

步骤04 选择V-Ray Adv 3.60.03渲染器，此时可以看到【渲染器】项后面的渲染器名称变成了V-Ray Adv 3.60.03，窗口的标题栏中也变成了V-Ray Adv 3.60.03渲染器的名称，这说明3ds Max目前的工作渲染器为VRay渲染器，如图10-32所示。

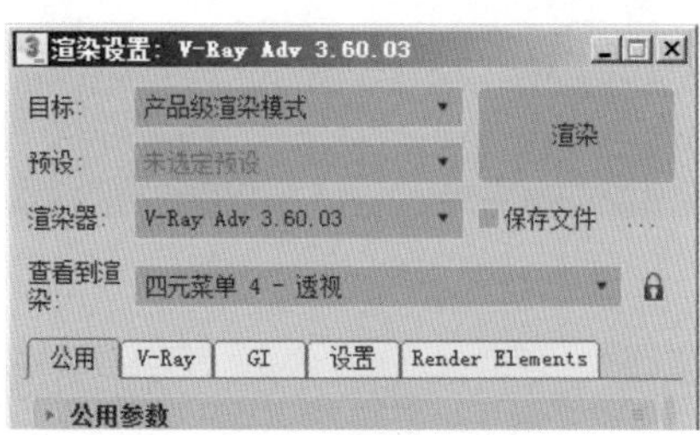

图10-32

步骤05 VRay渲染器安装完成后，重新启动3ds Max软件，此时VRay渲染器就可以正常工作了。打开一个场景中带有VRay专用材质的文件，如果没有将VRay渲染器设置为当前渲染器，则此时材质编辑器中的VRay专用材质是黑色的。

只有设置当前渲染器为VRay渲染器，材质编辑器中的VRay专用材质才能正常显示，而且才能够使用新的VRay专用材质。如果想让3ds Max在默认状态下使用VRay渲染器，则可以在窗口中设置好VRay渲染器后，单击 保存为默认设置 按钮，存储默认设置。这样，下次打开3ds Max后，系统默认的渲染器就是VRay渲染器。设置当前工作的渲染器我们就先讲到这里，如何进一步设置它们，我们将放在后面的章节中详细介绍。

10.3 VRay渲染器的真实光效

VRay渲染器的光效之所以非常真实，是因为它使用了光子的多次反弹原理。光子通过多次反弹，产生真实世界中的光线漫射效果，使原本阴影处的黑色变得通透可见。下面我们就来简单了解一下VRay渲染器提供的这几种真实光效控制参数。

10.3.1 全局光照

VRay渲染器的真实光效来自优秀的全局光照引擎。在VRay渲染器中有一个GI界面（按【F10】键即可打开该界面），光子的一级、二级反弹就是在这里进行控制的。如图10-33所示，勾选 启用 GI 复选框后，VRay渲染器的全局光照引擎开始产生作用，之前它相当于3ds Max的默认扫描线渲染器。

图10-34和图10-35所示为勾选 启用 GI 复选框前后的效果对比。勾选 启用 GI 复选框后，系统将自动打开光子反弹运算功能。当然，VRay渲染器给我们提供了很多可控参数来调节这些光子反弹的次数和强度。

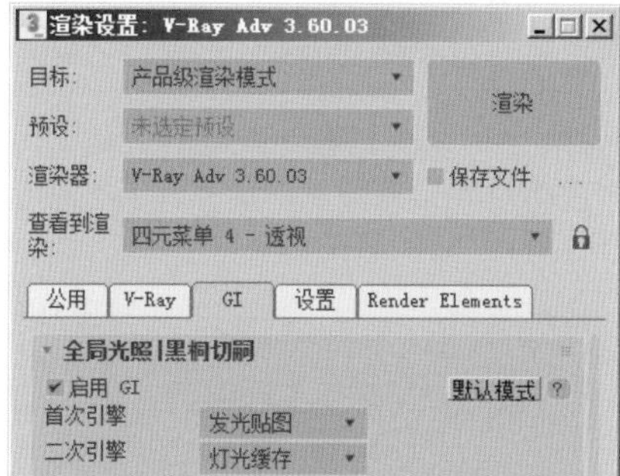

图 10-33

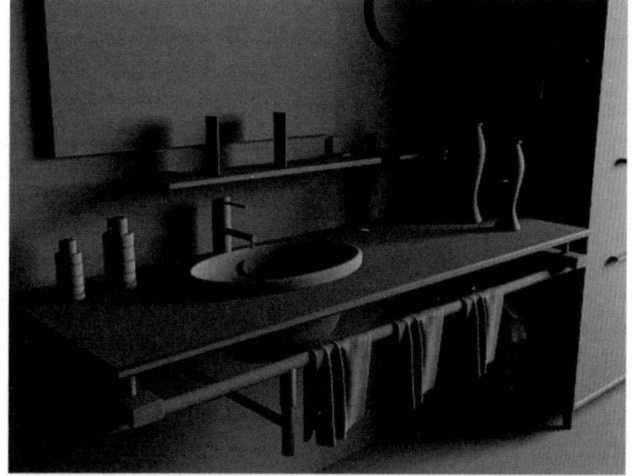

图 10-34

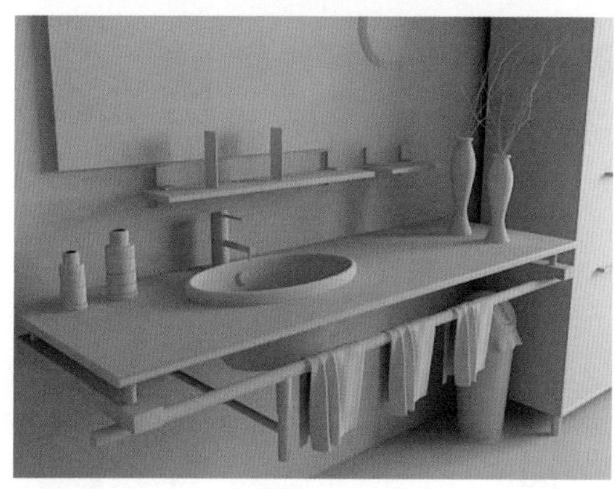

图 10-35

10.3.2 一次光线反弹

VRay渲染器的一次光线反弹表示光线射入物体表面时第一次反弹到其他物体上产生的光照亮度，这种反弹不会产生光线漫射效果。初次反弹的倍增参数值默认是1，如图10-36所示，这是正常亮度，减少或增加该参数值将会使场景光照亮度变暗或变亮。

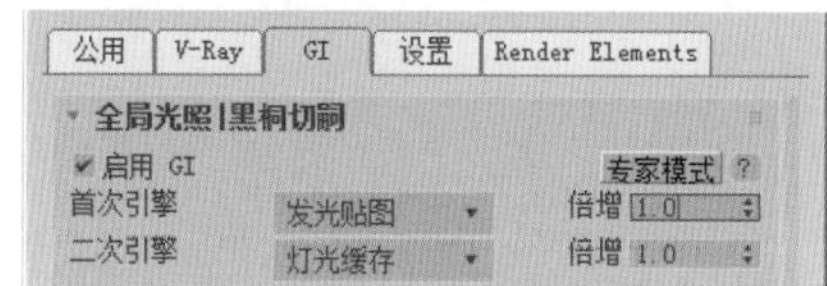

图 10-36

图10-37和图10-38所示分别为一次光线反弹的效果图和示意图。

图 10-37

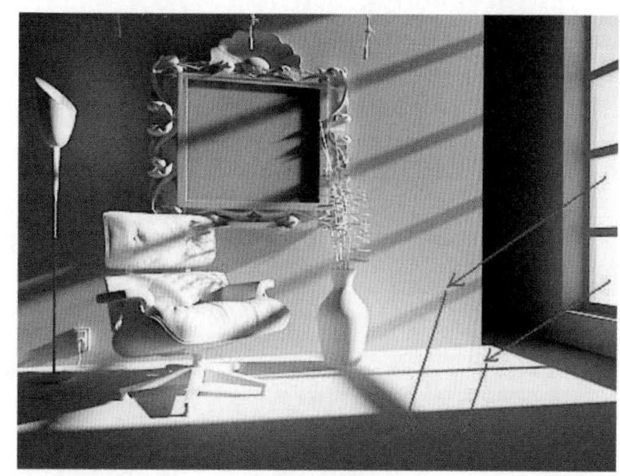

图 10-38

10.3.3 二次光线反弹

VRay渲染器的二次光线反弹其实是一种漫射效果。在现实世界中，光线进行一次光线反弹后在物体上的另一次反弹，不会像一次光线反弹那样强烈，呈渐弱的趋势衰减。在VRay渲染器的二次光线反弹参数中，这种强度是可以调节的，如图10-39所示。

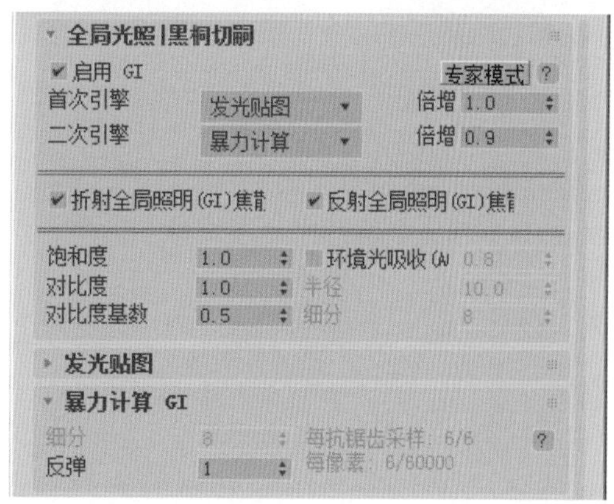

图 10-39

图10-40和图10-41所示分别为一次光线反弹和二次光线反弹的效果对比和示意图。

图 10-40

图 10-41

10.3.4 光线反弹次数

光线反弹次数在 暴力计算 GI 卷展栏中可以设置，二次光线反弹次数越多，光子的效果越细腻，如图10-42所示。

图 10-42

图10-43 ～图10-47所示为不同二次光线反弹次数的效果对比。

图 10-43

图 10-44

图 10-45

图 10-46

图 10-47

10.3.5 VRay环境

VRay渲染器自带了一个能够产生大气环境的参数，如图10-48所示，它可以利用指定的颜色给场景打一层天光。

环境
GI 环境
颜色 1.0 贴图 无贴图
反射/折射环境
颜色 1.0 贴图 无贴图
折射环境
颜色 1.0 贴图 无贴图
二次无光环境
颜色 1.0 贴图 无贴图

图 10-48

在真实世界中，大部分时间天空呈淡蓝色，黄昏时呈暖色。当天空无云时，阴影总是蓝色的，因为此时照明阴影部分的光线是蓝色的天空光，制作出的图像颜色也必然偏蓝。同样，在多云的天气里，特别是当太阳被浓云遮住时，天空中大部分是蓝光，或者当天空被高空的薄雾均匀地遮住时，制作出的图片也应该偏蓝，如图10-49所示。

图 10-49

在日出不久和夕阳西下时，太阳呈现为黄色或红色。这是由于大气中有很厚的雾气和尘埃层使光线散射，只有较长的红、黄光波才能穿透，使清晨和黄昏的光线具有独特的色彩。在这种光线下所反映的景物，其色彩比在白色光线下所反映的景物显得更暖一些，如图10-50所示。

图 10-50

GI 环境 这个参数就是用于模拟这些天光色的。当我们指定了天光色后，天光漫射的发散方向为四面八方。图10-51所示为环境天光示意图。

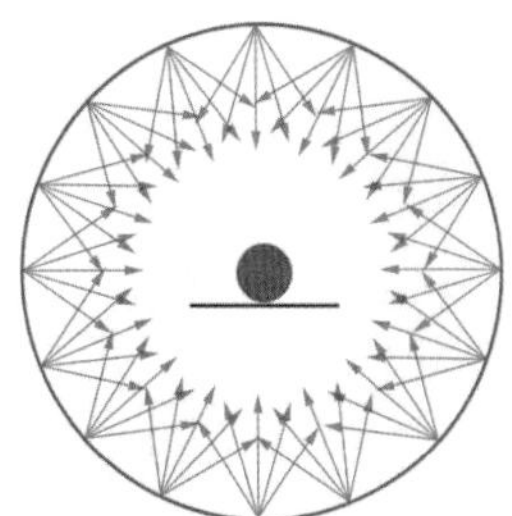

图 10−51

要想使用天光功能，必须先在GI界面中勾选 ✔启用 GI 复选框，然后就可以在 ✔GI 环境 区域中进行天光指定了，如图10-52和图10-53所示。

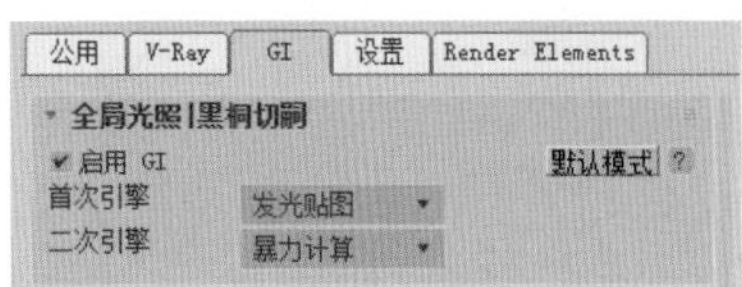

图 10−52

图 10−53

图10-54和图10-55所示为场景打开天光前后的效果对比。

图 10−54

图 10−55

10.4 VRay灯光照明技术

在VRay渲染器中，只要打开间接照明开关，就会产生真实的全局照明效果。VRay渲染器对3ds Max的大部分内置灯光都支持（skylight和IESsky不支持）。VRay渲染器自带了4种专用灯光，分别是VRayLight（VRay灯光）、VRayAmbientLight、VRayIES和VRaySun（VRay太阳）。

VRay的灯光系统和3ds Max的区别就在于是否具有面光。现实世界中的所有光源都是有体积的，体积灯光主要表现在范围照明和柔和投影上。而3ds Max的标准灯光都是没有体积的，光度灯有几种是有体积的，其实阴影并不是按体积计算的，需要使用Area投影，而Area投影只是对面光的一种模拟。VRay渲染器的灯光类型如图10-56所示。

图 10−56

10.4.1 VRay灯光

VRay灯光是VRay渲染器的专用灯光，它可以设置为纯粹的不被渲染的照明虚拟体，也可以被渲染出来，甚至可以作为环境天光的入口。VRay灯光的最大特点是可以自动产生极其真实的自然光影效果。VRay灯光可以创建平面光、球体光和半球光。VRay灯光可以双面发射，可以在渲染图像上不可见，也可以让灯光向四周发散光线。在平面模式下，灯光发散光线的方向可以观察得更加清晰。

VRay灯光的参数控制面板如图10-57所示。

开：控制VRay灯光照明的开关，如图10-58所示。

双面：在灯光被设置为平面类型时，该选项决定是否在平面的两边都产生灯光效果。该选项对球形灯光没有作用。图10-59所示是勾选【双面】选项对场景的影响。

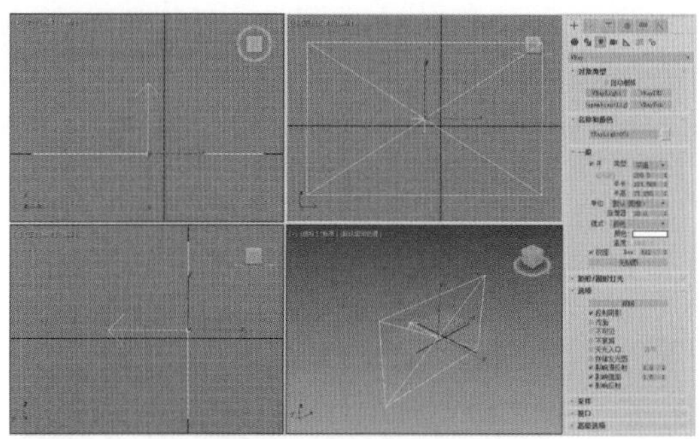

图 10-57

图 10-58

图 10-59

不可见：设置在最后的渲染效果中光源形状是否可见。图10-60所示是勾选【不可见】选项对场景的影响。

图 10-60

不衰减：在真实的世界中，远离光源的表面会比靠近光源的表面显得更暗。勾选这个选项后，灯光的亮度将不会因为距离而衰减。图10-61和图10-62所示为该选项勾选前后的测试效果图。

图 10-61

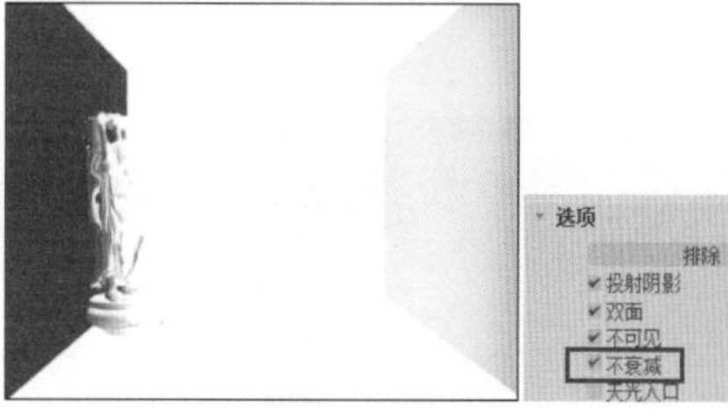

图 10-62

影响漫反射：在一般情况下，光源表面在空间的任何方向上发射的光线都是均匀的，在不勾选这个选项的情况下，VRay灯光会在光源表面的法线方向上发射更多的光线。图10-63和图10-64所示是勾选该选项和取消勾选该选项对场景的影响对比。

图 10-63

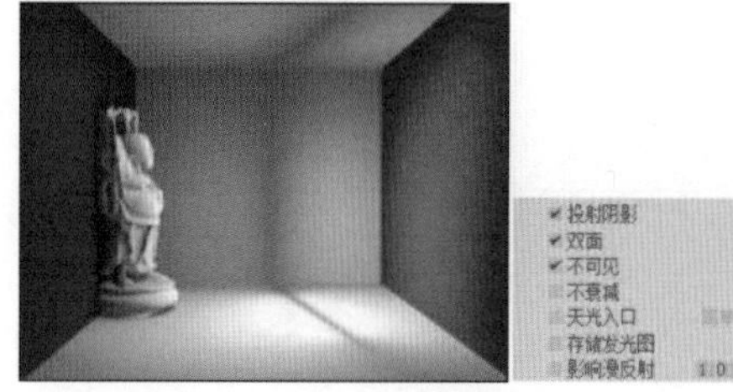

图 10-64

颜色：设置灯光的颜色。图10-65和图10-66所示是灯光色彩的测试效果图。

图 10-65

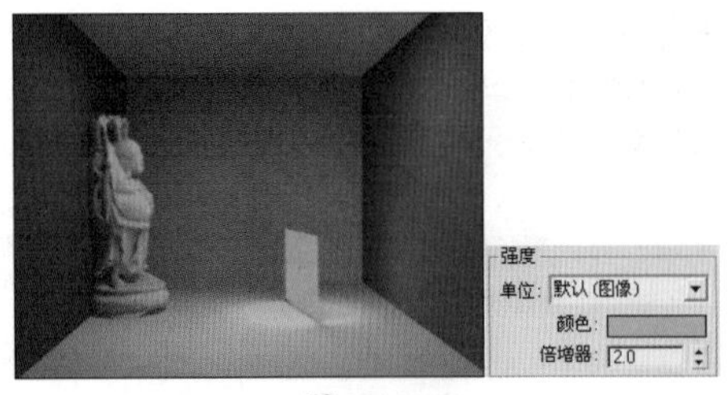

图 10-66

倍增器：设置灯光颜色的倍增值。图10-67和图10-68所示为倍增器参数测试效果图。

图 10-67

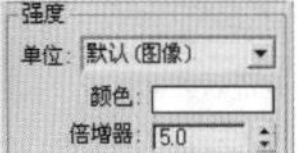

图 10-68

天光入口：勾选这个选项后，前面设置的颜色和倍增值都将被VRay忽略，代之以环境的相关参数进行设置。图10-69所示为天光入口测试效果图，VRay灯光的光照被环境光所取代，VRay灯光仅扮演一个光线方位的角色。

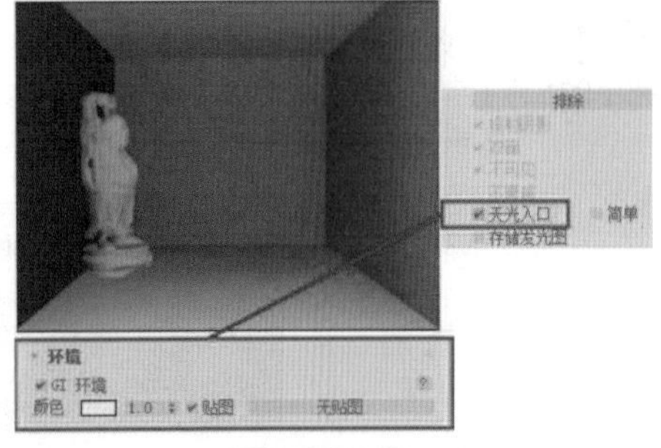

图 10-69

存储发光图：当这个选项被勾选时，如果计算GI的方式使用的是发光贴图方式，则系统将计算VRay灯光的光照效果，并将计算结果保存在发光贴图中。把间接光的计算结果保存到发光贴图中备用是一个不错的选择，可以提速不少，但是也明显受到发光贴图精度的制约。如果发光贴图的计算参数值比较高，那么还是可以使用的。另外存在的一个问题就是，这样可能会导致物体间接触的地方有漏光现象，这个问题可以通过勾选渲染面板中的【VRay 发光贴图】卷展栏中的【检查采样的可见性】选项得到解决。

影响镜面和影响反射：勾选这两个选项后，VRay灯光将影响镜面和反射物体的光线反弹。

平面：将VRay灯光设置成长方形形状，效果如图10-70所示。

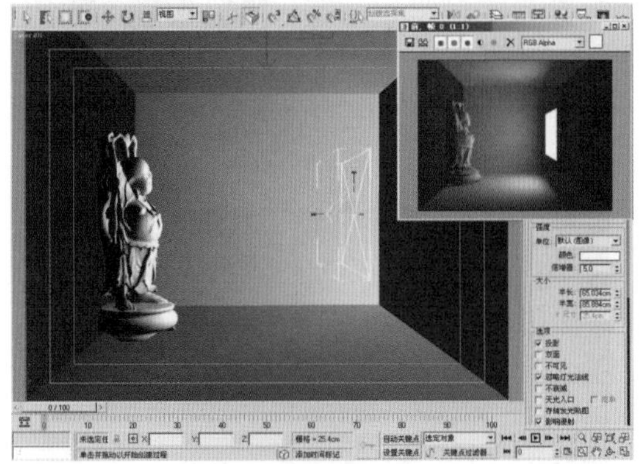

图 10-70

穹顶：将VRay灯光设置成圆盖形状，效果如图10-71所示。

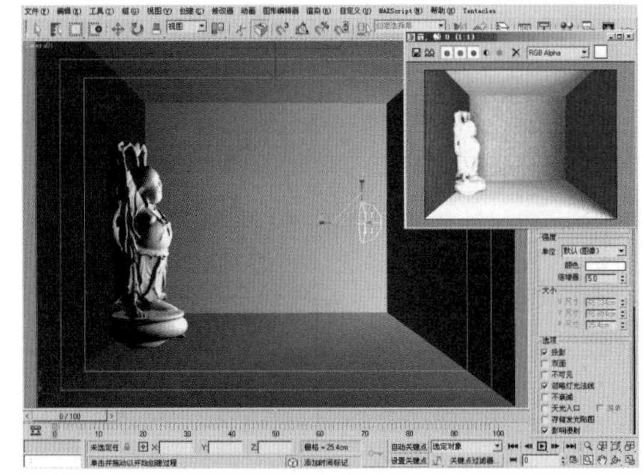

图 10-71

球体：将VRay灯光设置成球状，效果如图10-72所示。

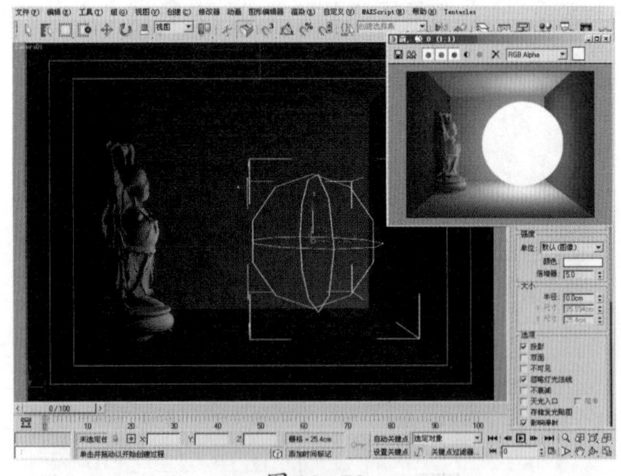

图 10-72

U向尺寸：设置光源的U向尺寸（如果光源为球

状，则这个参数相应地设置球的半径）。

V向尺寸：设置光源的V向尺寸（如果光源为球状，则这个参数没有效果）。

W向尺寸：当前这个参数设置没有效果，它是一个预留的参数，如果将来有一天VRay支持方体形状的光源类型，那么它可以用来设置其W向尺寸。

细分：设置在计算灯光效果时使用的样本数量，较高的取值将产生平滑的效果，但是会耗费更多的渲染时间。图10-73～图10-75所示为不同样本细分的测试效果图。

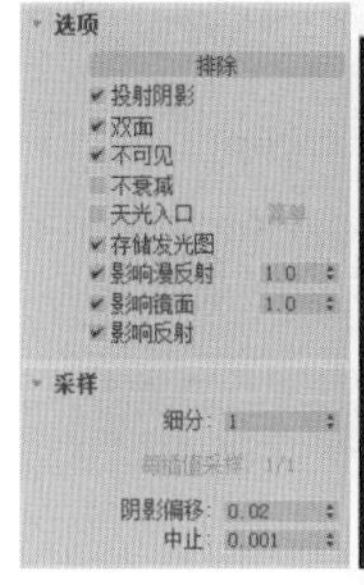

图10-73

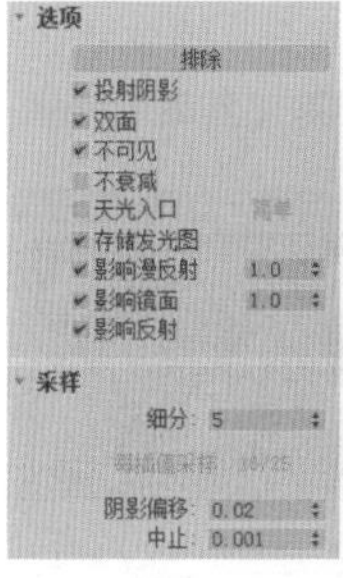

图10-74

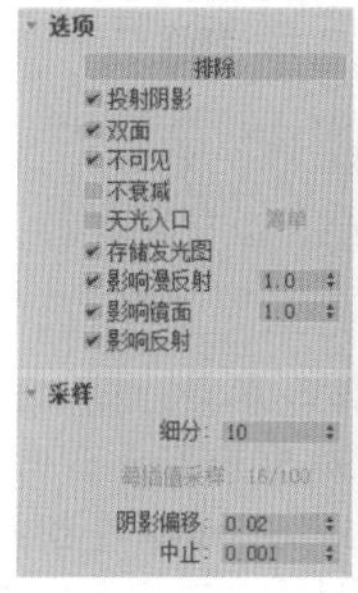

图10-75

VRay灯光总结：VRay的全局光计算速度受灯光数目的影响很大，灯光越多，计算速度越慢，因此制作夜景肯定比日景慢很多。但是，发光体的数目对计算速度影响就不大，所以尽可能地使用发光体，而不使用灯光。

10.4.2 VRay太阳

VRay太阳是VRay渲染器新添加的灯光种类，功能比较简单，主要用于模拟场景中的太阳光照射。图10-76所示为VRay太阳的参数控制面板。

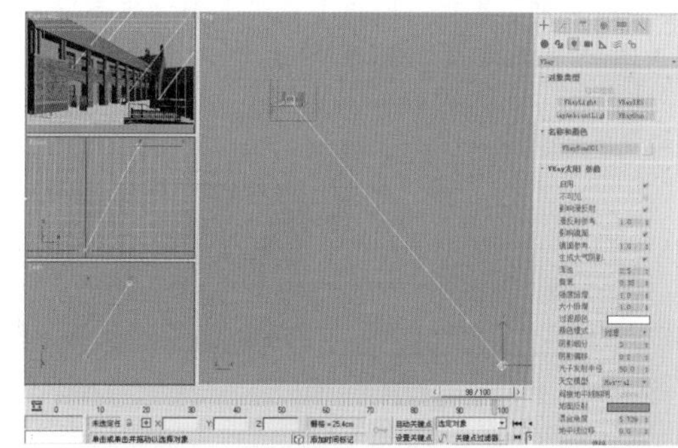

图10-76

VRay太阳参数控制面板中的主要参数如下。

启用：灯光的开关。

浑浊：设置空气的浑浊度，该参数值越大，空气越不透明（光线越暗），而且会呈现出不同的阳光色。早晨和黄昏浑浊度较高，正午浑浊度较低。图10-77～图10-79所示为不同大气浑浊度的测试效果图。

图10-77

图10-78

图10-79

臭氧：设置臭氧层的稀薄指数。该参数值对场景影响较小，值越小，臭氧层越稀薄，到达地面的光能辐射越多（光子漫射效果越强）。图10-80和图10-81

所示为臭氧参数测试效果图，从图中可以看到阴影区域的亮度变化。

图 10-80

图 10-81

强度倍增：设置阳光的亮度，在一般情况下，设置较小的值就可以满足使用要求了。图10-82所示为强度倍增参数测试效果图。

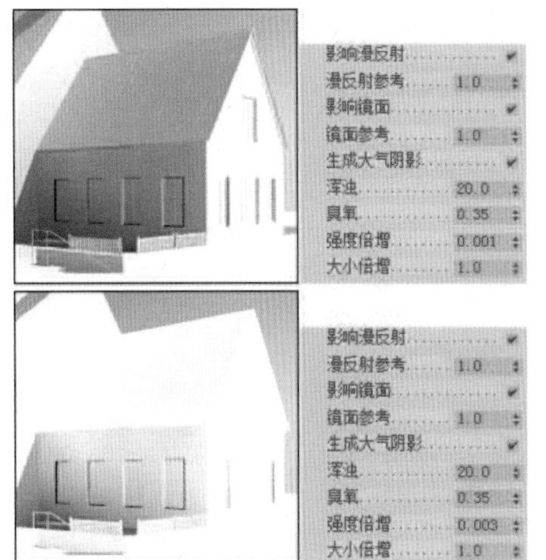

图 10-82

大小倍增：设置太阳的尺寸。

阴影细分：设置阴影的采样值，值越高，画面越细腻，但渲染速度会越慢。

阴影偏移：设置物体阴影的偏移距离，当值为1.0时，阴影正常；当值大于1.0时，阴影远离投影对象；当值小于1.0时，阴影靠近投影对象。图10-83和图10-84所示为阴影偏移参数测试效果图。

10.4.3 VRaySky贴图

VRay太阳灯光经常配合VRaySky专用环境贴图同时使用，在改变VRay太阳灯光位置的同时，VRaySky贴图也会随之自动变化，模拟出天空变化。VRaySky是一种天空球贴图，属于贴图类型。

图 10-83

图 10-84

下面结合VRay太阳灯光来介绍VRaySky贴图的参数的使用方法。使用VRay太阳灯光类型给场景设置灯光，如图10-85所示。

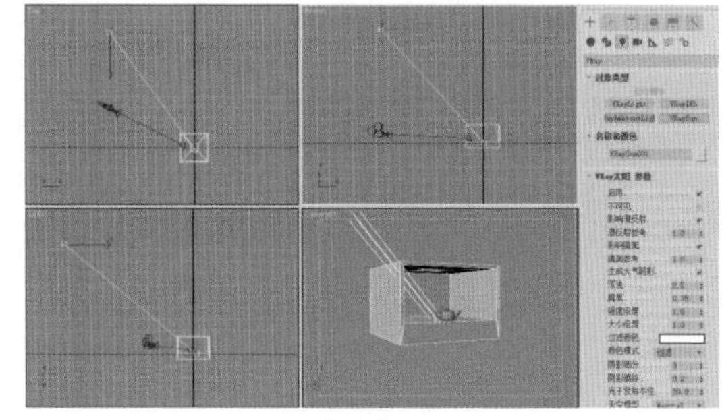

图 10-85

步骤01 执行【渲染】/【环境】命令，打开【环境和效果】窗口，如图10-86所示。

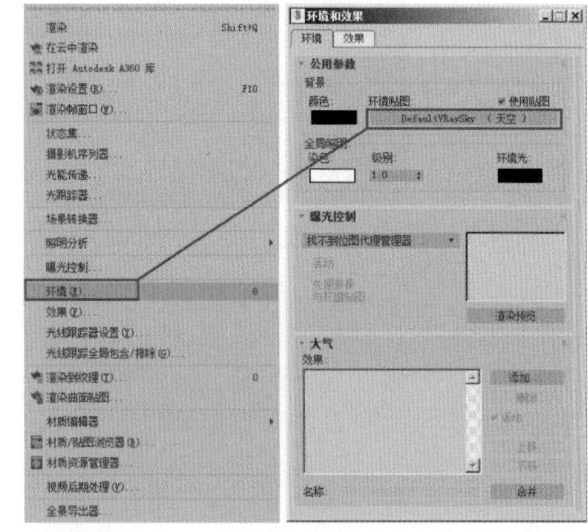

图 10-86

步骤02 在创建VRay太阳灯光时，系统会自动加载天空贴图到环境面板中，并将其以实例形式复制到材质编辑器中，如图10-87所示。

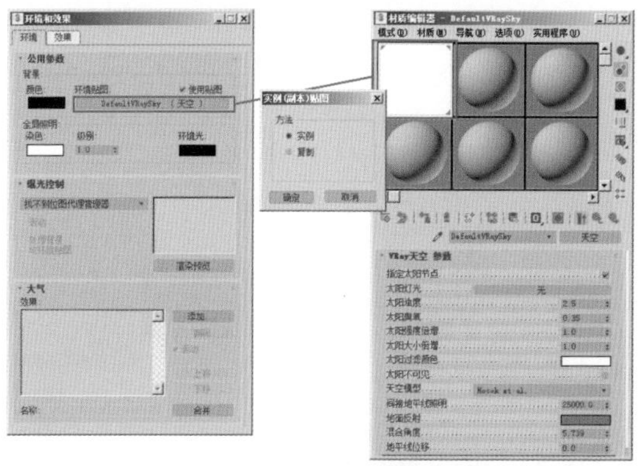
图 10-87

步骤03 单击材质编辑器中的 无 按钮，选择场景中的VRay太阳灯光，这样就将太阳和天空连接在一起了。当我们移动VRay太阳的位置时，天空球也会随之转动和变换天空色。图10-88和图10-89所示为不同灯光位置的天空球贴图效果。

图 10-88

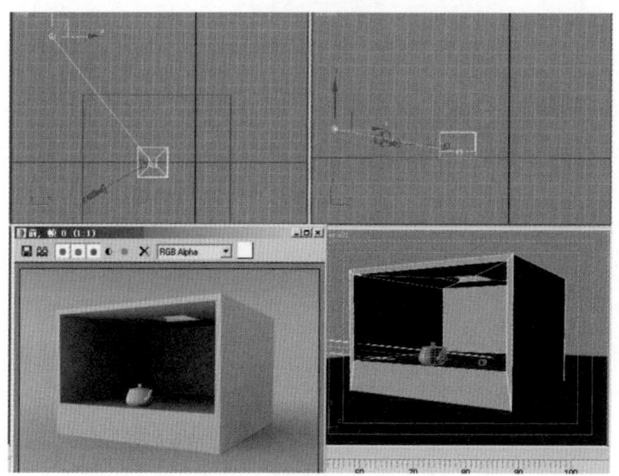
图 10-89

VRaySky贴图的参数如下。

指定太阳节点：勾选右侧的复选框后即可指定场景中的灯光。

太阳灯光：指定场景中的灯光为太阳中心点。如图10-90所示，指定场景中的VRay太阳为太阳中心点。

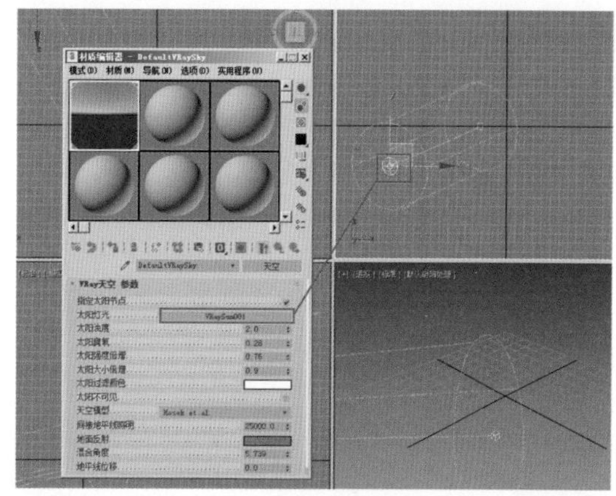
图 10-90

太阳浊度：设置空气的浑浊度，2.0代表最晴朗的天空。图10-91～图10-94所示为太阳浊度参数测试效果图。

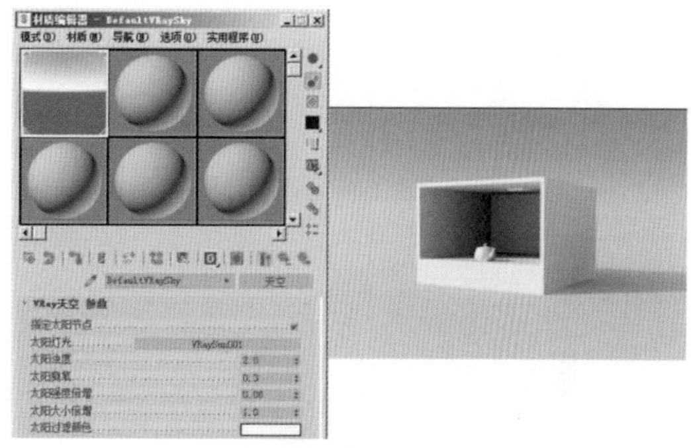
图 10-91

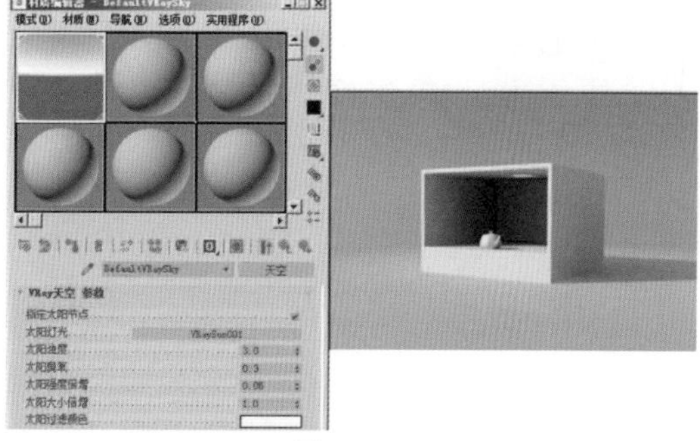
图 10-92

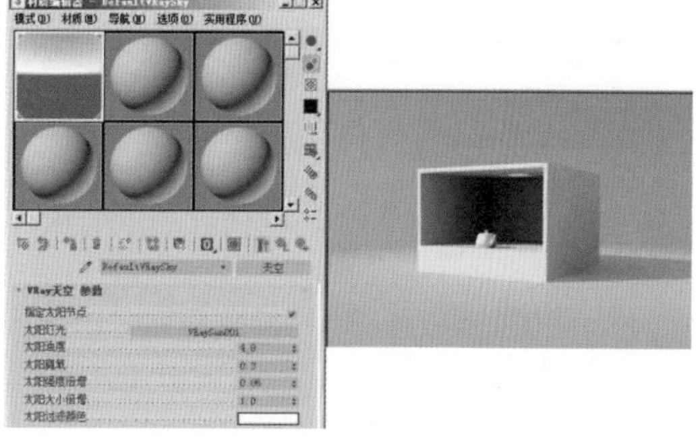
图 10-93

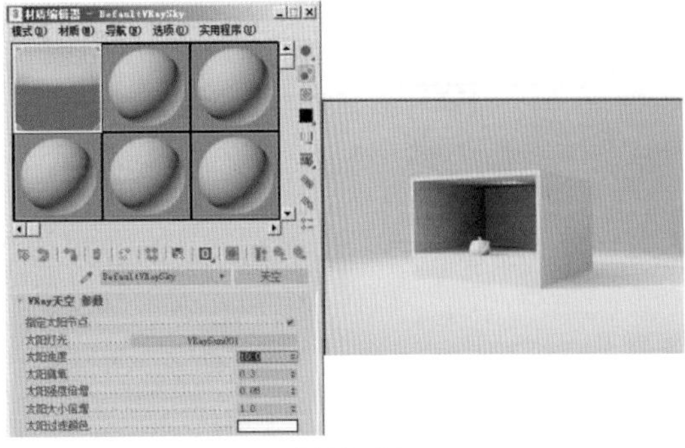
图 10–94

太阳臭氧：设置臭氧层的稀薄指数，该设置对场景影响不大。图10-95和图10-96所示为太阳臭氧参数测试效果图，大家可以观察房间内部的光线反弹效果，当该参数值为0时室内最亮。

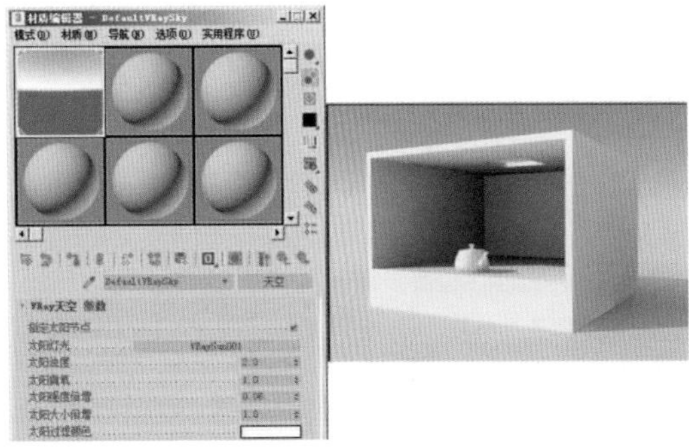
图 10–95

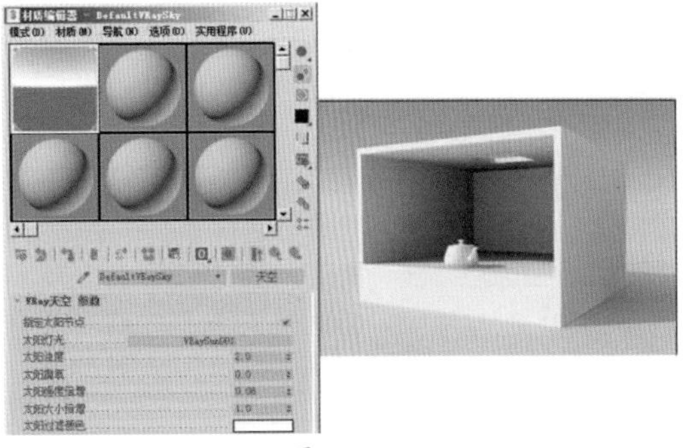
图 10–96

太阳强度倍增：设置太阳的亮度。图10-97和图10-98所示为太阳强度倍增参数测试效果图。

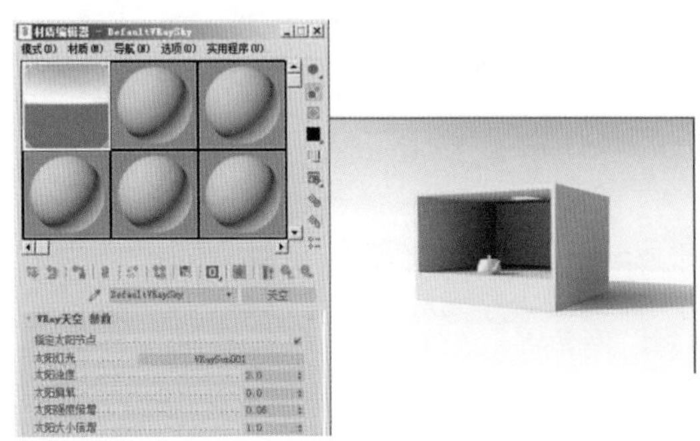
图 10–97

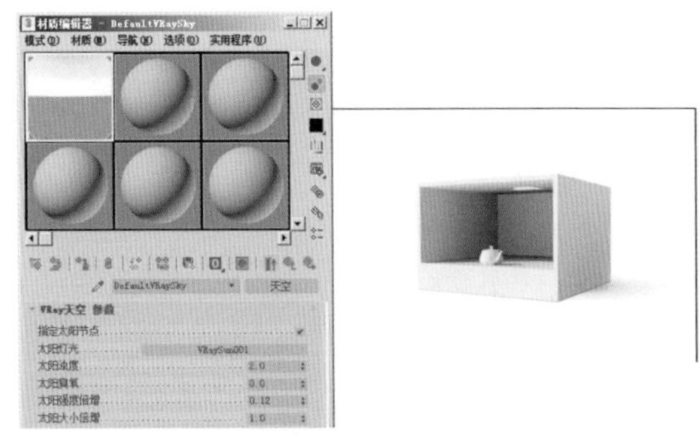
图 10–98

太阳大小倍增：设置太阳的尺寸。

10.5 奔驰跑车材质的制作

本例我们来制作一款豪华的跑车模型，在材质的设置上讲究“雍容华贵”，力求体现出跑车的“高贵”气质，同时在灯光的设置上设置了一盏VRayLight面光源，用来模拟天光。

图10-99所示为场景最终渲染效果图。

图10-100所示为跑车材质参考图。

图 10-99

图 10-100

配色应用：

制作要点：

1. 学习采用横向构图制作跑车模型。
2. 掌握案例在材质的设置上以车漆材质为主，除此之外，还包括不锈钢材质、玻璃材质及轮胎材质等。
3. 学会使用VRayLight面光源进行场景照明。

最终场景： Ch10\Scenes\奔驰跑车 ok.max

贴图素材： Ch10\Maps

难易程度： ★★★★☆

10.5.1 灯光的设置

首先设置场景中的灯光。

步骤01 打开奔驰跑车.max场景文件，这是本例制作的模型，如图10-101所示。

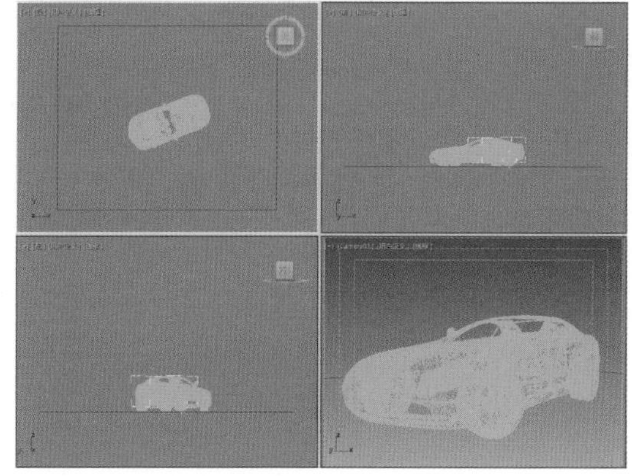
图 10-101

步骤02 设置主光源面光源。在命令面板中单击【VR灯光】按钮，在场景中创建一盏面光源，位置如图10-102所示。

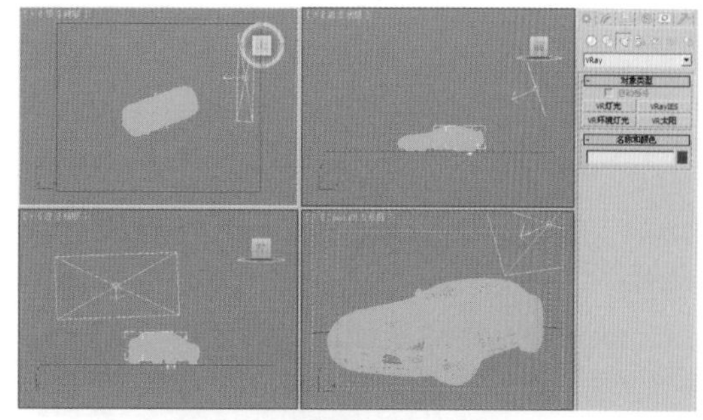
图 10-102

步骤03 在修改命令面板中设置面光源的参数，如图10-103所示。

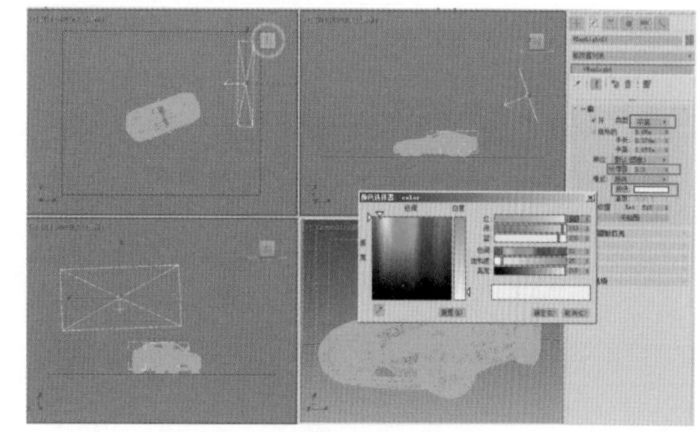
图 10-103

10.5.2 渲染设置

下面我们来进行渲染设置。

步骤01 按【F10】键打开渲染设置对话框，设置当前渲染器为V-Ray Adv 3.60.03，如图10-104所示。

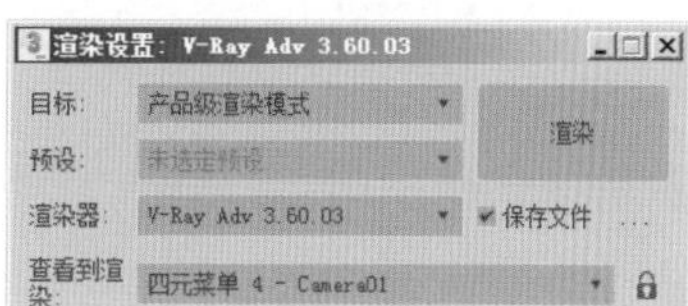

图 10-104

步骤02 打开V-Ray界面，设置场景抗锯齿参数，如图10-105所示。

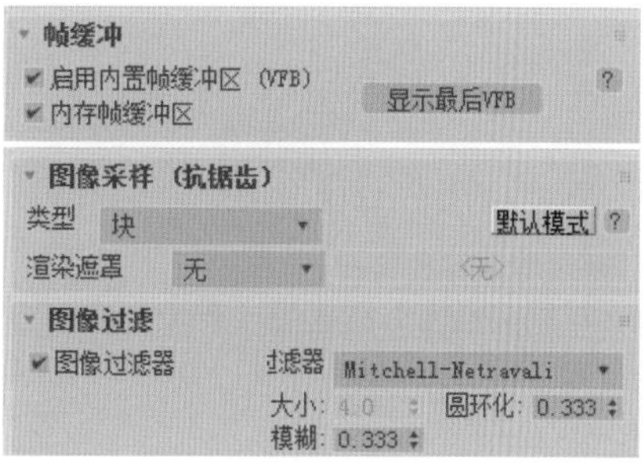

帧缓冲
- ✔ 启用内置帧缓冲区（VFB）
- ✔ 内存帧缓冲区
- 显示最后VFB

图像采样（抗锯齿）
- 类型 块
- 渲染遮罩 无
- 默认模式
- <无>

图像过滤
- ✔ 图像过滤器
- 过滤器 Mitchell-Netravali
- 大小：4.0 圆环化：0.333
- 模糊：0.333

图 10-105

知识拓展

选择【Mitchell-Netravali】选项可得到较平滑的边缘。选择【Catmull-Rom】选项可得到非常锐利的边缘，其常被用于最终渲染。选择【柔化】选项可得到较平滑的边缘和较快的渲染速度。

步骤03 在GI界面中设置参数，如图10-106所示。这是间接照明参数。

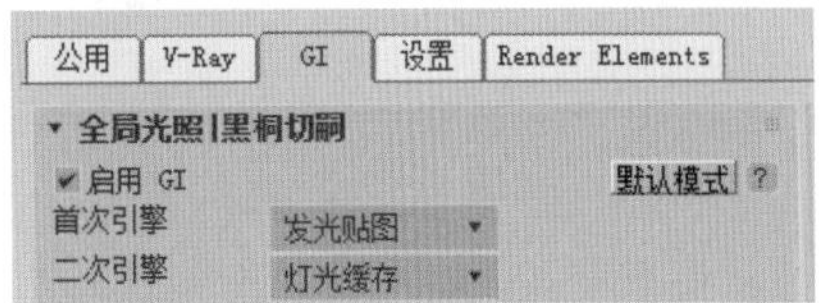

图10-106

步骤04 在【发光贴图】卷展栏中设置【当前预设】类型为【中】，如图10-107所示。

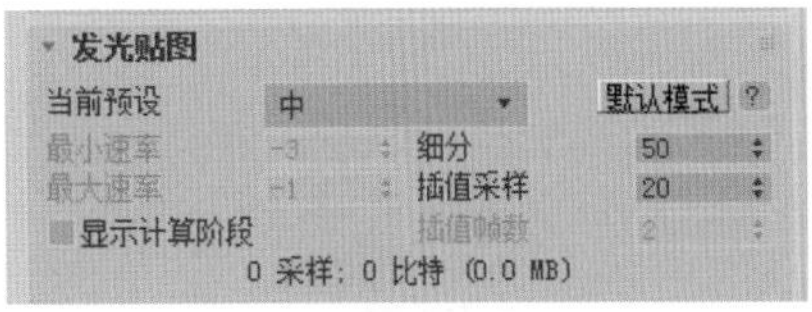

发光贴图
当前预设 中 默认模式
最小速率 -3 细分 50
最大速率 -1 插值采样 20
显示计算阶段 插值帧数 2
0 采样；0 比特 (0.0 MB)

图10-107

步骤05 在【灯光缓存】卷展栏中设置参数，如图10-108所示。这是灯光贴图设置。

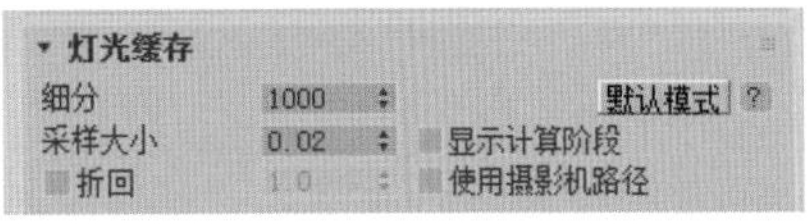

灯光缓存
细分 1000 默认模式
采样大小 0.02 显示计算阶段
折回 1.0 使用摄影机路径

图10-108

步骤06 在V-Ray界面中的【块图像采样器】卷展栏中设置参数，如图10-109所示。这是准蒙特卡罗采样设置。

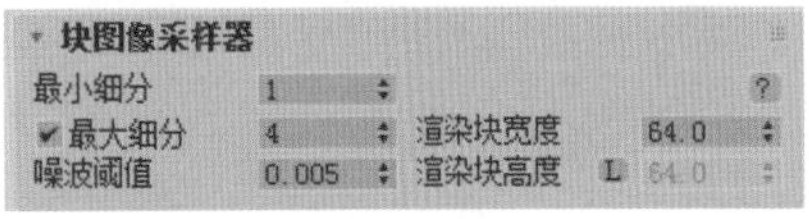

块图像采样器
最小细分 1
最大细分 4 渲染块宽度 64.0
噪波阈值 0.005 渲染块高度 L 64.0

图10-109

步骤07 在【颜色贴图】卷展栏中设置曝光模式为【指数】，如图10-110所示。

图10-110

步骤08 打开【环境】卷展栏，在【反射/折射环境】通道中添加一张VRayHDRI贴图，参数设置如图10-111所示。

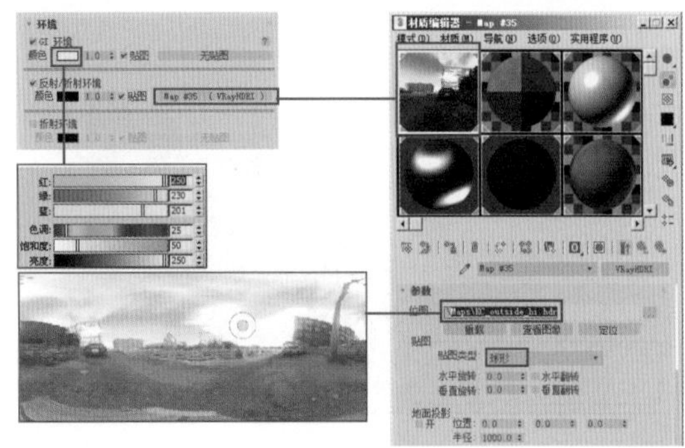

图10-111

知识拓展

【环境】卷展栏的功能是在GI和反射/折射计算中为环境指定颜色或贴图。GI环境（天空光）区域可以在计算间接照明的时候替代3ds Max的环境设置，这种改变GI环境的效果类似于天空光。只有在勾选【On】选项后，其下的参数才会被激活，在计算GI的过程中VRay才能使用指定的环境色或纹理贴图，否则系统将使用3ds Max默认的环境参数设置。

下面我们来测试灯光效果。

步骤01 按【M】键打开材质编辑器，选择一个空白的材质球，单击 Standard 按钮，在弹出的【材质/贴图浏览器】对话框中选择 VRayMtl 材质类型，并设置【漫反射】颜色为灰色，具体参数设置如图10-112所示。

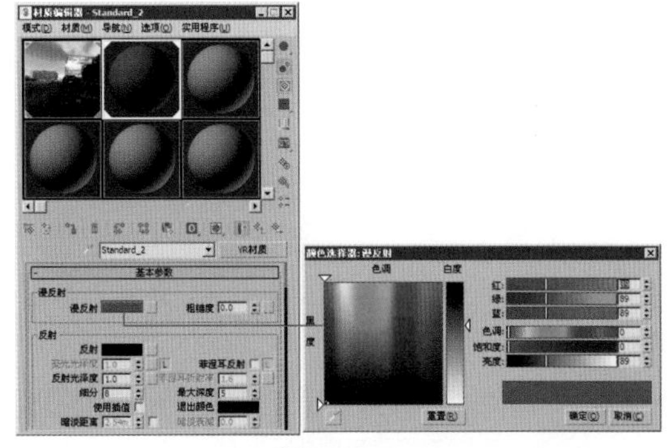

图10-112

步骤02 按【F10】键打开渲染设置对话框，在V-Ray界面中的【全局开关】卷展栏中勾选 覆盖材质 复选框，然后将刚才材质编辑器中的材质拖动到 覆盖材质 复选框旁边的贴图按钮上，如图10-113所示。

步骤03 此时渲染效果如图10-114所示。测试完成后，取消勾选【覆盖材质】复选框。

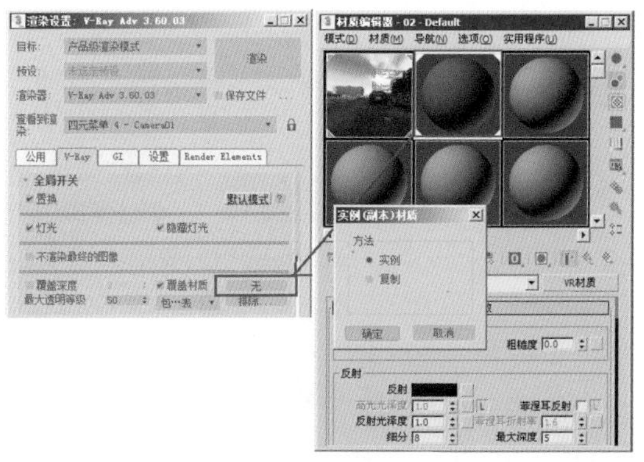

图 10-113

图 10-114

10.5.3 设置车漆材质

步骤01 打开材质编辑器，选择一个空白的材质球，设置材质样式为虫漆材质，其由两部分组成，分别为【基础材质】和【虫漆材质】，如图10-115所示。

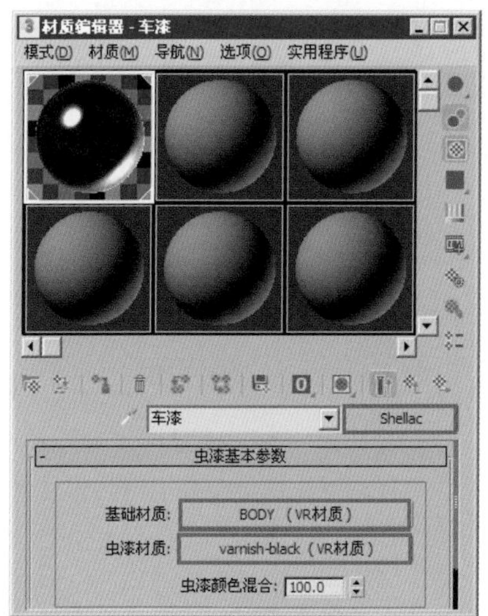

图 10-115

步骤02 设置【基础材质】部分材质。设置材质样式为VR材质材质，设置【漫反射】颜色为黑色，具体参数设置如图10-116所示。

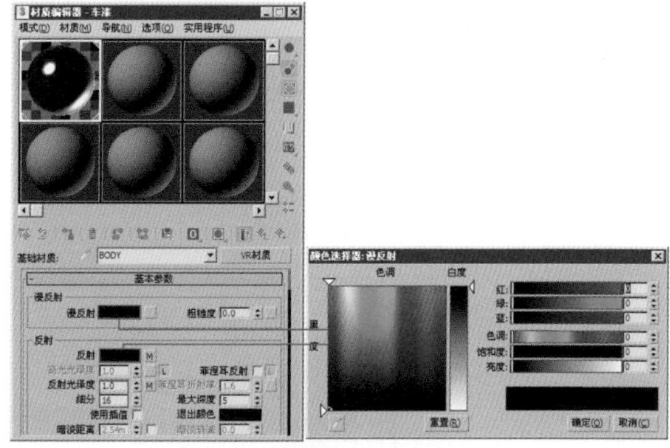

图 10-116

步骤03 打开【贴图】卷展栏，在【反射】通道中添加一张【衰减】贴图，设置【衰减类型】为Fresnel方式，具体参数设置如图10-117所示。

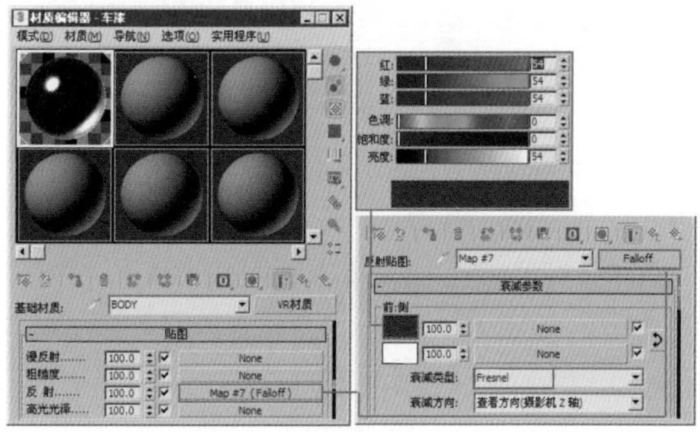

图 10-117

步骤04 单击按钮返回VRay材质层，在【反射光泽】通道中添加一张【衰减】贴图，如图10-118所示。

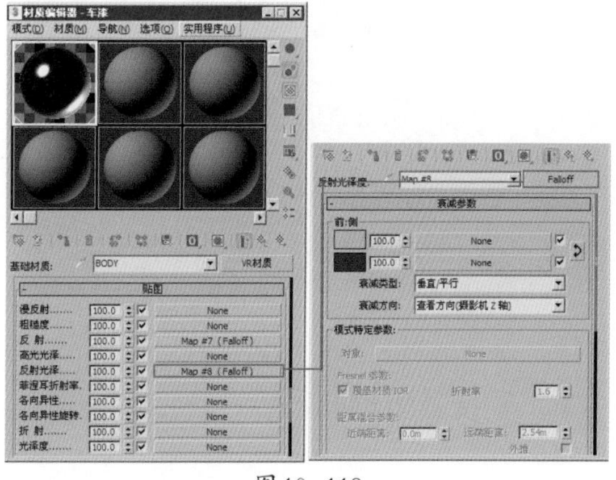

图 10-118

步骤05 设置【衰减】贴图的前通道颜色为灰色，设置侧通道颜色为黑色，具体参数设置如图10-119所示。

步骤06 单击按钮，返回虫漆材质层，接下来设置【虫漆材质】部分材质。设置材质样式为VR材质材质，设置【漫反射】颜色为黑色，激活【菲涅耳反射】选项，如图10-120所示。

步骤07 将所设置的材质赋予车身模型，渲染效果如图10-121所示。

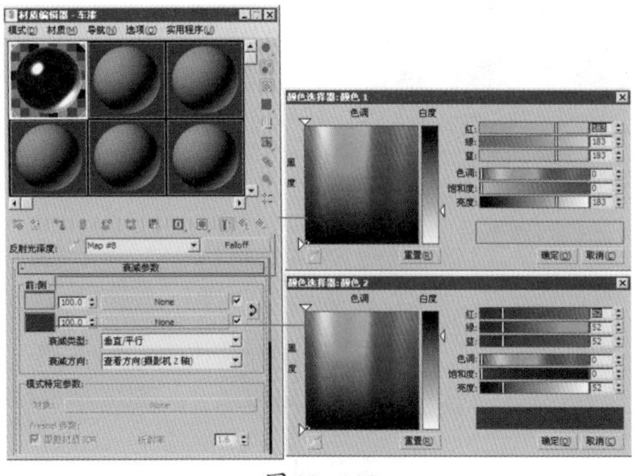

图 10-119

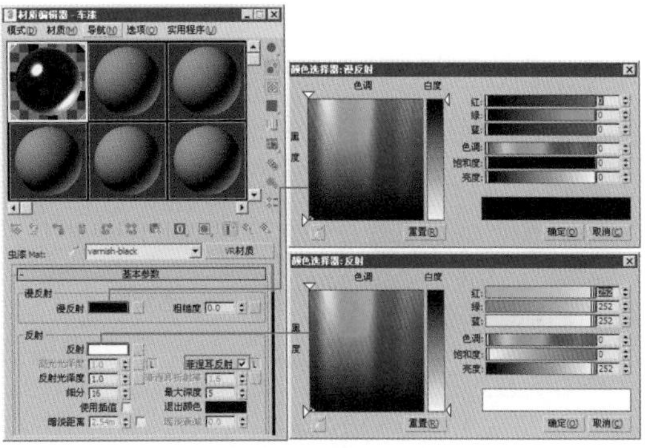

图 10-120

图 10-121

10.5.4 设置玻璃材质

步骤01 打开材质编辑器，选择一个空白的材质球，设置材质样式为 VRayMtl 材质，设置【漫反射】颜色为黑色，具体参数设置如图 10-122 所示。

步骤02 设置玻璃的折射参数和雾色效果，如图 10-123 所示。

步骤03 打开【贴图】卷展栏，在【反射】通道中添加一张【衰减】贴图，设置【衰减类型】为 Fresnel 方式，具体参数设置如图 10-124 所示。

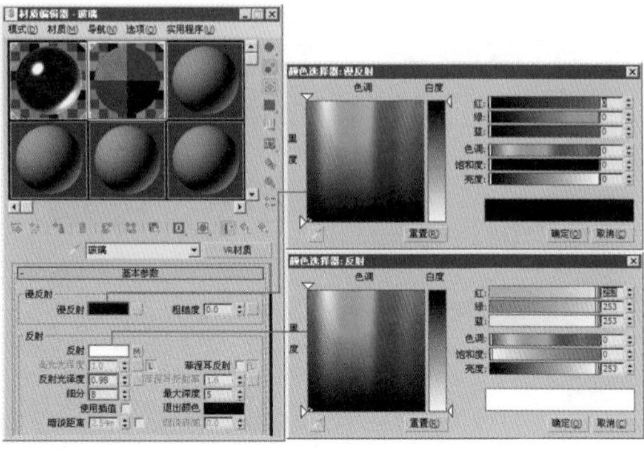

图 10-122

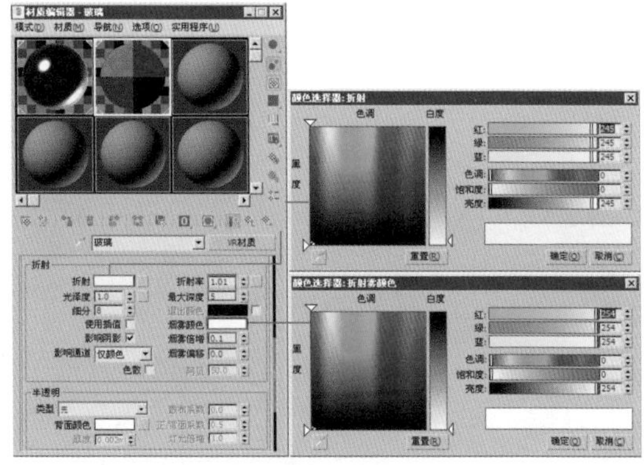

图 10-123

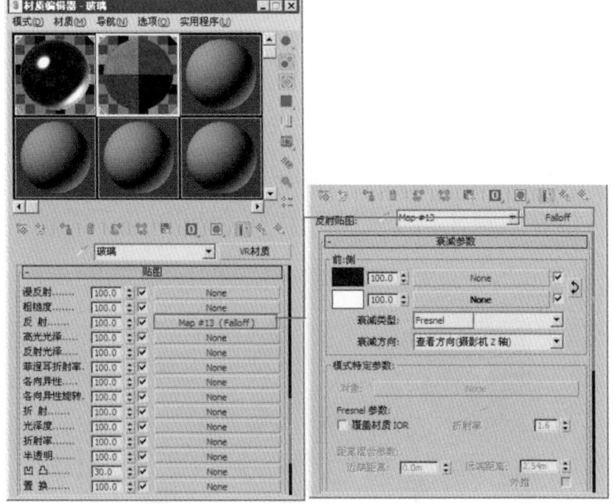

图 10-124

10.5.5 设置车厢内部材质

步骤01 打开材质编辑器，选择一个空白的材质球，设置材质样式为 VRayMtl 材质，在【漫反射】通道中添加一张【噪波】贴图，设置其【大小】值为 0.1，具体参数设置如图 10-125 所示。

步骤02 打开【贴图】卷展栏，在【反射】通道中添加一张【衰减】贴图，调节【混合曲线】弧度，具体参数设置如图 10-126 所示。

步骤03 在【衰减】贴图的前通道中添加一张【噪波】贴图，设置其【大小】值为 0.1，具体参数设置如

图 10-127 所示。

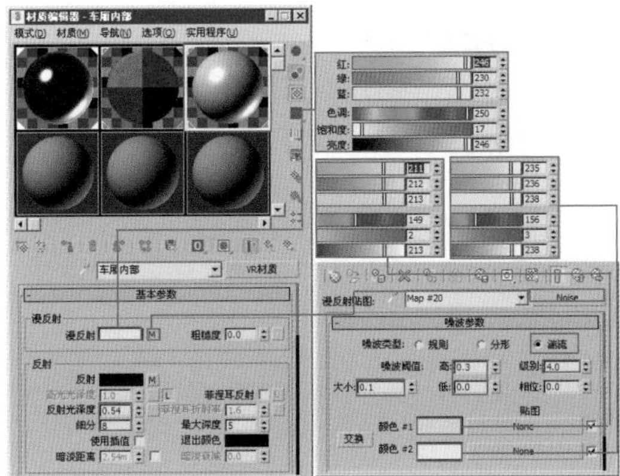

图 10-125

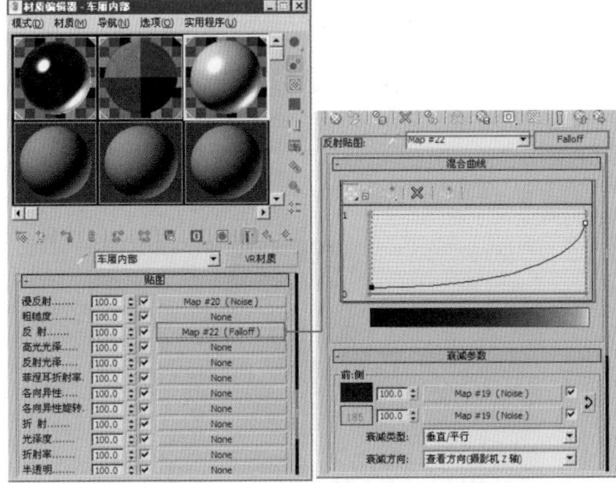

图 10-126

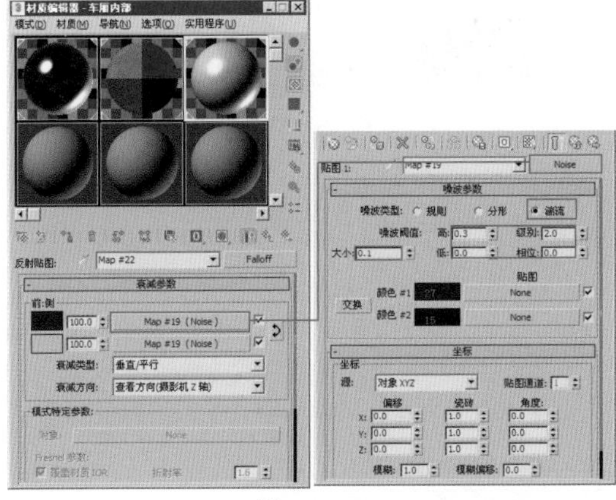

图 10-127

步骤04 单击按钮，返回【衰减】材质层，在侧通道中添加一张【噪波】贴图，设置其【大小】值为 0.1，具体参数设置如图 10-128 所示。

步骤05 单击按钮，返回最上层，在【凹凸】通道中添加一张【噪波】贴图，设置其【大小】值为 0.1，具体参数设置如图 10-129 所示。

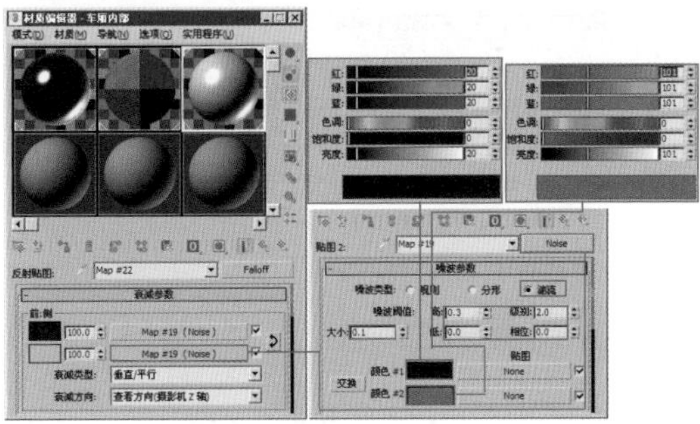

图 10-128

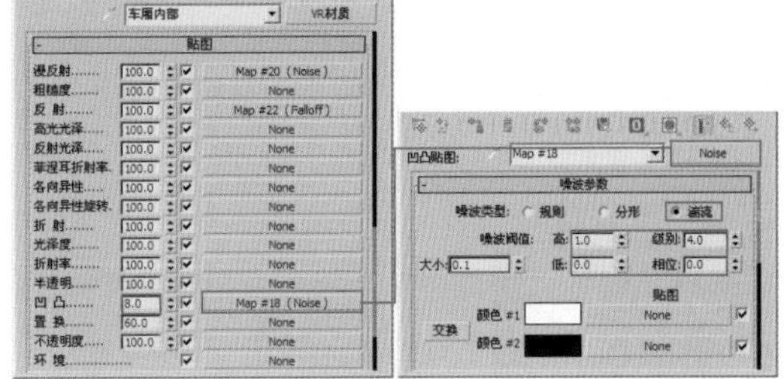

图 10-129

知识拓展

凹凸贴图可以根据贴图的明度在渲染时增加贴图的凹凸效果，使贴图看上去更加自然。数值越大，凹凸效果越明显。但它不会使模型的表面结构发生变化，只是视觉上的凹凸效果。

10.5.6 设置照后镜材质

步骤01 打开材质编辑器，选择一个空白的材质球，设置材质样式为 VRayMtl 材质，设置【漫反射】颜色为灰色，激活【菲涅耳反射】选项，并设置反射参数、高光光泽度、反射光泽度和细分值，具体参数设置如图 10-130 所示。

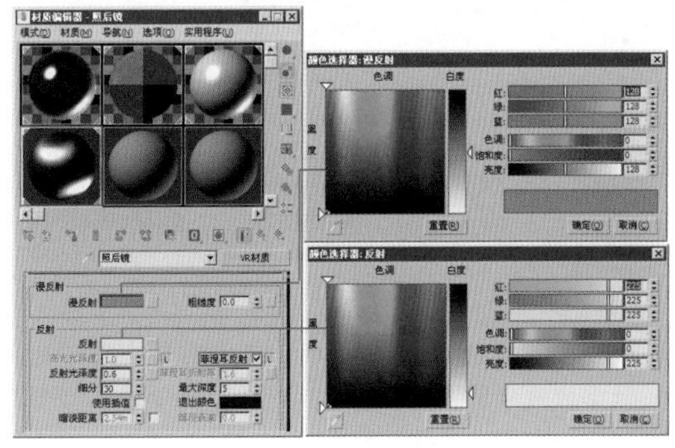

图 10-130

步骤02 打开【双向反射分布函数】卷展栏，具体参数设置如图 10-131 所示。

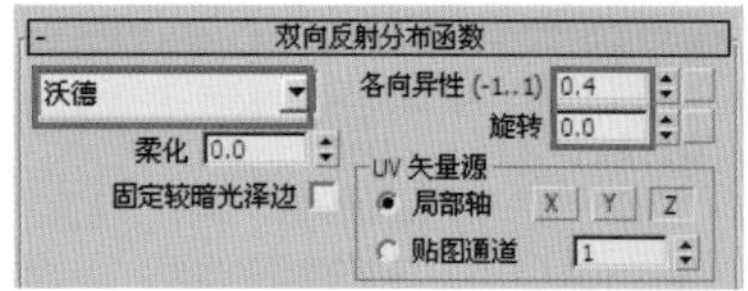
图 10-131

10.5.7 设置轮胎材质

轮胎材质包括橡胶材质和金属材质。

步骤01 首先来设置橡胶材质。打开材质编辑器，选择一个空白的材质球，设置材质样式为 VRayMtl 材质，设置【漫反射】颜色为黑色，并设置反射参数、高光光泽度、反射光泽度和细分值，具体参数设置如图 10-132 所示。

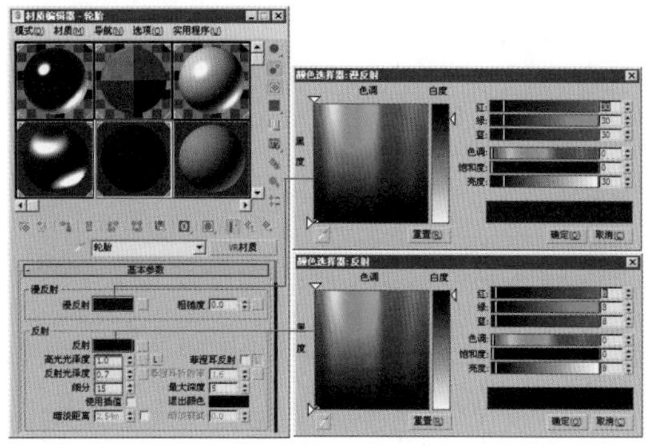
图 10-132

步骤02 接下来设置金属材质。打开材质编辑器，选择一个空白的材质球，设置材质样式为 VRayMtl 材质，设置【漫反射】颜色为灰色，并设置反射参数、高光光泽度、反射光泽度和细分值，具体参数设置如图 10-133 所示。

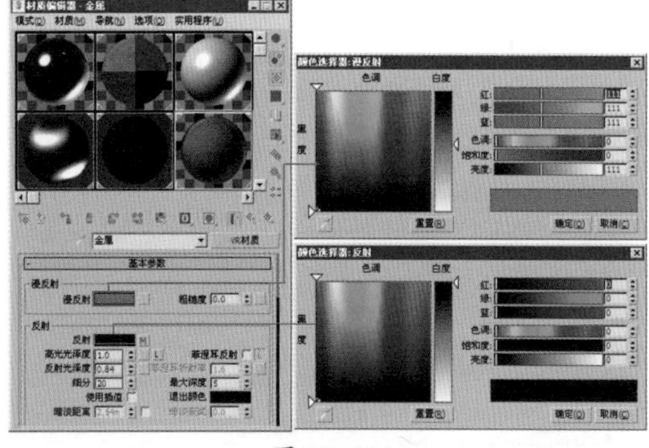
图 10-133

步骤03 打开【贴图】卷展栏，在【反射】通道中添加一张【衰减】贴图，设置前通道颜色为黑色，设置侧通道颜色为灰色，具体参数设置如图 10-134 所示。

步骤04 打开【双向反射分布函数】卷展栏，具体参数设置如图 10-135 所示。

步骤05 将所设置的材质赋予轮胎模型，渲染效果如图 10-136 所示。

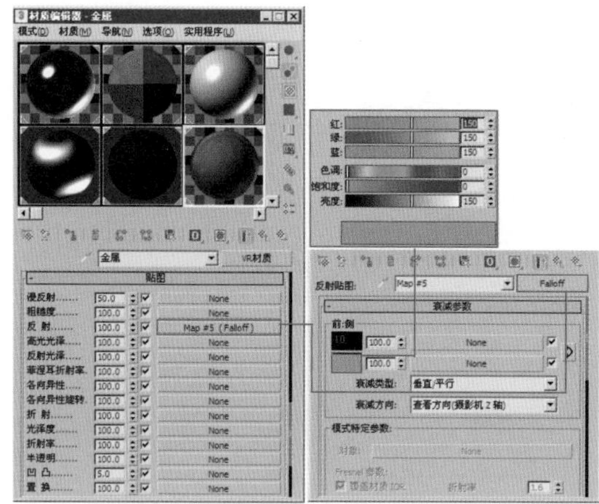
图 10-134

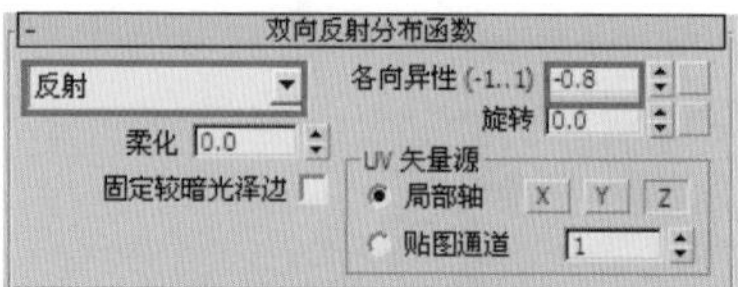
图 10-135

图 10-136

10.5.8 设置车后灯材质

车后灯材质包括塑料材质和不锈钢材质。

步骤01 首先来设置塑料材质。打开材质编辑器，选择一个空白的材质球，设置材质样式为 VRayMtl 材质，设置【漫反射】颜色为红色，具体参数设置如图 10-137 所示。

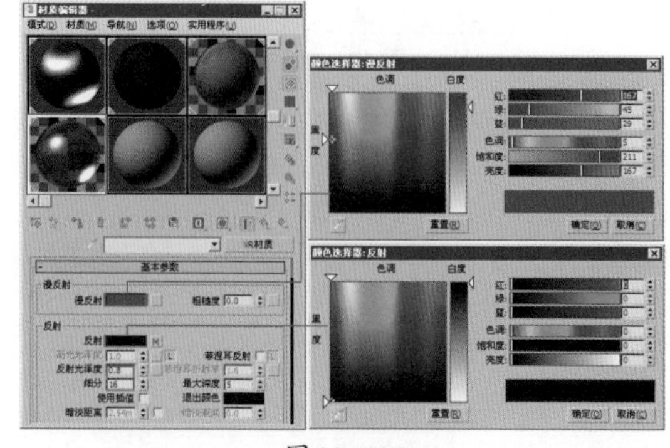
图 10-137

步骤02 设置折射参数，如图10-138所示。

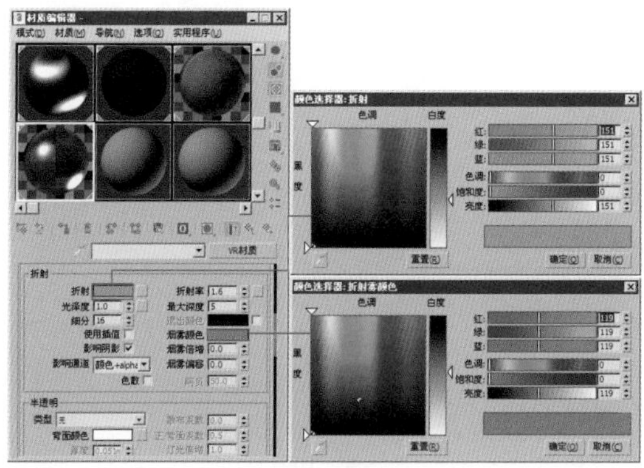

图10-138

步骤03 打开【贴图】卷展栏，在【反射】通道中添加一张【衰减】贴图，具体参数设置如图10-139所示。

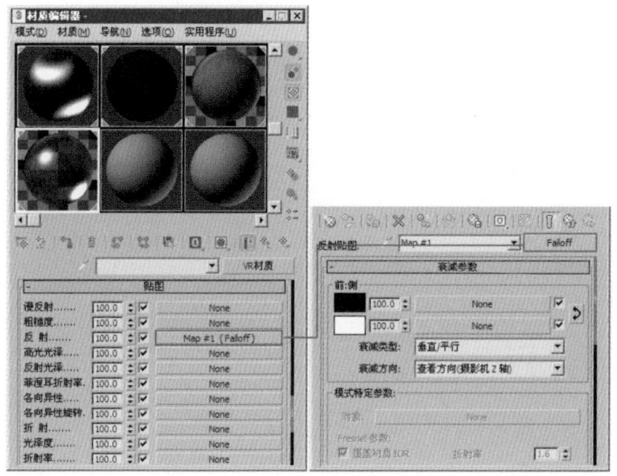

图10-139

步骤04 接下来设置不锈钢材质。打开材质编辑器，选择一个空白的材质球，设置材质样式为VRayMtl材质，设置【漫反射】颜色为灰白色，并设置反射参数、高光光泽度、反射光泽度和细分值，具体参数设置如图10-140所示。

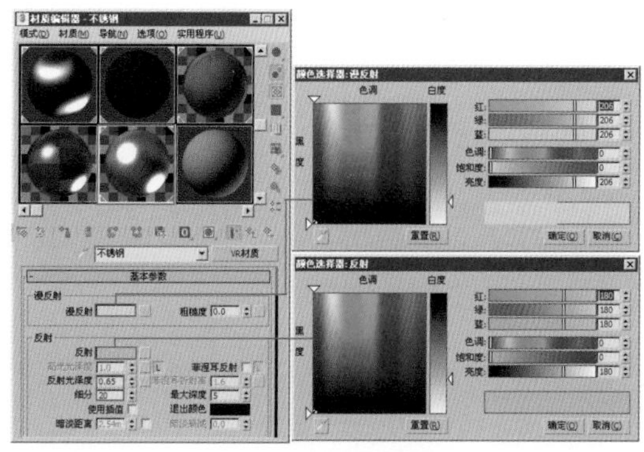

图10-140

步骤05 关于场景中的车标志材质、烟筒材质等的参数设置，这里就不再赘述。将所设置的材质赋予跑车模型，最终渲染效果如图10-141所示。

图10-141

3ds Max

第11章 摄影机和环境

本章导读

通过本章的学习，读者能系统地了解关于摄影机各种参数的用法，能够在场景中创建摄影机视角。同时，学习曝光控制的使用，以及如何利用3ds Max制作一些简单的特效。

11.1 摄影机

在摄影机创建面板中可创建一台摄影机并设置其位置的动画。例如，可能要飞过一栋建筑或走过一条道路。也可以设置其他摄影机参数的动画。

3ds Max中存在3种摄影机对象：物理、目标和自由摄影机，如图11-1所示。

图11-1

物理摄影机可以支持VRay渲染器的特定渲染参数。自由摄影机可以不受任何限制地移动和定向，如图11-2所示。

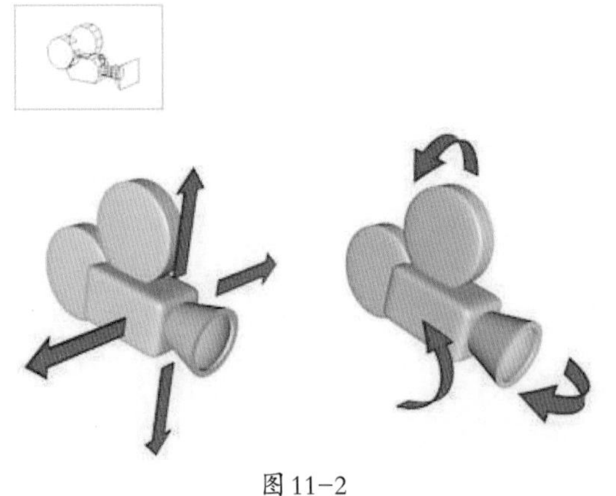

图11-2

目标摄影机可以设置自由摄影机及其目标的动画来创建效果，如图11-3所示。

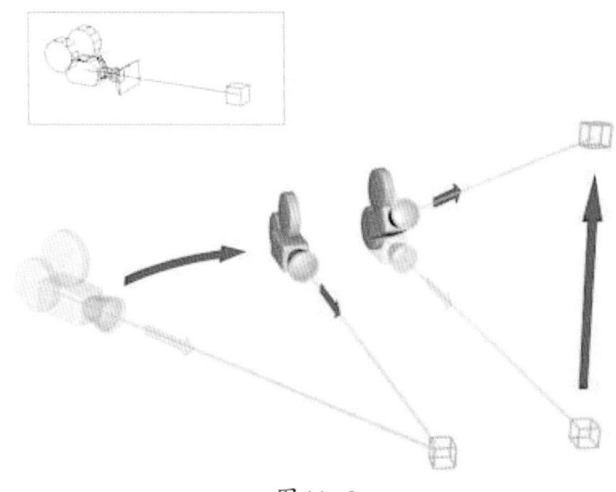

图11-3

实例操作 景深效果制作

步骤01 打开场景文件，在场景中已经设置了一台摄影机（工程文件路径：第11章/Scenes/景深效果制作.max）。

步骤02 将摄影机目标点的投射位置移动到第四个人物的位置，如图11-4所示。

步骤03 选择Camera01视图，按【Shift+Q】快捷键进行快速渲染，效果如图11-5所示。

图 11-4

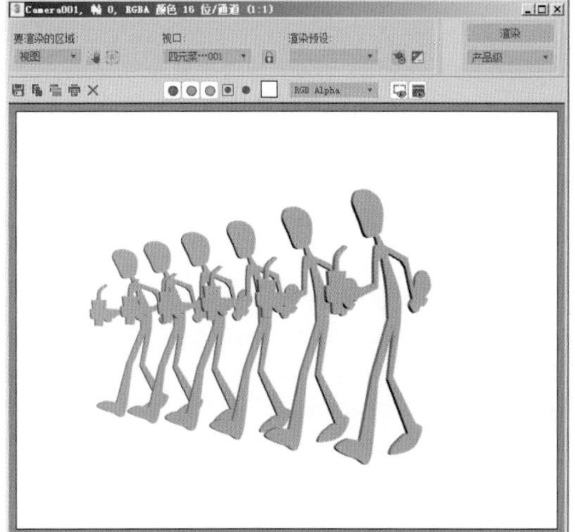

图 11-5

下面我们介绍如何将渲染好的图像加入RAM 播放器对话框中的通道中，以便于进行比较。

步骤04 选择【渲染】/【比较RAM播放器中的媒体】命令，打开RAM播放器对话框。

步骤05 单击RAM 播放器对话框中Channel A（通道A）的按钮，打开【RAM播放器配置】对话框，如图 11-6 所示。

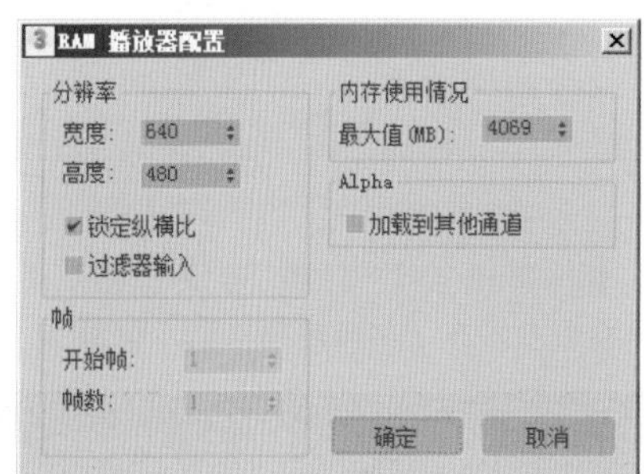

图 11-6

步骤06 单击【确定】按钮，将渲染好的图像加载到RAM 播放器的通道A中，如图 11-7 所示。

步骤07 最小化RAM 播放器对话框。下面设置景深效果。在视图中选择摄影机，进入命令面板，如图 11-8 所示，在多过程效果区域中勾选启用复选框，并选择景深选项，这样便启动了景深效果。

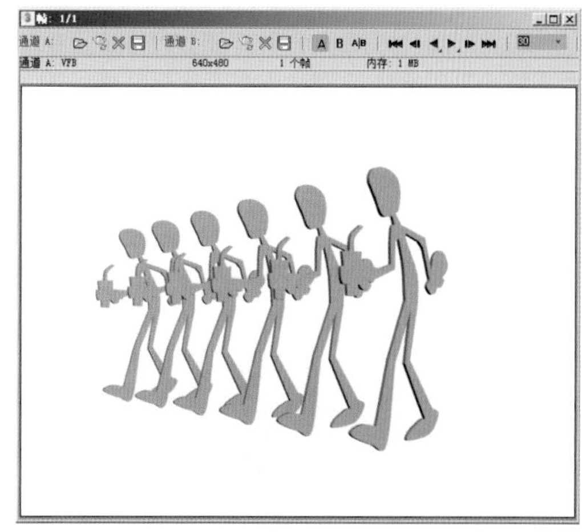

图 11-7

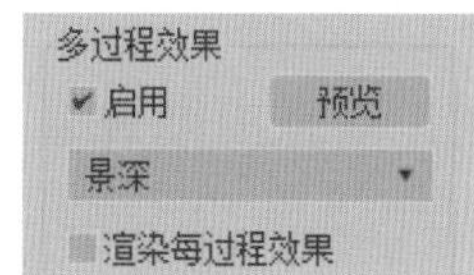

图 11-8

步骤08 在景深参数卷展栏中设置参数，如图 11-9 所示。

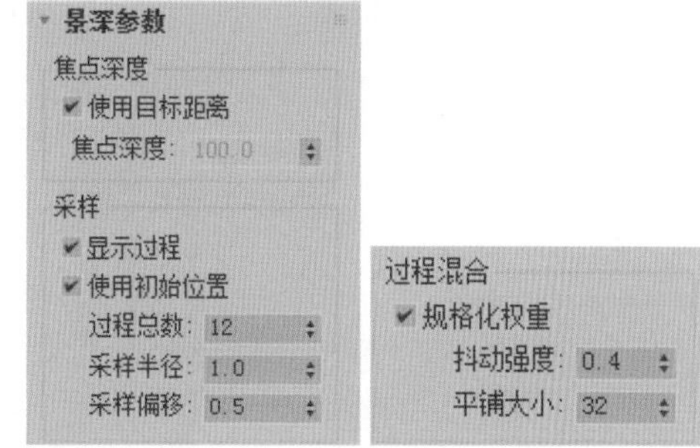

图 11-9

步骤09 按【Shift+Q】快捷键对画面进行快速渲染，此时3ds Max 开始独立进行各个层的渲染，然后将它们结合在一起，形成最后的图像，渲染效果如图 11-10 所示。

图 11-10

步骤10 单击RAM 播放器对话框中通道B的按钮，

打开【RAM播放器配置】对话框。单击【确定】按钮，将渲染好的图像加载到RAM 播放器的通道B中。这样我们就可以对比观察渲染的两个图像了。移动画面上下的三角形滑块可以像卷帘窗一样观察通道A和通道B的效果，如图11-11所示。

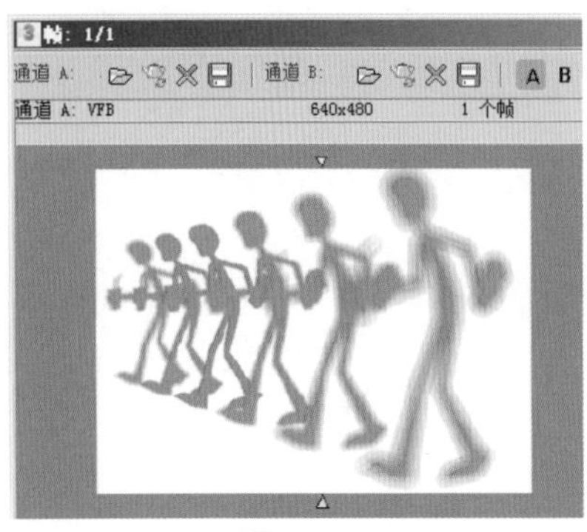

图 11-11

实例操作 制作动态模糊效果

步骤01 首先打开一个蝴蝶模型文件，如图11-12所示，我们将制作蝴蝶翅膀的动态模糊效果（工程文件路径：第11章/Scenes/制作动态模糊效果.max）。

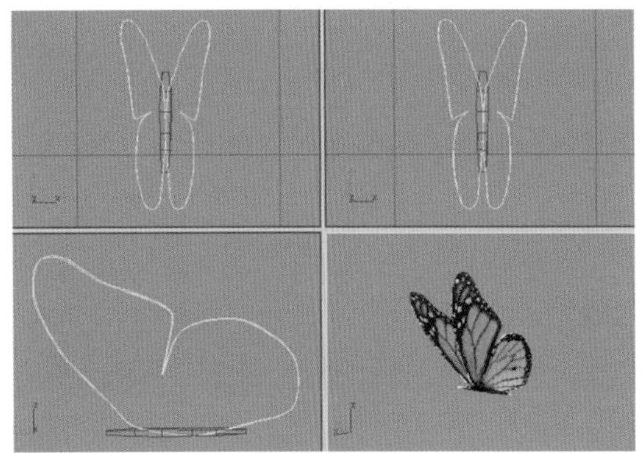

图 11-12

步骤02 单击按钮，在前视图中对蝴蝶的两只翅膀各进行45° 旋转，如图11-13所示。

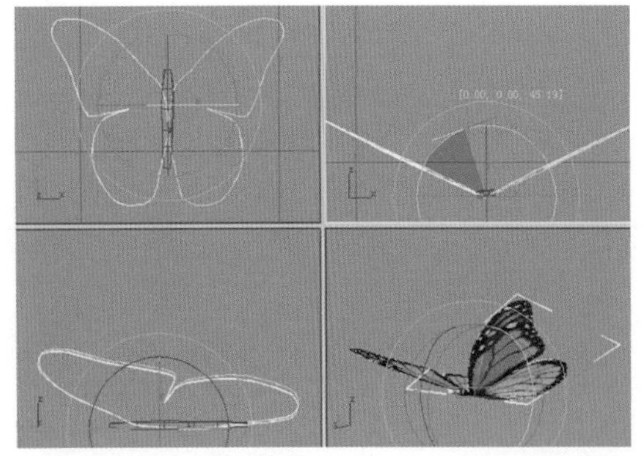

图 11-13

步骤03 单击自动关键点按钮，准备制作翅膀动画。移动时间滑块到第100帧，向上45° 旋转两只翅膀，如图11-14所示。

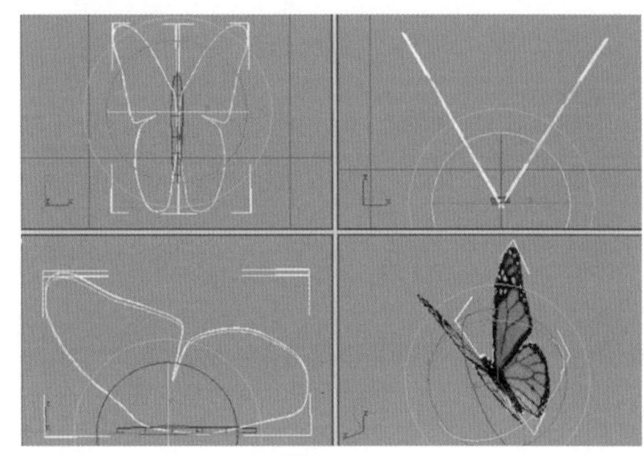

图 11-14

现在蝴蝶翅膀的一组扇动动画就制作好了。下面制作整个100帧时间内的翅膀动画。拖动时间滑块并观察动画：第0帧至第100帧产生了翅膀动画效果。单击自动关键点按钮结束动画制作。

步骤04 下面设置动态模糊效果。选择摄影机Camera01，进入命令面板。

步骤05 勾选多过程效果区域中的【启用】复选框，启用多层效果，如图11-15左图所示。

步骤06 单击【景深】右边的下拉箭头，在下拉列表中选择【运动模糊】选项，如图11-15右图所示。

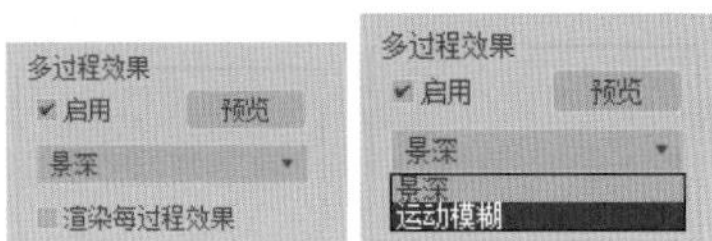

图 11-15

步骤07 在运动模糊参数卷展栏中设置参数。

步骤08 右击蝴蝶翅膀，在弹出的快捷菜单中选择【对象属性】选项，打开【物体属性】对话框。在运动模糊区域中单击图像单选按钮，如图11-16所示，然后单击【确定】按钮，这时该物体便具有了动态模糊属性。

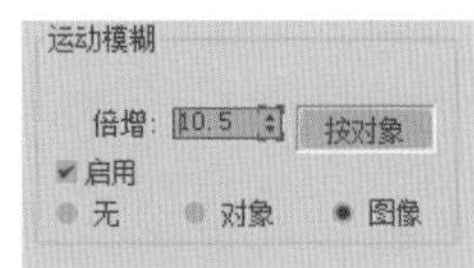

图 11-16

步骤09 按【Shift+Q】快捷键对摄影机视图进行渲染，蝴蝶的翅膀产生了动态模糊效果，如图11-17所示。

图 11-17

步骤10 用相同的方法设置另一只翅膀的动态模糊属性，此时渲染效果如图11-18所示。

图11−18

11.2 环境控制

选择【渲染】/【环境】菜单命令，弹出【环境和效果】窗口，如图11−19所示，该窗口用于设置大气效果和背景效果。

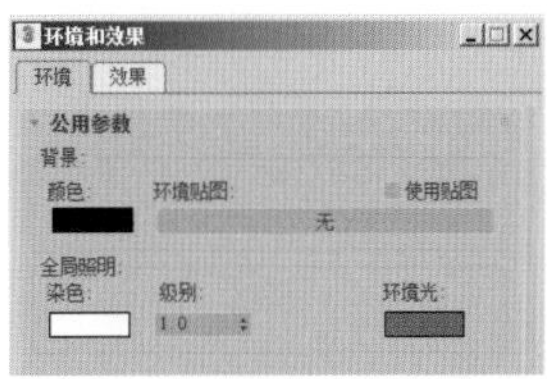

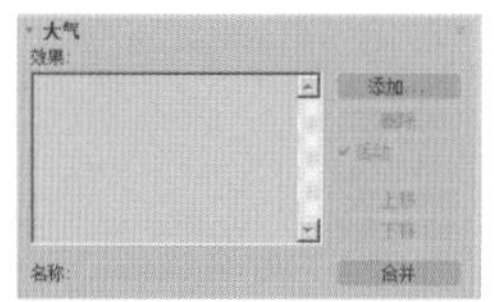

图11−19

使用环境功能可以执行以下操作：

（1）设置背景颜色和背景颜色动画。

（2）在渲染场景（屏幕环境）的背景中使用图像或纹理贴图作为球形环境、柱形环境或收缩包裹环境。

（3）设置环境光和环境光动画。

（4）在场景中使用大气插件。

（5）将曝光控制应用于渲染中。

实例操作 制作大气环境

步骤01 打开场景文件，场景中的贴图、灯光已经制作好了。按快捷键【8】打开【环境和效果】窗口，单击 添加... 按钮，在弹出的对话框中双击【雾】特效，给场景添加雾效，如图11-20所示（工程文件路径：第11章/Scenes/制作大气环境.max）。

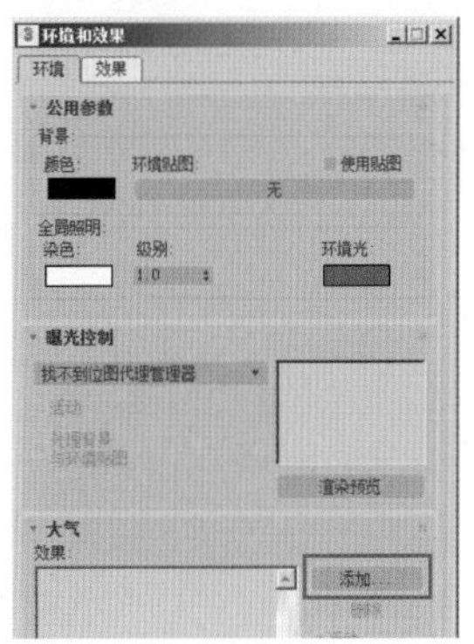

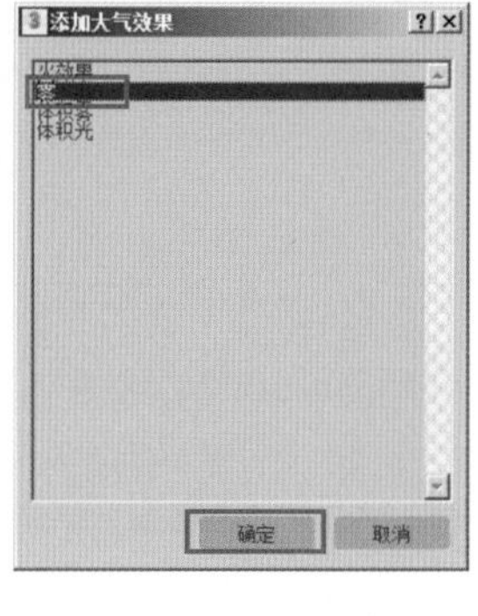

图11−20

步骤02 在【雾参数】卷展栏中设置参数，如图11-21所示。

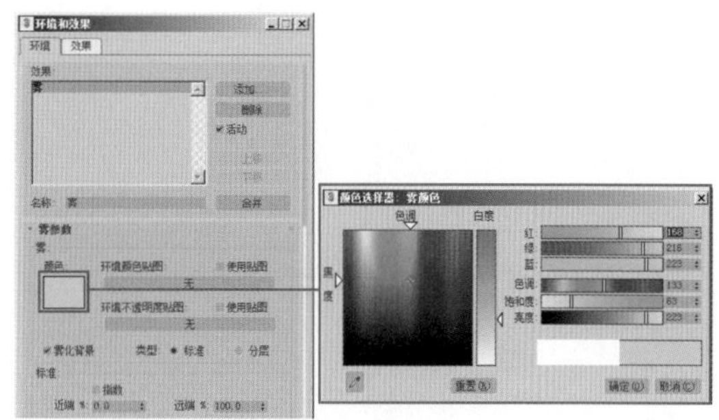

图11−21

步骤03 渲染摄影机视图，此时效果如图11-22所示。

图11−22

此时我们会发现两个问题：一个问题是雾效的浓度太大；另一个问题是镂空的植物产生了错误，雾效并没有透过镂空部分。下面我们来解决这两个问题。

步骤04 在 雾参数 卷展栏中勾选 指数 复选框，然后设置参数，如图11-23所示。这是近雾效的指数。

步骤05 重新渲染摄影机视图，此时效果如图11-24所示。

步骤06 单击 环境不透明度贴图 下的 无 按钮，在弹出的

【材质/贴图浏览器】对话框中选择渐变坡度材质，如图11-25所示。

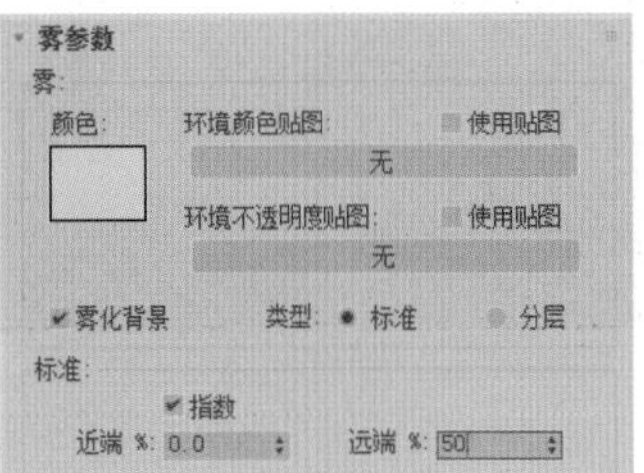

图 11−23

图 11−24

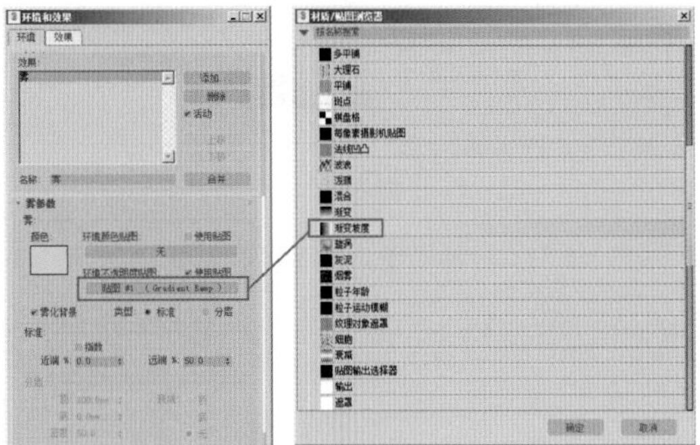

图 11−25

步骤07 打开材质编辑器，将【环境和效果】窗口中的渐变材质以关联的方式拖动复制到一个材质样本球上，如图11-26所示。这样在材质编辑器中对该材质所做的修改，都会关联到环境贴图上。

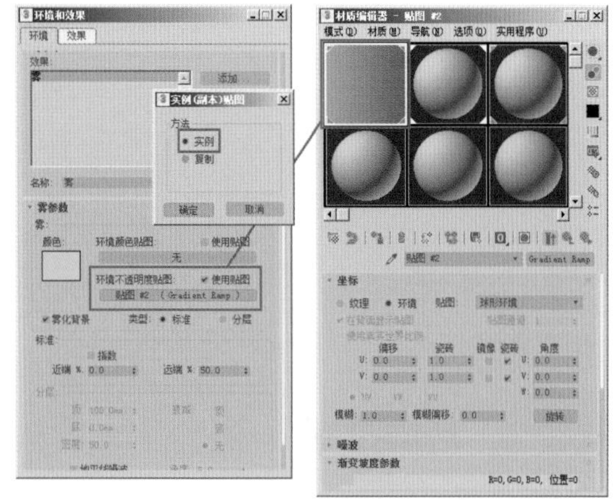

图 11−26

步骤08 在材质编辑器中，设置渐变材质的参数，如图11-27所示，让材质渐变效果从上到下有一个灰色的过渡。

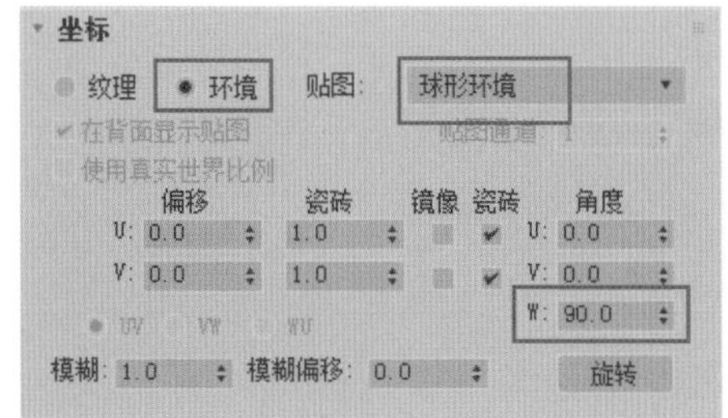

图 11−27

步骤09 渲染摄影机视图，此时效果如图11-28所示。

图 11−28

11.3 制作摄影机动画

本例我们来介绍摄影机动画的制作方法。摄影机动画在建筑动画中占据着举足轻重的地位。建筑物本身是静态的，若要通过影片来表现建筑的视觉效果，就必须要从不同角度对摄影机进行巡游动画设置。所以，镜头的动画设置直接反映了导演表现影片的意图。

图11-29所示为场景中不同摄影机视图下的最终渲染效果。

图11-29

配色应用： 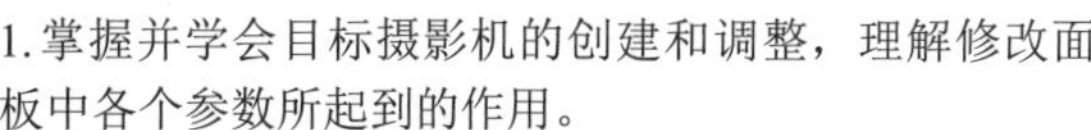

制作要点：

1. 掌握并学会目标摄影机的创建和调整，理解修改面板中各个参数所起到的作用。
2. 掌握摄影机动画的设置，以及摄影机移动和视口的改变。
3. 学会设置摄影机动画过程中的方法和技巧。

最终场景： Ch11\Scenes\摄影机动画 ok.max

贴图素材： Ch11\Maps

难易程度： ★★★☆☆

11.3.1 创建并调整摄影机

摄影机动画的设置分为移动动画和变焦动画。移动动画就是对摄影机机身和视点进行移动，以产生视觉巡游的运动感；变焦动画则是对摄影机的【视角】和【镜头焦距】参数进行动画设置。

步骤01 首先打开摄影机动画.max场景文件，在场景中创建一台目标摄影机，如图11-30所示。

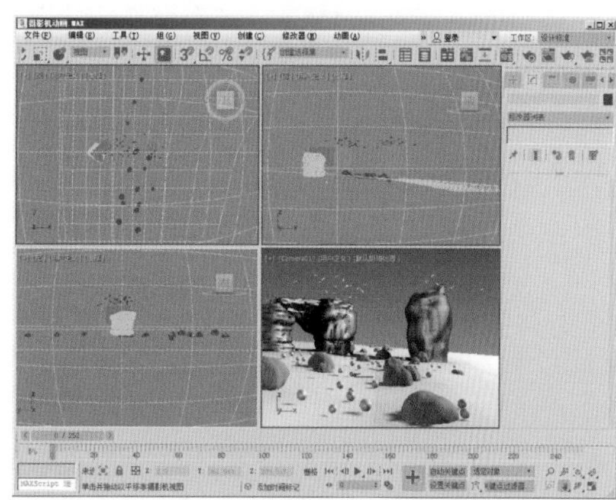

图11-30

步骤02 当我们调节视角时很容易产生两点透视变形，此时在制作动画之前需要选择摄影机，然后右击，在弹出的快捷菜单中选择【应用摄影机校正修改器】选项，我们将看到摄影机在修改面板中增加了一个摄影机校正命令，如图11-31所示。

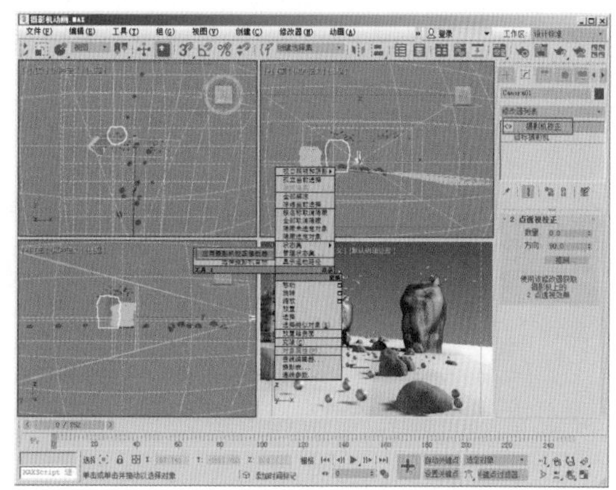

图11-31

步骤03 为了让影片反映正常人的视角效果，我们应该将视野设置为50，如图11-32所示。

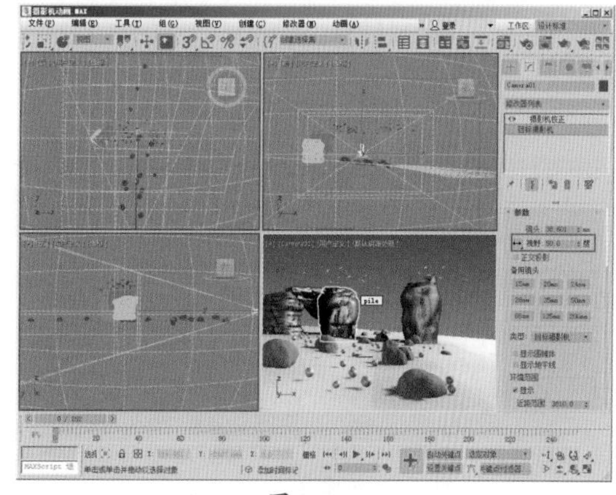

图11-32

步骤04 单击【时间配置】按钮，打开【时间配置】对话框，设置动画制式为PAL（这是中国制式），设置时间总长度为200帧，如图11-33所示。

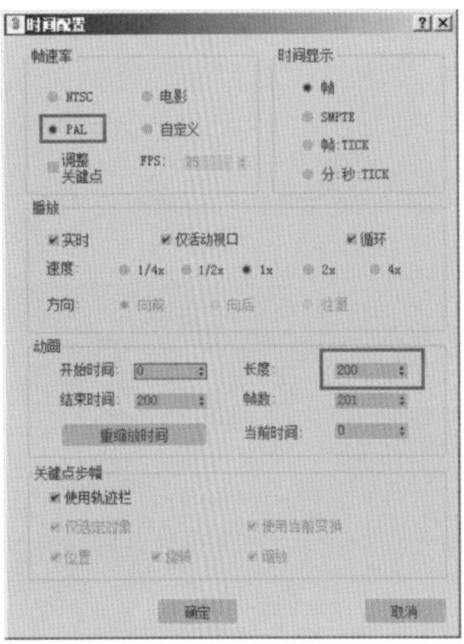

图 11−33

步骤05 单击【确定】按钮。右击Camera01视图标签，在弹出的快捷菜单中选择【显示安全框】选项，如图11-34所示。这样做的目的是，在渲染动画时可以保证安全框中的物体全部在视野内，不会超出摄影机范围。

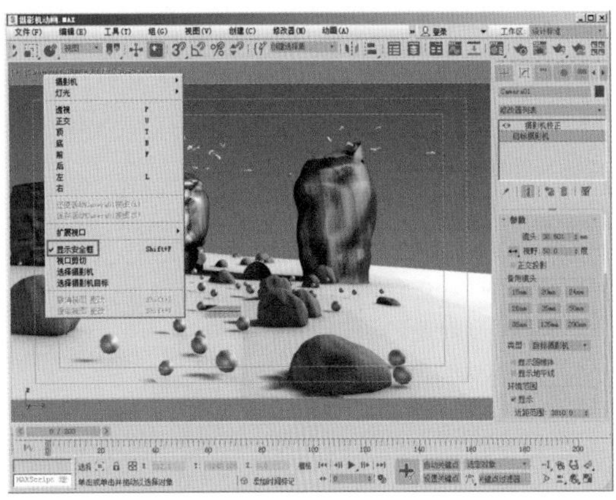

图 11−34

11.3.2 设置摄影机动画

下面设置摄影机动画。

步骤01 单击自动关键点按钮，将时间滑块拖动到第40帧处，移动摄影机镜头的角度，如图11-35所示。

图 11−35

步骤02 将时间滑块拖动到第100帧处，移动摄影机镜头的角度，如图11-36所示。

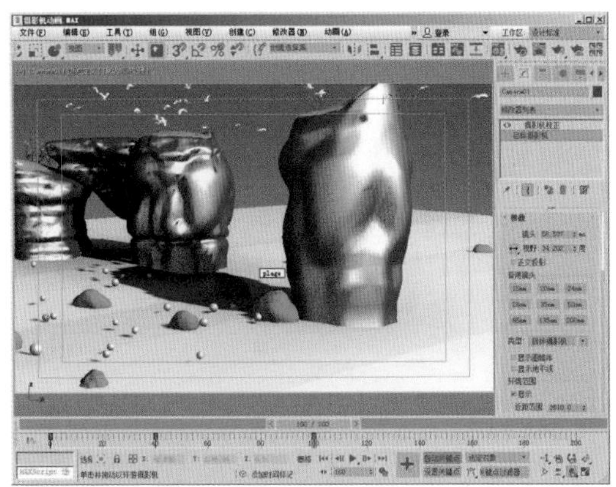

图 11−36

步骤03 将时间滑块拖动到第200帧处，设置视野参数，如图11-37所示，让视角拉近。

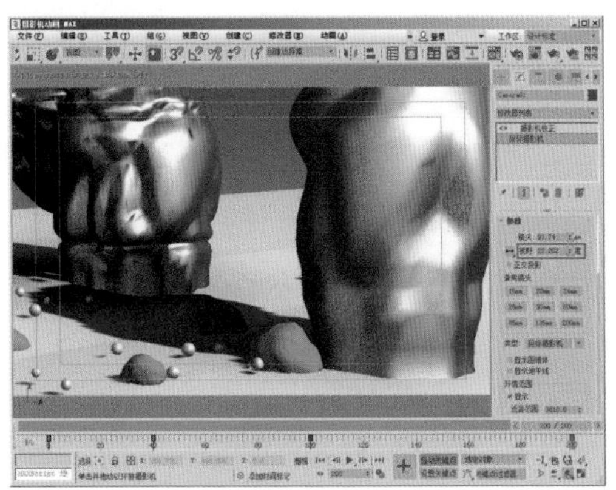

图 11−37

步骤04 再次单击自动关键点按钮，动画关键帧设置完成。确定摄影机为选中状态，单击鼠标右键，在弹出的快捷菜单中选择【对象属性】选项，打开【对象属性】对话框，勾选【运动路径】复选框，如图11-38所示。

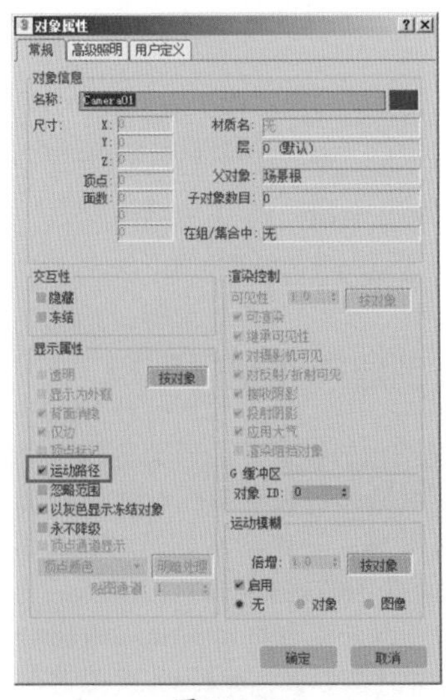

图 11−38

步骤05 单击【确定】按钮，在视图中显示摄影机的运动路径，以便随时进行调整，如图11-39所示。

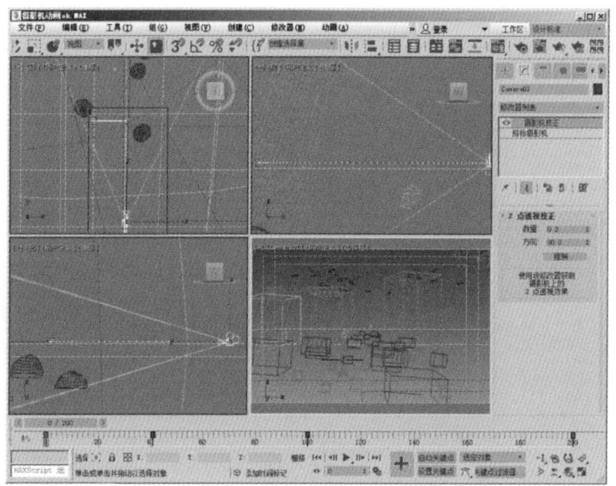

图 11-39

知识拓展

在【对象属性】对话框中勾选【运动路径】复选框的好处是，可以很直观地观察到摄影机的运动路径，以便随时对运动路径进行调整。

步骤06 右击Camera01视图标签，在弹出的快捷菜单中选择【边界框】选项，这样在单击▶按钮播放动画时会很顺畅，如图11-40所示。

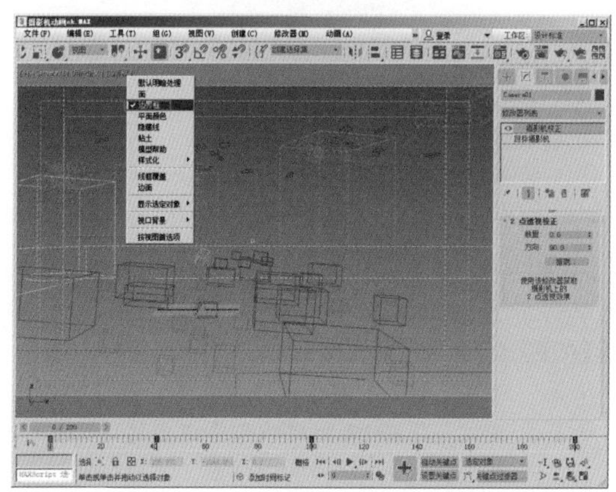

图 11-40

步骤07 最后，单击▶按钮，观看摄影机动画的动画效果，如图11-41所示。

图 11-41

11.4 制作炙热的太阳

本例我们来介绍炙热的太阳的制作方法。首先通过几何体制作出太阳本体模型，然后使用【球体Gizmo】制作出一个辅助体，最后通过在【环境和效果】窗口中给辅助体添加火效果并设置参数和颜色制作出最终效果。

图11-42和图11-43所示为案例制作过程中的渲染效果图和案例最终渲染效果图。

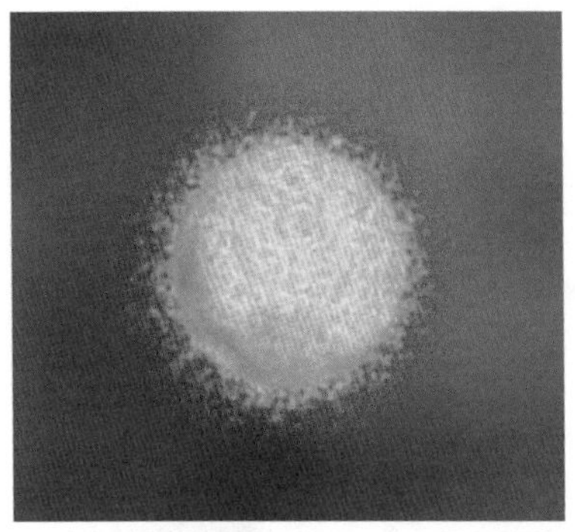
图 11−42

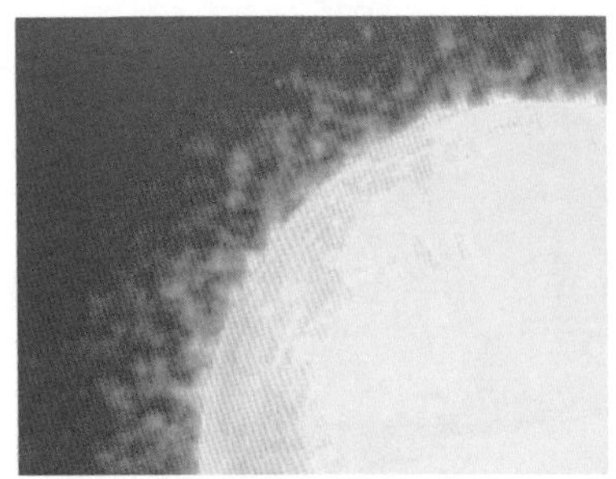
图 11−43

配色应用：

制作要点：

1. 掌握并学会火焰辅助体的创建，以及火效果的添加及其参数和颜色的设置。
2. 掌握案例背景的设置方法。
3. 学会太阳材质的制作和辉光效果的制作。

最终场景：Ch11\Scenes\ 炙热的太阳 ok.max

贴图素材：Ch11\Maps

难易程度：★★★☆☆

11.4.1 制作太阳本体和火焰辅助体

步骤 01 在命令面板中单击按钮，在标准基本体卷展栏中单击 球体 按钮，在顶视图中拖动鼠标，创建一个半径为 80 个单位、分段数为 50 的球体，如图 11-44 所示。

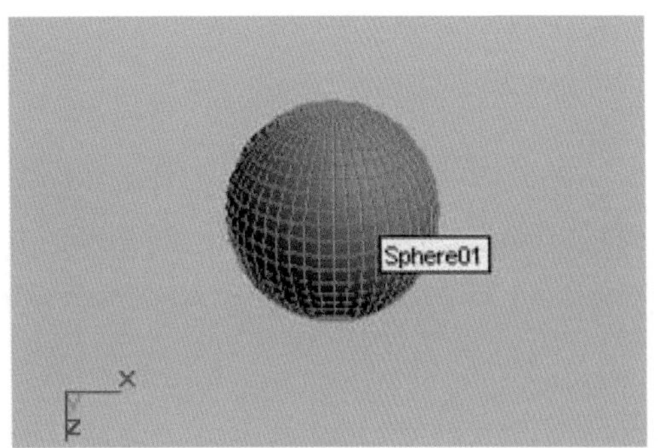

图 11−44

步骤 02 选中球体并右击，在弹出的快捷菜单中选择【对象属性】选项，在打开的对象属性对话框中设置对象 ID 值为 1，如图 11-45 所示。

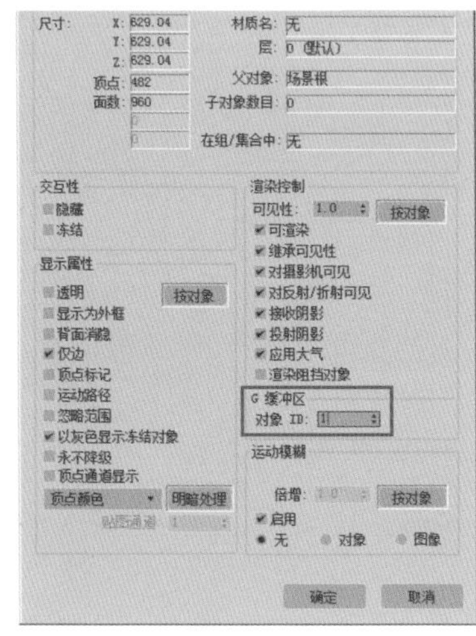
图 11−45

步骤 03 单击命令面板中的按钮，在下拉列表框中选择大气装置选项，单击 球体 Gizmo 按钮，在顶视图中创建一个半径稍微比 Sphere01 球体大一些的辅助体，如图 11-46 所示。

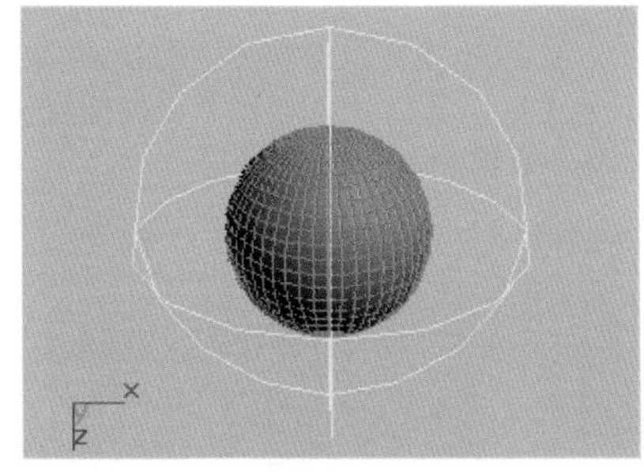
图 11−46

步骤 04 确定 Sphere01 球体为当前选项，单击工具栏中的对齐按钮，然后单击球体 Gizmo01，弹出对齐当前选择对话框。在对齐当前选择对话框中，勾选【对齐位置（屏幕）】下方的【X 位置】、【Y 位置】和【Z 位置】复选框，在当前对象和目标对象选项组中均选择 中心 选项，单击 确定 按钮，如图 11-47 所示。

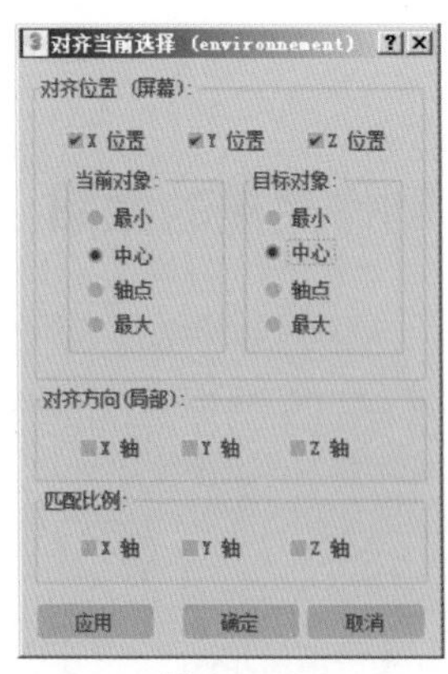
图 11−47

11.4.2 给辅助体添加火效果

步骤01 打开【修改】命令面板，在 新种子 下方的 大气和效果 卷展栏中单击 添加 按钮，弹出【添加大气】对话框。在该对话框中选择【火效果】选项并保持其他选项为系统默认设置，单击【确定】按钮退出对话框，如图11-48所示。

图11-48

步骤02 在【环境和效果】窗口中出现了【火效果】选项，选中该选项，如图11-49所示。

图11-49

步骤03 在【火效果参数】卷展栏中，设置火效果最浓烈的【内部颜色】为橘黄色，设置燃烧【外部颜色】为红色，设置爆炸效果的【烟雾颜色】为黑色，如图11-50所示。

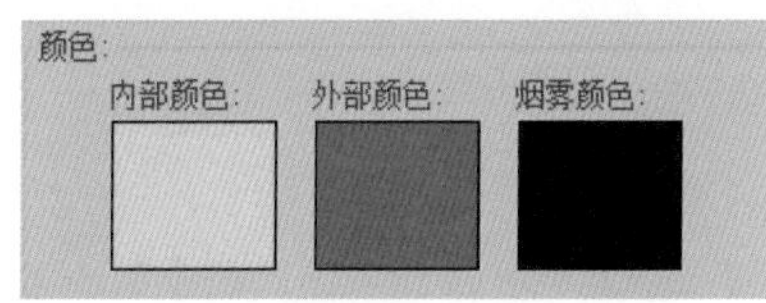

图11-50

步骤04 设置【拉伸】值为1，设置【规则性】值为0.2。设置【特性】项下的【火焰大小】值为6，设置【密度】值为15，设置【火焰细节】值为10，设置【采样】值为15，如图11-51所示。

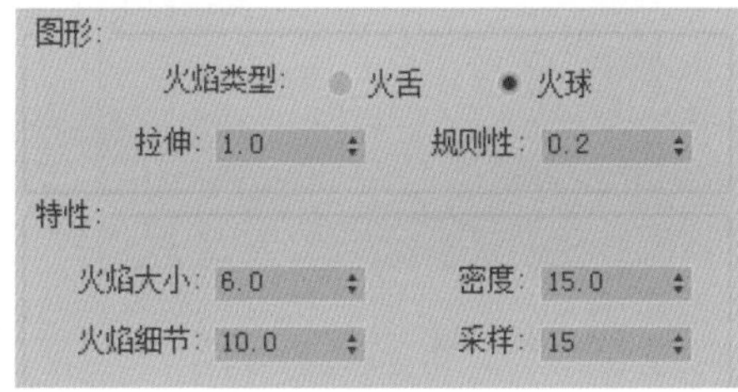

图11-51

11.4.3 设置背景

步骤01 进入材质编辑器，选择第一个材质球，使之成为当前选项。单击【漫反射】旁边的长按钮，在弹出的【材质/贴图浏览器】对话框中选择【噪波】贴图，如图11-52所示。

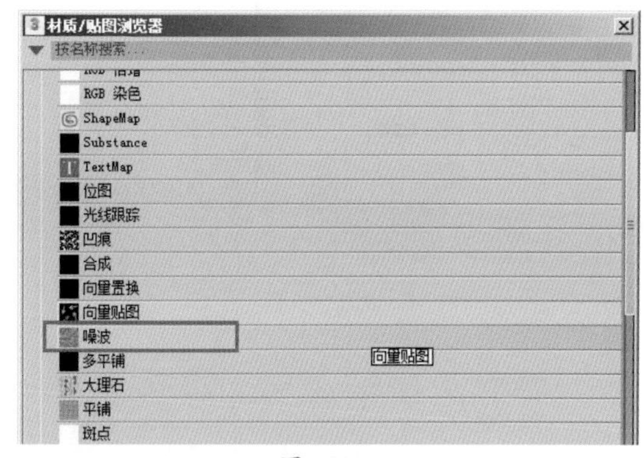

图11-52

步骤02 在【噪波参数】卷展栏中，设置【噪波类型】为分形，在【噪波阈值】项中，设置【高】值为1，【低】值为0.7，设置【级别】为3，如图11-53所示。

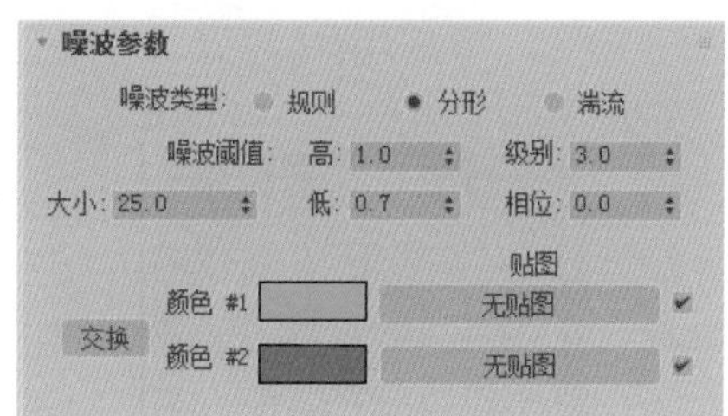

图11-53

步骤03 选择【渲染】/【环境】菜单命令，在弹出的【环境和效果】窗口中勾选【背景】区域中的【使用贴图】复选框，并单击 无 按钮，弹出【材质/贴图浏览器】对话框。

步骤04 在【示例窗】区域中选择漫反射颜色:Map #2贴图项，单击【确定】按钮，退出该对话框。在弹出的【实例还是副本】对话框中选择【实例】选项。

11.4.4 编辑太阳材质

步骤01 进入材质编辑器，单击【漫反射】旁边的长按钮，在弹出的【材质/贴图浏览器】对话框中选择 噪波 贴图，如图11-54所示。

步骤02 在【噪波参数】卷展栏中，设置【大小】值为25，设置【噪波类型】为规则。在【噪波阈值】项中，设置【高】值为1，【低】值为0，设置级别为3，如图11-55所示。

步骤03 单击 按钮，回到上一层，将【贴图】卷展栏中的【漫反射颜色】通道上的贴图拖动到【自发光】通道上，此时材质球上的明暗面消失了，如图11-56所示。

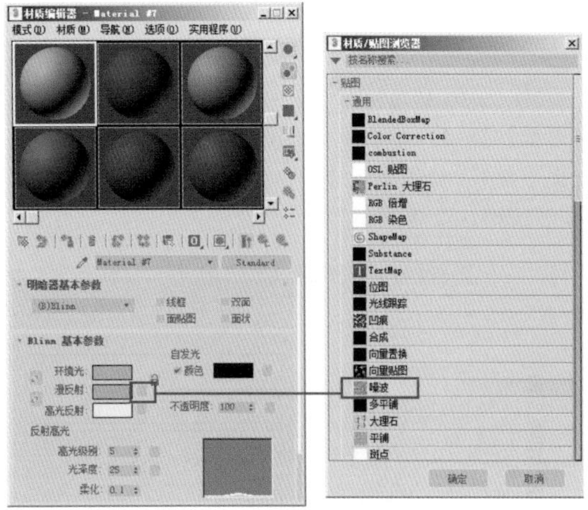
图 11-54

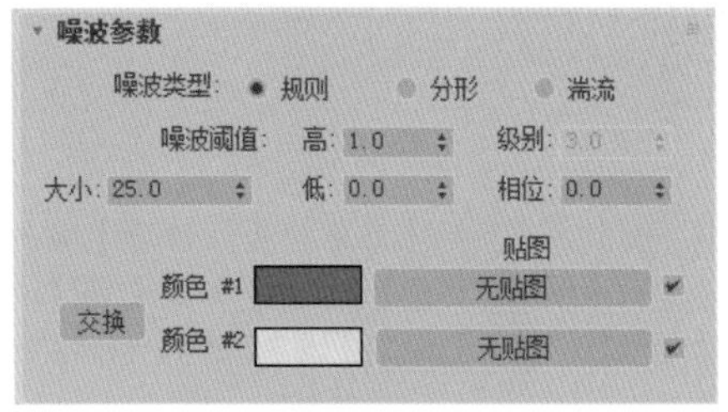

图 11-55

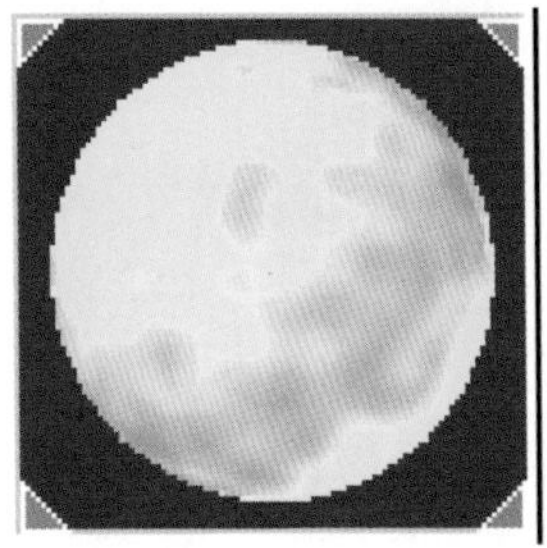
图 11-56

步骤04 单击【将材质指定到选定物体之上】按钮，将此材质赋予太阳，单击快速渲染按钮，观看渲染画面，我们发现太阳的火焰有些生硬，如图 11-57 所示。

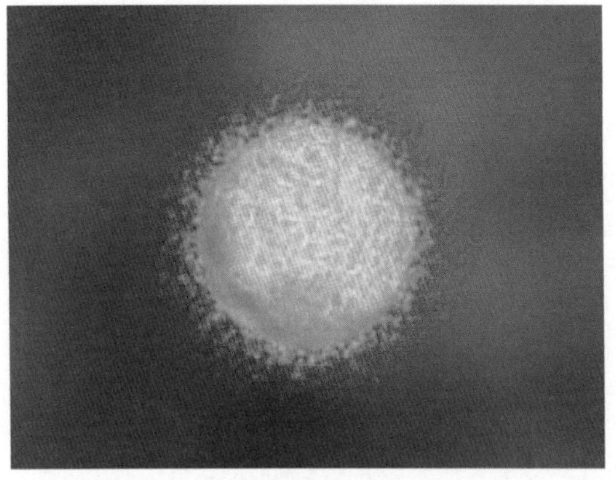
图 11-57

11.4.5 加入太阳辉光效果

步骤01 单击【渲染】下的【视频后期处理】项，弹出【视频后期处理】对话框，如图 11-58 所示。

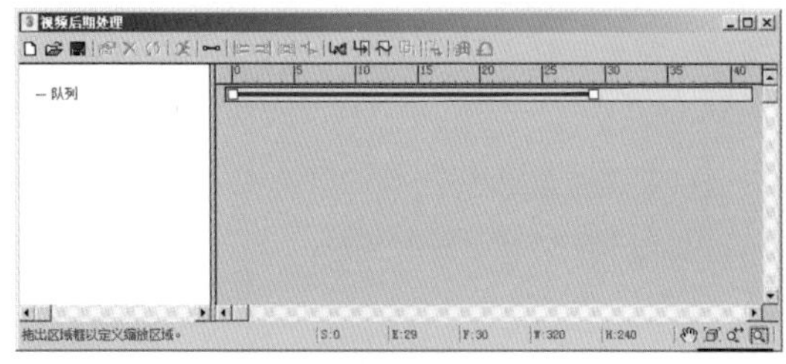
图 11-58

步骤02 单击加入场景事件按钮，在队列中加入透视视窗，如图 11-59 所示。

图 11-59

步骤03 在弹出的【添加场景事件】对话框中，选择视窗为透视视窗，单击【确定】按钮。单击加入场景效果按钮加入效果，在 过滤器插件 区域中选择【镜头效果光晕】选项，如图 11-60 所示。

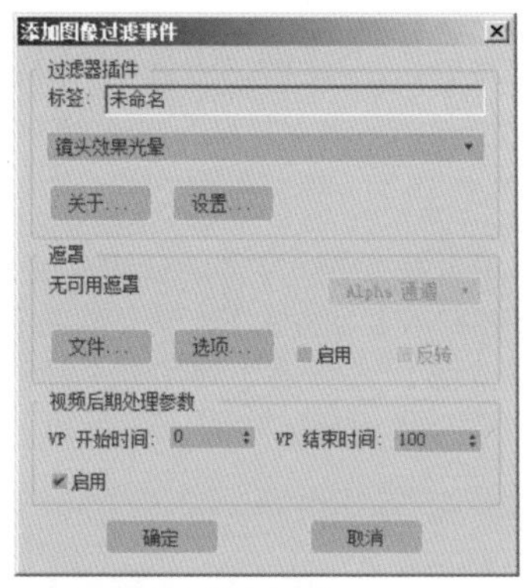

图 11-60

步骤04 单击 设置... 按钮，在弹出的【镜头效果光晕】窗口中，单击 预览 和 VP 队列 按钮，显示场景渲染效果，如图 11-61 所示。

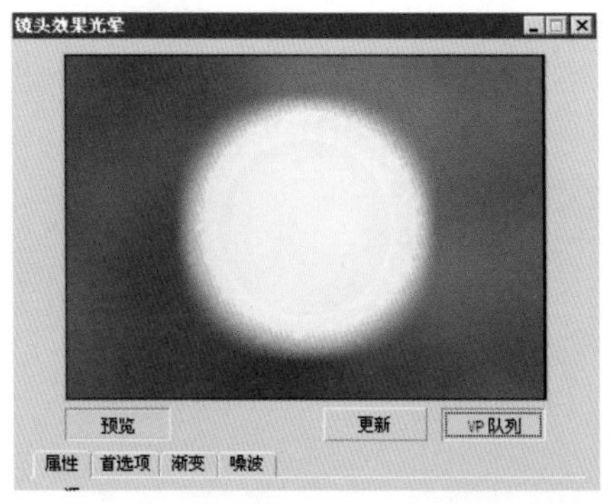

图 11-61

步骤05 将【源】区域中的☑对象ID参数值设置为1。在【过滤】选项组中，确定发光处理的方法为☑全部，如图11-62所示。

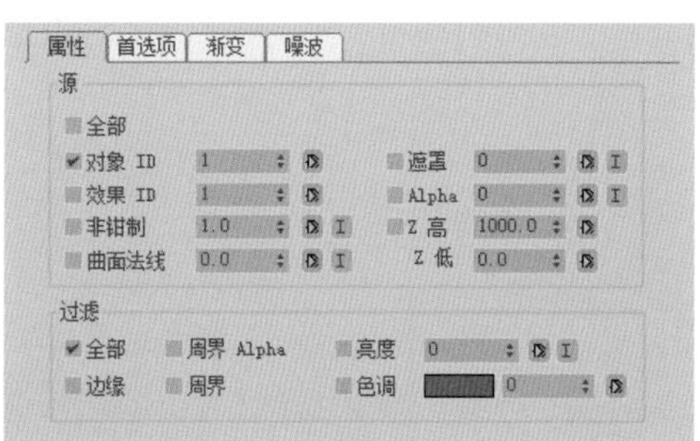

图11−62

步骤06 在【首选项】选项卡中，设置【效果】下的【大小】值为5，【柔化】值为3，如图11-63所示。

图11−63

步骤07 在【渐变】选项卡中，设置径向颜色右边的色表为橘红色，如图11-64所示。

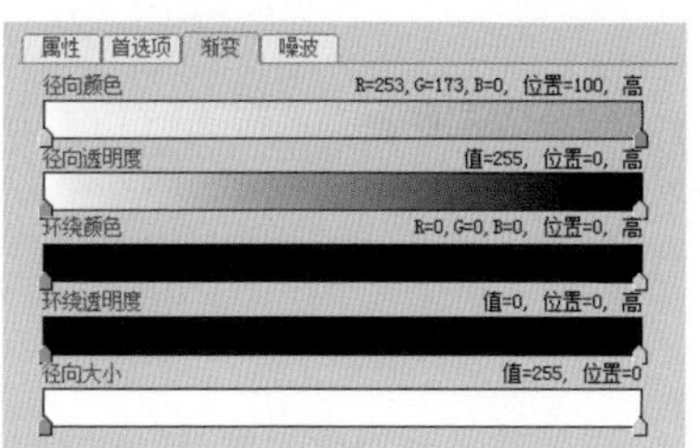

图11−64

步骤08 单击添加图像输出事件按钮，输出名称为Sun.avi，如图11-65所示。

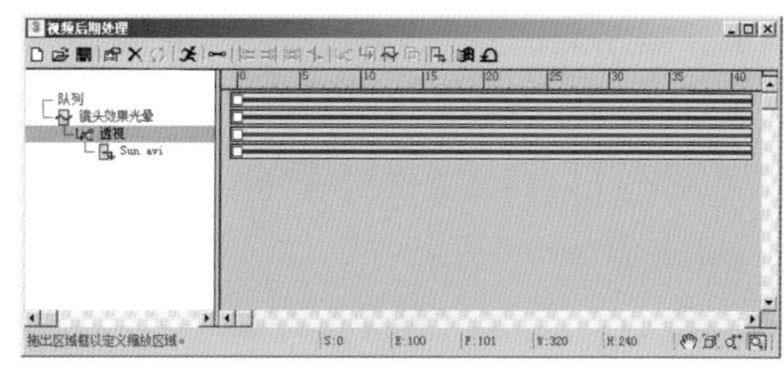

图11−65

步骤09 移动太阳的视角，单击执行序列按钮，选择【范围】选项，确认为默认值。单击【渲染】按钮，开始渲染图像。至此，炙热的太阳效果制作完毕，如图11-66所示。

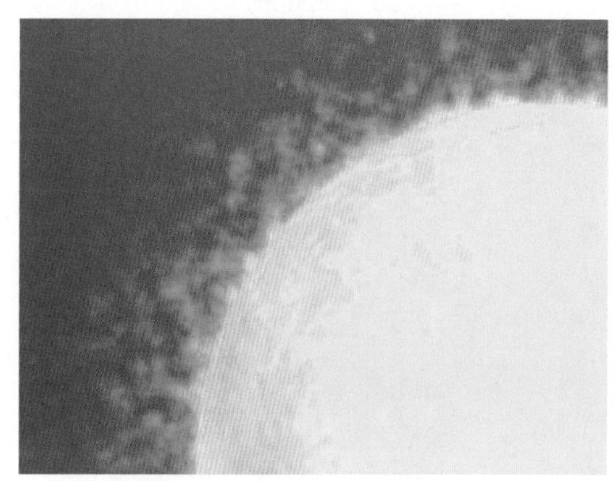

图11−66

11.5 制作海底体光

本例我们来介绍海底体光的制作方法。首先通过给平面几何体添加【噪波】修改器制作出海底模型，然后为场景添加目标摄影机、目标平行光和材质，最后通过添加【体积光】效果并设置其颜色和参数制作出最终效果。

图11-67和图11-68所示为海底渲染效果图和案例最终渲染效果图。

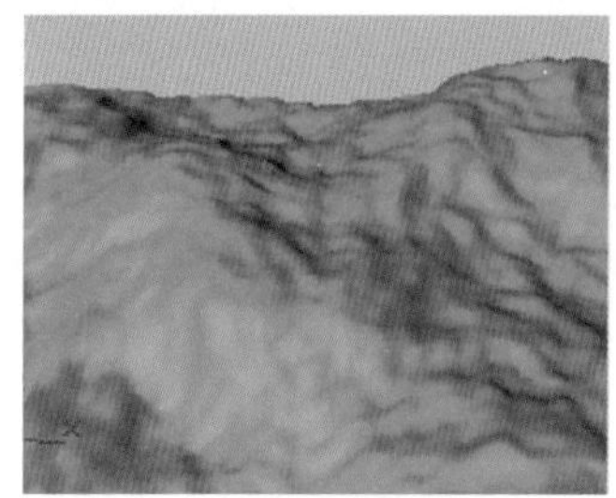

图11−67

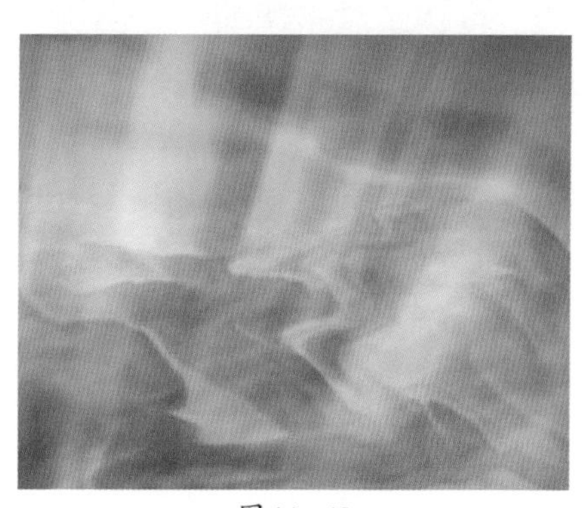

图11−68

配色应用：

制作要点：

1. 掌握并学会使用软选择在平面物体上制作突起的方法和技巧。

2. 为平面物体添加【噪波】修改器制作起伏效果。

3. 学会海底光线的制作方法。

最终场景：Ch11\Scenes\ 海底体光 ok.max

难易程度：★★★☆☆

11.5.1 制作海底

步骤01 打开＋命令面板，在标准基本体创建面板中单击平面按钮，在顶视图中创建一个方形面片作为海底地面，如图11-69所示。

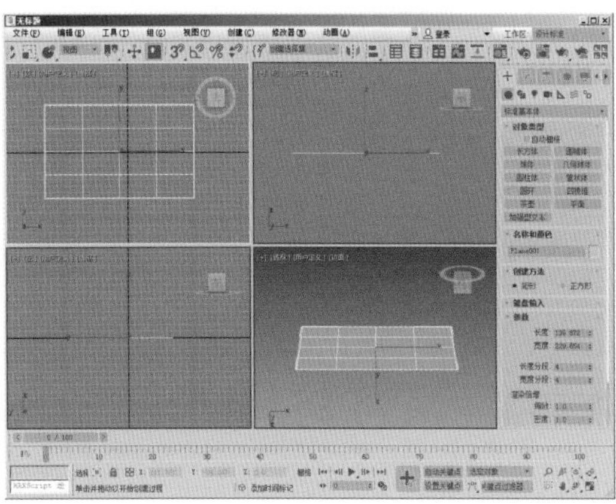

图 11-69

步骤02 在修改命令面板中，设置长度、宽度值均为250，长度分段和宽度分段数均为25，如图11-70所示。

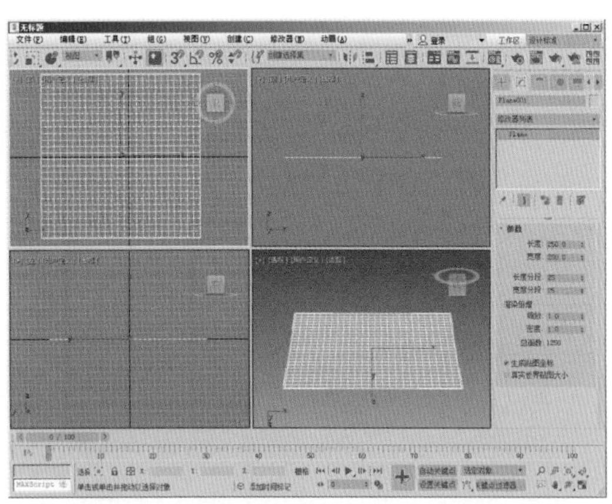

图 11-70

步骤03 选择面片并右击，在弹出的快捷菜单中选择转换为可编辑多边形命令，在修改面板中进入多边形级别，选择中间的某个面，如图11-71所示。

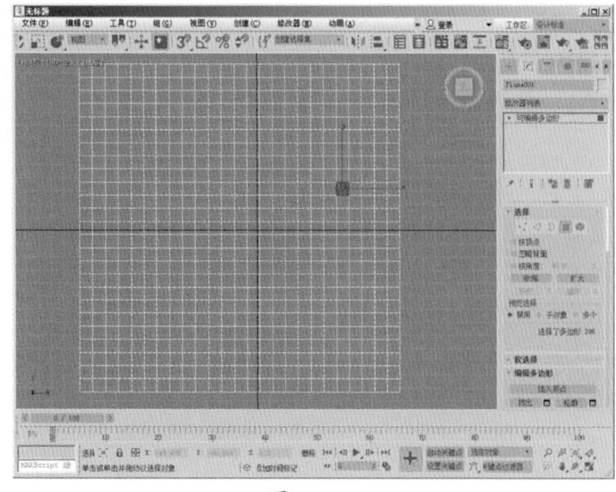

图 11-71

步骤04 在【软选择】卷展栏中，勾选【使用软选择】复选框，设置【衰减】值为85，如图11-72所示。

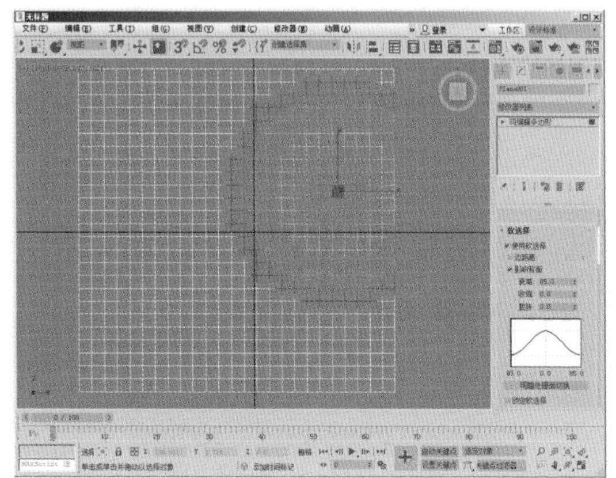

图 11-72

步骤05 在前视图中向上移动被选择的面约50个单位，形成一个突起。利用相同的方法在网格体上再创建几个突起，效果如图11-73所示。

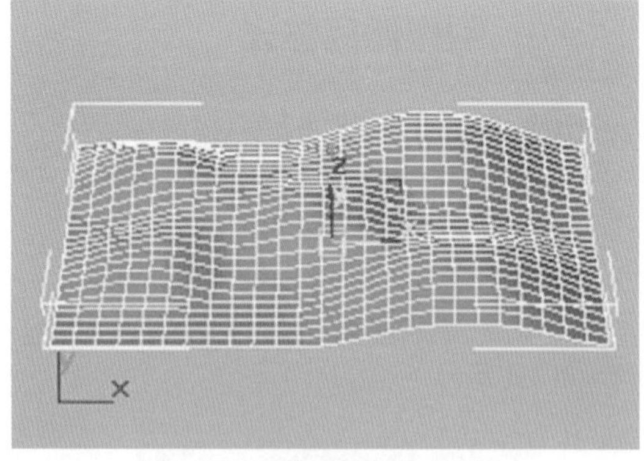

图 11-73

步骤06 单击修改命令面板中的【噪波】修改器，在【参数】卷展栏中，设置【比例】为100，设置【粗糙度】为0.5，设置【迭代次数】为5，设置Y轴强度为30，使地面产生一种起伏效果，如图11-74所示。

步骤07 打开＋命令面板，在■创建面板中单击目标按钮，创建一台目标摄影机，如图11-75所示。

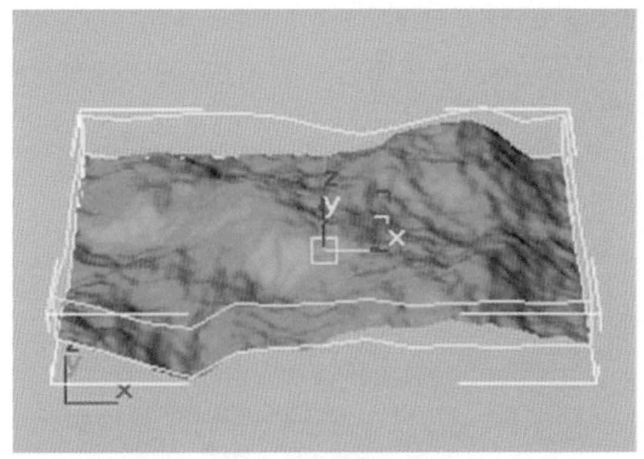

图 11-74

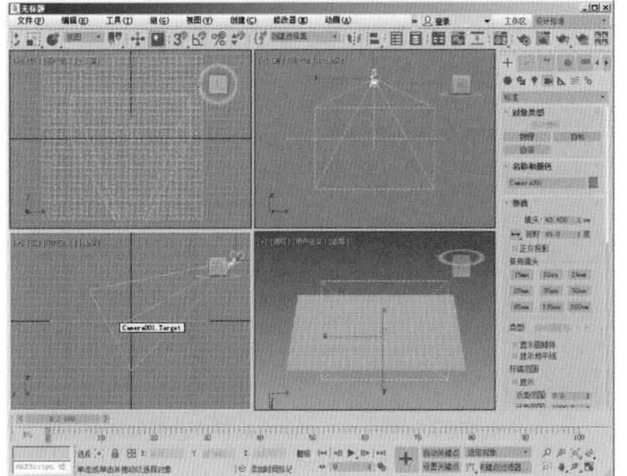

图 11-75

11.5.2 制作海底光线

步骤01 激活透视图，按【C】键切换为Camera001视图，并调整摄影机视图的视角，如图11-76所示。

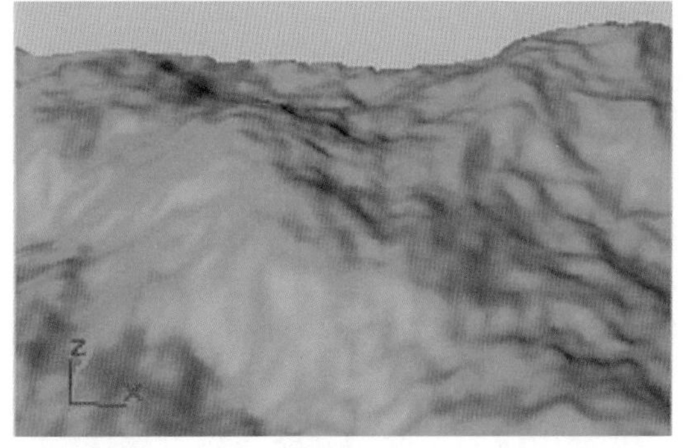

图 11-76

步骤02 打开命令面板，单击创建面板中的目标平行光按钮，在顶视图中创建一盏平行光源，旋转并移动它的位置，然后单击【泛光】按钮，创建一盏昏暗的泛光灯，给整个场景增加可视度，如图11-77所示。

步骤03 选择目标平行光，展开【强度/颜色/衰减】卷展栏，在【近距衰减】下勾选【使用】和【显示】复选框，把【开始】和【结束】值分别改为50和130，如图11-78所示。

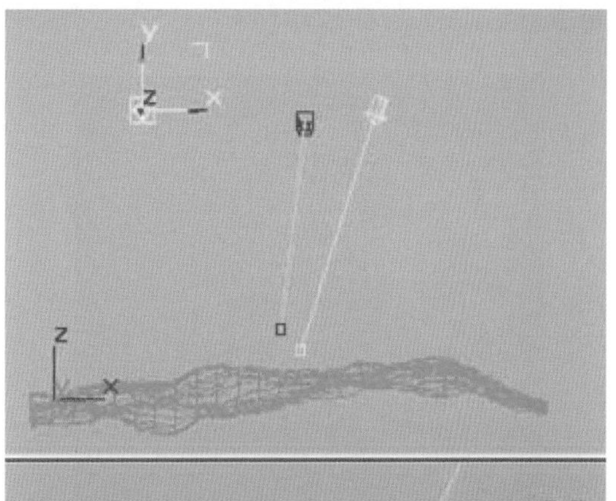

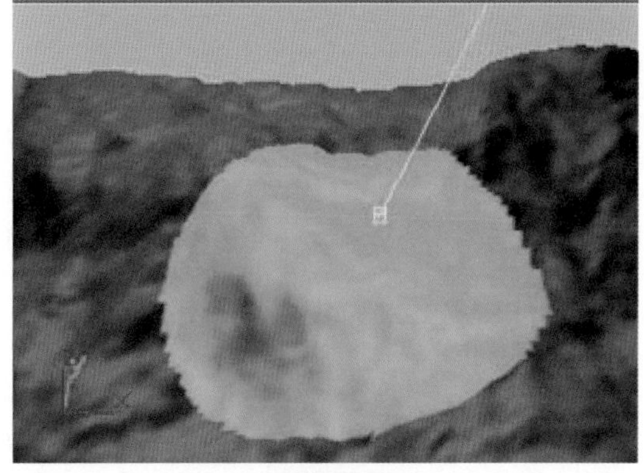

图 11-77

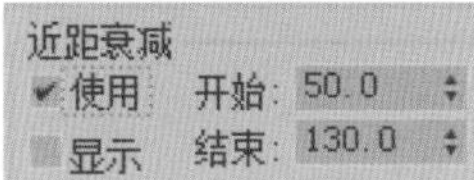

图 11-78

步骤04 打开材质编辑器，选择一个默认的材质球，单击【漫反射】后面的贴图按钮，打开【材质/贴图浏览器】对话框，选择【Perlin大理石】材质贴图类型，单击【确定】按钮，如图11-79所示。

图 11-79

步骤05 在【Perlin大理石】贴图设置面板中，设置【瓷砖】的X、Y、Z轴方向上的值都为3。

步骤06 激活方形面片物体，单击将材质指定到选定物体之上按钮，将材质指定给方形面片物体。

步骤07 在材质编辑器中激活第二个样本窗，单击位图贴图右侧的长按钮，在图像文件列表中选择一张彩色图像Abstrwav.jpg，如图11-80所示。

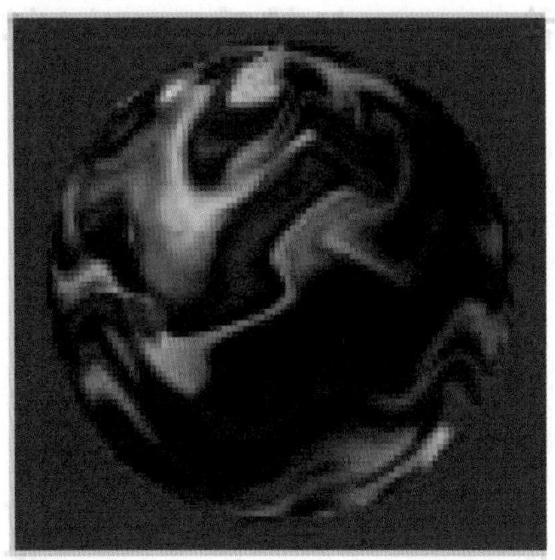
图11-80

步骤08 选择平行光源，打开【修改】命令面板，勾选【投影贴图】复选框，单击【贴图】右边的按钮，在弹出的【材质/贴图浏览器】对话框中选择材质编辑器项，选择刚编辑好的材质贴图。

步骤09 单击【渲染】主菜单中的【环境】选项，打开【环境和效果】窗口。单击【添加】按钮，在弹出的【添加大气效果】对话框中选择体积光选项，单击【确定】按钮。单击拾取灯光按钮，在视图中选择平行光源，然后单击衰减颜色颜色块，设置颜色为蓝色，如图11-81所示。

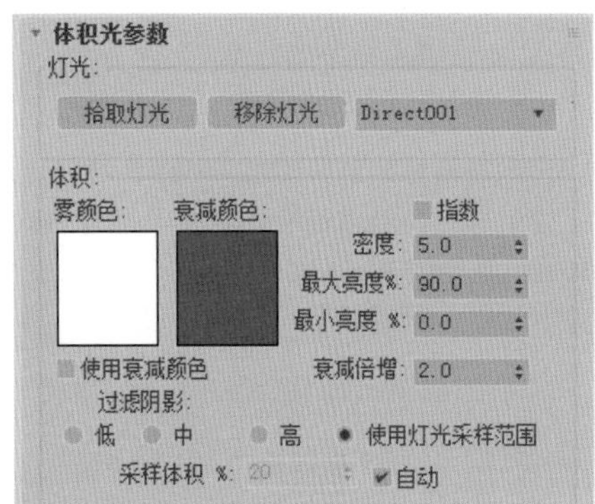

图11-81

步骤10 在【密度】数值框内输入5。单击【背景】颜色块，将背景颜色改为淡蓝色，如图11-82所示。

图11-82

步骤11 设置【最大亮度】参数值为90%。勾选【启用噪波】复选框，设置【数量】参数值为0.5。在【噪波阈值】项中，设置高值为1，大小值为20，如图11-83所示。

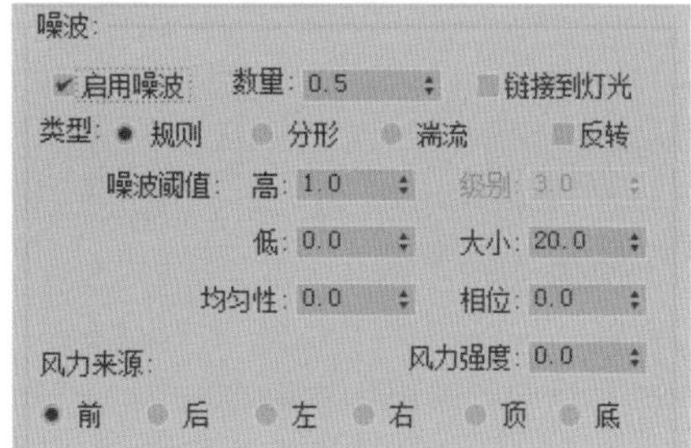

图11-83

步骤12 在场景前面加入一个贴图背景，使水下效果更加生动，如图11-84所示。

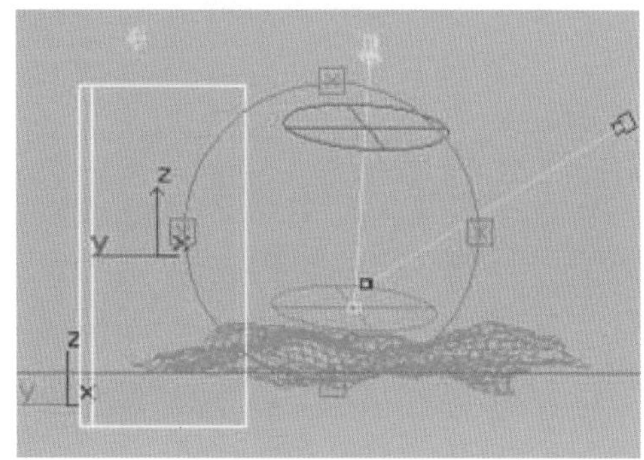
图11-84

步骤13 单击自动关键点按钮，开始制作动画。拖动时间滑块到第100帧处，在材质编辑器中，勾选Abstrwav.jpg贴图参数下的【启用噪波】复选框，将相位值设置为10，如图11-85所示。

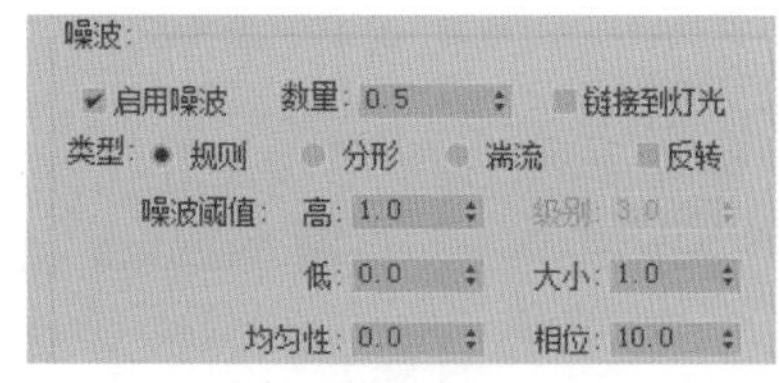

图11-85

步骤14 单击播放动画按钮▶，观看动画效果。至此，海底体光制作完毕，如图11-86所示。

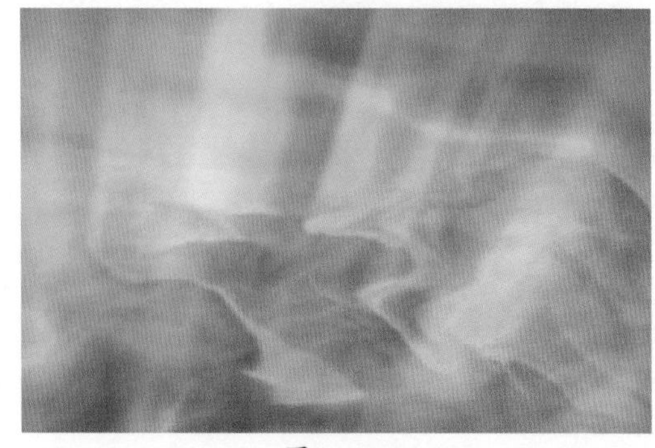
图11-86

3ds Max

第12章 动画制作

本章导读

通过本章的学习，使自己对3ds Max的动画框架结构有一个清晰的认识，熟练掌握利用动画关键帧技术制作不同速度和效果的动画，并通过各种动画工具，结合参数设置详解和范例练习，由浅入深、循序渐进地完成一些较为复杂的关键帧动画、约束器动画和角色动画的制作。

12.1 关键帧动画

所谓关键帧动画，就是给需要动画效果的属性准备一组与时间相关的值，这些值都是在动画序列中比较关键的帧中提取出来的，而其他时间帧中的值，可以用这些关键值，采用特定的插值方法计算得到，从而达到比较流畅的动画效果。

12.1.1 自动记录关键帧

通过单击【自动关键点】按钮开始创建动画，设置当前时间，然后更改场景中的事物。可以更改对象的位置、旋转或缩放等，甚至可以更改对象的任何设置或参数。

实例操作 自动记录关键帧的应用

步骤01 打开一个实例场景，如图12-1所示，是一个圆柱体和一个Box物体组成的场景，现在要把圆柱体移动到Box物体的另一端（工程文件路径：第12章/Scenes/自动记录关键帧的应用.max）。

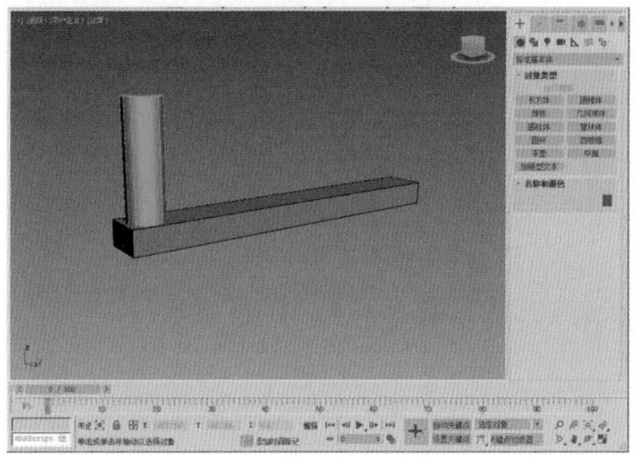

图12-1

步骤02 单击【自动关键点】按钮，将时间滑块移动到第100帧的位置，然后选择圆柱体，将其沿Y轴方向移动到Box物体的另一端，如图12-2所示。这时在第0帧和第100帧的位置会自动生成两个关键帧。

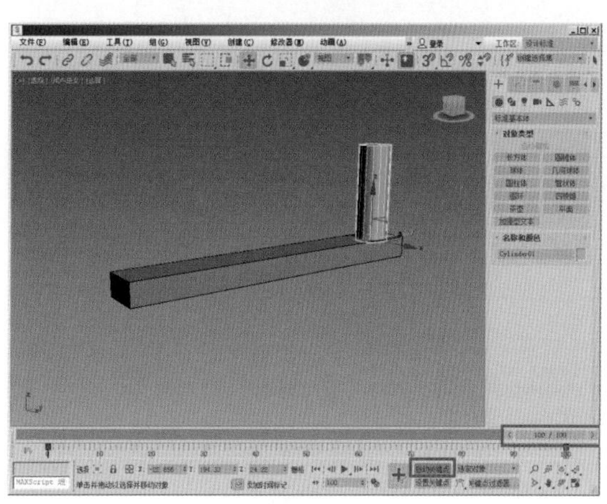

图12-2

步骤03 当拖动时间滑块在第0帧到第100帧之间移动时，圆柱体会沿着Box物体从一端移动到另一端，如图12-3所示。

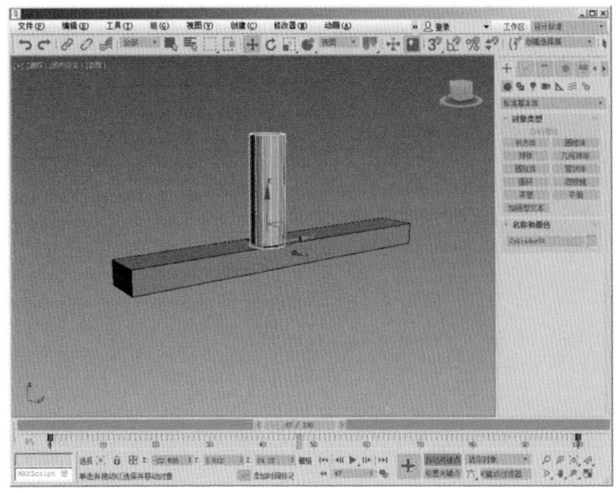
图 12-3

12.1.2 手动记录关键帧

手动记录关键帧可以人为地控制关键点，非常方便动画制作。

实例操作 手动记录关键帧的应用

步骤 01 继续使用前面实例场景中创建的模型，如图 12-4 所示。首先单击设置关键点按钮，使手动记录关键帧处于打开状态，然后单击旁边的+按钮，在第 0 帧的位置就会手动记录一个关键帧（工程文件路径：第 12 章 /Scenes/ 手动记录关键帧的应用 .max）。

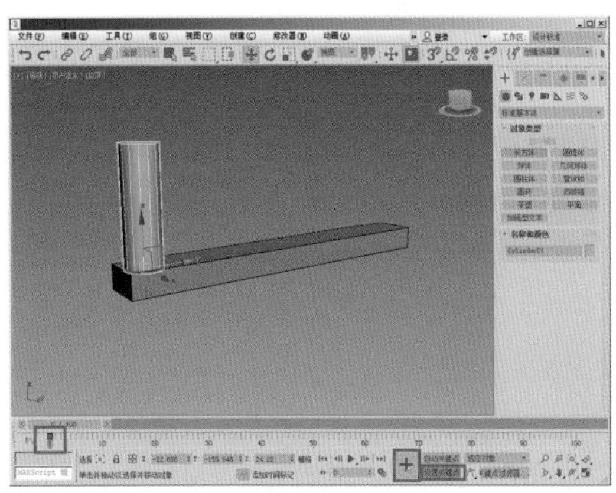
图 12-4

步骤 02 移动时间滑块到第 100 帧的位置，然后沿 Y 轴方向移动圆柱体到 Box 物体的另一端，单击+按钮，在第 100 帧的位置就会手动记录一个关键帧，如图 12-5 所示。

步骤 03 用鼠标拖动时间滑块在第 0 帧到第 100 帧之间来回移动，则圆柱体会在 Box 物体两端之间来回移动，如图 12-6 所示。

通过手动记录关键帧和自动记录关键帧对同一个实例场景进行同样的设置，可以发现自动记录关键帧的设置更为方便一些，而手动记录关键帧的灵活性更强一些，在具体做项目的过程中可以结合使用。

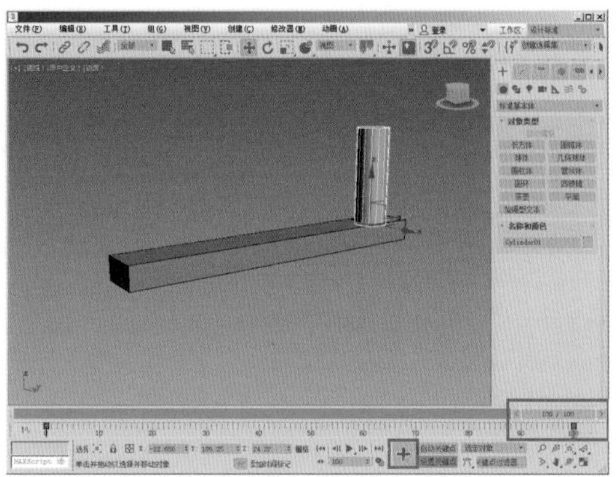
图 12-5

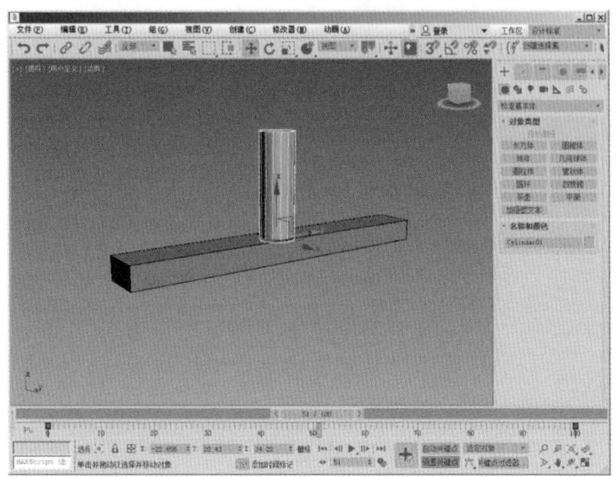
图 12-6

12.1.3 旋转动画

这一节我们来介绍旋转动画的制作。旋转动画和移动动画很相似，只是在工具命令上发生了变化。利用旋转工具改变物体的方向，然后将其改变过程记录下来就可以了。

实例操作 旋转动画实例

步骤 01 选中国际象棋场景中的一个骑士，然后单击鼠标右键，在弹出的快捷菜单中选择隐藏未选定对象选项，将未被选中的物体隐藏起来，效果如图 12-7 所示（工程文件路径：第 12 章 /Scenes/ 旋转动画实例 .max）。

图 12-7

步骤02 选中骑士，单击动画控制面板中的自动关键点按钮，将时间滑块拖动到第40帧处。然后利用旋转工具对模型进行旋转，这时系统就记录下了关键帧，如图12-8所示。至此，旋转动画就制作完成了。再次单击自动关键点按钮，然后单击动画控制面板右下角的按钮就可以预览动画了。

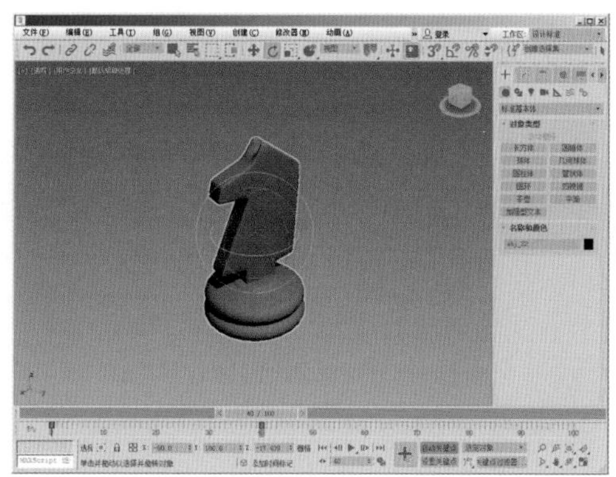

图12-8

12.1.4 缩放动画

利用缩放工具改变物体的方向，然后将其改变过程记录下来就可以了。

实例操作 缩放动画实例

步骤01 继续选中骑士模型，单击动画控制面板中的自动关键点按钮，将时间滑块拖动到第50帧处。然后使用缩放工具将模型进行缩小，这时系统就记录下了关键帧，如图12-9所示（工程文件路径：第12章/Scenes/缩放动画实例.max）。

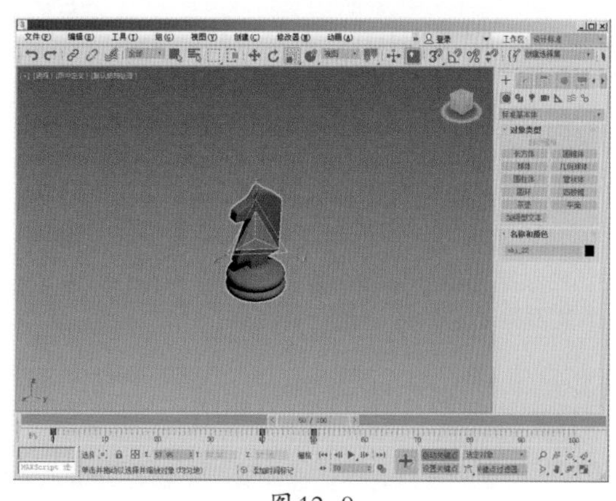

图12-9

步骤02 将时间滑块拖动到第60帧处，然后使用缩放工具将模型进行放大，这时系统就记录下了关键帧，如图12-10所示。再次单击自动关键点按钮，动画就制作完成了。单击动画控制面板右下角的按钮就可以预览动画了。

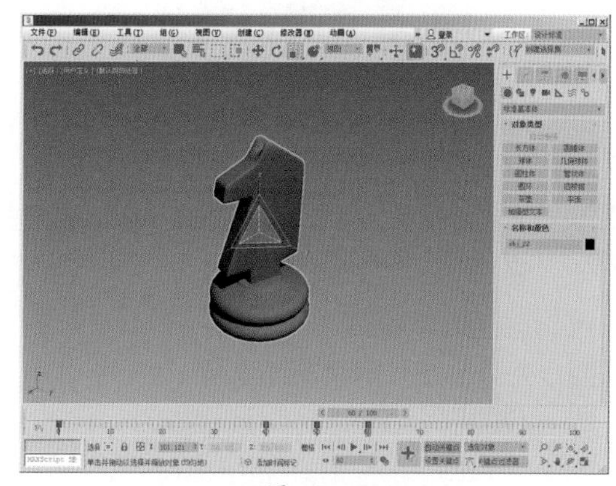

图12-10

12.2 动画约束

动画约束用于帮助动画过程自动化。其可用于通过与其他对象的绑定关系，控制对象的位置、旋转或缩放。约束需要一个对象及至少一个目标对象。目标对受约束的对象施加了特定的限制。例如，如果要迅速设置飞机沿着预定跑道起飞的动画，则应该使用路径约束来限制飞机向样条线路径的运动。与其目标的约束绑定关系可以在一段时间内启用或禁用动画。

约束的常见用法如下：

（1）在一段时间内将一个对象链接到另一个对象上，如角色的手拾取一个棒球拍。

（2）将对象的位置链接到一个或多个对象上。

（3）在两个或多个对象之间保持对象的位置。

（4）沿着一条路径或在多条路径之间约束对象。

（5）沿着一个曲面约束对象。

（6）使对象指向另一个对象的轴点。

（7）控制角色眼睛的注视方向。

（8）保持对象与另一个对象的相对方向。

约束有7种类型，如图12-11所示。

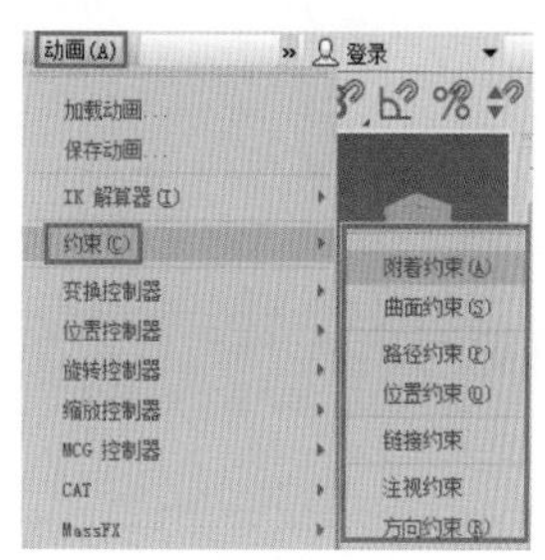

图12-11

12.2.1 附着约束

附着约束是一种位置约束，它将一个对象的位置附着到另一个对象的面上（目标对象不用必须是网格，但必须能够转换为网格）。

通过随着时间设置不同的附着关键点，可以在另一个对象的不规则曲面上设置对象位置的动画，即使这个曲面是随着时间而改变的。

实例操作 制作附着约束动画

步骤01 创建一个圆柱体，并设置其半径为20mm，高为40mm，高度分段为18。再继续创建一个圆锥体，设置其半径1为6mm，半径2为0mm，高为20mm，如图12-12所示（工程文件路径：第12章/Scenes/制作附着约束动画.max）。

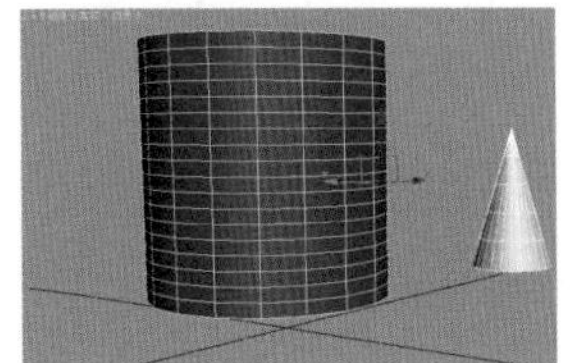

图 12–12

步骤02 选择圆柱体，应用【弯曲】修改命令，设置弯曲角度为-100，如图12-13所示。

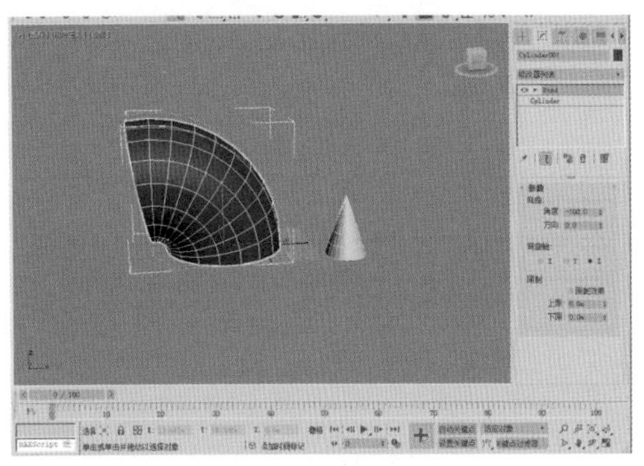

图 12–13

步骤03 单击【自动关键点】按钮，在第100帧处设置弯曲角度为100，再次单击【自动关键点】按钮，如图12-14所示。

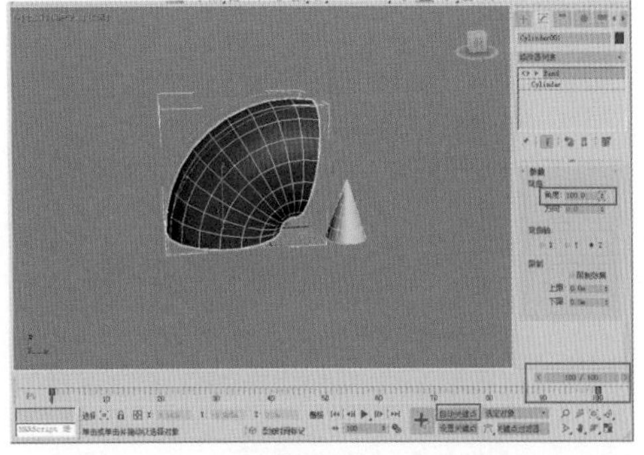

图 12–14

步骤04 选择圆锥体，在运动面板中的【指定控制器】卷展栏中选择⊕位置：位置 XYZ选项，然后单击【指定控制器】按钮✓，在弹出的【指定位置控制器】对话框中选择【附加】选项，圆锥体会自动移动到坐标中心，附着约束的参数也会在运动面板中显示出来，如图12-15所示。

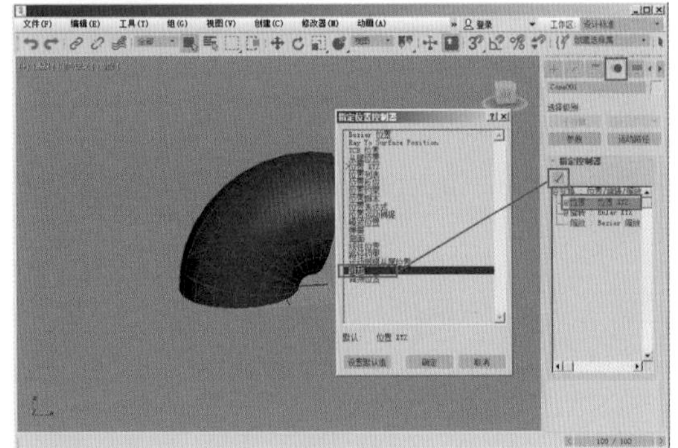

图 12–15

步骤05 单击【拾取对象】按钮，在视图中选择圆柱体，单击【设置位置】按钮，在圆柱体的表面单击并拖动，圆锥体会约束到圆柱体的表面，并跟随鼠标光标的位置移动，如图12-16所示。

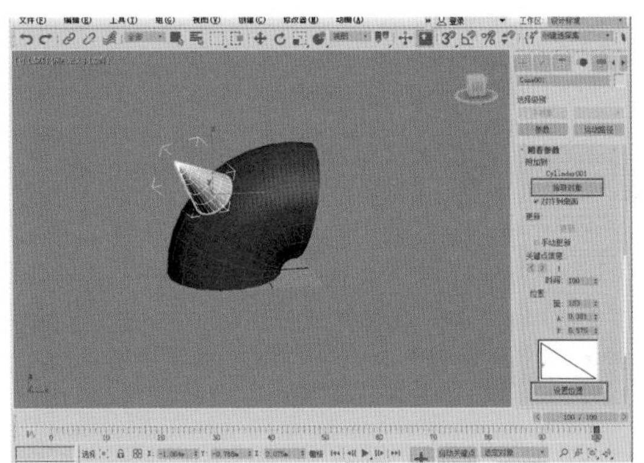

图 12–16

步骤06 播放动画，我们发现在圆柱体弯曲时，圆锥体始终附着在圆柱体的表面，如图12-17所示。

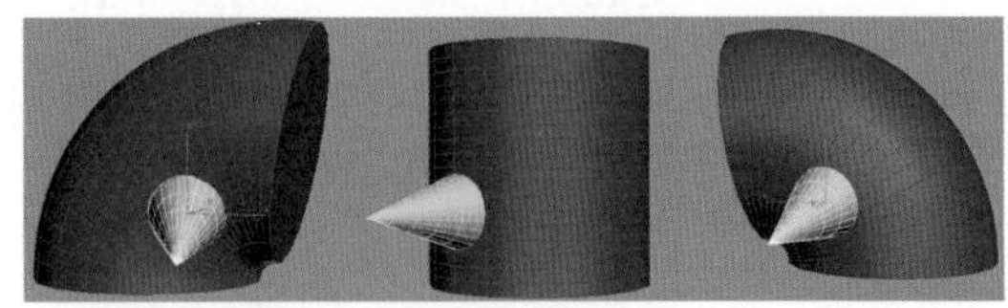

图 12–17

12.2.2 曲面约束

曲面约束约束一个物体沿另一个物体表面进行变换。只有具有参数化表面的物体才能作为目标表面物体，具体包括球体、圆锥体、圆柱体 、圆环、单个方形面片、放样物体、NURBS物体。

实例操作 制作曲面约束动画

步骤01 打开3ds Max软件，在场景中创建一个圆柱体和一个球体，如图12-18所示（工程文件路径：第12章/Scenes/制作曲面约束动画.max）。

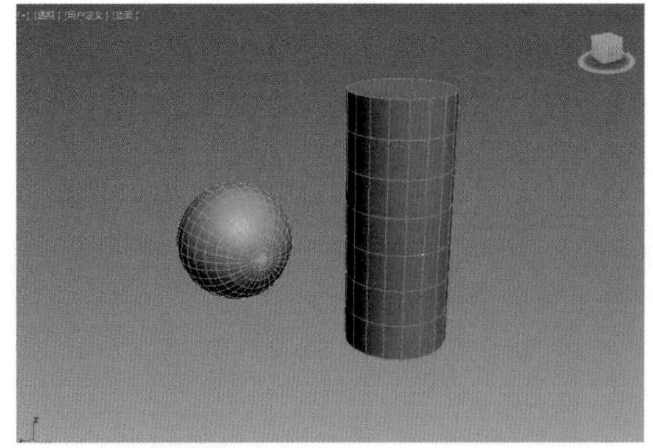

图 12-18

步骤02 选择球体，执行【动画】/【约束】/【曲面约束】菜单命令，如图12-19所示。

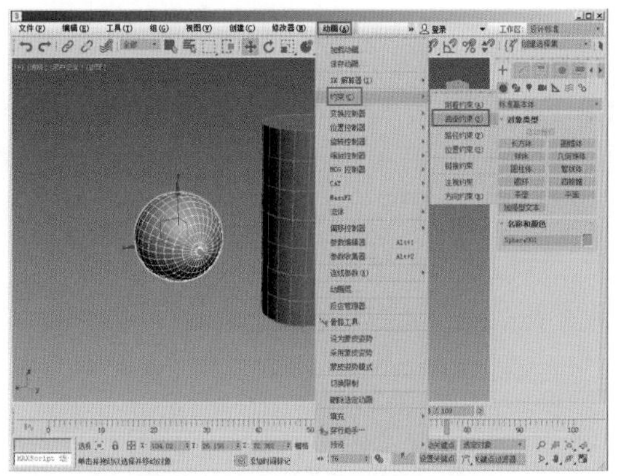

图 12-19

步骤03 在视图中选中圆柱体，使球体约束到圆柱体表面，如图12-20所示。

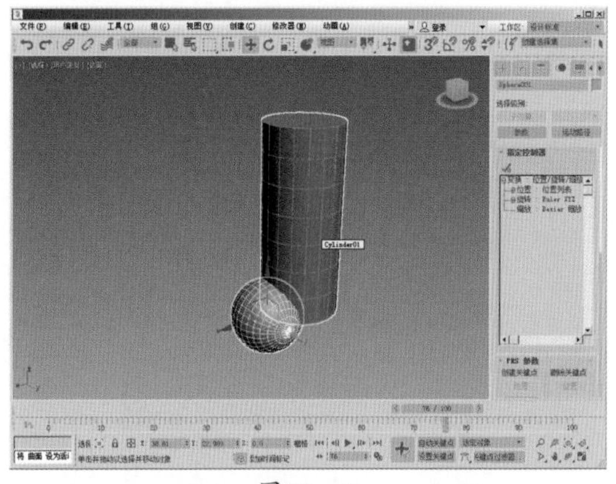

图 12-20

步骤04 单击【自动关键点】按钮，调节时间滑块到第0帧的位置，在运动面板中调节【V向位置】的值，使球体正好放置在圆柱体的底部，如图12-21所示。

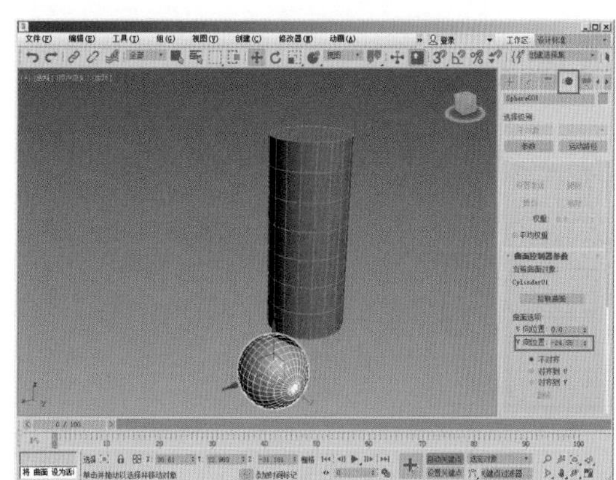

图 12-21

步骤05 调节时间滑块到第100帧的位置，调节【V向位置】的值，使球体正好放置在圆柱体的顶部，设置【U向位置】的值为300，再次单击【自动关键点】按钮，如图12-22所示。

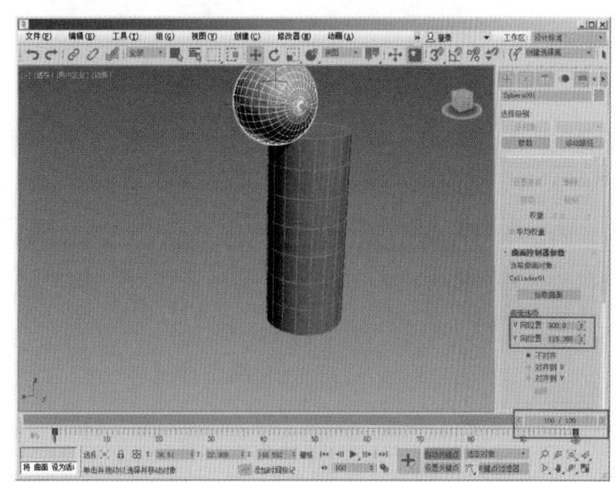

图 12-22

步骤06 播放动画，球体会沿圆柱体的表面旋转上升，效果如图12-23所示。

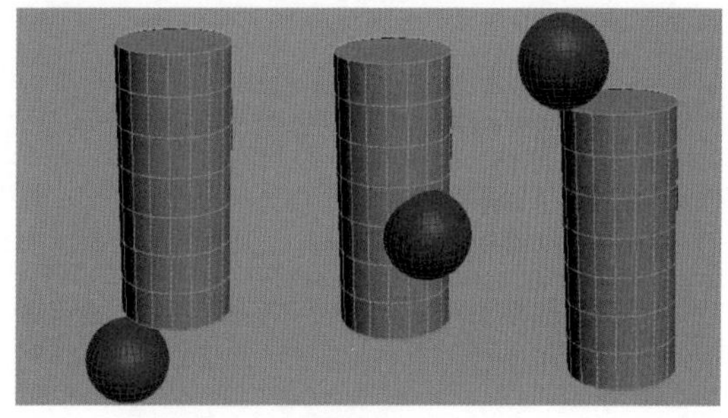

图 12-23

12.2.3 路径约束

路径约束会对一个对象沿着样条线或在多条样条线间的平均距离间的移动进行限制。路径目标可以是任意类型的样条线。样条曲线（目标）为约束对象定义了一条运动路径。目标可以使用任意的标准变换、旋转、缩放工具设置为动画。在路径的子对象层级上设置关键点（例如顶点）或片段来对路径设置动画会影响约束对象。

实例操作 制作路径约束动画

步骤01 创建一个半径为10mm的球体和一个半径为60mm的圆，如图12-24所示（工程文件路径：第12章/Scenes/制作路径约束动画.max）。

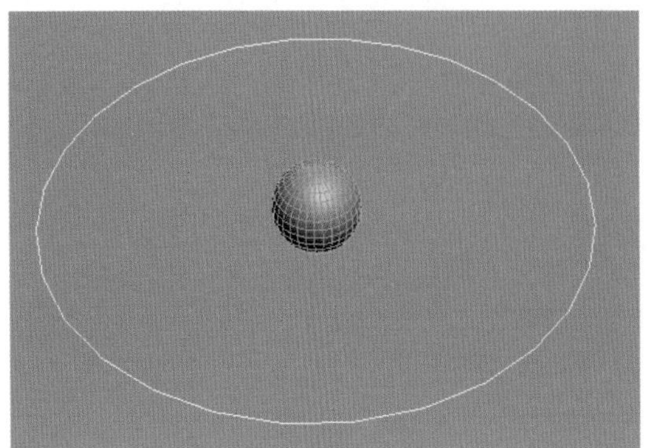

图 12-24

步骤02 在视图中选择球体，执行【动画】/【约束】/【路径约束】菜单命令，如图12-25所示。

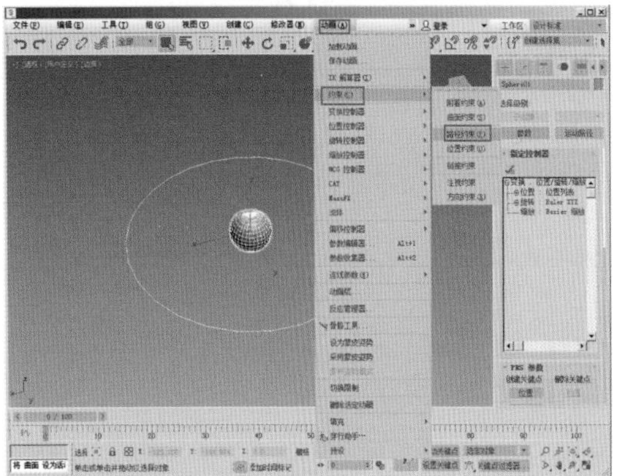

图 12-25

步骤03 移动鼠标，会从球体的轴心点处牵引出一条虚线，单击圆，球体已约束在圆上。播放动画，球体会沿着圆运动，如图12-26所示。

图 12-26

12.2.4 位置约束

位置约束以一个物体的运动来牵动另一个物体的运动。主动物体被称为目标物体，被动物体被称为约束物体。在指定了目标物体后，约束物体不能单独进行运动，只有在目标物体移动时，其才能跟随运动。目标物体可以是多个物体，通过分配不同的权重值控制对约束物体影响的大小。当权重值为0时，目标物体对约束物体不产生任何影响。对于权重值的变化，也可记录为动画，例如将一个球体约束到桌子表面，对权重值设置动画可以创建球体在桌子上弹跳的效果。

实例操作 制作位置约束动画

步骤01 打开3ds Max软件，在场景中分别创建一个球体、一个立方体和一个圆柱体，并将立方体放置在球体和圆柱体之间，如图12-27所示（工程文件路径：第12章/Scenes/制作位置约束动画.max）。

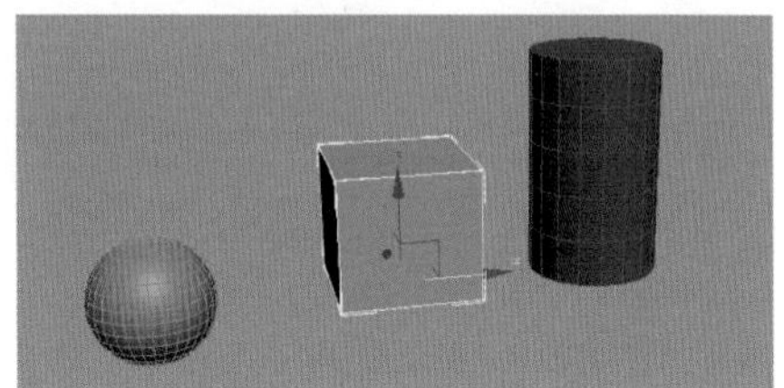

图 12-27

步骤02 选择立方体，执行【动画】/【约束】/【位置约束】菜单命令，然后在视图中单击球体作为目标物体，如图12-28所示。

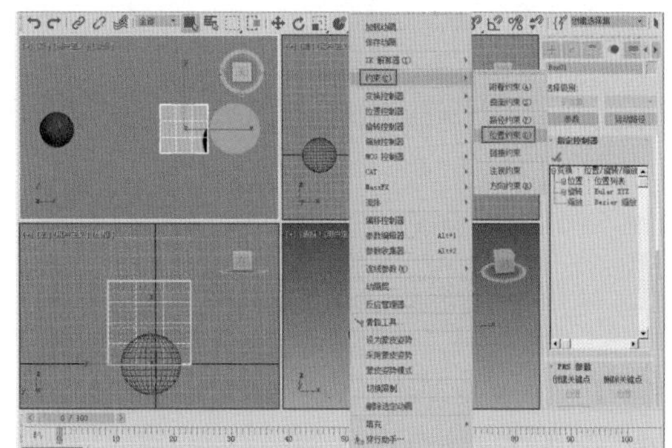

图 12-28

步骤03 在运动面板中，单击【添加位置目标】按钮，然后在视图中单击圆柱体，如图12-29所示。

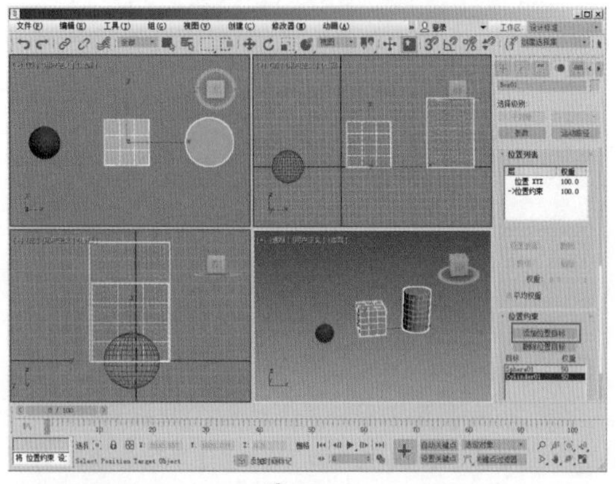

图 12-29

步骤04 在顶视图中移动球体或圆柱体，立方体总是保持在球体和圆柱体的平均距离位置，这是因为在默认情况下球体和圆柱体的权重值分配是相等的，如图12-30所示。

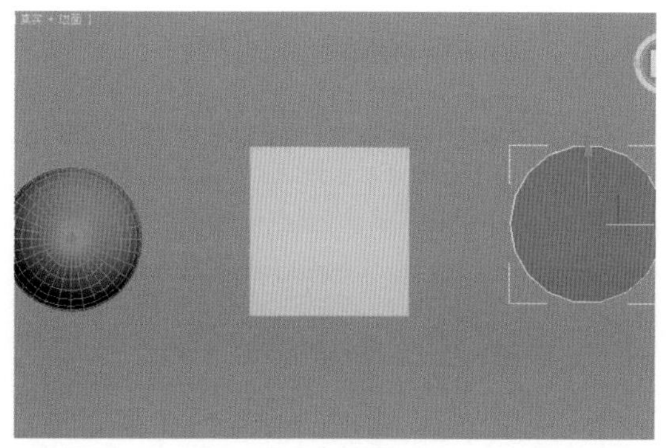

图12-30

步骤05 选择立方体，打开运动面板，在【位置约束】卷展栏中的【目标】下的列表中选择球体的名称，改变其权重值为22，如图12-31所示。

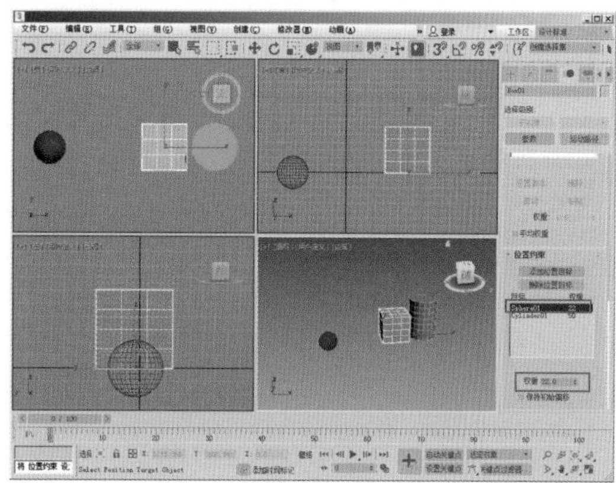

图12-31

步骤06 这时在顶视图中分别移动球体和圆柱体，可以发现圆柱体对立方体的影响要比球体对立方体的影响大。

12.3 基本动画创建

本节我们主要讲一些基本动画的创建实例，这些简单的基本动画在本节各自之间是没有联系的，但是这些基本动画在大型场景动画中经常会被一起使用。现在我们先从简单的学起。

12.3.1 基本轨迹编辑方法

在编辑轨迹时，应了解编辑的对象是谁，动作发生的区段在哪儿，动作的具体情况怎么样。下面通过一个简单的实例来学习基本轨迹的编辑流程。

实例操作 基本轨迹视图的编辑方法

步骤01 打开3ds Max软件，在主菜单中选择【图形编辑器】/【轨迹视图-曲线编辑器】命令，打开【轨迹视图-曲线编辑器】对话框，如图12-32所示。

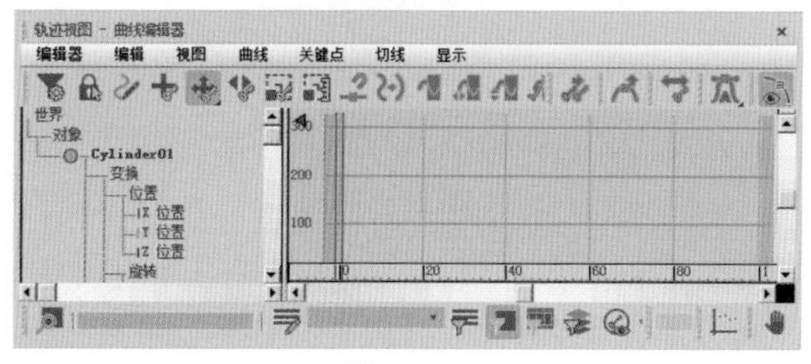

图12-32

步骤02 选择透视图，创建一个球体，并设置其半径为20mm，如图12-33所示。这时会发现，在曲线编辑器中，【对象】项目下多了一个【Sphere 001】项目，表明场景中所有可动画项目在轨迹视图中都一一对应。

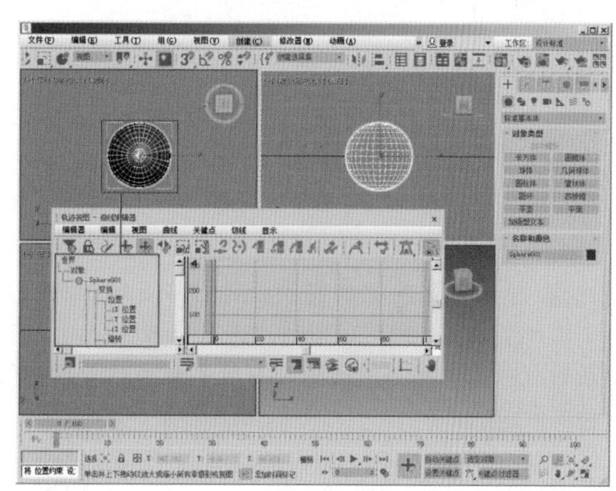

图12-33

步骤03 单击【自动关键点】按钮，拖动时间滑块至第10帧处；使用移动工具，在透视图中将球体向右上方（*X*、*Z*轴方向）移动一段距离，如图12-34所示。

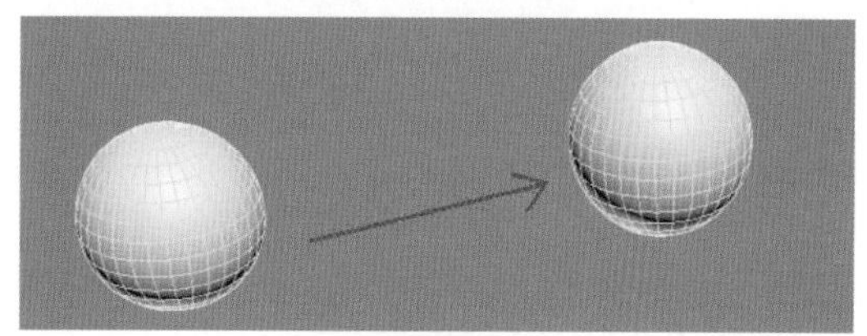

图12-34

步骤04 拖动时间滑块到第20帧处，在透视图中将球体向右下方（X、Z轴方向）移动一段距离，再次单击【自动关键点】按钮，如图12-35所示。现在拖动时间滑块，球体将会在第0~20帧表现移动的动画。

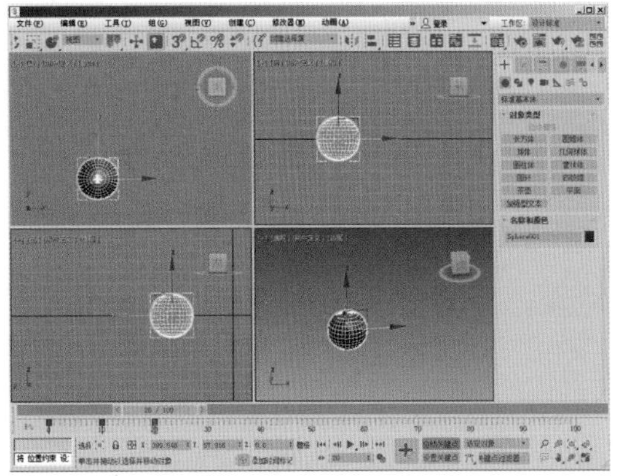

图 12-35

步骤05 由于系统默认开启了变换项目的自动展开设置，所以已经自动在左侧控制器窗口中显示出了变化项目的内部项目，已经制作了动画的项目为选择状态，在右侧的编辑器窗口中也显示出了球体运动的动画曲线，如图12-36所示。

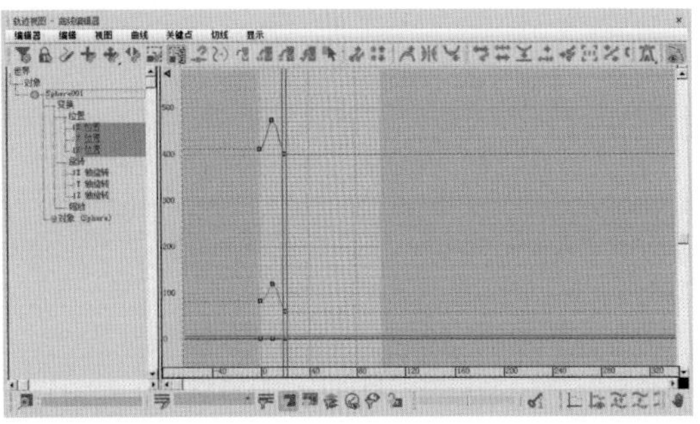

图 12-36

步骤06 单击曲线隆起的顶点，将它移动到水平位置以下，产生向上的抛物线形状，如图12-37所示。这时拖动时间滑块，球体在Z轴的运动方向正好与刚才的运动方向相反。

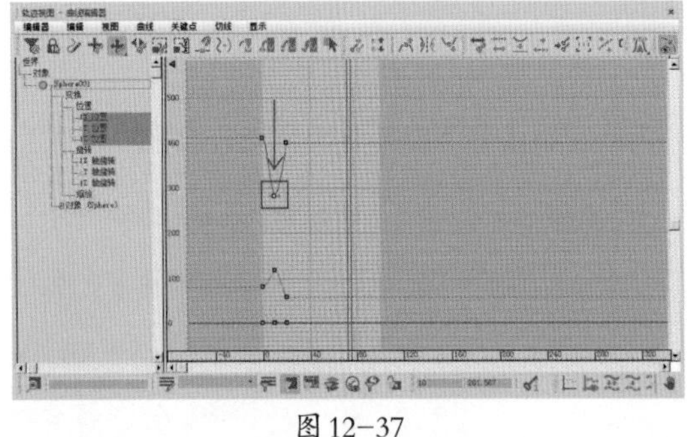

图 12-37

12.3.2 Look At动画

Look At动画即注视约束动画，它是约束物体的方向到另一个物体上的特殊类型，通常用于眼球等物体的指定，可以将眼球约束到另一个虚拟物体上，通过虚拟物体的移动变换来决定眼球转动的方向。下面我们就来讲解注视约束动画的制作。

实例操作 注视约束动画的制作

步骤01 首先打开场景文件，该场景中有一个卡通人物的头部模型，如图12-38所示（工程文件路径：第12章/Scenes/注视约束动画的制作.max）。

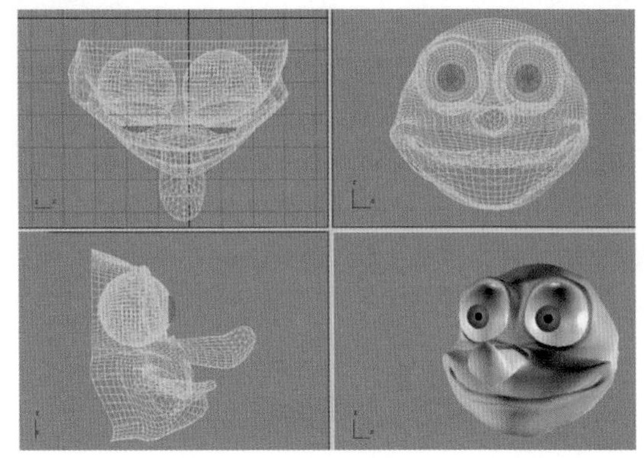

图 12-38

步骤02 要想制作眼球的动画，我们就得把眼球约束到另一个物体上。首先进入创建命令面板，单击按钮，单击 虚拟对象 按钮，创建一个虚拟物体，并将其移动到与眼球合适的位置，然后复制出一个同样的虚拟物体，并将其移动到另一个眼球处，最后创建一个大的虚拟物体放在两个小的虚拟物体之间，效果如图12-39所示。

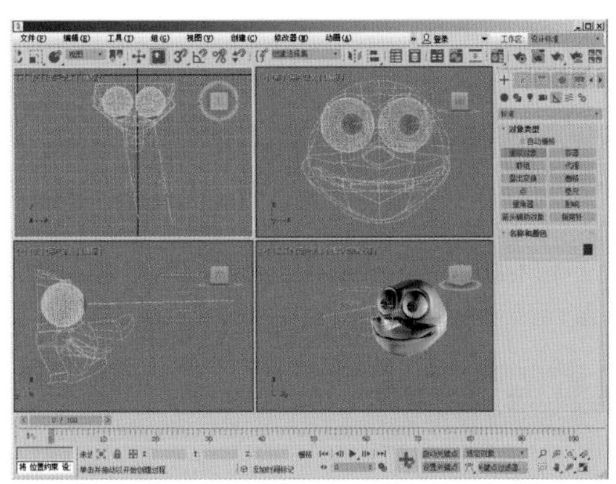

图 12-39

步骤03 选中其中一个眼球，选择【动画】/【约束】/【注视约束】菜单命令，这时将在眼球上出现一条曲线，拾取眼球所对应的虚拟物体，眼球的方向将发生变化，效果如图12-40所示。

步骤04 在参数栏中勾选 ☑ 保持初始偏移 复选框，使眼球保持原始形态，效果如图12-41所示。

步骤05 现在我们移动虚拟物体，眼球就会随着虚拟物体的移动而变化，效果如图12-42所示。接下来，我们使用同样的方法对另一个眼球进行约束。

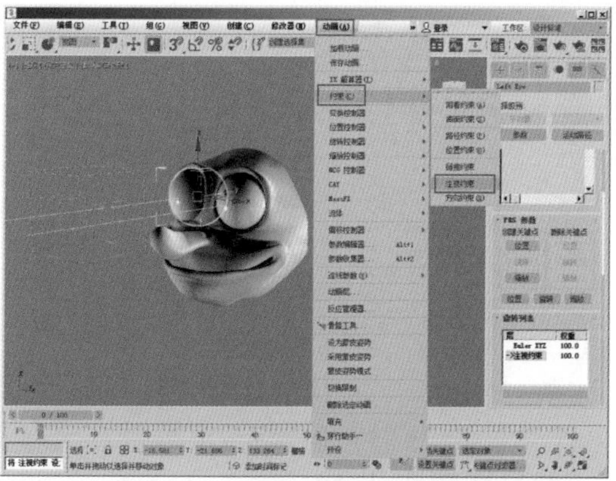

图 12-40

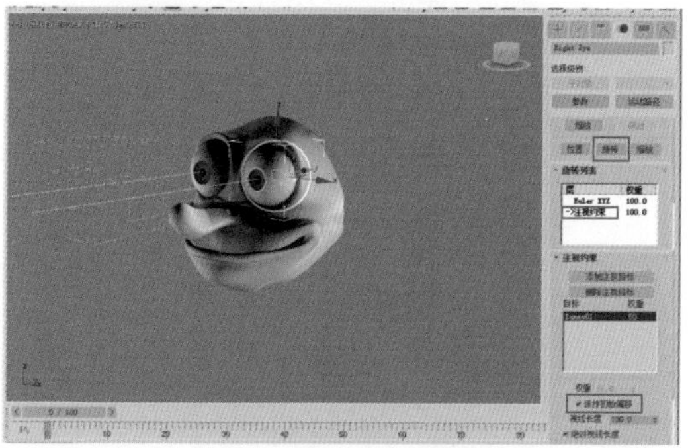

图 12-41

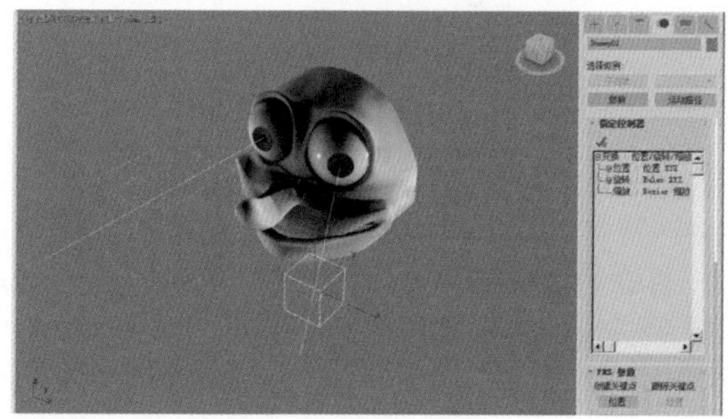

图 12-42

步骤06 人的眼球是不可以同时看两个物体的，所以我们需要让两个眼球一起动。单击工具栏中的按钮，分别将两个小的虚拟物体和大的虚拟物体进行链接。这时我们只需要移动大的虚拟物体就可以控制两个眼球的动画，如图12-43所示。

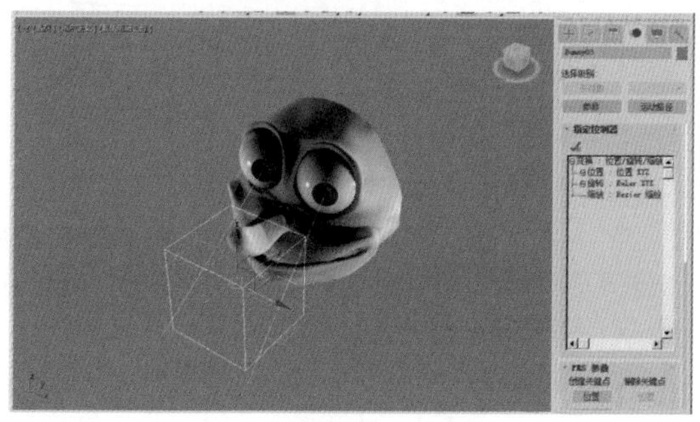

图 12-43

12.3.3 噪波动画

噪波动画就是给物体添加噪波修改器或者在贴图通道中的凹凸通道中添加噪波贴图，通过录制修改器相位子对象的位置变化所产生的效果，通常用于制作水面波纹的效果。下面我们就来制作水面波纹的效果。

实例操作 噪波动画的制作

步骤01 打开场景文件，如图12-44所示（工程文件路径：第12章/Scenes/噪波动画的制作.max）。

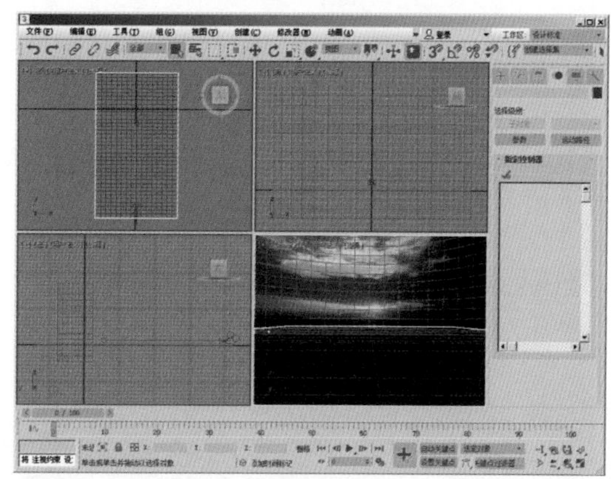

图 12-44

步骤02 选择水面物体，然后按【M】键打开材质编辑器，选择一个材质球赋予水面。在 **贴图** 卷展栏中的 **凹凸** 通道中添加 **噪波** 贴图类型，在 **反射** 通道中添加 **光线跟踪** 贴图类型，参数设置如图12-45所示。

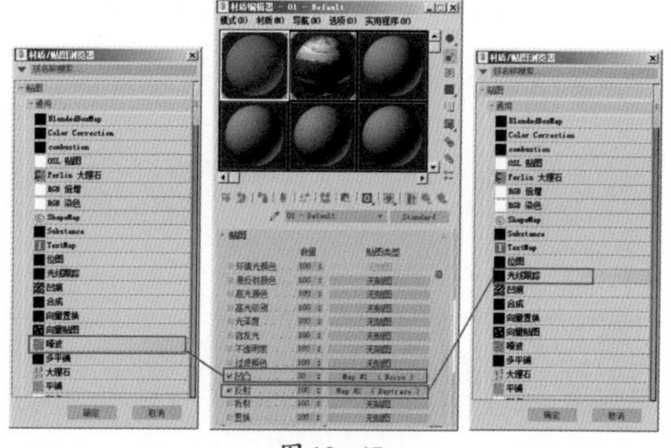

图 12-45

步骤03 接下来我们就要对水面制作动画了，其实也就是对它的噪波变化过程进行录制。单击【自动关键点】按钮，拖动时间滑块至第100帧处，然后调节 **噪波参数** 卷展栏中的 **相位** 参数值即可，如图12-46所示。

步骤04 动画录制完成以后，关闭动画录制器。我们可以渲染一下看看效果，如图12-47所示。

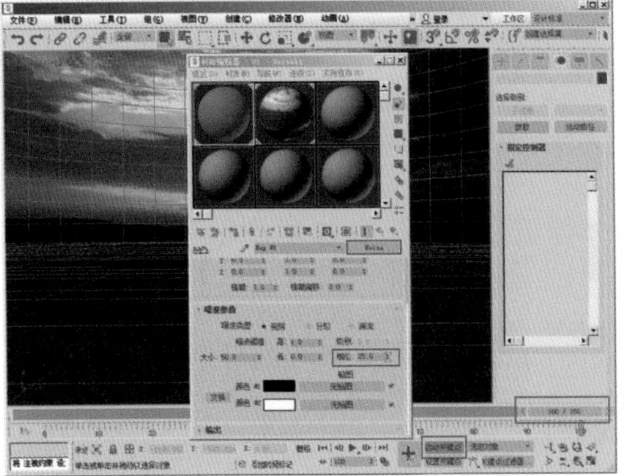
图 12-46

图 12-47

12.3.4 音乐动画

音乐动画就是给物体的某一个参数进行控制器的指定，从而达到物体在音乐的控制中进行变化。

实例操作 音乐动画的制作

步骤 01 打开 3ds Max 软件，在场景中创建一个茶壶模型，如图 12-48 所示（工程文件路径：第 12 章 /Scenes/音乐动画的制作.max）。

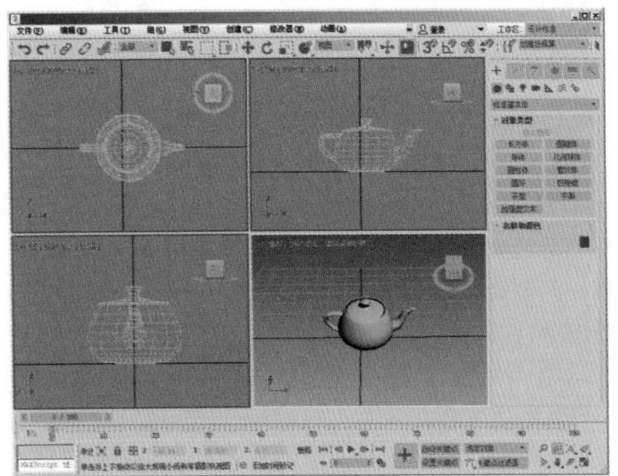
图 12-48

步骤 02 选中茶壶模型并右击，在弹出的快捷菜单中选择 曲线编辑器... 选项，弹出如图 12-49 所示的【轨迹视图 - 曲线编辑器】对话框。

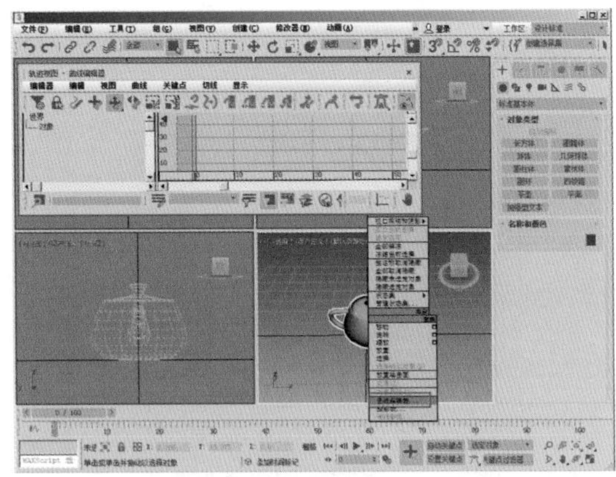
图 12-49

步骤 03 在【轨迹视图 - 曲线编辑器】对话框左侧的面板中可以找到茶壶模型的各个参数，如图 12-50 所示。

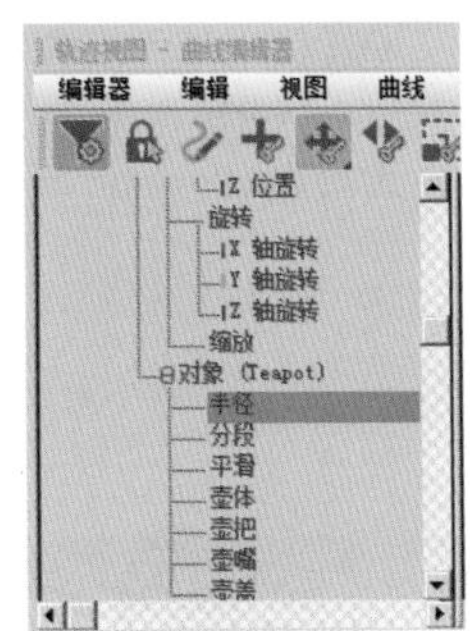

图 12-50

步骤 04 现在我们想用音乐来控制茶壶的半径，让茶壶半径随着音乐的节奏而变化。首先选中 半径 选项，然后单击鼠标右键，在弹出的快捷菜单中选择 指定控制器... 选项，这时将弹出如图 12-51 左图所示的【指定浮点控制器】对话框。选择 音频浮点 音乐控制器添加给半径参数，这时将弹出【音频控制器】对话框，如图 12-51 右图所示。

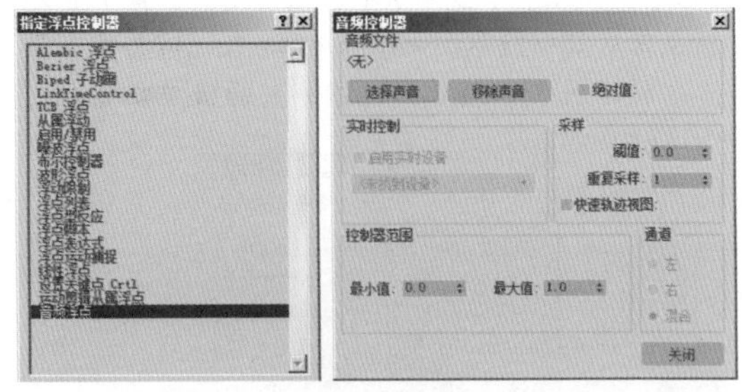

图 12-51

步骤 05 单击【音频控制器】对话框中的 选择声音 按钮添加音乐，然后在 控制器范围 区域中调节 最小值 和 最大值，最后单击 关闭 按钮。当音乐添加完成后，我们就可以在【轨迹视图 - 曲线编辑器】对话框中看到音乐所产生的动画路径了，如图 12-52 所示。不同的音乐会产生不同的路径（添加的音乐格式为 AVI、WAVE）。

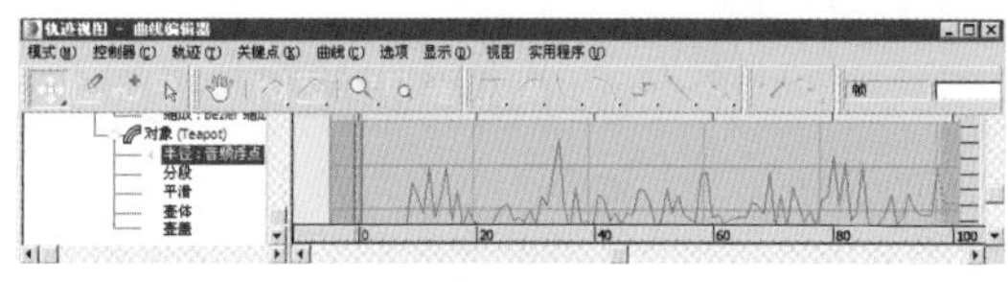
图 12-52

步骤06 现在我们就可以单击动画控制面板右下角的▶按钮预览动画了。

12.3.5 蝴蝶飞舞动画

本节我们来制作蝴蝶飞舞动画。蝴蝶飞舞动画的制作主要是对前面内容的综合运用。

实例操作 蝴蝶飞舞动画的制作

步骤01 打开场景文件，该场景中有一只蝴蝶和一条曲线，如图12-53所示（工程文件路径：第12章/Scenes/蝴蝶飞舞动画的制作.max）。

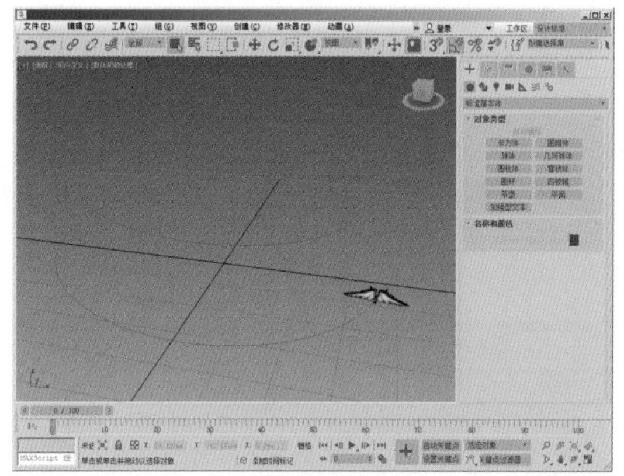
图 12-53

步骤02 首先我们要对蝴蝶制作动画。选中如图12-54所示的一只翅膀，然后单击动画控制面板中的自动关键点按钮，使用旋转工具制作翅膀飞舞动画。对另一只翅膀制作同样的动画。

图 12-54

步骤03 制作好的关键帧动画如图12-55和图12-56所示。

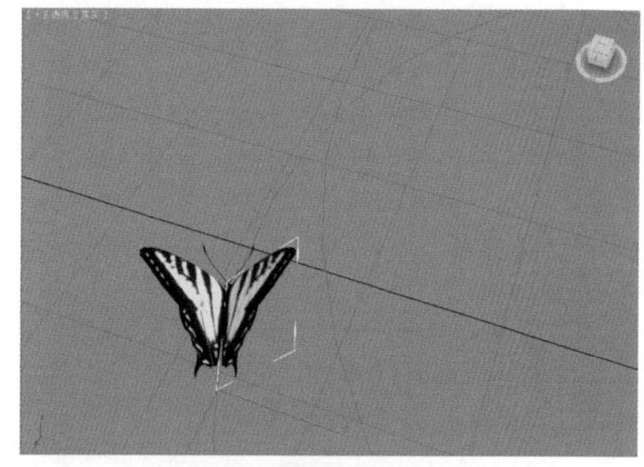
图 12-55

图 12-56

步骤04 蝴蝶飞舞动画是一个循环动画，我们只需要制作好前面三帧翅膀的飞舞动画，然后进入动画轨迹面板将动画轨迹进行复制即可。

步骤05 蝴蝶飞舞动画我们制作好了，可是我们要想让蝴蝶绕着曲线飞舞又该怎么做呢？首先要让蝴蝶的翅膀和身体链接在一起，然后将蝴蝶约束到曲线上去。进入创建命令面板，单击按钮，单击虚拟对象按钮，在视图中创建一个虚拟物体，并将其移动到与翅膀合适的位置，然后复制出一个同样的虚拟物体，并将其移动到另一只翅膀处，最后创建一个大的虚拟物体放在两个小的虚拟物体之间，效果如图12-57所示。

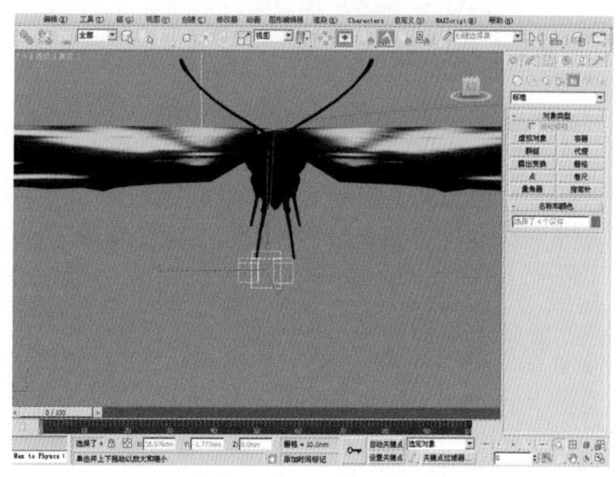
图 12-57

步骤06 单击工具栏中的按钮，将蝴蝶的翅膀与相应的虚拟物体链接在一起。现在我们移动虚拟物体，蝴蝶就会随着虚拟物体的移动而变化。最后分别将两个小的虚拟物体链接到大的虚拟物体上，这样蝴蝶的翅膀和身体就链接在一起了。如果直接让翅膀和身体链接，动画效果就会出现错误，所以我们需要借助于虚拟物体。

步骤07 接下来将蝴蝶约束到曲线上，因为蝴蝶已经和虚拟物体链接在一起了，所以只需要将大的虚拟物体约束到曲线上就可以了。选择大的虚拟物体，执行【动画】/【约束】/【路径约束】菜单命令，然后拾取曲线作为路径，这时蝴蝶就会移动到曲线上去，如图12-58所示。这时系统已经记录好动画了，可以单击动画控制面板右下角的按钮进行预览。

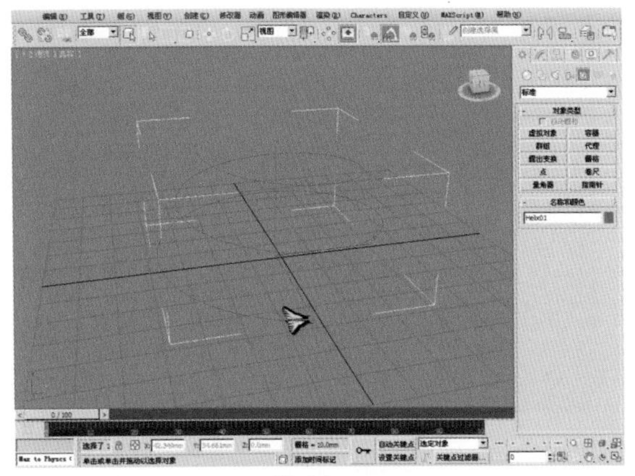

图 12-58

步骤08 虽然这时蝴蝶已经在沿着曲线飞舞了，但是蝴蝶的方向却不对。这就需要在命令面板中的**路径参数**卷展栏中勾选☑**跟随**复选框，让蝴蝶模型跟随曲线的法线方向飞舞，这样蝴蝶的方向就会与曲线路径方向一致，效果如图12-59所示。这时我们再预览动画，当蝴蝶沿曲线飞舞时方向就不会出错了。

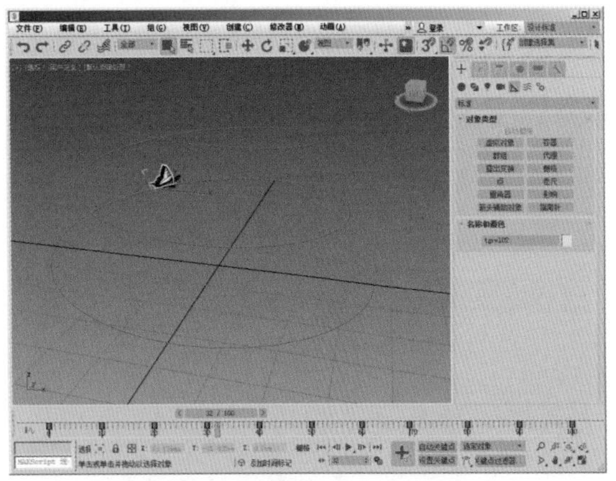

图 12-59

12.3.6 乒乓球动画

这一节我们来制作乒乓球动画。在乒乓球动画的制作过程中，主要给大家介绍控制器对动画的影响。

实例操作 乒乓球动画的制作

步骤01 打开场景文件，在该场景中有一个乒乓球案和一个乒乓球，如图12-60所示。在该场景中我们已经配合虚拟物体打了多个关键帧，制作出了乒乓球的基本动画（工程文件路径：第12章/Scenes/乒乓球动画的制作.max）。

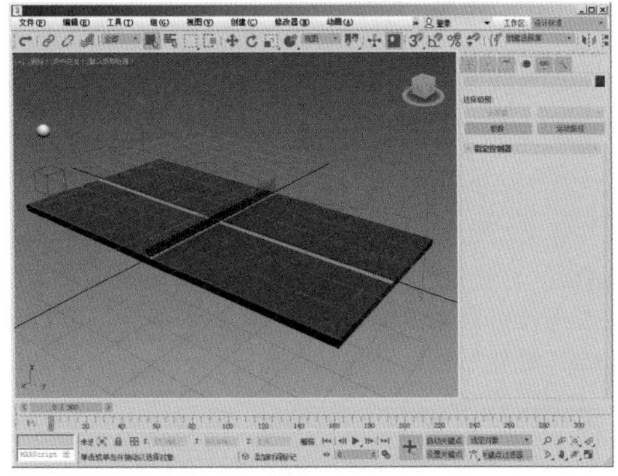

图 12-60

步骤02 接下来我们要进一步完善动画效果。选中乒乓球，单击按钮进入运动面板，打开**指定控制器**卷展栏，如图12-61所示，我们看到当前物体的变换有3个选项，分别是位置、旋转和缩放。

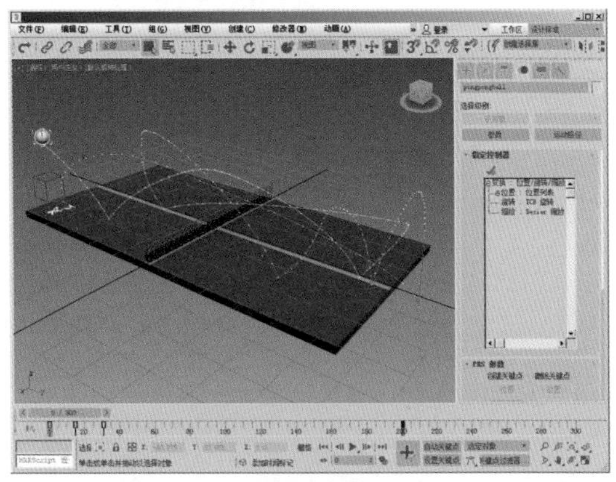

图 12-61

步骤03 如果想替换当前的变换方式，则选中想要改变的选项，然后单击按钮，在弹出的如图12-62左图所示的对话框中选择所需要的变换方式。

步骤04 我们都知道乒乓球在运动停止时还会在原地弹跳或抖动，那么我们就得想办法给它添加上原地弹跳或抖动的变化。如果使用上面的方法进行添加，则只能替换掉当前的方式，所以我们需要使用另一种方法来添加。选择【动画】/【位置控制器】/【噪波】菜单命令，给物体添加噪波变换方式，如图12-62右图所示。

步骤05 添加噪波变换方式后的效果如图12-63所示。这时预览动画，我们就会看到乒乓球在运动过程中会不停地抖动。

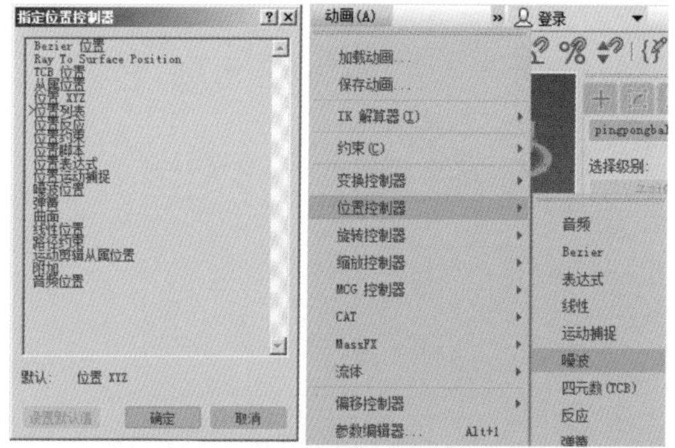

图 12-62

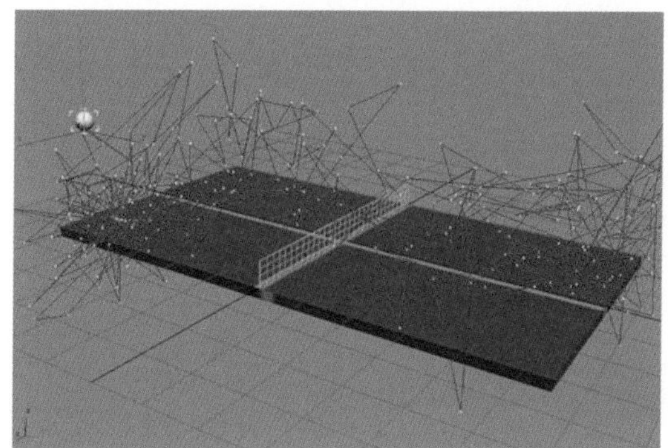
图 12-63

步骤06 当我们添加噪波变换方式后，整个运动曲线都会受到噪波的影响，但我们只想让乒乓球在停下来的时候产生抖动效果，因此需要在噪波的参数面板中进行设置。在**指定控制器**卷展栏中双击噪波位置：噪波选项，弹出【噪波控制器】对话框，在对话框中可以设置噪波的3个轴向参数，如图12-64所示。

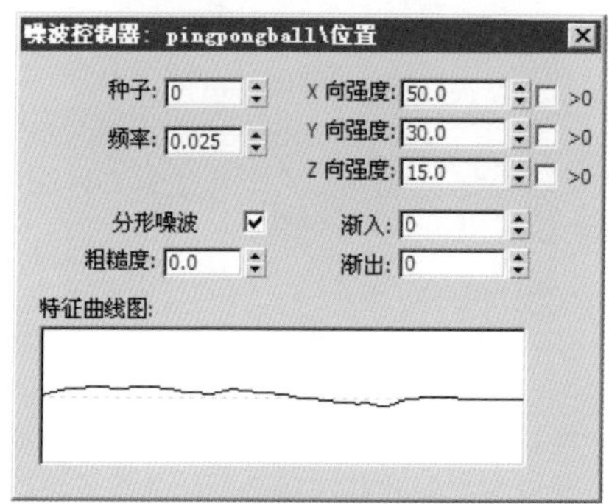

图 12-64

步骤07 这时路径曲线如图12-65所示。

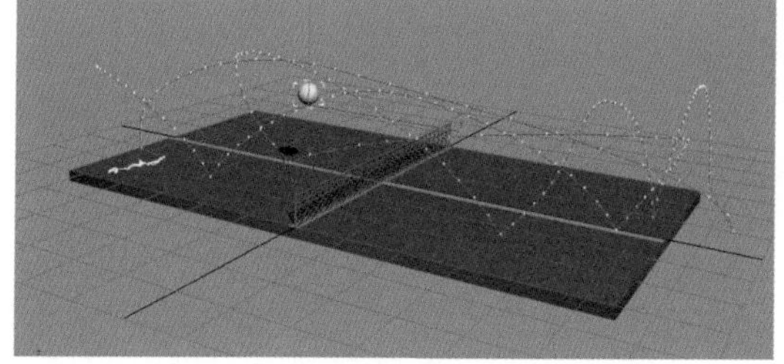
图 12-65

步骤08 这时乒乓球在运动过程中受两个控制器的约束，此时它们的权重值是相互平衡的，如图12-66所示。在实际应用中，可以通过调节它们的权重值来控制动画。

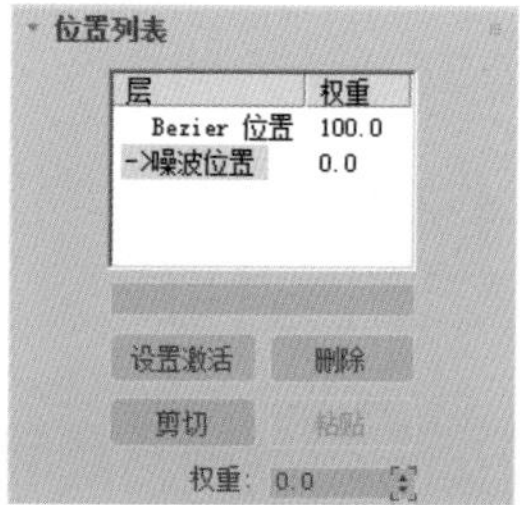

图 12-66

步骤09 如果想让乒乓球在第0～200帧不受到噪波控制器的影响，则单击自动关键点按钮，将时间滑块拖动到第200帧处，将噪波的权重值改为0，然后将第0帧处的权重值也改为0，这样乒乓球在运动过程中就不会受到噪波的影响了，如图12-67所示。

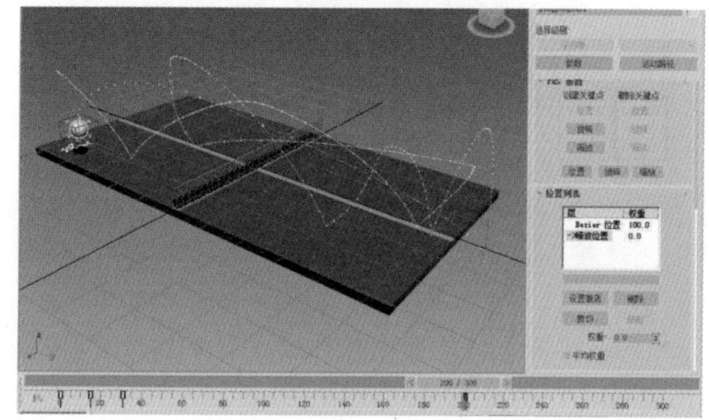
图 12-67

步骤10 接下来我们将设置第200帧后不受移动控制器约束而受噪波控制器约束的动画。在第201帧处，将移动控制器的权重值改为0，然后选择噪波控制器，将其权重值改为100，这时第201帧以后的时间将受噪波控制器的控制，效果如图12-68所示。

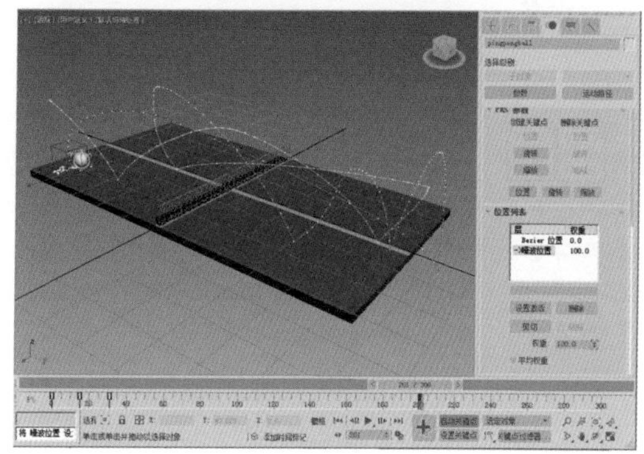
图 12-68

至此，乒乓球动画就制作完成了。本节主要讲解控制器对动画的约束，通过对其权重值的调节，在不同的时间段对物体的动画进行不同性质的控制，从而达到预期的效果。

12.3.7 循环动画

循环动画就是对制作好的一段动画的运动路径进行复制，从而产生循环运动。

实例操作 循环动画的制作

步骤01 打开3ds Max软件，创建一个茶壶模型，如图12-69所示（工程文件路径：第12章/Scenes/循环动画的制作.max）。

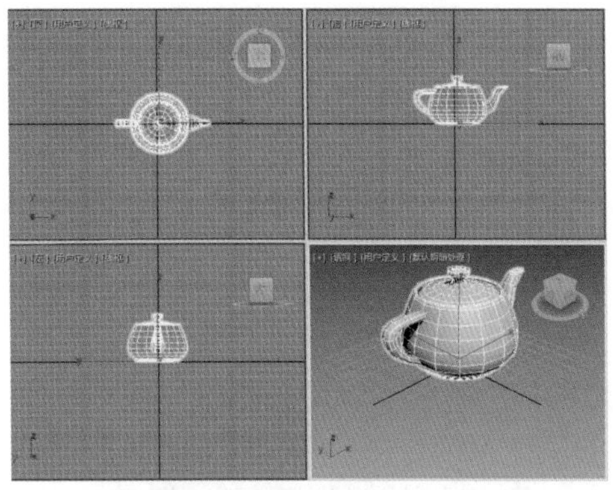

图12-69

步骤02 单击自动关键点按钮，将时间滑块拖动到第20帧处，对茶壶模型制作移动动画。然后对茶壶模型制作循环动画。单击工具栏中的按钮，打开【轨迹视图-曲线编辑器】对话框，在对话框中会显示茶壶模型的运动轨迹，如图12-70所示。

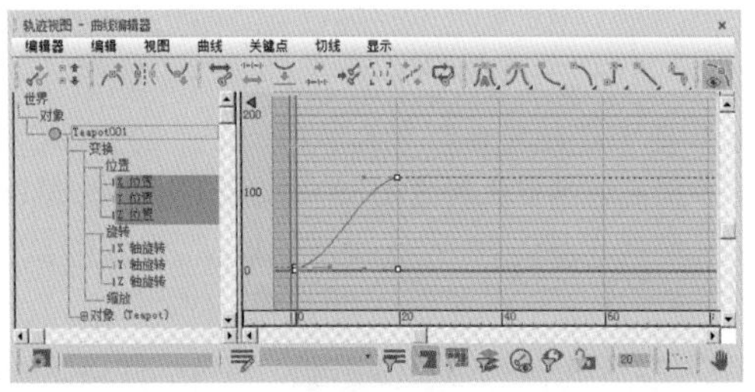

图12-70

步骤03 在动画轨迹面板中，可以根据自己的需要来改变轨迹曲线，这样动画也将随之改变。要想制作循环动画，就需要将物体的运动路径进行镜像复制。执行【编辑】/【控制器】/【超出范围类型】命令，弹出如图12-71所示的对话框，在该对话框中有各种动画路径复制方式。

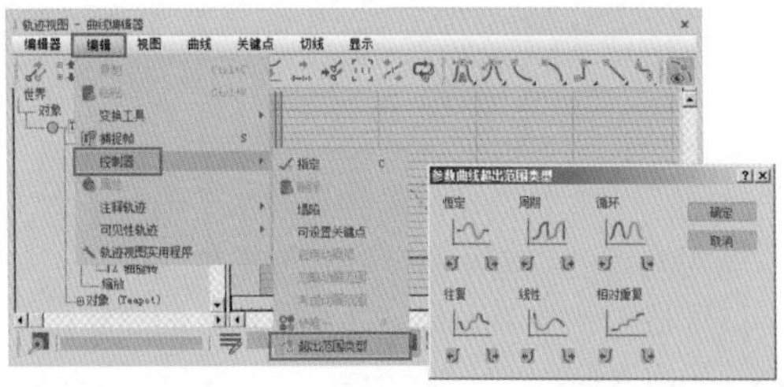

图12-71

步骤04 制作循环动画就要单击【往复】方式下面的按钮，这样曲线就会进行镜像复制，参数设置如图12-72所示。

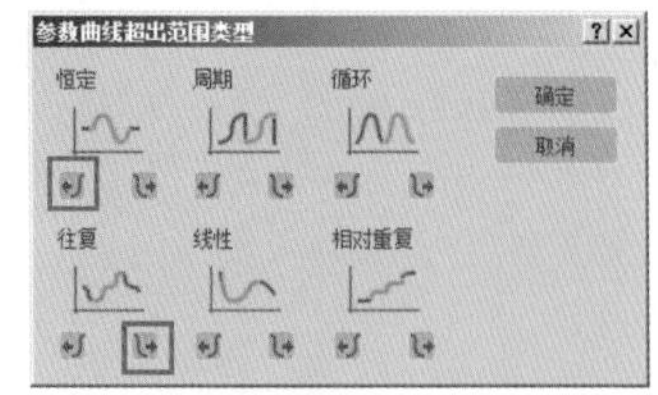

图12-72

步骤05 路径曲线镜像复制后的效果如图12-73所示。

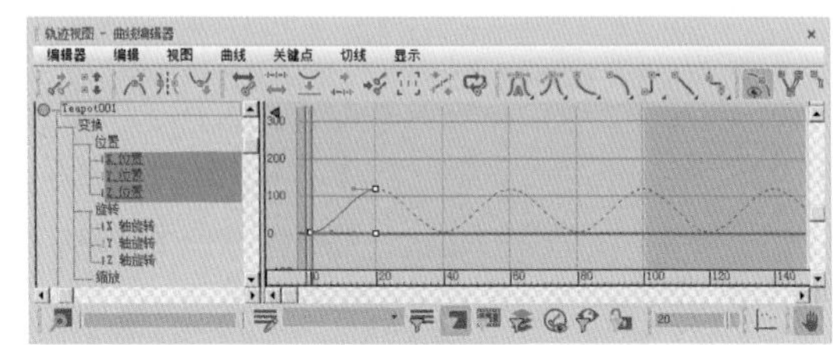

图12-73

12.3.8 重复动画

重复动画就是将制作好的运动进行重复完成。

实例操作 重复动画的制作

步骤01 打开3ds Max软件，在场景中创建一个茶壶模型，如图12-74所示（工程文件路径：第12章/Scenes/重复动画的制作.max）。

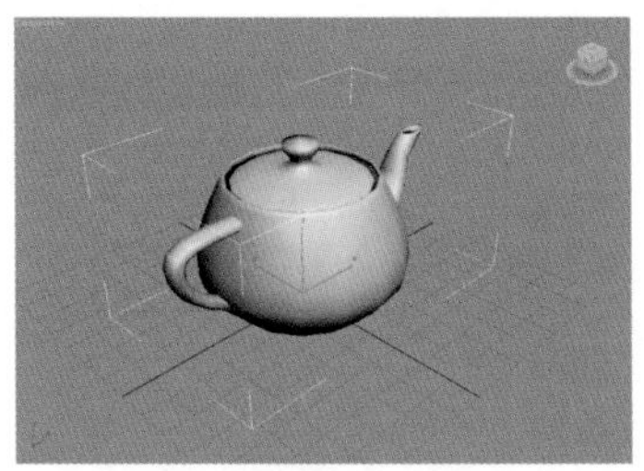

图12-74

步骤02 单击自动关键点按钮，将时间滑块拖动到第20帧处，对茶壶模型制作移动动画。动画制作完成后，再次单击自动关键点按钮。单击工具栏中的按钮，打开【轨迹视图-曲线编辑器】对话框，如图12-75所示。

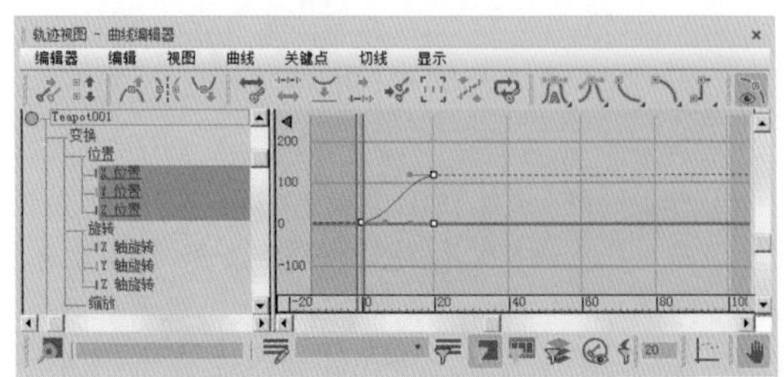

图12-75

步骤03 执行【编辑】/【控制器】/【超出范围类型】命令，弹出如图12-76所示的对话框，在该对话框中有多种系统自带的路径复制方式。

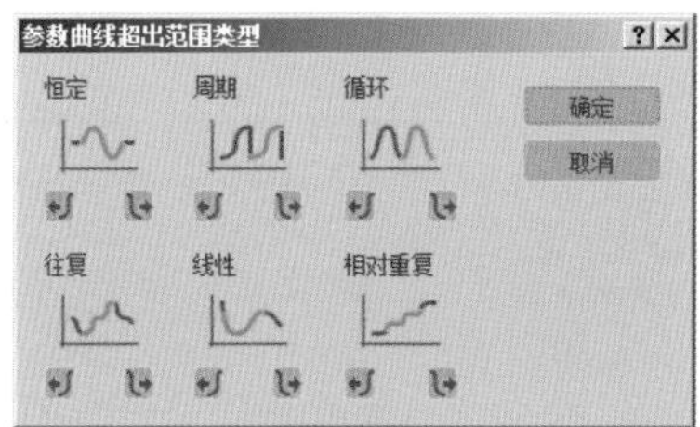

图12-76

步骤04 接下来我们在该对话框中设置重复动画的路径复制方式，如图12-77所示。

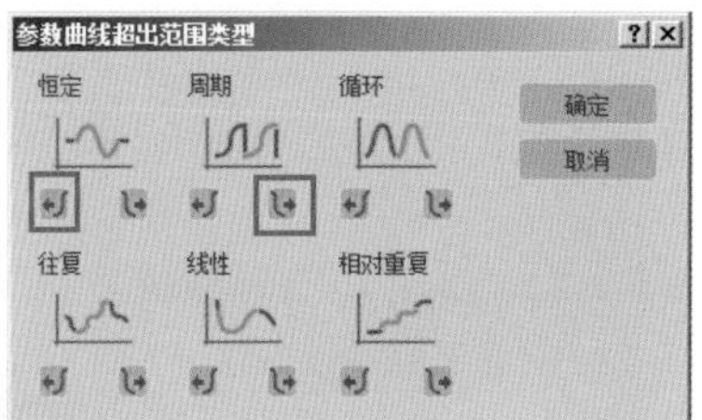

图12-77

12.3.9 动画时间编辑

接下来给大家介绍一下动画时间编辑的应用。

实例操作 动画时间编辑的应用

步骤01 打开3ds Max软件，在场景中创建一个茶壶模型并为它制作*X*轴上的移动动画，如图12-78所示（工程文件路径：第12章/Scenes/动画时间编辑的应用.max）。

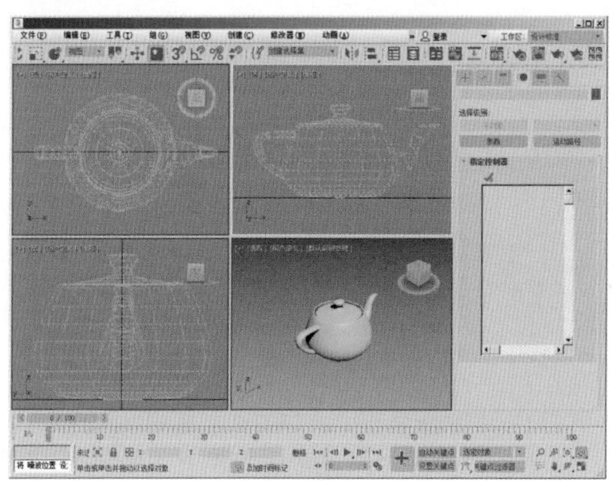

图12-78

步骤02 单击工具栏中的按钮，在打开的对话框中选择【编辑器】/【摄影表】命令，这时动画轨迹面板将转换成映射面板，如图12-79所示，在该面板中将会显示关键帧。

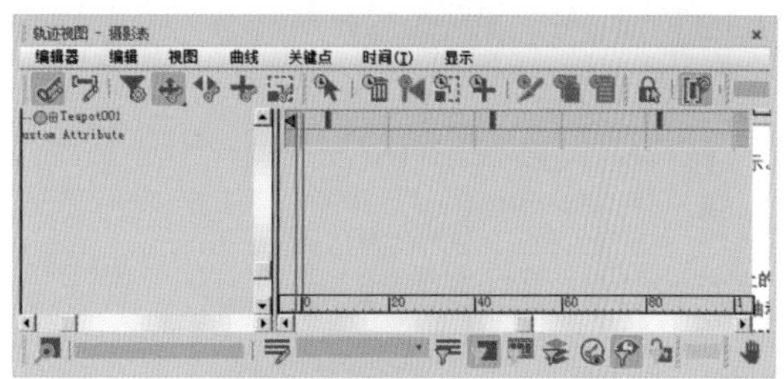

图12-79

步骤03 时间编辑所使用的工具如图12-80所示。

图12-80

步骤04 由于我们制作的是*X*轴上的移动动画，因此*Y*轴和*Z*轴上的关键帧是多余的。在这里单击按钮，选中*Y*轴和*Z*轴上的关键帧，如图12-81所示，单击按钮，将它们删除。

图12-81

步骤05 单击按钮，还可以选择*X*轴上如图12-82所示的部分关键帧。

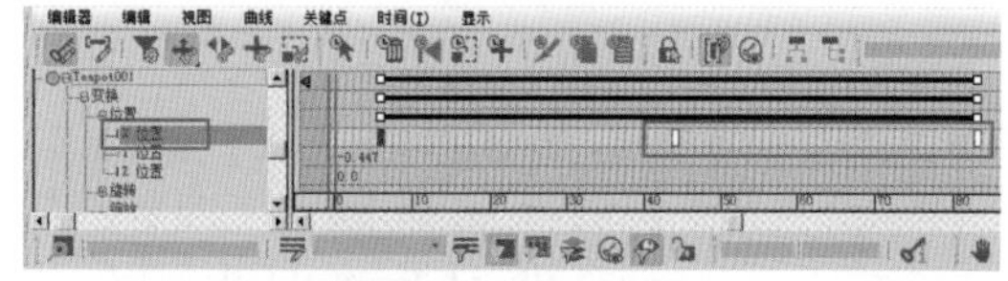

图12-82

步骤06 单击按钮将其删除，删除后效果如图12-83所示，所选择的动画范围也就被删除了。

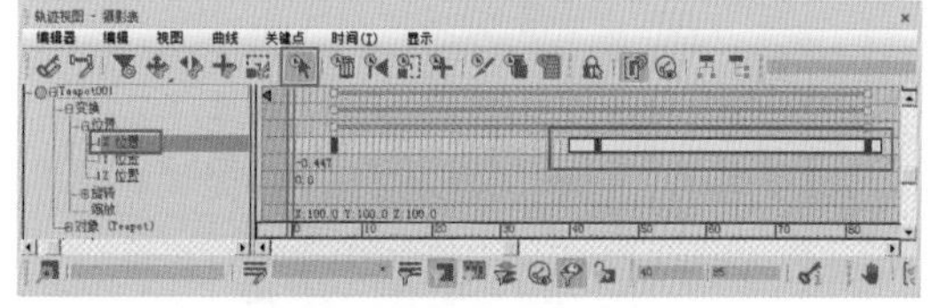

图12-83

步骤07 图12-84所示是我们制作的动画效果。

步骤08 现在选中所有关键帧，然后单击按钮，将会把原始动画过程翻转过来，如图12-85所示。

步骤09 单击按钮，选择如图12-86所示的一段时间。

步骤10 单击按钮，可以对所选择的时间段进行拉伸或缩放处理，效果如图12-87所示。

步骤11 单击按钮，这时在鼠标光标的右上角会出现一个加号标志，我们可以在任意两个关键帧之间添加时间，如图12-88所示。

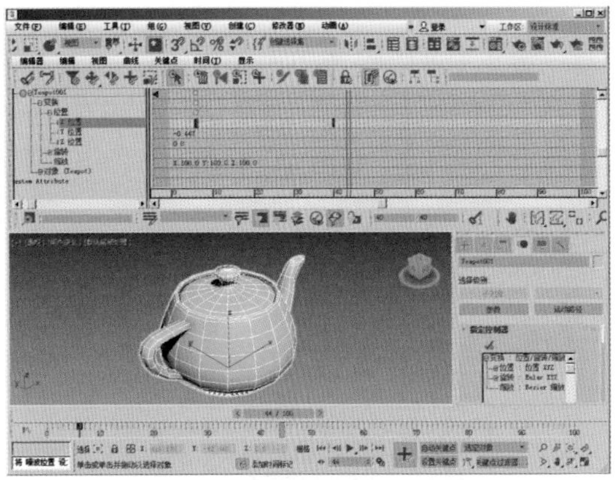

图 12-84

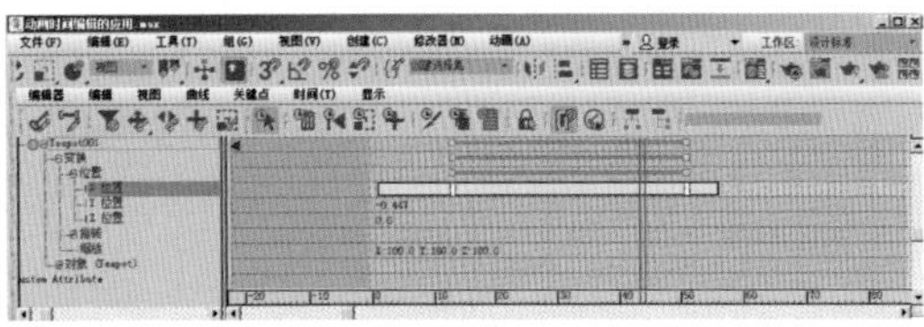

图 12-85

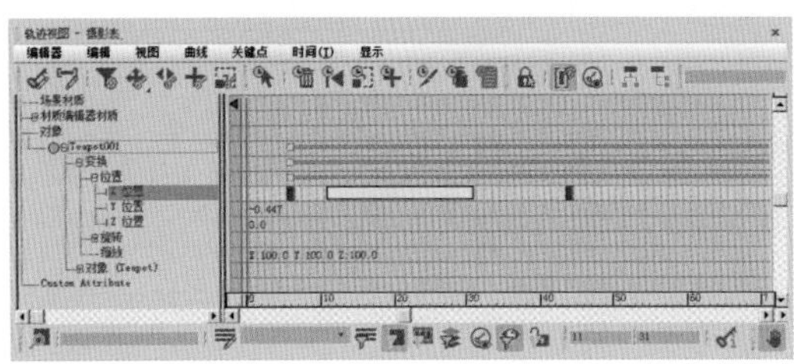

图 12-86

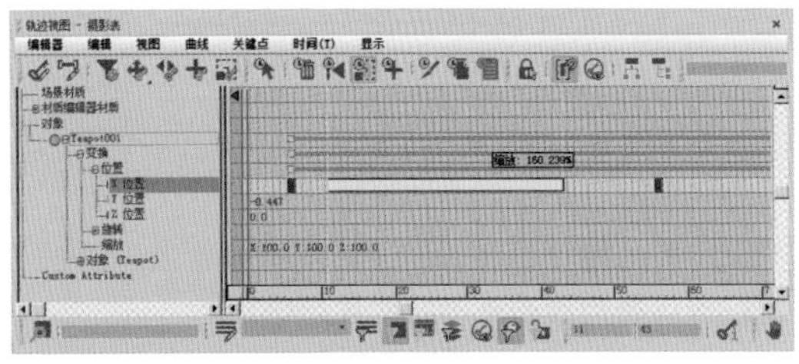

图 12-87

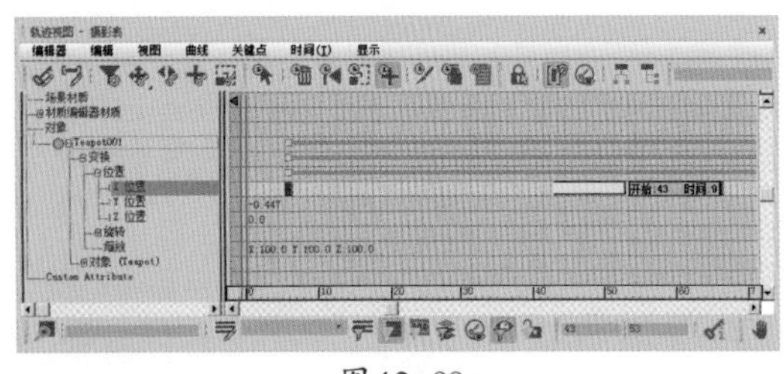

图 12-88

步骤12 还可以对时间段进行剪切处理。例如，选择图 12-89 上图中所示的时间段，然后单击按钮，就可以对其进行剪切，剪切后的效果如图 12-89 下图所示。

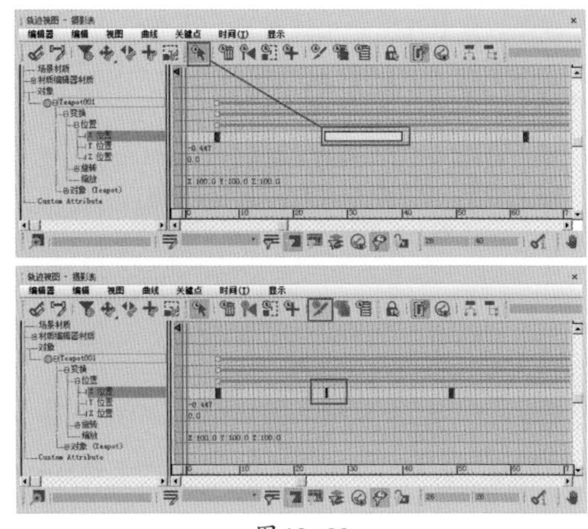

图 12-89

步骤13 上一步我们对所选择的时间段进行了剪切，在想要粘贴的位置单击，如图 12-90 所示。

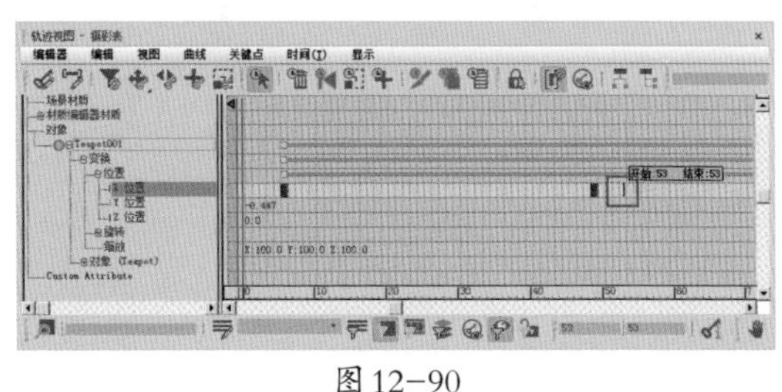

图 12-90

步骤14 单击粘贴按钮，弹出如图 12-91 所示的对话框，只需在对话框中单击 确定 按钮即可。

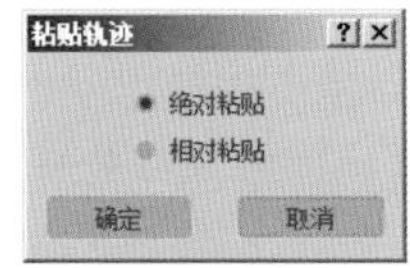

图 12-91

步骤15 这样就会将剪切下来的时间段粘贴到指定的地方，如图 12-92 所示。

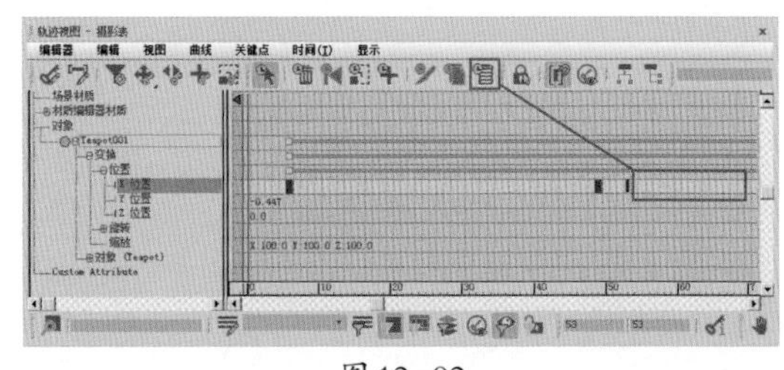

图 12-92

动画时间编辑的工具到这里就介绍完了，其在制作动画的过程中对动画的控制和修改有很大帮助，读者可以练习一下，体会其优越之处。

12.3.10 霓虹灯动画

本例我们来制作霓虹灯动画，该动画主要通过调整【路径变形】修改器的【拉伸】选项的值来控制对象在文字路径上的变形效果，也就是文字材质的动画效果。在文字生成前要将该值设置为0，这样文字是不可见的。

实例操作 制作霓虹灯动画

步骤01 打开3ds Max软件，在前视图中创建一个长方体物体（大小自定），将其命名为【灯箱】，如图12-93所示（工程文件路径：第12章/Scenes/制作霓虹灯动画.max）。

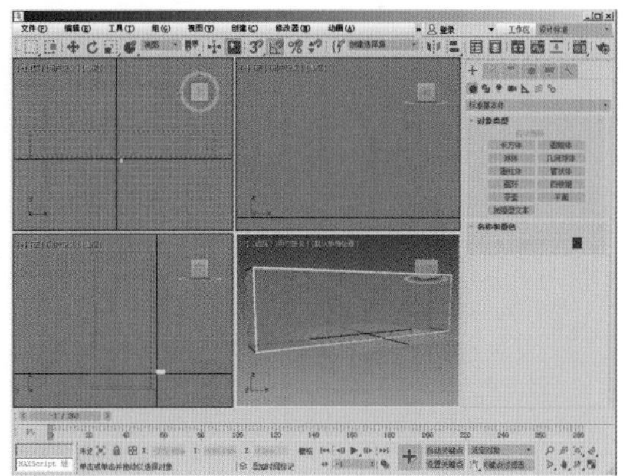

图12−93

步骤02 单击按钮，然后单击该面板中的 文本 按钮，在前视图中创建如图12-94所示的文字图形。此处创建的文字图形便是将来文字的生成路径。在文字的创建命令面板中有一个下拉列表，其中列出了Windows系统中的所有字体，这里选择【Monotype Corsiva】字体。

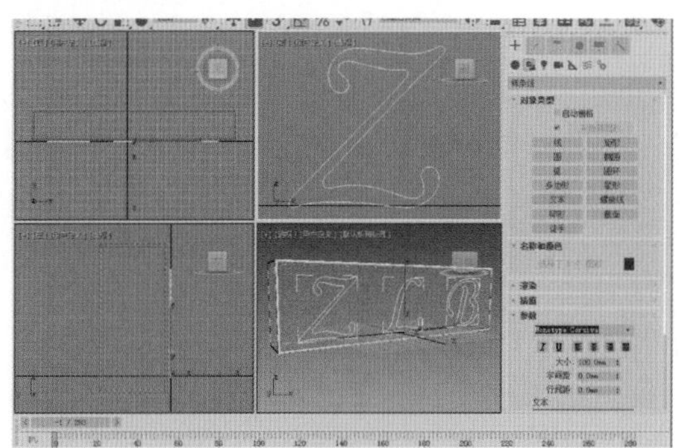

图12−94

步骤03 确认文字图形被选择，在其上单击鼠标右键，在弹出的快捷菜单中选择 转换为可编辑样条线 选项，将文字转换为可编辑样条曲线。

步骤04 单击按钮进入修改面板，单击按钮，选择字母Z的线条，然后单击 分离 按钮，将其分离成独立的样条曲线。使用同样的方法将字母L和B分离为独立的线条，如图12-95所示。

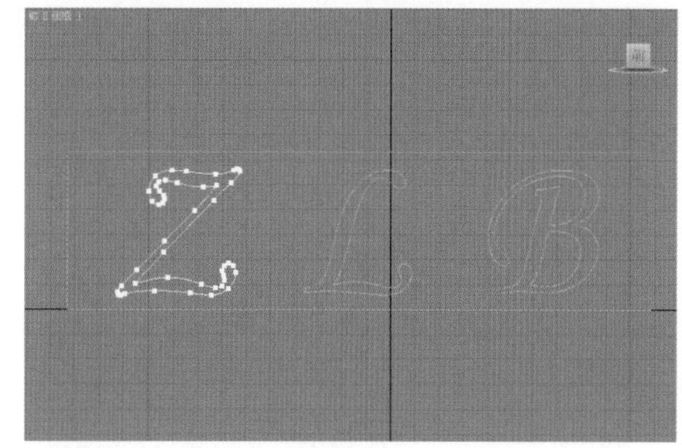

图12−95

接下来我们还需要对分离出来的图形进行进一步的处理，使它们更符合变形路径的要求。

步骤05 首先处理Z图形，选择如图12-96所示的点，然后单击 设为首顶点 按钮，将所选择的点设置为起始点，从而使文字在生成时尽量符合文字的笔画顺序。

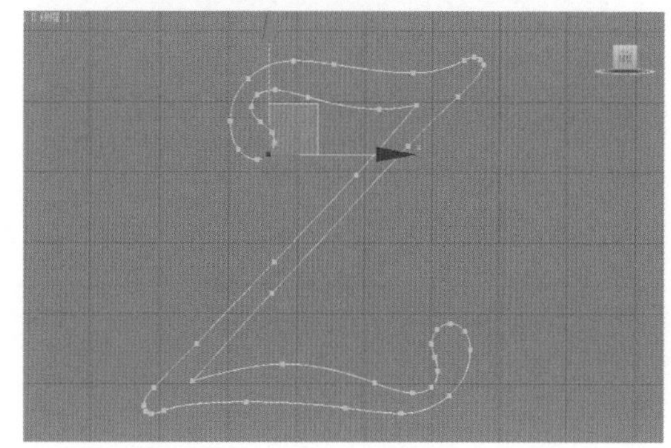

图12−96

步骤06 接下来对L图形进行处理。使用同样的方法选择如图12-97所示的点，单击 设为首顶点 按钮，将其设为起始点。

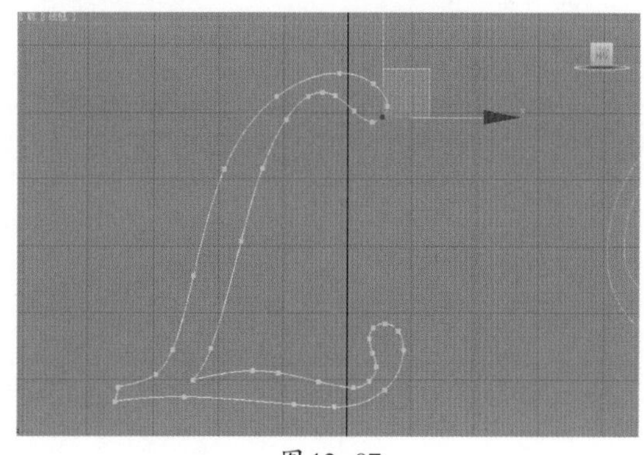

图12−97

步骤07 接下来对B图形进行处理，其与上面两个图形稍有不同。B图形包含两条封闭的线段，在设置路径变形时，一条路径只能同时指定给一个变形对象，因此在创建路径时尽量保证路径的连贯性，尽可能少地使用变形对象。

步骤08 选择如图12-98所示的两个点，然后分别单击 断开 按钮，将所选择的点断开。

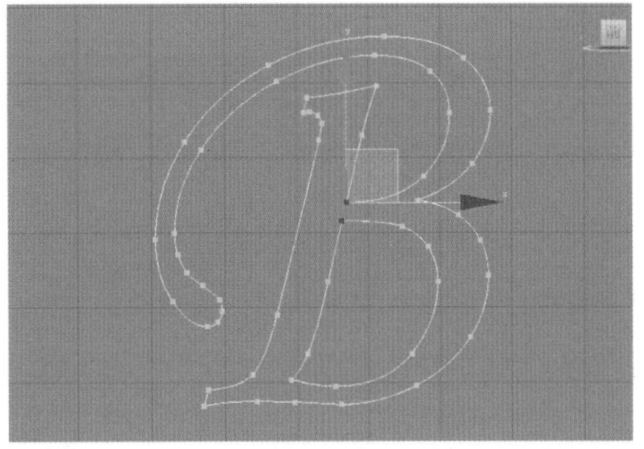
图 12-98

步骤09 移动断开的点，使用 焊接 工具将它们重新进行焊接，最后使用 熔合 工具对一些角度生硬的点进行倒角处理，最终效果如图 12-99 所示。

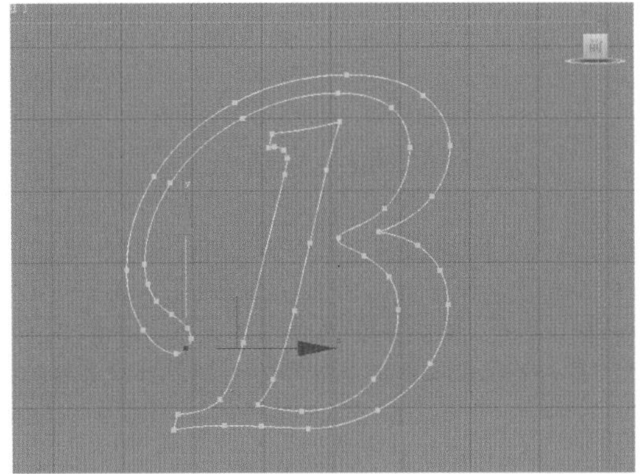
图 12-99

至此，变形路径就制作好了，现在我们来制作变形对象。

步骤10 在前视图中创建一个圆柱体，其参数设置如图 12-100 所示。

图 12-100

步骤11 复制出两个相同的圆柱体，并分别将 3 个圆柱体命名为 Z、L、B，作为 3 个字母的变形对象。

步骤12 选择变形对象 Z，然后单击按钮进入修改面板，给变形对象添加 路径变形 (WSM) 修改器。在修改器的参数面板中单击 拾取路径 按钮，在视图中拾取字母图形 Z，然后单击 转到路径 按钮，将变形对象移动到路径上，如图 12-101 所示。

步骤13 使用相同的方法依次为变形对象 L、B 指定变形修改器，并将它们移动到相应的字母路径上，各变形修改器的参数相同，如图 12-102 所示。

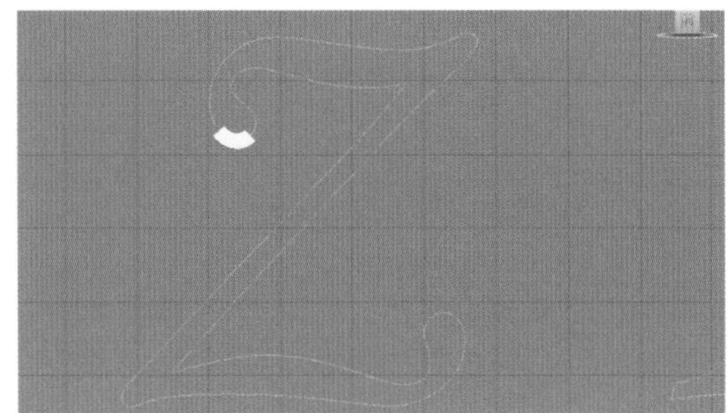
图 12-101

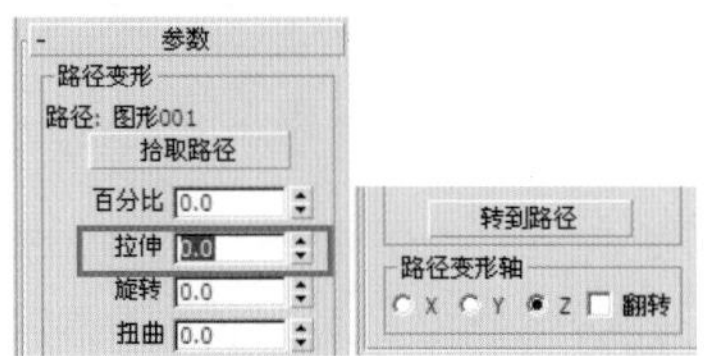

图 12-102

接下来为灯箱和变形对象制作材质。

步骤14 首先制作灯箱的材质。打开材质编辑器，选择一个空白的材质球，将其命名为【灯箱】，并设置材质的各项参数，如图 12-103 所示。

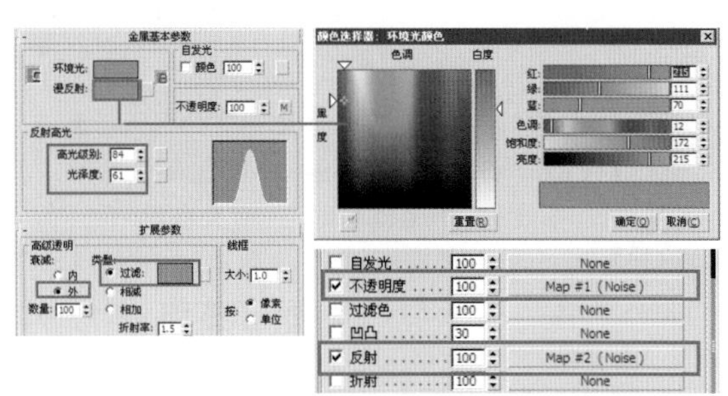

图 12-103

步骤15 接下来制作变形对象的材质。打开材质编辑器，选择一个空白的材质球，将其命名为【变形对象】，并设置材质的各项参数，如图 12-104 和图 12-105 所示。

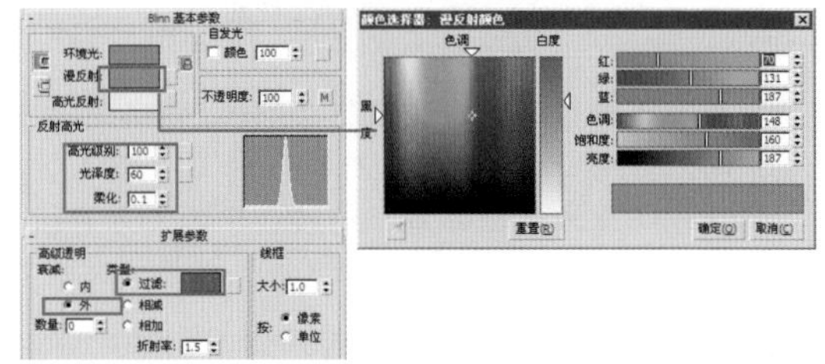
图 12-104

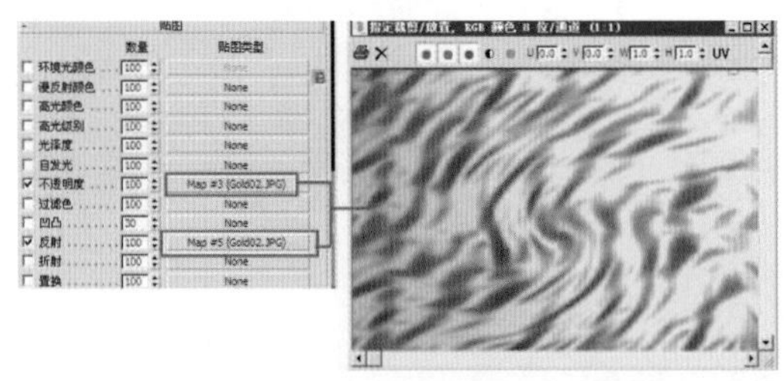
图 12-105

步骤16 最后为场景制作一张背景贴图。将制作好的材质赋予相应的物体，渲染后的效果如图12-106所示。

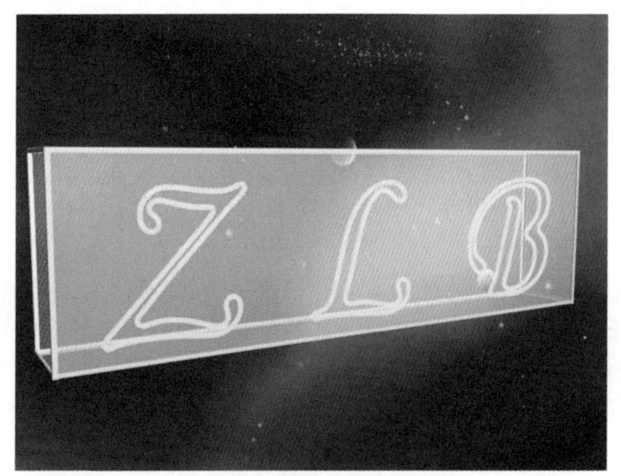

图12-106

下面我们来设置文字生成动画。

本例动画总时长为280帧，所要表现的是Z、L、B 3个字母一个个地生成，然后闪烁两次霓虹灯效果。因为字母要一个个地生成，所以在整个动画过程中就出现了许多个时间段，分别是：

（1）第0~29帧，字母Z生成。

（2）第30~90帧，字母L生成。

（3）第89~180帧，字母B生成。

（4）第220帧，所用字母变暗。

（5）第240帧，所用字母变亮。

（6）第260帧，所用字母再次变暗。

（7）第280帧，所用字母再次变亮。

步骤17 打开动画录制器，将时间滑块移动到第30帧处，然后选择Z变形对象，将其【拉伸】参数的值调整为67。

步骤18 将时间滑块移动到第31帧处，选择L变形对象，将其【拉伸】参数的值调整为0。将时间滑块移动到第90帧处，将其【拉伸】参数的值调整为50。

步骤19 将时间滑块移动到第89帧处，选择B变形对象，将其【拉伸】参数的值调整为0。将时间滑块移动到第180帧处，将其【拉伸】参数的值调整为80。

至此，文字生成动画设置完成了，下面来设置文字闪烁的动画效果。

步骤20 打开动画录制器，将时间滑块移动到第220帧处；打开材质编辑器，选择文字材质，将其【自发光】参数的值设置为0。

步骤21 将时间滑块移动到第240帧处；打开材质编辑器，选择文字材质，将其【自发光】参数的值设置为100。

步骤22 将时间滑块移动到第260帧处；打开材质编辑器，选择文字材质，将其【自发光】参数的值设置为0。

步骤23 将时间滑块移动到第280帧处；打开材质编辑器，选择文字材质，将其【自发光】参数的值设置为100。

步骤24 关闭动画录制器，单击▣按钮进行动画预览，效果如图12-107～图12-109所示。

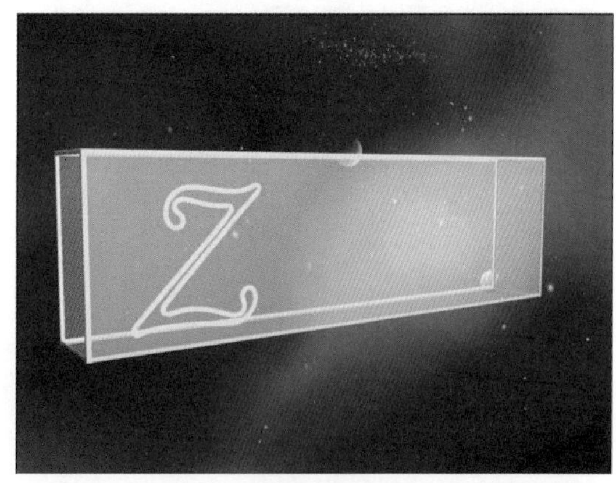

图12-107

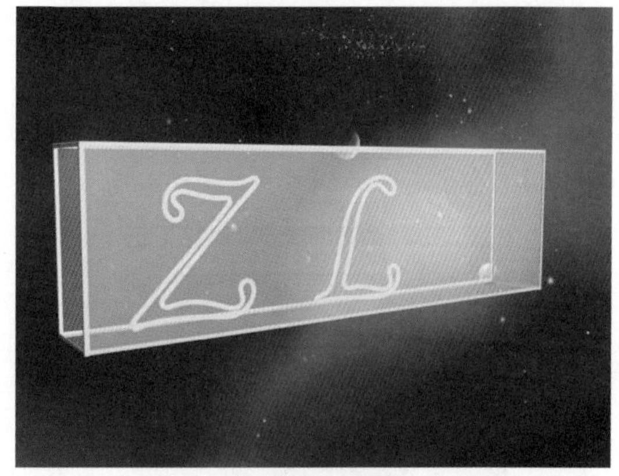

图12-108

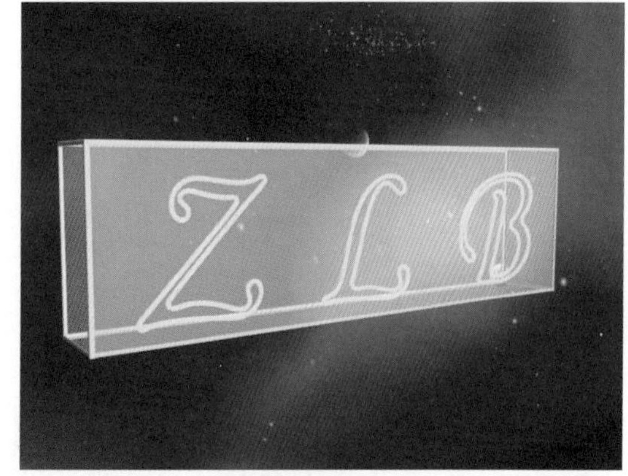

图12-109

12.3.11 圣诞树动画

这一节介绍圣诞树动画的制作方法。在该动画的制作过程中，重点在于材质上的变化。

实例操作 制作圣诞树动画

步骤01 打开场景文件，如图12-110所示，在该场景中圣诞树模型已经制作完成了（工程文件路径：第12

章 /Scenes/ 制作圣诞树动画 .max)。

图 12-110

步骤02 在圣诞树上有一些小球体，作为圣诞树上的彩灯。我们主要制作的动画就是彩灯闪烁的效果。首先将彩灯分成若干部分，然后将它们分别进行群组。

步骤03 接下来，打开材质编辑器，在其中进行彩灯材质的设置，如图 12-111 所示。在这里我们主要设置【自发光】的颜色，从而使彩灯产生自发光的效果。

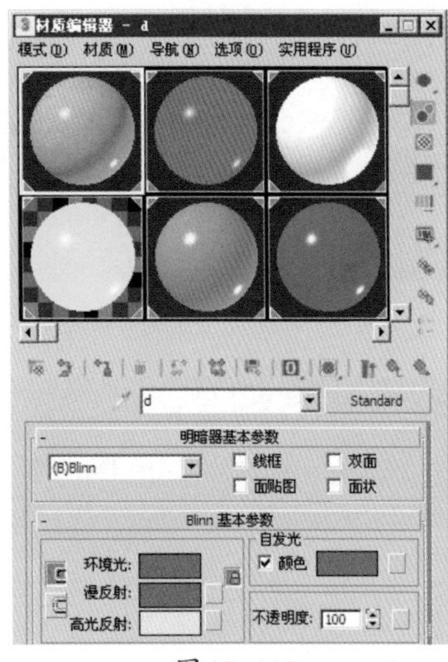

图 12-111

步骤04 将设置好的材质分别赋予彩灯，效果如图 12-112 所示。

图 12-112

接下来设置彩灯闪烁的动画。本动画总时长为 120 帧。

步骤05 打开动画录制器，将时间滑块移动到第 0 帧处。打开材质编辑器，将所有彩灯材质的【不透明度】参数值设置为 20，这时所有彩灯将为透明状态，只能看见一点点。这样我们就可以模拟彩灯变暗的效果了。

步骤06 将时间滑块移动到第 20 帧处，然后将所有彩灯的【不透明度】参数值设置为 100，在第 20 帧处彩灯就会变亮。

步骤07 使用同样的方法，在不同的时间处，继续设置彩灯材质的透明度变化，从而达到彩灯闪烁的效果。

步骤08 等动画设置完成后，可以单击▶按钮进行预览。最后按快捷键【8】，在弹出的窗口中的背景处添加一张背景图片，如图 12-113 所示。

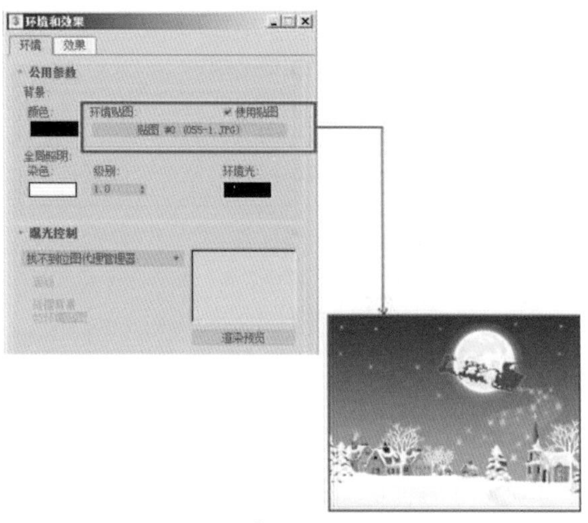

图 12-113

至此，圣诞树动画就制作完成了，总体上是没有难度的，主要就是通过改变材质的透明度来控制彩灯的闪烁，从而实现动画效果。

12.3.12 光效动画

这一节介绍光效动画。

实例操作 制作光效动画

步骤01 打开场景文件，如图 12-114 所示。该场景的制作主要使用了放样工具，然后将其约束到一条曲线上。我们将使用这个场景制作游戏中的法术效果（工程文件路径：第 12 章 /Scenes/ 制作光效动画 .max ）。

步骤02 选中螺旋体，单击【自动关键点】按钮，将时间滑块移动到第 0 帧处，然后设置其参数，如图 12-115 和图 12-116 所示。

步骤03 接下来将时间滑块移动到第 100 帧处，然后设置其参数，如图 12-117 和图 12-118 所示。

图 12-114

图 12-115

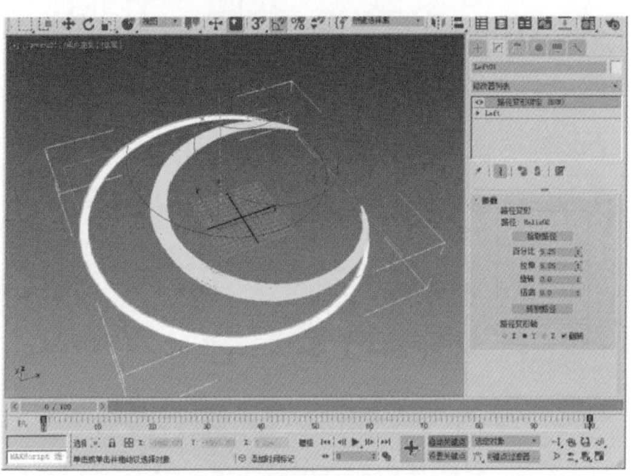

图 12-116

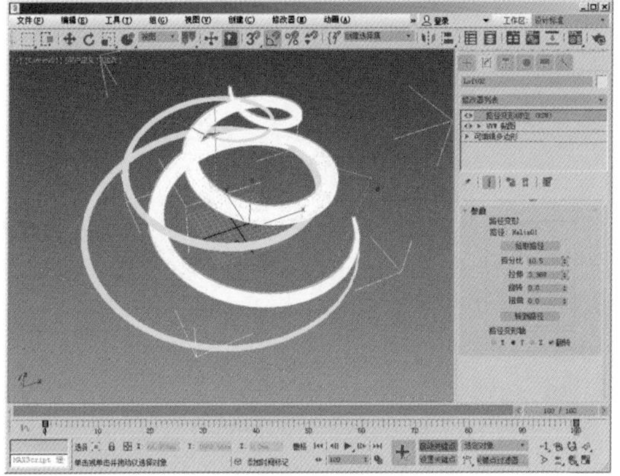

图 12-117

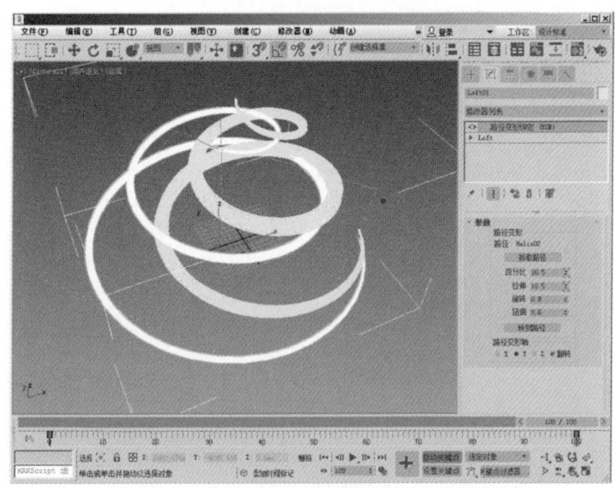

图 12-118

步骤04 如图12-119所示，选中其中一个螺旋体，然后将时间滑块移动到第0帧处。在被选中的螺旋体上右击，在弹出的快捷菜单中选择 对象属性(P)... 选项，在弹出的对话框中将【可见性】参数的值设置为0。

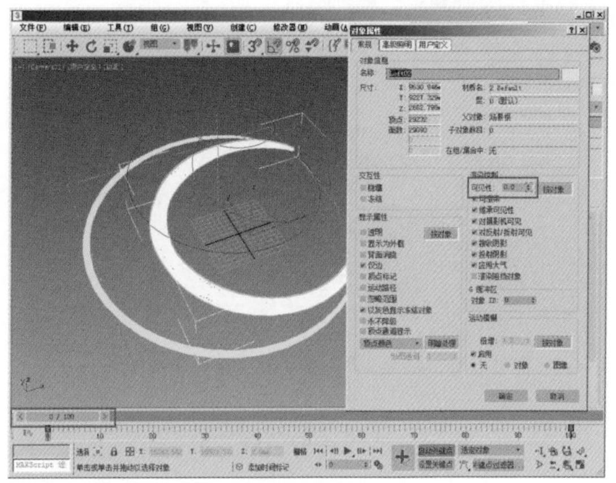

图 12-119

步骤05 使用相同的方法设置另一个螺旋体，效果如图12-120所示。

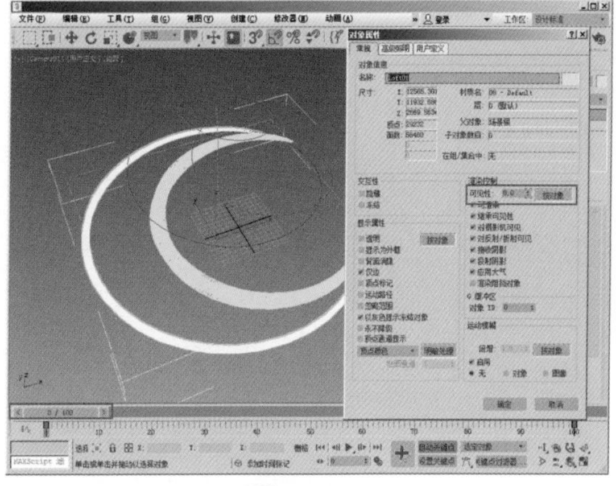

图 12-120

步骤06 选中其中一个螺旋体，将时间滑块移动到第100帧处，然后设置其【可见性】参数的值为1，如图12-121所示。

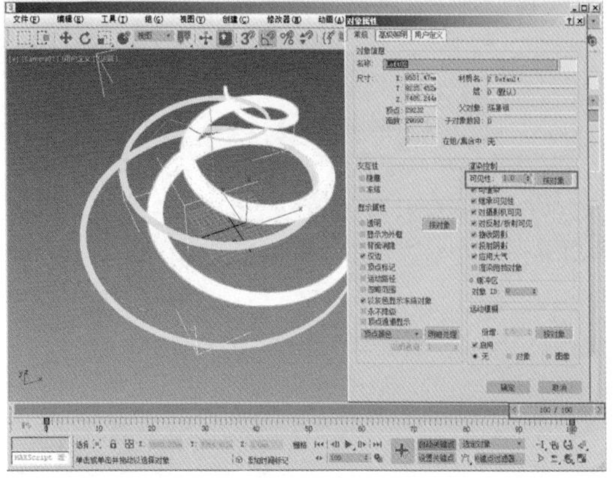

图 12-121

步骤07 使用同样的方法设置另一个螺旋体，其参数设置如图 12-122 所示。

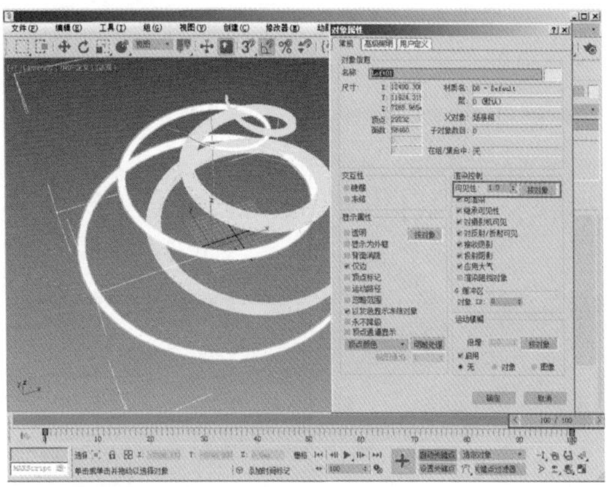

图 12-122

至此，淡入效果就设置完成了，接下来设置光晕效果。

步骤08 单击**自动关键点**按钮，将时间滑块移动到第 0 帧处。选中其中一个螺旋体，按快捷键【8】，在弹出的窗口中选择要生成的效果，设置属于它的 Glow 参数，如图 12-123 所示。

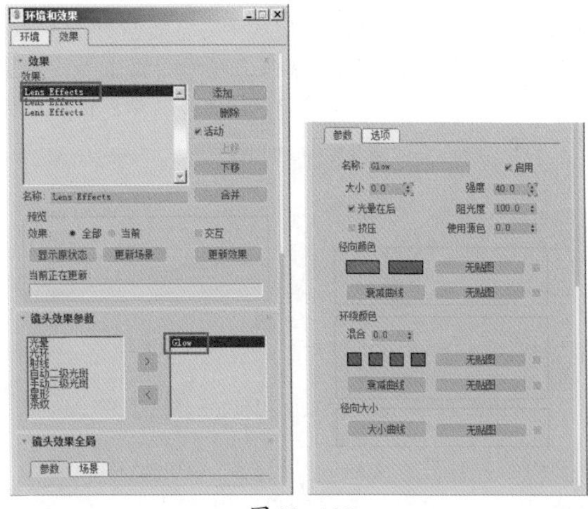

图 12-123

步骤09 使用同样的方法给另一个螺旋体添加光晕效果，如图 12-124 所示。

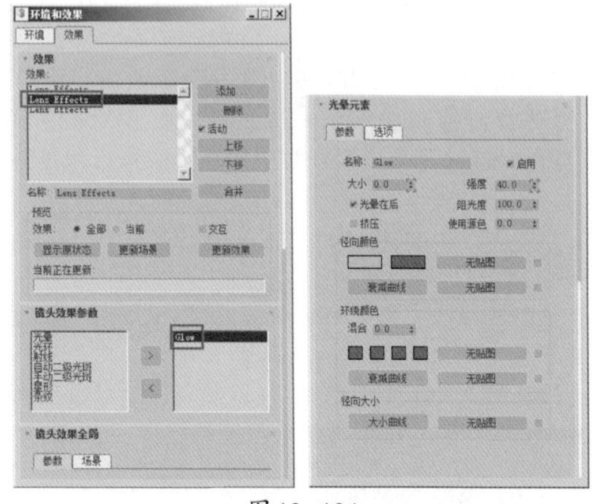

图 12-124

步骤10 将时间滑块移动到第 100 帧处，然后调整光晕的参数，参数设置如图 12-125 和图 12-126 所示。

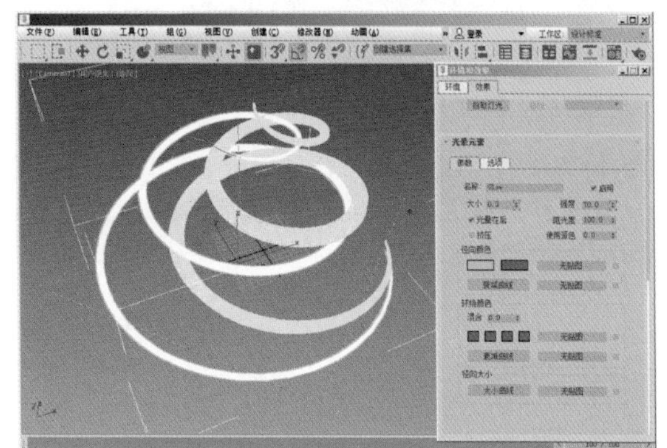

图 12-125

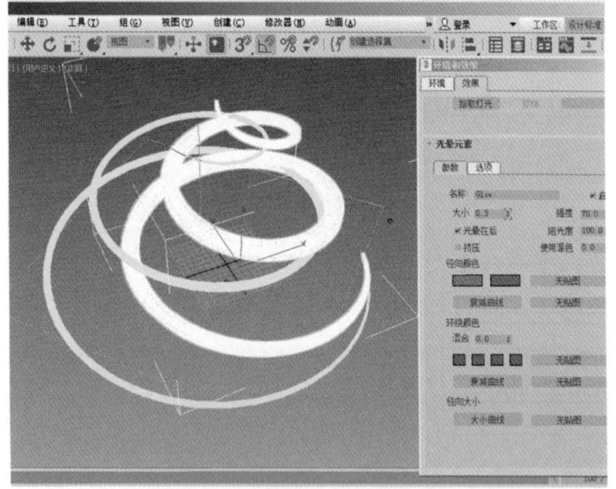

图 12-126

至此，光效动画就制作完成了。接下来我们在模型周围添加一些亮点。下面介绍周围亮点的动画教程。

步骤11 在顶视图中创建一个暴风雪粒子系统，确认粒子喷出的方向为正上方，如图 12-127 所示。

步骤12 进入修改命令面板，修改暴风雪粒子系统的参数，如图 12-128 所示，将**发射开始**参数设置为 -10 帧，这样可以让粒子在第 0 帧之前提早发射。

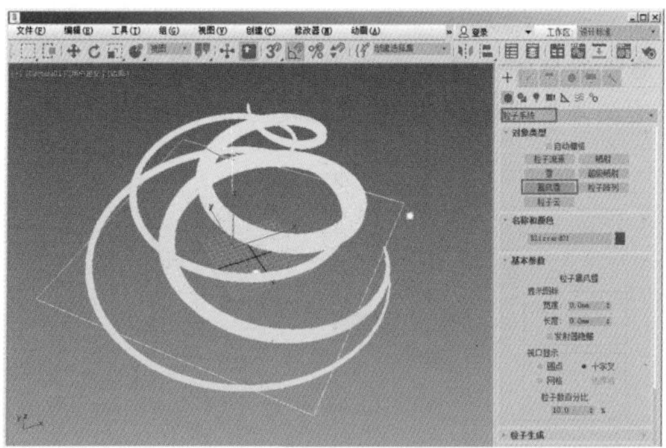
图 12-127

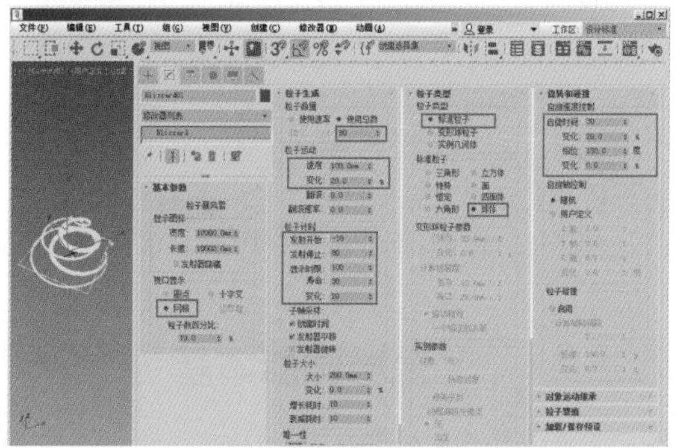
图 12-128

至此，周围的亮点就制作好了，接下来设置材质。

步骤13 打开材质编辑器，选择一个空白的材质球，然后设置其颜色及参数，如图12-129所示。

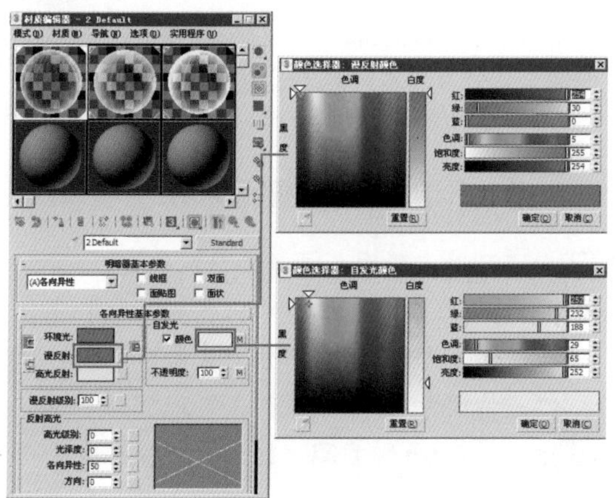
图 12-129

步骤14 在【不透明度】通道中添加【衰减】材质类型，然后在衰减材质类型的黑色通道中添加渐变贴图，具体参数设置如图12-130所示。

步骤15 在【不透明度】通道中添加【衰减】材质类型，并将其复制到【自发光】通道中，这样其中一个螺旋体的材质就设置好了。

到这里光效动画就制作完成了，如图12-131和图12-132所示。在这里我们主要给物体添加了特效中的Glow，这样就会使螺旋体产生光效，从而达到我们所想要的效果。

图 12-130

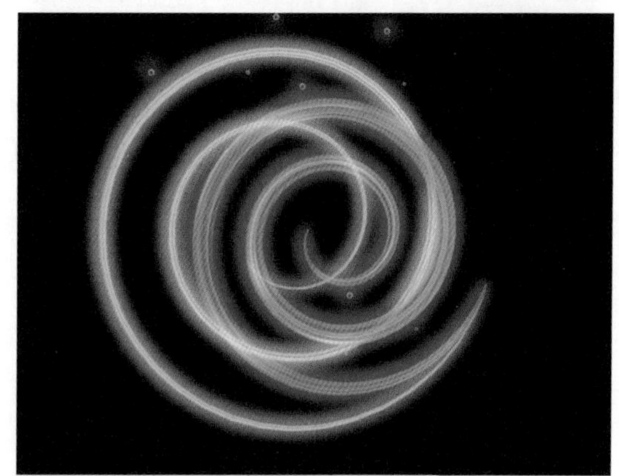
图 12-131

图 12-132

12.3.13 海底体光动画

这一节为大家介绍海底体光动画的制作。在制作海底体光动画的过程中，主要在天光内添加了一张噪波贴图，然后改变噪波贴图的相位值，记录下相位改变过程，从而达到动画效果。

实例操作 制作海底体光动画

步骤01 打开场景文件，该场景为已经制作完成的简易海底，如图12-133所示（工程文件路径：第12章/Scenes/制作海底体光动画.max）。

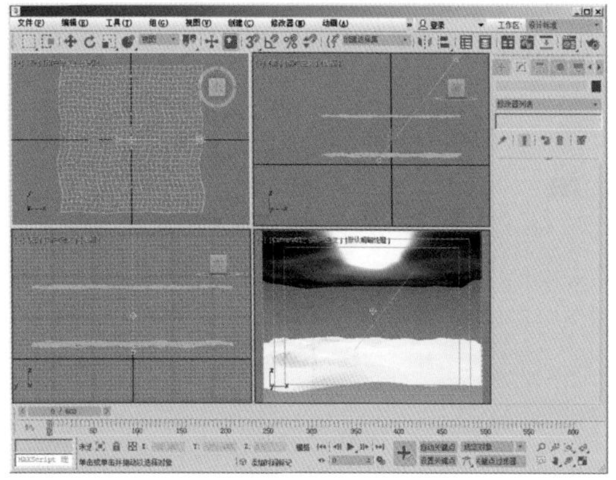

图 12-133

步骤 02 模型的制作就是通过使用两个面片，并为它们添加【噪波】修改器来完成的，这里就不再详细介绍制作过程了。

下面介绍材质的设置。

步骤 03 首先设置海底的材质。按【M】键打开材质编辑器，选择一个空白的材质球，然后设置海底的颜色，如图 12-134 所示。

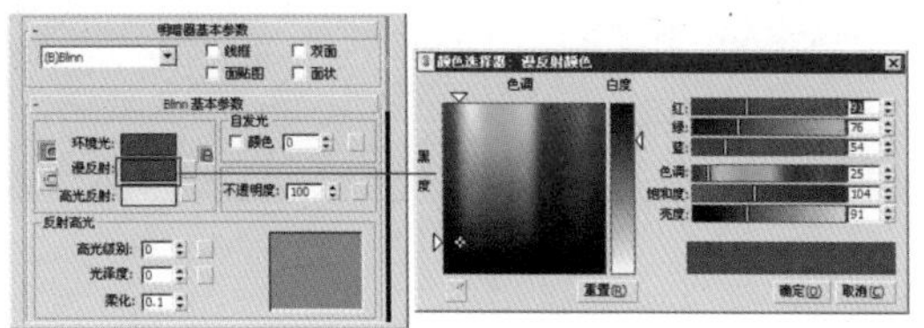

图 12-134

步骤 04 在 贴图 卷展栏中的凹凸通道中添加【噪波】贴图类型，噪波参数设置如图 12-135 所示。

图 12-135

步骤 05 下面我们来设置海面的材质。首先调节海面的颜色，如图 12-136 所示。

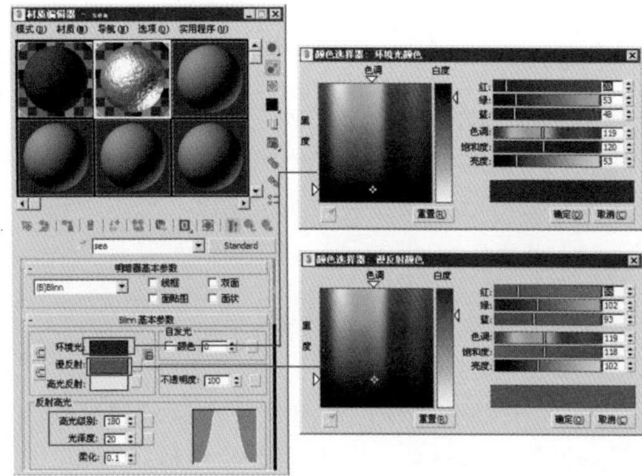

图 12-136

步骤 06 在 贴图 卷展栏中的凹凸通道中添加【混合】贴图类型，然后为【混合】参数面板中的【颜色 #1】添加【噪波】贴图，参数设置如图 12-137 所示。

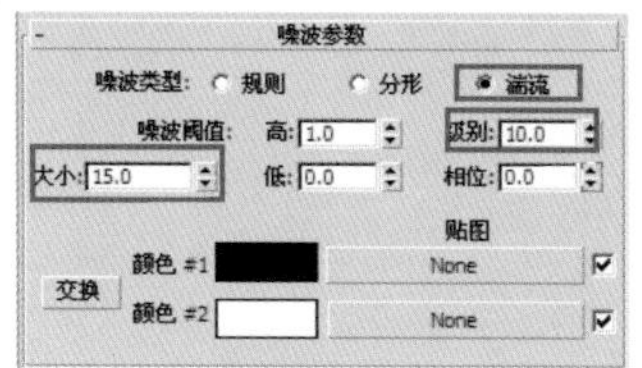

图 12-137

步骤 07 单击材质编辑器中的按钮，返回上一层级，然后为【颜色 #2】添加【烟雾】贴图，参数设置如图 12-138 所示。

图 12-138

步骤 08 单击材质编辑器中的按钮，返回上一层级，设置【混合量】的值为 30。

步骤 09 在 贴图 卷展栏中的反射通道中添加一张天空贴图，如图 12-139 所示。

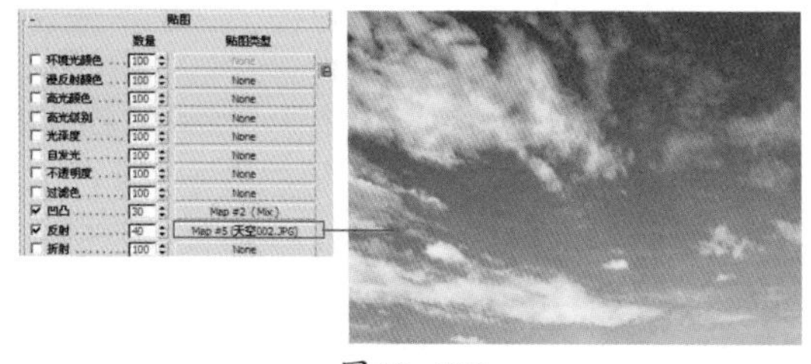

图 12-139

步骤 10 最后将设置好的材质赋予相应的物体。

接下来设置灯光。

步骤 11 在海底与海面之间创建一盏泛光灯，参数设置如图 12-140 所示。

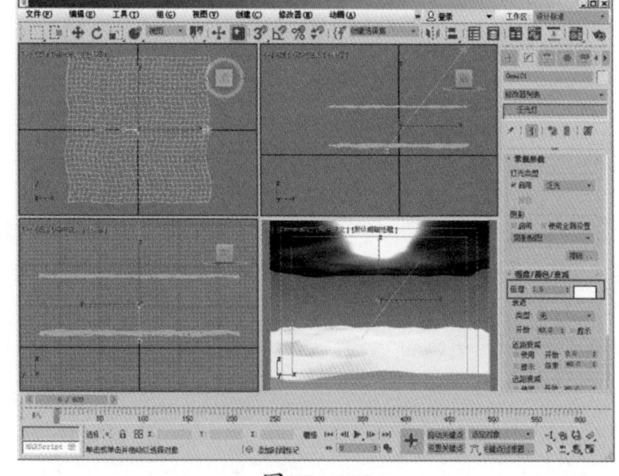

图 12-140

步骤 12 再创建一盏目标平行光来模拟天光，参数设置如图12-141所示。

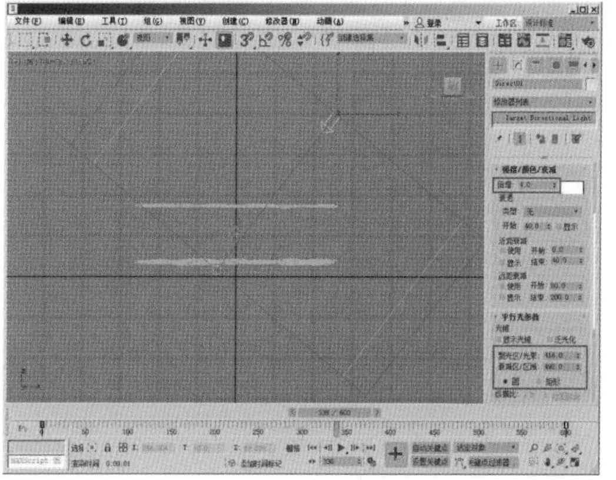

图12-141

至此，灯光就设置完成了，接下来给海底添加雾效。

步骤13 按快捷键【8】打开【环境和效果】窗口，在【环境】面板中给场景添加雾效果，如图12-142所示。

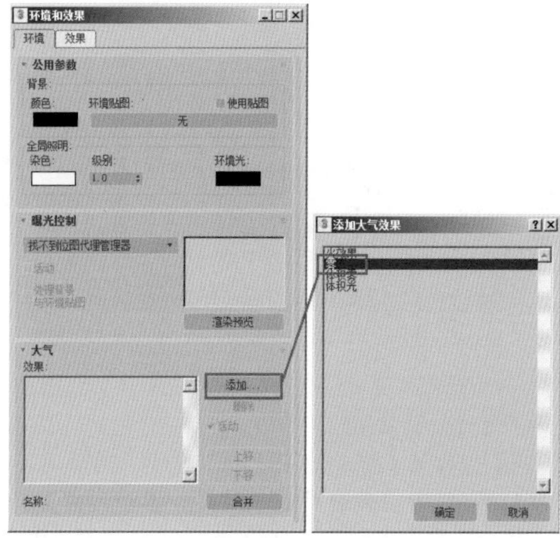

图12-142

步骤14 在【雾】区域中设置雾的颜色，添加【混合】贴图，如图12-143所示。

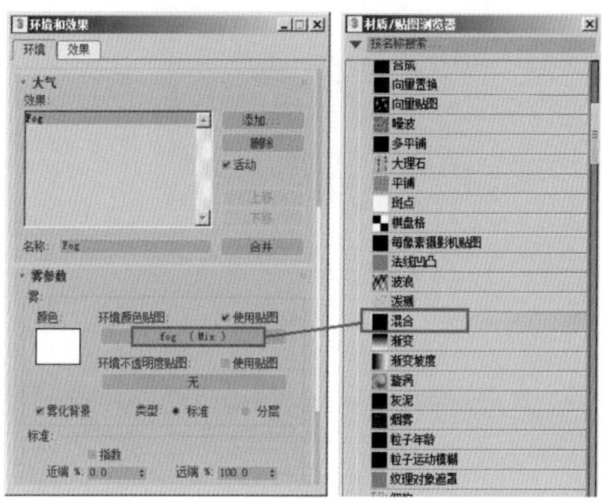

图12-143

步骤15 打开材质编辑器，将【混合】贴图以关联的方式复制到一个空白的材质球上，如图12-144所示。

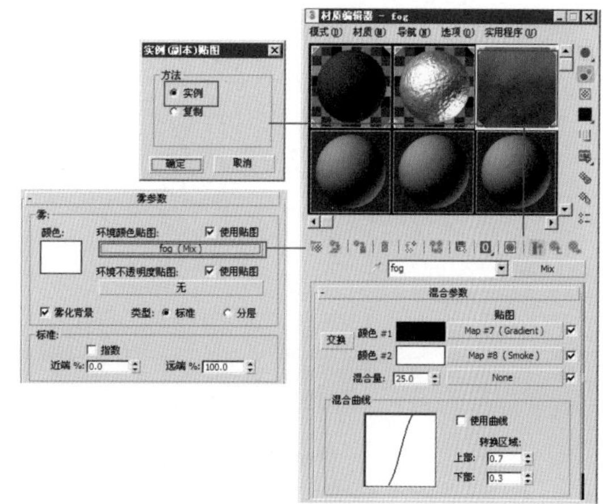

图12-144

步骤16 给【混合】贴图面板中的【颜色#1】通道添加【渐变】贴图，渐变颜色设置如图12-145所示。

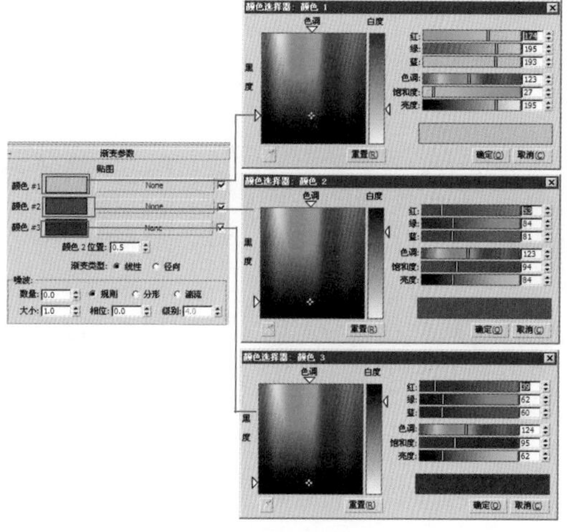

图12-145

步骤17 单击材质编辑器中的按钮，返回上一层级，为【颜色#2】通道添加【烟雾】贴图，参数设置如图12-146所示。

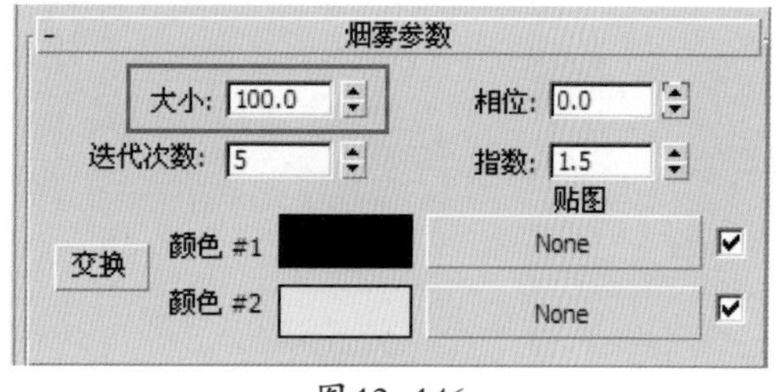

图12-146

步骤18 这时我们可以先渲染看看效果，如图12-147所示。

步骤19 打开材质编辑器，选择一个空白的材质球并为其添加【噪波】贴图，参数设置如图12-148所示。

图 12-147

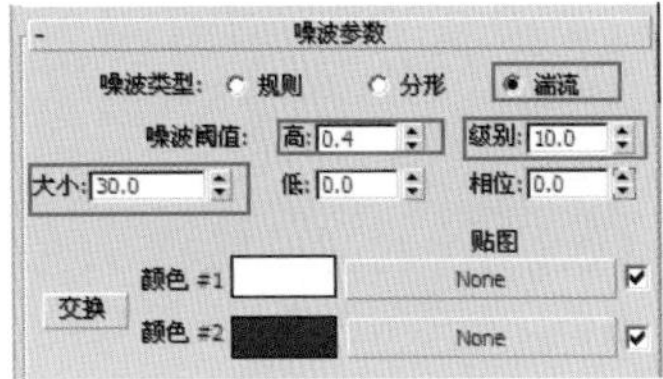

图 12-148

步骤20 选中平行灯光，将上一步设置好的贴图添加给平行灯光，如图12-149所示。

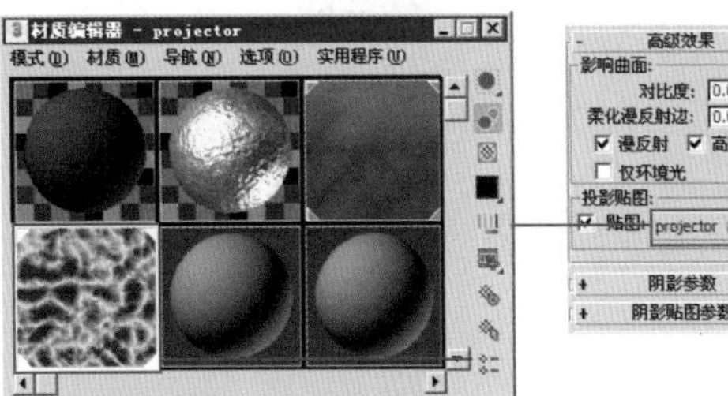

图 12-149

步骤21 这时再次进行渲染，效果如图12-150所示，海底出现了光斑。

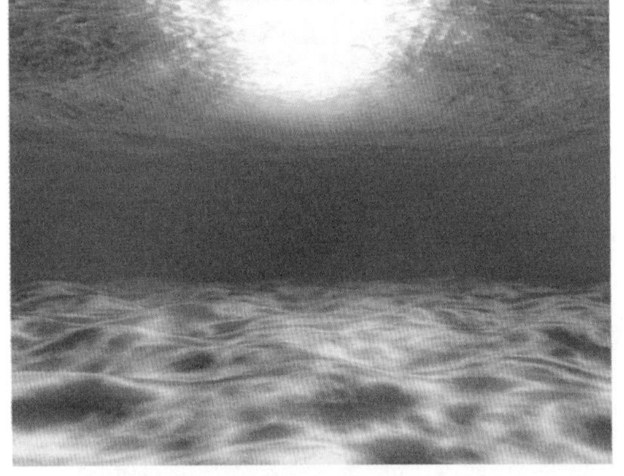

图 12-150

步骤22 我们将动画时间设置为600帧。单击【自动关键点】按钮，将时间滑块移动到第0帧处，然后选中海面，在修改命令面板中的【噪波】修改器下将【相位】的值设置为0，如图12-151所示。

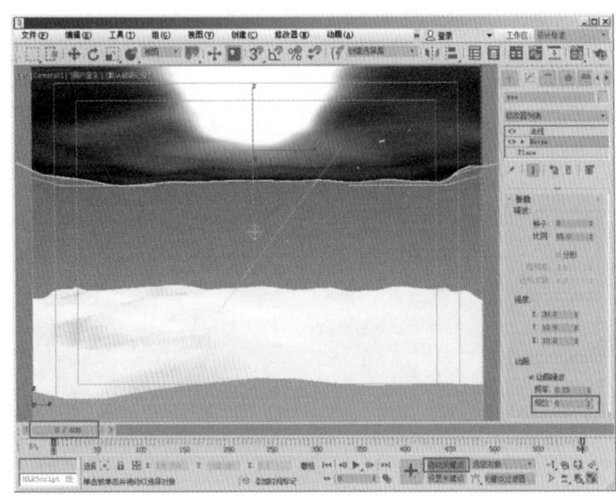

图 12-151

步骤23 将时间滑块移动到第600帧处，将【相位】的值设置为200，如图12-152所示。

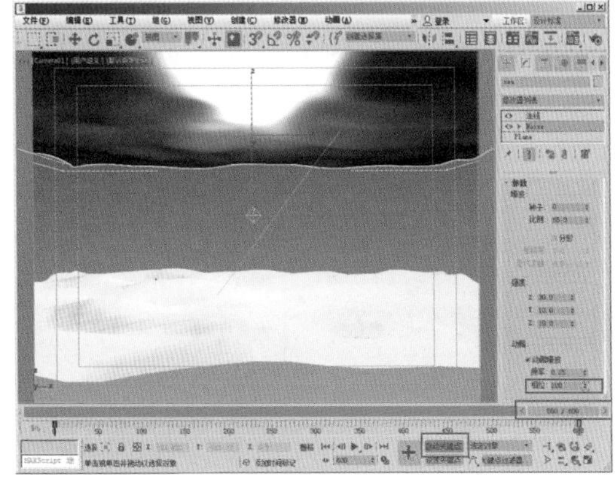

图 12-152

下面制作体光动画。体光动画的制作就是改变天光内的【噪波】贴图的相位值。

步骤24 保持动画录制器处于打开状态，将时间滑块移动到第0帧处。打开材质编辑器，选择【噪波】贴图，然后在其参数面板中将【相位】的值设置为0，如图12-153所示。

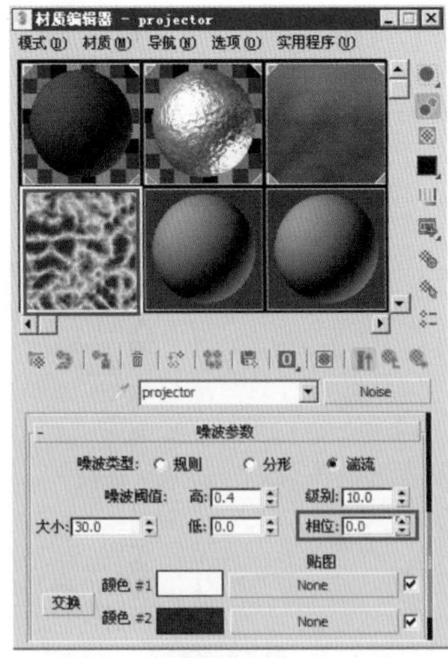

图 12-153

步骤25 将时间滑块移动到第100帧处，将相位的值设置为30，如图12-154所示。

图12－154

步骤26 到这里，海底体光动画就制作完成了。关闭动画录制器，将动画进行渲染并输出即可。动画部分帧的效果如图12-155所示。

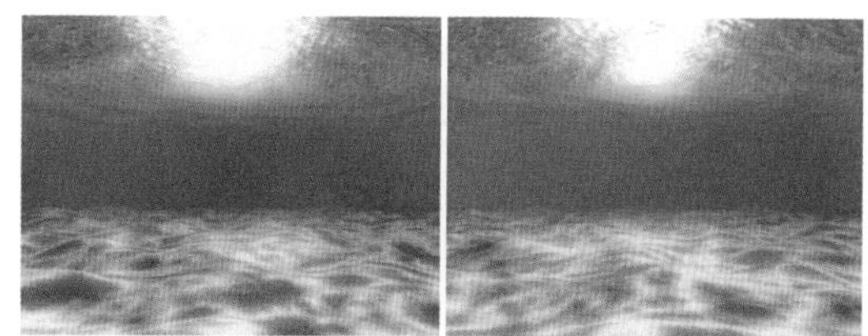

图12－155

12.4 了解Character Studio

Character Studio为制作三维角色动画提供了专业的工具，其能够使动画片绘制者快速而轻松地创建骨骼动画效果，从而创建运动序列环境。具有动画效果的骨骼用来驱动3ds Max几何运动，以此创建虚拟角色。使用Character Studio可以生成这些角色的群组，并轻松制作其动画效果，如图12－156所示。

图12－156

Character Studio由3个3ds Max插件组成：Biped（两足动物）、Physique和群组。

Biped构建骨骼框架并使之具有动画效果，为制作角色动画做好准备。可以将不同的动画合并成按序列或重叠的运动脚本，或将它们分层，也可以使用Biped来编辑运动捕获文件。

Physique使用两足动物框架来制作实际角色网格动画，模拟与基础骨架运动一起时，网格屈曲和膨胀。

群组通过使用代理系统和行为制作三维对象和角色组的动画。可以使用高度复杂的行为来创建群组。

Character Studio提供用于制作角色动画的整套工具。使用Character Studio可以为两足角色（两足动物）创建骨骼层，然后通过各种方法使其具有动画效果。如果角色用两条腿走路，那么该软件将提供独一无二的【足迹动画】工具，如图12-157所示。根据重心、平衡和其他因素自动制作移动动作。

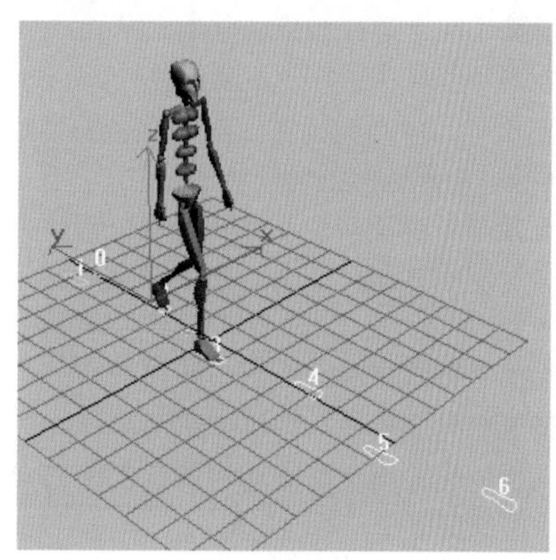

图12－157

假如打算以手动方式制作动画效果，那么可以使用自由形式的动画。这种动画制作方式同样适用于多足角色，或者飞行角色、游动角色。使用自由形式的动画，可以通过传统的反向运动技术制作骨架的动画效果。图12-158所示为两足动物游泳的自由形式动画。

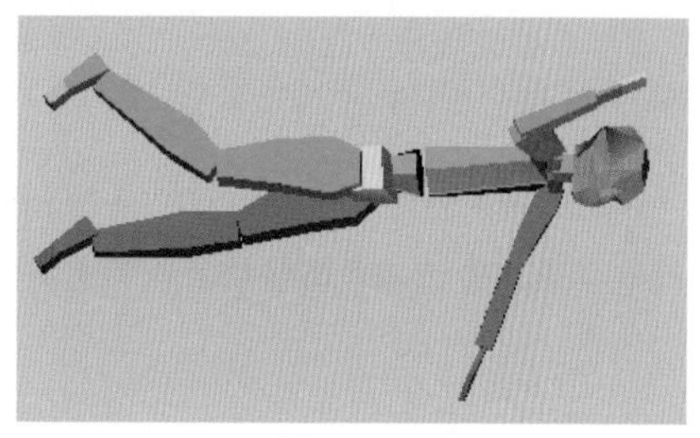

图12－158

了解 Biped

Biped是一个3ds Max系统插件，可以从创建面板中选择它。在创建一只两足动物后，使用运动面板中的Biped controls（两足动物控制）使它生成动画。Biped提供了设计动画角色体形及运动所需要的工具。

Biped：如同链接层次创建一样，使用Biped模块创建两足动物骨骼，用来制作动画的双腿形体。两足动物骨骼具有即时动画的特性。

体形和关键帧模式：Character Studio是用来互换运动和角色的。在体形模式中，使两足动物与角色模型匹配。例如，制作一个巨兽动画，再保存该动画，然后将其加载到一个小孩身上。运动文件被保存为Character Studio BIP文件（BIP文件包含两足动物骨骼大小和肢体旋转数据。它们采用原有的Character Studio运动文件格式）。

动画两足动物：创建两足动物动画，有两种方法：足迹方法和自由形式方法。每种方法都有其长处。两种方法可以互相转换，或者在单一动画中合并使用。

两足动物属性：两足动物骨骼有很多属性，用以帮助更快捷、更精确地制作动画。

人体构造：连接两足动物上的关节以仿效人体解剖。在默认情况下，两足动物类似于人体骨骼，具有稳定的反向运动层次。这意味着在移动手和脚时，对应的肘或膝也随之进行相应的移动，从而产生自然的人体姿势。

可定制非人体结构：两足动物骨骼很容易被用在四腿动物或者自然前倾的动物身上。

自然旋转：当旋转两足动物的脊椎时，手臂自然下垂，像在支撑地面。例如，假设两足动物站立着，手臂悬在身体的两侧；当向前旋转两足动物的脊椎时，两足动物的手指将接触地面而不指向身后。对手部而言，这是更自然的姿势，这将加速两足动物关键帧的过程。该功能也适用于两足动物的头部。当向前旋转脊椎时，头部保持向前看的姿势。

设计步进：两足动物骨骼使用Character Studio步进，专门为动画设计，用来帮助解决锁定脚在地面的常见问题。步进动画也提供了快速勾画出动画的简易方法。

实例操作 制作走路动画

步骤01 在+命令面板中单击按钮，进入系统面板。单击 Biped 按钮，在视图中拖动鼠标，创建一个人体骨骼模型，如图12-159所示。

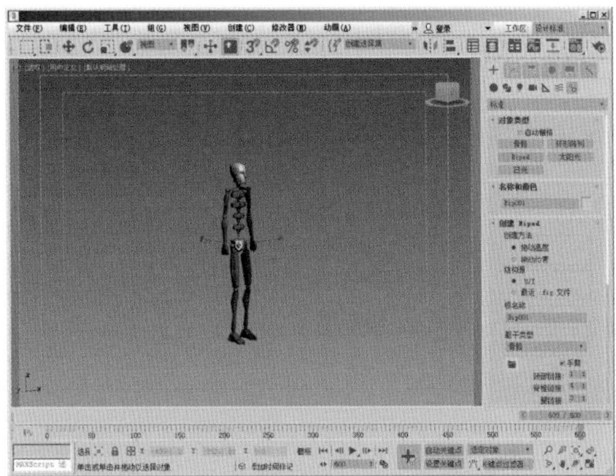

图 12-159

步骤02 在顶视图中创建一台摄影机，适当调节摄影机的角度和位置，将透视视图转换为摄影机视图，如图12-160所示。

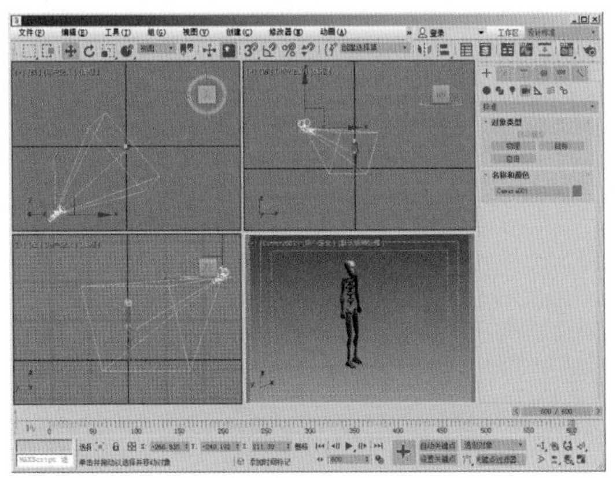

图 12-160

步骤03 选中人体骨骼模型，单击按钮进入运动面板，人体骨骼运动面板参数如图12-161所示。

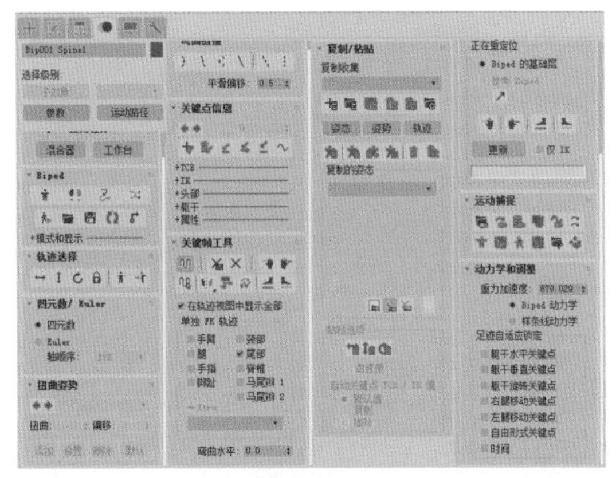

图 12-161

步骤04 接下来使用系统自带的参数制作人物的行走动画。系统自带了两种制作步伐的工具：一种是自动生成步伐，另一种是手动设置步伐。下面我们先来介绍自动生成步伐的用法。选中人体骨骼模型，单击 Biped 卷展栏中的按钮，然后单击足迹创建卷展栏中的按钮，这时会弹出如图12-162所示的对话框。

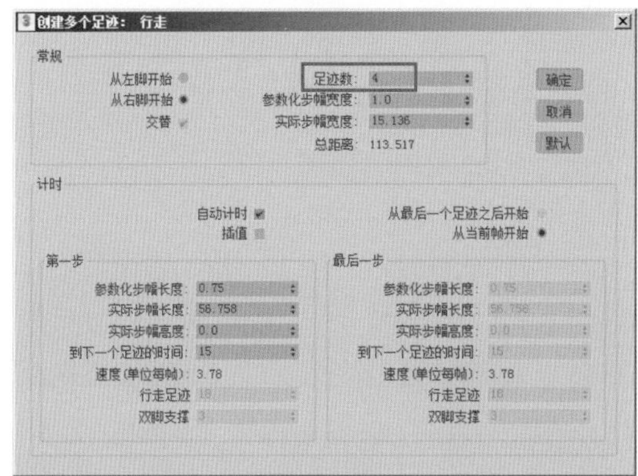

图 12-162

步骤05 在足迹数微调框中设置步数，然后单击确定按钮即可。这时在人体骨骼模型脚下就会出现脚印，如图 12-163 所示。

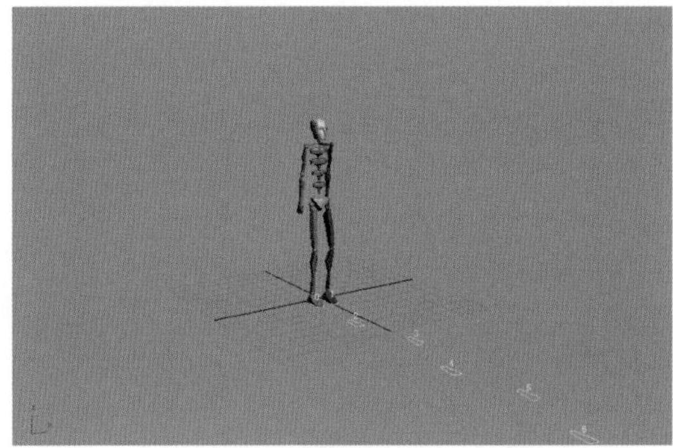

图 12-163

步骤06 此时步伐已经生成了，单击足迹操作卷展栏中的按钮进行动画记录即可。单击▶按钮可以预览动画，效果如图 12-164 所示。

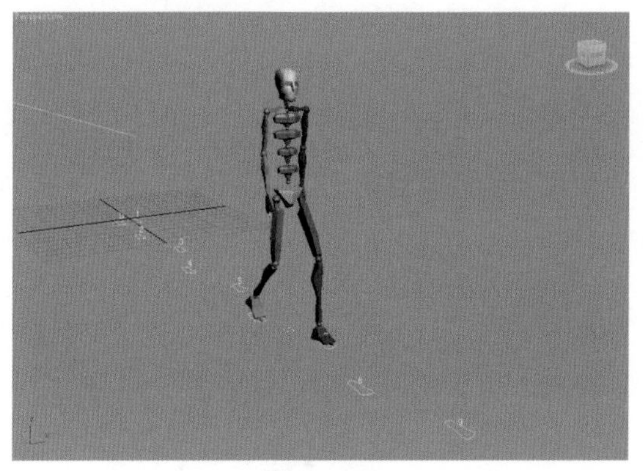

图 12-164

下面再来介绍一下手动设置步伐的用法。

步骤07 选中人体骨骼模型，单击 Biped 卷展栏中的按钮，然后单击足迹创建卷展栏中的按钮，当将鼠标光标移动到工作区域时，鼠标光标上就会有一个脚印的图标出现，这时我们就可以手动设置步伐了，如图 12-165 所示。

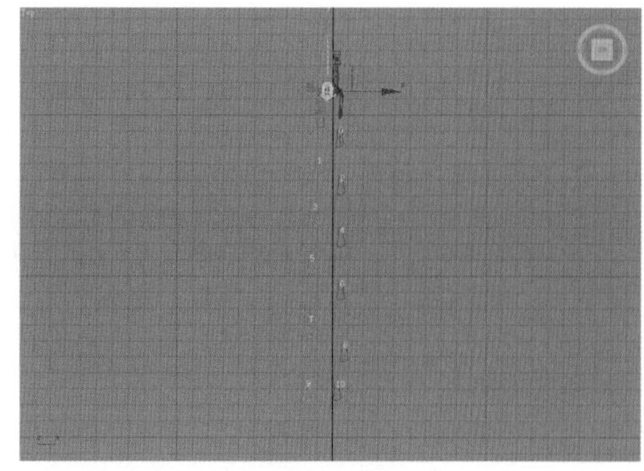

图 12-165

步骤08 同样，步伐生成后只需单击足迹操作卷展栏中的按钮进行动画记录即可。预览动画，效果如图 12-166 所示。

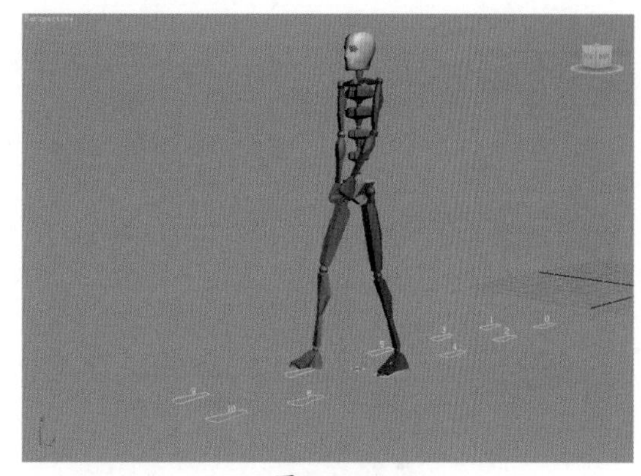

图 12-166

3dsMax

第13章
工业级汽车建模

本章导读

本章我们使用3ds Max中最强大的多边形建模工具制作一个工业级汽车模型，其也是自由多边形物体的一种。在之前的模型制作过程中用到了可编辑多边形下的【细分】选项，事实上细分并不是可编辑多边形中特有的，我们将在后面对细分进行更加细致的讲解。大家要熟练掌握可编辑多边形中的命令，这对模型制作会有所帮助。

13.1 布线的技巧与规律

科学的布线方法应该是四边形布线和按物体结构走向布线综合运用，下面就来介绍一下这两种布线方法的使用。

1. 四边形布线

四边形布线方法要求线条在模型上分布平均且每个单位形状为四边形，如图13-1所示。

图13-1

由于面与面排列有序，为后续的贴图、变形等工作提供了方便，而且在修改外形时很适合使用雕刻刀工具。这种方法的缺点是，要想体现更多的细节，面数会成倍增加。

2. 按物体结构走向布线

这种布线方法要求按照物体结构的走向来布线，如图13-2所示，这种方法能够以更少的面数体现更真实的结构细节，但其缺点也是致命的，如果模型的疏密差别很大，那么在展开UV的命令中便不能轻易使用【平均化】命令，从而使得作业时的工作量增加，一般在重叠的地方只能靠手动一点一点地拉了。如果强行使用【平均化】命令，则将导致贴图的精度不平均，出现细节上的问题。

图13-2

最佳的布线方法是四边形布线和按物体结构走向布线结合使用，重点制作动画的部位使用四边形布线方法，动画幅度小的部位使用按物体结构走向布线方法。图13-3所示为典型的四边形布线和按物体结构走向布线结合的案例。

图 13-3

伸展空间要求大、变形复杂的局部使用四边形布线方法，能够保证线量的充沛及合理的伸展，更能支持较大的运动幅度，如图13-4中的红线处所示。变形少的局部使用按物体结构走向布线方法制作细节，其运动伸展性不用考虑得那么周全，如图13-4中的绿线处所示。

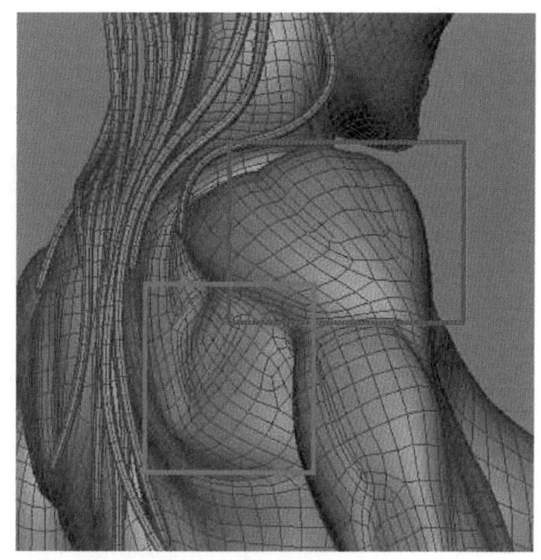
图 13-4

13.2 制作工业级汽车模型

本例我们通过在场景中创建基本体，将基本体转换为可编辑多边形模型进行编辑来完成工业级汽车模型的制作。在模型的制作过程中，要注意一些细小零件的制作。

图13-5所示为汽车模型最终渲染效果图。

图 13-5

图13-6所示为汽车模型参考图。

图 13-6

配色应用：

制作要点：

1. 掌握使用基本几何体来创建模型。

2. 学会将基本几何体转换为可编辑多边形，然后使用多边形工具对模型进行塑造。

3. 掌握对称修改器的使用。

最终场景： Ch13\Scenes\ 工业级汽车 .max

难易程度： ★★★☆☆

13.2.1 制作汽车前盖模型

步骤01 打开3ds Max，使用快捷键【Alt+B】打开【视口配置】对话框，单击 文件... 按钮，如图13-7左图所示。此时，弹出【选择背景图像】对话框，从中找到参考图，如图13-7右图所示，单击 打开(O) 按钮。

步骤02 此时，设置【视口配置】对话框中的参数，如图13-8所示。单击 确定 按钮，参考图导入成功，如图13-9所示。

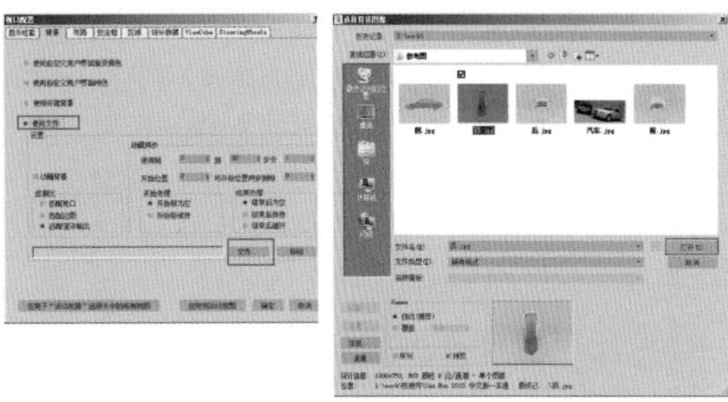
图 13-7

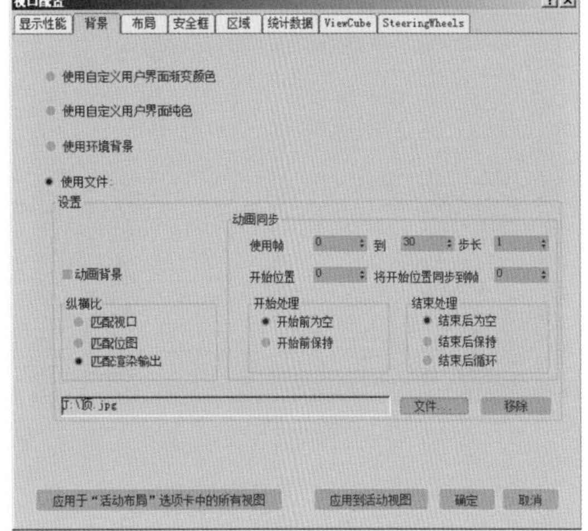

图 13-8

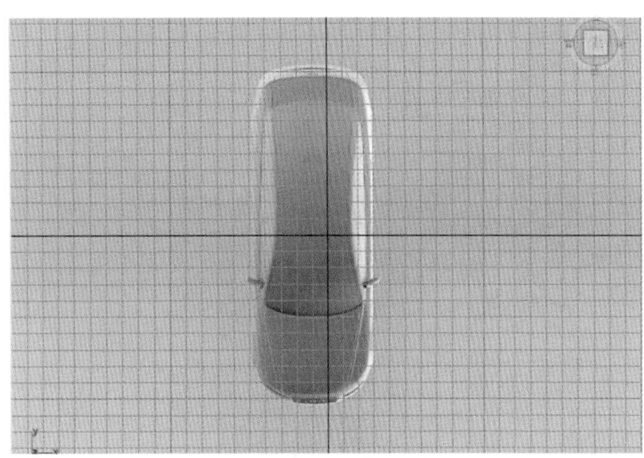
图 13-9

步骤03 使用快捷键【G】取消视图网格化，图像效果如图13-10所示。使用同样的方法导入其他几个视图的参考图，图像效果如图13-11所示。

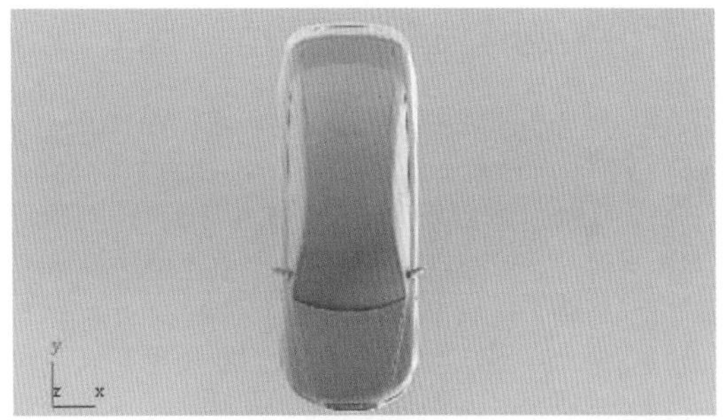
图 13-10

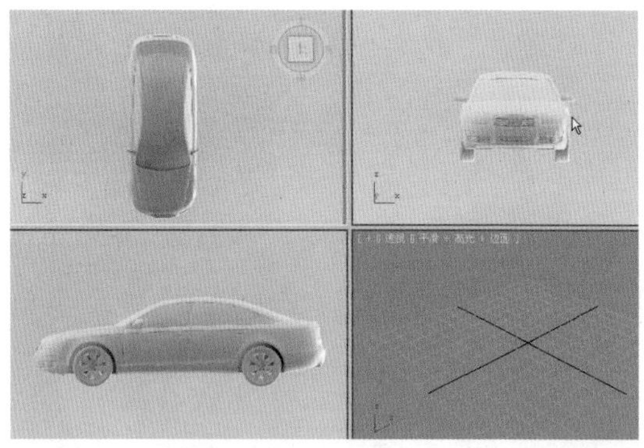
图 13-11

步骤04 单击 长方体 按钮，在场景中创建一个Box物体，如图13-12所示，然后将Box物体转换为可编辑多边形。切换到顶点级别，调节节点到如图13-13所示的位置。

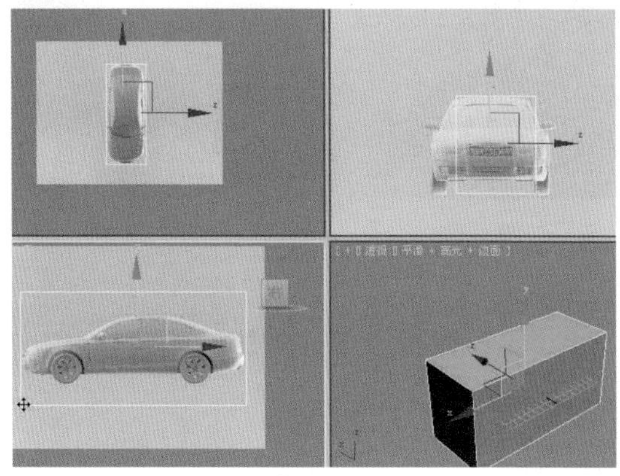
图 13-12

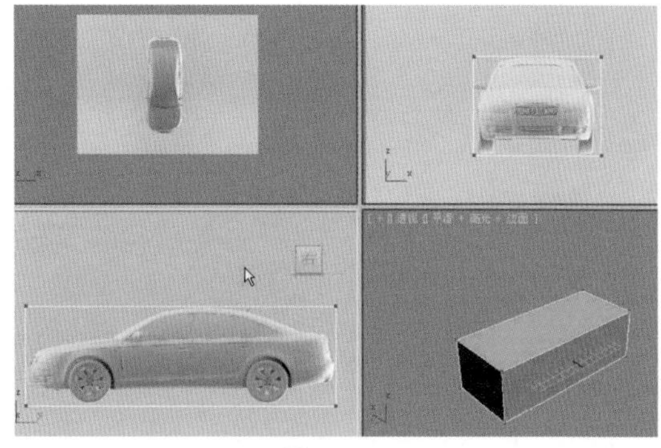
图 13-13

步骤05 将参考图导入Photoshop中对其进行调整，然后再切换到3ds Max视图中，图像效果如图13-14所示。按【Delete】键删除Box物体，单击 平面 按钮，在场景中创建一个平面模型，如图13-15所示，然后将平面模型转换为可编辑多边形。

步骤06 切换到边级别，选择如图13-16左图所示的边，使用快捷键【Ctrl+Shift+E】对模型进行细分。切换到顶点级别，调节节点到如图13-16右图所示的位置。

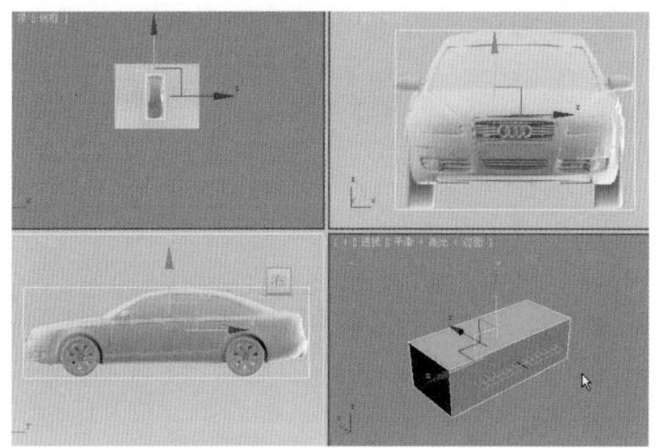

图 13-14

图 13-15

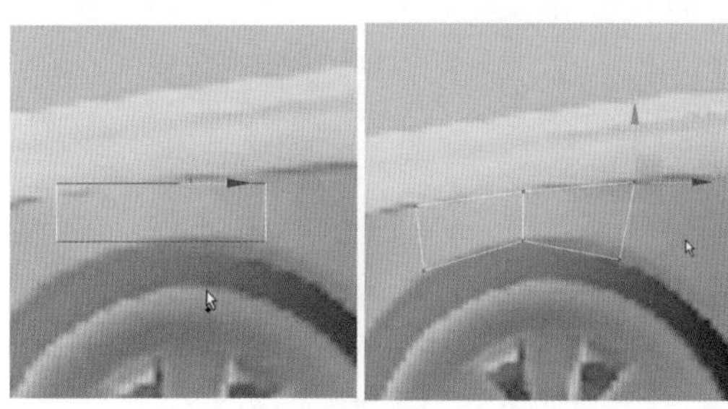

图 13-16

步骤07 切换到边级别，选择如图13-17左图所示的边，按住【Shift】键对边进行复制。然后选择如图13-17右图所示的边。

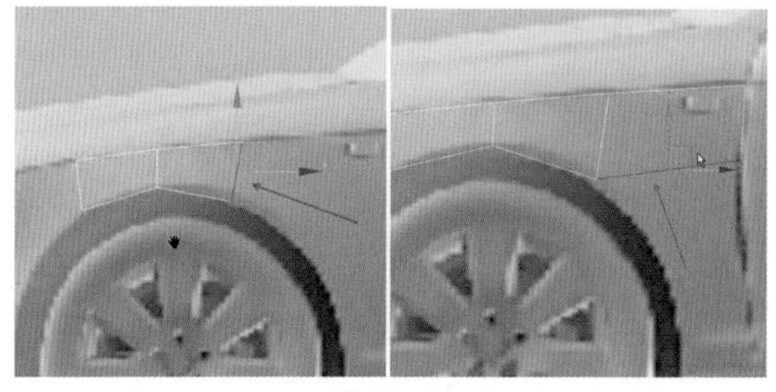

图 13-17

步骤08 继续按住【Shift】键对边进行复制。切换到顶点级别，调节节点到如图13-18左图所示的位置。继续使用同样的方法对边进行复制，然后调节节点到如图13-18右图所示的位置。

图 13-18

步骤09 切换到边级别，选择如图13-19左图所示的边，单击 切角 □按钮，设置参数如图13-19右图所示。

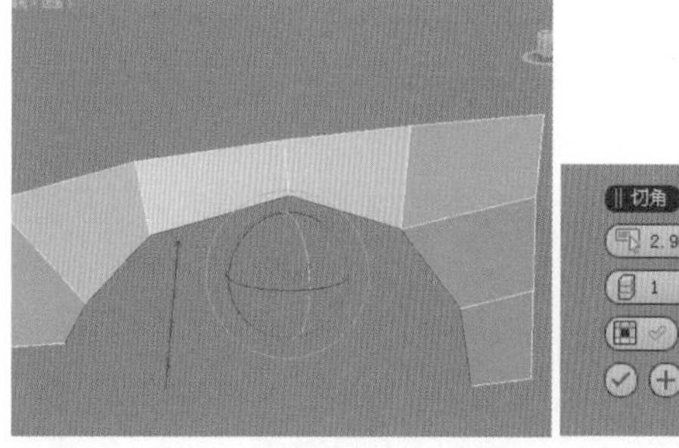

图 13-19

步骤10 图像效果如图13-20左图所示。切换到顶点级别，调节节点到如图13-20右图所示的位置。

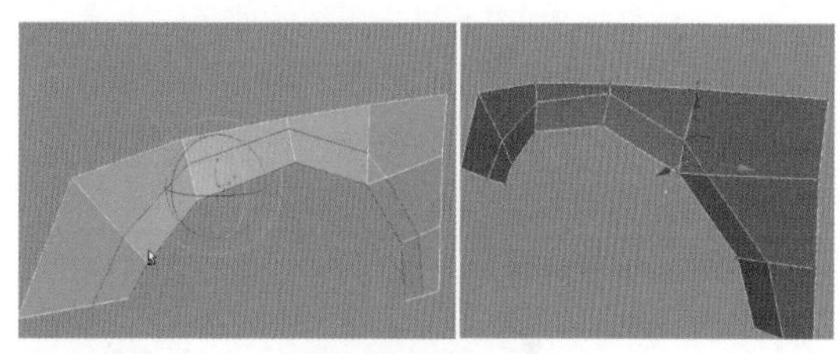

图 13-20

13.2.2 继续制作汽车前盖模型

步骤01 选择如图13-21左图所示的两个点，单击 焊接 □按钮，设置参数如图13-21右图所示，对选择的节点进行焊接操作。

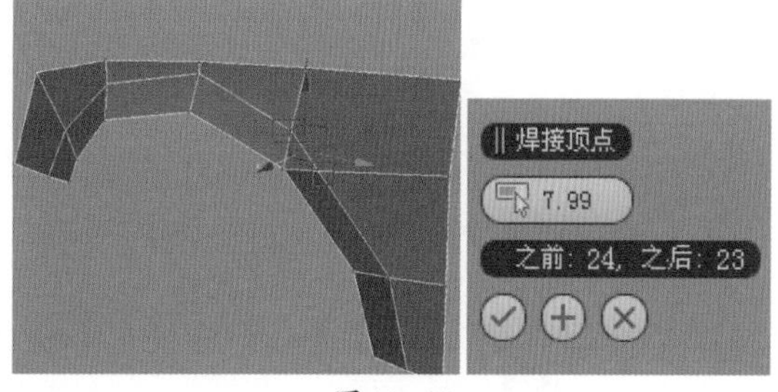

图 13-21

步骤02 切换到边级别，选择边，继续对边进行切角操作。切换到多边形级别，选择如图13-22左图所示的面，单击 平面化 按钮，对面进行平面化操作。使用【BackSpace】键移除选择的边，单击鼠标右键，在弹出的快捷菜单中选择 剪切 选项，对模型进行加线。单击 目标焊接 按钮，焊接多余的节点，效果如图13-22右图所示。

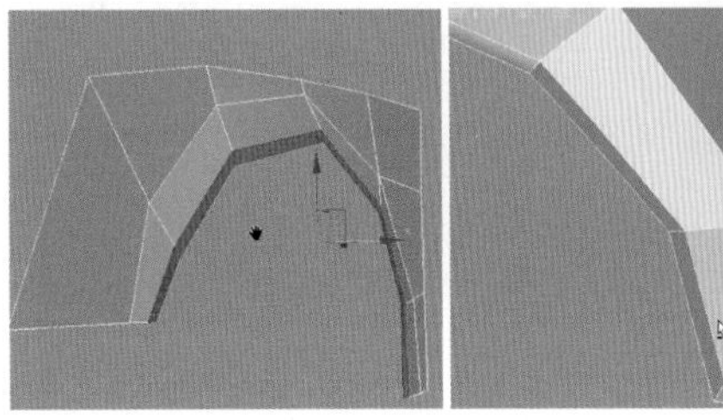

图 13−22

步骤03 切换到边级别，选择如图13-23左图所示的边，按住【Shift】键对边进行复制。切换到顶点级别，调节节点到如图13-23右图所示的位置。

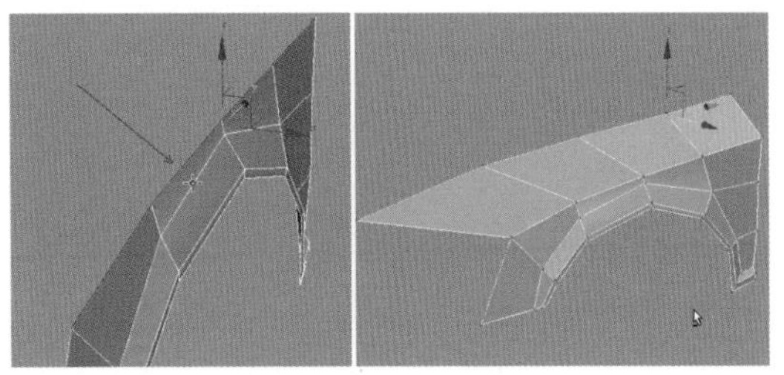

图 13−23

步骤04 继续选择如图13-24左图所示的边，单击鼠标右键，在弹出的快捷菜单中单击 连接 按钮，设置参数如图13-24右图所示。

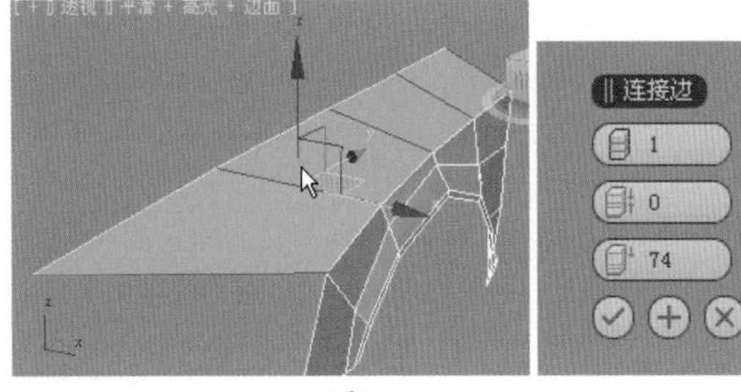

图 13−24

步骤05 使用同样的方法继续对模型进行细分，然后选择如图13-25左图所示的边，按住【Shift】键对边进行复制。切换到顶点级别，调节节点到如图13-25右图所示的位置。

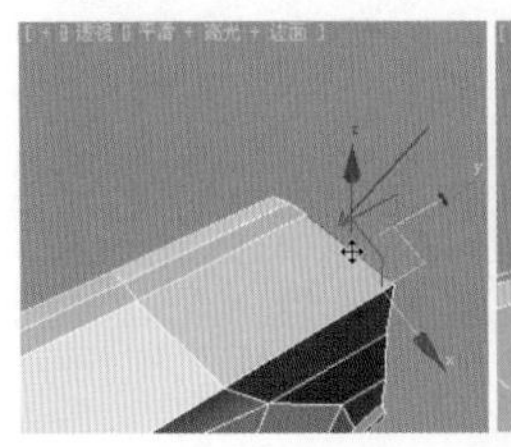

图 13−25

步骤06 继续对边进行细分，并调整模型到如图13-26左图所示的位置。单击 平面 按钮，继续在场景中创建一个平面模型，并将其转换为可编辑多边形。切换到顶点级别，调节节点到如图13-26右图所示的位置。

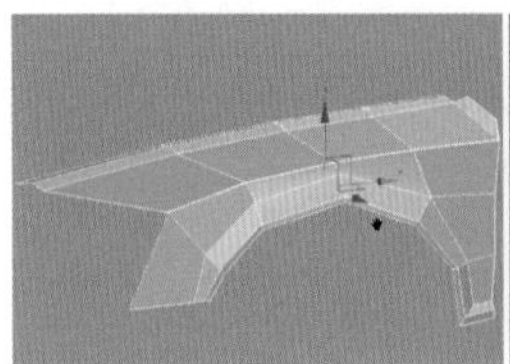

图 13−26

步骤07 切换到边级别，选择如图13-27左图所示的边，使用快捷键【Ctrl+Shift+E】对模型进行细分。使用同样的方法继续对选择的边进行细分，然后切换到顶点级别，调节节点到如图13-27右图所示的位置。

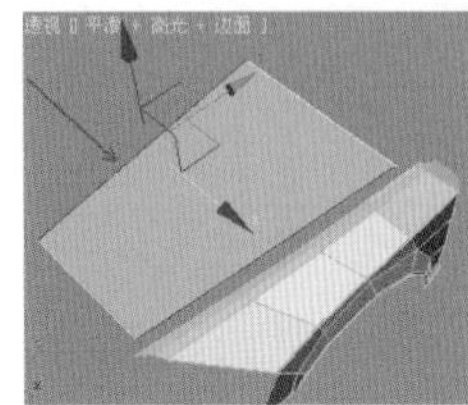

图 13−27

步骤08 使用同样的方法继续对边进行细分和复制。切换到顶点级别，调节节点到如图13-28左图所示的位置。使用快捷键【Ctrl+Q】对模型进行光滑显示，设置光滑级别为2，图像效果如图13-28右图所示。

图 13−28

13.2.3 制作汽车前保险杠模型

步骤01 单击 平面 按钮，在场景中创建一个平面模型，如图13-29左图所示，将平面模型转换为可编辑多边形。切换到边级别，选择如图13-29右图所示的边。

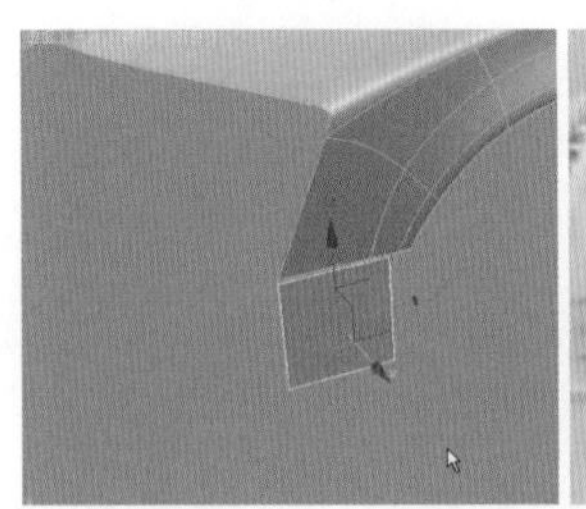

图 13−29

步骤02 按住【Shift】键对选择的边进行复制，此时图像效果如图13-30左图所示。继续选择边，按住【Shift】键对边进行复制。切换到顶点级别，调节节点的位置，选择如图13-30右图所示的点。

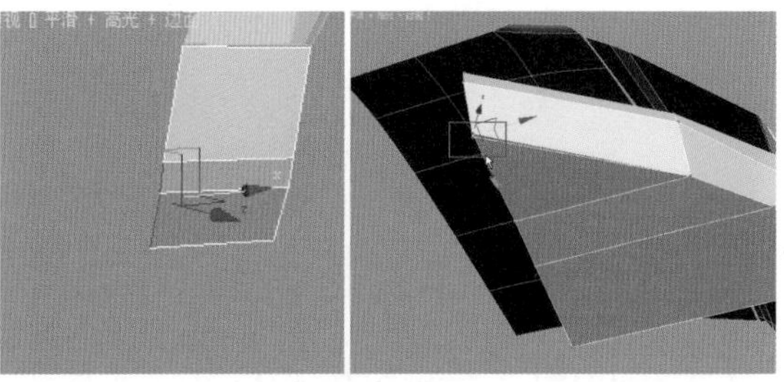

图13-30

步骤03 单击 焊接 按钮，设置参数如图13-31左图所示。焊接完成后，图像效果如图13-31右图所示。

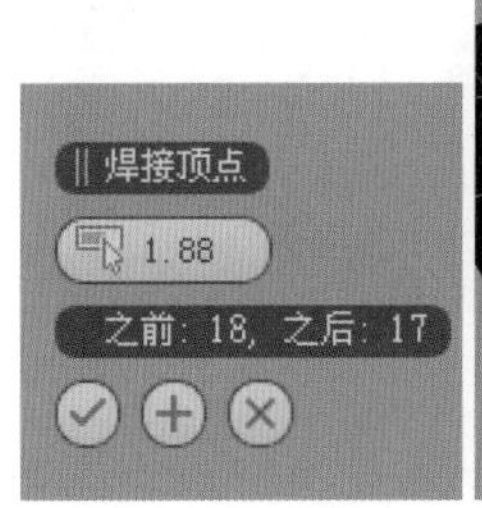

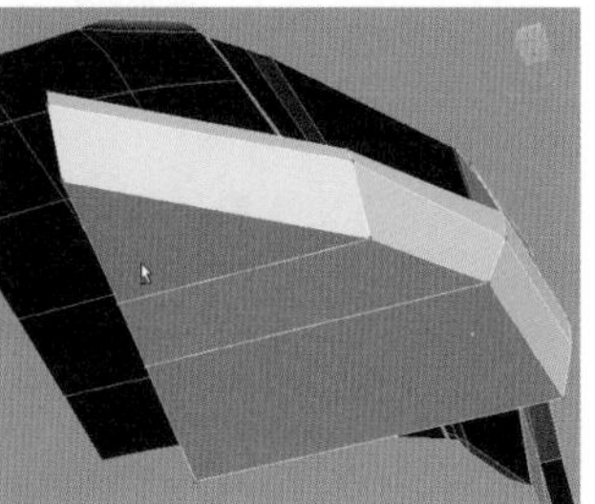

图13-31

知识拓展

【组】菜单中的组命令相当于其他软件中的组合命令，其只是将物体组合在了一起，组合在一起的物体还可以解组。

步骤04 继续选择边，然后按住【Shift】键对边进行复制。切换到顶点级别，调节节点到如图13-32左图所示的位置，单击鼠标右键，在弹出的快捷菜单中选择 剪切 命令，使用剪切工具对模型进行加线，然后调节边到如图13-32右图所示的位置。

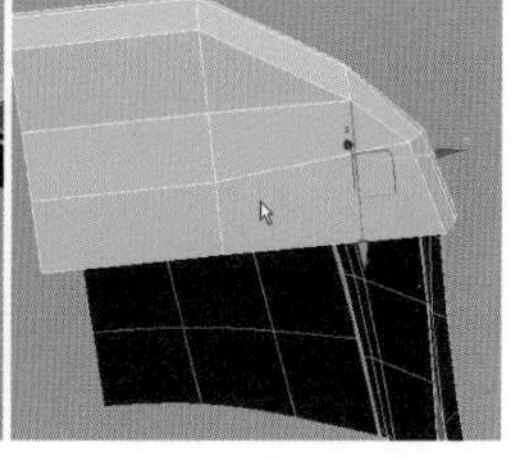

图13-32

步骤05 切换到多边形级别，选择如图13-33左图所示的面，单击 挤出 按钮，设置参数如图13-33右图所示。

步骤06 放大视图，挤压效果如图13-34左图所示。使用【Delete】键删除如图13-34右图所示的面。

步骤07 单击鼠标右键，在弹出的快捷菜单中选择 剪切 命令，使用剪切工具对模型进行加线，然后调节节点到如图13-35左图所示的位置。切换到多边形级别，选择如图13-35右图所示的面。

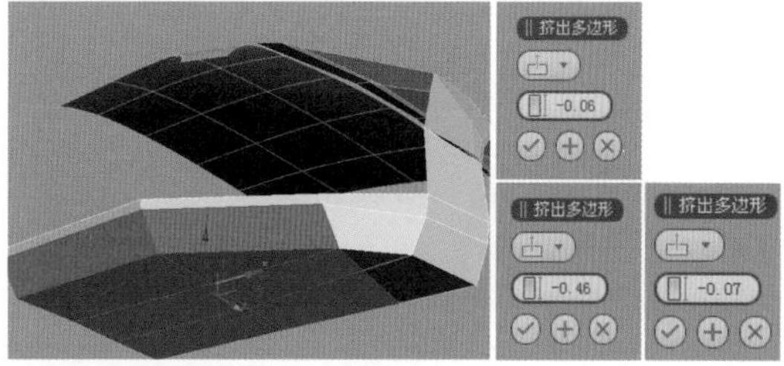

图13-33

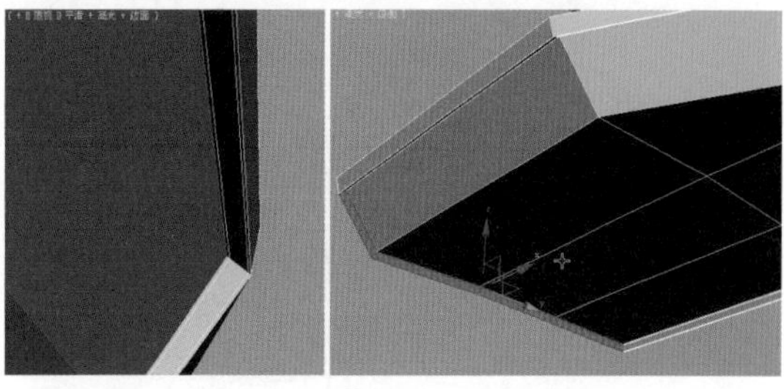

图13-34

图13-35

步骤08 单击 倒角 按钮，设置参数如图13-36左图所示。使用快捷键【Ctrl+Q】对模型进行光滑显示，设置光滑级别为2，图像效果如图13-36右图所示。

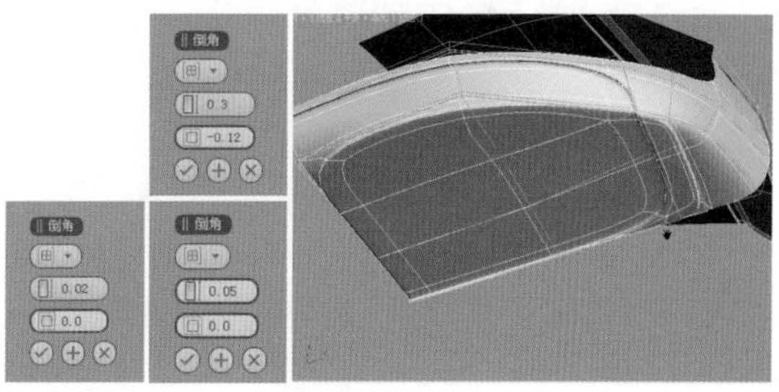

图13-36

步骤09 使用【Delete】键删除多余的面。切换到顶点级别，调节节点到如图13-37所示的位置。使用同样的方法继续对边进行细分和复制，调节边的位置，并选择如图13-38所示的边。

步骤10 按住【Shift】键对边进行复制。切换到顶点级别，调节节点到如图13-39左图所示的位置。切换到边级别，选择边并按住【Shift】键对边进行复制，然后调节边到如图13-39右图所示的位置。

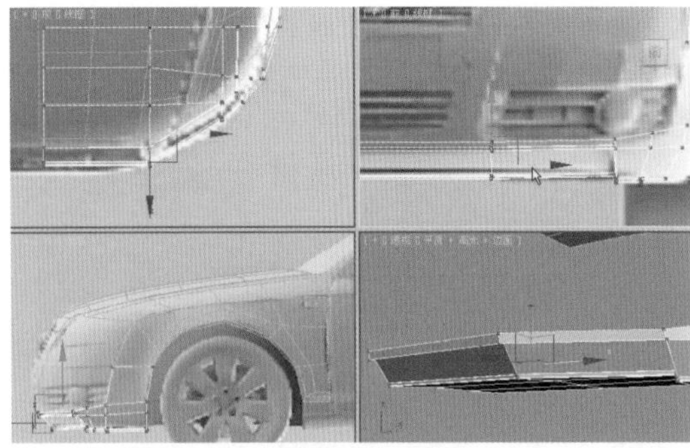
图 13-37

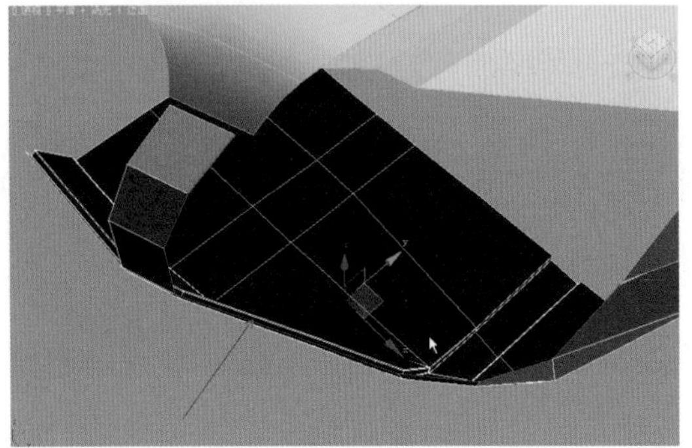
图 13-38

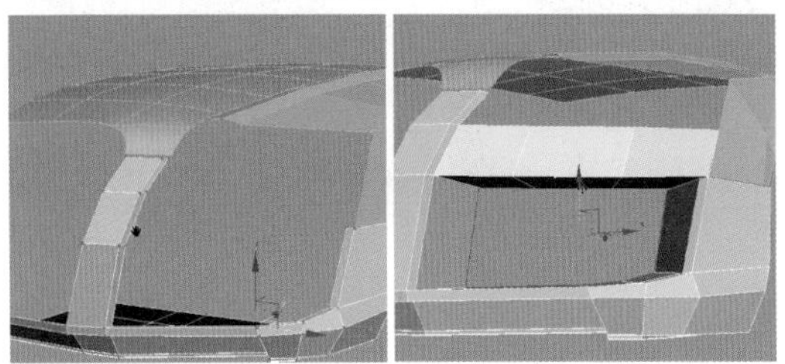
图 13-39

13.2.4 制作汽车前保险杠细节

步骤01 切换到边级别，选择如图 13-40 左图所示的边，按住【Shift】键对边进行复制。然后切换到边的位置，选择如图 13-40 右图所示的边，单击 环形 按钮，得到环形的一圈边。

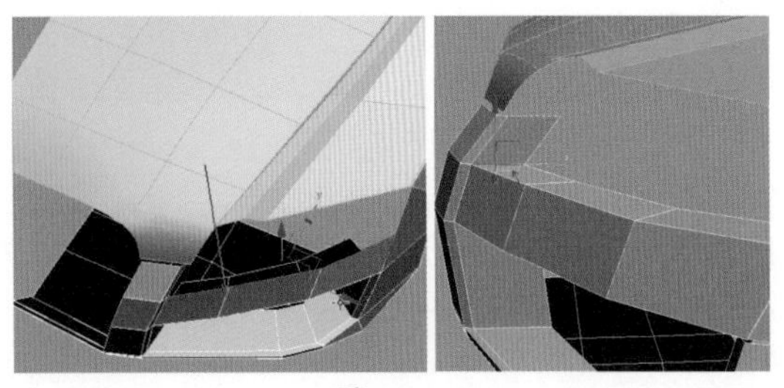
图 13-40

步骤02 单击鼠标右键，在弹出的快捷菜单中单击 连接 按钮，设置参数如图 13-41 左图所示，细分效果如图 13-41 右图所示。

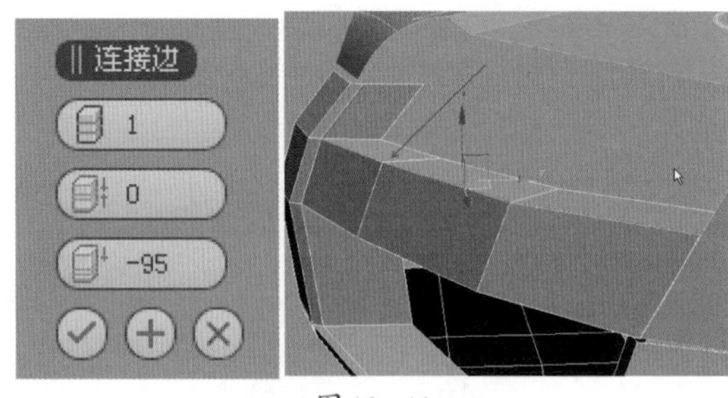

图 13-41

步骤03 使用同样的方法继续对模型进行细分，使用快捷键【Ctrl+Q】对模型进行光滑显示，图像效果如图 13-42 左图所示。取消光滑显示模式，切换到边级别，选择如图 13-42 右图所示的边。

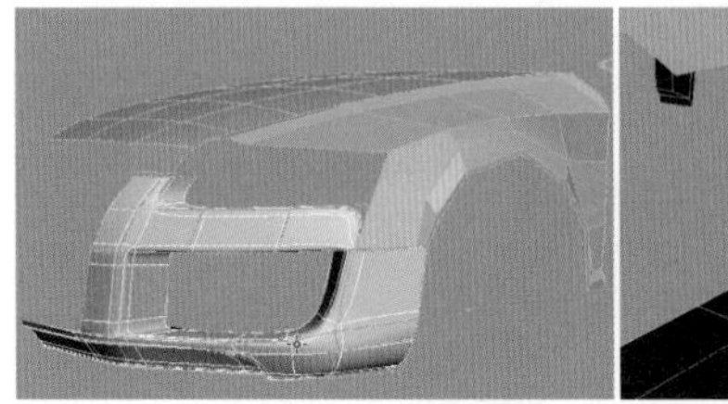

图 13-42

步骤04 按住【Shift】键对边进行复制，效果如图 13-43 左图所示。使用快捷键【Alt+Q】对模型进行独立化显示，继续选择边并对选择的边进行复制。切换到顶点级别，单击 目标焊接 按钮，目标焊接如图 13-43 右图所示的节点。

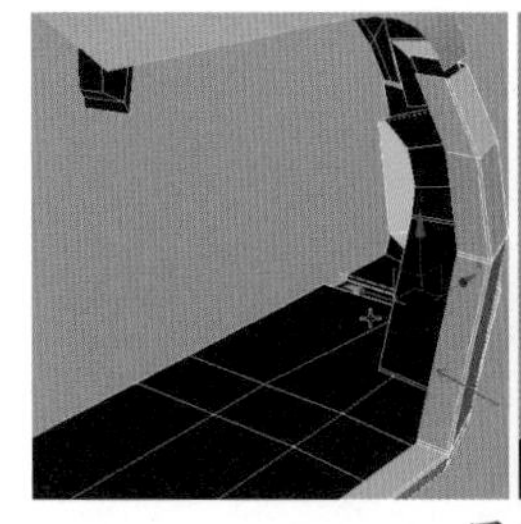
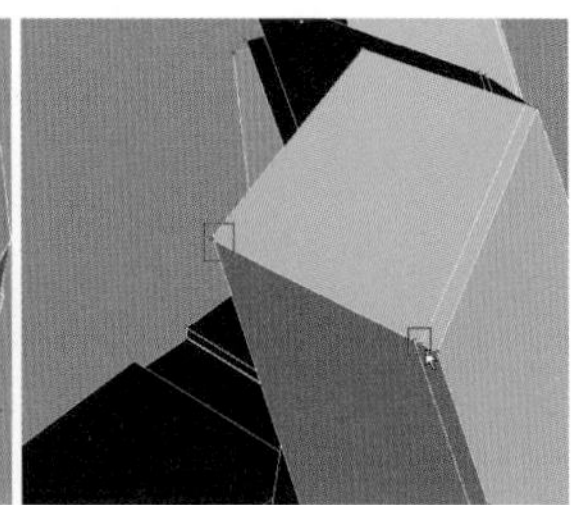
图 13-43

步骤05 使用同样的方法继续焊接节点。切换到边级别，选择如图 13-44 左图所示的边，单击鼠标右键，在弹出的快捷菜单中选择 插入顶点 命令，在边上插入节点，然后单击 目标焊接 按钮，目标焊接如图 13-44 右图所示的点。

图 13-44

步骤06 切换到边级别，选择如图 13-45 左图所示的边，单击鼠标右键，在弹出的快捷菜单中单击 连接 按钮，设置参数如图13-45右图所示。

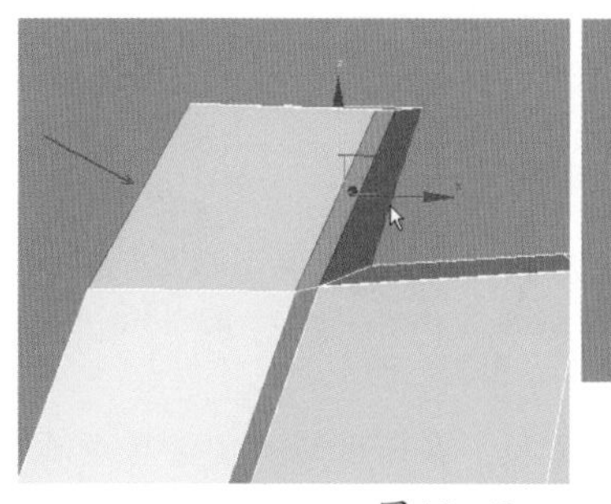
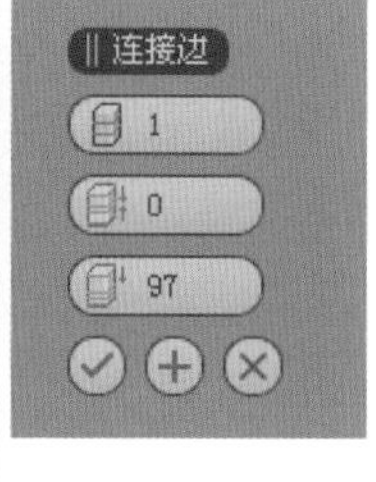

图 13−45

步骤07 继续选择边，使用同样的方法对模型进行细分。切换到顶点级别，使用快捷键【Ctrl+Q】对模型进行光滑显示，调节节点到如图13-46左图所示的位置。取消光滑显示模式，使用快捷键【Alt+X】对模型进行透明化显示。选择边，按住【Shift】键对边进行复制，然后切换到顶点级别，调节节点到如图13-46右图所示的位置。

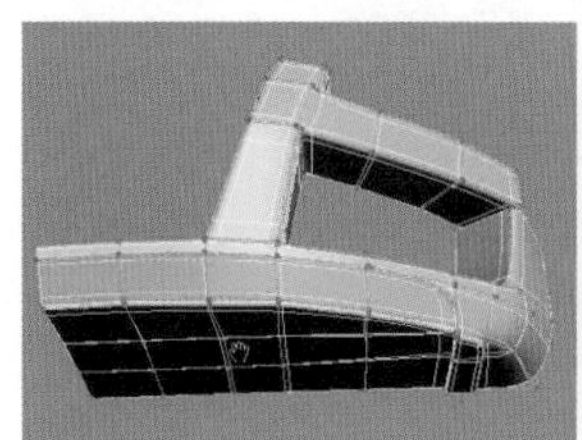
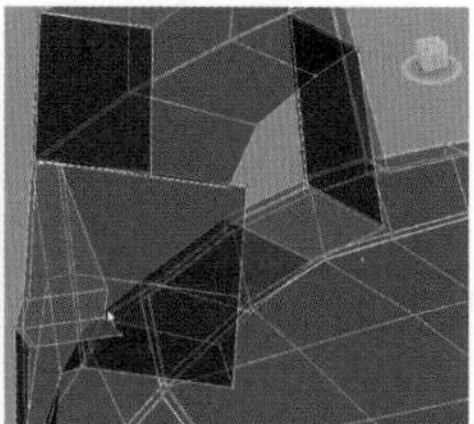
图 13−46

步骤08 取消透明化显示模式，切换到边级别，选择如图13-47左图所示的边，按住【Shift】键对边进行复制。切换到顶点级别，单击 目标焊接 按钮，目标焊接如图13-47右图所示的节点。

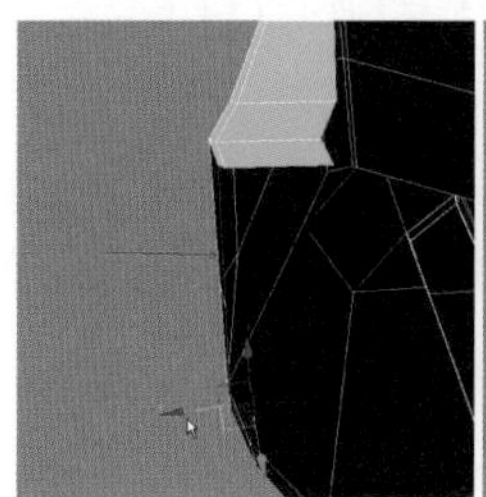
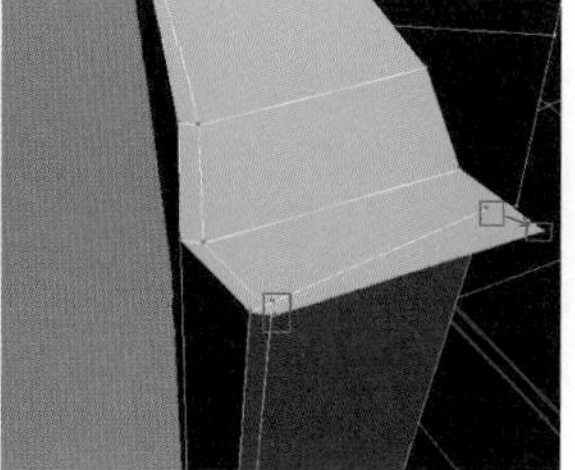
图 13−47

步骤09 切换到边级别，选择如图13-48所示的边，按住【Shift】键对边进行复制。与步骤8相同，目标焊接节点，使用快捷键【Ctrl+Q】对模型进行光滑显示，效果如图13-49所示。

13.2.5 继续制作汽车前保险杠细节

步骤01 取消光滑显示模式，切换到边级别，选择如图13-50左图所示的边，单击 切角 按钮，设置参数如图13-50右图所示。

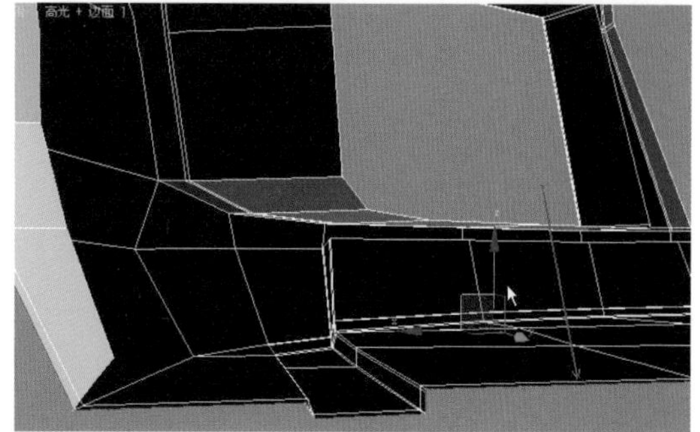
图 13−48

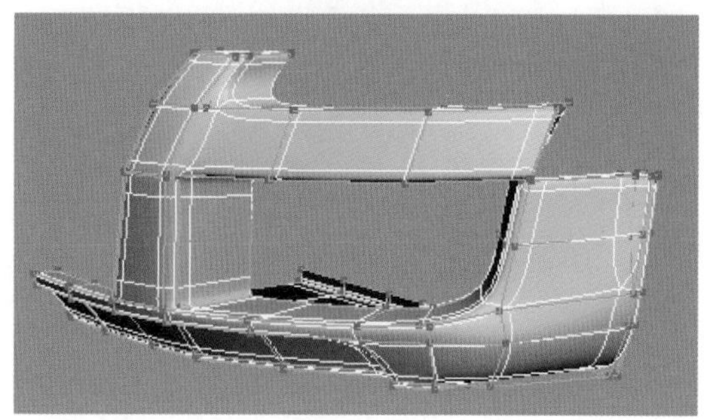
图 13−49

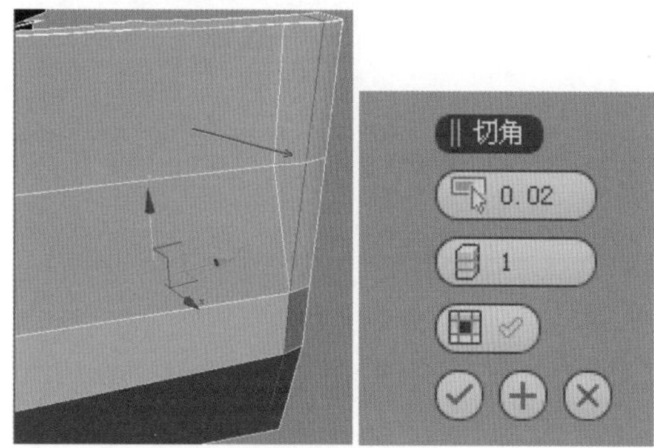

图 13−50

步骤02 使用同样的方法继续对边进行切角操作，图像效果如图13-51左图所示。切换到顶点级别，单击 目标焊接 按钮，目标焊接如图13-51右图所示的节点。

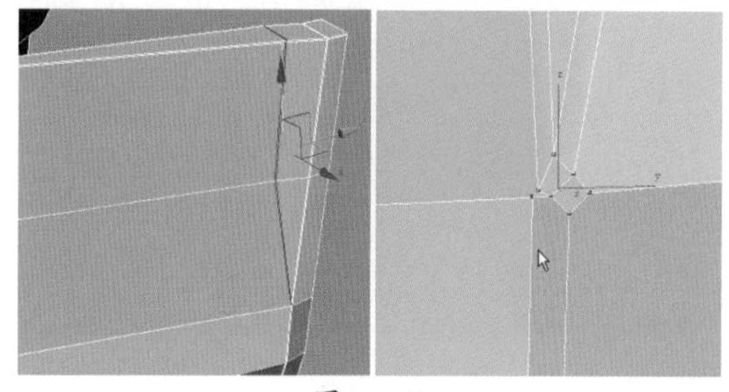
图 13−51

步骤03 焊接完成后，图像效果如图13-52左图所示。退出子物体层级，使用快捷键【Ctrl+Q】对模型进行光滑显示，然后显示场景中的所有模型，效果如图13-52右图所示。

图 13−52

步骤04 切换到边级别，选择如图13-53左图所示的边，单击 切角 按钮，设置参数如图13-53右图所示。

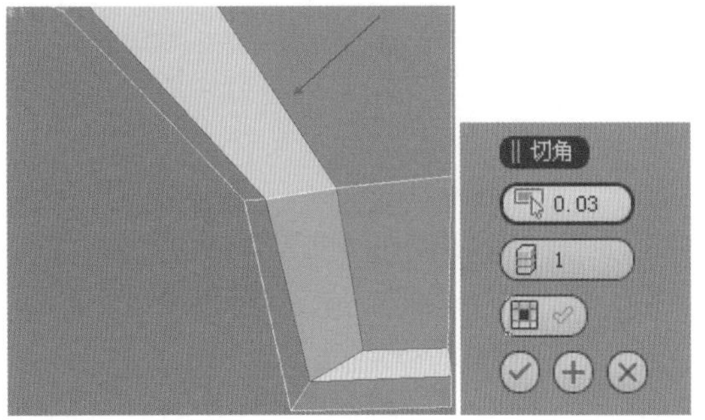

图 13−53

步骤05 切换到顶点级别，单击 目标焊接 按钮，目标焊接节点，图像效果如图13-54左图所示。切换到边级别，选择如图13-54右图所示的边。

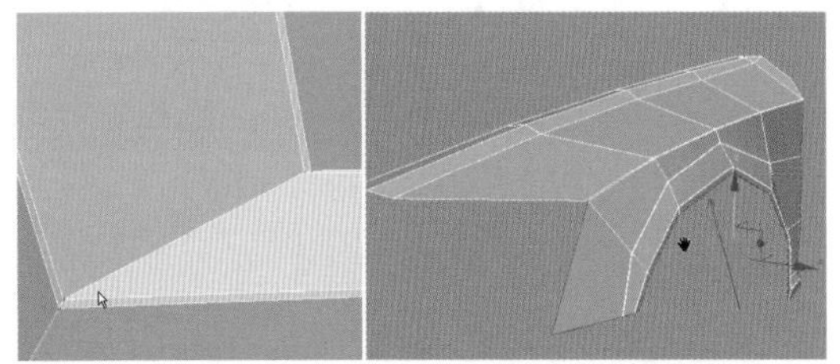

图 13−54

步骤06 按住【Shift】键对边进行复制。切换到顶点级别，单击 目标焊接 按钮，目标焊接如图13-55左图所示的点。焊接完成后，图像效果如图13-55右图所示。

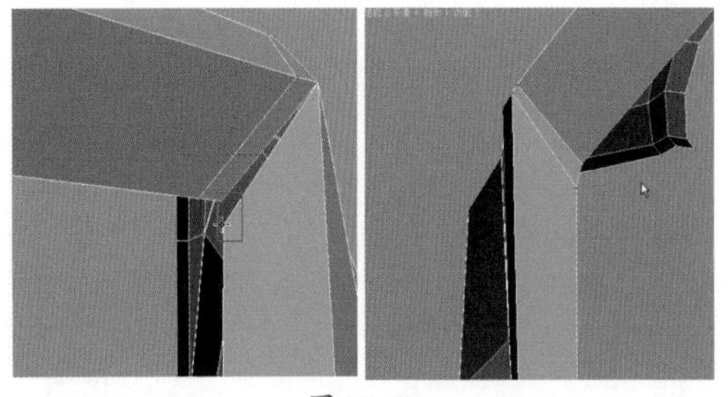

图 13−55

步骤07 使用同样的方法继续制作模型，调节节点到如图13-56左图所示的位置。使用快捷键【2】切换到边级别，选择如图13-56右图所示的边，单击 环形 按钮，得到环形的一圈边。

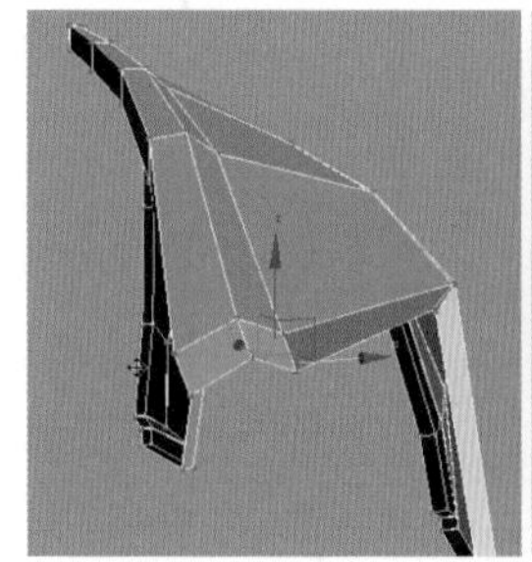

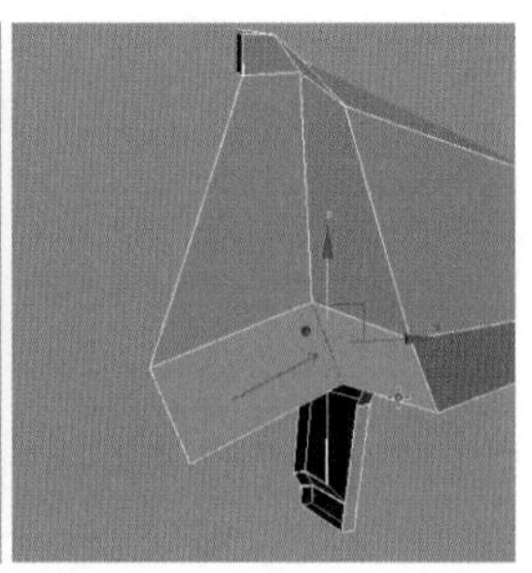

图 13−56

步骤08 单击鼠标右键，在弹出的快捷菜单中单击 连接 按钮，设置参数如图13-57左图所示。对模型进行细分，使用快捷键【Ctrl+Q】对模型进行光滑显示，图像效果如图13-57右图所示。

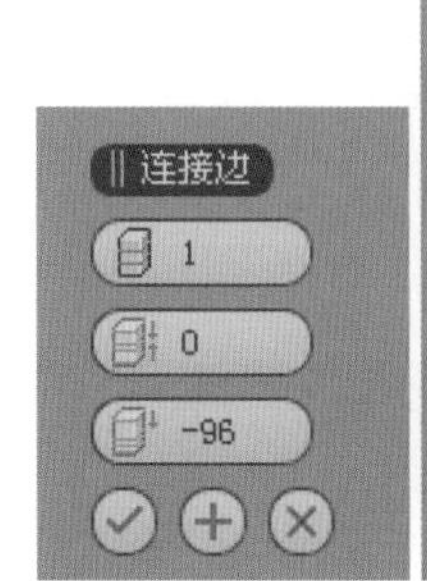

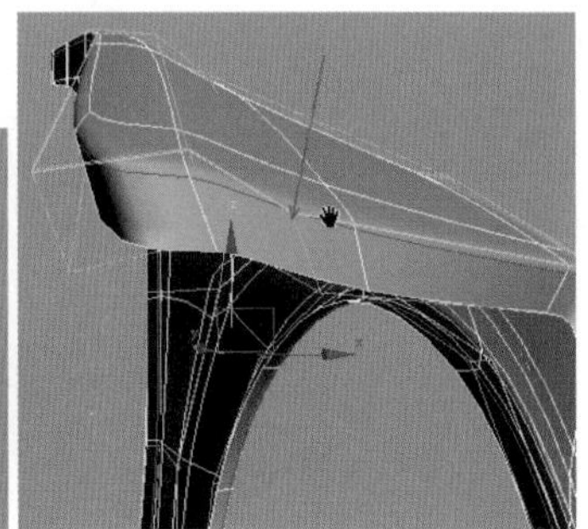

图 13−57

知识拓展

在这里加线时要注意，在选择边时不能漏掉模型下面凹进去的边，否则将会连接出几条边。

13.2.6 继续制作汽车前保险杠模型

步骤01 使用快捷键【Ctrl+Q】取消光滑显示，使用同样的方法继续制作模型。单击鼠标右键，在弹出的快捷菜单中选择 剪切 命令，使用剪切工具对模型进行加线，效果如图13-58左图所示。单击 目标焊接 按钮，目标焊接选择的节点。切换到边级别，选择如图13-58右图所示的边。

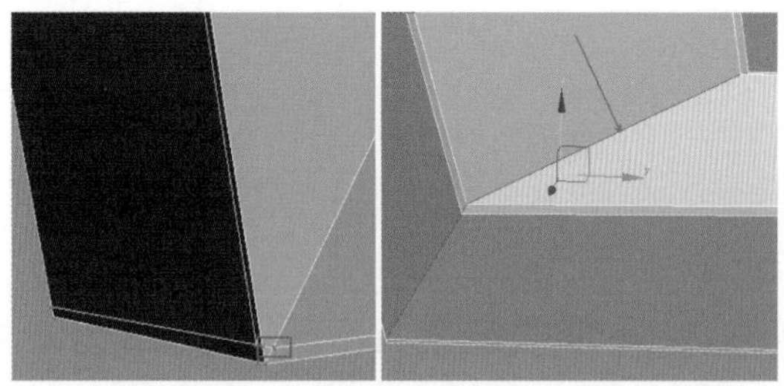

图 13−58

步骤02 单击 切角 按钮，设置参数如图13-59左图所示。切换到顶点级别，单击 目标焊接 按钮，目标焊接节点，然后调节节点到如图13-59右图所示的位置。

图 13-59

步骤03 退出子物体层级，对模型进行光滑显示，取消独立化显示模式，图像效果如图13-60左图所示。选择模型，使用快捷键【Alt+Q】对模型进行独立化显示。使用快捷键【3】切换到边界级别，选择如图13-60右图所示的边。

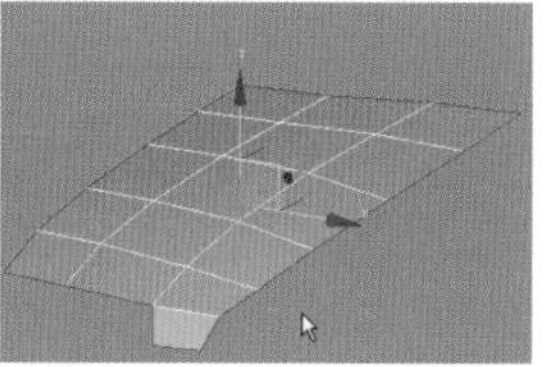

图 13-60

步骤04 按住【Shift】键对边进行复制，然后选择如图13-61左图所示的一圈平行边，继续对模型进行细分。切换到多边形级别，使用【Delete】键删除如图13-61右图所示的面。

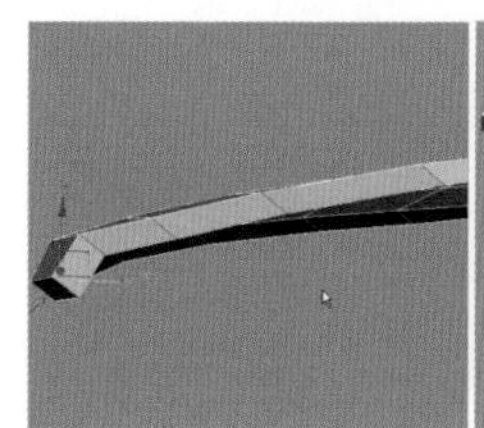

图 13-61

步骤05 继续对模型进行细分，并调节边的位置，取消独立化显示模式，对模型进行光滑显示。选择如图13-62左图所示的模型，在修改器下拉列表中选择 对称 命令，为模型添加对称修改器，图像效果如图13-62右图所示。

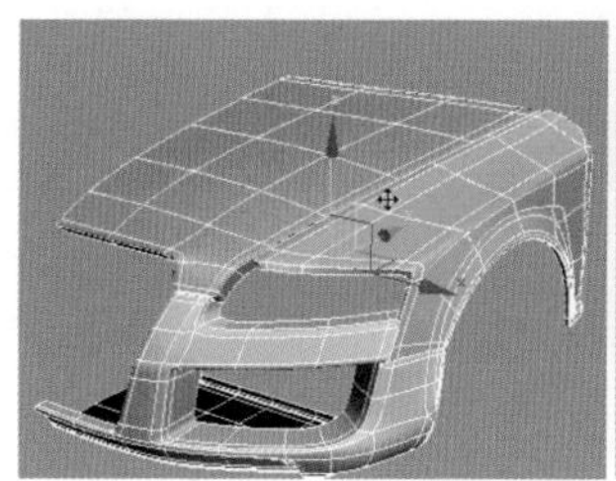
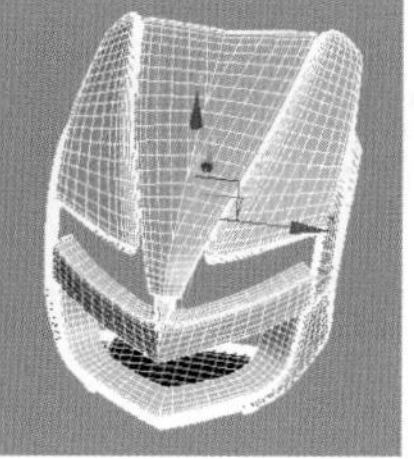

图 13-62

步骤06 切换到子物体层级，调整对称中心，图像效果如图13-63左图所示。取消光滑显示模式，效果如图13-63右图所示。

知识拓展

在制作建筑模型时，如果该建筑两边对称，则可以在刚开始建模时就为模型添加对称修改器，这样在建模时只需要创建一半模型。

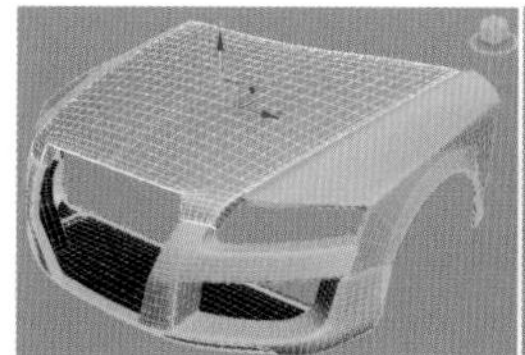
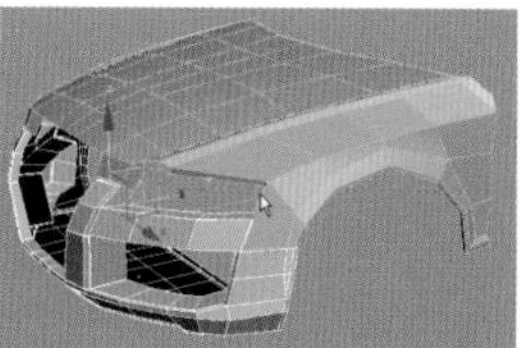

图 13-63

13.2.7 制作汽车框架模型

步骤01 使用同样的方法制作出如图13-64左图所示的细节模型，然后选择如图13-64右图所示的模型，将选择的模型归为一个群组。

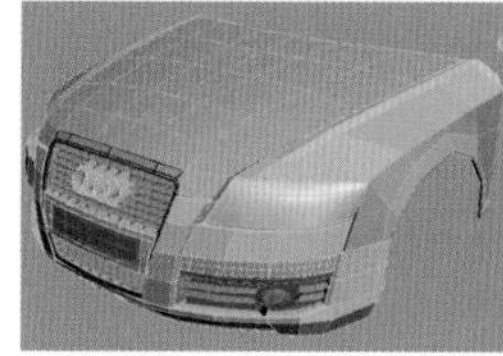

图 13-64

步骤02 单击按钮，弹出【镜像：世界坐标】对话框，设置对话框中的参数，如图13-65左图所示，然后调节镜像得到的模型到如图13-65右图所示的位置。

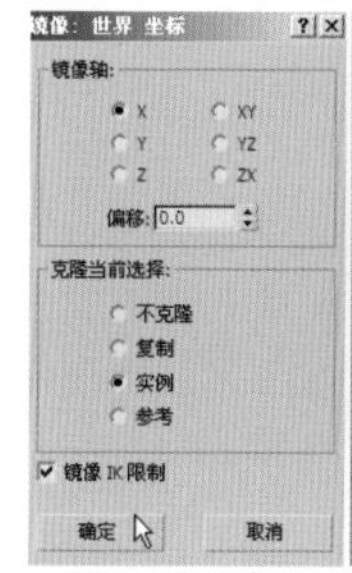

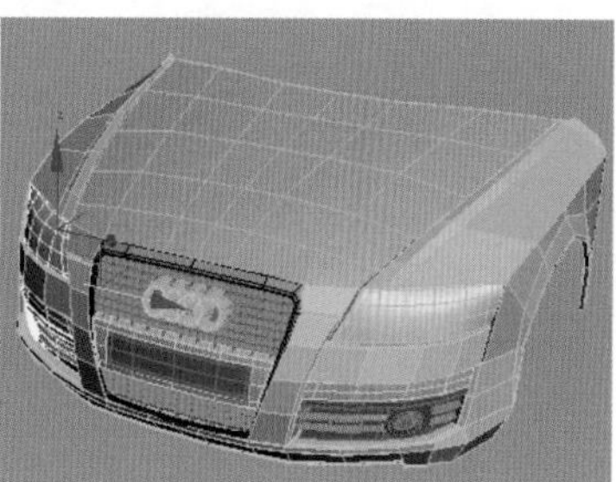

图 13-65

步骤03 单击 平面 按钮，在场景中创建一个平面模型，并将其转换为可编辑多边形。切换到边级别，调节边到如图13-66左图所示的位置，按住【Shift】键对选择的边进行复制，然后调节边到如图13-66右图所示的位置。

步骤04 继续选择如图13-67左图所示的边，按住【Shift】键对选择的边进行复制。切换到顶点级别，调节节点到如图13-67右图所示的位置。

步骤05 继续选择边，按住【Shift】键对边进行复制，然后切换到顶点级别，调节节点到如图13-68左图所示的位置。切换到边级别，选择如图13-68右图所示的边。

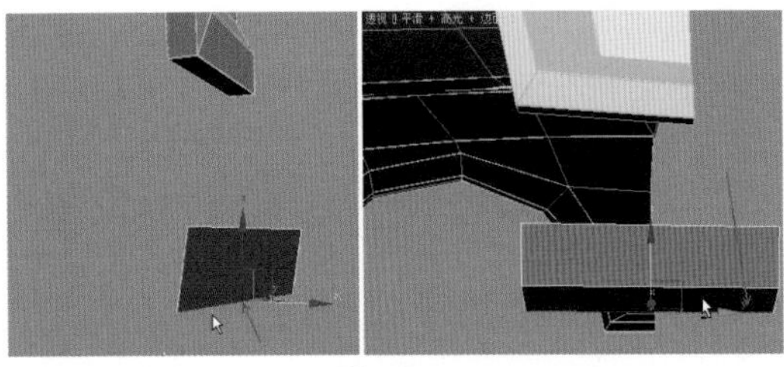

图 13-66

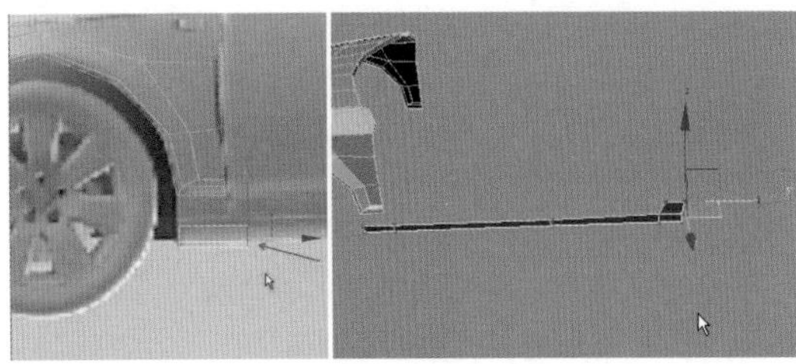

图 13-67

图 13-68

步骤06 按住【Shift】键对选择的边进行复制。切换到顶点级别，调节节点到如图 13-69 左图所示的位置。切换到边级别，继续选择边，并按住【Shift】键对边进行复制，然后切换到顶点级别，调节节点到如图 13-69 右图所示的位置。

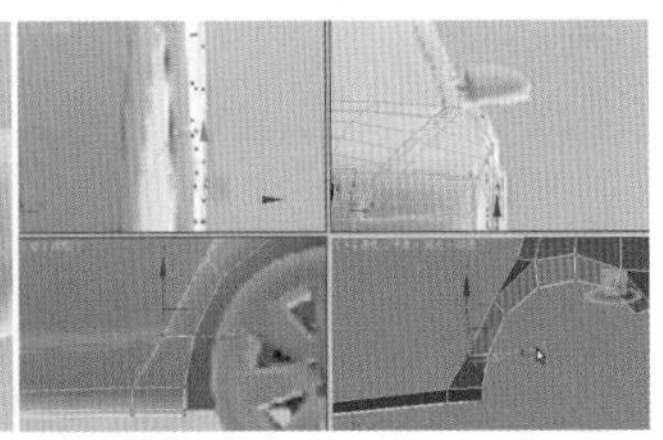

图 13-69

步骤07 切换到边级别，选择如图 13-70 左图所示的边，单击 环形 按钮，得到环形的一圈边。单击鼠标右键，在弹出的快捷菜单中单击 连接 按钮，设置参数对模型进行细分，如图 13-70 右图所示。

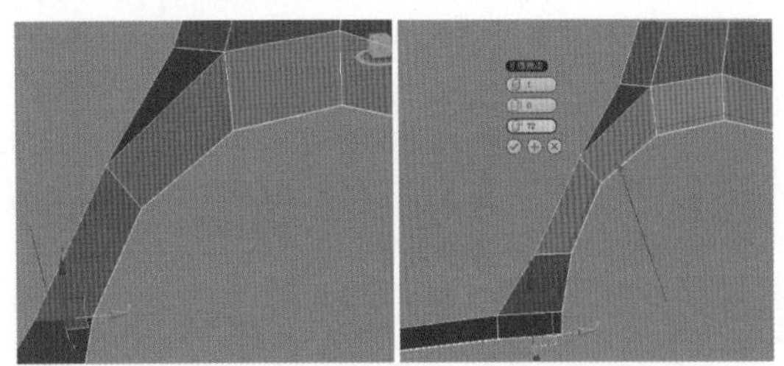

图 13-70

知识拓展

在这里，在为模型加线选择边时，可以在选择一条边之后，单击【环形】按钮，这样可以选择与选定边平行的所有边。

步骤08 单击鼠标右键，在弹出的快捷菜单中选择 剪切 命令，使用剪切工具对模型进行加线，如图 13-71 左图所示。然后使用【BackSpace】键移除多余的边，效果如图 13-71 右图所示。

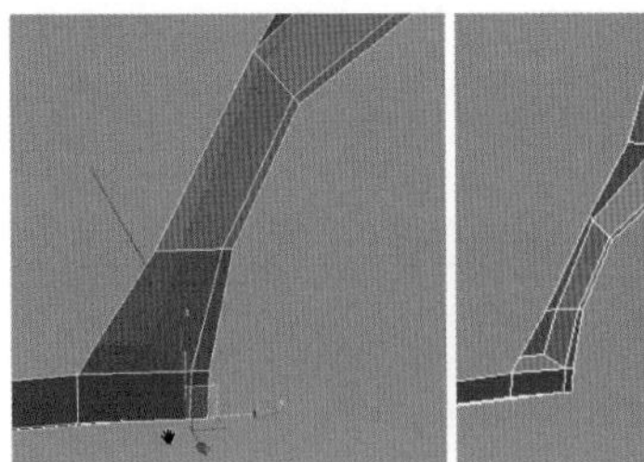
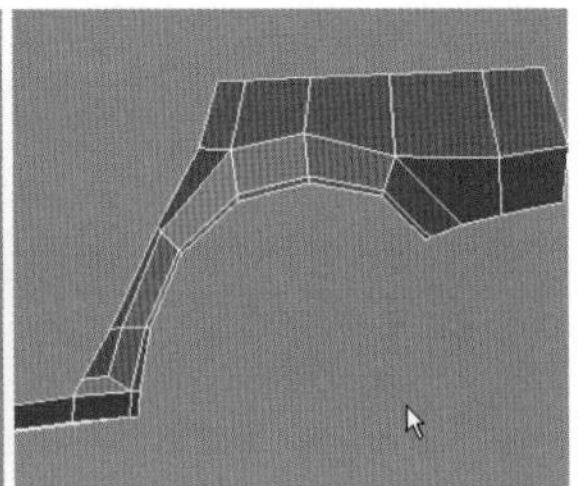

图 13-71

步骤09 切换到边级别，继续选择边，按住【Shift】键对选择的边进行挤压复制，调节边的位置，然后选择如图 13-72 左图所示的边，单击鼠标右键，在弹出的快捷菜单中单击 连接 按钮，设置参数如图 13-72 右图所示。

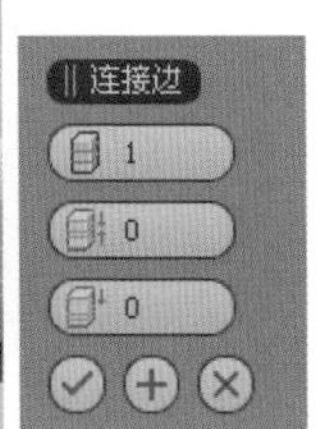

图 13-72

步骤10 切换到顶点级别，调节节点到如图 13-73 左图所示的位置。切换到边级别，继续选择如图 13-73 右图所示的边。

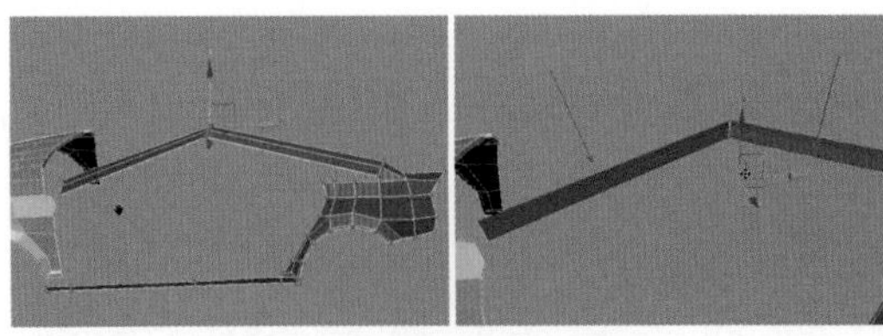

图 13-73

步骤11 使用快捷键【Ctrl+Shift+E】对模型进行细分，然后切换到顶点级别，调节节点到如图 13-74 左图所示的位置。使用同样的方法继续对选择的边进行细分，使用快捷键【Ctrl+Q】对模型进行光滑显示。切换到顶点级别，调节节点到如图 13-74 右图所示的位置。

图 13-74

13.2.8 继续制作汽车框架模型

步骤01 取消光滑显示模式，单击鼠标右键，在弹出的快捷菜单中选择 剪切 命令，使用剪切工具对模型进行加线。切换到顶点级别，调节节点到如图13-75左图所示的位置。使用快捷键【2】切换到边级别，选择如图13-75右图所示的边。

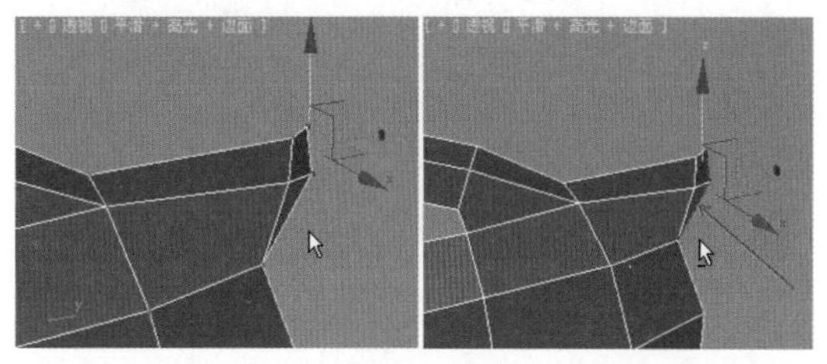

图 13-75

步骤02 按住【Shift】键对边进行复制，切换到顶点级别，调节节点到如图13-76左图所示的位置。使用快捷键【2】切换到边级别，选择如图13-76右图所示的边。

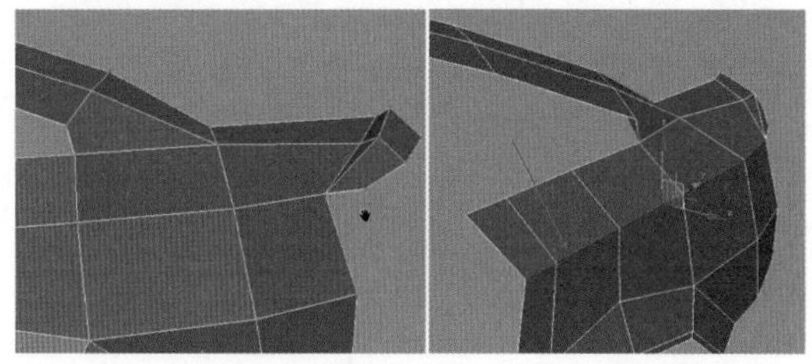

图 13-76

步骤03 单击 切角 按钮，设置参数如图13-77左图所示，对边进行切角操作。继续选择如图13-77右图所示的边，使用同样的方法对选择的边进行切角操作。

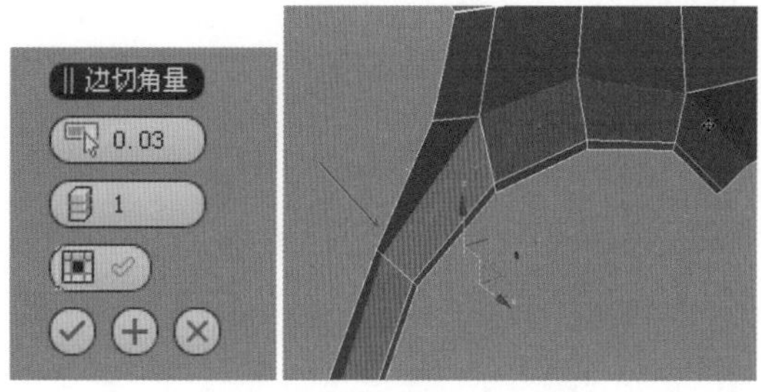

图 13-77

步骤04 切换到顶点级别，单击 目标焊接 按钮，目标焊接如图13-78左图所示的点。焊接完成后，切换到边级别，选择如图13-78右图所示的边，单击 循环 按钮，得到循环的一圈边。

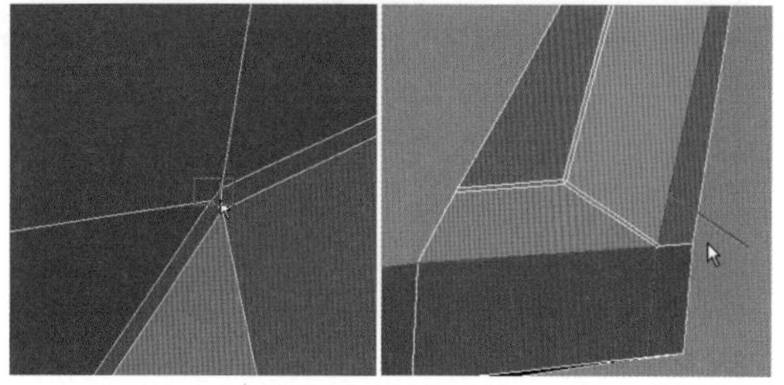

图 13-78

步骤05 单击 切角 按钮，设置参数如图13-79左图所示，切角效果如图13-79右图所示。

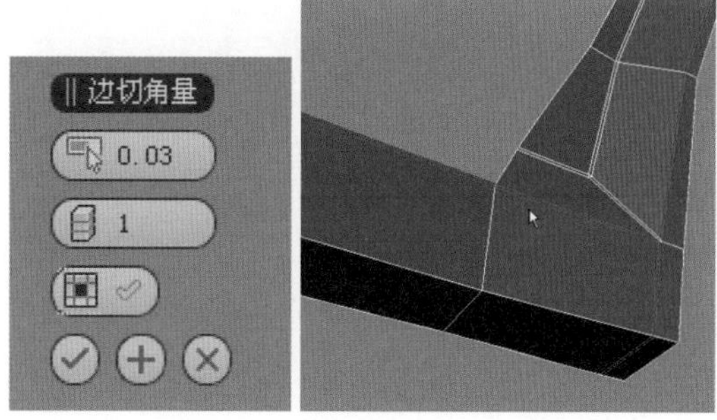

图 13-79

步骤06 切换到顶点级别，单击 目标焊接 按钮，目标焊接如图13-80左图所示的节点。焊接完成后，图像效果如图13-80右图所示。

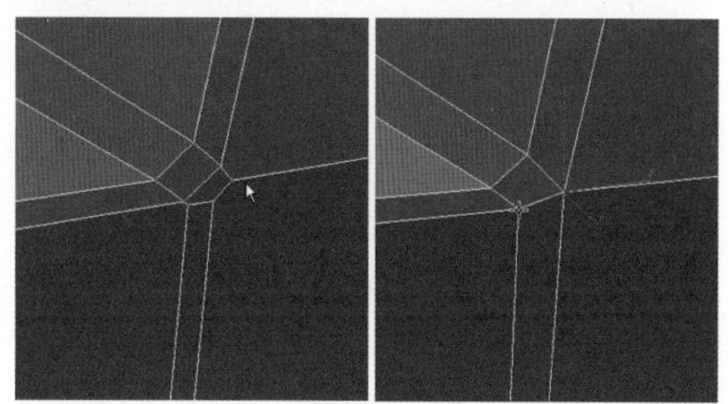

图 13-80

步骤07 使用快捷键【3】切换到边界级别，选择边，按住【Shift】键对边进行复制，效果如图13-81左图所示。使用同样的方法继续制作模型，切换到顶点级别，调节节点到如图13-81右图所示的位置。

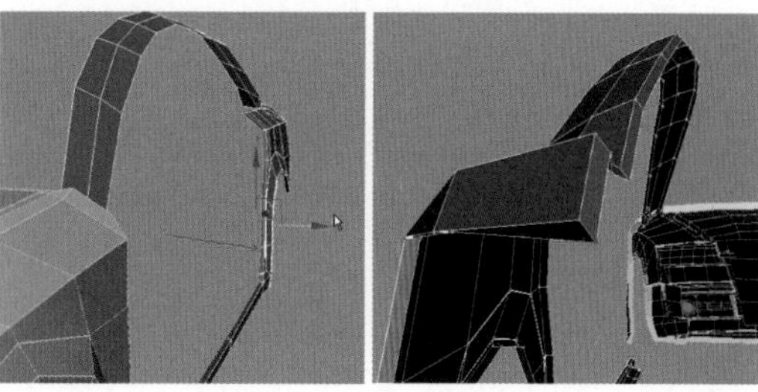

图 13-81

步骤08 单击 目标焊接 按钮，目标焊接节点，效果如图13-82左图所示。继续选择如图13-82右图所示的边，单击 环形 按钮，得到环形的一圈边。

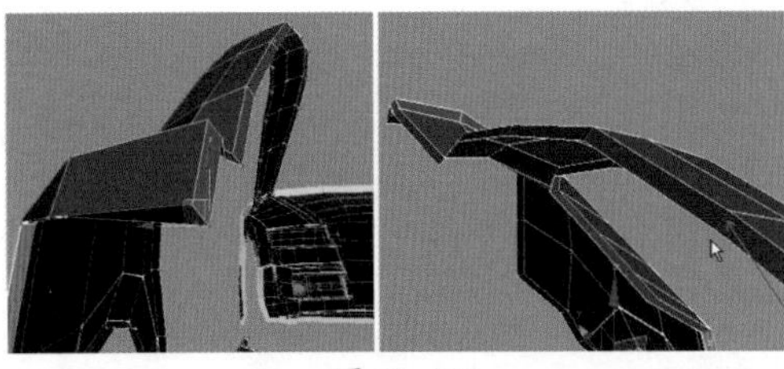
图 13-82

步骤09 单击鼠标右键，在弹出的快捷菜单中单击 连接 按钮，设置参数如图13-83左图所示。继续使用同样的方法对模型进行细分，图像效果如图13-83右图所示。

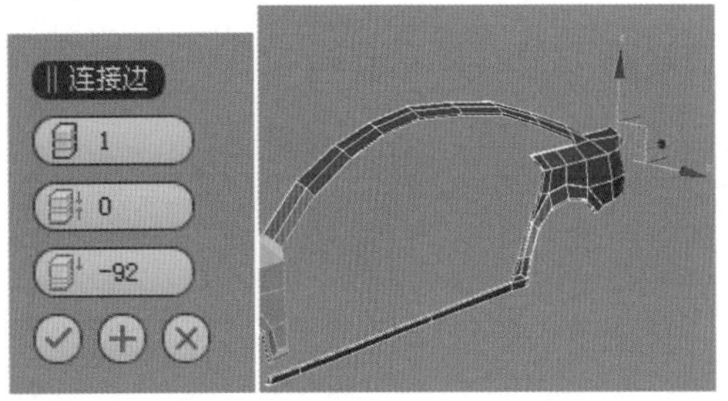

图 13-83

步骤10 使用快捷键【Ctrl+Q】对模型进行光滑显示，图像效果如图13-84所示。

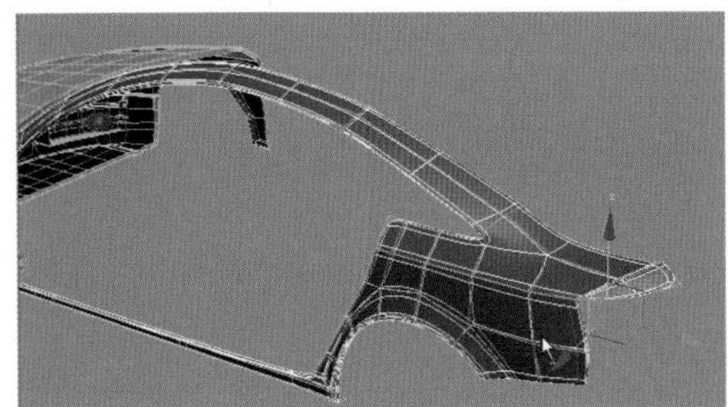
图 13-84

13.2.9 制作汽车车门模型

步骤01 切换到 标准基本体 面板，单击 平面 按钮，在场景中创建一个平面模型，如图13-85左图所示，将平面模型转换为可编辑多边形。切换到顶点级别，调节节点的位置，然后切换到边级别，选择如图13-85右图所示的边。

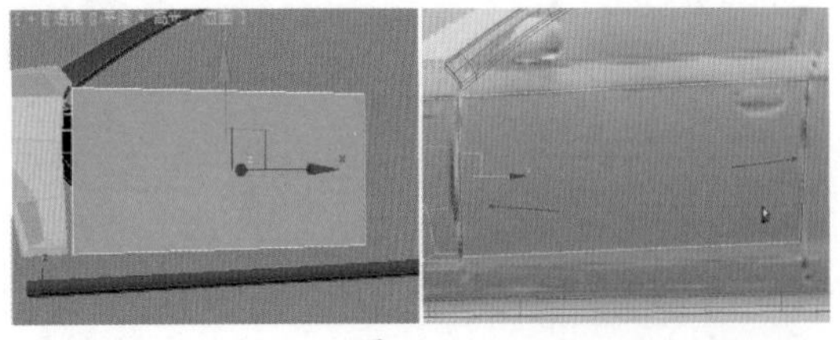
图 13-85

步骤02 使用快捷键【Ctrl+Shift+E】对模型进行细分，然后选择如图13-86左图所示的边，按住【Shift】键对边进行复制，并调节边到如图13-86右图所示的位置。

图 13-86

步骤03 使用快捷键【4】切换到多边形级别，使用【Delete】键删除如图13-87左图所示的面。使用快捷键【1】切换到顶点级别，调节节点到如图13-87右图所示的位置。

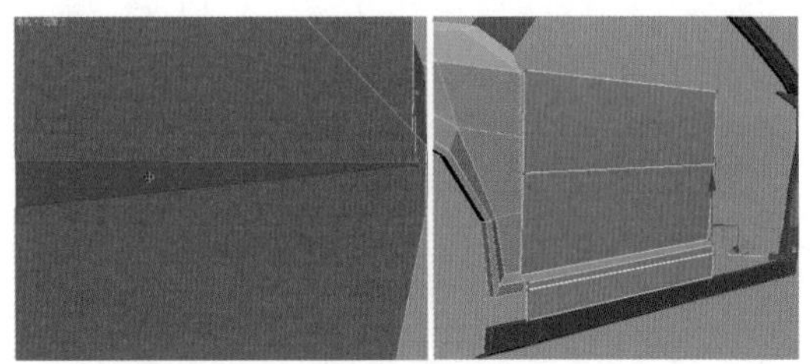
图 13-87

步骤04 切换到边级别，选择如图13-88左图所示的边，按住【Shift】键对边进行复制，然后选择如图13-88右图所示的边。

图 13-88

步骤05 使用快捷键【Ctrl+Shift+E】对选择的边进行细分。继续选择边并使用同样的方法对模型进行细分，切换到顶点级别，调节节点到如图13-89左图所示的位置。使用快捷键【3】切换到边界级别，选择如图13-89右图所示的边。

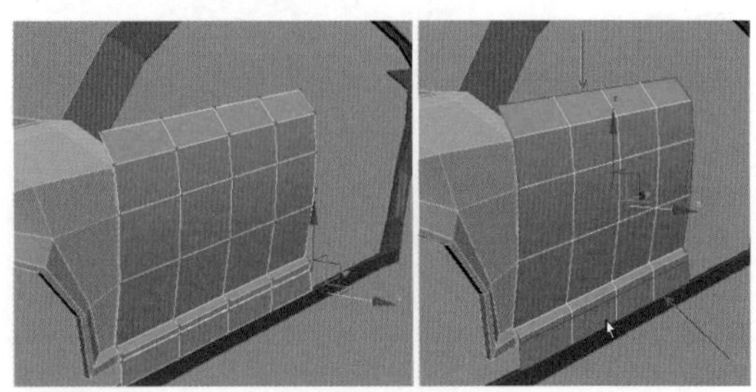
图 13-89

步骤06 使用快捷键【Alt+Q】对模型进行独立化显示，按住【Shift】键对边进行复制，如图13-90左图所示，调节边的位置。然后选择如图13-90右图所示的边，单击[环形]按钮，得到环形的一圈边。

知识拓展

通过按住【Shift】键并在空间中执行单击操作，可以在这种模式下添加顶点；此时，这些顶点将被合并到正在创建的多边形中。

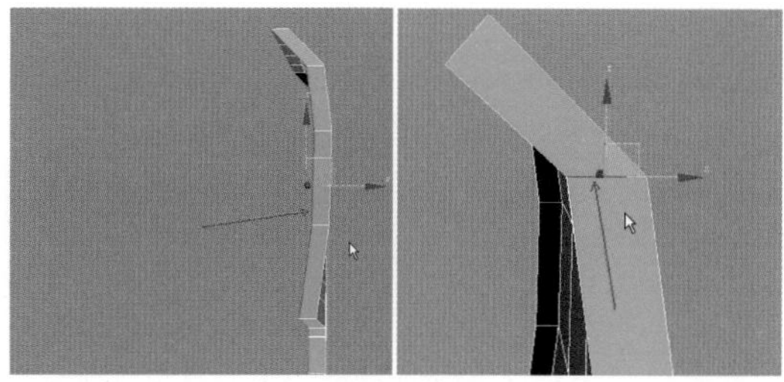

图 13-90

步骤07 单击鼠标右键，在弹出的快捷菜单中单击[连接]按钮，设置参数如图13-91左图所示，细分效果如图13-91右图所示。

图 13-91

步骤08 使用同样的方法继续选择边，并对模型进行细分，效果如图13-92左图所示。切换到多边形级别，选择如图13-92右图所示的面。

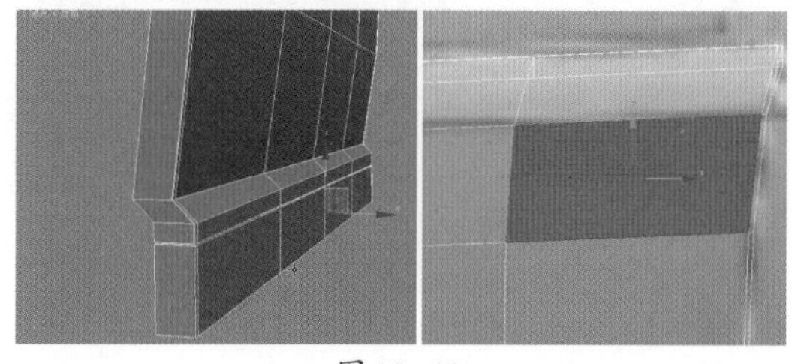

图 13-92

步骤09 单击[倒角]按钮，设置参数如图13-93左图所示，为模型挤出一个新的面。切换到顶点级别，调节节点到如图13-93右图所示的位置。

步骤10 使用快捷键【4】切换到多边形级别，继续选择面，与步骤9相同，对面进行倒角挤压操作，图像效果如图13-94左图所示。切换到边级别，选择如图13-94右图所示的边。

步骤11 单击鼠标右键，在弹出的快捷菜单中单击[连接]按钮，设置参数如图13-95左图所示，对模型进行细分。切换到边级别，选择如图13-95右图所示的边。

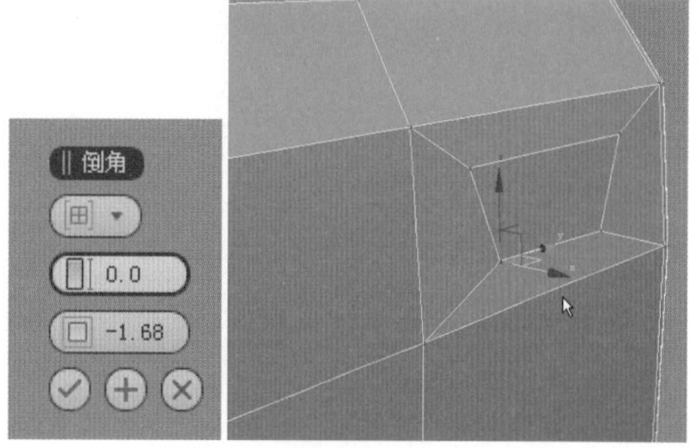

图 13-93

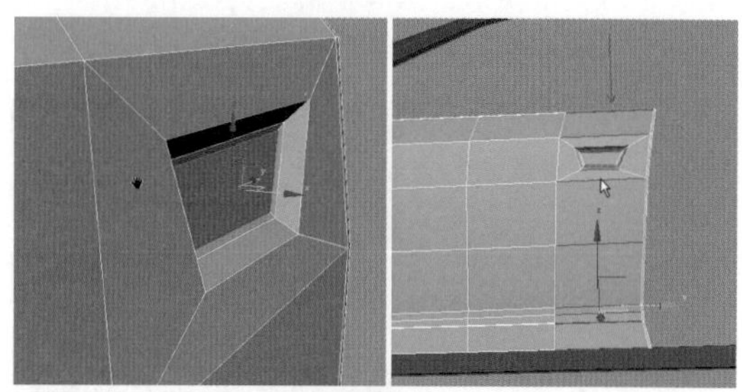

图 13-94

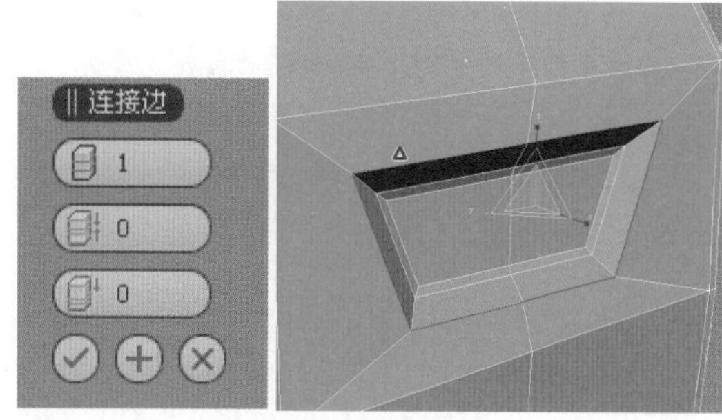

图 13-95

步骤12 单击[切角]按钮，设置参数如图13-96左图所示，进行切角操作。使用快捷键【Ctrl+Q】对模型进行光滑显示，图像效果如图13-96右图所示。

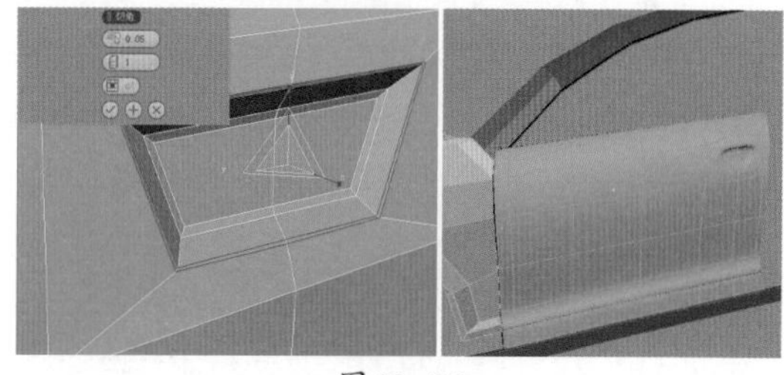

图 13-96

13.2.10 制作汽车侧面模型

步骤01 取消光滑显示模型，选择如图13-97左图所示的模型，按住【Shift】键对模型进行复制，并调节复制得到的模型的位置。切换到边级别，使用【Ctrl+BackSpace】键移除如图13-97右图所示的边。

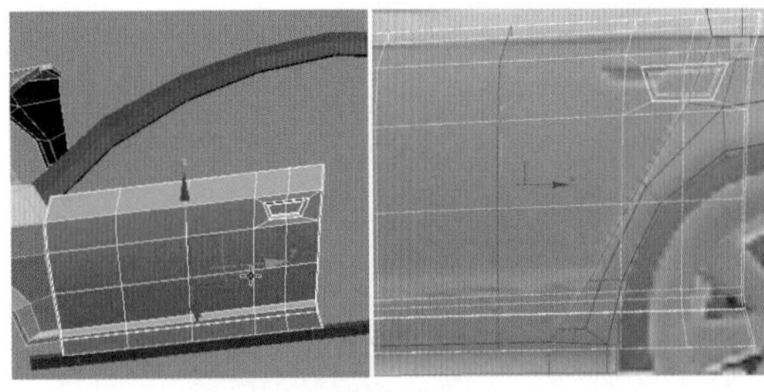

图 13-97

步骤02 使用快捷键【1】切换到顶点级别，调节节点到如图 13-98 左图所示的位置。使用快捷键【Ctrl+Q】对模型进行光滑显示，然后使用快捷键【F9】对模型进行渲染，渲染效果如图 13-98 右图所示。

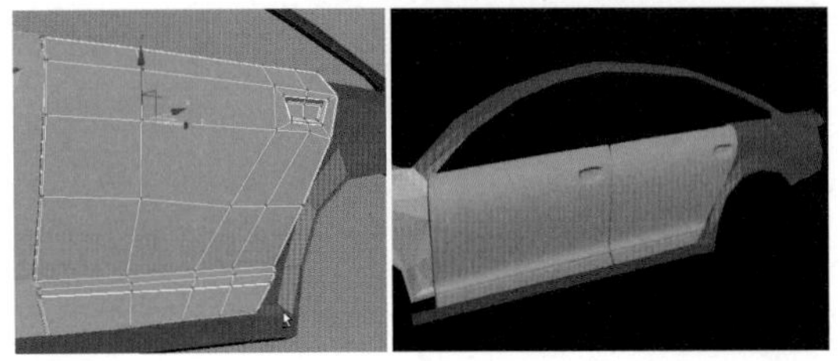

图 13-98

步骤03 取消光滑显示模式，切换到边级别，选择如图 13-99 左图所示的边，单击 切角 按钮，设置参数，对边进行切角操作，效果如图 13-99 右图所示。

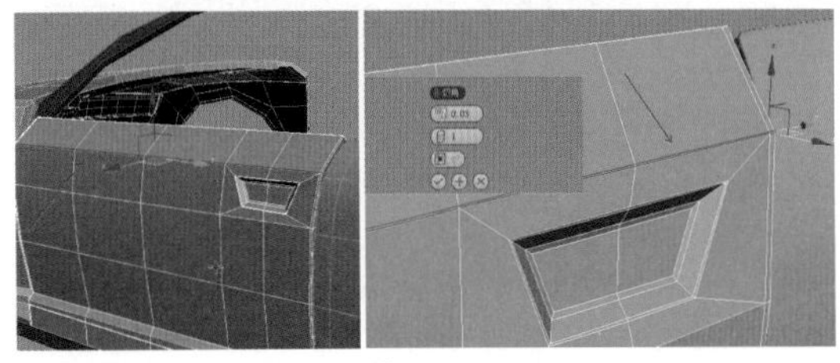

图 13-99

步骤04 使用同样的方法继续对选择的边进行切角操作，使用快捷键【Ctrl+Q】对模型进行光滑显示。切换到顶点级别，调节节点到如图 13-100 左图所示的位置。使用同样的方法制作出玻璃的边框模型，如图 13-100 右图所示。

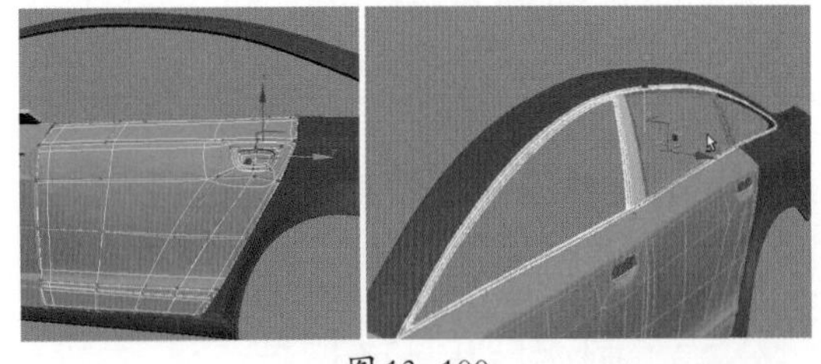

图 13-100

步骤05 接下来制作玻璃模型。单击 平面 按钮，在场景中创建一个平面模型，并将其转换为可编辑多边形。切换到顶点级别，调节节点到如图 13-101 左图所示的位置。使用快捷键【2】切换到边级别，选择如图 13-101 右图所示的边。

图 13-101

知识拓展

平面对象是特殊类型的平面多边形网格，可在渲染时无限放大。 用户可以指定放大分段大小和/或数量的因子。

步骤06 使用快捷键【Ctrl+Shift+E】对模型进行细分。继续选择边，并使用同样的方法对模型进行细分。切换到顶点级别，调节节点到如图 13-102 左图所示的位置。使用同样的方法制作出另一个玻璃模型，如图 13-102 右图所示。

图 13-102

步骤07 使用同样的方法继续制作玻璃模型的细节部分，效果如图 13-103 所示。

图 13-103

13.2.11 制作汽车后视镜模型

步骤01 单击 按钮，切换到 标准基本体 创建面板，单击 长方体 按钮，在场景中创建一个 Box 物体，并将其转换为可编辑多边形。选择如图 13-104 左图所示的边，使用快捷键【Ctrl+Shift+E】对模型进行细分，效果如图 13-104 右图所示。

步骤02 使用同样的方法继续对模型进行细分，使用快捷键【1】切换到顶点级别，调节节点到如图 13-105 左图所示的位置。使用快捷键【2】切换到边级别，选择如图 13-105 右图所示的边。

图 13-104

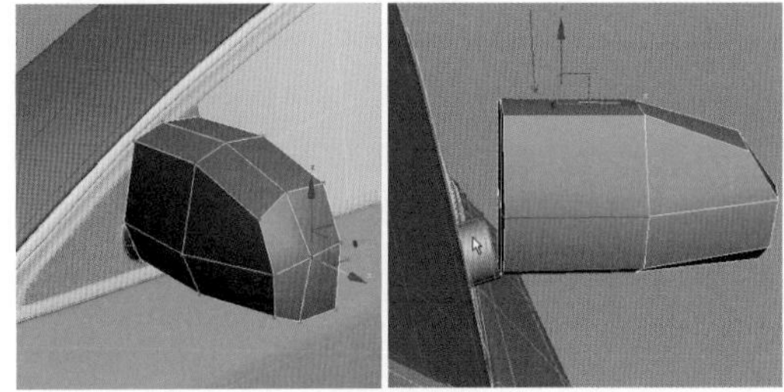
图 13-105

步骤03 单击鼠标右键，在弹出的快捷菜单中单击 连接 按钮，设置参数如图13-106左图所示，效果如图13-106右图所示。

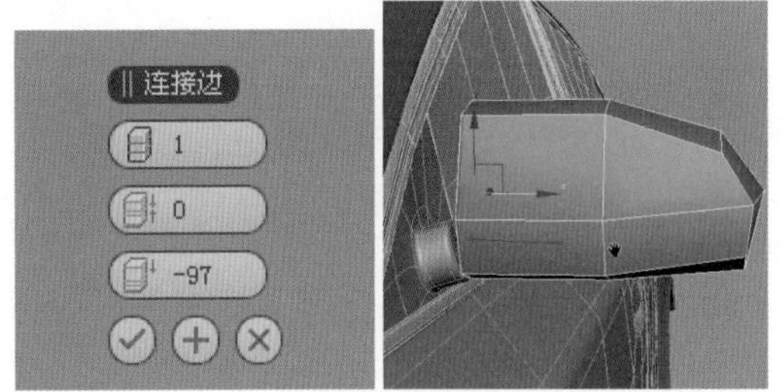

图 13-106

步骤04 切换到多边形级别，选择如图13-107左图所示的面，单击 倒角 按钮，设置参数如图13-107右图所示。

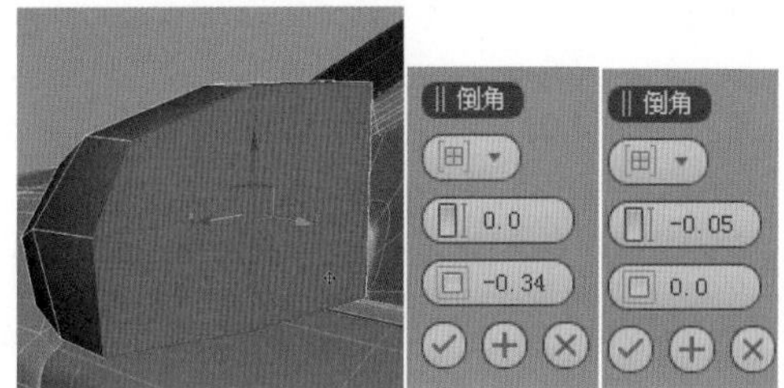

图 13-107

步骤05 使用同样的方法继续对模型进行倒角挤压操作，图像效果如图13-108左图所示。退出子物体层级，使用快捷键【Ctrl+Q】对模型进行光滑显示，图像整体效果如图13-108右图所示。

13.2.12 制作汽车车顶模型

步骤01 单击 按钮，切换到 标准基本体 创建面板，单击 平面 按钮，在场景中创建一个平面模型，如图13-109左图所示，然后将平面模型转换为可编辑多边形。切换到顶点级别，调节节点到如图13-109右图所示的位置。

图 13-108

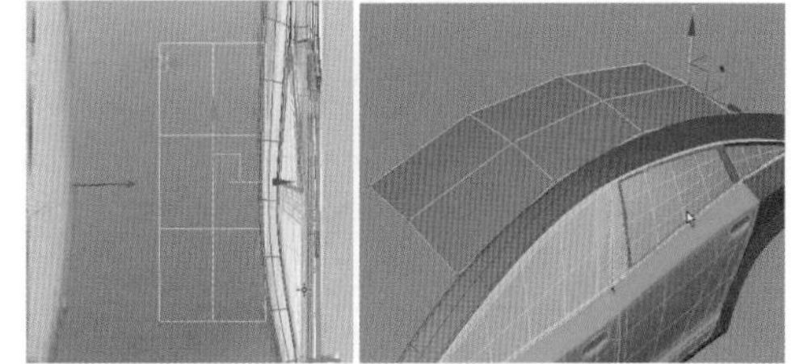
图 13-109

步骤02 切换到边级别，选择如图13-110左图所示的边，按住【Shift】键对选择的边进行复制，效果如图13-110右图所示。

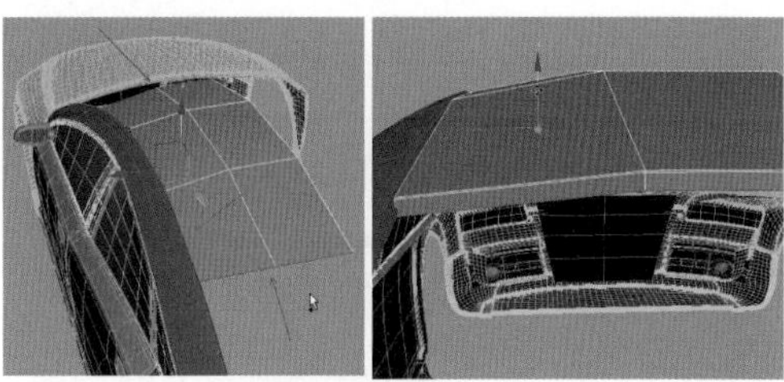
图 13-110

步骤03 继续单击 平面 按钮，在场景中创建一个平面模型，如图13-111左图所示，然后将平面模型转换为可编辑多边形。切换到顶点级别，调节节点到如图13-111右图所示的位置。

图 13-111

步骤04 使用快捷键【4】切换到多边形级别，选择如图13-112左图所示的面，单击 插入 按钮，设置参数如图13-112右图所示，在模型中插入面。

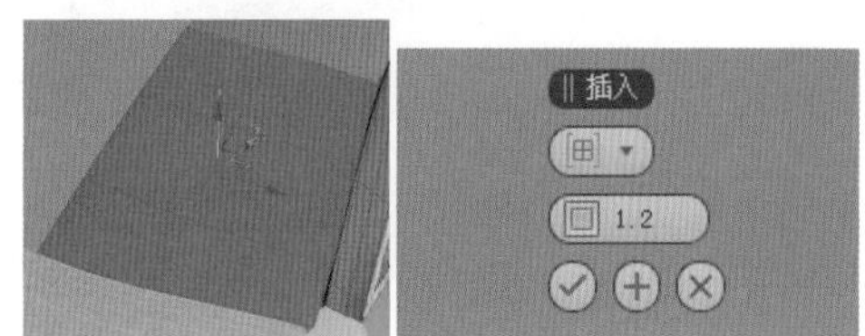

图 13-112

步骤05 使用【Delete】键删除如图13-113左图所示的面。切换到边级别，调节边的位置，使用快捷键【Alt+Q】对模型进行独立化显示，然后选择如图13-113右图所示的边。

图13−113

步骤06 按住【Shift】键对边进行复制，效果如图13-114左图所示。取消独立化显示模式，选择如图13-114右图所示的边，单击 环形 按钮，得到环形的一圈边。

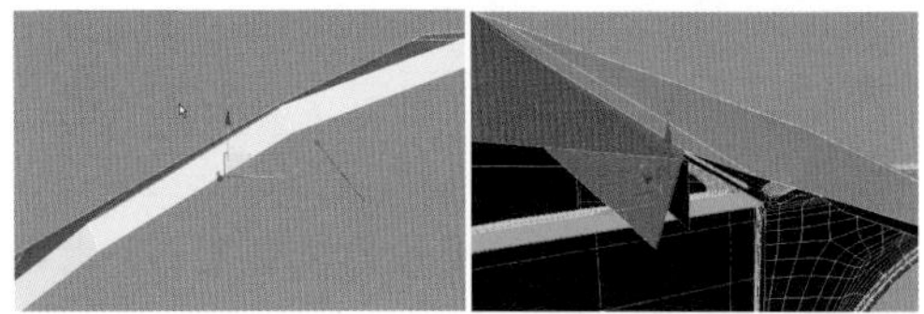
图13−114

步骤07 单击 连接 按钮，设置参数如图13-115左图所示。继续选择如图13-115右图所示的边，然后单击 循环 按钮，得到循环的边。

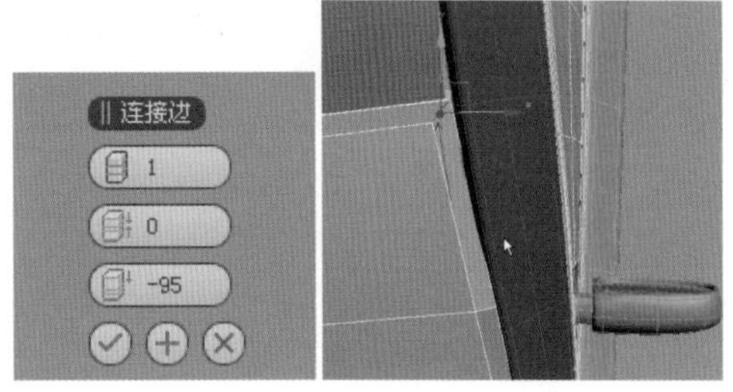

图13−115

步骤08 单击 切角 按钮，设置参数，对边进行切角操作，图像效果如图13-116左图所示。使用同样的方法继续对选择的边进行切角操作，然后使用快捷键【Ctrl+Q】对模型进行光滑显示，图像效果如图13-116右图所示。

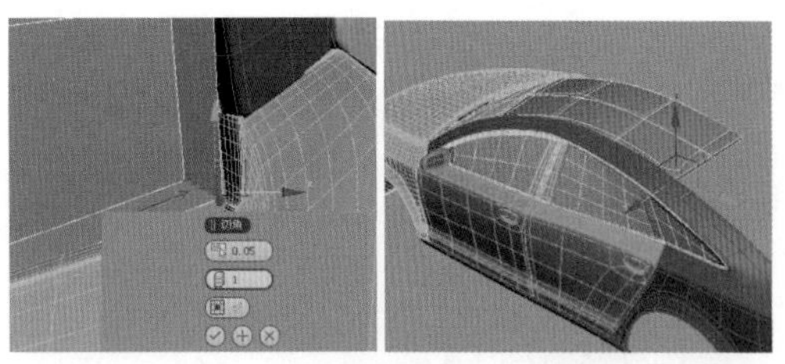
图13−116

13.2.13 继续制作汽车车顶模型

步骤01 切换到前视图中，将后视图中的参考图导入3ds Max视图中。选择车前面的模型，单击鼠标右键，在弹出的快捷菜单中选择如图13-117左图所示的选项，隐藏所选择的模型。使用同样的方法继续隐藏选择的物体，效果如图13-117右图所示。

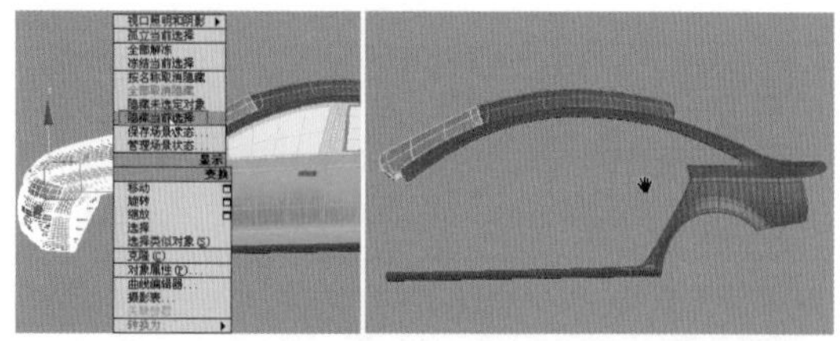
图13−117

步骤02 调整好视图，图像效果如图13-118左图所示。调整之后，制作出如图13-118右图所示的模型。

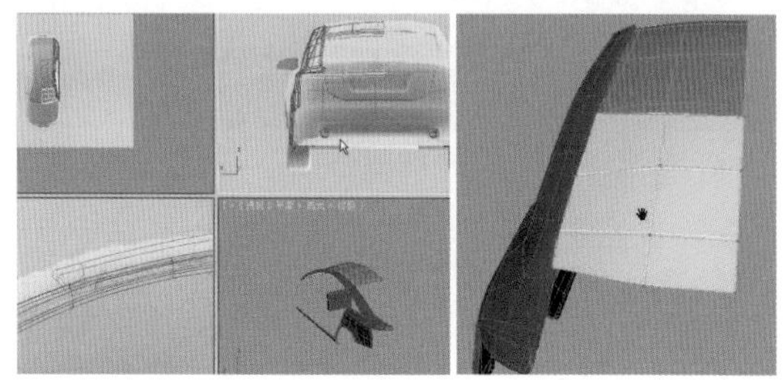
图13−118

步骤03 取消光滑显示模式，切换到边级别，选择如图13-119左图所示的边，按住【Shift】键对选择的边进行复制。然后选择如图13-119右图所示的边，单击 环形 按钮，得到环形的一圈边。

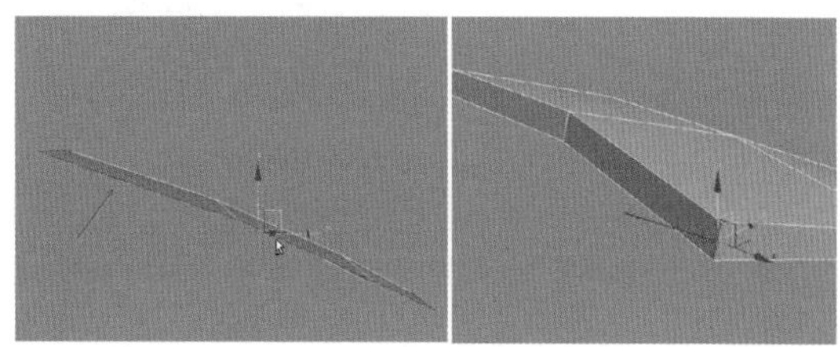
图13−119

步骤04 单击 连接 按钮，设置参数如图13-120左图所示。继续选择如图13-120右图所示的边，单击 环形 按钮，得到环形的一圈边。

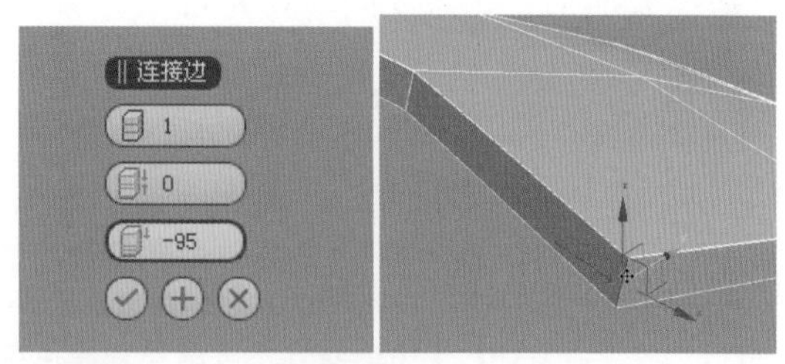

图13−120

步骤05 单击 切角 按钮，设置参数，对边进行切角操作，图像效果如图13-121左图所示。取消独立化显示模式，使用快捷键【Ctrl+Q】对模型进行光滑显示，设置光滑级别为2，图像效果如图13-121右图所示。

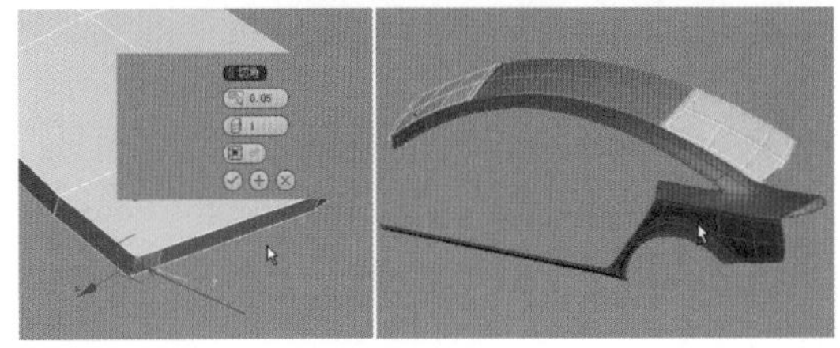

图 13-121

步骤06 单击 平面 按钮，在场景中创建一个平面模型，并将其转换为可编辑多边形。切换到顶点级别，调节节点到如图13-122左图所示的位置。使用快捷键【2】切换到边级别，选择如图13-122右图所示的边。

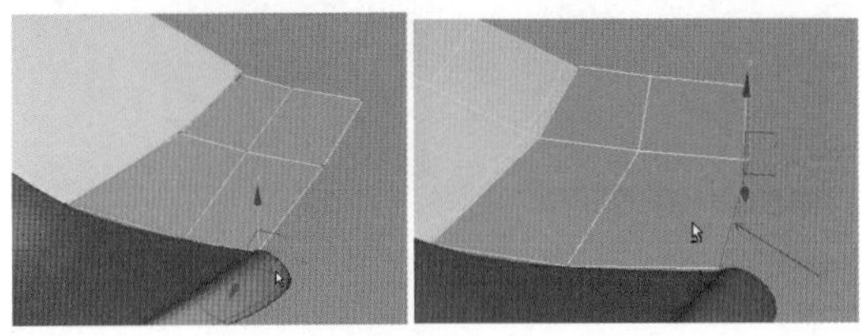

图 13-122

步骤07 按住【Shift】键对边进行复制。切换到顶点级别，调节节点到如图13-123左图所示的位置。继续对模型进行细分，然后切换到顶点级别，调节节点到如图13-123右图所示的位置。

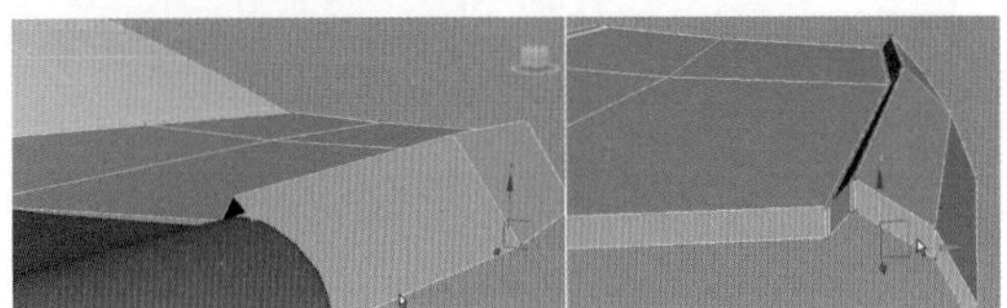

图 13-123

步骤08 继续选择边，然后按住【Shift】键对边进行复制。切换到顶点级别，单击 目标焊接 按钮，目标焊接如图13-124左图所示的点。继续对模型进行细分，并调节边到如图13-124右图所示的位置。

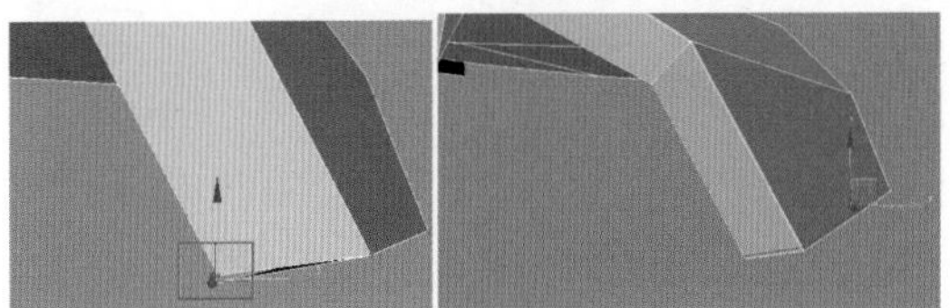

图 13-124

步骤09 使用快捷键【Ctrl+Q】对模型进行光滑显示，图像效果如图13-125左图所示。取消独立化显示模式，图像效果如图13-125右图所示。

图 13-125

13.2.14 制作汽车后盖模型

步骤01 继续隐藏模型，然后单击 平面 按钮，在场景中创建一个平面模型，并将其转换为可编辑多边形。切换到顶点级别，调节节点到如图13-126左图所示的位置。使用快捷键【2】切换到边级别，选择如图13-126右图所示的边。

图 13-126

步骤02 按住【Shift】键对边进行复制，然后调节边到如图13-127左图所示的位置。继续选择边，并按住【Shift】键对边进行复制。切换到顶点级别，调节节点的位置，然后单击 焊接 按钮，焊接如图13-127右图所示的点。

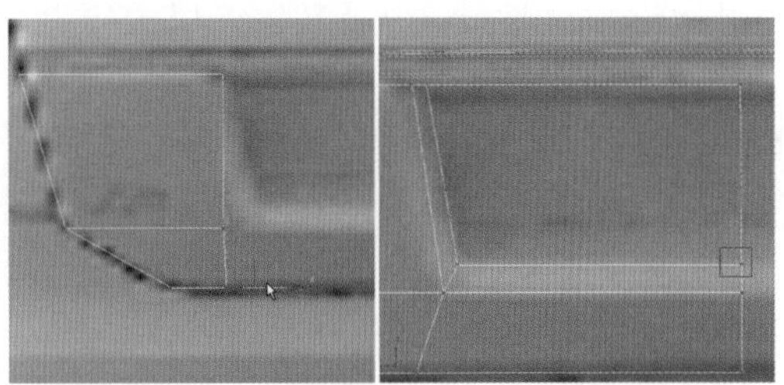

图 13-127

步骤03 切换到边级别，选择如图13-128左图所示的边，单击 切角 按钮，设置参数，对边进行切角操作，效果如图13-128右图所示。

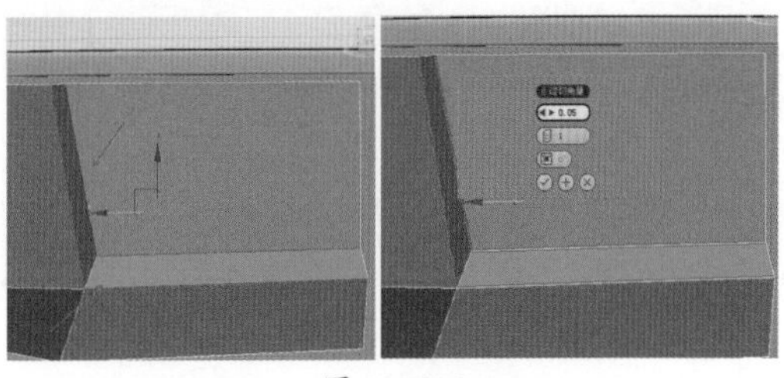

图 13-128

步骤04 切换到顶点级别，单击 焊接 按钮，焊接如图13-129左图所示的点。切换到边级别，与步骤3相同，继续选择边并对边进行切角操作，焊接多余的节点，图像效果如图13-129右图所示。

步骤05 单击鼠标右键，在弹出的快捷菜单中选择 剪切 命令，使用剪切工具对模型进行加线，效果如图13-130左图所示。同制作车顶模型一样，选择边，并对边进行复制，对模型进行细分。切换到多边形级别，使用【Delete】键删除如图13-130右图所示的面。

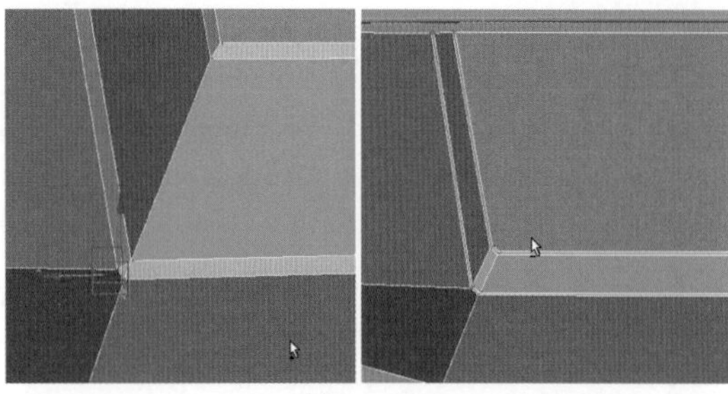

图 13-129

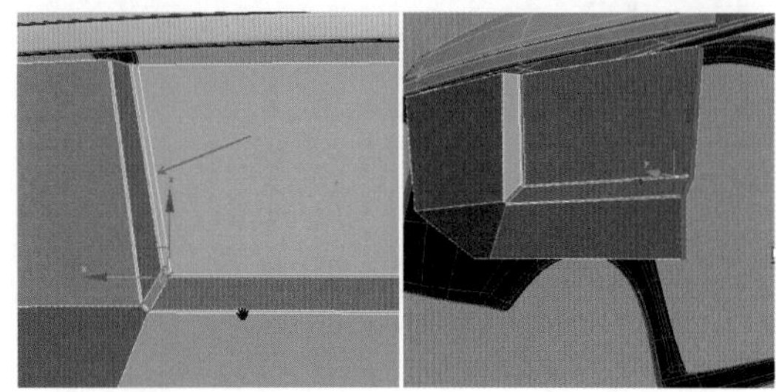

图 13-130

步骤06 继续对模型进行细分和切角操作，然后切换到顶点级别，调节节点到如图 13-131 左图所示的位置。继续对模型进行细分，然后切换到顶点级别，选择如图 13-131 右图所示的点，使用快捷键【Ctrl+Shift+E】在选择的两点之间创建边。

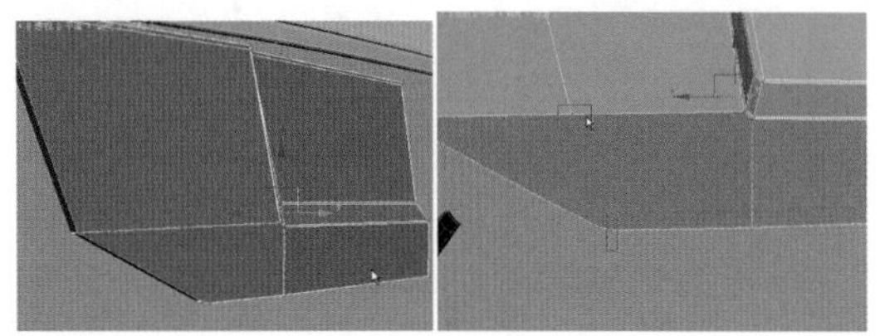

图 13-131

步骤07 退出子物体层级，图像效果如图 13-132 左图所示。此时，图像整体效果如图 13-132 右图所示。

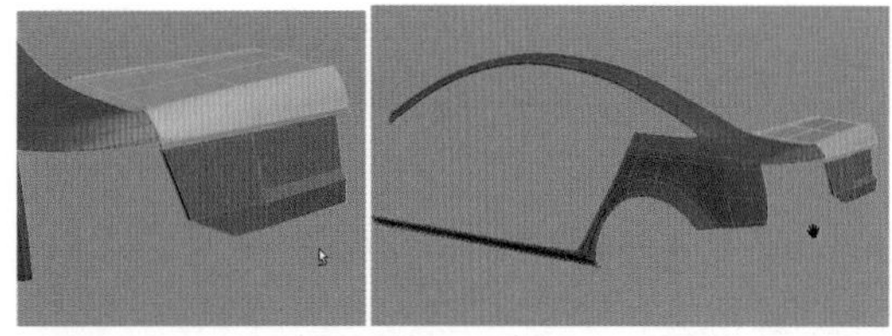

图 13-132

13.2.15 制作汽车后保险杠模型

步骤01 单击 平面 按钮，在场景中创建一个平面模型，并将其转换为可编辑多边形。切换到顶点级别，调节节点到如图 13-133 左图所示的位置。使用快捷键【2】切换到边级别，选择如图 13-133 右图所示的边。

步骤02 单击鼠标右键，在弹出的快捷菜单中单击 连接 按钮，设置参数如图 13-134 左图所示，效果如图 13-134 右图所示。

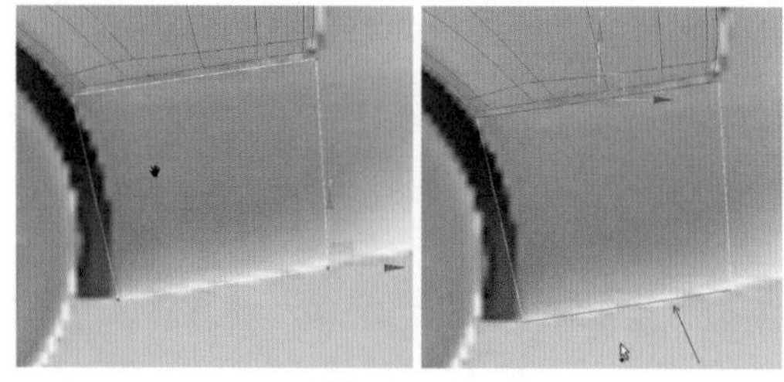

图 13-133

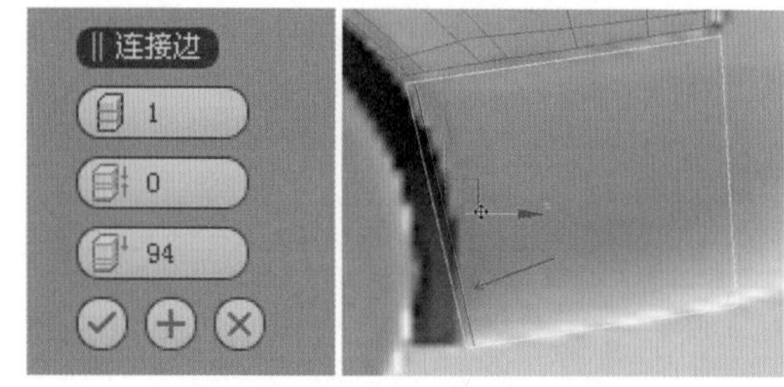

图 13-134

步骤03 使用同样的方法继续对模型进行细分，然后切换到顶点级别，调节节点到如图 13-135 左图所示的位置。使用快捷键【2】切换到边级别，选择如图 13-135 右图所示的边。

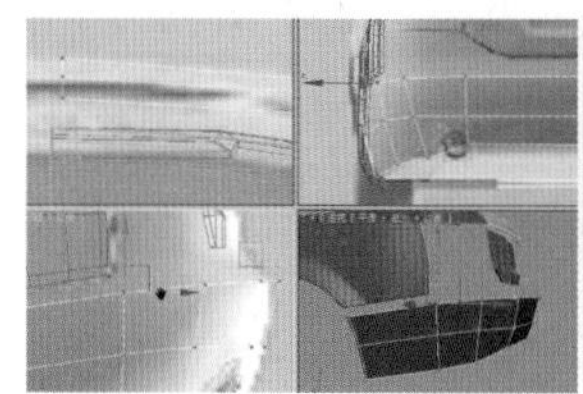
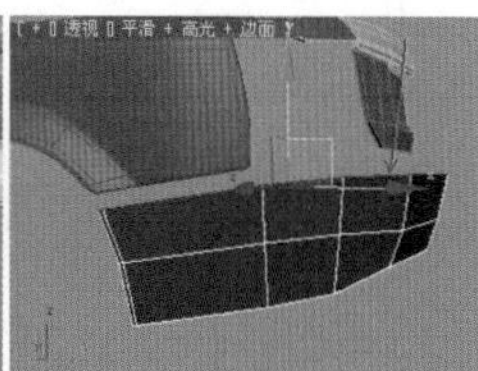

图 13-135

步骤04 按住【Shift】键对边进行复制，然后切换到顶点级别，调节节点到如图 13-136 左图所示的位置。使用同样的方法继续制作模型，切换到顶点级别，调节节点到如图 13-136 右图所示的位置。

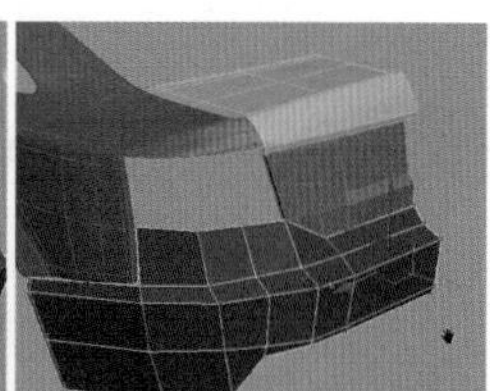

图 13-136

步骤05 切换到边级别，选择如图 13-137 左图所示的边，按住【Shift】键对边进行复制。然后切换到顶点级别，调节节点到如图 13-137 右图所示的位置。

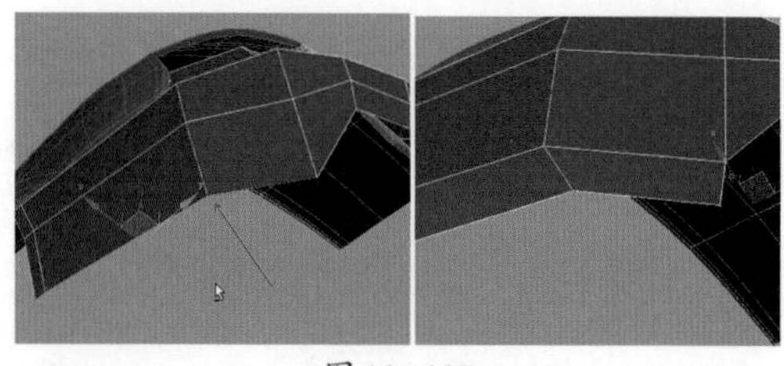

图 13-137

步骤06 继续选择边，并按住【Shift】键对边进行复制。切换到顶点级别，单击 目标焊接 按钮，目标焊接如图13-138左图所示的节点。焊接完成后，图像效果如图13-138右图所示。

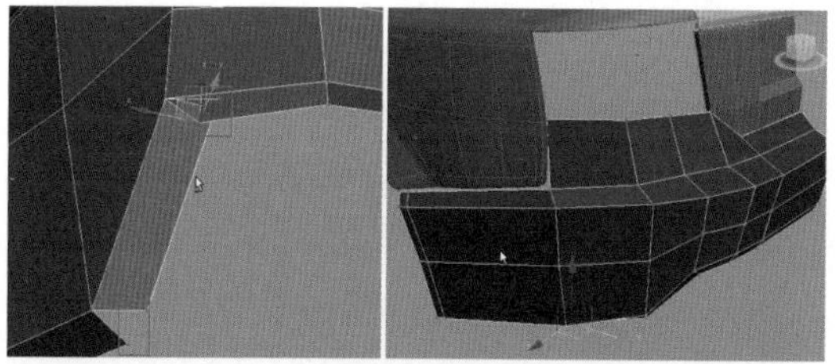

图13-138

步骤07 使用快捷键【2】切换到边级别，选择如图13-139左图所示的边，单击 切角 按钮，设置参数，对边进行切角操作，图像效果如图13-139右图所示。

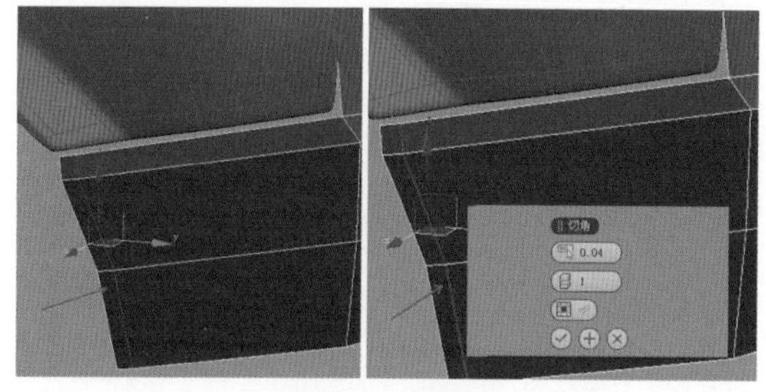

图13-139

步骤08 继续选择边，使用同样的方法对边进行切角操作，然后切换到顶点级别，调节节点到如图13-140左图所示的位置。继续选择边，按住【Shift】键对边进行复制。切换到顶点级别，使用快捷键【Alt+Q】对模型进行独立化显示，调节节点到如图13-140右图所示的位置。

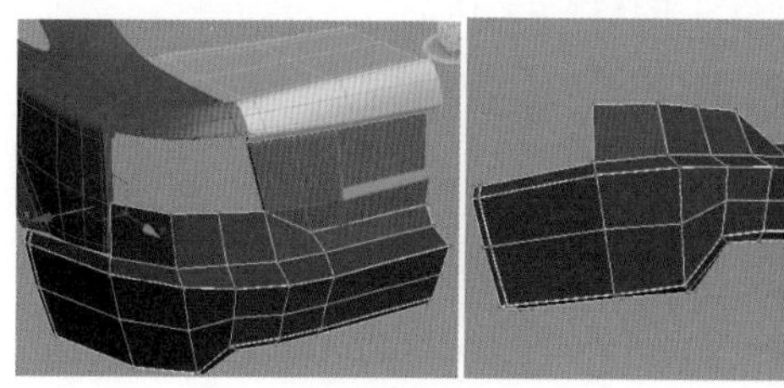

图13-140

步骤09 与步骤7相同，选择边，并对边进行切角操作。切换到顶点级别，单击 目标焊接 按钮，目标焊接如图13-141左图所示的节点。使用快捷键【Ctrl+Q】对模型进行光滑显示，调节节点到如图13-141右图所示的位置。

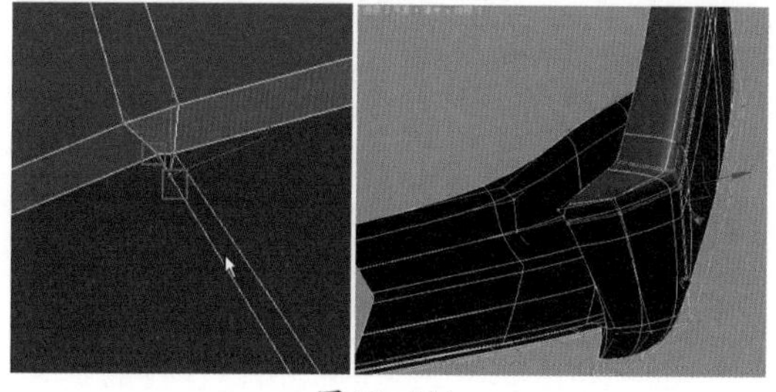

图13-141

步骤10 使用同样的方法继续制作模型，然后切换到顶点级别，调节节点到如图13-142左图所示的位置。退出子物体层级，使用同样的方法继续制作模型，图像效果如图13-142右图所示。

图13-142

步骤11 显示场景中的所有模型，然后选择如图13-143左图所示的模型，在修改器下拉列表中选择 对称 命令，为模型添加 对称 修改器，图像效果如图13-143右图所示。

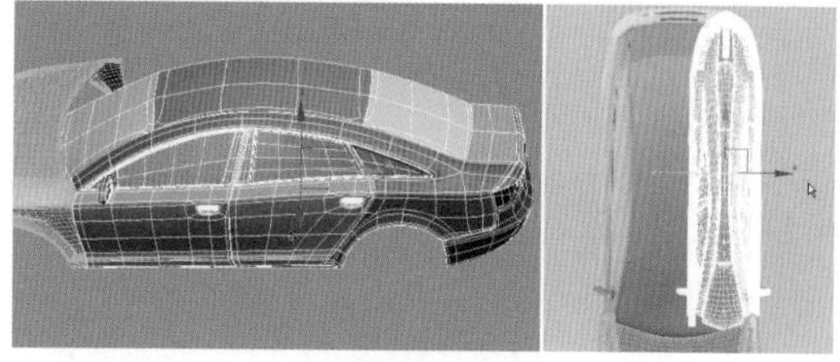

图13-143

步骤12 切换到 镜像 层级，调整对称中心，图像效果如图13-144左图所示。对模型进行光滑显示，使用快捷键【F4】取消边框显示，图像效果如图13-144右图所示。

图13-144

知识拓展

镜像 IK 限制：当围绕一个轴镜像几何体时，会导致镜像 IK 约束（与几何体一起镜像）。如果不希望 IK 约束受【镜像】命令的影响，请禁用此选项。

13.2.16 制作汽车底盘模型

步骤01 单击 按钮，切换到 标准基本体 创建面板，单击 圆柱体 按钮，在场景中创建一个圆柱体模型，并将其转换为可编辑多边形。使用快捷键【4】切换到多边形级别，使用【Delete】键删除如图13-145左图所示的面。使用快捷键【1】切换到顶点级别，选择如图13-145右图所示的点。

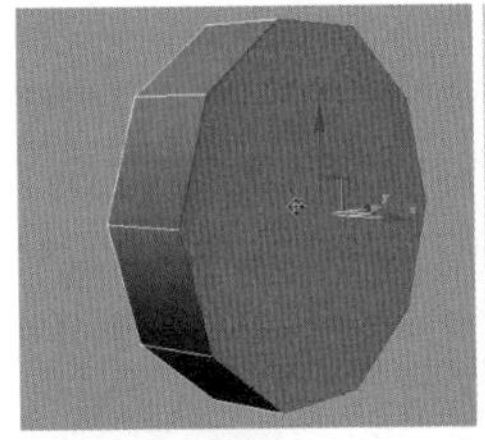

图 13-145

步骤02 使用快捷键【Ctrl+Shift+E】在选择的两点之间创建边，效果如图13-146左图所示。使用【Delete】键删除多余的节点，然后使用快捷键【2】切换到边级别，选择如图13-146右图所示的边。

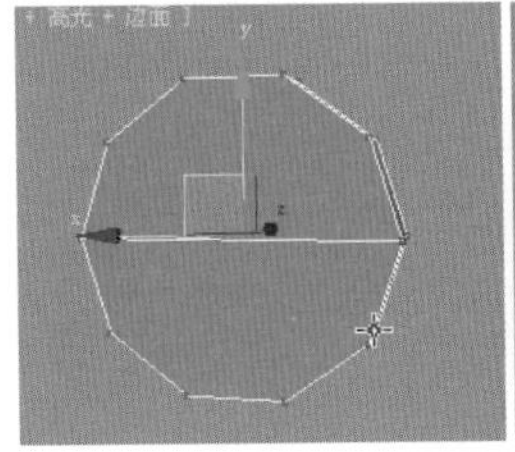

图 13-146

步骤03 按住【Shift】键对边进行复制，然后单击鼠标右键，在弹出的快捷菜单中选择 剪切 命令，使用剪切工具对模型进行加线，效果如图13-147左图所示。使用快捷键【2】切换到边级别，选择如图13-147右图所示的边。

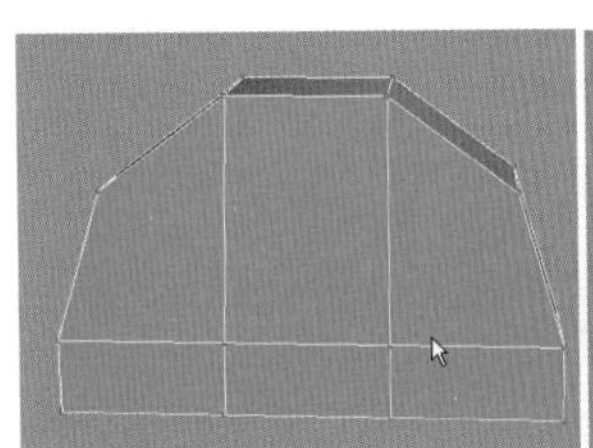

图 13-147

步骤04 单击 连接 按钮，设置参数，对模型进行细分，图像效果如图13-148左图所示。使用快捷键【5】切换到元素级别，选择如图13-148右图所示的面，单击 翻转 按钮，翻转法线。

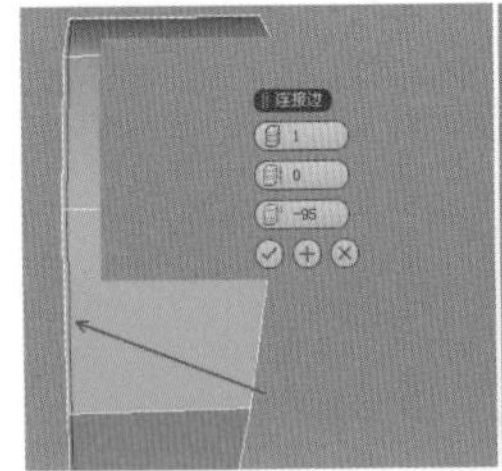
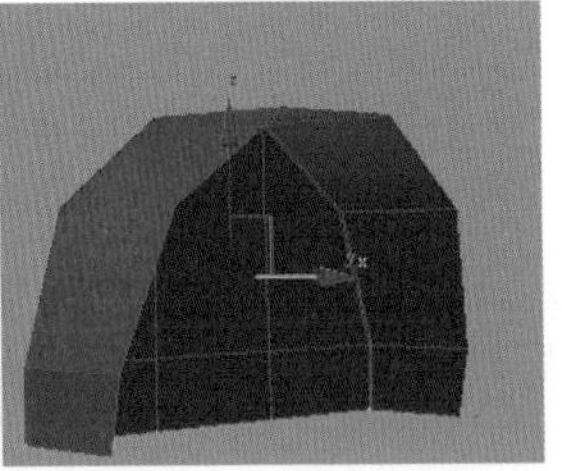

图 13-148

步骤05 使用快捷键【2】切换到边级别，选择如图13-149左图所示的边，按住【Shift】键对边进行复制，图像效果如图13-149右图所示。

步骤06 继续选择边，按住【Shift】键对边进行复制。切换到顶点级别，调节节点到如图13-150左图所示的位置。退出子物体层级，按住【Shift】键对模型进行复制，单击 附加 按钮，将两个模型附加在一起，如图13-150右图所示。

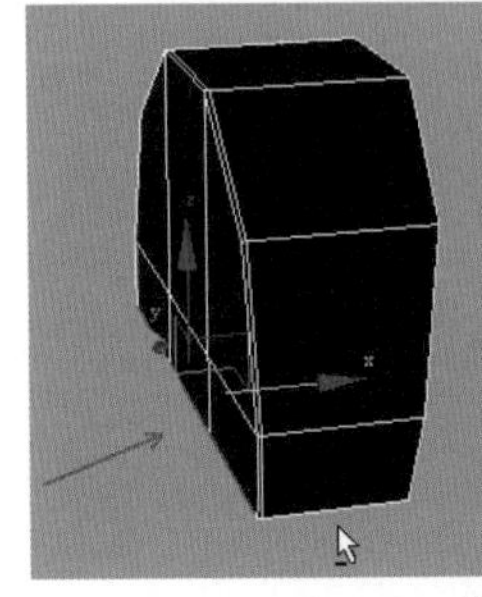
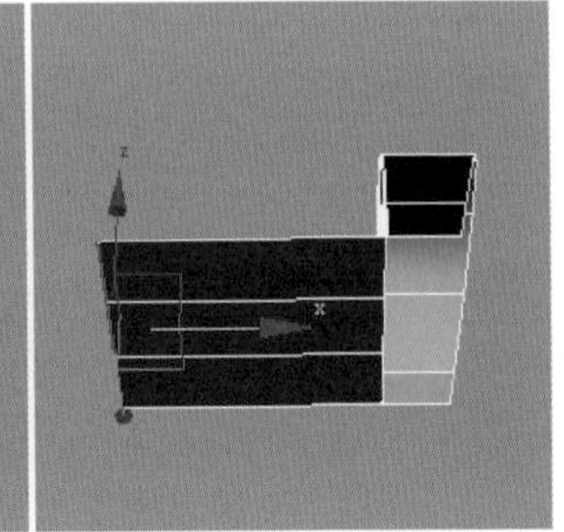

图 13-149

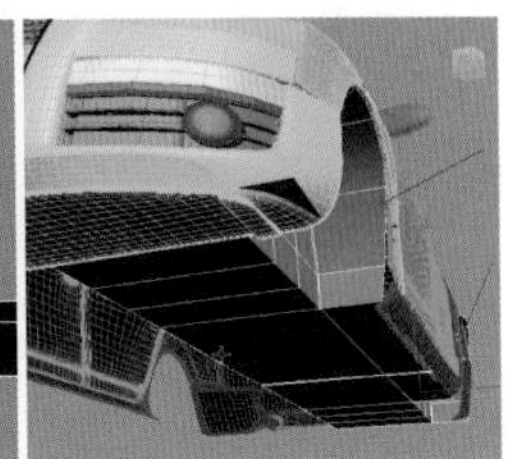

图 13-150

知识拓展

通过使用【附加】命令可以把其他物体附加进来，变成一个整体。

步骤07 切换到顶点级别，单击 目标焊接 按钮，目标焊接如图13-151左图所示的点。焊接完成后，调节节点到如图13-151右图所示的位置。

图 13-151

步骤08 切换到边级别，选择如图13-152左图所示的一圈平行边，单击鼠标右键，在弹出的快捷菜单中单击 连接 按钮，设置参数，对模型进行细分，效果如图13-152右图所示。

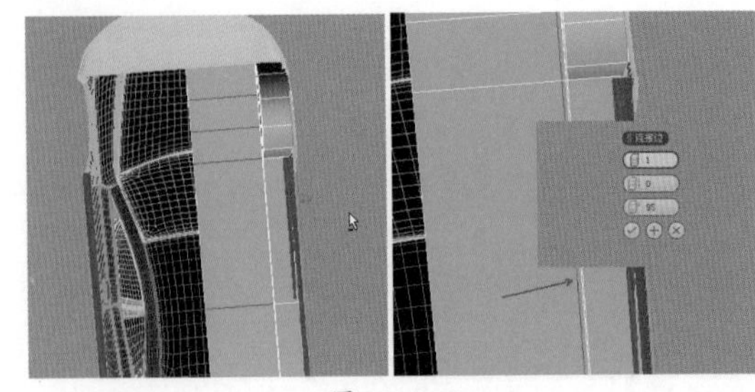

图 13-152

步骤09 退出子物体层级，选择如图13-153左图所示的模型，在修改器下拉列表中选择 对称 命令，为模型添加对称修改器，设置修改面板参数，如图13-153右图所示。

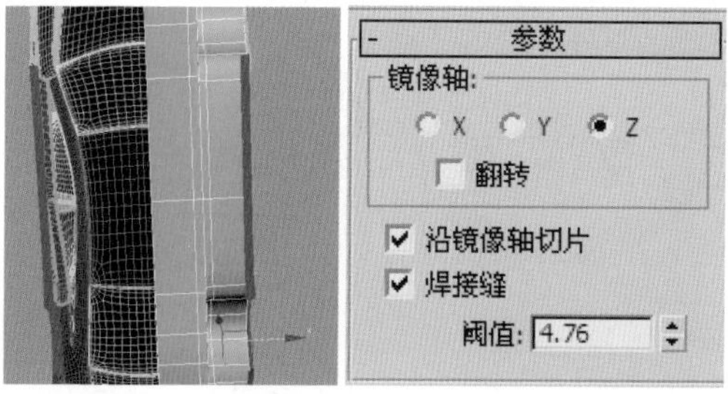

图 13-153

步骤10 调整对称中心，图像效果如图13-154左图所示。此时，图像整体效果如图13-154右图所示。

图 13-154

13.2.17 制作汽车轮胎模型

步骤01 单击 管状体 按钮，在场景中创建一个管状体模型，并将其转换为可编辑多边形。使用快捷键【Alt+Q】对模型进行独立化显示，然后切换到边级别，选择如图13-155左图所示的一圈平行边。单击鼠标右键，在弹出的快捷菜单中单击 连接 按钮，设置参数，对模型进行细分，效果如图13-155右图所示。

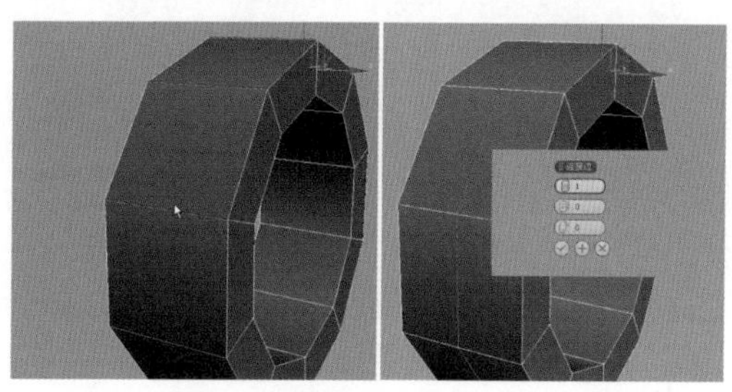

图 13-155

步骤02 使用同样的方法继续对模型进行细分，然后调节边到如图13-156左图所示的位置。使用快捷键【4】切换到多边形级别，选择如图13-156右图所示的面。

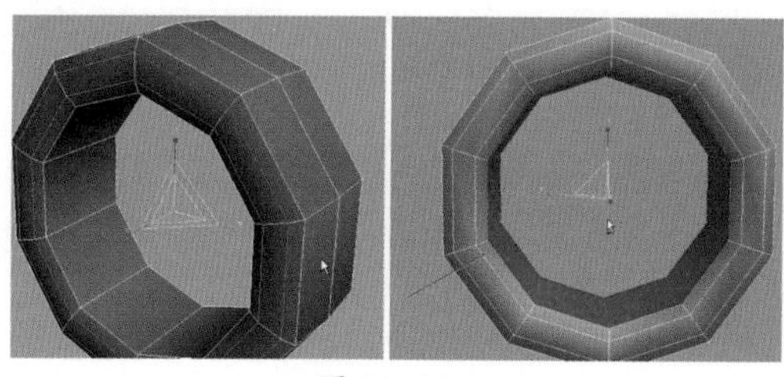

图 13-156

步骤03 按住【Shift】键，使用缩放工具对面进行复制，然后选择复制得到的模型，使用快捷键【3】切换到边界级别，选择如图13-157左图所示的边，按住【Shift】键对边进行复制，图像效果如图13-157右图所示。

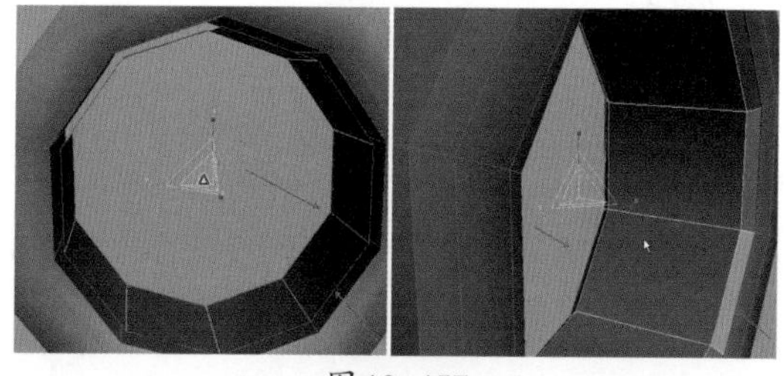

图 13-157

步骤04 使用快捷键【Ctrl+Q】对模型进行光滑显示，图像效果如图13-158左图所示。为模型变化颜色，然后切换到边级别，选择如图13-158右图所示的边。

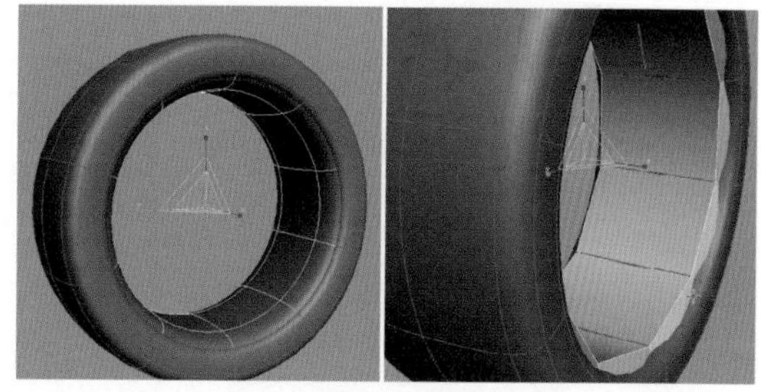

图 13-158

步骤05 继续对模型进行细分，调节细分得到的边到如图13-159左图所示的位置。使用快捷键【4】切换到多边形级别，选择如图13-159右图所示的面。

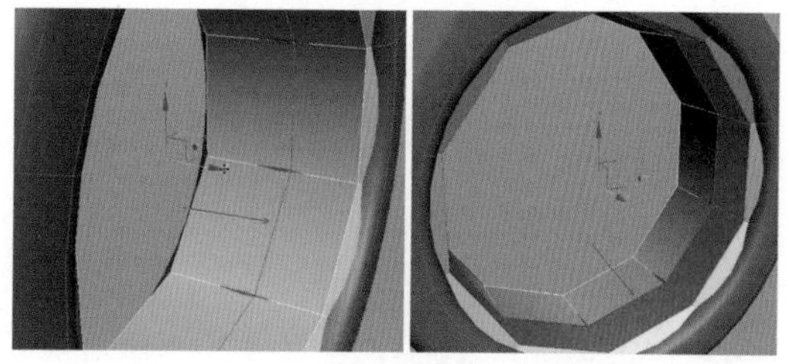

图 13-159

步骤06 单击 倒角 按钮，设置参数如图13-160左图所示。使用快捷键【2】切换到边级别，继续对选择的边进行细分，然后调节边到如图13-160右图所示的位置。

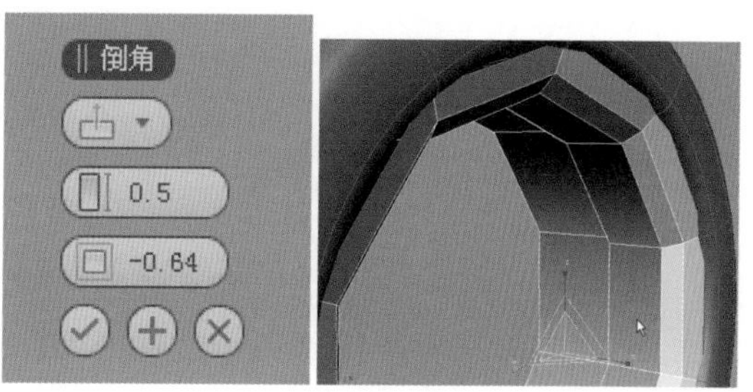

图 13-160

步骤07 使用快捷键【Alt+Q】对模型进行独立化显示，按住【Shift】键对边进行复制，图像效果如图13-161左图所示。继续选择如图13-161右图所示的边。

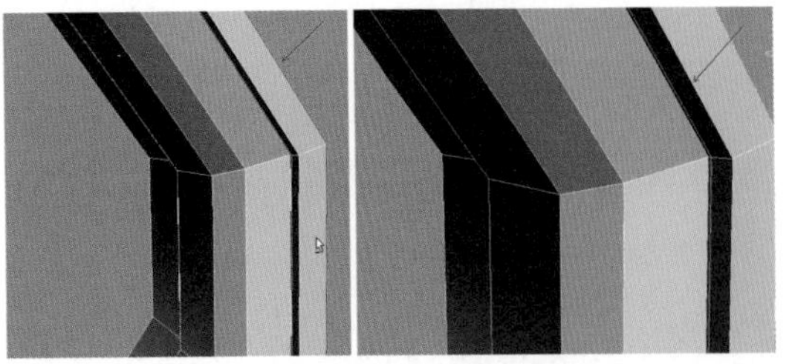

图13-161

步骤08 单击 切角 按钮，设置参数如图13-162左图所示。使用同样的方法继续制作模型，取消独立化显示模式，使用快捷键【Ctrl+Q】对模型进行光滑显示，图像效果如图13-162右图所示。

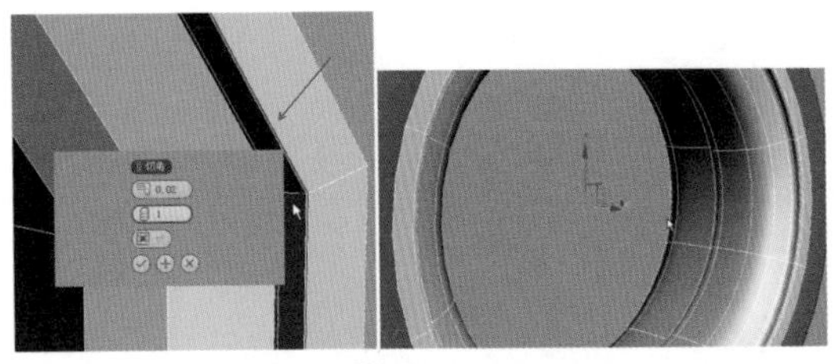

图13-162

步骤09 单击 圆柱体 按钮，在场景中创建一个圆柱体模型，并将其转换为可编辑多边形。切换到顶点级别，使用【Delete】键删除如图13-163左图所示的点。使用快捷键【4】切换到多边形级别，选择如图13-163右图所示的面。

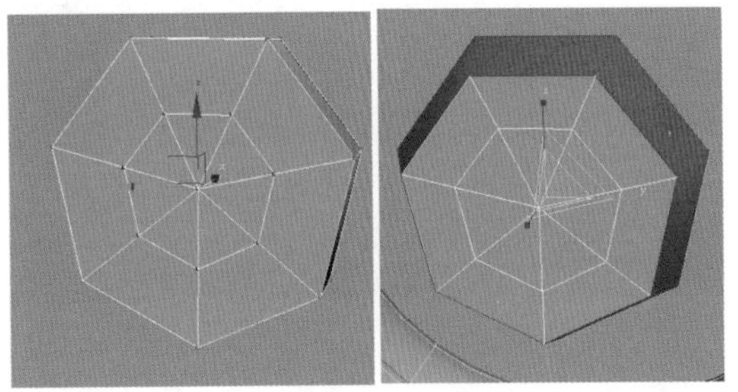

图13-163

步骤10 单击 倒角 按钮，设置参数如图13-164左图所示。然后使用移动工具移动面到如图13-164右图所示的位置。

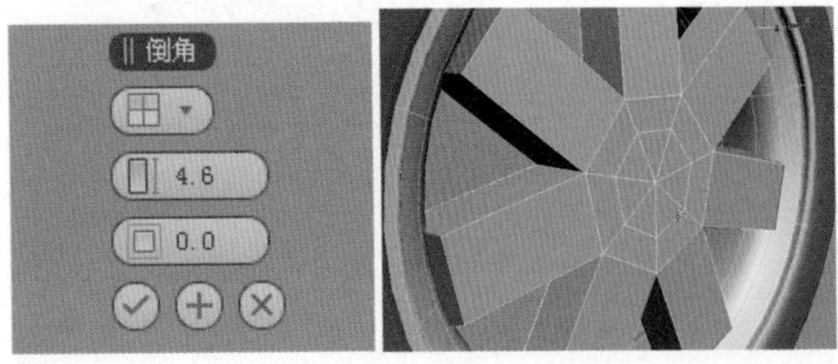

图13-164

步骤11 切换到边级别，调节边到如图13-165左图所示的位置。使用快捷键【1】切换到顶点级别，调节节点到如图13-165右图所示的位置。

图13-165

13.2.18 制作轮胎模型细节

步骤01 使用快捷键【4】切换到多边形级别，使用【Delete】键删除多余的面，图像效果如图13-166左图所示。使用快捷键【2】切换到边级别，选择如图13-166右图所示的一圈平行边。

图13-166

步骤02 单击鼠标右键，在弹出的快捷菜单中单击 连接 按钮，设置参数如图13-167左图所示。使用快捷键【1】切换到顶点级别，调节节点的位置，然后退出子物体层级，调节模型到如图13-167右图所示的位置。

图13-167

步骤03 按住【Shift】键对模型进行复制，使用快捷键【4】切换到多边形级别，使用【Delete】键删除多余的面，图像效果如图13-168左图所示。使用快捷键【2】切换到边级别，选择如图13-168右图所示的边。

图13-168

步骤04 单击 切角 按钮，设置参数如图13-169左图所示。继续选择如图13-169右图所示的边。

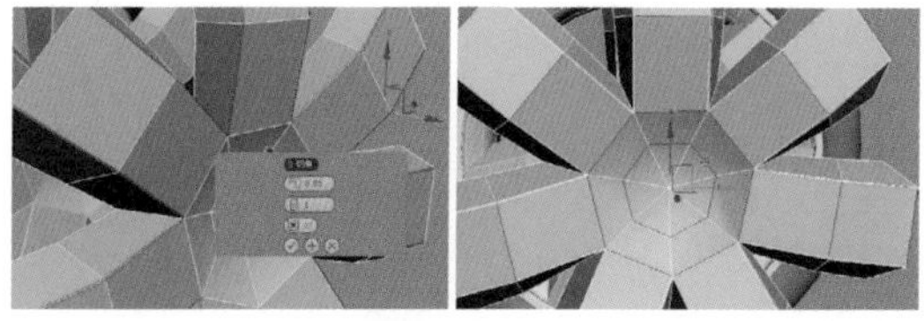

图 13-169

知识拓展

切角命令有【切角量】，在可编辑曲线和可编辑网格下看不到这个命令，只有在可编辑多边形状态下才可以看到。

步骤05 继续对模型进行细分，使用快捷键【1】切换到顶点级别，选择如图13-170左图所示的点，使用快捷键【Ctrl+Shift+E】在选择的点之间创建边，效果如图13-170右图所示。

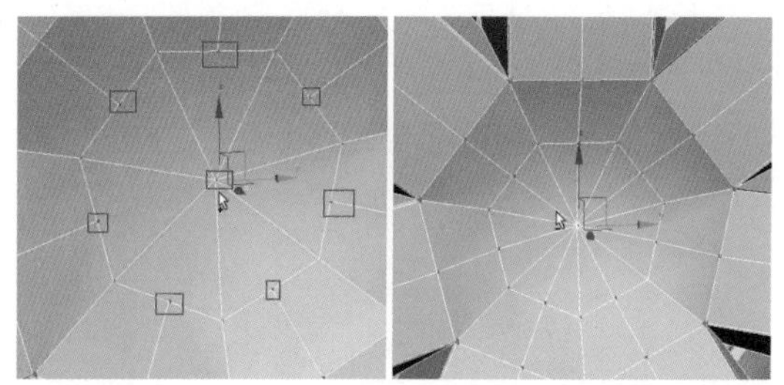

图 13-170

步骤06 单击 切角 按钮，设置参数如图13-171左图所示。使用快捷键【4】切换到多边形级别，选择如图13-171右图所示的面。

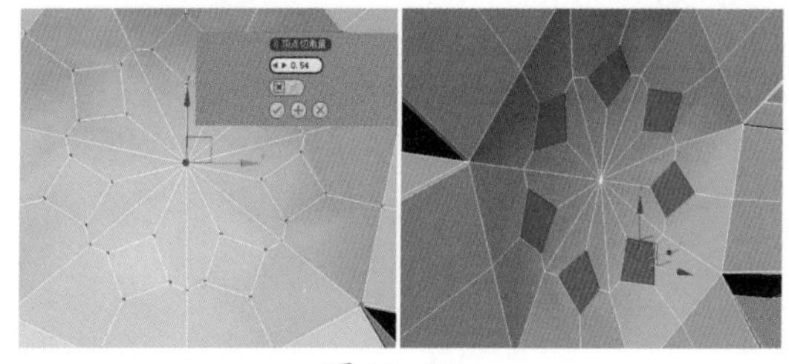

图 13-171

步骤07 单击 挤出 按钮，设置参数，对面进行挤压操作，图像效果如图13-172左图所示。使用【Delete】键删除多余的面，使用快捷键【3】切换到边界级别，选择如图13-172右图所示的边。

步骤08 按住【Shift】键对边进行复制，单击 封口 按钮，对边进行封口操作，图像效果如图13-173左图所示。使用快捷键【1】切换到顶点级别，选择如图13-173右图所示的点。

步骤09 单击 切角 按钮，设置参数，对模型进行切角操作，图像效果如图13-174左图所示。使用快捷键【4】切换到多边形级别，选择如图13-174右图所示的面。

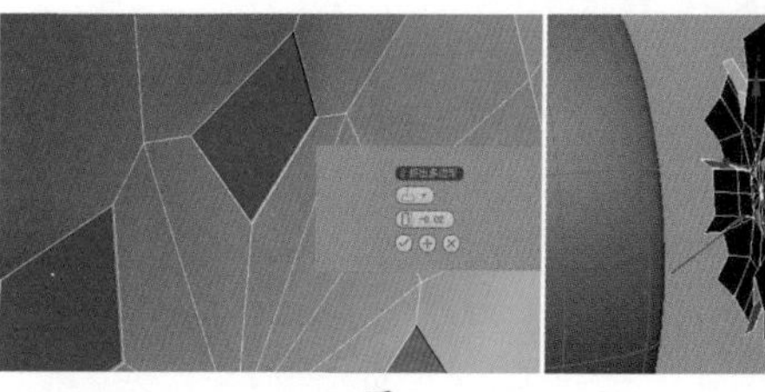

图 13-172

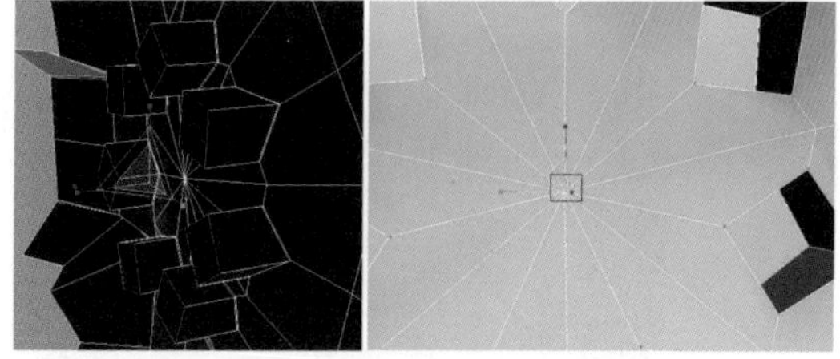

图 13-173

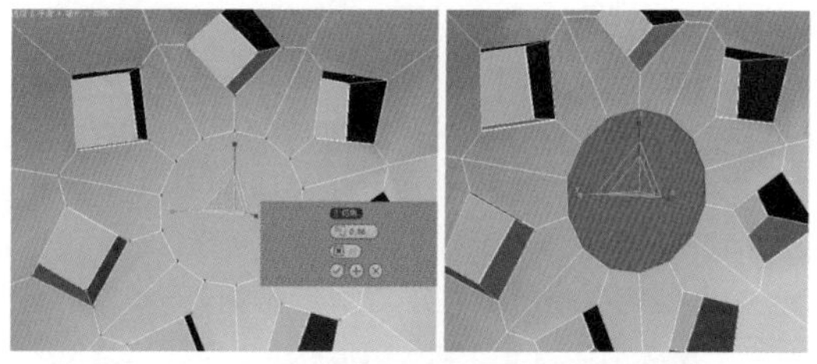

图 13-174

步骤10 单击 挤出 按钮，设置参数如图13-175左图所示。使用快捷键【Ctrl+Q】对模型进行光滑显示，调整模型到如图13-175右图所示的位置。

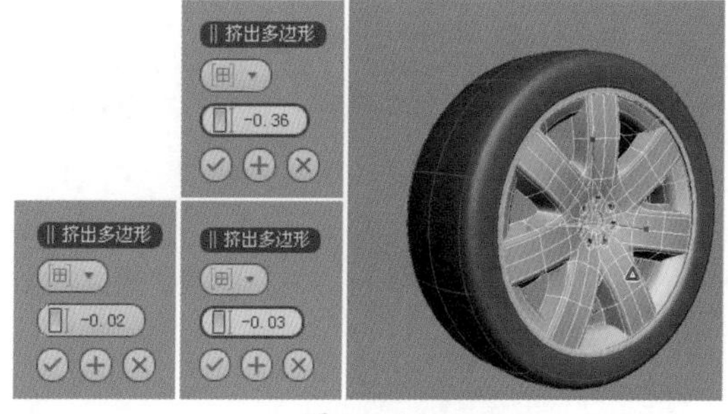

图 13-175

13.2.19 继续刻画模型细节

步骤01 单击 圆柱体 按钮，在场景中创建一个圆柱体模型，并将其转换为可编辑多边形，调节边的位置。然后使用快捷键【4】切换到多边形级别，选择如图13-176左图所示的面，单击 挤出 按钮，设置参数如图13-176右图所示。

步骤02 切换到顶点级别，使用【Delete】键删除多余的节点，图像效果如图13-177左图所示。退出子物体层级，调节模型到如图13-177右图所示的位置。

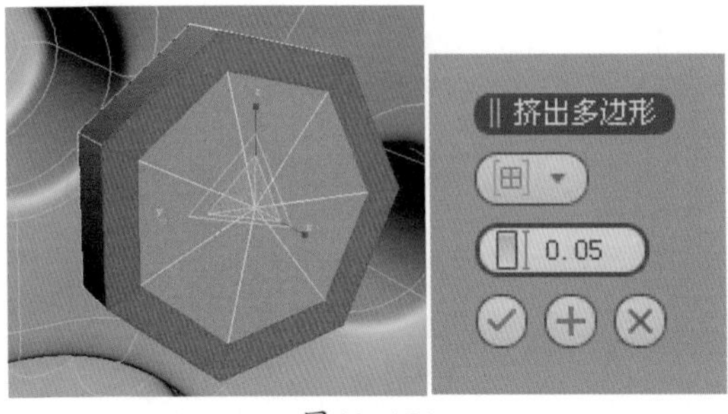

图 13-176

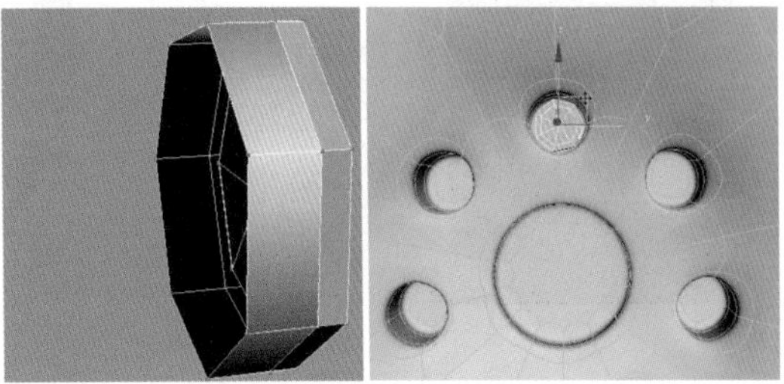
图 13-177

步骤03 按住【Shift】键对模型进行复制，并调整模型到如图13-178左图所示的位置。单击 圆柱体 按钮，在场景中创建一个圆柱体模型，并将其转换为可编辑多边形。使用快捷键【4】切换到多边形级别，使用【Delete】键删除如图13-178右图所示的面。

图 13-178

步骤04 调节模型的位置，然后选择如图13-179左图所示的面，单击 倒角 按钮，设置参数如图13-179右图所示。

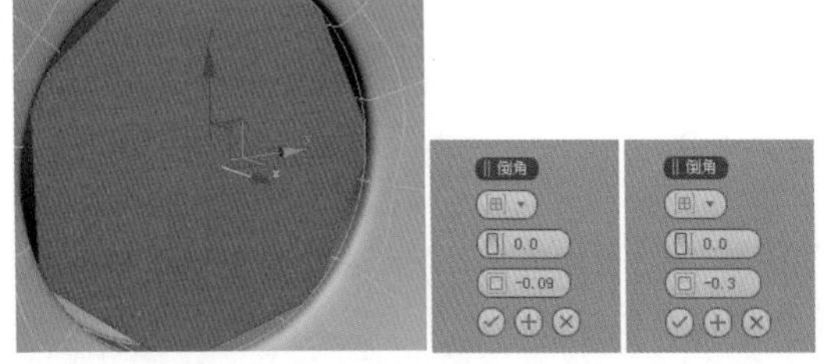

图 13-179

步骤05 移动面到如图13-180左图所示的位置，单击 插入 按钮，设置参数如图13-180右图所示。

步骤06 继续选择如图13-181左图所示的面，与步骤4相同，继续对模型进行倒角挤压操作。使用快捷键【Ctrl+Q】对模型进行光滑显示，图像效果如图13-181右图所示。

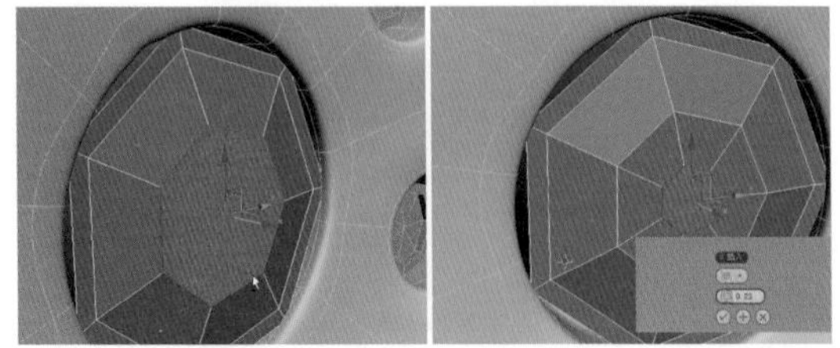
图 13-180

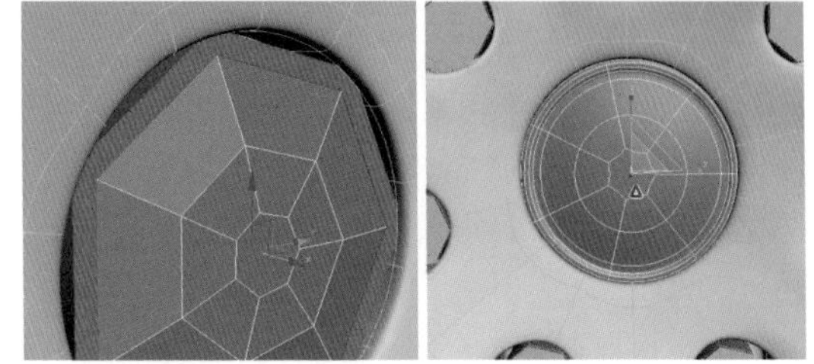
图 13-181

步骤07 使用同样的方法继续制作模型，得到如图13-182左图所示的模型。在修改器下拉列表中选择【弯曲】命令，为模型添加【弯曲】修改器，设置修改面板参数如图13-182右图所示。

图 13-182

知识拓展

【弯曲】修改器允许将当前选中的对象围绕单独轴弯曲360°，在对象几何体中产生均匀的弯曲。可以在任意3个轴上控制弯曲的角度和方向，也可以对几何体的一端限制弯曲。

步骤08 调节模型到如图13-183左图所示的位置。使用同样的方法继续制作出如图13-183右图所示的模型。

图 13-183

步骤09 调节模型的位置，然后选择如图13-184左图所示的模型，将模型归为一组，取消独立化显示模式，按住【Shift】键对模型进行复制，并调节模型到如图13-184右图所示的位置。

图 13–184

步骤10 单击按钮，弹出镜像：世界 坐标对话框，设置对话框中的参数，如图13-185左图所示。调节镜像复制得到的模型到如图13-185右图所示的位置。

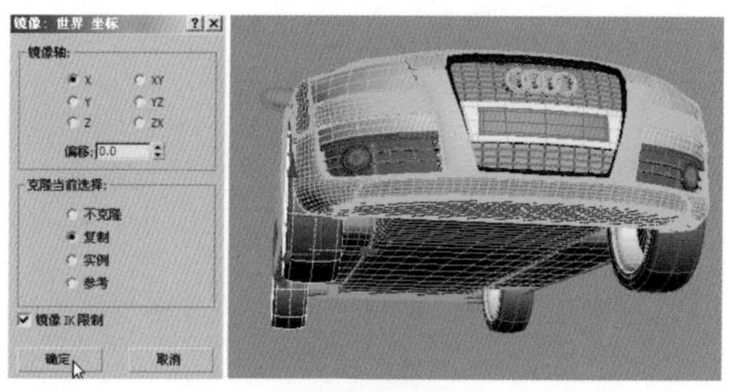

图 13–185

步骤11 使用快捷键【F4】取消边框显示，图像效果如图13-186左图所示。使用快捷键【F9】对模型进行渲染，渲染效果如图13-186右图所示，至此完成本实例的制作。

图 13–186

步骤12 模型线框渲染效果图如图13-187所示。

图 13–187

3ds Max

第14章 厨房效果图制作

本章导读

本章介绍厨房效果图的制作，制作重点在于灯光、材质和渲染方法。首先进行渲染测试，通过最初级的渲染设置，快速统一地测试出渲染结果。在灯光和材质方面，本章给出了一些有价值的操作技法，最终用商业出图的标准来给出设置方法。

14.1 渲染前的准备工作

本例我们制作厨房效果图，用VRayLight灯光模拟吸顶灯，用VRay渲染器的【覆盖材质】功能进行灯光场景测试。

本场景所处的时间段为白天，天气为阴天。墙体以白色乳胶漆材质和红色砖块材质为主，显示出农家小厨的朴实感。地板为白色大理石材质，洁白纯净。家具材质以红色木质材质为主，在整体环境的映衬下，厨房显得温馨而又浪漫。最终渲染效果如图14-1所示。

图14-1

配色应用：

制作要点：

1. 掌握厨房家具结构特点和风格特点。

2. 学习本案例以红木家具材质和大理石地板材质为主的材质特点。

3. 分清主次灯光，明确想要制作的灯光效果。

最终场景：Ch14\Scenes\小户型餐厅.max

贴图素材：Ch14\Maps

难易程度：★★★☆☆

本场景的灯光布局如图14-2所示。场景中使用VRay灯光进行了窗口补光和室内补光。

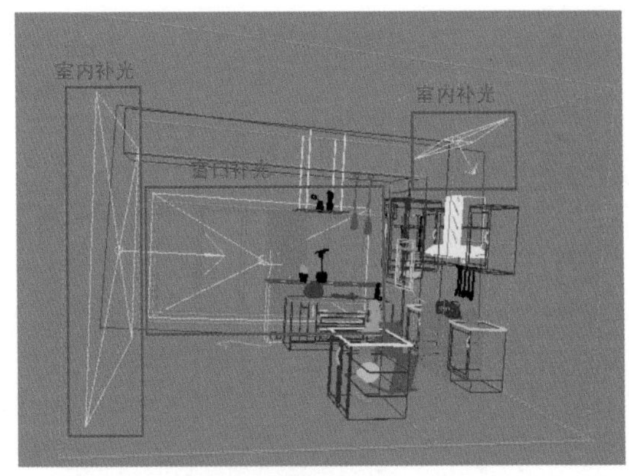

图14-2

下面我们来进行渲染前的准备工作，主要分为摄影机的放置和模型的检查。

14.1.1 摄影机的放置

在放置摄影机前，需要考虑场景想要表达的内容。

步骤01 打开本例场景文件，如图14-3所示，这是一个厨房模型。

步骤02 在顶视图中创建一台摄影机，并将其放置到合适的位置，如图14-4所示。

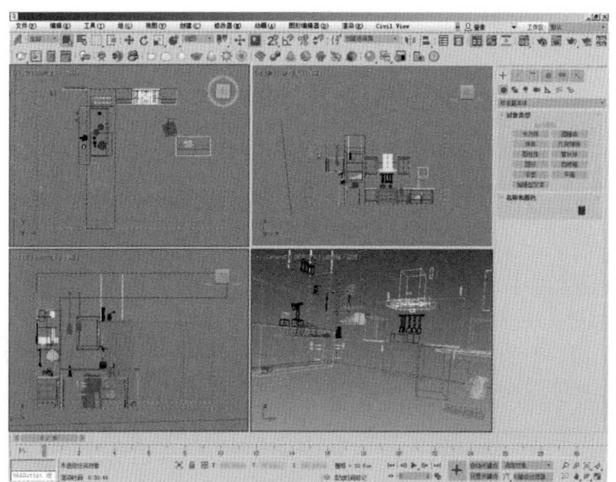

图14-3

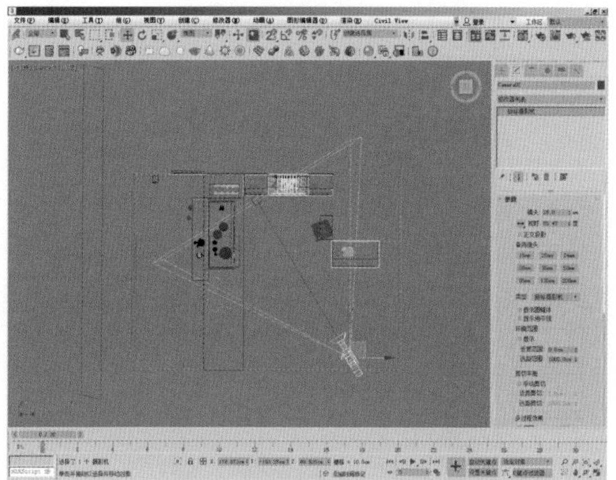

图14-4

步骤03 切换到左视图，调整摄影机的高度，如图14-5所示。

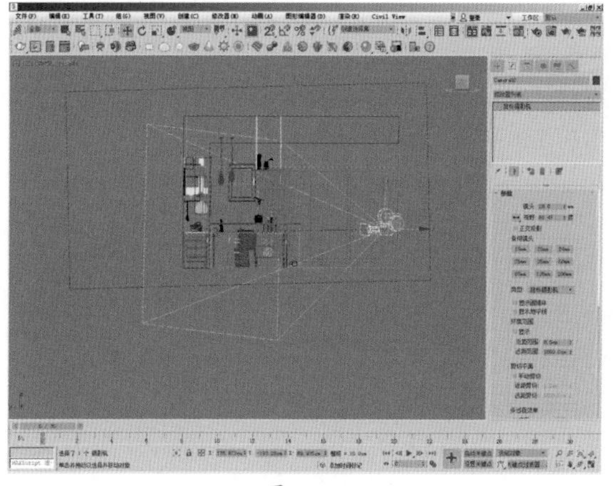

图14-5

步骤04 设置摄影机的参数，设定 **镜头:** 为28mm，**视野:** 为65.47度，如图14-6所示。

步骤05 在渲染尺寸中设置成横向构图，同时锁定比例，如图14-7所示。

参数
镜头: 28.0 mm
视野: 65.47 度
正交投影
备用镜头
15mm 20mm 24mm
28mm 35mm 50mm
85mm 135mm 200mm
类型: 目标摄影机

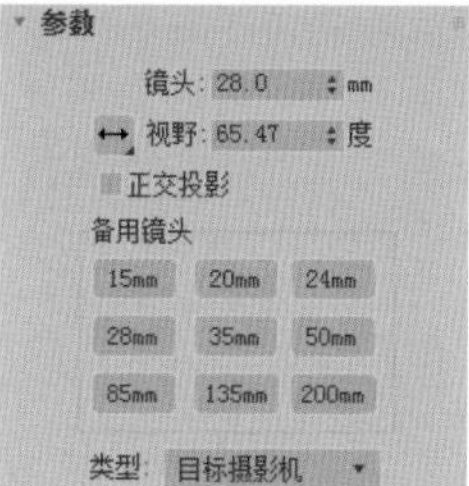

图14-6

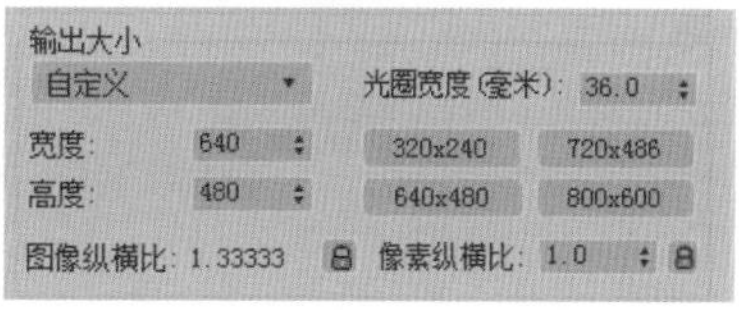

输出大小
自定义
光圈宽度(毫米): 36.0
宽度: 640
高度: 480
320x240
720x486
640x480
800x600
图像纵横比: 1.33333
像素纵横比: 1.0

图14-7

知识拓展

当创建摄影机时，目标摄影机查看所放置的目标图标周围的区域。目标摄影机比自由摄影机更容易定向，因为只需将目标对象定位在所需位置中心。

这样，摄影机就放置好了，最后的摄影机视图效果如图14-8所示。

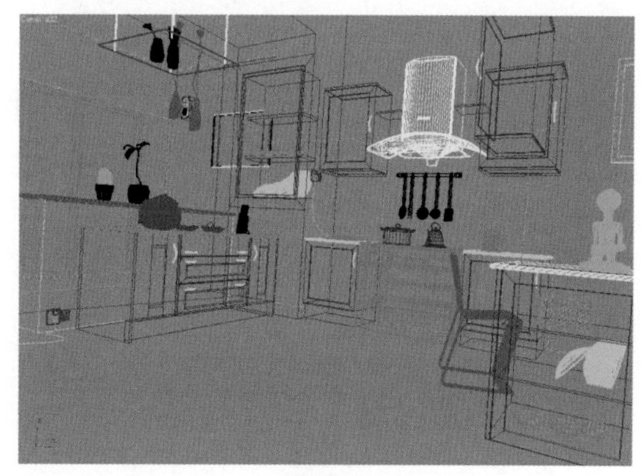

图14-8

14.1.2 模型的检查

当放置好摄影机以后，就需要检查模型是否有问题。当拿到模型师制作的模型以后，第一件需要做的事情就是检查模型是否有问题，比如漏光、破面、重面等。在已经放置好摄影机以后，就可以粗略地渲染一个小样，检查模型是否有问题。这样做的好处在于：如果在渲染过程中出现问题，则可以在很大程度上排除模型的错误，也就是说，这可以提醒我们应该在其他方面寻求问题的症结所在。

步骤01 通过设定一个通用材质球来替代场景中所有物体的材质。把【漫反射】通道中的材质颜色设置为灰白色，这样做主要是为了让物体对光线的反弹更充分一些，方便观察暗部，因为在物理世界中，越白的物体对光线的反弹越充分。其他参数保持默认设置即可，如图14-9所示。

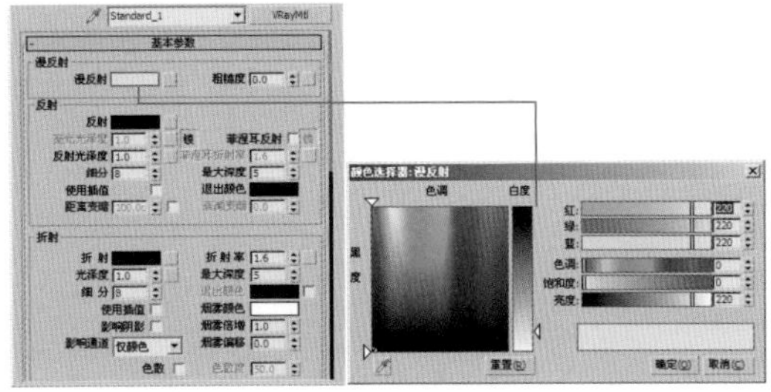

图 14-9

步骤02 按快捷键【F10】打开渲染面板，在渲染面板中设置V-Ray的基本参数，在【全局开关】卷展栏中把刚才设置的基本测试材质拖曳到【覆盖材质】右侧的按钮上，如图14-10所示。

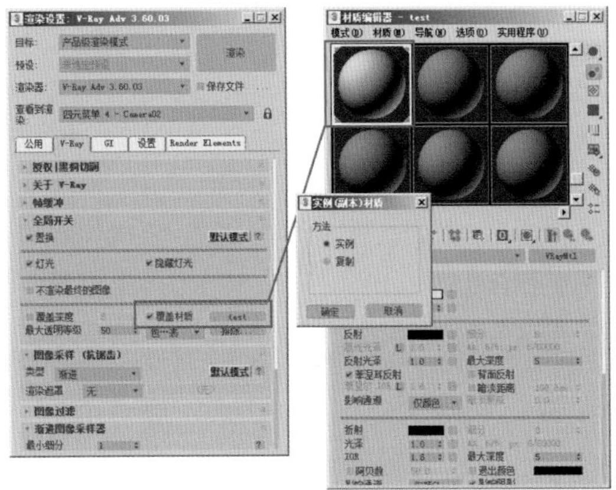

图 14-10

步骤03 因为目的是测试模型，为了保证速度，所以渲染图像的尺寸设置得比较小，如图14-11所示。

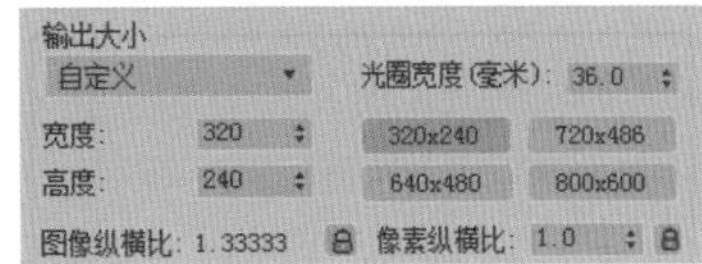

图 14-11

步骤04 同样是为了提高速度，设置使用低参数值的抗锯齿方式，同时取消勾选【图像过滤器】复选框，再将细分值设置为1，如图14-12所示。

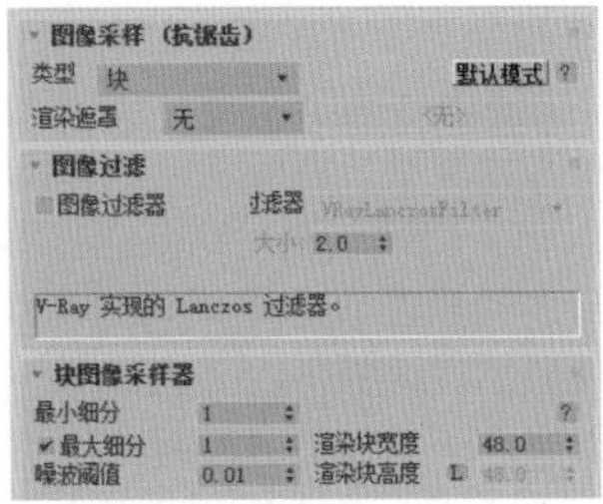

图 14-12

步骤05 在渲染引擎中，设置首次引擎为【发光贴图】方式，二次引擎为【灯光缓存】方式，如图14-13所示。

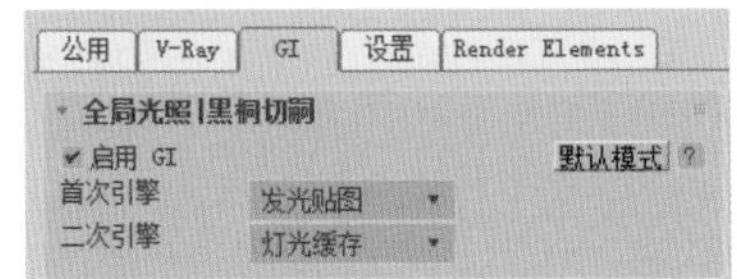

图 14-13

步骤06【发光贴图】和【灯光缓存】的具体参数设置如图14-14和图14-15所示。

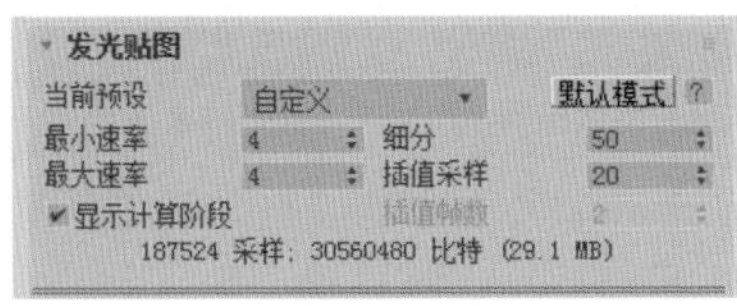

图 14-14

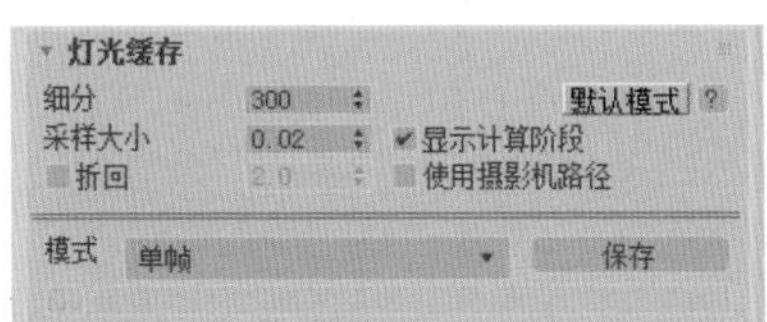

图 14-15

步骤07 打开V-Ray面板中的【颜色贴图】卷展栏，设置曝光模式为线性叠加，如图14-16所示，其他参数保持默认设置即可。

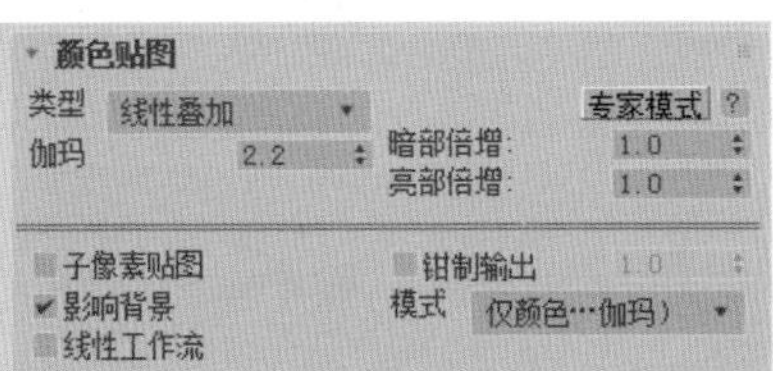

图 14-16

步骤08 在场景中创建一盏VRay灯光，灯光的位置如图14-17所示，灯光的颜色可以设置为接近天光的颜色，其他参数设置如图14-18所示。

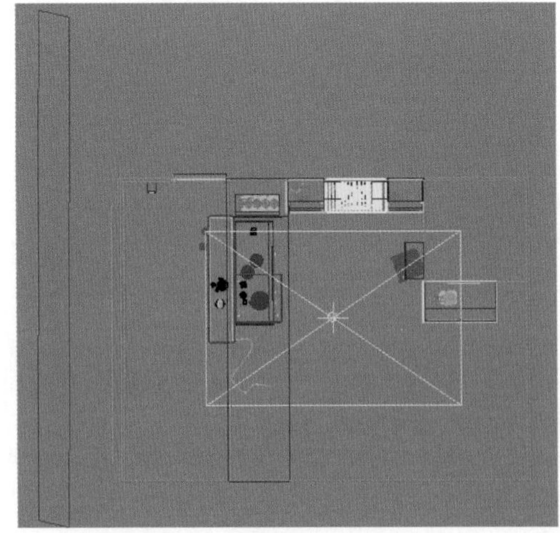

图 14-17

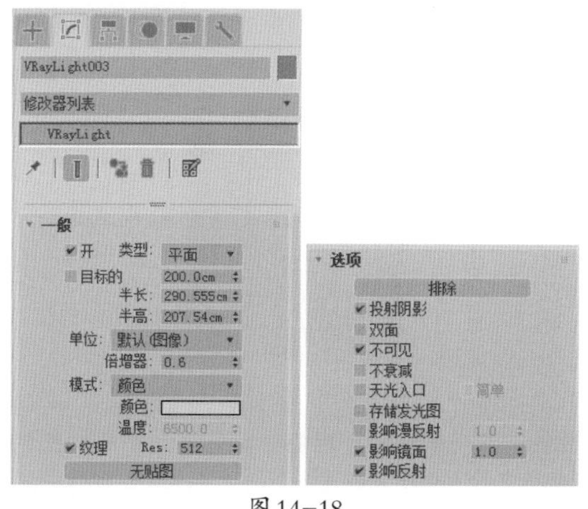

图 14−18

步骤09 这样，场景的基本设置就完成了，接下来开始渲染，效果如图14-19所示。

图 14−19

知识拓展

通过对渲染图像的观察，我们发现没有异常情况。如果有异常情况发生，那么就证明模型的某个地方存在问题，就需要修改模型。接下来开始制作场景中模型的材质。

14.2 场景材质设置

以物理世界中的物体为依据，真实地表现出物体材质的属性，比如，物体的基本色彩、对光的反弹率和吸收率、光的穿透能力、物体内部对光的阻碍能力和表面光滑度等。在这里就不逐一说明了，后面有关材质的内容都会紧扣这个中心来进行讲解。

14.2.1 墙面材质设置

墙面材质分为白色乳胶漆材质、红色砖块材质和小型方块大理石材质。

步骤01 设置白色乳胶漆墙面材质，首先来看看现实世界中的白色乳胶漆墙面照片，如图14-20所示。

图 14−20

知识拓展

乳胶漆颜色比较白（在自然界中是这样定义白色和黑色的：完全反光的物体，其颜色才是白色；完全吸光的物体，其颜色才是黑色），表面有点粗糙，有划痕，有凹凸。

步骤02 在VRay的材质球中创建一个墙体的材质球，具体参数设置如图14-21所示。

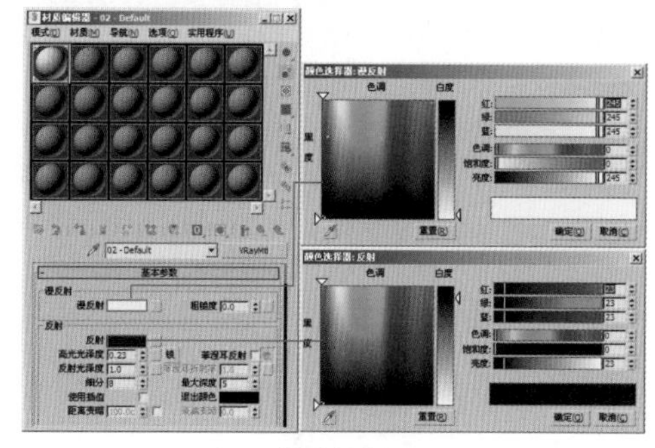

图 14−21

知识拓展

在【贴图】卷展栏中的通道中，这里什么也没设置。但在真实情况下，需要添加凹凸贴图。由于这时不需要表现出墙面的细节，因为在摄影机中墙面比较远，所以这里指定凹凸贴图和不指定凹凸贴图的效果基本一样。

步骤03 材质编辑器中的白色乳胶漆墙面材质的材质球效果如图14-22所示。

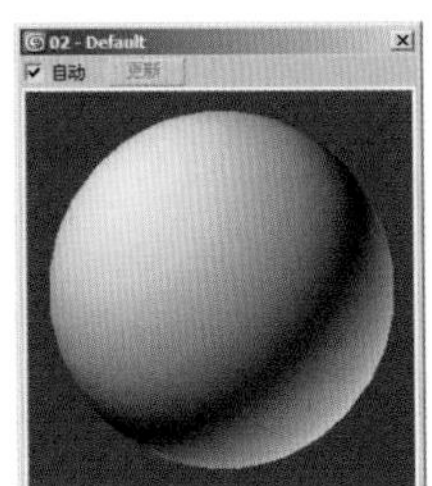

图 14−22

步骤04 设置砖块墙面材质，具体参数设置如图14-23所示。

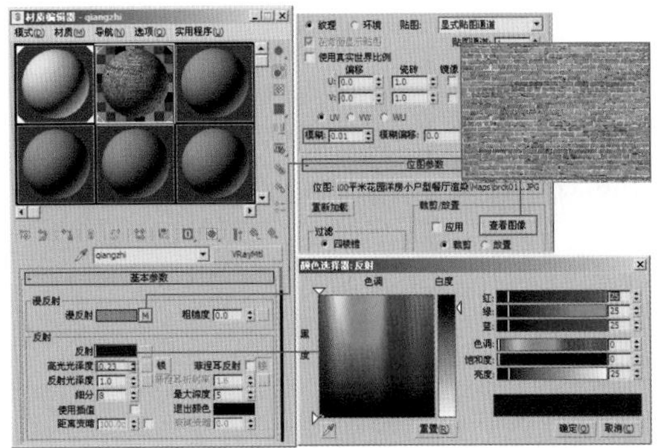

图 14−23

步骤05 为了反映砖块墙体表面的凹凸效果，在凹凸通道中添加贴图，设置贴图为本书Ch14\Maps\brck011.jpg文件，参数设置如图14-24所示。

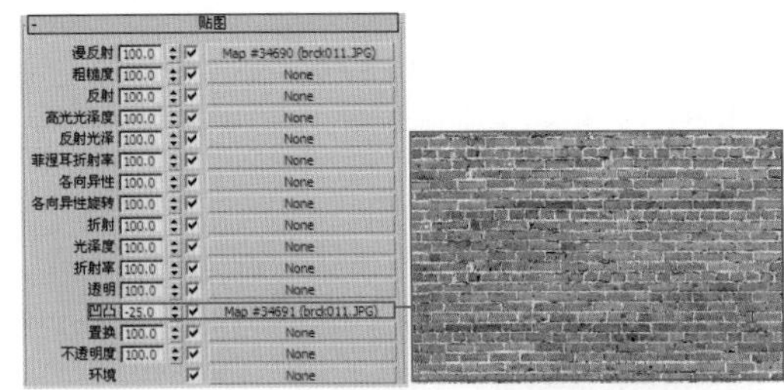

图 14−24

知识拓展

在贴图参数中，把【模糊】参数的默认值1改为0.01，目的是为了让渲染出来的贴图更清晰。

步骤06 材质编辑器中的砖块墙面材质的材质球效果如图14-25所示。

图 14−25

步骤07 接下来设置大理石墙面材质。首先来看看现实世界中的大理石墙体瓷砖照片，如图14-26所示。

图 14−26

步骤08 设置大理石墙面材质，具体参数设置如图14-27和图14-28所示。

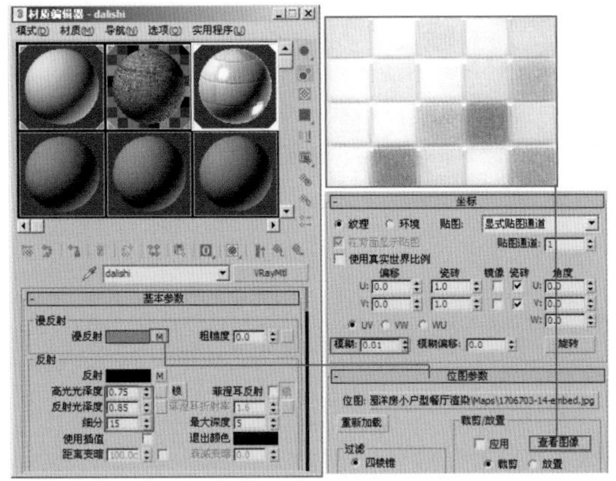

图 14−27

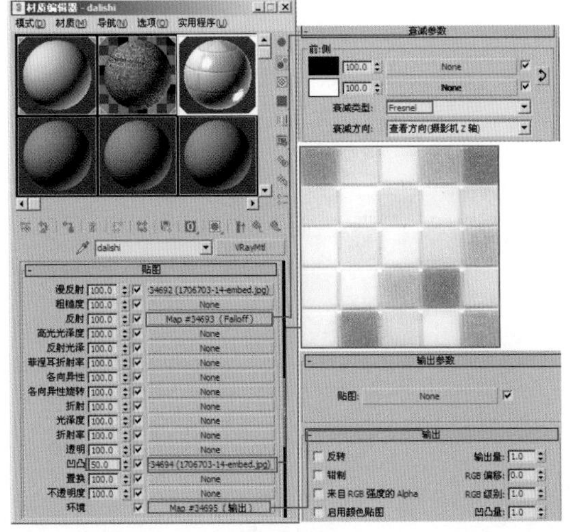

图 14−28

步骤09 大理石墙面材质的材质球效果如图14-29所示。

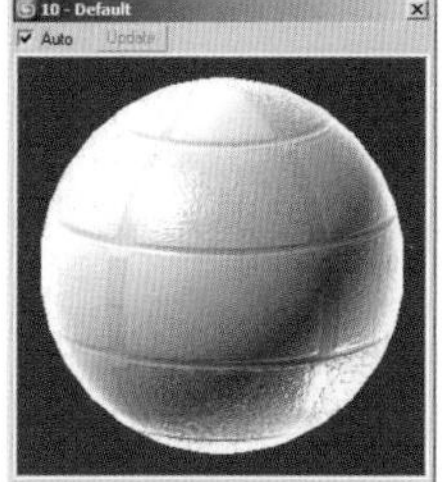

图 14-29

步骤10 墙面材质的最终渲染效果如图14-30和图14-31所示。

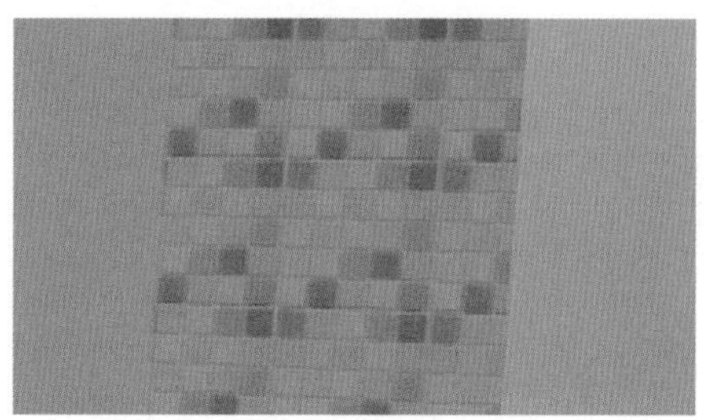

图 14-30

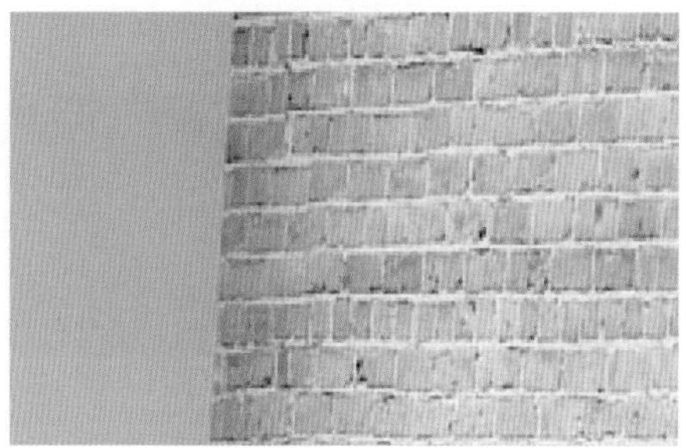

图 14-31

14.2.2 地板材质设置

地板表面比较光滑，反射强度比较大；具有比较小的高光，带有菲涅耳反射，表面具有凹凸效果。

步骤01 设置地板材质，具体参数设置如图14-32和图14-33所示。

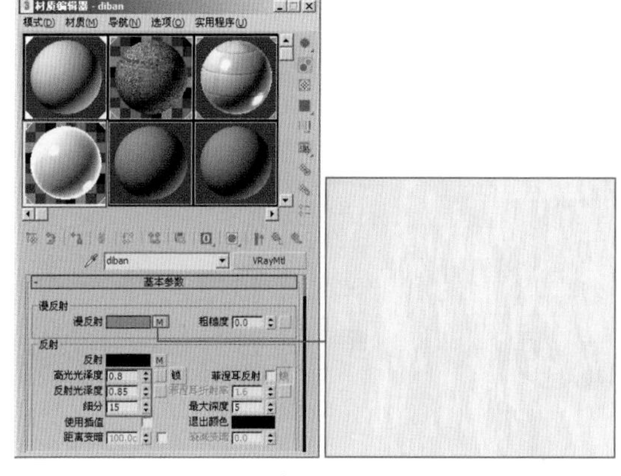

图 14-32

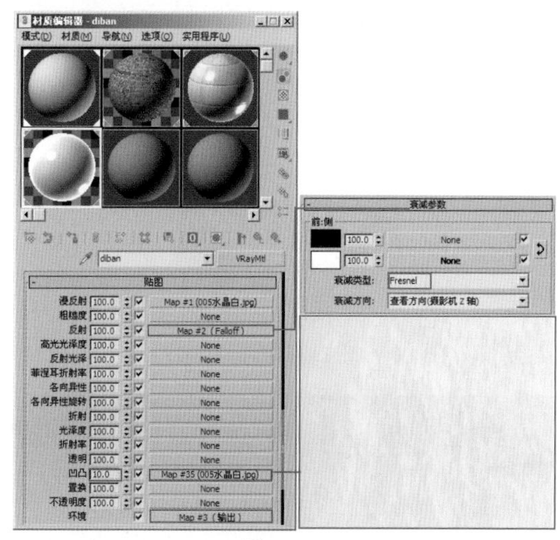

图 14-33

知识拓展

【粗糙度】参数设置物体表面漫反射的粗糙度，其取值范围为0~1，0代表光滑的表面，1代表粗糙的表面。图14-34所示为粗糙度测试效果图。

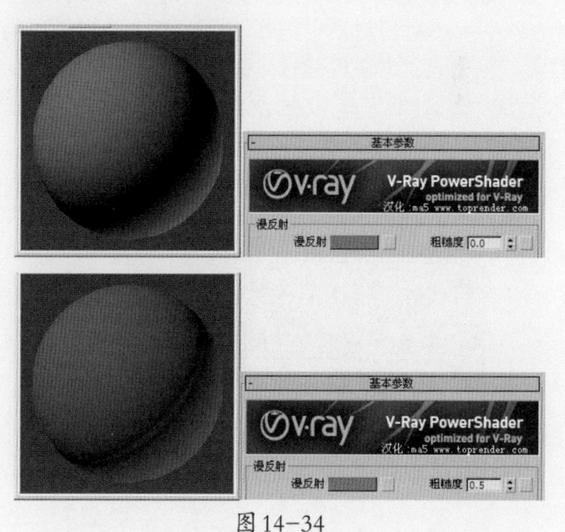

图 14-34

知识拓展

【衰减】贴图用于指定角度衰减的方向会随着所选的方法而改变。然而，根据默认设置，贴图会在法线从当前视图指向外部的面上生成白色，而在法线与当前视图相平行的面上生成黑色。

步骤02 大理石地板材质的材质球效果如图14-35所示。

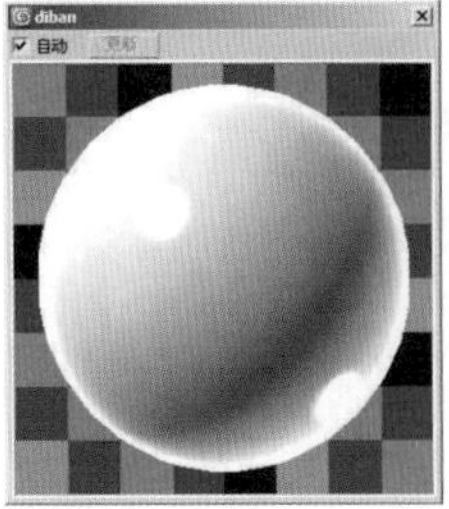
图 14-35

步骤03 最终渲染效果如图 14-36 所示。

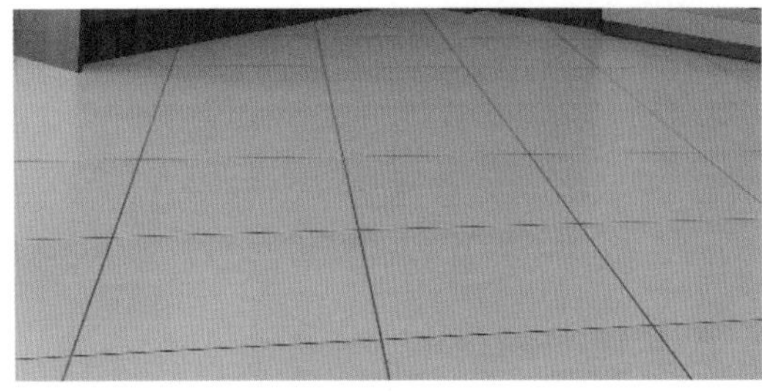
图 14-36

14.2.3 柜子材质设置

下面我们进行柜子材质的参数设置。柜子材质分为3种：木质柜门材质、石质柜面材质和不锈钢把手材质。首先设置木质柜门材质。

步骤01 设置木质柜门材质，将材质类型设置为 VR_覆盖材质，如图 14-37 所示。

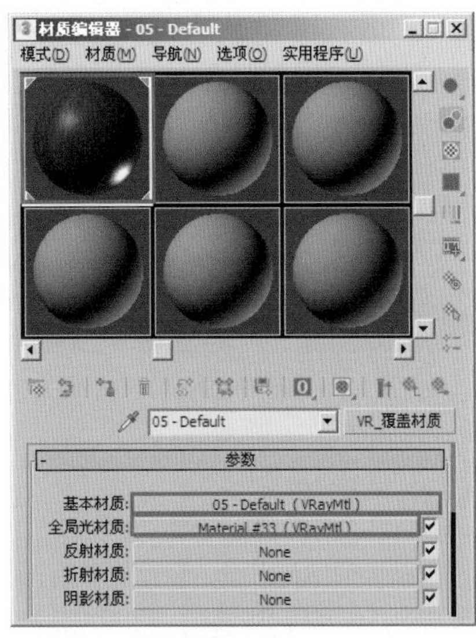

图 14-37

步骤02 在【漫反射】通道中添加一张木纹贴图，设置贴图为本书Ch14\Maps\ww-082.jpg文件，设置【反射】区域的参数，如图 14-38 所示。

步骤03 由于存在菲涅耳反射现象，所以在【反射】通道中添加菲涅耳反射，如图 14-39 所示。同样，在木纹表面具有凹凸效果，因此在【凹凸】通道中设置凹凸值为 10。

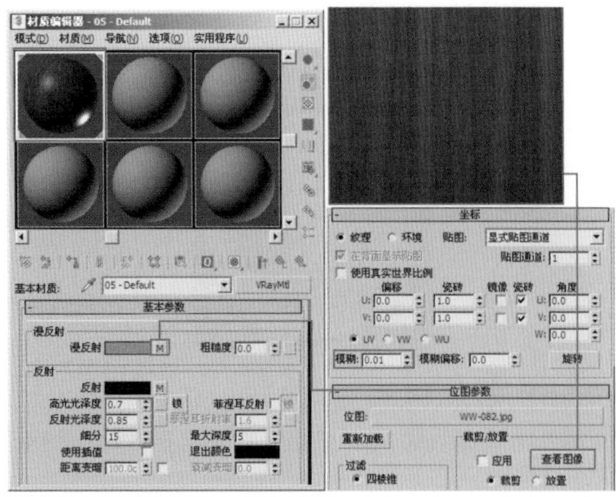
图 14-38

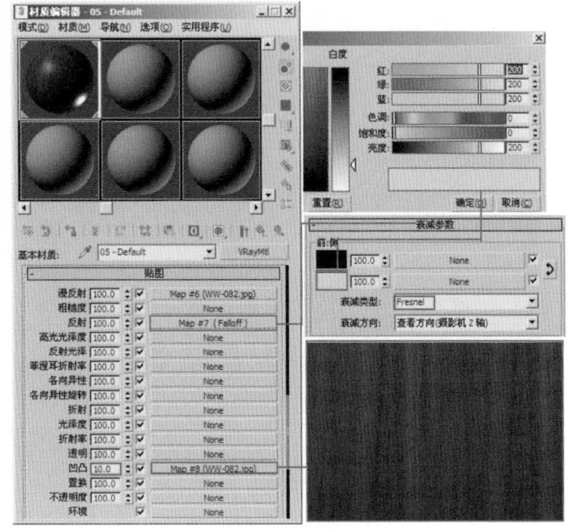
图 14-39

步骤04 木质柜门材质的材质球效果如图 14-40 所示。

图 14-40

步骤05 设置石质柜面材质，具体参数设置如图 14-41 和图 14-42 所示。

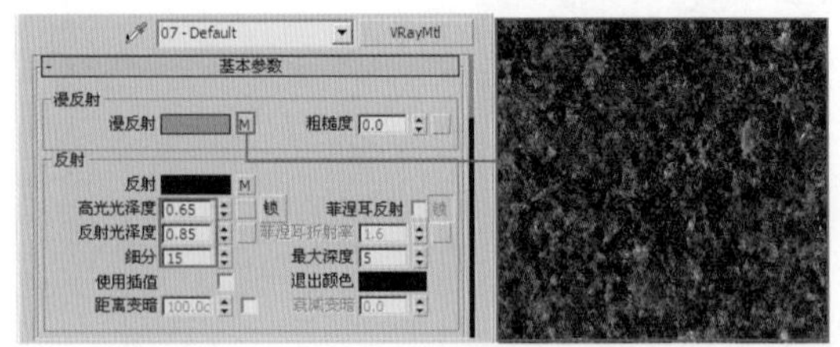
图 14-41

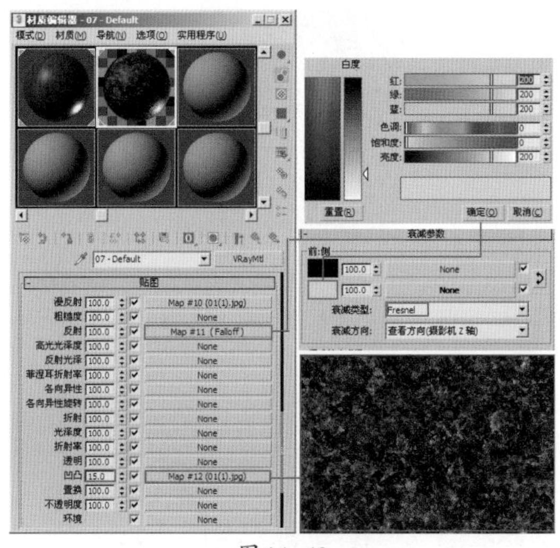

图 14-42

步骤06 石质柜面材质的材质球效果如图14-43所示。

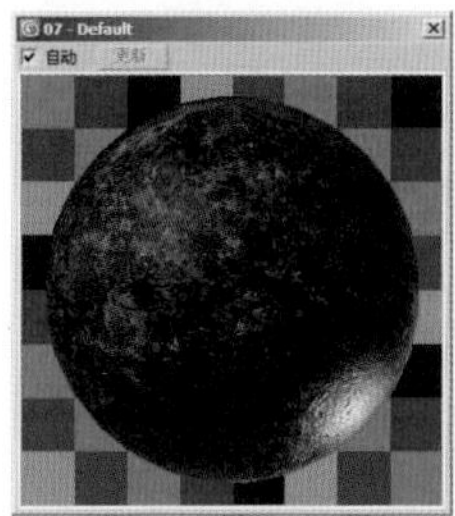

图 14-43

步骤07 设置不锈钢把手材质。其设置比较简单，这里不再进行具体分析，具体参数设置如图14-44所示。

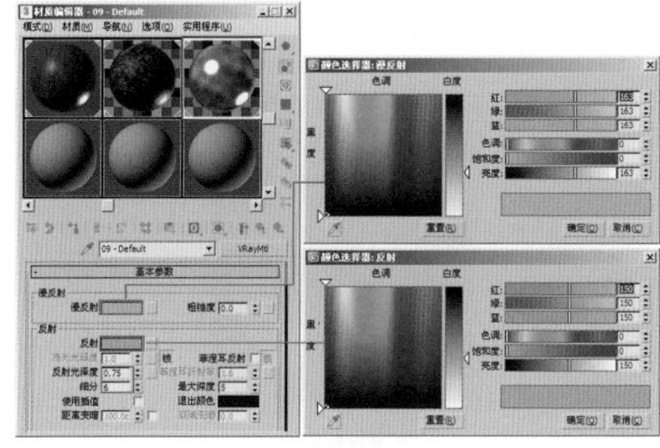

图 14-44

知识拓展

因为不锈钢表面比较粗糙，所以将模糊度设置为0.75。为什么这里不锈钢不加菲涅耳反射呢？难道不锈钢没有菲涅耳反射现象？这是因为不锈钢的菲涅耳反射现象不是很强烈，只带有那么一点点，而且考虑到菲涅耳渲染计算的时间相对较长，所以这里就没有采用菲涅耳来模拟。

步骤08 不锈钢把手材质的材质球效果如图14-45所示。

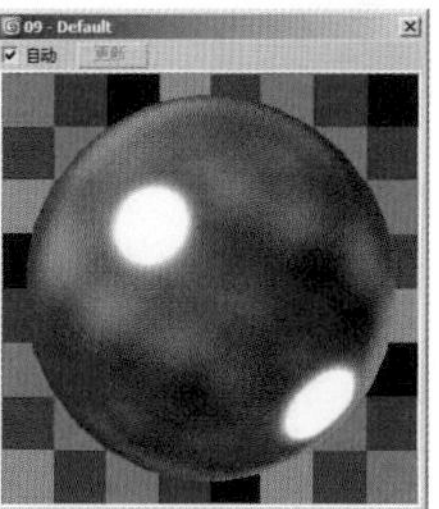

图 14-45

步骤09 渲染柜子材质，效果如图14-46所示。

图 14-46

14.2.4 磨砂玻璃材质设置

真实的磨砂玻璃表面凹凸不平，光线通过磨砂玻璃以后，会在各个方向上产生折射光线，这样观察者就看到了磨砂玻璃的特点。

步骤01 设置磨砂玻璃材质，采用折射模糊来实现磨砂效果，具体参数设置如图14-47所示。

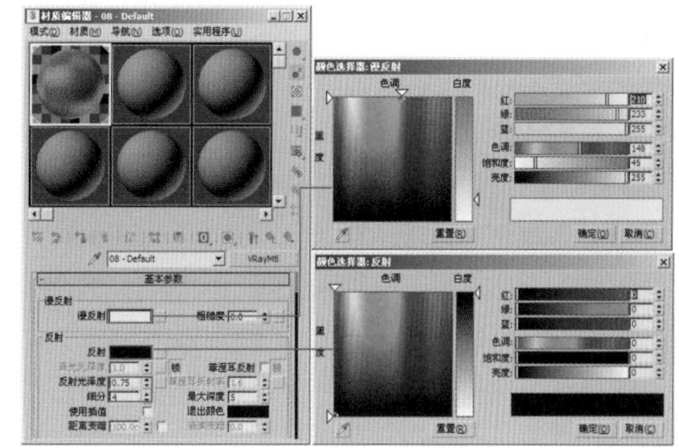

图 14-47

步骤02 设置折射率为1.5，和真实的玻璃折射率一样；为了让光能通过磨砂玻璃，还需要勾选【影响阴影】复选框，材质球效果如图14-48所示。

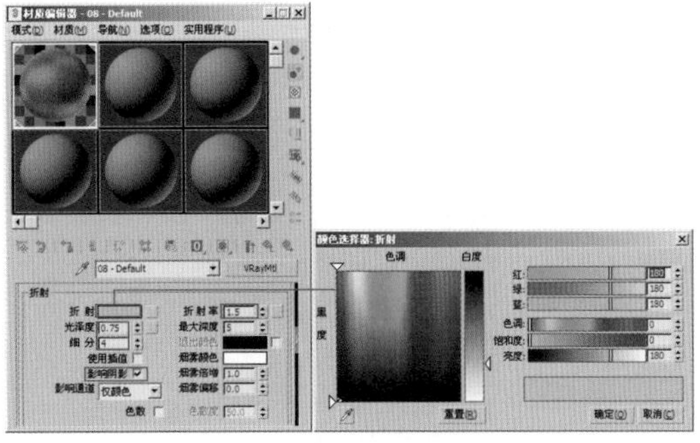

图 14-48

步骤03 磨砂玻璃的渲染效果如图 14-49 所示。

图 14-49

14.2.5 烤箱材质设置

烤箱材质包括黑色亚光漆材质、灰色灶面材质、白色塑料旋钮材质、灰色塑料材质和金属搁架材质。

步骤01 设置黑色亚光漆材质，具体参数设置如图 14-50 所示。

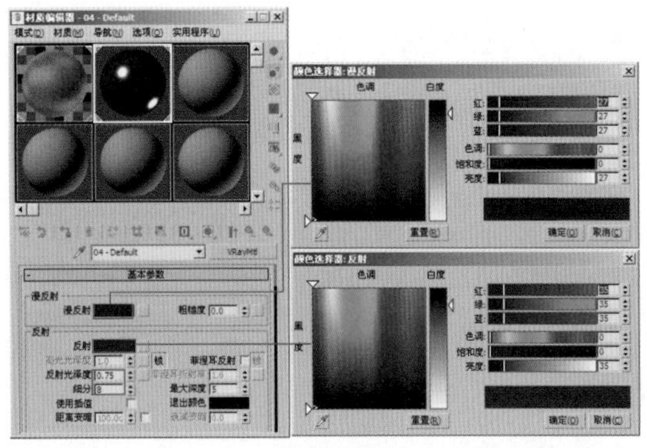

图 14-50

步骤02 黑色亚光漆材质的材质球效果如图 14-51 所示。

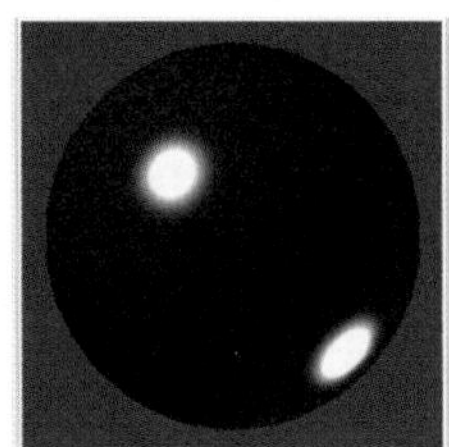

图 14-51

步骤03 设置灰色灶面材质，具体参数设置如图 14-52 所示。

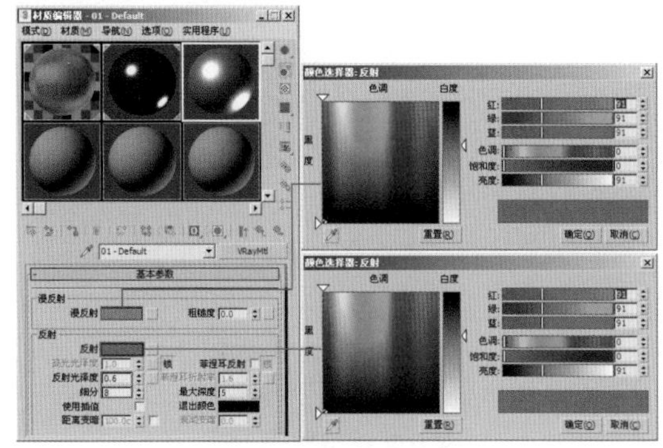

图 14-52

知识拓展

灰色灶面材质的特征有3个：（1）具有较大的高光；（2）反射比较弱；（3）材质表面有些许模糊效果。

步骤04 灰色灶面材质的材质球效果如图 14-53 所示。

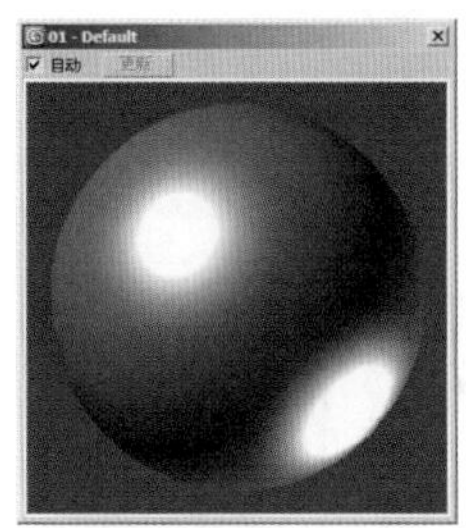

图 14-53

步骤05 设置白色塑料旋钮材质。该材质具有较弱的反射，带有一定的高光，具体参数设置如图 14-54 所示。

知识拓展

【菲涅耳折射率】参数在后面的【锁定】按钮弹起时被激活，可以单独设置菲涅耳反射的反射率。下面进行【菲涅耳折射率】参数测试，大家可以观察圆球中心的反射效果，如图14-55 所示。

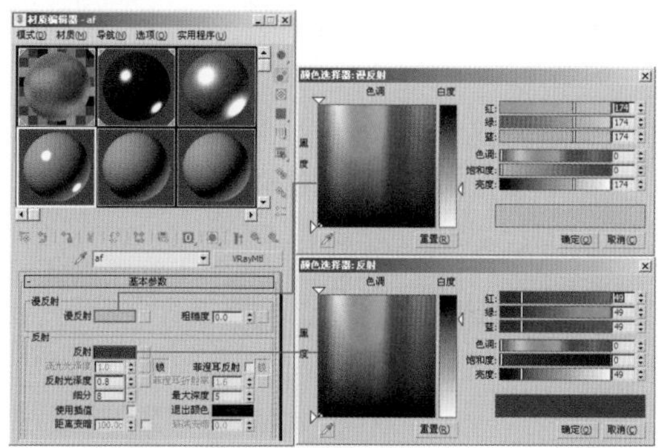
图 14-54

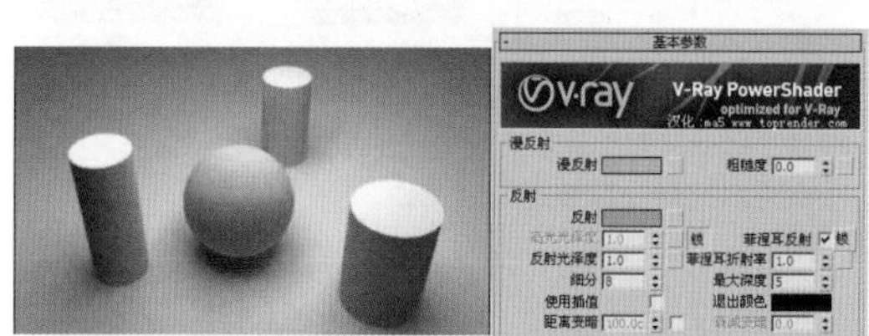
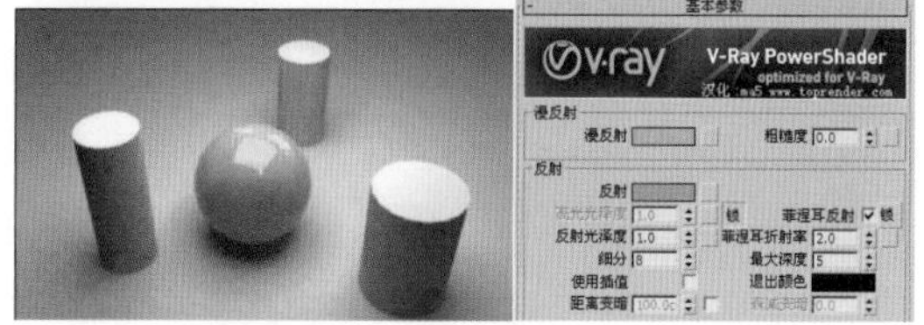
图 14-55

步骤06 白色塑料旋钮材质的材质球效果如图14-56所示。

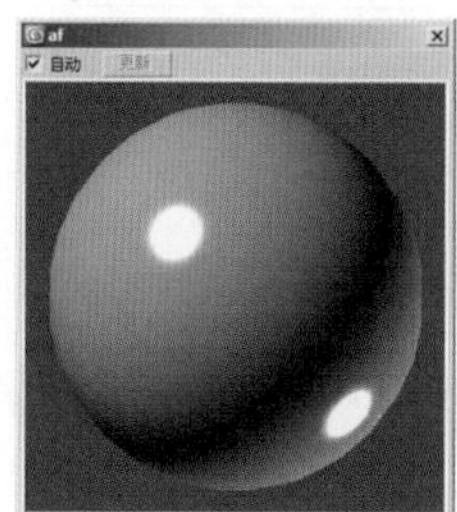
图 14-56

步骤07 设置灰色塑料材质，具体参数设置如图14-57所示。

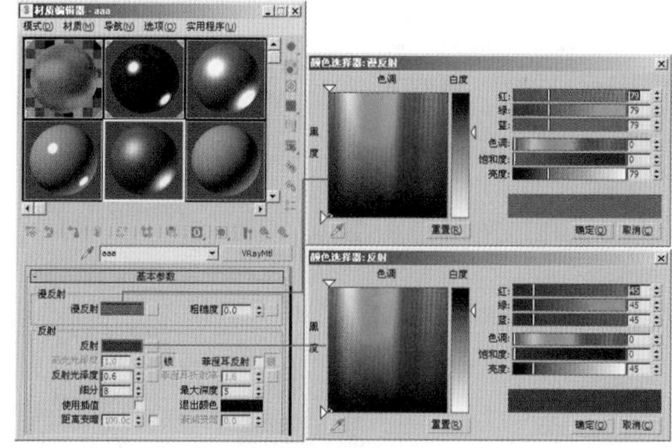
图 14-57

步骤08 灰色塑料材质的材质球效果如图14-58所示。

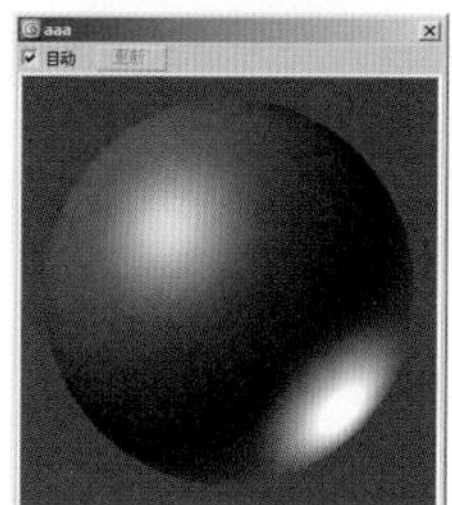
图 14-58

步骤09 设置金属搁架材质，具体参数设置如图14-59所示。

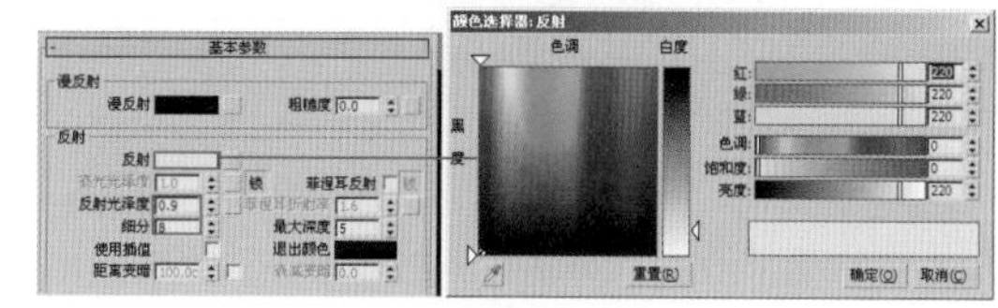
图 14-59

步骤10 金属搁架材质的材质球效果如图14-60所示。

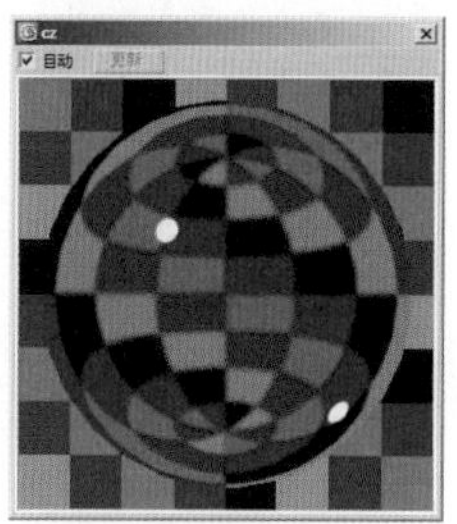
图 14-60

步骤11 烤箱的渲染效果如图14-61所示。

图 14-61

14.2.6 椅子材质设置

步骤01 使用VRayMtl材质制作椅子材质，具体参数设置如图14-62和图14-63所示。

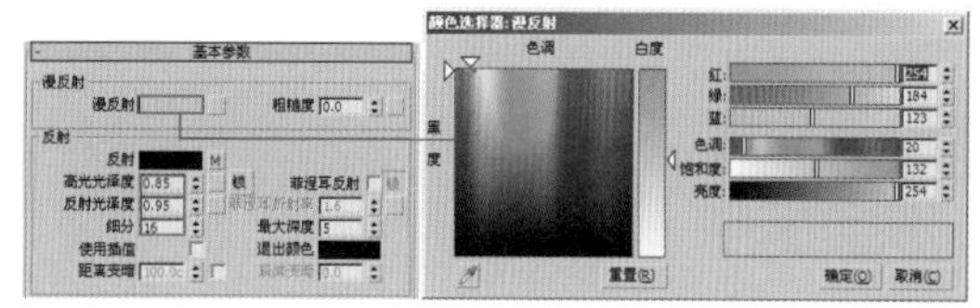
图 14-62

知识拓展

真实椅子的特征有3个：（1）椅子表面比较光滑；（2）带有少许高光；（3）椅子具有菲涅耳反射效果。

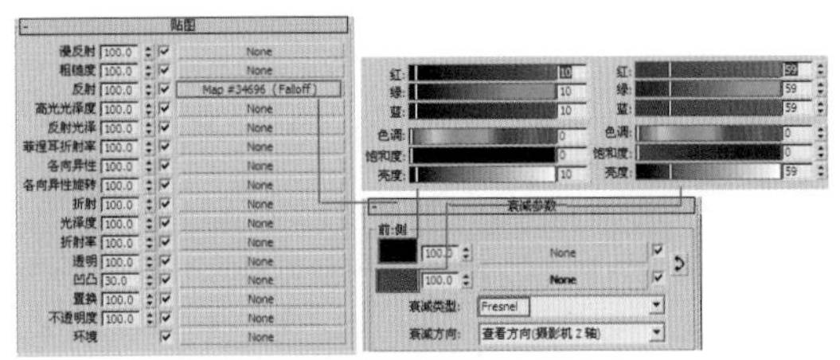

图 14-63

步骤02 椅子材质的材质球效果如图14-64所示。

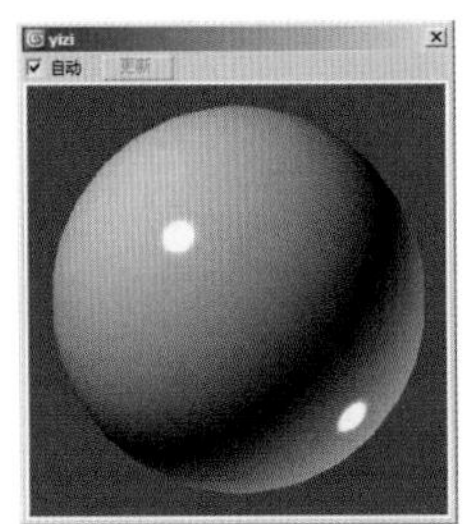

图 14-64

步骤03 椅子的渲染效果如图14-65所示。

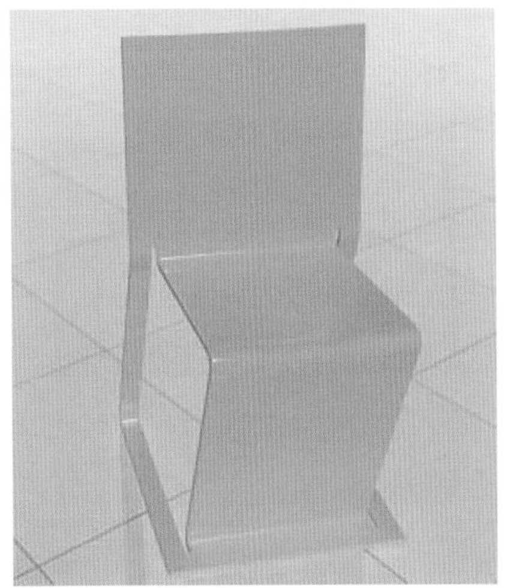

图 14-65

14.2.7 炊具材质设置

炊具材质包括锅材质和水壶材质。

知识拓展

锅材质有3个特征：（1）反射比较弱；（2）不具有高光；（3）表面具有凹凸效果。

步骤01 设置锅材质，具体参数设置如图14-66和图14-67所示。

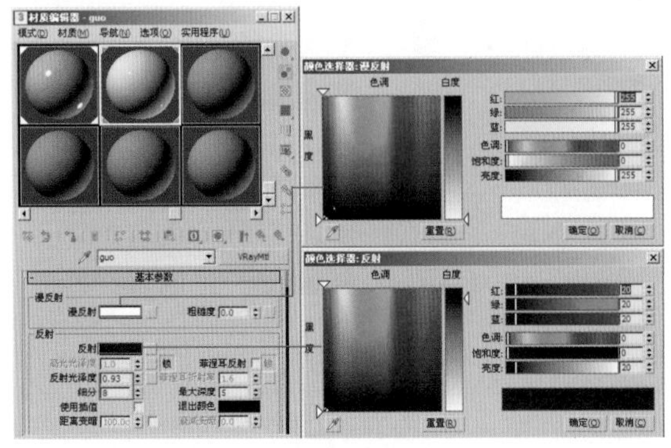

图 14-66

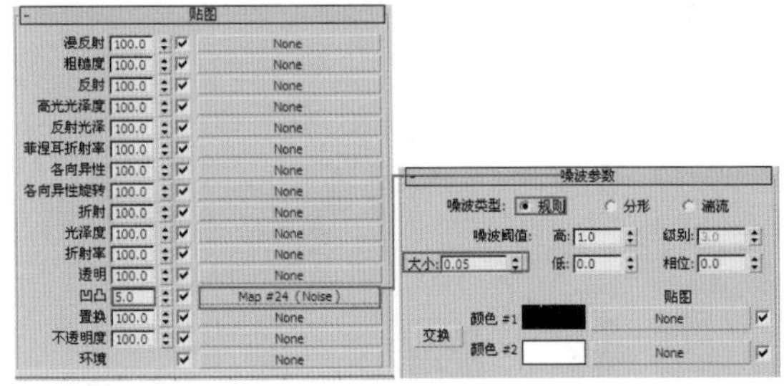

图 14-67

步骤02 锅材质的材质球效果如图14-68所示。

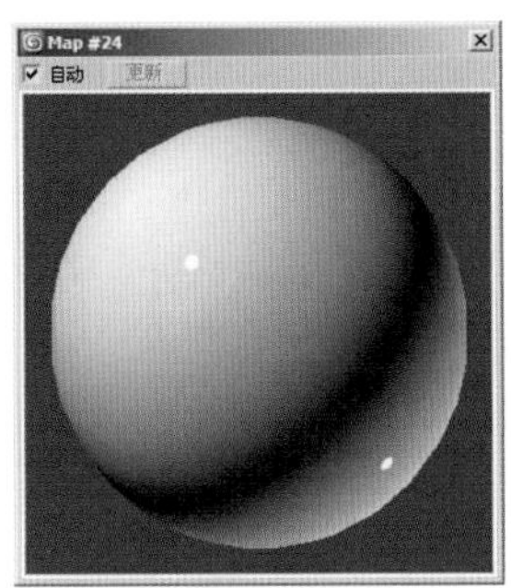

图 14-68

步骤03 设置水壶材质，根据真实水壶材质特征进行参数设置，如图14-69和图14-70所示。

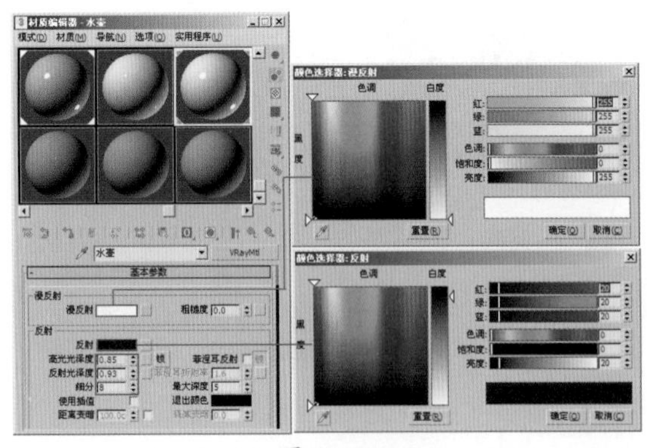

图 14-69

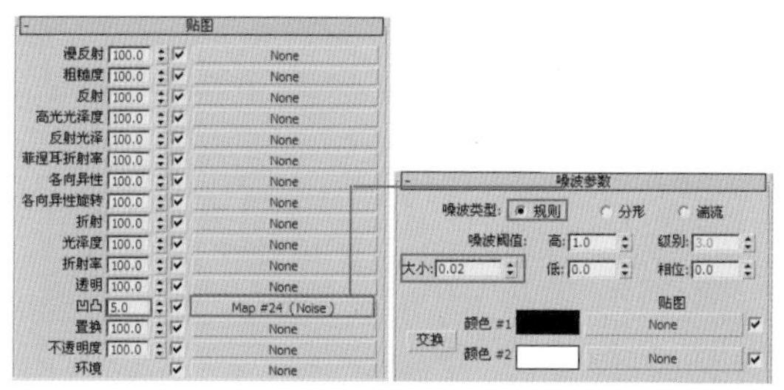

图 14-70

步骤04 炊具的渲染效果如图14-71所示。

图 14-71

14.2.8 户外环境材质设置

户外环境材质为自发光材质。

设置户外环境材质，具体参数设置如图14-72所示。

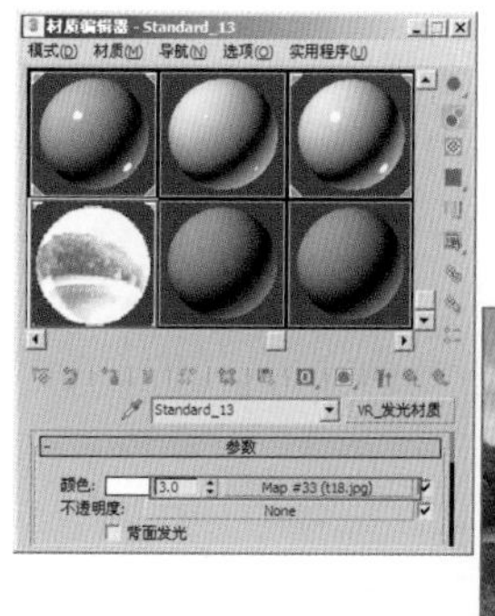

图 14-72

14.3 场景灯光和最终渲染设置

接下来进行场景的灯光设置，采用白天的灯光效果来表达整个场景的亮度。设置完成后，就要进行最终成图渲染了，一般情况下我们需要渲染尺寸比较大的图像用于印刷。在渲染大图时，需要先保存小尺寸的发光贴图和灯光贴图，然后用这些发光贴图和灯光贴图来渲染大尺寸的图像，这样可以节约很多渲染时间。

14.3.1 灯光设置

步骤01 在命令面板下的创建面板中，选择VRay类型，单击VRayLight按钮，在视图中创建两盏VRay灯光，具体位置如图14-73所示。

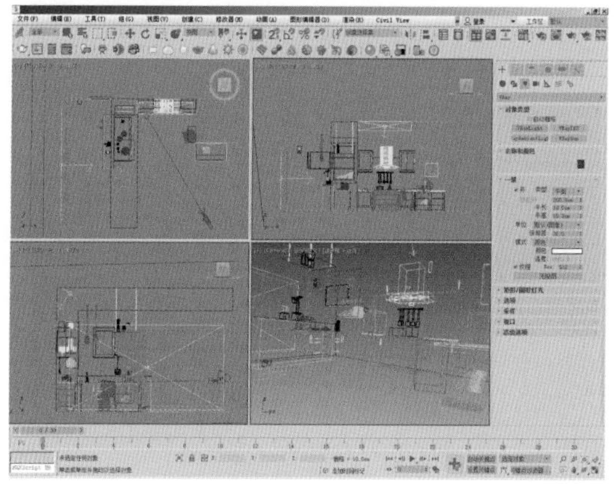

图 14-73

步骤02 在修改命令面板中分别设置灯光参数，如图14-74所示。

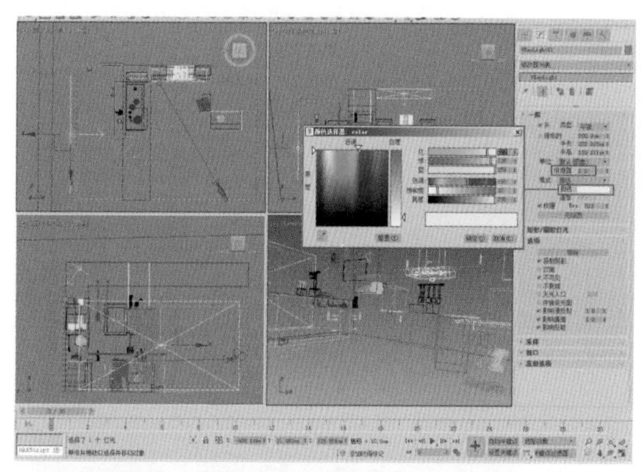

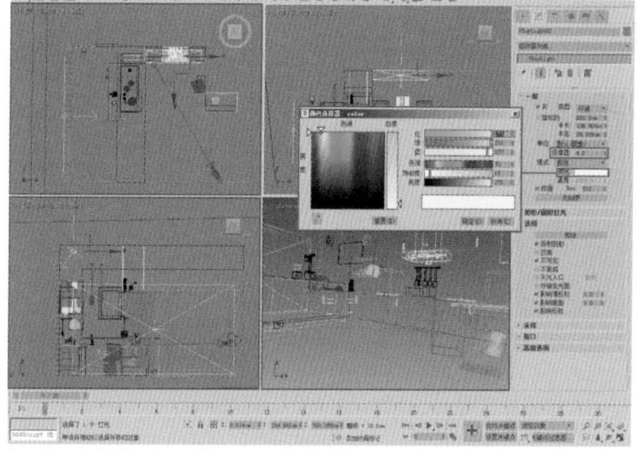

图 14-74

14.3.2 最终渲染设置

步骤01 按【F10】键打开【渲染设置】对话框，设置渲染尺寸为需要的大尺寸。

步骤02 在【全局开关】卷展栏中取消勾选【覆盖材质】复选框，如图14-75所示。

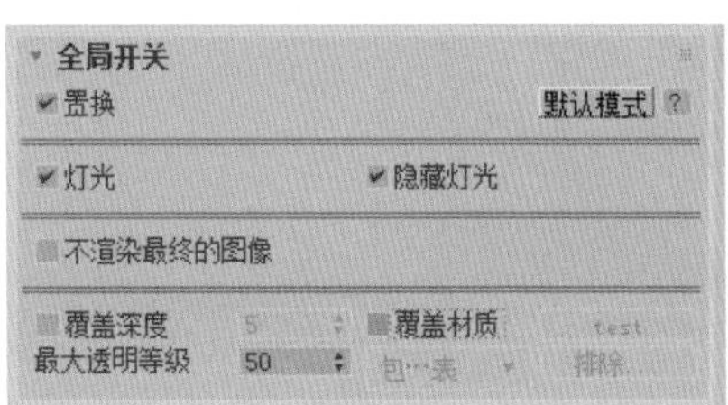

图14−75

步骤03 在【发光贴图】卷展栏中设置高采样值，如图14-76所示。

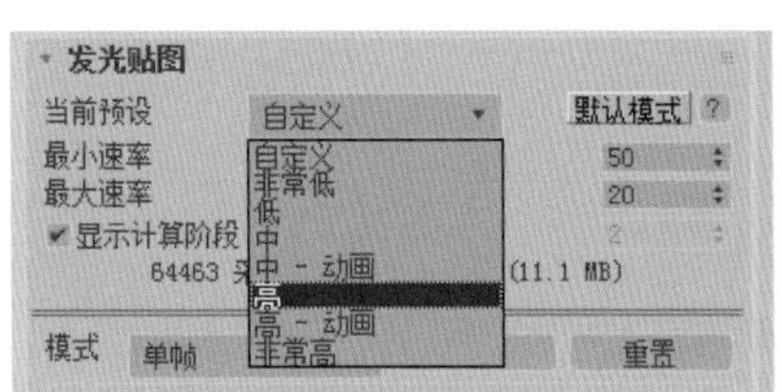

图14−76

步骤04 在【灯光缓存】卷展栏中设置【细分】值为1200，勾选【折回】复选框，如图14-77所示。

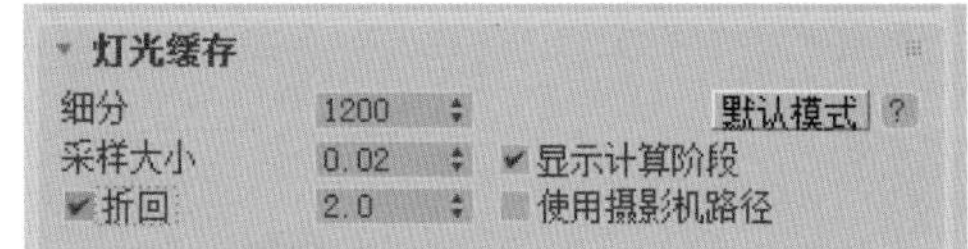

图14−77

步骤05 最终效果如图14-78所示。

图14−78

第15章 客厅场景渲染

本章导读

本章介绍欧式客厅的设计方法和设计理念。客厅雅致富丽，带有浓烈的古典欧式色彩。墙面为冷色调，搭配宽大的白色石膏线，是典型的古典欧式风格的客厅。沙发和家具在造型和色彩上紧随风格，窗帘样式和灯具的选择也毫不马虎。客厅的大部分面积处在挑空结构之下，大面积的玻璃窗带来了良好的采光，落地的窗帘很是气派。布艺沙发组合有着丝绒的质感及流畅的木质曲线，将传统欧式家居的奢华与现代家居的实用性完美结合。壁炉自然不可或缺，它被安置在空间结构的交汇处，与圆形的镜子相呼应。敞开式的客厅提供了一个视觉中心。

15.1 场景灯光设置

本例在场景灯光的设置上使用VRay灯光进行窗口的暖色补光和室内补光及模拟灯槽照明，使用球形面光源模拟台灯照明，使用目标点灯光模拟射灯照明。

图15-1所示为客厅场景最终渲染效果图。

图15-1

本场景的灯光布局如图15-2所示。

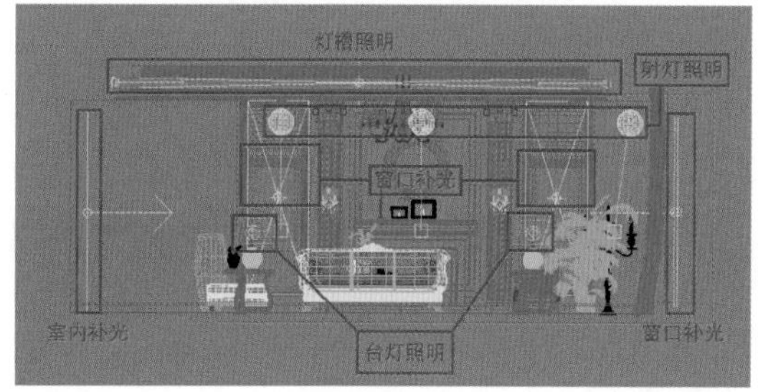

图15-2

配色应用：

制作要点：

1. 掌握横向构图的使用及客厅的多窗式结构。
2. 学会场景背景材质的制作，如乳胶漆材质、大理石材质及地毯材质。
3. 学会客厅灯光的分布和灯光类型的选择。

最终场景： Ch15\Scenes\ 客厅场景 ok.max

贴图素材： Ch15\Maps

难易程度： ★★★★☆

15.1.1 测试渲染设置

对采样值和渲染参数进行最低级别的设置，可以达到既能够观察渲染效果又能快速渲染的目的。

步骤01 打开工程文件中Scenes目录下的客厅场景.max文件。这是一个欧式客厅的场景模型，场景内的模型包括墙体、地板、地毯、沙发、茶几、台灯、吊灯、炉壁及一些摆设品，如图15-3所示。

图 15-3

步骤02 按【F10】键打开【渲染设置】对话框，设置V-Ray Adv 3.60.03为当前渲染器，如图15-4所示。

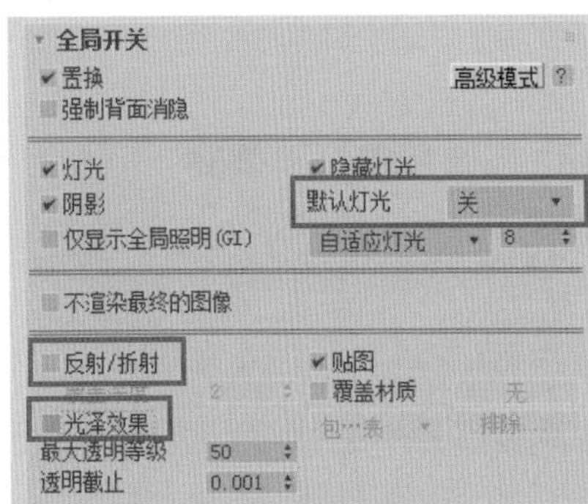

图 15-4

步骤03 在【全局开关】卷展栏中设置总体参数，如图15-5所示。因为我们要调整灯光，所以在这里关闭默认的灯光，勾选【反射/折射】和【光泽效果】复选框，这两项都会影响渲染速度。

图 15-5

步骤04 在【图像采样（抗锯齿）】卷展栏中设置参数，如图15-6所示，这是抗锯齿采样设置。

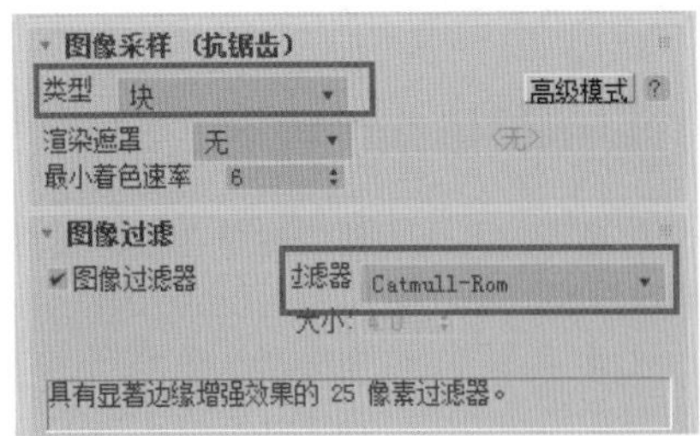

图 15-6

步骤05 在【全局光照】卷展栏中设置参数，如图15-7所示，这是间接照明设置。

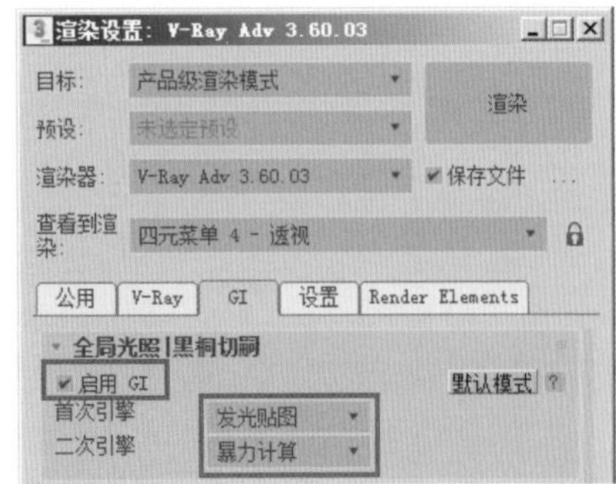

图 15-7

步骤06 在【发光贴图】卷展栏中设置【当前预设】为自定义，如图15-8所示，这是发光贴图参数设置。

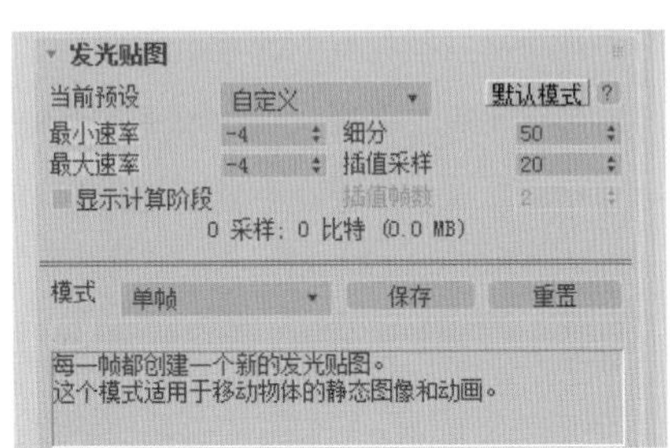

图 15-8

步骤07 在【暴力计算GI】卷展栏中设置灯光贴图的参数，如图15-9所示。

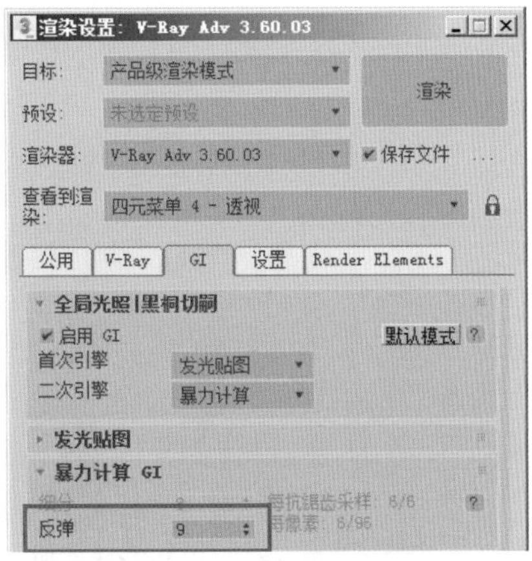

图 15-9

步骤08 在【颜色贴图】卷展栏中设置曝光模式为【线性叠加】，具体参数设置如图15-10所示。

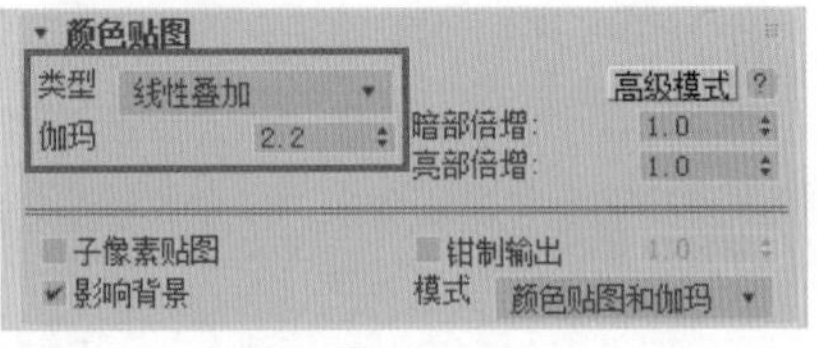

图 15-10

步骤09 按【8】键打开【环境和效果】窗口，设置背景颜色为白色，如图15-11所示。

图 15-11

15.1.2 设置场景灯光

目前我们关闭了默认的灯光，所以要创建灯光。在灯光的设置上，使用VRay灯光进行窗口的暖色补光和室内补光及模拟灯槽照明，使用球形面光源模拟台灯照明，使用目标点灯光模拟射灯照明。

步骤01 首先制作一个统一的材质测试模型。按【M】键打开材质编辑器，选择一个空白的材质球，设置材质样式为 VR材质 材质，如图15-12所示。

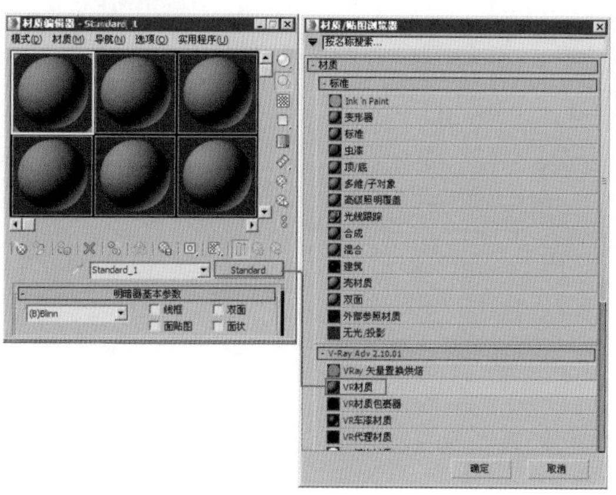

图 15-12

步骤02 在参数面板中设置【漫反射】颜色为浅灰色，如图15-13所示。

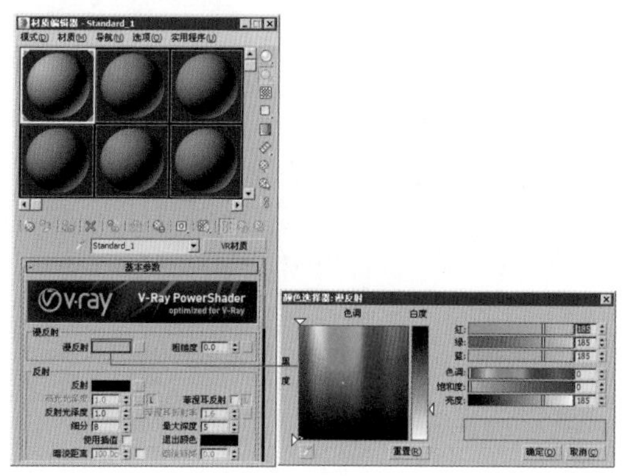

图 15-13

步骤03 按【F10】键打开【渲染设置】对话框，勾选 覆盖材质: 复选框，将该材质拖动到 None 按钮上，这样就给整体场景设置了一个临时的测试用的材质，如图15-14所示。

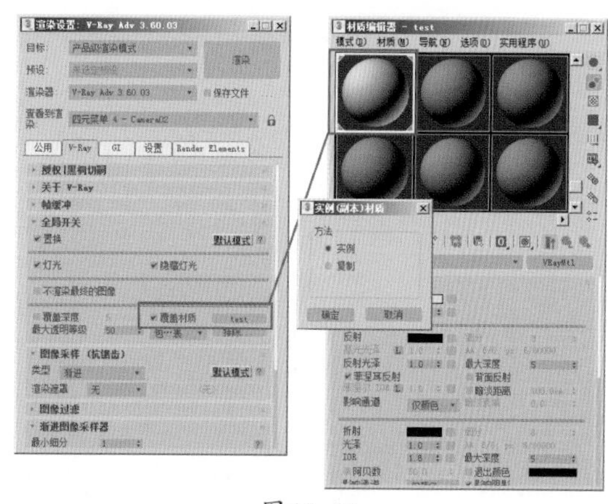

图 15-14

步骤04 设置窗口补光。在命令面板下的创建面板中，选择 VRay 类型，单击 VRayLight 按钮，在窗口处创建6盏VRay灯光，用来进行窗口补光，具体位置如图15-15所示。

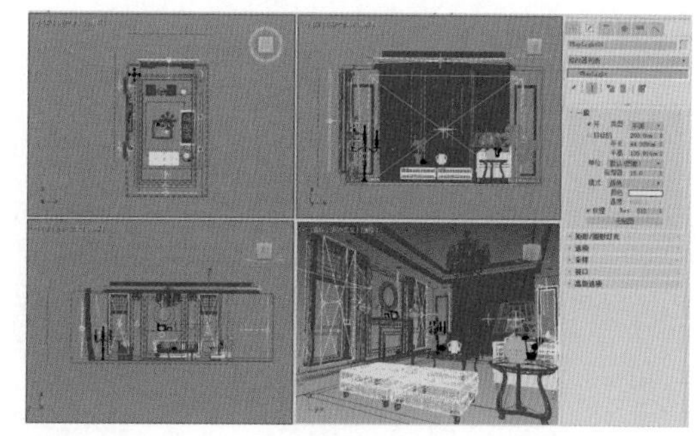

图 15-15

步骤05 在修改命令面板中设置灯光参数，如图15-16～图15-18所示。

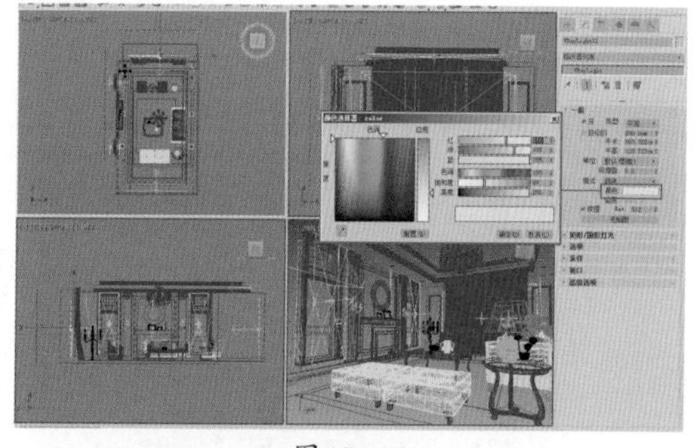

图 15-16

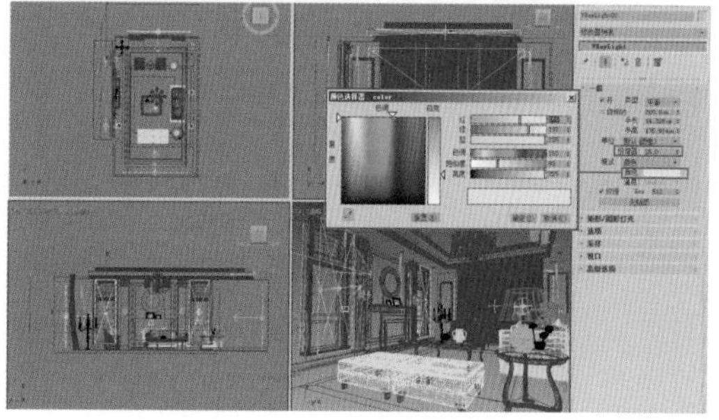

图 15-17

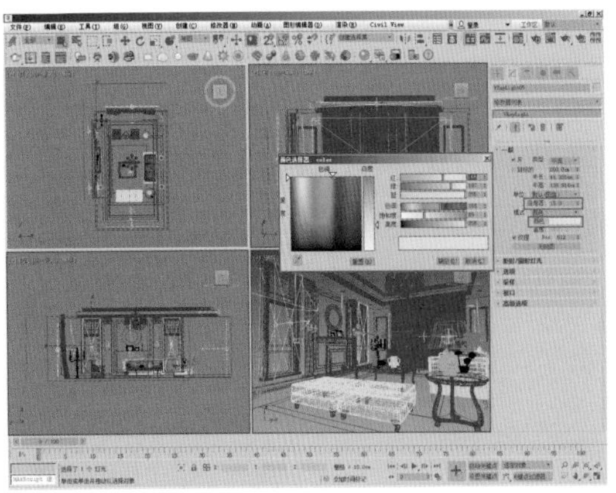

图 15-18

步骤06 按【F9】键对视图进行渲染，此时渲染效果如图 15-19 所示。

图 15-19

步骤07 设置室内补光。在十命令面板下的创建面板中，选择VRay类型，单击VRayLight按钮，在室内创建一盏VRayLight面光源，用来进行室内补光，具体位置如图 15-20 所示。

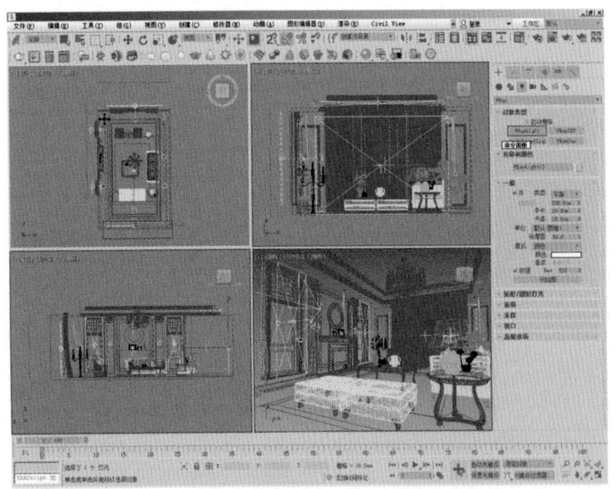

图 15-20

步骤08 在修改命令面板中设置面光源的参数，如图15-21所示。

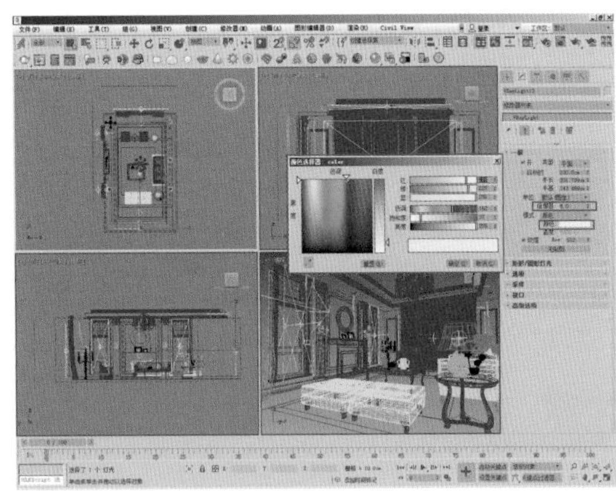

图 15-21

步骤09 按【F9】键对视图进行渲染，此时渲染效果如图 15-22 所示。

图 15-22

步骤10 设置灯槽和台灯照明。在十命令面板下的创建面板中，选择VRay类型，单击VRayLight按钮，在天花板处创建4盏VRayLight面光源，用来进行灯槽照明；在台灯处创建2盏VRayLight球形面光源，用来模拟台灯照明，具体位置如图 15-23 所示。

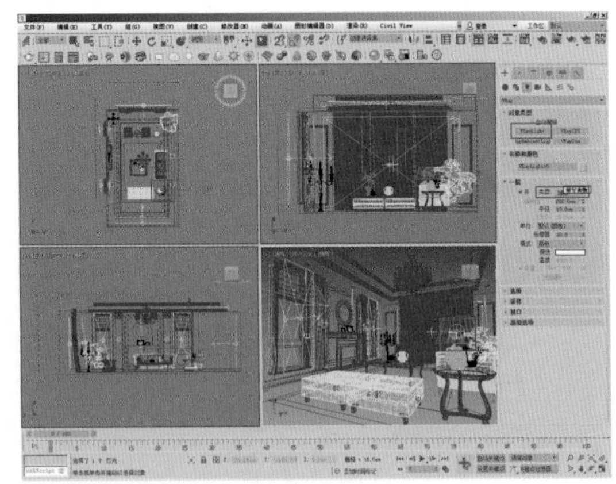

图 15-23

步骤11 在修改命令面板中设置面光源的参数，如图 15-24和图 15-25 所示。

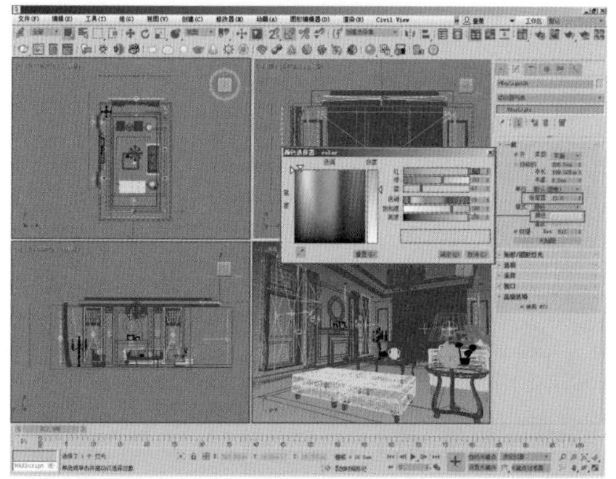

图 15–24

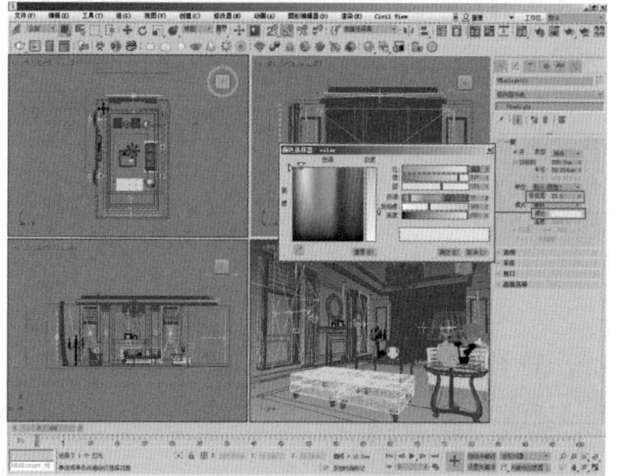

图 15–25

知识拓展

【细分】参数用来设置灯光的细腻程度（确定有多少条来自模拟摄影机的路径被追踪），一般开始制图时设置为100，进行快速渲染测试，而在正式渲染时设置为1000~1500，速度是很快的。

步骤12 按【F9】键对视图进行渲染，此时渲染效果如图15-26所示。

图 15–26

步骤13 设置射灯照明。在+命令面板中单击 目标灯光 按钮，在室内创建5盏目标点灯光，用来模拟射灯照明，具体位置如图15-27所示。

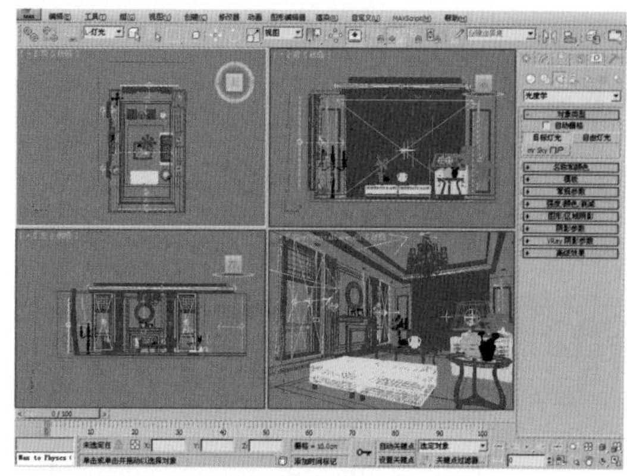

图 15–27

步骤14 在修改命令面板中设置射灯的参数，如图15-28所示（光域网见工程文件中Maps目录下的15.IES文件）。

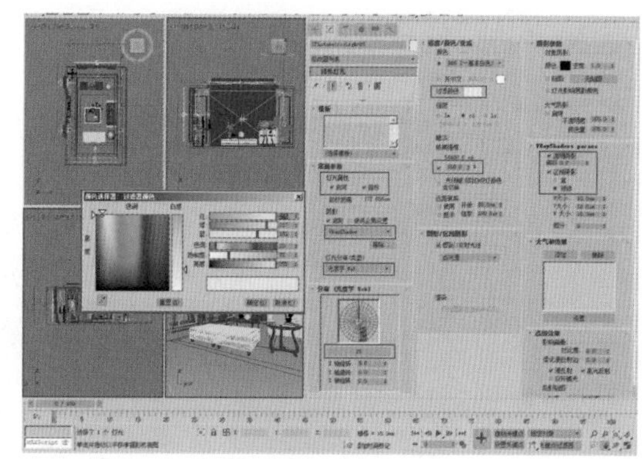

图 15–28

知识拓展

VRay阴影通常被3ds Max标准灯光或VRay灯光用于产生光迹追踪阴影。标准的3ds Max光迹追踪阴影无法在VRay中正常工作，此时必须使用VRay阴影，除支持模糊（或面积）阴影外，还可以正确表现来自VRay置换物体或透明物体的阴影。

步骤15 重新对摄影机视图进行渲染，效果如图15-29所示。灯光设置完成。

图 15–29

15.2 场景材质设置

客厅场景的家具及摆设品种类繁多，主要家具包括沙发、茶几、炉壁、桌子及灯具等，在家具材质的设置上以布料材质、皮革材质、木质材质、不锈钢材质和玻璃材质为主。

15.2.1 设置墙体和地面材质

墙体材质包括白色乳胶漆材质、黄色乳胶漆材质、白色亚光漆材质、黄色大理石材质和磨砂不锈钢材质；地面材质包括浅黄色大理石材质、棕色大理石材质和地毯材质。

步骤01 设置白色乳胶漆墙体材质。打开材质编辑器，选择一个空白的材质球，设置材质样式为 VR材质 专用材质，设置【漫反射】颜色为白色，设置【反射】区域中的参数，如图15-30所示。

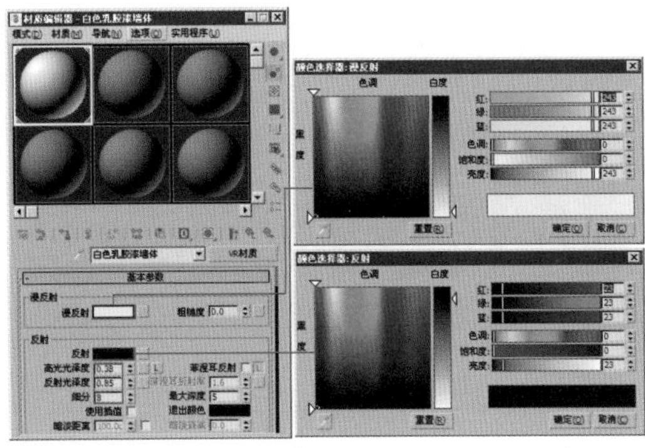

图 15−30

步骤02 设置黄色乳胶漆墙体材质。打开材质编辑器，选择一个空白的材质球，设置材质样式为 VR材质 专用材质，设置【漫反射】颜色为黄色，设置【反射】区域中的参数，如图15-31所示。

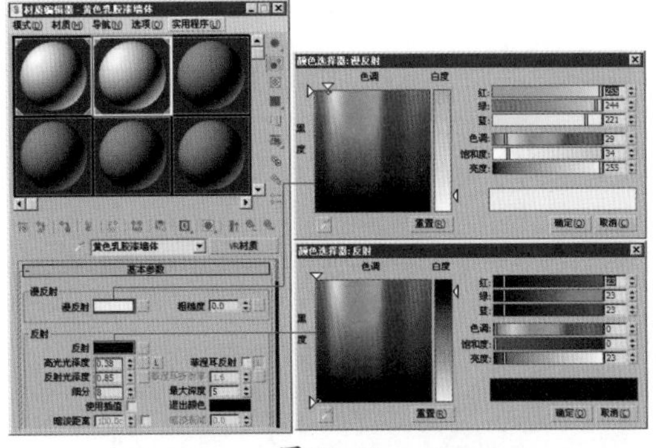

图 15−31

步骤03 设置黄色大理石墙体材质。打开材质编辑器，选择一个空白的材质球，设置材质样式为 VR材质 专用材质，设置【漫反射】通道贴图为Ch15/Maps/b0000016.jpg文件，具体参数设置如图15-32所示。

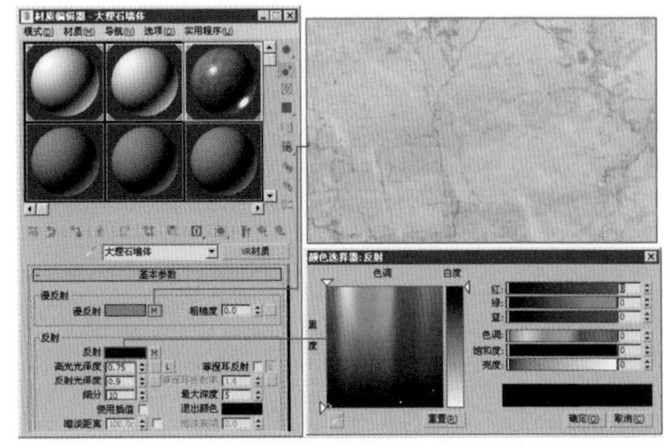

图 15−32

步骤04 打开【贴图】卷展栏，在【反射】通道中添加一张【衰减】贴图，设置【衰减类型】为Fresnel，具体参数设置如图15-33所示。

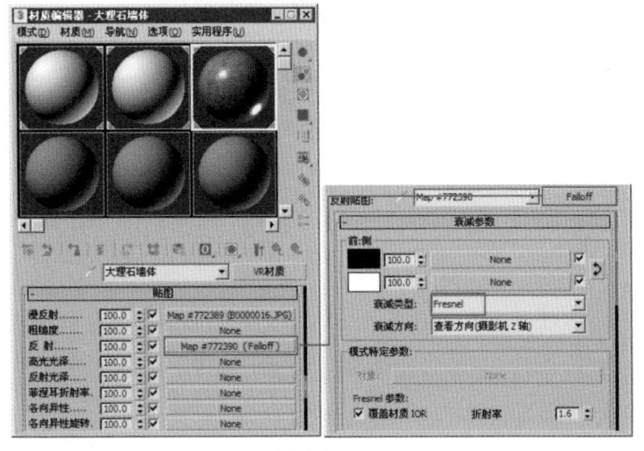

图 15−33

步骤05 单击按钮返回最上层，设置【凹凸】通道贴图为Ch15/Maps/b0000016.jpg文件，设置贴图强度为30，如图15-34所示。

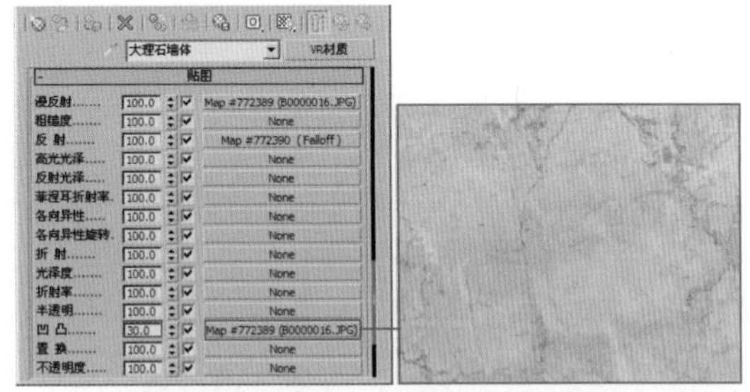

图 15−34

步骤06 设置磨砂不锈钢墙体材质。打开材质编辑器，选择一个空白的材质球，设置材质样式为 VR材质 专用材质，设置【漫反射】颜色为灰白色，设置【反射】区域中的参数，如图15-35所示。

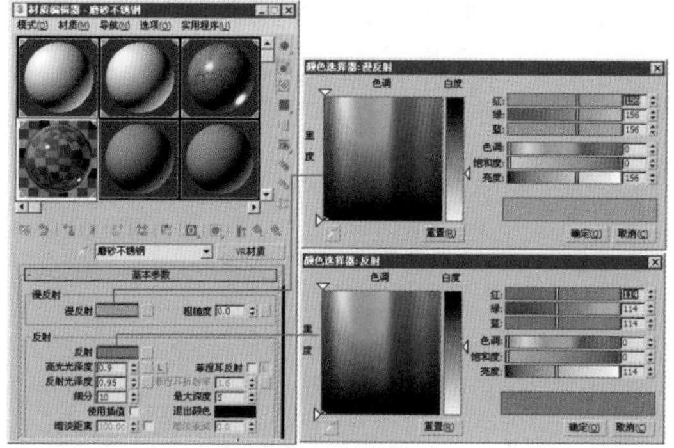

图 15-35

步骤07 设置白色亚光漆墙体材质。打开材质编辑器，选择一个空白的材质球，设置材质样式为 VR材质 专用材质，设置【漫反射】颜色为白色，设置【反射】区域中的参数，如图 15-36 所示。

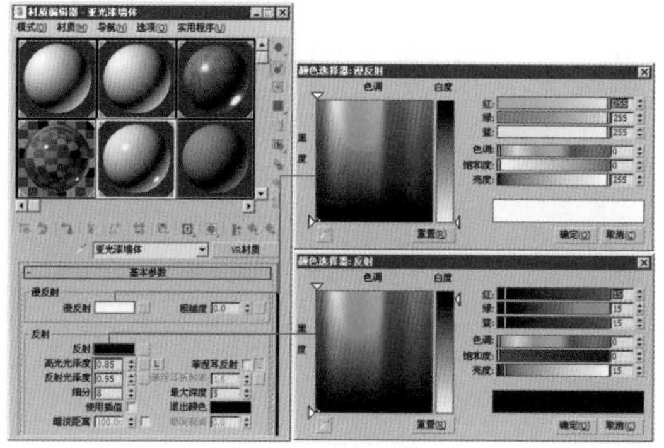

图 15-36

步骤08 打开【双向反射分布函数】卷展栏，具体参数设置如图 15-37 所示。

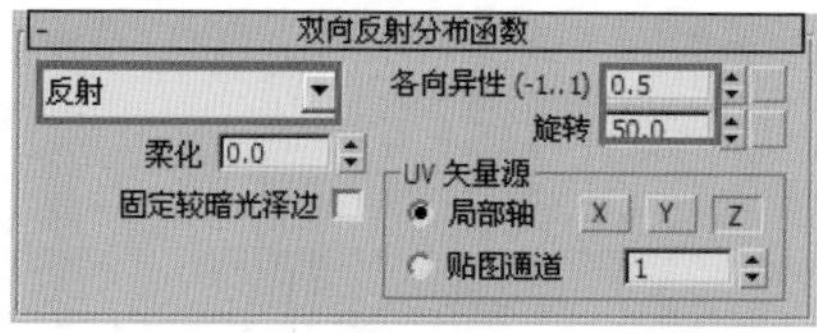

图 15-37

知识拓展

【反射光泽度】参数用于设置反射的锐利效果。值为1表示一种完美的镜面反射效果，随着取值的减小，反射效果会越来越模糊。平滑反射的品质由下面的【细分】参数来控制。

步骤09 设置浅黄色大理石地面材质。打开材质编辑器，选择一个空白的材质球，设置材质样式为 VR材质 专用材质，设置【漫反射】通道贴图为 Ch15/Maps/ 贴图 7.jpg 文件，具体参数设置如图 15-38 所示。

步骤10 打开【贴图】卷展栏，在【反射】通道中添加一张【衰减】贴图，设置前通道颜色为黑色，设置侧通道颜色为蓝色，设置【衰减类型】为 Fresnel，如图 15-39 所示。

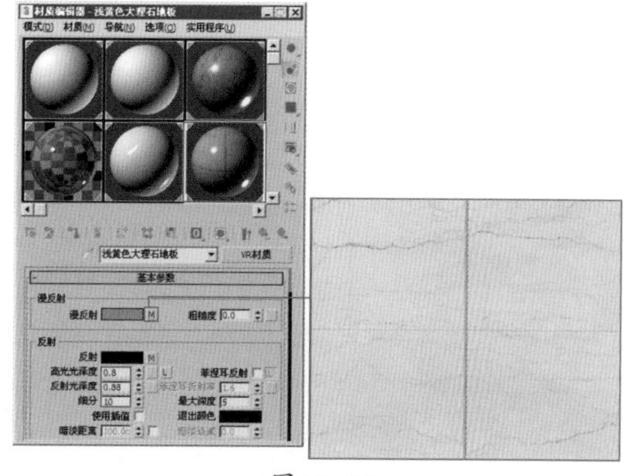

图 15-38

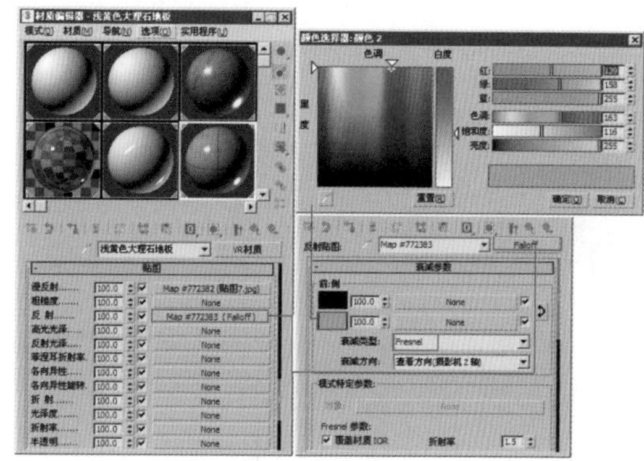

图 15-39

步骤11 单击按钮返回最上层，设置【凹凸】通道贴图为 Ch15/Maps/ 贴图 7.jpg 文件，设置贴图强度为 20，如图 15-40 所示。

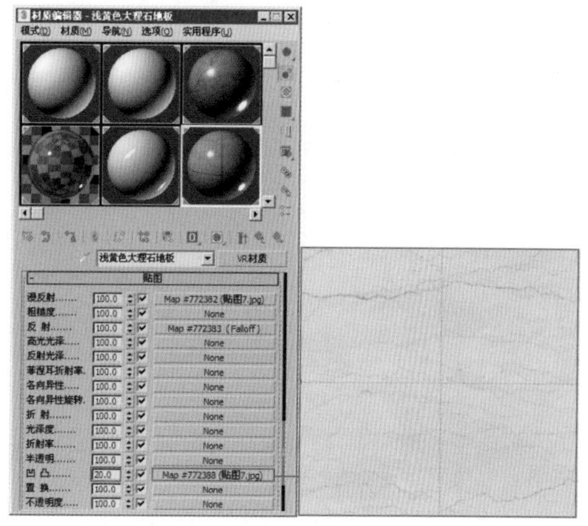

图 15-40

步骤12 设置棕色大理石地面材质。打开材质编辑器，选择一个空白的材质球，设置材质样式为 VR材质 专用材质，设置【漫反射】通道贴图为 Ch15/Maps/sc-080.jpg 文件，具体参数设置如图 15-41 所示。

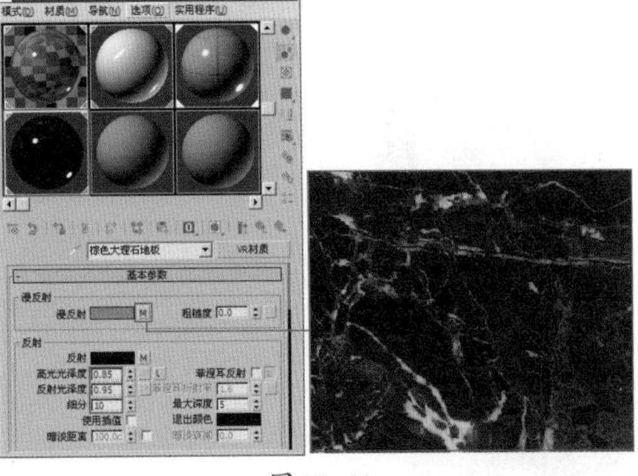

图 15-41

步骤13 打开【贴图】卷展栏，在【反射】通道中添加一张【衰减】贴图，设置前通道颜色为黑色，设置侧通道颜色为蓝色，设置【衰减类型】为Fresnel，如图15-42所示。

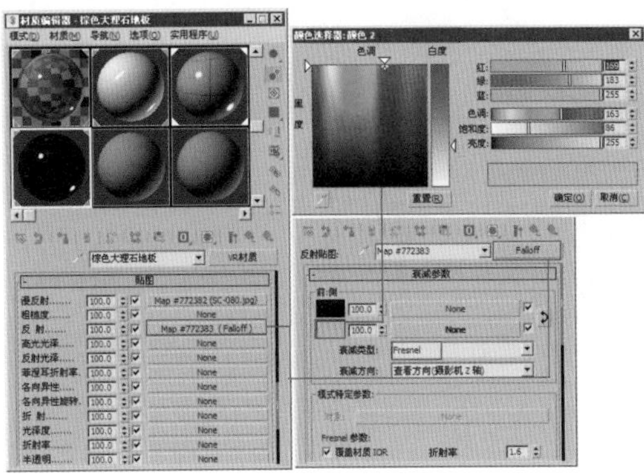

图 15-42

步骤14 单击按钮返回最上层，设置【凹凸】通道贴图为Ch15/Maps/sc-080.jpg文件，设置贴图强度为20，如图15-43所示。

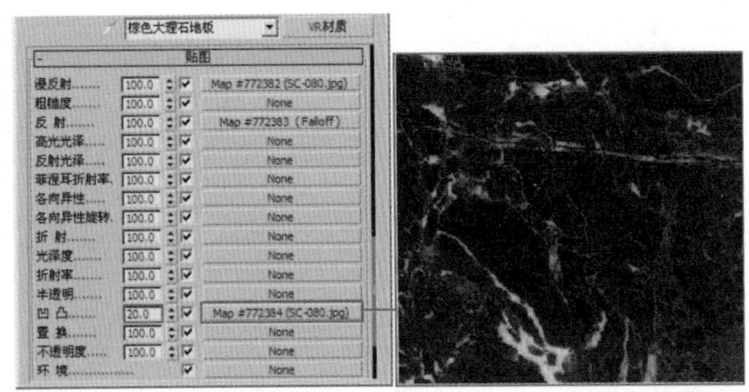

图 15-43

步骤15 设置地毯材质。打开材质编辑器，选择一个空白的材质球，设置材质样式为 VR材质 专用材质，设置【漫反射】通道贴图为Ch15/Maps/sa-persianepicmultia.jpg文件，具体参数设置如图15-44所示。

步骤16 打开【贴图】卷展栏，设置【凹凸】通道贴图为Ch15/ Maps/sa-persianepicmultia.jpg文件，设置贴图强度为100，如图15-45所示。

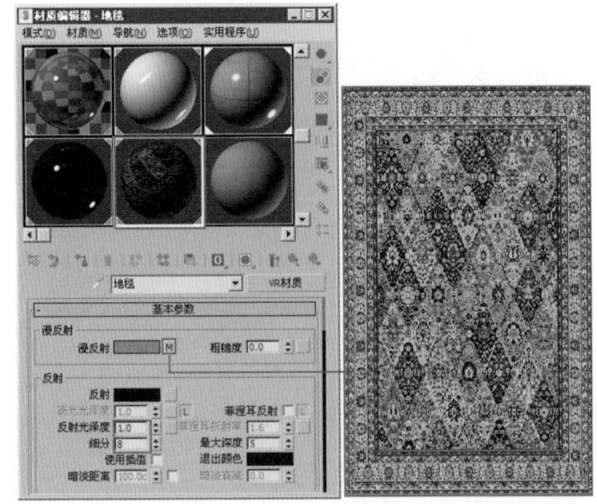

图 15-44

图 15-45

步骤17 将所设置的材质赋予墙体和地面模型，渲染效果如图15-46所示。

图 15-46

15.2.2 设置窗帘材质

窗帘材质分为白色窗帘材质、浅蓝色窗帘材质和紫色窗帘材质。

步骤01 设置白色窗帘材质。打开材质编辑器，选择一个空白的材质球，设置材质样式为 VR双面材质 材质，如图15-47所示。

步骤02 设置【正面材质】部分材质。设置材质样式为 VR材质 专用材质，设置【漫反射】颜色为白色，具体参数设置如图15-48所示。

图 15-47

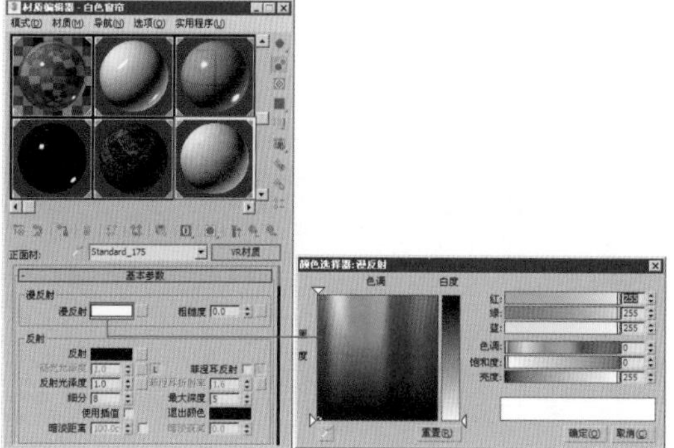

图 15-48

步骤03 打开【贴图】卷展栏，在【折射】通道中添加一张【混合】贴图，在【颜色#1】通道中添加一张衰减贴图，设置前通道颜色为黑色，设置侧通道颜色为灰色，设置【衰减类型】为Fresnel，并调节混合曲线到如图15-49所示的位置。

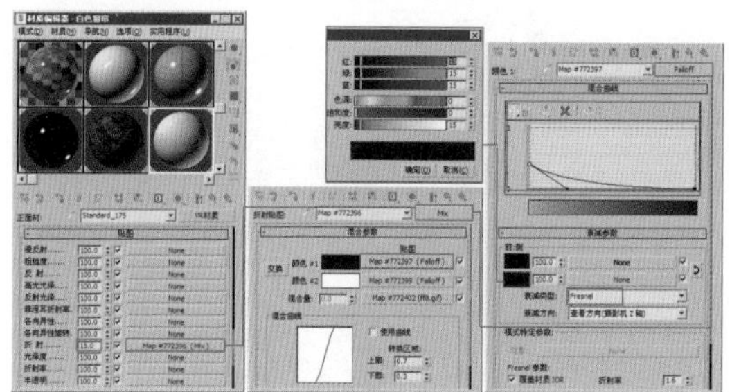

图 15-49

步骤04 在【颜色#2】通道中添加一张衰减贴图，设置前通道贴图为Ch15/Maps/ff8.gif文件，设置侧通道颜色为灰色，设置【衰减类型】为Fresnel，并调节混合曲线到如图15-50所示的位置。

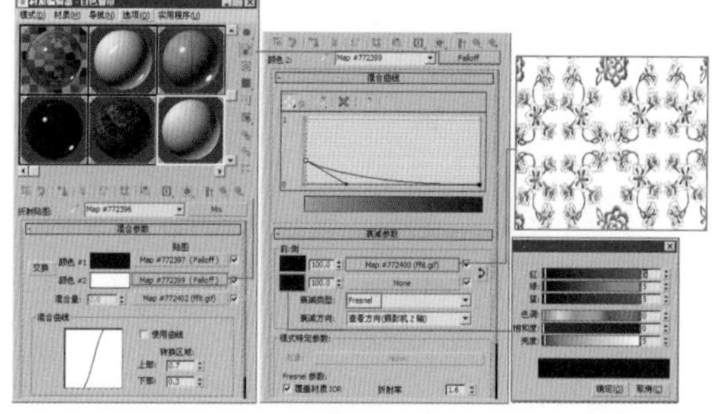

图 15-50

步骤05 设置【混合量】通道贴图为Ch15/Maps/ff8.gif文件，设置【折射】贴图强度为15，具体参数设置如图15-51所示。

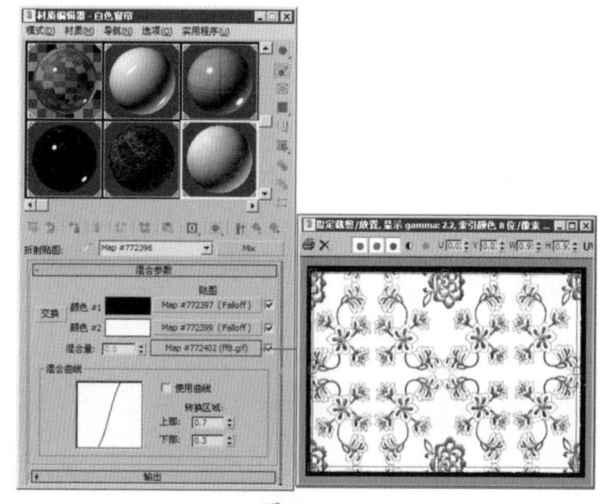

图 15-51

步骤06 单击按钮返回最上层，设置【凹凸】通道贴图为Ch15/Maps/ff8.gif文件，设置贴图强度为30；在【环境】通道中添加一张输出贴图，设置【输出量】为3.0，具体参数设置如图15-52所示。

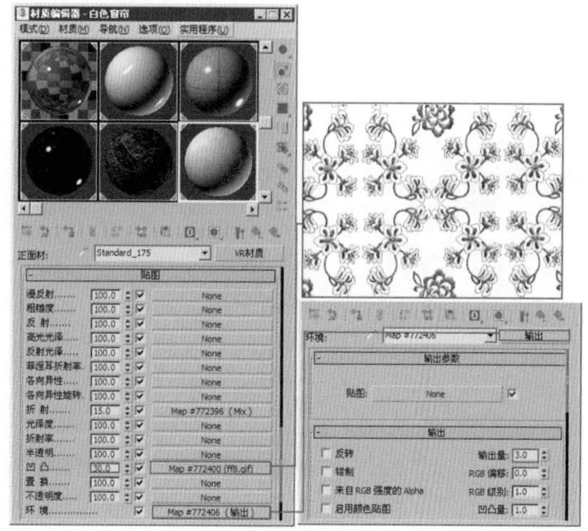

图 15-52

步骤07 设置紫色窗帘材质。打开材质编辑器，选择一个空白的材质球，设置材质样式为 VR材质 专用材质，设置【漫反射】颜色为紫色，具体参数设置如图15-53所示。

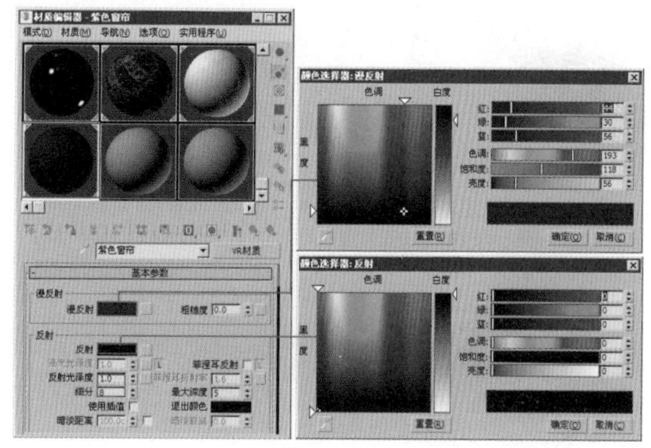

图 15-53

步骤08 打开【贴图】卷展栏，在【折射】通道中添加一张【衰减】贴图，设置前通道颜色为黑色，设置侧通道颜色为灰色，并调节混合曲线；设置【折射】贴图强度为100，如图15-54所示。

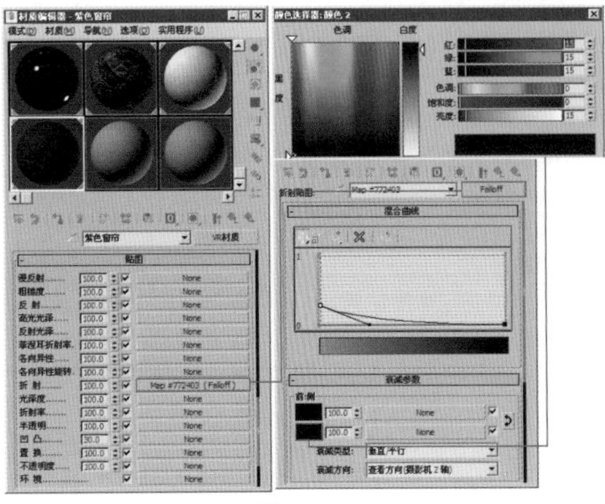

图15-54

步骤09 设置浅蓝色窗帘材质。打开材质编辑器，选择一个空白的材质球，设置材质样式为 VR材质 专用材质，设置【漫反射】颜色为浅蓝色，具体参数设置如图15-55所示。

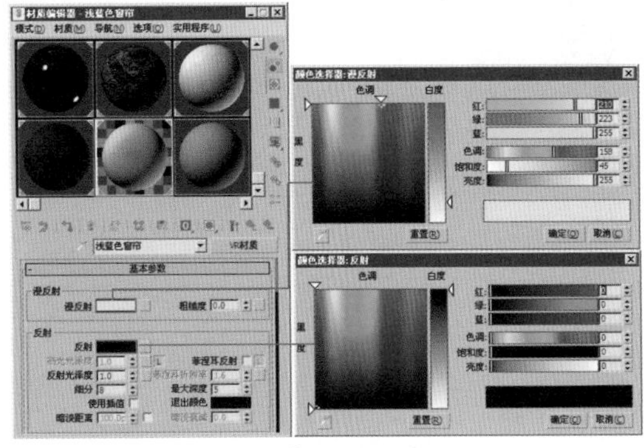

图15-55

步骤10 打开【贴图】卷展栏，在【折射】通道中添加一张【衰减】贴图，设置前通道颜色为黑色，设置侧通道颜色为灰色，并调节混合曲线；设置【折射】贴图强度为100，如图15-56所示。

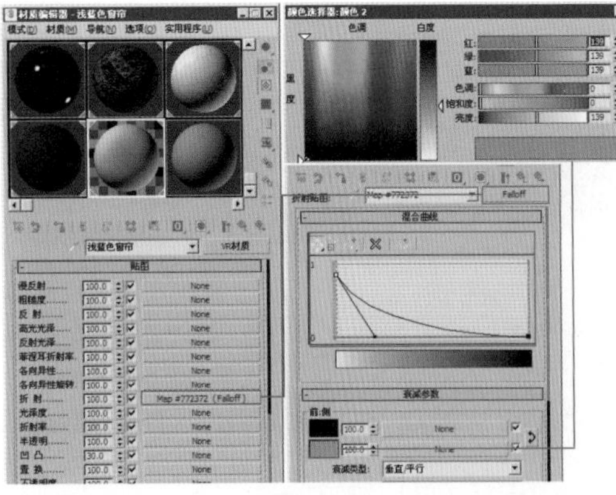

图15-56

步骤11 将所设置的材质赋予窗帘模型，渲染效果如图15-57所示。

图15-57

15.2.3 设置沙发材质

沙发材质包括白色亚光漆材质、皮革材质和布料靠垫材质。

步骤01 设置白色亚光漆材质。打开材质编辑器，选择一个空白的材质球，设置材质样式为 VR材质 专用材质，设置【漫反射】颜色为白色，设置【反射】区域中的参数，如图15-58所示。

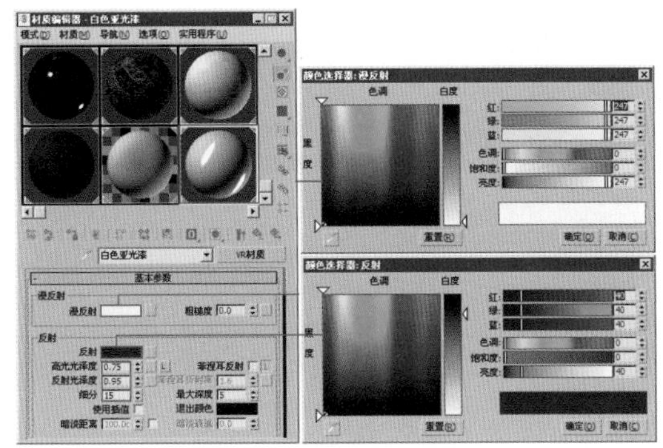

图15-58

步骤02 打开【双向反射分布函数】卷展栏，具体参数设置如图15-59所示。

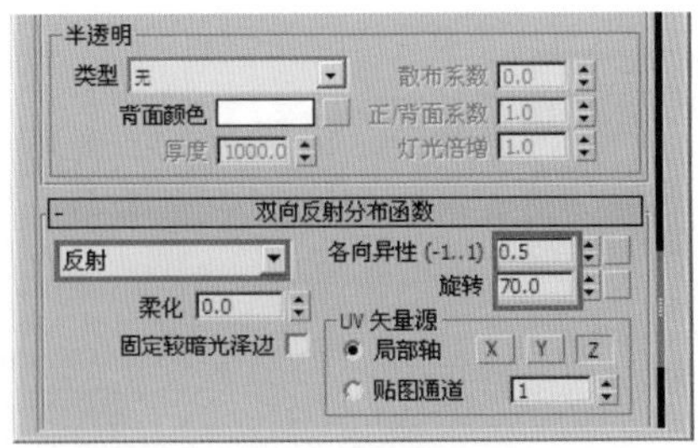

图15-59

步骤03 设置皮革材质。打开材质编辑器，选择一个空白的材质球，设置材质样式为 VR材质 专用材质，设置【漫反射】颜色为白色，设置【反射】区域中的参数，如图15-60所示。

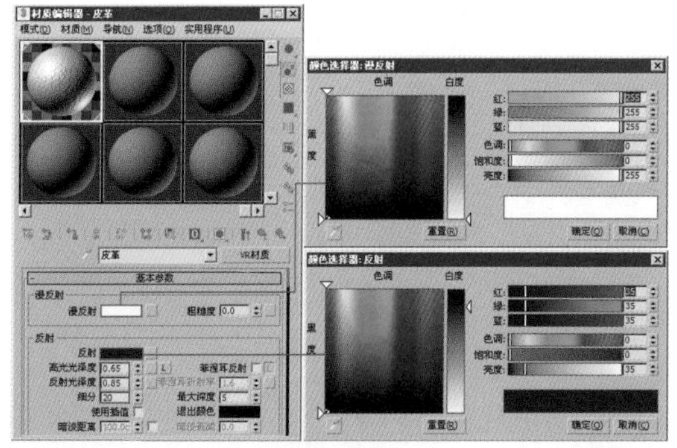
图 15-60

步骤04 打开【贴图】卷展栏，设置【凹凸】通道贴图为Ch15/Maps/leather_bump.jpg文件，设置贴图强度为30，如图15-61所示。

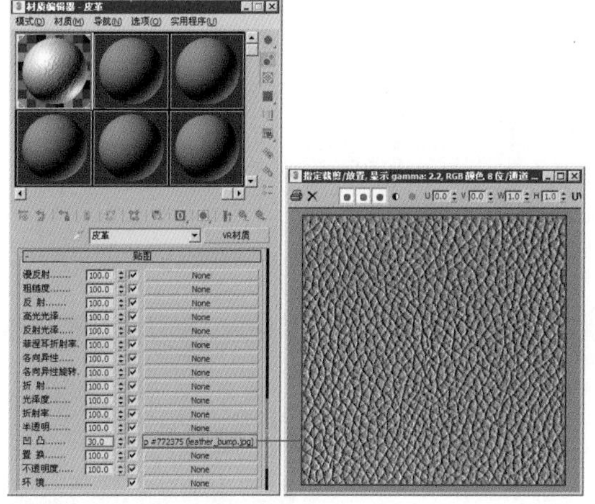
图 15-61

步骤05 打开【双向反射分布函数】卷展栏，具体参数设置如图15-62所示。

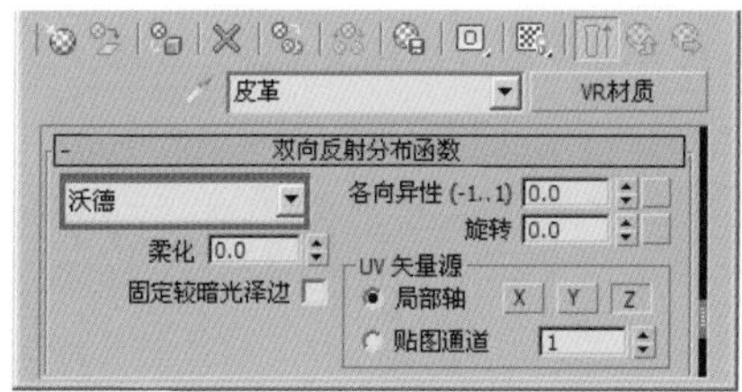

图 15-62

步骤06 设置布料靠垫材质。打开材质编辑器，选择一个空白的材质球，设置材质样式为 VR材质 专用材质，在【漫反射】通道中添加一张【衰减】贴图，设置前通道贴图为Ch15/Maps/bwS-028.jpg文件，设置侧通道颜色为白色，设置【衰减类型】为Fresnel，并设置【反射】区域中的参数，如图15-63所示。

步骤07 打开【贴图】卷展栏，设置【凹凸】通道贴图为Ch15/Maps/bw-028.jpg文件，设置贴图强度为70，如图15-64所示。

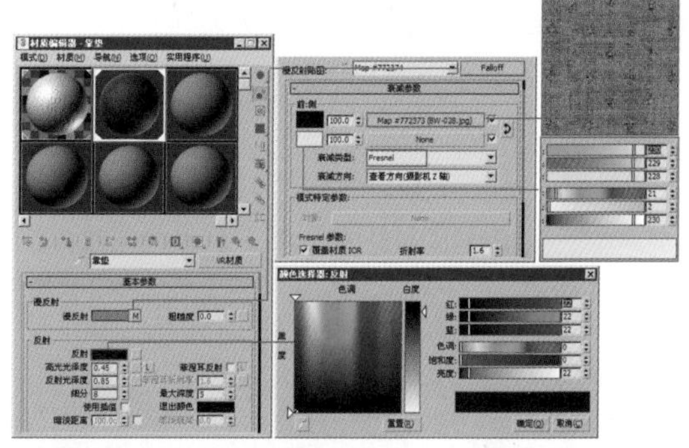
图 15-63

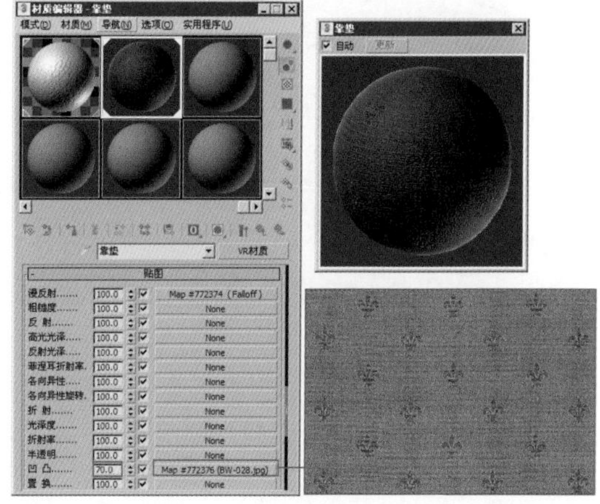
图 15-64

知识拓展

使用【高光光泽度】参数可控制VRay材质的高光状态。在默认情况下，当L按钮为按下状态时，【高光光泽度】选项处于非激活状态。在其他参数不变的条件下，反射颜色决定高光颜色。当L按钮弹起时，【高光光泽度】选项被激活，此时高光效果由该选项控制，不再受模糊反射的控制。

步骤08 将所设置的材质赋予沙发模型，渲染效果如图15-65所示。

图 15-65

15.2.4 设置坐垫和木质材质

步骤01 设置紫色坐垫材质。打开材质编辑器，选择一个空白的材质球，设置材质样式为VR材质专用材质，在【漫反射】通道中添加一张【衰减】贴图，在前通道中添加一张【噪波】贴图，设置【大小】值为0.5；设置侧通道颜色为紫色，设置【衰减类型】为Fresnel，具体参数设置如图15-66所示。

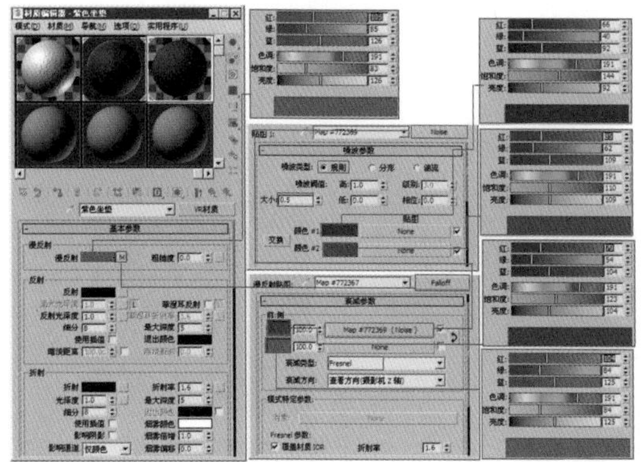

图 15−66

步骤02 打开【贴图】卷展栏，在【凹凸】通道中添加一张【噪波】贴图，设置【大小】值为3.0，设置贴图强度为40，具体参数设置如图15-67所示。

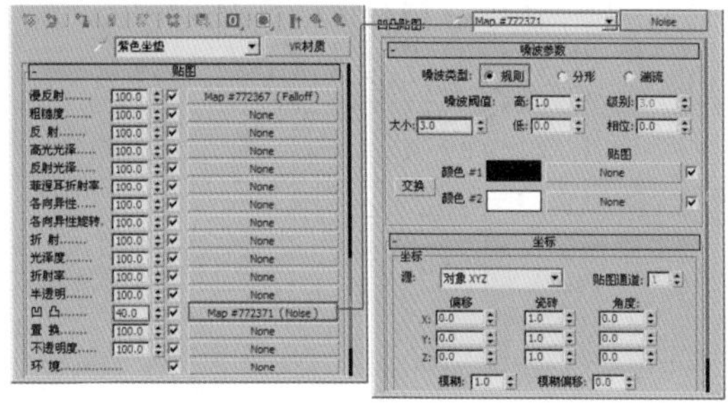

图 15−67

步骤03 设置红色木质材质。打开材质编辑器，选择一个空白的材质球，设置材质样式为VR材质专用材质，设置【漫反射】通道贴图为Ch15/Maps/arch39_007.jpg文件，具体参数设置如图15-68所示。

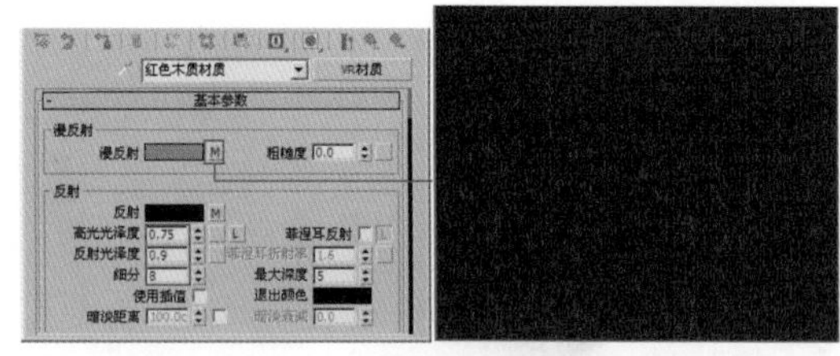

图 15−68

步骤04 打开【贴图】卷展栏，在【反射】通道中添加一张【衰减】贴图，设置前通道颜色为黑色，设置侧通道颜色为蓝色，设置【衰减类型】为Fresnel，如图15-69所示。

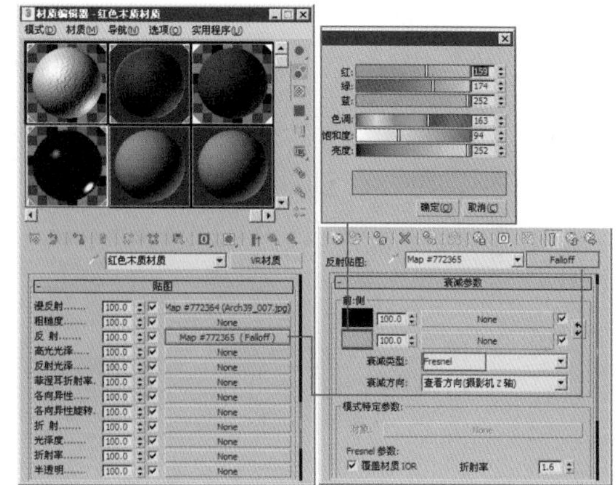

图 15−69

步骤05 单击按钮返回最上层，设置【凹凸】通道贴图为Ch15/Maps/arch39_007.jpg文件，设置贴图强度为10，如图15-70所示。

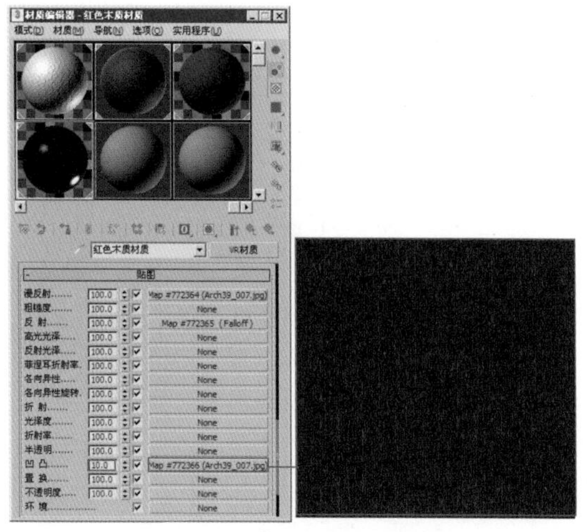

图 15−70

步骤06 将所设置的材质赋予对应的模型，渲染效果如图15-71所示。

图 15−71

15.2.5 设置炉壁和香炉材质

炉壁材质为白色大理石材质，香炉材质为不锈钢材质。

步骤01 设置炉壁材质。打开材质编辑器，选择一个空白的材质球，设置材质样式为VR材质专用材质，设置【漫反射】通道贴图为Ch15/Maps/sc-048.jpg文件，具体参数设置如图15-72所示。

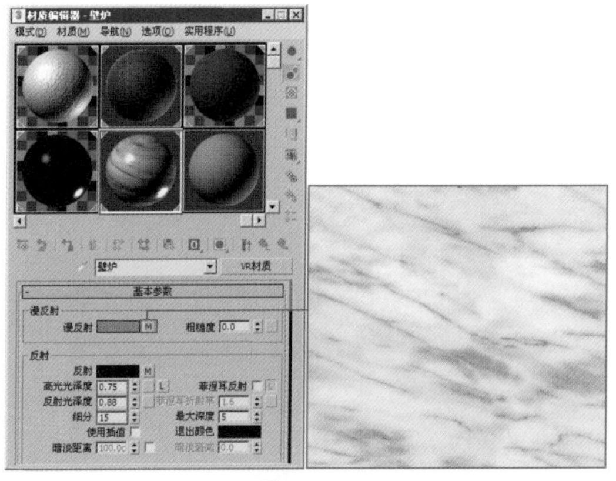

图 15-72

步骤02 打开【贴图】卷展栏，在【反射】通道中添加一张【衰减】贴图，设置前通道颜色为黑色，设置侧通道颜色为浅蓝色，设置【衰减类型】为Fresnel，如图15-73所示。

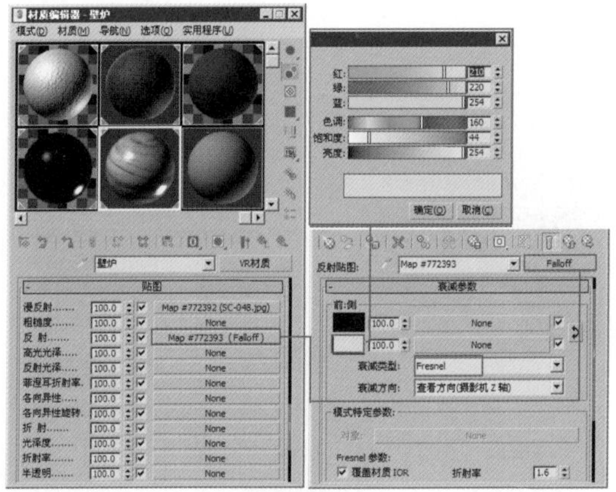

图 15-73

步骤03 单击按钮返回最上层，设置【凹凸】通道贴图为Ch15/Maps/sc-048.jpg文件，设置贴图强度为30，如图15-74所示。

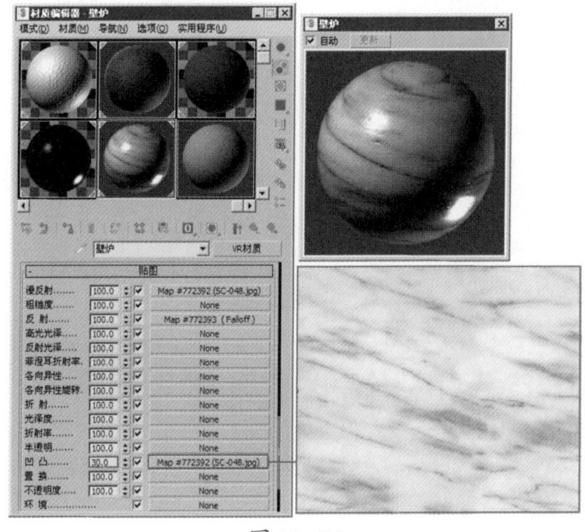

图 15-74

步骤04 设置香炉材质。打开材质编辑器，选择一个空白的材质球，设置材质样式为VR材质专用材质，设置【漫反射】颜色为灰色，设置【反射】区域中的参数，如图15-75所示。

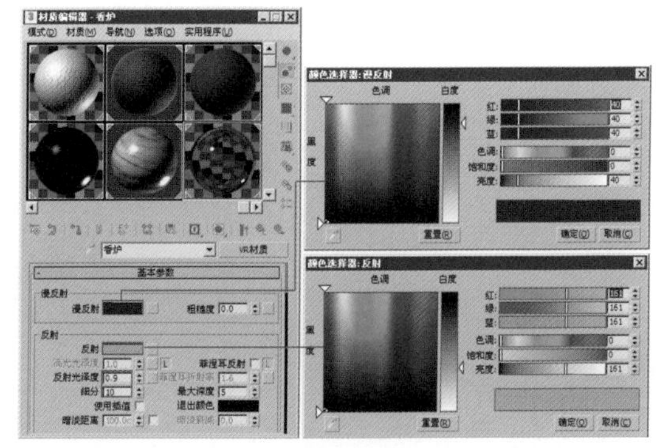

图 15-75

步骤05 将所设置的材质赋予炉壁和香炉模型，渲染效果如图15-76所示。

图 15-76

15.2.6 设置烛台和蜡烛材质

步骤01 设置烛台材质。打开材质编辑器，选择一个空白的材质球，设置材质样式为VR材质专用材质，设置【漫反射】颜色为橘黄色，设置【反射】区域中的参数，如图15-77所示。

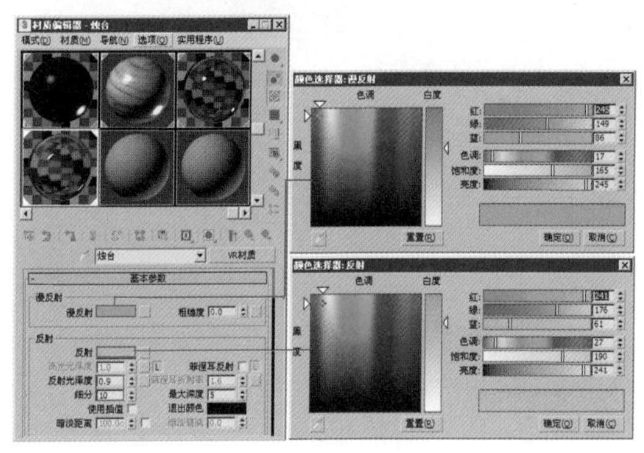

图 15-77

步骤02 打开【双向反射分布函数】卷展栏，具体参数设置如图15-78所示。

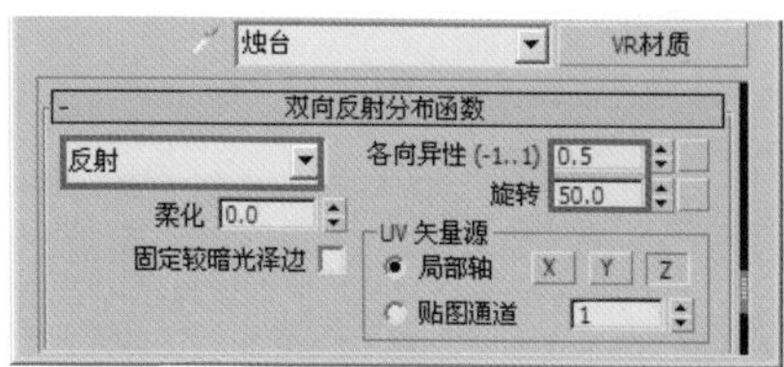

图15-78

知识拓展

【最大深度】参数定义反射能完成的最大次数。注意，当场景中具有大量的反射/折射表面时，该参数要设置得足够大才会产生真实的效果。

步骤03 设置蜡烛材质。打开材质编辑器，选择一个空白的材质球，设置材质样式为 VR材质 专用材质，设置【漫反射】颜色为白色，设置【反射】区域中的参数，如图15-79所示。

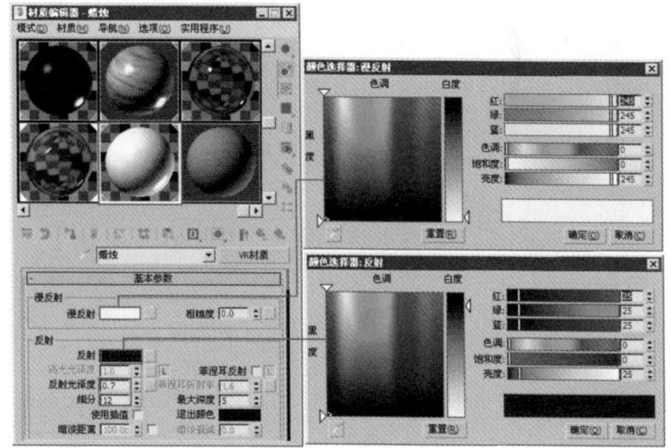
图15-79

步骤04 设置蜡烛的折射参数和雾色效果，如图15-80所示。

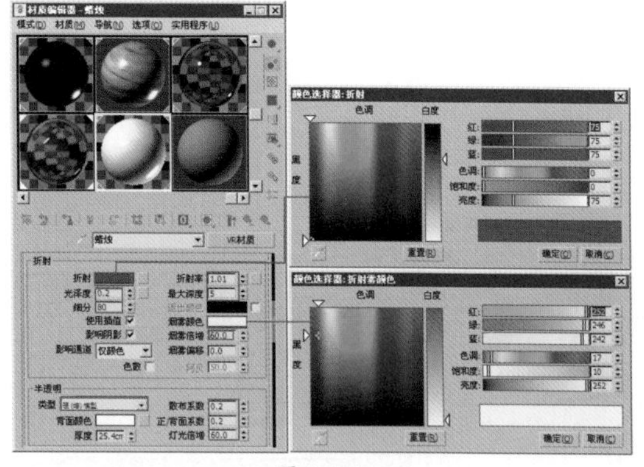
图15-80

步骤05 将所设置的材质赋予烛台和蜡烛模型，渲染效果如图15-81所示。

图15-81

15.2.7 设置台灯和花瓶材质

台灯材质包括灯座材质和灯罩材质；花瓶材质包括玻璃材质、水材质、花枝材质和花瓣材质。

步骤01 设置灯座材质。打开材质编辑器，选择一个空白的材质球，设置材质样式为 VR材质 专用材质，设置【漫反射】颜色为灰色，设置【反射】区域中的参数，如图15-82所示。

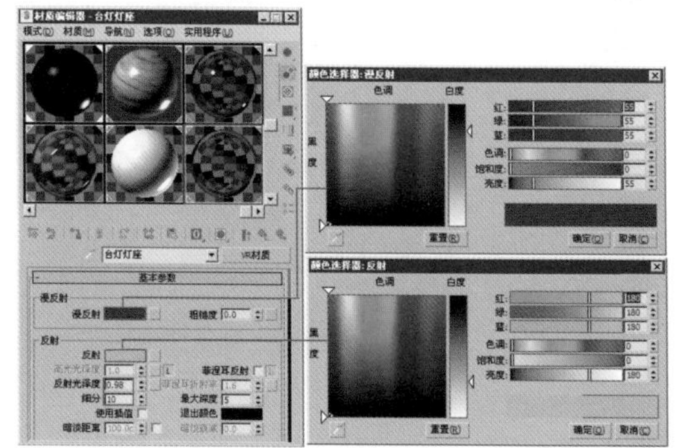
图15-82

步骤02 设置灯罩材质。打开材质编辑器，选择一个空白的材质球，设置材质样式为 VR材质 专用材质，设置【漫反射】颜色为白色，设置【反射】区域中的参数，如图15-83所示。

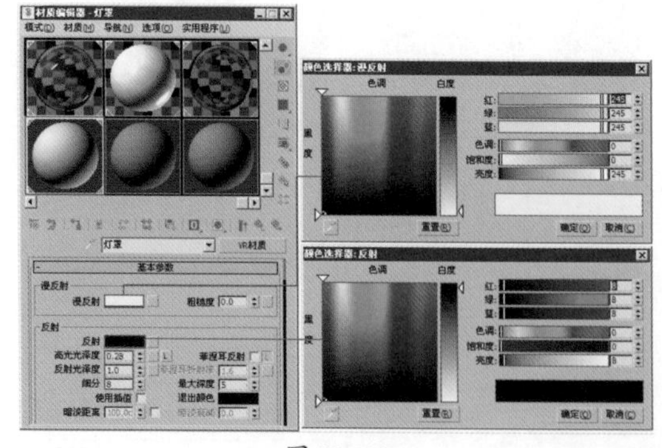
图15-83

步骤03 设置花瓶玻璃材质。打开材质编辑器，选择一个空白的材质球，设置材质样式为 VR材质 专用材质，设置【漫反射】颜色为灰色，勾选【菲涅耳反射】复选框，并设置【反射】区域中的参数，如图15-84所示。

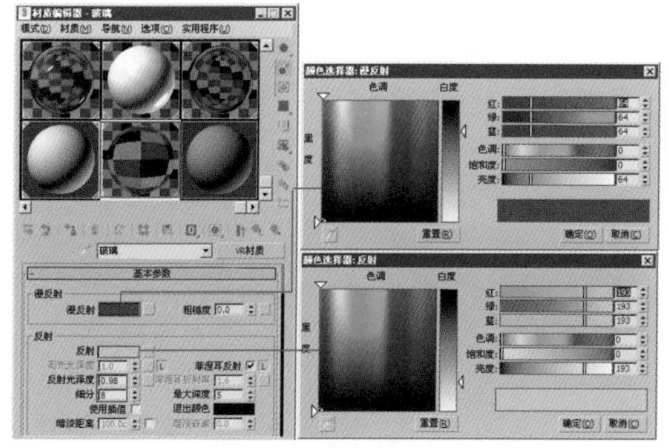

图15-84

步骤04 设置玻璃的折射参数和雾色效果，如图15-85所示。

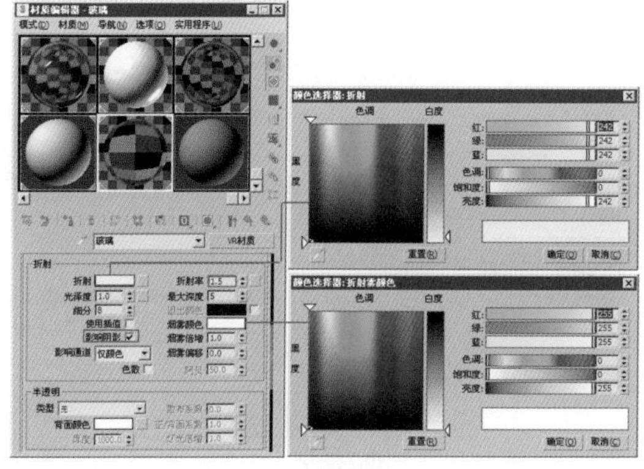

图15-85

步骤05 设置水材质。打开材质编辑器，选择一个空白的材质球，设置材质样式为 VR材质 专用材质，在【漫反射】通道中添加一张【衰减】贴图，设置前通道颜色为蓝色，设置侧通道颜色为白色，勾选【菲涅耳反射】复选框，并设置【反射】区域中的参数，如图15-86所示。

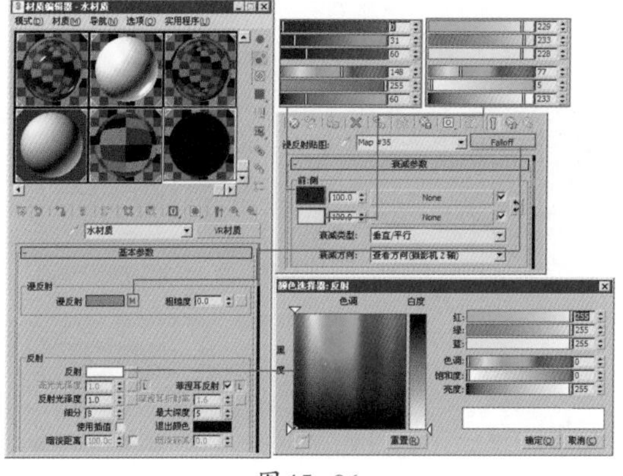

图15-86

步骤06 设置水材质的折射参数和雾色效果，如图15-87所示。

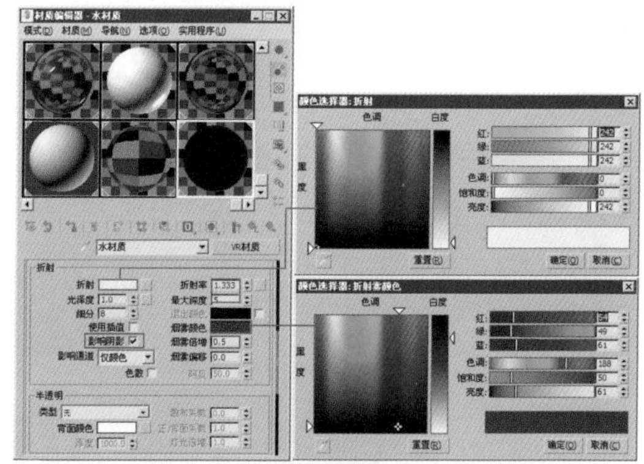

图15-87

步骤07 设置花枝材质。打开材质编辑器，选择一个空白的材质球，设置材质样式为 VR材质 专用材质，设置【漫反射】通道贴图为Ch15/Maps/arch24_leaf-01b.jpg文件，并设置【反射】区域中的参数，如图15-88所示。

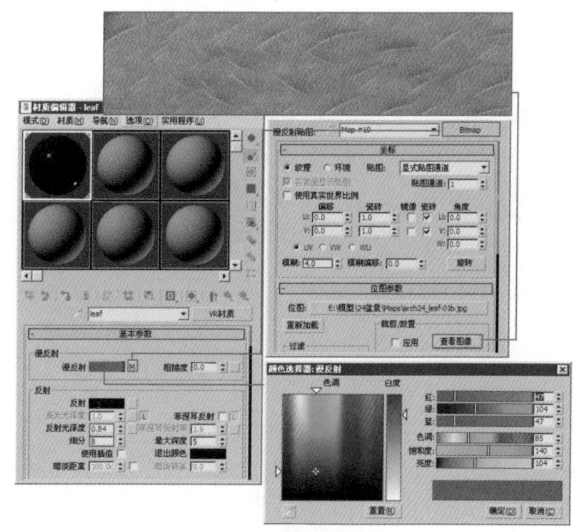

图15-88

步骤08 打开【贴图】卷展栏，设置【凹凸】通道贴图为Ch15/Maps/arch24_leaf 07 bump.jpg文件，设置贴图强度为30，如图15-89所示。

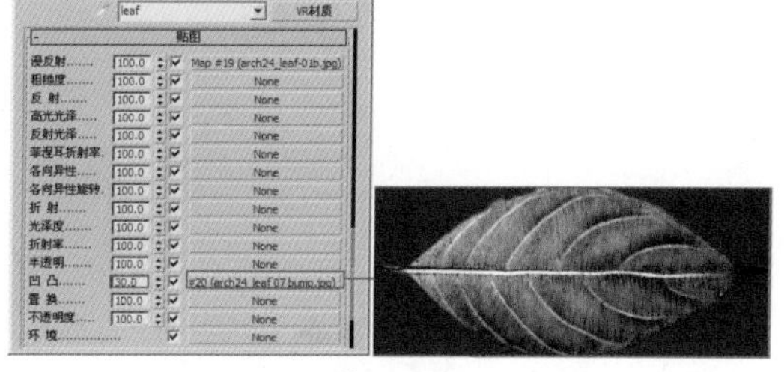

图15-89

步骤09 设置花瓣材质。打开材质编辑器，选择一个空白的材质球，设置材质样式为 VR材质 专用材质，在【漫反射】通道中添加一张渐变贴图，设置【颜色#1】通道贴图为Ch15/Maps/arch24_leaf-01-yellow-.jpg文件，设置【颜色#2】通道贴图为Ch15/Maps/arch24_leaf-01-red.jpg文件，设置【颜色#3】通道贴图为Ch15/Maps/

arch24_leaf-01-red2.jpg 文件，并设置【反射】区域中的参数，如图 15-90 所示。

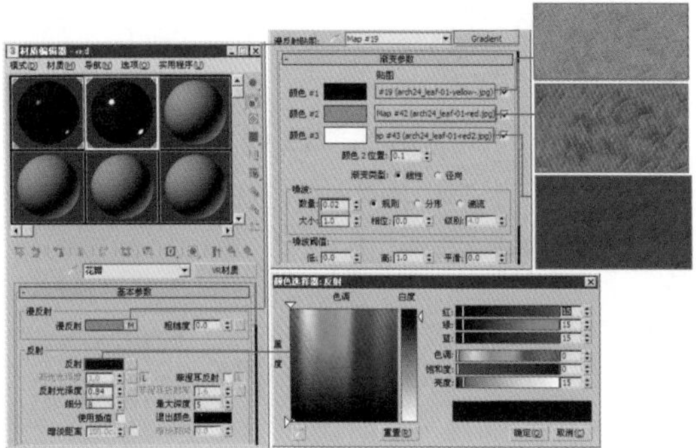

图 15-90

步骤 10 打开【贴图】卷展栏，设置【折射】通道和【凹凸】通道贴图为 Ch15/Maps/arch24_leaf-01-bump.jpg 文件，设置【折射】贴图强度为 100，设置【凹凸】贴图强度为 25，具体参数设置如图 15-91 所示。

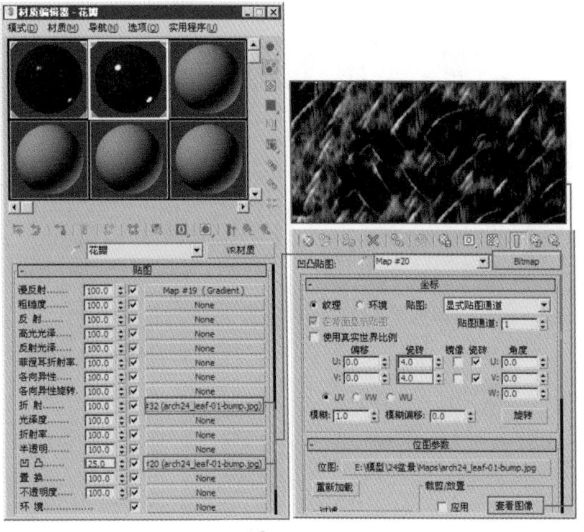

图 15-91

步骤 11 其他颜色的花瓣材质与此类似，这里就不再赘述了。将所设置的材质赋予台灯和花瓶模型，渲染效果如图 15-92 所示。

图 15-92

15.2.8 设置吊灯材质

吊灯材质包括玻璃灯座材质、灯罩材质和灯泡材质。

步骤 01 设置玻璃灯座材质。打开材质编辑器，选择一个空白的材质球，设置材质样式为 VR材质 专用材质，设置【漫反射】颜色为黑色，勾选【菲涅耳反射】复选框，并设置【反射】区域中的参数，如图 15-93 所示。

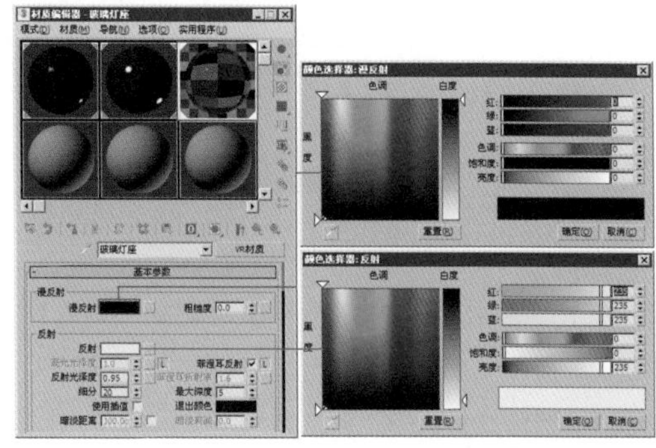

图 15-93

步骤 02 设置玻璃灯座的折射参数和雾色效果，如图 15-94 所示。

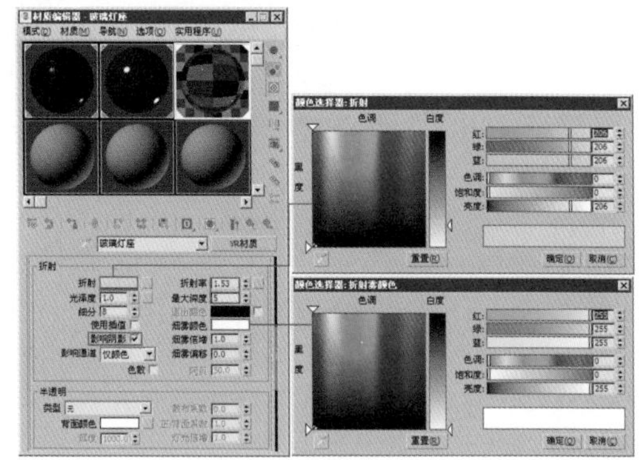

图 15-94

步骤 03 设置灯罩材质。打开材质编辑器，选择一个空白的材质球，设置材质样式为 VR材质 专用材质，设置【漫反射】颜色为灰色，并设置【反射】区域中的参数，如图 15-95 所示。

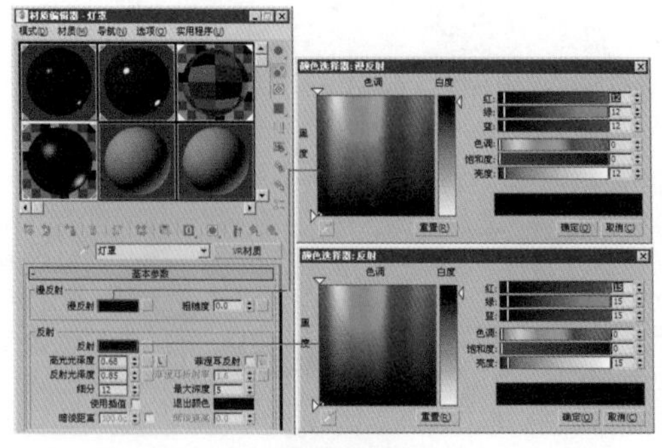

图 15-95

步骤 04 设置灯泡材质。打开材质编辑器，选择一个空白的材质球，设置材质样式为 VR灯光材质 材质，在【颜色】通道中添加一张渐变坡度贴图，具体参数设置如图 15-96 所示。

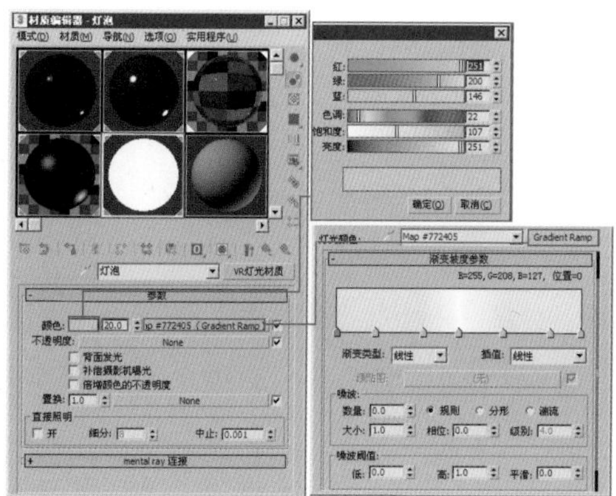

图 15-96

步骤05 将所设置的材质赋予吊灯模型，渲染效果如图 15-97 所示。

图 15-97

15.2.9 最终渲染设置

步骤01 按【F10】键打开【渲染设置】对话框，设置需要的渲染尺寸。在【全局开关】卷展栏中勾选【反射/折射】和【光泽效果】复选框，因为刚开始我们对这两个复选框进行了取消勾选，如图 15-98 所示。

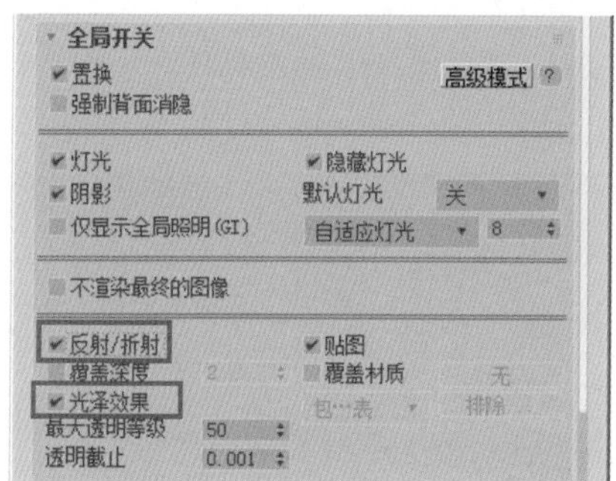

图 15-98

步骤02 在【发光贴图】卷展栏中设置高采样值，如图 15-99 所示。

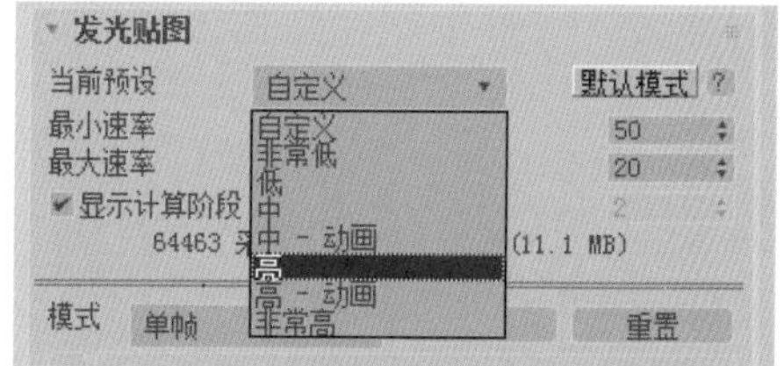

图 15-99

步骤03 最终效果如图 15-100 和图 15-101 所示。

图 15-100

图 15-101

3ds Max

第16章 会议室场景渲染

本章导读

本章讲述会议室效果图的制作。会议室效果图的制作应注重对其特有氛围的把握，灯光一般不要太亮，整体灯光的变化尽量控制得比较柔和，灯光的颜色以暖色为主色调。

16.1 设置场景材质

会议室场景材质贴图的设置以写实为主，不可以为了追求效果而随意改变物体本身的材质。下面将对场景进行材质设置。

图16-1所示是会议室场景最终渲染效果图。

图16-1

图16-2所示为在Photoshop软件中进行后期处理之后的场景最终效果。

图16-2

配色应用：

制作要点：

1. 掌握会议室颜色统一、和谐、淡雅的搭配特点。

2. 在设置材质时，一定要注重颜色和质感的表现。

3. 分清主次光源，制作出室内日景照明效果。

最终场景：Ch16\Scenes\会议室 ok.max

贴图素材：Ch16\Maps

难易程度：★★★★☆

16.1.1 设置天花板材质

步骤01 打开会议室.max文件，为会议室模型，同时在场景中创建多盏目标聚光灯和多盏泛光灯，用来照亮场景空间，并产生逼真的灯光照明效果，如图16-3所示。

图16-3

步骤02 按【M】键打开材质编辑器，天花板材质为白色乳胶漆材质，具体参数设置如图16-4所示。

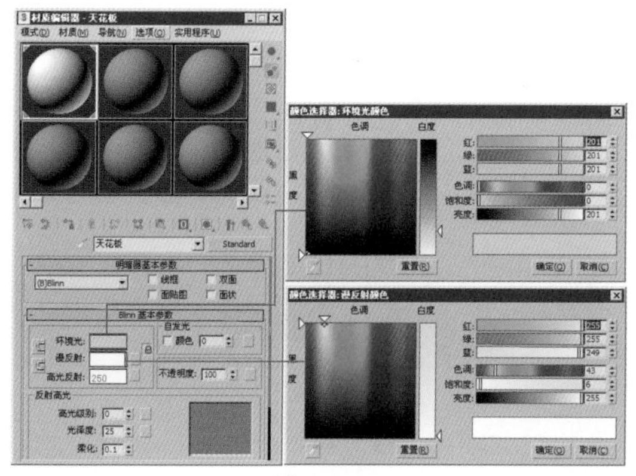

图16-4

步骤03 设置好天花板材质后，按【Shift+Q】快捷键快速渲染场景，观察材质效果，如图16-5所示。

图16-5

16.1.2 设置吊灯材质

如图16-6所示，吊灯包括四部分，分别为支座部分（A）、链接部分（B）、拉环部分（C）、灯罩部分（D）。下面分别设置这四部分的材质。

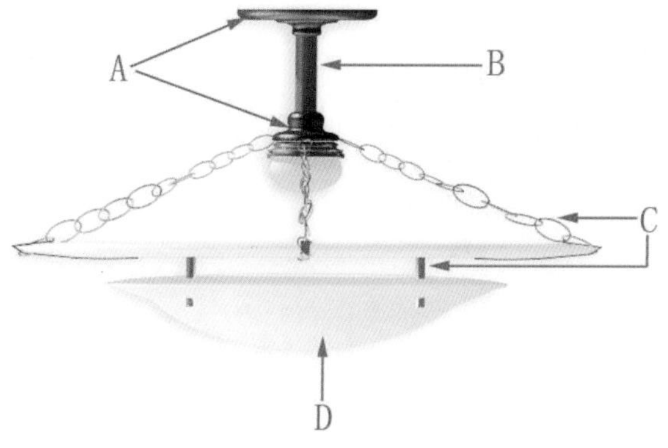

图16-6

步骤01 按【M】键打开材质编辑器，支座部分为磨砂金属材质，具体参数设置如图16-7所示。

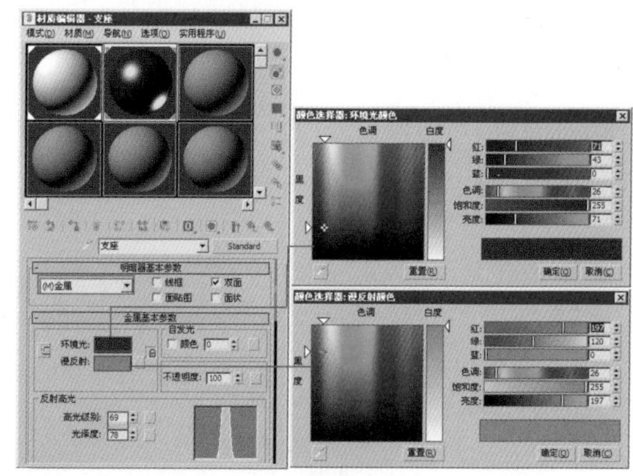

图16-7

步骤02 打开【贴图】卷展栏，在【凹凸】通道中添加【噪波】贴图，具体参数设置如图16-8所示。

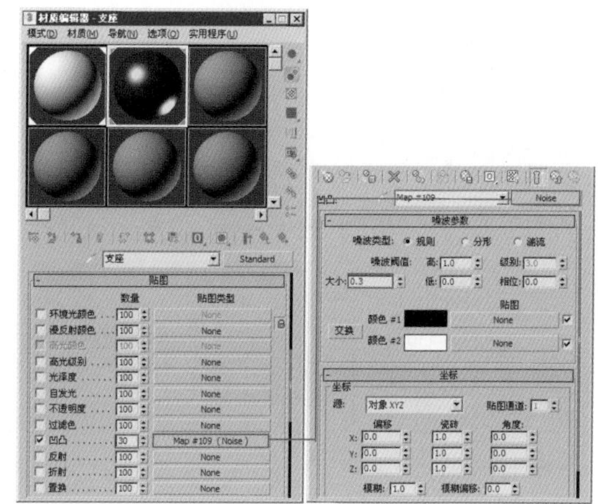

图16-8

步骤03 选择链接部分，打开材质编辑器，选择一个空白的材质球，设置材质类型为【金属】类型，具体参数设置如图16-9所示。

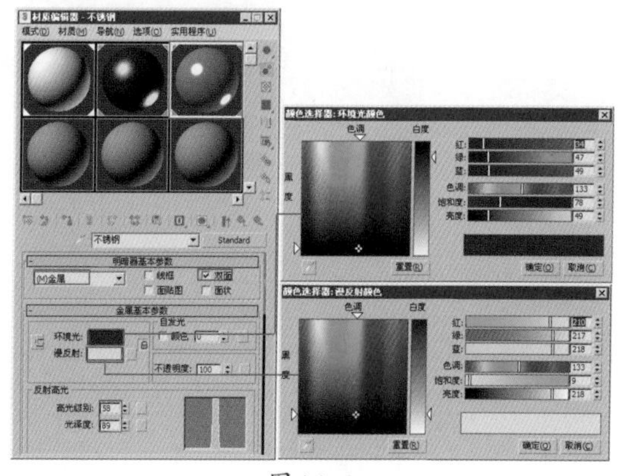

图16-9

步骤04 打开【贴图】卷展栏，在【反射】通道中添加【光线追踪】贴图，参数设置如图16-10所示。

步骤05 拉环部分为不锈钢材质，设置材质类型为【金属】类型，具体参数设置如图16-11所示。

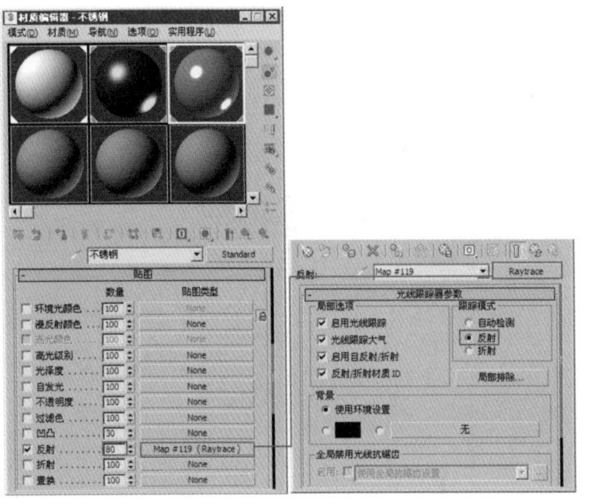
图 16-10

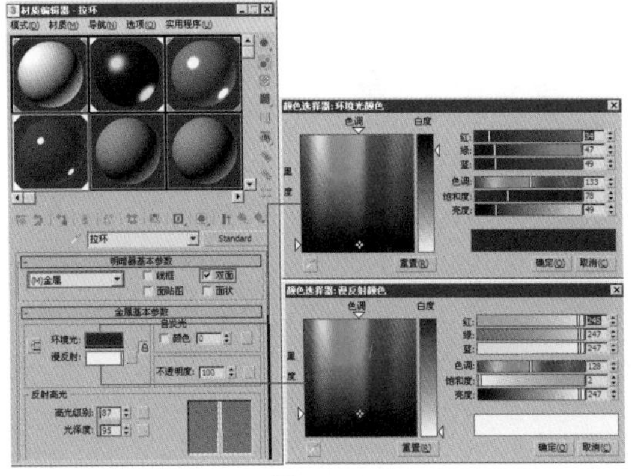
图 16-11

步骤06 打开【贴图】卷展栏，在【反射】通道中添加【光线追踪】贴图，具体参数设置如图16-12所示。

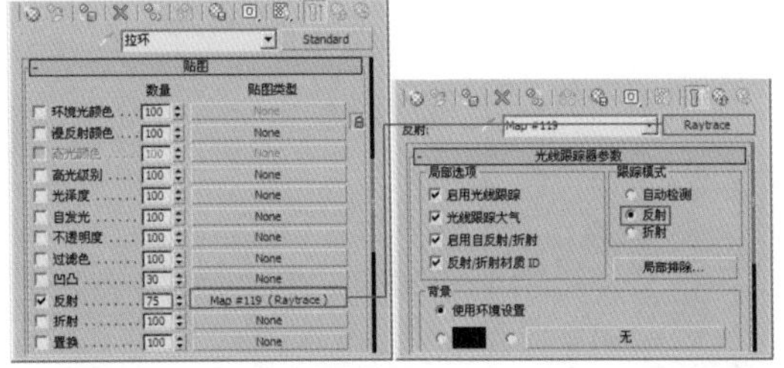
图 16-12

知识拓展

金属着色提供效果逼真的金属表面及各种看上去像有机体的材质。对于反射高光，金属着色具有不同的曲线。金属表面也拥有掠射高光。金属材质计算其自己的高光颜色，该颜色可以在材质的漫反射颜色和灯光颜色之间变化。不可以设置金属材质的高光颜色。

步骤07 灯罩部分为标准材质，设置明暗器类型为【Blinn】类型，具体参数设置如图16-13所示。

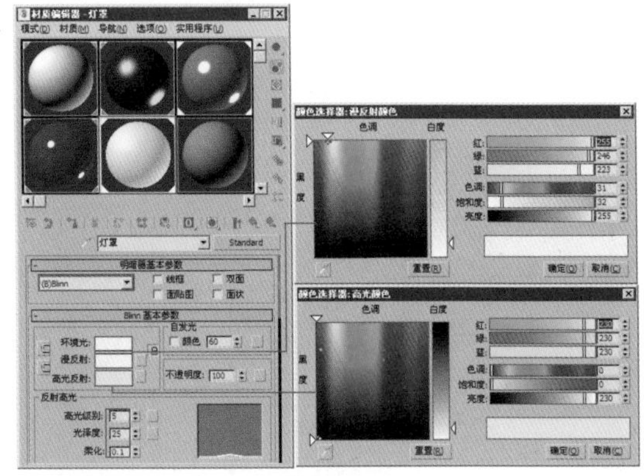
图 16-13

16.1.3 设置墙体材质

步骤01 按【M】键打开材质编辑器，在【漫反射】通道中添加位图，设置位图为Ch16/Maps/木纹.tif文件，如图16-14所示。

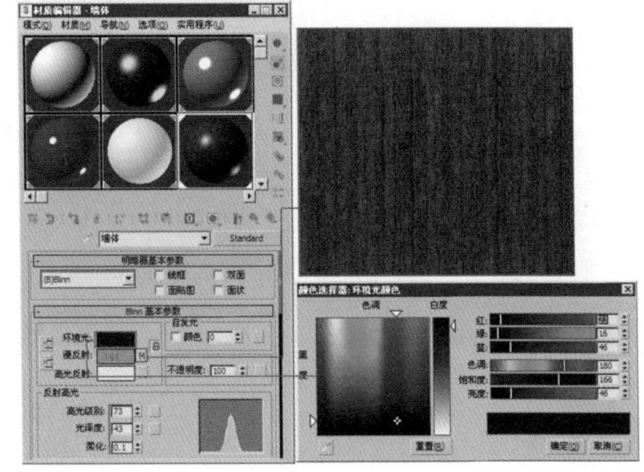
图 16-14

步骤02 打开【贴图】卷展栏，在【反射】通道中添加【光线追踪】贴图，设置贴图强度为5，使其有轻微的反射，效果如图16-15所示。

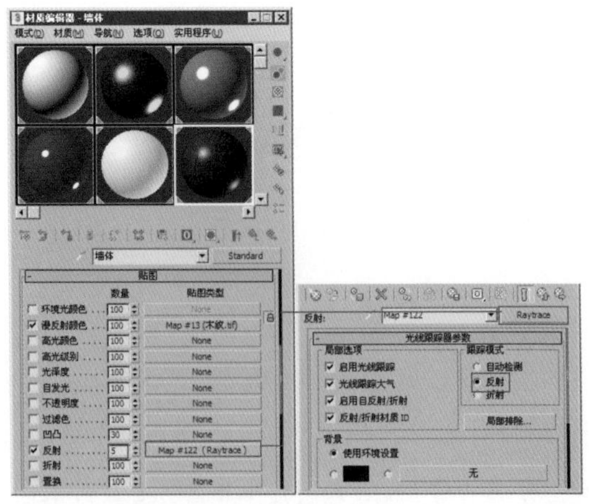
图 16-15

步骤03 设置完成后，渲染场景，观察材质效果，如图16-16所示。

图 16-16

16.1.4 设置电视墙材质

电视墙材质包括六部分，这里分别用A、B、C、D、E、F表示，如图16-17所示。下面分别对这6种材质进行设置。

图 16-17

步骤01 A部分为不锈钢材质。按【M】键打开材质编辑器，设置材质类型为标准材质，设置明暗器类型为【金属】类型，具体参数设置如图16-18所示。

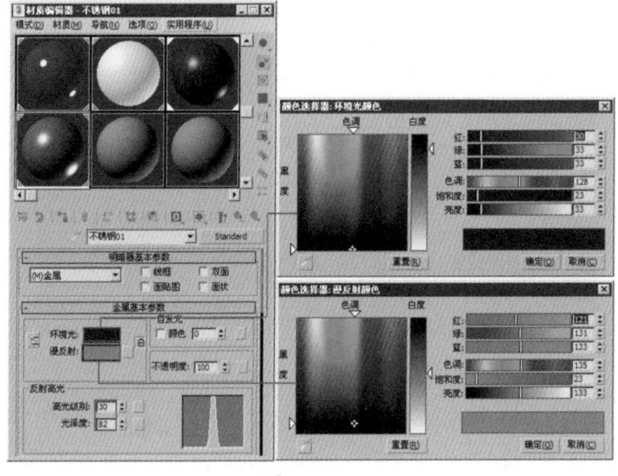

图 16-18

步骤02 打开【贴图】卷展栏，在【反射】通道中添加【光线追踪】贴图，参数设置如图16-19所示。

步骤03 B部分为一面凹凸的乳胶漆墙面材质，其参数设置如图16-20所示。

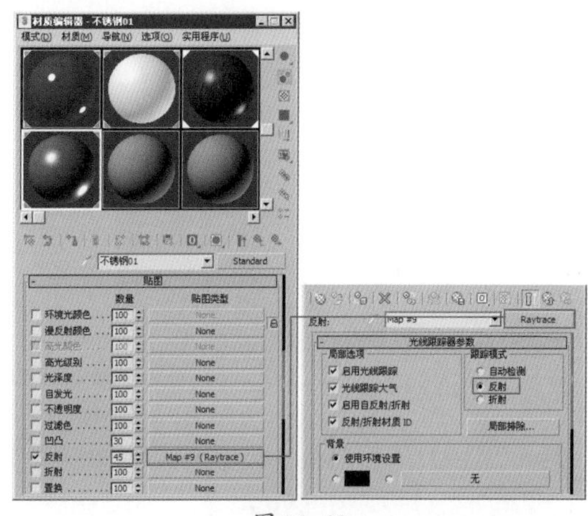

图 16-19

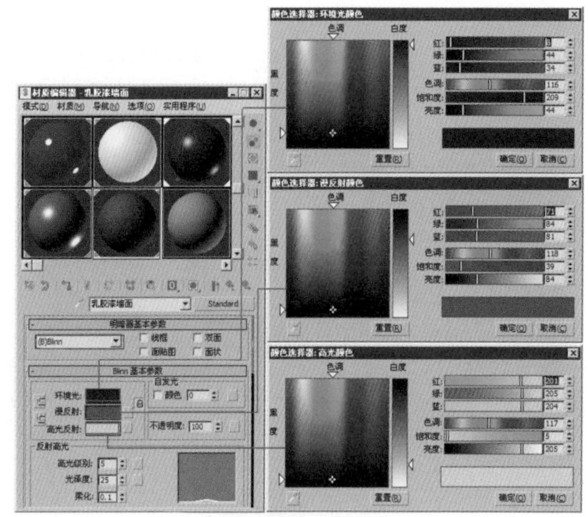

图 16-20

步骤04 打开【贴图】卷展栏，在【凹凸】通道中添加一张凹凸贴图，设置贴图为Ch16/Maps//98372-1_2.jpg文件，如图16-21所示。

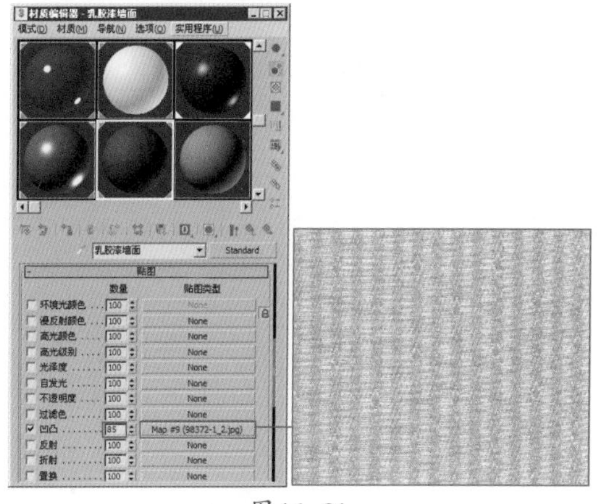

图 16-21

步骤05 C部分为木纹材质。在【漫反射】通道中为其添加一张木纹贴图，设置贴图为Ch16/Maps/木纹.tif文件，如图16-22所示。

步骤06 D部分为电视的显示器材质。设置材质样式为标准材质，设置漫反射颜色、环境光颜色和高光反射颜色，具体参数设置如图16-23所示。

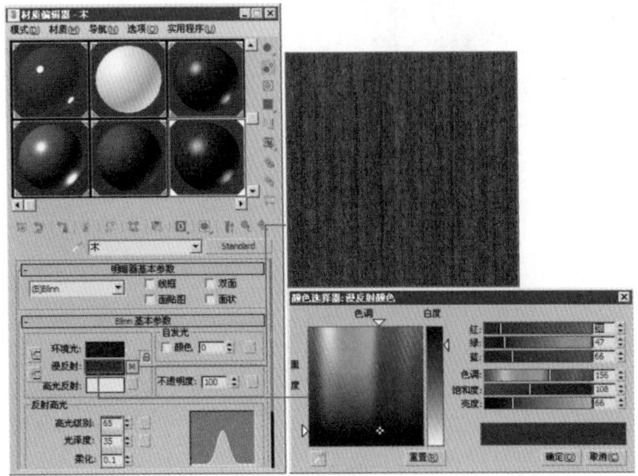

图 16-22

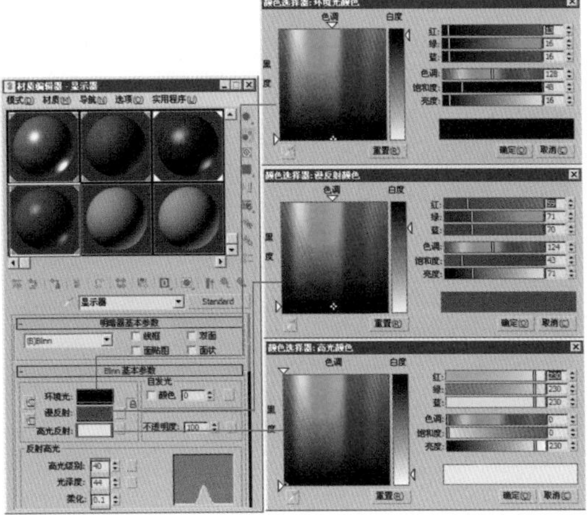

图 16-23

步骤07 打开【贴图】卷展栏，在【反射】通道中添加【光线追踪】贴图，具体参数设置如图16-24所示。

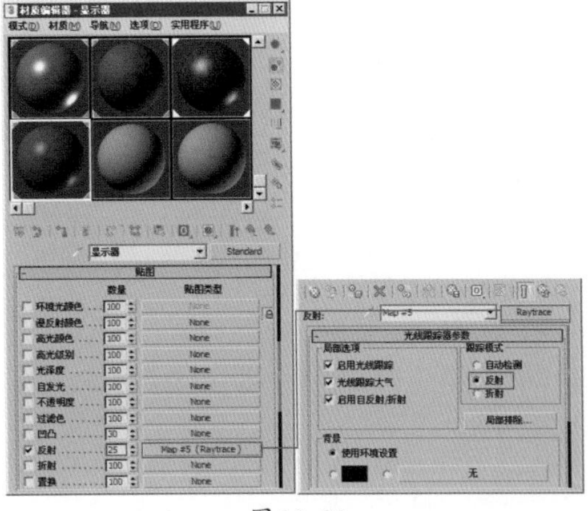

图 16-24

步骤08 E部分为电视的音箱材质。设置材质样式为标准材质，设置漫反射颜色、环境光颜色和高光反射颜色，具体参数设置如图16-25所示。

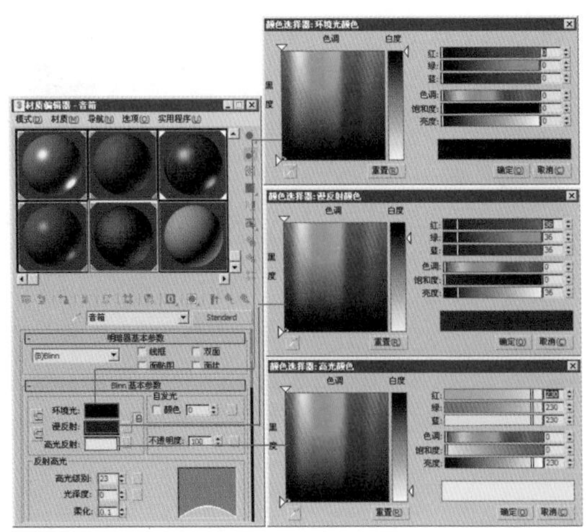

图 16-25

步骤09 打开【贴图】卷展栏，在【凹凸】贴图通道中添加一张凹凸贴图，设置贴图为Ch16/Maps/BuYi_087.jpg文件，设置贴图强度为50，如图16-26所示。

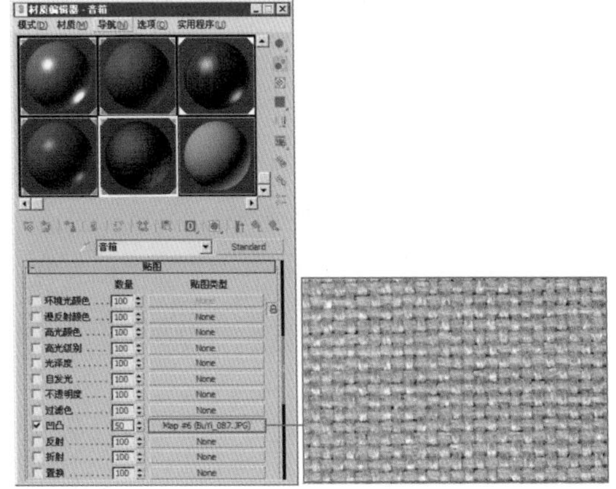

图 16-26

步骤10 F部分为不锈钢材质。设置材质样式为标准材质，设置漫反射颜色、环境光颜色和高光级别等，具体参数设置如图16-27所示。

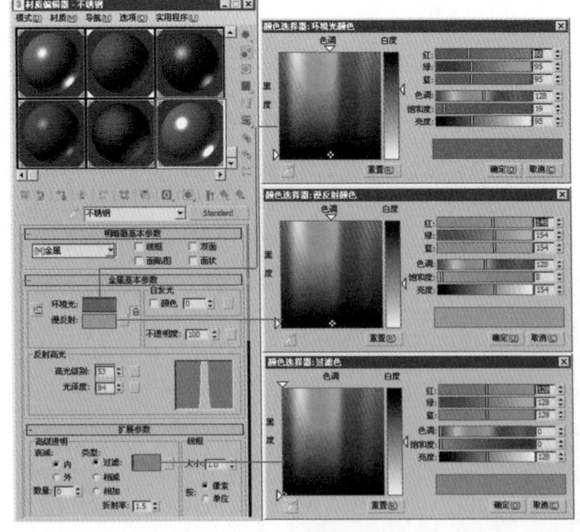

图 16-27

步骤11 打开【贴图】卷展栏，在【反射】通道中添加【光线追踪】贴图，具体参数设置如图16-28所示。

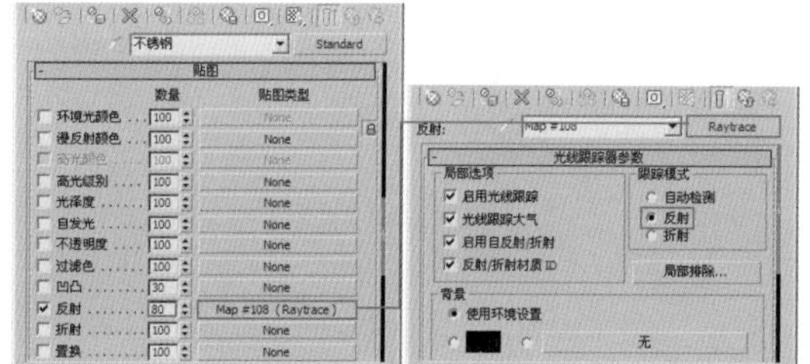

图 16-28

16.1.5 设置椅子材质

如图16-29所示，椅子材质可以分为三部分进行设置，其中A部分为椅子的靠背、B部分为椅子的扶手、C部分为椅子的滚轮。

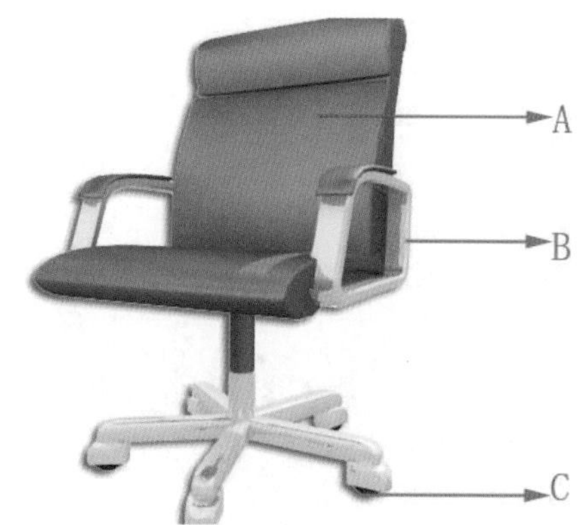

图 16-29

步骤01 A部分为真皮材质。按【M】键打开材质编辑器，在【漫反射】通道中添加一张真皮的纹理贴图，设置贴图为Ch16/Maps/PW-007.jpg文件，如图16-30所示。

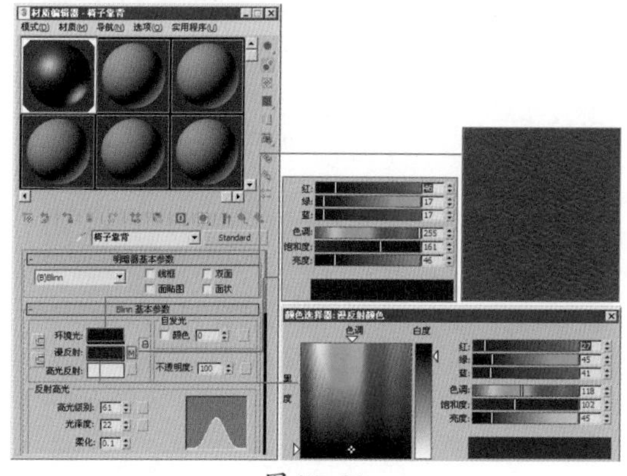

图 16-30

步骤02 B部分为不锈钢材质。设置材质类型为标准材质，设置明暗器类型为【金属】类型，设置漫反射颜色、环境光颜色和高光级别等，具体参数设置如图16-31所示。

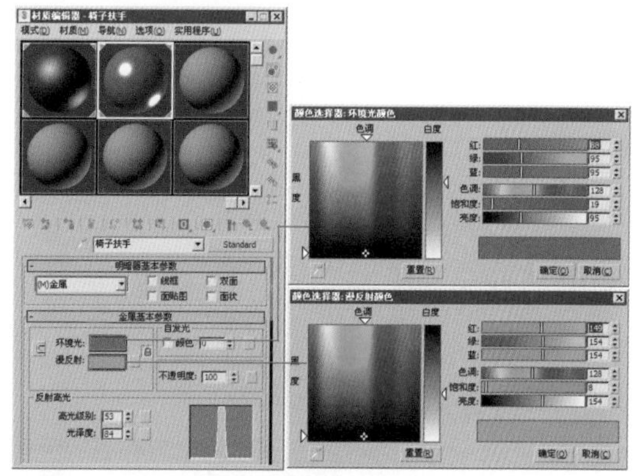

图 16-31

步骤03 打开【贴图】卷展栏，在【反射】通道中添加【光线追踪】贴图，具体参数设置如图16-32所示。

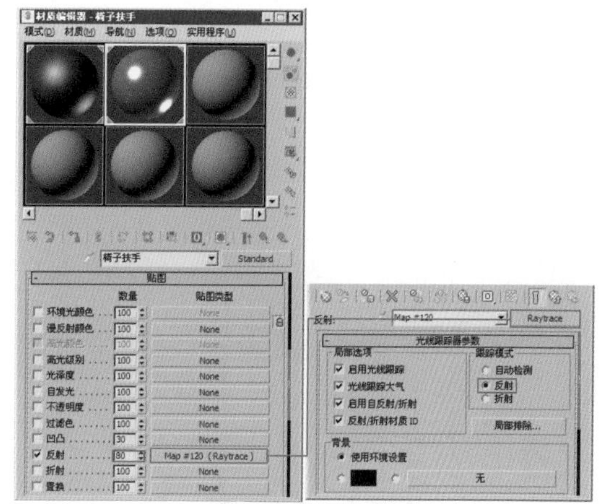

图 16-32

步骤04 C部分为滚轮材质。设置材质类型为标准材质，设置明暗器类型为【金属】类型，具体参数设置如图16-33所示。

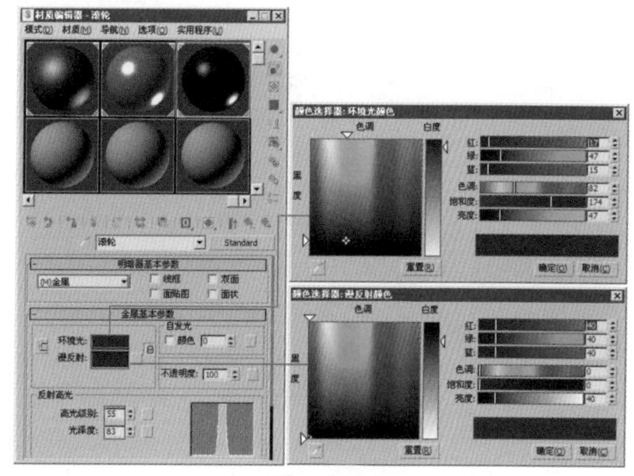

图 16-33

16.1.6 设置其他部分材质

步骤01 设置窗户的玻璃材质。按【M】键打开材质编辑器，设置明暗器类型为【Blinn】类型，在【Blinn基本参数】卷展栏中设置【不透明度】值为18，具体参数设置如图16-34所示。

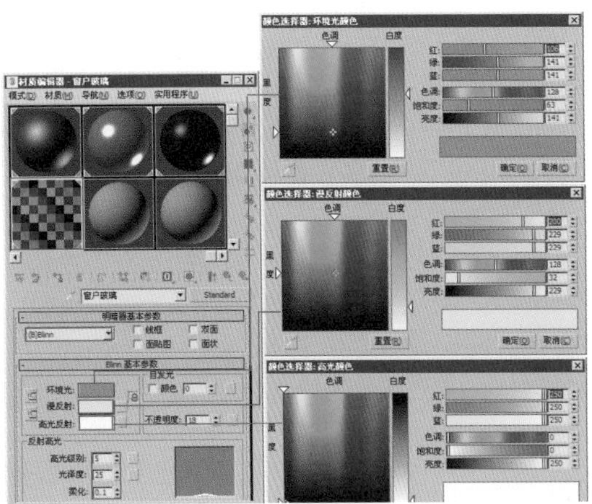

图16-34

步骤02 设置百叶材质。设置明暗器类型为【Blinn】类型，具体参数设置如图16-35所示。

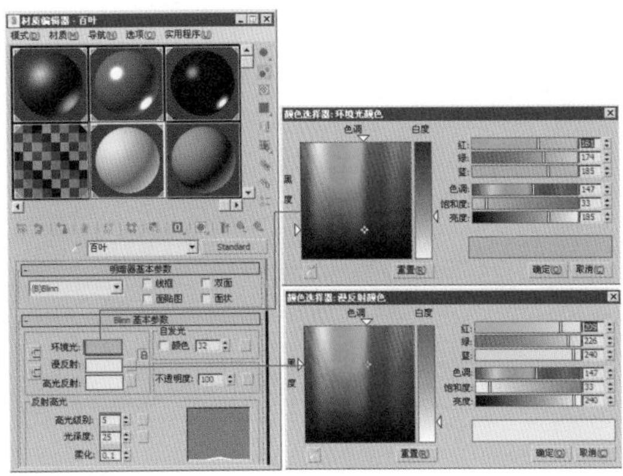

图16-35

步骤03 设置会议桌材质。设置材质类型为标准材质，设置漫反射颜色、环境光颜色和高光反射颜色，具体参数设置如图16-36所示。

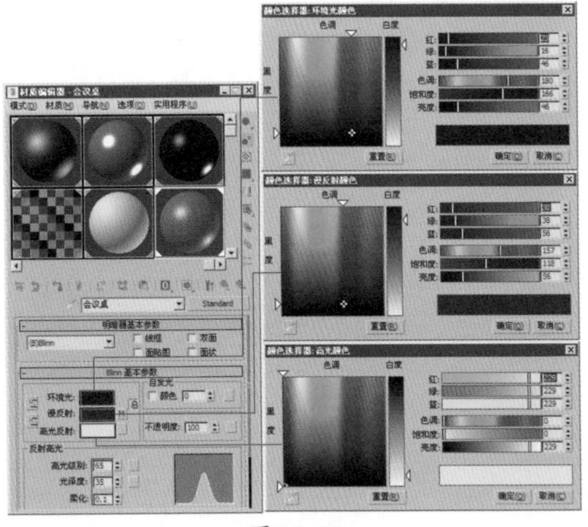

图16-36

步骤04 按【M】键打开材质编辑器，在【漫反射颜色】通道中添加一张木纹的纹理贴图，设置贴图为Ch16/Maps/木纹.tif文件，在【反射】通道中添加【光线追踪】贴图，如图16-37所示。

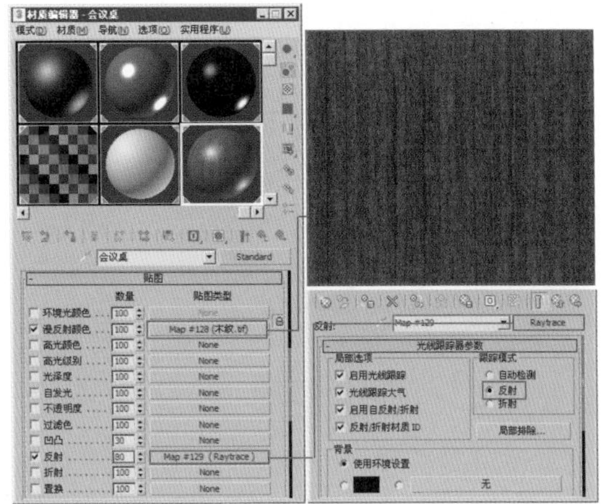

图16-37

步骤05 按快捷键【Shift+Q】对场景进行渲染，会议桌渲染效果如图16-38所示。

图16-38

步骤06 设置地毯材质。设置材质类型为标准材质，设置漫反射颜色、环境光颜色和高光反射颜色，具体参数设置如图19-39所示。

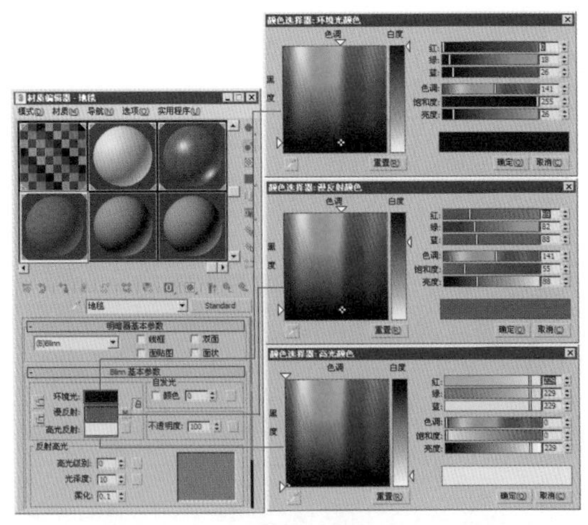

图16-39

步骤07 打开材质编辑器，在【漫反射颜色】通道中添加一张地毯的纹理贴图，设置贴图为Ch16/Maps/

ditan.bmp文件，在【反射】通道中添加【光线追踪】贴图，如图16-40所示。

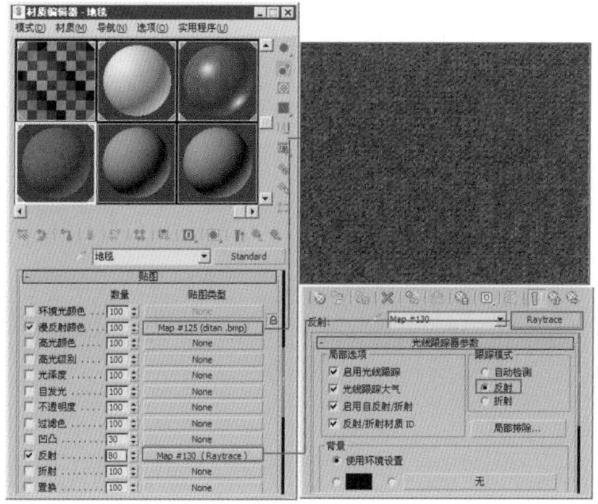

图16-40

步骤08 按快捷键【Shift+Q】对场景进行渲染，地毯渲染效果如图16-41所示。

图16-41

16.2 设置场景灯光

在设置灯光渲染之前，首先要确定灯光的次序，一般半封闭的室内表现，首先要确定天光的范围，其次确定室内人工光源对环境的影响，最后确定主光源的方向和强度。

16.2.1 制作室外天光

步骤01 打开场景，在【创建】面板中单击【灯光】按钮，在【灯光】面板中单击【泛光】按钮，创建一盏泛光灯，并阵列泛光灯，位置如图16-42所示。

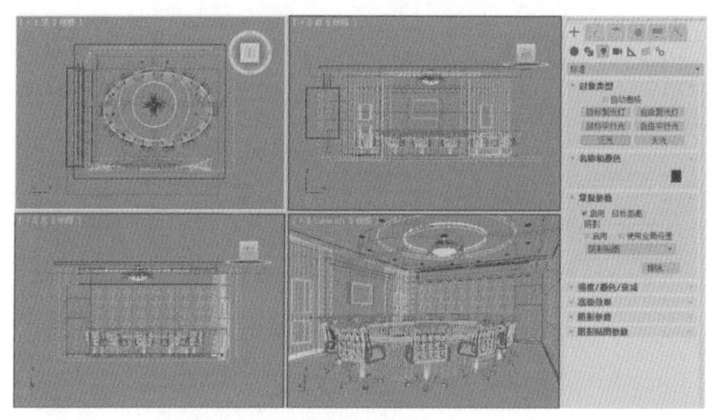

图16-42

步骤02 灯光参数设置如图16-43所示。

步骤03 渲染效果如图16-44所示，可以看到有了淡淡的蓝色天光。显然灯光的亮度还不够，下面继续以同样的方式进行模拟设置。

步骤04 继续添加泛光灯，位置如图16-45所示。

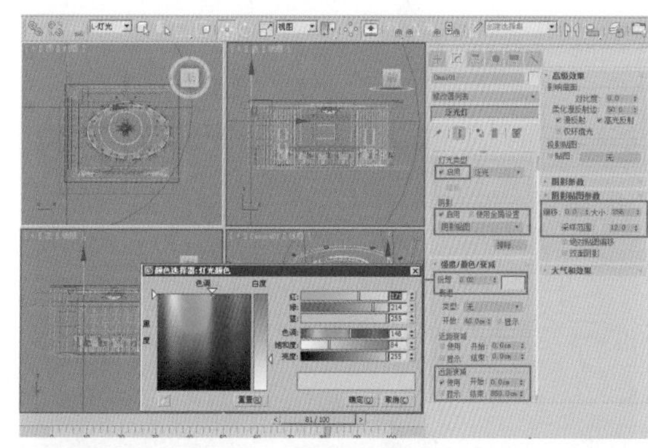

图16-43

图16-44

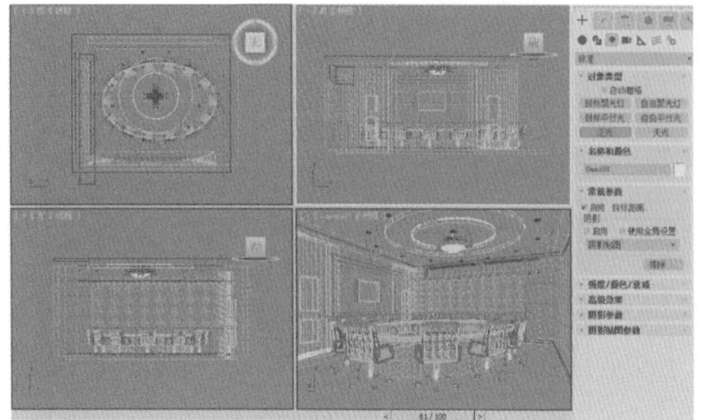
图 16–45

步骤05 这次灯光的参数设置与上一次有所不同，将灯光的强度增大，颜色设置得偏亮一些，具体参数设置如图16-46所示。

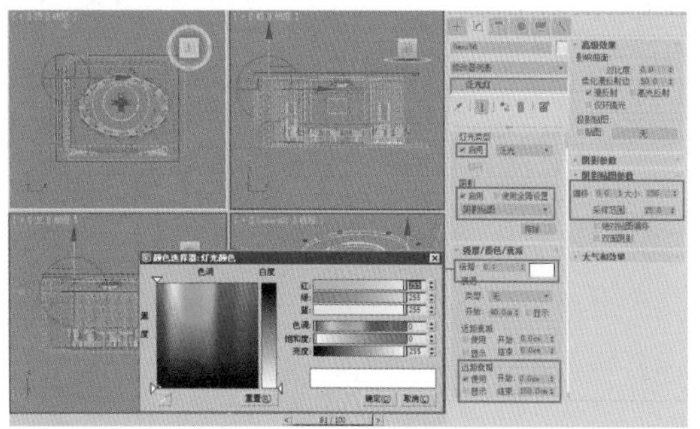
图 16–46

步骤06 渲染测试灯光效果，如图16-47所示，可以看到产生了比较柔和的阴影，整体亮度也有所增加。

图 16–47

16.2.2 模拟天光对室内的影响

步骤01 添加泛光灯，分别在顶视图、前视图、左视图、摄影机视图中对灯光的位置进行布置，并在前视图中对具有相同参数设置的灯光进行了分组，如图16-48 ~图16-51所示。

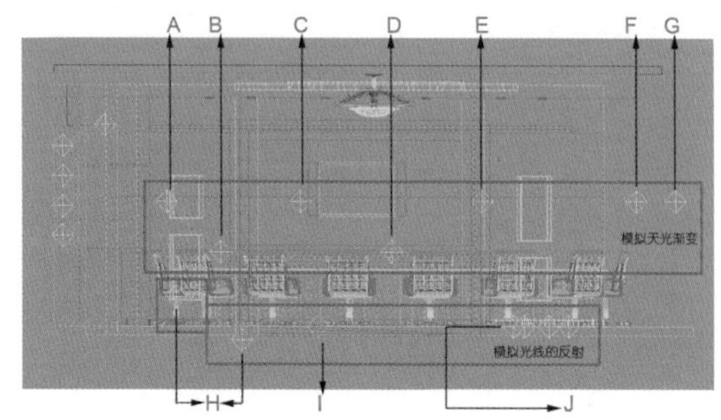

图 16–48

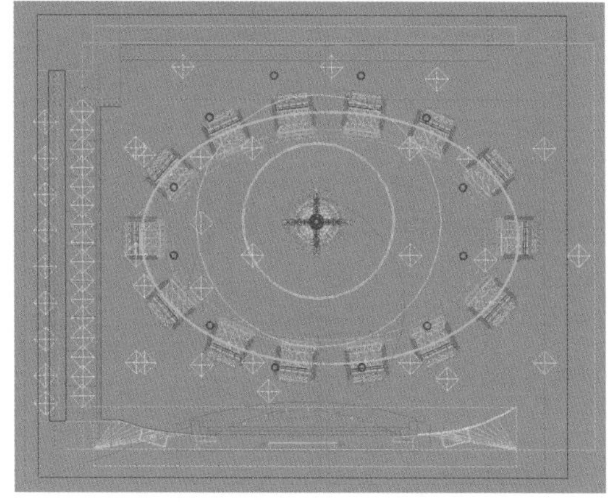
图 16–49

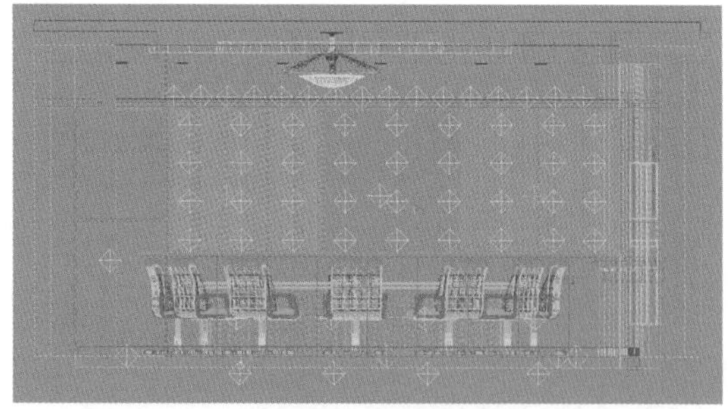
图 16–50

图 16–51

步骤02 A组灯光参数设置如图16-52所示。

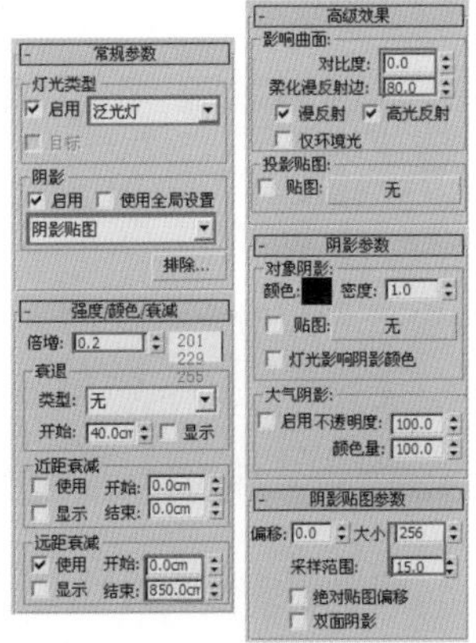

图 16-52

步骤03 渲染测试效果如图16-53所示。

图 16-53

步骤04 B组灯光参数设置如图16-54所示。

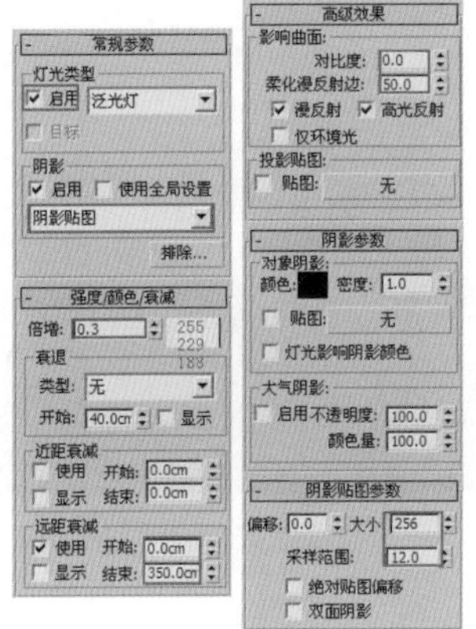

图 16-54

步骤05 渲染测试效果如图16-55所示。

图 16-55

步骤06 C组灯光参数设置如图16-56所示。

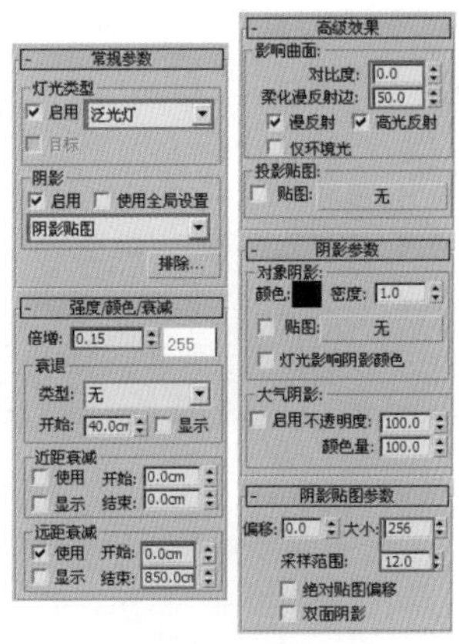

图 16-56

知识拓展

在【强度/颜色/衰减】卷展栏中可以设置灯光的颜色和强度，也可以定义灯光的衰减。衰减是指灯光的强度随着距离的加长而减弱的效果。在3ds Max中可以明确设置衰减值。该效果与现实世界中的灯光不同，它使你获得对灯光淡入或淡出方式的更直接控制。

步骤07 渲染测试效果如图16-57所示。

图 16-57

步骤08 D组灯光参数设置如图16-58所示。

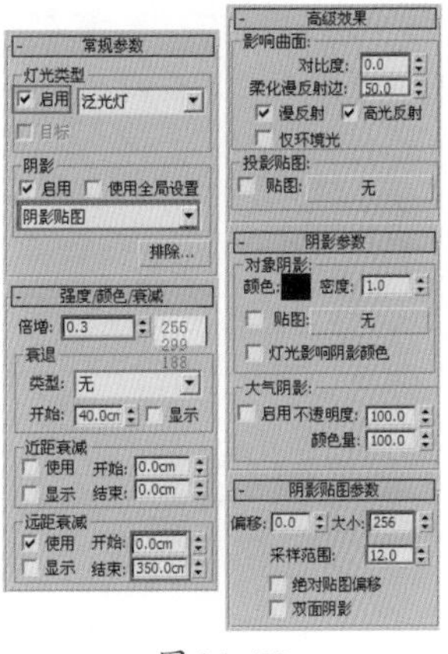

图 16-58

步骤09 渲染测试效果如图16-59所示。

图16-59

步骤10 E组灯光参数设置如图16-60所示。

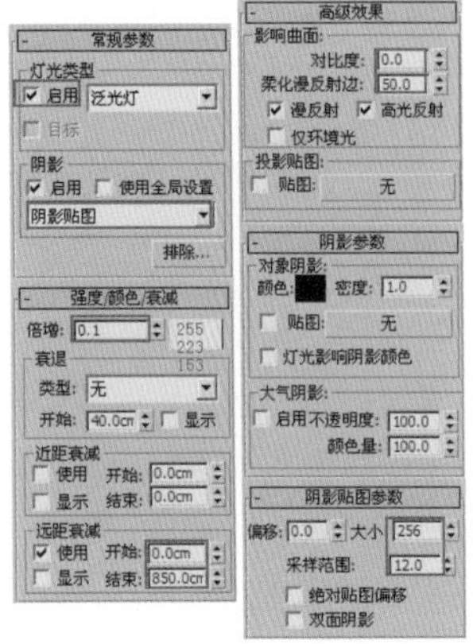

图16-60

步骤11 渲染测试效果如图16-61所示。

图16-61

步骤12 F组灯光参数设置如图16-62所示。

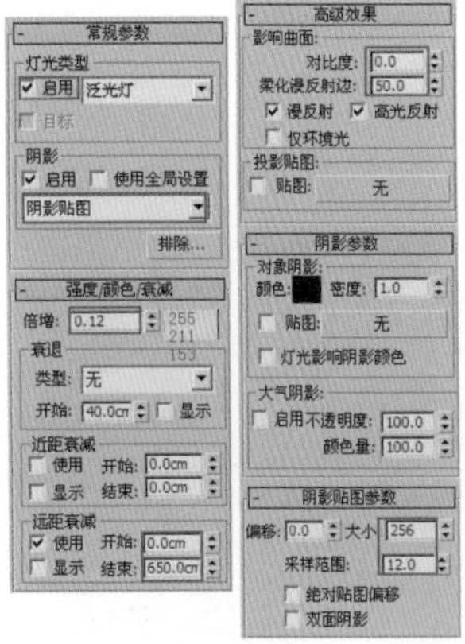

图16-62

步骤13 渲染测试效果如图16-63所示。

图16-63

步骤14 G组灯光参数设置如图16-64所示。

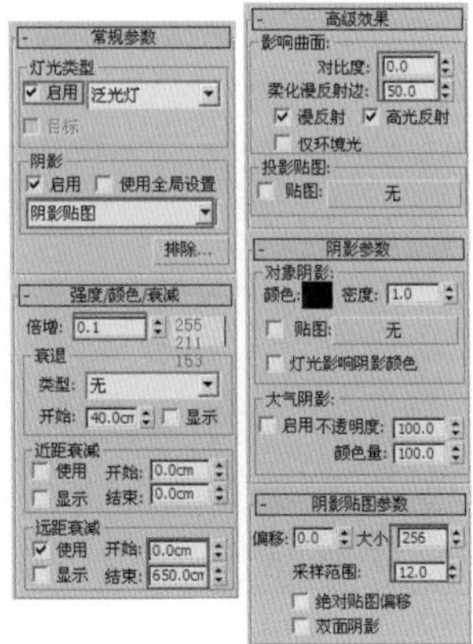

图16-64

步骤15 渲染测试效果如图16-65所示。

图16-65

步骤16 H组灯光参数设置如图16-66所示。

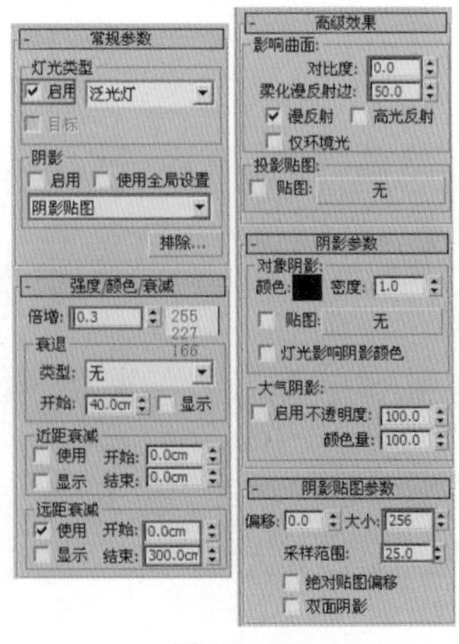

图16-66

步骤17 渲染测试效果如图16-67所示。

图16-67

步骤18 I组灯光参数设置如图16-68所示。

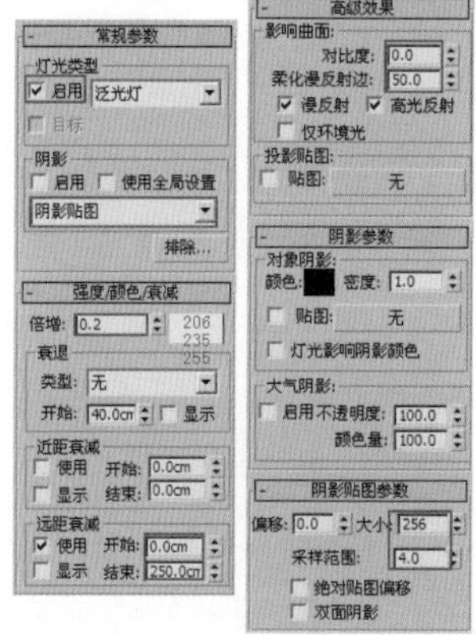

图16-68

步骤19 渲染测试效果如图16-69所示。

图16-69

步骤20 J组灯光参数设置如图16-70所示。

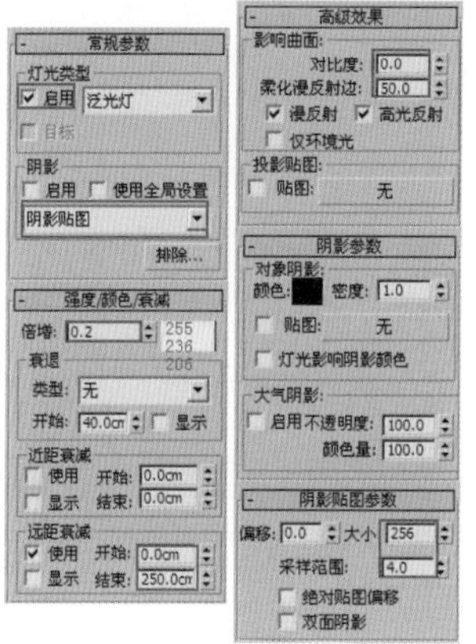

图16-70

步骤21 渲染测试效果如图16-71所示。

图16-71

16.2.3 模拟人工光源

步骤01 确定灯光位置，在天花筒灯的位置分别放置目标聚光灯，位置如图16-72所示。

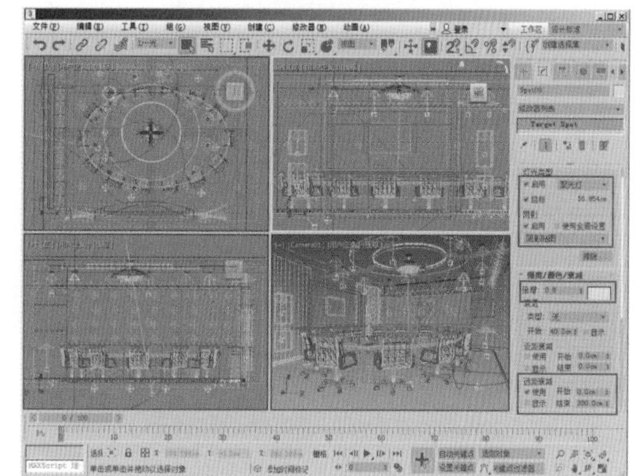

图16-72

步骤02 灯光参数设置如图16-73所示。

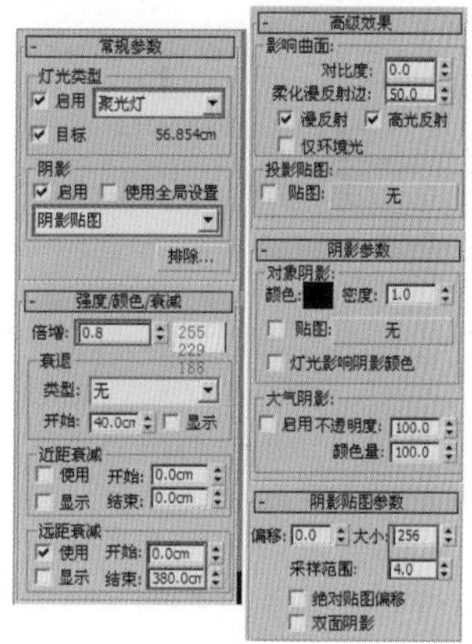

图16-73

步骤03 渲染测试效果如图16-74所示。

16.2.4 确定主光源

步骤01 确定主光源的位置及方向，创建一盏目标平行光，位置如图16-75所示。

图 16–74

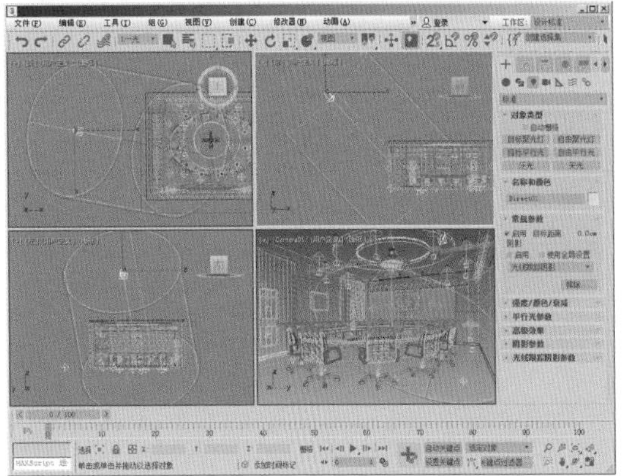

图 16–75

步骤02 灯光参数设置如图16-76所示，阴影方式选择【光线跟踪阴影】，这种方式可以产生比较真实的阴影。

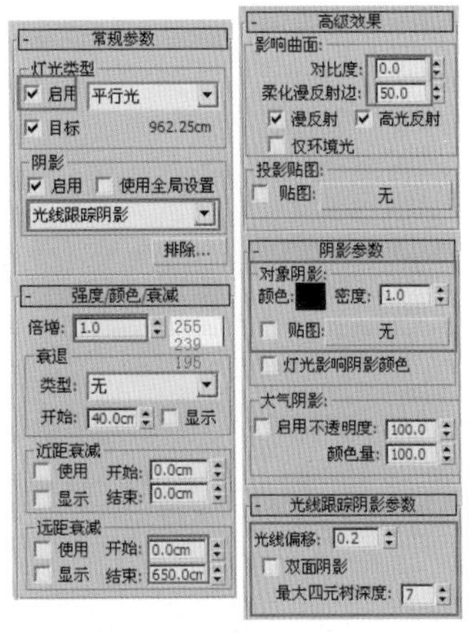

图 16–76

步骤03 按【F10】键打开【渲染设置】对话框，最终渲染参数设置如图16-77所示。

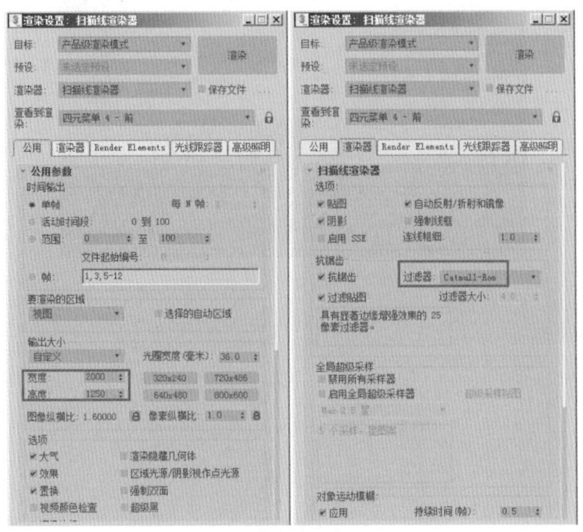

图 16–77

步骤04 最终渲染效果如图16-78所示。

图 16–78

16.3 后期效果处理

效果图的后期处理是效果图制作过程中很重要的一个环节，通过后期处理，可以更好地改变整体画面的色调、亮度、饱和度等。而且在后期处理过程中所有的操作都是在瞬间完成的，效率比在三维软件中直接渲染快很多，如果能掌握好后期效果的处理技巧，那么在商业效果图制作中将会事半功倍。

16.3.1 渲染通道图

步骤01 打开3ds Max场景文件，将同一类型的材质更改为自发光材质，将不同的材质用不同的颜色区分开来，如图16-79所示。

图16-79

步骤02 具体材质设置参数如图16-80所示。按【M】键打开材质编辑器，在【Blinn基本参数】卷展栏中勾选【自发光】区域中【颜色】前面的复选框，设置颜色为绿色。其他材质的设置步骤与此相同，只是颜色不同而已。

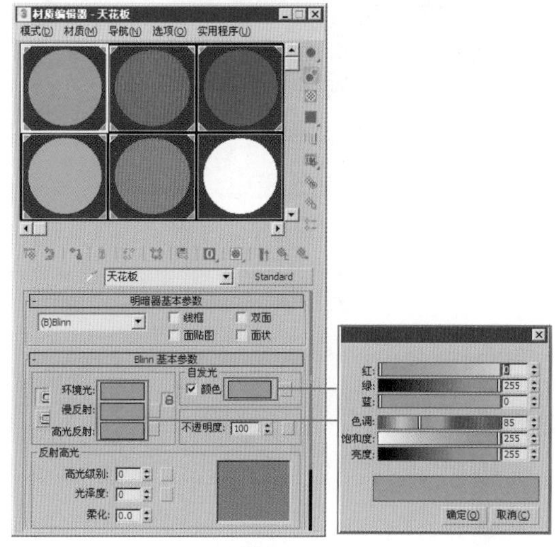

图16-80

步骤03 渲染场景，这样就得到了一张便于在Photoshop中进行不同材质选择的通道图，如图16-81所示。

图16-81

16.3.2 拼合渲染图和通道图

步骤01 在Photoshop中打开渲染好的场景最终图像和通道图，如图16-82所示。

图16-82

步骤02 按住【Shift】键拖动通道图到【背景】图层，这样可以保证两个图层完全对齐，如图16-83所示。

图16-83

步骤03 颠倒【图层0】和【图层1】的位置，降低【图层1】的透明度，可以看到它们是完全对齐的，保存为psd01文件，如图16-84所示。

图16-84

知识拓展

使用图层可以在不影响图像中其他图素的情况下处理某一图素。可以将图层想象成一张张叠起来的醋酸纸，如果图层上没有图像，就可以一直看到底下图层。

16.3.3 添加窗外配景

步骤01 打开psd01文件，如图16-85所示。

图16-85

步骤02 在Photoshop的工具栏中选择多边形套索工具，拖动鼠标选择如图16-86所示的部分。

图16-86

步骤03 选择【图层】/【新建】命令，或者直接按【Ctrl+J】快捷键，新建一个图层，如图16-87所示。

图16-87

步骤04 按住【Ctrl】键，单击【图层2】，然后选择【图层0】，选择【反选】命令，如图16-88所示。

图16-88

步骤05 单击【选择图层蒙版】按钮，关闭【图层2】，如图16-89所示。

图16-89

步骤06 在Photoshop中，打开一张准备好的风景图片，效果如图16-90所示。

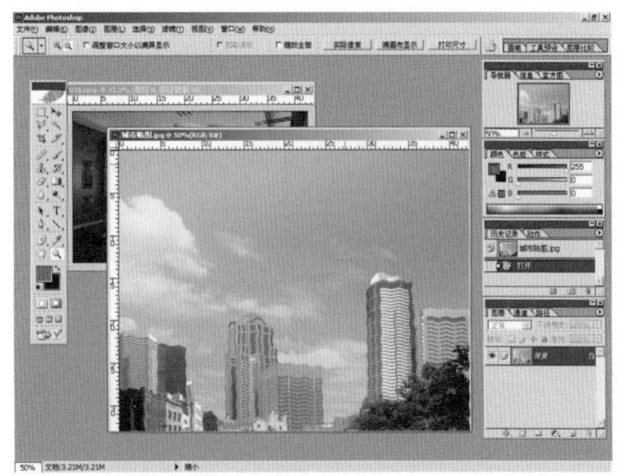

图16-90

步骤07 在Photoshop的工具栏中，选择移动工具，将风景图片移动到【图层3】的位置，如图16-91所示。

步骤08 打开【图层2】，观察显示后的效果，如图16-92所示。

图 16-91

图 16-92

步骤09 除【图层1】外，将其余的图层全部合并，命名为【图层2】，保存为psd02文件，如图16-93所示。

图 16-93

16.3.4 整体画面调节

步骤01 打开上一节保存的PSD文件，选择【图层2】，选择【图像】/【调整】/【曲线】命令，在打开的对话框中调节画面整体曲线，如图16-94所示。

步骤02 按快捷键【Ctrl+B】，弹出【色彩平衡】对话框，调节色彩平衡，如图16-95所示。

步骤03 按快捷【Ctrl+U】，弹出【色相/饱和度】对话框，调节画面的饱和度，如图16-96所示。

图 16-94

图 16-95

图 16-96

16.3.5 画面局部调整

步骤01 通过通道图选择天花板区域，按快捷键【Ctrl+U】，弹出【色相/饱和度】对话框，调节色相/饱和度，如图16-97所示。

步骤02 在Photoshop菜单栏中，选择【图像】/【调整】/【亮度/对比度】命令，参数调节如图16-98所示。

步骤03 通过通道图选择图示墙体部分，按【Ctrl+B】快捷键，弹出【色彩平衡】对话框，调节画面色彩平衡，如图16-99所示。

图 16-97

图 16-98

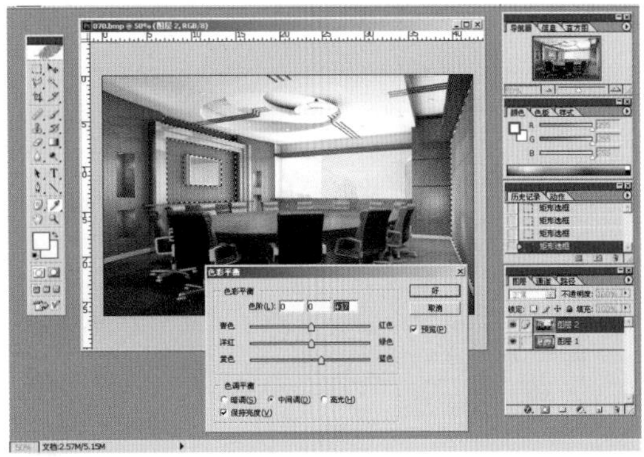

图 16-99

步骤 04 按【Ctrl+M】快捷键，弹出【曲线】对话框，调节曲线，如图 16-100 所示。

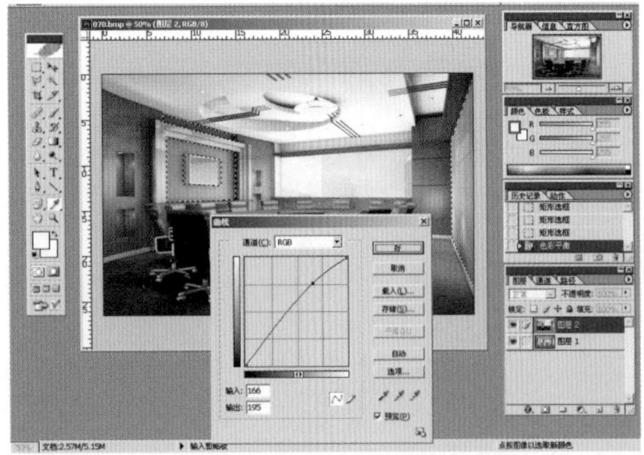

图 16-100

步骤 05 根据通道图选择木墙区域，按【Ctrl+B】快捷键，弹出【色彩平衡】对话框，调节画面的色彩平衡，如图 16-101 所示。

图 16-101

步骤 06 在 Photoshop 菜单栏中，选择【图像】/【调整】/【亮度/对比度】命令，调节画面的亮度/对比度，如图 16-102 所示。

图 16-102

步骤 07 通过通道图选择椅子部分，按【Ctrl+B】快捷键，弹出【色彩平衡】对话框，调节画面的色彩平衡，如图 16-103 所示。

图 16-103

步骤 08 根据通道图选择地面材质，按【Ctrl+U】快捷键，弹出【色相/饱和度】对话框，参数设置如图16-104所示。

步骤09 按【Ctrl+M】快捷键，弹出【曲线】对话框，调整曲线，如图16-105所示。

图16−104

图16−105

步骤10 在Photoshop菜单栏中，选择【滤镜】/【锐化】/【USM锐化】命令，为画面添加USM锐化滤镜，参数调节如图16-106所示。

图16−106

步骤11 最终完成效果如图16-107所示。

图16-107